MBA MPA MPAcc
管理类与经济类综合能力

逻辑真题库

主编 孙江媛 真题套卷册

北京理工大学出版社
BEIJING INSTITUTE OF TECHNOLOGY PRESS

版权专有　侵权必究

图书在版编目（CIP）数据

MBA MPA MPAcc 管理类与经济类综合能力逻辑真题库. 真题套卷册 / 孙江嫒主编. —北京：北京理工大学出版社，2023.6

ISBN 978-7-5763-2517-1

Ⅰ. ①M⋯　Ⅱ. ①孙⋯　Ⅲ. ①逻辑 – 研究生 – 入学考试 – 习题集　Ⅳ. ①B81-44

中国国家版本馆 CIP 数据核字 (2023) 第 113695 号

出版发行 / 北京理工大学出版社有限责任公司

社　　址 / 北京市海淀区中关村南大街 5 号

邮　　编 / 100081

电　　话 /（010）68914775（总编室）

　　　　　（010）82562903（教材售后服务热线）

　　　　　（010）68944723（其他图书服务热线）

网　　址 / http://www.bitpress.com.cn

经　　销 / 全国各地新华书店

印　　刷 / 天津市蓟县宏图印务有限公司

开　　本 / 787 毫米 × 1092 毫米　1/16

印　　张 / 15.5　　　　　　　　　　　　　　责任编辑 / 时京京

字　　数 / 387 千字　　　　　　　　　　　　文案编辑 / 时京京

版　　次 / 2023 年 6 月第 1 版　2023 年 6 月第 1 次印刷　　责任校对 / 刘亚男

定　　价 / 99.80 元（全三册）　　　　　　　　责任印制 / 李志强

图书出现印装质量问题，请拨打售后服务热线，本社负责调换

前 言

真题是最有价值的复习资料吗?

是的!真题是最有价值的复习资料!

研究真题是备考过程中最重要的环节。研究真题不仅能够使考生洞悉命题人的出题思路和规律,而且能够帮助考生准确地了解自身水平,把握复习方向。所以,大家务必高度重视对真题的研究和练习。如果备考只做一种题,那么必然是历年真题。《MBA MPA MPAcc 管理类与经济类综合能力逻辑真题库》(简称《逻辑真题库》)便是一本能帮助同学们高效复习的真题书。

本书具有三大特点:全、准、活。

(1)全:真题全覆盖,套+类多维训练

本书涵盖了58套逻辑真题。分别是:1997年1月—2023年1月的27套管理类综合能力逻辑真题,1997年10月—2014年10月共18套MBA逻辑真题,以及2011年—2023年共13套经济类综合能力逻辑真题。充分满足同学们真题训练的需求。(电子版真题套卷请关注微信公众号"专硕考研孙江媛",在后台"真题带刷"中领取)

除了按照年份编排的真题套卷之外,为了更好地帮助同学们了解考试重点及自测练习,本书还对真题进行了分类。3大板块,14个考点,18个命题方向,让考生能够真正地通过刷真题查漏补缺,掌握正确的解题方法和技巧。大家要严格按照考试要求进行练习。

(2)准:答案准确,解析详尽,分级训练

《逻辑真题库》的真题答案基本与官方大纲中的参考答案保持一致,可以保证同学们备考思路准确,熟悉真题的考查方向。本书既有详细的解析,也列出了题目所考查的考点及命题方向,考点与《MBA MPA MPAcc 管理类与经济类综合能力逻辑十八招》保持一致,方便大家查漏补缺。在考点训练完毕之后,考生可进入命题方向的训练。命题方向专训更加贴合考场思维,从一道题到一类题,方便各位同学分类突破,迅速提升训练效果,高效得分。

随书附赠的《真题大数据》,基于近十年真题统计出每个考点以及命题方向的考频,使同学们的复习一目了然,抓住考试重点。《真题大数据》基于1 000万次做题数据汇总整理出错误率较高的题目,并且结合真题考查趋势,剔除偏难怪题,帮助同学们学会分析错题原因、识别命题陷阱;攻克错误壁垒,化易错题为得分题;举一反三,高效率梳理真题解题思路。

本书还有一个亮点是难度分级。根据题目特征,本书将题目分为了 S4、S5、S6 三个难度级别。目标对象不同,需要掌握的题目的难度级别也不同。如下表所示(以管理类综合能力为例,逻辑部分满分为 60 分):

难度级别	题目特征	目标对象
S4	基础知识点、基本思路、常规考法	①分数要求为 40 分的考生。 ②基础阶段的考生
S5	综合考法、存在干扰项	①分数要求为 50 分的考生。 ②强化阶段的考生
S6	思路难度较大、技巧性较强、错误率高	①分数要求为 60 分的考生。 ②强化、冲刺阶段的考生

基础阶段,分数要求为 40 分的考生,只需要掌握难度级别为 S4 的题目;强化阶段,分数要求为 50 分的考生,需要掌握难度级别为 S4 和 S5 的题目。如果大家的基础知识已经非常扎实,想要冲击满分,那么可以重点训练难度级别为 S6 的题目。同学们可以根据自己的复习阶段和分数要求选择对应的题目进行练习,这样更有针对性。

(3)活:有视频讲解,有老师答疑

全书每道题都配有视频讲解,对书中内容有疑问的同学可以直接在微博、微信公众号答疑帖下留言(微博/微信公众号:专硕考研孙江媛),有问题便可随时解决,提升复习效率。

建议即将参加管理类综合能力考试、经济类综合能力考试,并希望取得高分的各位考生,至少在考前把历年真题刷三遍。精研一套真题,胜过做三五套模拟题,啃透真题,洞悉规律,迎来录取!

越努力,越幸运!

祝金榜题名!

孙江媛

目 录

综合能力逻辑真题　试题篇

2023 年管理类综合能力逻辑真题 ………………………………………………………… 3
2022 年管理类综合能力逻辑真题 ………………………………………………………… 13
2021 年管理类综合能力逻辑真题 ………………………………………………………… 22
2020 年管理类综合能力逻辑真题 ………………………………………………………… 32
2019 年管理类综合能力逻辑真题 ………………………………………………………… 41
2018 年管理类综合能力逻辑真题 ………………………………………………………… 51
2017 年管理类综合能力逻辑真题 ………………………………………………………… 60
2016 年管理类综合能力逻辑真题 ………………………………………………………… 70
2015 年管理类综合能力逻辑真题 ………………………………………………………… 79
2014 年管理类综合能力逻辑真题 ………………………………………………………… 88
2023 年经济类综合能力逻辑真题 ………………………………………………………… 97
2022 年经济类综合能力逻辑真题 ………………………………………………………… 104
2021 年经济类综合能力逻辑真题 ………………………………………………………… 110

综合能力逻辑真题　解析篇

2023 年管理类综合能力逻辑真题解析 ……………………………………………………… 119
2022 年管理类综合能力逻辑真题解析 ……………………………………………………… 130
2021 年管理类综合能力逻辑真题解析 ……………………………………………………… 139
2020 年管理类综合能力逻辑真题解析 ……………………………………………………… 149

2019年管理类综合能力逻辑真题解析 …………………………………………………… 159
2018年管理类综合能力逻辑真题解析 …………………………………………………… 169
2017年管理类综合能力逻辑真题解析 …………………………………………………… 178
2016年管理类综合能力逻辑真题解析 …………………………………………………… 188
2015年管理类综合能力逻辑真题解析 …………………………………………………… 200
2014年管理类综合能力逻辑真题解析 …………………………………………………… 211
2023年经济类综合能力逻辑真题解析 …………………………………………………… 223
2022年经济类综合能力逻辑真题解析 …………………………………………………… 229
2021年经济类综合能力逻辑真题解析 …………………………………………………… 235

综合能力逻辑真题

试题篇

2023年管理类综合能力逻辑真题

第26~55小题,每小题2分,共60分。下列每题给出的A、B、C、D、E五个选项中,只有一项是符合试题要求的。

26. 爱因斯坦思想深刻、思维创新。他不仅是一位伟大的科学家,还是一位思想家和人道主义者,同时也是一位充满个性的有趣人物。他一生的经历表明:只有拥有诙谐幽默、充满个性的独立人格,才能做到思想深刻、思维创新。

根据以上陈述,可以得出以下哪项?

A. 有的思想家不是人道主义者。

B. 有些伟大的科学家拥有诙谐幽默、充满个性的独立人格。

C. 科学家一旦诙谐幽默、充满个性,就能做到思想深刻、思维创新。

D. 有些人道主义者诙谐幽默、充满个性,但做不到思想深刻、思维创新。

E. 有的思想家做不到诙谐幽默、充满个性,但能做到思想深刻、思维创新。

27. 处理餐厨垃圾的传统方式主要是厌氧发酵和填埋,前者利用垃圾产生的沼气发电,投资成本高;后者不仅浪费土地,还污染环境。近日,某公司尝试利用蟑螂来处理垃圾。该公司饲养了3亿只"美洲大蠊"蟑螂,每天可吃掉15吨餐厨垃圾。有专家据此认为,用"蟑螂吃掉垃圾"这一生物处理方式解决餐厨垃圾,既经济又环保。

以下哪项如果为真,最能质疑上述专家的观点?

A. 餐厨垃圾经发酵转化为能源的处理方式已被国际认可,我国这方面的技术也相当成熟。

B. 大量人工养殖后,很难保证蟑螂不逃离控制区域,而一旦蟑螂逃离,则会危害周边生态环境。

C. 政府前期在工厂土地划拨方面对该项目给予了政策扶持,后期仍需进行公共安全监测和环境评估。

D. 我国动物蛋白饲料非常缺乏,1吨蟑螂及其所产生的卵鞘,可产生1吨昆虫蛋白饲料,饲养蟑螂将来盈利十分可观。

E. 该公司正在建设新车间,竣工后将能饲养20亿只蟑螂,它们虽然能吃掉全区的餐厨垃圾,但全市仍有大量餐厨垃圾需要通过传统方式处理。

28. 记者:贵校是如何培养创新型人才的?

受访者:大学生踊跃创新创业是我校的一个品牌。在相关课程学习中,我们注重激发学生创业的积极性,引导学生想创业;通过实训体验,让学生能创业;通过学校提供专业化的服务,帮助学生创成业。在高校创业者收益榜中,我们学校名列榜首。

以下哪项最可能是上述对话中受访者论述的假设?

A. 不懂创新就不懂创业。

B. 创新能力越强,创业收益越高。

C. 创新型人才培养主要是创业技能的培训和提升。

D. 培养大学生创业能力只是培养创新型人才的任务之一。

E. 创新型人才的主要特征是具有不拘陈规、勇于开拓的创新精神。

29. 某部门抽检了肉制品、白酒、乳制品、干果、蔬菜、水产品、饮料 7 类商品共 521 种样品,发现其中合格样品 515 种,不合格样品 6 种。已知:

(1) 蔬菜、白酒中有 2 种不合格样品;

(2) 肉制品、白酒、蔬菜、水产品中有 5 种不合格样品;

(3) 蔬菜、乳制品、干果中有 3 种不合格样品。

根据上述信息,可以得出以下哪项?

A. 乳制品中没有不合格样品。　　B. 肉制品中没有不合格样品。

C. 蔬菜中没有不合格样品。　　　D. 白酒中没有不合格样品。

E. 水产品中没有不合格样品。

30. 时时刻刻总在追求幸福的人不一定能获得最大的幸福,刘某说自己获得了最大的幸福,所以,刘某从来不曾追求幸福。

以下哪项与上述论证方式最为相似?

A. 年年岁岁总是帮助他人的人不一起能成为名人,李某说自己成了名人,所以,李某从来不曾帮助他人。

B. 口口声声不断说喜欢你的人不一定最喜欢你,陈某现在说他最喜欢你,所以,陈某过去从未喜欢过你。

C. 冷冷清清空无一人的商场不一定没有利润,某商场今年亏损,所以,该商场总是空无一人。

D. 日日夜夜一直躲避死亡的士兵反而最容易在战场上丧命,林某在一次战斗中重伤不治,所以,林某从来没有躲避死亡。

E. 分分秒秒每天抢时间工作的人不一定是普通人,宋某看起来很普通,所以,宋某肯定没有每天抢时间工作。

31~32题基于以下题干

某中学举行田径运动会,高二(3)班甲、乙、丙、丁、戊、己 6 人报名参赛,在跳远、跳高和铅球 3 项比赛中,他们每人都报名 1~2 项。其中 2 人报名跳远,3 人报名跳高,3 人报名铅球。另外,还知道:

(1)如果甲、乙至少有1人报名铅球,则丙也报名铅球;

(2)如果己报名跳高,则乙和己均报名跳远;

(3)如果丙、戊至少有1人报名铅球,则已报名跳高。

31. 根据以上信息,可以得出以下哪项?

A. 甲报名铅球,乙报名跳远。　　B. 乙报名跳远,丙报名铅球。

C. 丙报名跳高,丁报名铅球。　　D. 丁报名跳远,戊报名跳高。

E. 戊报名跳远,已报名跳高。

32. 如果甲、乙均报名跳高,则可以得出以下哪项?

A. 丁、戊均报名铅球。　　B. 乙、丁均报名铅球。　　C. 甲、戊均报名铅球。

D. 乙、戊均报名铅球。　　E. 甲、丁均报名铅球。

33. 进入移动互联网时代,扫码点餐、在线挂号、网购车票、电子支付等智能化生活方式日益普及,人们的生活越来越便捷。然而,也有很多老年人因为不会使用智能手机等设备,无法进入菜场、超市和公园,也无法上网娱乐与购物,甚至在新冠疫情期间因无法从手机中调出健康码而被拒绝乘坐公共交通。对此,某专家指出,社会正在飞速发展,不可能"慢"下来等老年人;老年人应该加强学习,跟上时代发展。

以下哪项如果为真,最能质疑该专家的观点?

A. 老年人也享有获得公共服务的权利,为他们保留老办法,提供传统服务,既是一种社会保障,更是一种社会公德。

B. 有些老年人学习能力较强,能够熟练使用各种电子产品,充分感受移动互联网时代的美好。

C. 目前中国有2亿多老年人,超四成的老年人存在智能手机使用障碍,仅会使用手机打电话。

D. 社会管理和服务不应只有一种模式,而应更加人性化和多样化,有些合理的生活方式理应得到尊重。

E. 有些老年人感觉自己被时代抛弃了,内心常常充斥着窘迫与挫败感,这容易导致他们与社会的加速脱离。

34. 某单位采购了一批图书,包括科学和人文两大类。具体情况如下:

(1)哲学类图书都是英文版的;

(2)部分文学类图书不是英文版的;

(3)历史类图书都是中文版的;

(4)没有一本图书是中英双语版的;

(5)科学类图书既有中文版的,也有英文版的;

(6)人文类图书既有哲学类的,也有文学类的,还有历史类的。

根据以上信息,关于该单位采购的这批图书,可以得出以下哪项?

A. 有些文学类图书是中文版的。

B. 有些历史类图书不属于哲学类。

C. 英文版图书比中文版图书数量多。

D. 有些图书既属于哲学类也属于科学类。

E. 有些图书既属于文学类也属于历史类。

35. 曾几何时,"免费服务"是互联网的重要特征之一,如今这一情况正在发生改变。有些人在网上开辟知识付费平台,让寻求知识、学习知识的读者为阅读"买单",这改变了人们通过互联网免费阅读的习惯。近年来,互联网知识付费市场的规模正以连年翻番的速度增长。但是有专家指出,知识付费市场的发展不可能长久,因为人们大多不愿为网络阅读付费。

以下哪项如果为真,最能质疑上述专家的观点?

A. 高强度的生活节奏使人无法长时间、系统性阅读纸质文本,见缝插针、随时呈现式的碎片化、网络化阅读已成为获取知识的常态。

B. 日常工作的劳累和焦虑使得人们更喜欢在业余时间玩网络游戏、看有趣视频或与好友进行微信聊天。

C. 日益增长的竞争压力促使当代人不断学习新知识,只要知识付费平台做得足够好,他们就愿意为此付费。

D. 当前网上知识付费平台竞争激烈,尽管内容丰富、形式多样,但是鱼龙混杂、缺少规范,一些年轻人沉湎其中难以自拔。

E. 当前,许多图书资料在互联网上均能免费获得,只要合理用于自身的学习和研究,一般不会产生知识产权问题。

36. 甲:如今,独特性正成为中国人的一种生活追求。试想周末我穿一件心仪的衣服走在大街上,突然发现你迎面走来,和我穿得一模一样,"撞衫"的感觉八成会是尴尬之中带着一丝不快,因为自己不再独一无二。

乙:独一无一真的那么重要吗?想想 20 世纪 70 年代满大街的中山装、80 年代遍地的喇叭裤,每个人也活得很精彩。再说"撞衫"总是难免的,再大的明星也有可能"撞衫",所谓的独特只是一厢情愿。走自己的路,不要管自己是否和别人一样。

以下哪项是对甲、乙对话最恰当的评价?

A. 甲认为独一无二是现在每个中国人的追求,而乙认为没有人能做到独一无二。

B. 甲关心自己是否和别人"撞衫",而乙不关心自己是否和别人一样。

C. 甲认为"撞衫"八成会让自己感到不爽,而乙认为自己想怎么样就怎么样。

D. 甲关心的是个人生活的独特性,而乙关心的是个人生活的自我认同。

E. 甲认为乙遇到"撞衫"无所谓,而乙认为别人根本管不着自己穿什么。

37~38题基于以下题干

某研究所甲、乙、丙、丁、戊5人拟定去我国四大佛教名山普陀山、九华山、五台山、峨眉山考察。他们每人去了上述两座名山，且每座名山均有其中的2~3人前往，丙与丁结伴考察。已知：

(1) 如果甲去五台山，则乙和丁都去五台山；

(2) 如果甲去峨眉山，则丙和戊都去峨眉山；

(3) 如果甲去九华山，则戊去九华山和普陀山。

37. 根据以上信息，可以得出以下哪项？

A. 甲去五台山和普陀山。　　　　B. 乙去五台山和峨眉山。

C. 丙去九华山和五台山。　　　　D. 戊去普陀山和峨眉山。

E. 丁去峨眉山和五台山。

38. 如果乙去普陀山和九华山，则5人去四大名山（按题干所列顺序）的人次之比是：

A. 3∶3∶2∶2。　　　B. 2∶3∶3∶2。　　　C. 2∶2∶3∶3。

D. 3∶2∶2∶3。　　　E. 3∶2∶3∶2。

39. 水在温度高于374℃、压力大于22 MPa的条件下，称为超临界水。超临界水能与有机物完全互溶，同时还可以大量溶解空气中的氧，而无机物特别是盐类在超临界水中的溶解度很低。由此，研究人员认为，利用超临界水作为特殊溶剂，水中的有机物和氧气可以在极短时间内完成氧化反应，把有机物彻底"秒杀"。

以下哪项如果为真，最能支持上述研究人员的观点？

A. 有机物在超临界水中通过分离装置可瞬间转化为无毒无害的水、无机盐以及二氧化碳等气体，并最终在生产和生活中得到回收利用。

B. 超临界水氧化技术具有污染物去除率高、二次污染小、反应迅速等特征，被认为是废水处理技术中的"杀手锏"，具有广阔的工业应用前景。

C. 超临界水只有兼具气体与液体的高扩散性、高溶解性、高反应活性及低表面张力等优良特性，才能把有机物彻底"秒杀"。

D. 超临界水氧化技术对难以降解的农化、石油、制药等有机废水尤为适用。

E. 如果超临界水氧化技术成功应用于化工、制药等行业的污水处理，可有效提升流域内重污染行业的控源减排能力。

40. 小陈与几位朋友商定利用假期到某地旅游，他们在桃花坞、第一山、古生物博物馆、新四军军部旧址、琉璃泉、望江阁6个景点中选择了4个游览。已知：

(1) 如果选择桃花坞，则不选择古生物博物馆而选择望江阁；

(2) 如果选择望江阁，则不选择第一山而选择新四军军部旧址。

根据以上信息，可以得出以下哪项？

A. 他们选择了桃花坞。　　　　　　B. 他们没有选择望江阁。

C. 他们选择了新四军军部旧址。　　D. 他们没有选择第一山。

E. 他们没有选择古生物博物馆。

41. 张先生欲花5万元购置橱柜、卫浴或供暖设备。已知：

(1) 如果买橱柜，就不买卫浴，也不买供暖设备；

(2) 如果不买橱柜，就买卫浴；

(3) 如果卫浴、橱柜至少有一种不买，则买供暖设备。

根据以上陈述，关于张先生的购买打算，可以得出以下哪项？

A. 买橱柜和卫浴。　　　　　　　　B. 买橱柜和供暖设备。

C. 买橱柜，但不买卫浴。　　　　　D. 买卫浴和供暖设备。

E. 买卫浴，但不买供暖设备。

42. 某台电脑的登录密码由0~9中的6个数字组成，每个数字最多出现一次。关于该6位密码，已知：

(1) 741605中，共有4个数字正确，其中3个位置正确，1个位置不正确；

(2) 320968中，恰有3个数字正确且位置正确；

(3) 417280中，共有4个数字不正确。

根据上述信息，可以得出该登录密码的前两位是：

A. 71。　　B. 42。　　C. 72。　　D. 31。　　E. 34。

43. 研究表明，鱼油中的不饱和脂肪酸能有效降低人体血脂水平并软化血管。因此，鱼油通常被用来预防由高血脂引起的心脏病、动脉粥样硬化和高胆固醇等疾病，降低死亡风险。但有研究人员认为，食用鱼油不一定能够有效控制血脂水平并预防由高血脂引起的各种疾病。

以下哪项如果为真，最能支持上述研究人员的观点？

A. 鱼油虽然优于猪油、牛油，但毕竟是脂肪，如果长期食用，就容易引起肥胖。

B. 鱼油的概念很模糊，它既指鱼体内的脂肪，也包括被制成保健品的鱼类制剂。

C. 不饱和脂肪酸很不稳定，只要接触空气、阳光，就会氧化分解。

D. 通过长期服用鱼油制品来控制体内血脂的观点始终存在学术争议。

E. 人们若要身体健康最好注重膳食平衡，而不仅仅依靠服用浓缩鱼油。

44. 近年来，一些地方修改了本地见义勇为的相关条例，强调对生命的敬畏和尊重，既肯定大义凛然、挺身而出的见义勇为，更鼓励和倡导科学、合法、正当的"见义智为"。有专家由此指出，从鼓励见义勇为到倡导"见义智为"，反映了社会价值观念的进步。

以下各项如果为真，则除了哪项均能支持上述专家的观点？

A. "见义智为"强调以人为本、合理施救，表明了科学理性、互帮互助的社会价值取向。

B. 有时见义勇为需要专业技术知识,普通民众如果没有相应的知识,最好不要贸然行事,应及时报警求助。

C. 所有的生命都是平等的,救人者与被救者都具有同等的生命价值,救人者的生命同样应得到尊重和爱护。

D. 我国中小学正在引导学生树立应对突发危机事件的正确观念,教育学生如何在保证自身安全的情况下"机智"救助他人。

E. 倡导"见义智为"容易给一些自私、懦弱的人逃避社会责任制造借口,见死不救的惨痛案例可能增多,社会道德水平可能因此下滑。

45. 近期一项调查数据显示:中国不缺少外科医生,而缺少能做手术的外科医生;中国人均拥有的外科医生数量同其他中高收入国家相当,但中国人均拥有的外科医生所做的手术量却比那些国家少40%。

以下哪项如果为真,最能解释上述现象?

A. 年轻外科医生一般需要花费数年时间协助资深外科医生手术,然后才有机会亲自主刀上阵,这已成为国内外医疗行业的惯例。

B. 近年来我国能做手术的外科医生的人均手术量,已与其他中高收入国家外科医生的人均手术量基本相当。

C. 患者在需要外科手术时,都很想请经验丰富的外科医生为其主刀,不愿成为年轻医生的练习对象,对此医院一般都会有合理安排。

D. 资深外科医生经常收到手术邀请,他们常年奔波在多所医院,为年轻医生主刀示范,培养了不少新人。

E. 从一名医学院学生成长为能做手术的外科医生,需要经历漫长的学习过程,有些人中途不得不放弃梦想而另谋职业。

46~47题基于以下题干

某单位购买了《尚书》《周易》《诗经》《论语》《老子》《孟子》各1本,分发给甲、乙、丙、丁、戊5个部门,每个部门至少1本。已知:

(1)若《周易》《老子》《孟子》至少有1本分发给甲或乙部门,则《尚书》分发给丁部门且《论语》分发给戊部门;

(2)若《诗经》《论语》至少有1本分发给甲或乙部门,则《周易》分发给丙部门且《老子》分发给戊部门。

46. 若《尚书》分发给丙部门,则可以得出以下哪项?

A.《诗经》分发给甲部门。　　　　B.《论语》分发给乙部门。

C.《老子》分发给丙部门。　　　　D.《孟子》分发给丁部门。

E.《周易》分发给戊部门。

47. 若《老子》分发给丁部门,则以下哪项是不可能的?

A.《周易》分发给甲部门。 B.《周易》分发给乙部门。

C.《诗经》分发给丙部门。 D.《尚书》分发给丁部门。

E.《诗经》分发给戊部门。

48. "嫦娥"登月、"神舟"巡天,我国不断谱写飞天梦想的新篇章。基于太空失重环境的多重效应,研究人员正在探究植物在微重力环境下生存的可能性。他们设想,如果能够在太空中种植新鲜水果和蔬菜,则不仅有利于航天员的身体健康,而且还可以降低食物的上天成本,同时,可以利用其消耗的二氧化碳产生氧气,为航天员生活与工作提供有氧环境。

以下哪项如果为真,则可能成为研究人员实现上述设想的最大难题?

A. 为了携带种子、土壤等种植必需品上天,飞船需要减少其他载荷以满足发射要求,这可能影响其他科学实验的安排。

B. 有些航天员虽然在地面准备阶段学习掌握了植物栽培技术,但在太空的实际操作中他们可能会遇到意想不到的情况。

C. 太空中的失重、宇宙射线等因素会对植物的生长和发育产生不良影响,食用这些植物可能有损航天员的健康。

D. 有些航天员将植物带入太空,又成功带回地面,短暂的太空经历对这些植物后来的生长发育可能造成影响。

E. 过去很多航天器携带植物上天,因为缺乏生长条件,这些植物都没有存活很长时间。

49. 十多年前曾有传闻:M 国从不生产一次性筷子,完全依赖进口,而 M 国 96%的一次性筷子来自中国。2019 年有媒体报道:"去年 M 国出口的木材中,约有 40%流向了中国市场,而且今年中国订单的比例还在进一步攀升,中国已成为 M 国木材出口中占比最大的国家。"张先生据此认为,中国和 M 国木材进出口角色的转换,表明中国人的环保意识已经超越 M 国。

以下哪项如果为真,最能削弱张先生的观点?

A. 十多年前的传闻不一定反映真实情况,实际情形是中国的一次性筷子比其他国家的更便宜。

B. 从 2018 年起,中国相关行业快速发展,木材需求急剧增长;而 M 国多年养护的速生林正处于采伐期,出口量逐年递增。

C. 近年中国修订相关规范,原来只用于商品外包装的 M 国杉木现也可用于木结构建筑物,导致进口大增。

D. 制作一次性筷子的木材主要取自速生杨树或者桦树,这类速生树种只占中国经济林的极小部分。

E. 中国和 M 国在木材贸易上的角色转换主要是经济发展导致,环保意识只是因素之一,但不是主要因素。

50. 某公司为了让员工多运动,近日出台一项规定:每月按照 18 万步的标准对员工进行考核,如果没有完成步行任务,则按照"一步一分钱"标准扣钱。有专家认为,此举鼓励运动,看似对员工施加压力,实质上能够促进员工的身心健康,引导整个企业积极向上。

以下各项如果为真,则除哪项外,均能质疑上述专家的观点?

A. 按照《劳动法》等相关法律规定,企业规章制度所涉及的员工行为应与工作有关,而步行显然与工作无关。

B. 步行有益身体健康,但规定每月必须步行 18 万步,不达标就扣钱,显得有些简单粗暴,这会影响员工对企业的认同感。

C. 公司鼓励员工多运动,此举不仅让员工锻炼身体,还可释放工作压力,培养良好品格,改善人际关系。

D. 有员工深受该规定的困扰,为了完成考核,他们甚至不得不很晚外出运动,影响了正常休息。

E. 该公司老张在网上购买了专门刷步行数据的服务,只花 1 元钱就可轻松购得两万步。

51. 通过第三方招聘进入甲公司从事销售工作的职员均具有会计学专业背景。孔某的高中同学均没有会计学专业背景,甲公司销售部经理孟某是孔某的高中同学,而孔某是通过第三方招聘进入甲公司的。

根据以上信息,可以得出以下哪项?

A. 孔某具有会计学专业背景。

B. 孟某不是通过第三方招聘进入甲公司的。

C. 孟某曾经自学了会计学专业知识。

D. 孔某在甲公司做销售工作。

E. 孔某和孟某在大学阶段不是同学。

52. 入冬以来,天气渐渐寒冷。11 月 30 日,某地气象台对未来 5 天的天气预报显示:未来 5 天每天的最高气温从 4℃ 开始逐日下降至 -1℃;每天的最低气温不低于 -6℃;最低气温 -6℃ 只出现在其中一天。预报还包含如下信息:

(1) 未来 5 天中的最高气温和最低气温不会出现在同一天,每天的最高气温和最低气温均为整数;

(2) 若 5 号的最低气温是未来 5 天中最低的,则 2 号的最低气温比 4 号的高 4℃;

(3) 2 号和 4 号每天的最高气温与最低气温之差均为 5℃。

根据以上预报信息,可以得出以下哪项?

A. 1 号的最低气温比 2 号的高 2℃。

B. 3 号的最高气温比 4 号的高 1℃。

C. 4号的最高气温比5号的高1℃。

D. 3号的最低气温为-6℃。

E. 2号的最低气温为-3℃。

53. 甲:张某爱出风头,我不喜欢他。

乙:你不喜欢他没关系,他工作一直很努力,成绩很突出。

以下哪项与上述反驳方式最为相似?

A. 甲:李某爱慕虚荣,我很反对。

乙:反对有一定道理,但你也应该体谅一下他,他身边的朋友都是成功人士。

B. 甲:贾某整天学习,寡言少语,神情严肃,我很担心他。

乙:你的担心是多余的。他最近在潜心准备考研,有些紧张是正常的。

C. 甲:韩某爱管闲事,我有点讨厌他。

乙:你的态度有问题。爱管闲事说明他关心别人,乐于助人。

D. 甲:钟某爱看足球赛,但自己从来不踢足球,对此我很不理解。

乙:我对你的想法也不理解,欣赏和参与是两回事啊。

E. 甲:邓某爱读书但不求甚解,对此我很有看法。

乙:你有看法没用。他的文学素养挺高,已经发表了3篇小说。

54~55题基于以下题干

某机关甲、乙、丙、丁4人参加本年度综合考评。在德、能、勤、绩、廉5个方面的单项考评中,他们之中都恰有3人被评为"优秀",但没有人5个单项均被评为"优秀"。已知:

(1)若甲和乙在德方面均被评为"优秀",则他们在廉方面也均被评为"优秀";

(2)若乙和丙在德方面均被评为"优秀",则他们在绩方面也均被评为"优秀";

(3)若甲在廉方面被评为"优秀",则甲和丁在绩方面均被评为"优秀"。

54. 根据上述信息,可以得出以下哪项?

A. 甲在廉方面被评为"优秀"。　　B. 丙在绩方面被评为"优秀"。

C. 丙在能方面被评为"优秀"。　　D. 丁在勤方面被评为"优秀"。

E. 丁在德方面被评为"优秀"。

55. 若甲在绩方面未被评为"优秀"且丁在能方面未被评为"优秀",则可以得出以下哪项?

A. 甲在勤方面未被评为"优秀"。　　B. 甲在能方面未被评为"优秀"。

C. 乙在德方面未被评为"优秀"。　　D. 丙在廉方面未被评为"优秀"。

E. 丁在廉方面未被评为"优秀"。

2022年管理类综合能力逻辑真题

第26~55小题,每小题2分,共60分。下列每题给出的A、B、C、D、E五个选项中,只有一项是符合试题要求的。

26. 百年党史充分揭示了中国共产党为什么能、马克思主义为什么行、中国特色社会主义为什么好的历史逻辑、理论逻辑、实践逻辑。面对百年未有之大变局,如果信念不坚定,就会陷入停滞彷徨的思想迷雾,就无法应对前进道路上的各种挑战风险。只有坚持中国特色社会主义道路自信、理论自信、制度自信、文化自信,才能把中国的事情办好、把中国特色社会主义事业发展好。

根据以上陈述,可以得出以下哪项?

A. 如果坚持"四个自信",就能把中国的事情办好。
B. 只要信念坚定,就不会陷入停滞彷徨的思想迷雾。
C. 只有信念坚定,才能应对前进道路上的各种挑战风险。
D. 只有充分理解百年党史揭示的历史逻辑,才能将中国特色社会主义事业发展好。
E. 如果不能理解百年党史揭示的理论逻辑,就无法遵循百年党史揭示的实践逻辑。

27. "君问归期未有期,巴山夜雨涨秋池。何当共剪西窗烛,却话巴山夜雨时。"这首《夜雨寄北》是晚唐诗人李商隐的名作。一般认为这是一封"家书",当时诗人身处巴蜀,妻子在长安,所以说"寄北"。但有学者提出,这首诗实际上是寄给友人的。

以下哪项如果为真,最能支持以上学者的观点?

A. 李商隐之妻王氏卒于大中五年,而该诗作于大中七年。
B. 明清小说戏曲中经常将家庭塾师或官员幕客称为"西席""西宾"。
C. 唐代温庭筠的《舞衣曲》中有诗句"回鞶笑语西窗客,星斗寥寥波脉脉"。
D. 该诗另一题为《夜雨寄内》,"寄内"即寄怀妻子。此说得到了许多人的认同。
E. "西窗"在古代专指客房、客厅,起自尊客于西的先秦古礼,并被后世习察曰用。

28. 退休在家的老王今晚在《焦点访谈》《国家记忆》《自然传奇》《人物故事》《纵横中国》这5个节目中选择了3个节目观看。老王对观看的节目有如下要求:

(1)如果观看《焦点访谈》,就不观看《人物故事》;
(2)如果观看《国家记忆》,就不观看《自然传奇》。

根据上述信息,老王一定观看了如下哪个节目?

A.《纵横中国》。　　　　B.《国家记忆》。　　　　C.《自然传奇》。
D.《人物故事》。　　　　E.《焦点访谈》。

29. 2020年全球碳排放量减少大约24亿吨,远远大于之前的创纪录降幅,例如第二次世界大战结束时下降9亿吨,2009年金融危机最严重时下降5亿吨。非政府组织全球碳计划(GCP)在其年度评估报告中说,由于各国在新冠疫情期间采取了封锁和限制措施,汽车使用量下降了一半左右,2020年的碳排放量同比下降了创纪录的7%。

以下哪项如果为真,最能支持GCP的观点?

A. 2020年碳排放量下降最明显的国家或地区是美国和欧盟。

B. 延缓气候变化的办法不是停止经济活动,而是加速向低碳能源过渡。

C. 根据气候变化《巴黎协定》,2015年之后的10年全球每年需减排10~20亿吨。

D. 2020年在全球各行业减少的碳排放总量中,交通运输业所占比例最大。

E. 随着世界经济的持续复苏,2021年全球碳排放量同比下降可能不超过5%。

30. 某小区2号楼1单元的住户都打了甲公司的疫苗,小李家不是该小区2号楼1单元的住户,小赵家都打了甲公司的疫苗,而小陈家都没有打甲公司的疫苗。

根据以上陈述,可以得出以下哪项?

A. 小李家都没有打甲公司的疫苗。

B. 小赵家是该小区2号楼1单元的住户。

C. 小陈家是该小区的住户,但不是2号楼1单元的。

D. 小赵家是该小区2号楼的住户,但未必是1单元的。

E. 小陈家若是该小区2号楼的住户,则不是1单元的。

31. 某研究团队研究了大约4万名中老年人的核磁共振成像数据、自我心理评估等资料,发现经常有孤独感的研究对象和没有孤独感的研究对象在大脑的默认网络区域存在显著差异。默认网络是一组参与内心思考的大脑区域,这些内心思考包括回忆旧事、规划未来、想象等。孤独者大脑的默认网络联结更为紧密,其灰质容积更大。研究人员由此认为,大脑默认网络的结构和功能与孤独感存在正相关。

以下哪项如果为真,最能支持上述研究人员的观点?

A. 人们在回忆过去、假设当下或预想未来时会使用默认网络。

B. 有孤独感的人更多地使用想象、回忆过去和憧憬未来以克服社交隔离。

C. 感觉孤独的老年人出现认知衰退和患上阿尔茨海默病的风险更高,进而导致部分脑区萎缩。

D. 了解孤独感对大脑的影响,拓展我们在这个领域的认知,有助于减少当今社会的孤独现象。

E. 穹窿是把信号从海马体输送到默认网络的神经纤维束,在研究对象的大脑中,这种纤维束得到较好的保护。

32. 关于张、李、宋、孔4人参加植树活动的情况如下：

(1) 张、李、孔至少有2人参加；

(2) 李、宋、孔至多有2人参加；

(3) 如果李参加，那么张、宋两人要么都参加，要么都不参加。

根据以上陈述，以下哪项是不可能的？

A. 宋、孔都参加。　　　　B. 宋、孔都不参加。　　　　C. 李、宋都参加。

D. 李、宋都不参加。　　　E. 李参加，宋不参加。

33. 2020年下半年，随着新冠病毒在全球范围内的肆虐及流感季节的到来，很多人担心会出现大范围流感和新冠疫情同时爆发的情况。但是有病毒学家发现，2009年甲型H1N1流感毒株出现时，自1977年以来一直传播的另一种甲型流感毒株消失了。由此他推测，人体同时感染新冠病毒和流感病毒的可能性应该低于预期。

以下哪项如果为真，最能支持该病毒学家的推测？

A. 如果人们继续接种流感疫苗，仍能降低同时感染这两种病毒的概率。

B. 一项分析显示，新冠病毒感染患者中大约只有3%的人同时感染另一种病毒。

C. 人体感染一种病毒后的几周内，其先天免疫系统的防御能力会逐步增强。

D. 为避免感染新冠病毒，人们会减少室内聚集、继续佩戴口罩、保持社交距离和手部卫生。

E. 新冠病毒的感染会增加参与干扰素反应的基因的活性，从而防止流感病毒在细胞内进行复制。

34. 补充胶原蛋白已经成为当下很多女性抗衰老的手段之一。她们认为：吃猪蹄能够补充胶原蛋白，为了美容养颜，最好多吃些猪蹄。近日有些专家对此表示质疑，他们认为多吃猪蹄其实并不能补充胶原蛋白。

以下哪项如果为真，最能质疑上述专家的观点？

A. 猪蹄中的胶原蛋白会被人体的消化系统分解，不会直接以胶原蛋白的形态补充到皮肤中。

B. 人们在日常生活中摄入的优质蛋白和水果、蔬菜中的营养物质，足以提供人体所需的胶原蛋白。

C. 猪蹄中胶原蛋白的含量并不多，但胆固醇含量高、脂肪多，食用过多会引起肥胖，还会增加患高血压的风险。

D. 猪蹄中的胶原蛋白经过人体消化后会被分解成氨基酸等物质，氨基酸参与人体生理活动，再合成人体必需的胶原蛋白等多种蛋白质。

E. 胶原蛋白是人体皮肤、骨骼和肌腱中的主要结构蛋白，它填充在真皮之间，撑起皮肤组织，增加皮肤紧密度，使皮肤水润而富有弹性。

35. 某单位有甲、乙、丙、丁、戊、己、庚、辛、壬、癸10名新进员工,他们所学专业是哲学、数学、化学、金融和会计5个专业之一,每人只学其中一个专业。已知:

(1)若甲、丙、壬、癸中至多有3人是数学专业,则丁、庚、辛3人都是化学专业;

(2)若乙、戊、己中至多有2人是哲学专业,则甲、丙、庚、辛4人专业各不相同。

根据上述信息,所学专业相同的新员工是:

A. 乙、戊、己。 B. 甲、壬、癸。 C. 丙、丁、癸。

D. 丙、戊、己。 E. 丁、庚、辛。

36. H市医保局发出如下公告:自即日起,本市将新增医保电子凭证就医结算,社保卡将不再作为就医结算的唯一凭证。本市所有定点医疗机构均已实现医保电子凭证的实时结算;本市参保人员可凭医保电子凭证就医结算,但只有将医保电子凭证激活后才能扫码使用。

以下哪项最符合上述H市医保局的公告内容?

A. H市非定点医疗机构没有实现医保电子凭证的实时结算。

B. 可使用医保电子凭证结算的医院不一定都是H市的定点医疗机构。

C. 凡持有社保卡的外地参保人员,均可在H市定点医疗机构就医结算。

D. 凡已激活医保电子凭证的外地参保人员,均可在H市定点医疗机构使用医保电子凭证扫码就医。

E. 凡未激活医保电子凭证的本地参保人员,均不能在H市定点医疗机构使用医保电子凭证扫码结算。

37. 宋、李、王、吴4人均订阅了《人民日报》《光明日报》《参考消息》《文汇报》中的两种报纸,每种报纸均有两人订阅,且各人订阅的均不完全相同。另外,还知道:

(1)如果吴至少订阅了《光明日报》《参考消息》中的一种,则李订阅了《人民日报》而王未订阅《光明日报》;

(2)如果李、王两人中至多有一人订阅了《文汇报》,则宋、吴均订阅了《人民日报》。

如果李订阅了《人民日报》,则可以得出以下哪项?

A. 宋订阅了《文汇报》。 B. 宋订阅了《人民日报》。

C. 王订阅了《参考消息》。 D. 吴订阅了《参考消息》。

E. 吴订阅了《人民日报》。

38. 在一项噪声污染与鱼类健康关系的实验中,研究人员将已感染寄生虫的孔雀鱼分成短期噪声组、长期噪声组和对照组,短期噪声组在噪声环境中连续暴露24小时,长期噪声组在同样的噪声环境中暴露7天,对照组则被置于一个安静环境中。在17天的监测期内,该研究人员发现,长期噪声组的鱼在第12天开始死亡,其他两组鱼则在第14天开始死亡。

以下哪项如果为真,最能解释上述实验结果?

A. 噪声污染不仅危害鱼类,也危害两栖动物、鸟类和爬行动物等。

B. 长期噪声污染会加速寄生虫对宿主鱼类的侵害,导致鱼类过早死亡。

C. 相比于天然环境,在充斥各种噪声的养殖场中,鱼更容易感染寄生虫。

D. 噪声污染使鱼类既要应对寄生虫的感染又要排除噪声干扰,增加鱼类健康风险。

E. 短期噪声组所受的噪声污染可能引起了鱼类的紧张情绪,但不至于损害它们的免疫系统。

39. 节日将至,某单位拟为职工发放福利品,每人可在甲、乙、丙、丁、戊、己、庚7种商品中选择其中的4种进行组合,并且每种组合还需满足如下要求:

(1) 若选择甲,则丁、戊和庚3种中至多选择其一;

(2) 若丙、己2种中至少选择1种,则必须选择乙但不能选择戊。

以下哪项组合符合上述要求?

A. 甲、丁、戊、己。　　B. 乙、丙、丁、戊。　　C. 甲、乙、戊、庚。

D. 乙、丁、戊、庚。　　E. 甲、丙、丁、己。

40. 幸福是一种主观愉悦的心理体验,更是一种认知和创造美好生活的能力。在日常生活中,每个人如果既能发现当下的不足,也能确立前进的目标,并通过实际行动改进不足和实现目标,就能始终保持对生活的乐观精神。而有了对生活的乐观精神,就会拥有幸福感。生活中大多数人都拥有幸福感;遗憾的是,也有一些人能发现当下的不足,并通过实际行动去改进,但他们却没有幸福感。

根据以上陈述,可以得出以下哪项?

A. 生活中大多数人都有对生活的乐观精神。

B. 个体的心理体验也是个体的一种行为能力。

C. 如果能发现当下的不足并努力改进,就能拥有幸福感。

D. 那些没有幸福感的人即使发现当下的不足,也不愿通过行动去改变。

E. 确立前进的目标并通过实际行动实现目标,生活中有些人没能做到这一点。

41~42题基于以下题干

本科生小刘拟在4个学年中选修甲、乙、丙、丁、戊、己、庚、辛8门课程,每个学年选修其中的1~3门课程,每门课程均在其中的1个学年修完。同时还满足:

(1) 后3个学年选修的课程数量均不同;

(2) 丙、己和辛课程安排在1个学年,丁课程安排在紧接其后的1个学年;

(3) 若第4学年至少选修甲、丙、丁中的1门课程,则第1学年仅选修戊、辛2门课程。

41. 如果乙在丁之前的学年选修,则可以得出以下哪项?

A. 乙在第1学年选修。　　B. 乙在第2学年选修。　　C. 丁在第2学年选修。

D. 丁在第4学年选修。　　E. 戊在第1学年选修。

42. 如果甲、庚均在乙之后的学年选修,则可以得出以下哪项?

A. 戊在第1学年选修。　　B. 戊在第3学年选修。　　C. 庚在甲之前的学年选修。

D. 甲在戊之前的学年选修。　　E. 庚在戊之前的学年选修。

43. 习俗因传承而深入人心,文化因赓续而繁荣兴盛。传统节日带给人们的不只是快乐和喜庆,还塑造着影响至深的文化自信。不忘历史才能开辟未来,善于继承才能善于创新。传统节日只有不断融入现代生活,其中的文化才能得以赓续而繁荣兴盛,才能为人们提供更多心灵滋养与精神力量。

根据以上信息,可以得出以下哪项?

A. 只有为人们提供更多心灵滋养与精神力量,传统文化才能得以赓续而繁荣兴盛。

B. 若传统节日更好地融入现代生活,就能为人们提供更多心灵滋养与精神力量。

C. 有些带给人们欢乐和喜庆的节日塑造着人们的文化自信。

D. 带有厚重历史文化的传统将引领人们开辟未来。

E. 深入人心的习俗将在不断创新中被传承。

44. 当前,不少教育题材影视剧贴近社会现实,直击子女升学、出国留学、代际冲突等教育痛点,引发社会广泛关注。电视剧一阵风,剧外人急红眼,很多家长触"剧"生情,过度代入,焦虑情绪不断增加,引得家庭"鸡飞狗跳",家庭与学校的关系不断紧张。有专家由此指出,这类教育影视剧只能贩卖焦虑,进一步激化社会冲突,对实现教育公平于事无补。

以下哪项如果为真,最能质疑上述专家的主张?

A. 当代社会教育资源客观上总是有限的且分配不平衡,教育竞争不可避免。

B. 父母过度焦虑轻则导致孩子间暗自攀比,重则影响亲子关系、家庭和睦。

C. 教育影视剧一旦引发广泛关注,就会对国家教育政策走向产生重要影响。

D. 教育影视剧提醒学校应明确职责,不能对义务教育实行"家长承包制"。

E. 家长不应成为教育焦虑的"剧中人",而应该用爱包容孩子的不完美。

45~46题基于以下题干

某电影院制订未来一周的排片计划。他们决定,周二至周日(周一休息)每天放映动作片、悬疑片、科幻片、纪录片、战争片、历史片6种类型中的一种,各不重复。已知排片还有如下要求:

(1)如果周二或周五放映悬疑片,则周三放映科幻片;

(2)如果周四或周六放映悬疑片,则周五放映战争片;

(3)战争片必须在周三放映。

45. 根据以上信息,可以得出以下哪项?

A. 周六放映科幻片。　　B. 周日放映悬疑片。　　C. 周五放映动作片。

D. 周二放映纪录片。　　E. 周四放映历史片。

46. 如果历史片的放映日期既与纪录片相邻,又与科幻片相邻,则可以得出以下哪项?

A. 周二放映纪录片。　　B. 周四放映纪录片。　　C. 周二放映动作片。

D. 周四放映科幻片。　　E. 周五放映动作片。

47. 有些科学家认为,基因调整技术能大幅延长人类寿命。他们在实验室中调整了一种小型土壤线虫的两组基因序列,成功将这种生物的寿命延长了5倍。他们据此声称,如果将延长线虫寿命的科学方法应用于人类,人活到500岁就会成为可能。

以下哪项如果为真,最能质疑上述科学家的观点?

A. 基因调整技术可能会导致下一代中一定比例的个体失去繁殖能力。

B. 即使将基因调整技术成功应用于人类,也只会有极少的人活到500岁。

C. 将延长线虫寿命的科学方法应用于人类,还需要经历较长一段时间。

D. 人类的生活方式复杂而多样,不良的生活习惯和心理压力会影响身心健康。

E. 人类寿命的提高幅度不会像线虫那样简单倍增,200岁以后寿命再延长基本不可能。

48. 贾某的邻居易某在自家阳台侧面安装了空调外机。空调一开,外机就向贾家卧室窗户方向吹热风,贾某对此叫苦不迭,于是找到易某协商此事。易某回答说:"现在哪家没装空调?别人安装就行,偏偏我家就不行?"

对于易某的回答,以下哪项评价最为恰当?

A. 易某的行为虽影响到了贾家的生活,但易某是正常行使自己的权利。

B. 易某的行为已经构成对贾家权利的侵害,应该立即停止这种侵权行为。

C. 易某没有将心比心,因为贾家也可以在正对易家卧室窗户处安装空调外机。

D. 易某在转移论题,问题不是能不能安装空调,而是安装空调该不该影响邻居。

E. 易某空调外机的安装不应正对贾家卧室的窗户,不能只顾自己享受而让贾家受罪。

49~50题基于以下题干

某校文学社王、李、周、丁4人每人只爱好诗歌、散文、戏剧、小说4种文学形式中的一种,且各不相同;他们每人只创作了上述4种中的一种作品,且形式各不相同;他们创作的作品形式与各自的文学爱好均不相同。已知:

(1)若王没有创作诗歌,则李爱好小说;

(2)若王没有创作诗歌,则李创作小说;

(3)若王创作诗歌,则李爱好小说且周爱好散文。

49. 根据上述信息,可以得出以下哪项?

A. 王爱好散文。　　B. 李爱好戏剧。　　C. 周爱好小说。

D. 丁爱好诗歌。　　E. 周爱好戏剧。

50. 如果丁创作散文,则可以得出以下哪项?

A. 周创作小说。　　B. 李创作诗歌。　　C. 李创作小说。

D. 周创作戏剧。 E. 王创作小说。

51. 有科学家进行了对比实验:在一些花坛中种植了金盏草,而在另外一些花坛中未种植金盏草。他们发现:种植了金盏草的花坛,玫瑰长得很繁茂;而那些未种植金盏草的花坛,玫瑰却呈现病态,很快就枯萎了。

以下哪项如果为真,最能解释上述现象?

A. 为了利于玫瑰的生长,某园艺公司推荐种植金盏草而不是直接喷洒农药。

B. 金盏草的根系深度不同于玫瑰,不会与其争夺营养,却可保持土壤湿度。

C. 金盏草的根部可分泌出一种能杀死土壤中害虫的物质,使玫瑰免受其侵害。

D. 玫瑰花坛中的金盏草常被认为是一种杂草,但它对玫瑰的生长具有奇特的作用。

E. 花匠会对种有金盏草和玫瑰的花坛施肥较多,而对仅种有玫瑰的花坛施肥偏少。

52. 李佳、贾元、夏辛、丁东、吴悠5位大学生暑期结伴去皖南旅游。对于5人将要游览的地点,他们却有不同的想法:

李佳:若去龙川,则也去呈坎。

贾元:龙川和徽州古城两个地方至少去一个。

夏辛:若去呈坎,则也去新安江山水画廊。

丁东:若去徽州古城,则也去新安江山水画廊。

吴悠:若去新安江山水画廊,则也去江村。

事后得知,5人的想法都得到了实现。

根据以上信息,上述5人游览的地点肯定有:

A. 龙川和呈坎。 B. 江村和新安江山水画廊。

C. 龙川和徽州古城。 D. 呈坎和新安江山水画廊。

E. 呈坎和徽州古城。

53. 胃底腺息肉是所有胃息肉中最为常见的一种良性病变。最常见的是散发型胃底腺息肉,它多发于50岁以上人群。研究人员在研究10万人的胃镜检查资料后发现,有胃底腺息肉的患者无人患胃癌,而没有胃底腺息肉的患者中有178人发现有胃癌。他们由此断定,胃底腺息肉与胃癌呈负相关。

以下哪项如果为真,最能支持上述研究人员的断定?

A. 有胃底腺息肉的患者绝大多数没有家族癌症史。

B. 在研究人员研究的10万人中,50岁以下的占大多数。

C. 在研究人员研究的10万人中,有胃底腺息肉的人仅占14%。

D. 有胃底腺息肉的患者罹患萎缩性胃炎、胃溃疡的概率显著降低。

E. 胃内一旦有胃底腺息肉,往往意味着没有感染致癌物"幽门螺杆菌"。

54~55题基于以下题干

某特色建筑项目评选活动设有纪念建筑、观演建筑、会堂建筑、商业建筑、工业建筑5个门类的奖项,甲、乙、丙、丁、戊、己6位建筑师均有2个项目入选上述不同门类的奖项,且每个门类均有上述6人的2~3个项目入选。已知:

(1)若甲或乙至少有一个项目入选观演建筑或工业建筑,则乙、丙入选的项目均是观演建筑和工业建筑;

(2)若乙或丁至少有一个项目入选观演建筑或会堂建筑,则乙、丁、戊入选的项目均是纪念建筑和工业建筑;

(3)若丁至少有一个项目入选纪念建筑或商业建筑,则甲、己入选的项目均在纪念建筑、观演建筑和商业建筑之中。

54. 根据上述信息,可以得出以下哪项?

A. 甲有项目入选观演建筑。 B. 丙有项目入选工业建筑。
C. 丁有项目入选商业建筑。 D. 戊有项目入选会堂建筑。
E. 己有项目入选纪念建筑。

55. 若己有项目入选商业建筑,则可以得出以下哪项?

A. 己有项目入选观演建筑。 B. 戊有项目入选工业建筑。
C. 丁有项目入选商业建筑。 D. 丙有项目入选观演建筑。
E. 乙有项目入选工业建筑。

2021 年管理类综合能力逻辑真题

第 26~55 小题,每小题 2 分,共 60 分。下列每题给出的 A、B、C、D、E 五个选项中,只有一项是符合试题要求的。

26. 哲学是关于世界观、方法论的学问,哲学的基本问题是思维和存在的关系问题,它是在总结各门具体科学知识基础上形成的,并不是一门具体科学。因此,经验的个案不能反驳它。

以下哪项如果为真,最能支持以上论述?

A. 哲学并不能推演出经验的个案。

B. 任何科学都要接受经验的检验。

C. 具体科学不研究思维和存在的关系问题。

D. 经验的个案只能反驳具体科学。

E. 哲学可以对具体科学提供指导。

27. M 大学社会学学院的老师都曾经对甲县某些乡镇进行家庭收支情况调研,N 大学历史学院的老师都曾经到甲县的所有乡镇进行历史考察。赵若兮曾经对甲县所有乡镇家庭收支情况进行调研,但未曾到项郚镇进行历史考察;陈北鱼曾经到梅河乡进行历史考察,但从未对甲县家庭收支情况进行调研。

根据以上信息,可以得出以下哪项?

A. 陈北鱼是 M 大学社会学学院的老师,且梅河乡是甲县的。

B. 若赵若兮是 N 大学历史学院的老师,则项郚镇不是甲县的。

C. 对甲县的家庭收支情况调研,也会涉及相关的历史考察。

D. 陈北鱼是 N 大学的老师。

E. 赵若兮是 M 大学的老师。

28. 研究人员招募了 300 名体重超标的男性,将其分成餐前锻炼组和餐后锻炼组,进行每周三次相同强度和相同时段的晨练。餐前锻炼组晨练前摄入零卡路里安慰剂饮料,晨练后摄入 200 卡路里的奶昔;餐后锻炼组晨练前摄入 200 卡路里的奶昔,晨练后摄入零卡路里安慰剂饮料。三周后发现,餐前锻炼组燃烧的脂肪比餐后锻炼组多。该研究人员由此推断,肥胖者若持续这样的餐前锻炼,就能在不增加运动强度或时间的情况下改善代谢能力,从而达到减肥效果。

以下哪项如果为真,最能支持该研究人员的上述推断?

A. 餐前锻炼组额外的代谢与体内肌肉中的脂肪减少有关。

B. 餐前锻炼组觉得自己在锻炼中消耗的脂肪比餐后锻炼组多。

C. 餐前锻炼可以增强肌肉细胞对胰岛素的反应,促使它更有效地消耗体内的糖分和脂肪。

D. 肌肉参与运动所需要的营养,可能来自最近饮食中进入血液的葡萄糖和脂肪成分,也可能来自体内储存的糖和脂肪。

E. 有些餐前锻炼组的人知道他们摄入的是安慰剂,但这并不影响他们锻炼的积极性。

29. 某企业董事会就建立健全企业管理制度与提高企业经济效益进行研讨。在研讨中,与会者发言如下:

甲:要提高企业经济效益,就必须建立健全企业管理制度。

乙:既要建立健全企业管理制度,又要提高企业经济效益,二者缺一不可。

丙:经济效益是基础和保障,只有提高企业经济效益,才能建立健全企业管理制度。

丁:如果不建立健全企业管理制度,就不能提高企业经济效益。

戊:不提高企业经济效益,就不能建立健全企业管理制度。

根据上述讨论,董事会最终做出了合理的决定,以下哪项是可能的?

A. 甲、乙的意见符合决定,丙的意见不符合决定。

B. 上述5人中只有1人的意见符合决定。

C. 上述5人中只有2人的意见符合决定。

D. 上述5人中只有3人的意见符合决定。

E. 上述5人的意见均不符合决定。

30. 气象台的实测气温与人实际的冷暖感受常常存在一定的差异。在同样的低温条件下,如果是阴雨天,人会感到特别冷,即通常说的"阴冷";如果同时赶上刮大风,人会感到寒风刺骨。

以下哪项如果为真,最能解释上述现象?

A. 人的体感温度除了受气温的影响外,还受风速与空气湿度的影响。

B. 低温情况下,如果风力不大、阳光充足,人不会感到特别寒冷。

C. 即使天气寒冷,若进行适当锻炼,人也不会感到太冷。

D. 即使室内外温度一致,但是走到有阳光的室外,人会感到温暖。

E. 炎热的夏日,电风扇转动时,尽管不改变环境温度,但人依然感到凉快。

31. 某俱乐部共有甲、乙、丙、丁、戊、己、庚、辛、壬、癸10名职业运动员,他们来自5个不同的国家(不存在双重国籍的情况)。已知:

(1) 该俱乐部的外援刚好占一半,他们是乙、戊、丁、庚、辛;

(2) 乙、丁、辛3人来自两个国家。

根据以上信息,可以得出以下哪项?

A. 甲、丙来自不同国家。　　　　　　B. 乙、辛来自不同国家。

C. 乙、庚来自不同国家。　　　　　　D. 丁、辛来自相同国家。

E. 戊、庚来自相同国家。

32. 某高校的李教授在网上撰文指责另一高校张教授早年发表的一篇论文存在抄袭现象。张教授知晓后,立即在同一网站对李教授的指责做出反驳。

以下哪项作为张教授的反驳最为有力?

A. 自己投稿在先而发表在后,所谓论文抄袭其实是他人抄自己。

B. 李教授的指责纯属栽赃陷害,混淆视听,破坏了大学教授的整体形象。

C. 李教授的指责是对自己不久前批评李教授学术观点所做的打击报复。

D. 李教授的指责可能背后有人指使,不排除受到两校不正当竞争的影响。

E. 李教授早年的两篇论文其实也存在不同程度的抄袭现象。

33. 某电影节设有"最佳故事片""最佳男主角""最佳女主角""最佳编剧""最佳导演"等多个奖项。颁奖前,有专业人士预测如下:

(1)若甲或乙获得"最佳导演",则"最佳女主角"和"最佳编剧"将在丙和丁中产生;

(2)只有影片P或影片Q获得"最佳故事片",其片中的主角才能获得"最佳男主角"或"最佳女主角";

(3)"最佳导演"和"最佳故事片"不会来自同一部影片。

以下哪项颁奖结果与上述预测不一致?

A. 乙没有获得"最佳导演","最佳男主角"来自影片Q。

B. 丙获得"最佳女主角","最佳编剧"来自影片P。

C. 丁获得"最佳编剧","最佳女主角"来自影片P。

D. "最佳女主角""最佳导演"都来自影片P。

E. 甲获得"最佳导演","最佳编剧"来自影片Q。

34. 黄瑞爱好书画收藏,他收藏的书画作品只有"真品""精品""名品""稀品""特品""完品",它们之间存在如下关系:

(1)若是"完品"或"真品",则是"稀品";

(2)若是"稀品"或"名品",则是"特品"。

现知道黄瑞收藏的一幅画不是"特品",则可以得出以下哪项?

A. 该画是"稀品"。　　　　B. 该画是"精品"。　　　　C. 该画是"完品"。

D. 该画是"名品"。　　　　E. 该画是"真品"。

35. 王、陆、田3人拟到甲、乙、丙、丁、戊、己6个景点结伴游览。关于游览的顺序,3人意见如下:

(1)王:1甲、2丁、3己、4乙、5戊、6丙。

(2)陆：1丁、2己、3戊、4甲、5乙、6丙。

(3)田：1己、2乙、3丙、4甲、5戊、6丁。

实际游览时，各人意见中都恰有一半的景点序号是正确的。

根据以上信息，他们实际游览的前3个景点分别是：

A.己、丁、丙。　　　　B.丁、乙、己。　　　　C.甲、乙、己。

D.乙、己、丙。　　　　E.丙、丁、己。

36."冈萨雷斯""埃尔南德斯""施米特""墨菲"这4个姓氏是且仅是卢森堡、阿根廷、墨西哥、爱尔兰四国中其中一国常见的姓氏。已知：

(1)"施米特"是阿根廷或卢森堡常见姓氏；

(2)若"施米特"是阿根廷常见姓氏，则"冈萨雷斯"是爱尔兰常见姓氏；

(3)若"埃尔南德斯"或"墨菲"是卢森堡常见姓氏，则"冈萨雷斯"是墨西哥常见姓氏。

根据以上信息，可以得出以下哪项？

A."施米特"是卢森堡常见姓氏。

B."埃尔南德斯"是卢森堡常见姓氏。

C."冈萨雷斯"是爱尔兰常见姓氏。

D."墨菲"是卢森堡常见姓氏。

E."墨菲"是阿根廷常见姓氏。

37.甲、乙、丙、丁、戊5人是某校美学专业2019级研究生，第一学期结束后，他们在张、陆、陈3位教授中选择导师，每人只选择1人作为导师，每位导师都有1~2人选择，并且得知：

(1)选择陆老师的研究生比选择张老师的多；

(2)若丙、丁中至少有1人选择张老师，则乙选择陈老师；

(3)若甲、丙、丁中至少有1人选择陆老师，则只有戊选择陈老师。

根据以上信息，可以得出以下哪项？

A.甲选择陆老师。　　　B.乙选择张老师。　　　C.丁、戊选择陆老师。

D.乙、丙选择陈老师。　　　E.丙、丁选择陈老师。

38.艺术活动是人类标志性的创造性劳动。在艺术家的心灵世界里，审美需求和情感表达是创造性劳动不可或缺的重要引擎；而人工智能没有自我意识，人工智能艺术作品的本质是模仿。因此，人工智能永远不能取代艺术家的创造性劳动。

以下哪项最可能是以上论述的假设？

A.没有艺术家的创作，就不可能有人工智能艺术品。

B.大多数人工智能作品缺乏创造性。

C.只有具备自我意识，才能具有审美需求和情感表达。

D.人工智能可以作为艺术创作的辅助工具。

E. 模仿的作品很少能表达情感。

39. 最近一项科学观测显示,太阳产生的带电粒子流即太阳风,含有数以千计的"滔天巨浪",其时速会突然暴增,可能导致太阳磁场自行反转,甚至会对地球产生有害影响。但目前我们对太阳风的变化及其如何影响地球知之甚少。据此有专家指出,为了更好保护地球免受太阳风的影响,必须更新现有的研究模式,另辟蹊径研究太阳风。

以下哪项如果为真,最能支持上述专家的观点?

A. 太阳风里有许多携带能量的粒子和磁场,而这些磁场会发生意想不到的变化。

B. 对太阳风的深入研究,将有助于防止太阳风大爆发时对地球的卫星和通信系统乃至地面电网造成的影响。

C. 目前,根据标准太阳模型预测太阳风变化所获得的最新结果与实际观测相比,误差为10~20倍。

D. 最新观测结果不仅改变了天文学家对太阳风的看法,而且将改变其预测太空天气事件的能力。

E. "高速"太阳风源于太阳南北极的大型日冕洞,而"低速"太阳风则来自太阳赤道上的较小日冕洞。

40~41题基于以下题干

冬奥组委会官网开通全球招募系统,正式招募冬奥会志愿者。张明、刘伟、庄敏、孙兰、李梅5人在一起讨论报名事宜。他们商量的结果如下:

(1)如果张明报名,则刘伟也报名;

(2)如果庄敏报名,则孙兰也报名;

(3)只要刘伟和孙兰两人中至少有1人报名,则李梅也报名。

后来得知,他们5人中恰有3人报名了。

40. 根据以上信息,可以得出以下哪项?

A. 张明报名了。   B. 刘伟报名了。   C. 庄敏报名了。

D. 孙兰报名了。   E. 李梅报名了。

41. 如果增加条件"若刘伟报名,则庄敏也报名",那么可以得出以下哪项?

A. 张明和刘伟都报名了。   B. 刘伟和庄敏都报名了。

C. 庄敏和孙兰都报名了。   D. 张明和孙兰都报名了。

E. 刘伟和李梅都报名了。

42. 酸奶作为一种健康食品,既营养丰富又美味可口,深受人们的喜爱,很多人饭后都不忘来杯酸奶。他们觉得,饭后喝杯酸奶能够解油腻、助消化。但近日有专家指出,饭后喝酸奶其实并不能帮助消化。

以下哪项如果为真,最能支持上述专家的观点?

A. 人体消化需要消化酶和有规律的肠胃运动,酸奶中没有消化酶,饮用酸奶也不能纠正无规律的肠胃运动。

B. 酸奶含有一定的糖分,吃饱了饭再喝酸奶会加重肠胃负担,同时也使身体增加额外的营养,容易导致肥胖。

C. 酸奶中的益生菌可以维持肠道消化系统的健康,但是这些菌群大多不耐酸,胃部的强酸环境会使其大部分失去活性。

D. 足量膳食纤维和维生素 B_1 被人体摄入后可有效促进肠胃蠕动,进而促进食物消化,但酸奶不含膳食纤维,维生素 B_1 的含量也不丰富。

E. 酸奶可以促进胃酸分泌,抑制有害菌在肠道内繁殖,有助于维持消化系统健康,对于食物消化能起到间接帮助作用。

43. 为进一步弘扬传统文化,有专家提议将每年的 2 月 1 日、3 月 1 日、4 月 1 日、9 月 1 日、11 月 1 日、12 月 1 日 6 天中的 3 天确定为"传统文化宣传日"。根据实际需要,确定日期必须考虑以下条件:

(1)若选择 2 月 1 日,则选择 9 月 1 日但不选 12 月 1 日;

(2)若 3 月 1 日、4 月 1 日至少选择其一,则不选 11 月 1 日。

以下哪项选定的日期与上述条件一致?

A. 2 月 1 日、3 月 1 日、4 月 1 日。　　B. 2 月 1 日、4 月 1 日、11 月 1 日。

C. 3 月 1 日、9 月 1 日、11 月 1 日。　　D. 4 月 1 日、9 月 1 日、11 月 1 日。

E. 9 月 1 日、11 月 1 日、12 月 1 日。

44. 今天的教育质量将决定明天的经济实力。PISA 是经济合作与发展组织每隔三年对 15 岁学生的阅读、数学和科学能力进行的一项测试。根据 2019 年最新测试结果,中国学生的总体表现远超其他国家学生。有专家认为,该结果意味着中国有一支优秀的后备力量以保障未来经济的发展。

以下哪项如果为真,最能支持上述专家的论证?

A. 这次 PISA 测试的评估重点是阅读能力,能很好地反映学生的受教育质量。

B. 在其他国际智力测试中,亚洲学生总体成绩最好,而中国学生又是亚洲最好的。

C. 未来经济发展的核心驱动力是创新,中国教育非常重视学生创新能力的培养。

D. 中国学生在 15 岁时各项能力尚处于上升期,他们未来会有更出色的表现。

E. 中国学生在阅读、数学和科学三项排名中均位列第一。

45. 下面有一 5×5 的方阵,它所含的每个小方格中可填入一个词(已有部分词填入)。现要求该方阵中的每行、每列及每个粗线条围住的五个小方格组成的区域中均含有"道路""制度""理论""文化""自信"5 个词,不能重复也不能遗漏。

根据上述要求,以下哪项是方阵顶行①②③④空格中从左至右依次应填入的词?

A. 道路、理论、制度、文化。　　B. 道路、文化、制度、理论。

C. 文化、理论、制度、自信。　　D. 理论、自信、文化、道路。

E. 制度、理论、道路、文化。

46. 水产品的脂肪含量相对较低,而且含有较多不饱和脂肪酸,对预防血脂异常和心血管疾病有一定作用;禽肉的脂肪含量也比较低,脂肪酸组成优于畜肉;畜肉中的瘦肉脂肪含量低于肥肉,瘦肉优于肥肉。因此,在肉类选择上,应该优先选择水产品,其次是禽肉,这样对身体更健康。

以下哪项如果为真,最能支持以上论述?

A. 所有人都有罹患心血管疾病的风险。

B. 肉类脂肪含量越低对人体越健康。

C. 人们认为根据自己的喜好选择肉类更有益于健康。

D. 人必须摄入适量的动物脂肪才能满足身体的需要。

E. 脂肪含量越低,不饱和脂肪酸含量越高。

47~48题基于以下题干

某剧团拟将历史故事"鸿门宴"搬上舞台。该剧有项王、沛公、项伯、张良、项庄、樊哙、范增7个主要角色,甲、乙、丙、丁、戊、己、庚7名演员每人只能扮演其中一个,且每个角色只能由其中一人扮演。根据各演员的特点,角色安排如下:

(1)如果甲不扮演沛公,则乙扮演项王;

(2)如果丙或己扮演张良,则丁扮演范增;

(3)如果乙不扮演项王,则丙扮演张良;

(4)如果丁不扮演樊哙,则庚或戊扮演沛公。

47. 根据上述信息,可以得出以下哪项?

A. 甲扮演沛公。　　B. 乙扮演项王。　　C. 丙扮演张良。

D. 丁扮演范增。　　E. 戊扮演樊哙。

48. 若甲扮演沛公而庚扮演项庄,则可以得出以下哪项?

A. 丙扮演项伯。 B. 丙扮演范增。 C. 丁扮演项伯。

D. 戊扮演张良。 E. 戊扮演樊哙。

49. 某医学专家提出一种简单的手指自我检测法:将双手放在眼前,把两个食指的指甲那一面贴在一起,正常情况下,应该看到两个指甲床之间有一个菱形的空间;如果看不到这个空间,则说明手指出现了杵状改变,这是患有某种心脏或肺部疾病的迹象。该专家认为,人们通过手指自我检测能快速判断自己是否患有心脏或肺部疾病。

以下哪项如果为真,最能质疑上述专家的论断?

A. 杵状改变可能由多种肺部疾病引起,如肺纤维化、支气管扩张等,而且这种病变需要经历较长的一段过程。

B. 杵状改变不是癌症的明确标志,仅有不足40%的肺癌患者有杵状改变。

C. 杵状改变检测只能作为一种参考,不能用来替代医生的专业判断。

D. 杵状改变有两个发展阶段,第一个阶段的畸变不是很明显,不足以判断人体是否有病变。

E. 杵状改变是手指末端软组织积液造成,而积液是由于过量血液注入该区域导致,其内在机理仍然不明。

50. 曾几何时,快速阅读进入了我们的培训课堂。培训者告诉学员,要按"之"字形浏览文章。只要精简我们看的地方,就能整体把握文本要义,从而提高阅读速度;真正的快速阅读能将阅读速度提高至少两倍,并不影响理解。但近来有科学家指出,快速阅读实际上是不可能的。

以下哪项如果为真,最能支持上述科学家的观点?

A. 阅读是一项复杂的任务,首先需要看到一个词,然后要检索其含义、引申义,再将其与上下文相联系。

B. 科学界始终对快速阅读持怀疑态度,那些声称能帮助人们实现快速阅读的人通常是为了谋生或赚钱。

C. 人的视力只能集中于相对较小的区域,不可能同时充分感知和阅读大范围文本,识别单词的能力限制了我们的阅读理解。

D. 个体阅读速度差异很大,那些阅读速度较快的人可能拥有较强的短时记忆或信息处理能力。

E. 大多声称能快速阅读的人实际上是在浏览,他们可能相当快地捕捉到文本的主要内容,但也会错过众多细枝末节。

51. 每篇优秀的论文都必须逻辑清晰且论据翔实,每篇经典的论文都必须主题鲜明且语言准确。实际上,如果论文论据翔实但主题不鲜明,或者论文语言准确而逻辑不清晰,则它们都不是优秀的论文。

根据以上信息,可以得出以下哪项?

A. 语言准确的经典论文逻辑清晰。

B. 论据不翔实的论文主题不鲜明。

C. 主题不鲜明的论文不是优秀的论文。

D. 逻辑不清晰的论文不是经典的论文。

E. 语言准确的优秀论文是经典的论文。

52. 除冰剂是冬季北方城市用于去除道路冰雪的常见产品。下表显示了五种除冰剂的各项特征:

除冰剂类型	融冰速度	破坏道路设施的可能风险	污染土壤的可能风险	污染水体的可能风险
I	快	高	高	高
II	中等	中	低	中
III	较慢	低	低	中
IV	快	中	中	低
V	较慢	低	低	低

以下哪项对上述五种除冰剂的特征概括最为准确?

A. 融冰速度较慢的除冰剂在污染土壤和污染水体方面的风险都低。

B. 没有一种融冰速度快的除冰剂三个方面的风险都高。

C. 若某种除冰剂至少在两个方面风险低,则其融冰速度一定较慢。

D. 若某种除冰剂三方面风险都不高,则其融冰速度一定也不快。

E. 若某种除冰剂在破坏道路设施和污染土壤方面的风险都不高,则其融冰速度一定较慢。

53. 孩子在很小的时候,对接触到的东西都要摸一摸、尝一尝,甚至还会吞下去。孩子天生就对这个世界抱有强烈的好奇心,但随着孩子慢慢长大,特别是进入学校之后,他们的好奇心越来越少。对此有教育专家认为,这是由于孩子受到外在的不当激励所造成的。

以下哪项如果为真,最能支持上述专家观点?

A. 现在许多孩子迷恋电脑、手机,对书本知识感到索然无味。

B. 野外郊游可以激发孩子好奇心,长时间宅在家里就会产生思维惰性。

C. 老师、家长只看考试成绩,导致孩子只知道死记硬背书本知识。

D. 现在孩子所做的很多事情大多迫于老师、家长等的外部压力。

E. 孩子助人为乐能获得褒奖,损人利己往往受到批评。

54~55题基于以下题干

某高铁线路设有"东沟""西山""南镇""北阳""中丘"5座高铁站。该线路现有甲、乙、丙、丁、戊5趟车运行。这5座高铁站中,每站均恰好有3趟车停靠,且甲车和乙车停靠的站均不相同。已知:

(1) 若乙车或丙车至少有一车在"北阳"停靠,则它们均在"东沟"停靠;

(2) 若丁车在"北阳"停靠,则丙、丁和戊车均在"中丘"停靠;

(3) 若甲、乙和丙车中至少有2趟车在"东沟"停靠,则这3趟车均在"西山"停靠。

54. 根据上述信息,可以得出以下哪项?

A. 甲车不在"中丘"停靠。
B. 乙车不在"西山"停靠。
C. 丙车不在"东沟"停靠。
D. 丁车不在"北阳"停靠。
E. 戊车不在"南镇"停靠。

55. 若没有车在每站都停靠,则可以得出以下哪项?

A. 甲车在"南镇"停靠。
B. 乙车在"东沟"停靠。
C. 丙车在"西山"停靠。
D. 丁车在"南镇"停靠。
E. 戊车在"西山"停靠。

2020年管理类综合能力逻辑真题

第26~55小题,每小题2分,共60分。下列每题给出的A、B、C、D、E五个选项中,只有一项是符合试题要求的。

26. 领导干部对于各种批评意见应采取有则改之、无则加勉的态度,营造言者无罪、闻者足戒的氛围。只有这样,人们才能知无不言、言无不尽。领导干部只有从谏如流并为说真话者撑腰,才能做到"兼听则明"或做出科学决策;只有乐于和善于听取各种不同意见,才能营造风清气正的政治生态。

根据以上信息,可以得出以下哪项?

A. 领导干部必须善待批评、从谏如流,为说真话者撑腰。

B. 大多数领导干部对于批评意见能够采取有则改之、无则加勉的态度。

C. 领导干部如果不能从谏如流,就不能做出科学决策。

D. 只有营造言者无罪、闻者足戒的氛围,才能形成风清气正的政治生态。

E. 领导干部只有乐于和善于听取各种不同意见,人们才能知无不言、言无不尽。

27. 某教授组织了120名年轻的参试者,先让他们熟悉电脑上的一个虚拟城市,然后让他们以最快速度寻找由指定地点到达关键地标的最短路线,最后再让他们识别茴香、花椒等40种芳香植物的气味。结果发现,寻路任务中得分较高者其嗅觉也比较灵敏。该教授由此推测,一个人空间记忆力好、方向感强,就会使其嗅觉更为灵敏。

以下哪项如果为真,最能质疑该教授的上述推测?

A. 大多数动物主要靠嗅觉寻找食物、躲避天敌,其嗅觉进化有助于"导航"。

B. 有些参试者是美食家,经常被邀请到城市各处的特色餐馆品尝美食。

C. 部分参试者是马拉松运动员,他们经常参加一些城市举办的马拉松比赛。

D. 在同样的测试中,该教授本人在嗅觉灵敏度和空间方向感方面都不如年轻人。

E. 有的年轻人喜欢玩方向感要求较高的电脑游戏,因过分投入而食不知味。

28. 有学校提出,将效仿免费师范生制度,提供减免学费等优惠条件以吸引成绩优秀的调剂生,提高医学人才培养质量。有专家对此提出反对意见:医生是既崇高又辛苦的职业,要有足够的爱心和兴趣才能做好,因此,宁可招不满,也不要招收调剂生。

以下哪项最可能是上述专家论断的假设?

A. 没有奉献精神,就无法学好医学。

B. 如果缺乏爱心,就不能从事医生这一崇高的职业。

C. 调剂生往往对医学缺乏兴趣。

D. 因优惠条件而报考医学的学生往往缺乏奉献精神。

E. 有爱心并对医学有兴趣的学生不会在意是否收费。

29. 某公司为员工免费提供菊花、绿茶、红茶、咖啡和大麦茶 5 种饮品。现有甲、乙、丙、丁、戊 5 位员工,他们每人都只喜欢其中的 2 种饮品,且每种饮品都只有 2 人喜欢。已知:

(1)甲和乙喜欢菊花,且分别喜欢绿茶和红茶中的一种;

(2)丙和戊分别喜欢咖啡和大麦茶中的一种。

根据上述信息,可以得出以下哪项?

A. 甲喜欢菊花和绿茶。   B. 乙喜欢菊花和红茶。

C. 丙喜欢红茶和咖啡。   D. 丁喜欢咖啡和大麦茶。

E. 戊喜欢绿茶和大麦茶。

30. 考生若考试通过并且体检合格,则将被录取。因此,如果李铭考试通过,但未被录取,那么他一定体检不合格。

以下哪项与以上论证方式最为相似?

A. 若明天是节假日并且天气晴朗,则小吴将去爬山。因此,如果小吴未去爬山,那么第二天一定不是节假日或者天气不好。

B. 一个数若能被 3 整除且能被 5 整除,则这个数能被 15 整除。因此,一个数若能被 3 整除但不能被 5 整除,则这个数一定不能被 15 整除。

C. 甲单位员工若去广州出差并且是单人前往,则均乘坐高铁。因此,甲单位小吴如果去广州出差,但未乘坐高铁,那么他一定不是单人前往。

D. 若现在是春天并且雨水充沛,则这里野草丰美。因此,如果这里野草丰美,但雨水不充沛,那么现在一定不是春天。

E. 一壶茶若水质良好且温度适中,则一定茶香四溢。因此,如果这壶茶水质良好且茶香四溢,那么一定温度适中。

31~32 题基于以下题干

"立春""春分""立夏""夏至""立秋""秋分""立冬""冬至"是我国二十四节气中的八个节气,"凉风""广莫风""明庶风""条风""清明风""景风""阊阖风""不周风"是八种节风。上述八个节气与八种节风之间一一对应。已知:

(1)"立秋"对应"凉风";

(2)"冬至"对应"不周风""广莫风"之一;

(3)若"立夏"对应"清明风",则"夏至"对应"条风"或者"立冬"对应"不周风";

(4)若"立夏"不对应"清明风"或者"立春"不对应"条风",则"冬至"对应"明庶风"。

31. 根据上述信息,可以得出以下哪项?

A. "秋分"不对应"明庶风"。   B. "立冬"不对应"广莫风"。

C. "夏至"不对应"景风"。　　　　　　D. "立夏"不对应"清明风"。

E. "春分"不对应"闾阖风"。

32. 若"春分"和"秋分"两节气对应的节风在"明庶风"和"闾阖风"之中,则可以得出以下哪项?

A. "春分"对应"闾阖风"。　　　　　　B. "秋分"对应"明庶风"。

C. "立春"对应"清明风"。　　　　　　D. "冬至"对应"不周风"。

E. "夏至"对应"景风"。

33. 小王:在这次年终考评中,女员工的绩效都比男员工高。

小李:这么说,新入职员工中绩效最好的还不如绩效最差的女员工。

以下哪项如果为真,最能支持小李的上述论断?

A. 男员工都是新入职的。

B. 新入职的员工有些是女性。

C. 新入职的员工都是男性。

D. 部分新入职的女员工没有参与绩效考评。

E. 女员工更乐意加班,而加班绩效翻倍计算。

34. 某市 2018 年的人口发展报告显示,该市常住人口 1 170 万,其中常住外来人口 440 万,户籍人口 730 万。从区级人口分布情况来看,该市 G 区常住人口 240 万,居各区之首;H 区常住人口 200 万,位居第二;同时,这两个区也是吸纳外来人口较多的区域,两个区常住外来人口 200 万,占全市常住外来人口的 45% 以上。

根据以上陈述,可以得出以下哪项?

A. 该市 G 区的户籍人口比 H 区的常住外来人口多。

B. 该市 H 区的户籍人口比 G 区的常住外来人口多。

C. 该市 H 区的户籍人口比 H 区的常住外来人口多。

D. 该市 G 区的户籍人口比 G 区的常住外来人口多。

E. 该市其他各区的常住外来人口都没有 G 区或 H 区的多。

35. 移动支付如今正在北京、上海等大中城市迅速普及。但是,并非所有中国人都熟悉这种新的支付方式,很多老年人仍然习惯传统的现金交易。有专家因此断言,移动支付的迅速普及会将老年人阻挡在消费经济之外,从而影响他们晚年的生活质量。

以下哪项如果为真,最能质疑上述专家的论断?

A. 到 2030 年,中国 60 岁以上人口将增至 3.2 亿,老年人的生活质量将进一步引起社会关注。

B. 有许多老年人因年事已高,基本不直接进行购物消费,所需物品一般由儿女或社会提供,他们的晚年生活很幸福。

C. 国家有关部门近年来出台多项政策指出,消费者在使用现金支付被拒时可以投诉,但仍有不少商家我行我素。

D. 许多老年人已在家中或社区活动中心学会移动支付的方法以及防范网络诈骗的技巧。

E. 有些老年人视力不好,看不清手机屏幕;有些老年人记忆力不好,记不住手机支付密码。

36. 下表显示了某城市过去一周的天气情况:

星期一	星期二	星期三	星期四	星期五	星期六	星期天
东南风	南风	无风	北风	无风	西风	东风
1~2级	4~5级		1~2级		3~4级	2~3级
小雨	晴	小雪	阵雨	晴	阴	中雨

以下哪项对该城市这一周天气情况的概括最为准确?

A. 每日或者刮风,或者下雨。

B. 每日或者刮风,或者晴天。

C. 每日或者无风,或者无雨。

D. 若有风且风力超过3级,则该日是晴天。

E. 若有风且风力不超过3级,则该日不是晴天。

37~38题基于以下题干

放假3天,小李夫妇除安排一天休息之外,其他两天准备做6件事:①购物(这件事编号为①,其他依次类推);②看望双方父母;③郊游;④带孩子去游乐场;⑤去市内公园;⑥去影院看电影。他们商定:

(1) 每件事均做一次,且在1天内做完,每天至少做两件事;

(2) ④和⑤安排在同一天完成;

(3) ②在③之前1天完成。

37. 如果③和④安排在假期的第2天,则以下哪项是可能的?

A. ①安排在第2天。　　　　B. ②安排在第2天。

C. 休息安排在第1天。　　　D. ⑥安排在最后一天。

E. ⑤安排在第1天。

38. 如果假期第2天只做⑥等3件事,则可以得出以下哪项?

A. ②安排在①的前一天。　　B. ①安排在休息一天之后。

C. ①和⑥安排在同一天。　　D. ②和④安排在同一天。

E. ③和④安排在同一天。

39. 因业务需要,某公司欲将甲、乙、丙、丁、戊、己、庚7个部门合并到丑、寅、卯3个子公司。已知:

(1) 一个部门只能合并到一个子公司;

(2) 若丁和丙中至少有一个未合并到丑公司,则戊和甲均合并到丑公司;

(3) 若甲、己、庚中至少有一个未合并到卯公司,则戊合并到寅公司且丙合并到卯公司。

根据上述信息,可以得出以下哪项?

A. 甲、丁均合并到丑公司。　　　　　B. 乙、戊均合并到寅公司。

C. 乙、丙均合并到寅公司。　　　　　D. 丁、丙均合并到丑公司。

E. 庚、戊均合并到卯公司。

40. 王研究员:吃早餐对身体有害,因为吃早餐会导致皮质醇峰值更高,进而导致体内胰岛素异常,这可能引发Ⅱ型糖尿病。

李教授:事实并非如此。因为上午皮质醇水平高只是人体生理节律的表现,而不吃早餐不仅会增加患Ⅱ型糖尿病的风险,还会增加患其他疾病的风险。

以下哪项如果为真,最能支持李教授的观点?

A. 一日之计在于晨,吃早餐可以补充人体消耗,同时为一天的工作准备能量。

B. 糖尿病患者若在9点至15点之间摄入一天所需的卡路里,血糖水平就能保持基本稳定。

C. 经常不吃早餐,上午工作处于饥饿状态,不利于血糖调节,容易患上胃溃疡、胆结石等疾病。

D. 如今,人们工作繁忙,晚睡晚起现象非常普遍,很难按时吃早餐,身体常常处于亚健康状态。

E. 不吃早餐的人通常缺乏营养和健康方面的知识,容易形成不良生活习惯。

41. 某语言学爱好者欲基于无涵义语词、有涵义语词构造合法的语句。已知:

(1) 无涵义语词有 a、b、c、d、e、f,有涵义语词有 W、Z、X;

(2) 如果两个无涵义语词通过一个有涵义语词连接,则它们构成一个有涵义语词;

(3) 如果两个有涵义语词直接连接,则它们构成一个有涵义语词;

(4) 如果两个有涵义语词通过一个无涵义语词连接,则它们构成一个合法的语句。

根据上述信息,以下哪项是合法的语句?

A. aWbcdXeZ。　　　　B. aWbcdaZe。　　　　C. fXaZbZWb。

D. aZdacdf X。　　　　E. XWbaZdWc。

42. 某单位拟在椿树、枣树、楝树、雪松、银杏、桃树中选4种栽种在庭院中。已知:

(1) 椿树、枣树至少种植一种;

(2) 如果种植椿树,则种植楝树但不种植雪松;

(3) 如果种植枣树,则种植雪松但不种植银杏。

如果庭院中种植银杏,则以下哪项是不可能的?

A. 种植椿树。　　　　B. 种植楝树。　　　　C. 不种植枣树。

D. 不种植雪松。　　　　E. 不种植桃树。

43. 披毛犀化石多分布在欧亚大陆北部，我国东北平原、华北平原、西藏等地也偶有发现。披毛犀有一个独特的构造——鼻中隔，简单地说就是鼻子中间的骨头。研究发现，西藏披毛犀化石的鼻中隔只是一块不完全的硬骨，早先在亚洲北部、西伯利亚等地发现的披毛犀化石的鼻中隔要比西藏披毛犀的"完全"，这说明西藏披毛犀具有更原始的形态。

以下哪项如果为真，最能支持以上论述？

A. 一个物种不可能有两个起源地。

B. 西藏披毛犀化石是目前已知最早的披毛犀化石。

C. 为了在冰雪环境中生存，披毛犀的鼻中隔经历了由软到硬的进化过程，并最终形成一块完整的骨头。

D. 冬季的青藏高原犹如冰期动物的"训练基地"，披毛犀在这里受到耐寒训练。

E. 随着冰期的到来，有了适应寒冷的能力的西藏披毛犀走出西藏，往北迁徙。

44. 黄土高原以前植被丰富，长满大树，而现在千沟万壑，不见树木，这是植被遭破坏后水流冲刷大地造成的惨痛结果。有专家进一步分析认为，现在黄土高原不长植物，是因为这里的黄土其实都是生土。

以下哪项最可能是上述专家推断的假设？

A. 生土不长庄稼，只有通过土壤改造等手段才适宜种植粮食作物。

B. 因缺少应有的投入，生土无人愿意耕种，无人耕种的土地瘠薄。

C. 生土是水土流失造成的恶果，缺乏植物生长所需要的营养成分。

D. 东北的黑土地中含有较厚的腐殖层，这种腐殖层适合植物的生长。

E. 植物的生长依赖熟土，而熟土的存续依赖人类对植被的保护。

45. 日前，科学家发明了一项技术，可以把二氧化碳等物质"电成"有营养价值的蛋白粉，这项技术不像种庄稼那样需要具备合适的气温、湿度和土壤等条件。他们由此认为，这项技术开辟了未来新型食物生产的新路，有助于解决全球饥饿问题。

以下各项如果为真，则除了哪项均能支持上述科学家的观点？

A. 让二氧化碳、水和微生物一起接受电流电击，可以产生出有营养价值的食物。

B. 粮食问题是全球性重大难题，联合国估计到2050年将有20亿人缺乏基本营养。

C. 把二氧化碳等物质"电成"蛋白粉的技术将彻底改变农业，还能避免对环境造成不利影响。

D. 由二氧化碳等物质"电成"的蛋白粉，约含50%的蛋白质、25%的碳水化合物、核酸及脂肪。

E. 未来这项技术将被引入沙漠或其他面临饥荒的地区，为解决那里的饥饿问题提供重要帮助。

46~47题基于以下题干

某公司甲、乙、丙、丁、戊5人爱好出国旅游。去年，在日本、韩国、英国和法国4国中，他们每人都去了其中的两个国家旅游，且每个国家总有他们中的2~3人去旅游。已知：

(1) 如果甲去韩国，则丁不去英国；

(2) 丙和戊去年总是结伴出国旅游；

(3) 丁和乙只去欧洲国家旅游。

46. 根据以上信息，可以得出以下哪项？

A. 甲去了韩国和日本。　　　　B. 乙去了英国和日本。
C. 丙去了韩国和英国。　　　　D. 丁去了日本和法国。
E. 戊去了韩国和日本。

47. 如果5人去欧洲国家旅游的总人次与去亚洲国家的一样多，则可以得出以下哪项？

A. 甲去了日本。　　B. 甲去了英国。　　C. 甲去了法国。
D. 戊去了英国。　　E. 戊去了法国。

48. 1818年前后，纽约市规定，所有买卖的鱼油都需要经过检查，同时缴纳每桶25美元的检查费。一天，一名鱼油商人买了三桶鲸鱼油，打算把鲸鱼油制成蜡烛出售。鱼油检查员发现这些鲸鱼油根本没经过检查，根据鱼油法案，该商人需要接受检查并缴费。但该商人声称鲸鱼不是鱼，拒绝缴费，遂被告上法庭。陪审团最后支持了原告，判决该商人支付75美元检查费。

以下哪项如果为真，最能支持陪审团所做的判决？

A. 纽约市相关法律已经明确规定，"鱼油"包括鲸鱼油和其他鱼类的油。
B. "鲸鱼不是鱼"和中国古代公孙龙的"白马非马"类似，两者都是违反常识的诡辩。
C. 19世纪的美国虽有许多人认为鲸鱼是鱼，但是也有许多人认为鲸鱼不是鱼。
D. 当时多数从事科学研究的人都肯定鲸鱼不是鱼，而律师和政客持反对意见。
E. 古希腊有先哲早就把鲸鱼归类到胎生四足动物和卵生四足动物之下，比鱼类更高一级。

49. 尽管近年来我国引进不少人才，但真正顶尖的领军人才还是凤毛麟角。就全球而言，人才特别是高层次人才紧缺已呈常态化、长期化趋势。某专家由此认为，未来10年，美国、加拿大、德国等主要发达国家对高层次人才的争夺将进一步加剧，而发展中国家的高层次人才紧缺状况更甚于发达国家。因此，我国高层次人才引进工作急需进一步加强。

以下哪项如果为真，最能加强上述专家的论证？

A. 我国理工科高层次人才紧缺程度更甚于文科。
B. 发展中国家的一般性人才不比发达国家少。
C. 我国仍然是发展中国家。

D. 人才是衡量一个国家综合国力的重要指标。

E. 我国近年来引进的领军人才数量不及美国等发达国家。

50. 移动互联网时代,人们随时都可进行数字阅读。浏览网页、读电子书是数字阅读,刷微博、朋友圈也是数字阅读。长期以来,一直有人担忧数字阅读的碎片化、表面化。但近来有专家表示,数字阅读具有重要价值,是阅读的未来发展趋势。

以下哪项如果为真,最能支持上述专家的观点?

A. 长有长的用处,短有短的好处,不求甚解的数字阅读也未尝不可,说不定在未来某一时刻,当初阅读的信息就会浮现出来,对自己的生活产生影响。

B. 当前人们越来越多地通过数字阅读了解热点信息,通过网络进行相互交流,但网络交流者常常伪装或匿名,可能会提供虚假信息。

C. 有些网络读书平台能够提供精致的读书服务,他们不仅帮你选书,而且帮你读书,你只需"听"即可,但用"听"的方式去读书,效率较低。

D. 数字阅读容易挤占纸质阅读的时间,毕竟纸质阅读具有系统、全面、健康、不依赖电子设备等优点,仍将是阅读的主要方式。

E. 数字阅读便于信息筛选,阅读者能在短时间内对相关信息进行初步了解,也可以此为基础做深入了解,相关网络阅读服务平台近几年已越来越多。

51. 某街道的综合部、建设部、平安部和民生部四个部门,需要负责街道的秩序、安全、环境、协调等四项工作,每个部门只负责其中的一项工作,且各部门负责的工作各不相同。已知:

(1)如果建设部负责环境或秩序,则综合部负责协调或秩序;

(2)如果平安部负责环境或协调,则民生部负责协调或秩序。

根据以上信息,以下哪项工作安排是可能的?

A. 建设部负责环境,平安部负责协调。

B. 建设部负责秩序,民生部负责协调。

C. 综合部负责安全,民生部负责协调。

D. 民生部负责安全,综合部负责秩序。

E. 平安部负责安全,建设部负责秩序。

52. 人非生而知之者,孰能无惑?惑而不从师,其为惑也,终不解矣。生乎吾前,其闻道也固先乎吾,吾从而师之;生乎吾后,其闻道也亦先乎吾,吾从而师之。吾师道也,夫庸知其年之先后生于吾乎?是故无贵无贱,无长无少,道之所存,师之所存也。

根据以上信息,可以得出以下哪项?

A. 与吾生乎同时,其闻道也必先乎吾。

B. 师之所存,道之所存也。

C. 无贵无贱,无长无少,皆为吾师。

D. 与吾生乎同时,其闻道不必先乎吾。

E. 若解惑,必从师。

53. 学问的本来意义与人的生命、生活有关。但是,如果学问成为口号或教条,就会失去其本来的意义。因此,任何学问都不应该成为口号或教条。

以下哪项与上述论证方式最为相似?

A. 椎间盘是没有血液循环的组织。但是,如果要确保其功能正常运转,就需依靠其周围流过的血液提供养分。因此,培养功能正常运转的人工椎间盘应该很困难。

B. 大脑会改编现实经历。但是,如果大脑只是储存现实经历的"文件柜",就不会对其进行改编。因此,大脑不应该只是储存现实经历的"文件柜"。

C. 人工智能应该可以判断黑猫和白猫都是猫。但是,如果人工智能不预先"消化"大量照片,就无从判断黑猫和白猫都是猫。因此,人工智能必须预先"消化"大量照片。

D. 机器人没有人类的弱点和偏见。但是,只有数据得到正确采集和分析,机器人才不会"主观臆断"。因此,机器人应该也有类似的弱点和偏见。

E. 历史包含必然性。但是,如果坚信历史只包含必然性,就会阻止我们用不断积累的历史数据去证实或证伪它。因此,历史不应该只包含必然性。

54~55题基于以下题干

某项测试共有4道题,每道题给出A、B、C、D四个选项,其中只有一项是正确答案。现有张、王、赵、李4人参加了测试,他们的答题情况和测试结果如下:

答题者	第一题	第二题	第三题	第四题	测试结果
张	A	B	A	B	均不正确
王	B	D	B	C	只答对1题
赵	D	A	D	B	均不正确
李	C	C	B	D	只答对1题

54. 根据以上信息,可以得出以下哪项?

A. 第二题的正确答案是C。 B. 第二题的正确答案是D。

C. 第三题的正确答案是D。 D. 第四题的正确答案是A。

E. 第四题的正确答案是D。

55. 如果每道题的正确答案各不相同,则可以得出以下哪项?

A. 第一题的正确答案是B。 B. 第一题的正确答案是C。

C. 第二题的正确答案是D。 D. 第二题的正确答案是A。

E. 第三题的正确答案是C。

2019年管理类综合能力逻辑真题

第26~55小题,每小题2分,共60分。下列每题给出的A、B、C、D、E五个选项中,只有一项是符合试题要求的。

26. 新常态下,消费需求发生深刻变化,消费拉开档次,个性化、多样化消费渐成主流。在相当一部分消费者那里,对产品质量的追求压倒了对价格的考虑。供给侧结构性改革,说到底是满足需求。低质量的产能必然会过剩,而顺应市场需求不断更新换代的产能不会过剩。

根据以上陈述,可以得出以下哪项?

A. 只有质优价高的产品才能满足需求。

B. 顺应市场需求不断更新换代的产能不是低质量的产能。

C. 低质量的产能不能满足个性化需求。

D. 只有不断更新换代的产品才能满足个性化、多样化消费的需求。

E. 新常态下,必须进行供给侧结构性改革。

27. 据碳-14检测,卡皮瓦拉山岩画的创作时间最早可追溯到3万年前。在文字尚未出现的时代,岩画是人类沟通交流、传递信息、记录日常生活的主要方式。于是今天的我们可以在这些岩画中看到:一位母亲将孩子举起嬉戏,一家人在仰望并试图碰触头上的星空……动物是岩画的另一个主角,比如巨型犰狳、马鹿、螃蟹等。在许多画面中,人们手持长矛,追逐着前方的猎物。由此可以推断,此时的人类已经居于食物链的顶端。

以下哪项如果为真,最能支持上述推断?

A. 岩画中出现的动物一般是当时人类捕猎的对象。

B. 3万年前,人类需要避免自己被虎豹等大型食肉动物猎杀。

C. 能够使用工具使得人类可以猎杀其他动物,而不是相反。

D. 有了岩画,人类可以将生活经验保留下来供后代学习,这极大地提高了人类的生存能力。

E. 对星空的敬畏是人类脱离动物、产生宗教的动因之一。

28. 李诗、王悦、杜舒、刘默是唐诗宋词的爱好者,在唐朝诗人李白、杜甫、王维、刘禹锡中4人各喜爱其中一位,且每人喜爱的唐诗作者不与自己同姓。关于他们4人,已知:

(1) 如果爱好王维的诗,那么也爱好辛弃疾的词;

(2) 如果爱好刘禹锡的诗,那么也爱好岳飞的词;

(3) 如果爱好杜甫的诗,那么也爱好苏轼的词。

如果李诗不爱好苏轼和辛弃疾的词,则可以得出以下哪项?

A. 杜舒爱好辛弃疾的词。　　　　B. 王悦爱好苏轼的词。

C. 刘默爱好苏轼的词。　　　　　D. 李诗爱好岳飞的词。

E. 杜舒爱好岳飞的词。

29. 人们一直在争论猫与狗谁更聪明。最近,有些科学家不仅研究了动物脑容量的大小,还研究其大脑皮层神经细胞的数量,发现猫平常似乎总摆出一副智力占优的神态,但猫的大脑皮层神经细胞的数量只有普通金毛犬的一半。由此,他们得出结论:狗比猫更聪明。

以下哪项最可能是上述科学家得出结论的假设?

A. 狗善于与人类合作,可以充当导盲犬、陪护犬、搜救犬、警犬等,就对人类的贡献而言,狗能做的似乎比猫多。

B. 狗可能继承了狼结群捕猎的特点,为了互相配合,它们需要做出一些复杂行为。

C. 动物大脑皮层神经细胞的数量与动物的聪明程度呈正相关。

D. 猫的脑神经细胞数量比狗少,是因为猫不像狗那样"爱交际"。

E. 棕熊的脑容量是金毛犬的3倍,但其脑神经细胞的数量却少于金毛犬,与猫很接近,而棕熊的脑容量却是猫的10倍。

30~31题基于以下题干

某单位拟派遣3名德才兼备的干部到西部山区进行精准扶贫。报名者踊跃,经过考察,最终确定了陈甲、傅乙、赵丙、邓丁、刘戊、张己6名候选人。根据工作需要,派遣还需满足以下条件:

(1)若派遣陈甲,则派遣邓丁但不派遣张己;

(2)若傅乙、赵丙至少派遣1人,则不派遣刘戊。

30. 以下哪项的派遣人选和上述条件不矛盾?

A. 赵丙、邓丁、刘戊。　　　　　B. 陈甲、傅乙、赵丙。

C. 傅乙、邓丁、刘戊。　　　　　D. 邓丁、刘戊、张己。

E. 陈甲、赵丙、刘戊。

31. 如果陈甲、刘戊至少派遣1人,则可以得出以下哪项?

A. 派遣刘戊。　　　B. 派遣赵丙。　　　C. 派遣陈甲。

D. 派遣傅乙。　　　E. 派遣邓丁。

32. 近年来,手机、电脑的使用导致工作与生活界限日益模糊,人们的平均睡眠时间一直在减少,熬夜已成为现代人生活的常态。科学研究表明,熬夜有损身体健康,睡眠不足不仅仅是多打几个哈欠那么简单。有科学家据此建议,人们应该遵守作息规律。

以下哪项如果为真,最能支持上述科学家所做的建议?

A. 长期睡眠不足会导致高血压、糖尿病、肥胖症、抑郁症等多种疾病,严重时还会造成意外伤害或死亡。

B. 缺乏睡眠会降低体内脂肪调节瘦素激素的水平,同时增加饥饿激素,容易导致暴饮暴食、体重增加。

C. 熬夜会让人的反应变慢、认知退步、思维能力下降,还会引发情绪失控,影响与他人的交流。

D. 所有的生命形式都需要休息与睡眠。在人类进化过程中,睡眠这个让人短暂失去自我意识、变得极其脆弱的过程并未被大自然淘汰。

E. 睡眠是身体的自然美容师,与那些睡眠充足的人相比,睡眠不足的人看上去面容憔悴,缺乏魅力。

33. 有一论证(相关语句用序号表示)如下:

①今天,我们仍然要提倡勤俭节约。②节约可以增加社会保障资源。③我国尚有不少地区的人民生活贫困,亟需更多社会保障资源,但也有一些人浪费严重。④节约可以减少资源消耗。⑤因为被浪费的任何粮食或者物品都是消耗一定的资源得来的。

如果用"甲→乙"表示甲支持(或证明)乙,则以下哪项对上述论证基本结构的表示最为准确?

A. 　　B. 　　C. 　　D. 　　E.

34. 研究人员使用脑电图技术研究了母亲给婴儿唱童谣时两人的大脑活动,发现当母亲与婴儿对视时,双方的脑电波趋于同步,此时婴儿也会发出更多的声音尝试与母亲沟通。他们据此认为,母亲与婴儿对视有助于婴儿的学习与交流。

以下哪项如果为真,最能支持上述研究人员的观点?

A. 在两个成年人交流时,如果他们的脑电波同步,交流就会更顺畅。

B. 当父母与孩子互动时,双方的情绪与心率可能也会同步。

C. 当部分学生对某学科感兴趣时,他们的脑电波会渐趋同步,学习效果也随之提升。

D. 当母亲与婴儿对视时,他们都在发出信号,表明自己可以且愿意与对方交流。

E. 脑电波趋于同步可优化双方对话状态,使交流更加默契,增进彼此了解。

35. 本保险柜所有密码都是4个阿拉伯数字和4个英文字母的组合。已知:

(1)若4个英文字母不连续排列,则密码组合中的数字之和大于15;

(2)若4个英文字母连续排列,则密码组合中的数字之和等于15;

(3)密码组合中的数字之和或者等于18,或者小于15。

根据上述信息,以下哪项是可能的密码组合?

A. 1adbe356。　　B. 37ab26dc。　　C. 2acgf716。　　D. 58bcde32。　　E. 18ac42de。

36. 有一6×6的方阵,它所含的每个小方格中可填入一个汉字,已有部分汉字填入。现要求该方阵中的每行每列均含有礼、乐、射、御、书、数6个汉字，不能重复也不能遗漏。

根据上述要求，以下哪项是方阵底行5个空格中从左至右依次应填入的汉字？

A. 数、礼、乐、射、御。 B. 乐、数、御、射、礼。

C. 数、礼、乐、御、射。 D. 乐、礼、射、数、御。

E. 数、御、乐、射、礼。

37. 某市音乐节设立了流行、民谣、摇滚、民族、电音、说唱、爵士这7大类的奖项评选。在入围提名中，已知：

(1) 至少有6类入围；

(2) 流行、民谣、摇滚中至多有2类入围；

(3) 如果摇滚和民族类都入围，则电音和说唱中至少有一类没有入围。

根据上述信息，可以得出以下哪项？

A. 流行类没有入围。 B. 民谣类没有入围。

C. 摇滚类没有入围。 D. 爵士类没有入围。

E. 电音类没有入围。

38. 某大学有位女教师默默资助一偏远山区的贫困家庭长达15年。记者多方打听，发现做好事者是该大学传媒学院甲、乙、丙、丁、戊5位教师中的一位。在接受采访时，5位老师都很谦虚，他们是这么对记者说的：

甲：这件事是乙做的。

乙：我没有做，是丙做了这件事。

丙：我并没有做这件事。

丁：我也没有做这件事，是甲做的。

戊：如果甲没有做，则丁也不会做。

记者后来得知，上述5位老师中只有一人说的话符合真实情况。

根据以上信息，可以得出做这件好事的人是：

A. 甲。 B. 乙。 C. 丙。 D. 丁。 E. 戊。

39. 作为一名环保爱好者,赵博士提倡低碳生活,积极宣传节能减排。但我不赞同他的做法,因为作为一名大学老师,他这样做,占用了大量的科研时间,到现在连副教授都没评上,他的观点怎么能令人信服呢?

以下哪项论证中的错误和上述最为相似?

A. 张某提出要同工同酬,主张在质量相同的情况下,不分年龄、级别一律按件计酬。她这样说不就是因为她年轻、级别低吗?其实她是在为自己谋利益。

B. 公司的绩效奖励制度是为了充分调动广大员工的积极性,它对所有员工都是公平的。如果有人对此有不同意见,则说明他反对公平。

C. 最近听说你对单位的管理制度提了不少意见,这真令人难以置信!单位领导对你差吗?你这样做,分明是和单位领导过不去。

D. 单位任命李某担任信息科科长,听说你对此有意见。大家都没提意见,只有你一个人有意见,看来你的意见是有问题的。

E. 有一种观点认为,只有直接看到的事物才能确信其存在。但是没有人可以看到质子、电子,而这些都被科学证明是客观存在的。所以,该观点是错误的。

40. 下面6张卡片,一面印的是汉字(动物或者花卉),一面印的是数字(奇数或者偶数)。

对于上述6张卡片,如果要验证"每张至少有一面印的是偶数或者花卉",至少需要翻看几张卡片?

A. 2。　　　　B. 3。　　　　C. 4。　　　　D. 5。　　　　E. 6。

41. 某地人才市场招聘保洁、物业、网管、销售等4种岗位的从业者,有甲、乙、丙、丁4位年轻人前来应聘。事后得知,每人只选择一种岗位应聘,且每种岗位都有其中一人应聘。另外,还知道:

(1)如果丁应聘网管,那么甲应聘物业;

(2)如果乙不应聘保洁,那么甲应聘保洁且丙应聘销售;

(3)如果乙应聘保洁,那么丙应聘销售,丁也应聘保洁。

根据以上陈述,可以得出以下哪项?

A. 甲应聘网管岗位。　　　　B. 丙应聘保洁岗位。　　　　C. 甲应聘物业岗位。

D. 乙应聘网管岗位。　　　　E. 丁应聘销售岗位。

42. 旅游是一种独特的文化体验。游客可以跟团游,也可以自由行。自由行游客虽避免了跟团游的集体束缚,但也放弃了人工导游的全程讲解,而近年来他们了解旅游景点的文化需求却有增无减。为适应这一市场需求,基于手机平台的多款智能导游App被开发出来。它们可定位用户位置,自动提供景点讲解、游览问答等功能。有专家就此指出,未来智能导游必然会取代人工导游,传统的导游职业行将消亡。

以下哪项如果为真,最能质疑上述专家的论断?

A. 至少有95%的国外景点所配备的导游讲解器没有中文语音,中国出境游客因为语言和文化上的差异,对智能导游App的需求比较强烈。

B. 旅行中才会使用的智能导游App,如何保持用户黏性、未来又如何取得商业价值等都是待解问题。

C. 好的人工导游可以根据游客需求进行不同类型的讲解,不仅关注景点,还可表达观点,个性化很强,这是智能导游App难以企及的。

D. 目前发展较好的智能导游App用户量在百万级左右,这与当前中国旅游人数总量相比还只是一个很小的比例,市场还没有培养出用户的普遍消费习惯。

E. 国内景区配备的人工导游需要收费,大部分导游讲解的内容都是事先背好的标准化内容。但是,即便人工导游没有特色,其退出市场也需要一定的时间。

43. 甲:上周去医院,给我看病的医生竟然还在抽烟。

乙:所有抽烟的医生都不关心自己的健康,而不关心自己健康的人也不会关心他人的健康。

甲:是的,不关心他人健康的医生没有医德。我今后再也不会让没有医德的医生给我看病了。

根据上述信息,以下除了哪项,其余各项均可得出?

A. 甲认为他不会再找抽烟的医生看病。

B. 乙认为上周给甲看病的医生不会关心乙的健康。

C. 甲认为上周给他看病的医生不关心医生自己的健康。

D. 甲认为上周给他看病的医生不会关心甲的健康。

E. 乙认为上周给甲看病的医生没有医德。

44. 得道者多助,失道者寡助。寡助之至,亲戚畔之;多助之至,天下顺之。以天下之所顺,攻亲戚之所畔,故君子有不战,战必胜矣。

以下哪项是上述论证所隐含的前提?

A. 得道者多,则天下太平。　　　　B. 君子是得道者。

C. 得道者必胜失道者。　　　　　　D. 失道者必定得不到帮助。

E. 失道者亲戚畔之。

45. 如今,孩子写作业不仅仅是他们自己的事,大多数中小学生的家长都要面临陪孩子写作业的任务,包括给孩子听写、检查作业、签字等。据一项针对3 000余名家长进行的调查显示,84%的家长每天都会陪孩子写作业,而67%的受访家长会因陪孩子写作业而烦恼。有专家对此指出,家长陪孩子写作业,相当于充当学校老师的助理,让家庭成为课堂的延伸,会对孩子的成长产生不利影响。

以下哪项如果为真,最能支持上述专家的论断?

A. 家长是最好的老师,家长辅导孩子获得各种知识本来就是家庭教育的应有之义,对于中低年级的孩子,学习过程中的父母陪伴尤为重要。

B. 家长通常有自己的本职工作,有的晚上要加班,有的即使晚上回家也需要研究工作、操持家务,一般难有精力认真完成学校老师布置的"家长作业"。

C. 家长陪孩子写作业,会使得孩子在学习中缺乏独立性和主动性,整天处于老师和家长的双重压力下,既难生发学习兴趣,更难养成独立人格。

D. 大多数家长在孩子教育上并不是行家,他们或者早已遗忘了自己曾经学过的知识,或者根本不知道如何将自己拥有的知识传授给孩子。

E. 家长辅导孩子,不应围绕老师布置的作业,而应着重激发孩子的学习兴趣,培养孩子良好的学习习惯,让孩子在成长中感到新奇、快乐。

46. 我国天山是垂直地带性的典范。已知天山的植被形态分布具有如下特点:

(1)从低到高有荒漠、森林带、冰雪带等;

(2)只有经过山地草原,荒漠才能演变成森林带;

(3)如果不经过森林带,山地草原就不会过渡到山地草甸;

(4)山地草甸的海拔不比山地草甸草原的低,也不比高寒草甸高。

根据以上信息,关于天山植被形态,按照由低到高排列,以下哪项是不可能的?

A. 荒漠、山地草原、山地草甸草原、森林带、山地草甸、高寒草甸、冰雪带。

B. 荒漠、山地草原、山地草甸草原、高寒草甸、森林带、山地草甸、冰雪带。

C. 荒漠、山地草甸草原、山地草原、森林带、山地草甸、高寒草甸、冰雪带。

D. 荒漠、山地草原、山地草甸草原、森林带、山地草甸、冰雪带、高寒草甸。

E. 荒漠、山地草原、森林带、山地草甸草原、山地草甸、高寒草甸、冰雪带。

47. 某大学读书会开展"一月一书"活动。读书会成员甲、乙、丙、丁、戊5人在《论语》《史记》《唐诗三百首》《奥德赛》《资本论》中各选一种阅读,互不重复。已知:

(1)甲爱读历史,会在《史记》和《奥德赛》中挑一本;

(2)乙和丁只爱读中国古代经典,但现在都没有读诗的心情;

(3)如果乙选《论语》,则戊选《史记》。

事实上,各人都选了自己喜爱的书目。

根据上述信息,可以得出以下哪项?

A. 甲选《史记》。　　　B. 乙选《奥德赛》。　　　C. 丙选《唐诗三百首》。

D. 丁选《论语》。　　　E. 戊选《资本论》。

48. 如果一个人只为自己劳动,他也许能够成为著名学者、大哲人、卓越诗人,然而他永远不能成为完美无瑕的伟大人物。如果我们选择了最能为人类福利而劳动的职业,那么,重担就不能把我们压倒,因为这是为大家而献身;那时我们所感到的就不是可怜的、有限的、自私的乐趣,我们的幸福将属于千百万人,我们的事业将默默地、但是永恒发挥作用地存在下去,而面对我们的骨灰,高尚的人们将洒下热泪。

根据以上陈述,可以得出以下哪项?

A. 如果一个人只为自己劳动,不是为大家而献身,那么重担就能将他压倒。

B. 如果我们为大家而献身,我们的幸福将属于千百万人,面对我们的骨灰,高尚的人们将洒下热泪。

C. 如果我们没有选择最能为人类福利而劳动的职业,我们所感到的就是可怜的、有限的、自私的乐趣。

D. 如果选择了最能为人类福利而劳动的职业,我们就不但能够成为著名学者、大哲人、卓越诗人,而且还能够成为完美无瑕的伟大人物。

E. 如果我们只为自己劳动,我们的事业就不会默默地、但是永恒发挥作用地存在下去。

49~50题基于以下题干

某食堂采购4类(各种蔬菜名称的后一个字相同,即为一类)共12种蔬菜:芹菜、菠菜、韭菜、青椒、红椒、黄椒、黄瓜、冬瓜、丝瓜、扁豆、毛豆、豇豆,并根据若干条件将其分成3组,准备在早、中、晚三餐中分别使用。已知条件如下:

(1)同一类别的蔬菜不在一组;

(2)芹菜不能在黄椒那一组,冬瓜不能在扁豆那一组;

(3)毛豆必须与红椒或韭菜同一组;

(4)黄椒必须与豇豆同一组。

49. 根据以上信息,可以得出以下哪项?

A. 芹菜与豇豆不在同一组。　　B. 芹菜与毛豆不在同一组。

C. 菠菜与扁豆不在同一组。　　D. 冬瓜与青椒不在同一组。

E. 丝瓜与韭菜不在同一组。

50. 如果韭菜、青椒与黄瓜在同一组,则可以得出以下哪项?

A. 芹菜、红椒与扁豆在同一组。　　B. 菠菜、黄椒与豇豆在同一组。

C. 韭菜、黄瓜与毛豆在同一组。　　D. 菠菜、冬瓜与豇豆在同一组。

E. 芹菜、红椒与丝瓜在同一组。

51.《淮南子·齐俗训》中有曰:"今屠牛而烹其肉,或以为酸,或以为甘,煎熬燎炙,齐味万方,其本一牛之体。"其中的"熬"便是熬牛肉制汤的意思。这是考证牛肉汤做法的最早文献资料,某民俗专家由此推测,牛肉汤的起源不会晚于春秋战国时期。

以下哪项如果为真,最能支持上述推测?

A. 《淮南子·齐俗训》完成于西汉时期。

B. 早在春秋战国时期，我国已经开始使用耕牛。

C. 《淮南子》的作者中有来自齐国故地的人。

D. 春秋战国时期我国已经有熬汤的鼎器。

E. 《淮南子·齐俗训》记述的是春秋战国时期齐国的风俗习惯。

52. 某研究机构以约2万名65岁以上的老人为对象，调查了笑的频率与健康状态的关系。结果显示，在不苟言笑的老人中，认为自身现在的健康状态"不怎么好"和"不好"的比例分别是几乎每天都笑的老人的1.5倍和1.8倍。爱笑的老人对自我健康状态的评价往往较高。他们由此认为，爱笑的老人更健康。

以下哪项如果为真，最能质疑上述调查者的观点？

A. 乐观的老年人比悲观的老年人更长寿。

B. 病痛的折磨使得部分老人对自我健康状态的评价不高。

C. 身体健康的老年人中，女性爱笑的比例比男性高10个百分点。

D. 良好的家庭氛围使得老年人生活更乐观，身体更健康。

E. 老年人的自我健康评价往往和他们实际的健康状况之间存在一定的差距。

53. 阔叶树的降尘优势明显，吸附PM2.5的效果最好，一棵阔叶树一年的平均滞尘量达3.16千克。针叶树叶面积小，吸附PM2.5的功效较弱。全年平均下来，阔叶林的吸尘效果要比针叶林强不少。阔叶树也比灌木和草的吸尘效果好得多。以北京常见的阔叶树国槐为例，成片的国槐林吸尘效果比同等面积的普通草地约高30%。有些人据此认为，为了降尘，北京应大力推广阔叶树，并尽量减少针叶林面积。

以下哪项如果为真，最能削弱上述有关人员的观点？

A. 阔叶树与针叶树比例失调，不仅极易暴发病虫害、火灾等，还会影响林木的生长和健康。

B. 针叶树冬天虽然不落叶，但基本处于"休眠"状态，生物活性差。

C. 植树造林既要治理PM2.5，也要治理其他污染物，需要合理布局。

D. 阔叶树冬天落叶，在寒冷的冬季，其养护成本远高于针叶树。

E. 建造通风走廊，能把城市和郊区的森林连接起来，让清新的空气吹入，降低城区的PM2.5。

54~55题基于以下题干

某园艺公司打算在如下形状的花圃中栽种玫瑰、兰花和菊花三个品种的花卉。该花圃的形状如下所示：

拟栽种的玫瑰有紫、红、白3种颜色，兰花有红、白、黄3种颜色，菊花有白、黄、蓝3种颜色。栽种需满足如下要求：

（1）每个六边形格子中仅栽种一个品种、一种颜色的花；

（2）每个品种只栽种两种颜色的花；

（3）相邻格子中的花，其品种与颜色均不相同。

54. 若格子5中是红色的花，则以下哪项是不可能的？

A. 格子2中是紫色的玫瑰。 B. 格子1中是白色的兰花。

C. 格子1中是白色的菊花。 D. 格子4中是白色的兰花。

E. 格子6中是蓝色的菊花。

55. 若格子5中是红色的玫瑰，且格子3中是黄色的花，则可以得出以下哪项？

A. 格子1中是紫色的玫瑰。 B. 格子4中是白色的菊花。

C. 格子2中是白色的菊花。 D. 格子4中是白色的兰花。

E. 格子6中是蓝色的菊花。

2018年管理类综合能力逻辑真题

第26~55小题,每小题2分,共60分。下列每题给出的A、B、C、D、E五个选项中,只有一项是符合试题要求的。

26. 人民既是历史的创造者,也是历史的见证者;既是历史的"剧中人",也是历史的"剧作者"。离开人民,文艺就会变成无根的浮萍、无病的呻吟、无魂的躯壳。观照人民的生活、命运、情感,表达人民的心愿、心情、心声,我们的作品才会在人民中传之久远。

根据以上陈述,可以得出以下哪项?

A. 历史的创造者都是历史的见证者。

B. 历史的创造者都不是历史的"剧中人"。

C. 历史的"剧中人"都是历史的"剧作者"。

D. 我们的作品只要表达人民的心愿、心情、心声,就会在人民中传之久远。

E. 只有不离开人民,文艺才不会变成无根的浮萍、无病的呻吟、无魂的躯壳。

27. 盛夏时节的某一天,某市早报刊载了由该市专业气象台提供的全国部分城市当天的天气预报,择其内容列表如下:

天津	阴	上海	雷阵雨	昆明	小雨
呼和浩特	阵雨	哈尔滨	少云	乌鲁木齐	晴
西安	中雨	南昌	大雨	香港	多云
南京	雷阵雨	拉萨	阵雨	福州	阴

根据上述信息,以下哪项作出的论断最为准确?

A. 由于所列城市盛夏天气变化频繁,所以上面所列的9类天气一定就是所有的天气类型。

B. 由于所列城市在同一天不一定展示所有的天气类型,所以上面所列的9类天气可能不是所有的天气类型。

C. 由于所列城市分处我国的东南西北中,所以上面所列的9类天气一定就是所有的天气类型。

D. 由于所列城市在同一天可能展示所有的天气类型,所以上面所列的9类天气一定是所有的天气类型。

E. 由于所列城市并非我国的所有城市,所以上面所列的9类天气一定不是所有的天气类型。

28. 现在许多人很少在深夜11点以前安然入睡,他们未必都在熬夜用功,大多是在玩手机或看电视,其结果就是晚睡,第二天就会头晕脑涨、哈欠连天。不少人常常对此感到后悔,但一到晚上他们多半还会这么做。有专家就此指出,人们似乎从晚睡中得到了快乐,但这种快乐其实隐藏着某种烦恼。

以下哪项如果为真,最能支持上述专家的结论?

A. 晚睡者内心并不愿意睡得晚,也不觉得手机或电视有趣,甚至都不记得玩过或看过什么,但他们总是要在睡觉前花较长时间磨蹭。

B. 晨昏交替,生活周而复始,安然入睡是对当天生活的满足和对明天生活的期待,而晚睡者只想活在当下,活出精彩。

C. 晚睡者具有积极的人生态度。他们认为,当天的事须当天完成,哪怕晚睡也在所不惜。

D. 晚睡其实是一种表面难以察觉的、对"正常生活"的抵抗,它提醒人们现在的"正常生活"存在着某种令人不满的问题。

E. 大多数习惯晚睡的人白天无精打采,但一到深夜就感觉自己精力充沛,不做点有意义的事情就觉得十分可惜。

29. 分心驾驶是指驾驶人为满足自己的身体舒适、心情愉悦等需求而没有将注意力全部集中于驾驶过程的驾驶行为,常见的分心行为有抽烟、饮水、进食、聊天、刮胡子、使用手机、照顾小孩等。某专家指出,分心驾驶已成为我国道路交通事故的罪魁祸首。

以下哪项如果为真,最能支持上述专家的观点?

A. 驾驶人正常驾驶时反应时间为0.3~1.0秒,使用手机时反应时间则延迟3倍左右。

B. 一项统计研究表明,相对于酒驾、药驾、超速驾驶、疲劳驾驶等情形,我国由分心驾驶导致的交通事故占比最高。

C. 一项研究显示,在美国超过1/4的车祸是由驾驶人使用手机引起的。

D. 近来使用手机已成为我国驾驶人分心驾驶的主要表现形式,59%的人开车过程中看微信,31%的人玩自拍,36%的人刷微博、微信朋友圈。

E. 开车使用手机会导致驾驶人注意力下降20%;如果驾驶人边开车边发短信,则发生车祸的概率是其正常驾驶时的23倍。

30~31题基于以下题干

某工厂有一员工宿舍住了甲、乙、丙、丁、戊、己、庚7人,每人每周需轮流值日一天,且每天仅安排一人值日。他们值日的安排还需满足以下条件:

(1)乙周二或者周六值日;
(2)如果甲周一值日,那么丙周三值日且戊周五值日;
(3)如果甲周一不值日,那么己周四值日且庚周五值日;
(4)如果乙周二值日,那么己周六值日。

30. 根据以上条件,如果丙周日值日,则可以得出以下哪项?

A. 戊周三值日。　　　B. 己周五值日。　　　C. 甲周一值日。

D. 丁周二值日。　　　E. 乙周六值日。

31. 如果庚周四值日,那么以下哪项一定为假?

A. 丙周三值日。　　　B. 乙周六值日。　　　C. 己周二值日。

D. 甲周一值日。　　　E. 戊周日值日。

32. 唐代韩愈在《师说》中指出:"孔子曰:三人行,则必有我师。是故弟子不必不如师,师不必贤于弟子,闻道有先后,术业有专攻,如是而已。"

根据上述韩愈的观点,可以得出以下哪项?

A. 有的弟子必然不如师。　　　　B. 有的弟子可能不如师。

C. 有的师可能不贤于弟子。　　　D. 有的师不可能贤于弟子。

E. 有的弟子可能不贤于师。

33. "二十四节气"是我国农耕社会生产生活的时间指南,反映了从春到冬一年四季的气温、降水、物候的周期性变化规律。已知各节气的名称具有如下特点:

(1) 凡含"春""夏""秋""冬"字的节气各属春、夏、秋、冬季;

(2) 凡含"雨""露""雪"字的节气各属春、秋、冬季;

(3) 如果"清明"不在春季,则"霜降"不在秋季;

(4) 如果"雨水"在春季,则"霜降"在秋季。

根据以上信息,如果从春至冬每季仅列两个节气,则以下哪项是不可能的?

A. 清明、谷雨、芒种、夏至、秋分、寒露、小雪、大寒。

B. 雨水、惊蛰、夏至、小暑、白露、霜降、大雪、冬至。

C. 立春、谷雨、清明、夏至、处暑、白露、立冬、小雪。

D. 惊蛰、春分、立夏、小满、白露、寒露、立冬、小雪。

E. 立春、清明、立夏、夏至、立秋、寒露、小雪、大寒。

34. 刀不磨要生锈,人不学要落后。所以,如果你不想落后,就应该多磨刀。

以下哪项与上述论证方式最为相似?

A. 金无足赤,人无完人。所以,如果你想做完人,就应该有真金。

B. 有志不在年高,无志空活百岁。所以,如果你不想空活百岁,就应该立志。

C. 妆未梳成不见客,不到火候不揭锅。所以,如果揭了锅,就应该是到了火候。

D. 兵在精而不在多,将在谋而不在勇。所以,如果想获胜,就应该兵精将勇。

E. 马无夜草不肥,人无横财不富。所以,如果你想富,就应该让马吃夜草。

35. 某市已开通运营一、二、三、四号地铁线路,各条地铁线每一站运行加停靠所需时间均彼此相同。小张、小王、小李三人是同一单位的职工,单位附近有北口地铁站。某天早晨,3人

同时都在常青站乘一号线上班,但3人关于乘车路线的想法不尽相同。已知:

(1)如果一号线拥挤,小张就坐2站后转三号线,再坐3站到北口站;如果一号线不拥挤,小张就坐3站后转二号线,再坐4站到北口站。

(2)只有一号线拥挤,小王才坐2站后转三号线,再坐3站到北口站。

(3)如果一号线不拥挤,小李就坐4站后转四号线,坐3站之后再转三号线,坐1站到达北口站。

(4)该天早晨地铁一号线不拥挤。

假定三人换乘及步行总时间相同,则以下哪项最可能与上述信息不一致?

A. 小李比小张先到达单位。　　B. 小王比小李先到达单位。
C. 小张比小王先到达单位。　　D. 小王和小李同时到达单位。
E. 小张和小王同时到达单位。

36. 最近一项调研发现,某国30岁至45岁人群中,去医院治疗冠心病、骨质疏松等病症的人越来越多,而原来患有这些病症的大多是老年人。调研者由此认为,该国年轻人中"老年病"发病率有不断增加的趋势。

以下哪项如果为真,最能质疑上述调研结论?

A. 近年来,由于大量移民涌入,该国45岁以下的年轻人的数量急剧增加。
B. 由于国家医疗保障水平的提高,相比以往,该国民众更有条件关注自己的身体健康。
C. 近几十年来,该国人口老龄化严重,但健康老龄人口的比重在不断增大。
D. "老年人"的最低年龄比以前提高了,"老年病"的患者范围也有所变化。
E. 尽管冠心病、骨质疏松等病症是常见的"老年病",老年人患的病未必都是"老年病"。

37. 张教授:利益并非只是物质利益,应该把信用、声誉、情感甚至某种喜好等都归入利益的范畴。根据这种对"利益"的广义理解,如果每一个体在不损害他人利益的前提下,尽可能满足其自身的利益需求,那么由这些个体组成的社会就是一个良善的社会。

根据张教授的观点,可以得出以下哪项?

A. 尽可能满足每一个体的利益需求,就会损害社会的整体利益。
B. 如果一个社会不是良善的,那么其中肯定存在个体损害他人利益或自身利益需求没有尽可能得到满足的情况。
C. 如果有些个体通过损害他人利益来满足自身的利益需求,那么社会就不是良善的。
D. 如果某些个体的利益需求没有尽可能得到满足,那么社会就不是良善的。
E. 只有尽可能满足每一个体的利益需求,社会才可能是良善的。

38. 某学期学校新开设4门课程:"《诗经》鉴赏""老子研究""唐诗鉴赏""宋词选读"。李晓明、陈文静、赵珊珊和庄志达4人各选修了其中一门课程。已知:

(1)他们4人选修的课程各不相同;

(2)喜爱诗词的赵珊珊选修的是诗词类课程；

(3)李晓明选修的不是"《诗经》鉴赏"就是"唐诗鉴赏"。

以下哪项如果为真，就能确定赵珊珊选修的是"宋词选读"？

A.庄志达选修的是"老子研究"。

B.庄志达选修的不是"老子研究"。

C.庄志达选修的是"《诗经》鉴赏"。

D.庄志达选修的不是"宋词选读"。

E.庄志达选修的不是"《诗经》鉴赏"。

39.我国中原地区如果降水量比往年偏低，该地区的河流水位会下降，流速会减缓。这有利于河流中的水草生长，河流中的水草总量通常也会随之而增加。不过，去年该地区在经历了一次极端干旱之后，尽管该地区某河流的流速十分缓慢，但其中的水草总量并未随之而增加，只是处于一个很低的水平。

以下哪项如果为真，最能解释上述看似矛盾的现象？

A.该河流在经历了去年极端干旱之后干涸了一段时间，导致大量水生物死亡。

B.如果河中水草数量达到一定的程度，就会对周边其他物种的生存产生危害。

C.我国中原地区多平原，海拔差异小，其地表河水流速比较缓慢。

D.河水流速越慢，其水温变化就越小，这有利于水草的生长和繁殖。

E.经过极端干旱之后，该河流中以水草为食物的水生动物数量大量减少。

40~41题基于以下题干

某海军部队有甲、乙、丙、丁、戊、己、庚7艘舰艇，拟组成两个编队出航，第一编队编列3艘舰艇，第二编队编列4艘舰艇。编列需满足以下条件：

(1)航母己必须编列在第二编队；

(2)戊和丙至多有一艘编列在第一编队；

(3)甲和丙不在同一编队；

(4)如果乙编列在第一编队，则丁也必须编列在第一编队。

40.如果甲在第二编队，则下列哪项中的舰艇一定也在第二编队？

A.乙。　　　　B.丙。　　　　C.丁。　　　　D.戊。　　　　E.庚。

41.如果丁和庚在同一编队，则可以得出以下哪项？

A.甲在第一编队。　　　B.乙在第一编队。　　　C.丙在第一编队。

D.戊在第二编队。　　　E.庚在第二编队。

42.甲：读书最重要的目的是增长知识、开拓视野。

乙：你只见其一，不见其二。读书最重要的是陶冶性情、提升境界。没有陶冶性情、提升境界，就不能达到读书的真正目的。

以下哪项与上述反驳方式最为相似?

A. 甲:文学创作最重要的是阅读优秀文学作品。

   乙:你只见现象,不见本质。文学创作最重要的是观察生活、体验生活。任何优秀的文学作品都来源于火热的社会生活。

B. 甲:做人最重要的是要讲信用。

   乙:你说得不全面。做人最重要的是要遵纪守法。如果不遵纪守法,就没法讲信用。

C. 甲:作为一部优秀的电视剧,最重要的是能得到广大观众的喜爱。

   乙:你只见其表,不见其里。作为一部优秀的电视剧最重要的是具有深刻寓意与艺术魅力。没有深刻寓意与艺术魅力,就不能成为优秀的电视剧。

D. 甲:科学研究最重要的是研究内容的创新。

   乙:你只见内容,不见方法。科学研究最重要的是研究方法的创新。只有实现研究方法的创新,才能真正实现研究内容的创新。

E. 甲:一年中最重要的季节是收获的秋天。

   乙:你只看结果,不问原因。一年中最重要的季节是播种的春天。没有春天的播种,哪来秋天的收获?

43. 若要人不知,除非己莫为;若要人不闻,除非己莫言。为之而欲人不知,言之而欲人不闻,此犹捕雀而掩目,盗钟而掩耳者。

根据以上陈述,可以得出以下哪项?

A. 若己不言,则人不闻。

B. 若己为,则人会知;若己言,则人会闻。

C. 若能做到盗钟而掩耳,则可言之而人不闻。

D. 若己不为,则人不知。

E. 若能做到捕雀而掩目,则可为之而人不知。

44. 中国是全球最大的卷烟生产国和消费国,但近年来政府通过出台禁烟令、提高卷烟消费税等一系列公共政策努力改变这一形象。一项权威调查数据显示,在 2014 年同比上升 2.4% 之后,中国卷烟消费量在 2015 年同比下降了 2.4%,这是 1995 年来首次下降。尽管如此,2015 年中国卷烟消费量仍占全球的 45%,但这一下降对全球卷烟总消费量产生巨大影响,使其同比下降了 2.1%。

根据以上信息,可以得出以下哪项?

A. 2015 年世界其他国家卷烟消费量同比下降比率低于中国。

B. 2015 年中国卷烟消费量恰好等于 2013 年。

C. 2015 年世界其他国家卷烟消费量同比下降比率高于中国。

D. 2015 年中国卷烟消费量大于 2013 年。

E. 2015年发达国家卷烟消费量同比下降比率高于发展中国家。

45. 某校图书馆新购一批文科图书。为方便读者查阅,管理人员对这批图书在文科新书阅览室中摆放位置做出如下提示:

(1)前3排书橱均放有哲学类新书;

(2)法学类新书都放在第5排书橱,这排书橱的左侧也放有经济类新书;

(3)管理类新书放在最后一排书橱。

事实上,所有的图书都按照上述提示放置。根据提示,徐莉顺利找到了她想查阅的新书。

根据上述信息,以下哪项是不可能的?

A. 徐莉在第2排书橱中找到哲学类新书。

B. 徐莉在第3排书橱中找到经济类新书。

C. 徐莉在第4排书橱中找到哲学类新书。

D. 徐莉在第6排书橱中找到法学类新书。

E. 徐莉在第7排书橱中找到管理类新书。

46. 某次学术会议的主办方发出会议通知:只有论文通过审核才能收到会议主办方发出的邀请函,本次学术会议只欢迎持有主办方邀请函的科研院所的学者参加。

根据以上通知,可以得出以下哪项?

A. 论文通过审核并持有主办方邀请函的学者,本次学术会议都欢迎其参加。

B. 论文通过审核的学者都可以参加本次学术会议。

C. 论文通过审核的学者有些不能参加本次学术会议。

D. 有些论文通过审核但未持有主办方邀请函的学者,本次学术会议欢迎其参加。

E. 本次学术会议不欢迎论文没有通过审核的学者参加。

47~48题基于以下题干

一江南园林拟建松、竹、梅、兰、菊5个园子。该园林拟设东、南、北3个门,分别位于其中的3个园子。这5个园子的布局满足如下条件:

(1)如果东门位于松园或菊园,那么南门不位于竹园;

(2)如果南门不位于竹园,那么北门不位于兰园;

(3)如果菊园在园林的中心,那么它与兰园不相邻;

(4)兰园与菊园相邻,中间连着一座美丽的廊桥。

47. 根据以上信息,可以得出以下哪项?

A. 菊园不在园林的中心。　　B. 梅园不在园林的中心。

C. 兰园在园林的中心。　　　D. 菊园在园林的中心。

E. 兰园不在园林的中心。

48. 如果北门位于兰园,则可以得出以下哪项?

A. 东门位于梅园。 B. 南门位于菊园。 C. 东门位于竹园。
D. 东门位于松园。 E. 南门位于梅园。

49. 有研究发现,冬季在公路上撒盐除冰,会让本来要成为雌性的青蛙变成雄性,这是因为这些路盐中的钠元素会影响青蛙的受体细胞并改变原可能成为雌性青蛙的性别。有专家据此认为,这会导致相关区域青蛙数量的下降。

以下哪项如果为真,最能支持上述专家的观点?

A. 雌雄比例会影响一个动物种群的规模,雌性数量的充足对物种的繁衍生息至关重要。

B. 如果一个物种以雄性为主,该物种的个体数量就可能受到影响。

C. 在多个盐含量不同的水池中饲养青蛙,随着水池中盐含量的增加,雌性青蛙的数量不断减少。

D. 如果每年冬季在公路上撒很多盐,盐水流入池塘,就会影响青蛙的生长发育过程。

E. 大量的路盐流入池塘可能会给其他水生物造成危害,破坏青蛙的食物链。

50. 最终审定的项目或者意义重大或者关注度高,凡意义重大的项目均涉及民生问题,但是有些最终审定的项目并不涉及民生问题。

根据以上陈述,可以得出以下哪项?

A. 有些项目尽管关注度高但并非意义重大。

B. 有些不涉及民生问题的项目意义也非常重大。

C. 涉及民生问题的项目有些没有引起关注。

D. 意义重大的项目比较容易引起关注。

E. 有些项目意义重大但是关注度不高。

51. 甲:知难行易,知然后行。乙:不对。知易行难,行然后知。

以下哪项与上述对话方式最为相似?

A. 甲:知人者智,自知者明。

乙:不对。知人不易,知己更难。

B. 甲:不破不立,先破后立。

乙:不对。不立不破,先立后破。

C. 甲:想想容易做起来难,做比想更重要。

乙:不对。想到就能做到,想比做更重要。

D. 甲:批评他人易,批评自己难;先批评他人后批评自己。

乙:不对。批评自己易,批评他人难;先批评自己后批评他人。

E. 甲:做人难做事易,先做人再做事。

乙:不对。做人易做事难,先做事再做人。

52. 所有值得拥有专利的产品或设计方案都是创新,但并不是每一项创新都值得拥有专利;所有的模仿都不是创新,但并非每一个模仿者都应该受到惩罚。

根据以上陈述,以下哪项是不可能的?

A.有些创新者可能受到惩罚。

B.没有模仿值得拥有专利。

C.有些值得拥有专利的创新产品并没有申请专利。

D.有些值得拥有专利的产品是模仿。

E.所有的模仿者都受到了惩罚。

53.某国拟在甲、乙、丙、丁、戊、己6种农作物中进口几种,用于该国庞大的动物饲料产业。考虑到一些农作物可能含有违禁成分,以及它们之间存在的互补或可替代等因素,该国对进口这些农作物有如下要求:

(1)它们当中不含违禁成分的都进口;

(2)如果甲或乙含有违禁成分,就进口戊和己;

(3)如果丙含有违禁成分,那么丁就不进口了;

(4)如果进口戊,就进口乙和丁;

(5)如果不进口丁,就进口丙;如果进口丙,就不进口丁。

根据上述要求,以下哪项所列的农作物是该国可以进口的?

A. 乙、丙、丁。　　　　B. 甲、丁、己。　　　　C. 丙、戊、己。

D. 甲、戊、己。　　　　E. 甲、乙、丙。

54~55题基于以下题干

某校四位女生施琳、张芳、王玉、杨虹与四位男生范勇、吕伟、赵虎、李龙进行中国象棋比赛。他们被安排到四张桌上,每桌一男一女对弈,四张桌从左到右分别记为1、2、3、4号,每对选手需要进行四局比赛。比赛规定:选手每胜一局得2分,和一局得1分,负一局得0分。前三局结束时,按分差大小排列,四对选手的总积分分别是6∶0、5∶1、4∶2、3∶3。已知:

(1)张芳跟吕伟对弈,杨虹在4号桌比赛,王玉的比赛桌在李龙比赛桌的右边;

(2)1号桌的比赛至少有一局是和局,4号桌双方的总积分不是4∶2;

(3)赵虎前三局总积分并不领先他的对手,他们也没有下成过和局;

(4)李龙已连输三局,范勇在前三局总积分上领先他的对手。

54.根据上述信息,前三局比赛结束时谁的总积分最高?

A. 杨虹。　　B. 王玉。　　C. 范勇。　　D. 施琳。　　E. 张芳。

55.如果下列有位选手前三局均与对手下成和局,那么他(她)是谁?

A. 范勇。　　B. 张芳。　　C. 杨虹。　　D. 施琳。　　E. 王玉。

2017年管理类综合能力逻辑真题

第26~55小题,每小题2分,共60分。下列每题给出的A、B、C、D、E五个选项中,只有一项是符合试题要求的。

26. 倪教授认为,我国工程技术领域可以考虑与国外先进技术合作,但任何涉及核心技术的项目决不能受制于人;我国许多网络安全建设项目涉及信息核心技术,如果全盘引进国外先进技术而不努力自主创新,我国的网络安全将会受到严重威胁。

根据倪教授的陈述,可以得出以下哪项?

A. 我国有些网络安全建设项目不能受制于人。

B. 我国工程技术领域的所有项目都不能受制于人。

C. 如果能做到自主创新,我国的网络安全就不会受到严重威胁。

D. 我国许多网络安全建设项目不能与国外先进技术合作。

E. 只要不是全盘引进国外先进技术,我国的网络安全就不会受到严重威胁。

27. 任何结果都不可能凭空出现,它们的背后都是有原因的;任何背后有原因的事物均可以被人认识,而可以被人认识的事物都必然不是毫无规律的。

根据以上陈述,以下哪项一定为假?

A. 任何结果都可以被人认识。

B. 任何结果出现的背后都是有原因的。

C. 有些结果的出现可能毫无规律。

D. 那些可以被人认识的事物必然有规律。

E. 人有可能认识所有事物。

28. 近年来,我国海外代购业务量快速增长。代购者们通常从海外购买产品,通过各种渠道避开关税,再卖给内地顾客从中牟利,却让政府损失了税收收入。某专家由此指出,政府应该严厉打击海外代购行为。

以下哪项如果为真,最能支持上述专家的观点?

A. 近期,有位前空乘服务员因在网上开设海外代购店而被我国地方法院判定犯有走私罪。

B. 海外代购提升了人们的生活水准,满足了国内部分民众对于高品质生活的向往。

C. 国内民众的消费需求提高是伴随我国经济发展而产生的正常现象,应以此为契机促进国内同类消费品产业的升级。

D. 去年,我国奢侈品海外代购规模几乎是全球奢侈品国内门店销售额的一半,这些交易大多避开了关税。

E. 国内一些企业生产的同类产品与海外代购产品相比,无论质量还是价格都缺乏竞争优势。

29. 某剧组招募群众演员。为配合剧情,需要招4类角色:外国游客1到2名,购物者2到3名,商贩2名,路人若干。仅有甲、乙、丙、丁、戊、己6人可供选择,且每个人在同一场景中只能出演一个角色。已知:

(1) 只有甲、乙才能出演外国游客;

(2) 上述4类角色在每个场景中至少有3类同时出现;

(3) 每一场景中,若乙或丁出演商贩,则甲和丙出演购物者;

(4) 购物者和路人的数量之和在每个场景中不超过2。

根据上述信息,可以得出以下哪项?

A. 在同一场景中,若戊和己出演路人,则甲只可能出演外国游客。

B. 甲、乙、丙、丁不会在同一场景中同时出现。

C. 至少有2人需要在不同的场景中出演不同的角色。

D. 在同一场景中,若乙出演外国游客,则甲只可能出演商贩。

E. 在同一场景中,若丁和戊出演购物者,则乙只可能出演外国游客。

30. 离家300米的学校不能上,却被安排到2千米外的学校就读,某市一位适龄儿童在上小学时就遭遇了所在区教育局这样的安排,而这一安排是区教育局根据儿童户籍所在施教区做出的。根据该市教育局规定的"就近入学"原则,儿童家长将区教育局告上法院,要求撤销原来安排,让其孩子就近入学。法院对此作出一审判决,驳回原告请求。

下列哪项最可能是法院判决的合理依据?

A. 儿童入学究竟应上哪一所学校,不是让适龄儿童或其家长自主选择,而是要听从政府主管部门的行政安排。

B. 该区教育局划分施教区的行政行为符合法律规定,而原告孩子按户籍所在施教区的确需要去离家2千米外的学校就读。

C. "就近入学"仅仅是一个需要遵循的总体原则,儿童具体入学安排还要根据特定的情况加以变通。

D. "就近入学"不是"最近入学",不能将入学儿童户籍地和学校的直线距离作为划分施教区的唯一根据。

E. 按照特定的地理要素划分,施教区中的每所小学不一定就处于该施教区的中心位置。

31. 张立是一位单身白领,工作5年积累了一笔存款。由于该笔存款金额尚不足以购房,他考虑将其暂时分散投资到股票、黄金、基金、国债和外汇5个方面。该笔存款的投资需要满足如下条件:

(1)如果黄金投资比例高于1/2,则剩余部分投入国债和股票;

(2)如果股票投资比例低于1/3,则剩余部分不能投入外汇或国债;

(3)如果外汇投资比例低于1/4,则剩余部分投入基金或黄金;

(4)国债投资比例不能低于1/6。

根据上述信息,可以得出以下哪项?

A.基金投资比例低于1/6。　　　　B.黄金投资比例不低于1/5。

C.股票投资比例不低于1/4。　　　D.外汇投资比例不低于1/3。

E.国债投资比例高于1/2。

32.通识教育重在帮助学生掌握尽可能全面的基础知识,即帮助学生了解各个学科领域的基本常识;而人文教育则重在培育学生了解生活世界的意义,并对自己及他人行为的价值和意义做出合理的判断,形成"智识"。因此有专家指出,相比较而言,人文教育对个人未来生活的影响会更大一些。

以下哪项如果为真,最能支持上述专家的断言?

A.当今我国有些大学开设的通识教育课程要远远多于人文教育课程。

B.没有知识,人依然可以活下去;但如果没有价值和意义的追求,人只能成为没有灵魂的躯壳。

C."知识"是事实判断,"智识"是价值判断,两者不能相互替代。

D.关于价值和意义的判断事关个人的幸福和尊严,值得探究和思考。

E.没有知识就会失去应对未来生活挑战的勇气,而错误的价值观可能会误导人的生活。

33~34题基于以下题干

丰收公司邢经理需要在下个月赴湖北、湖南、安徽、江西、江苏、浙江、福建7省进行市场需求调研,各省均调研一次。他的行程需满足如下条件:

(1)第一个或最后一个调研江西省;

(2)调研安徽省的时间早于浙江省,在这两省的调研之间调研除了福建省的另外两省;

(3)调研福建省的时间安排在调研浙江省之前或刚好调研完浙江省之后;

(4)第三个调研江苏省。

33.如果邢经理首先赴安徽省调研,则关于他的行程,可以确定以下哪项?

A.第二个调研湖北省。　　　　B.第二个调研湖南省。

C.第五个调研湖北省。　　　　D.第五个调研浙江省。

E.第五个调研福建省。

34.如果安徽省是邢经理第二个调研省份,则关于他的行程,可以确定以下哪项?

A.第一个调研江西省。　　　　B.第四个调研湖北省。

C.第五个调研浙江省。　　　　D.第五个调研湖南省。

E. 第六个调研福建省。

35. 王研究员：我国政府提出的"大众创业、万众创新"激励着每一个创业者。对于创业者来说，最重要的是需要一种坚持精神。不管在创业中遇到什么困难，都要坚持下去。

李教授：对于创业者来说，最重要的是要敢于尝试新技术。因为有些新技术一些大公司不敢轻易尝试，这就为创业者带来了成功的契机。

根据以上信息，以下哪项最准确地指出了王研究员与李教授观点的分歧所在？

A. 最重要的是坚持把创业这件事做好，成为创业大众的一员，还是努力发明新技术，成为创新万众的一员。

B. 最重要的是敢于迎接各种创业难题的挑战，还是敢于尝试那些大公司不敢轻易尝试的新技术。

C. 最重要的是坚持创业，敢于成立小公司，还是尝试新技术，敢于挑战大公司。

D. 最重要的是坚持创业，有毅力有恒心把事业一直做下去，还是坚持创新，做出更多的科学发现和技术发明。

E. 最重要的是需要一种坚持精神，不畏艰难，还是要敢于尝试新技术，把握事业成功的契机。

36. 进入冬季以来，内含大量有毒颗粒物的雾霾频繁袭击我国部分地区。有关调查显示，持续接触高浓度污染物会直接导致10%至15%的人患有眼睛慢性炎症或干眼症。有专家由此认为，如果不采取紧急措施改善空气质量，这些疾病的发病率和相关的并发症将会增加。

以下哪项如果为真，最能支持上述专家的观点？

A. 上述被调查的眼疾患者中有65%是年龄在20～40岁之间的男性。

B. 有毒颗粒物会刺激并损害人的眼睛，长期接触会影响泪腺细胞。

C. 空气质量的改善不是短期内能做到的，许多人不得不在污染环境中工作。

D. 在重污染环境中采取戴护目镜、定期洗眼等措施有助于预防干眼症等眼疾。

E. 眼睛慢性炎症或干眼症等病例通常集中出现于花粉季。

37. 很多成年人对于儿时熟悉的《唐诗三百首》中的许多名诗，常常仅记得几句名句，而不知诗作者或诗名。甲校中文系硕士生只有三个年级，每个年级人数相等。统计发现，一年级学生都能把该书中的名句与诗名及其作者对应起来；二年级2/3的学生能把该书中的名句与作者对应起来；三年级1/3的学生不能把该书中的名句与诗名对应起来。

根据上述信息，关于该校中文系硕士生，可以得出以下哪项？

A. 1/3以上的一、二年级学生不能把该书中的名句与作者对应起来。

B. 1/3以上的硕士生不能将该书中的名句与诗名或作者对应起来。

C. 大部分硕士生能将该书中的名句与诗名及其作者对应起来。

D. 2/3以上的一、三年级学生能把该书中的名句与诗名对应起来。

E. 2/3 以上的一、二年级学生不能把该书中的名句与诗名对应起来。

38. 婴儿通过触碰物体、四处玩耍和观察成人的行为等方式来学习,但机器人通常只能按照编定的程序进行学习。于是,有些科学家试图研制学习方式更接近于婴儿的机器人。他们认为,既然婴儿是地球上最有效率的学习者,为什么不设计出能像婴儿那样不费力气就能学习的机器人呢?

以下哪项最可能是上述科学家观点的假设?

A. 成年人和现有的机器人都不能像婴儿那样毫不费力地学习。
B. 如果机器人能像婴儿那样学习,它们的智能就有可能超过人类。
C. 即使是最好的机器人,它们的学习能力也无法超过最差的婴儿学习者。
D. 婴儿的学习能力是天生的,他们的大脑与其他动物幼崽不同。
E. 通过触碰、玩耍和观察等方式来学习是地球上最有效率的学习方式。

39. 针对癌症患者,医生常采用化疗手段将药物直接注入人体杀伤癌细胞,但这也可能将正常细胞和免疫细胞一同杀灭,产生较强的副作用。近来,有科学家发现,黄金纳米粒子很容易被人体癌细胞吸收,如果将其包上一层化疗药物,就可作为"运输工具",将化疗药物准确地投放到癌细胞中。他们由此断言,微小的黄金纳米粒子能提升癌症化疗的效果,并降低化疗的副作用。

以下哪项如果为真,最能支持上述科学家所做出的论断?

A. 因为黄金所具有的特殊化学性质,黄金纳米粒子不会与人体细胞发生反应。
B. 利用常规计算机断层扫描,医生容易判定黄金纳米粒子是否已投放到癌细胞中。
C. 在体外用红外线加热已进入癌细胞的黄金纳米粒子,可从内部杀灭癌细胞。
D. 黄金纳米粒子用于癌症化疗的疗效有待大量临床检验。
E. 现代医学手段已能实现黄金纳米粒子的精准投送,让其所携带的化疗药物只作用于癌细胞,并不伤及其他细胞。

40. 甲:己所不欲,勿施于人。

乙:我反对。己所欲,则施于人。

以下哪项与上述对话方式最为相似?

A. 甲:人非草木,孰能无情? 乙:我反对。草木无情,但人有情。
B. 甲:人无远虑,必有近忧。 乙:我反对。人有远虑,亦有近忧。
C. 甲:不入虎穴,焉得虎子? 乙:我反对。如得虎子,必入虎穴。
D. 甲:人不犯我,我不犯人。 乙:我反对。人若犯我,我就犯人。
E. 甲:不在其位,不谋其政。 乙:我反对。在其位,则行其政。

41. 颜子、曾寅、孟申、荀辰申请一个中国传统文化建设项目。根据规定,该项目的主持人只能有一名,且在上述4位申请者中产生;包括主持人在内,项目组成员不能超过两位。另

外,各位申请者在申请答辩时做出如下陈述:

(1)颜子:如果我成为主持人,将邀请曾寅或荀辰作为项目组成员。

(2)曾寅:如果我成为主持人,将邀请颜子或孟申作为项目组成员。

(3)荀辰:只有颜子成为项目组成员,我才能成为主持人。

(4)孟申:只有荀辰或颜子成为项目组成员,我才能成为主持人。

假定4人陈述都为真,关于项目组成员的组合,以下哪项是不可能的?

A. 曾寅、荀辰。　　B. 颜子、孟申。　　C. 颜子、荀辰。

D. 孟申、曾寅。　　E. 荀辰、孟申。

42. 研究者调查了一组大学毕业即从事有规律的工作正好满8年的白领,发现他们的体重比刚毕业时平均增加了8千克。研究者由此得出结论,有规律的工作会增加人们的体重。

关于上述结论的正确性,需要询问的关键问题是以下哪项?

A. 和该组调查对象其他情况相仿但没有从事有规律工作的人,在同样的8年中体重有怎样的变化?

B. 该组调查对象中男性和女性的体重增加是否有较大差异?

C. 和该组调查对象其他情况相仿且经常进行体育锻炼的人,在同样的8年中体重有怎样的变化?

D. 该组调查对象的体重在8年后是否会继续增加?

E. 为什么调查关注的时间段是对象在毕业工作后8年,而不是7年或者9年?

43. 赵默是一位优秀的企业家。因为如果一个人既拥有在国内外知名学府和研究机构工作的经历,又有担任项目负责人的管理经验,那么他就能成为一位优秀的企业家。

以下哪项与上述论证最为相似?

A. 李然是信息技术领域的杰出人才。因为如果一个人不具有前瞻性目光、国际化视野和创新思维,就不能成为信息技术领域的杰出人才。

B. 袁清是一位好作家。因为好作家都具有较强的观察能力、想象能力及表达能力。

C. 青年是企业发展的未来。因此,企业只有激发青年的青春力量,才能促其早日成才。

D. 人力资源是企业的核心资源。因为如果不开展各类文化活动,就不能提升员工岗位技能,也不能增强团队的凝聚力和战斗力。

E. 风云企业具有凝聚力。因为如果一个企业能引导和帮助员工树立目标、提升能力,就能使企业具有凝聚力。

44. 爱书成痴注定会藏书。大多数藏书家也会读一些自己收藏的书;但有些藏书家却因喜爱书的价值和精致装帧而购书收藏,至于阅读则放到了自己以后闲暇的时间,而一旦他们这样想,这些新购的书就很可能不被阅读了。但是,这些受到"冷遇"的书只要被友人借去一本,藏书家就会失魂落魄,整日心神不安。

根据上述信息,可以得出以下哪项?

A. 有些藏书家会读遍自己收藏的书。　　B. 有些藏书家喜欢闲暇时读自己的藏书。

C. 有些藏书家不会立即读自己新购的书。　　D. 有些藏书家从不读自己收藏的书。

E. 有些藏书家将自己的藏书当作友人。

45. 人们通常认为,幸福能够增进健康、有利于长寿,而不幸福则是健康状况不佳的直接原因,但最近有研究人员对 3 000 多人的生活状况调查后发现,幸福或不幸福并不意味着死亡的风险会相应地变得更低或更高。他们由此指出,疾病可能会导致不幸福,但不幸福本身并不会对健康状况造成损害。

以下哪项如果为真,最能质疑上述研究人员的论证?

A. 有些高寿老人的人生经历较为坎坷,他们有时过得并不幸福。

B. 有些患有重大疾病的人乐观向上,积极与疾病抗争,他们的幸福感比较高。

C. 少数个体死亡风险的高低难以进行准确评估。

D. 人的死亡风险低并不意味着健康状况好,死亡风险高也不意味着健康状况差。

E. 幸福是个体的一种心理体验,要求被调查对象准确断定其幸福程度有一定的难度。

46. 甲:只有加强知识产权保护,才能推动科技创新。

乙:我不同意。过分强化知识产权保护,肯定不能推动科技创新。

以下哪项与上述反驳方式最为类似?

A. 老板:只有给公司带来回报,公司才能给他带来回报。

员工:不对呀。我上月帮公司谈成一笔大业务,可是只得到1%的奖励。

B. 顾客:这件商品只有价格再便宜一些,才会有人来买。

商人:不可能。这件商品如果价格再便宜一些,我就要去喝西北风了。

C. 母亲:只有从小事做起,将来才有可能做成大事。

孩子:老妈你错了。如果我们每天只是做小事,将来肯定做不成大事。

D. 妻子:孩子只有刻苦学习,才能取得好成绩。

丈夫:也不尽然。学习光知道刻苦而不能思考,也不一定会取得好成绩。

E. 老师:只有读书,才能改变命运。

学生:我觉得不是这样。不读书,命运会有更大的改变。

47. 某著名风景区有"妙笔生花""猴子观海""仙人晒靴""美人梳妆""阳关三叠""禅心向天"6个景点。为方便游人,景区提示如下:

(1) 只有先游"猴子观海",才能游"妙笔生花";

(2) 只有先游"阳关三叠",才能游"仙人晒靴";

(3) 如果游"美人梳妆",就要先游"妙笔生花";

(4) "禅心向天"应第4个游览,之后才可游览"仙人晒靴"。

张先生按照上述提示,顺序游览了上述6个景点。

根据上述信息,关于张先生的游览顺序,以下哪项不可能为真?

A. 第一个游览"猴子观海"。　　B. 第二个游览"阳关三叠"。

C. 第三个游览"美人梳妆"。　　D. 第五个游览"妙笔生花"。

E. 第六个游览"仙人晒靴"。

48. "自我陶醉人格",是以过分重视自己为主要特点的人格障碍。它有多种具体特征:过高估计自己的重要性,夸大自己的成就;对批评反应强烈,希望他人注意自己和羡慕自己;经常沉湎于幻想中,把自己看成是特殊的人;人际关系不稳定,嫉妒他人,损人利己。

以下各项自我陈述中,除了哪项均能体现上述"自我陶醉人格"的特征?

A. 我是这个团队的灵魂,一旦我离开了这个团队,他们将一事无成。

B. 他有什么资格批评我?大家看看,他的能力连我的一半都不到。

C. 我的家庭条件不好,但不愿意被别人看不起,所以我借钱买了一部智能手机。

D. 这么重要的活动竟然没有邀请我参加,组织者的人品肯定有问题,不值得跟这样的人交往。

E. 我刚接手别人很多年没有做成的事情,我跟他们完全不在一个层次,相信很快就会将事情搞定。

49. 通常情况下,长期在寒冷环境中生活的居民可以有更强的抗寒能力。相比于我国的南方地区,我国北方地区冬天的平均气温要低很多。然而有趣的是,现在许多北方地区的居民并不具有我们所以为的抗寒能力,相当多的北方人到南方来过冬,竟然难以忍受南方的寒冷天气,怕冷程度甚至远超过当地人。

以下哪项如果为真,最能解释上述现象?

A. 一些北方人认为南方温暖,他们去南方过冬时往往对保暖工作做得不够充分。

B. 南方地区冬天虽然平均气温比北方高,但也存在极端低温的天气。

C. 北方地区在冬天通常启用供暖设备,其室内温度往往比南方高出很多。

D. 有些北方人是从南方迁过去的,他们还没有完全适应北方的气候。

E. 南方地区湿度较大,冬天感受到的寒冷程度超出气象意义上的温度指标。

50. 译制片配音,作为一种特有的艺术形式,曾在我国广受欢迎。然而时过境迁,现在许多人已不喜欢看配音的外国影视剧。他们觉得还是听原汁原味的声音才感觉到位。有专家由此断言,配音已失去观众,必将退出历史舞台。

以下各项如果为真,则除哪项外都能支持上述专家的观点?

A. 很多上了年纪的国人仍习惯看配过音的外国影视剧,而在国内放映的外国大片有的仍然是配过音的。

B. 配音是一种艺术再创作,倾注了配音艺术家的心血,但有的人对此并不领情,反而觉得配音妨碍了他们对原剧的欣赏。

C. 许多中国人通晓外文，观赏外国原版影视剧并不存在语言困难；即使不懂外文，边看中文字幕边听原声也不影响理解剧情。

D. 随着对外交流的加强，现在外国影视剧大量涌入国内，有的国人已经等不及慢条斯理、精工细作的配音了。

E. 现在有的外国影视剧配音难以模仿剧中演员的出色嗓音，有时也与剧情不符，对此观众并不接受。

51~52题基于以下题干

六一节快到了。幼儿园老师为班上的小明、小雷、小刚、小芳、小花5位小朋友准备了红、橙、黄、绿、青、蓝、紫7份礼物。已知所有礼物都送了出去，每份礼物只能由一人获得，每人最多获得两份礼物。另外，礼物派送还需满足如下要求：

(1) 如果小明收到橙色礼物，则小芳会收到蓝色礼物；

(2) 如果小雷没有收到红色礼物，则小芳不会收到蓝色礼物；

(3) 如果小刚没有收到黄色礼物，则小花不会收到紫色礼物；

(4) 没有人既能收到黄色礼物，又能收到绿色礼物；

(5) 小明只收到橙色礼物，而小花只收到紫色礼物。

51. 根据上述信息，以下哪项可能为真？

A. 小明和小芳都收到两份礼物。　　B. 小雷和小刚都收到两份礼物。

C. 小刚和小花都收到两份礼物。　　D. 小芳和小花都收到两份礼物。

E. 小明和小雷都收到两份礼物。

52. 根据上述信息，如果小刚收到两份礼物，则可以得出以下哪项？

A. 小雷收到红色和绿色两份礼物。　　B. 小刚收到黄色和蓝色两份礼物。

C. 小芳收到绿色和蓝色两份礼物。　　D. 小刚收到黄色和青色两份礼物。

E. 小芳收到青色和蓝色两份礼物。

53. 某民乐小组拟购买几种乐器，购买要求如下：

(1) 二胡、箫至多购买一种；

(2) 笛子、二胡和古筝至少购买一种；

(3) 箫、古筝、唢呐至少购买两种；

(4) 如果购买箫，则不购买笛子。

根据上述要求，可以得出以下哪项？

A. 至多可以购买三种乐器。　　B. 箫、笛子至少购买一种。

C. 至少要购买三种乐器。　　D. 古筝、二胡至少购买一种。

E. 一定要购买唢呐。

54~55题基于以下题干

某影城将在"十一"黄金周7天(周一至周日)放映14部电影,其中,有5部科幻片、3部警匪片、3部武侠片、2部战争片及1部爱情片。限于条件,影城每天放映两部电影。已知:

(1)除两部科幻片安排在周四外,其余6天每天放映的两部电影都属于不同类别;

(2)爱情片安排在周日;

(3)科幻片与武侠片没有安排在同一天;

(4)警匪片和战争片没有安排在同一天。

54. 根据上述信息,以下哪项中的两部电影不可能安排在同一天放映?

A. 警匪片和爱情片。　　　　　　B. 科幻片和警匪片。

C. 武侠片和战争片。　　　　　　D. 武侠片和警匪片。

E. 科幻片和战争片。

55. 根据上述信息,如果同类影片放映日期连续,则周六可能放映的电影是以下哪项?

A. 科幻片和警匪片。　　　　　　B. 武侠片和警匪片。

C. 科幻片和战争片。　　　　　　D. 科幻片和武侠片。

E. 警匪片和战争片。

2016年管理类综合能力逻辑真题

第26~55小题，每小题2分，共60分。下列每题给出的A、B、C、D、E五个选项中，只有一项是符合试题要求的。

26. 企业要建设科技创新中心，就要推进与高校、科研院所的合作，这样才能激发自主创新的活力。一个企业只有搭建服务科技创新发展战略的平台、科技创新与经济发展对接的平台以及聚集创新人才的平台，才能催生重大科技成果。

根据上述信息，可以得出以下哪项？

A. 如果企业搭建科技创新与经济发展对接的平台，就能激发其自主创新的活力。
B. 如果企业搭建了服务科技创新发展战略的平台，就能催生重大科技成果。
C. 能否推进与高校、科研院所的合作决定企业是否具有自主创新的活力。
D. 如果企业没有搭建聚集创新人才的平台，就无法催生重大科技成果。
E. 如果企业推进与高校、科研院所的合作，就能激发其自主创新的活力。

27. 生态文明建设事关社会发展方式和人民福祉。只有实行最严格的制度、最严密的法治，才能为生态文明建设提供可靠保障；如果要实行最严格的制度、最严密的法治，就要建立责任追究制度，对那些不顾生态环境盲目决策并造成严重后果者，追究其相应责任。

根据上述信息，可以得出以下哪项？

A. 如果对那些不顾生态环境盲目决策并造成严重后果者追究相应责任，就能为生态文明建设提供可靠保障。
B. 实行最严格的制度和最严密的法治是生态文明建设的重要目标。
C. 如果不建立责任追究制度，就不能为生态文明建设提供可靠保障。
D. 只有筑牢生态环境的制度防护墙，才能造福于民。
E. 如果要建立责任追究制度，就要实行最严格的制度、最严密的法治。

28. 注重对孩子的自然教育，让孩子亲身感受大自然的神奇与美妙，可促使孩子释放天性，激发自身潜能；而缺乏这方面教育的孩子容易变得孤独，道德、情感与认知能力的发展都会受到一定的影响。

以下哪项与以上陈述方式最为类似？

A. 老百姓过去"盼温饱"，现在"盼环保"；过去"求生存"，现在"求生态"。
B. 脱离环境保护搞经济发展是"竭泽而渔"，离开经济发展抓环境保护是"缘木求鱼"。
C. 注重调查研究，可以让我们掌握第一手资料；闭门造车，只能让我们脱离实际。
D. 只说一种语言的人，首次被诊断出患阿尔茨海默病的平均年龄为71岁；说双语的人，首次被诊断出患阿尔茨海默病的平均年龄为76岁;说三种语言的人,首次被诊断出患阿尔茨海默病的平均年龄为78岁。

E. 如果孩子完全依赖电子设备来进行学习和生活,将会对环境越来越漠视。

29. 古人以干支纪年。甲乙丙丁戊己庚辛壬癸为十干,也称天干。子丑寅卯辰巳午未申酉戌亥为十二支,也称地支。顺次以天干配地支,如甲子、乙丑、丙寅……癸酉、甲戌、乙亥、丙子等,六十年重复一次,俗称六十花甲子。根据干支纪年,公元2014年为甲午年,公元2015年为乙未年。

根据以上陈述,可以得出以下哪项?

A. 21世纪会有甲丑年。 B. 现代人已不用干支纪年。

C. 干支纪年有利于农事。 D. 根据干支纪年,公元2087年为丁未年。

E. 根据干支纪年,公元2024年为甲寅年。

30. 赵明与王洪都是某高校辩论协会成员,在为今年华语辩论赛招募新队员问题上,两人发生了争执。

赵明:我们一定要选拔喜爱辩论的人。因为一个人只有喜爱辩论,才能投入精力和时间研究辩论并参加辩论赛。

王洪:我们招募的不是辩论爱好者,而是能打硬仗的辩手。无论是谁,只要能在辩论赛中发挥应有的作用,他就是我们理想的人选。

以下哪项最可能是两人争论的焦点?

A. 招募的标准是从现实出发还是从理想出发。

B. 招募的目的是研究辩论规律还是培养实战能力。

C. 招募的目的是培养新人还是赢得比赛。

D. 招募的标准是对辩论的爱好还是辩论的能力。

E. 招募的目的是赢得集体荣誉还是满足个人爱好。

31. 在某届洲际杯足球大赛中,第一阶段某小组单循环赛共有4支队伍参加,每支队伍需要在这一阶段比赛三场。甲国队在该小组的前两轮比赛中一平一负。在第三轮比赛之前,甲国队主教练在新闻发布会上表示:"只有我们在下一场比赛中取得胜利并且本组的另外一场比赛打成平局,我们才有可能从这个小组出线。"

如果甲国队主教练的陈述为真,以下哪项是不可能的?

A. 第三轮比赛该小组两场比赛都分出了胜负,甲国队从小组出线。

B. 甲国队第三场比赛取得了胜利,但他们未能从小组出线。

C. 第三轮比赛甲国队取得了胜利,该小组另一场比赛打成平局,甲国队未能从小组出线。

D. 第三轮比赛该小组另外一场比赛打成平局,甲国队从小组出线。

E. 第三轮比赛该小组两场比赛都打成了平局,甲国队未能从小组出线。

32. 考古学家发现,那件仰韶文化晚期的土坯砖边缘整齐,并且没有切割痕迹,由此他们推测,这件土坯砖应当是使用木质模具压制成型的;而其他 5 件由土坯砖经过烧制而成的烧结砖,经检测其当时的烧制温度为 850~900℃。由此考古学家进一步推测,当时的砖是先使用模具将黏土做成土坯,然后再经过高温烧制而成的。

以下哪项如果为真,最能支持上述考古学家的推测?

A. 仰韶文化晚期的年代约为公元前 3500 年—公元前 3000 年。

B. 仰韶文化晚期,人们已经掌握了高温冶炼技术。

C. 出土的 5 件烧结砖距今已有 5 000 年,确实属于仰韶文化晚期的物品。

D. 没有采用模具而成型的土坯砖,其边缘或者不整齐,或者有切割痕迹。

E. 早在西周时期,中原地区的人们就可以烧制铺地砖和空心砖。

33. 研究人员发现,人类存在 3 种核苷酸基因类型:AA 型、AG 型以及 GG 型。一个人有 36% 的概率是 AA 型,有 48% 的概率是 AG 型,有 16% 的概率是 GG 型。在 1 200 名参与实验的老年人中,拥有 AA 型和 AG 型基因类型的人都在上午 11 时之前去世,而拥有 GG 型基因类型的人几乎都在下午 6 时左右去世。研究人员据此认为:GG 型基因类型的人会比其他人平均晚死 7 个小时。

以下哪项如果为真,最能质疑上述研究人员的观点?

A. 平均寿命的计算依据应是实验对象的生命存续长度,而不是实验对象的死亡时间。

B. 当死亡临近的时候,人体会还原到一种更加自然的生理节律感应阶段。

C. 有些人是因为疾病或者意外事故等其他因素而死亡的。

D. 对人死亡时间的比较,比一天中的哪一时刻更重要的是哪一年、哪一天。

E. 拥有 GG 型基因类型的实验对象容易患上心血管疾病。

34. 某市消费者权益保护条例明确规定,消费者对其所购商品可以"7 天内无理由退货"。但这项规定出台后并未得到顺利执行,众多消费者在 7 天内"无理由"退货时,常常遭遇商家的阻挠,他们以商品已做特价处理、商品已经开封或使用等理由拒绝退货。

以下哪项如果为真,最能质疑商家阻挠退货的理由?

A. 开封验货后,如果商品规格、质量等问题来自消费者本人,他们应为此承担责任。

B. 那些做特价处理的商品,本来质量就没有保证。

C. 如果不开封验货,就不能知道商品是否存在质量问题。

D. 政府总偏向消费者,这对于商家来说是不公平的。

E. 商品一旦开封或使用了,即使不存在问题,消费者也可以选择退货。

35. 某县县委关于下周一几位领导的工作安排如下:

(1) 如果李副书记在县城值班,那么他就要参加宣传工作例会;

(2) 如果张副书记在县城值班,那么他就要做信访接待工作;

(3)如果王书记下乡调研,那么张副书记或李副书记就需在县城值班;

(4)只有参加宣传工作例会或做信访接待工作,王书记才不下乡调研;

(5)宣传工作例会只需分管宣传的副书记参加,信访接待工作也只需一名副书记参加。

根据上述工作安排,可以得出以下哪项?

A. 张副书记做信访接待工作。 B. 王书记下乡调研。

C. 李副书记参加宣传工作例会。 D. 李副书记做信访接待工作。

E. 张副书记参加宣传工作例会。

36. 近年来,越来越多的机器人被用于在战场上执行侦察、运输、拆弹等任务,甚至将来冲锋陷阵的都不再是人,而是形形色色的机器人。人类战争正在经历自核武器诞生以来最深刻的革命。有专家据此分析指出,机器人战争技术的出现可以使人类远离危险,更安全、更有效率地实现战争目标。

以下哪项如果为真,最能质疑上述专家的观点?

A. 现代人类掌控机器人,但未来机器人可能会掌控人类。

B. 因不同国家之间军事科技实力的差距,机器人战争技术只会让部分国家远离危险。

C. 机器人战争技术有助于摆脱以往大规模杀戮的血腥模式,从而让现代战争变得更为人道。

D. 掌握机器人战争技术的国家为数不多,将来战争的发生更为频繁也更为血腥。

E. 全球化时代的机器人战争技术要消耗更多资源,破坏生态环境。

37. 郝大爷过马路时不幸摔倒昏迷,所幸有小伙子及时将他送往医院救治。郝大爷病情稳定后,有4位陌生小伙陈安、李康、张幸、汪福来医院看望他。郝大爷问他们究竟是谁送他来医院,他们回答如下:

陈安:我们4人都没有送您来医院。

李康:我们4人中有人送您来医院。

张幸:李康和汪福至少有一人没有送您来医院。

汪福:送您来医院的人不是我。

后来证实上述4人中有两人说真话,有两人说假话。

根据上述信息,可以得出以下哪项?

A. 说真话的是李康和张幸。 B. 说真话的是陈安和张幸。

C. 说真话的是李康和汪福。 D. 说真话的是张幸和汪福。

E. 说真话的是陈安和汪福。

38. 开车上路,一个人不仅需要有良好的守法意识,也需要有特别的"理性计算":在拥堵的车流中,只要有"加塞"的,你开的车就一定要让着它;你开着车在路上正常直行,有车不打方向灯在你近旁突然横过来要撞上你,原来它想要变道,这时你也得让着它。

以下除哪项外,均能质疑上述"理性计算"的观点?

A. 有理的让着没理的,只会助长歪风邪气,有悖于社会的法律与道德。

B. "理性计算"其实就是胆小怕事,总觉得凡事能躲则躲,但有的事很难躲过。

C. 一味退让也会给行车带来极大的危险,不但可能伤及自己,而且也可能伤及无辜。

D. 即使碰上也不可怕,碰上之后如果立即报警,警方一般会有公正的裁决。

E. 如果不让,就会碰上;碰上之后,即使自己有理,也会有许多麻烦。

39. 有专家指出,我国城市规划缺少必要的气象论证,城市的高楼建得高耸而密集,阻碍了城市的通风循环。有关资料显示,近几年国内许多城市的平均风速已下降10%。风速下降,意味着大气扩散能力减弱,导致大气污染物滞留时间延长,易形成雾霾天气和热岛效应。为此,有专家提出建立"城市风道"的设想,即在城市里制造几条畅通的通风走廊,让风在城市中更加自由地进出,促进城市空气的更新循环。

以下哪项如果为真,最能支持上述建立"城市风道"的设想?

A. 城市风道形成的"穿街风",对建筑物的安全影响不大。

B. 风从八方来,"城市风道"的设想过于主观和随意。

C. 有风道但没有风,就会让"城市风道"成为无用的摆设。

D. 有些城市已拥有建立"城市风道"的天然基础。

E. 城市风道不仅有利于"驱霾",还有利于散热。

40. 2014年,为迎接APEC会议的召开,北京、天津、河北等地实施"APEC治理模式",采取了有史以来最严格的减排措施。果然,令人心醉的"APEC蓝"出现了。然而,随着会议的结束,"APEC蓝"也渐渐消失了。对此,有些人士表示困惑,既然政府能在短期内实施"APEC治理模式"取得良好效果,为什么不将这一模式长期坚持下去呢?

以下除哪项外,均能解释人们的困惑?

A. 最严格的减排措施在落实过程中已产生很多难以解决的实际困难。

B. 如果近期将"APEC治理模式"常态化,将会严重影响地方经济和社会的发展。

C. 任何环境治理都需要付出代价,关键在于付出的代价是否超出收益。

D. 短期严格的减排措施只能是权宜之计,大气污染治理仍需从长计议。

E. 如果APEC会议期间北京雾霾频发,就会影响我们国家的形象。

41. 根据现有物理学定律,任何物质的运动速度都不可能超过光速,但最近一次天文观测结果向这条定律发起了挑战。距离地球遥远的IC310星系拥有一个活跃的黑洞,掉入黑洞的物质产生了伽马射线冲击波。有些天文学家发现,这束伽马射线的速度超过了光速,因为它只用了4.8分钟就穿越了黑洞边界,而光需要25分钟才能走完这段距离。由此,这些天文学家提出,光速不变定律需要修改了。

以下哪项如果为真,最能质疑上述天文学家所做的结论?

A. 或者光速不变定律已经过时,或者天文学家的观测有误。

B. 如果天文学家的观测没有问题,光速不变定律就需要修改。

C. 要么天文学家的观测有误,要么有人篡改了天文观测数据。

D. 天文观测数据可能存在偏差,毕竟IC310星系离地球很远。

E. 光速不变定律已经历过去多次实践检验,没有出现反例。

42. 某公司办公室茶水间提供自助式收费饮料。职员拿完饮料后,自己把钱放到特设的收款箱中。研究者为了判断职员在无人监督时,其自律水平会受哪些因素的影响,特地在收款箱上方贴了一张装饰图片,每周一换。装饰图片有时是一些花朵,有时是一双眼睛。一个有趣的现象出现了:贴着"眼睛"的那一周,收款箱里的钱远远超过贴其他图片的情形。

以下哪项如果为真,最能解释上述实验现象?

A. 该公司职员看到"眼睛"图片时,就能联想到背后可能有人看着他们。

B. 在该公司工作的职员,其自律能力超过社会中的其他人。

C. 眼睛是心灵的窗口,该公司职员看到"眼睛"图片时会有一种莫名的感动。

D. 在无人监督的情况下,大部分人缺乏自律能力。

E. 该公司职员看着"花朵"图片时,心情容易变得愉快。

43~44题基于以下题干

某皇家园林依中轴线布局,从前到后依次排列着七个庭院。这七个庭院分别以汉字"日""月""金""木""水""火""土"来命名。已知:

(1)"日"字庭院不是最前面的那个庭院;

(2)"火"字庭院和"土"字庭院相邻;

(3)"金""月"两庭院间隔的庭院数与"木""水"两庭院间隔的庭院数相同。

43. 根据上述信息,下列哪个庭院可能是"日"字庭院?

A. 第一个庭院。　　　B. 第二个庭院。　　　C. 第四个庭院。

D. 第五个庭院。　　　E. 第六个庭院。

44. 如果第二个庭院是"土"字庭院,可以得出以下哪项?

A. 第七个庭院是"水"字庭院。　　　B. 第五个庭院是"木"字庭院。

C. 第四个庭院是"金"字庭院。　　　D. 第三个庭院是"月"字庭院。

E. 第一个庭院是"火"字庭院。

45. 在一项关于"社会关系如何影响人的死亡率"的课程研究中,研究人员惊奇地发现:不论种族、收入、体育锻炼等因素,一个乐于助人、和他人相处融洽的人,其平均寿命长于一般人,在男性中尤其如此;相反,心怀恶意、损人利己、和他人相处不融洽的人70岁之前的死亡率比正常人高出1.5至2倍。

以下哪项如果为真,最能解释上述发现?

A. 男性通常比同年龄段的女性对他人有更强的"敌视情绪",多数国家男性的平均寿命也因此低于女性。

B. 与人为善带来轻松愉悦的情绪,有益身体健康;损人利己则带来紧张的情绪,有损身体健康。

C. 身心健康的人容易和他人相处融洽,而心理有问题的人与他人很难相处。

D. 心存善念、思想豁达的人大多精神愉悦、身体健康。

E. 那些自我优越感比较强的人通常"敌视情绪"也比较强,他们长时间处于紧张状态。

46. 超市中销售的苹果常常留有一定的油脂痕迹,表面显得油光滑亮。牛师傅认为,这是残留在苹果上的农药所致,水果在收摘之前都喷洒了农药。因此,消费者在超市购买水果后,一定要清洗干净方能食用。

以下哪项最可能是牛师傅看法所依赖的假设?

A. 在水果收摘之前喷洒的农药大多数会在水果上留下油脂痕迹。

B. 许多消费者并不在意超市的水果是否清洗过。

C. 超市里销售的水果并未得到彻底清洗。

D. 只有那些在水果上能留下油脂痕迹的农药才可能被清洗掉。

E. 除了苹果,其他许多水果运至超市时也留有一定的油脂痕迹。

47. 许多人不仅不理解别人,而且也不理解自己,尽管他们可能曾经试图理解别人,但这样的努力注定会失败,因为不理解自己的人是不可能理解别人的。可见,那些缺乏自我理解的人是不会理解别人的。

以下哪项最能说明上述论证的缺陷?

A. 间接指责人们不能换位思考,不能相互理解。

B. 结论仅仅是对其论证前提的简单重复。

C. 没有正确把握理解别人和理解自己之间的关系。

D. 使用了"自我理解"概念,但并未给出定义。

E. 没有考虑"有些人不愿意理解自己"这样的可能性。

48. 在编号壹、贰、叁、肆的4个盒子中装有绿茶、红茶、花茶和白茶4种茶,每个盒子只装一种茶,每种茶只装在一个盒子中。已知:

(1) 装绿茶和红茶的盒子在壹、贰、叁号范围之内;

(2) 装红茶和花茶的盒子在贰、叁、肆号范围之内;

(3) 装白茶的盒子在壹、叁号范围之内。

根据以上陈述,可以得出以下哪项?

A. 绿茶装在壹号盒子中。　　　　　B. 红茶装在贰号盒子中。

C. 白茶装在叁号盒子中。　　　　　D. 花茶装在肆号盒子中。

E. 绿茶装在叁号盒子中。

49. 在某项目招标过程中,赵嘉、钱宜、孙斌、李汀、周武、吴纪6人作为各自公司代表参与投标,有且只有一人中标。关于究竟谁是中标者,招标小组中有3位成员各自谈了自己的看法:

(1)中标者不是赵嘉就是钱宜;

(2)中标者不是孙斌;

(3)周武和吴纪都没有中标。

经过深入调查,发现上述3人中只有一人的看法是正确的。

根据以上信息,以下哪项中的3人都可以确定没有中标?

A. 赵嘉、孙斌、李汀。　　B. 赵嘉、钱宜、李汀。　　C. 孙斌、周武、吴纪。

D. 赵嘉、周武、吴纪。　　E. 钱宜、孙斌、周武。

50. 如今,电子学习机已全面进入儿童的生活。电子学习机将文字与图像、声音结合起来,既生动形象,又富有趣味性,使儿童独立阅读成为可能。但是,一些儿童教育专家却对此发出警告,电子学习机可能不利于儿童成长。他们认为,父母应该抽时间陪孩子一起阅读纸质图书。陪孩子一起阅读纸质图书,并不是简单地让孩子读书识字,而是在交流中促进其心灵的成长。

以下哪项如果为真,最能支持上述专家的观点?

A. 电子学习机最大的问题是让父母从孩子的阅读行为中走开,减少父母与孩子的日常交流。

B. 接触电子产品越早,就越容易上瘾,长期使用电子学习机会形成"电子瘾"。

C. 在使用电子学习机时,孩子往往更关注其使用功能而非学习内容。

D. 纸质图书有利于保护儿童视力,有利于父母引导儿童形成良好的阅读习惯。

E. 现代生活中年轻父母工作压力较大,很少有时间能与孩子一起共同阅读。

51. 田先生认为,绝大部分笔记本电脑运行速度慢的原因不是CPU性能太差,也不是内存容量太小,而是硬盘速度太慢,给老旧的笔记本电脑换装固态硬盘可以大幅提升使用者的游戏体验。

以下哪项如果为真,最能质疑田先生的观点?

A. 一些笔记本电脑使用者的使用习惯不好,使得许多运行程序占据大量内存,导致电脑运行速度缓慢。

B. 销售固态硬盘的利润远高于销售传统的笔记本电脑硬盘。

C. 固态硬盘很贵,给老旧笔记本换装硬盘费用不低。

D. 使用者的游戏体验很大程度上取决于笔记本电脑的显卡,而老旧笔记本电脑显卡较差。

E. 少部分老旧笔记本电脑的CPU性能很差,内存也小。

52~53题基于以下题干

钟医生:"通常,医学研究的重要成果在杂志发表之前需要经过匿名评审,这需要耗费不少时间。如果研究者能放弃这段等待时间而事先公开其成果,我们的公共卫生水平就可以伴随着医学发现更快获得提高。因为新医学信息的及时公布将允许人们利用这些信息提高他们的健康水平。"

52. 以下哪项最可能是钟医生论证所依赖的假设?

　　A. 即使医学论文还没有在杂志发表,人们还是会使用已公开的相关新信息。

　　B. 因为工作繁忙,许多医学研究者不愿成为论文评审者。

　　C. 首次发表于匿名评审杂志的新医学信息一般无法引起公众的注意。

　　D. 许多医学杂志的论文评审者本身并不是医学研究专家。

　　E. 部分医学研究者愿意放弃在杂志上发表,而选择事先公开其成果。

53. 以下哪项如果为真,最能削弱钟医生的论证?

　　A. 大部分医学杂志不愿意放弃匿名评审制度。

　　B. 社会公共卫生水平的提高还取决于其他因素,并不完全依赖于医学新发现。

　　C. 匿名评审常常能阻止那些含有错误结论的文章发表。

　　D. 有些媒体常常会提前报道那些匿名评审杂志准备发表的医学研究成果。

　　E. 人们常常根据新发表的医学信息来调整他们的生活方式。

54~55题基于以下题干

　　江海大学的校园美食节开幕了,某女生宿舍有5人积极报名参加此次活动,她们的姓名分别为金粲、木心、水仙、火珊、土润。举办方要求,每位报名者只做一道菜品参加评比,但需自备食材。限于条件,该宿舍所备食材仅有5种:金针菇、木耳、水蜜桃、火腿和土豆。要求每种食材只能有2人选用,每人又只能选用2种食材,并且每人所选食材名称的第一个字与自己的姓氏均不相同。已知:

　　(1)如果金粲选水蜜桃,则水仙不选金针菇;

　　(2)如果木心选金针菇或土豆,则她也须选木耳;

　　(3)如果火珊选水蜜桃,则她也须选木耳和土豆;

　　(4)如果木心选火腿,则火珊不选金针菇。

54. 根据上述信息,可以得出以下哪项?

　　A. 木心选用水蜜桃、土豆。　　　　B. 水仙选用金针菇、火腿。

　　C. 土润选用金针菇、水蜜桃。　　　D. 火珊选用木耳、水蜜桃。

　　E. 金粲选用木耳、土豆。

55. 如果水仙选用土豆,则可以得出以下哪项?

　　A. 木心选用金针菇、水蜜桃。　　　B. 金粲选用木耳、火腿。

　　C. 火珊选用金针菇、土豆。　　　　D. 水仙选用木耳、土豆。

　　E. 土润选用水蜜桃、火腿。

2015年管理类综合能力逻辑真题

第26~55小题,每小题2分,共60分。下列每题给出的A、B、C、D、E五个选项中,只有一项是符合试题要求的。

26. 晴朗的夜晚我们可以看到满天星斗,其中有些是自身发光的恒星,有些是自身不发光但可以反射附近恒星光的行星。恒星尽管遥远,但是有些可以被现有的光学望远镜"看到"。和恒星不同,由于行星本身不发光,而且体积远小于恒星,所以,太阳系外的行星大多无法用现有的光学望远镜"看到"。

以下哪项如果为真,最能解释上述现象?

A. 如果行星的体积够大,现有的光学望远镜就能够"看到"。

B. 太阳系外的行星因距离遥远,很少能将恒星光反射到地球上。

C. 现有的光学望远镜只能"看到"自身发光或者反射光的天体。

D. 有些恒星没有被现有的光学望远镜"看到"。

E. 太阳系内的行星大多可以用现有的光学望远镜"看到"。

27. 长期以来,手机产生的电磁辐射是否威胁人体健康一直是极具争议的话题。一项长达10年的研究显示,每天使用移动电话通话30分钟以上的人患神经胶质瘤的风险比从未使用者要高出40%。由此某专家建议,在获得进一步的的证据之前,人们应该采取更加安全的措施,如尽量使用固定电话通话或使用短信进行沟通。

以下哪项如果为真,最能表明该专家的建议不切实际?

A. 大多数手机产生的电磁辐射强度符合国家规定的安全标准。

B. 现在人类生活空间中的电磁辐射强度已经超过手机通话产生的电磁辐射强度。

C. 经过较长一段时间,人们的身体能够逐渐适应强电磁辐射的环境。

D. 上述实验期间,有些人每天使用移动电话通话超过40分钟,但他们很健康。

E. 即使以手机短信进行沟通,发送和接收信息的瞬间也会产生较强的电磁辐射。

28. 甲、乙、丙、丁、戊和己6人围坐在一张正六边形的小桌前,每边各坐一人。已知:

(1)甲与乙正面相对;

(2)丙与丁不相邻,也不正面相对。

如果己与乙不相邻,则以下哪项一定为真?

A. 戊与己相邻。 B. 甲与丁相邻。

C. 己与乙正面相对。 D. 如果甲与戊相邻,则丁与己正面相对。

E. 如果丙与戊不相邻,则丙与己相邻。

29. 人类经历了上百万年的自然进化,产生了直觉、多层次抽象等独特智能。尽管现代计算机已经具备了一定的学习能力,但这种能力还需要人类的指导,完全的自我学习能力还有待进一步发展。因此,计算机要达到甚至超过人类的智能水平是不可能的。

以下哪项最可能是上述论证的预设？

A. 计算机如果具备完全的自我学习能力,就能形成直觉、多层次抽象等智能。

B. 计算机很难真正懂得人类的语言,更不可能理解人类的感情。

C. 直觉、多层次抽象等这些人类的独特智能无法通过学习获得。

D. 计算机可以形成自然进化能力。

E. 理解人类复杂的社会关系需要自我学习能力。

30. 为进一步加强对不遵守交通信号等违法行为的执法管理,规范执法程序,确保执法公正,某市交警支队要求:凡属交通信号指示不一致、有证据证明救助危难等情形,一律不得录入道路交通违法信息系统;对已录入信息系统的交通违法记录,必须完善异议受理、核查、处理等工作规范,最大限度减少执法争议。

根据上述交警支队的要求,可以得出以下哪项？

A. 对已录入系统的交通违法记录,只有倾听群众异议,加强群众监督,才能最大限度减少执法争议。

B. 只要对已录入系统的交通违法记录进行异议受理、核查和处理,就能最大限度减少执法争议。

C. 因信号灯相位设置和配时不合理等造成交通信号不一致而引发的交通违法情形,可以不录入道路交通违法信息系统。

D. 有些因救助危难而违法的情形,如果仅有当事人说辞但缺乏当时现场的录音录像证明,就应录入道路交通违法信息系统。

E. 如果汽车使用了行车记录仪,就可以提供现场实时证据,大大减少被录入道路交通违法信息系统的可能性。

31~32题基于以下题干

某次讨论会共有18名参会者。已知：

(1)至少有5名青年教师是女性；

(2)至少有6名女教师已过中年；

(3)至少有7名女青年是教师。

31. 根据上述信息,关于参会人员可以得出以下哪项？

A. 有些青年教师不是女性。　　B. 有些女青年不是教师。

C. 青年教师至少有11名。　　　D. 女教师至少有13名。

E. 女青年至多有11名。

32. 如果上述三句话两真一假,那么关于参会人员可以得出以下哪项?

A. 女青年都是教师。
B. 青年教师至少有5名。
C. 青年教师都是女性。
D. 女青年至少有7名。
E. 男教师至多有10名。

33. 当企业处于蓬勃上升时期,往往紧张而忙碌,没有时间和精力去设计和修建"琼楼玉宇";当企业所有的重要工作都已经完成,其时间和精力就开始集中在修建办公大楼上。所以,如果一个企业的办公大楼设计得越完美,装饰得越豪华,则该企业离解体的时间就越近;当某个企业的大楼设计和建造趋向完美之际,它的存在就逐渐失去意义。这就是所谓的"办公大楼法则"。

以下哪项如果为真,最能质疑上述观点?

A. 企业的办公大楼越破旧,该企业就越有活力和生机。

B. 一个企业如果将时间和精力都耗费在修建办公大楼上,则对其他重要工作就投入不足了。

C. 建造豪华的办公大楼,往往会加大企业的运营成本,损害其实际收益。

D. 建造豪华的办公大楼并不需要企业投入太多的时间和精力。

E. 某企业的办公大楼修建得美轮美奂,入住后该企业的事业蒸蒸日上。

34. 张云、李华、王涛都收到了明年二月初赴北京开会的通知。他们可以选择乘坐飞机、高铁与大巴等交通工具进京。他们对这次进京方式有如下考虑:

(1)张云不喜欢坐飞机,如果有李华同行,他就选择乘坐大巴;
(2)李华不计较方式,如果高铁票价比飞机便宜,他就选择乘坐高铁;
(3)王涛不在乎价格,除非预报二月初北京有雨雪天气,否则他就选择乘坐飞机;
(4)李华和王涛家住得较近,如果航班时间合适,他们将一同乘飞机出行。

如果上述3人的考虑都得到满足,则可以得出以下哪项?

A. 如果张云和王涛乘坐高铁进京,则二月初北京有雨雪天气。

B. 如果李华没有选择乘坐高铁或飞机,则他肯定和张云一起乘坐大巴进京。

C. 如果王涛和李华乘坐飞机进京,则二月初北京没有雨雪天气。

D. 如果三人都乘坐大巴进京,则预报二月初北京有雨雪天气。

E. 如果三人都乘坐飞机进京,则飞机票价比高铁便宜。

35. 某市推出一项月度社会公益活动,市民报名踊跃。由于活动规模有限,主办方决定通过摇号抽签的方式选择参与者。第一个月中签率为1∶20,随后连创新低,到下半年的10月份已达1∶70,大多数市民屡摇不中,但从今年7至10月,"李祥"这个名字连续4个月中签。不少市民据此认为,有人在抽签过程中作弊,并对主办方质疑。

以下哪项如果为真,最能消解上述市民的质疑?

A. 已经中签的申请者中，叫"张磊"的有 7 人。

B. 曾有一段时间，家长给孩子取名不回避重名。

C. 在报名的市民中，名叫"李祥"的近 300 人。

D. 摇号抽签全过程是在有关部门监督下进行的。

E. 在摇号系统中，每一位申请人都被随机赋予一个不重复的编码。

36. 美国扁桃仁于 20 世纪 70 年代出口到我国，当时被误译成"美国大杏仁"。这种误译导致大多数消费者根本不知道扁桃仁、杏仁是两种完全不同的产品。对此，尽管我国林果专家一再努力澄清，但学界的声音很难传达到相关企业和普通大众。因此，必须制定林果的统一行业标准，这样才能还相关产品以本来面目。

以下哪项最可能是上述论证的假设？

A. 美国扁桃仁和中国大杏仁的外形很相似。

B. 我国相关企业和普通大众并不认可我国林果专家的意见。

C. 进口商品名称的误译会扰乱我国企业正常的对外贸易活动。

D. 长期以来，我国没有关于林果的统一行业标准。

E. "美国大杏仁"在中国市场上销量超过中国杏仁。

37. 10 月 6 日晚上，张强要么去电影院看了电影，要么拜访了他的朋友秦玲。如果那天晚上张强开车回家，他就没去电影院看电影。只有张强事先与秦玲约定，张强才能去拜访她。事实上，张强不可能事先与秦玲约定。

根据以上陈述，可以得出以下哪项？

A. 那天晚上张强没有开车回家。

B. 那天晚上张强拜访了他的朋友秦玲。

C. 那天晚上张强没有去电影院看电影。

D. 那大晚上张强与秦玲一道去电影院看电影。

E. 那天晚上张强开车去电影院看电影。

38~39 题基于以下题干

天南大学准备选派两名研究生、三名本科生到山村小学支教。经过个人报名和民主评议，最终人选将在研究生赵婷、唐玲、殷倩 3 人和本科生周艳、李环、文琴、徐昂、朱敏 5 人中产生。按规定，同一学院或者同一社团至多选派一人。已知：

(1) 唐玲和朱敏均来自数学学院；

(2) 周艳和徐昂均来自文学院；

(3) 李环和朱敏均来自辩论协会。

38. 根据上述条件，以下必定入选的是：

A. 文琴。　　　B. 唐玲。　　　C. 周艳。　　　D. 殷倩。　　　E. 赵婷。

39. 如果唐玲入选,那么以下必定入选的是:

A. 赵婷。　　　B. 殷倩。　　　C. 徐昂。　　　D. 李环。　　　E. 周艳。

40. 有些阔叶树是常绿植物,因此,所有阔叶树都不生长在寒带地区。

以下哪项如果为真,最能反驳上述结论?

A. 常绿植物都生长在寒带地区。　　　　　　B. 寒带的某些地区不生长阔叶树。

C. 常绿植物都不生长在寒带地区。　　　　　D. 常绿植物不都是阔叶树。

E. 有些阔叶树不生长在寒带地区。

41~42题基于以下题干

某大学运动会即将召开,经管学院拟组建一支12人的代表队参赛,参赛队员将从该院4个年级的学生中选拔。学校规定:每个年级都必须在长跑、短跑、跳高、跳远、铅球5个项目中选择1~2项参加比赛,其余项目可任意选择;一个年级如果选择长跑,就不能选择短跑或跳高;一个年级如果选择跳远,就不能选择长跑或铅球;每名队员只参加1项比赛。已知该院:

(1) 每个年级均有队员被选拔进入代表队;

(2) 每个年级被选拔进入代表队的人数各不相同;

(3) 有两个年级的队员人数相乘等于另一个年级的队员人数。

41. 根据以上信息,一个年级最多可选拔:

A. 8人。　　　B. 7人。　　　C. 6人。　　　D. 5人。　　　E. 4人。

42. 如果某年级队员人数不是最少的,且选择了长跑,那么对于该年级来说,以下哪项是不可能的?

A. 选择长跑或跳高。　　　　　　B. 选择铅球或跳远。

C. 选择短跑或跳远。　　　　　　D. 选择短跑或铅球。

E. 选择铅球或跳高。

43. 为防御电脑受到病毒侵袭,研究人员开发了防御病毒、查杀病毒的程序,前者启动后能使程序运行免受病毒侵袭,后者启动后能迅速查杀电脑中可能存在的病毒。某台电脑上现装有甲、乙、丙三种程序,已知:

(1) 甲程序能查杀目前已知的所有病毒;

(2) 若乙程序不能防御已知的一号病毒,则丙程序也不能查杀该病毒;

(3) 只有丙程序能防御已知的一号病毒,电脑才能查杀目前已知的所有病毒;

(4) 只有启动甲程序,才能启动丙程序。

根据上述信息,可以得出以下哪项?

A. 只有启动丙程序,才能防御并查杀一号病毒。

B. 如果启动了甲程序,那么不必启动乙程序也能查杀所有病毒。

C. 如果启动了乙程序,那么不必启动丙程序也能查杀一号病毒。

D. 只有启动乙程序,才能防御并查杀一号病毒。

E. 如果启动了丙程序,就能防御并查杀一号病毒。

44. 研究人员将角膜感觉神经断裂的兔子分为两组:实验组和对照组。他们给实验组兔子注射一种从土壤霉菌中提取的化合物。3周后检查发现,实验组兔子的角膜感觉神经已经复合;而对照组兔子未注射这种化合物,其角膜感觉神经都没有复合。研究人员由此得出结论:该化合物可以使兔子断裂的角膜感觉神经复合。

以下哪项与上述研究人员得出结论的方式最为类似?

A. 科学家在北极冰川地区的黄雪中发现了细菌,而该地区的寒冷气候与木卫二的冰冷环境有着惊人的相似。所以,木卫二可能存在生命。

B. 绿色植物在光照充足的环境下能茁壮成长,而在光照不足的环境下只能缓慢生长。所以,光照有助于绿色植物的生长。

C. 年逾花甲的老王戴上老花眼镜可以读书看报,不戴则视力模糊。所以,年龄大的人都要戴老花眼镜。

D. 一个整数或者是偶数,或者是奇数。0不是奇数,所以,0是偶数。

E. 昆虫都有三对足,蜘蛛并非三对足。所以,蜘蛛不是昆虫。

45. 张教授指出,明清时期科举考试分为四级,即院试、乡试、会试、殿试。院试在县府举行,考中者称"生员";乡试每三年在各省省城举行一次,生员才有资格参加,考中者称为"举人",举人第一名称"解元";会试于乡试后第二年在京城礼部举行,举人才有资格参加,考中者称为"贡士",贡士第一名称"会元";殿试在会试当年举行,由皇帝主持,贡士才有资格参加,录取分三甲,一甲三名,二甲、三甲各若干名,统称"进士",一甲第一名称"状元"。

根据张教授的陈述,以下哪项是不可能的?

A. 中会元者,不曾中举。
B. 中举者,不曾中进士。
C. 中状元者曾为生员和举人。
D. 可有连中三元者(解元、会元、状元)。
E. 未中解元者,不曾中会元。

46. 有人认为,任何一个机构都包括不同的职位等级或层级,每个人都隶属于其中的一个层级,如果某人在原来级别岗位上干得出色,就会被提拔,而被提拔者得到重用后却碌碌无为,这会造成机构效率低下、人浮于事。

以下哪项如果为真,最能质疑上述观点?

A. 王副教授教学科研能力都很强,而晋升为正教授后却表现平平。
B. 个人晋升常常在一定程度上影响所在机构的发展。
C. 不同岗位的工作方法是不同的,对新岗位要有一个适应过程。
D. 李明的体育运动成绩并不理想,但他进入管理层后却干得得心应手。
E. 部门经理王先生业绩出众,被提拔为公司总经理后工作依然出色。

47. 如果把一杯酒倒进一桶污水中,你得到的是一桶污水;如果把一杯污水倒进一桶酒中,你得到的仍然是一桶污水。在任何组织中,都可能存在几个难缠人物,他们存在的目的似乎就是把事情搞糟。如果一个组织不加强内部管理,一个正直能干的人进入某低效的部门就会被吞没,而一个无德无才者很快就能将一个高效的部门变成一盘散沙。

根据以上信息,可以得出以下哪项?

A. 如果一个无德无才的人把组织变成一盘散沙,则该组织没有加强内部管理。

B. 如果一个正直能干的人在低效部门没有被吞没,则该部门加强了内部管理。

C. 如果一个正直能干的人进入组织,就会使组织变得更为高效。

D. 如果不将一杯污水倒进一桶酒中,你就不会得到一桶污水。

E. 如果组织中存在几个难缠人物,很快就会把组织变成一盘散沙。

48. 自闭症会影响社会交往、语言交流和兴趣爱好等方面的行为。研究人员发现,实验鼠体内神经连接蛋白的蛋白质如果合成过多,会导致自闭症。由此他们认为,自闭症与神经连接蛋白的蛋白质合成量具有重要关联。

以下哪项如果为真,最能支持上述观点?

A. 神经连接蛋白正常的老年实验鼠患自闭症的比例很低。

B. 如果将实验鼠控制蛋白合成的关键基因去除,其体内的神经连接蛋白就会增加。

C. 抑制神经连接蛋白的蛋白质合成可缓解实验鼠的自闭症状。

D. 生活在群体之中的实验鼠较之独处的实验鼠患自闭症的比例要小。

E. 雄性实验鼠患自闭症的比例是雌性实验鼠的5倍。

49. 张教授指出,生物燃料是指利用生物资源生产的燃料乙醇或生物柴油,它们可以替代由石油制取的汽油和柴油,是可再生能源开发利用的重要方向。受世界石油资源短缺、环保和全球气候变化的影响,20世纪70年代以来,许多国家日益重视生物燃料的发展,并取得显著成效。所以,应该大力开发和利用生物燃料。

以下哪项最可能是张教授论证的预设?

A. 生物燃料在生产与运输过程中需要消耗大量的水、电和石油等。

B. 发展生物燃料可有效降低人类对石油等化石燃料的消耗。

C. 生物柴油和燃料乙醇是现代社会能源供给体系的适当补充。

D. 发展生物燃料会减少粮食供应,而当今世界有数以百万计的人食不果腹。

E. 目前我国生物燃料的开发和利用已经取得很大成绩。

50. 有关数据显示,2011年全球新增870万结核病患者,同时有140万患者死亡。因为结核病对抗生素有耐药性,所以对结核病的治疗一直都进展缓慢。如果不能在近几年消除结核病,那么还会有数百万人死于结核病。如果要控制这种流行病,就要有安全、廉价的疫苗。目前有12种新疫苗正在测试之中。

根据以上信息,可以得出以下哪项?

A. 如果解决了抗生素的耐药性问题,结核病治疗将会获得突破性进展。

B. 新疫苗一旦应用于临床,将有效控制结核病的传播。

C. 2011年结核病患者死亡率已达16.1%。

D. 只有在近几年消除结核病,才能避免数百万人死于这种疾病。

E. 有了安全、廉价的疫苗,我们就能控制结核病。

51. 一个人如果没有崇高的信仰,就不可能守住道德的底线;而一个人只有不断加强理论学习,才能始终保持崇高的信仰。

根据以上信息,可以得出以下哪项?

A. 一个人只有不断加强理论学习,才能守住道德的底线。

B. 一个人如果不能守住道德的底线,就不可能保持崇高的信仰。

C. 一个人只要有崇高的信仰,就能守住道德的底线。

D. 一个人没能守住道德的底线,是因为他首先丧失了崇高的信仰。

E. 一个人只要不断加强理论学习,就能守住道德的底线。

52. 研究人员安排了一次试验,将100名受试者分为两组:喝一小杯红酒的实验组和不喝酒的对照组。随后,让两组受试者计算某段视频中篮球队员相互传球的次数。结果发现,对照组的受试者都计算准确,而实验组中只有18%的人计算准确。经测试,实验组受试者的血液中酒精浓度只有酒驾法定值的一半。由此专家指出,这项研究结果或许应该让立法者重新界定酒驾法定值。

以下哪项如果为真,最能支持上述专家的观点?

A. 饮酒过量不仅损害身体健康,而且影响驾车安全。

B. 即使血液中酒精浓度只有酒驾法定值的一半,也会影响视力和反应速度。

C. 即使酒驾法定值设置较高,也不会将少量饮酒的驾车者排除在酒驾范围之外。

D. 酒驾法定值设置过低,可能会把许多未饮酒者界定为酒驾。

E. 只要血液中酒精浓度不超过酒驾法定值,就可以驾车上路。

53. 某研究人员在2004年对一些12~16岁的学生进行了智商测试,测试得分为77~135分。4年之后再次测试,这些学生的智商得分为87~143分。仪器扫描显示,那些得分提高了的学生,其脑部比此前呈现更多的灰质(灰质是一种神经组织,是中枢神经的重要组成部分)。这一测试表明,个体的智商变化确实存在,那些早期在学校表现并不突出的学生未来仍有可能成为佼佼者。

以下除哪项外,都能支持上述实验结论?

A. 随着年龄的增长,青少年脑部区域的灰质通常也会增加。

B. 学生的非言语智力表现与他们大脑结构的变化明显相关。

C. 言语智商的提高伴随着大脑左半球运动皮层灰质的增多。

D. 有些天才少年长大后智力并不出众。

E. 部分学生早期在学校表现不突出与其智商有关。

54~55题基于以下题干

某高校有数学、物理、化学、管理、文秘、法学6个专业毕业生需要就业,现有风云、怡和、宏宇三家公司前来学校招聘。已知,每家公司只招聘该校上述2~3个专业的若干毕业生,且需要满足以下条件:

(1)招聘化学专业的公司也招聘数学专业;

(2)怡和公司招聘的专业,风云公司也招聘;

(3)只有一家公司招聘文秘专业,且该公司没有招聘物理专业;

(4)如果怡和公司招聘管理专业,那么也招聘文秘专业;

(5)如果宏宇公司没有招聘文秘专业,那么怡和公司招聘文秘专业。

54. 如果只有一家公司招聘物理专业,那么可以得出以下哪项?

A. 宏宇公司招聘数学专业。　　　B. 风云公司招聘物理专业。

C. 风云公司招聘化学专业。　　　D. 怡和公司招聘物理专业。

E. 怡和公司招聘管理专业。

55. 如果三家公司都招聘3个专业的若干毕业生,那么可以得出以下哪项?

A. 宏宇公司招聘化学专业。　　　B. 怡和公司招聘物理专业。

C. 怡和公司招聘法学专业。　　　D. 风云公司招聘数学专业。

E. 风云公司招聘化学专业。

2014年管理类综合能力逻辑真题

第26~55小题,每小题2分,共60分。下列每题给出的A、B、C、D、E五个选项中,只有一项是符合试题要求的。

26. 随着光纤网络带来的网速大幅度提高,高速下载电影、在线看大片等都不再是困扰我们的问题。即使在社会生产力发展水平较低的国家,人们也可以通过网络随时随地获得最快的信息、最贴心的服务和最佳体验。有专家据此认为:光纤网络将大幅提高人们的生活质量。

以下哪项如果为真,最能质疑该专家的观点?

A. 即使没有光纤网络,同样可以创造高品质的生活。

B. 快捷的网络服务可能使人们将大量时间消耗在娱乐上。

C. 随着高速网络的普及,相关上网费用也随之增加。

D. 网络上所获得的贴心服务和美妙体验有时是虚幻的。

E. 人们生活质量的提高仅决定于社会生产力的发展水平。

27. 李栋善于辩论,也喜欢诡辩。有一次他论证道:"郑强知道数字87654321,陈梅家的电话号码正好是87654321,所以郑强知道陈梅家的电话号码。"

以下哪项与李栋论证中所犯的错误最为类似?

A. 中国人是勤劳勇敢的,李岚是中国人,所以李岚是勤劳勇敢的。

B. 金砖是由原子构成的,原子不是肉眼可见的,所以金砖不是肉眼可见的。

C. 黄兵相信晨星在早晨出现,而晨星其实就是暮星,所以黄兵相信暮星在早晨出现。

D. 张冉知道如果1:0的比分保持到终场,他们的队伍就出线,现在张冉听到了比赛结束的哨声,所以张冉知道他们的队伍出线了。

E. 所有蚂蚁是动物,所以所有大蚂蚁是大动物。

28. 陈先生在鼓励他孩子时说道:"不要害怕暂时的困难和挫折。不经历风雨怎么见彩虹?"他孩子不服气地说:"您说得不对。我经历了那么多风雨,怎么就没见到彩虹呢?"

陈先生孩子的回答最适宜用来反驳以下哪项?

A. 如果想见到彩虹,就必须经历风雨。 B. 只要经历了风雨,就可以见到彩虹。

C. 只有经历风雨,才能见到彩虹。 D. 即使经历了风雨,也可能见不到彩虹。

E. 即使见到了彩虹,也不是因为经历了风雨。

29. 在某次考试中,有3个关于北京旅游景点的问题,要求考生每题选择某个景点的名称作为唯一答案。其中6位考生关于上述3个问题的答案依次如下:

第一位考生:天坛、天坛、天安门。

第二位考生:天安门、天安门、天坛。

第三位考生:故宫、故宫、天坛。

第四位考生:天坛、天安门、故宫。

第五位考生:天安门、故宫、天安门。

第六位考生:故宫、天安门、故宫。

考试结果表明,每位考生都至少答对其中 1 道题。

根据以上陈述,可知这 3 个问题的正确答案依次是:

A. 天坛、故宫、天坛。　　　　　　　B. 故宫、天安门、天安门。

C. 天安门、故宫、天坛。　　　　　　D. 天坛、天坛、故宫。

E. 故宫、故宫、天坛。

30. 人们普遍认为适量的体育运动能够有效降低中风的发生率,但科学家还注意到有些化学物质也有降低中风风险的效用。番茄红素是一种让番茄、辣椒、西瓜和番木瓜等果蔬呈现红色的化学物质。研究人员选取一千余名年龄在 46~55 岁之间的人,进行了长达 12 年的跟踪调查,发现其中番茄红素水平最高的 1/4 的人中有 11 人中风,番茄红素水平最低的 1/4 的人中有 25 人中风。他们由此得出结论:番茄红素能降低中风的发生率。

以下哪项如果为真,最能质疑上述研究结论?

A. 番茄红素水平较低的中风者中有 1/3 的人病情较轻。

B. 吸烟、高血压和糖尿病等会诱发中风。

C. 如果调查 56~65 岁之间的人,情况也许不同。

D. 番茄红素水平高的人约有 1/4 喜爱进行适量的体育运动。

E. 被跟踪的另一半人中有 50 人中风。

31. 最新研究发现,恐龙腿骨化石都有一定的弯曲度,这意味着恐龙其实并没有人们想象的那么重。以前根据其腿骨为圆柱形的假定计算动物体重时,会使得计算结果比实际体重高出 1.42 倍。科学家由此认为,过去那种计算方式高估了恐龙腿部所能承受的最大身体重量。

以下哪项如果为真,最能支持上述科学家的观点?

A. 恐龙腿骨所能承受的重量比之前人们所认为的要大。

B. 恐龙身体越重,其腿部骨骼也越粗壮。

C. 圆柱形腿骨能够承受的重量比弯曲的腿骨大。

D. 恐龙腿部的肌肉对于支撑其体重作用不大。

E. 与陆地上的恐龙相比,翼龙的腿骨更接近圆柱形。

32. 已知某班共有 25 位同学,女生中身高最高者与最矮者相差 10 厘米;男生中身高最高者与最矮者则相差 15 厘米。小明认为,根据已知信息,只要再知道男生、女生最高者的具体身高,或者再知道男生、女生的平均身高,均可确定全班同学中身高最高者与最低者之间的差距。

以下哪项如果为真,最能构成对小明观点的反驳?

A. 根据已知信息,如果不能确定全班同学中身高最高者与最低者之间的差距,则也不能确定男生、女生最高者的具体身高。

B. 根据已知信息,即使确定了全班同学中身高最高者与最低者之间的差距,也不能确定男生、女生的平均身高。

C. 根据已知信息,如果不能确定全班同学中身高最高者与最低者之间的差距,则既不能确定男生、女生最高者的具体身高,也不能确定男生、女生的平均身高。

D. 根据已知信息,尽管再知道男生、女生的平均身高,也不能确定全班同学中身高最高者与最低者之间的差距。

E. 根据已知信息,仅仅再知道男生、女生最高者的具体身高,就能确定全班同学中身高最高者与最低者之间的差距。

33. 近10年来,某电脑公司的个人笔记本电脑的销量持续增长,但其增长率低于该公司所有产品总销量的增长率。

以下哪项关于该公司的陈述与上述信息相冲突?

A. 近10年来,该公司个人笔记本电脑的销量每年略有增长。

B. 个人笔记本电脑的销量占该公司产品总销量的比例近10年来由68%上升到72%。

C. 近10年来,该公司产品总销量增长率与个人笔记本电脑的销量增长率每年同时增长。

D. 近10年来,该公司个人笔记本电脑的销量占该公司产品总销量的比例逐年下降。

E. 个人笔记本电脑的销量占该公司产品总销量的比例近10年来由64%下降到49%。

34. 学者张某说:"问题本身并不神秘,因与果也不仅仅是哲学家的事。每个凡夫俗子一生之中都将面临许多问题,但分析问题的方法与技巧却很少有人掌握,无怪乎华尔街的分析大师们趾高气扬、身价百倍。"

以下哪项如果为真,最能反驳张某的观点?

A. 有些凡夫俗子可能不需要掌握分析问题的方法与技巧。

B. 有些凡夫俗子一生之中将要面临的问题并不多。

C. 凡夫俗子中很少有人掌握分析问题的方法与技巧。

D. 掌握分析问题的方法与技巧对多数人来说很重要。

E. 华尔街的分析大师们大都掌握分析问题的方法与技巧。

35. 实验发现,孕妇适当补充维生素D可降低新生儿感染呼吸道合胞病毒的风险。科研人员检测了156名新生儿脐带血中维生素D的含量,其中54%的新生儿被诊断为维生素D缺乏,这当中有12%的孩子在出生后一年内感染了呼吸道合胞病毒,这一比例远高于维生素D正常的孩子。

以下哪项如果为真,最能对科研人员的上述发现提供支持?

A. 上述实验中,54%的新生儿维生素D缺乏是由于他们的母亲在妊娠期间没有补充足够的维生素D造成的。

B. 孕妇适当补充维生素D可降低新生儿感染流感病毒的风险,特别是在妊娠后期补充维生素D,预防效果会更好。

C. 上述实验中,46%补充维生素D的孕妇所生的新生儿也有一些在出生一年内感染呼吸道合胞病毒。

D. 科研人员实验时所选的新生儿在其他方面跟一般新生儿的相似性没有得到明确验证。

E. 维生素D具有多种防病健体功能,其中包括提高免疫系统功能、促进新生儿呼吸系统发育、预防新生儿呼吸道病毒感染等。

36. 英国有家小酒馆采取客人吃饭付费"随便给"的做法,即让顾客享用葡萄酒、蟹柳及三文鱼等美食后,自己决定付账金额。大多数顾客均以公平或慷慨的态度结账,实际金额比那些酒水菜肴本来的价格高出20%。该酒馆老板另有4家酒馆,而这4家酒馆每周的利润与付账"随便给"的酒馆相比少5%。这位老板因此认为,"随便给"的营销策略很成功。

以下哪项如果为真,最能解释老板营销策略的成功?

A. 部分顾客希望自己看上去有教养,愿意掏足够甚至更多的钱。

B. 如果客人所付低于成本价格,就会受到提醒而补足差价。

C. 另外4家酒馆位置不如这家"随便给"酒馆。

D. 客人常常不知道酒水菜肴的实际价格,不知道该付多少钱。

E. 对于过分吝啬的顾客,酒馆老板常常也无可奈何。

37~38题基于以下题干

某公司年度审计期间,审计人员发现一张发票,上面有赵义、钱仁礼、孙智、李信4个签名,签名者的身份各不相同,是经办人、复核、出纳或审批领导之中的一个,且每个签名都是本人所签。询问4位相关人员,得到以下回答:

赵义:"审批领导的签名不是钱仁礼。"

钱仁礼:"复核的签名不是李信。"

孙智:"出纳的签名不是赵义。"

李信:"复核的签名不是钱仁礼。"

已知上述每个回答中,如果提到的人是经办人,则该回答为假;如果提到的人不是经办人,则为真。

37. 根据以上信息,可以得出经办人是:

A. 赵义。　　B. 钱仁礼。　　C. 孙智。　　D. 李信。　　E. 无法确定。

38. 根据以上信息,该公司的复核与出纳分别是:

A. 李信、赵义。 B. 孙智、赵义。 C. 钱仁礼、李信。

D. 赵义、钱仁礼。 E. 孙智、李信。

39. 长期以来，人们认为地球是已知唯一能支持生命存在的星球，不过这一情况开始出现改观。科学家近期指出，在其他恒星周围，可能还存在着更加宜居的行星。他们尝试用崭新的方法开展地外生命搜索，即搜寻放射性元素钍和铀。行星内部含有这些元素越多，其内部温度就会越高，这在一定程度上有助于行星的板块运动，而板块运动有助于维系行星表面的水体，因此板块运动可被视为行星存在宜居环境的标志之一。

以下哪项最可能是科学家的假设？

A. 行星如能维系水体，就可能存在生命。

B. 行星板块运动都是由放射性元素钍和铀驱动的。

C. 行星内部温度越高，越有助于它的板块运动。

D. 没有水的行星也可能存在生命。

E. 虽然尚未证实，但地外生命一定存在。

40. 为了加强学习型机关建设，某机关党委开展了菜单式学习活动，拟开设课程有"行政学""管理学""科学前沿""逻辑"和"国际政治"5门课程，要求其下属的4个支部各选择其中两门课程进行学习。已知：第一支部没有选择"管理学""逻辑"，第二支部没有选择"行政学""国际政治"，只有第三支部选择了"科学前沿"。任意两个支部所选课程均不完全相同。

根据上述信息，关于第四支部的选课情况可以得出以下哪项？

A. 如果没有选择"行政学"，那么选择了"管理学"。

B. 如果没有选择"管理学"，那么选择了"国际政治"。

C. 如果没有选择"行政学"，那么选择了"逻辑"。

D. 如果没有选择"管理学"，那么选择了"逻辑"。

E. 如果没有选择"国际政治"，那么选择了"逻辑"。

41. 有气象专家指出，全球变暖已经成为人类发展最严重的问题之一，南北极地区的冰川由于全球变暖而加速融化，已导致海平面上升；如果这一趋势不变，今后势必淹没很多地区。但近几年来，北半球许多地区的民众在冬季感到相当寒冷，一些地区甚至出现了超强降雪和超低气温，人们觉得对近期气候的确切描述似乎更应该是"全球变冷"。

以下哪项如果为真，最能解释上述现象？

A. 除了南极洲，南半球近几年冬季的平均温度接近常年。

B. 近几年来，全球夏季的平均气温比常年偏高。

C. 近几年来，由于两极附近海水温度升高导致原来洋流中断或者减弱，而北半球经历严寒冬季的地区正是原来暖流影响的主要区域。

D. 近几年来，由于赤道附近海水温度升高导致了原来洋流增强，而北半球经历严寒冬季的地区不是原来寒流影响的主要区域。

E. 北半球主要是大陆性气候,冬季和夏季的温差通常比较大,近年来冬季极地寒流南侵比较频繁。

42. 这两个《通知》或者属于规章或者属于规范性文件,任何人均无权依据这两个《通知》将本来属于当事人选择公证的事项规定为强制公证的事项。

根据以上信息,可以得出以下哪项?

A. 规章或者规范性文件既不是法律,也不是行政法规。

B. 规章或规范性文件或者不是法律,或者不是行政法规。

C. 这两个《通知》如果一个属于规章,那么另一个属于规范性文件。

D. 这两个《通知》如果都不属于规范性文件,那么就属于规章。

E. 将本来属于当事人选择公证的事项规定为强制公证的事项属于违法行为。

43. 若一个管理者是某领域优秀的专家学者,则他一定会管理好公司的基本事务;一位品行端正的管理者可以得到下属的尊重;但是对所有领域都一知半解的人一定不会得到下属的尊重。浩瀚公司董事会只会解除那些没有管理好公司基本事务者的职务。

根据以上信息,可以得出以下哪项?

A. 浩瀚公司董事会不可能解除品行端正的管理者的职务。

B. 浩瀚公司董事会解除了某些管理者的职务。

C. 浩瀚公司董事会不可能解除受下属尊重的管理者的职务。

D. 作为某领域优秀专家学者的管理者,不可能被浩瀚公司董事会解除职务。

E. 对所有领域都一知半解的管理者,一定会被浩瀚公司董事会解除职务。

44. 某国大选在即,国际政治专家陈研究员预测:选举结果或者是甲党控制政府,或者是乙党控制政府。如果甲党赢得对政府的控制权,该国将出现经济问题;如果乙党赢得对政府的控制权,该国将陷入军事危机。

根据陈研究员上述预测,可以得出以下哪项?

A. 该国可能不会出现经济问题也不会陷入军事危机。

B. 如果该国出现经济危机,那么甲党赢得了对政府的控制权。

C. 该国将出现经济问题,或者将陷入军事危机。

D. 如果该国陷入了军事危机,那么乙党赢得了对政府的控制权。

E. 如果该国出现了经济问题并且陷入了军事危机,那么甲党与乙党均赢得了对政府的控制权。

45. 某大学顾老师在回答有关招生问题时强调:"我们学校招收一部分免费师范生,也招收一部分一般师范生。一般师范生不同于免费师范生。没有免费师范生毕业时可以留在大城市工作,而一般师范生毕业时都可以选择留在大城市工作,任何非免费师范生毕业时都需要自谋职业,没有免费师范生毕业时需要自谋职业。"

根据顾老师的陈述,可以得出以下哪项?

A. 该校需要自谋职业的大学生都可以选择留在大城市工作。

B. 该校可以选择留在大城市工作的唯一一类毕业生是一般师范生。

C. 不是一般师范生的该校大学生都是免费师范生。

D. 该校所有一般师范生都需要自谋职业。

E. 该校需要自谋职业的大学生都是一般师范生。

46. 某单位有负责网络、文秘以及后勤的三名办公人员:文珊、孔瑞和姚薇。为了培养年轻干部,领导决定让她们三人在这三个岗位之间实行轮岗,并将她们原来的工作间 110 室、111 室和 112 室也进行了轮换。结果,原本负责后勤的文珊接替了孔瑞的文秘工作,由 110 室调到了 111 室。

根据以上信息,可以得出以下哪项?

A. 姚薇接替孔瑞的工作。　　　　B. 孔瑞接替文珊的工作。

C. 孔瑞被调到了 110 室。　　　　D. 孔瑞被调到了 112 室。

E. 姚薇被调到了 112 室。

47. 某小区业主委员会的 4 名成员晨桦、建国、向明和嘉媛围坐在一张方桌前(每边各坐一人)讨论小区大门旁的绿化方案。4 人的职业各不相同,每个人的职业是高校教师、软件工程师、园艺师或邮递员之中的一种。已知:晨桦是软件工程师,他坐在建国的左手边;向明坐在高校教师的右手边;坐在建国对面的嘉媛不是邮递员。

根据以上信息,可以得出以下哪项?

A. 嘉媛是高校教师,向明是园艺师。　　B. 建国是邮递员,嘉媛是园艺师。

C. 建国是高校教师,向明是园艺师。　　D. 嘉媛是园艺师,向明是高校教师。

E. 向明是邮递员,嘉媛是园艺师。

48. 兰教授认为:不善于思考的人不可能成为一名优秀的管理者,没有一个谦逊的智者学习占星术,占星家均学习占星术,但是有些占星家却是优秀的管理者。

以下哪项如果为真,最能反驳兰教授的上述观点?

A. 有些占星家不是优秀的管理者。　　B. 有些善于思考的人不是谦逊的智者。

C. 所有谦逊的智者都是善于思考的人。　　D. 谦逊的智者都不是善于思考的人。

E. 善于思考的人都是谦逊的智者。

49. 不仅人上了年纪会难以集中注意力,就连蜘蛛也有类似的情况。年轻蜘蛛结的网整齐均匀,角度完美;年老蜘蛛结的网可能出现缺口,形状怪异。蜘蛛越老,结的网就越没有章法。科学家由此认为,随着时间的流逝,这种动物的大脑也会像人脑一样退化。

以下哪项如果为真,最能质疑科学家的上述论证?

A. 优美的蛛网更容易受到异性蜘蛛的青睐。

B. 年老蜘蛛的大脑较之年轻蜘蛛,其脑容量明显偏小。

C. 运动器官的老化会导致年老蜘蛛结网能力下降。

D. 蜘蛛结网只是一种本能的行为,并不受大脑控制。

E. 形状怪异的蛛网较之整齐均匀的蛛网,其功能没有大的差别。

50. 某研究中心通过实验对健康男性和女性听觉的空间定位能力进行了研究。起初,每次只发出一种声音,要求被试者说出声源的准确位置,男性和女性都非常轻松地完成了任务;后来,多种声音同时发出,要求被试者只关注一种声音并对声源进行定位,与男性相比,女性完成这项任务要困难得多,有时她们甚至认为声音是从声源相反方向传来的。研究人员由此得出:在嘈杂环境中准确找出声音来源的能力,男性要胜过女性。

以下哪项如果为真,最能支持研究者的结论?

A. 在实验使用的嘈杂环境中,有些声音是女性熟悉的声音。

B. 在实验使用的嘈杂环境中,有些声音是男性不熟悉的声音。

C. 在安静的环境中,女性注意力更易集中。

D. 在嘈杂的环境中,男性注意力更易集中。

E. 在安静的环境中,人的注意力容易分散;在嘈杂的环境中,人的注意力容易集中。

51. 孙先生的所有朋友都声称,他们知道某人每天抽烟至少两盒,而且持续了40年,但身体一直不错。不过可以确信的是,孙先生并不知道有这样的人,在他的朋友中也有像孙先生这样不知情的。

根据以上信息,可以得出以下哪项?

A. 抽烟的多少和身体健康与否无直接关系。

B. 朋友之间的交流可能会夸张,但没有人想故意说谎。

C. 孙先生的每位朋友知道的烟民一定不是同一个人。

D. 孙先生的朋友中有人没有说真话。

E. 孙先生的大多数朋友没有说真话。

52. 现有甲、乙两所高校,根据上年度的教育经费实际投入统计,若仅仅比较在校本科生的学生人均投入经费,甲校等于乙校的86%;但若比较所有学生(本科生加上研究生)的人均经费投入,甲校是乙校的118%。各校研究生的人均经费投入均高于本科生。

根据以上信息,最可能得出以下哪项?

A. 上年度,甲校学生总数多于乙校。

B. 上年度,甲校研究生人数少于乙校。

C. 上年度,甲校研究生占该校学生的比例高于乙校。

D. 上年度,甲校研究生人均经费投入高于乙校。

E. 上年度,甲校研究生占该校学生的比例高于乙校,或者甲校研究生人均经费投入高于乙校。

53~55题基于以下题干

孔智、孟睿、荀慧、庄聪、墨灵、韩敏6人组成一个代表队参加某次棋类大赛,其中两人参加围棋比赛,两人参加中国象棋比赛,还有两人参加国际象棋比赛。有关他们具体参加比赛项目的情况还需满足以下条件:

(1)每位选手只能参加一个比赛项目;
(2)孔智参加围棋比赛,当且仅当,庄聪和孟睿都参加中国象棋比赛;
(3)如果韩敏不参加国际象棋比赛,那么墨灵参加中国象棋比赛;
(4)如果荀慧参加中国象棋比赛,那么庄聪不参加中国象棋比赛;
(5)荀慧和墨灵至少有一人不参加中国象棋比赛。

53. 如果荀慧参加中国象棋比赛,那么可以得出以下哪项?

A. 庄聪和墨灵都参加围棋比赛。　　B. 孟睿参加围棋比赛。
C. 孟睿参加国际象棋比赛。　　　　D. 墨灵参加国际象棋比赛。
E. 韩敏参加国际象棋比赛。

54. 如果庄聪和孔智参加相同的比赛项目,且孟睿参加中国象棋比赛,那么可以得出以下哪项?

A. 墨灵参加国际象棋比赛。　　　　B. 庄聪参加中国象棋比赛。
C. 孔智参加围棋比赛。　　　　　　D. 荀慧参加围棋比赛。
E. 韩敏参加中国象棋比赛。

55. 根据题干信息,以下哪项可能为真?

A. 庄聪和韩敏参加中国象棋比赛。　B. 韩敏和荀慧参加中国象棋比赛。
C. 孔智和孟睿参加围棋比赛。　　　D. 墨灵和孟睿参加围棋比赛。
E. 韩敏和孔智参加围棋比赛。

2023年经济类综合能力逻辑真题

第36~55小题,每小题2分,共40分。下列每题给出的A、B、C、D、E五个选项中,只有一项是符合试题要求的。

36. 当前我国电商风头正劲,消费者只需坐在家中就可浏览各类商品,下单购物极其方便;另外,因为没有中间商赚差价,商品价格相对较低。但是,随着电商的兴起,一些地方实体店铺的经营受到了冲击。据此,有专家指出,中国电商平台如此发达,其实是在毁掉实体经济。

以下哪项如果为真,最能质疑上述专家的观点?

A. 每个实体店铺的存在意味着若干人的就业,它们一旦被电商取代,很多人就会因此失业,可能引发社会风险。

B. 很多人关闭自己的线下门店后将店铺搬到了网上,一些大的商业品牌店也将生意做到了网上,吸引了更多的消费者。

C. 商场不只是买卖商品,更重要的是将人吸引到街上,产生各种"随机消费"。比如,夫妻逛街除了买衣服,还可能吃饭、看电影。

D. 购买服装是一种体验性很强的购物活动,很多人还是愿意在商场先试穿体验再决定购买。只要价格不是贵得离谱,商场购物还是比网上下单更靠谱。

E. 电商销售的产品来自线下工厂,同时电商创造了快递行业,就连看似被电商消灭的"商场经济"也变成了儿童乐园、餐馆和游戏厅等"体验式经济"。

37. 并不是所有的人都能避免平庸之恶,因为有些人缺乏独立思考和审辨能力,而避免平庸之恶需要独立思考和审辨能力。

以下哪项与上述论证方式最为相似?

A. 并不是所有的沙漠都需要改造,因为有些沙漠是生态系统的重要组成部分,对它们进行盲目改造会破坏生态平衡。

B. 并不是所有职场人都自愿加班,因为有些职场人很勤奋、很负责,他们这种特质可能会被企业利用而"被自愿加班"。

C. 并不是所有新闻都只强调即时性,因为好新闻还应当反映时代特征,而只强调新闻的即时性,就很难让新闻在历史中留下深刻的印迹。

D. 并不是所有标有"绿色"字样的家具都是环保产品,因为有些标有"绿色"字样的家具并不符合国家检测标准,而环保产品必须符合国家检测标准。

E. 并不是上好学校就能得到好的教育,因为学校最重要的是培养孩子的品行并激发他们的好奇心,而有些学校只强调激发孩子的好奇心,却忽略了对他们品行的培养。

38. 不喜欢故事的人都不爱读小说,凡喜欢吟咏的人都爱读诗歌,不喜欢对白的人都不爱看戏剧,喜欢闲逸的人均爱看散文。小张酷爱文学,他爱读小说和诗歌,但不爱看戏剧。

根据以上陈述,可以得出以下哪项?

A. 小张喜欢故事。　　　B. 小张喜欢吟咏。　　　C. 小张不喜欢对白。
D. 小张喜欢闲逸。　　　E. 小张不喜欢闲逸。

39. 现有4张卡片如下图所示,每张卡片的正反面上下对应。每张卡片的正面印的是季节或者节气,反面印的是诗句或者成语。

对上述4张卡片情况的概括,以下哪项是正确的?

A. 若正面印的是节气,则反面印的是成语。
B. 若正面印的是节气,则反面印的是诗句。
C. 若正面印的是季节,则反面印的是成语。
D. 若反面印的是诗句,则正面印的是季节。
E. 若反面印的是成语,则正面印的是节气。

40~41题基于以下题干

某人拟在其承包的甲、乙、丙、丁、戊5个地块中选种苹果、枇杷、柑橘、樱桃、山楂和石榴6种果树中的5种。已知,每个地块只种植一种果树,各地块种植的果树互不相同,且满足如下条件:

(1) 若丙地块种植的不是樱桃,则戊地块种植的是柑橘;
(2) 甲、乙两地块种植的是苹果、枇杷、柑橘3种中的2种;
(3) 若丙或丁有一地块种植山楂,则柑橘、石榴均不种植在戊地块。

40. 以下哪项安排不符合上述种植要求?

A. 甲地块种植苹果。　　　　　　　　B. 乙地块不种植枇杷。

C. 丙地块种植山楂。　　　　　　D. 丁地块种植石榴。

E. 戊地块不种植柑橘。

41. 如果丁地块种植的是樱桃,则可以得出以下哪项?

A. 甲地块种植的是苹果。　　　　B. 甲地块种植的是山楂。

C. 乙地块种植的是柑橘。　　　　D. 丙地块种植的是枇杷。

E. 丙地块种植的是石榴。

42. 研究人员发现,人体骨钙蛋白对记忆力保持十分重要,随着年龄增长,如果人体生成的骨钙蛋白减少,人的记忆力就会随之衰退。由此他们认为,如果加强锻炼就能保持记忆力不衰退。

以下哪项如果为真,最能支持上述研究人员的观点?

A. 通过实验鼠的测试发现,它们的记忆力缺陷与其骨钙蛋白不足有关。

B. 通过锻炼,人体能够增强 RbAp48 基因的活跃程度,促进骨钙蛋白的生成。

C. 随着年龄的增长,人体内 RbAp48 基因的活跃程度日益下降,而它与骨钙蛋白的变化相关。

D. 通过测量与人体中基因表达相关的信使核糖核酸发现,基因利用信使核糖核酸合成蛋白质。

E. 在人的一生中,骨钙蛋白通常会随着骨密度的下降而减少,但也有可能通过某种方法而增加。

43. 据统计,截至 2019 年底,我国 60 岁以上老龄人口已达 2.5 亿,其中失能、半失能老人超过 4 000 万,这些老人疾病与衰老并存,生活基本无法自理。目前他们的实际护理主要由其配偶、子女或亲戚承担,而包括医院在内的第三方机构服务占比很低。有专家指出,建立长期陪护保障机制可以破解医养两难困境,帮助失能、半失能的老人有尊严地安享晚年,同时缓解他们的家庭负担。

以下哪项如果为真,最能支持上述专家的观点?

A. 家庭一旦出现失能、半失能的老人,尚在工作的年轻人无法有效承担起家庭照护的责任,更多是由 60~70 岁老人照顾 80~90 岁老人。

B. 失能、半失能老人需要长期治疗,而由于医疗条件有限,医院一般不愿意让老人长期占用稀缺的床位资源,既治病又养老。

C. 有些家庭成员因难以放弃工作或缺乏护理知识,不得不雇用住家保姆来护理家中的失能、半失能老人。

D. 不少养老院很难治疗失能、半失能老人的疾病,将老人完全托付给养老院,亲属也很难放心。

E. 长期陪护保障机制以失能、半失能人员为主要保障对象,老人由此可以获得日常生活照顾,也能得到相应的医疗护理,个人支付费用不高。

44. 最近,某调查机构对 N 国 2 660 万名需要心理救助的注册人员进行分析,了解到其中 920 万人有个性化咨询需求。截至今年 11 月份,N 国需要心理救助的注册人员已经增加到 9 000 余万。该调查机构由此推测,其中有个性化咨询需求的应超过了 3 000 万人。

以下哪项如果为真,最能支持上述推测?

A. 随着生活节奏的加快,该国人口中有个性化心理咨询需求的人占比逐年增长。

B. 近年来该国鼓励高校、科研院所的心理咨询机构面向社会开放。

C. 各大医疗机构都建立了心理咨询服务专门门诊,今年能够满足个性化咨询需要的单位比前年增加了 3 倍。

D. 近年来,该国需要心理救助的注册人员中有个性化咨询需求的占比基本没有变化。

E. 由于不少人不知如何注册或者不愿意登记,该国需要心理救助的注册人员不到实际需要的一半。

45. 某公司拟招聘员工若干名,该公司要求应聘者必须至少通过甲、乙、丙、丁、戊 5 种考试中的 3 项才会被录用。已知:

(1) 凡是参加乙考试的必须参加甲考试;
(2) 凡是参加戊考试的必须参加乙考试;
(3) 若丙、戊考试中至少参加一项,则也参加丁考试。

若宋某在此次招聘中被该公司录用,则他至少参加哪两项考试?

A. 甲、乙。   B. 丙、乙。   C. 丙、戊。   D. 甲、丁。   E. 戊、丁。

46. 有一个 5×5 的方阵,其中每个小方格均可填入一个由两个汉字组成的词,已有部分词填入,现要求方阵中的每行每列均含有富强、民主、文明、和谐、美丽五个词,不能重复也不能遗漏。

根据上述要求,以下哪项是方阵最后一行 5 个空格从左至右依次填入的词?

	民主	文明	和谐	
		富强	民主	
				富强
美丽	富强		和谐	

A. 民主、和谐、美丽、富强、文明。   B. 文明、和谐、美丽、富强、民主。
C. 富强、文明、和谐、民主、美丽。   D. 和谐、文明、富强、美丽、民主。

E.民主、文明、和谐、美丽、富强。

47.M、N、G、H、W、K6人参加某国际商品展销会,他们来自英、美、荷、法、德5个国家之一。每个国家至少有上述6人中的1人。已知:

(1)N、G来自荷、法、德;

(2)M、N来自英、美、荷;

(3)H、W、G来自德、英、美。

根据以上陈述可以得出以下哪项?

A.N荷,K法。　　　　　B.N荷,K德。　　　　　C.G荷,K法。

D.G德,K英。　　　　　E.N法,G德。

48.有一论证,相关语句用序号表示如下:

①然臣谓小人无朋,惟君子则有之。其故何哉?②小人所好者禄利也,所贪者财货也。③当其同利之时,暂相党引以为朋者,伪也;及其见利而争先,或利尽而交疏,则反相贼害,虽其兄弟亲戚,不能自保。④故臣谓小人无朋,其暂为朋者,伪也。⑤君子则不然。所守者道义,所行者忠信,所惜者名节。⑥以之修身,则同道而相益;以之事国,则同心而共济;终始如一,此君子之朋也。⑦故为人君者,但当退小人之伪朋,用君子之真朋,则天下治矣。

如果用"甲→乙"表示甲支持(或证明)乙,下列哪项对上述论证基本结构表示最为准确?

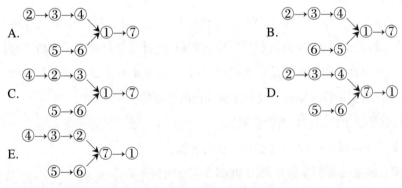

49.近期,某大学召开了一次国际学术会议,有60位专家学者参加会议,其中国外学者20余人。会议共收到投稿论文70余篇,共计有46篇通过了审核。论文通过审核的作者均参加了会议,共有24人作大会报告,其他参会人员均作了分组报告。

根据以上信息,可以得到以下哪项?

A.作大会报告的国外学者比国内学者多。

B.有部分国内学者作了分组报告。

C.作大会报告的国内学者比国外学者多。

D.国外学者的论文都通过了审核。

E.有些论文未通过审核的作者也参加了会议。

50~51题基于以下题干

某单位收到并发现有1号至7号七个邮件需要先后派送。根据情况,派送顺序需满足如下条件:

(1)若1号邮件和3号邮件至少有一个在5号邮件之前派送,则6号邮件第二个派送并且4号邮件不能安排在最后派送;

(2)若2号邮件和6号邮件中至少有一个安排在第四或者之前派送,则5号邮件第三个派送并且最后派送1号邮件;

(3)7号邮件最先派送,或者最后派送。

50. 若5号邮件安排在第二个派送,则以下哪项是可能的?

A. 最先派送4号邮件。　　　　　　　B. 最先派送2号邮件。

C. 最先派送3号邮件。　　　　　　　D. 最先派送1号邮件。

E. 最先派送6号邮件。

51. 若4号邮件安排在最后派送,则可以得出以下哪项?

A. 1号邮件第三个派送。　　　　　　B. 5号邮件第二个派送。

C. 3号邮件第四个派送。　　　　　　D. 2号邮件第五个派送。

E. 6号邮件第六个派送。

52. 某热带岛国正在进行旅游开发,星级酒店和度假村比比皆是,值得庆幸的是136号巡洋舰还在。就是在这艘巡洋舰上,罗斯特领导了独立革命,使得这个热带岛国摆脱了殖民统治,尽管现在普通民众对这位将军的评价毁誉参半,但是几处早期建立的将军雕像并没有被损毁的痕迹。由此可见,罗斯特将军还是受到岛国人民的尊重的。

以下哪项最可能是以上论述所隐含的假设?

A. 只有尊重罗斯特将军,岛国人民才会建立他的雕像。

B. 罗斯特将军曾经限制岛国旅游开发,引起部分人对他的不满。

C. 部分人不认可罗斯特将军的某些做法,但并不代表不尊重。

D. 只有摆脱了殖民统治,岛国人民才能自主地发展旅游经济。

E. 如果岛国人民不尊重罗斯特将军,就会损毁他的雕像。

53. 通常,戴不戴头盔是自行车骑行人的自由选择,但是为了安全,某国交通管理部门拟出台一项强制自行车骑行人戴头盔的规定。该规定草案一经发布,就引起了社会的强烈反响。某骑行俱乐部负责人公开表示反对,他认为如果这一规定出台,骑行人数将会大幅下降,有些没有头盔的骑行人为了躲避高额的罚款会放弃骑行。

以下哪项如果为真,最能质疑上述负责人的观点?

A. 只有限制越少,骑行人才会越来越多,骑行运动才会蓬勃发展。

B. 不是每次骑行都需要戴头盔,强制戴头盔只会增加头盔生产商的利润。

C. 戴头盔会让有些骑行人产生一种虚假的安全感，忽视其他可能引发骑行事故的因素。

D. 头盔能最大限度地保护骑行人的脑部安全，绝大多数骑行人会因此自觉戴头盔。

E. 该国去年有100多名骑行人在交通事故中丧生，其中有些人在事故发生时没有戴头盔。

54~55题基于以下题干

甲、乙、丙、丁、戊、己、庚7名大学生相约暑假去某地农村支教，根据该地情况有张村、王村、李村和赵村4个村可供他们选择，他们每人选择2个村支教，而每个村至少有其中3名学生选择，已知：

(1) 甲和乙一起先去张村，然后再去赵村；

(2) 如果丙去王村，则戊和己都去了张村；

(3) 如果丙不去王村，则丁和庚也不去王村；

(4) 如果戊不去李村，则丙和己也不去李村。

54. 如果丙和己都去李村，则可以得出以下哪项？

A. 丙去张村。　　　　B. 丁去李村。　　　　C. 戊去王村。

D. 己去赵村。　　　　E. 庚去王村。

55. 如果丁不去王村，则可以得出以下哪项？

A. 己不去李村。　　　B. 丁不去李村。　　　C. 戊不去张村。

D. 丙不去王村。　　　E. 庚不去赵村。

2022年经济类综合能力逻辑真题

第36~55小题，每小题2分，共40分。下列每题给出的A、B、C、D、E五个选项中，只有一项是符合试题要求的。

36. 党的十八大以来，以习近平同志为核心的党中央把脱贫攻坚摆在治国理政的突出位置。经过艰苦努力，到2020年我国9 899万农村人口全部脱贫、12.8万个贫困村全部出列。有专家由此指出，我国取得这场脱贫攻坚战的胜利为全球减贫事业做出了重大贡献。

以下哪项如果为真，最能支持上述专家的论断？

A. 这场脱贫攻坚战的胜利是我国创造的又一个彪炳史册的人间奇迹，举世瞩目。
B. 这场脱贫攻坚战的胜利体现了我国社会主义制度可集中力量办大事的政治优势。
C. 我国脱贫攻坚战所形成的中国特色反贫困理论和经验，赢得国际社会广泛赞誉。
D. 按照世界银行的国际贫困标准，我国减贫人口占同期全球减贫人口的70%以上。
E. 根据第7次人口普查数据，我国人口总量已超14亿，约占全球人口总数的1/5。

37. 某城市公园中央有甲、乙、丙、丁4个大花坛，每个花坛均分为左、中、右3格，每格种植同一种花卉。具体种植情况如下：

花坛	左	中	右
甲	牡丹	郁金香	茉莉
乙	郁金香	菊花	牡丹
丙	玫瑰	百合	菊花
丁	菊花	牡丹	百合

关于上述4个花坛的具体种植情况，以下哪项陈述是正确的？

A. 每个花坛均种有牡丹或者茉莉。
B. 每个花坛菊花或者郁金香至多种了一种。
C. 若中间格种的不是郁金香，则该花坛种有菊花。
D. 若中间格种的不是牡丹，则该花坛其他格种有牡丹。
E. 若左边格种的不是郁金香或玫瑰，则该花坛种有百合。

38~39题基于以下题干

有金、银、铜3种奖牌放在甲、乙、丙三个箱子中，每个箱子放有两枚奖牌，已知：

(1)甲箱中至少有一枚奖牌是铜牌；
(2)至少有一个箱子，其两枚奖牌的类别不同；
(3)乙箱中至少有一枚奖牌是金牌，但没有银牌。

38. 根据以上条件,以下哪项可以是三个箱子中奖牌的正确组合?

A. 甲:银牌和铜牌。乙:金牌和银牌。丙:铜牌和铜牌。

B. 甲:金牌和银牌。乙:金牌和银牌。丙:银牌和银牌。

C. 甲:铜牌和铜牌。乙:银牌和银牌。丙:金牌和金牌。

D. 甲:金牌和铜牌。乙:金牌和银牌。丙:银牌和银牌。

E. 甲:铜牌和铜牌。乙:金牌和金牌。丙:铜牌和铜牌。

39. 以下哪项作为丙箱中的奖牌组合总是可以满足上述条件?

A. 银牌和银牌。　　　　B. 金牌和银牌。　　　　C. 金牌和金牌。

D. 金牌和铜牌。　　　　E. 铜牌和铜牌。

40. 一般认为,近现代社会发展的最初阶段主要靠效率引擎驱动,只有效率够高,才能更快地推动工业化和城市化,才能长期保持GDP高速增长。而当社会发展到一定阶段时,就需要效率与公平双轮驱动,甚至以公平驱动为主,因为只有公平驱动才能提高消费能力,才能释放生产能力。

根据上述信息,可以得出以下哪项?

A. 如果没有效率驱动,就没有公平驱动。

B. 如果实现社会公平,就能释放生产能力。

C. 只有提高消费能力,才能实现效率与公平双轮驱动。

D. 如果效率不够高,就不能更快地推动工业化和城市化。

E. 只有长期保持GDP高速增长,才能更快地推动工业化和城市化。

41. 近期有三家外国制药公司宣称,它们生产的新冠疫苗的有效率分别为94%、95%和70%。但有研究人员指出,这些公司宣称的"有效率"指的是保护人们避免出现新冠的概率,而导致新冠病毒传遍全球的主要途径是无症状患者的传播。该研究人员由此认为,目前还不能确定接种这些疫苗是否可以获得群体免疫,进而阻止新冠病毒在全球范围内的传播。

以下哪项如果为真,最能支持上述研究人员的观点?

A. 一些接种疫苗者获得了免疫力,并不能说明他们可以避免被感染。

B. 其中一家公司的数据显示,接种疫苗的志愿者中存在少数无症状患者。

C. 这三家公司的3期试验中,没有进一步检测接种疫苗者中的无症状病例。

D. 一些接种疫苗者没有按照要求继续采取佩戴口罩、保持社交距离等预防措施。

E. 这些公司提供的数据不足以说明它们的疫苗可以阻止接种者成为无症状传播者。

42. 老李在兰花、罗汉松、金橘、牡丹、茶花这5个盆栽中选购了3个放在家中观赏。老李对选购的盆栽有如下要求:

(1)如果选购兰花,就选购罗汉松;

(2)如果选购牡丹,就选购罗汉松和茶花。

根据上述信息,老李一定选购了如下哪个盆栽?

A. 兰花。　　B. 罗汉松。　　C. 金橘。　　D. 牡丹。　　E. 茶花。

43. 甲、乙、丙、丁4位企业家准备对我国西部某山区进行教育捐赠。4位企业家表示,他们要发挥最大效益。关于捐赠的对象,4人的意愿如下:

甲:如果捐赠中高村,则捐赠北塔村。

乙:如果捐赠北塔村,则捐赠西井村。

丙:如果捐赠东山村或南塘村,则捐赠西井村。

丁:如果捐赠南塘村,则捐赠北塔村或中高村。

事实上,除丙以外,其余人的意愿均得到了实现。

根据以上信息,4位共同捐赠的山村是:

A. 北塔。　　B. 中高。　　C. 东山。　　D. 西井。　　E. 南塘。

44. 在2020年四个季度中,宋杰、袁浩、黄兵三人都至少有两个季度绩效为优秀,另外还知道:

(1)宋杰与袁浩有两个季度同为优秀;

(2)宋杰与黄兵没有在同一个季度均为优秀;

(3)袁浩在第二季度不是优秀,宋杰在第四季度不是优秀。

根据以上陈述可以得出以下哪项?

A. 宋杰在第二季度优秀。　　B. 袁浩在第四季度优秀。

C. 黄兵在第三季度优秀。　　D. 袁浩在第四季度不是优秀。

E. 黄兵在第三季度不是优秀。

45. 小张:现在网红餐厅一心想赚快钱,重面子而轻里子,把大量资源投入到营销、包装、用餐环境等方面,忽视了口味、食品安全等餐饮业的核心服务要素。

小李:你不能一概而论。有些网红餐厅没有因网红带来的更多流量和生意而陶醉,而是更有意识去维护这一"网红"状态,不断提高服务质量。

以下哪项最可能是上述两人争论的焦点?

A. 网红餐厅是否都一心想赚钱?　　B. 网红餐厅是否都以口味为主?

C. 网红餐厅是否都重面子而轻里子?　　D. 网红餐厅是否能一直保持网红状态?

E. 网红餐厅是否都忽视了餐饮业的核心服务要素?

46. 《春秋》原是先秦时期各国史书的通称,后仅指鲁国的《春秋》。《春秋》最突出的特点就是寓褒贬于记事的"春秋笔法"。因此,《春秋》是"微言大义"的经典,是定名分、制法度的范本。史学家从中领悟到修史应该有严格而明确的倾向性,文学家则体会到遣词造句力求简洁而意蕴深刻。

根据以上信息可以得出以下哪项?

A. 鲁国的《春秋》之所以传世,是由于其寓褒贬于记事的"春秋笔法"。

B. 凡具有"微言大义"的经典,都是定名分、制法度的范本。

C. 有些定名分、制法度的文本也是"微言大义"的经典。

D. 如果寓褒贬于记事,则修史就能具有明确指向性。

E. 只有遣词造句力求简洁,修史才能做到意蕴深刻。

47. 有一论证(相关语句用序号表示)如下:

①天行有常,不为尧存,不为桀亡。②应之以治则吉,应之以乱则凶。③强本而节用,则天不能贫;养备而动时,则天不能病;循道而不贰,则天不能祸。④故水旱不能使之饥,寒暑不能使之疾,祆怪不能使之凶。⑤本荒而用侈,则天不能使之富;养略而动罕,则天不能使之全;倍道而妄行,则天不能使之吉。⑥故水旱未至而饥,寒暑未薄而疾,祆怪未至而凶。

如果用"甲→乙"表示"甲支持(或证明)乙",则以下哪项对上述论证基本结构的表示最为准确?

A. ①→②→③→④
 ⑤→⑥

B. ②→①→④→③
 ⑥→⑤

C. ①→②→③→④→⑤→⑥

D. ①→②→④→③→⑥→⑤

E. ①→②→③→④
 ⑤
 ⑥

48. "十一"长假,小李、小王、小张三人相约周边游,他们拟在竹山、花海、翠湖、南山古镇、植物园、海底世界6个景点中选择若干进行游览。关于这次游览的方案,三人的意见如下:

小李:我既想逛南山古镇,又想爬竹山。

小王:如果游览翠湖,则花海和南山古镇均不游览。

小张:如果不游览翠湖,就游览海底世界,但不游览植物园。

根据他们三人的意见,他们三人游览的景点一定有:

A. 花海、翠湖、植物园。   B. 花海、竹山、翠湖。

C. 竹山、南山古镇、植物园。   D. 竹山、南山古镇、海底世界。

E. 南山古镇、植物园、海底世界。

49. 近日,M市消委会公布了三款知名薯片含有致癌物的检测报告,并提醒消费者谨慎购买。该报告显示,S公司生产的薯片样品中致癌物丙烯酰胺的含量超过2 000 μg/kg,高于欧盟设定的基准水平值750 μg/kg。S公司知晓后,立即对此事件做出了回应和反驳。

以下哪项如果为真,作为S公司的回应和反驳最为有力?

A. 关于食物中丙烯酰胺的限量,我国目前没有出台相关的法规和标准。

B. 薯片类产品普遍含有丙烯酰胺,但吃一包薯片,丙烯酰胺的实际摄入量极低。

C. S公司的薯片因销量突出才受到消委会的关注,不排除竞争对手的恶意举报。

D. 大多数品牌的薯片丙烯酰胺都超标,消委会不应该只检测S公司等几个品牌的薯片。

E. 多家权威机构公布的相关检测报告显示,与消委会检测的薯片样品同批次的薯片抽检均无问题。

50. 某单位从各部门抽调人员组成"人事调动组""后勤保障组""安全保卫组""网络应急组",负责该单位新冠疫情防控工作。每组3~5人;共有男性16人,女性3人;有研究生学历的13人。除"人事调动组"外,其他小组成员均是男性;除"网络应急组"外,其他小组均有成员未拥有研究生学历;"安全保卫组"所有成员均没有研究生学历。

根据以上信息可以得出以下哪项?

A. 安全保卫组共有4名男性成员。

B. 人事调动组的女性成员都有研究生学历。

C. 人事调动组有女性成员没有研究生学历。

D. 后勤保障组至多有3名成员拥有研究生学历。

E. 后勤保障组至少有2名成员没有研究生学历。

51. 一项研究显示,如果按照现有排放趋势,全球海平面到2100年将上升1米。科研人员由此指出,除非温室气体排放量减少,否则到2100年,全球将有多达4.1亿人生活在海拔低于2米的地区,他们都将面临海平面上升带来的生存风险。

以下哪项如果为真,最能支持上述科研人员的观点?

A. 目前全世界有2.7亿人生活在海拔低于2米的地区。

B. 温室气体排放会导致全球气温升高,从而导致海平面上升。

C. 如果温室气体排放量减少,就可以消除海平面上升带来的风险。

D. 海平面上升会带来大量气候移民,给全球社会的稳定造成威胁。

E. 目前生活在海拔低于2米地区的部分居民并未感知到海平面上升带来的风险。

52. 近年来,流失海外百余年的圆明园七尊兽首铜像"鼠首、牛首、虎首、兔首、马首、猴首、猪首"通过"华裔捐赠""国企竞拍""外国友人返还"这三种方式,陆续回归中国,每种方式均获得2~3尊兽首铜像,且每种方式获得的兽首铜像各不相同。已知:

(1) 如果牛首、虎首和猴首中至少有一尊是通过"华裔捐赠"或者"外国友人返还"回归的,则通过"国企竞拍"获得的是鼠首和马首;

(2) 如果马首、猪首中至少有一尊是通过"国企竞拍"或者"外国友人返还"回归的,则通过"华裔捐赠"获得的是鼠首和虎首。

根据上述信息,以下哪项是通过"外国友人返还"获得的兽首铜像?

A. 鼠首、兔首。   B. 马首、猴首。   C. 兔首、猪首。

D. 鼠首、马首。   E. 马首、兔首。

53. 近年来，中国把知识产权保护工作摆在更加突出的位置，将知识产权置于战略高位，在各个经济领域都注重知识产权保护。2020 年，中国国家知识产权局受理的专利申请数量达到 150 万件，继续排名世界第一。这充分体现了中国对创新保护工作的高度重视。

以下哪项如果为真，最能支持以上论述？

A. 创新是引领发展的第一动力。

B. 保护知识产权就是保护创新。

C. 中国正在着力引导知识产权向提高质量转变。

D. 中国将进一步激发创新活力，加大鼓励专利申报力度。

E. 一个国家的专利申报数量越多，说明该国科技实力越强。

54~55 题基于以下题干

某大学为进一步加强本科教学工作，从甲、乙、丙、丁、戊、己和庚 7 个学院中挑选了 8 名教师加入教学督导委员会。已知：

(1) 每个学院最多有 3 名教师入选该委员会；

(2) 甲、丙、丁学院合计只有一名教师入选该委员会；

(3) 若甲、乙中至少有一个学院的教师入选，则戊、己、庚中至多有一个学院的教师入选。

54. 根据上述信息，可以得出以下哪项？

A. 丁和庚学院都有教师入选。　　B. 戊和己学院都有教师入选。

C. 丙和乙学院都有教师入选。　　D. 甲和戊学院都有教师入选。

E. 戊和丁学院都有教师入选。

55. 若乙和戊两学院合计仅有一名教师入选，则可以得出以下哪项？

A. 甲和丙学院共有 1 名教师入选。　　B. 戊和丁学院共有 2 名教师入选。

C. 乙和己学院共有 3 名教师入选。　　D. 丁和己学院共有 4 名教师入选。

E. 丙和庚学院共有 3 名教师入选。

2021年经济类综合能力逻辑真题

第36~55小题,每小题2分,共40分。下列每题给出的A、B、C、D、E五个选项中,只有一项是符合试题要求的。

36. "理念是实践的先导",理念科学,发展才能蹄疾步稳;"思想是行动的指南",思想破冰,行动才能突破重围;"战略是发展的规划",战略得当,未来才能行稳致远。执政环境不会一成不变,治国理政需要与时俱进。

根据以上陈述,可以得出以下哪项?

A. 只有以正确思想为指导,才能进行科学的战略规划。

B. 只要思想破冰,行动就可以突破重围。

C. 治国理政只有与时俱进,才能不断改善执政环境。

D. 若战略不得当,未来就不能行稳致远。

E. 要正确处理好理念、思想、战略和发展的辩证关系。

37. 某会议海报在黑体、宋体、楷体、隶书、篆书和幼圆6种字体中选择3种进行编排设计。已知:

(1)若黑体、楷体至少选择一种,则选择篆书而不选择幼圆;

(2)若宋体、隶书至少选择一种,则选择黑体而不选择篆书。

根据上述信息,该会议海报选择的字体是:

A. 宋体、楷体、黑体。 B. 隶书、篆书、幼圆。

C. 黑体、楷体、篆书。 D. 黑体、宋体、隶书。

E. 楷体、隶书、幼圆。

38. 文物复制件是依照文物体量、形制、质地、纹饰、文字、图案等历史信息,基本采取原技艺方法和工艺流程,制作与文物相同的制品。为了避免珍贵文物在陈列展示中受到损害,一些博物馆会用文物复制件替代文物原件进行展出。

根据上述信息,以下哪项与文物复制件的描述最为吻合?

A. 王师傅不断学习和临摹古人作品,他复制临摹的古人笔迹类作品已达到形神兼备的境界。

B. 为了修补乾隆年间的一幅罗汉拓片画作上的裂纹,修复师李师傅特地找厂家定制了一种纸,以保证与原画作在色泽和质地上一致。

C. 金属器物修复研究所对一件待修复的青铜器文物进行激光三维扫描,建立了与原青铜器文物一模一样的实物模型。

D. 黄师傅采用制作秦兵马俑所用的质料、彩色颜料以及技艺方法和工艺流程制成一批秦兵马俑仿制品，几可乱真。

E. 按照工作流程，修复师林师傅对某件青铜器文物进行了信息采集、取样、清洗、焊接、调色和补配等操作。

39. 一天中午，快递公司张经理将12个快递包裹安排给张平、李安、赵明、王亮4位快递员投递。未到傍晚，张经理就发现自己交代的任务完成了，于是问4人实际投递的快递数量，4人的回答如下：

张平：我和李安共送了5个。

李安：张平和赵明共送了7个。

赵明：我和王亮共送了6个。

王亮：我和张平共送了6个。

事实上，4人的回答中只有1人说错了，而这位说错的快递员送了4个快递。

根据以上信息，可以得出张平、李安、赵明、王亮4人送的快递数依次为：

A. 4、3、2、3。　　B. 4、1、5、2。　　C. 3、2、4、3。　　D. 3、4、2、3。　　E. 2、3、4、3。

40. 老式荧光灯因成本低、寿命长而在学校广泛使用。但是，老式荧光灯老化后因放电产生的紫外辐射会导致灯光颜色和亮度的不断闪烁。对此，有研究人员建议，由于使用老式荧光灯易引发头痛和视觉疲劳，学校应该尽快将其淘汰。

以下哪项如果为真，最能支持上述研究人员的建议？

A. 灯光闪烁会激发眼部的神经细胞对刺激做出快速反应，加重视觉负担。

B. 有些学校改换了新式荧光灯后，很多学生的头痛和视觉疲劳开始消失。

C. 新式荧光灯设计新颖、外形美观、节能环保，很受年轻人喜爱。

D. 老式荧光灯蒙上彩色滤光纸后，可以有效减弱荧光造成的颜色变化。

E. 全部淘汰老式荧光灯，学校要支出一大笔经费，但很多家长认为这笔钱值得花。

41. 某市发改委召开该市高速公路收费标准调整价格听证会，旨在征求消费者、经营者和专家的意见。实际参加听证会的共有15人，其中消费者9人、经营者5人、专家3人，此外无其他人员列席。

根据上述信息，可以得出以下哪项？

A. 有专家是消费者。　　　　　　　　B. 有专家是经营者。

C. 有专家不是经营者。　　　　　　　D. 有专家是消费者但不是经营者。

E. 有专家是经营者但不是消费者。

42. 政府只有不超发货币并控制物价，才能控制通货膨胀。若控制物价，则政府税收减少；若政府不超发货币并且税收减少，则政府预算将减少。

如果政府预算未减少，则可以得出以下哪项？

A. 政府控制了物价。　　　　　　　　B. 政府未能控制通货膨胀。

C. 政府超发了货币。　　　　　　　　D. 政府既未超发货币，也未控制物价。

E. 政府既超发了货币，又控制了物价。

43. 目前科学家已经揭示,与抽传统卷烟相比,抽电子烟同样会产生严重危害。为进一步保护未成年人免受电子烟侵害,我国政府有关部门发布"禁电子烟令",要求电子烟生产、销售企业或个人及时关闭电子烟销售网站、店铺及客户端,将电子烟产品及时下架,禁止销售电子烟。可是,"禁电子烟令"发布后的两周内,有些电商依然在国内网站上销售电子烟。

以下各项如果为真,则除哪项外均能解释上述电商的行为？

A. 目前有些电商认为,只卖烟棒而不卖烟弹,不算销售电子烟。

B. 近年来有些投资人对电子烟生产、销售已有大量投入,不甘心先前投入打水漂。

C. 禁令是为了保护未成年人,禁止向他们出售电子烟,对成年人似乎并没有禁止。

D. 政策执行存在一定的滞后性,有些电商并未收到来自上级主管部门的具体通知。

E. 电子烟危害已得到多国政府关注,但他们并未出台类似中国的"禁电子烟令"。

44. 负责人赵某：我单位今年招聘的8名新员工都是博士,但这些新员工有些不适合担任管理工作,因为博士未必都适合担任管理工作。

以下哪项与赵某的论证方式最为类似？

A. 创新产品都受欢迎,但是它们未必都能盈利,因为价格高就难以受欢迎。

B. 院子里的花都是名贵品种,但是这些花都不好养,因为名贵品种都不好养。

C. 正直的人都受人尊敬,但是他们不都富有,因为富有的人未必都受人尊敬。

D. 6的倍数都是偶数,但6的倍数有些不是3的倍数,因为偶数未必是3的倍数。

E. 最近上市的公司都是医药类的,但是这些公司的股票未必热销,因为最近热销的股票都不是医药类的。

45. 如今近视的年青人越来越多了。60年前,中国的年青人中近视患者只有10%~20%,现在这一数字则接近90%。近视不只是不方便,它还意味着近视患者的眼球会稍稍伸长而发生病变。以往人们常常将近视的原因归之于遗传、长时间或不正确姿势阅读等,但近来有专家对这些观点表示怀疑,他们认为近视率的剧增主要是因为人们在白天的户外活动时间过短。

以下哪项如果为真,最能支持上述专家的观点？

A. 1969年科学家对住在阿拉斯加的139名因纽特人调查发现,其中只有2人近视,如今他们的儿孙中超过一半的人成了近视。

B. 如今许多国家的少儿每天花10多个小时来读书做作业,或者看电脑、电视、智能手机等。

C. 科学家对某地近5 000名小学生长达3年时间的跟踪研究发现,那些在户外活动更久的孩子虽不一定减少看书、看屏幕的时间,却很少成为近视。

D. 与在一般室内光照环境下生长的鸡相比,处于与户外光照相当的室内高光照水平下的鸡,其近视发生率减少了大约60%。

E. 室外光照刺激视网膜释放出比在其他环境下更多的多巴胺,正是这些多巴胺阻止了眼球的伸长。

46～47题基于以下题干

某单位汤、宋、李、陈、罗、刘、方7人乘坐高铁出差,他们的座位如图所示。已知:

(1)罗与方的座位左右紧挨着;
(2)汤和宋隔着一个座位;
(3)陈与方的座位均为F位或者均为D位。

| 4F | 4D |

| 5F | 5D | | 5C | 5B | 5A |

46. 如果李与刘的座位左右紧挨着,则可以得出以下哪项?

A. 汤坐在5F。　　　B. 宋坐在5C。　　　C. 李坐在5A。
D. 陈坐在5D。　　　E. 刘坐在5B。

47. 如果李与汤隔着两个座位,则以下哪项是不可能的?

A. 方坐在4D。　　　B. 刘坐在5B。　　　C. 罗坐在4F。
D. 宋坐在5C。　　　E. 李坐在5F。

48. 改革开放以来,省际人口大规模流动已成为一个突出的社会现象。2018年,中国流动人口为2.41亿,相当于每6个中国人中就有1个流动人口。庞大的流动人口被视为中国城市化的重要推动力量。但有专家指出,大规模的人口流动也给流入地政府的基本公共服务和社会保障带来巨大压力,同时进一步加剧了省际财政矛盾。

以下哪项如果为真,最能质疑上述专家的观点?

A. 目前公共财政支出的人口统计口径依然是以户籍作为主要单位,流动家庭基本公共服务的提供仍然需要流入地政府额外的财政投入。

B. 受户籍制度制约,流动人口应享有的教育、医疗、住房、养老等诸多公共服务在"流入地"与"流出地"之间衔接不畅。

C. 进入2010年后,我国流动人口增速开始逐步变缓;从2015年开始,流动人口在增速下降的同时,规模也开始减小。

D. 针对农民工子女的义务教育问题,国家早就发文指出,以流入地为主,以公办学校为主,流入地政府承担流动儿童的主要教育责任。

E. 近年来,国家出台一系列财政转移支付政策,将外来人口纳入测算标准,并将财政资金向人口流入地倾斜,适当弥补人口流入省份的财政缺口。

49. 动物肉一直是餐桌上不可或缺的食物。前不久,某专家宣布,他的研究团队已首次利用动物干细胞在实验室培育出了人造肉,这种人造肉在口感和成分上与动物肉非常接近。该专家认为,这种人造肉在不远的将来会有很好的市场前景。

以下哪项如果为真,最能质疑上述专家的观点?

A. 目前人造肉的生产成本远高于动物肉,且产量极低,近期还很难有技术突破的可能。

B. 以植物蛋白为原料,模拟动物肉外观和口感的人造肉已在素斋中广泛使用。

C. 上述实验中人造肉制造需要加入大量的动物血清,而要获得动物血清仍需要饲养大量动物。

D. 目前宇航员在太空中自主栽培蔬菜已成为可能,但肉类蛋白的获取只能依靠饲养黄粉虫,其口感大大逊于动物肉。

E. 目前关于人造肉研发的风险投资正在不断加大,而相关上市公司的股票价格却持续走低。

50. 甲、乙、丙、丁、戊、己6人被同期安排至山溪乡扶贫,其中一人到该乡最僻远、最贫困的石坝村扶贫。一天,乡里召开扶贫工作会,到访记者询问参会的甲、乙、丁、戊,他们同期6人中谁去了石坝村扶贫,4人的回答如下:

甲:不是丁去了,就是戊去了。

乙:我没有去,丙也没有去。

丁:甲如果没有去,己就去了。

戊:甲和丙中肯定有人去了。

事实上,因为山区的交通通信不便,他们相互了解不够,上述4人的回答只有一个人说的符合实际。

根据以上信息,可以得出上述6人中去石坝村扶贫的是:

A. 甲。　　　B. 乙。　　　C. 丙。　　　D. 丁。　　　E. 己。

51. 贾研究员:4万年前尼安德特人的灭绝不是因为智人的闯入,而是近亲繁殖导致的恶果。

尹研究员:事情并非如此,因为尼安德特人当时已经"濒危"。种群个体数量的减少,不仅会给个体健康带来负面影响,而且一旦种群的出生率、死亡率或性别比发生偶然变动,就会直接导致种群的灭绝。

以下哪项如果为真,最能支持尹研究员的观点?

A. 一个仅有1000人左右的种群,若一年中只有不到四分之一的育龄妇女生孩子,就会直接导致这个种群的灭绝。

B. 非洲某部落虽也近亲繁殖,但促使该部落消失的根本原因是大多数幼儿患麻疹而死亡。

C. 800万年前濒临灭绝的猿类是人类的祖先,他们因为吃成熟发酵的水果进化出一种特定的蛋白质,反而活了下来。

D. 父母的本能是照顾后代,确保生命的延续,但是尼安德特人没能通过这种方式将他们的种群延续下去。

E. 近亲繁殖的新生儿容易患多种疾病,可能会给种群繁衍带来不利影响。

52. 某医院针灸科专家林医生提供给甲、乙、丙 3 人下星期一至星期五的门诊预约信息如下:

门诊时间\星期	星期一	星期二	星期三	星期四	星期五
上午	约满	余1个	余1个	约满	余2个
下午	休息	余2个	休息	余2个	余1个

据此,她们 3 人每人预约了 3 次针灸,且一人一天只安排 1 次。还已知:

(1) 甲和乙没有预约同一天下午的门诊;

(2) 如果乙预约了星期二上午的门诊,则乙还预约了星期五下午的门诊;

(3) 如果丙预约了星期五上午的门诊,则丙还预约了星期三上午的门诊。

根据上述信息,可以得出以下哪项?

A. 甲预约了星期三上午的门诊。   B. 乙预约了星期二上午的门诊。

C. 丙预约了星期五上午的门诊。   D. 甲预约了星期四下午的门诊。

E. 乙预约了星期二下午的门诊。

53. 有专家指出,人们可以通过健身长跑增进健康。因为健身长跑过程中,有节奏的深长呼吸能使人体吸入大量氧气,这可以改善心肌供氧状态,加快心肌代谢,提高心脏的工作能力。

以下哪项最可能是上述专家论断的假设?

A. 健身长跑可以使心肌纤维变粗,心脏收缩力增强。

B. 健身长跑不仅可以改善心肌供氧状态,还可以抑制人体癌细胞的生长和繁殖。

C. 心脏是循环系统的中心,而健身长跑在提高人的呼吸系统机能的同时,可以改善心脏循环系统的机能。

D. 人体的健康与呼吸系统机能提高和心脏循环系统机能的改善密切相关。

E. 体育以身体活动为基本手段,不仅能强身健体,还能培养人的各种心理品质。

54~55 题基于以下题干

美佳、新月、海奇三家商店在美食一条街毗邻而立。已知,三家店中两家销售茶叶,两家销售水果,两家销售糕点,两家销售调味品;每家都销售上述 4 类商品中的 2~3 种。另外,还知道:

(1) 如果美佳销售水果,则海奇也销售水果;

(2) 如果海奇销售水果,则它也销售糕点;

(3) 如果美佳销售糕点,则新月也销售糕点。

54. 根据以上信息,可以得出以下哪项?

A. 美佳销售茶叶。　　B. 新月销售水果。　　C. 海奇销售调味品。
D. 美佳不销售糕点。　E. 新月不销售糕点。

55. 如果美佳不销售调味品,则可以得出以下哪项?

A. 海奇销售茶叶。　　B. 新月销售水果。　　C. 美佳不销售水果。
D. 海奇不销售水果。　E. 新月销售茶叶。

综合能力逻辑真题
解析篇

2023年管理类综合能力逻辑真题解析

答案速查表					
26~30	BBCDA	31~35	BAABC	36~40	DEAAC
41~45	DECEB	46~50	DECBC	51~55	BDEEC

26. B 【难度】S4 【考点】联言、选言、假言命题 【命题方向】①形式逻辑 正向推理

题干信息:(1)爱→思想思维;(2)爱→科学家∧思想家∧人道主义者∧有趣人物;(3)思想思维→独立人格。

第一思路:根据形式逻辑上推下的性质,综合题干信息,优先锁定链条首尾,验证选项。

结合(1)(3)可得,(4)爱→思想思维→独立人格。

结合(2)(4)可得,有的科学家→独立人格。(A→B,A→C,可得:有的B→C。)

故正确答案为 B 选项。

27. B 【难度】S4 【考点】十大论证模型 【命题方向】⑫论证推理 削弱、质疑、反驳

专家的观点:用"蟑螂吃掉垃圾"这一生物处理方式解决餐厨垃圾,既经济又环保。

第一思路:表明该做法无法解决问题,或有更大的弊端。

B 选项:有恶果,表明使用该方法会产生更严重的后果,正确。

A 选项:态度错误,支持了题干的方法,排除。

C 选项:力度较弱,后期的监测和评估情况未知,无法质疑,排除。

D 选项:无关选项,蟑螂可产生的昆虫蛋白饲料与题干论证无关,排除。

E 选项:态度错误,肯定了该方法有效,排除。

故正确答案为 B 选项。

28. C 【难度】S4 【考点】两大论证型式 【命题方向】⑭论证推理 假设、前提

记者:如何培养创新型人才?

受访者:我校让学生想创业、能创业、创成业。

第一思路:建立联系,使记者和受访者提到的内容产生关联。受访者认为,培养大学生的创业能力就是在培养创新型人才。

C 选项:相关性强,"创新型人才培养""创业技能"等信息与题干一致;方向正确,因为受访者认为创新型人才的培养方式主要是创业能力的培训和提升,所以他在回答如何培养创新型人才时,才会回答该校对学生创业能力的培养方式。正确。

A 选项:相关性较弱,¬懂创新→¬懂创业=懂创业→懂创新,题干信息为"培养创新型

人才",不等同于"懂创新",排除。

B 选项:无关选项,题干信息未涉及"创业收益",排除。

D 选项:关系错误,如果创业能力只是培养创新型人才的任务之一的话,那么在受访者的回答中就不会只提及创业这一件事,排除。

E 选项:无关选项,题干信息未涉及"创新精神",排除。

故正确答案为 C 选项。

29.D 【难度】S5 【考点】稳赢分析法 【命题方向】⑨综合推理　分组

题干信息:(0)[1] 7类商品中有6种不合格样品;(1)蔬菜+白酒=2种;
(2)肉制品+白酒+蔬菜+水产品=5 种;(3)蔬菜+乳制品+干果=3种。

第一思路:结合条件进行分类和计算。

(2)-(1)可得,(4)肉制品+水产品=5-2=3 种。

结合(3)(4)可得,(5)蔬菜+乳制品+干果+肉制品+水产品=3+3=6 种。

结合(0)(5)可知,不合格样品都在"蔬菜、乳制品、干果、肉制品、水产品"之中,所以白酒和饮料中没有不合格样品。

故正确答案为 D 选项。

30.A 【难度】S4 【考点】三段论 【命题方向】④形式逻辑　结构相似

题干信息:A 不一定能 B,C 说 B,所以,C 从未 A。

第一思路:看结构,从肯否和性质角度进行排除和选择。

A 选项:"帮助他人"A,"名人"B,"李某"C。结构为,A 不一定能 B,C 说 B,所以,C 从未 A。与题干论证结构相似,正确。

B 选项:"喜欢你"A,"最喜欢你"B,"陈某"C。结构为,A 不一定 B,C 现在说 B,所以,C 过去从未 A。出现了"现在""过去"等时间信息,与题干论证结构不相似,排除。

C 选项:"有人"A,"没有利润"B,"该商场"C,"亏损"D。结构为,不 A 一定 B,C 是 D,所以 C 不是 A。与题干论证结构不相似,排除。

D 选项:"躲避死亡"A,"丧命"B,"林某"C。结构为,A 最容易 B,C 是 B,所以,C 从未 A。与题干论证结构不相似,排除。

E 选项:"每天抢时间工作"A,"普通"B,"宋某"C。结构为,A 不一定 B,C 看起来 B,所以,C 没有 A。与题干论证结构不相似,排除。

故正确答案为 A 选项。

31.B 【难度】S6 【考点】无确定信息破解法 【命题方向】⑧综合推理　匹配

题干信息:(0)6个人,3项比赛,每人报名1~2项,跳远2人,跳高3人,铅球3人;
(1)甲　铅球 ∨ 乙　铅球 → 丙　铅球;(2)己　跳高 → 乙　跳远 ∧ 己　跳远;

---

1 为了不与原题序号冲突,便于同学们前后对照,本书某些题目的解析条件编号标记为(0)。

(3)丙 铅球∨戊 铅球→己 跳高。

第一思路:题干为"不确定信息",又有"数量限制",所以马上想到利用数量进行归谬,以得到确定信息,作为推理起点。

如果己不报名跳高,结合(3)(1)可得:

¬己 跳高→¬丙 铅球∧¬戊 铅球→¬甲 铅球∧¬乙 铅球。

因为6人中需要有3人报名铅球,故只能有3人不报名铅球,所以如果己不报名跳高,那么甲、乙、丙、戊都不报名铅球,与题干信息矛盾。所以可得,己报名跳高。结合(2)可得,己跳高→乙 跳远∧己 跳远。

如果丙不报名铅球,结合(1)可得,¬丙 铅球→¬甲 铅球∧¬乙 铅球。因为已经确定己报名了跳高和跳远,而每人最多报2项,所以己不报名铅球。此时,如果丙不报名铅球,那么甲、乙、己都不报名铅球,那么报名铅球的人数不满足题干信息(0)。所以可得,丙报名铅球。

故正确答案为B选项。

32.A 【难度】S5 【考点】确定信息呼呼推 【命题方向】⑧综合推理 匹配

题干信息:(0)6个人,3项比赛,每人报名1~2项,跳远2人,跳高3人,铅球3人;

(1)甲 铅球∨乙 铅球→丙 铅球;(2)己 跳高→乙 跳远∧己跳远;

(3)丙 铅球∨戊 铅球→己 跳高;(4)甲 跳高∧乙 跳高。

第一思路:将新增的确定信息作为起点,结合已经推出的信息进行推理。

如果甲、乙均报名跳高,结合上题分析可知,甲、乙、己3人均报名跳高,满足题干的数量要求,说明其他人没有报名跳高。

由上题分析可知,乙、己均报名跳远,说明其他人没有报名跳远。因为丙、丁、戊都没有报名跳远,也没有报名跳高,所以这3人均报名铅球。

故正确答案为A选项。

33.A 【难度】S4 【考点】两大论证型式 【命题方向】⑫论证推理 削弱、质疑、反驳

论据:互联网时代的生活方式发生了变化。

结论:社会不可能等老年人;老年人应该加强学习,跟上时代发展。

第一思路:表明社会应该等老年人。

A选项:表明老人有权利享受公共服务,为他们提供传统服务,是保障也是公德,正确。

B选项:态度错误,表明有些老年人可以跟上时代发展,支持了专家的观点,排除。

C选项:无关选项,未表明社会是否应该等老年人。

D选项:相关性较弱,未提及老年人这一群体,而且"有些"指代不明,排除。

E选项:力度较弱,"有些"数量不明,排除。

故正确答案为A选项。

34. B 【难度】S5【考点】直言命题 三段论【命题方向】①形式逻辑 正向推理

第一思路:题干信息较多,需要推出有效信息,并优先锁定"绝对化信息"。

题干信息(1)(3)(4)包含"都""没有一本(都不)"等绝对化信息,通常是解题入手点。结合这三个信息可知,历史类→中文版→¬英文版→¬哲学类。

所以可得:历史类图书都不属于哲学类。"都"能推出"有些",所以 B 选项符合题干信息。

故正确答案为 B 选项。

35. C 【难度】S4【考点】两大论证型式【命题方向】⑫论证推理 削弱、质疑、反驳

论据:互联网知识付费市场的规模正在增长;人们大多不愿为网络阅读付费。

结论:知识付费市场的发展不可能长久。

第一思路:表明知识付费市场的发展可以长久。

C 选项:质疑论据,表明人们愿意为知识付费,正确。

A、B 两项:相关性较弱,未提及"知识付费",排除。

D 选项:相关性较弱,未表明人们是否愿意为知识付费,排除。

E 选项:无关选项,题干论证与"知识产权问题"无关,排除。

故正确答案为 C 选项。

36. D 【难度】S5【考点】论证评价【命题方向】⑰论证推理 焦点

甲:通过"撞衫"的例子表明,独特性正成为中国人的一种生活追求。

乙:结合"撞衫"的例子表明,独一无二并没那么重要,不需要管自己是否和别人一样,走自己的路就好。

第一思路:找到二人话题的不同之处。

D 选项:甲的主题在于独特性,乙旨在表明"走自己的路",即对个人的自我认同,准确地评价了二人的对话,正确。

A 选项:对甲的描述不准确,题干中未涉及"每个";对乙的概括也不准确,题干中未涉及"能做到",排除。

B、C、E 三项:"撞衫"只是甲为了表明"独特性"重要的例子,不是主题,排除。

故正确答案为 D 选项。

37. E 【难度】S4【考点】无确定信息破解法【命题方向】⑪综合推理 综合题组(匹配)

题干信息:(0)5 个人,四座名山,每人去两座名山,每座名山均有 2~3 人前往,丙=丁;

(1)甲 五台山→乙 五台山∧丁 五台山;(2)甲 峨眉山→丙 峨眉山∧戊 峨眉山;

(3)甲 九华山→戊 九华山∧戊 普陀山。

第一思路:题干信息匀为不确定信息,又有数量限制,所以马上考虑"假设+归谬"的思路,以得到确定信息,作为推理起点。

122

由(0)(1)结合可得：如果甲去五台山，那么乙、丙、丁都去五台山，与"每座名山均有2~3人前往"矛盾，所以甲不去五台山。

由(0)(2)结合可得：如果甲去峨眉山，那么丙、丁、戊都去峨眉山，与"每座名山均有2~3人前往"矛盾，所以甲不去峨眉山。

因为每个人去两座山，且甲既不去五台山，也不去峨眉山，那么甲一定去普陀山和九华山。

结合(3)可得：戊去九华山和普陀山。

结合"每座名山均有2~3人前往""丙=丁"可知，二人不可能一起去九华山和普陀山，所以他们一定去了另外两座山：五台山和峨眉山。

故正确答案为E选项。

38. A【难度】S4【考点】确定信息呼呼推【命题方向】⑪综合推理　综合题组(匹配)

题干信息：(0)5个人，四座名山，每人去两座名山，每座名山均有2~3人前往，丙=丁；

(1)甲 五台山→乙 五台山∧丁 五台山；(2)甲 峨眉山→丙 峨眉山∧戊 峨眉山；

(3)甲 九华山→戊 九华山∧戊 普陀山；(4)乙 普陀山∧乙 九华山。

第一思路：根据上一题推出的确定信息可知，目前甲和戊都去普陀山和九华山，丙和丁都去五台山和峨眉山。再结合(4)可知，普陀山有甲、乙、戊3人前往，九华山有甲、乙、戊3人前往，五台山有丙、丁2人前往，峨眉山有丙、丁2人前往。

故正确答案为A选项。

39. A【难度】S4【考点】两大论证型式【命题方向】⑬论证推理　支持、加强

论据：超临界水能与有机物完全互溶，同时还可以大量溶解空气中的氧。

结论：利用超临界水作为特殊溶剂，可以把有机物彻底"秒杀"。

第一思路：表明超临界水确实能"秒杀"有机物。

A选项：建立联系，表明有机物在超临界水中确实可以转化，正确。

B选项：无关选项，题干论证与超临界水氧化技术的优点和前景无关，排除。

C选项：无关选项，题干论证与超临界水"秒杀"有机物的条件无关，排除。

D、E两项：无关选项，题干论证与超临界水的适用范围无关，排除。

故正确答案为A选项。

40. C【难度】S4【考点】无确定信息破解法【命题方向】⑨综合推理　分组

题干信息：(0)6选4，有2个不选；

(1)桃花坞→¬古生物∧望江阁=古生物∨¬望江阁→¬桃花坞；

(2)望江阁→¬第一山∧新四军=第一山∨¬新四军→¬望江阁。

第一思路：题干信息均为不确定信息，又有数量限制，所以马上考虑"假设+归谬"的思路，以得到确定信息，作为推理起点。

由(1)(2)结合可得:¬新四军→望江阁→¬桃花坞。

所以,如果没有选择新四军军部旧址,那么也没有选择望江阁和桃花坞,此时无法满足6选4,与题干信息矛盾。

故正确答案为C选项。

41.D 【难度】S4 【考点】无确定信息破解法 【命题方向】⑨综合推理　分组

题干信息:(1)橱柜→¬卫浴∧¬供暖;(2)¬橱柜→卫浴;(3)¬卫浴∨橱柜→供暖。

第一思路:(1)(2)(3)均为不确定信息,所以考虑"二难推理"或"归谬"的思路。

结合(1)(3)可得:橱柜→¬卫浴∧供暖→卫浴∧橱柜。

"¬卫浴"与"卫浴"矛盾,可得,¬橱柜。

由"¬橱柜"结合(2)可得,卫浴;结合(3)可得,供暖。

故正确答案为D选项。

42.E 【难度】S6 【考点】稳赢分析法 【命题方向】⑩综合推理　数字相关

第一思路:有正确的数量和位置,故根据题干信息逐步分析。

由(3)可知,6个数字中有4个不正确,2个正确,而密码有6位,所以除了(3)中出现的6个数字之外,0~9中剩下的4个数字3、5、6、9是正确的数字。

这4个数字中有3个出现在(2)里,所以3、6、9这3个数字正确且位置正确。

结合(1)可知,剩下的1、4、5数字正确且位置正确。

故密码为:341965。

故正确答案为E选项。

43.C 【难度】S4 【考点】两大论证型式 【命题方向】⑬论证推理　支持、加强

观点:食用鱼油不一定能够有效控制血脂水平并预防由高血脂引起的各种疾病。

第一思路:研究人员说得对。

C选项:建立联系,表明鱼油中的不饱和脂肪酸容易氧化分解,无法起到预防疾病的效果,正确。

A选项:无关选项,题干论证与"长期""肥胖"无关,排除。

B选项:无关选项,题干论证与"鱼油的概念"无关,排除。

D选项:力度较弱,"存在学术争议"但是未表明态度,即该项未表明长期服用鱼油制品是否能控制体内血脂,排除。

E选项:无关选项,题干论证与其他保持身体健康的方法无关,排除。

故正确答案为C选项。

44.E 【难度】S4 【考点】两大论证型式 【命题方向】⑬论证推理　支持、加强

专家的观点:从鼓励见义勇为到倡导"见义智为"反映了社会价值观念的进步。

第一思路:本题问"除了哪项",所以要选"不能支持的选项",也就是"无关选项"或"削弱

项",如果选项中有"削弱",那么它就是正确答案。

E 选项:削弱专家观点,表明"见义智为"可能会导致社会道德水平下滑,与专家观点相反,正确。

A 选项:支持专家观点,表明"见义智为"体现了科学理性、互帮互助的社会价值取向,反映了社会价值观念的进步,排除。

B 选项:支持专家观点,表明普通民众应该在有专业技术知识的情况下"见义智为",反映了社会价值观念的进步,排除。

C 选项:支持专家观点,表明救人者与被救者的生命应得到同样的尊重和爱护,这一"见义智为"理念反映了社会价值观念的进步,排除。

D 选项:支持专家观点,表明应该在保证自身安全的情况下"见义智为",反映了社会价值观念的进步,排除。

故正确答案为 E 选项。

45. B 【难度】S5 【考点】论证评价 【命题方向】⑮论证推理 解释

解释对象:中国人均拥有的外科医生数量同其他中高收入国家相当,但是中国人均拥有的外科医生所做的手术量却比其他中高收入国家少。

第一思路:指出两个事实之间存在差异的原因。

题干的比较对象为"我国"和"其他中高收入国家",所以要解释二者之间的差异,就要从这两个对象出发,观察发现 A、C、D、E 四项均未表明中国和其他国家的差异,排除,所以答案为 B 选项。

B 选项:首先,从比较对象来看,有提及"我国"与"其他中高收入国家",对象正确。

其次,从本质内容来看,我国能做手术的外科医生的人均手术量已经与其他中高收入国家相当了,但是能做手术的外科医生比那些国家少,所以中国人均拥有的外科医生所做的手术量比其他国家少。例如下表的情况。

项目	我国	其他中高收入国家
能做手术的医生数量	10 名	20 名
能做手术的外科医生的人均手术量	10 台/名	10 台/名
不能做手术的医生数量	10 名	0 名
国家人数	10 人	10 人
人均拥有的外科医生	2 名/人	2 名/人
人均拥有的外科医生所做的手术量	10 名×10 台/名÷10 人= 10 台/人	20 名×10 台/名÷10 人= 20 台/人

由上表可知,我国能做手术的外科医生的人均手术量已与其他国家相当,但是因为我国缺乏能做手术的外科医生,所以,虽然中国人均拥有的外科医生数量同其他中高收入国家相

当,但中国人均拥有的外科医生所做的手术量却比那些国家少。

A选项:无法解释,既然该举措是国内外医疗行业的惯例,则无法表明我国和其他中高收入国家的区别,排除。

C、D、E三项:对象错误,未体现出我国与其他国家的差异,排除。

故正确答案为B选项。

46. D 【难度】S6【考点】确定信息呼呼推【命题方向】⑧综合推理 匹配

题干信息:(0)6本书,5个部门,每个部门至少一本书,所以数量组合为,1、1、1、1、2;

(1)《周》∨《老》∨《孟》给甲∨乙→《尚》给丁∧《论》给戊;

(2)《诗》∨《论》给甲∨乙→《周》给丙∧《老》给戊;(3)《尚》给丙。

第一思路:由(3)这一确定信息出发,结合(1)逆否进行推理。

由(3)可知,《尚书》发给丙,所以不能发给丁,利用(1)逆否可得,《周易》《老子》《孟子》都既不分发给甲,也不分发给乙。此时甲和乙得到的书分别是《诗经》和《论语》中的1本,结合(2)可得,《周易》分发给丙,《老子》分发给戊。所以丙得到《尚书》和《周易》,其他部门都只得到1本,戊得到《老子》,所以其他部门不会得到《老子》,综上可知,《孟子》分发给了丁。

故正确答案为D选项。

47. E 【难度】S6【考点】确定信息呼呼推【命题方向】⑧综合推理 匹配

题干信息:(0)6本书,5个部门,每个部门至少一本书,所以数量组合为,1、1、1、1、2;

(1)《周》∨《老》∨《孟》给甲∨乙→《尚》给丁∧《论》给戊;

(2)《诗》∨《论》给甲∨乙→《周》给丙∧《老》给戊;

(3)《老》给丁。

第一思路:由(3)这一确定信息出发,结合(2)逆否进行推理。

由(3)可知,《老子》分发给丁,所以不能分发给戊,利用(2)逆否可得,《诗经》和《论语》都既不分发给甲,也不分发给乙。所以甲和乙得到的书一定在《尚书》《周易》和《孟子》之间,结合(1)可得,《尚书》分发给丁,《论语》分发给戊。此时丁得到《尚书》和《老子》,说明其他部门都只得到1本书,丙得到《诗经》,所以《诗经》不能分发给戊。

故正确答案为E选项。

48. C 【难度】S5【考点】两大论证型式【命题方向】⑫论证推理 削弱、质疑、反驳

方法:在太空中种植新鲜水果和蔬菜。

目的:有利于航天员身体健康,降低食物的上天成本,为航天员提供有氧环境。

第一思路:表明上述方法不可行或达不到目的。

C选项:力度较弱,相关性强,"可能"力度较弱,"对植物的生长和发育产生不良影响""有损航天员的健康"都表明题干的方法达不到目的,甚至会产生不良影响,此项相对最优,正确。

A 选项:力度较弱,相关性较差,"可能"力度较弱,"影响其他科学实验"与题干的目的无关,排除。

B 选项:力度较弱,"有些""意想不到的情况"力度较弱,排除。

D 选项:力度较弱,"有些""可能"力度较弱,排除。

E 选项:忽略发展,过去的经验不代表未来的情况,排除。

故正确答案为 C 选项。

49．B 【难度】S4 【考点】两大论证型式 【命题方向】⑫论证推理 削弱、质疑、反驳

论据:M 国由中国一次性筷子的进口国转换成了木材的出口国(果)。

结论:表明中国人的环保意识已经超越 M 国(因)。

第一思路:本题属于知果溯因型的论证,削弱的常见思路是他因削弱,表明该结果的出现是其他原因造成的。

B 选项:他因削弱,表明是中国木材需求增长与 M 国木材供给增长这个因导致了题干的果,正确。

A 选项:质疑论据,力度较弱,从思路来讲,其质疑论据中的数据,不是优先思路,而且"不一定"力度较弱,排除。

C 选项:力度较弱,杉木在中国所有木材进口中的占比未知,排除。

D 选项:无关选项,无法表明出现题干结果的原因,排除。

E 选项:干扰项,虽然不是主要原因,但也有可能是非常重要的原因,如果确实是非常重要的原因,题干论证依然成立,排除。

故正确答案为 B 选项。

50．C 【难度】S4 【考点】两大论证型式 【命题方向】⑫论证推理 削弱、质疑、反驳

专家的观点:对员工进行运动考核,实质上能够促进员工身心健康,引导整个企业积极向上。

第一思路:问题为"除哪项外,均能质疑",正确答案应该是支持项(优先)或无关选项。

C 选项:支持项,表明该举措确实能促进员工的身心健康,正确。

A 选项:削弱项,表明该举措违反了《劳动法》,排除。

B 选项:削弱项,表明该举措会影响员工对企业的认同感,无法引导整个企业积极向上,排除。

D 选项:削弱项,表明该举措不利于员工的身心健康,排除。

E 选项:削弱项,表明该举措可能无法起到促进员工身心健康的作用,排除。

故正确答案为 C 选项。

51．B 【难度】S4 【考点】联言、选言、直言命题 三段论

【命题方向】①形式逻辑 正向推理

题干信息:(1)第三方∧销售→会计;(2)孔高同→¬会计;(3)孟→销售∧孔高同;

(4)孔→第三方。

第一思路:由孟和孔的确定信息入手,利用(1)进行推理。

由"孟→孔高同",结合(2)可得,孟→¬会计。结合(1)逆否可得,孟→¬第三方∨¬销售。又因为孟是销售,所以结合"或"的性质,否定了"¬销售"可得,孟→¬第三方。

故正确答案为 B 选项。

52. D 【难度】S6【考点】稳赢分析法【命题方向】⑩综合推理 数字相关

题干信息:(0)①最高气温为,1号(4℃)至5号(-1℃)逐日下降。②最低气温为,不低于-6℃,只有一天为-6℃。

(1)最高气温和最低气温不在同一天,这些气温均为整数。(2)5号的最低气温最低→2号的最低气温比4号的高4℃。(3)2号和4号每天的最高气温与最低气温相差5℃。

第一思路:整理信息,利用极值和假言命题进行推理,必要时可通过假设确定信息。

设2号最低气温为A,4号最低气温为B,列表如下。

气温	1号	2号	3号	4号	5号
最高气温	4℃	$A+5$℃		$B+5$℃	-1℃
最低气温		A		B	

由(1)可知,1号的最低气温不是-6℃,如果2号的最低气温是-6℃,那么2号的最高气温是-1℃,此时与条件①矛盾,所以2号的最低气温不是-6℃;同理,4号的最低气温也不是-6℃。

如果5号的最低气温是-6℃,那么结合(2)可知,2号的最低气温比4号的高4℃;根据(3)可知,2号的最高气温也要比4号的高4℃。而2号到4号的最高气温应该是从3℃逐日下降至0℃,无法实现4℃的气温差。

综上,最低气温-6℃只能出现在3号。

故正确答案为 D 选项。

53. E 【难度】S4【考点】直言命题【命题方向】④形式逻辑 结构相似

题干结构为,甲:某人有某个缺点(1),我不喜欢他(2)。

乙:你的意见没有意义(3),因为他有其他优点(4)。

第一思路:逐一验证选项进行比对,筛选排除。

E 选项:与题干结构相似,甲指出邓某的缺点,并且对此有看法。乙表明甲有看法没用,并且指出了邓某的优点。

A 选项:乙的回答(3)与题干结构不相似,排除。

B 选项:乙的回答(4)与题干结构不相似,是在解释贾某出现这种情况的原因,而不是提出其他优点。

C 选项:乙的回答(4)与题干结构不相似,没有提出韩某的其他优点。

D 选项:乙的回答(3)与题干结构不相似,未表明甲的意见没有意义。

故正确答案为 E 选项。

54. E 【难度】S6【考点】无确定信息破解法【命题方向】⑪综合推理 综合题组(匹配)

题干信息:(0)4人,5个单项,每个方面有3人被评为优秀,没有人5个单项均被评为优秀。(1)甲 德∧乙 德→甲 廉∧乙 廉。(2)乙 德∧丙 德→乙 绩∧丙 绩。

(3)甲 廉→甲 绩∧丁 绩。

第一思路:题干信息均为不确定的信息,而且有数量限制,马上考虑"假设+归谬"。

如果甲、乙、丙在德方面均被评为"优秀",根据(1)(2)(3)可推知,乙、丙、甲、丁在绩方面均被评为"优秀",与每个单项有3人被评为优秀矛盾,所以甲、乙、丙在德方面不能均被评为"优秀",因此丁在德方面一定被评为"优秀"。

故正确答案为 E 选项。

55. C 【难度】S6【考点】稳赢分析法【命题方向】⑪综合推理 综合题组(匹配)

题干信息:(0)4人,5个单项,每个方面有3人被评为优秀,没有人5个单项均被评为优秀。(5×3=15个匹配关系,所以四个人的匹配组合为4、4、4、3)

(1)甲 德∧乙 德→甲 廉∧乙 廉。(2)乙 德∧丙 德→乙 绩∧丙 绩。

(3)甲 廉→甲 绩∧丁 绩。(4)丁 德,¬甲 绩,¬丁 能。

第一思路:根据已知信息及新增信息进行推理。

(5)由"¬甲绩"结合(3)可得:¬甲廉。所以甲匹配数为3,在德、能、勤方面都被评为优秀。列表如下。

项目	德	能	勤	绩	廉
甲	√(5)	√(5)	√(5)	×(4)	×(5)
乙					
丙					
丁	√(4)	×(4)			

由"¬甲廉"结合(1)可得:¬甲 德∨¬乙 德。结合"甲 德"可得:¬乙 德。

故正确答案为 C 选项。

2022年管理类综合能力逻辑真题解析

答案速查表					
26~30	CEADE	31~35	BBEDA	36~40	ECBDE
41~45	AACCB	46~50	CEDDA	51~55	CBEDA

26. C【难度】S4【考点】假言命题【命题方向】①形式逻辑 正向推理

题干信息：(1)¬信念坚定→陷入停滞→¬应对挑战；

(2)办好、发展好→坚持"四个自信"。

第一思路：链条首尾出答案，优先验证带有"信念坚定"和"应对挑战"的C选项。

C选项：应对挑战→信念坚定，是(1)的等价逆否命题，正确。

A选项：不合规则，由"坚持'四个自信'"无法推出有效信息，排除。

B选项：不合规则，"信念坚定"无法推出"¬陷入停滞"，排除。

D选项：不合规则，"历史逻辑"和"发展好"之间不存在推理关系，排除。

E选项：不合规则，"理论逻辑"和"实践逻辑"之间不存在推理关系，排除。

故正确答案为C选项。

27. E【难度】S5【考点】两大论证型式【命题方向】⑬论证推理 支持、加强

学者的观点："君问归期未有期，巴山夜雨涨秋池。何当共剪西窗烛，却话巴山夜雨时。"这首诗实际上是寄给友人的，而不是寄给妻子的。

第一思路：建立联系，建立这首诗与友人的联系。

E选项：建立联系，建立了诗中的"西窗"与"友人"的联系，正确。

A选项：力度较弱，即使妻子已卒，李商隐也可能并不知道，况且其也可能因怀念妻子而写这首诗，就算排除了写给妻子的可能性，也不一定是写给友人的，排除。

B、C两项：无关选项，与题干论证过程无关。

D选项：态度错误，削弱观点，表明这首诗是寄给妻子的，而不是寄给友人的，排除。

故正确答案为E选项。

28. A【难度】S4【考点】无确定信息破解法【命题方向】⑨综合推理 分组

第一思路：注意，题干要求在5个节目中选择3个，因此可由(1)(2)结合该要求解题。

由(1)可知，《焦点访谈》和《人物故事》中至多选一个观看；由(2)可知，《国家记忆》和《自然传奇》中至多选一个观看。所以，老王一定观看了《纵横中国》。

故正确答案为A选项。

29. D 【难度】S4 【考点】两大论证型式 【命题方向】⑬论证推理 支持、加强

GCP的观点:由于各国在新冠疫情期间采取了封锁和限制措施,汽车使用量下降了一半左右,2020年的碳排放量同比下降了创纪录的7%。

第一思路:建立联系,建立汽车使用量下降与碳排放量下降之间的联系。

D选项:建立联系,表明在减少的碳排放总量中,交通运输业所占比例最大,所以汽车使用量下降确实会导致碳排放量下降,正确。

A、B、C、E四项:与汽车使用量无关,无法建立起汽车使用量下降与碳排放量下降之间的联系,排除。

故正确答案为D选项。

30. E 【难度】S4 【考点】三段论 联言、选言命题 【命题方向】①形式逻辑 正向推理

题干信息:某小区2号楼1单元的住户→打了甲公司的疫苗。

第一思路:由没打疫苗的小陈家入手,优先验证"若……则……"的选项。

小陈家都没打→不是某小区2号楼1单元的住户。

E选项:如果小陈家是该小区2号楼的住户,则说明小陈家不是1单元的。

故正确答案为E选项。

31. B 【难度】S5 【考点】两大论证型式 【命题方向】⑬论证推理 支持、加强

论据:经常有孤独感的研究对象和没有孤独感的研究对象在大脑的默认网络区域存在显著差异,默认网络参与回忆旧事、规划未来、想象等内心思考。

结论:大脑默认网络的结构和功能与孤独感存在正相关。

第一思路:题干中出现了有孤独感和没有孤独感的人之间的对比,"正相关"也体现出了对比,所以要支持研究人员的观点,就要表明这种比较关系。

B选项:建立联系,"更多地"表明大脑默认网络的结构与功能确实与孤独感存在正相关,建立了论据与结论的联系,正确。

A选项:力度较弱,未提及比较,且与有孤独感的人关联度较弱,排除。

C、D、E三项:无关选项,题干论证与"老年人""减少孤独现象""神经纤维束得到保护"无关,排除。

故正确答案为B选项。

32. B 【难度】S5 【考点】联言、选言、假言命题 【命题方向】③形式逻辑 真假判定

第一思路:首先,看问题,问题问的是以下哪项是不可能的,说明考查矛盾关系。其次,读题干,(3)是假言命题,将其公式化可表现为,李→(张∧宋)∨(¬张∧¬宋)。

B选项:如果宋、孔都不参加,由(1)可知,张、李都参加。此时"李参加、张参加、宋不参加"满足了(3)的矛盾关系,所以B选项正确。

其他选项均不与题干矛盾,可能为真。

故正确答案为 B 选项。

33. E 【难度】S4 【考点】两大论证型式 【命题方向】⑬论证推理　支持、加强

论据:甲型 H1N1 流感毒株出现时,另一种甲型流感毒株消失了。

结论:人体同时感染新冠病毒和流感病毒的可能性应该低于预期。

第一思路:建立联系,表明同时感染新冠病毒和流感病毒的可能性确实低。

E 选项:建立联系,表明如果感染了新冠病毒,那么感染流感病毒的概率降低,正确。

A、D 两项:无关选项,无法建立两种病毒之间的联系,排除。

B 选项:力度较弱,举例支持,但并没有表明两种病毒之间的联系,排除。

C 选项:力度较弱,免疫系统的防御能力增强对病毒有什么影响呢? 未知,排除。

故正确答案为 E 选项。

34. D 【难度】S4 【考点】两大论证型式 【命题方向】⑫论证推理　削弱、质疑、反驳

专家的观点:多吃猪蹄其实并不能补充胶原蛋白。

第一思路:质疑专家的观点,即表明多吃猪蹄确实能补充胶原蛋白。

D 选项:间接因果,表明多吃猪蹄确实可以补充胶原蛋白,正确。

A 选项:表明吃猪蹄确实不能补充胶原蛋白,支持专家观点,排除。

B、E 两项:无关选项,未提及猪蹄是否可以补充胶原蛋白,排除。

C 选项:力度较弱,表明猪蹄补充胶原蛋白的作用比较小,排除。

故正确答案为 D 选项。

35. A 【难度】S5 【考点】无确定信息破解法 【命题方向】⑨综合推理　分组

第一思路:(1)(2)均为假言命题,是不确定信息,题干中"每人只学其中一个专业"是数量限制,所以需要由"不确定"推"确定",又有数量限制,马上考虑"假设+归谬"的思路。

根据(2)可知,如果乙、戊、己中至多有 2 人是哲学专业,则甲、丙、庚、辛 4 人专业各不相同,这与(1)的后件矛盾;由(1)逆否可得,甲、丙、壬、癸都是数学专业,此时出现了矛盾,所以乙、戊、己 3 人都是哲学专业。

故正确答案为 A 选项。

36. E 【难度】S4 【考点】直言命题　三段论 【命题方向】①形式逻辑　正向推理

题干信息:(1)本市定点医疗机构→医保电子凭证的实时结算;(2)本市参保人员→医保电子凭证就医结算;(3)扫码使用医保电子凭证→激活。

第一思路:题干信息未出现推理链条,可结合选项进行筛选。

E 选项:¬ 激活→¬ 使用医保电子凭证扫码结算,是(3)的等价逆否命题,正确。

A、B 两项:不符合内容,无法由(1)推知,排除。

C 选项:不符合内容,无法由(2)推知,排除。

D 选项:不符合内容,无法由(3)推知,排除。

故正确答案为 E 选项。

37. C【难度】S5【考点】稳赢分析法【命题方向】⑧综合推理 匹配

第一思路：问题给出了确定信息，可由该确定信息入手，结合题干条件解题。

由"李订阅了《人民日报》"结合"每种报纸均有两人订阅"可知，"宋、吴均订阅了《人民日报》"为假。由(2)逆否可得，李、王都订阅了《文汇报》，所以宋、吴都未订阅《文汇报》。

因为每人要订阅两种报纸，所以吴至少会在《光明日报》和《参考消息》中订阅一种；由(1)推知，王未订阅《光明日报》，所以宋、吴订阅了《光明日报》。

由"各人订阅的均不完全相同"可知，宋、吴分别订阅《人民日报》和《参考消息》中的一种。此时，《人民日报》已经有两人(李、宋/吴)订阅，王肯定未订阅《人民日报》。综合可得，王订阅了《参考消息》。

故正确答案为 C 选项。

38. B【难度】S4【考点】论证评价【命题方向】⑮论证推理 解释

解释对象：长期噪声组的鱼死亡较早，短期噪声组和对照组(安静环境组)的鱼死亡较晚。

第一思路：表明长期噪声 VS 短期噪声和无噪声之间的差异。

B 选项：可以解释，表明长期噪声污染对鱼的寿命有影响，正确。

A 选项：比较对象不一致，题干中的实验对象是鱼类，与其他动物无关，排除。

C 选项：解释对象错误，题干不需要解释哪类环境中的鱼更容易感染寄生虫，排除。

D 选项：解释对象错误，未出现长期噪声环境和短期噪声环境及安静环境之间的区别，排除。

E 选项：解释对象错误，只解释了短期噪声对鱼类的伤害，未解释长期噪声组的鱼死亡较早的原因，排除。

故正确答案为 B 选项。

39. D【难度】S4【考点】联言、选言、假言命题【命题方向】③形式逻辑 真假判定

第一思路：符合要求即与题干信息不矛盾，排除与题干信息矛盾的选项即可。

A、C 两项：与(1)矛盾，选择了甲，但是丁、戊、庚 3 种中出现了 2 种，排除。

B、E 两项：与(2)矛盾，选择了丙或己，但是 B 选项还有戊，E 选项没有乙，排除。

故正确答案为 D 选项。

40. E【难度】S4【考点】联言、选言、假言命题【命题方向】①形式逻辑 正向推理

题干信息：(1)发现不足∧确立目标∧改进不足和实现目标→乐观；(2)乐观→幸福感；(3)大多数人→幸福感；(4)一些人发现不足∧改进不足∧¬幸福感。

第一思路：(4)为确定信息，可从(4)入手解题。

由(4)中的"¬幸福感"结合(2)(1)逆否可得，(5)¬幸福感→¬乐观→¬发现不足∨¬确立目标∨¬改进不足和实现目标。根据(4)可知，一些人"发现不足"，将其代入(5)可得，

综合能力逻辑真题 解析篇

133

"¬确立目标∨¬改进不足和实现目标",E选项正确。

D选项中的"不愿"是主观情感,在题干中并未体现;其他选项均无法由题干信息推知。

故正确答案为E选项。

41.A【难度】S6【考点】稳赢分析法【命题方向】⑪综合推理 综合题组(分组)

第一思路:(2)为确定信息,可从(2)入手解题。

由(2)结合"乙在丁之前的学年选修"可知,乙/丙、己、辛/丁。如果乙在第2学年,那么丁在第4学年,结合(3)可知,第1学年需要选修辛,矛盾。所以乙不在第2学年,只能在第1学年。

故正确答案为A选项。

42.A【难度】S6【考点】稳赢分析法【命题方向】⑪综合推理 综合题组(分组)

第一思路:(1)为确定信息,可从(1)入手解题。

由(1)可知,后3个学年的课程数量应该分别是1、2、3(顺序不确定),所以第1学年的课程数量是2。由(2)可知,丙、己、辛/丁。如果丙、己、辛在第2学年,丁就在第4学年;结合(3)可知,辛应该在第1学年,矛盾,排除这种情况。因此可以确定,丙、己、辛在第2学年,丁在第3学年。因为辛在第2学年,由(3)逆否可得,甲、丙、丁都不在第4学年,结合"甲、庚均在乙之后的学年选修"可知,甲在第3学年,乙在第1学年,庚在第4学年。此时,剩下的戊一定在第1学年。

故正确答案为A选项。

43.C【难度】S4【考点】联言、选言、假言命题【命题方向】①形式逻辑 正向推理

题干信息:(1)传统节日→快乐和喜庆∧文化自信;(2)开辟未来→不忘历史;(3)善于创新→善于继承;(4)滋养→兴盛→融入现代生活。

第一思路:链条首尾出答案,优先验证带有"滋养"和"融入现代生活"的B选项。

B选项:不合规则,由(4)无法从"融入现代生活"推出"滋养",排除。

预判失败,再验证与(1)有关的C选项。

C选项:由(1)可知,传统节日→快乐和喜庆,传统节日→文化自信,二者结合可得,有些快乐和喜庆→文化自信,正确。

A选项:不合规则,由(4)无法从"兴盛"推出"滋养",排除。

D、E两项:无中生有,无法由题干信息推出,排除。

故正确答案为C选项。

44.C【难度】S4【考点】两大论证型式【命题方向】⑫论证推理 削弱、质疑、反驳

专家的主张:教育影视剧只能贩卖焦虑,进一步激化社会冲突,对实现教育公平无事无补。

第一思路:表明教育影视剧对实现教育公平有用。

C选项:他因削弱,表明教育影视剧引发广泛关注之后会影响国家教育政策走向,有利于实现教育公平。

A、B、E三项:无关选项,与教育影视剧无关,排除。

D选项:未提及教育影视剧对实现教育公平的影响,排除。

故正确答案为C选项。

45.B 【难度】S4【考点】联言、选言、假言命题【命题方向】①形式逻辑　正向推理

第一思路:(3)为确定信息,可从(3)入手解题。

由(3)结合"每天放映1种类型"可得,周三不放映悬疑片;由(3)结合(2)逆否可得,周四和周六都不放映悬疑片;由(3)结合(1)逆否可得,周二和周五都不放映悬疑片。所以,悬疑片在周日放映。

故正确答案为B选项。

46.C 【难度】S5【考点】联言、选言、假言命题【命题方向】①形式逻辑　正向推理

第一思路:(3)和上一题结论为确定信息,可从此入手解题。

目前已知战争片在周三放映、悬疑片在周日放映,结合历史片在纪录片和科幻片之间放映可知,历史片在周五放映,所以动作片一定在周二放映。

故正确答案为C选项。

47.E 【难度】S4【考点】两大论证型式【命题方向】⑫论证推理　削弱、质疑、反驳

论据:调整土壤线虫的基因序列,其寿命延长了5倍。

结论:调整人类的基因序列,人活到500岁成为可能。

第一思路:题干论证是类比推理,将土壤线虫的情况类推到人类,只要表明二者不相似即可削弱。

E选项:表明人类与线虫不一样,不可能将人类寿命延长到500岁,正确。

A选项:无关选项,繁殖能力与题干讨论的寿命延长无关,排除。

B选项:支持题干,表明基因调整技术确实可能会让人活到500岁,排除。

C选项:支持题干,"还需要经历较长一段时间"只能说明目前达不到,但未来有可能达到,排除。

D选项:无关选项,未涉及寿命的问题,排除。

故正确答案为E选项。

48.D 【难度】S4【考点】论证评价【命题方向】⑱论证推理　论证方式、漏洞识别

贾某:易某不要将空调外机安装在自家阳台侧面,否则空调开启该外机会对着贾家卧室窗户方向吹热风。

易某:我有装空调的权利。

第一思路:易某并没有针对空调外机的位置进行回答,而是在转移论题,辩称自己有权利

装空调。

故正确答案为 D 选项。

49. D 【难度】S5 【考点】无确定信息破解法 【命题方向】⑪综合推理　综合题组(匹配)

第一思路:(1)(2)(3)均为假言命题,是不确定信息,需要由"不确定"推"确定",结合每人只创作一种作品且创作与爱好不同这一数量限制,马上考虑"假设+归谬"的思路。

由(1)(2)可知,若王没有创作诗歌,那么李既爱好小说又创作小说,与题干中的"创作与爱好不同"矛盾,所以可得,王创作诗歌。结合(3)可知,李爱好小说,周爱好散文。综合可得,王不能爱好诗歌、小说和散文,一定爱好戏剧,进而推知,丁爱好诗歌。

故正确答案为 D 选项。

50. A 【难度】S5 【考点】确定信息呼呼推 【命题方向】⑪综合推理　综合题组(匹配)

第一思路:问题已给出确定信息,且上一题的分析也得出了确定信息,可从此入手解题。

已知信息列表如下。

项目	王	李	周	丁
爱好	戏剧	小说	散文	诗歌
创作		诗歌		散文

上表结合"他们创作的作品形式与各自的文学爱好均不相同"可知,李创作戏剧,周创作小说。

故正确答案为 A 选项。

51. C 【难度】S4 【考点】论证评价 【命题方向】⑮论证推理　解释

解释对象:种植了金盏草的花坛,玫瑰长得很繁茂;未种植金盏草的花坛,玫瑰呈现病态,很快枯萎。

第一思路:表明种植和不种植金盏草对玫瑰的影响。

C 选项:可以解释,表明金盏草可以使玫瑰免受害虫的侵害,所以玫瑰不会呈现病态,很快枯萎。

A 选项:无法解释,园艺公司的建议是否有理论依据呢? 未知,力度较弱,排除。

B 选项:无法解释,如果金盏草只是能保持土壤湿度,那么即便未种植金盏草,玫瑰也不应该呈现病态,排除。

D 选项:无法解释,未表明金盏草的奇特作用是什么,排除。

E 选项:无法解释,未提及金盏草与玫瑰之间的关系,并且如果只是对仅种有玫瑰的花坛施肥偏少,玫瑰应该只会营养不良长势缓慢,而不会呈现病态,排除。

故正确答案为 C 选项。

52. B 【难度】S5 【考点】无确定信息破解法 【命题方向】⑧综合推理　匹配

题干信息:(1)龙→呈;(2)龙∨徽;(3)呈→新;(4)徽→新;(5)新→江。

第一思路:需要由"不确定"推"确定",但并没有数量限制,马上考虑"二难推理"的思路。

结合(1)(3)(5)可得,龙→呈→新→江;将其逆否结合(2)(4)(5)可得,¬江→¬龙→徽→新→江。"龙"和"¬龙"都可推出"新"和"江",所以一定会去新安江山水画廊和江村。

故正确答案为 B 选项。

53. E 【难度】S4 【考点】两大论证型式 【命题方向】⑬论证推理 支持、加强

论据:数据显示,有胃底腺息肉的患者无人患胃癌,而没有胃底腺息肉的患者中有 178 人患胃癌。

结论:胃底腺息肉与胃癌呈负相关。

第一思路:表明胃底腺息肉与胃癌确实呈负相关。

E 选项:建立联系,表明有胃底腺息肉就没有感染致癌物,从而不会患胃癌,正确。

A 选项:力度较弱,有家族癌症史与患癌不存在必然的联系,而且癌症也不一定是胃癌,排除。

B 选项:题干表明胃底腺息肉多发于 50 岁以上的人群,而研究的 10 万人中,50 岁以下的占大多数,无法支持题干的论证,排除。

C 选项:无关选项,题干研究的是胃底腺息肉和胃癌之间的关系,与研究的人群中有胃底腺息肉的人所占比例无关,排除。

D 选项:无关选项,题干论证与萎缩性胃炎、胃溃疡无关,排除。

故正确答案为 E 选项。

54. D 【难度】S6 【考点】无确定信息破解法 【命题方向】⑪综合推理 综合题组(匹配)

第一思路:(1)(2)(3)均为假言命题,是不确定信息,结合"每位建筑师均有 2 个项目入选,每个门类均有 2~3 个项目入选"的数量限制,马上考虑"假设+归谬"的思路。

由(1)(2)可知,如果乙有项目入选观演建筑,那么乙还有项目入选工业建筑和纪念建筑,与"每位建筑师均有 2 个项目入选"矛盾。所以,乙没有项目入选观演建筑。

由(1)逆否可得,甲和乙都没有项目入选观演建筑和工业建筑。结合(2)逆否可得,乙和丁都没有项目入选观演建筑和会堂建筑。根据目前推知的情况列表如下(a)。

项目	纪念建筑	观演建筑	会堂建筑	商业建筑	工业建筑
甲		×(a)			×(a)
乙		×(a)	×(a)		×(a)
丙					
丁		×(a)	×(a)		
戊					
己					

由"每位建筑师均有 2 个项目入选"可知,乙入选的项目是纪念建筑和商业建筑(b),丁

入选的项目在纪念建筑、商业建筑和工业建筑之中,所以丁一定至少有一个项目入选纪念建筑或商业建筑;再结合(3)可得,甲、己入选的项目均在纪念建筑、观演建筑和商业建筑之中。所以,甲没有项目入选会堂建筑,入选的项目是纪念建筑和商业建筑,己没有项目入选会堂建筑和工业建筑(c)。由于每个门类均有2~3个项目入选,所以丙和戊入选的项目是会堂建筑(d)。列表如下。

项目	纪念建筑	观演建筑	会堂建筑	商业建筑	工业建筑
甲	√(c)	×(a)	×(c)	√(c)	×(a)
乙	√(b)	×(a)	×(a)	√(b)	×(a)
丙			√(d)		
丁		×(a)			
戊			√(d)		
己			×(c)		×(c)

故正确答案为 D 选项。

55. A 【难度】S6 【考点】稳赢分析法 【命题方向】⑪综合推理 综合题组(匹配)

第一思路:问题给出了确定信息,可从该确定信息入手解题。

由"己有项目入选商业建筑"结合(b)(c)可知,商业建筑已经有3个项目入选,说明丙、丁、戊都没有项目入选商业建筑(d)。此时,丁要有2个项目入选,那么一定是纪念建筑和工业建筑(e)。此时,纪念建筑已经有3个项目入选,所以丙、戊、己的项目一定不入选纪念建筑(f)。由此可推知,己有项目入选观演建筑(g)。列表如下。

项目	纪念建筑	观演建筑	会堂建筑	商业建筑	工业建筑
甲	√(c)	×(a)	×(c)	√(c)	×(a)
乙	√(b)	×(a)	×(a)	√(b)	×(a)
丙	×(f)		√(d)	×(d)	
丁	√(e)	×(a)		×(d)	√(e)
戊	×(f)		√(d)	×(d)	
己	×(f)	√(g)	×(c)	√(d)	×(c)

故正确答案为 A 选项。

2021年管理类综合能力逻辑真题解析

答案速查表					
26~30	DBCCA	31~35	CADBB	36~40	AECCE
41~45	CAEAA	46~50	BBDEC	51~55	CCCAC

26. D 【难度】S4 【考点】假言命题 【命题方向】②形式逻辑 支持假设

论据:哲学不是一门具体科学。结论:经验的个案不能反驳哲学。

第一思路:要支持上述论证,就要建立论据与结论的联系,表明由论据可以推出结论,即一个事物如果不是具体科学,那么经验的个案不能反驳它。

涉及"经验的个案"和"具体科学"的是 D 选项,故优先验证该项。

D 选项:建立联系,经验的个案只能反驳具体科学,哲学不是一门具体科学,所以经验的个案不能反驳哲学,建立了论据与结论之间的联系。

A、B、C、E 四项:无关选项,"推演""接受经验的检验""研究思维和存在的关系""对具体科学提供指导"这些信息均与题干无关,排除。

故正确答案为 D 选项。

27. B 【难度】S6 【考点】直言、假言命题 【命题方向】①形式逻辑 正向推理

题干信息:(1)M 大学社会学学院→甲县某些乡镇收支;(2)N 大学历史学院→甲县所有乡镇历史;(3)赵→甲县所有乡镇收支;(4)赵→¬项鄢镇历史;(5)陈→梅河乡历史;(6)陈→¬甲县收支。

第一思路:题干信息较多,但观察选项发现,B 选项为"若……则……"的句式,假设一个条件成立之后,有可能推出有效信息,所以优先验证 B 选项。

B 选项:假设"赵是 N 大学历史学院的老师",结合(2)可得,赵→N 大学历史学院→甲县所有乡镇历史;又由(4)可知,赵→¬项鄢镇历史。所以,项鄢镇不是甲县的,故可以由题干信息得出该项,正确。

A 选项:由(6)(1)可得,陈从未对甲县的家庭收支情况进行调研,所以不是 M 大学社会学学院的老师,排除。

C 选项:无法由题干信息得出,排除。

D、E 两项:由"陈是 N 大学的老师""赵是 M 大学的老师"及推理规则无法推出有效信息,排除。

故正确答案为 B 选项。

28. C 【难度】S5【考点】两大论证型式【命题方向】⑬论证推理 支持、加强

论据:餐前锻炼组燃烧的脂肪比餐后锻炼组多。结论:餐前锻炼能达到减肥效果。

第一思路:题干中出现了餐前锻炼与餐后锻炼的比较,要支持该论证,也需要对餐前锻炼和餐后锻炼进行比较。

C选项:有效比较,餐前锻炼能"更"有效地消耗糖分和脂肪,所以餐前锻炼比餐后锻炼更能起到减肥效果,正确。

A、D两项:比较对象有误,没有对餐前锻炼和餐后锻炼进行比较,无法支持,排除。

B、E两项:"觉得"是主观情感,"安慰剂"与题干论证无关,无法支持,排除。

故正确答案为C选项。

29. C 【难度】S6【考点】联言、选言、假言命题【命题方向】③形式逻辑 真假判定

题干信息:

甲:经济→管理=¬ 经济∨管理。

乙:管理∧经济。

丙:管理→经济=¬ 管理∨经济。

丁:¬ 管理→¬ 经济=经济→管理=¬ 经济∨管理。

戊:¬ 经济→ 管理=管理→经济=¬ 管理∨经济。

第一思路:观察选项,需要判定题干信息的5句话中可能有几句为真,所以要对命题进行真假判定。将假言命题转换为"或"的关系,可简化判定过程。

由上述信息可知:甲=丁,丙=戊。

如果董事会的决定是"经济"和"管理"都采纳,那么5人的意见均符合决定。

如果董事会的决定是"经济"和"管理"采纳其中一个,例如当情况为"¬ 管理∧经济"时,丙、戊的话为真,只有2人的意见符合决定。

如果董事会的决定是"经济"和"管理"都不采纳,那么甲、丙、丁、戊 4人的意见符合决定。

故正确答案为C选项。

30. A 【难度】S4【考点】论证评价【命题方向】⑮论证推理 解释

解释对象:在同样的低温条件下,阴雨天会让人感到特别冷;此时刮大风会让人感到寒风刺骨。

第一思路:对该现象给出原因。

A选项:表明体感温度受气温、风速、空气湿度的综合影响,所以实测气温与人实际的冷暖感受会存在一定的差异。

其他选项均无法体现"阴雨"和"大风"对人实际的冷暖感受的影响。

故正确答案为A选项。

31. C 【难度】S5 【考点】稳赢分析法 【命题方向】⑨综合推理 分组

第一思路:10名运动员分为5组(来自5个不同的国家),分组题型可采用"先分组占位,再捆绑看剩余"的思路解题。

解法一:分组思维。

由(1)可得,除了乙、戊、丁、庚、辛之外的5人,甲、丙、己、壬、癸来自同一个国家,即在同一组。所以,乙、戊、丁、庚、辛5人分为4组。再由(2)可知,乙、丁、辛3人占了2组。因此,剩下的戊和庚一定分属另外的2组。因此,乙和庚一定来自不同的国家,C选项正确。

解法二:排除法。

由(1)可得,甲、丙、己、壬、癸来自同一个国家,排除A选项。

由(2)可得,乙、丁、辛3人来自两个国家,所以乙和辛既有可能来自相同国家,也有可能来自不同国家,排除B、D两项。

又因为10名职业运动员来自5个不同的国家,因此剩下的戊和庚来自两个国家,排除E选项。

故正确答案为C选项。

32. A 【难度】S4 【考点】两大论证型式 【命题方向】⑫论证推理 削弱、质疑、反驳

李教授:张教授早年发表的一篇论文存在抄袭现象。

第一思路:此题没有论证过程,只要能够证明张教授的该篇论文不存在抄袭现象即可。

A选项:表明抄袭现象并不存在,是自己投稿在先而发表在后,反而是他人抄袭了自己的论文,对李教授的指责做出反驳。

B选项:张教授认为李教授的指责纯属栽赃陷害,表明自己并未抄袭,但到底是否为栽赃陷害呢?没有给出有效的证据,力度较弱,排除。

其他选项均与张教授是否可以证明自己没有抄袭无关,排除。

故正确答案为A选项。

33. D 【难度】S5 【考点】联言、选言、假言命题 【命题方向】③形式逻辑 真假判定

题干信息:(1)甲"最佳导演"∨乙"最佳导演"→(丙"最佳女主角"∧丁"最佳编剧")∨(丙"最佳编剧"∧丁"最佳女主角")。

(2)"最佳男主角"∨"最佳女主角"→"最佳故事片";

(3)"最佳导演"→¬"最佳故事片","最佳故事片"→¬"最佳导演"。

第一思路:看问题,找与上述预测不一致选项,也就是找题干信息的矛盾关系。

(2)(3)传递可得,(4)"最佳男主角"∨"最佳女主角"→"最佳故事片"→¬"最佳导演"。出现推理链条,优先锁定链条首尾寻找答案,(4)的矛盾关系为,("最佳男主角"∨"最佳女主角")∧"最佳导演",故优先验证出现了"最佳女主角"和"最佳导演"的D选项,D选项符合(4)的矛盾关系,正确。

其他选项都未与题干信息出现矛盾,排除。

故正确答案为 D 选项。

34. B 【难度】S4 【考点】联言、选言、假言命题 【命题方向】①形式逻辑　正向推理

第一思路:问题给出了确定信息,由确定信息入手解题。

"¬特品"结合(2)和(1)的等价逆否可得,¬特品→¬稀品∧¬名品→¬完品∧¬真品,从而可知,不是"特品"的画只有可能是"精品"。

故正确答案为 B 选项。

35. B 【难度】S6 【考点】稳赢分析法 【命题方向】⑩综合推理　数字相关

第一思路:整理题干信息,3人各有6个意见,且每人的意见中恰有一半的景点序号正确,所以这些意见9对9错,可从此入手解题。

观察信息,前3个景点3人的意见各不一样,所以至多3真,那么后3个景点的意见中至少有6真,再观察信息,后3个景点3人的意见中有2个重复,所以后3个景点中重复出现的应该是景点序号正确的,即4甲、5戊、6丙。因此,排除A、C、D、E四项。

故正确答案为 B 选项。

36. A 【难度】S5 【考点】无确定信息破解法 【命题方向】⑧综合推理　匹配

第一思路:题干没有确定信息,需要由"不确定"推"确定",但出现了一一对应的数量限制,所以考虑"假设+归谬"的思路。

假设"施米特"是阿根廷常见姓氏,由(2)(3)传递可得,施阿→冈爱→¬冈墨→¬埃卢∧¬墨卢,此时卢没有可对应的常见姓氏,矛盾,所以可得"¬施阿",结合(1)可得"施卢"。

故正确答案为 A 选项。

37. E 【难度】S5 【考点】稳赢分析法 【命题方向】⑨综合推理　分组

第一思路:5个人分配给3位导师,每位导师都有1~2人选择,故分配给3位导师的人数分别是,2、2、1。

由(1)可得,选择张老师的人数是1,那么分配给陈老师和陆老师的人数都是2,所以不可能只有戊选择陈老师。由(3)逆否可得,甲、丙和丁都没有选择陆老师,所以乙和戊选择陆老师。"乙没有选择陈老师"结合(2)可得,丙和丁都没有选择张老师。综上可知,甲选择张老师,丙和丁选择陈老师。

故正确答案为 E 选项。

38. C 【难度】S5 【考点】两大论证型式 【命题方向】⑭论证推理　假设、前提

论据:创造性劳动需要审美需求和情感表达;人工智能没有自我意识。

结论:人工智能永远不能取代艺术家的创造性劳动。

第一思路:建立联系,表明人工智能没有自我意识,那么就不可能取代艺术家的创造性劳动。

C选项:建立联系,表明没有自我意识,就不可能具有审美需求和情感表达,进而不可能取代艺术家的创造性劳动,建立了"自我意识"和"创造性劳动"之间的联系。题干中出现了"永远不能"这样的绝对说法,C选项中的"只有……才……"的强度也与题干对应。

A、B两项:与论据无关,排除。

D选项:与题干论证过程无关,排除。

E选项:与题干中的"审美需求和情感表达"这一信息不一致,排除。

故正确答案为C选项。

39. C 【难度】S5 【考点】两大论证型式 【命题方向】⑬论证推理 支持、加强

论据:目前我们对太阳风的变化及其如何影响地球知之甚少。

结论:为了更好保护地球免受太阳风的影响,必须更新现有的研究模式,另辟蹊径研究太阳风。

第一思路:表明确实"必须更新"现有的研究模式,即指出更新现有的研究模式的必要性。

C选项:表明目前的研究模式存在较大的误差,建立了"目前对太阳风的变化及其如何影响地球知之甚少"和"更新现有的研究模式的必要性"之间的联系。

A选项:未体现出"更新现有的研究模式"的必要性,排除。

B选项:只表达了深入研究太阳风的重要性,但是未体现出"更新现有的研究模式"的必要性,排除。

D、E两项:与题干论证过程无关,排除。

故正确答案为C选项。

40. E 【难度】S5 【考点】无确定信息破解法 【命题方向】⑪综合推理 综合题组(分组)

题干信息:(1)张→刘;(2)庄→孙;(3)刘∨孙→李;(4)5选3。

第一思路:(1)(2)(3)均为不确定信息,(4)为数量限制。需要由"不确定"推"确定",还有数量限制,马上考虑"假设+归谬"的思路。

根据(3)可知,如果李不报名,则刘和孙也不报名,人数达不到3个,所以可得,李一定报名了。

故正确答案为E选项。

41. C 【难度】S5 【考点】无确定信息破解法 【命题方向】⑪综合推理 综合题组(分组)

题干信息:(1)张→刘;(2)庄→孙;(3)刘∨孙→李;(4)5选3;(5)刘→庄。

第一思路:(1)(2)(3)(5)均为不确定信息,(4)为数量限制。需要由"不确定"推"确定",还有数量限制,马上考虑"假设+归谬"的思路。

结合(1)(5)(2)(3)可得,张→刘→庄→孙→李。要满足5选3,必须保证"李、孙和庄都报名了"。

故正确答案为C选项。

42. A 【难度】S5 【考点】两大论证型式 【命题方向】⑬论证推理 支持、加强

专家的观点:饭后喝酸奶(因)不能帮助消化(果)。

第一思路:建立联系,表明酸奶确实不能帮助消化。

A 选项:建立联系,人体消化需要消化酶和有规律的肠胃运动,这是两个必要条件,没有必要条件,就无法帮助消化,可以支持。

B 选项:无法支持,话题不一致,"导致肥胖"与"不能帮助消化"不一致,排除。

C 选项:无法支持,话题不一致,"维持肠道消化系统的健康"与"有助于消化"不一致,排除。

D 选项:力度较弱,膳食纤维和维生素 B_1 是促进消化的充分条件,没有该充分条件,不能确定是否会影响消化,与 A 选项相比,D 选项力度较弱,排除。

E 选项:态度错误,削弱论证,表明酸奶可以间接帮助食物消化,排除。

故正确答案为 A 选项。

43. E 【难度】S4 【考点】联言、选言、假言命题 【命题方向】③形式逻辑 真假判定

第一思路:将与题干信息矛盾的选项排除之后,剩下的就是与题干条件一致的选项。

根据(1)可知,选择 2 月 1 日,则必须选择 9 月 1 日,排除 A、B 两项。

根据(2)可知,选择 3 月 1 日或 4 月 1 日,则不能选择 11 月 1 日,排除 C、D 两项。

故正确答案为 E 选项。

44. A 【难度】S5 【考点】两大论证型式 【命题方向】⑬论证推理 支持、加强

论据:今天的教育质量将决定明天的经济实力,PISA 测试结果表明,在 15 岁学生中,中国学生的总体表现远超其他国家学生。

结论:该结果意味着中国有一支优秀的后备力量以保障未来经济的发展。

第一思路:建立联系,表明测试结果好确实可以说明中国未来经济发展好。

A 选项:建立联系,表明 PISA 测试能够反映学生的受教育质量,所以学生测试成绩好表明其受教育质量好,而论据指出"教育质量决定经济实力",故可以支持,正确。

B、C 两项:无关选项,题干论证与"其他国际智力测试""创新"无关,排除。

D 选项:未能表明中国学生的表现与该测试的关系,而且其他国家的学生在 15 岁时,各项能力处于什么期,是否会有更快的发展呢? 未知,无法加强。

E 选项:与结论无关,未能体现该结果与未来经济发展的联系,排除。

故正确答案为 A 选项。

45. A 【难度】S5 【考点】咔咔排除法 【命题方向】⑩综合推理 数字相关

第一思路:每行、每列及每个粗线条围住的区域有 5 个词,不能重复也不能遗漏,这属于"数独"模型,可根据已有信息及规则进行排除。

①所在的列已经有"理论"和"制度",所以①不能填入理论和制度,排除 D、E 两项。

第二行第 1 列的格子:从横排看,不是"自信""道路""制度";从竖列看,不是"理论"。所以,只能填入"文化"。观察左上角粗线条围住的 5 个小方格可知,①②③都不能填入"文化",排除 B、C 两项。

故正确答案为 A 选项。

46. B 【难度】S4 【考点】两大论证型式 【命题方向】⑬论证推理 支持、加强

论据:水产品和禽肉的脂肪含量比较低;畜肉中瘦肉脂肪含量低于肥肉,瘦肉优于肥肉。

结论:水产品、禽肉对身体更健康。

第一思路:建立联系,建立论据中的"脂肪含量低"与结论中的"更健康"的联系。

B 选项:建立联系,建立了脂肪含量与健康之间的联系。

E 选项:无法支持,与结论无关,排除。

故正确答案为 B 选项。

47. B 【难度】S6 【考点】无确定信息破解法 【命题方向】⑪综合推理 综合题组(匹配)

第一思路:题干中没有确定信息,但是有演员和角色一一对应的关系,马上考虑"假设+归谬"的思路。

"乙"和"扮演项王"同时出现的次数较多,考虑从其入手。(3)(2)(4)(1)结合可得,¬乙 项王→丙 张良→丁 范增→¬丁 樊哙→庚 沛公∨戊 沛公→¬甲 沛公→乙 项王,矛盾,所以真实情况是,乙项王。

故正确答案为 B 选项。

48. D 【难度】S5 【考点】确定信息呼呼推 【命题方向】⑪综合推理 综合题组(匹配)

第一思路:问题给出了确定信息,由该确定信息入手解题。

"乙 项王、甲 沛公、庚 项庄"结合(4)可得,丁扮演樊哙;再结合(2)可得,丙和己都不扮演张良,由此可推知,戊扮演张良。

故正确答案为 D 选项。

49. E 【难度】S5 【考点】两大论证型式 【命题方向】⑫论证推理 削弱、质疑、反驳

论据:手指出现了杵状改变是患有某种心脏或肺部疾病的迹象。

结论:人们通过手指自我检测能快速判断自己是否患有心脏或肺部疾病。

第一思路:表明不能通过手指自我检测判断自己是否患有心脏或肺部疾病。

E 选项:割裂关系,表明杵状改变是过量血液注入导致的,但是内在机理不明,这就说明导致杵状改变的原因可能很复杂,割裂了杵状改变和心肺疾病的联系,可以削弱。

A 选项:加强论证,表明杵状改变确实与肺部疾病有关,排除。

B 选项:表明杵状改变与肺部疾病有些联系,反而加强了题干的论证。另外,要判断杵状改变是否是检测心肺疾病的有效方法,应该要判断在有杵状改变的人中有多少确实患有心肺疾病,而不是判断在患心肺疾病的人中具有杵状改变的比例,排除。

C选项:杵状改变只需可以帮助人们快速判断自己是否有可能患有心肺疾病,不需要替代医生的专业判断。另外,如果杵状改变可以作为一种参考,反而表明二者之间有联系,起到一定的支持作用,排除。

D选项:易错项,该项只是说明第一个阶段不明显,那么第二个阶段呢?未知。如果第二个阶段比较明显,依然表明可以通过杵状改变判断自己是否患有心肺疾病,排除。

故正确答案为E选项。

50. C 【难度】S5【考点】两大论证型式【命题方向】⑬论证推理 支持、加强

论据:真正的快速阅读要按"之"字形浏览文章。

结论:快速阅读实际上是不可能的。

第一思路:建立联系,表明"之"字形浏览文章的快速阅读实际上是不可能的。

C选项:建立联系,表明"之"字形浏览文章无法达到理解的效果,所以快速阅读是不可能的。

A选项:无关选项,与题干中对"快速阅读"的描述无关,排除。

B选项:题干论证与"科学界的态度"无关,排除。

D选项:题干论证与"个体差异"无关,排除。

E选项:态度错误,支持题干,表明快速阅读是可能的,排除。

故正确答案为C选项。

51. C 【难度】S6【考点】假言命题【命题方向】①形式逻辑 正向推理

题干信息:(1)优秀论文→逻辑清晰∧论据翔实;(2)经典论文→主题鲜明∧语言准确;(3)(论据翔实∧¬主题鲜明)∨(语言准确∧¬逻辑清晰)→¬优秀论文≡优秀论文→(¬论据翔实∨主题鲜明)∧(¬语言准确∨逻辑清晰)。

第一思路:(1)(2)的逻辑关系简单,(3)的逻辑关系较复杂,正向推理选出正确答案有些难度,可采用排除法解题。

A、D两项:由(2)可知,"经典论文"与"逻辑清晰"无关,排除。

B选项:未提及该论文是"优秀论文"还是"经典论文",排除。

E选项:由(2)可知,无法推出"经典论文",不合规则,排除。

故正确答案为C选项。

注意,C选项也可通过正向推理得出。C选项:由(1)(3)可知,优秀论文→论据翔实,优秀论文→¬论据翔实∨主题鲜明,二者结合可得,优秀论文→主题鲜明,是C选项的等价逆否命题。

52. C 【难度】S4【考点】论证评价【命题方向】⑯论证推理 结论

第一思路:将表格信息与选项进行比对,优先验证带有"若……则……"句式的C、D、E三项。

C选项:类型Ⅲ和类型Ⅴ都属于至少在两个方面风险低的除冰剂,并且融冰速度都是"较

慢",与该项一致。

A 选项:类型Ⅲ的融冰速度较慢,但污染水体的风险为"中",不符合,排除。

B 选项:类型Ⅰ的融冰速度快,而且三个方面风险都高,不符合,排除。

D 选项:类型Ⅳ三方面风险都不高,但其融冰速度为"快",不符合,排除。

E 选项:类型Ⅱ和类型Ⅳ在破坏道路设施和污染土壤方面的风险都不高,但其融冰速度分别为"中等""快",不符合,排除。

故正确答案为 C 选项。

53. C 【难度】S5【考点】两大论证型式【命题方向】⑬论证推理 支持、加强

论据:孩子进入学校之后好奇心越来越少(果)。

结论:这是由于孩子受到外在的不当激励造成的(因)。

第一思路:建立联系,表明确实是因为孩子受到了外在的不当激励,导致好奇心越来越少。

C 选项:建立联系,建立起孩子受到外在的不当激励(家长、老师只看考试成绩)和好奇心越来越少(孩子只知道死记硬背书本知识)之间的联系,正确。

A、B、E 三项:无法支持,没有提及"不当激励",排除。

D 选项:无法支持,外部压力≠不当激励,并且未提及"好奇心越来越少",排除。

故正确答案为 C 选项。

54. A 【难度】S5【考点】确定信息呼呼推【命题方向】⑪综合推理 综合题组(匹配)

题干信息:(0)每站 3 趟车,甲≠乙;(1)乙 北阳∨丙 北阳→乙 东沟∧丙 东沟;

(2)丁 北阳→丙 中丘∧丁 中丘∧戊 中丘;

(3)甲、乙、丙≥2 东沟→甲 西山∧乙 西山∧丙 西山。

第一思路:由(0)"甲≠乙"这一确定信息入手解题。

(0)结合(3)逆否可得,甲、乙和丙车中有 0 或 1 趟车在"东沟"停靠,因为每站恰好有 3 趟车停靠,所以甲、乙和丙车中有 1 趟车在"东沟"停靠,丁车和戊车均在"东沟"停靠(a)。

由"乙车和丙车不可能都在'东沟'停靠"结合(1)逆否可得,乙车和丙车都没有在"北阳"停靠(b),所以甲、丁和戊车均在"北阳"停靠(a)。

由"丁在'北阳'停靠"结合(2)可得,丙、丁和戊车均在"中丘"停靠(d),所以甲车和乙车没在"中丘"停靠(e)。列表如下。

车	东沟	西山	南镇	北阳	中丘
甲				√(c)	×(e)
乙				×(b)	×(e)
丙				×(b)	√(d)
丁	√(a)			√(c)	√(d)
戊	√(a)			√(c)	√(d)

故正确答案为 A 选项。

55. C 【难度】S6 【考点】确定信息呼呼推 【命题方向】⑪综合推理　综合题组(匹配)

第一思路：问题给出了确定信息，由该确定信息入手，结合上一题的分析结果解题。

已知没有车在每站都停靠，为满足条件，丁车和戊车分别至少不在"西山""南镇"中的一站停靠；再由甲车和乙车停靠的站均不相同，且每站恰好有 3 趟车停靠，丙车必须在"西山"和"南镇"都停靠。列表如下。

车	东沟	西山	南镇	北阳	中丘
甲				√	×
乙			×		×
丙		√	√	×	√
丁	√			√	
戊	√				√

故正确答案为 C 选项。

2020年管理类综合能力逻辑真题解析

答案速查表					
26～30	CACDC	31～35	BECAB	36～40	EACDC
41～45	AECCB	46～50	EAACE	51～55	EEBDA

26.C【难度】S4【考点】假言命题【命题方向】①形式逻辑 正向推理

题干信息:(1)知无不言、言无不尽→营造氛围;

(2)兼听则明∨做出决策→从谏如流∧撑腰;(3)营造生态→听取不同意见。

第一思路: 题干信息未出现推理链条,可根据推理规则和性质进行筛选排除。

C选项:¬从谏如流→¬做出决策,是(2)的等价逆否命题,正确。

A、B两项:无中生有,题干未出现该逻辑关系或信息,排除。

D选项:移花接木,"营造生态"在(3)中,"营造氛围"在(1)中,二者没有推理关系,排除。

E选项:移花接木,"知无不言、言无不尽"在(1)中,"听取不同意见"在(3)中,二者没有推理关系,排除。

故正确答案为C选项。

27.A【难度】S4【考点】两大论证型式【命题方向】⑫论证推理 削弱、质疑、反驳

论据: 寻路任务中得分较高者其嗅觉也比较灵敏。

结论: 一个人空间记忆力好、方向感强(因),就会使其嗅觉更为灵敏(果)。

第一思路: 结论中出现"使"一词,表明了因果关系。要质疑该因果关系,可采用"因果倒置""割裂关系""他因削弱"等方法。

A选项:因果倒置,表明是嗅觉灵敏导致方向感强,而不是方向感强导致嗅觉灵敏,正确。

B、C、E三项:力度较弱,"有些""部分""有的"范围不确定,无法削弱,排除。

D选项:无关选项,该项说的是教授本人,与题干论证对象不一致,排除。

故正确答案为A选项。

28.C【难度】S4【考点】假言命题、三段论【命题方向】②形式逻辑 支持假设

论据:(1)医生→爱心∧兴趣。**结论:**(2)调剂生→¬医生。

第一思路: 此题需要由论据(1)结合选项,得出结论(2)。观察发现,结论中的"调剂生"这一信息在论据中并未出现,所以优先验证带有"调剂生"信息的选项。

C选项:调剂生→¬兴趣,结合(1)可得,调剂生→¬兴趣→¬医生,可以使(2)成立,正确。

故正确答案为 C 选项。

29. D 【难度】S5【考点】咔咔排除法、稳赢分析法【命题方向】⑧综合推理　匹配

题干信息:(0)每人喜欢 2 种饮品,每种饮品有 2 人喜欢;

(1)甲和乙喜欢菊花,且分别喜欢绿茶和红茶中的一种;

(2)丙和戊分别喜欢咖啡和大麦茶中的一种。

解法一:咔咔排除法。

看问题,"可以得出以下哪项",即找出确定可以推出的选项。由(1)可知,甲和乙与绿茶和红茶的关系不明确,排除 A、B 两项。由(2)可知,丙和戊与咖啡和大麦茶的关系不明确,排除 C、E 两项。

故正确答案为 D 选项。

解法二:稳赢分析法。

此题为匹配题型,可采用图表法,将题干信息在表中标注,并进行推理。列表如下。

饮品	甲	乙	丙	丁	戊
菊花	√(1)	√(1)	×(0)	×(0)	×(0)
绿茶					
红茶					
咖啡	×(1)	×(1)			
大麦茶	×(1)	×(1)			

由(0)(1)可知,甲和乙不喜欢咖啡和大麦茶;由(2)可知,丙和戊分别喜欢咖啡和大麦茶中的一种,而每种饮品有 2 人喜欢,所以丁喜欢咖啡和大麦茶。

故正确答案为 D 选项。

30. C 【难度】S4【考点】假言命题【命题方向】④形式逻辑　结构相似

题干信息:通过(A)∧合格(B)→录取(C)。因此,通过(A)∧¬录取(¬C)→¬合格(¬B)。

第一思路:题干结论的结构是否定的且不是选言命题,故优先验证结论的结构也是否定的且不是选言命题的 B、C、D 三项。

B 选项:A∧B→C。因此,A∧¬B→¬C。该项与题干结论的结构不相似,排除。

C 选项:A∧B→C。因此,A∧¬C→¬B。该项与题干结论的结构相似,正确。

D 选项:A∧B→C。因此,¬C∧¬B→¬A。该项与题干结论的结构不相似,排除。

A 选项:A∧B→C。因此,¬C→¬A∨¬B。该项与题干结论的结构不相似,排除。

E 选项:A∧B→C。因此,A∧C→B。该项与题干结论的结构不相似,排除。

故正确答案为 C 选项。

31. B 【难度】S5【考点】确定信息呼呼推【命题方向】⑪综合推理　综合题组(匹配)

第一思路：从(2)入手解题。

由(2)可知,"冬至"不可能对应"明庶风";结合(4)逆否可得,"立夏"对应"清明风"且"立春"对应"条风";再结合(3)可得,"夏至"对应"条风"或者"立冬"对应"不周风";因为"立春"对应"条风",所以"立冬"对应"不周风"。

故正确答案为 B 选项。

32. E 【难度】S5 【考点】确定信息呼呼推 【命题方向】⑪综合推理　综合题组(匹配)

第一思路：由上一题推出的确定信息"立冬"对应"不周风"及(2)可知,"冬至"对应"广莫风",由此入手解题。

目前已知信息如下表。

立春	春分	立夏	夏至	立秋	秋分	立冬	冬至
条风		清明风		凉风		不周风	广莫风

由补充信息可知,"春分"和"秋分"两节气对应的节风在"明庶风"和"阊阖风"之中,所以没有确定对应关系的节气还剩下"夏至",节风还剩下"景风",二者一定有匹配关系。

故正确答案为 E 选项。

33. C 【难度】S4 【考点】直言命题　三段论 【命题方向】②形式逻辑　支持假设

小王：(1)女员工绩效>男员工绩效。

小李：(2)新入职员工绩效<女员工绩效。

第一思路：此题需要由论据(1)结合选项得出结论(2),所以需要建立"男员工"与"新入职员工"的关系。故优先验证提及二者关系的A、C两项。

A 选项：如果男员工都是新入职的,那么新入职员工绩效会大于等于男员工绩效,无法结合(1)得出(2),排除。

C 选项：如果新入职的员工都是男性,而且女员工的绩效都比于男员工高,那么就可以得出小李的结论。

故正确答案为 C 选项。

34. A 【难度】S4 【考点】稳赢分析法 【命题方向】⑩综合推理　数字相关

第一思路：题干信息为二维信息分类,可将440万人口用两种维度进行分类,并由此入手解题。

划分方式：一种按区级划分,G区常住人口240万,H区常住人口200万;另一种按常住外来人口与户籍人口划分,两个区常住外来人口200万,户籍人口240万。可用列表运算和"多多>少少"两种方式解题。

解法一：列表运算。

设 G 区的常住外来人口为 A,H 区的常住外来人口为 B,G 区的户籍人口为 X,H 区的户籍人口为 Y,列表如下。

人口类型	G区	H区
常住外来人口	A	B
户籍人口	X	Y

(1)G区常住人口240万:$A+X=240$。(2)H区常住人口200万:$B+Y=200$。(3)这两个区常住外来人口200万:$A+B=200$。

A选项:$X=240-A$,$B=200-A$。$X>B$,正确。

解法二:"多多>少少"。

G区常住人口>H区常住人口,户籍人口>常住外来人口,由此可得,G区户籍人口>H区常住外来人口。

故正确答案为A选项。

35. B【难度】S5【考点】两大论证型式【命题方向】⑫论证推理 削弱、质疑、反驳

论据:很多老年人不熟悉移动支付。结论:移动支付会影响老年人晚年的生活质量。

第一思路:论据无法推出结论,即找出表明移动支付不会影响老年人晚年的生活质量的选项。

B选项:强相关性、强力度,表明许多老年人根本不需要直接购物,他们的晚年生活很幸福,所以移动支付对老年人晚年的生活质量不会产生影响,正确。

A选项:无关选项,与题干中的"移动支付"无关,排除。

C、E两项:态度错误,表明移动支付确实会对老年人晚年的生活质量产生影响,排除。

D选项:态度错误,表明许多老年人已经学会移动支付的方法和防范网络诈骗的技巧,他们需要花时间和精力去学习,这就说明移动支付已经对他们晚年的生活质量产生了影响,排除。

故正确答案为B选项。

36. E【难度】S4【考点】论证评价【命题方向】⑯论证推理 结论

第一思路:根据题干表格中的信息对选项进行判定,优先锁定带有"若……则……"句式的D、E两项进行判定。

D选项:星期六的天气情况与之不符,排除。

E选项:有风且风力不超过3级的有星期一、星期四、星期天,天气情况分别为小雨、阵雨、中雨,都不是晴天,与该项符合,正确。

A选项:星期三、星期五的天气情况与之不符,排除。

B选项:星期三的天气情况与之不符,排除。

C选项:星期一、星期四、星期天的天气情况与之不符,排除。

故正确答案为E选项。

37. A【难度】S5【考点】确定信息呼呼推【命题方向】⑪综合推理 综合题组(分组)

题干信息:(1)每天≥2件事;(2)④=⑤;(3)②③紧挨;(4)③④安排在第2天。

第一思路:由确定信息(4)即"③④安排在第2天"入手解题。

由(2)可知,⑤也安排在第2天;由(3)可知,②安排在第1天,则第3天休息。

A选项:与上述分析不矛盾,是可能的,正确。

B、C、D、E四项:与上述分析矛盾,排除。

故正确答案为A选项。

38.C 【难度】S5 【考点】稳赢分析法 【命题方向】⑪综合推理 综合题组(分组)

题干信息:(1)每天≥2件事;(2)④=⑤;(3)②③紧挨;(5)第2天只做⑥等3件事。

第一思路:题干要求将6件事分为两组,每组3件事,可采用分组思想或分类讨论来解题。

解法一:分组思想。

已知④⑤安排在一组,②③不安排在一组,每组3件事,所以其中一组一定是④⑤+②/③,此时该组已经满员。那么剩下的①⑥一定安排在同一组。

解法二:分类讨论。

由(2)(3)(5)可知,若④⑤⑥都安排在第2天,那么③就安排在第1天,②就无处分配,所以④⑤都安排在第1天或第3天。

若④⑤都安排在第1天,那么②安排在第1天,③安排在第2天,则①安排在第2天。

若④⑤都安排在第3天,那么②安排在第2天,③安排在第3天,则①安排在第2天。

所以①⑥一定安排在同一天。

故正确答案为C选项。

39.D 【难度】S5 【考点】无确定信息破解法 【命题方向】⑨综合推理 分组

题干信息:(1)一个部门只能合并到一个子公司;

(2)¬丁 丑∨¬丙 丑→戊 丑∧甲 丑;

(3)¬甲 卯∨¬己 卯∨¬庚 卯→戊 寅∧丙 卯。

第一思路:(1)为数量限制,(2)(3)为假言命题,是不确定信息,马上考虑"假设+归谬"的思路。

如果"¬丁 丑∨¬丙 丑"为真,则(2)(3)传递可得,¬丁 丑∨¬丙 丑→戊 丑∧甲 丑→¬甲 卯∨¬己 卯∨¬庚 卯→戊 寅∧丙 卯。

此时,"戊 丑"和"戊 寅"与(1)矛盾,所以"¬丁 丑∨¬丙 丑"为假,由此可得,丁 丑∧丙 丑。

故正确答案为D选项。

40.C 【难度】S4 【考点】两大论证型式 【命题方向】⑬论证推理 支持、加强

李教授的观点:不吃早餐(因)会增加患Ⅱ型糖尿病和其他疾病的风险(果)。

第一思路:李教授的观点是因果关系。要找支持李教授的观点的选项,可以考虑找建立因果联系的选项。

C选项:建立联系,表明经常不吃早餐会对血糖调节不利,并且容易患其他疾病,正确。

A选项:相关性弱,未提及疾病,排除。

B选项:相关性弱,主体错误,题干的主体是人们,而不是糖尿病患者,排除。

D、E两项:无关选项,"很难按时吃早餐""形成不良生活习惯"均与题干论证无关,排除。

故正确答案为C选项。

41. A 【难度】S4 【考点】概念 【命题方向】⑤形式逻辑 加分题型

第一思路:根据题干对合法的语句的定义描述,对选项进行匹配和排除,锁定答案。

A选项:"aWb""dXe"符合(2),是有涵义语词;"dXeZ"符合(3),是有涵义语词;"aWbcdXeZ"符合(4),是合法的语句。

B选项:"aWb""aZe"两个有涵义语词通过"cd"两个无涵义语词连接,不符合(4),排除。

C、D、E三项:整体不符合(4),排除。

故正确答案为A选项。

42. E 【难度】S5 【考点】联言、选言、假言命题 【命题方向】①形式逻辑 正向推理

第一思路:问题给出了确定信息,由该确定信息入手解题。

由确定信息"种植银杏"结合(3)逆否可知,不种植枣树;结合(1)可知,种植椿树;结合(2)可得,种植楝树但不种植雪松;再结合"选择4种栽种在庭院中"可知,也要种植桃树。

E选项:与上述分析不一致,该项为假,正确。

A、B、C、D四项:与上述分析一致,这四项为真,排除。

故正确答案为E选项。

43. C 【难度】S4 【考点】两大论证型式 【命题方向】⑬论证推理 支持、加强

论据:在亚洲北部、西伯利亚等地发现的披毛犀化石的鼻中隔要比西藏披毛犀的"完全"。

结论:西藏披毛犀具有更原始的形态。

第一思路:建立联系,需要建立"鼻中隔'完全'"和"更原始的形态"之间的联系。

C选项:建立联系,表明处于冰雪环境中的披毛犀在进化过程中,其鼻中隔逐渐形成一块完整的骨头,而西藏披毛犀的鼻中隔不太"完全",所以西藏披毛犀具有更原始的形态,正确。

其他选项均与鼻中隔无关,无法在论据和结论之间建立联系,排除。

故正确答案为C选项。

44. C 【难度】S4 【考点】两大论证型式 【命题方向】⑭论证推理 假设、前提

论据:黄土高原的黄土都是生土。结论:黄土高原不长植物。

第一思路:根据"包子模型"可知,需要建立"生土"与"不长植物"的联系。

C选项:建立联系,说明生土缺乏植物生长所需要的营养成分,因而不长植物,正确。

其他选项中的"庄稼""无人耕种""黑土地""熟土"均与题干论证无关,排除。

故正确答案为C选项。

45.B 【难度】S5【考点】两大论证型式【命题方向】⑬论证推理 支持、加强

论据: 新技术可以把二氧化碳等物质"电成"有营养价值的蛋白粉。

结论: 这项技术开辟了未来新型食物生产的新路,有助于解决全球饥饿问题。

第一思路: 建立联系,表明把二氧化碳等物质"电成"蛋白粉确实开辟了未来新型食物生产的新路,有助于解决饥饿问题。注意此题问"除了哪项",故需要选无法支持科学家的观点的选项。

B选项:无关选项,与该技术无关,无法支持,正确。

A选项:建立联系,表明该技术可以产生出有营养价值的食物,可以支持,排除。

C选项:建立联系,表明该技术将彻底改变农业,可以支持,排除。

D选项:建立联系,表明该技术确实可以产生有营养价值的食物,可以支持,排除。

E选项:建立联系,表明该技术可以为解决饥饿问题提供帮助,可以支持,排除。

故正确答案为B选项。

46.E 【难度】S5【考点】稳赢分析法【命题方向】⑪综合推理 综合题组(匹配)

题干信息: (0)每人去2个国家,每个国家有2~3人去;(1)甲韩国→¬丁英国;

(2)丙=戊;(3)¬丁日本∧¬丁韩国∧¬乙日本∧¬乙韩国。

第一思路: 此题为匹配题型,可采用图表法,将题干信息和推理结果在表中标注。

由(0)(3)可得,(4)丁和乙去英国和法国;结合(1)逆否可得,(5)¬甲韩国。

由(0)(2)可得,(6)丙和戊不能英国和法国,否则就会与(0)矛盾。所以,(7)丙和戊去日本和韩国。列表如下。

国家	甲	乙	丙	丁	戊
日本		×(3)	√(7)	×(3)	√(7)
韩国	×(5)	×(3)	√(7)	×(3)	√(7)
英国		√(4)	×(6)	√(4)	×(6)
法国		√(4)	×(6)	√(4)	×(6)

故正确答案为E选项。

47.A 【难度】S5【考点】稳赢分析法【命题方向】⑪综合推理 综合题组(匹配)

第一思路: 结合已经推知的信息及数量限制进行推理。

目前有4人次去欧洲国家,4人次去亚洲国家,若要保证人次一样,那么甲要去一个欧洲国家、一个亚洲国家。由上一题分析可知,甲不去韩国,所以甲一定去日本。

故正确答案为A选项。

48.A 【难度】S5【考点】两大论证型式【命题方向】⑬论证推理 支持、加强

论据:鲸鱼不是鱼。结论:商人需要接受检查并缴费。

第一思路:题干中陪审团的论证并没有给出论据,所以可采用的支持陪审团所作判决的思路是,表明该判决合法合规。

A 选项:直接表明鲸鱼油属于"鱼油",所以其在需要缴费的范围之内,可以支持。

B、E 两项:与题干论证无关,排除。

C、D 两项:"许多人认为""多数人肯定"均属于主观判断,不能支持,排除。

故正确答案为 A 选项。

49. C 【难度】S5【考点】两大论证型式【命题方向】⑬论证推理　支持、加强

论据:发展中国家的高层次人才紧缺状况更甚于发达国家。

结论:我国高层次人才引进工作急需进一步加强。

第一思路:论据建立了"发展中国家"与"高层次人才紧缺"的联系,结论建立了"我国"及"高层次人才紧缺"的联系,所以根据"包子模型",应该建立"发展中国家"与"我国"的联系。

C 选项:建立联系,由于发展中国家高层次人才紧缺,且我国是发展中国家,因此我国高层次人才紧缺,正确。

A 选项:题干并未涉及文科与理工科的比较,排除。

B 选项:题干并未涉及"一般性人才",排除。

D 选项:与题干论证无关,排除。

E 选项:相关度较弱,与论据中的"发展中国家"无关,无法建立论据与结论的联系,并且人才是否紧缺取决于供需关系,无法由引进数量的多少这个单一因素进行判断,排除。

故正确答案为 C 选项。

50. E 【难度】S5【考点】两大论证型式【命题方向】⑬论证推理　支持、加强

专家的观点:数字阅读具有重要价值,是阅读的未来发展趋势。

第一思路:题干中专家的观点并没有论据,所以可以直接找出与专家态度一致,指出数字阅读重要性及其成为阅读的未来发展趋势的选项。

E 选项:指出数字阅读的优势,即便于筛选信息、能够在短时间内对相关信息进行初步和深入了解、相关平台越来越多,与专家的观点一致,正确。

A 选项:未指出数字阅读在未来对自己的生活产生何种影响,不能支持,排除。

B、C、D 三项:指出数字阅读的劣势,不能支持,排除。

故正确答案为 E 选项。

51. E 【难度】S5【考点】稳赢分析法【命题方向】⑧综合推理　匹配

第一思路:问题要求找"可能"的选项,可采用排除法解题。但因为各选项只列出了两个部门负责的工作,信息不充分,所以也可利用题干信息推出一种可能的情况,再与选项比对。

解法一:排除法。

A选项:建设部负责环境,平安部负责协调,结合(1)(2)可得,综合部和民生部负责协调和秩序,与"平安部负责协调"矛盾,排除。

B选项:建设部负责秩序,民生部负责协调,结合(1)可得,综合部负责协调或秩序,矛盾,排除。

C选项:综合部负责安全,结合(1)逆否可得,建设部不负责环境,也不负责秩序,所以建设部只能负责协调,与"民生部负责协调"矛盾,排除。

D选项:民生部负责安全,结合(2)逆否可得,平安部不负责环境,也不负责协调,所以平安部只能负责秩序,与"综合部负责秩序"矛盾,排除。

E选项:与题干信息均不矛盾,正确。

解法二:推出可能的情况。

如果建设部负责秩序,那么由(1)可得,综合部负责协调;再结合(2)逆否可得,平安部既不负责环境,也不负责协调,所以平安部负责安全,民生部负责环境。

观察选项,E选项与上述推理得出的可能情况相符,正确。

故正确答案为E选项。

52. E 【难度】S4【考点】假言命题【命题方向】①形式逻辑 正向推理

题干信息:(1)人→有惑;(2)¬从师→¬解惑;(3)生乎吾前∨生乎吾后→闻道先乎吾,吾从而师之;(4)道之所存→师之所存。

第一思路:看到古文不要担心,其逻辑关系通常比较简单。

E选项:该项是(2)的等价逆否命题,正确。

A、D两项:与(3)不一致,排除。

B选项:与(4)不一致,排除。

C选项:无中生有,题干并未出现此逻辑关系,排除。

故正确答案为E选项。

53. B 【难度】S5【考点】假言命题【命题方向】④形式逻辑 结构相似

题干信息:学问的本来意义与人的生命、生活有关(A)。但是,如果学问成为口号或教条(B),就会失去其本来的意义(¬A)。因此,任何学问都不应该成为口号或教条(¬B)。

第一思路:题干的结论带有"不应该"这样的否定句式,优先验证结论也带有"不应该"这样的否定句式的选项,即B、E两项。

B选项:大脑会改编现实经历(A)。但是,如果大脑只是储存现实经历的"文件柜"(B),就不会对其进行改编(¬A)。因此,大脑不应该只是储存现实经历的"文件柜"(¬B)。该项与题干结构相似,正确。

E选项:历史包含必然性(A)。但是,如果坚信历史只包含必然性(B),就会阻止我们用不断积累的历史数据去证实或证伪它(C)。因此,历史不应该只包含必然性(¬B)。该项与题干结构不相似,排除。

A 选项:椎间盘是没有血液循环的组织(A)。但是,如果要确保其功能正常运转(B),就需依靠其周围流过的血液提供养分(C)。因此,培养功能正常运转的人工椎间盘应该很困难(¬B)。该项与题干结构不相似,排除。

C 选项:人工智能应该可以判断黑猫和白猫都是猫(A)。但是,如果人工智能不预先"消化"大量照片(¬B),就无从判断黑猫和白猫都是猫(¬A)。因此,人工智能必须预先"消化"大量照片(B)。该项与题干结构不相似,排除。

D 选项:该项出现了"只有……才……",与题干结构不相似,排除。

故正确答案为 B 选项。

54. D 【难度】S5【考点】稳赢分析法【命题方向】⑪综合推理 综合题组(数字相关)

第一思路:题干没有给出确定信息,可根据题干表格中各答题者给出的答案以及答对题目的数量入手解题。

由题干表格中各答题者给出的答案可知,第一题和第二题4人的答案各不相同,肯定其中各有一个人正确;由张和赵都不正确可知,王和李各答对的1道题分别是第一题和第二题中的一个,所以4人第三题和第四题都答错了。由此可知,第四题的正确答案不是B、C、D,所以第四题正确答案是A。

故正确答案为 D 选项。

55. A 【难度】S6【考点】稳赢分析法【命题方向】⑪综合推理 综合题组(数字相关)

由上一题分析可知,第四题的正确答案是A,第一题的正确答案是B或C,第二题的正确答案是C或D,第三题的正确答案是C或D。要满足每道题的正确答案各不相同,那么第二题和第三题的正确答案应为C和D中的一个且不重复,第一题的正确答案就只能是B。

故正确答案为 A 选项。

2019年管理类综合能力逻辑真题解析

答案速查表								
26~30	BCDCD	31~35	EADEB	36~40	ACDAB			
41~45	DCEBC	46~50	BDBAB	51~55	EEACD			

26. B【难度】S4【考点】假言命题【命题方向】①形式逻辑　正向推理

题干信息:(1)供给侧结构性改革→满足需求;(2)低质量的产能→过剩;

(3)顺应市场→¬过剩。

(2)(3)传递可得:低质量的产能→过剩→¬顺应市场。

第一思路:题干信息出现推理链条,优先锁定链条首尾验证选项。涉及"低质量的产能"和"顺应市场"的选项是B选项。

B选项:顺应市场→¬低质量的产能,是题干推理的等价逆否命题,正确。

A选项:无中生有,满足需求→质优价高,题干没有相关推理,排除。

C选项:移花接木,"低质量的产能"和"个性化需求"不在同一个推理链条里,排除。

D选项:移花接木,"满足需求"和"不断更新换代的产品"不在同一个推理链条里,排除。

E选项:无中生有,新常态→改革,题干没有相关推理,排除。

故正确答案为B选项。

27. C【难度】S5【考点】两大论证型式【命题方向】⑬论证推理　支持、加强

论据:岩画中人们手持长矛追逐猎物。结论:此时的人类已经居于食物链顶端。

第一思路:建立联系,使论据确实能推出结论。

C选项:建立联系,表明能使用长矛等工具可以使人类猎杀其他动物而不会被其他动物猎杀,以此表明人类居于食物链顶端的推断成立,正确。

A选项:力度较弱,只能表明人类可以捕猎一些动物,但无法确定人类是否已经居于食物链的顶端,排除。

B选项:态度错误,说明人类还有可能被大型食肉动物猎杀,并未居于食物链顶端,排除。

D、E两项:无关选项,与题干论证无关,排除。

故正确答案为C选项。

28. D【难度】S5【考点】确定信息呼呼推【命题方向】⑧综合推理　匹配

题干信息:(1)王维→辛弃疾;(2)刘禹锡→岳飞;(3)杜甫→苏轼;

(4)李诗→¬苏轼∧¬辛弃疾。

第一思路:由(4)这一确定信息,结合(1)(3)可推知李诗既不爱好王维的诗,也不爱好杜甫的诗;又因为"每人喜爱的唐诗作者不与自己同姓",所以李诗也不爱好李白的诗,故李诗爱好刘禹锡的诗;再结合(2)可推出,李诗爱好岳飞的词。

故正确答案为D选项。

29. C 【难度】S4 【考点】两大论证型式 【命题方向】⑭论证推理 假设、前提

论据:猫的大脑皮层神经细胞的数量只有普通金毛犬的一半。结论:狗比猫更聪明。

第一思路:建立联系,表明"大脑皮层神经细胞的数量"与"聪明"有联系。

C选项:建立联系,表明由猫的大脑皮层神经细胞的数量少确实可以推断出猫没有狗聪明。

A、B两项:相关性弱,与论据中的"大脑皮层神经细胞的数量"无关,排除。

D选项:相关性弱,与结论中的"聪明"无关,未建立起"脑神经细胞数量"与"聪明"之间的联系,排除。

E选项:相关性弱,主体错误,题干论证与棕熊无关,排除。

故正确答案为C选项。

30. D 【难度】S5 【考点】咔咔排除法 【命题方向】⑪综合推理 综合题组(分组)

题干信息:(1)甲→丁∧¬己;(2)乙∨丙→¬戊。

第一思路:看问题,要与上述条件不矛盾,只需要将矛盾的选项排除。

D选项:与(1)(2)都不矛盾,正确。

A、C两项:与(2)矛盾,排除。

B、E两项:与(1)矛盾,排除。

故正确答案为D选项。

31. E 【难度】S5 【考点】无确定信息破解法 【命题方向】⑪综合推理 综合题组(分组)

题干信息:(3)甲∨戊。

第一思路:新增的条件是不确定信息,有三种情况:①只派甲;②只派戊;③派甲和戊。可分情况讨论。①和③两种情况下,由(1)可知,如果派遣甲,则派遣丁。②只派戊。由(2)的等价逆否命题可推知:戊→¬乙∧¬丙,此时已经有甲、乙、丙三人没被派遣,若再不派遣丁,则不派遣人数为4人,与题干中"要在6名候选人中派遣3名"矛盾,故一定会派遣丁。

综上,丁一定会被派遣。

故正确答案为E选项。

32. A 【难度】S4 【考点】两大论证型式 【命题方向】⑬论证推理 支持、加强

论据:熬夜有损身体健康。结论:人们应该遵守作息规律。

第一思路:建立联系,表明身体健康与作息规律之间的联系。

A选项:建立联系,表明不遵守作息规律、长期睡眠不足确实会有损身体健康。

B、C、E三项:相关性弱,力度弱。"体重增加""影响与他人的交流""面容憔悴"等问题与"有损身体健康"相关性较弱,力度不如A选项中的"意外伤害或死亡",排除。

D选项:相关性弱,说明睡眠的重要性,但未提及"睡眠不足"和"熬夜"对健康的影响,排除。

故正确答案为A选项。

33. D 【难度】S4 【考点】论证评价 【命题方向】⑱论证推理 论证方式、漏洞识别

第一思路:此题考查了推理结构与准确寻找论据和结论的能力,这是论证推理的基础知识。

解法一:根据语句的关键词进行选择。

②③都有关键词"社会保障资源",可考虑二者关系。②→③不成立,因为"节约可以增加社会保障资源"显然不支持"有一些人浪费严重";但③→②成立,排除B、C两项。

④⑤都有关键词"资源消耗",可考虑二者逻辑关系。⑤以"因为"开头,显然是论据,因此⑤→④成立,排除A项。又因为②和④都提及"节约",且②→①和④→①皆成立,故正确答案为D选项。

解法二:根据语句间的关系进行选择。

②与④在句式和表述上相似,是平行的结构,排除B、C、E三项。⑤的结构词是"因为",说明是论据,而不是结论,排除A选项。

故正确答案为D选项。

34. E 【难度】S5 【考点】两大论证型式 【命题方向】⑬论证推理 支持、加强

论据:母亲与婴儿对视时,双方的脑电波趋于同步。

结论:母亲与婴儿对视有助于婴儿的学习与交流。

第一思路:建立联系。论据提及"对视"与"脑电波同步",结论提及"对视"与"有助于婴儿的学习与交流",根据"包子模型",需要建立起"脑电波同步"与"有助于婴儿的学习与交流"的联系。

E选项:建立联系,直接表明脑电波同步有利于双方交流,建立了"脑电波同步"与"有助于学习与交流"的联系,正确。

A选项:对象错误,题干研究对象为母亲与婴儿,不是"两个成年人",排除。

B选项:对象错误,题干研究的是脑电波,而不是"情绪与心率",排除。

C选项:对象错误,题干研究对象为母亲与婴儿,不是"部分学生",排除。

D选项:易错项,相关性弱,只与结论中的"对视"和"有助于交流"有关,未提及是否与论据中的"脑电波同步"有关,排除。

故正确答案为E选项。

35. B 【难度】S4 【考点】概念 【命题方向】⑤形式逻辑 加分题型

解法一:咔咔排除法。

此题可根据题干的 3 个条件,对选项进行排除和锁定。

B 选项:4 个英文字母不连续排列,数字之和为 18,符合条件,正确。

A 选项:4 个英文字母连续排列,数字之和为 15,不符合(3),排除。

C 选项:4 个英文字母连续排列,数字之和为 16,不符合(2)(3),排除。

D 选项:4 个英文字母连续排列,数字之和为 18,不符合(2),排除。

E 选项:4 个英文字母不连续排列,数字之和为 15,不符合(1)(3),排除。

解法二:无确定信息破解法。

由(3)可知,数字之和不可能等于 15,结合(2)的逆否可推知,4 个英文字母不连续排列;再由(1)可知,数字之和应大于 15,与(3)相结合便可知道,正确答案的数字之和应是 18。所以满足 4 个英文字母不连续排列且数字之和为 18 的选项只有 B 选项。

故正确答案为 B 选项。

36. A 【难度】S5 【考点】咔咔排除法 【命题方向】⑦综合推理 排序

第一思路:此题考查"数独"模型,每行每列的汉字不能重复也不能遗漏,可结合已知信息采用排除法。

	乐		御	书
			乐	
射	御	书		礼
	射		数	礼
御		数		射
				书

观察已知信息最多的位置,第 3 行只剩"乐"和"数"两个字需要填,最容易入手。

因为第 4 列已经有"乐"字,所以在第 3 行两个空格处,左边应是"数",右边应是"乐"。

A 选项:与已知信息均不矛盾,正确。

B 选项:第 5 列第 3 行已经有"礼"字,所以第 5 个字不可能为"礼",排除。

C 选项:第 4 列第 1 行已经有"御"字,所以第 4 个字不可能为"御",排除。

D 选项:第 4 列第 3 行已经有"数"字,所以第 4 个字不可能为"数",排除。

E 选项:第 2 列第 3 行已经有"御"字,所以第 2 个字不可能为"御",排除。

故正确答案为 A 选项。

37. C 【难度】S5 【考点】无确定信息破解法 【命题方向】⑨综合推理 分组

题干信息:(1)入围≥6;(2)¬流行∨¬民谣∨¬摇滚;

(3)摇滚∧民族→¬电音∨¬说唱。

第一思路:题干信息均为不确定信息,但(1)(2)均为数量限制,可以考虑结合数量限制进行"假设+归谬",得到确定信息之后再进行推理。

根据(1)可知,7类中至少有6类入围,即至多有1类不入围。

根据(2)可知,流行、民谣、摇滚3类中至多有2类入围,即至少有1类不入围。

由(1)(2)可知,流行、民谣、摇滚中有1类未入围,其他4类全部入围。

将电音和说唱都入围代入(3),根据逆否条件可得:摇滚和民族类不都入围,即摇滚和民族中至少有一类不入围,又因为民族类入围,所以可得摇滚类不入围。

故正确答案为C选项。

38. D 【难度】S5 【考点】稳赢分析法 【命题方向】⑥综合推理 真话假话

题干信息:(1)乙;(2)¬乙∧丙;(3)¬丙=甲∨乙∨丁∨戊;(4)¬丁∧甲;

(5)¬甲→¬丁=甲∨丁=甲∨乙∨丙∨戊。

解法一:常规型真话假话(有矛盾)。

题干表明只有一个人做好事,如果丙做了好事,那么乙一定没做好事。所以(2)¬乙∧丙=丙。此时(2)丙,(3)¬丙,形成了矛盾关系,必一真一假。

结合题干信息"只有一真"可知,余下的(1)(4)(5)均为假。由(5)为假,可得真实情况为:¬甲∧丁。

所以做好事的人是丁。

解法二:升级型真话假话(打钩钩)。

如果没有发现此题隐藏的矛盾关系,也可以按照升级型真话假话的套路来解题。

项目	甲	乙	丙	丁	戊
(1)		√			
(2)			√		
(3)	√	√		√	√
(4)	√				
(5)	√	√	√		√

观察上表,丁这一列只有一个√,符合题干信息。

故正确答案为D选项。

39. A 【难度】S5 【考点】论证评价 【命题方向】⑱论证推理 论证方式、漏洞识别

第一思路:识别出题干的论证漏洞为诉诸人身,因为没有评上副教授,所以不赞同对方提倡低碳生活的主张,故寻找与题干有相同论证漏洞的选项。

A选项:诉诸人身,因为年轻、级别低,所以不同意对方提出的同工同酬,与题干相似。

B选项:不符合推理规则,由"绩效奖励→公平"无法推出"不同意绩效奖励→反对公平"排除。

C选项:诉诸情感,将"对管理制度提意见"等价于"和领导过不去",排除。

D选项:诉诸大众,由"大家都没有意见"推出"你的意见有问题",排除。

E选项:没有漏洞,观点认为"存在→直接看到",而质子、电子"存在∧¬ 直接看到",所以通过质子、电子的例子可以说明该观点错误,E选项的论证正确,排除。

故正确答案为A选项。

40. B 【难度】S4【考点】选言命题【命题方向】①形式逻辑 正向推理

第一思路:要验证"每张至少有一面印的是偶数或者花卉",只需要根据卡片进行判断即可。例如"虎",正面既不是偶数也不是花卉,所以需要翻过来验证反面是否是偶数或者花卉;"6"是偶数,可以证明"至少有一面是偶数或者花卉",不需要再进行验证。其他卡片同理进行分析,"菊""8"也已经满足要求,不需要再进行验证,所以需要翻看的是"虎""7""鹰"这3张既不是偶数也不是花卉的卡片。

故正确答案为B选项。

41. D 【难度】S5【考点】无确定信息破解法【命题方向】⑧综合推理 匹配

题干信息:(1)丁 网管→甲 物业;(2)¬ 乙 保洁→甲 保洁∧丙 销售;

(3)乙 保洁→丙 销售∧丁 保洁。

第一思路:题干中都是"不确定信息",根据岗位和人一一匹配的数量限制,可考虑采用"假设+归谬"的思想先找到确定信息。

结合"归谬"的思想和(3)可知:乙和丁不可能都应聘保洁,所以乙不应聘保洁。

由"¬ 乙 保洁"结合(2)可推知:甲应聘保洁,丙应聘销售。

再结合(1)可推知:甲 保洁→¬ 甲 物业→¬ 丁 网管,所以丁不应聘网管。

综上:甲应聘保洁,乙应聘网管,丙应聘销售,丁应聘物业。

故正确答案为D选项。

42. C 【难度】S4【考点】两大论证型式【命题方向】⑫论证推理 削弱、质疑、反驳

论据:被开发出来的智能导游App可自动提供景点讲解、游览问答等功能。

结论:未来智能导游必然会取代人工导游,传统的导游职业行将消亡。

第一思路:题干论据为对"智能导游"的描述,结论中出现了"必然"这一非常绝对化的词语,所以只要能表明人工导游不可取代,即可质疑专家的论断。

C选项:他因削弱,说明好的人工导游的优势是智能导游App难以企及的,表明智能导游未必会取代人工导游,正确。

A选项:态度错误,支持专家,中国出境游客因为语言和文化上的差异,对智能导游App的需求比较强烈,一定程度上支持了专家的论断,排除。

B选项:力度较弱,说明智能导游App推广的问题有待解决,但不能说明这一问题未来不能解决,不能有力质疑专家的论断,排除。

D 选项:力度较弱,目前市场还没有培养出用户的普遍消费习惯不代表未来不能培养,不能质疑专家的论断,排除。

E 选项:态度错误,支持专家,说明人工导游退出市场需要一定的时间,一定程度上支持了专家的论断,排除。

故正确答案为 C 选项。

43. E 【难度】S4 【考点】直言命题、三段论 【命题方向】①形式逻辑 正向推理

题干信息:(1)甲:医生吸烟。

(2)乙:吸烟→不关心自己健康→不关心他人健康。

(3)甲:吸烟→不关心自己健康→不关心他人健康→没有医德→不找这样的医生看病。

第一思路:题干信息较多,可根据(2)判定 B、E 两项,B 选项符合(2);由于乙的推理并未涉及"医德",故无法得出 E 选项。根据(3)可知,A、C、D 三项均符合题干信息。

故正确答案为 E 选项。

44. B 【难度】S4 【考点】三段论 【命题方向】形式逻辑 假设、前提

题干信息:(1)得道→多助→天下顺之,失道→寡助→亲戚畔之;

(2)天下之所顺,攻亲戚之所畔,前者必胜;(3)君子→必胜。

第一思路:要由论据(1)和(2)结合得出结论(3),观察结论(3)中出现了论据(1)(2)中未出现的"君子",可优先验证选项中有"君子"信息的选项。当补上 B 选项的前提"君子→得道"时,即可推出"君子→得道→必胜",此时结论(3)成立。

故正确答案为 B 选项。

45. C 【难度】S4 【考点】两大论证型式 【命题方向】⑬论证推理 支持、加强

论据:如今,大多数中小学生的家长都会陪孩子写作业,并且感到烦恼。

结论:家长陪孩子写作业会对孩子的成长产生不利影响。

第一思路:建立联系,表明家长陪孩子写作业确实会对孩子成长不利。

C 选项:建立联系,建立起"陪孩子写作业"与"对孩子产生不利影响"的联系,正确。

A、E 两项:态度错误,削弱题干,表明家长陪孩子写作业有好处,对题干论证起到削弱作用,排除。

B、D 两项:无关选项,家长难有精力陪孩子写作业、家长的能力不足以辅导孩子写作业,均与题干论证过程无关,排除。

故正确答案为 C 选项。

46. B 【难度】S4 【考点】咔咔排除法 【命题方向】⑦综合推理 排序

题干信息:(1)荒漠<森林带<冰雪带;(2)荒漠<山地草原<森林带;

(3)山地草原<森林带<山地草甸;(4)山地草原草原≤山地草甸≤高寒草甸。

第一思路:观察发现,选项比较充分,可采用排除法逐一验证选项。

B 选项:由(4)可知,山地草甸≤高寒草甸,该项的顺序与其矛盾。

故正确答案为 B 选项。

47. D 【难度】S5 【考点】稳赢分析法 【命题方向】⑧综合推理 匹配

题干信息:(1)甲不爱读《论语》《唐诗三百首》《资本论》;

(2)乙和丁分别选《论语》和《史记》中的一本;

(3)若乙选《论语》,则戊选《史记》。

第一思路:结合(2)(3),若乙选《论语》,则戊选《史记》,此时丁无书可选,因此推知乙不选《论语》,故乙选《史记》,丁选《论语》。

故正确答案为 D 选项。

48. B 【难度】S4 【考点】假言命题 【命题方向】①形式逻辑 正向推理

题干信息:(1)只为自己劳动→¬ 伟大人物;

(2)最能为人类福利而劳动的职业→为大家献身→¬ 压倒→¬ 可怜的、有限的、自私的乐趣→幸福将属于千百万人,面对我们的骨灰,高尚的人们将洒下热泪。

第一思路:此题题干推理关系比较简单,而且没有推理链条,但是信息较多,可利用推理性质进行选项的判定和排除。

B 选项:与(2)推理关系一致(即使没有准确地找到该逻辑关系,也可以通过排除其他选项选定 B 选项),正确。

A、D、E 三项:移花接木,"如果 A,那么 B"中的 A、B 分别属于两个逻辑关系,无法建立推理关系,排除。

C 选项:不合规则,由"¬ 最能为人类福利而劳动的职业"无法推出有效信息,排除。

故正确答案为 B 选项。

49. A 【难度】S5 【考点】稳赢分析法 【命题方向】⑪综合推理 综合题组(分组)

第一思路:由确定信息(4)可知,黄椒与豇豆同一组,结合(2)芹菜不能在黄椒那一组可知,芹菜不能与豇豆在同一组。

故正确答案为 A 选项。

50. B 【难度】S5 【考点】稳赢分析法 【命题方向】⑪综合推理 综合题组(分组)

第一思路:由新增信息结合已知信息进行推理,注意"阶段成果找一找",只要有能推出三种蔬菜在一起的信息,就要进行选项判定。

由(1)可得,韭菜、芹菜、菠菜分属三组。

由(2)可得,芹菜不能在黄椒一组,又由补充信息可知,韭菜与青椒在同一组,故芹菜只能与红椒一组,菠菜与黄椒一组;再由(4)可得,黄椒与豇豆一组,由此可推知,菠菜、黄椒、豇豆在同一组。列表如下。

1	韭菜、青椒、黄瓜
2	芹菜、红椒
3	菠菜、黄椒、豇豆

故正确答案为 B 选项。

51. E 【难度】S4 【考点】两大论证型式 【命题方向】⑬论证推理　支持、加强

论据：《淮南子·齐俗训》是考证牛肉汤做法的最早文献资料。

结论：牛肉汤的起源不会晚于春秋战国时期。

第一思路：建立联系，论据提及"《淮南子·齐俗训》"和"牛肉汤"，结论提及"春秋战国时期"和"牛肉汤"，根据"包子模型"，应该建立"《淮南子·齐俗训》"与"春秋战国时期"的联系。

E 选项：建立联系，表明《淮南子·齐俗训》记述的是春秋战国时期的风俗习惯，而这也是考证牛肉汤做法的最早文献资料，所以牛肉汤的起源不会晚于春秋战国时期，直接搭建了"《淮南子·齐俗训》"和"春秋战国时期"的联系，正确。

A 选项：无关选项，《淮南子·齐俗训》的完成时期和题干论证无关，排除。

B 选项：相关性弱，使用耕牛和制作牛肉汤没有直接关系，排除。

C 选项：无关选项，《淮南子》的作者和题干论证无关，排除。

D 选项：相关性弱，仅提及熬汤的鼎器，无法建立题干中论据与结论的联系，排除。

故正确答案为 E 选项。

52. E 【难度】S4 【考点】两大论证型式 【命题方向】⑫论证推理　削弱、质疑、反驳

论据：爱笑的老人对自我健康状态的评价往往较高。结论：爱笑的老人更健康。

第一思路：割裂论据与结论的联系，论据提及"爱笑的老人"和"对自我健康状态的评价高"，结论提及"爱笑的老人"和"更健康"，根据"包子模型"，应该割裂"对自我健康状态的评价高"与"更健康"之间的联系，表明由论据无法推出结论。

E 选项：割裂关系，表明老人的自我健康评价并不等于实际的健康状况，所以调查者的观点不可靠，正确。

A、D 两项：相关性弱，关键词不一致，"乐观"≠"爱笑"，排除。

B 选项：力度较弱，"部分"力度较弱，排除。

C 选项：相关性弱，该项的比较对象为女性与男性，与题干的比较对象不一致，排除。

故正确答案为 E 选项。

53. A 【难度】S5 【考点】十大论证模型 【命题方向】⑫论证推理　削弱、质疑、反驳

论据：阔叶林的吸尘效果比针叶林强不少。

结论：为了降尘，北京应大力推广阔叶树，并尽量减少针叶林面积。

第一思路：题干论证是方法目的模型。方法：大力推广阔叶树，并尽量减少针叶林面积。

目的:降尘。削弱的首选思路为"达不到目的"。

A选项:达不到目的,表明若阔叶树增多、针叶树减少,二者出现比例失调会造成灾害,且影响林木的生长和健康,即说明使用该方法无法达到目的,可以削弱。

B选项:态度错误,说明针叶树有劣势,支持了题干的论证,排除。

C、E两项:无关选项,与题干中的方法无关,排除。

D选项:相关性弱,虽然养护成本高,但该方法是否能达到降尘的目的未知,无法削弱,排除。

故正确答案为A选项。

54. C 【难度】S5 【考点】稳赢分析法 【命题方向】⑪综合推理 综合题组(匹配)

第一思路:先观察图形特征,由(2)(3)以及花圃形状可知,格子2与相邻的格子1、3、5、4都不能栽种同一个品种,所以一定与格子6是同一个品种。同理,格子3和格子4所种的是同一个品种,格子1和格子5所种的是同一个品种。

由确定信息"格子5是红色的花"可知其不是菊花,所以格子1也不是菊花。

故正确答案为C选项。

55. D 【难度】S5 【考点】稳赢分析法 【命题方向】⑪综合推理 综合题组(匹配)

第一思路:由确定信息可知,格子3是黄色的花,所以格子3是黄色的兰花或者黄色的菊花;题干中没有可以结合其进行推理的条件,所以可以采用分类讨论的思路。

若格子3是黄色的菊花,则格子4也是菊花,因为格子1和格子5是玫瑰,所以格子2和格子6是兰花。格子2和格子6挨着格子3和格子5,不能是黄色和红色,所以只能是白色,此时格子2和格子6中都是白色的兰花,与(2)矛盾。因此格子3不是黄色的菊花,而是黄色的兰花。

由格子3是黄色的兰花可知,格子4也是兰花,而且不能是红色和黄色,因此格子4是白色的兰花。

故正确答案为D选项。

2018年管理类综合能力逻辑真题解析

答案速查表					
26~30	EBDBE	31~35	ECCEA	36~40	ABCAD
41~45	DCBAD	46~50	EAAAA	51~55	EDEDB

26.E【难度】S4【考点】假言命题【命题方向】①形式逻辑 正向推理

题干信息:(1)人民→创造者∧见证者;(2)人民→剧中人∧剧作者;(3)离开人民→浮萍、呻吟、躯壳;(4)传之久远→观照人民∧表达"三心"。

第一思路:题干信息未出现推理链条,需对选项进行验证。

E选项:¬浮萍、呻吟、躯壳→¬离开人民,是(3)的等价逆否命题,正确。

A选项:由(1)可得,有的历史的创造者是历史的见证者,无法推出"都是",排除。

B选项:由(1)(2)可得,有的历史的创造者是历史的"剧中人",无法推出"有的不",排除。

C选项:由(2)可得,有的历史的"剧中人"是历史的"剧作者",无法推出"都是",排除。

D选项:不合规则,表达"三心"→传之久远,不符合(4),排除。

故正确答案为E选项。

27.B【难度】S4【考点】模态命题【命题方向】⑤形式逻辑 加分题型

第一思路:观察选项,每个选项都出现了"可能""一定"等模态词,判断本题考点是模态命题。模态命题分为"可能命题"和"必然命题",要想推出"必然命题",论据必须准确且充分。

题干列出了12个城市某一天的天气状况,但并未包括所有城市,也未包括其他时间,不能确定是否涵盖了所有天气类型,所以无法得出"一定""一定不"这些必然性结论,只能得到"可能是""可能不是"这些可能性结论。

故正确答案为B选项。

28.D【难度】S4【考点】两大论证型式【命题方向】⑬论证推理 支持、加强

论据:不少人经常晚睡,并且对此感到后悔。结论:晚睡其实隐藏着某种烦恼。

第一思路:支持题型首选建立联系的思路,即让论据和结论产生联系,所以要将"晚睡"和"烦恼"建立联系。

D选项:指出晚睡提醒人们现在的生活存在着令人不满的问题,正确。

A选项:相关性弱,睡前磨蹭与烦恼并不直接关联,排除。

B、C、E三项:态度错误,活出精彩、积极的人生态度、精力充沛等信息均与题干态度不一致,排除。

故正确答案为D选项。

29.B 【难度】S4【考点】两大论证型式【命题方向】⑬论证推理 支持、加强

论据:分心驾驶的定义及表现。结论:分心驾驶已成为我国道路交通事故的罪魁祸首。

第一思路:本题的论据只是给出了分心驾驶的基本描述,所以只需要找出支持结论的选项即可,锁定关键词"分心驾驶""我国""道路交通事故的罪魁祸首"。

B选项:与其他情形相比,"分心驾驶"导致的交通事故占比最高,与结论完全一致,可以支持,正确。

A、E两项:易错项,相关性弱,比较对象错误,未提及我国,而且题干的比较对象是分心驾驶与其他驾驶行为,而不是"分心驾驶"与"不分心驾驶",排除。

C选项:美国的情况与题干论证无关,排除。

D选项:只是描述了我国分心驾驶主要表现形式及分布,未提及交通事故的情况,排除。

故正确答案为B选项。

30.E 【难度】S4【考点】确定信息呼呼推【命题方向】⑪综合推理 综合题组(匹配)

题干信息:(1)乙 二∨乙 六;(2)甲 一→丙 三∧戊 五;(3)¬甲 一→己 四∧庚 五;(4)乙 二→己 六;(5)丙 日。

第一思路:(5)为确定信息,由(5)入手解题。

(5)结合(2)可得,¬甲 一;结合(3)可得,己 四∧庚 五;结合(4)可得,¬乙 二;又根据(1)可得,乙 六。

故正确答案为E选项。

31.E 【难度】S4【考点】确定信息呼呼推【命题方向】⑪综合推理 综合题组(匹配)

题干信息:(1)乙 二∨乙 六;(2)甲 一→丙 三∧戊 五;(3)¬甲 一→己 四∧庚 五;(4)乙 二→己 六;(6)庚 四。

第一思路:(6)为确定信息,由(6)入手解题。

(6)结合(3)可得,甲 一;结合(2)可得,丙 三∧戊 五;所以戊不可能周日值日。

故正确答案为E选项。

32.C 【难度】S4【考点】模态命题【命题方向】⑤形式逻辑 加分题型

第一思路:题干中出现了"必""不必"等模态词,需要进行等价转换再解题。

(1)三人行→必然有我师。

(2)弟子不必不如师=弟子可能不不如师=弟子可能如师,排除A、B两项。

(3)师不必贤于弟子=师可能不贤于弟子,C选项正确,排除D、E两项。

故正确答案为 C 选项。

33. C 【难度】S6 【考点】假言命题 【命题方向】③形式逻辑 真假判定

题干信息:(1)含"春""夏""秋""冬"的各属对应季节;(2)含"雨""露""雪"的各属春、秋、冬季;(3)¬ 清明 春季→¬ 霜降 秋季;(4)雨水 春季→霜降 秋季。

第一思路:看问题,问以下哪项不可能,表明考查矛盾关系;看题干信息,(4)(3)可联立,找联之后的命题的推理关系。

(4)(3)结合可得,(5)雨水 春季→霜降 秋季→清明 春季。出现推理链条锁定首尾信息。

(5)的矛盾关系是,雨水 春季∧¬ 清明 春季。由(2)可知,含"雨"的在春季,所以只需要找出"清明"不在春季的选项即可。

C 选项:"清明"在夏季,不在春季,正确。

B 选项:易错项,选项未列出"清明",所以"清明"在哪个季节未知,也就无法与题干形成矛盾关系。

故正确答案为 C 选项。

34. E 【难度】S4 【考点】概念 【命题方向】⑤形式逻辑 加分题型

题干信息:¬ 磨刀(¬A)→生锈(B),¬ 学(¬C)→落后(D)。所以,¬ 落后(¬D)→磨刀(A)。

第一思路:题干三句话都是假言命题,而 A 选项有直言命题、D 选项有联言命题,均排除。题干有"刀"和"人"两个主体,而 B 选项是"有志"和"无志"的对立,排除。

具体对比 C、E 两项。

C 选项:¬ 梳成(¬A)→不见客(B),¬ 火候(¬C)→不揭锅(D)。所以,揭锅(¬D)→火候(C),不相似,排除。

E 选项:¬ 夜草(¬A)→不肥(B),¬ 横财(¬C)→不富(D)。所以,富(¬D)→夜草(A)。该项与题干论证方式基本一致,正确。

故正确答案为 E 选项。

35. A 【难度】S4 【考点】假言命题 【命题方向】①形式逻辑 正向推理

第一思路:(4)为确定信息,由(4)入手解题。

(4)结合(1)可得,小张坐 7(3+4)站;(4)结合(3)可得,小李坐 8(4+3+1)站;又因为各条地铁线每一站运行加停靠时间、两人换乘及步行总时间相同,故小张会比小李先到达单位。与上述分析不一致的为 A 选项。

故正确答案为 A 选项。

36. A 【难度】S5 【考点】十大论证模型 【命题方向】⑫论证推理 削弱、质疑、反驳论据:某国30岁至45岁人群中,去医院治疗"老年病"的人越来越多(人数多:绝对数)。

结论:该国年轻人中"老年病"发病率有不断增加的趋势(发病率高:相对数)。

第一思路:绝对数相对数模型。论据中是绝对数(发病人数),结论中是相对数(发病率=发病人数/总人数),马上想到二者的关系会受总人数影响。

A 选项:该国45岁以下的年轻人的数量急剧增加,基数增加,所以虽然患"老年病"的年轻人的绝对数值越来越大,但并不能得出发病率增加这一结论。

B 选项:相关性弱,与论据和结论中的绝对数相对数无关,而且即使患"老年病"的年轻人增多,也不一定会导致发病率增加,排除。

C、D、E 三项:相关性弱,对象错误,题干论证的主体为"年轻人",不是"老龄人口""老年人",排除。

故正确答案为 A 选项。

37. B 【难度】S4【考点】假言命题【命题方向】①形式逻辑　正向推理

题干信息:每一个体在不损害他人利益的前提下,尽可能满足其自身的利益需求→良善的社会。

第一思路:题干逻辑关系比较简单,但内容较复杂,可不必纠结内容,根据规则性质判定选项。

B 选项:¬良善的社会→¬每一个体在不损害他人利益的前提下,尽可能满足其自身的利益需求,是题干逻辑关系的等价逆否命题,正确。(无论是否理解箭头后面那一堆,都不必纠结,因为答案只能是这个。)

A 选项:无中生有,与题干中"良善社会"的推理无关,排除。

C、D、E 三项:不合规则,根据(1)和逆否规则,无法由"损害他人利益、满足自身利益需求""某些个体利益没有得到满足"推出"¬良善的社会",也无法由"良善的社会"推出其他有效信息,与题干逻辑关系不一致,排除。

故正确答案为 B 选项。

38. C 【难度】S5【考点】稳赢分析法【命题方向】⑧综合推理　匹配

解法一:分析法。

四门课程中,"《诗经》鉴赏""唐诗鉴赏""宋词选读"是诗词类;再结合(2)可以确定赵珊珊的选择范围在这三门课之中,若要确定赵珊珊选修的是"宋词选读",就要保证"宋词选读"是赵珊珊唯一能选的课程,所以"《诗经》鉴赏""唐诗鉴赏"必须有其他人选。根据(3)可知,李晓明将在"《诗经》鉴赏"和"唐诗鉴赏"中选择一门,所以要么陈文静要么庄志达必须在"《诗经》鉴赏"和"唐诗鉴赏"中二选一,符合条件的仅有 C 选项。

解法二:选项代入法。

C选项:若庄志达选"《诗经》鉴赏",则可得李晓明选"唐诗鉴赏",赵珊珊选"宋词选读",陈文静选"老子研究"。列表如下。

人名	《诗经》鉴赏	老子研究	唐诗鉴赏	宋词选读
李晓明	×	×(3)	√	×(3)
陈文静	×	√	×	×
赵珊珊	×	×(2)	×	√
庄志达	√	×	×	×

故正确答案为C选项。

39. A 【难度】S4 【考点】论证评价 【命题方向】⑮论证推理 解释

解释对象:通常河流流速减缓时河流中的水草总量会随之增加;但是该地区在经历了一次极端干旱之后河流流速缓慢,水草总量却并未增加。

第一思路:对上述看似矛盾的现象做出解释,给出合理的理由。

A选项:河流在经历了去年极端干旱之后大量水生物死亡,水草总量自然就不会增加了,可以解释。

B选项:"其他物种"与题干论证无关,排除。C选项:未提及水草,排除。D、E两项:加剧了矛盾,排除。

故正确答案为A选项。

40. D 【难度】S4 【考点】确定信息呼呼推 【命题方向】⑪综合推理 综合题组(分组)

题干信息:(1)己 二;(2)¬戊 一∨¬丙 一;(3)甲≠丙;(4)乙 一→丁 一。

第一思路:问题给出了确定信息,由该确定信息入手解题。

"甲在第二编队"结合(3)可得,丙在第一编队;结合(2)可得,戊在第二编队。

故正确答案为D选项。

41. D 【难度】S6 【考点】稳赢分析法 【命题方向】⑪综合推理 综合题组(分组)

第一思路:由"丁和庚在同一编队"可知,题干信息不确定性较大,丁和庚可能在第一编队,也可能在第二编队,要分两种情况进行讨论。

假设丁和庚都在第二编队,结合(4)可得,乙也在第二编队;又由(3)可知,甲和丙分别在第一和第二编队,此时就有乙、丁、己、庚及甲、丙中的一艘,共5艘舰艇在第二编队,与题干中"第二编队编列4艘舰艇"矛盾,故可得丁和庚都在第一编队,甲、丙中有一艘在第一编队,另一艘在第二编队,乙和戊均在第二编队。

故正确答案为D选项。

42. C 【难度】S4 【考点】假言命题 【命题方向】④形式逻辑 结构相似

甲:A(读书的目的)最重要的是B(增长知识、开拓视野)。

乙:A(读书的目的)最重要的是C(陶冶性情、提升境界),没有C(陶冶性情、提升境界),

就不能达到 A(读书的目的)。

第一思路:题干中,乙的后半句为"没有 C,就不能达到 A",优先锁定 B、C、E 三项进行验证。

B 选项:

甲:A(做人)最重要的是 B(讲信用)。

乙:A(做人)最重要的是 C(遵纪守法),没有 C(遵纪守法),就没法 B(讲信用)。

该项与题干结构不相似,排除。

C 选项:

甲:A(优秀的电视剧)最重要的是 B(观众的喜爱)。

乙:A(优秀的电视剧)最重要的是 C(深刻寓意与艺术魅力),没有 C(深刻寓意与艺术魅力),就不能成为 A(优秀的电视剧)。

该项与题干的反驳方式最为相似,正确。

E 选项:

甲:A(一年)最重要的是收获的 B(秋天)。

乙:A(一年)最重要的是 C(春天),没有播种的 C(春天),就没有收获的 B(秋天)。

该项与题干结构不相似,排除。

其他选项均与题干结构不相似,排除。

故正确答案为 C 选项。

43. B 【难度】S4 【考点】假言命题 【命题方向】①形式逻辑 正向推理

题干信息:(1)¬人知→¬己为;(2)¬人闻→¬己言。

B 选项:己为→人知,己言→人闻,是题干信息(1)和(2)的等价逆否命题,正确。

故正确答案为 B 选项。

44. A 【难度】S4 【考点】论证评价 【命题方向】⑯论证推理 结论

题干信息:(1)中国卷烟消费量:2014 年同比上升 2.4%,2015 年同比下降 2.4%。

(2)全球卷烟总消费量:2015 年同比下降 2.1%。

第一思路:利用数字比例相关知识点——总体增长率介于部分增长率之间入手解题。

已知 2015 年全球卷烟总消费量同比下降 2.1%(总体增长率为-2.1%),由中国卷烟消费量下降比率(-2.4%)和非中国国家卷烟消费量下降比率组成,则可得-2.4%<-2.1%<非中国国家卷烟消费量下降比率。全球卷烟总消费量下降幅度比中国小,所以可以说明除中国外的其他国家卷烟消费量下降幅度较小,A 选项正确,C 选项错误。

B、D 选项:由于 1*1.024*0.976=0.999 424,所以 2015 年中国的卷烟消费量比 2013 年小,排除。

E 选项:无关选项,题干未涉及"发展中国家",排除。

故正确答案为A选项。

45. D【难度】S4【考点】直言命题【命题方向】③形式逻辑 真假判定

题干信息:(1)前3排:有哲学类新书。(2)①法学类:都在第5排。②第5排左侧:有经济类。(3)管理类:最后一排。

第一思路:问题问以下哪项不可能,说明考查矛盾关系。优先锁定涉及(2)中的①、(3)这两个"绝对化信息"的选项进行判定。

D选项:法学类新书都在第5排,所以不可能在第6排找到法学类新书,与(2)中的①矛盾。

故正确答案为D选项。

46. E【难度】S5【考点】假言命题【命题方向】①形式逻辑 正向推理

题干信息:(1)邀请函→通过审核;(2)只欢迎持有邀请函的参加=只有持有邀请函才欢迎=欢迎→邀请函。

由(2)(1)传递可得:(3)欢迎→邀请函→通过审核。

第一思路:题干信息有推理链条,优先锁定链条首尾判定选项。

A、D、E三项出现了"欢迎"和"审核",优先判定。

A选项:不合规则,审核∧邀请函→欢迎,与(3)的逻辑关系不一致,排除。

D选项:不合规则,有些审核∧¬邀请函→欢迎,由(3)可知,¬邀请函→¬欢迎,排除。

E选项:不欢迎论文没有通过审核的学者参加=如果没有通过审核,那么不欢迎=¬通过审核→¬欢迎,是(3)的等价逆否命题,正确。

故正确答案为E选项。

47. A【难度】S4【考点】确定信息呼呼推【命题方向】⑪综合推理 综合题组(匹配)

第一思路:(4)是确定信息,由(4)入手解题。

(4)结合(3)可得,菊园不在园林的中心。

故正确答案为A选项。

48. A【难度】S4【考点】确定信息呼呼推【命题方向】⑪综合推理 综合题组(匹配)

第一思路:问题给出了确定信息,由该确定信息入手解题。

"北门位于兰园"结合(2)可得,南门位于竹园;结合(1)可得,东门不位于松园,也不位于菊园。综合可得,东门位于梅园。

故正确答案为A选项。

49. A【难度】S5【考点】两大论证型式【命题方向】⑬论证推理 支持、加强

论据:在公路上撒盐会让本来要成为雌性的青蛙变成雄性。

结论:撒盐会导致相关区域青蛙数量的下降。

第一思路:建立联系,论据是"撒盐"使"雌性变成雄性",结论是"撒盐"使"青蛙数量下

降",根据"包子模型",应该建立"雌性变成雄性"和"青蛙数量下降"的关系。

A选项:说明雌性数量不足会影响物种的繁衍,建立了论据和论点的联系。

B选项:相关性弱,力度弱,青蛙是不是以雄性为主呢?未知。而且"可能"力度较弱,排除。

C选项:相关性弱,只提及了撒盐会使雌性青蛙的数量减少,但是并未提及其对青蛙总体数量的影响,排除。

D、E两项:相关性较弱,只提及撒盐会影响青蛙的生长发育、破坏青蛙的食物链,并未建立"雌性变成雄性"和"青蛙数量下降"之间的联系,排除。

故正确答案为A选项。

50. A 【难度】S4【考点】直言命题 三段论【命题方向】①形式逻辑 正向推理

题干信息:(1)审定→意义∨关注;(2)意义→民生;(3)有些审定→¬民生。

第一思路:题干信息可联结,由此入手解题。

结合(2)(3)可得,有些审定→¬意义;再结合(1)可得,关注度高。

故正确答案为A选项。

51. E 【难度】S4【考点】关系命题【命题方向】④形式逻辑 结构相似

甲:A难B易,A然后B。乙:不对。A易B难,B然后A。

第一思路:题干论证涉及"难易""先后",优先锁定D、E两项进行判定。

D选项:

甲:批评他人(B)易,批评自己(A)难;先批评他人(B)后批评自己(A)。

乙:不对。批评自己(A)易,批评他人(B)难;先批评自己(A)后批评他人(B)。

该项与题干不相似,排除。

E选项:

甲:做人(A)难做事(B)易,先做人(A)再做事(B)。

乙:不对。做人(A)易做事(B)难,先做事(B)再做人(A)。

该项与题干相似。

A、C两项:只有难易比较,没有先后顺序,排除。

B选项:只有先后顺序,没有难易比较,排除。

故正确答案为E选项。

52. D 【难度】S6【考点】直言命题 三段论【命题方向】③形式逻辑 真假判定

题干信息:(1)值得拥有专利→创新;(2)有些创新→¬值得拥有专利;(3)模仿→¬创新;(4)有些模仿→¬惩罚。

由(1)(3)传递可得:(5)值得拥有专利→创新→¬模仿。

第一思路:题干信息有推理链条,优先锁定链条首尾进行判定。

D选项:有些值得拥有专利→模仿,"有些"与"都不"是矛盾关系,该项不可能为真。

其他选项与题干信息都未产生矛盾,排除。

故正确答案为D选项。

53.E 【难度】S5 【考点】无确定信息破解法 【命题方向】⑨综合推理 分组

题干信息:(1)不含违禁→进口;(2)甲违禁∨乙违禁→进口戊∧进口己;(3)丙违禁→¬进口丁;(4)进口戊→进口乙∧进口丁;(5)¬进口丁→进口丙→¬进口丁。

第一思路:题干信息均为"→"的推理形式,是"不确定信息",而选项是关于进口的"确定信息",由"不确定"推"确定",且题干没有进口的数量限制,马上采用"二难推理"的思路。

由(5)可得,¬进口丁→进口丙;由(3)和(1)得,进口丁→¬丙违禁→进口丙。

由二难推理模型可知,一定会进口丙;再由这一确定信息,综合(5)(4)(2)(1)可得,进口丙→¬进口丁→¬进口戊→¬甲违禁∧¬乙违禁→进口甲∧进口乙。所以可以进口的是甲、乙、丙。

故正确答案为E选项。

54.D 【难度】S6 【考点】咔咔排除法 【命题方向】⑪综合推理 综合题组(分组)

第一思路:题干信息量较大,四张桌子、四位男生、四位女生、积分情况、对弈情况、左右位置;确定信息非常有限,正向推理难度较大,所以可以反向采用排除法。

由题干信息可知,每胜一局得2分,李龙连输3局,所以李龙得分为0,李龙与对手的比分为0∶6。由此可知,李龙的对手连胜3局,总积分为6分,这就是前三局结束时总积分最高的人,所以我们只需要找到李龙的对手即可。

由题干信息可知,每桌一男一女对弈,李龙是男生,所以其对手不可能是男生,排除C选项。由(1)可知,张芳与吕伟对弈,所以张芳不是李龙的对手,排除E选项。由(1)可知,王玉的比赛桌在李龙比赛桌的右边,所以王玉不是李龙的对手,而且因为李龙右边有人比赛,李龙就不可能在4号桌,所以杨虹也不可能是李龙的对手,排除B、A两项。

因此,施琳是李龙的对手,总积分为最高的6分。

故正确答案为D选项。

55.B 【难度】S6 【考点】咔咔排除法 【命题方向】⑪综合推理 综合题组(分组)

第一思路:题干信息量较大,四张桌子、四位男生、四位女生、积分情况、对弈情况、左右位置;确定信息非常有限,正向推理难度较大,所以可以反向采用排除法。

由题干信息可知,前三局均为和局的比分应是3∶3。

由(3)可知,赵虎与对手没下成过和局,所以不可能是赵虎及其对手;由(4)可知,李龙连输三局,所以不可能是李龙及其对手;由(4)可知,范勇在前三局总积分上领先他的对手,所以不可能是范勇及其对手。于是可知,正确答案只能是吕伟及其对手。由(1)可知,吕伟的对手是张芳。

故正确答案为B选项。

2017年管理类综合能力逻辑真题解析

答案速查表					
26~30	ACDEB	31~35	CBECE	36~40	BDEED
41~45	AAECD	46~50	CDCCA	51~55	BDDAC

26. A 【难度】S4 【考点】直言命题 假言命题 【命题方向】①形式逻辑 正向推理

题干信息:(1)核心→¬受制;(2)有些网络安全→核心;(3)引进∧¬创新→受威胁。

由(1)和(2)传递可得:(4)有些网络安全→核心→¬受制。

第一思路:题干信息出现推理链条,优先锁定链条首尾验证选项。涉及"网络安全"和"受制"信息的是A选项。

A选项:有些网络安全→¬受制,与(4)逻辑关系一致,正确。

B选项:移花接木。题干中没有出现"工程技术"与"受制"的推理关系,排除。

C选项:不合规则。创新→¬受威胁,与(3)逻辑关系不一致,排除。

D选项:移花接木。题干中没有出现"网络安全建设项目"与"合作"的推理关系,排除。

E选项:不合规则。¬引进→¬受威胁,与(3)逻辑关系不一致,排除。

故正确答案为A选项。

27. C 【难度】S4 【考点】直言命题 【命题方向】③形式逻辑 真假判定

题干信息:结果→有原因→可以被人认识→必然有规律,即所有结果的出现都必然有规律。

第一思路:问题要求根据题干选出一定为假的选项,锁定矛盾关系。题干信息出现推理链条,优先锁定链条首尾验证选项。包括"结果"和"规律"信息的为C选项。

C选项:有些结果的出现可能没有规律,与题干是矛盾关系,一定为假。

故正确答案为C选项。

28. D 【难度】S4 【考点】两大论证型式 【命题方向】⑬论证推理 支持、加强

论据:海外代购让政府损失了税收收入。结论:政府应该打击海外代购行为。

第一思路:建立联系,使税收损失和海外代购之间产生联系。

D选项:建立联系,表明海外代购避开了关税,确实造成了很多税收损失,所以政府应该打击该行为,正确。

A选项:思路错误,力度较弱。未建立起税收损失与海外代购之间的联系,而且"有位前空乘服务员"表明该情况是个例,力度较弱,排除。

B、C、E三项:态度错误。表明海外代购有好处,无法支持专家的观点,排除。

故正确答案为D选项。

29.E【难度】S6【考点】稳赢分析法【命题方向】⑧综合推理 匹配

题干信息:(1)外国游客1~2名,甲∨乙,即丙、丁、戊、己不能出演外国游客;购物者2~3名;商贩2名;路人若干;每个人在同一场景中只能出演一个角色。

(2)每个场景≥3类角色。

(3)乙 商贩∨丁 商贩→甲 购物者∧丙 购物者。

(4)每个场景中,购物者+路人≤2。

第一思路:此题信息不确定性较大,由题干信息无法进行推理,所以要观察选项。优先锁定有"若……则……"的表述(A、D、E三项)的选项,新增条件之后,更有可能推出有效信息。

E选项:若丁和戊出演购物者,根据(4)可得,无路人;根据(2)可得,外国游客和商贩均需有人出演;而根据(1)和(3)可得,乙只可能出演外国游客,正确。

A选项:若戊和己出演路人,根据(4)可得,无购物者;根据(2)可得,外国游客和商贩均需有人出演;根据(3)可得,非乙商贩且非丁商贩,故甲可能出演外国游客或商贩,排除。

D选项:若乙出演外国游客,根据已知条件,无法得出甲只能出演商贩的结论,排除。

B、C两项:无法由题干信息推出,排除。

故正确答案为E选项。

30.B【难度】S6【考点】两大论证型式【命题方向】⑬论证推理 支持、加强

法院判决:孩子被安排到2千米外的学校,而不是在离家300米的学校就读,这一安排是正确的。

第一思路:题干中的法院判决没有论证过程,所以转换思路,找出能证明法院判决是合法合规的选项。

B选项:合法合规。"该区教育局划分施教区的行政行为符合法律规定"说明该决策合法;"原告孩子按户籍所在施教区的确需要去离家2千米外的学校就读"说明该决策合规。因此该安排合法合规,所以家长的诉求并不合理,被法院驳回。

A、C、E三项:无关选项。无法表明法院判决合理,排除。

D选项:易错项。"不是唯一根据"表明直线距离确实是家长诉求的依据之一,如果其为重要根据,则家长的诉求还是合理的。

故正确答案为B选项。

31.C【难度】S5【考点】假言命题【命题方向】①形式逻辑 正向推理

题干信息:(1)黄金>1/2→剩余部分投入国债和股票;

(2)股票<1/3→剩余部分不能投入外汇或国债=股票<1/3→¬外汇∧¬国债;

(3)外汇<1/4→剩余部分投入基金或黄金;

(4)国债≥1/6。

第一思路:由(4)确定信息入手,寻找与"国债"相关的信息进行推理。

(1)中的"国债"在箭头之后,无法进行推理。(2)中箭头后面是"¬国债",可逆否得到:股票≥1/3。既然股票投资比例不低于1/3,那么一定也不低于1/4。

故正确答案为C选项。

32. B 【难度】S4 【考点】两大论证型式 【命题方向】⑬论证推理 支持、加强

专家的断言:人文教育对个人未来生活的影响更大。

第一思路:专家的断言涉及"人文教育"和"通识教育"二者之间的比较,故找出可以支持人文教育比通识教育更有影响的选项。

B选项:可以支持。指出没有知识,即缺乏通识教育,人依然可以活下去;而如果没有对价值和意义的追求,即缺乏人文教育,人就只是躯壳,表明了人文教育比通识教育对个人未来生活的影响更大,正确。

A选项:无关选项。大学开设课程数量的多少与哪种教育对个人未来生活的影响更大无关,排除。

C选项:态度错误。"两者不能相互替代"表明二者都重要,无法支持,排除。

D、E两项:无法支持,没有体现出人文教育比通识教育"更"重要,排除。

故正确答案为B选项。

33. E 【难度】S4 【考点】确定信息呼呼推 【命题方向】⑪综合推理 综合题组(排序)

题干信息:(0)湖北、湖南、安徽、江西、江苏、浙江、福建7省。

(1)江西:第一个或最后一个。

(2)安徽、____、____、浙江,中间为湖北、湖南、江苏中的两个。

(3)福建在浙江之前或紧挨在浙江之后。

(4)江苏:第三个。

(5)安徽:第一个。

第一思路:由(5)这一确定信息入手。

(5)结合(1)可知,江西在第七个,结合(2)可知,浙江在第四个。目前信息如下:

①安徽、②____、③江苏、④浙江、⑤____、⑥____、⑦江西。

由(2)可知,福建不可能在浙江之前,所以结合(3)可得:福建紧挨在浙江之后,即第五个。

故正确答案为E选项。

34. C 【难度】S5 【考点】确定信息呼呼推 【命题方向】⑪综合推理 综合题组(排序)

题干信息:条件(0)~(4)可用。(6)安徽:第二个。

第一思路:由(6)这一确定信息入手。

(6)结合(2)可知,浙江在第五个。

故正确答案为 C 选项。

35. E【难度】S4【考点】论证评价【命题方向】⑰论证推理 焦点

王研究员:对于创业者来说,最重要的是需要坚持精神。

李教授:对于创业者来说,最重要的是敢于尝试新技术。

第一思路:寻找二人观点的不同之处。核心分歧在于"坚持"和"尝试新技术",即 E 选项。

A 选项中"努力发明新技术",B 选项中"敢于迎接挑战",C 选项中"挑战大公司",D 选项中"做出更多的科学发现和技术发明"均与题干不符。

故正确答案为 E 选项。

36. B【难度】S4【考点】两大论证型式【命题方向】⑬论证推理 支持、加强

论据:内含大量有毒颗粒物的雾霾来袭(因);持续接触高浓度污染物会导致眼睛慢性炎症等疾病(果)。

结论:如果不采取紧急措施改善空气质量,这些疾病的发病率和相关并发症将会增加。

第一思路:题干论证中包含了因果关系。要支持专家观点就要建立因与果之间的联系。

B 选项:建立联系,解释原理,说明内含大量有毒颗粒物的雾霾确实会刺激并损害人的眼睛,导致眼疾,支持了专家的观点。

A、C、E 三项:年龄、性别、工作环境、花粉季均与题干论证无关,排除。

D 选项:表明存在其他措施有助于预防干眼症等眼疾,但无法证明题干的因果关系是否成立,排除。

故正确答案为 B 选项。

37. D【难度】S6【考点】咔咔排除法【命题方向】⑯论证推理 结论

题干信息:(1)一年级有 3/3 的学生能将名句与诗名及其作者对应起来;

(2)二年级有 2/3 的学生能将名句与作者对应起来;

(3)三年级有 2/3 的学生能将名句与诗名对应起来。

第一思路:题干信息比较复杂和零散,选项的模式也各不相同。此时可注意观察,发现条件(1)属于绝对化信息,可优先验证与一年级相关的 A、D、E 三项,又因为条件(1)是肯定信息,所以优先验证 D 选项。

一、三年级学生能把该书中的名句与诗名对应起来的比例是,$(3+2)/(3+3) = 5/6 > 2/3$,正确。

下面是对每个选项的分析:假设每个年级各有 3 名学生,可将题干信息梳理为下表。

项目	名句与诗名对应		名句与作者对应	
	能	不能	能	不能
一年级	3	0	3	0
二年级			2	1
三年级	2	1		
A 选项	一、二年级学生不能把该书中的名句与作者对应起来的比例是,(0+1)/(3+3)= 1/6<1/3,排除			
B 选项	题干信息未涉及二年级学生能把该书中的名句与诗名对应起来的数据,排除。			
C 选项	题干信息未涉及二、三年级学生能把该书中的名句与诗名及其作者对应起来的数据,排除。			
D 选项	一、三年级学生能把该书中的名句与诗名对应起来的比例是(3+2)/(3+3)= 5/6>2/3,正确			
E 选项	题干信息未涉及二年级学生能把该书中的名句与诗名对应起来的数据,排除。			

故正确答案为 D 选项。

38. E 【难度】S4 【考点】两大论证型式 【命题方向】⑭论证推理 假设、前提

论据:婴儿通过触碰物体、四处玩耍和观察成人的行为等方式来学习。

结论:婴儿是地球上最有效率的学习者,应该设计出能像婴儿那样学习的机器人。

E 选项:建立联系,在"触碰物体、四处玩耍和观察成人的行为等方式"与"最有效率"之间建立联系,使论据可以推出结论,正确。

A 选项:假设过强,范围过大,题干论证与"成年人"无关,排除。

B、D 两项:无关选项,题干论证与"机器人的智能超过人类""其他动物幼崽"无关,排除。

C 选项:假设过强,题干中并未区分"最好""最差"婴儿学习者,与题干的论证对象不一致,排除。

故正确答案为 E 选项。

39. E 【难度】S4 【考点】十大论证模型(问题对策)

【命题方向】⑬论证推理 支持、加强

论据(问题):常用的化疗手段可能将正常细胞和免疫细胞一同杀灭,产生较强的副作用。

结论(对策):黄金纳米粒子能提升癌症化疗的效果,降低化疗的副作用。

第一思路:要想支持科学家的论断,就要说明使用黄金纳米粒子可以解决化疗手段中出现的问题,即不再伤及正常细胞和免疫细胞,只杀伤癌细胞。

E 选项:表明现代医学手段可以精准投送黄金纳米粒子,因此可以降低化疗的副作用。

A、B、C 三项:易错项,相关性弱,"与人体细胞发生反应""容易判定黄金纳米粒子是否已投放""从内部杀灭癌细胞"等信息与题干中的"将正常细胞和免疫细胞一同杀灭,产生副作用"无关,排除。

D 选项:态度错误。表明该方法的疗效尚不明确,无法支持,排除。

故正确答案为 E 选项。

40. D 【难度】S4 【考点】假言命题 【命题方向】④形式逻辑 结构相似

题干信息：甲认为，¬己欲→¬施于人(¬A→¬B)；乙认为，己欲→施于人(A→B)。

第一思路：先看性质，再看肯否和细节。

D选项：甲认为，¬人犯我→¬我犯人(¬A→¬B)；乙认为，人犯我→我犯人(A→B)。与题干论证结构相似，正确。

A、B两项：题干中甲和乙的信息都存在"→"的推理关系，这两项中的"但""亦"是"且"的逻辑关系，与题干论证结构不相似，排除。

C选项：甲认为，¬虎穴→¬虎子(¬A→¬B)；乙认为，虎子→虎穴(B→A)。与题干论证结构不相似，排除。

E选项：易错项。"谋"其政与"行"其政不同，排除。

故正确答案为D选项。

41. A 【难度】S5 【考点】咔咔排除法 【命题方向】⑧综合推理 匹配

题干信息：(0)主持人一名，项目组成员不超过两位；

(1)颜 主持人→曾或荀 成员；(2)曾 主持人→颜或孟 成员；

(3)荀 主持人→颜 成员；(4)孟 主持人→荀或颜 成员。

第一思路：题干信息没有推理链条，不容易直接锁定选项，可利用选项进行排除。

A选项：由(2)可知，如果曾寅是主持人，将邀请颜子或孟申作为项目组成员，则荀辰不可能是项目组成员；由(3)可知，如果荀辰是主持人，那么颜子将成为项目组成员，则曾寅不可能是项目组成员。所以A选项与题干信息不一致，不可能为真。

其他选项的组合都不与题干信息矛盾，例如B选项：由(4)可知，如果孟申是主持人，那么颜子将可能成为项目组成员，符合题干信息。

故正确答案为A选项。

42. A 【难度】S4 【考点】论证评价 【命题方向】⑬论证推理 论证方式、漏洞识别

论据：大学毕业即从事有规律的工作正好满8年的白领，体重比刚毕业时平均增加了8千克。

结论：有规律的工作会增加人们的体重。

第一思路：题干论证中实际上出现了两个变量，即(1)有规律的工作；(2)8年的时间差。所以有可能是年龄增加导致的体重增加，而与规律的工作无关。要想评价该结论的正确性，需要排除时间可能会产生的影响，即在其他条件都相同的情况下，比较有规律工作和无规律工作的人，体重变化是否一致。

若和该组调查对象其他情况相仿但没有从事有规律工作的人，在同样的8年中体重的增加情况类似，则说明并不是有规律的工作导致人们体重增加；若体重没有增加或增加的程度远小于从事有规律工作的人，则可以说明有规律的工作会导致人们体重增加。

故正确答案为 A 选项。

43. E 【难度】S4 【考点】假言命题 【命题方向】④形式逻辑　结构相似

题干信息:赵默(A)→优秀企业家(B);经历(C)∧经验(D)→优秀企业家(B)。

第一思路:先观察题干存在"→"的推理关系,选项也都存在推理关系,无法排除;再观察结论的肯否。

E 选项:风云(A)→凝聚力(B)。引导(C)∧帮助(D)→凝聚力(B),与题干论证结构一致,正确。

A、D 两项:肯否与题干不一致,题干都是肯定信息,排除。

B 选项:袁清(A)→好作家(B);好作家(B)→观察能力(C)∧想象能力(D)∧表达能力(E)。与题干论证结构不一致,排除。

C 选项:"因此"表明第一句是论据,第二句是结论,与题干论证结构不一致,排除。

故正确答案为 E 选项。

44. C 【难度】S4 【考点】直言命题　三段论 【命题方向】①形式逻辑　正向推理

题干信息:(1)大多数藏书家→读一些自己收藏的书;

(2)有些藏书家→在以后闲暇的时间阅读收藏的书。

第一思路:题干信息未出现推理链条,需要与选项一一比对进行选择。

C 选项:与(2)逻辑关系一致。

A、D、E 三项:无中生有。"读遍""从不读""友人"等信息在题干中并未出现,排除。

B 选项:无中生有。"喜欢"是主观情感,在题干中并未提及,排除。

故正确答案为 C 选项。

45. D 【难度】S4 【考点】两大论证型式 【命题方向】⑫论证推理　削弱、质疑、反驳

论据:调查后发现,幸福或不幸福并不意味着死亡的风险会相应地变得更低或更高。

结论:不幸福本身并不会对健康状况造成损害。

第一思路:研究人员的论证存在着偷换概念的漏洞,论据中的"死亡风险"与结论中的"健康状况"并不相同,D 选项就直接指出了这一问题,死亡风险与健康状况不必然相关,直接割裂了二者之间的关系,表明研究人员的调查结果无法得出结论。

A、B、C 三项:"有些""有时""少数"力度较弱,排除。

E 选项:力度较弱,"有一定难度"≠"无法断定",排除。

故正确答案为 D 选项。

46. C 【难度】S5 【考点】假言命题 【命题方向】④形式逻辑　结构相似

题干信息:甲认为,推动科技创新(A)→加强产权保护(B);乙认为,只强化产权保护(B)→肯定不能推动科技创新(肯定不能 A)。

第一思路:观察性质,题干两句话都存在推理关系,选项也均存在推理关系,无法锁定答

案。再看结论的肯否,题干中乙的结论是否定的,所以优先验证C选项。

C选项:母亲认为,做成大事(A)→从小事做起(B);孩子认为,只做小事(B)→肯定做不成大事(肯定不能A)。与题干结构相似,正确。

A、B、E三项:第二句话为肯定的,与题干结构不相似,排除。

D选项中的"不一定"与题干结构不相似,排除。

故正确答案为C选项。

47.D 【难度】S4【考点】稳赢分析法【命题方向】⑦综合推理 排序

题干信息:(1)先"猴子观海"后"妙笔生花";(2)先"阳关三叠"后"仙人晒靴";(3)先"妙笔生花"后"美人梳妆";(4)"禅心向天"第4、"仙人晒靴"第5或第6。

第一思路:根据已有信息综合推理后,代入选项进行验证排除。

由(1)(3)可知,有3个景点的游览顺序为,"猴子观海""妙笔生花""美人梳妆";又由(4)可知,"禅心向天"第4,"仙人晒靴"第5或第6;如果"妙笔生花"是第5个游览,其后面只有1个位置,但是还有"美人梳妆"和"仙人晒靴"2个景点未游览,所以不可能第5个游览"妙笔生花"。

故正确答案为D选项。

48.C 【难度】S4【考点】概念【命题方向】⑤形式逻辑 加分题型

第一思路:根据题干给出"自我陶醉人格"的几个主要特征,进行判断匹配。

(1)过高估计自己的重要性,夸大自己的成就,A选项体现出这一特征。

(2)对批评反应强烈,希望他人注意自己和羡慕自己,B选项体现出这一特征。

(3)经常沉湎于幻想中,把自己看成是特殊的人,E选项体现出这一特征。

(4)人际关系不稳定,嫉妒他人,损人利己,D选项体现出这一特征。

C选项并未体现上述特征。

故正确答案为C选项。

49.C 【难度】S4【考点】论证评价【命题方向】⑮论证推理 解释

解释对象:北方地区的居民本应具有更强的抗寒能力,但实际上许多北方地区的居民到南方来过冬,比当地人更怕冷。

第一思路:表明北方人在冬天平均气温低的环境中生活,但到了南方比南方人更怕冷的原因。需要注意题干中无论是气温还是怕冷程度都是从南方与北方的角度进行比较,所以选项中也要考虑到二者的比较。

C选项:"北方比南方",出现了南北的比较。该项说明虽然北方温度比南方低,但由于北方在冬天会启用供暖设备,所以北方人实际所处环境的温度并不低,实际上南方可能比北方寒冷,所以才会出现题干中看似矛盾的现象。

A、B、D三项:"一些""存在""有些"力度较弱,排除。

E选项:比较对象不一致,题干中是将南方与北方进行比较,该选项比较的是南方的体感温度与气象温度,并未出现南方与北方的比较,无法解释,排除。

故正确答案为C选项。

50. A 【难度】S4 【考点】两大论证型式 【命题方向】⑬论证推理 支持、加强

论据:现在许多人已不喜欢看配过音的外国影视剧。

结论:配音必将退出历史舞台。

第一思路:注意读问题、确定态度。专家观点是配音会退出历史舞台。而问题问除哪项外都能支持专家的观点,故要选择表明配音不会退出历史舞台的选项。

A选项:不会退出。表明还是有一部分观众习惯于看配过音的外国影视剧,所以配音不会退出历史舞台,起到削弱专家观点的作用,正确。

B、C、D、E四项:态度错误,会退出。表明有的人觉得配音妨碍了他们对原剧的欣赏,很多人看外国原版影视剧不需要配音,配音影响外国影视剧的时效性,观众并不接受无法准确模仿原剧演员嗓音以及不符合剧情的配音,支持了专家的观点,排除。

故正确答案为A选项。

51. B 【难度】S4 【考点】咔咔排除法 【命题方向】⑪综合推理 综合题组(匹配)

第一思路:问题要求选"可能"为真的选项,所以可采用排除法。

由(5)可知,小明和小花都只收到一份礼物,所以A、C、D、E四项均不正确,排除。

B选项与题干信息不矛盾。

故正确答案为B选项。

52. D 【难度】S4 【考点】确定信息呼呼推 【命题方向】⑪综合推理 综合题组(匹配)

第一思路:(5)是确定信息,可由该确定信息入手,顺藤摸瓜进行推理。

由(5)"小明只收到橙色礼物,小花只收到紫色礼物"可知,这两个小朋友没有收到其他颜色的礼物;由于小明收到橙色礼物,结合(1)可知,小芳收到蓝色礼物;再结合(2)可推出,小雷收到红色礼物。由于小花收到紫色礼物,结合(3)可知,小刚收到黄色礼物;再根据(4)可知,小刚没有收到绿色礼物;因为小刚收到两份礼物,则这两份礼物只可能为黄色和青色。

故正确答案为D选项。

53. D 【难度】S6 【考点】无确定信息破解法 【命题方向】⑨综合推理 分组

第一思路:题干中没有确定信息,需要由"不确定"推"确定",并且没有数量限制,所以考虑采用二难推理进行分析。

观察题干条件,由于对箫的限制条件较多,可从"箫"进行假设:①购买箫;②不购买箫。

①如果购买箫,结合(1)可知,不购买二胡;结合(4)可知,不购买笛子;再结合(2)可知,要购买古筝。

②如果不购买箫,结合(3)可知,要购买古筝和唢呐。

项目	二胡	箫	笛子	古筝	唢呐
①购买箫	×(1)	√	×(4)	√(2)	
②不购买箫		×		√(3)	√(3)

从上表可知，一定会购买古筝，所以"古筝、二胡至少购买一种"为真。

故正确答案为 D 选项。

54. A 【难度】S5 【考点】稳赢分析法 【命题方向】⑪综合推理　综合题组（匹配）

第一思路：从确定信息入手解题。

两部科幻片安排在周四，爱情片安排在周日，还剩下 3 部科幻片、3 部警匪片、3 部武侠片、2 部战争片，这几部电影的具体安排未知，但根据条件（1）（3）可知，科幻片和武侠片共 6 部在②行，并安排在周一到周三、周五到周日，共 6 天，每天 1 部。根据条件（1）（4）可知，警匪片和战争片共 5 部在①行，并安排在周一到周三、周五和周六，共 5 天，每天 1 部。

所以警匪片和战争片都不可能与爱情片安排在同一天。

项目	一	二	三	四	五	六	日
①				科幻片			爱情片
②				科幻片			

故正确答案为 A 选项。

55. C 【难度】S6 【考点】稳赢分析法 【命题方向】⑪综合推理　综合题组（匹配）

第一思路：根据已知信息，可得下表。

项目	一	二	三	四	五	六	日
①	警匪片	警匪片	警匪片	科幻片	战争片	战争片	爱情片
②				科幻片			

在②行剩下的 6 个位置中，左边 3 个和右边 3 个分别是科幻片和武侠片中的一个。

所以周六可能放映的是战争片和科幻片，或者战争片和武侠片。

故正确答案为 C 选项。

2016年管理类综合能力逻辑真题解析

答案速查表					
26~30	DCCDD	31~35	ADDEB	36~40	DAEEE
41~45	CADEB	46~50	CBDBA	51~55	DACCB

26. D 【难度】S5 【考点】假言命题 【命题方向】①形式逻辑　正向推理

题干信息:(1)建设→合作;(2)激发活力→合作;(3)催生→平台。

第一思路:题干信息未出现推理链条,可直接验证选项。

D 选项:等价逆否,¬ 平台→¬ 催生,是(3)的等价逆否命题,正确。

A 选项:移花接木,平台→激发活力,排除。

B 选项:不合规则,平台→催生,不符合(3),排除。

C 选项:不合规则,合作↔活力,不符合(2),排除。

E 选项:不合规则,合作→激发活力,不符合(2),排除。

故正确答案为 D 选项。

27. C 【难度】S5 【考点】假言命题 【命题方向】①形式逻辑　正向推理

题干信息:(1)保障→法治;(2)法治→制度∧追究责任。

(1)(2)传递可得:(3)保障→法治→制度∧追究责任。

第一思路:题干信息出现推理链条,优先验证链条首尾信息。

C 选项:等价逆否,¬ 制度→¬ 保障,符合(3)的等价逆否命题,正确。

A 选项:不合规则,追究责任→保障,不符合(3),排除。

B、D 两项:无中生有,题干信息未涉及"重要目标""造福于民",排除。

E 选项:不合规则,制度→法治,不符合(2),排除。

故正确答案为 C 选项。

28. C 【难度】S4 【考点】论证评价 【命题方向】⑱论证推理　论证方式、漏洞识别

题干信息:注重自然教育,可激发潜能;缺乏自然教育,发展受到影响。

题干的论述建立对照模型——有因有果,无因无果,原理为穆勒五法中的求异法。

第一思路:寻找有 A 有 B,无 A 无 B 这一对照实验的求异法模型。

C 选项:注重调查,掌握资料;不注重调查,脱离实际。选项符合求异法的表述,正确。

A 选项:今昔对比,讨论的是过去与现在的对比,与题干不一致。

B 选项:说明环境保护和经济发展不能只顾一方面,要两手抓,并未形成对照,排除。

D 选项:共变法。说一种语言的人,患病的平均年龄为 71 岁;说两种语言的人,患病的平均年龄为 76 岁;说三种语言的人,患病的平均年龄为 78 岁。随着掌握语言数量的增长,患病年龄增长,不属于求异法,排除。

E 选项:孩子依赖电子设备会导致漠视环境,只对该种现象进行描述,并未形成对照,排除。

故正确答案为 C 选项。

29. D 【难度】S5【考点】稳赢分析法【命题方向】⑩综合推理 数字相关

题干信息:十干十二支,天干配地支,六十年重复一次,2014 年为甲午年,2015 年为乙未年。

第一思路:根据"2014 年的天干为甲、2015 年的天干为乙,10 年重复一次;2014 年的地支为午、2015 年的地支为未,12 年重复一次"的规律进行推理。并且要注意 60 年重复一次,所以 A 与 A+60 这两个年份的干支纪年是一致的。

D 选项:由题干信息可知,"天干配地支"六十年重复一次,2015 年为乙未年,2075 年也为乙未年。再利用规律进行推算,天干 10 年重复一次,所以 2085 年的天干也是乙,2086 年的天干为丙,2087 年的天干为丁;地支 12 年重复一次,所以 2087 年的地支为未。故 2087 年应为丁未年,正确。

A 选项:因为天干共有 10 个(偶数),地支共有 12 个(偶数),所以天干和地支相配的奇偶特点是"奇配奇、偶配偶",因此甲是奇数,丑是偶数,不可能相配,故不可能出现甲丑年,排除。

B、C 两项:无中生有,题干未提及现代人是否使用干支纪年以及干支纪年是否有利于农事,并且由已知信息也无法推出,排除。

E 选项:2014 年为甲午年,天干每 10 年重复一次,故 2024 年的天干也为甲;地支每 12 年重复一次,故 2024 年的地支应为辰,而不是寅,排除。

故正确答案为 D 选项。

30. D 【难度】S5【考点】论证评价【命题方向】⑰论证推理 焦点

赵明:选拔喜爱辩论的人。王洪:招募能打硬仗的辩手。

第一思路:本题为对话焦点题型,选项为 A/B 型,锁定二人表述的关键词。

喜爱辩论:对辩论的爱好。能打硬仗:辩论的能力。因此,D 选项正确。

A 选项:题干并未提及"现实""理想",排除。

B 选项:题干未涉及"研究辩论规律",排除。

C 选项:题干并未提及"培养新人""赢得比赛",排除。

E 选项:题干并未提及"集体荣誉",排除。

故正确答案为 D 选项。

31. A 【难度】S5【考点】联言、选言、假言命题【命题方向】③形式逻辑 真假判定题干信息：出线→下一场胜利∧另一场平局。

第一思路：如果甲国队主教练的陈述为真，不可能的情况即为题干逻辑推理的矛盾关系，其矛盾关系为：

出线∧¬（下一场胜利∧另一场平局）

=出线∧（¬下一场胜利∨¬另一场平局）

=（出线∧¬下一场胜利）∨（出线∧¬另一场平局）

正确答案一定有"出线"，排除 B、C、E 三项，锁定选项 A、D 两项。

A 选项：出线∧¬另一场平局（分出了胜负说明没有平局），正确。

D 选项：出线∧另一场平局，排除。

故正确答案为 A 选项。

32. D【难度】S5【考点】联言、选言、假言命题【命题方向】②形式逻辑 支持假设

推测一：边缘整齐∧没有切割痕迹→使用木质模具压制成型的。

推测二：烧制温度为 850~900℃→先做成土坯，再经过高温烧制而成的。

第一思路：要支持上述推测，即上述两个推测为真，就要找出题干推理的等价命题。

D 选项：¬采用模具而成型的土坯砖→¬边缘整齐∨¬没有切割痕迹，是推测一的等价逆否命题，正确。

A、E 两项：无关选项，"仰韶文化晚期的年代""人们在西周时期就可以烧制铺地砖和空心砖"与题干论证无关，排除。

B 选项：易错项。思路有误：该项只能支持推测二中的论据"高温烧制"，无法建立论据与结论的联系。细节有误：题干说的是"烧制"，不是"冶炼"，排除。

C 选项：思路有误，该项只能说明 5 件土坯砖的年代及所属时期，与题干的两个推测无关，排除。

故正确答案为 D 选项。

33. D【难度】S5【考点】两大论证型式【命题方向】⑫论证推理 削弱、质疑、反驳

论据：拥有 AA 型和 AG 型基因类型的人都在上午 11 时之前去世，而拥有 GG 型基因类型的人几乎都在下午 6 时左右去世。

结论：GG 型基因类型的人会比其他人平均晚死 7 个小时。

第一思路：论据无法推出结论，不能由某天上午、下午的去世时间推理出死亡的早晚。

从相关性角度分析，比较容易排除 B、C、E 三项，因为"死亡临近的状态""死亡原因""疾病"与题干的推理过程无关。

D 选项：他因削弱，题干由在一天中的上午 11 时之前去世还是下午 6 时左右去世，得出了 GG 型基因类型的人晚死的结论，但对人死亡时间的比较，考虑的因素应是年份以及日期的早晚，而不是一天中的早晚，可以削弱，正确。

A 选项:易错项,从相关性来看,题干中并未提及"平均寿命"的长短,排除。

注意:"死亡时间的早晚"与"平均寿命"有区别。例如:小猪的爷爷和爸爸在同一天去世,它爷爷是上午 11 时去世,它爸爸是下午 6 时去世。从死亡时间来看,它爸爸死得晚;从寿命来看,它爷爷寿命长。题干并未提及"平均寿命",而是在比较死亡时间。D 选项与题干的相关性更高。

故正确答案为 D 选项。

34. E 【难度】S4【考点】假言命题【命题方向】③形式逻辑 真假判定

题干信息:(1)特价∨开封∨使用→¬退货。

第一思路:质疑商家阻挠退货的理由,即寻找(1)的矛盾关系,即(2)(特价∨开封∨使用)∧退货。

E 选项:(开封∨使用)∧退货,符合(2),正确。

A 选项:态度错误,支持了商家,排除。

B、D 两项:无关选项,与题干推理无关,排除。

C 选项:易错项,不是(1)的矛盾关系,而且根据"无理由"退货的规定,即使不存在质量问题,消费者也可以退货,所以无法质疑商家阻挠退货的理由,排除。

故正确答案为 E 选项。

35. B 【难度】S5【考点】假言命题【命题方向】①形式逻辑 正向推理

题干信息:(1)李副书记 县城→李 宣传;(2)张副书记 县城→张 信访;

(3)王书记 下乡→张 县城∨李 县城;(4)¬王 下乡→王 宣传∨王 信访;

(5)宣传→副书记,信访→副书记。

第一思路:(1)(2)(3)(4)均为假言命题,(5)为确定信息,表明书记既不能参加宣传工作例会,也不能做信访接待工作,以其作为起点进行推理。

由(4)及逆否规则可得,¬王 宣传∧¬王 信访→王 下乡。

故正确答案为 B 选项。

36. D 【难度】S5【考点】两大论证型式【命题方向】⑫论证推理 削弱、质疑、反驳

论据:越来越多的机器人被用于在战场上执行各种任务。

结论:机器人战争技术的出现可以使人类远离危险,更安全、更有效率地实现战争目标。

第一思路:本题既可以作为"论据结论型"分析,也可以作为"因果型"分析,基本思路分别为"即使论据为真,也不能推出结论""即使原因出现,也不一定会导致该结果"。

D 选项:他因削弱,机器人技术导致将来战争的发生更为频繁也更为血腥,与题干中的"远离危险""更安全"相反,故起到了质疑专家观点的作用,正确。

A 选项:无关选项,相关性弱,人类与机器人之间的掌控关系与题干论证无关,排除。

B 选项:易错项,"只会让部分国家远离危险",起到了积极的作用,无法质疑,排除。

C选项:态度错误,机器人技术让战争变得更人道,支持了专家的观点,排除。

E选项:无关选项,"消耗更多资源""破坏生态环境"与题干论证无关,排除。

故正确答案为D选项。

37.A 【难度】S4【考点】稳赢分析法【命题方向】⑥综合推理 真话假话

第一步:简化题干信息。

(1)陈:都不。(2)李:有的。(3)张:¬李∨¬汪。(4)汪:¬汪。

第二步:找矛盾关系或反对关系。

(1)和(2)是矛盾关系,必一真一假。

第三步:推知其余项真假。

题干中是两真两假,故(3)和(4)也是一真一假。

若(4)为真,则(3)也为真,不符合一真一假的要求,所以(4)为假,(3)为真。

第四步:根据其余项真假,得出真实情况。

由(4)为假可知,汪福送郝大爷来医院。

由(3)为真可知,真实情况是李康没有送郝大爷来医院。

第五步:带回矛盾或反对项,判断真假,选出答案。

因为"汪福送郝大爷来医院"为真,所以(2)"有的"为真,(1)"都不"为假,因此说真话的是李康和张幸。

故正确答案为A选项。

38.E 【难度】S4【考点】两大论证型式【命题方向】⑫论证推理 削弱、质疑、反驳

题干信息:"理性计算"即在拥堵的车流中要让着别的车。

第一思路:读问题,质疑"理性计算"的观点,即不让。要找不能质疑的选项,即排除"不让"的选项,优先考虑"让"的选项。

E选项:不让会带来麻烦,需要让着,即需要"理性计算",正确。

A、B、C、D四项:态度错误,A选项的"理性计算"助长歪风邪气,B选项的有的事很难通过"理性计算"躲过,C选项的一味退让会带来危险,D选项的警方会有公正的裁决,这些陈述均表明"不让"的态度,排除。

故正确答案为E选项。

39.E 【难度】S4【考点】十大论证模型【命题方向】⑬论证推理 支持、加强

题干信息:近期我国易形成雾霾天气和热岛效应。要建立"城市风道",促进空气循环。

问题:雾霾天气和热岛效应。对策:建立"城市风道"。

第一思路:题干出现了"问题对策"这一论证模型。支持思路为该对策可以解决问题。

E选项:"城市风道"有利于"驱霾",解决了雾霾天气;"城市风道"有利于散热,解决了热岛效应。即"城市风道"可以解决题干中提出的问题,正确。

A 选项:无恶果,对建筑物的安全影响不大,支持力度较弱,排除。

B、C 两项:削弱,"城市风道"的设想过于主观和随意,以及"城市风道"会成为无用的摆设,都不支持"城市风道",排除。

D 选项:方法可行,但支持力度较弱,排除。

故正确答案为 E 选项。

40. E 【难度】S5 【考点】论证评价 【命题方向】⑮论证推理　解释

解释对象:政府能在短期内实施"APEC 治理模式"并取得良好效果,但是没有将这一模式长期坚持下去。

第一思路:给上述现象一个合理的理由,表明短期和长期之间的差异。

E 选项:只提及一边,只解释了短期未解释长期,APEC 会议期间雾霾频发会影响我国的形象,那么为什么 APEC 会议之后没有坚持呢?无法解释,正确。

A 选项:落实措施过程中会产生难以解决的困难,所以无法长期坚持,可以解释,排除。

B 选项:长期实施"APEC 治理模式"会严重影响经济和社会发展,所以无法长期坚持,可以解释,排除。

C 选项:环境治理需要考虑代价与收益,APEC 会议期间进行短期治理收益超出代价,APEC 会议结束之后再长期治理,代价就超过收益了,所以可以解释短期与长期的差异。

D 选项:治理污染需要从长计议,所以无法长期坚持,可以解释,排除。

故正确答案为 E 选项。

41. C 【难度】S5 【考点】两大论证型式 【命题方向】⑫论证推理　削弱、质疑、反驳

论据:有束伽马射线的速度超过了光速。结论:光速不变定律需要修改了。

第一思路:找论据无法推出结论的选项。即,即使论据为真,也不能推出光速不变定律需要修改的结论。

C 选项:削弱论据,无论是天文学家的观测有误,还是有人篡改了天文观测数据,都表明论据本身有问题(虽然这一思路在真题中不常见,也不是力度最强的削弱方法,但是在本题的 5 个选项中"相对最优"),正确。

A 选项:态度不明,前半句支持题干,后半句削弱论据,故该选项整体无法削弱,排除。

B 选项:态度不明,无法确定天文学家的观测是否有问题,无法削弱,排除。

D 选项:力度较弱,削弱论据,"天文观测数据可能存在偏差"表明论据不成立,但不是第一思路。而且"可能"一词力度较弱,相较而言 C 选项更合适,排除。

E 选项:诉诸无知,截止到目前未出现反例,不代表以后就不会出现反例,也无法证明光速不变定律无错误,无法削弱,排除。

故正确答案为 C 选项。

42. A 【难度】S4 【考点】论证评价 【命题方向】⑮论证推理　解释

解释对象:装饰图片是"眼睛"时,自助式收费饮料的收款箱里能收到更多的钱。

第一思路:指出给出"眼睛"图片与给出其他图片效果的差异,解释为什么"眼睛"图片会收到更多的钱。

A 选项:可以解释,看到"眼睛"图片时会联想到有人看着他们,不好意思不给钱,所以导致收款箱里钱多,正确。

B 选项:比较对象错误,题干比较对象为"眼睛"图片和其他图片,并不是该公司职员和社会中的其他人。

C 选项:无法解释,"感动"与给钱之间的关系未知,排除。

D、E 两项:无法解释为何会产生"眼睛"图片与其他图片的差异现象,排除。

故正确答案为 A 选项。

43. D 【难度】S5 【考点】咔咔排除法 【命题方向】⑪综合推理　综合题组(排序)

题干信息:(1)"日"不是第一个庭院;(2)"火"和"土"相邻,有两种情况,即"火土"或者"土火";(3)"金"×"月"="月"×"金"="木"×"水"="水"×"木"。

第一思路:问题问的是"可能",首选排除法,将不可能的选项排除之后,剩下的就是正确答案。

此题 A 选项比较容易通过(1)排除。其他选项可以一一代入验证,但此法效率较低。因为(3)不确定性较大,可采用"特值假设法"。假设间隔的庭院数为 0,此时"金""月"相邻,"木""水"相邻,与(2)结合"火""土"相邻。相邻的庭院所占位置的序数一定是 1 奇 1 偶,所以三组相邻庭院占了 3 个奇数位置和 3 个偶数位置,此时只剩下一个奇数位置是"日"字庭院,排除 B、C、E 三项。

故正确答案为 D 选项。

44. E 【难度】S5 【考点】稳赢分析法 【命题方向】⑪综合推理　综合题组(排序)

题干信息:(1)"日"不是第一个庭院;(2)"火"和"土"相邻,有两种情况,即"火土"或者"土火";(3)"金"×"月"="月"×"金"="木"×"水"="水"×"木";(4)"土"是第二个庭院。

第一思路,利用(4)这一确定信息进行推理。

解法一:分类讨论。由(4)(2)可知,"火"字庭院可能是第一个或第三个。如果"火"字庭院在第三个,那么无法同时满足(1)(3),排除,所以"火"字庭院一定是第一个。

解法二:性质排除。由(3)可知,"金""月"可以互换位置,故无法确定二者的位置,"木""水"的位置也无法确定,所以排除 A、B、C、D 四项。

解法三:列出可能情况排除。根据题干信息,符合所有条件的庭院排序可为:火土日月金水木,所以 A、B、C、D 四项都不一定为真,排除。

故正确答案为 E 选项。

45. B 【难度】S5 【考点】论证评价 【命题方向】⑮论证推理　解释

解释对象:乐于助人、和他人相处融洽的人平均寿命较长;心怀恶意、损人利己、和他人相处不融洽的人70岁之前的死亡率较高。

第一思路:给出两类人寿命长短和死亡率存在差异的原因。

B选项:可以解释,表明了与人为善的好处及损人利己的弊端,正确。

A选项:比较对象错误,题干并没有涉及男女之间的对比,无法解释,排除。

C选项:无关选项,未提及寿命、死亡率,排除。

D选项:只涉及一方面,未解释心怀恶意的人为何死亡率较高,排除。

E选项:无关选项,"自我优越感"在题干中并未出现,排除。

故正确答案为B选项。

46. C 【难度】S4【考点】十大论证模型【命题方向】⑭论证推理 假设、前提

论据:超市中销售的水果还残留有农药(问题)。

结论:消费者在食用之前一定要清洗干净(对策)。

第一思路:结论中出现"一定"这个绝对化的词语,所以假设的思路是表明确实"一定"要这么做,强调做法的必要性。

C选项:方法可行,正是因为消费者买的水果并未得到彻底清洗,所以食用之前才需要清洗干净,体现出了方法的必要性,是题干论证成立必须要有的假设。

A选项:假设过强,"大多数"一词范围过大,题干并未出现大多数水果的范围,排除。

B选项:无关选项,消费者是否在意与题干论证无关,排除。

D选项:假设过强,"只有……才……"的表述过于绝对。即便除了这种在水果上留下油脂痕迹的农药之外,其他类型的农药也可以被清洗掉,题干论证依然成立,排除。

E选项:无关选项,其他水果与题干论证无关,排除。

故正确答案为C选项。

47. B 【难度】S4【考点】论证评价【命题方向】⑱论证推理 论证方式、漏洞识别

论据:不理解自己的人不可能理解别人(¬自己→¬别人)。

结论:缺乏自我理解的人不会理解别人(¬自己→¬别人)。

第一思路:题干论证的论据与结论一致,结论仅仅是对其论证前提的简单重复,故找能指出论证无效的选项。

B选项:可以解释,与上述分析一致,正确。

A、C、E三项:易错项,找论证的缺陷是要指出由论据到结论的论证过程不成立,而不是指出论据或结论的错误,排除。

D选项:"自我理解"的定义表述与题干的论证过程无关,排除。

故正确答案为B选项。

48. D 【难度】S4【考点】稳赢分析法【命题方向】⑧综合推理 匹配

解法一:分析法。

观察(1)(3)可知,绿茶、红茶、白茶在壹、贰、叁号范围内,所以剩下的花茶一定在肆号盒子中。

解法二:图表法。

第一思路:题干给出的信息均为"范围",看到"范围"反向找确定信息。

(1)绿茶和红茶不在肆号盒子里;(2)红茶和花茶不在壹号盒子里;

(3)白茶不在贰号和肆号盒子里;(4)盒子与茶是一一对应的关系。

将上述信息列表如下。

茶叶	壹	贰	叁	肆
绿茶				×(1)
红茶	×(2)			×(1)
花茶	×(2)			
白茶		×(3)		×(3)

由上表可知,花茶在肆号盒子里。

故正确答案为 D 选项。

49. B 【难度】S5 【考点】稳赢分析法 【命题方向】⑥综合推理 真话假话

题干信息:(1)中标者可能是赵、钱;(2)中标者可能是赵、钱、李、周、吴;(3)中标者可能是赵、钱、孙、李。

第一思路:本题是真话假话题,题干信息未出现矛盾关系,并且中标的人只有一个,所以可以采用"打钩钩"的技巧解题。列表如下。

项目	赵	钱	孙	李	周	吴
(1)	√	√				
(2)	√	√		√	√	√
(3)	√	√	√	√		

观察上表可发现,如果赵或钱中标,则上述3人的看法都正确,不符合题干要求;如果李中标,则有2人的看法正确,不符合题干要求。

所以,可以确定没有中标的是赵、钱、李。

故正确答案为 B 选项。

50. A 【难度】S4 【考点】两大论证型式 【命题方向】⑬论证推理 支持、加强

专家观点:电子学习机可能不利于儿童成长。父母应该陪孩子一起阅读纸质图书,在交流中促进其心灵的成长。

第一思路:题干表明纸质图书比电子学习机好,同时指出阅读纸质图书可以在交流中促进孩子的心灵成长这一特点,所以要在二者之间建立联系。

A 选项:强相关性,建立联系,明确指出电子学习机存在导致父母与孩子缺乏交流的缺陷,所以纸质图书确实比电子学习机好,正确。

B、C、D 三项:相关性弱,B、C 两项表明了孩子使用电子学习机会让其形成"电子瘾"且"不关注学习内容"的缺点,D 选项表明了纸质图书有利于保护儿童视力的优点,但是并未说明其与纸质图书"在交流中促进心灵成长"这一优势之间的关系,排除。

E 选项:无关选项,父母陪孩子读书的可行性与题干观点无关,排除。

故正确答案为 A 选项。

51. D 【难度】S5 【考点】两大论证型式 【命题方向】⑫论证推理 削弱、质疑、反驳

论据:绝大部分笔记本电脑运行速度慢是硬盘速度太慢导致的。

结论:换装固态硬盘可以大幅提升使用者的游戏体验。

第一思路:题干论证是一个因果关系。因:硬盘速度太慢。果:电脑运行速度慢,使用者的游戏体验差。该题属于"知因推果"型的论证。削弱的第一思路是"他因削弱",表明该结果是其他原因导致的,与题干中的原因无关。

D 选项:他因削弱,指出是其他原因导致使用者的游戏体验差,即使换装固态硬盘,可能也无法起到作用,正确。

A 选项:力度较弱,"一些"数量未知,无法起到削弱作用,排除。

B、C 两项:无关选项,销售利润、换装费用与题干中的因果无关,排除。

E 选项:无关选项,未涉及笔记本电脑运行速度慢的原因,排除。

故正确答案为 D 选项。

52. A 【难度】S5 【考点】两大论证型式 【命题方向】⑭论证推理 假设、前提

论据:(1)医学研究成果在杂志上发表之前需要经过匿名评审,这比较耗时;(2)新医学信息的及时公布将允许人们利用该信息提高健康水平。

结论:若研究者放弃这段等待时间,及时公布新医学信息,公共卫生水平可以更快获得提高。

第一思路:建立联系,表明放弃匿名评审的等待时间确实可以使公共卫生水平更快提高。

A 选项:方法可行,表明即便医学论文没有在杂志上发表,只是先公开这个成果,人们仍会使用该信息,所以使公共卫生水平的提高具备了条件,是必须要有的假设。

B、E 两项:无关选项,"不愿""愿意"是主观情感,与客观事实无关,排除。

C 选项:对象错误,题干论证的对象是"放弃匿名评审的信息",而不是"首次发表于匿名评审杂志的信息",排除。

D 选项:无关选项,题干论证与论文评审者是否是医学研究专家无关,排除。

故正确答案为 A 选项。

53. C 【难度】S5 【考点】两大论证型式 【命题方向】⑫论证推理 削弱、质疑、反驳

论据:(1)医学研究成果在杂志上发表之前需要经过匿名评审,这比较耗时;(2)新医学信息的及时公布将允许人们利用该信息提高健康水平。

结论:若研究者放弃这段等待时间,及时公布新医学信息,公共卫生水平可以更快获得提高。

第一思路:表明即使放弃匿名评审,也不能使公共卫生水平更快提高。

C选项:他因削弱,表明了匿名评审的重要性和不可或缺性,其可阻止含有错误结论文章的发表,对公共卫生水平的提高起到了正面的作用,所以不能放弃匿名评审,削弱了钟医生的论证,正确。

A选项:无关选项,"不愿意"是主观情感,与客观事实无关,排除。

B选项:易错项,"还取决于其他因素""不完全依赖于"表明社会公共卫生水平的提高还是取决于医学新发现,还是依赖于医学新发现,有支持作用,排除。

D、E两项:无关选项,媒体的报道、人们对生活方式的调整与题干论证无关,排除。

故正确答案为C选项。

54. C 【难度】S5 【考点】稳赢分析法 【命题方向】⑪综合推理 综合题组(匹配)

题干信息:(0)每种食材只能有2人选用,每人只能选用2种食材,每人所选食材名称的第一个字与自己的姓氏均不相同;(1)金粲 水蜜桃→¬ 水仙 金针菇;

(2)木心 金针菇∨木心 土豆→木心 木耳;(3)火珊 水蜜桃→火珊 木耳∧火珊 土豆;

(4)木心 火腿→¬ 火珊 金针菇。

第一思路:此题为匹配题型,两两匹配,信息较多,可采用图表法解题。

解题步骤:(a)由(0)可知,每人所选食材名称的第一个字与自己的姓氏不同。因此,金粲不能选金针菇,木心不能选木耳,水仙不能选水蜜桃,火珊不能选火腿,土润不能选土豆。木心不能选木耳,结合(2)逆否可得,木心既不能选金针菇,也不能选土豆。结合(0)"每人只能选用2种食材"可得,木心选水蜜桃和火腿。

(b)木心选火腿,结合(4)可知,火珊不选金针菇。

(c)由(3)可知,如果火珊选水蜜桃,则她也须选木耳和土豆;而每个人只能选用2种食材,所以火珊不能选水蜜桃。于是根据(0)和(b)的分析可以推知,火珊选木耳和土豆。

(d)由于金粲、木心和火珊都不选金针菇,而且每种食材只能有2人选用,所以水仙和土润选金针菇。

(e)水仙选金针菇,结合(1)逆否可得,金粲不选水蜜桃。

(f)由于每种食材只能有2人选用,而金粲、水仙和火珊都没有选水蜜桃,所以土润选水蜜桃。

(g)由于每人只能选用2种食材,而土润选了金针菇和水蜜桃,所以其他食材不能再选用。

将上述推理列表如下。

食材	金粲	木心	水仙	火珊	土润
金针菇	×(a)	×(a)	√(d)	×(b)	√(d)
木耳		×(a)		√(c)	×(g)
水蜜桃	×(e)	√(a)	×(a)	×(c)	√(f)
火腿		√(a)		×(a)	×(g)
土豆		×(a)		√(c)	×(a)

故正确答案为 C 选项。

55. B 【难度】S6 【考点】稳赢分析法 【命题方向】⑪综合推理 综合题组(匹配)

解题步骤：(h)水仙选用土豆,则不能选木耳和火腿。

(i)目前只有火珊一个人选木耳,故金粲也选木耳;目前只有木心一个人选火腿,故金粲也选火腿;目前已有水仙和火珊两个人选土豆,故金粲未选土豆。综合可得,金粲选木耳和火腿。

将上述推理列表如下。

食材	金粲	木心	水仙	火珊	土润
金针菇	×(a)	×(a)	√(d)	×(b)	√(d)
木耳	√(i)	×(a)	×(h)	√(c)	×(g)
水蜜桃	×(e)	√(a)	×(a)	×(c)	√(f)
火腿	√(i)	√(a)	×(h)	×(a)	×(g)
土豆	×(i)	×(a)	√(h)	√(c)	×(a)

故正确答案为 B 选项。

2015年管理类综合能力逻辑真题解析

答案速查表

26~30	BBECC	31~35	DBEDC	36~40	DAADA
41~45	CCEBA	46~50	EBCBD	51~55	ABEBD

26. B【难度】S5【考点】论证评价【命题方向】⑮论证推理 解释

解释对象:太阳系外的行星大多无法用现有的光学望远镜"看到"。

第一思路:给出上述现象产生的原因,要求选出具有强相关性、强力度的选项。题干陈述了两种能被"看到"的条件:①自身发光;②可以反射恒星光。因为太阳系外的行星本身不发光,不符合条件①。因此,要解释这些行星无法被"看到",则要指出其也不符合条件②。

B选项:表明太阳系外的行星很少能将恒星光反射到地球上,也就是不符合条件②,两种能被"看到"的情况都不符合,可以解释题干中的现象,正确。

A选项:相关性弱,题干信息并未涉及行星体积大小与能否被"看到"之间的关系,排除。

C选项:易错项,因为太阳系外的行星只是不符合条件①,那么其是否符合条件②呢?未知,所以该项依然无法解释为何太阳系外的行星无法被"看到",排除。

D、E两项:无关选项,主体错误,"恒星""太阳系内的行星"与题干论证无关,排除。

故正确答案为B选项。

27. B【难度】S5【考点】十大论证模型【命题方向】⑫论证推理 削弱、质疑、反驳

结构词:由此某专家建议。模型:方法目的。

方法:采取更加安全的措施,如使用固定电话或短信进行沟通。

目的:减少患神经胶质瘤的风险。

第一思路:找出证明方法达不到目的的选项。

B选项:方法达不到目的,表明人类所处空间中的电磁辐射强度已经超出手机通话产生的电磁辐射强度,所以避免使用移动电话这一建议无法从根本上减少人们所受到的电磁辐射,即使不使用移动电话,也无法降低患神经胶质瘤的风险。

A选项:无关选项,国家规定的安全标准与题干论证无关,排除。

C选项:相关性较弱,人们能够适应强电磁辐射的环境,不代表电磁辐射不威胁人体健康。比如,高原地区的人虽然已经适应了高原高辐射的环境,但是其皮肤仍旧每天受到高辐射的伤害,这是两码事,不可混为一谈。

D选项:力度较弱,"有些"数量未知,若对多数人的健康仍会产生威胁,则题干依然成立。

E选项:易错项,从解题技巧来看,"手机短信"是题干所举的例子,正确答案通常不针对例子进行削弱或支持。从本质来看,题干将"手机短信"描述为"更加安全的措施",也就是比手机产生的电磁辐射小即可,不需要完全没有电磁辐射,如果使用短信比手机通话产生的电磁辐射小,那么建议就是合理的,无法削弱。

故正确答案为 B 选项。

28.E 【难度】S4【考点】稳赢分析法【命题方向】⑧综合推理 匹配

第一思路:由题干信息画出正六边形,由该图判断选项。

E 选项:由上图可知,如果丙与戊不相邻,则丙与己相邻,正确。

A、B 两项:由上图可知,丙、丁与乙相邻,己、戊与甲相邻,排除。

C 选项:与(1)矛盾,排除。

D 选项:由上图可知,如果甲与戊相邻,那么丁与己可能正面相对,也可能相邻,排除。

故正确答案为 E 选项。

29.C 【难度】S4【考点】两大论证型式【命题方向】⑭论证推理 假设、前提

论据:现代计算机已经具备一定的学习能力,但完全的自我学习能力还有待发展。

结论:计算机不可能达到甚至超过人类的直觉、多层次抽象等独特智能。

第一思路:建立联系,表明计算机即使已经具备一定的学习能力,也不可能获得人类的独特智能。

C 选项:建立联系,与上述第一思路一致,是题干论证必须要有的假设,正确。

A 选项:态度错误,计算机如果有完全的自我学习能力就能形成独特智能,那么对题干论证有削弱作用,排除。

B、D、E 三项:相关性较弱,"人类的语言""人类的感情""自然进化能力""人类复杂的社会关系"与题干中"直觉、多层次抽象等独特智能"不一致,排除。

故正确答案为 C 选项。

30.C 【难度】S5【考点】直言、假言命题【命题方向】①形式逻辑 正向推理

题干信息:(1)交通信号不一致∨有证据→¬录入。(注意,"交通信号不一致"与"有证据"之间是"或"的关系,因此该信息表达的是,满足其中任何一种情况的都不得录入系统。)

(2)已录入→完善规范∧减少争议。(注意,A 必须 B=A→B。"完善规范"与"减少争议"之间没有推理连接词,而逗号表达并列,所以二者是"且"的关系。)

第一思路:题干信息无推理链条,故对选项进行逐一比对。

C 选项:交通信号不一致→¬录入,符合(1),正确。

A 选项:无中生有,减少争议→倾听群众异议∧加强群众监督,与题干信息不一致,排除。

B 选项:不合规则,完善规范→减少争议,不符合(2),排除。

D 选项:不合规则,¬有证据→录入,不符合(1),排除。

E 选项:无中生有,使用行车记录仪→减少被录入的可能性,与题干信息不一致,排除。

故正确答案为 C 选项。

31. D 【难度】S5 【考点】概念 【命题方向】⑤形式逻辑 加分题型

题干信息:(1)青年女教师≥5;(2)中年女教师≥6;(3)青年女教师≥7。

第一思路:将题干信息整理之后,发现其相同点为女教师,不同点为年龄(青年、中年)。可利用命题之间的相容和不相容关系进行解题。

(1)(3)均为青年女教师,二者之间有包含关系,综合可知:(4)青年女教师≥7。

青年和中年为不相容关系,综合可知:女教师≥13(6+7=13),D 选项正确。

A 选项:由(4)可知,有些青年教师是女性,但"有的"推不出"有的不",排除。

B 选项:由(4)可知,有些女青年是教师,但"有的"推不出"有的不",排除。

C 选项:由(4)可知,青年教师至少有 7 名,但无法得知是否至少有 11 名,排除。

E 选项:由(4)可知,女青年至少有 7 名,至多有几名未知,排除。

故正确答案为 D 选项。

32. B 【难度】S5 【考点】稳赢分析法 【命题方向】⑪综合推理 综合题组(真话假话)

题干信息:(1)青年女教师≥5;(2)中年女教师≥6;(3)青年女教师≥7。

第一思路:题干信息未出现矛盾关系,但是(1)(3)之间有包含关系,可以此为切入点进行解题。

如果(1)是假的,则(3)一定为假,又已知只有一句话为假,根据归谬的思想可知,(1)是真的,即青年女教师至少有 5 名,则青年教师至少有 5 名,所以 B 选项正确,其他选项均无法确定真假。

故正确答案为 B 选项。

33. E 【难度】S4 【考点】假言命题 【命题方向】③形式逻辑 真假判定

题干信息:办公大楼设计得越完美→该企业离解体的时间越近。

第一思路:质疑该观点,即找有其矛盾关系"办公大楼设计得越完美∧¬该企业离解体的时间越近"的选项。

E 选项:办公大楼修建得美轮美奂→该企业的事业蒸蒸日上,是题干信息的矛盾关系。

故正确答案为 E 选项。

34. D 【难度】S5 【考点】假言命题 【命题方向】①形式逻辑 正向推理

题干信息:(1)张云与李华同行→张云∧李华 大巴;

(2)高铁票价<飞机票价→李华 高铁;

(3)¬ 预报二月初北京有雨雪→王涛 飞机;

(4)航班时间合适→李华∧王涛 飞机。

第一思路:题干信息无推理链条,但观察选项,发现 A、C、D 三项均涉及"北京的雨雪天气"的信息,所以优先锁定(3)验证这三个选项。

D 选项:三人 大巴→¬ 王涛 飞机→预报二月初北京有雨雪,正确。

A 选项:无中生有,结合(3)逆否可得,王涛 高铁→¬ 王涛 飞机→预报二月初北京雨雪,"预报北京有雨雪"和该项的"北京有雨雪"不一致,排除。

C 选项:不合规则,王涛乘坐飞机,无法推知北京是否有雨雪天气,排除。

B 选项:不合规则,¬ 李华 高铁∧¬ 李华 飞机,但题干中为"飞机、高铁与大巴等交通工具",所以无法得知李华是否选择大巴并和张云同行,排除。

E 选项:不合规则,三人 飞机→¬ 李华 高铁→高铁票价≥飞机票价,两种票价可能相等,排除。

故正确答案为 D 选项。

35.C 【难度】S6【考点】两大论证型式【命题方向】⑫论证推理 削弱、质疑、反驳

论据:中签率低至 1∶70,但"李祥"这个名字连续 4 个月中签。

结论:不少市民据此认为有人作弊。

第一思路:该论证是知果推因的模式。知果推因型论证,最常见的削弱方式为他因削弱,即指出存在他因导致该结果出现。

果:"李祥"这个名字连续 4 个月中签(已经出现的事实情况)。

因:作弊(市民通过结果进行的推测)。

C 选项:他因削弱,如果有 300 个人名叫"李祥",按照最低中签率 1∶70 计算,其中应该约 4 人中签,故"李祥"连续 4 个月中签符合正常比例,说明并未作弊,可以消解质疑,正确。

A 选项:无关选项,主体不一致,"张磊"与题干中的"李祥"无关,排除。

B 选项:无关选项,无法解释"李祥"这个名字连续 4 个月中签的现象,排除。

D 选项:力度较弱,即使在有关部门监督下进行,也无法保证没有作弊,排除。

E 选项:易错项,即使每一位申请人都被随机赋予一个不重复的编码,依然无法解释"李祥"为什么能连续 4 个月中签,无法消解质疑,排除。

故正确答案为 C 选项。

36.D 【难度】S4【考点】十大论证模型【命题方向】⑭论证推理 假设、前提

问题:误译导致大多数消费者误以为扁桃仁和杏仁是相同的产品。

对策:必须制定林果的统一行业标准,还相关产品以本来面目。

第一思路:问题对策模型,假设的思路为,(1)对策可以解决问题;(2)对策提出的方法可行。

D选项:方法可行,如果我国之前已经有了林果的统一行业标准,那么就无须再制定(加非验证)。所以目前没有统一行业标准是制定统一行业标准的前提条件,正确。

A选项:无关选项,题干中表明了是误译导致消费者产生误解,而不是外形相似,排除。

B、C、E三项:无关选项,企业和大众是否认可专家意见、对外贸易、销量等信息均与题干论证无关,排除。

故正确答案为D选项。

37. A 【难度】S4【考点】联言、选言、假言命题【命题方向】①形式逻辑　正向推理

题干信息:(1)电影∨拜访;(2)开车→¬电影;(3)拜访→约定;(4)¬约定。

第一思路:(4)为确定信息,由确定信息入手推理即可。

(4)(3)(1)(2)传递可得:¬约定→¬拜访→电影→¬开车。

故正确答案为A选项。

38. A 【难度】S5【考点】无确定信息破解法【命题方向】⑪综合推理　综合题组(分组)

题干信息:(0)研究生3选2;本科生5选3;同一学院或者同一社团至多选派一人。

(1)数学学院:唐(研)、朱(本)。

(2)文学院:周(本)、徐(本)。

(3)辩论协会:李(本)、朱(本)。

第一思路:当出现数量限制时,要从数量入手突破。

题干为"选人模型"。研究生3选2,说明有1人没入选;本科生5选3,说明有2人没入选。

文学院至多选一人,所以周和徐至少一人没入选;辩论协会至多选一人,所以李和朱至少一人没入选;此时本科生中已经有2人没入选,要满足5选3,则剩下的文琴一定入选。

故正确答案为A选项。

39. D 【难度】S5【考点】确定信息呼呼推【命题方向】⑪综合推理　综合题组(分组)

题干信息:唐入选。

第一思路:由"唐入选"这一确定信息入手解题。

"唐入选"结合(1)可知,朱(本)不能入选。根据上题分析可知,文(本)入选;由(0)可知,周(本)、徐(本)、李(本)中必有2人入选且不能来自同一学院或同一社团;结合(2)可知,周、徐必有一人不能入选,所以李一定入选。

故正确答案为D选项。

40. A 【难度】S5【考点】直言命题　三段论【命题方向】②形式逻辑　支持假设

题干信息:(1)有些阔叶→常绿;(2)所有阔叶→¬寒带。

第一思路:问题要求反驳(2),就要找出结合(1)可以得到(2)的矛盾关系,即(3)有些阔叶→寒带的选项。

A选项:常绿→寒带,与(1)传递可得,有些阔叶→常绿→寒带,即得到,(3)有些阔叶→寒带,正确。

故正确答案为A选项。

41. C 【难度】S5 【考点】稳赢分析法 【命题方向】⑪综合推理 综合题组(数字相关)

题干信息:(0)4个年级,共12人;(1)每个年级至少1人;(2)每个年级人数各不同;(3)有两个年级的队员人数相乘等于另一个年级的队员人数。

第一思路:(3)相对苛刻,可从其入手分析。

这两个年级的人数不能是1,也不能超过3,故只能是2和3,此时另一个年级的人数为6,2+3+6=11,还剩下一个年级的人数应该是1。此时4个年级的人数分别为1、2、3、6,完全符合题干信息。

故正确答案为C选项。

42. C 【难度】S5 【考点】假言命题 【命题方向】③形式逻辑 真假判定

题干信息:(4)长跑→¬(短跑∨跳高)=长跑→¬短跑∧¬跳高。

(5)跳远→¬(长跑∨铅球)=跳远→¬长跑∧¬铅球。

(5)的等价逆否命题为,(6)长跑∨铅球→¬跳远。

(7)某年级选择长跑∧人数>1。

第一思路:由(7)这一确定信息入手解题。

(7)结合(4)可得,¬短跑∧¬跳高。(7)结合(6)可得,¬跳远。

C选项:短跑∨跳远,与推知的信息"¬短跑∧¬跳远"矛盾,是不可能的。

A、B、D、E四项与推知的信息不矛盾,都是可能的情况。

故正确答案为C选项。

43. E 【难度】S5 【考点】假言命题 【命题方向】①形式逻辑 正向推理

题干信息:(1)甲→查杀目前已知的所有病毒;(2)¬乙防御一号病毒→¬丙查杀一号病毒;(3)查杀目前已知的所有病毒→丙防御一号病毒;(4)启动丙→启动甲。

第一思路:题干信息能够形成推理链条,通常锁定链条首尾信息可以得出答案。

(4)(1)(3)传递可得:(5)启动丙→启动甲→查杀目前已知的所有病毒→丙防御一号。

E选项:启动丙→防御∧查杀 一号病毒,与上述分析一致,正确。

A选项:不合规则,防御∧查杀 一号病毒→启动丙,无法推出,排除。

B选项:易错项,启动甲→查杀所有病毒,而(1)中为查杀目前"已知的"所有病毒,细节不一致,排除。

C选项:不合规则,启动乙→查杀一号病毒,但题干信息无法由乙推出任何信息,排除。

D选项:不合规则,防御∧查杀 一号病毒→启动乙,无法推出,排除。

故正确答案为E选项。

44. B 【难度】S5 【考点】论证评价 【命题方向】⑱论证推理 论证方式、漏洞识别

实验组:注射化合物,角膜感觉神经复合。

对照组:未注射化合物,角膜感觉神经没有复合。

结论:该化合物可以使兔子断裂的角膜感觉神经复合。

第一思路:识别题干的论证方式并与选项进行比对。题干中所采用的方法为对照实验,运用了穆勒五法中的求异法原理。

B选项:对照实验,利用求异法探究光照对绿色植物生长的快慢的影响,与题干相似,正确。

A选项:类比推理,北极冰川地区的气候与木卫二的环境相似,且北极冰川地区有细菌,所以木卫二可能存在生命,与题干不相似,排除。

C选项:该论证有两个漏洞,①老王可能无法代表年龄大的人的整体情况,②所得结论应为戴老花眼镜与视力之间的关系,排除。

D选项:剩余法,排除其中一种可能,推出是另一种可能,与题干不相似,排除。

E选项:三段论推理,与题干不相似,排除。

故正确答案为B选项。

45. A 【难度】S5 【考点】假言命题 【命题方向】①形式逻辑 正向推理

题干信息:介绍了院试、乡试、会试、殿试中考中者和第一名的称呼,整理可得下表。

考试级别	考中者称呼	第一名称呼
院试	生员	
乡试	举人	解元
会试	贡士	会元
殿试	进士	状元

第一思路:题干信息较零散,没有推理链条。观察选项可知,出现次数比较多的信息是"中举"(A、B、C三项)和"中会元"(A、D、E三项)。故优先验证这二者之间的关系。

A选项:若中会元,则说明在会试中取得了第一名,所以一定通过了乡试,即一定中过举,该项与题干信息矛盾,正确。

故正确答案为A选项。

46. E 【难度】S4 【考点】假言命题 【命题方向】③形式逻辑 真假判定

题干信息:(1)原来出色→被提拔重用后碌碌无为。

第一思路:问题要求质疑上述观点,即找(1)的矛盾关系。

(1)的矛盾关系为,(2)原来出色∧¬被提拔重用后碌碌无为。

E选项:原来业绩出众∧¬提拔后碌碌无为,与(2)一致,是题干信息的矛盾关系,可以质疑。

故正确答案为E选项。

47.B 【难度】S4【考点】假言命题【命题方向】①形式逻辑 正向推理

题干信息:(1)酒倒进污水→污水;(2)污水倒进酒→污水;

(3)¬加强管理→吞没∧散沙。

第一思路:题干信息没有推理链条,可验证选项,根据性质进行排除和选择。

B选项:¬吞没→加强管理,是(3)的等价逆否命题,正确。

A选项:不合规则,散沙→¬加强管理,不符合(3),排除。

C选项:无中生有,正直能干的人进入组织→使组织变得高效,题干中没有相关信息,排除。

D选项:不合规则,¬污水倒进酒→¬污水,不符合(2),排除。

E选项:移花接木,存在难缠人物→散沙,不符合题干信息,排除。

故正确答案为B选项。

48.C 【难度】S5【考点】两大论证型式【命题方向】⑬论证推理 支持、加强

论据:实验鼠体内神经连接蛋白的蛋白质如果合成过多,会导致自闭症。

结论:自闭症与神经连接蛋白的蛋白质合成量具有重要关联。

第一思路:题干论证涉及了因(蛋白质合成量)与果(自闭症)之间的关系,支持因果关系的方法首选建立联系,其次是有因有果、无因无果,再次是排除他因。

C选项:无因无果,神经连接蛋白的蛋白质合成受抑制使得自闭症状得到缓解,说明该蛋白质合成与自闭症因果相关,可以支持,正确。

A、D、E三项:无关选项,实验鼠的年龄、群居或独处、雄性或雌性与题干论证无关,排除。

B选项:无关选项,未涉及神经连接蛋白的蛋白质合成量对自闭症的影响,排除。

故正确答案为C选项。

49.B 【难度】S4【考点】十大论证模型【命题方向】⑭论证推理 假设、前提

问题:目前世界面临石油资源短缺、环保和全球气候变化的问题。

对策:应该大力开发和利用生物燃料。

第一思路:首选解题思路为对策可以解决问题的选项,其次是方法可行的选项。

B选项:对策可以解决问题,发展生物燃料可以使化石燃料的消耗降低,从而缓解目前世界面临的问题,正确。

A、D两项:态度错误,说明了使用生物燃料有弊端,削弱了题干论证,排除。

C选项:相关性较弱,如果生物燃料只是适当补充,那么有生物燃料即可,没有必要大力开发和利用,排除。

E选项:相关性较弱,主体错误,题干并未提及"我国",而且我国目前是否取得成绩与题干论证无关,排除。

故正确答案为B选项。

50. D 【难度】S4【考点】假言命题【命题方向】①形式逻辑　正向推理

题干信息:(1)耐药性→缓慢;(2)¬消除→死;(3)控制→疫苗。

第一思路:题干信息没有推理链条,可验证选项,根据性质进行排除和选择。

D选项:¬死→消除,是(2)的等价逆否命题,正确。

A选项:不合规则,¬耐药性→¬缓慢,与(1)不一致,排除。

B选项:无中生有,题干仅提及目前有12种新疫苗正在测试之中,但应用于临床之后的情况未知,排除。

C选项:无中生有,题干中的数据为新增患者及死亡患者数量,无法计算出死亡率,排除。

E选项:不合规则,疫苗→控制,与(3)不一致,排除。

故正确答案为D选项。

51. A 【难度】S5【考点】假言命题【命题方向】①形式逻辑　正向推理

题干信息:(1)¬信仰→¬底线;(2)信仰→学习。

由(1)(2)传递可得:(3)底线→信仰→学习。

第一思路:题干信息有推理链条,优先锁定链条首尾验证选项。链条首尾为"底线"和"学习",故锁定A、E两项。

A选项:底线→学习,符合(3),正确。

B选项:不合规则,¬底线→¬信仰,与(1)不一致,排除。

C选项:不合规则,信仰→底线,与(1)不一致,排除。

D选项:易错项,不合规则,¬底线→¬信仰,与(1)不一致,排除。(A是因为B=A→B。)

故正确答案为A选项。

E选项:不合规则,学习→底线,与(3)不一致,排除。

52. B 【难度】S5【考点】两大论证型式【命题方向】⑬论证推理　支持、加强

论据:血液中酒精浓度只有酒驾法定值的一半时,计算准确率低。

结论:应该让立法者重新界定酒驾法定值。

第一思路:支持题型首选建立联系的选项,使论据与结论相关。

B选项:建立联系,酒精浓度是酒驾法定值的一半时也会对人的判断产生影响,所以有必要修改酒驾法定值,支持。

A选项:无关选项,"饮酒过量"与题干论证无关,排除。

C、D两项:态度错误,表明酒驾法定值不应修改,削弱。

E 选项:无关选项,该项未涉及是否应该重新界定酒驾法定值这个问题,排除。

故正确答案为 B 选项。

53. E【难度】S5【考点】两大论证型式【命题方向】⑬论证推理 支持、加强

论据:相隔4年的两次智商测试发现学生的智商得分发生变化;得分提高了的学生,脑部灰质增多。

结论:个体的智商变化确实存在。

第一思路:问题为"除哪项外",需要找到无法支持题干实验结论的选项。

E 选项:无法支持,表现不突出与智商的关系并不是本题讨论的问题,无法支持,正确。

A 选项:可以支持,说明青少年脑部区域的灰质随年龄增长而增加,智商确实会变化,排除。

B 选项:可以支持,智力表现与大脑结构变化相关支持了题干中的实验结果,即智商提高的同时大脑结构会发生变化,排除。

C 选项:可以支持,智商提高与大脑灰质增多相关,支持了题干中的实验结果,排除。

D 选项:可以支持,说明个体智商变化的情况确实存在,支持题干结论,排除。

故正确答案为 E 选项。

54. B【难度】S5【考点】无确定信息破解法【命题方向】⑪综合推理 综合题组(匹配)

题干信息:(1)化学→数学;(2)怡和→风云;(3)只有一家招聘文秘,且该公司¬物理;

(4)怡和 管理→怡和 文秘;(5)¬宏宇 文秘→怡和 文秘。

第一思路:题干没有确定信息,但出现了假言命题(1)(2)(4)(5)和数量限制(3),马上想到"假设+归谬"的思路,先找到确定信息,作为推理起点。

解题步骤:(a)由(2)可知,如果怡和招聘文秘专业,那么风云也要招聘文秘专业,与(3)"只有一家招聘文秘专业"矛盾。所以可知,¬怡和 文秘。

(b)由"¬怡和 文秘"结合(4)可知,¬怡和 文秘→¬怡和 管理;结合(5)可知,¬怡和 文秘→宏宇 文秘;再结合(3)可知,¬风云 文秘∧¬宏宇 物理。

(c)结合"只有一家公司招聘物理专业"和(2)可知,怡和不能招聘物理专业,风云招聘物理专业。列表如下。

招聘公司	数学	物理	化学	管理	文秘	法学
风云		√(c)			×(b)	
怡和		×(c)		×(b)	×(a)	
宏宇		×(b)			√(b)	

故正确答案为 B 选项。

55. D【难度】S6【考点】无确定信息破解法【命题方向】⑪综合推理 综合题组(匹配)

由上题解题步骤(a)(b)可知,¬怡和 文秘、¬怡和 管理、宏宇 文秘、¬风云 文秘、

¬宏宇 物理。

第一思路: 新增信息为"三家公司都招聘3个专业"这一数量限制,所以要结合数量进行"假设+归谬",以得到有效信息。

解题步骤:(d)已知怡和不招聘管理专业和文秘专业,又由(1)可知,如果怡和不招聘数学专业,那么也不招聘化学专业,此时与"三家公司都招聘3个专业"相矛盾,根据归谬的思想可知,怡和要招聘数学专业;再结合(2)可知,风云也要招聘数学专业。列表如下。

招聘公司	数学	物理	化学	管理	文秘	法学
风云	√(d)				×(b)	
怡和	√(d)			×(b)	×(a)	
宏宇		×(b)			√(b)	

故正确答案为 D 选项。

2014年管理类综合能力逻辑真题解析

答案速查表					
26~30	ECBBE	31~35	CDBBE	36~40	BCDAD
41~45	CDDCD	46~50	DEEDD	51~55	DEEDD

26.E 【难度】S4 【考点】两大论证型式 【命题方向】⑫论证推理 削弱、质疑、反驳

结构词:有专家据此认为。

论据:光纤网络使网速大幅度提高,也给社会生产力发展水平较低的国家的人们带来便利。

结论:光纤网络将大幅提高人们的生活质量。

第一思路:注意结论中出现了"将",表示对未来的预测,所以削弱的思路是表明该预测不成立,即光纤网络无法大幅提高人们的生活质量。

E 选项:相关性强、力度强,"生活质量的提高"一词与题干结论关键词一致,且指出其仅决定于社会生产力的发展水平,割裂了光纤网络与生活质量的关系,正确。

A 选项:相关性较弱、力度较弱,"创造高品质的生活"与"提高生活质量"概念不一致,且无因(没有光纤网络)有果(可以创造高品质的生活)这一质疑思路力度较弱,排除。

B 选项:力度较弱,"可能"一词力度弱,排除。

C 选项:相关性较弱,上网费用增加与人们生活质量提高的关系不明,排除。

D 选项:力度较弱,"有时"一词力度弱,排除。

故正确答案为 E 选项。

27.C 【难度】S5 【考点】概念 【命题方向】⑤形式逻辑 加分题型

题干信息:郑强知道 A,B 是 A,所以郑强知道 B。

第一思路:找到李栋的逻辑漏洞,与选项比对。

该论证中所出现的逻辑错误是偷换概念(不当同一替换),将 A 与 B 强行等价,可能郑强并不知道 B 就是 A,即"B 是 A"和"知道 B 是 A"具有不同的含义,也就无法得出郑强知道 B 的结论。

C 选项:不当同一替换,黄相信 A,B 是 A,所以黄相信 B,与题干所犯的错误一样,正确。

A 选项:第一个"中国人"指中国人这个群体,是集合概念;第二个"中国人"具体指李岚这个人,是非集合概念。该项所犯的错误为集合概念与非集合概念的错误混用,排除。

B 选项:部分(原子)所具有的特点(不是肉眼可见),整体(金砖)不一定具有,排除。

D 选项:推不出,虽然听到结束的哨声,但1:0的比分是否保持到终场未知,排除。

E 选项:偷换概念,第一个"大"表示相对于小的蚂蚁来说是大的,第二个"大"表示相对于所有动物来说是大的,两个"大"的含义不同,排除。

故正确答案为 C 选项。

28. B 【难度】S4【考点】假言命题【命题方向】③形式逻辑 真假判定

题干信息:陈先生孩子的回答为,风雨∧¬彩虹。

第一思路:问题要求用陈先生孩子的回答来"反驳",即找陈先生孩子的回答的矛盾关系。

陈先生孩子回答的矛盾关系:风雨→彩虹。

B 选项:风雨→彩虹,与陈先生孩子的回答是矛盾关系,正确。

A、C 两项:彩虹→风雨,与陈先生孩子的回答不矛盾,排除。

D、E 两项:逻辑关系不是"推",不符合矛盾关系的公式性质,排除。

故正确答案为 B 选项。

29. B 【难度】S5【考点】咔咔排除法【命题方向】⑧综合推理 匹配

第一思路:由"每位考生都至少答对1道题"无法进行正向推理,但选项充分,所以此题应采用选项代入排除法。

B 选项:符合题干条件,正确。

A 选项:第六位考生不符合,排除。

C 选项:第一、第四、第六位考生不符合,排除。

D 选项:第二、第三、第五位考生不符合,排除。

E 选项:第一、第四位考生不符合,排除。

故正确答案为 B 选项。

30. E 【难度】S6【考点】两大论证型式【命题方向】⑫论证推理 削弱、质疑、反驳

论据:番茄红素水平最高的1/4的人中有11人中风;番茄红素水平最低的1/4的人中有25人中风。

结论:番茄红素能降低中风的发生率。

第一思路:表明由这些数据无法得出结论。

E 选项:归谬削弱,如果题干结论正确,那么随着番茄红素水平的降低,中风的人应该逐渐增多,所以番茄红素水平"中高"的1/4人和番茄红素水平"中低"的1/4人中,中风人数应都在11~25之间,并且前者比后者数量少,所以二者的总人数一定比50小,而 E 选项说被跟踪的另一半人中有50人中风,这就说明并不符合以上规律,所以该项质疑了题干的研究结论。(此题的思路在真题中并不多见,一定要注意辨析选项,把本质想明白。)

A 选项:无关选项,病情轻重与题干论证无关,排除。

B 选项:无关选项,诱发中风的原因与题干论证无关,排除。

C 选项:力度较弱,"也许"一词力度较弱,排除。

D 选项:易错项,经常会有同学认为此项是他因削弱,但其实并没有形成"他因"。原因在于,题干是将"番茄红素水平最高"的人和"番茄红素水平最低"的人进行对比,所以如果要形成"他因",就要表明这两类人在除了番茄红素水平之外的其他因素上有差异。而 D 选项只是提出了"番茄红素水平高的人约有 1/4 喜爱运动",可番茄红素水平低的人中有多少喜爱运动呢?未知。如果也是 1/4 的比例,那么这两类人就没有差异。如果将 D 选项改为"番茄红素水平最高的人喜爱运动,番茄红素水平最低的人不喜爱运动",此时"运动"才能成为他因,从而起到削弱的作用。

故正确答案为 E 选项。

31. C【难度】S4【考点】两大论证型式【命题方向】⑬论证推理 支持、加强

论据:以前根据恐龙腿骨为圆柱形的假定计算动物体重;现研究发现恐龙腿骨化石都有一定的弯曲度。

结论:以前高估了恐龙腿部所能承受的最大身体重量。

第一思路:建立恐龙腿骨的变化与能承受的最大身体重量的计算值之间的联系。

C 选项:强相关性,提及了"圆柱形腿骨""弯曲的腿骨""能够承受的重量",建立了腿骨和其能承受的最大重量的联系。从原来认为腿骨是圆柱形转变为有一定弯曲度,如果圆柱形腿骨能承受的重量比有弯曲度的腿骨大,那么原来的估算就偏高了,正确。

A、B、D、E 四项:无关选项,"人们认为""骨骼粗壮""肌肉支撑""翼龙"均与题干论证无关,排除。

故正确答案为 C 选项。

32. D【难度】S4【考点】假言命题【命题方向】③形式逻辑 真假判定

题干信息:(1)具体∨平均→差距。

第一思路:"反驳"即找矛盾关系。

(1)的矛盾关系:(2)(具体∨平均)∧¬差距=(3)(具体∧¬差距)∨(平均∧¬差距)。

D 选项:连接词、内容都正确,平均∧¬差距,正确。

A、C、E 三项:连接词性质排除,"如果……则……""就"都是推理关系,而根据公式,矛盾关系应该是"且"的逻辑关系,排除。

B 选项:连接词性质正确,内容错误,差距∧¬平均,不符合(3),排除。

故正确答案为 D 选项。

33. B【难度】S5【考点】稳赢分析法【命题方向】⑩综合推理 数字相关

题干信息:(1)个人笔记本电脑的销量持续增长;

(2)其增长率低于所有产品总销量的增长率。

第一思路:持续增长但增长率低于所有产品的增长率,说明其在总量中的占比持续下降。

B 选项:该产品销量增长速度低于总销量增长速度,那么其占总销量的比例必然下降。

A、C 两项:个人笔记本电脑的销量和所有产品总销量都在持续增长,符合题干信息,排除。

以 5 年来笔记本销量年增长率为 50%,总销量年增长率为 100% 为例,列表如下。

项目	1	2	3	4	5
笔记本销量	100	150	225	337.5	506.25
总销量	1 000	2 000	4 000	8 000	16 000
比例(%)	10	7.5	5.625	4.219	3.164

所以 B 选项与题干信息相矛盾,D、E 两项与题干信息相符。

故正确答案为 B 选项。

34.B 【难度】S5 【考点】直言命题 【命题方向】③形式逻辑 真假判定

题干信息:(1)每个凡夫俗子一生之中都将面临许多问题;(2)很少有人掌握分析问题的方法与技巧。

第一思路:"反驳"即找矛盾关系。

注意:(1)中的"每个"是绝对化信息,读题时需要重点关注。

B 选项:与(1)矛盾,"每个"="所有都",与"有的不"矛盾,正确。

A、E 两项:未与题干信息产生矛盾,排除。

C 选项:与(2)一致,排除。

D 选项:与题干信息无关,排除。

故正确答案为 B 选项。

35.E 【难度】S5 【考点】两大论证型式 【命题方向】⑬论证推理 支持、加强

论据:维生素 D 缺乏的孩子中感染呼吸道合胞病毒的比例高于维生素 D 正常的孩子。

结论:孕妇适当补充维生素 D(因)可降低新生儿感染呼吸道合胞病毒的风险(果)。

第一思路:建立联系,使维生素 D 与降低新生儿感染呼吸道合胞病毒的风险有联系。

E 选项:建立联系,表明维生素 D 对呼吸道的发育确实有利,可以预防呼吸道病毒感染,支持题干。

A 选项:无关选项,描述了维生素 D 缺乏的原因,但并未建立起维生素 D 缺乏与感染病毒之间的联系,排除。

B 选项:相关性较弱,题干说的是"呼吸道合胞病毒",与"流感病毒"不一致,排除。

C 选项:力度较弱,"一些"一词力度弱,排除。

D 选项:诉诸无知,相似性没有得到明确验证,那么研究对象是否具有代表性呢?未知,无法支持,排除。

故正确答案为 E 选项。

36. B 【难度】S5 【考点】论证评价 【命题方向】⑮论证推理 解释

解释对象:"随便给"的营销策略很成功,"随便给"的酒馆比另外几家酒馆利润高。

第一思路:找准解释对象,选出强相关性、强力度的选项。

B 选项:力度较强,可以解释,由题干可知,大多数顾客付费金额超出本来价格的 20%,而该项又确保了不会有亏本的情况出现,所以整体收益较高。

A 选项:力度较弱,"部分"有多少?是否足以导致利润高呢?不确定,无法解释。

C 选项:态度错误,如果是位置好导致利润高,在一定程度上起到了削弱作用,排除。

D、E 两项:无关选项,无法解释"随便给"营销策略的成功,排除。

故正确答案为 B 选项。

37. C 【难度】S5 【考点】无确定信息破解法 【命题方向】⑪综合推理 综合题组(真话假话)

第一思路:题干信息有真有假,所以该题是真话假话题型。题干并未告知真假数量,4 句话中也没有出现矛盾关系,所以马上考虑"假设+归谬"的思路。

因为真假由提到的人是否是经办人决定,所以可以从经办人开始进行假设。

分析赵义所说的话:"审批领导的签名不是钱仁礼。"说话的人是赵义,提到的身份是审批领导,提到的人是钱仁礼。假设赵义提到的钱仁礼是经办人,则该回答为假,即钱仁礼是审批领导。此时钱仁礼既是经办人又是审批领导,与题干条件矛盾,所以假设不成立,故钱仁礼不是经办人。

同理,假设钱仁礼提到的李信是经办人,则该回答为假,李信是复核,与题干条件矛盾,所以李信不是经办人;假设孙智提到的赵义是经办人,则该回答为假,赵义是出纳,与题干条件矛盾,所以赵义也不是经办人。钱仁礼、李信、赵义都不是经办人,于是可知,经办人是孙智。

故正确答案为 C 选项。

38. D 【难度】S5 【考点】确定信息呼呼推 【命题方向】⑪综合推理 综合题组(匹配)

第一思路:由上题推出的"经办人是孙智"入手,结合条件继续推理。

由于经办人是孙智,而题干中的四个人都未提到经办人,则他们的回答都为真。钱仁礼不是经办人、审批领导、复核,所以一定是出纳。复核不是李信、孙智、钱仁礼,所以一定是赵义。

故正确答案为 D 选项。

39. A 【难度】S4 【考点】两大论证型式 【命题方向】⑭论证推理 假设、前提

论据:板块运动有助于维系行星表面的水体。

结论:板块运动可被视为行星存在宜居环境的标志之一。

第一思路:建立联系,论据和结论都有"板块运动",所以要建立"水体"和"宜居"之间的联系。

A 选项:建立联系,建立起水体和生命之间的联系,是必须要有的假设,正确。

B 选项:只与论据有关,没有与结论中的"宜居"建立联系,排除。

C、E两项:C选项在重复题干信息,E选项与题干论证无关,排除。

D选项:与题干论证相悖,排除。

故正确答案为A选项。

40. D 【难度】S5 【考点】稳赢分析法 【命题方向】⑧综合推理　匹配

题干信息:(1)第一支部没有选择"管理学""逻辑";

(2)第二支部没有选择"行政学""国际政治";

(3)只有第三支部选择了"科学前沿",说明其他支部都没有选择"科学前沿";

(4)每个支部选择两门课,所以第一支部和第二支部所选课程可以推出;

(5)任意两个支部所选课程均不完全相同。

支部	行政学	管理学	科学前沿	逻辑	国际政治
一	√(4)	×(1)	×(3)	×(1)	√(4)
二	×(2)	√(4)	×(3)	√(4)	×(2)
三			√(3)		
四			×(3)		

解法一:稳赢分析法。

由上表可知,第一支部选择的两门课程是"行政学""国际政治",第二支部选择的两门课程是"管理学""逻辑",第四支部没有选择"科学前沿";结合(5)可知,第四支部选择的两门课程应该是"行政学"和"国际政治"中的一门,再加上"管理学"和"逻辑"中的一门。

所以,第四支部如果没有选择"行政学",那么应该选择"国际政治",排除A、C两项。

如果没有选择"国际政治",那么应该选择"行政学",排除E选项。

如果没有选择"管理学",那么应该选择"逻辑",排除B选项,选择D选项。

解法二:咔咔排除法。

分析选项可知,题干信息的不确定性较大,而且选项都是"如果……那么……"这种需要假设的句式,所以此题也可以采用选项代入排除法。

A选项:如果没有选择"行政学",那么为了避免与第二支部完全相同,则必须要选择"国际政治",另外在"管理学"和"逻辑"中二选一,排除。

B选项:如果没有选择"管理学",那么为了避免与第一支部完全相同,则必须要选择"逻辑",另外在"行政学"和"国际政治"中二选一,排除。

C选项:参照A选项的分析,排除。

D选项:参照B选项的分析,正确。

E选项:如果没有选择"国际政治",那么为了避免与第二支部完全相同,则必须要选择"行政学",另外在"管理学"和"逻辑"中二选一,排除。

故正确答案为D选项。

41. C 【难度】S5【考点】论证评价【命题方向】⑮论证推理 解释

解释对象:"全球变暖"但北半球许多地区的民众在冬季感到相当寒冷。

第一思路:寻找与题干信息具有强相关性的选项,力度越强越好。

C 选项:强相关性,"两极附近"与"南北极地区的冰川"相关;"温度升高"与"全球变暖"相关;"北半球""严寒冬季"均与题干信息一致。由于全球变暖的影响,北半球这些地区原来的暖流中断,所以温度降低,解释了题干中的矛盾现象,正确。

A 选项:无关选项,南半球与题干论证无关,排除。

B 选项:无关选项,夏季与题干论证无关,排除。

D 选项:相关性较弱,题干并未涉及"赤道"这一信息,而且该项并未解释北半球许多地区的民众为什么在冬季感到相当寒冷,排除。

E 选项:无关选项,题干论证与冬季和夏季的温差无关,排除。

故正确答案为 C 选项。

42. D 【难度】S4【考点】联言、选言命题【命题方向】①形式逻辑 正向推理

题干信息:规章∨规范性文件。

第一思路:"或"的性质为,否定一边可推出另一边,因此优先寻找带有"如果……那么……"这种形式的选项。

"或"的关系表示至少有一个为真,所以否定其中之一(规范性文件)时,必然可以推出另一个(规章)为真,所以 D 选项正确。

C 选项:明确了其中之一属于规章,没有给出另一个《通知》的信息,无法推知其所属情况,排除。

A、B、E 三项:无关选项,题干信息与行政法规、违法行为无关,排除。

故正确答案为 D 选项。

43. D 【难度】S5【考点】直言、假言命题【命题方向】①形式逻辑 正向推理

题干信息:(1)专家→管好;(2)端正→尊重;(3)一知半解→¬尊重;(4)解除→¬管好。

(1)(4)传递可得:(5)专家→管好→¬解除。

(2)(3)传递可得:(6)端正→尊重→¬一知半解。

第一思路:题干信息有推理链条,优先锁定链条首尾验证选项。

链条(5)的首尾为"专家"和"解除",观察选项,D 选项涉及这两个词,验证 D 选项。

D 选项:专家→¬解除,与(5)一致,正确。

A 选项:移花接木,先转换为标准句式,即端正→¬解除,不符合题干信息,排除。

B 选项:无中生有,"解除了"表示事实情况,根据题干推理无法得到,排除。

C 选项:移花接木,先转换为标准句式,即尊重→¬解除,不符合题干信息,排除。

E 选项:移花接木,一知半解→解除,不符合题干信息,排除。

故正确答案为 D 选项。

44. C 【难度】S5 【考点】联言、选言、假言命题 【命题方向】①形式逻辑　正向推理

题干信息:(1)甲∨乙;(2)甲→经济问题;(3)乙→军事危机。

第一思路:题干信息的二难推理基本模型,可套公式得出答案。

C 选项:经济问题∨军事危机,可以由(1)(2)(3)综合推理得出,正确。

A 选项:可能¬经济问题∧¬军事危机,不符合"或者"至少有一真的含义,排除。

B 选项:经济问题→甲,不符合(2),排除。

D 选项:军事危机→乙,不符合(3),排除。

E 选项:经济问题∧军事危机→甲∧乙,不符合题干信息,排除。

故正确答案为 C 选项。

45. D 【难度】S5 【考点】直言命题　三段论 【命题方向】①形式逻辑　正向推理

题干信息:(1)有的免费,有的一般;(2)一般→¬免费;(3)免费→¬大城市(没有 A 是 B=所有 A 都不是 B=A→¬B);(4)一般→大城市;(5)¬免费→自谋;(6)免费→¬自谋。

(2)(5)传递可得:(7)一般→¬免费→自谋。

第一思路:题干信息有推理链条,优先锁定链条首尾验证选项。

链条(7)的首尾为"一般"和"自谋",观察选项,D 选项涉及这两个词,验证 D 选项。

D 选项:一般→自谋,与(7)一致,正确。

A、E 两项:不合规则,由(6)可得,自谋→¬免费,但"¬免费"是否就一定是一般师范生未知,是否可以选择留在大城市工作也无法推知,排除。

B 选项:无中生有,由(4)可得,一般师范生可以留在大城市,但其是否为唯一一类未知,排除。

C 选项:无中生有,由(1)可得,有免费师范生也有一般师范生,但是否只有这两类未知,排除。

故正确答案为 D 选项。

46. D 【难度】S5 【考点】稳赢分析法 【命题方向】⑧综合推理　匹配

题干信息:三人轮岗,文册原来是后勤,现在是文秘;原来在 110 室,现在在 111 室。

第一思路:三人轮岗的本质是三元素的完全错排,只需要将已知情况列出,再进行推理即可验证选项。列表如下。

项目	文册	孔瑞	姚薇
轮岗前	后勤(已知)	文秘(已知)	网络(推知)
	110室(已知)	111室(已知)	112室(推知)
轮岗后	文秘(已知)	网络(推知)	后勤(推知)
	111室(已知)	112室(推知)	110室(推知)

故正确答案为 D 选项。

47.E 【难度】S5 【考点】无确定信息破解法 【命题方向】⑧综合推理 匹配

题干信息:(1)晨桦(软件工程师);(2)晨桦坐在建国的左手边,嘉媛坐在建国的对面;(3)向明坐在高校教师的右手边;(4)嘉媛不是邮递员。

第一思路:根据题干描述,可画张方桌表示4人的座位情况,进而结合题干信息进行推理。

①建国的已知信息较多,所以先从建国入手,他坐好之后,根据(2)可以确定晨桦和嘉媛的位置,进而得知向明坐在建国的右手边。

②由(3)"向明坐在高校教师的右手边"可知,建国是高校教师。

③由(4)"嘉媛不是邮递员"可知,嘉媛是园艺师。

④剩下的向明是邮递员。所以4人位置及职业如下图所示。

故正确答案为 E 选项。

48.E 【难度】S6 【考点】直言命题 三段论 【命题方向】③形式逻辑 真假判定

题干信息:(1)¬思考→¬优秀管理者;(2)谦逊→¬占星术(没有一个A是B=所有A都不是B=A→¬B);(3)占星家→占星术;(4)有些占星家→优秀管理者。

(4)(1)传递可得:(5)有些占星家→优秀管理者→思考。

(3)(2)传递可得:(6)占星家→占星术→¬谦逊。

第一思路:题干信息有推理链条,优先锁定链条首尾验证选项。

观察选项发现,没有涉及(5)或(6)的首尾信息的选项。此时马上转换思路,5个选项中有4个都提及"思考"和"谦逊",回到题干中寻找二者之间的逻辑关系。

针对(5)利用互换特性可得,(7)有些占星家→思考=有些思考→占星家。

(7)(6)传递可得,有些思考→占星家→占星术→¬谦逊,即"有些善于思考的人不是谦逊的智者",与 E 选项"善于思考的人都是谦逊的智者"矛盾。

故正确答案为 E 选项。

49.D 【难度】S5 【考点】两大论证型式 【命题方向】⑫论证推理 削弱、质疑、反驳

论据:蜘蛛越老,结的网就越没有章法。

结论:蜘蛛的大脑也会像人脑一样退化。

第一思路:题干论证中包含了一个因果关系,以此入手解题。

因:大脑退化。果:结的网没有章法。最强的削弱方法是割裂关系。从相关性的角度来看,既涉及"大脑"又涉及"结网"的选项是D选项。

D选项:强相关性、强力度,"只是一种本能的行为""不受大脑控制"割裂了因果关系,表明蜘蛛结网与大脑无关,正确。

A选项:无关选项,"异性蜘蛛的青睐"与题干论证无关,排除。

B选项:态度错误,如果年龄越大脑容量越小的话,说明大脑确实会随着时间退化,支持了题干,排除。

C选项:易错项,相关性较弱、力度较弱,该项的思路为他因削弱,但是"结网能力下降"与"结的网没有章法"不一致,并且他因削弱的力度比割裂关系弱,排除。

E选项:无关选项,"蛛网形状及功能"与题干论证无关,排除。

故正确答案为D选项。

50. D 【难度】S5【考点】两大论证型式【命题方向】⑬论证推理 支持、加强

论据:只发出一种声音时,男性和女性都轻松地完成了任务;多种声音同时发出时,女性完成任务比男性困难。

结论:在嘈杂环境中准确找出声音来源的能力,男性要胜过女性。

第一思路:题干论证涉及男性和女性的对比,所以要支持该结论,也应该要提及男性和女性的区别或对比。

D选项:强相关性,"嘈杂环境"与题干一致,"更易集中"体现出男性胜过女性的原因,支持了题干的结论,正确。

相关性:题干是嘈杂环境,排除C选项。题干结论是男性和女性的对比,不是安静环境和嘈杂环境的对比,排除E选项。

力度:A、B两项中的"有些"力度较弱,排除。

故正确答案为D选项。

51. D 【难度】S4【考点】直言命题【命题方向】③形式逻辑 真假判定

题干信息:(1)所有朋友都声称知道某人每天抽烟至少两盒(所有都);

(2)有人不知道有这样的人(有的不)。

第一思路:题干两句话形成了矛盾关系,肯定一真一假,不可能同时为真,所以可知,有人没说真话。

D选项:表明有人没说真话,与上述思路一致。

故正确答案为D选项。

52. E 【难度】S5【考点】稳赢分析法【命题方向】⑩综合推理 数字相关

题干信息:(1)本科生的人均投入经费:甲校<乙校。

(2)本科生+研究生的人均经费投入:甲校>乙校。

(3)研究生经费投入>本科生经费投入。

解法一:咔咔排除法(绝对数相对数)。

题干涉及的"人均经费投入"是相对数。(相对数:由分子分母相除得到,例如,比例、%、率。绝对数:通常由统计得到,例如,学生总数、经费总支出。)

根据数字特征,由于缺少信息,无法得知绝对数的大小关系。

绝对数:学生总数(A选项)、研究生人数(B选项),排除。

观察剩下的三个选项:E选项描述的情况是C选项和D选项两种情况的或命题。根据"或"一真则真的性质,如果C、D两项中任意一个选项正确,那么E选项也正确,但因为正确答案只有1个,所以排除C、D两项。故E选项正确。

解法二:稳赢分析法。

无论甲校还是乙校,其所有学生(本科生加上研究生)的人均经费投入一定介于"本科生人均经费投入"和"研究生人均经费投入"之间。

如果甲校和乙校的研究生比例相同,那么从题干数据的变化可知,甲校研究生的人均经费投入一定高于乙校。

如果甲校和乙校研究生的人均经费投入相同,那么导致所有学生(本科生加上研究生)的人均经费投入"甲校>乙校"的原因便是,甲校研究生的所占比例比乙校高。

综上,题干中出现的所有学生人均经费投入"甲校>乙校"的情况,可能是因为甲校研究生所占比例高于乙校,可能是因为甲校研究生人均经费投入高于乙校,也有可能两种因素共同起作用。

故正确答案为E选项。

53. E【难度】S5【考点】确定信息呼呼推【命题方向】⑪综合推理 综合题组(匹配)

题干信息:(1)每位选手参加一个项目;(2)孔 围棋↔庄 中国象棋∧孟 中国象棋;

(3)¬韩 国际象棋→墨 中国象棋;(4)荀 中国象棋→¬庄 中国象棋;

(5)¬荀 中国象棋∨¬墨 中国象棋;(6)荀 中国象棋。

第一思路:由(6)这一确定信息入手,寻找与其相关的(4)和(5)进行推理。

由(6)(5)结合可得,荀 中国象棋→¬墨 中国象棋;再结合(3)可得,¬墨 中国象棋→韩 国际象棋。

故正确答案为E选项。

54. D【难度】S5【考点】稳赢分析法【命题方向】⑪综合推理 综合题组(匹配)

题干信息:(1)每位选手参加一个项目;(2)孔 围棋↔庄 中国象棋∧孟 中国象棋;

(3)¬韩 国际象棋→墨 中国象棋;(4)荀 中国象棋→¬庄 中国象棋;

(5)¬荀 中国象棋∨¬墨 中国象棋;(7)庄聪=孔智;(8)孟 中国象棋。

第一思路:(7)是捆绑信息,可结合"每个比赛项目都有两人参加"来确定二人的项目,进而推理。

由(2)可知,庄聪和孔智参加的相同比赛项目不是围棋;由(8)可知,庄聪和孔智参加的相同比赛项目不是中国象棋。所以庄聪和孔智参加的相同比赛项目应为国际象棋。参加国际象棋比赛的两人已经确定,所以可知,韩敏没有参加国际象棋比赛;结合(3)可得,墨灵参加中国象棋比赛。此时参加中国象棋比赛的两人也已确定,为孟睿和墨灵。所以剩下的荀慧和韩敏应参加围棋比赛。

故正确答案为D选项。

55. D 【难度】S6【考点】咔咔排除法【命题方向】⑪综合推理 综合题组(匹配)

题干信息:(1)每位选手参加一个项目;(2)孔 围棋↔庄 中国象棋∧孟 中国象棋;

(3)¬ 韩 国际象棋→墨 中国象棋;(4)荀 中国象棋→¬ 庄 中国象棋;

(5)¬ 荀 中国象棋∨¬ 墨 中国象棋。

第一思路:由问题"可能为真"确定解题基本思路为排除法,排除与题干信息、题干数量限制矛盾的选项。

D选项:与题干中的任何条件都不矛盾,可能为真,正确。

A选项:与题干数量限制矛盾,韩敏参加中国象棋比赛,即不参加国际象棋比赛,根据(3)可得,墨灵参加中国象棋比赛,此时有庄聪、韩敏、墨灵三人参加中国象棋比赛,与题干中"有两人参加中国象棋比赛"相矛盾,不可能为真,排除。

B选项:与题干数量限制矛盾,韩敏参加中国象棋比赛,即不参加国际象棋比赛,根据(3)可得,墨灵参加中国象棋比赛,此时有荀慧、韩敏、墨灵三人参加中国象棋比赛,与题干中"有两人参加中国象棋比赛"相矛盾,不可能为真,排除。

C选项:与题干信息矛盾,孔智参加围棋比赛,由(2)可得,庄聪和孟睿都参加中国象棋比赛,所以孟睿不可能参加围棋比赛,排除。

E选项:与题干数量限制矛盾,韩敏参加围棋比赛,即不参加国际象棋比赛,根据(3)可得,墨灵参加中国象棋比赛;孔智参加围棋比赛,结合(2)可得,庄聪和孟睿参加中国象棋比赛。此时有庄聪、孟睿、墨灵三人参加中国象棋比赛,与题干中"有两人参加中国象棋比赛"相矛盾,不可能为真,排除。

故正确答案为D选项。

2023年经济类综合能力逻辑真题解析

答案速查表

36~40	EDACC	41~45	EBEDD	46~50	BAABA
51~55	BEDEA				

36. E 【难度】S4 【考点】两大论证型式 【命题方向】⑫论证推理 削弱、质疑、反驳

论据:随着电商的兴起,一些地方实体店铺的经营受到了冲击。

结论:中国电商平台如此发达,是在毁掉实体经济。

第一思路:表明电商并没有毁掉实体经济。

E选项:他因削弱,表明电商不仅没有影响实体经济,反而促进了线下工厂、快递行业、"体验式经济"的发展,正确。

A选项:态度错误,支持题干。表明电商确实影响了实体经济,并且还会造成失业,可能引发社会风险,排除。

B选项:态度错误,支持题干。表明电商确实影响了实体经济,排除。

C选项:无关选项,未提及电商与实体经济的关系,排除。

D选项:力度较弱,只提及了服装这一类商品,排除。

故正确答案为E选项。

37. D 【难度】S4 【考点】直言命题 三段论 【命题方向】④形式逻辑 结构相似

题干结构:并不是所有的人(A)都能避免平庸之恶(B),因为有些人(A)缺乏独立思考和审辨能力(C),而避免平庸之恶(B)需要独立思考和审辨能力(C)。简化如下。

题干结构:并不是所有A都能B,因为有些A缺乏C,而B需要C。

第一思路:根据性质,最后一句是"B需要C"的肯定信息,A选项中的"破坏"是否定信息,B选项中的"可能"是模态词,C选项中的"很难"是否定信息,E选项中的"忽略"是否定信息,均可排除。

D选项:并不是所有标有"绿色"字样的家具(A)都是环保产品(B),因为有些标有"绿色"字样的家具(A)并不符合国家检测标准(C),而环保产品(B)必须符合国家检测标准(C)。与题干结构一致,正确。

故正确答案为D选项。

38. A 【难度】S4 【考点】假言、联言命题 【命题方向】①形式逻辑 正向推理

题干信息:(1)¬故事→¬小说;(2)吟咏→诗歌;(3)¬对白→¬戏剧;(4)闲逸→散文;

(5)小张→小说∧诗歌∧¬戏剧。

第一思路:由小张的确定信息,顺藤摸瓜进行推理。

由"小说"结合(1)可得:故事。

故正确答案为A选项。

39. C 【难度】S4【考点】论证评价【命题方向】⑯论证推理 结论

第一思路:逐一验证选项进行排除。

C选项:正面印有季节的是1和3,反面印的都是成语,正确。

A、B两项:正面印有节气的是2和4,但2的反面并不是成语,4的反面不是诗句,排除。

D选项:反面印有诗句的只有2,其正面印的是节气,不是季节,排除。

E选项:反面印有成语的是1、3、4,1和3的正面不是节气,排除。

故正确答案为C选项。

40. C 【难度】S5【考点】假言、联言命题【命题方向】③形式逻辑 真假判定

题干信息:(0)5个地块6种果树,每个地块1种果树;(1)¬丙 樱桃→戊 柑橘;

(2)甲、乙→苹果、枇杷、柑橘3选2;(3)丙∨丁 山楂→¬ 戊 柑橘∧¬ 戊 石榴。

第一思路:问题为"不符合上述种植要求",即与题干信息矛盾。优先锁定(1)(3)假言命题。

验证"丙不种樱桃"和"丙或丁种山楂"的选项,即C选项。

C选项:如果丙种山楂,那么由(1)可知戊种柑橘,由(3)可知柑橘不能种在戊,矛盾。

故正确答案为C选项。

41. E 【难度】S5【考点】假言、联言命题【命题方向】③形式逻辑 真假判定

题干信息:(0)5个地块6种果树,每个地块1种果树;(1)¬丙 樱桃→戊 柑橘;

(2)甲、乙→苹果、枇杷、柑橘3选2;(3)丙∨丁 山楂→¬ 戊 柑橘∧¬ 戊 石榴。

第一思路:由确定信息"丁 樱桃"入手解题。

"丁 樱桃"结合(1)可知:戊 柑橘。结合(3)逆否可得:丙和丁都不种山楂。"戊 柑橘"结合(2)可知:甲、乙分别种苹果和枇杷之一。此时,丙一定种石榴。

故正确答案为E选项。

42. B 【难度】S4【考点】两大论证型式【命题方向】⑬论证推理 支持、加强

论据:人体骨钙蛋白对记忆力保持十分重要,骨钙蛋白减少,记忆力会随之衰退。

结论:加强锻炼能保持记忆力不衰退。

第一思路:建立联系,建立起加强锻炼与骨钙蛋白之间的联系。

B选项:建立联系,表明锻炼能够促进骨钙蛋白生成,从而保持记忆力不衰退,正确。

A、C两项:无法支持,只与论据有关,与结论中的"锻炼"无关,排除。

D、E两项:无关选项,题干论证与"信使核糖核酸""骨密度"无关,排除。

故正确答案为 B 选项。

43. E　【难度】S4　【考点】两大论证型式　【命题方向】⑬论证推理　支持、加强

论据:我国老龄人口中失能、半失能老人的实际护理主要由其配偶、子女或亲戚承担,第三方机构服务占比很低。

结论:要建立长期陪护保障机制,破解医养两难困境。

第一思路:表明确实应该建立长期陪护保障机制,该机制确实能够破解医养两难的困境。

E 选项:建立联系,表明长期陪护保障机能够破解医养两难的困境,正确。

A、B、C、D 四项:支持论据,表明老年人的护理存在医养两难的问题,但未涉及长期陪护保障机制,排除。

故正确答案为 E 选项。

44. D　【难度】S4　【考点】十大论证模型　【命题方向】⑬论证推理　支持、加强

论据:N 国需要心理救助的注册人员由 2 660 万增加到 9 000 余万。

结论:有个性化咨询需求的应该从 920 万增加到了 3 000 万以上。

第一思路:题干论证为类比推理,将 920/2 660 的个性化咨询比例类推到了 3 000/9 000。所以支持的思路为,表明个性化咨询的占比没有变化,D 选项正确。

故正确答案为 D 选项。

45. D　【难度】S5　【考点】无确定信息破解法　【命题方向】⑨综合推理　分组

题干信息:(0)录用→通过 3/5;(1)乙→甲;(2)戊→乙;(3)丙∨戊→丁。

第一思路:利用数量限制进行归谬。

(2)(1)传递可得:(4)戊→乙→甲。

如果不参加甲,则由(4)可知,也不会参加戊和乙,此时无法满足参加 3 项考试。如果不参加丁,则由(3)可知,也不会参加丙和戊,此时无法满足参加 3 项考试。所以一定要参加甲和丁。

故正确答案为 D 选项。

46. B　【难度】S4　【考点】咔咔排除法　【命题方向】⑦综合推理　排序

第一思路:题干为"数独"模型,可利用选项进行排除。

第 3 列有富强,排除 D 选项。第 4 列有民主,排除 C 选项。第 5 列有富强,排除 E 选项。

根据目前已知的情况,第 1 行应为:富强、民主、文明、和谐、美丽。最后一列第 2 行,排除富强、民主、和谐、美丽,所以一定是文明。排除 A 选项。

故正确答案为 B 选项。

47. A　【难度】S4　【考点】无确定信息破解法　【命题方向】⑧综合推理　匹配

第一思路:看到范围,反向找确定,将题干信息整理如下表。

国家	M	N	G	H	W	K
英		×(1)	×(1)			
美		×(1)	×(1)			
荷			×(3)	×(3)	×(3)	
法	×(2)	×(2)	×(3)	×(3)	×(3)	
德	×(2)	×(2)				

由上表可得,N 荷、K 法、G 德。

故正确答案为 A 选项。

48. A 【难度】S5【考点】论证评价【命题方向】⑱论证推理 论证方式、漏洞识别

第一思路:观察语句及选项,最后两句为①和⑦,因为⑦中有"故",表明是结论,所以应该是①→⑦,排除 D、E 两项。④中有"故",表明是结论,所以应该是②→③→④,排除 C 选项。⑤和⑥之间,⑥中的"此……也"表明是结论,所以应该是⑤→⑥,排除 B 选项。

故正确答案为 A 选项。

49. B 【难度】S5【考点】论证评价【命题方向】⑯论证推理 结论

题干信息:(1)60 位专家学者=20 位国外学者+40 位国内学者;

(2)70 余篇论文,其中 46 篇通过了审核;

(3)24 人作大会报告,其余 36 人作了分组报告。

第一思路:结合(1)(3)可知,国内学者有 40 位,作了分组报告的有 36 位,所以一定有国内学者作了分组报告,B 选项正确。其他选项均无法由题干信息推知。

故正确答案为 B 选项。

50. A 【难度】S5【考点】确定信息呼呼推【命题方向】⑪综合推理 综合题组(排序)

题干信息:(1)1 号在 5 号之前 ∨ 3 号在 5 号之前→6 号在第二位 ∧ 4 号不在最后;

(2)2 号在前四位 ∨ 6 号在前四位→5 号在第三位 ∧ 1 号在最后;

(3)7 号在第一位或第七位;

(4)5 号在第二位。

第一思路:由确定信息(4)出发解题。

5 号在第二位,结合(2)逆否可得:2 号和 6 号都不在前四位,排除 B、E 两项。由 6 号不在前四位,结合(1)逆否可得:1 号和 3 号都不在 5 号之前,所以一定在 5 号之后,排除 C、D 两项。

故正确答案为 A 选项。

51. B 【难度】S5【考点】确定信息呼呼推【命题方向】⑪综合推理 综合题组(排序)

题干信息:条件(1)~(3)可用;(5)4 号在第七位。

第一思路:由确定信息(5)出发解题。

(5)结合(3)可知,7 号在第一位。(5)结合(1)逆否可得:1 号和 3 号都不在 5 号之前,所以一定在 5 号之后。(5)结合(2)逆否可得:2 号和 6 号都不在前四位,所以一定在第五位和第六位之一。此时可确定 5 号邮件一定在第二位。

故正确答案为 B 选项。

52. E 【难度】S4 【考点】两大论证型式 【命题方向】⑭论证推理　假设、前提

论据:将军雕像并没有被损毁的痕迹。

结论:罗斯特将军还是受到岛国人民的尊重的。

第一思路:建立联系,表明雕像没有被损毁可以推出罗斯特将军受到尊重。E 选项正确。

A 选项:无关选项,关键词有误,不是"建立雕像",而是"损毁雕像",排除。

B、C、D 三项:无关选项,与雕像无关,排除。

故正确答案为 E 选项。

53. D 【难度】S4 【考点】两大论证型式 【命题方向】⑫论证推理　削弱、质疑、反驳

题干信息:没有头盔的骑行人为了躲避罚款会放弃骑行,所以该规定会导致骑行人数大幅下降。

第一思路:表明该规定不会使骑行人数大幅下降。D 选项正确。

A 选项:态度错误,反对规定的出台,排除。

B、C 两项:无关选项,题干论证与头盔生产商的利润和其他引发骑行事故的因素无关,排除。

E 选项:"有些"力度较弱,排除。

故正确答案为 D 选项。

54. E 【难度】S6 【考点】无确定信息破解法 【命题方向】⑪综合推理　综合题组(匹配)

题干信息:(0)7 名大学生 4 个村,每人选择 2 个村,每个村至少 3 名学生选择;

(1)甲∧乙→张村∧赵村。结合(0)可知,甲和乙不去王村和李村;

(2)丙 王村→戊 张村∧己 张村;

(3)¬丙 王村→¬丁 王村∧¬庚 王村;

(4)¬戊 李村→¬丙 李村∧¬己 李村;

(5)丙 李村∧己 李村。

第一思路:列二维信息表进行推理。

支教村	甲	乙	丙	丁	戊	己	庚
张村	√(1)	√(1)			√(7)	√(7)	
王村	×(1)	×(1)	√(6)	√(8)	×(9)	×(9)	√(10)
李村	×(1)	×(1)	√(5)		√(8)	√(5)	
赵村	√(1)	√(1)				×(9)	×(9)

由(3)如果丙不去王村,那么丁和庚也不去王村,此时甲、乙、丙、丁、庚5个人都不去王村,无法满足每个村至少有3名学生选择的条件,所以:(6)丙一定要去王村。再结合(2)可推知:(7)戊和己都去了张村。

因为己去了李村,所以结合(4)逆否可得:(8)戊也去李村。

此时戊和己都已经去了2个村,所以可知:(9)戊和己都不去剩下的王村和赵村。

甲、乙、戊、己都不去王村,要满足每个村至少有3个人去,所以可知:(10)剩下的丁和庚一定都去王村。

故正确答案为E选项。

55. A 【难度】S6 【考点】无确定信息破解法 【命题方向】⑪综合推理 综合题组(匹配)

题干信息:条件(0)~(4)可用;(6)¬丁 王村。

第一思路:列二维信息表进行推理。

支教村	甲	乙	丙	丁	戊	己	庚
张村	√(1)	√(1)			√(8)	√(8)	
王村	×(1)	×(1)	√(7)	×(6)	×(10)	√(11)	√(11)
李村	×(1)	×(1)			√(9)	×(12)	
赵村	√(1)	√(1)			×(10)	×(12)	

由甲、乙、丁都不去王村,结合每个村至少3个人去,可知剩下的丙、戊、己、庚中至少有3个人去王村,结合(3)可知,如果丙不去王村,那么庚也不去王村,矛盾,故:(7)丙一定会去王村。(7)结合(2)可得:(8)戊和己会去张村。

甲和乙不去李村,结合(4)可知,如果戊不去李村的话,那么丙和己也不去李村,此时甲、乙、丙、戊、己5个人都不去李村,无法满足每个村至少3个人的条件,所以:(9)戊一定会去李村。

戊去了张村和李村,那么可知:(10)剩下的王村和赵村戊一定不去。

此时甲、乙、丁、戊都不去王村,那么可知:(11)剩下的丙、己、庚都会去王村。

己去了张村和王村,所以可知:(12)剩下的李村和赵村己一定不去。

故正确答案为A选项。

2022年经济类综合能力逻辑真题解析

答案速查表					
36~40	DCDBD	41~45	EBCEE	46~50	CADEA
51~55	BABBC				

36.D 【难度】S4 【考点】两大论证型式 【命题方向】⑬论证推理 支持、加强

论据:到2020年我国9 899万农村人口全部脱贫、12.8万个贫困村全部出列。

结论:我国取得这场脱贫攻坚战的胜利为全球减贫事业做出了重大贡献。

第一思路:建立联系,表明我国的减贫人口在全球减贫人口中占比非常高,确实做出了重大贡献。D选项正确。

A、C两项:力度较弱,未能给出实际的证据表明我国对全球减贫事业的作用。

B、E两项:无关选项,无法表明我国对全球减贫事业的影响。

故正确答案为D选项。

37.C 【难度】S4 【考点】论证评价 【命题方向】⑯论证推理 结论

第一思路:题干信息较多,优先验证"若……则……"句式的C、D、E三项。

C选项:若中间格种的不是郁金香,即乙、丙、丁三行,观察发现这三行都有菊花,正确。

D选项:花坛丙中间格种的不是牡丹,但是该花坛其他格也没有牡丹,排除。

E选项:花坛甲左边格种的不是郁金香也不是玫瑰,但该花坛中没有百合,排除。

A选项:花坛丙既没有牡丹,也没有茉莉,排除。

B选项:花坛乙既有郁金香,又有菊花,排除。

故正确答案为C选项。

38.D 【难度】S4 【考点】稳赢分析法 【命题方向】⑪综合推理 综合题组(分组)

第一思路:问题是"可以",优先采用"排除法",将与题干信息矛盾的排除掉。

D选项:与题干中的条件均不矛盾,正确。

A、C两项:不符合(3),排除。B选项:不符合(1),排除。E选项:不符合(2),排除。

故正确答案为D选项。

39.B 【难度】S5 【考点】稳赢分析法 【命题方向】⑪综合推理 综合题组(分组)

第一思路:根据甲、乙、丙箱的要求入手解题。

甲箱:铜牌+(金牌、银牌、铜牌)。乙箱:金牌+(金牌、银牌、铜牌)。甲箱和乙箱中都可能是相同类别的奖牌,所以丙箱中应该是不同类别的奖牌,排除A、C、E三项。因为有3种类型的奖

牌,目前甲箱和乙箱确保有金牌和铜牌,所以丙箱中一定要有银牌,排除 D 选项。

故正确答案为 B 选项。

40. D 【难度】S4 【考点】假言命题 【命题方向】①形式逻辑　正向推理

题干信息:(1)GDP 高速增长→推动工业化和城市化→效率高;

(2)释放生产能力→提高消费能力→公平驱动。

第一思路:优先锁定链条首尾信息,观察后未发现针对首尾的选项,转而采用逐一验证的方式。

D 选项:¬效率高→¬推动工业化和城市化,是(1)的等价逆否命题,正确。

A 选项:移花接木,"效率驱动"与"公平驱动"未出现在同一个推理链条中,排除。

B 选项:不合规则,社会公平→释放生产能力,与逻辑关系(2)不符,排除。

C 选项:移花接木,"消费能力"与"效率与公平双轮驱动"未出现在同一个推理链条中,排除。

E 选项:不合规则,推动工业化和城市化→GDP 高速增长,与逻辑关系(1)不符,排除。

故正确答案为 D 选项。

41. E 【难度】S5 【考点】两大论证型式 【命题方向】⑬论证推理　支持、加强

论据:新冠疫苗只能保护人们避免出现新冠,但导致病毒传遍全球的主要途径是无症状患者的传播。

结论:目前还不能确定接种疫苗是否可以获得群体免疫,进而阻止新冠病毒在全球范围内的传播。

第一思路:建立联系,表明新冠疫苗确实无法阻止新冠病毒的传播。观察选项,未发现此思路,考虑支持论据、增加论据等备用思路。

E 选项:增加论据,表明疫苗确实无法阻止接种者成为无症状传播者,进而无法阻止新冠病毒的传播。

A、B、D 三项:力度较弱,"一些""少数"等信息数量范围不确定,排除。

C 选项:无法支持,"没有进一步检测"说明不知道无症状病例有多少,排除。

故正确答案为 E 选项。

42. B 【难度】S4 【考点】无确定信息破解法 【命题方向】①形式逻辑　正向推理

题干信息:(1)兰花→罗汉松;(2)牡丹→罗汉松∧茶花。

第一思路:由"不确定"推"确定",结合 5 选 3 的数量限制,采用"假设+归谬"的思路解题。

假设不选罗汉松,由(1)可知,不选兰花;由(2)可知,不选牡丹。此时就不满足 3 种的要求,与题干信息矛盾。所以假设不成立,一定选罗汉松。

故正确答案为 B 选项。

43.C 【难度】S5【考点】确定信息呼呼推【命题方向】①形式逻辑　正向推理

题干信息:(1)甲:中高→北塔。(2)乙:北塔→西井。

(3)丙:东山∨南塘→西井。(4)丁:南塘→北塔∨中高。

第一思路:丙的意愿没有实现,说明(3)的矛盾关系为真,即(东山∨南塘)∧¬西井。

由确定信息"¬西井"结合(2)可得"¬北塔"。再结合(1)可得"¬中高"。由"¬北塔"和"¬中高"结合(4)可得"¬南塘"。由"¬南塘"结合"东山∨南塘"可得:东山。

故正确答案为C选项。

44.E 【难度】S5【考点】稳赢分析法【命题方向】⑧综合推理　匹配

题干信息:(0)宋、袁、黄三人都至少在四个季度中有两个季度绩效为优秀;

(1)宋和袁有两个季度同为优秀;

(2)宋与黄没有在同一个季度均为优秀;

(3)袁不在第二季度,宋不在第四季度。

第一思路:由同样围绕宋和袁的重复信息(1)(3)可知,袁和宋在第一季度和第三季度同为优秀。再结合(2)可知:黄在第一季度和第三季度不是优秀。

故正确答案为E选项。

45.E 【难度】S5【考点】论证评价【命题方向】⑰论证推理　焦点

张:网红餐厅忽视了口味、食品安全等餐饮业的核心服务要素。

李:有的网红餐厅有意识维护"网红"状态,不断提高服务质量。

第一思路:确定二人对话的不同观点。

E选项:张认为都忽视了,李认为有的没有忽视,二人有相反的观点,是焦点。

A、C两项:李对这些问题未表态,排除。

B、D两项:二人对此都未表态,排除。

故正确答案为E选项。

46.C 【难度】S4【考点】论证评价【命题方向】⑯论证推理　结论

题干信息:(1)《春秋》→"微言大义"的经典;(2)《春秋》→定名分、制法度的范本。

第一思路:综合(1)(2),A→B,A→C,可以推知,有的B→C。所以可知:有的"微言大义"的经典→定名分、制法度的范本=有的定名分、制法度的范本→"微言大义"的经典,C选项正确。

A选项:题干只是表明《春秋》的特点是寓褒贬于记事的"春秋笔法",但并未提及其传世的原因,排除。

B选项:题干只是表明《春秋》这一部具有"微言大义"的经典是定名分、制法度的范本,无法推出"都",排除。

D、E两项:无法由题干信息推出,排除。

故正确答案为 C 选项。

47. A 【难度】S5 【考点】论证评价 【命题方向】⑱论证推理　论证方式、漏洞识别

第一思路:观察选项,②是"应……",不是论据,所以排除 B 选项。A、C、D、E 四项中都是①→②,二者的推理关系可以确定。

④和⑥都是"故……",是结论。③提到"不能贪""不能病""不能祸",与④中"不能使之饥""不能使之疾""不能使之凶"关联度高,所以可知③→④;⑤提到"不能使之富""不能使之全""不能使之吉"与⑥中"饥""疾""凶"关联度高,所以可知⑤→⑥。

故正确答案为 A 选项。

48. D 【难度】S5 【考点】假言、联言命题 【命题方向】①形式逻辑　正向推理

题干信息:(1)李:南山古镇∧竹山。(2)王:翠湖→¬花海∧¬南山古镇。

(3)张:¬翠湖→海底世界∧¬植物园。

第一思路:由确定信息"南山古镇"入手解题。

"南山古镇"结合(2)可得:¬翠湖。由"¬翠湖"结合(3)可得:海底世界∧¬植物园。所以三人游览的景点一定有:南山古镇、竹山、海底世界。

故正确答案为 D 选项。

49. E 【难度】S5 【考点】两大论证型式 【命题方向】⑫论证推理　削弱、质疑、反驳

薯片情况:样品中致癌物含量超出基准水平值。

第一思路:表明该检测结果有问题。

E 选项:表明出现问题的样本可能是个例,不能代表 S 公司薯片的真实情况,可以削弱。

A 选项:我国是否有标准与题干论证无关,排除。

B 选项:即使一包薯片的丙烯酰胺含量低,但是只要其超出了基准水平值就是不符合要求的,无法削弱。

C 选项:诉诸无知,实际上是否为竞争对手的恶意举报呢?未知,无法削弱。

D 选项:题干论证与其他品牌的薯片无关,排除。

故正确答案为 E 选项。

50. A 【难度】S5 【考点】稳赢分析法 【命题方向】⑨综合推理　分组

题干信息:(1)有"人事""后勤""安全""网络"四组,每组 3~5 人。

(2)男性 16 人,女性 3 人。

(3)研究生学历 13 人,非研究生学历 6 人。

(4)"后勤""安全""网络"组均为男性;"人事"组有男性和女性。

(5)"网络"组都是研究生学历;"安全"组都不是研究生学历;"人事""后勤"中都有非研究生学历的。

第一思路:由(1)(2)可知,四个组的人数为,4+5+5+5=19 人。由(3)(5)可知,6 名非研

究生学历应是"安全"4人、"人事"1人、"后勤"1人,所以"安全"组共4人。由(4)可知,"安全"组都为男性,所以是4名男性成员。

故正确答案为 A 选项。

51. B【难度】S4【考点】假言命题【命题方向】①形式逻辑　正向推理

题干信息:¬温室气体排放量减少→海平面上升。

第一思路:支持上述观点,即找出与该观点逻辑关系等价的选项。

B 选项:温室气体增加→海平面上升,与题干推理关系一致,正确。

故正确答案为 B 选项。

52. A【难度】S6【考点】无确定信息破解法【命题方向】⑨综合推理　分组

第一思路:(1)(2)均为"如果……则……"的不确定信息,"每种方式获得2~3尊铜像,每种方式获得的铜像各不相同"是数量限制,所以首先考虑"假设+归谬"的思路。

由(1)结合(2)可知,如果牛首、虎首和猴首中至少有一尊是通过"华裔捐赠"或者"外国友人返还"回归的,那么通过"国企竞拍"获得的是鼠首和马首,进而可得:"华裔捐赠"获得的是鼠首和虎首。此时鼠首既通过"国企竞拍"获得,又通过"华裔捐赠"获得,矛盾。

所以(1)的前提不能成立,可得:牛首、虎首和猴首都不是通过"华裔捐赠"回归,也不是通过"外国友人返还"回归,那么一定是通过"国企竞拍"回归。

由虎首不是通过"华裔捐赠"回归,结合(2)逆否可得:马首、猪首都不是通过"国企竞拍"回归,也不是通过"外国友人返还"回归,那么一定是通过"华裔捐赠"回归。

所以,剩下的鼠首和兔首两尊铜像就是通过"外国友人返还"回归的。

故正确答案为 A 选项。

53. B【难度】S4【考点】两大论证型式【命题方向】⑬论证推理　支持、加强

论据:中国国家知识产权局受理的专利申请数量多。

结论:中国对创新保护工作高度重视。

第一思路:建立联系,表明由保护知识产权确实可以推出对创新工作的重视,B 选项正确。

故正确答案为 B 选项。

54. B【难度】S6【考点】无确定信息破解法【命题方向】⑪综合推理　综合题组(分组)

题干信息:(0)7个学院8名教师;

(1)每个学院≤3名教师;

(2)甲+丙+丁=1;

(3)甲、乙≥1→戊、己、庚至多有一个学院的教师入选。

第一思路:(0)(1)(2)为数量限制,(3)为不确定信息。马上考虑"假设+归谬"的思路。

根据题干信息(2)(3),如果甲学院有1名教师入选,则戊、己、庚中至多有一个学院的教

师入选。此时,甲、丙、丁、戊、己、庚共6个学院至多有4名教师入选。此时,乙至少需要有4名教师入选,与(1)矛盾,所以甲学院没有教师入选。

如果乙学院有教师入选,此时甲、丙、丁、戊、己、庚共6个学院至多有4名教师入选。此时,乙至少需要有4名教师入选,与(1)矛盾,所以乙学院没有教师入选。

甲和乙都没有教师入选,丙和丁合计有1名教师入选,那么戊、己、庚合计有7名教师入选,因为每个学院最多有3名教师入选,所以戊、己、庚都有教师入选。

故正确答案为B选项。

55. C 【难度】S5 【考点】稳赢分析法 【命题方向】⑪综合推理　综合题组(分组)

第一思路:由上题分析可知,乙学院没有教师入选,所以戊有1名教师入选。又因为戊、己、庚合计有7名教师入选,所以己和庚各有3名教师入选。即乙=0,己=3,乙+己=3。

故正确答案为C选项。

2021年经济类综合能力逻辑真题解析

答案速查表					
36~40	DCDCA	41~45	CBEDE	46~50	DEEAC
51~55	AEDDE				

36. D 【难度】S4 【考点】假言命题 【命题方向】①形式逻辑 正向推理

题干信息:(1)发展蹄疾步稳→理念科学;(2)行动突破重围→思想破冰;(3)未来行稳致远→战略得当;(4)治国理政→与时俱进。

第一思路:题干信息没有推理链条,需验证选项。

D选项:¬战略得当→¬未来行稳致远,是(3)的等价逆否命题,正确。

A选项:无中生有,战略规划→以正确思想为指导,题干未出现此信息,排除。

B选项:不合规则,思想破冰→行动突破重围,与(2)不一致,排除。

C选项:无中生有,改善执政环境→与时俱进,题干未出现此信息,排除。

E选项:无中生有,要正确处理好辩证关系,题干未出现此信息,排除。

故正确答案为D选项。

37. C 【难度】S5 【考点】假言、联言、选言命题 【命题方向】①形式逻辑 正向推理

题干信息:(1)黑体∨楷体→篆书∧¬幼圆;(2)宋体∨隶书→黑体∧¬篆书。

第一思路:由"不确定"推"确定",又有6选3的数量限制,马上考虑"假设+归谬"的思路。

由(2)(1)传递可得,(3)宋体∨隶书→黑体∧¬篆书→篆书∧¬幼圆。

观察发现:如果选宋体或隶书,那么推出"¬篆书"和"篆书"都为真,出现矛盾,说明既不能选宋体也不能选隶书,排除A、B、D、E四项。

故正确答案为C选项。

38. D 【难度】S4 【考点】概念 【命题方向】⑤形式逻辑 加分题型

文物复制件:(1)依照文物体量、形制、质地、纹饰、文字、图案等历史信息,基本采取原技艺方法和工艺流程,制作与文物相同的制品;(2)文物复制件可以替代文物原件进行展出。

第一思路:根据题干中对文物复制件的定义进行匹配。

D选项:该秦兵马俑仿制品与原件在质料、彩色颜料、技艺方法和工艺流程上一致,符合题干中"文物复制品"的定义,正确。

A选项:临摹≠文物复制件,未提及是否采取原技艺方法和工艺流程,排除。

B选项:不符合(2),修补≠文物复制件,排除。

C选项:不符合(1),模型≠文物复制件,排除。

E选项:不符合(1),修复≠文物复制件,排除。

故正确答案为D选项。

39. C 【难度】S5【考点】稳赢分析法【命题方向】⑥综合推理 真话假话

第一步:简化题干信息。

(1)张:张+李=5。(2)李:张+赵=7。(3)赵:赵+王=6。(4)王:王+张=6。(5)共张、李、赵、王4人,12个快递,只有1人说错了,而且说错的人送了4个快递。

第二步:假设+归谬。

观察题干信息,发现(1)+(3)=张+李+赵+王=5+6=11≠12,这说明(1)(3)中一定有假的,所以(2)(4)均为真。

根据(2),排除A、B、D、E四项。

故正确答案为C选项。

40. A 【难度】S4【考点】两大论证型式【命题方向】⑬论证推理 支持、加强

论据:老式荧光灯老化后因放电产生的紫外辐射会导致灯光颜色和亮度的不断闪烁,易引发头痛和视觉疲劳。

结论:学校应该尽快淘汰老式荧光灯。

第一思路:建立联系,表明老式荧光灯闪烁的光确实会加重视觉负担,A选项正确。

B选项:力度较弱,"有些"范围不确定,排除。

C、D、E三项:无关选项,与题干中提及的头痛、视觉疲劳等信息无关,排除。

故正确答案为A选项。

41. C 【难度】S4【考点】概念【命题方向】⑤形式逻辑 加分题型

题干信息:共15人,其中消费者9人、经营者5人、专家3人。

第一思路:根据不同维度信息的关系进行分析,根据题干的表述,该听证会最少有9人,最多有17人,实际上是15人,说明有2个身份是重叠的。

C选项:可以得出,如果所有专家都是经营者,那么最多有14(9+5)人,小于15,说明必然有的专家不是经营者。

A、B两项:无法得出,专家与消费者或经营者不一定有交集,因为3+9=12,3+5=8,都小于15。

D、E两项:都是可能出现的情况,但不是一定为真,排除。

故正确答案为C选项。

42. B 【难度】S5【考点】假言、联言、选言命题【命题方向】①形式逻辑 正向推理

题干信息:(1)控制通货膨胀→¬超发货币∧控制物价;(2)控制物价→税收减少;

(3)¬超发货币∧税收减少→预算减少;(4)¬预算减少。

第一思路:由确定信息"(4)¬预算减少"入手解题。

(4)结合(3)可得,¬预算减少→超发货币∨¬税收减少;由"¬税收减少"结合(2)可得,¬控制物价;由"¬控制物价"结合(1)可得,¬控制通货膨胀。

故正确答案为 B 选项。

43. E 【难度】S4 【考点】论证评价 【命题方向】⑮论证推理 解释

解释对象:我国政府发布"禁电子烟令",但是有些电商依然在国内网站上销售电子烟。

第一思路:给出导致这一现象出现的原因。注意读问题,"除哪项外"即选无法解释的。

E 选项:无法解释,题干论证与其他国家无关。

A 选项:可以解释,说明有些电商对"电子烟"的定义理解有误。

B 选项:可以解释,说明有些电商明知故犯,为了利益无视禁令。

C 选项:可以解释,说明还在销售电子烟的电商可能是将电子烟卖给了未被禁止的成年人。

D 选项:可以解释,说明有些电商未收到通知,所以还在销售电子烟。

故正确答案为 E 选项。

44. D 【难度】S5 【考点】三段论 【命题方向】④形式逻辑 结构相似

题干论证:新员工(A)都是博士(B),但有些新员工(有些 A)不适合担任管理工作(¬C),因为博士(B)未必都适合担任管理工作(C)。

第一思路:根据性质,最后一句中出现了"未必",优先验证 C、D 两项。

C 选项:正直的人(A)都受人尊敬(B),但是有些正直的人(有些 A)不富有(¬C),因为富有的人(C)未必都受人尊敬(B)。该项与题干结构不一致,排除。

D 选项:6 的倍数(A)都是偶数(B),但有些 6 的倍数(有些 A)不是 3 的倍数(¬C),因为偶数(B)未必都是 3 的倍数(C)。该项与题干结构一致,正确。

A、B、E 三项:"因为"后的句式与题干不同,排除。

故正确答案为 D 选项。

45. E 【难度】S5 【考点】两大论证型式 【命题方向】⑬论证推理 支持、加强

专家观点:人们在白天的户外活动时间过短(因)导致近视率剧增(果)。

第一思路:建立联系,表明户外活动与近视率之间的联系。

E 选项:建立联系,表明户外活动时间短,无法阻止眼球伸长,从而导致近视,使题干的因果关系成立,正确。

A 选项:无关选项,题干论证与因纽特人无关,排除。

B 选项:削弱专家观点,表明近视是由于用眼过度,排除。

C 选项:有因有果,表明户外活动时间长确实能够减少近视,但是力度比 E 选项弱,因为

这只是进行了一个调查,两个现象相关并不能说明二者存在因果关系,如果没有 E 选项,那么此项可以考虑。

D 选项:无关选项,题干论证与鸡无关,排除。

故正确答案为 E 选项。

46. D 【难度】S5 【考点】咔咔排除法 稳赢分析法

【命题方向】⑪综合推理 综合题组(匹配)

题干信息:(1)罗与方左右相邻;(2)汤与宋隔着一个座位,说明在第 5 排;(3)陈与方均为 F 或均为 D;(4)李与刘左右相邻。

解法一:咔咔排除法。

因为汤和宋可以互换位置,所以无法确定地推出,排除 A、B 两项。因为李和刘可以互换位置,所以无法确定地推出,排除 C、E 两项。D 选项正确。

解法二:稳赢分析法。

结合(1)(3)可知,罗与方在 4F、4D 或者 5F、5D。所以李与刘在 5C、5B 或者 5B、5A。因为汤与宋一定在第 5 排,所以罗与方只能在第 4 排的 4F、4D。此时要同时满足(2)(3)(4),一定是汤与宋分别在 5F、5C 之一,李与刘分别在 5B、5A 之一,那么剩下的陈一定在 5D。

故正确答案为 D 选项。

47. E 【难度】S5 【考点】稳赢分析法 【命题方向】⑪综合推理 综合题组(匹配)

题干信息:(1)罗与方左右相邻;(2)汤与宋隔着一个座位,说明在第 5 排;(3)陈与方均为 F 或均为 D;(5)李与汤隔着两个座位,一定在第 5 排。

李与汤在 5F、5B 或者 5D、5A。如果李在 5F,那么汤在 5B,根据(2)可知,宋在 5D,与(3)矛盾。

故正确答案为 E 选项。

48. E 【难度】S4 【考点】两大论证型式 【命题方向】⑫论证推理 削弱、质疑、反驳

专家的观点:大规模的人口流动也给流入地政府的基本公共服务和社会保障带来巨大压力,同时进一步加剧了省际财政矛盾。

第一思路:表明大规模的人口流动不会带来压力,加剧财政矛盾。

E 选项:可以削弱,表明人口流入地可以根据国家政策获得财政资金,从而弥补财政缺口,不会带来财政矛盾。

A、B、D 三项:支持专家的观点,A 选项表明人口流入确实会带来财政矛盾,B、D 两项表明人口流入确实给基本公共服务和社会保障带来压力。

C 选项:无关选项,未提及人口流入地财政问题,排除。

故正确答案为 E 选项。

49. A 【难度】S5 【考点】两大论证型式 【命题方向】⑫论证推理 削弱、质疑、反驳

论据:已经培育出口感和成分与动物肉非常接近的人造肉。

结论:在不远的将来,这种人造肉会有很好的市场前景。

第一思路:表明人造肉不会有很好的市场前景。

A 选项:他因削弱,表明人造肉具有短期内难以解决的成本高、产量低等问题,可以质疑专家的观点。

B 选项:支持论证,举例证明人造肉具有市场前景,排除。

C、D、E 三项:无关选项,"饲养动物""宇航员""风险投资"等信息与题干论证无关,排除。

故正确答案为 A 选项。

50. C 【难度】S5【考点】稳赢分析法【命题方向】⑥综合推理 真话假话

第一步:简化题干信息。

(1)甲:丁∨戊。(2)乙:¬乙∧¬丙 = 甲∨丁∨戊∨己。(3)丁:¬甲→己 = 甲∨己。

(4)戊:甲∨丙。

第二步:打钩钩。

观察题干信息,没有矛盾关系,本题属于升级型真话假话题。由题干可知,6人中只有1个人去石坝村扶贫,所以可以用打钩钩的技巧秒选。

条件	甲	乙	丙	丁	戊	己
(1)				√	√	
(2)	√			√	√	√
(3)	√					√
(4)	√		√			

观察上表发现,当丙为真时,只有一个√,因此丙去了石坝村扶贫。

故正确答案为 C 选项。

51. A 【难度】S5【考点】两大论证型式【命题方向】⑬论证推理 支持、加强

原因:种群个体数量减少,出生率、死亡率或性别比发生偶然变动。结果:种群灭绝。

第一思路:题干表明了种群灭绝的因果关系,所以首先考虑建立联系的思路。

A 选项:建立联系,表明个体数量比较少的种群,如果出生率发生变动,确实会导致种群的灭绝,正确。

B、E 选项:他因削弱,表明种群灭绝可能是由疾病或近亲繁殖导致的,排除。

C 选项:反例削弱,表明濒临灭绝不一定会使种群灭绝,排除。

D 选项:无关选项,无法表明尹研究员观点的因果关系成立,排除。

故正确答案为 A 选项。

52. E 【难度】S5【考点】稳赢分析法【命题方向】⑧综合推理 匹配

题干信息:(0)甲、乙、丙3人每人预约了3次针灸,且一人一天只安排1次;(1)甲和乙没有预约同一天下午的门诊;(2)如果乙预约了星期二上午的门诊,则乙还预约了星期五下午的门诊;(3)如果丙预约了星期五上午的门诊,则丙还预约了星期三上午的门诊。

第一思路:根据(0)入手解题。

星期二和星期五都有3个名额,结合(0)可知,一定是甲、乙、丙3人一人一次。星期三的1次和星期四的2次,加在一起共3次,一定是甲、乙、丙一人一次;结合(1)可知,甲和乙分别在星期三和星期四,所以丙一定在星期四下午,不可能在星期三上午;结合(3)可知,丙不在星期五上午,那么一定在星期五下午;再结合(2)可得,乙不在星期二上午,那么一定在星期二下午。

故正确答案为 E 选项。

53. D 【难度】S4 【考点】两大论证型式 【命题方向】⑭论证推理 假设、前提

论据:健身长跑过程中,有节奏的深长呼吸可以改善心肌供氧状态,加快心肌代谢,提高心脏的工作能力。

结论:人们可以通过健身长跑增进健康。

第一思路:建立联系,表明改善心肌供氧状态和心脏的工作能力确实会增进健康。

D 选项:必需假设,建立联系,表明人体的健康与心脏机能确实有关。

A、B、C、E 四项:无中生有,"心肌纤维""癌细胞""呼吸系统""心理品质"等信息在题干中并未涉及,不需假设,排除。

故正确答案为 D 选项。

54. D 【难度】S5 【考点】无确定信息破解法 【命题方向】⑪综合推理 综合题组(匹配)

题干信息:(0)美佳、新月、海奇三家商店中,2家销售茶叶,2家销售水果,2家销售糕点,2家销售调味品,每家销售2~3种商品;(1)美佳 水果→海奇 水果;(2)海奇 水果→海奇 糕点;(3)美佳 糕点→新月 糕点。

第一思路:要从"不确定"推"确定",且有"每种商品2家销售,每家销售2~3种商品"的数量限制,马上考虑"假设+归谬"的思路。

由(3)可知,如果美佳销售糕点,那么新月也销售糕点,此时海奇不能销售糕点;结合(2)(1)可得,海奇不销售水果,美佳也不销售水果,此时销售水果的商店不够2家,与题干信息矛盾。所以美佳不销售糕点。

故正确答案为 D 选项。

55. E 【难度】S5 【考点】确定信息呼呼推 【命题方向】⑪综合推理 综合题组(匹配)

第一思路:根据题干信息,一共有8(2+2+2+2)个销售关系,3家商店每家销售2~3种商品,所以数量组合为3、3、2,也就是有2家商店销售3种商品,有1家商店销售2种商品。

由(3)可知,如果美佳销售糕点,那么新月也销售糕点,此时海奇不能销售糕点;结合(2)

(1)可得,海奇不销售水果,美佳也不销售水果,此时销售水果的商店不够2家,与题干信息矛盾。所以美佳不销售糕点,新月和海奇销售糕点。

美佳不销售调味品和糕点,由于每家至少要销售2种商品,所以美佳一定销售茶叶和水果,新月和海奇一定销售调味品。

"美佳销售水果"结合(1)可得,海奇销售水果。此时海奇销售水果、糕点、调味品3种商品,所以一定不销售茶叶,那么新月一定销售茶叶。

故正确答案为E选项。

逻辑真题库

真题大数据

逻辑

- 基于46万海绵用户，在2022年1月1日—11月30日期间的1073万4千次做题数据
- 大数据自动筛选+孙江媛老师手动剔除偏难怪题
- 汇总50道最有价值的逻辑易错题

目　录

一、真题大数据——考点数据 ·· 01

二、真题大数据——命题方向数据 ·· 04

三、真题大数据——大数据易错题 ·· 07

【避坑提示1】识别考点,锁定思路 ·· 07

【避坑提示2】以题干信息为准 ·· 12

【避坑提示3】优先从"绝对化信息"入手 ·································· 19

【避坑提示4】假言命题推理规则 ·· 21

【避坑提示5】答案要合乎逻辑 ·· 24

【避坑提示6】看到数字别犯晕 ·· 25

【避坑提示7】出现图形,先观察特征 ·· 32

【避坑提示8】压轴题必备思想:数量限制+归谬法 ···················· 33

【避坑提示9】论证推理第一步:明确态度和对象 ······················ 34

【避坑提示10】论证推理核心思想:相关性 ······························ 41

【避坑提示11】识别干扰项,熟悉真题表达习惯 ······················· 47

【避坑提示12】比较力度,选择最优项 ····································· 61

【避坑提示13】了解真题思路即可,别纠结 ····························· 66

一、真题大数据——考点数据

真题大数据——形式逻辑考点数据（近十年管理类综合能力考试 & 近三年经济类综合能力考试）

	管理类综合能力考试（199）										经济类综合能力考试（396）			合计
	2014	2015	2016	2017	2018	2019	2020	2021	2022	2023	2021	2022	2023	
考点1：联言命题 选言命题	3	1	4	1	1	1	3	5	7	2	2	2	3	35
考点2：直言命题	5	2	0	3	4	1	1	1	1	4	0	1	0	23
考点3：假言命题	4	11	5	5	7	2	6	7	7	1	3	3	3	64
考点4：三段论	1	1	0	2	3	2	2	0	2	3	1	2	1	20
考点5：模态命题	0	0	0	0	2	0	0	0	0	0	0	0	0	2
考点6：关系命题	0	0	0	0	1	1	1	0	0	0	0	0	0	1
考点7：概念	1	1	0	1	0	1	1	0	0	1	2	0	1	8

真题大数据——综合推理考点数据(近十年管理类综合能力考试 & 近三年经济类综合能力考试)

	管理类综合能力考试(199)										经济类综合能力考试(396)			合计
	2014	2015	2016	2017	2018	2019	2020	2021	2022	2023	2021	2022	2023	
考点8:咔咔排除法	2	0	1	2	2	3	1	1	0	0	1	0	0	13
考点9:确定信息呼呼推	2	1	1	3	5	1	2	2	1	4		1	2	26
考点10:无确定信息破解法	2	3	0	1	1	3	2	5	5	5	1	3	4	35
考点11:稳赢分析法	5	3	6	4	2	6	8	3	4	4	5	5	1	56

真题大数据——论证逻辑考点数据（近十年管理类综合能力考试&近三年经济类综合能力考试）

	管理类综合能力考试(199)										经济类综合能力考试(396)			
	2014	2015	2016	2017	2018	2019	2020	2021	2022	2023	2021	2022	2023	合计
考点12：两大论证型式	7	5	8	7	3	8	9	10	9	9	6	4	5	90
考点13：十大论证模型	0	3	2	1	1	1	0	0	0	1	0	0	1	10
考点14：论证评价	2	2	6	4	2	2	1	2	2	2	1	4	3	33

03

二、真题大数据——命题方向数据

真题大数据——形式逻辑命题方向数据（近十年管理类综合能力考试&近三年经济类综合能力考试）	管理类综合能力考试(199)										经济类综合能力考试(396)			合计
	2014	2015	2016	2017	2018	2019	2020	2021	2022	2023	2021	2022	2023	
命题方向①：形式逻辑 正向推理	5	7	3	3	6	4	3	3	7	3	3	3	5	55
命题方向②：形式逻辑 支持假设	0	1	1	1	0	1	2	1	0	0	0	0	0	6
命题方向③：形式逻辑 真假判定	5	4	2	1	3	0	0	3	2	0	2	0	0	20
命题方向④：形式逻辑 结构相似	0	0	0	3	2	0	2	0	0	2	1	0	1	11
命题方向⑤：形式逻辑 加分题型	0	1	3	1	1	1	0	0	0	0	2	0	0	8

二、真题大数据——命题方向数据

真题大数据——综合推理命题方向数据（近十年管理类综合能力考试 & 近三年经济类综合能力考试）

	管理类综合能力考试（199）										经济类综合能力考试（396）			合计
	2014	2015	2016	2017	2018	2019	2020	2021	2022	2023	2021	2022	2023	
命题方向⑥：综合推理 真话假话	1	1	2	0	0	1	0	0	0	0	2	0	0	7
命题方向⑦：综合推理 排序	0	0	2	3	0	1	0	0	0	0	0	0	2	8
命题方向⑧：综合推理 匹配	5	3	3	6	5	5	6	5	6	8	5	1	3	61
命题方向⑨：综合推理 分组	3	2	0	1	5	5	3	4	4	3	0	7	1	38
命题方向⑩：综合推理 数字相关	2	1	1	0	0	1	3	2	0	2	0	0	1	13
命题方向⑪：综合推理 综合题组	5	6	4	6	8	6	8	6	6	8	4	4	4	75

真题大数据

真题大数据——论证逻辑命题方向数据（近十年管理类综合能力考试 & 近三年经济类综合能力考试）

	管理类综合能力考试(199)										经济类综合能力考试(396)			合计
	2014	2015	2016	2017	2018	2019	2020	2021	2022	2023	2021	2022	2023	
命题方向⑫：论证推理 削弱、质疑、反驳	3	2	6	1	1	3	2	2	3	6	2	1	2	34
命题方向⑬：论证推理 支持、加强	3	4	3	6	3	5	6	7	5	3	3	3	3	54
命题方向⑭：论证推理 假设、前提	1	3	2	1	1	1	1	1	0	1	1	0	1	14
命题方向⑮：论证推理 解释	2	1	3	1	0	0	0	1	2	1	0	0	0	12
命题方向⑯：论证推理 结论	0	0	0	1	1	0	0	1	0	1	1	0	1	6
命题方向⑰：论证推理 焦点	0	0	1	1	0	0	0	0	0	0	0	1	0	4
命题方向⑱：论证方式、漏洞识别	0	1	2	1	0	2	0	0	1	0	0	1	1	9

三、真题大数据——大数据易错题

避坑提示 1 识别考点,锁定思路

1. (44% 正确率)[①]人的行为,分为私人行为和社会行为,后者直接涉及他人和社会利益。有人提出这样的原则:对于官员来说,除了法规明文允许的以外,其余的社会行为都是禁止的;对于平民来说,除了法规明文禁止的以外,其余的社会行为都是允许的。

如果实施上述原则能对官员和平民的社会行为产生不同的约束力,则以下各项断定均不违反这一原则,除了:

A. 一个被允许或禁止的行为,不一定是法规明文允许或禁止的。

B. 有些行为,允许平民实施,但禁止官员实施。

C. 有些行为,允许官员实施,但禁止平民实施。

D. 官员所实施的行为,如果法规明文允许,则允许平民实施。

E. 官员所实施的行为,如果法规明文禁止,则禁止平民实施。

2. (52% 正确率)足球是一项集体运动,若想不断取得胜利,每个强队都必须有一位核心队员,他总能在关键场次带领全队赢得比赛。友南是某国甲级联赛强队西海队队员。据某记者统计,在上赛季参加的所有比赛中,有友南参赛的场次,西海队胜率高达 75.5%,另有 16.3% 的平局,8.2% 的场次输球;而在友南缺阵的情况下,西海队胜率只有 58.9%,输球的比率高达 23.5%。该记者由此得出结论:友南是上赛季西海队的核心队员。

以下哪项如果为真,最能质疑该记者的结论?

[①] 本书正确率全部来源于海绵 MBA APP 中题库超 1 000 万次的做题数据。

A. 上赛季友南上场且西海队输球的比赛,都是西海队与传统强队对阵的关键场次。

B. 西海队队长表示:"没有友南我们将失去很多东西,但我们会找到解决办法。"

C. 本赛季开始以来,在友南上阵的情况下,西海队胜率暴跌20%。

D. 上赛季友南缺席且西海队输球的比赛,都是小组赛中西海队已经确定出线后的比赛。

E. 西海队教练表示:"球队是一个整体,不存在有友南的西海队和没有友南的西海队。"

3. (40% 正确率) 兰教授认为:不善于思考的人不可能成为一名优秀的管理者,没有一个谦逊的智者学习占星术,占星家均学习占星术,但是有些占星家却是优秀的管理者。

以下哪项如果为真,最能反驳兰教授的上述观点?

A. 有些占星家不是优秀的管理者。

B. 有些善于思考的人不是谦逊的智者。

C. 所有谦逊的智者都是善于思考的人。

D. 谦逊的智者都不是善于思考的人。

E. 善于思考的人都是谦逊的智者。

4. (49% 正确率) 互联网好比一个复杂多样的虚拟世界,每台联网主机上的信息又构成一个微观虚拟世界。若在某主机上可以访问本主机的信息,则称该主机相通于自身;若主机 x 能通过互联网访问主机 y 的信息,则称 x 相通于 y。已知代号分别为甲、乙、丙、丁的四台联网主机有如下信息:

(1)甲主机相通于任一不相通于丙的主机;

(2)丁主机不相通于丙;

(3)丙主机相通于任一相通于甲的主机。

若丙主机不相通于任何主机,则以下哪项一定为假?

A.乙主机相通于自身。

B.丁主机不相通于甲。

C.若丁主机不相通于甲,则乙主机相通于甲。

D.甲主机相通于乙。

E.若丁主机相通于甲,则乙主机相通于甲。

▶▶答案与解析

1.【答案】C 　　【考点】形式逻辑 概念 概念之间的关系

【易错项】A、B 【题号】20070150

💭 媛媛提醒 此题做错的原因很可能是没有识别出考点,大家要搞清楚"明文允许"和"明文禁止"之间的关系。如果二者是矛盾关系,那么官员和平民可以做的都是明文允许的,官员和平民不能做的都是明文禁止的,无法"产生不同的约束力"。所以要产生不同的约束力,二者应该是反对关系,情况如下表。

	允许	未涉及	禁止
官员	√(1)	×(2)	×(3)
平民	√(4)	√(5)	×(6)

C选项:允许官员实施的行为(1),也允许平民实施,而不是禁止平民实施,违反了原则。

A选项:行为(5)和(2)被允许或禁止,但并不是法规明文允许或禁止的,不违反原则。

09

B 选项:行为(5)允许平民实施,但是禁止官员实施,不违反原则。

D 选项:允许官员实施的行为(1),也允许平民实施,不违反原则。

E 选项:法律明文禁止的行为(3),也禁止平民实施,不违反原则。

故正确答案为 C 选项。

2. 【答案】A 　　【考点】形式逻辑 概念 与定义相关的题型

【易错项】C 　【题号】20130144

💡 媛媛提醒 题干对"核心队员"有明确的定义,要围绕该定义解题。

核心队员:关键场次带领全队赢得比赛。

要质疑该记者的结论,即表明友南不是核心队员,只要能够说明其不符合核心队员的定义即可。如果友南在关键场次上场,但是该队没有赢得比赛,就表明友南不是核心队员,A 选项正确。

C 选项:干扰性较强,但是由于其并不符合题干对"核心队员"的定义,并且 C 选项说的是"本赛季",而记者的结论是"上赛季",所以无法质疑。

故正确答案为 A 选项。

3. 【答案】E 　　【考点】形式逻辑 三段论 三段论正推题型

【易错项】A 　【题号】20140148

💡 媛媛提醒 此题思路非常重要,通过问题可知,其考查矛盾关系。观察选项发现,B、C、D、E 选项均表述"谦逊的智者"与"善于思考的人"之间的关系,所以可以首先关注题干中二者之间的推理链条。

题干信息:(1)¬ 思考→¬ 优秀管理者;(2)谦逊→¬ 占星术;(3)占星家→占星术;(4)有些占星家→优秀管理者。

(4)结合(1)可得:(5)有些占星家→优秀的管理者→思考=有些思考→占星家(互换特性)。

由(3)(2)传递可得:(6)占星家→占星术→¬谦逊。

由(5)(6)传递可得:有些思考→占星家→占星术→¬谦逊,即有些善于思考的人不是谦逊的智者,与 E 选项"善于思考的人都是谦逊的智者"矛盾。

A 选项:与(4)不矛盾,"有的"和"有的不"至少一真,是反对关系,排除。

故正确答案为 E 选项。

4. 【答案】C　　【考点】形式逻辑　关系命题　关系命题的非对称性
【易错项】E　　【题号】20130132

🏆 媛媛提醒 非对称关系命题的语句要先翻译为"如果……那么……"的形式,再根据假言命题推理规则解题。

题干信息:(1)A 不相通于丙→甲相通于 A;(2)丁不相通于丙;(3)B 相通于甲→丙相通于 B = 丙不相通于 B→B 不相通于甲。

补充信息:(4)丙不相通于甲、乙、丙、丁。

由(3)逆否结合(4)可得:①甲不相通于甲;②乙不相通于甲;③丙不相通于甲;④丁不相通于甲。

C 选项:由④和②可得,丁不相通于甲∧乙不相通于甲,与 C 选项矛盾,一定为假,正确。

E 选项:丁相通于甲→乙相通于甲 = 丁不相通于甲∨乙相通于甲,由(4)可知,E 选项与题干信息不矛盾,一定为真,排除。

A、D 选项:由题干条件无法得知,排除。

B 选项:由④可知,一定为真,排除。

故正确答案为 C 选项。

避坑提示2 以题干信息为准

5. (29% 正确率)思考是人的大脑才具有的机能。计算机所做的事(如深蓝与国际象棋大师对弈)更接近于思考,而不同于动物(指人以外的动物,下同)的任何一种行为。但计算机不具有意志力,而有些动物具有意志力。

   如果上述断定为真,则以下哪项一定为真?

   Ⅰ.具有意志力不一定要经过思考。

   Ⅱ.动物的行为中不包括思考。

   Ⅲ.思考不一定要具有意志力。

   A. 只有Ⅰ。　　　　B. 只有Ⅱ。　　　　C. 只有Ⅲ。
   D. 只有Ⅰ和Ⅱ。　　E. Ⅰ、Ⅱ和Ⅲ。

6. (38% 正确率)在接受治疗的腰肌劳损患者中,有人只接受理疗,也有人接受理疗与药物双重治疗。前者可以得到与后者相同的预期治疗效果。对于上述接受药物治疗的腰肌劳损患者来说,此种药物对于获得预期的治疗效果是不可缺少的。

   如果上述断定为真,则以下哪项一定为真?

   Ⅰ.对于一部分腰肌劳损患者来说,要配合理疗取得治疗效果,药物治疗是不可缺少的。

   Ⅱ.对于一部分腰肌劳损患者来说,要取得治疗效果,药物治疗不是不可缺少的。

   Ⅲ.对于所有腰肌劳损患者来说,要取得治疗效果,理疗是不可缺少的。

   A. 只有Ⅰ。　　　　B. 只有Ⅱ。　　　　C. 只有Ⅲ。
   D. 只有Ⅰ和Ⅱ。　　E. Ⅰ、Ⅱ和Ⅲ。

7. (34% 正确率)张教授:如果没有爱迪生,人类还将生活在黑暗中。理解这样的评价,不需要任何想象力。爱迪生的发明,改变了人类的生存方式。但是,他只在学校中受过几个月的正式教育。因此,接受正式教育对于在技术发展中做出杰出贡献并不是必要的。

李研究员:你的看法完全错了。自爱迪生时代以来,技术的发展日新月异。在当代,如果你想对技术发展做出杰出贡献,即使接受当时的正式教育,全面具备爱迪生时代的知识也是远远不够的。

以下哪项最恰当地指出了李研究员的反驳中存在的漏洞?

A. 没有确切界定何为"技术发展"。

B. 没有确切界定何为"接受正式教育"。

C. 夸大了当代技术发展的成果。

D. 忽略了一个核心概念:人类的生存方式。

E. 低估了爱迪生的发明对当代技术发展的意义。

8. (40% 正确率)所有值得拥有专利的产品或设计方案都是创新,但并不是每一项创新都值得拥有专利;所有的模仿都不是创新,但并非每一个模仿者都应该受到惩罚。

根据以上陈述,以下哪项是不可能的?

A. 有些创新者可能受到惩罚。

B. 没有模仿值得拥有专利。

C. 有些值得拥有专利的创新产品并没有申请专利。

D. 有些值得拥有专利的产品是模仿。

E. 所有的模仿者都受到了惩罚。

9. (55% 正确率)为防御电脑受到病毒侵袭,研究人员开发了防御病毒、查杀病毒的程序,前者启动后能使程序运行免受病毒侵袭,后者启动后能迅速查杀电脑中可能存在的病毒。某台电脑上现装有甲、乙、丙三

种程序,已知:

(1)甲程序能查杀目前已知的所有病毒;

(2)若乙程序不能防御已知的一号病毒,则丙程序也不能查杀该病毒;

(3)只有丙程序能防御已知的一号病毒,电脑才能查杀目前已知的所有病毒;

(4)只有启动甲程序,才能启动丙程序。

根据上述信息,可以得出以下哪项?

A. 只有启动丙程序,才能防御并查杀一号病毒。

B. 如果启动了甲程序,那么不必启动乙程序也能查杀所有病毒。

C. 如果启动了乙程序,那么不必启动丙程序也能查杀一号病毒。

D. 只有启动乙程序,才能防御并查杀一号病毒。

E. 如果启动了丙程序,就能防御并查杀一号病毒。

10. (48% 正确率)甲、乙、丙、丁、戊 5 人是某校美学专业 2019 级研究生,第一学期结束后,他们在张、陆、陈 3 位教授中选择导师,每人只选择 1 人作为导师,每位导师都有 1 至 2 人选择,并且得知:

(1)选择陆老师的研究生比选择张老师的多;

(2)若丙、丁中至少有 1 人选择张老师,则乙选择陈老师;

(3)若甲、丙、丁中至少有 1 人选择陆老师,则只有戊选择陈老师。

根据以上信息,可以得出以下哪项?

A. 甲选择陆老师。　　　　B. 乙选择张老师。

C. 丁、戊选择陆老师。　　D. 乙、丙选择陈老师。

E. 丙、丁选择陈老师。

11. (53% 正确率)20 世纪 60 年代初以来,新加坡的人均预期寿命不断上升,到 21 世纪已超过日本,成为世界之最。与此同时,和一切发达国家一样,由于饮食中的高脂肪含量,新加坡人的心血管疾病的发病率也逐年上升。

从上述判定最可能推出以下哪项结论?

A. 新加坡人的心血管疾病的发病率虽逐年上升,但这种疾病不是造成目前新加坡人死亡的主要杀手。

B. 目前新加坡对于心血管疾病的治疗水平是全世界最高的。

C. 20世纪60年代造成新加坡人死亡的那些主要疾病,到21世纪,如果在该国的发病率没有实质性的降低,那么对这些疾病的医治水平一定有实质性的提高。

D. 目前新加坡人心血管疾病的发病率低于日本。

E. 新加坡人比日本人更喜欢吃脂肪含量高的食物。

▶▶ 答案与解析

5.【答案】D 【考点】形式逻辑 三段论 三段论正推题型

【易错项】E 【题号】20060152

题干信息:(1)思考→人;(2)计算机→¬思考;(3)计算机→¬意志力;(4)有些动物→意志力。

复选项Ⅰ:要证明"具有意志力不一定要经过思考",需举出"具有意志力但是不能进行思考"的例子,由"动物"结合(1)可得,动物→¬人→¬思考;再结合(4)可得,有些动物具有意志力但是不能思考,说明"具有意志力不一定要经过思考"为真,正确。

复选项Ⅱ:由"动物"结合(1)可得,动物→¬人→¬思考,说明动物的行为中不包括思考,正确。

复选项Ⅲ:要证明"思考不一定要具有意志力",需举出"能够思考但是不具有意志力"的例子,但题干中没有相关信息,无法确定其一定为

15

真,排除。

故正确答案为 D 选项。

6. 【答案】D 　　【考点】论证推理 结论 细节题

【易错项】E　　【题号】20090146

题干信息:(1)有人只接受理疗,有人接受理疗与药物双重治疗;(2)两类人的预期治疗效果相同;(3)对于接受药物治疗的腰肌劳损患者来说,药物是不可缺少的。

复选项Ⅰ:由(3)可知,对既接受理疗又接受药物治疗的患者来说,药物治疗不可缺少,正确。

复选项Ⅱ:由(1)和(2)可知,有人只需要接受理疗,预期治疗效果相同,说明药物治疗对于这部分患者并不是不可缺少的,正确。

复选项Ⅲ:(1)介绍了两类腰肌劳损患者的情况,但未知其是否包含了全部的患者,所以无法推知理疗是否不可缺少,排除。

故正确答案为 D 选项。

7. 【答案】A　　【考点】论证推理 漏洞识别

【易错项】B　　【题号】20040155

张教授:爱迪生只在学校中受过几个月的正式教育(爱迪生时代的正式教育),但是他的发明改变了人类的生存方式(爱迪生时代的技术发展)。因此,接受正式教育对于在技术发展中做出杰出贡献并不是必要的。

李研究员:在当代,即使接受了当时的正式教育(爱迪生时代的正式教育),也无法对技术发展(当代的技术发展)做出杰出贡献。

通过两人的对话内容可知,二人对"接受正式教育"的界定相同,都是"爱迪生时代的正式教育";但是对"技术发展"的界定不同,张教授说的是"爱迪生时代的技术发展",李研究员说的是"当代的技术发展"。
故正确答案为A选项。

8.【答案】D   【考点】形式逻辑 直言命题 直言命题矛盾关系
【易错项】E   【题号】20180152
题干信息:(1)值得拥有专利→创新;(2)有的创新→¬ 值得拥有专利;(3)模仿→¬ 创新;(4)有的模仿→¬ 惩罚。
由(1)和(3)可得:(5)值得拥有专利→创新→¬ 模仿。
D选项:有些值得拥有专利→模仿,"有的"与(5)矛盾,不可能为真,正确。
E选项:该项说的是"受到了",而题干说的是"应该",二者不能等同,排除。
故正确答案为D选项。

9.【答案】E   【考点】形式逻辑 假言命题 假言命题推理规则
【易错项】B   【题号】20150143
题干信息:(1)甲→查杀目前已知所有;(2)¬ 乙防御一号→¬ 丙查杀一号;(3)查杀已知所有→丙防御一号;(4)启动丙程序→启动甲程序。
E选项:"启动丙程序"结合(4)(1)(3)可得,启动丙程序→启动甲程序→查杀目前已知所有→丙防御一号→防御并查杀一号,正确。
B选项:启动甲→查杀所有,与(1)不一致,排除。
其他选项均无法由题干信息推出,排除。
故正确答案为E选项。

💡 媛媛提醒 (1)中为查杀目前"已知"的所有病毒,与B选项不一致。

10.【答案】E   【考点】综合推理 分组题型
【易错项】A   【题号】20210137

17

5个人分配给3个教授,分配情况是:2、2、1。

由(1)可得:选择张老师的人数是1,那么选择陈老师和陆老师的人数都是2,所以不可能只有戊选择陈老师。由(3)逆否可知:甲、丙和丁都没有选择陆老师,所以乙和戊选择陆老师。"由乙选择陆老师"结合(2)逆否可得,丙和丁都没有选择张老师,则甲选择张老师,丙和丁选择陈老师,E选项正确。

A选项:有的同学可能没有看到题干中"每位导师都有1至2人选择"的条件,误以为数量分配情况是:3、1、1,于是得出了甲、丙、丁3人选择陆老师,乙选择张老师,戊选择陈老师这种情况。一定要看清楚题干的数量信息。

故正确答案为E选项。

11.【答案】C　　　【考点】论证推理 结论 主旨题

【易错项】A、B 【题号】20030139

题干信息:新加坡人的心血管疾病的发病率逐年上升,但是人均预期寿命也不断上升,已经成为世界之最。

C选项:在心血管发病率逐年上升的情况下,新加坡的人均预期寿命却在不断上升,所以很可能是之前导致新加坡人死亡的疾病的发病率降低了或者医治水平提高了。因此,可以得出如果发病率没有实质性降低,那么医治水平一定有所提高的结论,正确。

A、B选项:"心血管疾病是否是导致死亡的主要杀手""对心血管疾病的治疗水平是否最高的"无法从题干中得知,排除。

D、E选项:在对新加坡与日本的情况进行比较方面,从题干中只能得出新加坡的人均预期寿命比日本高,其他情况无从得知,排除。

故正确答案为C选项。

💡**媛媛提醒** 结论题型一定要严格根据题干已知信息进行推理,不要"加戏"。

避坑提示3 优先从"绝对化信息"入手

12. (55% 正确率)根据某位国际问题专家的调查统计可知:有的国家希望与某些国家结盟,有三个以上的国家不希望与某些国家结盟;至少有两个国家希望与每个国家建交,有的国家不希望与任一国家结盟。
根据上述统计可以得出以下哪项?
A. 有些国家之间希望建交但是不希望结盟。
B. 至少有一个国家,既有国家希望与之结盟,也有国家不希望与之结盟。
C. 每个国家都有一些国家希望与之结盟。
D. 至少有一个国家,既有国家希望与之建交,也有国家不希望与之建交。
E. 每个国家都有一些国家希望与之建交。

13. (41% 正确率)我想说的都是真话,但真话我未必都说。
如果上述断定为真,则以下各项都可能为真,除了:
A. 我有时也说假话。
B. 我不是想啥说啥。
C. 有时说某些善意的假话并不违背我的意愿。
D. 我说的都是我想说的话。
E. 我说的都是真话。

▶▶ **答案与解析**

12. 【答案】E 【考点】形式逻辑 关系命题 关系命题的非对称性

【易错项】B　　【题号】20130150

这道题的入手点非常重要。(1)"有的国家希望与某些国家结盟",前后的信息都是"有的",无法推出有效信息。(2)"有三个以上的国家不希望与某些国家结盟","三个以上""有些"都无法推出有效信息。(3)"至少有两个国家希望与每个国家建交","每个"是绝对化信息,由此可以推出 E 选项。(4)"有的国家不希望与任一国家结盟","任一"属于绝对化信息,但是没有对应选项。

B 选项:此项容易被误选,我们可以举反例排除。假设有 A、B、C、D 四个国家,A 不希望与 B、C 和 D 结盟,B 希望与 A 结盟,此时满足(1)和(4)并且没有一个国家既有国家希望与之结盟,也有国家不希望与之结盟,B 选项无法由题干信息推出,排除。

故正确答案为 E 选项。

13.【答案】C　　【考点】形式逻辑　直言命题　直言命题真假不确定

【易错项】D、E　【题号】20060127

题干信息:(1)想说的都是真话;(2)真话未必都说=可能有的真话不说(未必都=不必然都=可能不都=可能有的不)。

"以下各项都可能为真,除了"即选择与题干推理矛盾的选项。

C 选项:有的假话不违背意愿=有的假话是想说的=有的想说的是假话("有的"的互换特性)=有的想说的不是真话,与(1)矛盾,不可能为真,正确。

D、E 选项:题干信息中并未提及说了什么,所以 D 选项和 E 选项真假未知,排除。

A 选项:有时也说假话,题干中并无相关信息,无法判断真假,排除。

B 选项:不是想啥说啥=有的想说的没说,结合(1)可以推出,有的真话没说；由(2)可知，可能有的真话不说，但是因为模态词是"可能"，所以真实情况是否是"有的真话不说"未知，无法判断真假，排除。

故正确答案为 C 选项。

避坑提示 4 假言命题推理规则

14. (51% 正确率)环宇公司规定，其所属的各营业分公司，如果年营业额超过 800 万的，其职员可获得优秀奖；只有年营业额超过 600 万元的，其职员才能获得激励奖。年终统计显示，该公司所属的 12 个分公司中，6 个年营业额超过了 1 000 万元，其余的则不足 600 万元。

如果上述断定为真，则以下哪项关于该公司今年获奖的断定一定为真？

Ⅰ.获得激励奖的职员，一定获得优秀奖。

Ⅱ.获得优秀奖的职员，一定获得激励奖。

Ⅲ.半数职员获得了优秀奖。

A.仅Ⅰ。　　　　　B.仅Ⅱ。　　　　　C.仅Ⅲ。

D.仅Ⅰ和Ⅱ。　　　E.Ⅰ、Ⅱ和Ⅲ。

15. (53% 正确率)除非年龄在 50 岁以下，并且能持续游泳 3 000 米以上，否则不能参加下个月举行的横渡长江活动。同时，高血压和心脏病患者不能参加。老黄能持续游泳 3 000 米以上，但没被批准参加这项活动。

以上断定能推出以下哪项结论？

Ⅰ.老黄的年龄至少 50 岁。

Ⅱ.老黄患有高血压。

Ⅲ.老黄患有心脏病。

A. 只有Ⅰ。 B. 只有Ⅱ。 C. 只有Ⅲ。
D. Ⅰ、Ⅱ和Ⅲ至少有一。 E. Ⅰ、Ⅱ、Ⅲ都不能从题干推出。

16. (38% 正确率)许多国家首脑在出任前并未有丰富的外交经验，但这并没有妨碍他们做出成功的外交决策。外交学院的教授告诉我们，丰富的外交经验对于成功的外交决策是不可缺少的。但事实上，一个人只要有高度的政治敏感、准确的信息分析能力和果断的个人勇气，就能很快地学会如何做出成功的外交决策。对于一个缺少以上三种素养的外交决策者来说，丰富的外交经验没有什么价值。

如果上述断定为真，则以下哪项一定为真？

A. 外交学院的教授比出任前的国家首脑具有更多的外交经验。

B. 具有高度的政治敏感、准确的信息分析能力和果断的个人勇气，是一个国家首脑做出成功的外交决策的必要条件。

C. 丰富的外交经验，对于国家首脑做出成功的外交决策来说，既不是充分条件也不是必要条件。

D. 丰富的外交经验，对于国家首脑做出成功的外交决策来说，是必要条件，但不是充分条件。

E. 在其他条件相同的情况下，外交经验越丰富，越有利于做出成功的外交决策。

▶▶ 答案与解析

14.【答案】A 　　【考点】形式逻辑　假言命题　假言命题推理规则
【易错项】B、C　【题号】20040143

题干信息：(1) >800万→优秀奖；(2) 激励奖→>600万；(3) 6个分公司→>1 000万，6个分公司→<600万。

复选项Ⅰ：由(2)可得，激励奖→>600万；再由(3)可知，该公司的分公司的营业额要么>1 000万,要么<600万,所以由>600万可知,一定>1 000万;再结合(1)可知,>1 000万→>800万→优秀奖,所以复选项Ⅰ一定为真。

复选项Ⅱ:由(1)和逻辑推理规则可知,由"优秀奖"无法推知任何有效信息,排除。

复选项Ⅲ:分公司数量≠职员人数,题干信息为半数分公司,但每个分公司的职员人数未必相等,所以复选项Ⅲ不一定为真,排除。

故正确答案为A选项。

15. 【答案】E　　【考点】形式逻辑　假言命题　假言命题推理规则
【易错项】D　　【题号】20090128

题干信息:(1)¬(≤50岁∧≥3 000米)→¬参加;(2)高血压∨心脏病→¬参加;(3)老黄>3 000米∧¬参加。

综合(1)和(2)可得:(4)>50岁∨<3 000米∨高血压∨心脏病→¬参加。

注意,根据逆否规则,无论由"≥3 000米"还是"¬参加"都无法推出任何确定的结论。

故正确答案为E选项。

16. 【答案】C　　【考点】形式逻辑　假言命题　假言命题推理规则
【易错项】D　　【题号】20040142

💡媛媛提醒 此题需要判断"充分条件"和"必要条件"。如果A是B的充分条件,需要满足A→B。如果A是B的必要条件,需要满足B→A 或 ¬A→¬B。

题干信息:政治敏感∧信息分析能力∧个人勇气→外交决策。

如果"外交经验"是"外交决策"的充分条件,那么需要满足"外交经

23

验→外交决策",但是题干信息为"对于一个缺少以上三种素养的外交决策者来说,丰富的外交经验没有什么价值",也就是说即使有外交经验,也不一定能够做出成功的外交决策,由此可以说明"外交经验"并不是"外交决策"的充分条件。

如果"外交经验"是"外交决策"的必要条件,那么需要满足"外交决策→外交经验=¬外交经验→¬外交决策",但是题干的信息为"一个人只要有高度的政治敏感、准确的信息分析能力和果断的个人勇气,就能很快地学会如何做出成功的外交决策",由此可以说明"¬外交经验"推不出"¬外交决策",所以"外交经验"并不是"外交决策"的必要条件。

C选项:与上述分析一致,既不是充分条件,也不是必要条件,正确;同理,D选项错误。

A、E选项:从题干信息中无法得知,排除。

B选项:由题干信息可知,应为充分条件,而不是必要条件,排除。

故正确答案为C选项。

避坑提示5 **答案要合乎逻辑**

17. (45% 正确率)张霞、李丽、陈露、邓强和王硕一起坐火车去旅游,他们正好在同一车厢相对两排的五个座位上,每人各坐一个位置。第一排的座位按顺序分别记作1号和2号,第2排的座位按顺序记为3、4、5号。座位1和座位3直接相对,座位2和座位4直接相对,座位5不和上述任何座位直接相对。李丽坐在4号位置;陈露所坐的位置不与李丽相邻,也不与邓强相邻(相邻是指同一排上紧挨着);张霞不坐在与陈露直接相对的位置上。

根据以上信息,张霞所坐位置有多少种可能的选择?

A.1 种。　　B.2 种。　　C.3 种。　　D.4 种。　　E.5 种。

▶▶**答案与解析**

17.【答案】D　　　【考点】综合推理 匹配题型

【易错项】E　　　【题号】20130138

座位图:1　2

　　　　3　4　5

李丽坐在 4 号,陈露就可能坐在 1 号、2 号。如果陈露坐在 1 号,那么张霞可能坐在 2 号、5 号;如果陈露坐在 2 号,那么张霞可能坐在 1 号、3 号、5 号。

综上,张霞所坐位置有 1 号、2 号、3 号、5 号 4 种选择。

故正确答案为 D 选项。

💡 媛媛提醒　有的同学用 2 号、5 号的 2 种+1 号、3 号、5 号的 3 种得出了 5 种的结论。注意,两个 5 号是同一个座位,况且李丽已经明确坐在 4 号位置,张霞最多也只有 4 种选择,不可能有 5 种。

避坑提示6　看到数字别犯晕

18.(48% 正确率)据统计,去年在某校参加高考的 385 名文、理科考生中,女生 189 人,文科男生 41 人,非应届男生 28 人,应届理科考生 256 人。

由此可见,去年在该校参加高考的考生中:

A.非应届文科男生多于 20 人。　　B.应届理科女生少于 130 人。

C.应届理科男生多于 129 人。　　D.应届理科女生多于 130 人。

E.非应届文科男生少于 20 人。

19. (44% 正确率)去年春江市的汽车月销售量一直保持稳定。在这一年中,"宏达"车的月销售量较前年翻了一番,它在春江市的汽车市场上所占的销售份额也有相应的增长。今年一开始,尾气排放新标准开始在春江市实施。在该标准实施的头三个月中,虽然"宏达"车在春江市的月销售量仍然保持在去年底达到的水平,但在春江市的汽车市场上所占的销售份额明显下降。

如果上述断定为真,以下哪项不可能为真?

A. 在实施尾气排放新标准的头三个月中,除了"宏达"车以外,所有品牌的汽车各自在春江市的月销售量都明显下降。

B. 在实施尾气排放新标准之前三个月中,除了"宏达"车以外,所有品牌的汽车销售量在春江市汽车市场所占的份额明显下降。

C. 如果汽车尾气排放新标准不实施,"宏达"车在春江市汽车市场上所占的销售份额比干题所断定的情况更低。

D. 如果汽车尾气排放新标准继续实施,春江市的月销售总量将会出现下降。

E. 由于实施了汽车尾气排放新标准,在春江市销售的每辆"宏达"汽车的平均利润有所上升。

20. (52% 正确率)某出版社近年来出版物的错字率较前几年有明显的增加,引起了读者的不满和有关部门的批评,这主要是由于该出版社大量引进非专业编辑所致。当然,近年来该出版物的大量增加也是一个重要原因。

上述议论中的漏洞,也类似地出现在以下哪项中?

Ⅰ. 美国航空公司近两年来的投诉比率比前几年有明显的下降。这主要是由于该航空公司在裁员整顿的基础上有效地提高了服务质量。当然,"9·11"事件后航班乘客数量的锐减也是一个重要原因。

Ⅱ.统计数字表明:近年来我国心血管病的死亡率,即由心血管病导致的死亡在整个死亡人数中的比例,较之前有明显增加。这主要是由于随着经济的发展,我国民众的饮食结构和生活方式发生了容易诱发心血管病的不良变化。当然,由于心血管病主要是老年病,因此,我国人口的老龄化,即人口中老年人比例的增大也是一个重要原因。

Ⅲ.S市今年的高考录取率比去年增加了15%,这主要是由于各中学狠抓了教育质量。当然,另一个重要原因是,该市今年参加高考的人数比去年增加了20%。

A.只有Ⅰ。　　　　　B.只有Ⅱ。　　　　C.只有Ⅲ。

D.只有Ⅰ和Ⅲ。　　　E.Ⅰ、Ⅱ和Ⅲ。

21.(53% 正确率)以下是一份统计材料中的两个统计数据。

第一个数据:到1999年底为止,"希望之星工程"所收到的捐款总额的82%,来自国内200家年盈利一亿元以上的大中型企业。第二个数据:到1999年底为止,"希望之星工程"所收到的捐款总额的25%来自民营企业,这些民营企业中,4/5从事服装或餐饮业。

如果上述统计数据是准确的,则以下哪项一定是真的?

A.上述统计中,"希望之星工程"所收到捐款总额不包括来自民间的私人捐款。

B.上述200家年盈利一亿元以上的大中型企业中,不少于一家从事服装或餐饮业。

C.在捐助"希望之星工程"的企业中,非民营企业的数量要大于民营企业。

D.民营企业的主要经营项目是服装或餐饮。

E. 有的向"希望之星工程"捐款的民营企业的年纯盈利在一亿元以上。

22. (56% 正确率)年初,为激励员工努力工作,某公司决定根据每月的工作绩效评选"月度之星"。王某在当年前 10 个月恰好只在连续的 4 个月中当选"月度之星",他的另三位同事郑某、吴某、周某也做到了这一点。关于这四人当选"月度之星"的月份,已知:

(1) 王某和郑某仅有三个月同时当选;

(2) 郑某和吴某仅有三个月同时当选;

(3) 王某和周某不曾在同一个月当选;

(4) 仅有 2 人在 7 月同时当选;

(5) 至少有 1 人在 1 月当选。

根据以上信息,王某当选"月度之星"的月份是:

A. 1~4 月。 B. 3~6 月。 C. 4~7 月。

D. 5~8 月。 E. 7~10 月。

▶▶ 答案与解析

18. 【答案】B 【考点】综合推理 数字相关题型
    【易错项】E 【题号】20130147
    题干信息:

此题属于典型的三维信息分类,这类题目有一定的难度,可以用"寻找交叉概念"的技巧来解决。

第一步:计算差值。分类数值相加-总数=女生(189)+文科男生(41)+非应届男生(28)+应届理科考生(256)-总数(385)=129。

第二步:寻找交叉概念。"女生"和"应届理科考生"存在交叉概念:应届理科女生。"文科男生"和"非应届男生"存在交叉概念:非应届文科男生。

第三步:得出答案。两个交叉概念相加=差值,应届理科女生+非应届文科男生=129,所以"应届理科女生"和"非应届文科男生"这两个交叉概念中的任何一个都≤129。

E 选项:从题干只能得出,非应届文科男生≤41,无法得出非应届文科男生<20,排除。

故正确答案为 B 选项。

19. 【答案】A　　【考点】论证推理 结论 细节题
【易错项】B　【题号】20040147

题干信息:在新标准实施的头三个月中,虽然"宏达"车月销售量不变,但是在汽车市场上的销售份额明显下降。

💡媛媛提醒 题干中的时间是"该标准实施的头三个月",所以锁定 A 选项,排除 B 选项。

相对数绝对数模型。"宏达车销售量"是绝对数,"所占份额"="宏达"车销售量/总销售量,是相对数,分子的绝对数不变,比例下降,说明分母在变大,所以除"宏达"车以外的汽车月销售量应该上升,不可能下降。

其他选项均无法从题干信息推出,排除。

故正确答案为 A 选项。

20.【答案】D 　　【考点】论证推理 漏洞识别
【易错项】E 　【题号】20030141
题干论证指出了导致出版物错字率增加的两个原因:(1)大量引进非专业编辑;(2)出版物大量增加。相对数绝对数模型。原因(1)是与结果相关的,因为非专业编辑可能在错字的识别和纠正方面不够敏感,导致一些错字没有被修改过来,造成错字率增加;但是原因(2)与结果并不相关,题干说的是"错字率",而不是"错字数",所以与出版物的数量并无确定的关系,这就是题干中的漏洞。

复选项Ⅰ:"有效地提高了服务质量"是投诉比率下降的有效原因,但是航班乘客数量锐减并不是有效原因,所以与题干中出现的漏洞类似,正确。

复选项Ⅱ:饮食结构和生活方式发生变化以及人口老龄化比例增大都是导致心血管病死亡率增加的原因,并未出现与题干中类似的漏洞,排除。

复选项Ⅲ:狠抓教育质量是录取率增加的有效原因,但"高考人数增加"并不会导致录取率增加,与题干中的漏洞类似,正确。

故正确答案为 D 选项。

21.【答案】E 　　【考点】论证推理 结论 细节题
【易错项】B 　【题号】20030155
题干信息:(1)国内 200 家年盈利一亿元以上的大中型企业的捐款额/收到的捐款总额=82%;(2)民营企业捐款额/收到的捐款总额=25%,从事服装或餐饮业的捐款的民营企业/捐款的民营企业=4/5。

🌸媛媛提醒　看到百分比要注意基数,只有基数一样才能进行运算。

E 选项:可以推出,因为 82% 与 25% 均是对捐款额进行的统计,并且二者相加超过 100%,说明"国内 200 家年盈利一亿元以上的大中型企业"与"民营企业"一定有交集,所以可以得出有的民营企业是年盈利一亿元以上的大中型企业的结论,正确。

A、D 选项:无法推出,题干中没有相关信息支持这两个选项,排除。

B 选项:无法推出,82% 与 4/5 分别是捐款额和企业数的比例,无法进行计算和比较,排除。

C 选项:无法推出,民营企业捐款额占 25%,并不能得出民营企业数量与非民营企业数量的关系,排除。

故正确答案为 E 选项。

22.【答案】D 　　【考点】综合推理 匹配题型
【易错项】A 　　【题号】20130136
此题难度较大,需要同时满足题干中的 4 个条件,可以从"跨度"的角度入手,4 个人都是连续 4 个月当选,并且要满足(1)和(2),王、郑、吴三人的跨度是 4~6 个月,跨度为 4 个月时,与(4)矛盾;跨度为 5 个月时,无法同时满足其他条件;只有跨度为 6 个月时,可出现如下表所示的情况。

	1	2	3	4	5	6	7	8	9	10
王					√	√	√	√		
郑				√	√	√	√			
吴			√	√	√	√				
周	√	√	√	√						

由上述分析可知,王某在 5、6、7、8 四个月连续当选。

故正确答案为 D 选项。

避坑提示 7 出现图形,先观察特征

23. (53% 正确率)某园艺公司打算在如下形状的花圃中栽种玫瑰、兰花和菊花三个品种的花卉。该花圃的形状如下所示:

拟栽种的玫瑰有紫、红、白 3 种颜色,兰花有红、白、黄 3 种颜色,菊花有白、黄、蓝 3 种颜色。栽种需满足如下要求:
(1)每个六边形格子中仅栽种一个品种、一种颜色的花;
(2)每个品种只栽种两种颜色的花;
(3)相邻格子中的花,其品种与颜色均不相同。
若格子 5 中是红色的玫瑰,且格子 3 中是黄色的花,则可以得出以下哪项?
A.格子 1 中是紫色的玫瑰。　　B.格子 4 中是白色的菊花。
C.格子 2 中是白色的菊花。　　D.格子 4 中是白色的兰花。
E.格子 6 中是蓝色的菊花。

▶ **答案与解析**

23.【答案】D　　【考点】综合推理 匹配题型
【易错项】A　　【题号】20190155
此题要注意观察图形特征。由(3)可知:1、5/2、6/3、4 三组分别为三种花卉。

由"格子3中是黄色的花"可知,格子3是黄色兰花或者黄色菊花。此时无法推出确定的信息,只能分两种情况进行讨论,当其中一种情况与题干信息矛盾时,就可以确定另一种情况一定为真。

若格子3是黄色菊花,则由"格子5中是红色的玫瑰"及题干信息可知,格子2一定是白色兰花,格子6也是白色兰花,产生矛盾,因此格子3不是黄色菊花,而是黄色兰花。

由"格子3是黄色兰花"可知,格子4也是兰花,而且不能是红色和黄色,因此格子4是白色兰花。

故正确答案为D选项。

避坑提示8 压轴题必备思想:数量限制+归谬法

24. (39% 正确率)某高校有数学、物理、化学、管理、文秘、法学6个专业毕业生需要就业,现有风云、怡和、宏宇三家公司前来学校招聘。已知,每家公司只招聘该校上述2至3个专业的若干毕业生,且需要满足以下条件:

(1)招聘化学专业的公司也招聘数学专业;

(2)怡和公司招聘的专业,风云公司也招聘;

(3)只有一家公司招聘文秘专业,且该公司没有招聘物理专业;

(4)如果怡和公司招聘管理专业,那么也招聘文秘专业;

(5)如果宏宇公司没有招聘文秘专业,那么怡和公司招聘文秘专业。

如果三家公司都招聘3个专业的若干毕业生,那么可以得出以下哪项?

A. 宏宇公司招聘化学专业。 B. 怡和公司招聘物理专业。

C. 怡和公司招聘法学专业。 D. 风云公司招聘数学专业。

E.风云公司招聘化学专业。

▶ **答案与解析**

24.【答案】D 【考点】综合推理 匹配题型
【易错项】B、C 【题号】20150155

🌸 媛媛提醒 此题思路很重要,一定要找到"只有一家公司招聘文秘""每家公司都招聘3个专业"这些数量限制。综合推理题目中出现数量限制时,通常结合"归谬法"来解题。

由(2)和(3)可知,怡和不招聘文秘(a);结合(4)可知,怡和不招聘管理(b);

又由(1)可知,如果怡和不招聘数学,那么也不招聘化学,此时与题干条件"三家公司都招聘3个专业的若干毕业生"相矛盾,根据"归谬"的思想可知,怡和要招聘数学(c);再结合(2)可知,风云也要招聘数学(d)。列表如下。

	数学	物理	化学	管理	文秘	法学
风云	√(d)					
怡和	√(c)			×(b)	×(a)	
宏宇						

故正确答案为D选项。

避坑提示9 论证推理第一步:明确态度和对象

25.(37% 正确率)陈先生:北欧人具有一种特别明显的乐观精神。这种精神体现为日常生活态度,也体现为理解自然、社会和人生的哲学理念。北欧人的人均寿命历来是最高的,这正是导致他们具备乐观精

34

神的重要原因。

贾女士:你的说法难以成立。因为你的理解最多只能说明,北欧的老年人为何具备乐观精神。

以下哪项如果为真,最能加强陈先生的观点并削弱贾女士的反驳?

A. 人均寿命是影响社会需求和生产的重要因素,经济发展水平是影响社会情绪的重要因素。

B. 北非的一些国家人均寿命不高,但并不缺乏乐观的民族精神。

C. 医学研究表明,乐观精神有利于长寿。

D. 经济发展水平是影响人的寿命及其情绪的决定因素。

E. 一家权威机构的最新统计表明,目前全世界人均寿命最高的国家是日本。

26. (37% 正确率) 户籍改革的要点是放宽对外来人口的限制,G市在对待户籍改革上面临两难。一方面,市政府懂得吸引外来人口对城市化进程的意义;另一方面,又担心人口激增的压力。在决策班子里形成了"开放"和"保守"两派意见。

以下各项如果为真,都只能支持上述某一派的意见,除了:

A. 城市与农村户口分离的户籍制度,不适应目前社会主义市场经济的需要。

B. G市存在严重的交通堵塞、环境污染等问题,其城市人口的合理容量有限。

C. G市近几年的犯罪案件增加,案犯中来自农村的打工人员比例增高。

D. 近年来,G市的许多工程的建设者多数是来自农村的农民工,其子女的就学成为市教育部面临的难题。

E. 由于计划生育政策和生育观的改变,近年来 G 市的幼儿园、小学乃至中学的班级数量递减。

27~28题基于以下题干:

一般人认为,广告商为了吸引顾客不择手段。但广告商并不都是这样。最近,为了扩大销路,一家名为《港湾》的家庭类杂志改名为《炼狱》,主要刊登暴力与色情内容。结果原先《港湾》杂志的一些常年广告客户拒绝签约合同,转向其他刊物。这说明这些广告商不只考虑经济效益,而且顾及道德责任。

27. (42% 正确率)以下各项如果为真,都能削弱上述论证,除了:

A.《炼狱》杂志所登载的暴力与色情内容在同类杂志中较为节制。

B. 刊登暴力与色情内容的杂志通常销量较高,但信誉度较低。

C. 上述拒绝续签合同的广告商主要推销家居商品。

D. 改名后的《炼狱》杂志的广告费比改名前提高了数倍。

E.《炼狱》因登载虚假广告被媒体曝光,一度成为新闻热点。

28. (37% 正确率)以下哪项如果为真,最能加强题干的论证?

A.《炼狱》的成本与售价都低于《港湾》。

B. 上述拒绝续签合同的广告商在转向其他刊物后效益未受影响。

C. 家庭类杂志的读者一般对暴力与色情内容不感兴趣。

D. 改名后,《炼狱》杂志的广告客户并无明显增加。

E. 一些在其他家庭杂志做广告的客户转向《炼狱》杂志。

29. (54% 正确率)为了减少汽车追尾事故,有些国家的法律规定,汽车在白天行驶时也必须打开尾灯。一般地说,一个国家的地理位置离赤道越远,其白天的能见度越差;而白天的能见度越差,实施上述法律效果越显著。事实上,目前世界上实施上述法律的国家都比中国离赤道远。

上述断定最能支持以下哪项相关结论?

A. 中国离赤道较近,没有必要制定和实施上述法律。

B. 在实施上述法律的国家中,能见度差是造成白天汽车追尾的最主要原因。

C. 一般地说,和目前已实施上述法律的国家相比,如果在中国实施上述法律,其效果将较不显著。

D. 中国白天汽车追尾事故在交通事故中的比例,高于已实施上述法律的国家。

E. 如果离赤道的距离相同,则实施上述法律的国家每年发生的白天汽车追尾事故的数量,少于未实施上述法律的国家。

▶▶ 答案与解析

25.【答案】A 　　【考点】论证推理 削弱、质疑、反驳 因果型论证的削弱

【易错项】D 　　【题号】20060149

💡 媛媛提醒 大家要看清楚问题,搞明白态度和对象。

陈先生:北欧人的人均寿命最高导致他们具备乐观精神。

贾女士:陈先生的论证只能说明北欧的老年人为何具备乐观精神。

贾女士认为北欧人不是因为人均寿命最高而具备乐观精神,而是寿命长的老年人才具备乐观精神,因果倒置。

A选项:间接因果,表明人均寿命高导致经济发展水平高,从而导致乐观精神,建立了"人均寿命高"与"乐观精神"之间的关系,加强了陈先生的观点;同时表明不存在因果倒置,反驳了贾女士。

D选项:表明经济发展水平影响了寿命和乐观精神,反驳了陈先生。

故正确答案为 A 选项。

26.【答案】D 　　　【考点】论证推理 结论 主旨题

【易错项】E 　　【题号】20050135

开放派:支持放宽对外来人口的限制。

保守派:担心人口激增的压力,反对放宽对外来人口的限制。

D 选项:支持了两派,外来人口是 G 市许多工程的建设者,支持了开放派的观点;但是外来人口的子女就学成为难题,又支持了保守派的观点,该选项并不是只支持其中某一派,正确。

E 选项:支持保守派,幼儿园、小学乃至中学的班级数量递减,若放宽对外来人口的限制,很可能会导致"入学难"问题,排除。

A 选项:支持开放派,认为不应实行城市与农村户口分离的户籍制度,排除。

B 选项:支持保守派,指出 G 市存在着城市人口过多的问题,排除。

C 选项:支持保守派,指出外来人口带来了一些社会治安问题,排除。

故正确答案为 D 选项。

27.【答案】A 　　　【考点】论证推理 削弱、质疑、反驳 论据+结论型论证的削弱

【易错项】B 　　【题号】20080141

论据:《港湾》改为《炼狱》后,原先的一些常年广告客户转向其他刊物。

结论:这些广告商不只考虑经济效益,而且顾及道德责任。

A 选项:比较对象不一致,指出《炼狱》杂志所刊登的暴力与色情内容在同类杂志中比较节制,比较对象为《炼狱》与同类杂志。而题干的比较对象是《港湾》与《炼狱》,无法削弱。

B选项:他因削弱,说明是信誉度较低导致广告客户流失,这些客户恰恰是考虑了经济效益,可以削弱。(此选项前半句表明杂志的销量高,销量高会导致更多人看到广告,是可能给广告商带来利润的,然而广告商却转向其他刊物,说明其没考虑经济效益,前半句可支持题干,具有迷惑作用。大家一定要将选项语句读完,不要忽略后半句的重要信息"信誉度较低"。)

C选项:他因削弱,拒绝续签合同的广告商的目标客户不是《炼狱》的读者群,所以广告商是考虑了经济效益而拒绝续签的,可以削弱。

D选项:他因削弱,广告费提高,对于广告商来说成本增大,拒绝续签很可能是考虑了经济效益,可以削弱。

E选项:他因削弱,《炼狱》口碑较差,广告信誉度低,可能无法给广告商带来应有的收益,可以削弱。

故正确答案为A选项。

28. 【答案】E 【考点】论证推理 支持、加强 论据+结论型论证的支持

【易错项】A、B 【题号】20080142

根据题干信息可知,此题试图建立一个因果关系,因:广告商顾及道德责任。果:拒绝签约合同,转向其他刊物。

E选项:建立联系,其他广告商转向《炼狱》,说明该杂志能给广告商带来了经济效益,可是题干中的这些广告商却拒签了,这就表明他们确实是因为顾及道德责任而拒签的,加强了题干的论证,正确(虽然"一些"力度较弱,但只有该选项思路正确,相对最优)。

A选项:无法支持,杂志的成本与售价与广告商的选择无必然联系。有同学会主观认为成本和售价降低了,广告商打广告的费用也会降

低,但题干中并未提及此关系,所以广告费用是否会降低呢? 未知,排除。

B 选项:拒签的广告商转向其他杂志后效益未受影响,无法判断这些广告商是否是因为顾及道德责任而拒签,排除。

C 选项:削弱题干,表明之前的客户群已经随着杂志的改变而改变,广告商的拒签很可能是因为考虑了经济效益,排除。

D 选项:广告客户无明显增加,说明《炼狱》并不能带来更多的经济效益,广告商是否是因为顾及了道德责任而拒签不得而知,排除。

故正确答案为 E 选项。

💡 **媛媛提醒** 之所以有同学觉得论证推理题目难,很可能是因为没有找准题干的论证过程,在还不清楚题干逻辑的情况下就盲目地做出了选择。培养自己寻找论证过程的能力非常重要。

29.【答案】C　　【考点】论证推理 结论 细节题
【易错项】B　　【题号】20050146
题干信息:(1)有些国家的法律规定,汽车在白天行驶时也必须打开尾灯;(2)一个国家的地理位置离赤道越远,实施上述法律效果越显著;(3)目前世界上实施上述法律的国家都比中国离赤道远。

C 选项:由(1)和(2)可知,目前世界上实施上述法律的国家都比中国的效果显著,即如果在中国实施的话,效果不如其他国家显著,正确。

B 选项:题干中并未涉及白天汽车追尾的原因有哪些,能见度差是其中的一个原因,但是否是最主要原因呢? 未知,无法得出,排除。

A 选项:无关选项,题干中并未探讨是否有必要制定和实施上述法律,排除。

D、E 选项:"中国白天汽车追尾事故的比例""白天汽车事故的数量"均无法由题干信息得出,排除。

故正确答案为 C 选项。

避坑提示 10 论证推理核心思想:相关性

30. (52% 正确率)今天的教育质量将决定明天的经济实力。PISA 是经济合作与发展组织每隔三年对 15 岁学生的阅读、数学和科学能力进行的一项测试。根据 2019 年最新测试结果,中国学生的总体表现远超其他国家学生。有专家认为,该结果意味着中国有一支优秀的后备力量以保障未来经济的发展。

以下哪项如果为真,最能支持上述专家的论证?

A. 这次 PISA 测试的评估重点是阅读能力,能很好地反映学生的受教育质量。

B. 在其他国际智力测试中,亚洲学生总体成绩最好,而中国学生又是亚洲最好的。

C. 未来经济发展的核心驱动力是创新,中国教育非常重视学生创新能力的培养。

D. 中国学生在 15 岁时各项能力尚处于上升期,他们未来会有更出色的表现。

E. 中国学生在阅读、数学和科学三项排名中均位列第一。

31. (45% 正确率)据统计,西式快餐业在我国主要大城市中的年利润,近年来稳定在 2 亿元左右。扣除物价浮动因素,估计这个数字在未来数年中不会因为新的西式快餐网点的增加而有大的改变。因此,随着美国快餐之父艾德熊的大踏步迈进中国市场,一向生意火爆的麦当劳的利润肯定会有所下降。

以下哪项如果为真,最能动摇上述论证?

A. 中国消费者对艾德熊的熟悉和接受要有一个过程。

B. 艾德熊的消费价格一般稍高于麦当劳。

C. 随着艾德熊进入中国市场,中国消费者用于肯德基的消费将有明显下降。

D. 艾德熊在中国的经营规模,在近年不会超过麦当劳的四分之一。

E. 麦当劳一直注意改进服务,开拓品牌,使之在保持传统的基础上更适合中国消费者的口味。

32. (54% 正确率)晴朗的夜晚我们可以看到满天星斗,其中有些是自身发光的恒星,有些是自身不发光但可以反射附近恒星光的行星。恒星尽管遥远,但是有些可能被现有的光学望远镜"看到"。和恒星不同,由于行星本身不发光,而且体积远小于恒星,所以,太阳系外的行星大多无法用现有的光学望远镜"看到"。

以下哪项如果为真,最能解释上述现象?

A. 如果行星的体积够大,现有的光学望远镜就能"看到"。

B. 太阳系外的行星因距离遥远,很少能将恒星光反射到地球上。

C. 现有的光学望远镜只能"看到"自身发光或者反射光的天体。

D. 有些恒星没有被现有光学望远镜"看到"。

E. 太阳系内的行星大多数可以用现有的光学望远镜"看到"。

33. (43% 正确率)实验发现,孕妇适当补充维生素 D 可降低新生儿感染呼吸道合胞病毒的风险。科研人员检测了 156 名新生儿脐带血中维生素 D 的含量,其中 54% 的新生儿被诊断为维生素 D 缺乏,这当中有 46% 的孩子出生后一年内感染了呼吸道合胞病毒,这一比例高于维生素 D 正常的孩子。

以下哪项如果为真,最能对科研人员的上述发现提供支持?

A. 上述实验中,54%的新生儿维生素 D 缺乏是由于他们的母亲在妊娠期间没有补充足够的维生素 D 造成的。

B. 孕妇适当补充维生素 D 可降低新生儿感染感冒病毒的风险,特别是在妊娠后期补充维生素 D,预防效果会更好。

C. 上述实验中,46%补充维生素 D 的孕妇所生的新生儿有一些在出生一年内感染呼吸道合胞病毒。

D. 科研人员实验时所选的新生儿在其他方面跟一般新生儿的相似性没有得到明确验证。

E. 维生素 D 具有多种防病健体功能,其中包括提高免疫系统功能、促进新生儿呼吸系统发育、预防新生儿呼吸道病毒感染等。

34. (51% 正确率) 人们普遍认为适量的体育运动能够有效降低中风的发生率,但研究人员注意到有些化学物质也有降低中风风险的作用。番茄红素是一种让番茄、辣椒、西瓜和木瓜等果蔬呈现红色的化学物质。研究人员选取一千余名年龄在 46 岁至 55 岁之间的人,进行了长达 12 年的跟踪调查,发现其中番茄红素水平最高的 1/4 的人中有 11 人中风,番茄红素水平最低的 1/4 的人中有 25 人中风。他们由此得出结论:番茄红素能降低中风的发生率。

以下哪项如果为真,最能对上述研究提出质疑?

A. 番茄红素水平较低的中风者中有 1/3 的人病情较轻。

B. 吸烟、高血压和糖尿病等会诱发中风。

C. 如果调查 56 岁至 65 岁之间的人,情况也许不同。

D. 番茄红素水平较高的人约有 1/4 喜爱进行适量的体育运动。

E. 被跟踪的另一半人中有 50 人中风。

▶▶ 答案与解析

30.【答案】A 【考点】论证推理 支持、加强 论据+结论型论证的支持

【易错项】D 【题号】20210144

论据:教育质量将决定明天的经济实力,PISA测试中中国学生的总体表现远超其他国家学生。

结论:该结果意味着中国有一支优秀的后备力量以保障未来经济的发展。

A选项:建立联系,表明PISA测试能够反映学生的受教育质量,所以测试成绩好表明教育质量好,教育质量决定经济实力,可以支持。

D选项:未能表明与该测试的关系,而且其他国家的学生在15岁时,各项能力处于什么时期,是否会有更出色的表现呢?未知,无法加强。

B选项:无关选项,题干论证与"其他国际智力测试"无关,排除。

C选项:无关选项,题干论证与"创新"无关,排除。

E选项:未能体现与未来经济发展的联系,排除。

故正确答案为A选项。

💡媛媛提醒 支持题型的解题首选思路是建立联系,相关性优先。我们不生产新信息,我们只是题干中论据和结论之间的"媒婆"。

31.【答案】C 【考点】论证推理 削弱、质疑、反驳 论据+结论型论证的削弱

【易错项】E 【题号】20030159

论据:西式快餐业在我国主要大城市中的年利润在未来数年中不会有大的改变。

结论:艾德熊进入中国市场会使麦当劳的利润下降。

C 选项:他因削弱,表明艾德熊的进入会使消费者用于肯德基的消费下降,所以麦当劳的利润并不一定会下降,削弱了题干的论证,正确。

E 选项:无法削弱,该选项只能表明麦当劳在努力迎合中国消费者的口味,而艾德熊是不是服务更好,更适合中国消费者的口味呢?未知。对题干的论证无法起到削弱作用,排除。

A 选项:无法削弱,只要在熟悉和接受艾德熊后麦当劳的利润确实下降,那么题干论证依然成立,排除。

B 选项:无法削弱,艾德熊的价格比麦当劳稍高,高了多少呢?消费者是否会因为价格稍高而不选购艾德熊呢?未知,排除。

D 选项:无法削弱,只要艾德熊会抢占麦当劳的市场,使其利润减少,题干论证就可以成立,与经营规模无关,排除。

故正确答案为 C 选项。

32.【答案】B 　　　【考点】论证推理 解释 解释现象
【易错项】C 　　【题号】20150126

需要解释的现象:自身发光的恒星和自身不发光但可以反射恒星光的行星可以被看到,但是本身不发光的太阳系外的行星大多无法用现有的光学望远镜"看到"。

B 选项:题干中陈述了两种可以被看到的情况:(1)自身发光;(2)可以反射光。但是由太阳系外的行星本身不发光,结合 B 选项中的"太阳系外的行星因距离遥远,很可能将恒星光反射到地球上"可知,光学望远镜无法感知,可以解释题干中的现象。

A 选项:题干信息并未涉及行星体积大小与能否被看到之间的关系,排除。

C 选项:题干提及太阳系外的行星不发光,但并未提及是否可以反射光,与光学望远镜的功能无关,无法解释。

D、E 选项:与题干中需要解释的对象"太阳系外的行星"无关,排除。

故正确答案为 B 选项。

33.【答案】E　　【考点】论证推理 支持、加强 论据+结论型论证的支持

【易错项】A　【题号】20140135

论据:维生素 D 缺乏的孩子中感染呼吸道合胞病毒的比例高于维生素 D 正常的孩子。

结论:孕妇适当补充维生素 D 可降低新生儿感染呼吸道合胞病毒的风险。

E 选项:建立联系,表明维生素 D 对呼吸道的发育确实有利,可以预防呼吸道病毒感染,支持题干。

A 选项:描述维生素 D 缺乏的原因,但无法建立"维生素 D"与"呼吸道合胞病毒"的联系,排除。

B 选项:题干说的是"呼吸道合胞病毒",与"感冒病毒"不一致,排除。

C 选项:补充了维生素 D 之后新生儿是否还缺乏呢?未知,排除。

D 选项:表明所研究的对象可能没有代表性,无法支持,排除。

故正确答案为 E 选项。

34.【答案】E　　【考点】论证推理 削弱、质疑、反驳 论据+结论型论证的削弱

【易错项】D　【题号】20140130

论据:番茄红素水平最高的 1/4 的人中,11 人中风;番茄红素水平最低的 1/4 的人中,25 人中风。

结论:番茄红素能降低中风的发生率。

分析思路:如果题干结论正确,那么随着番茄红素水平的降低,中风的人应该逐渐增多,所以被跟踪调查的人中,番茄红素水平较高的1/4的人和较低的1/4的人,中风人数应在11~25人之间,并且前者比后者数量少,所以二者的总人数应在23~49之间,而E选项说被跟踪的另一半人中有50个人中风,这就说明并不符合以上规律,所以对题干的研究起到了质疑的作用。

D选项:此项容易误选,很多同学认为这是"他因削弱",但其实并不能削弱,因为该项只是表明番茄红素水平较高的人中1/4喜爱体育运动,但是番茄红素水平较低的人中有多少喜爱体育运动呢?未知。运动是否是两类人群的差异呢?未知,无法削弱。

A选项:番茄红素水平较高的中风者病情是轻是重未知,无法削弱,排除。

B选项:与题干论证无关,排除。

C选项:"也许"不同,到底是否会不同未知,年龄与中风是否有关也未知,无法削弱。

故正确答案为E选项。

避坑提示 11 识别干扰项,熟悉真题表达习惯

35. (53% 正确率)一个部落或种族在历史的发展中灭绝了,但它的文字会留传下来。"亚里洛"就是这样一种文字。考古学家是在内陆发现这种文字的。经研究,"亚里洛"中没有表示"海"的文字,但有表示"冬""雪""狼"的文字。因此,专家们推测,使用"亚里洛"文字的部落或种族在历史上生活在远离海洋的寒冷地带。

以下哪项如果为真,最能削弱上述专家的推测?

A. 蒙古语中有表示"海"的文字,尽管古代蒙古人从没见过海。

B. "亚里洛"中有表示"鱼"的文字。

C. "亚里洛"中有表示"热"的文字。

D. "亚里洛"中没有表示"山"的文字。

E. "亚里洛"中没有表示"云"的文字。

36. (53% 正确率)脑部受到重击后人就会失去意识。有人因此得出结论:意识是大脑的产物,肉体一旦死亡,意识就不复存在。但是,一台被摔的电视机突然损坏,它正在播出的图像当然立即消失,但这并不意味着正由电视塔发射的相应图像信号就不复存在。因此,要得出"意识不能独立于肉体而存在"的结论,恐怕还需要更多的证据。

以下哪项最为准确地概括了"被摔的电视机"这一实例在上述论证中的作用?

A. 作为一个证据,它说明意识可以独立于肉体而存在。

B. 作为一个反例,它驳斥关于意识本质的流行信念。

C. 作为一个类似意识丧失的实例,它从自身中得出的结论和关于意识本质的流行信念显然不同。

D. 作为一个主要证据,它试图得出结论:意识和大脑的关系,类似于电视图像信号和接收它的电视机之间的关系。

E. 作为一个实例,它说明流行的信念都是应当质疑的。

37. (52% 正确率)某医学专家提出一种简单的手指自我检测法:将双手放在眼前,把两个食指的指甲那一面贴在一起,正常情况下,应该看到两个指甲床之间有一个菱形的空间;如果看不到这个空间,则说明手指出现了杵状改变,这是患有某种心脏或肺部疾病的迹象。该专家认为,人们通过手指自我检测能快速判断自己是否患有心脏或肺部疾病。

以下哪项如果为真,最能质疑上述专家的论断?

A. 杵状改变可能由多种肺部疾病引起,如肺纤维化、支气管扩张等,而且这种病变需要经历较长的一段过程。

B. 杵状改变不是癌症的明确标志,仅有不足 40% 的肺癌患者有杵状改变。

C. 杵状改变检测只能作为一种参考,不能用来替代医生的专业判断。

D. 杵状改变有两个发展阶段,第一个阶段的畸变不是很明显,不足以判断人体是否有病变。

E. 杵状改变是手指末端软组织积液造成,而积液是由于过量血液注入该区域导致,其内在机理仍然不明。

38. (39% 正确率) 小丽在情人节那天收到了专递公司送来的一束鲜花。如果这束鲜花是熟人送的,那么送花人一定知道小丽不喜欢玫瑰,而喜欢紫罗兰。但小丽收到的是玫瑰。如果这束花不是熟人送的,那么花中一定附有签字名片。但小丽收到的花中没有名片。因此,专递公司肯定犯了以下的某种错误:或者该送紫罗兰却误送了玫瑰,或者失落了花中的名片,或者这束花应该是送给别人的。

以下哪项如果为真,最能削弱上述论证?

A. 女士在情人节收到的鲜花一般都是玫瑰。

B. 有些人送花,除了取悦对方外,还有其他目的。

C. 有些人送花是出于取悦对方以外的其他目的。

D. 不是熟人不大可能给小丽送花。

E. 上述专递公司在以往的业务中从未有过失误记录。

39. (40% 正确率)汽油酒精,顾名思义是一种汽油酒精混合物。作为一种汽车燃料,和汽油相比,燃烧一个单位的汽油酒精能产生较多的能量,同时排出较少的有害废气一氧化碳和二氧化碳。以汽车日流量超过 200 万辆的北京为例,如果所有汽车都使用汽油酒精,那么,每天产生的二氧化碳,不比北京的绿色植被通过光合作用吸收的多。因此,可以预计,在世界范围内,汽油酒精将很快进军并占领汽车燃料市场。

以下各项如果为真,都能加强题干论证,除了:

A. 汽车每千米消耗的汽油酒精量和汽油基本持平,至多略高。

B. 和汽油相比,使用汽油酒精更有利于汽车的保养。

C. 使用汽油酒精将减少对汽油的需求,有利于缓解石油短缺的压力。

D. 全世界汽车日流量超过 200 万辆的城市中,北京的绿色植被覆盖率较低。

E. 和汽油相比,汽油酒精的生产成本较低,因而售价也较低。

40. (48% 正确率)为了提高运作效率,H 公司应当实行灵活工作日制度,也就是充分考虑雇员的个人意愿,来决定他们每周的工作与休息日。研究表明,这种灵活工作日制度,能使企业员工保持良好的情绪和饱满的精神。

上述论证依赖以下哪项假设?

Ⅰ. 那些希望实行灵活工作日制度的员工,大都是 H 公司的业务骨干。

Ⅱ. 员工良好的情绪和饱满的精神,能有效提高企业的运作效率。

Ⅲ. H 公司不实行周末休息制度。

A. 只有Ⅰ。 B. 只有Ⅱ。 C. 只有Ⅲ。

D. 只有Ⅱ和Ⅲ。 E. Ⅰ、Ⅱ和Ⅲ。

41. (34% 正确率) 张先生:应该向吸烟者征税,用以缓解医疗保健事业的投入不足。因为正是吸烟,导致了许多严重的疾病。让吸烟者承担一部分费用,来对付因他们的不良习惯而造成的健康问题,是完全合理的。

李女士:照您这么说,如果您经常吃奶油蛋糕,或者肥猪肉,也应该纳税。因为如同吸烟一样,经常食用高脂肪、高胆固醇的食物同样会导致许多严重的疾病。但是没有人会认为这样做是合理的,并且人们的危害健康的不良习惯数不胜数,都对此征税,事实上无法操作。

以下哪项最为恰当地概括了张先生和李女士争论的焦点?

A. 张先生关于缓解医疗保健事业投入不足的建议是否合理?

B. 有不良习惯的人是否应当对由此种习惯造成的社会后果负责?

C. 食用高脂肪、高胆固醇的食物对健康造成的危害是否同吸烟一样?

D. 由增加个人负担来缓解社会公共事业的投入不足是否合理?

E. 通过征税的方式来纠正不良习惯是否合理?

42. (35% 正确率) 司机:有经验的司机完全有能力并习惯以每小时120千米的速度在高速公路上安全行驶。因此,高速公路上的最高时速不应由120千米改为现在的110千米,因为这既会不必要地降低高速公路的使用效率,也会使一些有经验的司机违反交规。

交警:每个司机都可以在法律规定的速度内行驶,只要他愿意。因此,把对最高时速的修改说成是某些违规行为的原因,是不能成立的。

以下哪项最为准确地概括了上述司机和交警争论的焦点?

A. 上述对高速公路最高时速的修改是否必要。

B. 有经验的司机是否有能力以每小时120千米的速度在高速公路上

安全行驶。

C. 上述对高速公路最高时速的修改是否一定会使一些有经验的司机违反交规。

D. 上述对高速公路最高时速的修改实施后,有经验的司机是否会在合法的时速内行驶。

E. 上述对高速公路最高时速的修改,是否会降低高速公路的使用效率。

43. (35% 正确率)张教授:在南美洲发现的史前木质工具存在于13 000年以前。有的考古学家认为,这些工具是其祖先从西伯利亚迁徙到阿拉斯加的人群使用的。这一观点难以成立。因为要到达南美,这些人群必须在13 000年前经历长途跋涉,而在从阿拉斯加到南美洲之间,从未发现13 000年前的木质工具。

李研究员:您恐怕忽视了这些木质工具是在泥煤沼泽中发现的,北美很少有泥煤沼泽。木质工具在普通的泥土中几年内就会腐烂化解。

以下哪项最为准确地概括了张教授与李研究员所讨论的问题?

A. 上述史前木质工具是否是其祖先从西伯利亚迁徙到阿拉斯加的人群使用的?

B. 张教授的论据是否能推翻上述考古学家的结论?

C. 上述人群是否可能在13 000年前完成从阿拉斯加到南美洲的长途跋涉?

D. 上述木质工具是否只有在泥煤沼泽中才不会腐烂化解?

E. 上述史前木质工具存在于13 000年以前的断定是否有足够的根据?

44. (46% 正确率)陈先生:未经许可侵入别人的电脑,就好像开偷来的汽车撞伤了人,这些都是犯罪行为。但后者性质更严重,因为它既侵占了有形财产,又造成了人身伤害;而前者只是在虚拟世界中捣乱。

林女士:我不同意,例如,非法侵入医院的电脑,有可能扰乱医疗数据,甚至危及病人的生命。因此,非法侵入电脑同样会造成人身伤害。

以下哪项最为准确地概括了两人争论的焦点?

A. 非法侵入别人电脑和开偷来的汽车是否同样会危及人的生命?

B. 非法侵入别人电脑和开偷来的汽车伤人是否都构成犯罪?

C. 非法侵入别人电脑和开偷来的汽车伤人是否是同样性质的犯罪?

D. 非法侵入别人电脑的犯罪性质是否和开偷来的汽车伤人一样的严重?

E. 是否只有侵占有形财产才构成犯罪?

▶▶ **答案与解析**

35.【答案】E 　　【考点】论证推理 削弱、质疑、反驳 论据+结论型论证的削弱

【易错项】A 　　【题号】20040152

专家的推测思路为:(1)"亚里洛"中没有表示"海"的文字,说明这个部落或种族远离海洋,没有见过海;(2)"亚里洛"中有表示"冬""雪""狼"的文字,说明这个部落或种族生活在寒冷地带。

E选项:归谬削弱,按照专家的思路(1),说明这个部落或种族没有见过云,这是不可能出现的情况,因为地球上的任何地方都是可以见到云的,说明专家的推测思路有漏洞,削弱了专家的推测,正确。

A选项:无效反例,试图用蒙古语举一个反例,但是蒙古语和"亚里洛"在造字规则、使用场景、传承发展上是否相似未知,二者很可能并

53

无可比性,举出的反例当然也是无效的,无法削弱。

B选项:试图通过有表示"鱼"的文字证明该部落或种族并不是生活在远离海洋的地方,但是河里、池塘里都可能有鱼,鱼不一定是在海里,无法削弱。

C选项:试图通过有表示"热"的文字证明该部落或种族不是生活在寒冷地带,但是冷热是相对的概念,即使是在寒冷地带也有热的感受,无法削弱。

D选项:按照专家的思路(1),说明这个部落或种族没有见过山,这是可能出现的情况,无法削弱。

故正确答案为E选项。

36.【答案】C　　【考点】论证推理 概括论证方式
【易错项】D　　【题号】20060151
论据:一台被摔的电视机突然损坏,它正在播出的图像消失,但信号可能还存在。

结论:无法得出"意识不能独立于肉体而存在"的结论。

"电视机损坏,正在播出的图像立即消失"类似于肉体死亡,"电视塔发射的图像信号依然存在"类似于意识仍然存在,所以题干是用了"损坏的电视机"这一例子与"意识丧失"进行类比推理,从而试图得出"意识可以独立于肉体而存在"的结论,但二者显然不同,C选项正确。

A、B、D、E选项:如果是"证据""反例""实例",需要举出某个脑部受到重击,但是意识仍然存在的人的例子,而"损坏的电视机"并不是人,只是一个类似的情况,不能作为"证据""反例""实例"出现。

此外,D选项:意识和大脑的关系,是题干论证的隐含假设,不是试得出的结论。E选项:题干的例子无法证明所有流行的信念都应该质疑。

故正确答案为C选项。

37. 【答案】E 　　【考点】论证推理 削弱、质疑、反驳 论据+结论型论证的削弱

【易错项】D 　【题号】20210149

论据:手指出现杵状改变是患有某种心脏或肺部疾病的迹象。

结论:人们通过手指自我检测能快速判断自己是否患有心脏或肺部疾病。

E选项:割裂关系,表明杵状改变是过量血液注入导致的,但是内在机理不明,导致杵状改变的原因可能很复杂,割裂了杵状改变和心肺疾病的联系,可以削弱。

💡 媛媛提醒 有的同学看到"内在机理仍然不明"就将该选项排除,这是非常危险的做题方法,论证推理题目一定要重视思路,不能只因为个别词语就将选项排除。

D选项:无法质疑,只能说明第一阶段畸变不明显,那么第二阶段呢?未知。如果第二阶段畸变比较明显,依然能够表明可以通过杵状改变判断是否患有心肺疾病,排除。

A选项:加强论证,表明杵状改变确实与肺部疾病有关,排除。

B选项:表明杵状改变与肺部疾病有联系,反而加强了题干的论证。另外,杵状改变是否是检测心肺疾病的有效方法,应该根据在有杵状改变的人中有多少确实患有心肺疾病来判断,而不是根据患病的人中具有杵状改变的比例来判断,排除。

C选项:只要杵状改变可以帮助人们快速判断是否有可能患有心肺

疾病即可,不需要与医生进行比较。另外,如果杵状改变可以作为一种参考,反而表明二者之间有联系,起到一定的支持作用,排除。

故正确答案为 E 选项。

38.【答案】C 　　【考点】论证推理 削弱、质疑、反驳 论据+结论型论证的削弱

【易错项】B 　　【题号】20040154

论据:如果是熟人送的,不会送小丽不喜欢的玫瑰;如果不是熟人送的,花中应该有签字名片,但是花中没有名片。

结论:专递公司犯了以下错误:或者误送了玫瑰,或者失落了花中的名片,或者这束花应该是送给别人的。

C 选项:他因削弱,送花是出于取悦小丽以外的其他目的,所以有可能对方明知小丽不喜欢玫瑰却仍然送了玫瑰,那么专递公司可能并没有犯错误,可以削弱。

B 选项:说明送花是为了取悦对方且还有其他目的,如果要取悦小丽的话就不应该送玫瑰,无法削弱题干论证。注意比较 B 选项和 C 选项的语言表述,"除了取悦对方外"表明包含了"取悦对方"的目的。

A 选项:如果是小丽的爱慕者所送的鲜花,送花人应该知道小丽不喜欢玫瑰或附张卡片,但都没有,无法削弱。

D 选项:如果是熟人送的,那么不会送小丽不喜欢的玫瑰,无法削弱。

E 选项:以往没有失误记录并不能说明这一次就没有失误,无法削弱。

故正确答案为 C 选项。

39.【答案】A 　　【考点】论证推理 支持、加强 论据+结论型论证的支持

【易错项】D 　　【题号】20040133

论据:汽油酒精和汽油相比,燃烧一个单位能产生较多的能量,排放

较少的有害废气;如果北京的所有汽车都使用汽油酒精,那么产生的二氧化碳将全部被绿色植被吸收。

结论:预计在世界范围内,汽油酒精将很快进军并占领汽车燃料市场。

A 选项:无法加强,汽车每千米消耗的汽油酒精量≥汽油,那么虽然每一单位汽油酒精相比汽油能产生较多的能量,但很可能每千米的消耗和废气产生量持平,那么汽油酒精就没有优势了,无法加强题干的论证,正确。

D 选项:可以加强,在北京的绿色植被率较低的条件下,汽车排放的二氧化碳可以被全部吸收,那么世界上其他国家的汽车如果将汽油酒精作为燃料,也可以避免排放出的二氧化碳的污染,表明了汽油酒精的优势,排除。

B 选项:可以加强,指出了汽油酒精更有利于汽车保养的优势,排除。
C 选项:可以加强,指出了汽油酒精缓解石油短缺压力的优势,排除。
E 选项:可以加强,指出了汽油酒精生产成本和售价较低的优势,排除。

故正确答案为 A 选项。

40. 【答案】D 　　【考点】论证推理 假设、前提 论据+结论型论证的假设
【易错项】B 　　【题号】20070155

论据:灵活工作日制度能使企业员工保持良好的情绪和饱满的精神。
结论:为了提高运作效率,H 公司应当实行灵活工作日制度。

灵活工作日制度(措施)→使员工保持良好情绪和饱满精神(效果)
→提高运作效率(目的)。

为了保证上述论证成立,就需要假设每一环节的推断都是成立的。

复选项Ⅰ：不需假设，因为无论希望实行灵活工作日制度的员工是否是业务骨干，只要在实行之后确实可以使员工情绪良好、精神饱满，题干论证就可以成立。

复选项Ⅱ：必须假设，建立联系，可以保证从"效果"到"目的"这一论证过程成立。

复选项Ⅲ：必须假设，这个复选项比较容易漏选，其考查的是方法可行的思路，H公司要实行灵活工作日制度，就要假设其不实行周末休息制度，否则灵活工作日制度就无法实行。

故正确答案为D选项。

41.【答案】A　　【考点】论证推理 焦点 焦点题型
【易错项】B、E　【题号】20040148
张先生：吸烟导致疾病，所以吸烟者要承担一部分医疗费用，用以缓解医疗保健事业的投入不足。

李女士：拥有其他与吸烟一样危害健康的不良习惯的人很多，如果张先生的说法成立，那么也应该对这些人征税，但是这样做不合理，而且征税在事实上无法操作。

A选项：是争论的焦点，张先生认为合理，李女士认为没有人觉得合理，即不合理，二人对此持有相反的观点，正确。

B选项：张先生认为应该负责，李女士并未对此发表意见，排除。

E选项：二人的争论并未涉及"纠正不良习惯"，排除。

C选项：二人都未对此发表意见，排除。

D选项：题干中探讨的是"医疗保健事业"，而不是"社会公共事业"，排除。

故正确答案为A选项。

三、真题大数据——大数据易错题

42. 【答案】C 【考点】论证推理 焦点 焦点题型
【易错项】A 【题号】20070154

司机:有经验的司机习惯以每小时120千米的速度行驶,所以最高时速修改之后会使一些有经验的司机违反交规。

交警:只要司机愿意,每个司机都可以在法律规定的速度内行驶,所以修改最高时速不会导致司机违规。

C选项:司机认为会,交警认为不会,二人持有相反的观点,是焦点,正确。

A选项:司机认为修改最高时速没有必要,交警并未对此发表意见,不是焦点,排除。

B选项:司机认为有能力,交警并未对此发表意见,不是焦点,排除。

D选项:修改实施后的情况二人均未涉及,不是焦点,排除。

E选项:司机认为会,交警并未对此发表意见,不是焦点,排除。

故正确答案为C选项。

43. 【答案】B 【考点】论证推理 焦点 焦点题型
【易错项】A 【题号】20090136

张教授:考古学家认为,在南美洲发现的史前木质工具是其祖先使用的。但在阿拉斯加到南美洲之间从未发现13 000年前的木质工具,所以考古学家的观点难以成立。

李研究员:木质工具没被发现是因为在泥土中腐烂化解了,所以张教授论证中的前提(在从阿拉斯加到南美洲之间未发现13 000年前的木质工具)未必成立。

张教授认为这一论据能推翻考古学家的结论,因为如果发现的史前木质工具是其祖先从西伯利亚迁徙到阿拉斯加的人群使用的,那么

59

在从阿拉斯加到南美洲之间应该能发现 13 000 年前的木质工具。

李研究员认为这一论据不能推翻考古学家的结论,因为在从阿拉斯加到南美洲之间未发现 13 000 年前的木质工具,并不等于 13 000 年前在从阿拉斯加到南美洲之间就一定没有此种木质工具,此种木质工具可能存在过,但是因为不具备保存条件而腐烂化解了。

B 选项:张教授认为能推翻,李研究员认为该论证前提未必成立,无法推翻,二人观点相反,是他们所讨论的问题,正确。

A 选项:张教授认为不是,李研究员虽然对张教授的论据提出质疑,但是并不能说明其认为考古学家的观点是正确的,排除。

C、D 选项:二人均未对此发表意见,排除。

E 选项:作为本题的背景信息出现,二人未对此进行讨论,排除。

故正确答案为 B 选项。

44. 【答案】D 【考点】论证推理 焦点 焦点题型
【易错项】A 【题号】20100151

陈先生:因为未经许可侵入别人的电脑只是在虚拟世界中捣乱,而开偷来的汽车撞伤了人既侵占了有形财产,又造成了人身伤害,所以后者性质比前者更严重。

林女士:非法侵入电脑同样会造成人身伤害,所以不同意陈先生的观点。

林女士不认可陈先生论证中的原因,所以并不同意其所得结论,焦点是"开偷来的汽车撞伤了人是否比未经别人许可侵入电脑性质更严重",此题也可以从选项入手,看是否二人有相反的观点。

A 选项:陈先生认为侵入别人的电脑不会危及其人的生命,林女士认为会危及人的生命,二人有不同的观点,待定。

B 选项:陈先生认为都是犯罪行为,林女士未提及,排除。

C 选项:陈先生和林女士均未探讨两种行为是什么性质,排除。

D 选项:陈先生认为后者性质更严重,林女士认为二者一样严重,二人有不同的观点,待定。

E 选项:陈先生和林女士均未探讨此问题,排除。

分析之后可知,A 选项和 D 选项二人都有不同的观点。但 A 选项只是论据,二人对论据持有不同的观点,不是焦点;而 D 选项是结论,二人对结论持有不同的观点,是焦点。

故正确答案为 D 选项。

避坑提示 12 比较力度,选择最优项

45. (47% 正确率)一般认为,一个人在 80 岁时和他在 30 岁时相比,理解和记忆能力都显著减退。最近一项调查显示,80 岁的老人和 30 岁的年轻人在玩麻将时所表现出的理解和记忆能力没有明显差别。因此,认为一个人到了 80 岁理解和记忆能力会显著减退的看法是站不住脚的。

以下哪项如果为真,最能削弱上述论证?

A. 玩麻将需要的主要不是理解和记忆能力。

B. 玩麻将只需要较低的理解和记忆能力。

C. 80 岁的老人比 30 岁的年轻人有更多时间玩麻将。

D. 玩麻将有利于提高一个人的理解和记忆能力。

E. 一个人到了 80 岁理解和记忆能力会显著减退的看法,是对老年人的偏见。

46. (49% 正确率)最近台湾航空公司客机坠落事故急剧增加的主要原因

是飞行员缺乏经验。台湾航空部门必须采取措施淘汰不合格的飞行员,聘用有经验的飞行员。毫无疑问,这样的飞行员是存在的。但问题在于,确定和评估飞行员的经验是不可行的。例如,一个在气候良好的澳大利亚飞行 1 000 小时的教官,和一个在充满暴风雪的加拿大东北部飞行 1 000 小时的夜班货机飞行员是无法相比的。

上述议论最能推出以下哪项结论?(假设台湾航空公司继续维持原有的经营规模)

A. 台湾航空公司客机坠落事故急剧增加的现象是不可改变的。

B. 台湾航空公司应当聘用加拿大飞行员,而不宜聘用澳大利亚飞行员。

C. 台湾航空公司应当解聘所有现职飞行员。

D. 飞行时间不应成为评估飞行员经验的标准。

E. 对台湾航空公司来说,没有一项措施,能根本扭转台湾航空公司客机坠落事故急剧增加的趋势。

47. (53% 正确率) 张华是甲班学生,对围棋感兴趣。该班学生或者对国际象棋感兴趣,或者对军棋感兴趣;如果对围棋感兴趣,则对军棋不感兴趣。因此,张华对中国象棋感兴趣。

以下哪项最可能是上述论证的假设?

A. 如果对国际象棋感兴趣,则对中国象棋感兴趣。

B. 甲班对国际象棋感兴趣的学生都对中国象棋感兴趣。

C. 围棋和中国象棋比军棋更具挑战性。

D. 甲班学生感兴趣的棋类只限于围棋、国际象棋、军棋和中国象棋。

E. 甲班所有学生都对中国象棋感兴趣。

48. (52% 正确率) 某校的一项抽样调查显示:该校经常泡网吧的学生中家

庭经济条件优越的占80%,学习成绩下降的也占80%,因此家庭条件优越是学生泡网吧的重要原因,泡网吧是学习成绩下降的重要原因。

以下哪项如果为真,最能加强上述论证?

A. 该校是市重点学校,学生的成绩高于普通学校。

B. 该校狠抓教学质量,上学期半数以上学生的成绩都有明显提高。

C. 被抽样调查的学生多数能如实填写问卷。

D. 该校经常做这种形式的问卷调查。

E. 该项调查的结果已经受到了教育局的重视。

▶▶ 答案与解析

45.【答案】B 【考点】论证推理 削弱、质疑、反驳 论据+结论型论证的削弱

【易错项】A 【题号】20060130

论据:80岁的老人和30岁的年轻人玩麻将时表现出的理解和记忆能力没有明显差别。

结论:一个人到了80岁理解和记忆能力不会显著减退。

B选项:割裂关系,玩麻将只需要较低的理解和记忆能力,说明理解和记忆能力与玩麻将关系不大,因此不能从玩麻将的表现推断出理解和记忆能力是否会减退,表明论据与结论无关,割裂了二者的关系,可以削弱。

A选项:力度较弱,如果真实情况是理解和记忆能力对于玩麻将也非常重要,只不过是次要的,这时题干的论证依然可能成立,排除。

💡 媛媛提醒 此题需要比较A选项和B选项的力度强弱,"主要不是"有可能是次要的,也很重要;"只需要较低的"表达的是"几乎不需要"的意思,要熟悉真题的语言表述风格。

C 选项:有更多时间玩麻将不等于确实玩麻将的时间更长,也无法得知玩麻将时间与熟练程度的关系,无法削弱。

D、E 选项:与题干论证无关,排除。

故正确答案为 B 选项。

46.【答案】E 　　【考点】论证推理 结论 主旨题

【易错项】A、D 　【题号】20030146

题干信息:飞行员缺乏经验导致客机坠落事故急剧增加,所以台湾航空部门必须采取措施淘汰不合格的飞行员,聘用有经验的飞行员。虽然这样的飞行员存在,但是确定和评估飞行员的经验是不可行的。所以无法聘用有经验的飞行员,客机坠落事故急剧增加的情况也就无法得到根本扭转。

E 选项:与上述分析一致,飞行员缺乏经验是主要原因,这个无法解决,所以坠落事故急剧增加的趋势无法根本扭转,正确。

A 选项:"不可改变"一词过于绝对,因为飞行员缺乏经验是主要原因,而不是唯一的原因,所以可以在其他方面改变,排除。

B 选项:加拿大和澳大利亚飞行员的例子只是为了说明"确定和评估飞行员的经验是不可行的",并不是该论证的结论,排除。

C 选项:上述论证中并未出现相关信息,无法得出该结论,排除。

D 选项:1 000 小时不同环境下飞行这一例子只是为了说明"确定和评估飞行员的经验是不可行的",而不是在否定飞行时间的参考价值,排除。

故正确答案为 E 选项。

47.【答案】B 　　【考点】形式逻辑 三段论 三段论反推题型

【易错项】A 　　【题号】20070131

三、真题大数据——大数据易错题

题干信息:(1)张华→甲班∧围棋;(2)甲班→国际象棋∨军棋;(3)围棋→¬军棋;(4)张华→中国象棋。

由(1)和(2)可得,(5)张华→甲班→国际象棋∨军棋;由(1)和(3)可得,(6)张华→围棋→¬军棋;由(5)和(6)可得,(7)张华→国际象棋。

要得到结论(4),只需要补充条件"国际象棋→中国象棋"即可。但要注意题干的讨论都是在甲班的范围内,所以只要假设甲班学生中对国际象棋感兴趣的都对中国象棋感兴趣即可。

B选项:与上述分析一致,正确。

A选项:假设过强,范围过大,只要甲班学生符合该条件即可,排除。

C、D选项:与题干论证无关,无法推出结论,排除。

E选项:假设过强,范围过大,不需要甲班所有学生都对中国象棋感兴趣,只需要对国际象棋感兴趣的对中国象棋感兴趣即可,排除。

💡媛媛提醒 假设题型一定要避免"假设过强",范围太大或者力度过强都属于"假设过强"的情况。

故正确答案为B选项。

48.【答案】B 【考点】论证推理 支持、加强 论据+结论型论证的支持

【易错项】C 【题号】20050141

论据1:该校经常泡网吧的学生中家庭经济条件优越的占80%。

结论1:家庭条件优越是学生泡网吧的重要原因。

论据2:该校经常泡网吧的学生中学习成绩下降的占80%。

结论2:泡网吧是学习成绩下降的重要原因。

左右撇子模型。论证2中要想得到"泡网吧是学习成绩下降的重要原因"这一结论,需要比较(1) $\dfrac{\text{成绩下降的学生}}{\text{全校学生}}$ 与(2) $\dfrac{\text{泡网吧的学生中成绩下降的学生}}{\text{泡网吧的学生}}$ 这两个比例。如果数值(1)≥数值(2),说明泡网吧不是学习成绩下降的重要原因;如果数值(1)<数值(2),才能证明泡网吧是学习成绩下降的重要原因这一结论。此题要加强题干的论证,只要表明数值(1)<数值(2)即可。

B选项:半数以上学生的成绩有明显提高,即成绩下降的学生/全校学生<50%<80%,可以加强,正确。

A、D、E选项:与题干论证无关,无法加强,排除。

C选项:力度较弱,即使如实填写问卷也无法证明题干的论证过程成立,只能表明论据为真,支持力度较弱,排除。

故正确答案为B选项。

避坑提示13 了解真题思路即可,别纠结

49. (38% 正确率)大李和小王是某报新闻部的编辑。该报总编计划从新闻部抽调人员到经济部。总编决定:未经大李和小王本人同意,将不调动两人。大李告诉总编:"我不同意调动,除非我知道小王是否同意调动。"小王说:"除非我知道大李是否同意调动,否则我不同意调动。"

如果上述三人坚持各自的决定,则可推出以下哪项结论?

A. 两人都不可能调动。

B. 两人都可能调动。

C. 两人至少有一人可能调动,但不可能两人都调动。

D. 要么两人都调动,要么两人都不调动。

E. 题干的条件推不出关于两人调动的确定结论。

50. (29% 正确率)某研究人员在 2004 年对一些 12~16 岁的学生进行了智商测试,测试得分为 77~135 分,4 年之后再次测试,这些学生的智商得分为 87~143 分。仪器扫描显示,那些得分提高了的学生,其脑部比此前呈现更多的灰质(灰质是一种神经组织,是中枢神经的重要组成部分)。这一测试表明,个体的智商变化确实存在,那些早期在学校表现并不突出的学生未来仍有可能成为佼佼者。

以下除哪项外,都能支持上述实验结论?

A. 随着年龄的增长,青少年脑部区域的灰质通常会增加。

B. 学生非语言智力表现与大脑结构的变化明显相关。

C. 言语智商的提高伴随着大脑左半球运动皮层灰质的增多。

D. 有些天才少年长大后的智力并不出众。

E. 部分学生早期在学校表现不突出与其智商有关。

▶▶ 答案与解析

49. 【答案】A 【考点】形式逻辑 假言命题 假言命题推理规则
【易错项】E 【题号】20090131

总编:￢同意→￢调动。大李、小王:￢知道对方是否同意→￢同意。题干中所描述的是一种"死锁进程",两个人都在等待对方做出是否同意调动的决定,如果没有外力打破这种状态,都将永远停留在初始阶段而互相等待。

由题干的信息可知,大李不可能调动。因为在决定调动大李之前,先要征得大李本人同意;要征得大李同意,先要调动小王;调动小王,先要征得小王同意;要征得小王同意,先要调动大李。也就是说,在决定调动大李前,先要调动大李。这是不可能的。因此,大李不可能调动。同理,小王也不可能调动。

故正确答案为 A 选项。

50.【答案】E　　【考点】论证推理 支持、加强 论据+结论型论证的支持

【易错项】D　【题号】20150153

论据:相隔 4 年的两次智商测试发现被测者智商发生变化;得分提高的学生,脑部灰质增多。

结论:个体智商变化确实存在。

E 选项:表现是否突出与智商的关系并不是本题讨论的问题,无法支持,正确。

A 选项:相隔 4 年的实验表明,学生脑部灰质增多,若青少年脑部灰质随年龄增加,则支持了题干的实验结论,排除。

B 选项:智力表现与大脑结构相关,支持了题干中的实验结果,智商提高,同时大脑结构发生变化,排除。

C 选项:智商提高与大脑灰质增多相关,支持了题干中的实验结论,排除。

D 选项:说明个体智商变化确实存在,支持题干的实验结论,排除。

故正确答案为 E 选项。

媛媛提醒 49 题和 50 题存在一定的争议,49 题是一个特定状态"死锁";50 题题干主要表达的是个体的智商和大脑结构会随着时间发生变化。大家可以有不同的观点,但是建议顺着大纲答案的思路进行思考,熟悉真题命题规律。

海绵MBA

秉承"挤出小时间,吸收大知识"的理念,海绵将人工智能、学习数据与教学实践深度结合,利用App、Web与小程序形成的产品矩阵,为全国备考用户提供高品质的课程体验。2022年,超46万考管理类综合能力的考生使用海绵MBA App进行学习备考。

系列丛书

MBA MPA MPAcc 管理类综合能力数学十大公式
MBA MPA MPAcc 管理类综合能力数学真题库
MBA MPA MPAcc 管理类与经济类综合能力逻辑十八招
MBA MPA MPAcc 管理类与经济类综合能力逻辑真题库
MBA MPA MPAcc 管理类与经济类综合能力四步写作法
MBA MPA MPAcc 管理类与经济类综合能力写作真题库
MBA MPA MPAcc 管理类联考专用辅导教材英语二系统课教程
MBA MPA MPAcc 管理类联考专用辅导教材英语二真题课教程
MBA MPA MPAcc 英语(二)晨辰带你背单词

你的努力 终将美好

MBA MPA MPAcc
管理类与经济类综合能力

逻辑真题库

主编 孙江媛　真题分类册（题目）

北京理工大学出版社
BEIJING INSTITUTE OF TECHNOLOGY PRESS

版权专有　侵权必究

图书在版编目（CIP）数据

MBA MPA MPAcc 管理类与经济类综合能力逻辑真题库 . 真题分类册 . 题目 / 孙江媛主编 . — 北京 : 北京理工大学出版社, 2023.6

ISBN 978-7-5763-2517-1

Ⅰ.①M… Ⅱ.①孙… Ⅲ.①逻辑 – 研究生 – 入学考试 – 习题集 Ⅳ.①B81-44

中国国家版本馆 CIP 数据核字 (2023) 第 113694 号

出版发行 / 北京理工大学出版社有限责任公司
社　　址 / 北京市海淀区中关村南大街 5 号
邮　　编 / 100081
电　　话 /（010）68914775（总编室）
　　　　　（010）82562903（教材售后服务热线）
　　　　　（010）68944723（其他图书服务热线）
网　　址 / http://www.bitpress.com.cn
经　　销 / 全国各地新华书店
印　　刷 / 天津市蓟县宏图印务有限公司
开　　本 / 787 毫米 × 1092 毫米　1/16
印　　张 / 15.75
字　　数 / 393 千字
版　　次 / 2023 年 6 月第 1 版　2023 年 6 月第 1 次印刷
定　　价 / 99.80 元（全三册）

责任编辑 / 时京京
文案编辑 / 时京京
责任校对 / 刘亚男
责任印制 / 李志强

图书出现印装质量问题，请拨打售后服务热线，本社负责调换

目 录

第一部分　形式逻辑 ··· (1)

一、考点速通 ··· (1)

　　考点1：联言命题、选言命题 ··· (1)

　　考点2：直言命题 ··· (4)

　　考点3：假言命题 ··· (5)

　　考点4：三段论 ··· (12)

　　考点5：模态命题 ··· (17)

　　考点6：关系命题 ··· (18)

　　考点7：概念 ··· (19)

二、命题方向专训 ··· (21)

　　命题方向①：形式逻辑　正向推理 ······································ (21)

　　命题方向②：形式逻辑　支持假设 ······································ (40)

　　命题方向③：形式逻辑　真假判定 ······································ (48)

　　命题方向④：形式逻辑　结构相似 ······································ (57)

　　命题方向⑤：形式逻辑　加分题型 ······································ (64)

第二部分　综合推理 ··· (76)

一、考点速通 ··· (76)

　　考点8：咔咔排除法 ·· (76)

　　考点9：确定信息呼呼推 ·· (77)

1

考点 10：无确定信息破解法 ……………………………………………………（79）

考点 11：稳赢分析法 ………………………………………………………（80）

二、命题方向专训 ……………………………………………………………（81）

命题方向⑥：综合推理 真话假话 ………………………………………（81）

命题方向⑦：综合推理 排序 ……………………………………………（89）

命题方向⑧：综合推理 匹配 ……………………………………………（90）

命题方向⑨：综合推理 分组 ……………………………………………（93）

命题方向⑩：综合推理 数字相关 ………………………………………（95）

命题方向⑪：综合推理 综合题组 ………………………………………（102）

第三部分　论证逻辑 …………………………………………………………（108）

一、考点速通 ……………………………………………………………………（108）

考点 12：两大论证型式 ……………………………………………………（108）

考点 13：十大论证模型 ……………………………………………………（123）

考点 14：论证评价 …………………………………………………………（150）

二、命题方向专训 ……………………………………………………………（157）

命题方向⑫：论证推理 削弱、质疑、反驳 ……………………………（157）

命题方向⑬：论证推理 支持、加强 ……………………………………（185）

命题方向⑭：论证推理 假设、前提 ……………………………………（194）

命题方向⑮：论证推理 解释 ……………………………………………（205）

命题方向⑯：论证推理 结论 ……………………………………………（214）

命题方向⑰：论证推理 焦点 ……………………………………………（229）

命题方向⑱：论证推理 论证方式、漏洞识别 …………………………（234）

第一部分 形式逻辑

一、考点速通

考点1：联言命题、选言命题

1. 王涛和周波是理科（1）班学生，他们是无话不说的好朋友。他们发现班里每一个人或者喜欢物理，或者喜欢化学。王涛喜欢物理，周波不喜欢化学。

根据以上陈述，以下哪项必定为真？

Ⅰ. 周波喜欢物理。

Ⅱ. 王涛不喜欢化学。

Ⅲ. 理科（1）班不喜欢物理的人喜欢化学。

Ⅳ. 理科（1）班一半人喜欢物理，一半人喜欢化学。

A. 仅Ⅰ。　　　　　　B. 仅Ⅲ。　　　　　　C. 仅Ⅰ、Ⅱ。

D. 仅Ⅰ、Ⅲ。　　　　E. 仅Ⅱ、Ⅲ、Ⅳ。

2. 张珊喜欢喝绿茶，也喜欢喝咖啡。他的朋友中没有人既喜欢喝绿茶，又喜欢喝咖啡，但他的所有朋友都喜欢喝红茶。

如果上述断定为真，则以下哪项不可能为真？

A. 张珊喜欢喝红茶。

B. 张珊的所有朋友都喜欢喝咖啡。

C. 张珊的所有朋友喜欢喝的茶在种类上完全一样。

D. 张珊有一个朋友既不喜欢喝绿茶，也不喜欢喝咖啡。

E. 张珊喜欢喝的饮料，他有一个朋友都喜欢喝。

3. 三分之二的陪审员认为，证人在被告作案时间、作案地点或作案动机上提供伪证。

以下哪项能作为结论从上述断定中推出？

A. 三分之二的陪审员认为证人在被告作案时间上提供伪证。

B. 三分之二的陪审员认为证人在被告作案地点上提供伪证。

C. 三分之二的陪审员认为证人在被告作案动机上提供伪证。

D. 在被告作案时间、作案地点或作案动机这三个问题中，至少有一个问题，三分之二的陪审员认为证人在这个问题上提供伪证。

E. 以上各项均不能从题干的断定推出。

4. 已知：

第一，《神鞭》的首次翻译出版用的或者是英语或者是日语，二者必居其一。

第二，《神鞭》的首次翻译出版或者在旧金山或者在东京，二者必居其一。

第三，《神鞭》的译者或者是林浩如或者是胡乃初，二者必居其一。

如果上述断定都是真的，则以下哪项也一定是真的？

Ⅰ．《神鞭》不是林浩如用英语在旧金山首先翻译出版的，因此，《神鞭》是胡乃初用日语在东京首先翻译出版的。

Ⅱ．《神鞭》是林浩如用英语在东京首先翻译出版的，因此，《神鞭》不是胡乃初用日语在东京首先翻译出版的。

Ⅲ．《神鞭》的首次翻译出版是在东京，但不是林浩如用英语翻译出版的，因此一定是胡乃初用日语翻译出版的。

A. 仅Ⅰ。 B. 仅Ⅱ。 C. 仅Ⅲ。

D. 仅Ⅱ和Ⅲ。 E. Ⅰ、Ⅱ和Ⅲ。

5. 一桩投毒谋杀案，作案者要么是甲，要么是乙，二者必有其一；所用毒药或者是毒鼠强，或者是乐果，二者至少其一。

如果上述断定为真，则以下哪项推断一定成立？

Ⅰ．该投毒案不是甲投毒鼠强所为，因此一定是乙投乐果所为。

Ⅱ．在该案侦破过程中发现甲投了毒鼠强，因此案中的毒药不可能是乐果。

Ⅲ．该投毒案的作案者不是甲，并且所投毒药不是毒鼠强，因此一定是乙投乐果所为。

A. 只有Ⅰ。 B. 只有Ⅱ。 C. 只有Ⅲ。

D. 只有Ⅰ和Ⅲ。 E. Ⅰ、Ⅱ和Ⅲ。

6. 奥尔特星云浮游在太阳系边缘，极易受附近星体引力的影响。据研究人员计算，有时这些力量会将彗星从奥尔特星云拖出。这样，它们更有可能靠近太阳。两位研究人员据此分别做出了以下两种有所不同的断定：一、木星的引力要么将它们推至更小的轨道，要么将它们逐出太阳系；二、木星的引力或者将它们推至更小的轨道，或者将它们逐出太阳系。

如果上述两种断定只有一种为真，则可以推出以下哪项结论？

A. 木星的引力将它们推至更小的轨道，并且将它们逐出太阳系。

B. 木星的引力没有将它们推至更小的轨道，但是将它们逐出太阳系。

C. 木星的引力将它们推至更小的轨道，但是没有将它们逐出太阳系。

D. 木星的引力既没有将它们推至更小的轨道，也没有将它们逐出太阳系。

E. 木星的引力如果将它们推至更小的轨道，就不会将它们逐出太阳系。

7. 小李考上了清华，或者小孙没考上北大。

增加以下哪项条件，能推出小李考上了清华？

A. 小张和小孙至少有一人未考上北大。　B. 小张和小李至少有一人未考上清华。

C. 小张和小孙都考上了北大。　　　　　D. 小张和小李都未考上清华。

E. 小张和小孙都未考上北大。

8. 如果"鱼和熊掌不可兼得"是不可改变的事实，则以下哪项也一定是事实？

A. 鱼可得但熊掌不可得。　　　　　　　B. 熊掌可得但鱼不可得。

C. 鱼和熊掌皆不可得。　　　　　　　　D. 如果鱼不可得，则熊掌可得。

E. 如果鱼可得，则熊掌不可得。

9. 总经理：我主张小王和小孙两人中至少提拔一人。董事长：我不同意。

以下哪项最为准确地表述了董事长实际同意的意思？

A. 小王和小孙两人都得提拔。　　　　　B. 小王和小孙两人都不提拔。

C. 小王和小孙两人中至多提拔一人。　　D. 如果提拔小王，则不提拔小孙。

E. 如果不提拔小王，则提拔小孙。

10. 总经理：根据本公司目前的实力，我主张环岛绿地和宏达小区这两项工程至少上马一个，但清河桥改造工程不能上马。

董事长：我不同意。

以下哪项最为准确地表达了董事长实际同意的意思？

A. 环岛绿地、宏达小区和清河桥改造这三个工程都上马。

B. 环岛绿地、宏达小区和清河桥改造这三个工程都不上马。

C. 环岛绿地和宏达小区两个工程至多上马一个，但清河桥改造工程要上马。

D. 环岛绿地和宏达小区两个工程至多上马一个，如果这点做不到，那也要保证清河桥改造工程上马。

E. 环岛绿地和宏达小区两个工程都不上马，如果这点做不到，那也要保证清河桥改造工程上马。

11. 对所有产品都进行了检查，并没有发现假冒伪劣产品。

如果上述断定为假，则以下哪项为真？

Ⅰ. 有的产品尚未经过检查，但发现了假冒伪劣产品。

Ⅱ. 或者有的产品尚未经过检查，或者发现了假冒伪劣产品。

Ⅲ. 如果对所有产品都进行了检查，则可发现假冒伪劣产品。

A. 只有Ⅰ。　　　　　　　B. 只有Ⅱ。　　　　　　　C. 只有Ⅲ。

D. 只有Ⅰ和Ⅱ。　　　　　E. 只有Ⅱ和Ⅲ。

12. 《文化新报》记者小白周四去某市采访陈教授与王研究员。次日，其同事小李问小白："昨天你采访到那两位学者了吗？"小白说："不，没那么顺利。"小李又问："那么，你一个都没采访到？"小白说："也不是。"

以下哪项最可能是小白周四采访所发生的实际情况？

A. 小白采访到了两位学者。

B. 小白采访了李教授，但没有采访王研究员。

C. 小白根本没有去采访两位学者。

D. 两位采访对象都没有接受采访。

E. 小白采访到了其中一位，但没有采访到另一位。

考点1：联言命题、选言命题			
命题方向	考点细分	题号	答案速查
①形式逻辑 正向推理	"且""或""要么"命题性质推理；	1~4	DEEB
	"且""或""要么"命题关系	5~6	CA
②形式逻辑 支持假设	"或"的性质推理	7	C
③形式逻辑 真假判定	摩根公式	8~12	EBEEE

考点2：直言命题

1. 这个单位已发现有育龄职工违纪超生。

如果上述断定是真的，则下述三个断定中哪项不能确定真假？

Ⅰ. 这个单位没有育龄职工不违纪超生。

Ⅱ. 这个单位有的育龄职工没违纪超生。

Ⅲ. 这个单位所有的育龄职工都未违纪超生。

A. 只有Ⅰ和Ⅱ。　　　　B. Ⅰ、Ⅱ和Ⅲ。　　　　C. 只有Ⅰ和Ⅲ。

D. 只有Ⅱ。　　　　　　E. 只有Ⅰ。

2. 北方人不都爱吃面食，但南方人都不爱吃面食。

如果已知上述第一个断定为真，第二个断定为假，则以下哪项据此不能确定真假？

Ⅰ. 北方人都爱吃面食，有的南方人也爱吃面食。

Ⅱ. 有的北方人爱吃面食，有的南方人不爱吃面食。

Ⅲ. 北方人都不爱吃面食，南方人都爱吃面食。

A. 只有Ⅰ。　　　　　　B. 只有Ⅱ。　　　　　　C. 只有Ⅲ。

D. 只有Ⅱ和Ⅲ。　　　　E. Ⅰ、Ⅱ和Ⅲ。

3. 在一次歌唱竞赛中,每一名参赛选手都有评委投了优秀票。

如果上述断定为真,则以下哪项不可能为真?

Ⅰ. 有的评委投了所有参赛选手优秀票。

Ⅱ. 有的评委没有给任何参赛选手投优秀票。

Ⅲ. 有的参赛选手没有得到一张优秀票。

A. 只有Ⅰ。　　　　　　B. 只有Ⅱ。　　　　　　C. 只有Ⅲ。

D. 只有Ⅰ和Ⅱ。　　　　E. 只有Ⅰ和Ⅲ。

4. 某公司一批优秀的中层干部竞选总经理职位。所有的竞选者除了李女士自身外,没有人能同时具备她的所有优点。

从以上断定能合乎逻辑地得出以下哪项结论?

A. 在所有竞选者中,李女士最具备条件当选总经理。

B. 李女士具有其他竞选者都不具备的某些优点。

C. 李女士具有其他竞选者的所有优点。

D. 李女士的任一优点都有竞选者不具备。

E. 任何其他竞选者都有不及李女士之处。

考点2：直言命题			
命题方向	考点细分	题号	答案速查
③形式逻辑 真假判定	真假不确定	1~2	AD
	矛盾关系	3~4	CE

考点3：假言命题

1. 除非不把理论当作教条,否则就会束缚思想。

以下各项都表达了与题干相同的含义,除了:

A. 如果不把理论当作教条,就不会束缚思想。

B. 如果把理论当作教条,就会束缚思想。

C. 只有束缚思想,才会把理论当作教条。

D. 只有不把理论当作教条,才不会束缚思想。

E. 除非束缚思想,否则不会把理论当作教条。

2. 要使中国足球队真正能跻身世界强队,至少必须解决两个关键问题:一是提高队员基本体能,二是讲究科学训练。不切实解决这两点,即使临战时拼搏精神发挥得再好,也不可能取得突破性的进展。

下列诸项都表达了上述议论的原意,除了:

A. 只有提高队员的基本体能和讲究科学训练，才能取得突破性进展。

B. 除非提高队员的基本体能和讲究科学训练，否则不能取得突破性进展。

C. 如果取得了突破性进展，说明一定提高了队员的基本体能并且讲究了科学训练。

D. 如果不能提高队员的基本体能，即使讲究了科学训练，也不可能取得突破性进展。

E. 只要提高了队员的基本体能并且讲究了科学训练，再加上临战时拼搏精神发挥得好，就一定能取得突破性进展。

3. 中国要拥有一流的国家实力，必须有一流的教育。只有拥有一流的国家实力，中国才能做出应有的国际贡献。

以下各项都符合题干的意思，除了：

A. 中国难以做出应有的国际贡献，除非拥有一流的教育。

B. 只要中国拥有一流的教育，就能做出应有的国际贡献。

C. 如果中国拥有一流的国家实力，就不会没有一流的教育。

D. 不能设想中国做出了应有的国际贡献，但缺乏一流的教育。

E. 中国面临选择：或者放弃应尽的国际义务，或者创造一流的教育。

4. 国际足联一直坚称，世界杯冠军队所获得的"大力神"杯是实心的纯金奖杯。某教授经过精密测量和计算认为，世界杯冠军奖杯——实心的"大力神"杯不可能是纯金制成的，否则球员根本不可能将它举过头顶并随意挥舞。

以下哪项与这位教授的意思最为接近？

A. 若球员能够将"大力神"杯举过头顶并自由挥舞，则它很可能是空心的纯金杯。

B. 只有"大力神"杯是实心的，它才可能是纯金的。

C. 若"大力神"杯是实心的纯金杯，则球员不可能把它举过头顶并随意挥舞。

D. 只有球员能够将"大力神"杯举过头顶并自由挥舞，它才由纯金制成，并且不是实心的。

E. 若"大力神"杯是由纯金制成，则它肯定是空心的。

5. 在微波炉清洁剂中加入漂白剂，就会释放出氯气；在浴盆清洁剂中加入漂白剂，也会释放出氯气；在排烟机清洁剂中加入漂白剂，没有释放出任何气体。现有一种未知类型的清洁剂，加入漂白剂后，没有释放出氯气。

根据上述实验，以下哪项关于这种未知类型的清洁剂的断定一定为真？

Ⅰ. 它是排烟机清洁剂。

Ⅱ. 它既不是微波炉清洁剂，也不是浴盆清洁剂。

Ⅲ. 它要么是排烟机清洁剂，要么是微波炉清洁剂或浴盆清洁剂。

A. 仅Ⅰ。　　　　　　　B. 仅Ⅱ。　　　　　　　C. 仅Ⅲ。

D. 仅Ⅰ和Ⅱ。　　　　　E. Ⅰ、Ⅱ和Ⅲ。

6. 大嘴鲈鱼只在有鲦鱼出现的河中长有浮藻的水域里生活。漠亚河中没有大嘴鲈鱼。

从上述断定能得出以下哪项结论？

Ⅰ．鲦鱼只在长有浮藻的河中才能发现。

Ⅱ．漠亚河中既没有浮藻，又发现不了鲦鱼。

Ⅲ．如果在漠亚河中发现了鲦鱼，则其中肯定不会有浮藻。

A. 仅Ⅰ。　　　　　　B. 仅Ⅱ。　　　　　　C. 仅Ⅲ。

D. 仅Ⅰ和Ⅱ。　　　　E. Ⅰ、Ⅱ和Ⅲ都不是。

7. 环宇公司规定，其所属的各营业分公司，如果年营业额超过800万元的，其职员可获得优秀奖；只有年营业额超过600万元的，其职员才能获得激励奖。年终统计显示，该公司所属的12个分公司中，6个分公司年营业额超过了1 000万元，其余的则不足600万元。

如果上述断定为真，则以下哪项关于该公司今年获奖的断定一定为真？

Ⅰ．获得激励奖的职员，一定获得优秀奖。

Ⅱ．获得优秀奖的职员，一定获得激励奖。

Ⅲ．半数职员获得了优秀奖。

A. 仅Ⅰ。　　　　　　B. 仅Ⅱ。　　　　　　C. 仅Ⅲ。

D. 仅Ⅰ和Ⅱ。　　　　E. Ⅰ、Ⅱ和Ⅲ。

8. 除非年龄在50岁以下，并且能持续游泳3 000米以上，否则不能参加下个月举行的横渡长江活动。同时，高血压和心脏病患者不能参加。老黄能持续游泳3 000米以上，但没被批准参加这项活动。

以上断定能推出以下哪项结论？

Ⅰ．老黄的年龄至少50岁。

Ⅱ．老黄患有高血压。

Ⅲ．老黄患有心脏病。

A. 只有Ⅰ。　　　　　B. 只有Ⅱ。　　　　　C. 只有Ⅲ。

D. Ⅰ、Ⅱ和Ⅲ至少有一个。　E. Ⅰ、Ⅱ和Ⅲ都不能从题干推出。

9. 改革开放以后的中国社会，白领阶层以其得体入时的穿着、斯文潇洒的举止，在城市中逐渐形成一种新的时尚。张金力穿着十分得体，举止也很斯文，一定是白领阶层中的一员。

下列哪项陈述最准确地指出了上述判断在逻辑上的缺陷？

A. 有些白领阶层的人穿着也很普通，举止并不潇洒。

B. 有些穿着得体、举止斯文的人并非从事令人羡慕的白领工作。

C. 穿着举止是人的爱好、习惯，也与工作性质有一定关系。

D. 张金力的穿着举止受社会时尚的影响很大。

E. 白领阶层的工作性质决定了他们应当穿着得体、举止斯文。

10. 临近本科毕业，李明所有已修课程的成绩均是优秀。按照学校规定，如果最后一学期他的课程成绩也都是优秀，就一定可以免试就读研究生。李明最后一学期有一门课程成绩未获得优秀，因此他不能免试就读研究生了。

以下哪项对上述论证的评价最为恰当？

A. 上述论证是成立的。

B. 上述论证有漏洞，因为它忽视了：课程成绩只是衡量学生素质的一个方面。

C. 上述论证有漏洞，因为它忽视了：所陈述的规定有漏洞，会导致理解的歧义。

D. 上述论证有漏洞，因为它把题干所陈述的规定错误理解为：只要所有学期课程成绩均是优秀，就一定可以免试就读研究生。

E. 上述论证有漏洞，因为它把题干所陈述的规定错误理解为：只有所有学期课程成绩均是优秀，才可以免试就读研究生。

11. 许多国家首脑在出任前并未有丰富的外交经验，但这并没有妨碍他们做出成功的外交决策。外交学院的教授告诉我们，丰富的外交经验对于成功的外交决策是不可缺少的。但事实上，一个人只要有高度的政治敏感、准确的信息分析能力和果断的个人勇气，就能很快地学会如何做出成功的外交决策。对于一个缺少以上三种素养的外交决策者来说，丰富的外交经验没有什么价值。

如果上述断定为真，则以下哪项一定为真？

A. 外交学院的教授比出任前的国家首脑具有更多的外交经验。

B. 具有高度的政治敏感、准确的信息分析能力和果断的个人勇气，是一个国家首脑做出成功的外交决策的必要条件。

C. 丰富的外交经验，对于国家首脑做出成功的外交决策来说，既不是充分条件，也不是必要条件。

D. 丰富的外交经验，对于国家首脑做出成功的外交决策来说，是必要条件，但不是充分条件。

E. 在其他条件相同的情况下，外交经验越丰富，越有利于做出成功的外交决策。

12. 很多自称是职业足球运动员的人，尽管日常生活中的很多时间都在进行足球训练和比赛，但其实他们并不真正属于这个行业，因为足球比赛和训练并不是他们主要的经济来源。

上面这段话在推理过程中做了以下哪项假设？

A. 职业足球运动员的技术水准和收入水平都比业余足球运动员高得多。

B. 经常进行足球训练和比赛是成为职业球员的必由之路。

C. 一个运动员除非他的大部分收入来自比赛和训练，否则不能称为职业运动员。

D. 运动员希望成为职业运动员的动力来自想获得更高的经济收入。

E. 有一些经常进行足球训练和比赛的人并不真正属于职业运动员行业。

13. 王大妈上街买东西，看见有个地方围了一群人。凑过去一看，原来是"全国高血压日"的宣传。王大妈转身就要走，一位年轻的白衣大夫叫住了她，"大妈，让我帮您测测血压好吗？"王大妈连忙挥手说："我又不胖，算了吧。"

根据以上信息，以下哪项最可能是王大妈的回答所隐含的前提？

A. 只有患高血压病的人才需要测血压，我不用。

B. 只有胖人才可能得高血压病，经常测血压。

C. 虽然测血压是免费的，可给我开药方就要收钱了。

D. 你们这么忙，还是先给身体比较胖的人测吧。

E. 让我当众测血压，多难为情，不好意思。

14. 最近几年，外科医生数量的增长超过了外科手术数量的增长，而许多原来必须施行的外科手术现在又可以代之以内科治疗，这样，最近几年，每个外科医生每年所做手术的数量平均下降了1/4。如果这种趋势得不到扭转，那么，外科手术的普遍质量和水平不可避免地会降低。

上述论证基于以下哪项假设？

A. 一个外科医生不可能保持他的手术水平，除非他每年所做手术的数量不低于一个起码的标准。

B. 新上任的外科医生的手术水平普遍低于已在任的外科医生。

C. 最近几年，外科手术的数量逐年减少。

D. 最近几年，外科手术的平均质量和水平下降了。

E. 一些有经验的外科医生最近几年每年所做的外科手术比以前要多。

15. 小林因未戴泳帽被拒绝进入深水池。小林出示深水合格证说："根据规定我可以进入深水池。"游泳池的规定是：未戴游泳帽者不得进入游泳池；只有持有深水合格证，才能进入深水池。

小林最可能把游泳池的规定理解为：

A. 除非持有深水合格证，否则不得进入深水池。

B. 只有持有深水合格证的人，才不需要戴游泳帽。

C. 如果持有深水合格证，就能进入深水池。

D. 准许进入游泳池的，不一定准许进入深水池。

E. 有了深水合格证，就不需要戴游泳帽。

16. 正是因为有了第二味觉，哺乳动物才能够边吃边呼吸。很明显，边吃边呼吸对保持哺乳动物高效率的新陈代谢是必要的。

以下哪种哺乳动物的发现，最能削弱以上断言？

A. 有高效率的新陈代谢和边吃边呼吸的能力的哺乳动物。

B. 有低效率的新陈代谢和边吃边呼吸的能力的哺乳动物。

C. 有低效率的新陈代谢但没有边吃边呼吸能力的哺乳动物。

D. 有高效率的新陈代谢但没有第二味觉的哺乳动物。

E. 有低效率的新陈代谢和有第二味觉的哺乳动物。

17.

以上四张卡片，一面是大写英文字母，另一面是阿拉伯数字。主持人断定，如果一面是 A，则另一面是 4。

如果试图推翻主持人的断定，但只允许翻动以上的两张卡片，正确的选择是：

A. 翻动 A 和 4。　　　　B. 翻动 A 和 7。　　　　C. 翻动 A 和 B。

D. 翻动 B 和 7。　　　　E. 翻动 B 和 4。

18. 一些人类学家认为，如果不具备应付各种自然环境的能力，人类在史前年代不可能幸存下来。然而相当多的证据表明，阿法种南猿，一种与早期人类有关的史前物种，在各种自然环境中顽强生存的能力并不亚于史前人类，但最终灭绝了。因此，人类学家的上述观点是错误的。

上述推理的漏洞也类似地出现在以下哪项中？

A. 大张认识到赌博是有害的，但就是改不掉。因此，"不认识错误就不能改正错误"这一断定是不成立的。

B. 已经找到了证明造成艾克矿难是操作失误的证据。因此，关于艾克矿难起因于设备老化、年久失修的猜测是不成立的。

C. 大李图便宜，买了双旅游鞋，穿不了几天就坏了。因此，怀疑"便宜无好货"是没道理的。

D. 既然不怀疑小赵可能考上大学，那就没有理由担心小赵可能考不上大学。

E. 既然怀疑小赵一定能考上大学，那就没有理由怀疑小赵一定考不上大学。

19. 一个产品要想稳固地占领市场，产品本身的质量和产品的售后服务二者缺一不可。空谷牌冰箱质量不错，但售后服务跟不上，因此，很难长期稳固地占领市场。

以下哪项推理的结构和题干的最为类似？

A. 德才兼备是一个领导干部尽职胜任的必要条件。李主任富于才干但疏于品德，因此，他难以尽职胜任。

B. 如果天气晴朗并且风速在三级之下，跳伞训练场将对外开放。今天的天气晴朗但风速在三级以上，因此，跳伞场地不会对外开放。

C. 必须有超常业绩或者教龄在 30 年以上，才有资格获得教育部颁发的特殊津贴。

张教授获得了教育部颁发的特殊津贴但教龄只有 15 年，因此，他一定有超常业绩。

D. 如果不深入研究广告制作的规律，则所制作的广告知名度和信任度不可兼得。空谷牌冰箱的广告既有知名度又有信任度，因此，这一广告的制作者肯定深入研究了广告制作的规律。

E. 一个罪犯要作案，必须既有作案动机又有作案时间。李某既有作案动机又有作案时间，因此，李某肯定是作案的罪犯。

20~21题基于以下题干

某花店只有从花农那里购得低于正常价格的花，才能以低于市场的价格卖花而获利；除非是该花店的销售量很大，否则不能从花农那里购得低于正常价格的花；要想有大的销售量，该花店就要满足消费者的兴趣或者拥有特定品种的独家销售权。

20. 如果上述断定为真，则以下哪项必定为真？

A. 如果该花店从花农那里购得低于正常价格的花，那么就会以低于市场的价格卖花而获利。

B. 如果该花店没有以低于市场的价格卖花而获利，则一定没有从花农那里购得低于正常价格的花。

C. 该花店不仅满足了消费者的个人兴趣，而且拥有特定品种的独家销售权，但仍然不能以低于市场的价格卖花而获利。

D. 如果该花店广泛满足了消费者的个人兴趣或者拥有特定品种的独家销售权，那么就会有大的销售量。

E. 如果该花店以低于市场的价格卖花而获利，那么一定是从花农那里购得了低于正常价格的花。

21. 如果上述断定为真，并且事实上该花店没有满足广大消费者的个人兴趣，则以下哪项不可能为真？

A. 如果该花店不拥有特定品种的独家销售权，就不能从花农那里购得低于正常价格的花。

B. 即使该花店拥有特定品种的独家销售权，也不能从花农那里购得低于正常价格的花。

C. 该花店虽然没有拥有特定品种的独家销售权，但仍以低于市场的价格卖花而获利。

D. 该花店通过广告促销的方法获利。

E. 花店以低于市场的价格卖花获利是花市普遍现象。

考点 3：假言命题

命题方向	考点细分	题号	答案速查
①形式逻辑 正向推理	等价转换	1~4	AEBC
	确定信息推理	5~8	BEAE
	识别推理漏洞	9~11	BEC
②形式逻辑 支持假设	等价转换	12~15	CBAC
③形式逻辑 真假判定	矛盾关系	16~18	DBA
④形式逻辑 结构相似	纯相似	19	A
①形式逻辑 正向推理 ③形式逻辑 真假判定	题组	20~21	EC

考点 4：三段论

1. 去年 4 月，股市出现了强劲反弹，某证券部通过对该部股民持仓品种的调查发现，大多数经验丰富的股民都买了小盘绩优股，而所有年轻的股民都选择了大盘蓝筹股，所有买了小盘绩优股的股民都没买大盘蓝筹股。

如果上述情况为真，则以下哪项关于该证券部股民的调查结果也必定为真？

Ⅰ. 有些年轻的股民是经验丰富的股民。

Ⅱ. 有些经验丰富的股民没买大盘蓝筹股。

Ⅲ. 年轻的股民都没买小盘绩优股。

A. 只有Ⅱ。　　　　　B. 只有Ⅰ和Ⅱ。　　　　　C. 只有Ⅱ和Ⅲ。

D. 只有Ⅰ和Ⅲ。　　　E. Ⅰ、Ⅱ和Ⅲ。

2. 有些具有优良效果的护肤化妆品是诺亚公司生产的。所有诺亚公司生产的护肤化妆品都价格昂贵，而价格昂贵的护肤化妆品无一例外地受到女士们的信任。

以下各项都能从题干的断定中推出，除了：

A. 受到女士们信任的护肤化妆品中，有些实际效果并不优良。

B. 有些效果优良的化妆品受到女士们的信任。

C. 所有诺亚公司生产的护肤化妆品都受到女士们的信任。

D. 有些价格昂贵的护肤化妆品是效果优良的。

E. 所有被女士们不信任的护肤化妆品价格都不昂贵。

3. 所有爱斯基摩土著人都是穿黑衣服的；所有北婆罗洲土著人都是穿白衣服的；没有既穿白衣服又穿黑衣服的人；H 是穿白衣服的。

基于以上事实，下列哪个判断必为真？

A. H 是北婆罗洲土著人。　　　　B. H 不是爱斯基摩土著人。

C. H 不是北婆罗洲土著人。　　　D. H 是爱斯基摩土著人。

E. H 既不是爱斯基摩土著人，也不是北婆罗洲土著人。

4. 翠竹的大学同学都在某德资企业工作，溪兰是翠竹的大学同学。涧松是该德资企业的部门经理。该德资企业的员工有些来自淮安。该德资企业的员工都曾到德国研修，他们都会说德语。

以下哪项可以从以上陈述中得出？

A. 涧松与溪兰是大学同学。　　　B. 翠竹的大学同学有些是部门经理。

C. 翠竹与涧松是大学同学。　　　D. 溪兰会说德语。

E. 涧松来自淮安。

5. 蓝星航线上所有货轮的长度都大于 100 米，该航线上所有客轮的长度都小于 100 米。蓝星航线上的大多数轮船都是 1990 年以前下水的。金星航线上的所有货轮和客轮都是 1990 年以后下水的，其长度都小于 100 米。大通港一号码头只对上述两条航线的轮船开放，该码头设施只适用于长度小于 100 米的轮船。捷运号是最近停靠在大通港一号码头的一艘货轮。

如果上述判定为真，则以下哪项一定为真？

A. 捷运号是 1990 年以后下水的。

B. 捷运号属于蓝星航线。

C. 大通港只适于长度小于 100 米的货轮。

D. 大通港不对其他航线开放。

E. 蓝星航线上的所有轮船都早于金星航线上的轮船下水。

6. 在某次综合性学术年会上，物理学会做学术报告的人都来自高校；化学学会做学术报告的人有些来自高校，但是大部分来自中学；其他做学术报告者均来自科学院。来自高校的学术报告者都具有副教授以上职称，来自中学的学术报告者都具有中教高级以上职称。李默、张嘉参加了这次综合性学术年会，李默并非来自中学，张嘉并非来自高校。

以上陈述如果为真，可以得出以下哪项结论？

A. 张嘉如果做了学术报告，那么他不是物理学会的。

B. 李默不是化学学会的。

C. 李默如果做了学术报告，那么他不是化学学会的。

D. 张嘉不具有副教授以上职称。

E. 张嘉不是物理学会的。

7. 某些理发师留胡子，因此，某些留胡子的人穿白衣服。

下述哪项如果为真，足以佐证上述论断的正确性？

13

A. 某些理发师不喜欢穿白衣服。 B. 某些穿白衣服的理发师不留胡子。

C. 所有理发师都穿白衣服。 D. 某些理发师不喜欢留胡子。

E. 所有穿白衣服的人都是理发师。

8. 有些通信网络维护涉及个人信息安全,因而,不是所有通信网络的维护都可以外包。

以下哪项可以使上述论证成立？

A. 所有涉及个人信息安全的都不可以外包。

B. 有些涉及个人信息安全的不可以外包。

C. 有些涉及个人信息安全的可以外包。

D. 所有涉及国家信息安全的都不可以外包。

E. 有些通信网络维护涉及国家信息安全。

9. 某科研机构对市民所反映的一种奇异现象进行研究,该现象无法用已有的科学理论进行解释。助理研究员小王由此断言,该现象是错觉。

以下哪项如果为真,最可能使小王的断言不成立？

A. 错觉都可以用已有的科学理论进行解释。

B. 所有错觉都不能用已有的科学理论进行解释。

C. 已有的科学理论尚不能完全解释错觉是如何形成的。

D. 有些错觉不能用已有的科学理论进行解释。

E. 有些错觉可以用已有的科学理论进行解释。

10. 一位房地产信息员通过对某地的调查发现：护城河两岸房屋的租金都比较廉价；廉租房都坐落在凤凰山北麓；东向的房屋都是别墅；非廉租房不可能具有廉价的租金；有些单室套的两限房建在凤凰山南麓；别墅也都建在凤凰山南麓。

根据该地产信息员的调查,以下哪项不可能存在？

A. 东向的护城河两岸的房屋。 B. 凤凰山北麓的两限房。

C. 单室套的廉租房。 D. 护城河两岸的单室套。

E. 南向的廉租房。

11. 凡金属都是导电的,铜是导电的,所以铜是金属。

下面哪项与上述推理结构最相似？

A. 所有的鸟都是卵生动物,蝙蝠不是卵生动物,所以蝙蝠不是鸟。

B. 所有的鸟都是卵生动物,天鹅是鸟,所以天鹅是卵生动物。

C. 所有从事工商管理工作的都要学习企业管理,老陈是学习企业管理的,所以老陈是从事工商管理工作的。

D. 只有精通市场营销理论,才是一个合格的市场营销经理,老张精通市场营销理论,所以老张一定是合格的市场营销经理。

E. 华山险于黄山，黄山险于泰山，所以华山险于泰山。

12. 科学不是宗教，宗教都主张信仰，所以主张信仰都不科学。

以下哪项最能说明上述推理不成立？

A. 所有渴望成功的人都必须努力工作，我不渴望成功，所以我不必努力工作。

B. 商品都有使用价值，空气当然有使用价值，所以空气当然是商品。

C. 不刻苦学习的人都成不了技术骨干，小张是刻苦学习的人，所以小张能成为技术骨干。

D. 台湾人不是北京人，北京人都说汉语，所以说汉语的人都不是台湾人。

E. 犯罪行为都是违法行为，违法行为都应受到社会的谴责，所以应受到社会谴责的行为都是犯罪行为。

13~14题基于以下题干

在某住宅小区的居民中，大多数中老年教员都办了人寿保险，所有买了四居室以上住房的居民都办了财产保险，而所有办了人寿保险的都没办理财产保险。

13. 如果上述断定是真的，则以下哪项关于该小区居民的断定必定是真的？

Ⅰ. 有中老年教员买了四居室以上的住房。

Ⅱ. 有中老年教员没办理财产保险。

Ⅲ. 买了四居室以上住房的居民都没办理人寿保险。

A. Ⅰ、Ⅱ和Ⅲ。　　　　B. 仅Ⅰ和Ⅱ。　　　　C. 仅Ⅱ和Ⅲ。

D. 仅Ⅰ和Ⅲ。　　　　E. 仅Ⅱ。

14. 如果在题干的断定中再增加以下断定——所有的中老年教员都办理了人寿保险，并假设这些断定都是真的，那么，以下哪项必定是假的？

A. 在买了四居室以上住房的居民中有中老年教员。

B. 并非所有办理人寿保险的都是中老年教员。

C. 某些中老年教员没买四居室以上的住房。

D. 所有的中老年教员都没办理财产保险。

E. 某些办理了人寿保险的没买四居室以上的住房。

15~16题基于以下题干

所有安徽来京打工人员，都办理了暂住证；所有办理了暂住证的人员，都获得了就业许可证；有些安徽来京打工人员当上了门卫；有些业余武术学校的学员也当上了门卫；所有的业余武术学校的学员都未获得就业许可证。

15. 如果上述断定都是真的，则除了以下哪项，其余的断定也必定是真的？

A. 所有安徽来京打工人员都获得了就业许可证。

15

B. 没有一个业余武术学校的学员办理了暂住证。

C. 有些安徽来京打工人员是业余武术学校的学员。

D. 有些门卫没有就业许可证。

E. 有些门卫有就业许可证。

16. 以下哪个人的身份，不可能符合题干所做的断定？

A. 一个获得了就业许可证的人，但并不是业余武术学校的学员。

B. 一个获得了就业许可证的人，但没有办理暂住证。

C. 一个办理了暂住证的人，但并不是安徽来京打工人员。

D. 一个办理了暂住证的业余武术学校的学员。

E. 一个门卫，他既没有办理暂住证，又不是业余武术学校的学员。

17~18 题基于以下题干

以下是某市体委对该市业余体育运动爱好者一项调查中的若干结论：

所有的桥牌爱好者都爱好围棋；有的围棋爱好者爱好武术；所有的武术爱好者都不爱好健身操；有的桥牌爱好者同时爱好健身操。

17. 如果上述结论都是真实的，则以下哪项不可能为真？

A. 所有的围棋爱好者也都爱好桥牌。　　B. 有的桥牌爱好者爱好武术。

C. 健身操爱好者都爱好围棋。　　D. 有的桥牌爱好者不爱好健身操。

E. 围棋爱好者都爱好健身操。

18. 如果在题干中再增加一个结论——每个围棋爱好者爱好武术或者健身操，则以下哪个人的业余体育爱好和题干断定的条件矛盾？

A. 一个桥牌爱好者，既不爱好武术，也不爱好健身操。

B. 一个健身操爱好者，既不爱好围棋，也不爱好桥牌。

C. 一个武术爱好者，爱好围棋，但不爱好桥牌。

D. 一个武术爱好者，既不爱好围棋，也不爱好桥牌。

E. 一个围棋爱好者，爱好武术，但不爱好桥牌。

考点4：三段论			
命题方向	考点细分	题号	答案速查
①形式逻辑 正向推理	等价转换	1~2	CA
	确定信息推理	3~6	BDAA
②形式逻辑 支持假设	倒三角，补箭头/性质排除	7~9	CAA
③形式逻辑 真假判定	矛盾关系	10	A

命题方向	考点细分	题号	答案速查
④形式逻辑 结构相似	纯相似	11	C
	结构相似+结论荒谬	12	D
①形式逻辑 正向推理 ③形式逻辑 真假判定	题组	13~18	CACDEA

考点5：模态命题

1. 不可能宏达公司和亚鹏公司都没有中标。

以下哪项最为准确地表达了上述断定的意思？

A. 宏达公司和亚鹏公司可能都中标。

B. 宏达公司和亚鹏公司至少有一个可能中标。

C. 宏达公司和亚鹏公司必然都中标。

D. 宏达公司和亚鹏公司至少有一个必然中标。

E. 如果宏达公司中标，那么亚鹏公司不可能中标。

2. 小王参加了某公司招工面试，不久，他得知以下消息：

（1）公司已决定，他与小陈至少录用一人；

（2）公司可能不录用他；

（3）公司一定录用他；

（4）公司已录用小陈。

其中两条消息为真，两条消息为假。

如果上述断定为真，则以下哪项为真？

A. 公司已录用小王，未录用小陈。　　B. 公司未录用小王，已录用小陈。

C. 公司既录用了小王，也录用了小陈。　D. 公司未录用小王，也未录用小陈。

E. 不能确定录用结果。

3. 一个身穿工商行政管理人员制服的人从集贸市场走出来。

根据以上陈述，可做出下列哪项判断？

A. 这个人一定是该市场的管理人员。　　B. 这个人可能是其他市场的管理人员。

C. 这个人一定不是该市场的管理人员。　D. 这个人一定是来买东西的市场管理人员。

E. 这个人一定是上级派来的检查人员。

4. 你可以随时愚弄某些人。

假若以上属实，以下哪些判断必然为真？

Ⅰ. 张三和李四随时都可能被你愚弄。

Ⅱ. 你随时都想愚弄人。

Ⅲ. 你随时都可能愚弄人。

Ⅳ. 你只能在某些时候愚弄人。

Ⅴ. 你每时每刻都在愚弄人。

A. 仅Ⅲ。　　　　　　　B. 仅Ⅱ。　　　　　　　C. 仅Ⅰ和Ⅲ。

D. 仅Ⅱ、Ⅲ和Ⅳ。　　　E. 仅Ⅰ、Ⅲ和Ⅴ。

考点5：模态命题			
命题方向	考点细分	题号	答案速查
①形式逻辑 正向推理	等价转换	1	D
③形式逻辑 真假判定	矛盾关系	2	A
⑤形式逻辑 加分题型	含义判定	3~4	BA

考点6：关系命题

1. 某市经济委员会准备选四家企业给予表彰，并给予一些优惠政策。从企业的经济效益来看，A、B两个企业比C、D两个企业好。

据此，再加上以下哪项可推出"E企业比D企业的经济效益好"的结论？

A. E企业的经济效益比C企业好。　　B. B企业的经济效益比A企业好。

C. E企业的经济效益比B企业差。　　D. A企业的经济效益比B企业差。

E. E企业的经济效益比A企业好。

2. 某学术会议正在举行分组会议。某一组有8人出席。分组会主席问大家原来各自认识与否。结果是全组中仅有一个人认识小组中的三个人，有三个人认识小组中的两个人，有四个人认识小组中的一个人。

若以上统计是真实的，则最能得出以下哪项结论？

A. 会议主席认识小组的人最多，其他人相互认识的少。

B. 此类学术会议是第一次召开，大家都是生面孔。

C. 有些成员所说的认识可能仅是在电视上或报告会上见过而已。

D. 虽然会议成员原来的熟人不多，但原来认识的都是至交。

E. 通过这次会议，小组成员都相互认识了，以后见面就能直呼其名了。

3~4题基于以下题干

互联网好比一个复杂多样的虚拟世界，每台联网主机上的信息又构成了一个微观虚拟世界。若在某主机上可以访问本主机的信息，则称该主机相通于自身；若主机x能通过互联网访问主机y的信息，则称x相通于y。已知代号分别为甲、乙、丙、丁的四台联网主机有如下信息：

(1) 甲主机相通于任一不相通于丙的主机；

(2) 丁主机不相通于丙；

(3) 丙主机相通于任一相通于甲的主机。

3. 若丙主机不相通于自身，则以下哪项一定为真？

A. 若丁主机相通于乙，则乙主机相通于甲。

B. 甲主机相通于丁，也相通于丙。

C. 甲主机相通于乙，乙主机相通于丙。

D. 只有甲主机不相通于丙，丁主机才相通于乙。

E. 丙主机不相通于丁，但相通于乙。

4. 若丙主机不相通于任何主机，则以下哪项一定为假？

A. 乙主机相通于自身。

B. 丁主机不相通于甲。

C. 若丁主机不相通于甲，则乙主机相通于甲。

D. 甲主机相通于乙。

E. 若丁主机相通于甲，则乙主机相通于甲。

考点6：关系命题			
命题方向	考点细分	题号	答案速查
⑤形式逻辑 加分题型	大小比较	1	E
	非对称关系命题（奇偶性）	2	C
	非对称关系命题（结合假言命题）	3~4	BC

考点7：概念

1. 在某校新当选的校学生会的七名委员中，有一个大连人，两个北方人，一个福州人，两个特长生（有特殊专长的学生），三个贫困生（有特殊经济困难的学生）。

假设上述介绍涉及该学生会中的所有委员，则以下各项关于该学生会委员的断定都与题干不矛盾，除了：

A. 两个特长生都是贫困生。　　B. 贫困生不都是南方人。

C. 特长生都是南方人。　　D. 大连人是特长生。

E. 福州人不是贫困生。

2. 鲁迅的著作不是一天能读完的，《狂人日记》是鲁迅的著作，因此，《狂人日记》不是一天能读完的。

下列哪项最为恰当地指出了上述推理的逻辑错误？

A. 偷换概念。　　　　B. 自相矛盾。　　　　C. 以偏概全。

D. 因果倒置。　　　　E. 循环论证。

3. 商家为了推销商品，经常以"买一赠一"的广告招揽顾客。

以下哪项最能说明这种推销方式的实质？

A. 商家最喜欢这种推销方式。

B. 顾客最喜欢这种推销方式。

C. 这是一种亏本的推销方式。

D. 这是一种耐用商品的推销方式。

E. 这是一种以偷换概念的方法推销商品的手段。

4. 某单位要从 100 名报名者中挑选 20 名献血者进行体检，最不可能被挑选上的是 1993 年以来已经献过血，或是 1995 年以来在献血体检中不合格的人。

如果上述断定是真的，则以下哪项所言及的报名者最有可能被挑选上？

A. 小张 1995 年献过血，他的血型是 O 型，医用价值最高。

B. 小王是区献血标兵，近年来每年献血，这次她坚决要求献血。

C. 小刘 1996 年报名献血，因"澳抗"阳性体检不合格，这次出具了"澳抗"转阴的证明，并坚决要求献血。

D. 大陈最近一次献血时间是在 1992 年，他因公伤截肢，血管中流动着义务献血者的血。他说："我比任何人都有理由献血。"

E. 老孙 1993 年因体检不合格未能献血，1995 年体检合格后献血。

5. 在生活中有时候可以看到一些人会反复地洗手，反复对餐具高温消毒，反复地检查门锁等，重复这类无意义的动作并使自己感到十分烦恼和苦闷，这就是神经症中的一种，称为"强迫症"。王强每天洗手的次数超过普通人的 20 倍，看来王强是得了强迫症。

以下哪项如果为真，将对上述结论构成最有力的质疑？

A. 王强在洗手时并没有感到任何的烦恼和苦闷。

B. 王强的工作性质是需要洁净卫生的。

C. 王强的家里人的洗手次数都比普通人高。

D. 王强并没有检查门锁的习惯，甚至有一次还忘记了锁家门，结果被盗。

E. 王强的同事也都经常洗手，比较起来，王强并不是每天洗手次数最多的人。

6. 我最爱阅读外国文学作品，英国的、法国的、古典的，我都爱读。

上述陈列在逻辑上犯了哪项错误？

A. 划分外国文学作品的标准混乱，前者是按国别的，后者是按时代的。

B. 外国文学作品，没有分是诗歌、小说还是戏剧的。

C. 没有说最喜好什么。

D. 没有说是外文原版还是翻译本。

E. 在"古典的"后面，没有紧接着指出"现代的"。

考点7：概念			
命题方向	考点细分	题号	答案速查
⑤形式逻辑 加分题型	概念之间的关系	1	A
	偷换概念（集合、非集合）	2	A
	偷换概念（A≠A）	3	E
	定义判定	4~5	DA
	划分	6	A

二、命题方向专训

命题方向①：形式逻辑　正向推理

1. 如果你犯了法，你就会受到法律制裁；如果你受到法律制裁，别人就会看不起你；如果别人看不起你，你就无法受到尊重；而只有得到别人的尊重，你才能过得舒心。

从上述叙述中，可以推出下列哪一个结论？

A. 你不犯法，日子就会过得舒心。

B. 你犯了法，日子就不会过得舒心。

C. 你日子过得不舒心，证明你犯了法。

D. 你日子过得舒心，表明你看得起别人。

E. 如果别人看得起你，你日子就能舒心。

2. 要重振女排的雄风，关键是要发扬拼搏精神，如果没有拼搏精神，战术技术的训练发挥再好，也不可能在超级强手面前取得突破性的成功。

下列各项除哪项外，都表达了上述议论的原意？

A. 只有发扬拼搏精神，才可能取得突破性成功。

B. 除非发扬拼搏精神，否则不能取得突破性成功。

C. 如果取得了突破性成功，说明一定发扬了拼搏精神。

D. 不能设想取得了突破性成功但没有发扬拼搏精神。

E. 只要发扬了拼搏精神，即使战术技术的发挥不好，也能取得突破性成功。

3. 老师："不完成作业就不能出去做游戏。"学生："老师，我完成作业了，我可以去外边做游戏了！"老师："不对。我只是说，你们如果不完成作业就不能出去做游戏。"

除了以下哪项，其余各项都能从上面的对话中推出？

A. 学生完成作业后，老师就一定会准许他们出去做游戏。

B. 老师的意思是没有完成作业的肯定不能出去做游戏。

C. 学生的意思是只要完成了作业，就可以出去做游戏。

D. 老师的意思是只有完成了作业才可能出去做游戏。

E. 老师的意思是即使完成了作业，也不一定被准许出去做游戏。

4. 关于确定商务谈判代表的人选，甲、乙、丙三位公司老总的意见分别是：

甲：如果不选派李经理，那么不选派王经理。

乙：如果不选派王经理，那么选派李经理。

丙：要么选派李经理，要么选派王经理。

以下各项中，同时满足甲、乙、丙三人意见的方案是：

A. 选派李经理，不选派王经理。　　B. 选派王经理，不选派李经理。

C. 两人都选派。　　　　　　　　　D. 两人都不选派。

E. 不存在这样的方案。

5. 在中国北部有这样两个村落，赵村所有的人都是白天祭祀祖先，李庄所有的人都是晚上祭祀祖先，我们确信没有既在白天也在晚上祭祀祖先的人。我们也知道李明是晚上祭祀祖先的人。

依据以上信息，能断定以下哪项是对李明身份的正确判断？

A. 李明是赵村的人。　　　　　　　B. 李明不是赵村的人。

C. 李明是李庄的人。　　　　　　　D. 李明不是李庄的人。

E. 李明既不是赵村的人，也不是李庄的人。

6. 如果赵川参加宴会，那么钱华、孙旭和李元将一起参加宴会。

如果上述断定是真的，那么，以下哪项也是真的？

A. 如果赵川没参加宴会，那么钱华、孙旭、李元三人中至少有一人没参加宴会。

B. 如果赵川没参加宴会，那么钱华、孙旭、李元三人都没参加宴会。

C. 如果钱华、孙旭、李元都参加了宴会，那么赵川参加宴会。

D. 如果李元没参加宴会，那么钱华和孙旭不会都参加宴会。

E. 如果孙旭没参加宴会，那么赵川和李元不会都参加宴会。

7~8题基于以下题干

P. 任何在高速公路上运行的交通工具的时速必须超过60千米。

Q. 自行车的最高时速是20千米。

R. 我的汽车只有逢双日才被允许在高速公路上驾驶。

S. 今天是5月18日。

7. 如果上述断定都是真的，则下面哪项断定也一定是真的？

Ⅰ. 自行车不允许在高速公路上行驶。

Ⅱ. 今天我的汽车仍然可能不被允许在高速公路上行驶。

Ⅲ. 如果我的汽车的时速超过 60 千米，则当日肯定是双日。

A. Ⅰ、Ⅱ 和 Ⅲ。　　　　　　B. 仅 Ⅰ。　　　　　　C. 仅 Ⅰ 和 Ⅱ。

D. 仅 Ⅰ 和 Ⅲ。　　　　　　E. 仅 Ⅱ 和 Ⅲ。

8. 假设只有高速公路才有最低时速限制，则从上述断定加上以下哪项条件可以合理地得出结论"如果我的汽车正在行驶的话，时速不必超过 60 千米"？

A. Q 改为"自行车的最高时速可达 60 千米"。

B. P 改为"任何在高速公路上运行的交通工具的时速必须超过 70 千米"。

C. R 改为"我的汽车在高速公路上驾驶不受单双日限制"。

D. S 改为"今天是 5 月 20 日"。

E. S 改为"今天是 5 月 19 日"。

9. 过度工作和压力不可避免地导致失眠症。森达公司的所有管理人员都有压力。尽管医生已经提出警告，但大多数的管理人员每周工作仍然超过 60 小时，而其余的管理人员每周仅工作 40 小时。只有每周工作超过 40 小时的员工才能得到一定的奖金。

以上的陈述最强地支持下列哪项结论？

A. 大多数得到一定奖金的森达公司管理人员患有失眠症。

B. 森达公司员工的大部分奖金给了管理人员。

C. 森达公司管理人员比任何别的员工更易患失眠症。

D. 没有一位每周仅仅工作 40 小时的管理人员工作过度。

E. 森达公司的工作比其他公司的工作压力大。

10～11 题基于以下题干

八个博士 C、D、L、M、N、S、W、Z 正在争取获得某项科研基金。按规定只有一人能获得该项基金。谁能获得该项基金，由学校评委的投票数决定。评委分成不同的投票小组。如果 D 获得的票数比 W 多，那么 M 将获得该项基金；如果 Z 获得的票数比 L 多，或者 M 获得的票数比 N 多，那么 S 将获得该项基金；如果 L 获得的票数比 Z 多，同时 W 获得的票数比 D 多，那么 C 将获得该项基金。

10. 如果 S 获得了该项基金，那么下面哪个结论一定是正确的？

A. L 获得的票数比 Z 多。　　　　　　B. Z 获得的票数比 L 多。

C. D 获得的票数不比 W 多。　　　　　D. M 获得的票数比 N 多。

E. W 获得的票数比 D 多。

11. 如果 W 获得的票数比 D 多，但 C 并没有获得该项基金，那么下面哪一个结论必然正确？

A. M 获得了该项基金。
B. S 获得了该项基金。
C. M 获得的票数比 N 多。
D. L 获得的票数不比 Z 多。
E. Z 获得的票数不比 M 多。

12~13题基于以下题干

如果"红都"娱乐宫在同一天既开放交谊舞厅又开放迪斯科舞厅，那么它也一定开放保龄球厅。该娱乐宫星期二不开放保龄球厅，李先生只有当开放交谊舞厅时才去"红都"娱乐宫。

12. 如果上述断定是真的，那么以下哪项也一定是真的？

A. 星期二李先生不会光顾"红都"娱乐宫。
B. 李先生不会同一天在"红都"娱乐宫既光顾交谊舞厅又光顾迪斯科舞厅。
C. "红都"娱乐宫在星期二不开放迪斯科舞厅。
D. "红都"娱乐宫只在星期二不开放交谊舞厅。
E. 如果"红都"在星期二开放交谊舞厅，那么这天它一定不开放迪斯科舞厅。

13. 如果题干的断定是真的，并且事实上李先生星期二光顾了"红都"娱乐宫，则以下哪项一定是真的？

A. "红都"在李先生光顾的那天没开放迪斯科舞厅。
B. "红都"在李先生光顾的那天没开放交谊舞厅。
C. "红都"在李先生光顾的那天开放了保龄球厅。
D. "红都"在李先生光顾的那天既开放了交谊舞厅，又开放了迪斯科舞厅。
E. "红都"在李先生光顾的那天既没开放交谊舞厅，又没开放迪斯科舞厅。

14. 由于信息高速公路上信息垃圾问题越来越严重，科学家们不断发出警告：如果我们不从现在开始就重视预防和消除信息高速公路上的信息垃圾，那么总有一天信息高速公路将无法正常通行。

以下哪项的意思最接近这些科学家们的警告？

A. 总有那么一天，信息高速公路不再能正常通行。
B. 只要从现在起就开始重视信息高速公路上信息垃圾的预防和消除，信息高速公路就可以一直正常通行下去。
C. 只有从现在起就开始重视信息高速公路上信息垃圾的预防和消除，信息高速公路才可能预防无法正常通行的后果。
D. 信息高速公路如果有一天不再能正常通行，那是因为我们没有从现在起重视信息高速公路上信息垃圾的预防和消除。

E. 信息高速公路上信息垃圾的严重性，已经引起了我们的高度重视。

15. 只有她去，你和我才会一起去唱卡拉 OK；而她只到能跳舞的卡拉 OK 厅唱歌，那些场所都在市中心。只有你参加，她妹妹才会去唱卡拉 OK。

如果上述断定都是真的，则以下哪项也一定为真？

A. 她不和她妹妹一起唱卡拉 OK。

B. 你和我不会一起在市郊的卡拉 OK 厅唱歌。

C. 我不在，你不会和她一起去唱卡拉 OK。

D. 她不在，你不会和她妹妹一起去唱卡拉 OK。

E. 她妹妹也只到能跳舞的地方唱卡拉 OK。

16. 如果飞行员严格遵守操作规程，并且飞机在起飞前经过严格的例行技术检验，那么，飞机就不会失事，除非出现例如劫机这样的特殊意外。这架波音 747 在金沙岛上空失事。

如果上述断定是真的，则以下哪项也一定是真的？

A. 如果失事时无特殊意外发生，则飞行员一定没有严格遵守操作规程，并且飞机在起飞前没有经过严格的例行技术检验。

B. 如果失事时有特殊意外发生，则飞行员一定严格遵守了操作规程，并且飞机在起飞前经过了严格的例行技术检验。

C. 如果飞行员没有严格遵守操作规程，并且飞机在起飞前没有经过严格的例行技术检验，则失事时一定没有特殊意外发生。

D. 如果失事时没有特殊意外发生，则可得出结论：只要飞机失事的原因是飞行员没有严格遵守操作规程，那么飞机在起飞前一定经过了严格的例行技术检验。

E. 如果失事时没有特殊意外发生，则可得出结论：只要飞机失事的原因不是飞机在起飞前没有经过严格的例行技术检验，那么一定是飞行员没有严格遵守操作规程。

17. 只有住在广江市的人才能够不理睬通货膨胀的影响；住在广江市的每一个人都要纳税；每一个纳税的人都发牢骚。

根据上面的这些句子，判断下列各项中哪项一定是真的？

Ⅰ. 每一个不理睬通货膨胀影响的人都要纳税。

Ⅱ. 不发牢骚的人中没有一个人能够不理睬通货膨胀的影响。

Ⅲ. 每一个发牢骚的人都能够不理睬通货膨胀的影响。

A. 仅Ⅰ。　　　　　　B. 仅Ⅰ和Ⅱ。　　　　　　C. 仅Ⅱ。

D. 仅Ⅱ和Ⅲ。　　　　E. Ⅰ、Ⅱ和Ⅲ。

18. 一个心理健康的人，必须保持自尊；一个人只有受到自己所尊敬的人的尊敬，才能保持自尊；而一个用"追星"方式来表达自己尊敬情感的人，不可能受到自己所尊敬的人的尊敬。

以下哪项结论可以从题干的断定中推出？

A. 一个心理健康的人，不可能用"追星"的方式来表达自己的尊敬情感。

B. 一个心理健康的人，不可能接受用"追星"的方式所表达的尊敬。

C. 一个人如果受到了自己所尊敬的人的尊敬，他（她）一定是个心理健康的人。

D. 没有一个保持自尊的人，会尊敬一个用"追星"方式表达尊敬情感的人。

E. 一个用"追星"方式表达自己尊敬情感的人，完全可以同时保持自尊。

19. 以下是一个西方经济学家陈述的观点：一个国家如果能有效率地运作经济，就一定能创造财富而变得富有；而这样的一个国家想保持政治稳定，它所创造的财富必须得到公正的分配；而财富的公正分配将结束经济风险；但是，风险的存在正是经济有效率运作的不可或缺的先决条件。

从这个经济学家的上述观点，可以得出以下哪项结论？

A. 一个国家政治上的稳定和经济上的富有不可能并存。

B. 一个国家政治上的稳定和经济上的有效率运作不可能并存。

C. 一个富有国家的经济运作一定是有效率的。

D. 在一个经济运作无效率的国家中，财富一定得到了公正的分配。

E. 一个政治上不稳定的国家，一定同时充满了经济风险。

20. 只要天上有太阳并且气温在零度以下，街上总有很多人穿着皮夹克。只要天下着雨并且气温在零度以上，街上总有人穿着雨衣。有时，天上有太阳但同时下着雨。

如果上述断定为真，则以下哪项一定为真？

A. 有时街上会有人在皮夹克外面套着雨衣。

B. 如果街上有很多人穿着皮夹克但天没下雨，则天上一定有太阳。

C. 如果气温在零度以下并且街上没有多少人穿着皮夹克，则天一定下着雨。

D. 如果气温在零度以上并且街上有人穿着雨衣，则天一定下着雨。

E. 如果气温在零度以上但街上没人穿雨衣，则天一定没下雨。

21. 如果二氧化碳气体超量产生，就会在大气层中聚集，使全球气候出现令人讨厌的温室效应。在绿色植被覆盖的地方，特别是在森林中，通过光合作用，绿色植物吸收空气中的二氧化碳放出氧气。因此，从这个意义上，绿色植被特别是森林的破坏，就意味着在"生产"二氧化碳。工厂中对由植物生成的燃料的耗用产生了大量的二氧化碳气体，这些燃料包括木材、煤和石油。

上述断定最能支持以下哪项结论？

A. 如果地球上的绿色植被特别是森林受到严重破坏，将使全球气候不可避免地出现温室效应。

B. 只要有效地保护好地球上的绿色植被特别是森林，那么，即使工厂超量耗用由植物生成的燃料，也不会使全球气候出现温室效应。

C. 如果各国工厂耗用的由植物生成的燃料超过了一定的限度，那就不可避免地使全球气候出现温室效应，除非全球的绿色植被特别是森林得到足够良好的保护。

D. 只要各国工厂耗用的由植物生成的燃料控制在一定的限度内，就可使全球气候的温室效应避免出现。

E. 如果全球气候出现了温室效应，则说明或者是全球的绿色植被没有得到有效的保护，或者是各国的工厂耗用了超量的由植物生成的燃料。

22. 威尼斯面临的问题具有典型意义。一方面，为了解决市民的就业，增加城市的经济实力，必须保留和发展它的传统工业，这是旅游业所不能替代的经济发展的基础；另一方面，为了保护其独特的生态环境，必须杜绝工业污染，但是，发展工业将不可避免地导致工业污染。

以下哪项能作为结论从上述断定中推出？

A. 威尼斯将不可避免地面临经济发展的停滞或生态环境的破坏。

B. 威尼斯市政府的正确决策应是停止发展工业以保护生态环境。

C. 威尼斯市民的生活质量只依赖于经济和生态环境。

D. 旅游业是威尼斯经济收入的主要来源。

E. 如果有一天威尼斯的生态环境受到了破坏，这一定是它为发展经济所付出的代价。

23. 一个社会是公正的，则以下两个条件必须满足：第一，有健全的法律；第二，贫富差异是允许的，但必须同时确保消灭绝对贫困和每个公民事实上都有公平竞争的机会。

根据题干的条件，最能够得出以下哪项结论？

A. S 社会有健全的法律，同时又在消灭了绝对贫困的条件下允许贫富差异的存在，并且绝大多数公民事实上都有公平竞争的机会。因此，S 社会是公正的。

B. S 社会有健全的法律，但这是以贫富差异为代价的。因此，S 社会是不公正的。

C. S 社会允许贫富差异，但所有人都由此获益，并且每个公民事实上都有公平竞争的机会。因此，S 社会是公正的。

D. S 社会虽然不存在贫富差异，但这是以法律不健全为代价的。因此，S 社会是不公正的。

E. S 社会法律健全，虽然存在贫富差异，但消灭了绝对贫困。因此，S 社会是公正的。

24. 一本小说要畅销，必须有可读性；一本小说只有深刻触及社会的敏感点，才能有可读性；而一个作者如果不深入生活，他的作品就不可能深刻触及社会的敏感点。

以下哪项结论可以从题干的断定中推出？

Ⅰ. 一个畅销小说作者，不可能不深入生活。

Ⅱ. 一本不触及社会敏感点的小说，不可能畅销。

Ⅲ. 一本不具有可读性的小说的作者，一定没有深入生活。

A. 仅Ⅰ。　　B. 仅Ⅱ。　　C. 仅Ⅰ和Ⅱ。　　D. 仅Ⅰ和Ⅲ。　　E. Ⅰ、Ⅱ和Ⅲ。

25. 宏达汽车公司生产的小轿车都安装了驾驶员安全气囊。在安装驾驶员安全气囊的小轿车中，有50%安装了乘客安全气囊。只有安装乘客安全气囊的小轿车才会同时安装减轻冲击力的安全杠和防碎玻璃。

如果上述判定为真，并且事实上李先生从宏达汽车公司购进的一辆小轿车装有防碎玻璃，则以下哪项一定为真？

Ⅰ. 这辆车一定装有安全杠。

Ⅱ. 这辆车一定装有乘客安全气囊。

Ⅲ. 这辆车一定装有驾驶员安全气囊。

A. 只有Ⅰ。　　B. 只有Ⅱ。　　C. 只有Ⅲ。

D. 只有Ⅰ和Ⅱ。　　E. Ⅰ、Ⅱ和Ⅲ。

26. 现在市面上充斥着《成功十大要素》之类的书。出版商在推销此类书时声称，这些书将能切实地帮助读者成为卓越的成功者。事实上，几乎每个人都知道，卓越的成功注定只属于少数人，人们不可能通过书本成为这少数人群中的一个。基于这一点，出版商故意所做的上述夸张乃至虚假的宣传不能认为是不道德的。退一步说，即使有人相信出版商的虚假宣传，但只要读此类书对他在争取成功中确实利大于弊，做此类宣传也不能认为是不道德的。

以下哪项断定最符合以上的议论？

A. 只有当虚假宣传完全没有任何"歪打正着"的正面效应时，故意做此种虚假宣传才是不道德的。

B. 只有当人们受了欺骗并深受其害时，故意做这种宣传才是不道德的。

C. 如果故意做虚假宣传的人，通过损害受骗者获利，那么，故意做此种虚假宣传是不道德的。

D. 只有当虚假宣传的受骗者的数量超出了未受骗者时，故意做此种虚假宣传是不道德的。

E. 只有当做虚假宣传的人完全意识到其所为的全部后果时，故意做此种虚假宣传是不道德的。

27. 李娜说，作为一个科学家，她知道没有一个科学家喜欢朦胧诗，而绝大多数科学家都擅长逻辑思维。因此，至少有些喜欢朦胧诗的人不擅长逻辑思维。

以下哪项是对李娜的推理的最恰当评价？

A. 李娜的推理是正确的。

B. 李娜的推理不正确，因为事实上有科学家喜欢朦胧诗。

C. 李娜的推理不正确，因为从"绝大多数科学家都擅长逻辑思维"，推不出"擅长逻辑思维的都是科学家"。

D. 李娜的推理不正确，因为合乎逻辑的结论应当是"喜欢朦胧诗的人都不擅长逻辑思维"，而不应当弱化为"至少有些喜欢朦胧诗的人不擅长逻辑思维"。

E. 李娜的推理不正确，因为创作朦胧诗需要形象思维，也需要逻辑思维。

28. 人应对自己的正常行为负责，这种负责甚至包括因行为触犯法律而承受制裁。但是，人不应该对自己不可控制的行为负责。

以下哪项能从上述断定中推出？

Ⅰ. 人的有些正常行为会触犯法律。

Ⅱ. 人对自己的正常行为有控制力。

Ⅲ. 不可控制的行为不可能触犯法律。

A. 只有Ⅰ。　　　　　　B. 只有Ⅱ。　　　　　　C. 只有Ⅲ。

D. 只有Ⅰ和Ⅱ。　　　　E. Ⅰ、Ⅱ和Ⅲ。

29. 一个产品要畅销，产品的质量和经销商的诚信缺一不可。

以下各项都符合题干的断定，除了：

A. 一个产品滞销说明它或者质量不好，或者经销商缺乏诚信。

B. 一个产品只有质量高并且诚信经销才能畅销。

C. 一个产品畅销说明它质量高并有诚信的经销商。

D. 一个产品除非有高的质量和诚信的经销商，否则不能畅销。

E. 一个质量好并且由诚信者经销的产品不一定畅销。

30. 一方面确保法律面前人人平等，同时又允许有人触犯法律而不受制裁，这是不可能的。

以下哪项最符合题干的断定？

A. 或者允许有人凌驾于法律之上，或者任何人触犯法律都要受到制裁，这是必然的。

B. 任何人触犯法律都要受到制裁，这是必然的。

C. 有人凌驾于法律之上，触犯法律而不受制裁，这是可能的。

D. 如果不允许有人触犯法律而不受制裁，那么法律面前人人平等是可能的。

E. 一方面允许有人凌驾于法律之上，同时又声称任何人触犯法律都要受到制裁，这是可能的。

31. 除了何东辉，4班所有的奖学金获得者都来自西部地区。

上述结论可从以下哪项中推出？

A. 除了何东辉，如果有人是来自西部地区的奖学金获得者，他一定是4班的学生。

B. 何东辉是唯一来自西部地区的奖学金获得者。

C. 如果一个4班的学生来自西部地区，只要他不是何东辉，他就是奖学金获得者。

D. 何东辉不是4班来自西部地区的奖学金获得者。

E. 除了获得奖学金的何东辉，如果有人是4班的学生，他一定来自西部地区。

32. 对当代学生来说，德育比智育更重要。学校的课程设计如果不注意培养学生的完美人格，那么，即使用高薪聘请著名的专家教授，也不能使学生在面临道德伦理、价值观念挑战的21世纪脱颖而出。

以下各项关于当代学生的断定都符合上述断定的原意，除了：

A. 学校的课程设计只有注重培养学生的完美人格，才能使当代学生取得成就。

B. 如果当代学生在21世纪脱颖而出，那一定是对他们注重了完美人格的教育。

C. 不能设想学生在面临道德伦理、价值观念挑战的21世纪脱颖而出，而他的人格却不完善。

D. 除非注重完美人格的培养，否则21世纪的学生难以脱颖而出。

E. 即使不能用高薪聘请著名的专家教授，学校的课程设计只要注重培养学生的完美人格，当代的学生就能在21世纪脱颖而出。

33. 除了吃川菜，张涛不吃其他菜肴。所有林村人都爱吃川菜。川菜的特色为麻辣香，其中有大量的干鲜辣椒、花椒、大蒜、姜、葱、香菜等调料。大部分吃川菜的人都喜好一边吃川菜，一边喝四川特有的盖碗茶。

如果上述断定为真，则以下哪项一定为真？

A. 所有林村人都爱吃麻辣香的食物。　　B. 所有林村人都喝四川出产的茶。

C. 大部分林村人喝盖碗茶。　　D. 张涛喝盖碗茶。

E. 张涛是四川人。

34. 大多数独生子女都有以自我为中心的倾向，有些非独生子女同样有以自我为中心的倾向。以自我为中心倾向的产生有各种原因，但一个共同原因是缺乏父母的正确引导。

如果上述断定为真，则以下哪项一定为真？

A. 每个缺乏父母正确引导的家庭都有独生子女。

B. 有些缺乏父母正确引导的家庭有不止一个子女。

C. 有些家庭虽然缺乏父母的正确引导，但子女并不以自我为中心。

D. 大多数缺乏父母正确引导的家庭都有独生子女。

E. 缺乏父母正确引导的多子女家庭，少于缺乏父母正确引导的独生子女家庭。

35. 思考是人的大脑才具有的机能。计算机所做的事（如深蓝与国际象棋大师对弈）更接近于思考，而不同于动物（指人以外的动物，下同）的任何一种行为。但计算机不具有意志力，而有些动物具有意志力。

如果上述断定为真，则以下哪项一定为真？

Ⅰ．具有意志力不一定要经过思考。

Ⅱ．动物的行为中不包括思考。

Ⅲ．思考不一定要具有意志力。

A．只有Ⅰ。　　　　B．只有Ⅱ。　　　　C．只有Ⅲ。

D．只有Ⅰ和Ⅱ。　　E．Ⅰ、Ⅱ和Ⅲ。

36．超过20年使用期限的汽车都应当报废。某些超过20年使用期限的汽车存在不同程度的设计缺陷。在应当报废的汽车中有些不是H国进口车。所有的H国进口车都不存在设计缺陷。

如果上述断定为真，则以下哪项一定为真？

A．有些H国进口车不应当报废。

B．有些H国进口车应当报废。

C．有些存在设计缺陷的汽车应当报废。

D．所有应当报废的汽车的使用期限都超过20年。

E．有些超过20年使用期限的汽车不应当报废。

37．所有校学生会委员都参加了大学生电影评论协会。张珊、李斯和王武都是校学生会委员。大学生电影评论协会不吸收大学一年级学生参加。

如果上述断定为真，则以下哪项一定为真？

Ⅰ．张珊、李斯和王武都不是大学一年级学生。

Ⅱ．所有校学生会委员都不是大学一年级学生。

Ⅲ．有些大学生电影评论协会的成员不是校学生会委员。

A．只有Ⅰ。　　　　B．只有Ⅱ。　　　　C．只有Ⅲ。

D．只有Ⅰ和Ⅱ。　　E．Ⅰ、Ⅱ和Ⅲ。

38．对行为的解释与对行为的辩护，是两个必须加以区别的概念。对一个行为的解释，是指准确地表达导致这一行为的原因。对一个行为的辩护，是指行为者具有实施这一行为的正当理由。事实上，对许多行为的辩护，并不是对此种行为的解释。只有当对一个行为的辩护成为对该行为解释的实质部分时，这样的行为才是合理的。

基于上述断定能得出以下哪项结论？

A．当一个行为得到辩护，则也得到解释。

B．当一个行为的原因中包含该行为的正当理由，则该行为是合理的。

C．任何行为都不可能是完全合理的。

D．有些行为的原因是不可能被发现的。

E. 如果一个行为是合理的，则实施这一行为的正当理由必定也是导致该行为的原因。

39. 粤西酒店如果既有清蒸石斑，又有白灼花螺，则一定会有盐焗花蟹；酒店在月尾从不卖盐焗花蟹；只有当粤西酒店卖白灼花螺时，老王才会与朋友到粤西酒店吃海鲜。

如果上述断定为真，则以下哪项一定为真？

A. 粤西酒店在月尾不会卖清蒸石斑。

B. 老王与朋友到粤西酒店不会既吃清蒸石斑，又吃白灼花螺。

C. 粤西酒店只有在月尾才不卖白灼花螺。

D. 老王不会在月尾与朋友到粤西酒店吃海鲜，因为那里没有盐焗花蟹。

E. 如果老王在月尾与朋友到粤西酒店吃海鲜，则他们肯定吃不到清蒸石斑。

40. 东山市威达建材广场每家商店的门边都设有垃圾筒。这些垃圾筒的颜色是绿色或红色。

如果上述断定为真，则以下哪项一定为真？

Ⅰ. 东山市有一些垃圾筒是绿色的。

Ⅱ. 如果东山市的一家商店门边没有垃圾筒，那么这家商店不在威达建材广场。

Ⅲ. 如果东山市的一家商店门边有一个红色垃圾筒，那么，这家商店是在威达建材广场。

A. 只有Ⅰ。 B. 只有Ⅱ。 C. 只有Ⅰ和Ⅱ。

D. 只有Ⅰ和Ⅲ。 E. Ⅰ、Ⅱ和Ⅲ。

41. 某实验室一共有A、B、C三种类型的机器人，A型能识别颜色，B型能识别形状，C型既不能识别颜色也不能识别形状。实验室用红球、蓝球、红方块和蓝方块对1号和2号机器人进行实验，命令它们拿起红球，但1号拿起了红方块，2号拿起了蓝球。

根据上述实验，以下哪项判断一定为真？

A. 1号和2号都是C型。 B. 1号和2号有且只有一个是C型。

C. 1号是A型且2号是B型。 D. 1号不是B型且2号不是A型。

E. 1号可能不是A、B、C三种类型的任何一种。

42~43题基于以下题干

F、G、J、K、L和M六人应聘某个职位，只有被面试才能被聘用。以下条件必须满足：

(1) 如果面试G，则面试J；

(2) 如果面试J，则面试L；

(3) F被面试；

(4) 除非面试K，否则不聘用F；

(5) 除非面试M，否则不聘用K。

42. 以下哪项可能为真?

A. 只有 F、J 和 M 被面试。
B. 只有 F、J 和 K 被面试。
C. 只有 G 和另外一位应聘者被面试。
D. 只有 G 和另外两位应聘者被面试。
E. 只有 G 和另外三位应聘者被面试。

43. 如果 M 未被面试,则以下哪项一定为真?

A. K 未被面试。
B. K 被面试单位聘用。
C. F 被面试,但 K 未被聘用。
D. F 被聘用,但 K 未被聘用。
E. F 被聘用。

44. 大李和小王是某报新闻部的编辑。该报总编计划从新闻部抽调人员到经济部。总编决定:未经大李和小王本人同意,将不调动两人。大李告诉总编:"我不同意调动,除非我知道小王是否调动。"小王说:"除非我知道大李是否调动,否则我不同意调动。"

如果上述三人坚持各自的决定,则可推出以下哪项结论?

A. 两人都不可能调动。
B. 两人都可能调动。
C. 两人至少有一人可能调动,但不可能两人都调动。
D. 要么两人都调动,要么两人都不调动。
E. 题干的条件推不出关于两人调动的确定结论。

45. 如果一所学校的大多数学生都具备足够的文学欣赏水平和道德自律意识,那么,像《红粉梦》和《演艺十八钗》这样的出版物就不可能成为在该校学生中销售最多的书。去年在 H 学院的学生中,《演艺十八钗》的销售量仅次于《红粉梦》。

如果上述断定为真,则以下哪项一定为真?

Ⅰ. 去年 H 学院的大多数学生都购买了《红粉梦》或《演艺十八钗》。
Ⅱ. H 学院的大多数学生既不具备足够的文学欣赏水平,也不具备足够的道德自律意识。
Ⅲ. H 学院至少有些学生不具备足够的文学欣赏水平,或者不具备足够的道德自律意识。

A. 只有Ⅰ。　B. 只有Ⅱ。　C. 只有Ⅲ。　D. Ⅱ和Ⅲ。　E. Ⅰ、Ⅱ和Ⅲ。

46. 小李考上了清华,或者小孙未考上北大。如果小张考上了北大,则小孙也考上了北大;如果小张未考上北大,则小李考上了清华。

如果上述断定为真,则以下哪项一定为真?

A. 小李考上了清华。
B. 小张考上了北大。
C. 小李未考上清华。
D. 小张未考上北大。
E. 以上断定都不一定为真。

47. 针对威胁人类健康的甲型 H1N1 流感，研究人员研制出了相应的疫苗。尽管这些疫苗是有效的，但某大学研究人员发现，阿司匹林、羟苯基乙酰胺等抑制某些酶的药物会影响疫苗的效果。一位研究人员指出："如果你服用了阿司匹林或者对乙酰氨基酚，那么你注射疫苗后就必然不会产生良好的抗体反应。"

如果小张注射疫苗后产生了良好的抗体反应，那么根据上述研究结果可以得出以下哪项结论？

A. 小张服用了阿司匹林，但没有服用对乙酰氨基酚。

B. 小张没有服用阿司匹林，但感染了 H1N1 流感病毒。

C. 小张服用了阿司匹林，但没有感染 H1N1 流感病毒。

D. 小张没有服用阿司匹林，也没有服用对乙酰氨基酚。

E. 小张服用了对乙酰氨基酚，但没有服用羟苯基乙酰胺。

48. 域控制器储存了域内的账户、密码和属于这个域的计算机三项信息。当计算机接入网络时，域控制器首先要鉴别这台计算机是否属于这个域，用户使用的登录账号是否存在，密码是否正确。如果三项信息均正确，则允许登录；如果以上信息有一项不正确，那么域控制器就会拒绝这个用户从这台计算机登录。小张的登录账号是正确的，但是域控制器拒绝小张的计算机登录。

基于以上陈述能得出以下哪项结论？

A. 小张输入的密码是错误的。

B. 小张的计算机不属于这个域。

C. 如果小张的计算机属于这个域，那么他输入的密码是错误的。

D. 只有小张输入的密码是正确的，他的计算机才属于这个域。

E. 如果小张输入的密码是正确的，那么他的计算机属于这个域。

49. 蟋蟀是一种非常有趣的小动物。宁静的夏夜，草丛中传来阵阵清脆悦耳的鸣叫声，那是蟋蟀在歌唱，蟋蟀优美动听的歌声并不是出自它的好嗓子，而是来自它的翅膀。左右两翅一张一合，相互摩擦，就可以发出悦耳的声音了。蟋蟀还是建筑专家。与它那柔软的挖掘工具相比，蟋蟀的住宅真可以算得上是伟大的工程了，在其住宅门口，有一个收拾得非常舒适的平台。夏夜，除非下雨或者刮风，否则蟋蟀肯定会在这个平台上歌唱。

根据以上陈述，以下哪项是蟋蟀在无雨的夏夜所做的？

A. 修建住宅。　　　　　　　　B. 收拾平台。

C. 在平台上歌唱。　　　　　　D. 如果没有刮风，它就在抢修工程。

E. 如果没有刮风，它就在平台上歌唱。

50. 在本年度篮球联赛中，长江队主教练发现，黄河队五名主力队员之间的上场配置有如下规律：

(1) 若甲上场，则乙也要上场；

(2) 只有甲不上场，丙才不上场；

(3) 要么丙不上场，要么乙和戊中有人不上场；

(4) 或者丁上场，或者乙上场。

若乙不上场，则以下哪项配置合乎上述规律？

A. 甲、丙、丁同时上场。 B. 丙不上场，丁、戊同时上场。

C. 甲不上场，丙、丁都上场。 D. 甲、丁都上场，戊不上场。

E. 甲、丁、戊都不上场。

51. 某中药配方有如下要求：（1）如果有甲药材，那么也要有乙药材；（2）如果没有丙药材，那么必须有丁药材；（3）人参和天麻不能都有；（4）如果没有甲药材而有丙药材，则需要有人参。

如果含有天麻，则关于该配方的断定哪项为真？

A. 含有甲药材。 B. 含有丙药材。

C. 没有丙药材。 D. 没有乙药材和丁药材。

E. 含有乙药材或丁药材。

52. 如果面粉价格继续上涨，佳食面包店的面包成本必将大幅度增加。在这种情况下，佳食面包店将会考虑以扩大饮料的经营来弥补面包销售利润的下降。但是，佳食面包店只有保证面包销售利润不下降，才可避免整体收益明显减少。

以下哪项陈述可以从上文逻辑中得出？

A. 如果佳食面包店的整体收益减少，则它购买面粉的成本将继续增加。

B. 如果佳食面包店的整体收益减少，则要么扩大饮料的经营，要么减少面包的销售。

C. 如果面粉的价格继续上涨，则佳食面包店的整体收益将明显减少。

D. 即使佳食面包店的整体收益不减少，购买面粉的成本也不会降低。

E. 要么购买面粉的成本将继续增加，要么佳食面包店的面包销售量将增加。

53. 张教授的所有初中同学都不是博士；通过张教授而认识其哲学研究所同事的都是博士；张教授的一个初中同学通过张教授认识了王研究员。

以下哪项能作为结论从上述断定中推出？

A. 王研究员是张教授的哲学研究所同事。

B. 王研究员不是张教授的哲学研究所同事。

C. 王研究员是博士。

D. 王研究员不是博士。

E. 王研究员不是张教授的初中同学。

54. 赵元的同事都是球迷，赵元在软件园工作的同学都不是球迷，李雅既是赵元的同学又是他的同事，王伟是赵元的同学但不在软件园工作，张明是赵元的同学但不是球迷。

根据以上陈述，可以得出以下哪项？

A. 王伟是球迷。　　　　　B. 赵元不是球迷。　　　　C. 李雅不在软件园工作。

D. 张明在软件园工作。　　E. 赵元在软件园工作。

55. 公司派张、王、李、赵4人到长沙参加某经济论坛，他们4人选了飞机、汽车、轮船和火车4种各不相同的出行方式。已知：

（1）明天或者刮风或者下雨；

（2）如果明天刮风，那么张就选择火车出行；

（3）假设明天下雨，那么王就选择火车出行；

（4）假如李、赵不选择火车出行，那么李、王也都不会选择飞机或者汽车出行。

根据以上陈述，可以得出以下哪项结论？

A. 赵选择汽车出行。　　　B. 赵不选择汽车出行。　　C. 李选择轮船出行。

D. 张选择飞机出行。　　　E. 王选择轮船出行。

56. 只有通过身份认证的人才允许上公司内网，如果没有良好的业绩就不可能通过身份认证，张辉有良好的业绩而王纬没有良好的业绩。

如果上述断定为真，则以下哪项一定为真？

A. 允许张辉上公司内网。　　　　　　B. 不允许王纬上公司内网。

C. 张辉通过身份认证。　　　　　　　D. 有良好的业绩，就允许上公司内网。

E. 没有通过身份认证，就说明没有良好的业绩。

57. 经理说："有了自信不一定赢。"董事长回应说："但是没有自信一定会输。"

以下哪项与董事长的意思最为接近？

A. 不输即赢，不赢即输。　　　　　　B. 如果自信，则一定会赢。

C. 只有自信，才可能不输。　　　　　D. 除非自信，否则不可能输。

E. 只有赢了，才可能更自信。

58. 如果他勇于承担责任，那么他就一定会直面媒体，而不是选择逃避；如果他没有责任，那么他就一定会聘请律师，捍卫自己的尊严。可是事实上，他不仅没有聘请律师，现在逃得连人影都不见了。

根据以上陈述，可以得出以下哪项结论？

A. 即使他没有责任，也不应该选择逃避。

B. 虽然选择了逃避，但是他可能没有责任。

C. 如果他有责任，那么他应该勇于承担责任。

D. 如果他不敢承担责任，那么说明他责任很大。

E. 他不仅有责任，而且他没有勇气承担责任。

59. 某公司规定，在一个月内，除非每个工作日都出勤，否则任何员工都不可能既获得当月绩效工资，又获得奖励工资。

以下哪项与上述规定的意思最为接近？

A. 在一个月内，任何员工如果所有工作日不缺勤，必然既获得当月绩效工资，又获得奖励工资。

B. 在一个月内，任何员工如果所有工作日不缺勤，都有可能既获得当月绩效工资，又获得奖励工资。

C. 在一个月内，任何员工如果有某个工作日缺勤，仍有可能获得当月绩效工资，或者获得奖励工资。

D. 在一个月内，任何员工如果有某个工作日缺勤，必然或者得不了当月绩效工资，或者得不了奖励工资。

E. 在一个月内，任何员工如果所有工作日缺勤，必然既得不了当月绩效工资，又得不了奖励工资。

60. 只有不明智的人才在董嘉面前说东山郡人的坏话，董嘉的朋友施飞在董嘉面前说席佳的坏话，可令人疑惑的是，董嘉的朋友都是非常明智的人。

根据以上陈述，可以得出以下哪项？

A. 施飞是不明智的。 B. 施飞不是东山郡人。

C. 席佳是董嘉的朋友。 D. 席佳不是董嘉的朋友。

E. 席佳不是东山郡人。

61. 如果李凯拿到钥匙，他就会把门打开并且保留钥匙。如果杨林拿到钥匙，他会把钥匙交到失物招领处。要么李凯拿到钥匙，要么杨林拿到钥匙。

如果上述信息正确，那么下列哪项一定正确？

A. 失物招领处没有钥匙。 B. 失物招领处有钥匙。

C. 门打开了。 D. 李凯拿到了钥匙。

E. 如果李凯没有拿到钥匙，那么钥匙会在失物招领处。

62. 某中药制剂中，人参或者党参至少必须有一种，同时还要满足以下条件：

(1) 如果有党参，就必须有白术；

(2) 白术、人参至多只能有一种；

(3) 若有人参，就必须有首乌；

(4) 有首乌，就必须有白术。

如果以上陈述为真，该药制剂中一定包含以下哪两种药物？

A. 人参和白术。　　　B. 党参和白术。　　　C. 首乌和党参。

D. 白术和首乌。　　　E. 党参和人参。

63. 所有参加此次运动会的选手都是身体强壮的运动员，所有身体强壮的运动员都是极少生病的，但是有一些身体不适的选手参加了此次运动会。

以下哪项不能从上述前提中得出？

A. 有些身体不适的选手是极少生病的。

B. 极少生病的选手都参加了此次运动会。

C. 有些极少生病的选手感到身体不适。

D. 有些身体强壮的运动员感到身体不适。

E. 参加此次运动会的选手都是极少生病的。

64. 教育制度有两个方面，一是义务教育，一是高等教育。一种合理的教育制度，要求每个人都享有义务教育的权利并且有通过公平竞争获得高等教育的机会。

以上陈述最能支持以下哪项结论？

A. 一种不能使每个人都能上大学的教育制度是不合理的。

B. 一种保证每个人都享有义务教育权利的教育制度是合理的。

C. 一种不能使每个人都享有义务教育权利的教育制度是不合理的。

D. 合理的教育制度还应该有更多的要求。

E. 一种能使每个人都有公平机会上大学的教育制度是合理的。

65. 李丽和王佳是好朋友，同在一家公司上班，常常在一起喝下午茶，她们发现带去喝下午茶的人或者喜欢红茶，或者喜欢花茶，或者喜欢绿茶。李丽喜欢绿茶，王佳不喜欢花茶。

根据以上陈述，以下哪项必定为真？

Ⅰ. 王佳如果喜欢红茶，就不喜欢绿茶。

Ⅱ. 王佳如果不喜欢绿茶，就一定喜欢红茶。

Ⅲ. 常去喝下午茶的人如果不喜欢红茶，就一定喜欢绿茶或花茶。

Ⅳ. 常去喝下午茶的人如果不喜欢绿茶，就一定喜欢红茶和花茶。

A. 仅Ⅱ和Ⅳ。　　　B. 仅Ⅱ、Ⅲ和Ⅳ。　　　C. 仅Ⅲ。

D. 仅Ⅰ。　　　　　E. 仅Ⅱ和Ⅲ。

66. 社区组织的活动有两种类型：养生型和休闲型。组织者对所有参加者进行统计发现：社区老人有的参加了所有养生型的活动，有的参加了所有休闲型的活动。

按这个统计，以下哪项一定为真？

A. 社区组织的有些活动没有社区老人参加。

B. 有些社区老人没有参加社区组织的任何活动。

C. 社区组织的任何活动都有社区老人参加。

D. 社区的中年人也参加了社区组织的活动。

E. 有些社区老人参加了社区组织的所有活动。

67. 近年来，欧美等海外留学市场持续升温，越来越多的国人把自己的孩子送出去。与此同时，部分学成归国人员又陷入了求职困境之中，成为"海待"一族。有权威人士指出：作为一名拥有海外学位的求职者，如果你具有真才实学和基本的社交能力，并且能够在择业过程中准确定位的话，那么你不可能成为"海待"。大田是在英国取得硕士学位的归国人员，他还没有找到工作。

根据上述论述能够推出以下哪项结论？

A. 大田具有真才实学和基本的社交能力，但是定位不准。

B. 大田或者不具有真才实学，或者缺乏基本的社交能力，或者没有在择业过程中准确定位。

C. 大田不具有真才实学和基本的社交能力，但是定位准确。

D. 大田不具有真才实学和基本的社交能力，并且没有准确定位。

E. 大田虽然不具有真才实学，但是他的社交能力很强，而且定位很准确。

68. 龙蒿是一种多年生的草本菊科植物，含挥发油，主要成分为醛类物质，还含少量生物碱。青海民间入药，治暑湿发热、虚劳等。龙蒿的根有辣味，新疆民间取根研末，代替辣椒作调味品。俄罗斯龙蒿和法国龙蒿，它们看起来非常相似，俄罗斯龙蒿开花而法国龙蒿不开花，但是俄罗斯龙蒿的叶子却没有那种使法国龙蒿成为理想的调味品的独特香味。

若植物必须先开花，才能产生种子，则从以上论述中一定能推出以下哪项结论？

A. 作为观赏植物，法国龙蒿比俄罗斯龙蒿更令人喜爱。

B. 俄罗斯龙蒿的花可能没有香味。

C. 由龙蒿种子长出的植物不是法国龙蒿。

D. 除了俄罗斯龙蒿和法国龙蒿外，没有其他种类的龙蒿。

E. 俄罗斯龙蒿与法国龙蒿不好区分。

69. 如果这项改革措施不受干部们欢迎，我们就应该进行修改。如果它不受工人们欢迎，我们就应该采用一项新的改革措施。并且这项措施必定是，要么不受干部们的欢迎，要么不受工人们的欢迎。

如果以上陈述为真，则以下哪项也一定正确？

A. 我们应当修改这项改革措施，当且仅当这样做不会降低该措施在工人中的声望时。

B. 我们应该在干部或工人中间努力推广这项改革措施。

C. 如果修改这项改革措施不会影响它在干部中受欢迎的程度，我们就应该立即进行修改。

D. 如果这项改革措施受到了工人们的欢迎，我们就应该采用一项新的改革措施。

E. 如果这项改革措施受到了干部们的欢迎，我们就应该采用一项新的改革措施。

命题方向①：形式逻辑　正向推理　答案速查									
1. B	2. E	3. A	4. A	5. B	6. E	7. C	8. E	9. A	10. C
11. D	12. E	13. A	14. C	15. B	16. E	17. B	18. A	19. B	20. E
21. C	22. A	23. D	24. C	25. C	26. B	27. C	28. D	29. A	30. A
31. E	32. C	33. A	34. B	35. D	36. C	37. C	38. E	39. E	40. B
41. D	42. E	43. C	44. A	45. C	46. A	47. D	48. C	49. E	50. C
51. E	52. C	53. B	54. C	55. C	56. B	57. C	58. C	59. D	60. E
61. E	62. B	63. B	64. C	65. E	66. C	67. B	68. C	69. E	

命题方向②：形式逻辑　支持假设

1. 如果缺乏奋斗精神，就不可能有较大成就。李阳有很强的奋斗精神，因此，他一定能成功。

下述何者如果为真，则上文推论可靠？

　　A. 李阳的奋斗精神异乎寻常。　　　B. 不奋斗，成功只是水中之月。
　　C. 成功者都有一番奋斗的经历。　　D. 奋斗精神是成功的唯一要素。
　　E. 成功者的奋斗是成功的前提。

2. 母亲要求儿子从小就努力学外语。儿子说："我长大又不想当翻译，何必学外语。"
以下哪项是儿子的回答中包含的前提？

　　A. 要当翻译，需要学外语。　　　B. 只有当翻译，才需要学外语。
　　C. 当翻译没什么大意思。　　　　D. 学了外语才能当翻译。
　　E. 学了外语也不见得能当翻译。

3. 如果甲和乙都没有考试及格的话，那么丙就一定及格了。
上述前提再增加以下哪项，就可以推出"甲考试及格了"的结论？

　　A. 丙及格了。　　　　B. 丙没有及格。　　　　C. 乙没有及格。
　　D. 乙和丙都没有及格。　E. 乙和丙都及格了。

4. 如果祖大春被选进村计划生育委员会，他一定是结了婚的。
上述断定基于以下哪项假设？

　　A. 某些已婚者不可以被选进村计划生育委员会。

B. 只有已婚者才能被选进村计划生育委员会。

C. 某些已婚者必须被选进村计划生育委员会。

D. 某些已婚者可以不被选进村计划生育委员会。

E. 祖大春不拒绝在村计划生育委员会工作。

5. 如今这几年参加注册会计师考试的人越来越多了，可以这样讲，所有想从事会计工作的人都想要获得注册会计师证书。小朱也想获得注册会计师证书，所以，小朱一定是想从事会计工作了。

以下哪项如果为真，最能加强上述论证？

A. 目前越来越多的从事会计工作的人具有了注册会计师证书。

B. 不想获得注册会计师证书，就不是一个好的会计工作者。

C. 只有获得注册会计师证书的人，才有资格从事会计工作。

D. 只有想从事会计工作的人，才想获得注册会计师证书。

E. 想要获得注册会计师证书，一定要对会计理论非常熟悉。

6. 第一机械厂的有些管理人员取得了 MBA 学位。因此，有些工科背景的大学毕业生取得了 MBA 学位。

以下哪项如果为真，则最能保证上述论证的成立？

A. 有些管理人员是工科背景的大学毕业生。

B. 有些取得 MBA 学位的管理人员不是工科背景的大学毕业生。

C. 第一机械厂所有的管理人员都是工科背景的大学毕业生。

D. 第一机械厂的有些管理人员还没有取得 MBA 学位。

E. 第一机械厂所有的工科背景的大学毕业生都是管理人员。

7. 所有切实关心教员福利的校长，都被证明是管理得法的校长；而切实关心教员福利的校长，都首先把注意力放在解决中青年教员的住房问题上。因此，那些不首先把注意力放在解决中青年教员住房问题上的校长，都不是管理得法的校长。

为使上述论证成立，以下哪项必须为真？

A. 中青年教员的住房问题，是教员的福利中最为突出的问题。

B. 所有管理得法的校长，都是关心教员福利的校长。

C. 中青年教员的比例，近年来普遍有了大的增长。

D. 所有首先把注意力放在解决中青年教员住房问题上的校长，都是管理得法的校长。

E. 老年教员普遍对自己的住房状况比较满意。

8. 如果你的笔记本电脑是 1999 年以后制造的，那么它就带有调制解调器。

上述断定可由以下哪个选项得出？

A. 只有 1999 年以后制造的笔记本电脑才带有调制解调器。

B. 所有 1999 年以后制造的笔记本电脑都带有调制解调器。

C. 有些 1999 年以前制造的笔记本电脑也带有调制解调器。

D. 所有 1999 年以前制造的笔记本电脑都不带有调制解调器。

E. 笔记本的调制解调器技术是在 1999 年以后才发展起来的。

9. 一个足球教练这样教导他的队员："足球比赛从来都是以结果论英雄。在足球比赛中，你不是赢家就是输家；在球迷的眼里，你要么是勇敢者，要么是懦弱者。由于所有的赢家在球迷眼里都是勇敢者，所以每个输家在球迷眼里都是懦弱者。"

为使上述足球教练的论证成立，以下哪项是必须假设的？

A. 在球迷们看来，球场上勇敢者必胜。

B. 球迷具有区分勇敢和懦弱的准确判断力。

C. 球迷眼中的勇敢者，不一定是真正的勇敢者。

D. 即使在球场上，输赢也不是区别勇敢者和懦弱者的唯一标准。

E. 在足球比赛中，赢家一定是勇敢者。

10. 大山中学所有骑自行车上学的学生都回家吃午饭，因此，有些家在郊区的大山中学的学生不骑自行车上学。

为使上述论证成立，以下哪项关于大山中学的断定是必须假设的？

A. 骑自行车上学的学生都不在郊区。

B. 回家吃午饭的学生都骑自行车上学。

C. 家在郊区的学生都不回家吃饭。

D. 有些家在郊区的学生不回家吃饭。

E. 有些不回家吃饭的学生家不在郊区。

11. 所有物质实体都是可见的，而任何可见的东西都没有神秘感。因此，精神世界不是物质实体。

以下哪项最可能是上述论证所假设的？

A. 精神世界是不可见的。　　B. 有神秘感的东西都是不可见的。

C. 可见的东西都是物质实体。　　D. 精神世界有时也是可见的。

E. 精神世界具有神秘感。

12. 要杜绝令人深恶痛绝的"黑哨"，必须对其课以罚款，或者永久性地取消"黑哨"的裁判资格，或者追究其刑事责任。事实证明，罚款的手段在这里难以完全奏效，因为在一些大型赛事中，高额的贿金往往足以抵消罚款的损失。因此，如果不永久性地取消"黑哨"的裁判资格，就不可能杜绝令人深恶痛绝的"黑哨"现象。

以下哪项是上述论证最可能的假设？

A. 一个被追究刑事责任的"黑哨"必定被永久性地取消裁判资格。

B. 大型赛事中对裁判的贿金没有上限。

C. "黑哨"是一种职务犯罪，本身已触犯法律。

D. 对"黑哨"的罚金不可能没有上限。

E. "黑哨"现象只有在大型赛事中出现。

13. 除非像给违反交通规则的机动车一样出具罚单，否则在交通法规中禁止自行车闯红灯是没有意义的。因为一项法规要有意义，必须能有效制止它所禁止的行为。但是上述法规对于那些经常闯红灯的骑车者来说显然没有约束力，而对那些习惯于遵守交通法规的骑车者来说，即使没有这样的法规，他们也不会闯红灯。

以下哪项最符合题干的断定？

A. 一项法规有意义的唯一标准，是能有效制止它所禁止的行为。

B. 大多数骑车者都习惯于遵守交通法规。

C. 大多数机动车驾驶员都不能自觉遵守交通法规。

D. 要使禁止自行车闯红灯的交通法规有效实施，必须给违规者出具罚单。

E. 如果出具罚单，那么，自行车闯红灯的现象一定能有效制止。

14. 张华是甲班学生，对围棋感兴趣。该班学生或者对国际象棋感兴趣，或者对军棋感兴趣；如果对围棋感兴趣，则对军棋不感兴趣。因此，张华对中国象棋感兴趣。

以下哪项最可能是上述论证的假设？

A. 如果对国际象棋感兴趣，则对中国象棋感兴趣。

B. 甲班对国际象棋感兴趣的学生都对中国象棋感兴趣。

C. 围棋和中国象棋比军棋更具挑战性。

D. 甲班学生感兴趣的棋类只限于围棋、国际象棋、军棋和中国象棋。

E. 甲班所有学生都对中国象棋感兴趣。

15. 根据一种心理学理论，一个人要想快乐就必须和周围的人保持亲密的关系。但是，世界上伟大的画家往往是在孤独中度过了他们的大部分时光，并且没有亲密的人际关系。所以这种心理学理论的上述结论是不成立的。

以下哪项最可能是上述论证所假设的？

A. 该心理学理论是为了揭示内心体验与艺术成就的关系。

B. 有亲密人际关系的人几乎没有孤独的时候。

C. 孤独对于伟大的绘画艺术家来说是必需的。

D. 有些著名画家有亲密的人际关系。

E. 获得伟大成就的艺术家不可能不快乐。

16. 肖群一周工作五天，除非这周内有法定休假日。除了周五在志愿者协会，其余四天肖群都在大平保险公司上班。上周没有法定休假日。因此，上周的周一、周二、周三和周四，肖群一定在大平保险公司上班。

以下哪项是上述论证所假设的？

A. 一周内不可能出现两天以上的法定休假日。

B. 大平保险公司实行每周四天工作日制度。

C. 上周的周六和周日，肖群没有上班。

D. 肖群在志愿者协会的工作与保险业有关。

E. 肖群是个称职的雇员。

17. 张珊：不同于"刀""枪""箭""戟"，"之""乎""者""也"这些字无确定所指。

李思：我同意。因为"之""乎""者""也"这些字无意义，因此，应当在现代汉语中废止。

以下哪项最可能是李思认为张珊的断定所蕴含的意思？

A. 除非一个字无意义，否则一定有确定所指。

B. 如果一个字有确定所指，则它一定有意义。

C. 如果一个字无确定所指，则应当在现代汉语中废止。

D. 只有无确定所指的字，才应当在现代汉语中废止。

E. 大多数的字都有确定所指。

18. 有位美国学者做了一个实验：给被试儿童看三幅图画，分别是鸡、牛、青草，然后让儿童将其分为两类。结果大部分中国儿童把牛和青草归为一类，把鸡归为另一类；大部分美国儿童则把牛和鸡归为一类，把青草归为另一类。这些美国学者由此得出：中国儿童习惯于按照事物之间的关系来分类，美国儿童则习惯于把事物按照各自所属的"实体"范畴进行分类。

以下哪项是这位学者得出结论所必须假设的？

A. 马和青草是按照事物之间的关系被归为一类。

B. 鸭和鸡是按照各自所属的"实体"范畴被归为一类。

C. 美国儿童只要把牛和鸡归为一类，就是习惯于按照各自所属的"实体"范畴进行分类。

D. 美国儿童只要把牛和鸡归为一类，就不是习惯于按照事物之间的关系来分类。

E. 中国儿童只要把牛和青草归为一类，就不是习惯于按照各自所属的"实体"范畴进行分类。

19. 在一次围棋比赛中，参赛选手陈华不时地挤捏指关节，发出的声响干扰了对手的思考。在比赛封盘间歇时，裁判警告陈华：如果在比赛中再次挤捏指关节并发出声响，将判其违规。对此，陈华反驳说，他挤捏指关节是习惯性动作，并不是故意的，因此，不应被判违规。

以下哪项如果成立，最能支持陈华对裁判的反驳？

A. 在此次比赛中，对手不时打开、合拢折扇，发出的声响干扰了陈华的思考。

B. 在围棋比赛中，只有选手的故意行为，才能成为判罚的根据。

C. 在此次比赛中，对手本人并没有对陈华的干扰提出抗议。

D. 陈华一向恃才傲物，该裁判对其早有不满。

E. 如果陈华为人诚实、从不说谎，那么他就不应该被判违规。

20. 有些低碳经济是绿色经济，因此，低碳经济都是高技术经济。

以下哪项如果为真，最能反驳上述论证？

A. 绿色经济都不是高技术经济。　　B. 绿色经济有些是高技术经济。

C. 有些低碳经济不是绿色经济。　　D. 有些绿色经济不是低碳经济。

E. 低碳经济就是绿色经济。

21. 某公司总裁曾经说过："当前任总裁批评我时，我不喜欢那感觉，因此，我不会批评我的继任者。"

以下哪项最可能是该总裁上述言论的假设？

A. 当遇到该总裁的批评时，他的继任者和他的感觉不完全一致。

B. 只有该总裁的继任者喜欢被批评的感觉，他才会批评继任者。

C. 如果该总裁喜欢被批评，那么前任总裁的批评也不例外。

D. 该总裁不喜欢批评他的继任者，但喜欢批评其他人。

E. 该总裁不喜欢被前任总裁批评，但喜欢被其他人批评。

22. 有关部委负责人表示，今年将在部分地区进行试点，为全面清理"小产权房"做制度和政策准备。要求各地对农村集体土地进行确权登记发证，凡是小产权房均不予确权登记，不受法律保护。因此，河西村的这片新建房屋均不受法律保护。

以下哪项如果为真，最能削弱上述论证？

A. 河西村的这片新建房屋已经得到相关部门的默许。

B. 河西村的这片新建房屋都是小产权房。

C. 河西村的这片新建房屋均建在农村集体土地上。

D. 河西村的这片新建房屋有些不是建在农村集体土地上。

E. 河西村的这片新建房屋有些不是小产权房。

23. 小李："人类没有外星人来访地球的文字记录，所以外星人没有来访过地球。"

小李的推理基于以下哪项假设？

A. 如果外星人来访过地球，则人类会有外星人来访地球的文字记录。

B. 如果外星人没有来访过地球，则人类没有外星人来访地球的文字记录。

C. 如果人类有外星人来访地球的文字记录，则外星人来访过地球。

D. 如果人类没有外星人来访地球的文字记录，则外星人来访过地球。

E. 即使人类没有外星人来访地球的文字记录，外星人也可能来访过地球。

24. 所有步行回家的学生都回家吃午饭，所有回家吃午饭的学生都有午睡的习惯。因此，小李不是步行回家。

以下哪项最有可能是上述论所假设的？

A. 小李有午睡习惯。　　B. 小李回家吃午饭。　　C. 小李没有午睡的习惯。

D. 小李的午睡时间很短。　　E. 小李的午睡保证了他的身体健康。

25. 专业人士预测：如果粮食价格保持稳定，那么蔬菜价格也将保持稳定；如果食用油价格不稳，那么蔬菜价格也将出现波动。老李由此断定：粮食价格保持稳定，但是肉类食品价格将上涨。

根据上述专业人士的预测，以下哪项如果为真，最能对老李的观点提出质疑？

A. 如果食用油价格稳定，那么肉类食品价格将会上涨。

B. 如果食用油价格稳定，那么肉类食品价格不会上涨。

C. 如果肉类食品价格不上涨，那么食用油价格将会上涨。

D. 如果食用油价格出现波动，那么肉类食品价格不会上涨。

E. 只有食用油价格稳定，肉类食品价格才不会上涨。

26. 希望自己撰写的书评获得著名的"宝言教育学评论奖"提名的教育学家，他们所投稿件不应评论超过三本著作。这是因为，如果一篇书评太长，阅读起来过于费力，那它肯定不会被《宝言教育学评论》的编辑选中发表。在该期刊投稿指南中，编辑明确写道，每次讨论涉及超过三本书的书评都将被视为太长、阅读费力。

以下哪项表达了上述论证所依赖的一个假设？

A. 讨论涉及著作最多的书评毕竟是最长的，读起来最费力的。

B. 如果一篇书评在《宝言教育学评论》发表了，则它将获得著名的"宝言教育学评论奖"。

C. 所有发表在《宝言教育学评论》上的文章必定被编辑限制在一定的篇幅以内。

D. 相比讨论两本书的书评，《宝言教育学评论》的编辑通常更喜欢涉及一本书的书评。

E. 书评想要获得"宝言教育学评论奖"提名，就必须发表在《宝言教育学评论》上。

27. 近年来许多橱柜制造商赢得了比肩艺术家的美誉，但是，既然家具一定要有使用价值，橱柜制造商的技艺必须更关注产品的实际功用。由此，制造橱柜并非艺术。

以下哪项是一个有助于从上述理由推出其结论的假设？

A. 一些家具被陈列在博物馆里,从未被人使用。

B. 一个橱柜制造商比其他人更关心其产品的实际功用。

C. 橱柜制造商应当比目前更加关心其产品的实际功用。

D. 如果一件物品的制造者关注它的实际功用,那它就不是一件艺术品。

E. 艺术家不关心产品的市场价格。

28. 王刚一定是一名高校教师,因为他不仅拥有名校的博士学位,而且在海外某研究机构有超过一年的研究经历。

以下哪项能够保证上述论断的正确?

A. 除非是高校教师,否则不能既拥有名校的博士学位,又在海外研究机构有超过一年的研究经历。

B. 近年来,高校教师都要求有海外研究经历。

C. 有的中学教师也拥有博士学位和海外研究经历。

D. 除非是博士,并且有海外超过一年的研究经历,否则不能成为高校教师。

E. 近两年,高校教师都必须拥有博士学位才能被聘用。

29. 如果马来西亚航空公司的客机没有发生故障,也没有被恐怖组织劫持,那就一定是被导弹击落了。如果客机被导弹击落,就一定会被卫星发现;如果卫星发现客机被导弹击落,就一定会向媒体公布。

如果要得到"飞机被恐怖组织劫持了"这一结论,需要补充以下哪项?

A. 客机没有被导弹击落。

B. 没有导弹击落客机的报道,客机也没有发生故障。

C. 客机没有发生故障。

D. 客机发生了故障,没有导弹击落客机。

E. 客机没有发生故障,卫星发现客机被导弹击落。

30. 有些高校教师具有海外博士学位,所以,有些海外博士具有很高的水平。

以下哪项能够保证上述论断的准确?

A. 所有高校教师都具有很高的水平。

B. 并非所有的高校教师都有很高的水平。

C. 有些高校教师具有很高的水平。

D. 所有水平高的教师都具有海外博士学位。

E. 有些高校教师没有海外博士学位。

31. 只要这个社会中继续有骗子存在并且某些人心中有贪念,那么就一定有人会被骗。因此,如果社会进步到了没有一个人被骗,那么在该社会中的人们必定普遍地消除了贪念。

以下哪项最能支持上述论证？

A. 贪念越大越容易被骗。

B. 社会进步了，骗子也就不复存在了。

C. 随着社会的进步，人的素质将普遍提高，贪念也将逐渐被消除。

D. 不管在什么社会，骗子总是存在的。

E. 骗子的骗术就在于巧妙地利用了人们的贪念。

32. 联欢晚会上，小李表演了一段京剧，老张夸奖道："小李京剧唱得那么好，他一定是个北方人。"

以下哪项是老张的话不包含的意思？

A. 不是北方人，京剧不可能唱得那么好。

B. 只有京剧唱得好，才是北方人。

C. 只要京剧唱得像小李那样好，就是北方人。

D. 除非小李是北方人，否则京剧不可能唱得那么好。

E. 只有小李是北方人，京剧才能唱得那么好。

命题方向②：形式逻辑　支持假设　答案速查									
1. D	2. B	3. D	4. B	5. D	6. C	7. B	8. B	9. A	10. D
11. E	12. A	13. D	14. B	15. E	16. C	17. A	18. C	19. B	20. A
21. B	22. E	23. A	24. C	25. B	26. E	27. D	28. A	29. B	30. A
31. D	32. B								

命题方向③：形式逻辑　真假判定

1. 有人说："哺乳动物都是胎生的。"

以下哪项最能驳斥以上判断？

A. 也许有的非哺乳动物是胎生的。　　B. 可能有的哺乳动物不是胎生的。

C. 没有见到过非胎生的哺乳动物。　　D. 非胎生的动物不大可能是哺乳动物。

E. 鸭嘴兽是哺乳动物，但不是胎生的。

2. 相传古时候某国的国民都分别居住在两座城中，一座"真城"，一座"假城"。凡"真城"里的人个个说真话，"假城"里的人个个说假话。一位知晓这一情况的国外游客来到其中一座城市，他只向遇到的该国国民提了一个是非问题，就明白了自己所到的是"真城"还是"假城"。

下列哪个问句是最恰当的？

A. 你是真城的人吗？　　　　B. 你是假城的人吗？　　　　C. 你是说真话的人吗？

D. 你是说假话的人吗？　　E. 你是这座城的人吗？

3. 正是因为有了充足的奶制品作为食物来源，生活在呼伦贝尔大草原的牧民才能摄入足够的钙质。很明显，这种足够的钙质，对于呼伦贝尔大草原的牧民拥有健壮的体魄是必不可少的。

以下哪种情况如果存在，最能削弱以上的断定？

A. 有的呼伦贝尔大草原的牧民从食物中能摄入足够的钙质，且有健壮的体魄。

B. 有的呼伦贝尔大草原的牧民不具有健壮的体魄，但从食物中摄入的钙质并不缺少。

C. 有的呼伦贝尔大草原的牧民不具有健壮的体魄，他们从食物中不能摄入足够的钙质。

D. 有的呼伦贝尔大草原的牧民有健壮的体魄，但没有充足的奶制品作为食物来源。

E. 有的呼伦贝尔大草原的牧民没有健壮的体魄，但有充足的奶制品作为食物来源。

4. 在 MBA 的财务管理课期终考试后，班长想从老师那里打听成绩。班长说："老师，这次考试不太难，我估计我们班同学们的成绩都在 70 分以上吧。"老师说："你的前半句话不错，后半句话不对。"

根据老师的意思，下列哪项必为事实？

A. 多数同学的成绩在 70 分以上，有少数同学的成绩在 60 分以下。

B. 有些同学的成绩在 70 分以上，有些同学的成绩在 70 分以下。

C. 研究生的课程 70 分才算及格，肯定有的同学成绩不及格。

D. 这次考试太难，多数同学的考试成绩不理想。

E. 这次考试太容易，全班同学的考试成绩都在 80 分以上。

5. 世界级的马拉松选手每天跑步不少于两小时，除非是元旦、星期天或得了较严重的疾病。

若以上论述为真，则以下哪项所描述的人不可能是世界级马拉松选手？

A. 某人连续三天每天跑步仅一个半小时，并且没有任何身体不适。

B. 某运动员几乎每天都要练习吊环。

C. 某人在脚伤痊愈的一周里每天跑步至多一小时。

D. 某运动员在某个星期三没有跑步。

E. 某运动员身体瘦高，别人都说他像跳高运动员，他的跳高成绩相当不错。

6. 林园小区有住户家中发现了白蚁。除非小区有住户家中发现白蚁，否则任何小区都不能免费领取高效杀蚁灵。静园小区可以免费领取高效杀蚁灵。

如果上述断定都为真，则以下哪项不能断定真假？

Ⅰ. 林园小区有的住户家中没有发现白蚁。

Ⅱ. 林园小区能免费领取高效杀蚁灵。

Ⅲ. 静园小区的住户家中都发现了白蚁。

A. 仅Ⅰ。　　　　　　B. 仅Ⅱ。　　　　　　C. 仅Ⅲ。

D. 仅Ⅱ和Ⅲ。　　　　E. Ⅰ、Ⅱ和Ⅲ。

7. 欧几里得几何系统的第五条公理判定：在同一平面上，过直线外一点可以并且只可以作一条直线与该直线平行。在数学发展史上，有许多数学家对这条公理是否具有无可争议的真理性表示怀疑和担心。

要使数学家的上述怀疑成立，以下哪项必须成立？

Ⅰ. 在同一平面上，过直线外一点可能无法作一条直线与该直线平行。

Ⅱ. 在同一平面上，过直线外一点作多条直线与该直线平行是可能的。

Ⅲ. 在同一平面上，如果过直线外一点不可能作多条直线与该直线平行，那么也可能无法作一条直线与该直线平行。

A. 只有Ⅰ。　　　　　B. 只有Ⅱ。　　　　　C. 只有Ⅲ。

D. 只有Ⅰ和Ⅱ。　　　E. Ⅰ、Ⅱ和Ⅲ。

8. 只有具备足够的资金投入和技术人才，一个企业的产品才能拥有高科技含量。而这种高科技含量，对于一个产品长期稳定地占领市场来说是必不可少的。

以下哪项情况如果存在，最能削弱以上断定？

A. 苹果牌电脑拥有高科技含量并长期稳定地占领着市场。

B. 西子洗衣机没能长期稳定地占领市场，但该产品并不缺乏高科技含量。

C. 长江电视机没能长期稳定地占领市场，因为该产品缺乏高科技含量。

D. 清河空调长期稳定地占领市场，但该产品的厂家缺乏足够的资金投入。

E. 开开电冰箱没能长期稳定地占领市场，但该产品的厂家有足够的资金投入和技术人才。

9. 一个花匠正在配制插花。可供配制的花共有苍兰、玫瑰、百合、牡丹、海棠和秋菊6个品种，一件合格的插花必须至少由两种花组成，并同时满足以下条件：

（1）如果有苍兰或海棠，则不能有秋菊；

（2）如果有牡丹，则必须有秋菊；

（3）如果有玫瑰，则必须有海棠。

以下各项所列的两种花都可以单独或与其他花搭配，组成一件合格的插花，除了：

A. 苍兰和玫瑰。　　　B. 苍兰和海棠。　　　C. 玫瑰和百合。

D. 玫瑰和牡丹。　　　E. 百合和秋菊。

10. 我想说的都是真话，但真话我未必都说。

如果上述断定为真，则以下各项都可能为真，除了：

A. 我有时也说假话。

B. 我不是想啥说啥。

C. 有时说某些善意的假话并不违背我的意愿。

D. 我说的都是我想说的话。

E. 我说的都是真话。

11. 麦老师：只有博士生导师才能担任学校"高级职称评定委员会"评委。

宋老师：不对。董老师是博士生导师，但不是"高级职称评定委员会"评委。

宋老师的回答说明他将麦老师的话错误地理解为：

A. 有的"高级职称评定委员会"评委是博士生导师。

B. 董老师应该是"高级职称评定委员会"评委。

C. 只要是博士生导师，就是"高级职称评定委员会"评委。

D. 并非所有的博士生导师都是"高级职称评定委员会"评委。

E. 董老师不是学科带头人，但他是博士生导师。

12. 有球迷喜欢所有参赛球队。

如果上述断定为真，则以下哪项不可能为真？

A. 所有参赛球队都有球迷喜欢。   B. 有球迷不喜欢所有参赛球队。

C. 所有球迷都不喜欢某个参赛球队。   D. 有球迷不喜欢某个参赛球队。

E. 每个参赛球队都有球迷不喜欢。

13. 帕累托最优指这样一种社会状态：对于任何一个人来说，如果不使其他某个（或某些）人境况变坏，他的境况就不可能变好。如果一种变革能使至少有一个人的境况变好，同时没有其他人境况因此变坏，则称这一变革为帕累托变革。

以下各项都符合题干的断定，除了：

A. 对于任何一个人来说，只要他的境况可能变好，就会有其他人的境况变坏。这样的社会处于帕累托最优状态。

B. 如果某个帕累托变革可行，则说明社会并非处于帕累托最优状态。

C. 如果没有任何帕累托变革的余地，则社会处于帕累托最优状态。

D. 对于任何一个人来说，只有使其他某个（或某些）人境况变坏，他的情况才可能变好。这样的社会，处于帕累托最优状态。

E. 对于任何一个人来说，只要使其他人境况变坏，他的情况就可能变好。这样的社会，处于帕累托最优状态。

14. 某单位检验科需要大量使用玻璃烧杯。一般情况下，普通烧杯和精密刻度烧杯都易于破损，前者的破损率稍微高些，但价格便宜得多；如果检验科把下年度计划采购烧杯的资金全部用于购买普通烧杯,就会使烧杯数量增加,从而满足检验需求。

以下哪项如果为真,最能削弱上述论证?

A. 如果把资金全部用于购买普通烧杯,可能会将其中部分烧杯挪为他用。

B. 下年度计划采购烧杯的数量不能用现在的使用量来衡量。

C. 某些检验人员喜欢使用精密刻度烧杯而不喜欢使用普通烧杯。

D. 某些检验需要精密刻度烧杯才能完成。

E. 精密刻度烧杯使用更加方便,易于冲洗与保存。

15. 捐助希望工程的动机,大都是社会责任,但也有的是个人功利,当然,出于社会责任的行为,并不一定都不考虑个人功利。对希望工程的每一项捐助,都是利国利民的善举。

如果上述断定为真,则以下哪项不可能为真?

A. 有的行为出于社会责任,但不是利国利民的善举。

B. 所有考虑个人功利的行为,都不是利国利民的善举。

C. 有的出于社会责任的行为是善举。

D. 有的行为虽然不是出于社会责任,但是善举。

E. 对希望工程的有些捐助,既不是出于社会责任,也不是出于个人功利,而是有其他原因,例如服从某种摊派。

16. 在中唐公司的中层干部中,王宜获得了由董事会颁发的特别奖。

如果上述断定为真,则以下哪项断定不能确定真假?

Ⅰ. 中唐公司的中层干部都获得了特别奖。

Ⅱ. 中唐公司的中层干部都没有获得特别奖。

Ⅲ. 中唐公司的中层干部中,有人获得了特别奖。

Ⅳ. 中唐公司的中层干部中,有人没获得特别奖。

A. 只有Ⅰ。 B. 只有Ⅲ和Ⅳ。 C. 只有Ⅱ和Ⅲ。

D. 只有Ⅰ和Ⅳ。 E. Ⅰ、Ⅱ和Ⅲ。

17. 在潮湿的气候中仙人掌很难成活;在寒冷的气候中柑橘很难生长。在某省的大部分地区,仙人掌和柑橘至少有一种不难成活生长。

如果上述断定为真,则以下哪项一定为假?

A. 该省的一半地区,既潮湿又寒冷。 B. 该省的大部分地区炎热。

C. 该省的大部分地区潮湿。 D. 该省的某些地区既不寒冷也不潮湿。

E. 柑橘在该省的所有地区都无法生长。

18. 贾女士:在英国,根据长子继承权的法律,男人的第一个妻子生的第一个儿子有首先继承家庭财产的权利。

陈先生：你说得不对。布朗公爵夫人就合法地继承了她父亲的全部财产。

以下哪项对陈先生所做断定的评价最为恰当？

A. 陈先生的断定是对贾女士的反驳，因为他举出了一个反例。

B. 陈先生的断定是对贾女士的反驳，因为他揭示了长子继承权性别歧视的实质。

C. 陈先生的断定不能构成对贾女士的反驳，因为任何法律都不可能得到完全的实施。

D. 陈先生的断定不能构成对贾女士的反驳，因为他对布朗夫人继承父产的合法性并未给予论证。

E. 陈先生的断定不能构成对贾女士的反驳，因为他把贾女士的话误解为只有儿子才有权继承财产。

19. 在报考研究生的应届生中，除非学习成绩名列前三，并且有两位教授推荐，否则不能成为免试推荐生。

以下哪项如果为真，说明上述决定没有得到贯彻？

Ⅰ. 余涌学习成绩名列第一，并且有两位教授推荐，但未能成为免试推荐生。

Ⅱ. 方宁成为免试推荐生，但只有一位教授推荐。

Ⅲ. 王宜成为免试推荐生，但学习成绩不在前三名。

A. 仅Ⅰ。　　　　　　B. 仅Ⅰ和Ⅱ。　　　　　　C. 仅Ⅱ和Ⅲ。

D. Ⅰ、Ⅱ和Ⅲ。　　　E. 以上都不是。

20. 只有公司相应部门的所有员工都考评合格了，该部门的员工才能得到年终奖金；财务部有些员工考评合格了。综合部所有员工都得到了年终奖金。行政部的赵强考评合格了。

如果以上陈述为真，则以下哪项可能为真？

Ⅰ. 财务部员工都考评合格了。

Ⅱ. 赵强得到了年终奖金。

Ⅲ. 综合部有些员工没有考评合格。

Ⅳ. 财务部员工没有得到年终奖金。

A. 仅Ⅰ、Ⅱ。　　　　B. 仅Ⅱ、Ⅲ。　　　　C. 仅Ⅰ、Ⅱ、Ⅳ。

D. 仅Ⅰ、Ⅱ、Ⅲ。　　E. 仅Ⅱ、Ⅲ、Ⅳ。

21. 某家长认为，有想象力才能进行创造性劳动，但想象力和知识是天敌。人在获得知识的过程中，想象力会消失。因为知识符合逻辑，而想象力无章可循。换句话说，知识的本质是科学，想象力的特征是荒诞。人的大脑一山不容二虎：学龄前，想象力独占鳌头，脑子被想象力占据；上学后，大多数人的想象力被知识驱逐出境，他们成为知识渊博但丧失了想象力，终身只能重复前人发现的人。

以下哪项与家长的上述观点矛盾？

A. 如果希望孩子能够进行创造性劳动，就不要送他们上学。

B. 如果获得了足够知识，就不能进行创造性劳动。

C. 发现知识的人是有一定想象力的。

D. 有些人没有想象力，但能进行创造性劳动。

E. 想象力被知识驱逐出境是一个逐渐的过程。

22. 在恐龙灭绝6 500万年后的今天，地球正面临着又一次物种大规模灭绝的危机。截至上个世纪末，全球大约有20%的物种灭绝。现在，大熊猫、西伯利亚虎、北美玳瑁、巴西红木等许多珍稀物种面临着灭绝的危险。有三位学者对此做了预测。

学者一：如果大熊猫灭绝，则西伯利亚虎也将灭绝。

学者二：如果北美玳瑁灭绝，则巴西红木不会灭绝。

学者三：或者北美玳瑁灭绝，或者西伯利亚虎不会灭绝。

如果三位学者的预测都为真，则以下哪项一定为假？

A. 大熊猫和北美玳瑁都将灭绝。　　B. 巴西红木将灭绝，西伯利亚虎不会灭绝。

C. 大熊猫和巴西红木都将灭绝。　　D. 大熊猫将灭绝，巴西红木不会灭绝。

E. 巴西红木将灭绝，大熊猫不会灭绝。

23. 北方人不都爱吃面食，但南方人都不爱吃面食。

如果已知上述第一个断定为真，第二个断定为假，则以下哪项不能断定真假？

Ⅰ. 有的北方人爱吃面食，有的南方人不爱吃面食。

Ⅱ. 北方人都爱吃面食，有的南方人也爱吃面食。

Ⅲ. 北方人都不爱吃面食，南方人都爱吃面食。

Ⅳ. 如果有的北方人不爱吃面食，则有的南方人也不爱吃面食。

A. 仅Ⅰ。　　　　　　　B. 仅Ⅰ和Ⅲ。　　　　　　C. 仅Ⅱ和Ⅲ。

D. 仅Ⅲ和Ⅳ。　　　　　E. 仅Ⅰ、Ⅲ和Ⅳ。

24. 只有具有一定文学造诣且具有生物学专业背景的人，才能读懂这篇文章。

如果上述命题为真，则以下哪项不可能为真？

A. 小张没有读懂这篇文章，但他的文学造诣是大家所公认的。

B. 计算机专业的小王没有读懂这篇文章。

C. 从未接触过生物学知识的小李读懂了这篇文章。

D. 小周具有生物学专业背景，但他没有读懂这篇文章。

E. 生物学博士小赵读懂了这篇文章。

25. 小张是某公司营销部的员工。公司经理对他说："如果你争取到这个项目，我就奖励你一台笔记本电脑或者给你项目提成。"

以下哪项如果为真，说明该经理没有兑现承诺？

A. 小张没争取到这个项目，该经理没给他项目提成，但送了他一台笔记本电脑。

B. 小张没争取到这个项目，该经理没奖励他笔记本电脑，也没给他项目提成。

C. 小张争取到了这个项目，该经理给他项目提成，但并未奖励他笔记本电脑。

D. 小张争取到了这个项目，该经理奖励他一台笔记本电脑并且给他三天假期。

E. 小张争取到了这个项目，该经理未给他项目提成，但奖励了他一台台式电脑。

26. 2010 年上海世博会盛况空前，200 多个国家场馆和企业主题馆让人目不暇接。大学生王刚决定在学校放暑假的第二天前往世博会参观。前一天晚上，他特别上网查看了各位网友对相关热门场馆选择的建议，其中最吸引王刚的有三条：

（1）如果参观沙特馆，就不参观石油馆；

（2）石油馆和中国国家馆择一参观；

（3）中国国家馆和石油馆不都参观。

实际上，第二天王刚的世博会行程非常紧凑，他没有接受上述三条建议中的任何一条。

关于王刚所参观的热门场馆，以下哪项描述正确？

A. 参观沙特馆、石油馆，没有参观中国国家馆。

B. 沙特馆、石油馆、中国国家馆都参观了。

C. 沙特馆、石油馆、中国国家馆都没有参观。

D. 没有参观沙特馆，参观了石油馆和中国国家馆。

E. 没有参观石油馆，参观了沙特馆和中国国家馆。

27. 在家电产品"三下乡"活动中，某销售公司的产品受到了农村居民的广泛欢迎。该公司总经理在介绍经验时表示：只有用最流行畅销的明星产品面对农村居民，才能获得他们的青睐。

以下哪项如果为真，最能质疑总经理的论述？

A. 某品牌电视由于其较强的防潮能力，尽管不是明星产品，仍然获得了农村居民的青睐。

B. 流行畅销的明星产品由于价格偏高，没有赢得农村居民的青睐。

C. 流行畅销的明星产品只有质量过硬，才能获得农村居民的青睐。

D. 有少数娱乐明星为某流行畅销的产品做虚假广告。

E. 流行畅销的明星产品最适合城市中的白领使用。

28. 近期国际金融危机对毕业生的就业影响非常大，某高校就业中心的陈老师希望广大同学能够调整自己的心态和预期。他在一次就业指导会上提到，有些同学对自己的职业定位还不够准确。

如果陈老师的陈述为真，则以下哪项不一定为真？

Ⅰ. 不是所有的人对自己的职业定位都准确。

Ⅱ. 不是所有人对自己的职业定位都不够准确。

Ⅲ. 有些人对自己的职业定位准确。

Ⅳ. 所有人对自己的职业定位都不够准确。

A. 仅Ⅱ和Ⅳ。　　　　B. 仅Ⅲ和Ⅳ。　　　　C. 仅Ⅰ和Ⅲ。

D. 仅Ⅰ、Ⅱ和Ⅲ。　　E. 仅Ⅱ、Ⅲ和Ⅳ。

29. 近期流感肆虐，一般流感患者可采用抗病毒药物治疗，虽然并不是所有流感患者均需接受达菲等抗病毒药物的治疗，但不少医生仍强烈建议老人、儿童等易出现严重症状的患者用药。

如果以上陈述为真，则以下哪项一定为假？

Ⅰ. 有些流感患者需接受达菲等抗病毒药物的治疗。

Ⅱ. 并非有的流感患者不需接受抗病毒药物的治疗。

Ⅲ. 老人、儿童等易出现严重症状的患者不需要用药。

A. 仅Ⅰ。　B. 仅Ⅱ。　C. 仅Ⅲ。　D. 仅Ⅰ、Ⅱ。　E. 仅Ⅱ、Ⅲ。

30. 教育专家李教授指出：每个人在自己的一生中，都要不断地努力，否则就会像龟兔赛跑的故事一样，一时跑得快并不能保证一直领先。如果你本来基础好又能不断努力，那你肯定能比别人更早取得成功。

如果李教授的陈述为真，则以下哪项一定为假？

A. 小王本来基础好并且能不断努力，但也可能比别人更晚取得成功。

B. 不论是谁，只有不断努力，才可能取得成功。

C. 只要不断努力，任何人都可能取得成功。

D. 一时不成功并不意味着一直不成功。

E. 人的成功是有衡量标准的。

31. 在乌克兰局势协调小组明斯克会谈前夕，"顿涅茨克人民共和国"和"卢甘斯克人民共和国"发言人宣布了自己的谈判立场：如果乌克兰当局不承认其领土和俄语的特殊地位，并且不停止其在东南部的军事行动，就无法解决冲突。此外，两个"共和国"还坚持要求赦免所有民兵武装参与者和政治犯。有乌克兰观察人士评论说："难道我们承认了这两个所谓'共和国'的特殊地位，赦免了民兵武装，就能够解决冲突吗？"

乌克兰观察人士的评论最适合用来反驳以下哪项？

A. 即使乌克兰当局承认两个"共和国"领土和俄语的特殊地位，并且赦免所有民兵武装参与者和政治犯，也可能还是无法解决冲突。

B. 即使解决了冲突，也不一定是因为乌克兰当局承认两个"共和国"领土和俄语的特殊地位。

C. 如果要解决冲突，乌克兰当局就必须承认两个"共和国"领土和俄语的特殊地位，并且赦免所有民兵武装参与者和政治犯。

D. 只要乌克兰当局承认两个"共和国"领土和俄语的特殊地位，并且赦免所有民兵武装参与者和政治犯，就能够解决冲突。

E. 只有乌克兰当局承认两个"共和国"领土和俄语的特殊地位，并且赦免所有民兵武装参与者和政治犯，才能够解决冲突。

32. 在今年夏天的足球运动员转会市场上，只有在世界杯期间表现出色并且在俱乐部也有优异表现的人，才能获得众多俱乐部的青睐和追逐。

如果以上陈述为真，则以下哪项不可能为真？

A. 老将克洛泽在世界杯上以16球打破了罗纳尔多15球的世界杯进球记录，但是仍然没有获得众多俱乐部的青睐。

B. J罗获得了世界杯金靴，他同时凭借着俱乐部的优异表现在众多俱乐部追逐的情况下，成功转会皇家马德里。

C. 罗伊斯因伤未能代表德国队参加巴西世界杯，但是他在德甲俱乐部赛场上有着优异表现，在转会市场上得到了皇家马德里、巴塞罗那等顶级豪门的青睐。

D. 多特蒙德头号射手莱万多夫斯基成功转会到拜仁慕尼黑。

E. 克罗斯没有获得金靴，但因为表现突出，同样成功转会皇家马德里。

命题方向③：形式逻辑　真假判定　答案速查									
1. E	2. E	3. D	4. C	5. A	6. E	7. C	8. D	9. D	10. C
11. C	12. C	13. E	14. D	15. B	16. D	17. A	18. E	19. C	20. C
21. D	22. C	23. E	24. C	25. E	26. B	27. A	28. E	29. B	30. A
31. D	32. C								

命题方向④：形式逻辑　结构相似

1. 只有在适当的温度下，鸡蛋才能孵出小鸡来。现在，鸡蛋已经孵出了小鸡，可见，温度是适当的。

下述哪个推理结构与上述推理在形式上是相同的？

A. 如果物体间发生摩擦，那么物体就会生热。物体间已经发生了摩擦，所以，物体必然要生热。

B. 只有年满18岁的公民，才有选举权。赵某已有选举权，所以，他一定年满18岁了。

C. 公民都有劳动的权利。张明是公民，因此，他有劳动的权利。

D. 我国《刑法》规定：致人重伤的处三年以上七年以下有期徒刑。被告已致人重伤，因此，他应处三年以上七年以下的有期徒刑。

E. 只有侵害的对象是公共财物的行为，才构成贪污罪。张某侵害的对象不是公共财产，因此，他的行为不构成贪污罪。

2. 所有的聪明人都是近视眼，我近视得很厉害，所以我很聪明。

以下哪项与上述推理的逻辑结构一致？

A. 我是个笨人，因为所有的聪明人都是近视眼，而我的视力那么好。

B. 所有的猪都有四条腿，但这种动物有八条腿，所以它不是猪。

C. 小陈十分高兴，所以小陈一定长得很胖，因为高兴的人都能长胖。

D. 所有的天才都高度近视，我一定是高度近视，因为我是天才。

E. 所有的鸡都是尖嘴，这种总在树上待着的鸟是尖嘴，因此它是鸡。

3. 如果学校的财务部门没有人上班，我们的支票就不能入账。我们的支票不能入账，因此，学校的财务部门没有人上班。

下列哪项与上句推理结构最为相似？

A. 如果太阳神队主场是在雨中与对手激战，就一定会赢。现在太阳神队主场输了，看来一定不是在雨中进行的比赛。

B. 如果太阳晒得厉害，李明就不会去游泳。今天太阳晒得果然厉害，因此可以断定，李明一定没有去游泳。

C. 所有的学生都可以参加这一次的决赛，除非没有通过资格赛的测试。这个学生不能参加决赛，因此，他一定没有通过资格赛的测试。

D. 倘若是妈妈做的菜，菜里面就一定会放红辣椒。菜里面果然有红辣椒，看来是妈妈做的菜。

E. 如果没有特别的原因，公司一般不批准职员们的事假申请。公司批准了职员陈小鹏的事假申请，看来其中一定有一些特别的原因。

4. 法制的健全或者执政者强有力的社会控制能力，是维持一个国家社会稳定的必不可少的条件。Y 国社会稳定但法制尚不健全，因此，Y 国的执政者具有强有力的社会控制能力。

以下哪项论证方式，和题干的最为类似？

A. 一个影视作品，要想有高的收视率或票房价值，作品本身的质量和必要的包装宣传缺一不可。电影《青楼月》上映以来票房价值不佳但实际上质量堪称上乘，因此，它缺少必要的广告宣传和媒介炒作。

B. 必须有超常业绩或者 30 年以上服务于本公司的工龄的雇员，才有资格获得公司本年度的特殊津贴。黄先生获得了本年度的特殊津贴但在本公司仅供职 5 年，因此，他一定有超常业绩。

C. 如果既经营无方又铺张浪费，则一个企业将严重亏损。Z 公司虽经营无方但并没有严重亏损，这说明它至少没有铺张浪费。

D. 一个罪犯要实施犯罪，必须既有作案动机，又有作案时间。在某案中，W 先生有作案动机但无作案时间，因此，W 先生不是该案的作案者。

E. 一个论证不能成立，当且仅当，或者它的论据虚假，或者它的推理错误。J 女士在科学年会上关于她的发现之科学价值的论证尽管逻辑严密，推理无误，但还是被认定不能成立，因此，她的论证中至少有部分论据虚假。

5. 对冲基金每年提供给它的投资者的回报从来都不少于 25%。因此，如果这个基金每年最多只能给我们 20% 的回报的话，它就一定不是一个对冲基金。

以下哪项的推理方法与上文相同？

A. 好的演员从来都不会因为自己的一点进步而沾沾自喜，谦虚的黄升一直注意不以点滴的成功而自傲，看来，黄升就是个好演员。

B. 移动电话的话费一般比普通电话贵。如果移动电话和普通电话都在身边时，我们选择了普通电话，那就体现了节约的美德。

C. 如果一个公司在遇到像亚洲金融危机这样的挑战的时候还能够保持良好的增长势头，那么在危机过后就会更红火。秉东电信公司今年在金融危机中没有退步，所以明年会更旺。

D. 一个成熟的学校在一批老教授离开自己的工作岗位后，应当有一批年轻的学术人才脱颖而出，勇挑大梁。华成大学去年一批教授退休后，大批年轻骨干纷纷外流，一时间群龙无首，看来华成大学还算不上是一个成熟的学校。

E. 练习武功有恒心的人一定会每天早上五点起床，练上半小时。今天武钢早上五点起床后，一口气练了一个小时，我看武钢是个练习武功有恒心的好小伙子。

6. 所有名词是实词，动词不是名词，所以动词不是实词。

以下哪项推理与上述推理在结构上最为相似？

A. 凡细粮都不是高产作物，因为凡薯类都是高产作物，凡细粮都不是薯类。

B. 先进学生都是遵守纪律的，有些先进学生是大学生，所以大学生都是遵守纪律的。

C. 铝是金属，又因为金属都是导电的，因此铝是导电的。

D. 虚词不能独立充当句法成分，介词是虚词，所以介词不能独立充当句法成分。

E. 实词能独立充当句法成分，连词不能独立充当句法成分，所以连词不是实词。

7. 要选修数理逻辑课，必须已修普通逻辑课，并对数学感兴趣。有些学生虽然对数学感兴趣，但并没修过普通逻辑课，因此，有些对数学感兴趣的学生不能选修数理逻辑课。

以下哪项的逻辑结构与题干的最为类似？

A. 据学校规定，要获得本年度的特设奖学金，必须来自贫困地区，并且成绩优秀。有些本年度特设奖学金的获得者成绩优秀，但并非来自贫困地区，因此，学校评选本年度奖学金的规定并没有得到很好的执行。

B. 一本书要畅销，必须既有可读性，又经过精心的包装。有些畅销书可读性并不大，因此,有些畅销书主要是靠包装。

C. 任何缺乏经常保养的汽车使用几年之后都需要维修,有些汽车用了很长时间以后还不需要维修,因此,有些汽车经常得到保养。

D. 高级写字楼要值得投资,必须设计新颖,或者能提供大量办公用地。有些新写字楼虽然设计新颖,但不能提供大量的办公用地,因此,有些新写字楼不值得投资。

E. 为初学的骑手训练的马必须强健而且温驯,有些马强健但并不温驯,因此,有些强健的马并不适合初学的骑手。

8. 一个产品要想长期稳固地占领市场,产品本身的质量和产品的售后服务二者缺一不可。空谷牌冰箱质量不错,但售后服务跟不上,因此,很难长期稳固地占领市场。

以下哪项推理的结构和题干最为类似?

A. 德才兼备是一个领导干部尽职胜任的必要条件。李主任富于才干但疏于品德,因此,他难以尽职胜任。

B. 如果天气晴朗并且风速在三级以下,跳伞训练场将对外开放。今天的天气晴朗但风速在三级以上,所以,跳伞训练场不会对外开放。

C. 必须有超常业绩或者教龄在30年以上,才有资格获得教育部颁发的特殊津贴。张教授获得了教育部颁发的特殊津贴,但教龄只有15年,因此,他一定有超常业绩。

D. 如果不深入研究广告制作的规律,则所制作的广告的知名度和信誉度不可兼得。空谷牌冰箱的广告既有知名度又有信任度,因此,这一广告的制作者肯定深入地研究了广告制作的规律。

E. 一个罪犯要作案,必须既有作案动机又有作案时间。李某既无作案动机又无作案时间,因此,李某不可能是作案的罪犯。

9. 姜昆是相声演员,姜昆是曲艺演员。所以相声演员都是曲艺演员。

以下哪项推理明显说明上述论证不成立?

A. 人都有思想,狗不是人,所以狗没有思想。

B. 商品都有价值,商品都是劳动产品,所以劳动产品都有价值。

C. 所有技术骨干都刻苦学习,小张不是技术骨干,所以小张不是刻苦学习的人。

D. 犯罪行为都是违法行为,犯罪行为都应受到社会的谴责,所以违法行为都应受到社会谴责。

E. 黄金是金属,黄金是货币,所以金属都是货币。

10. 如果在鱼缸里装有电动通风器,鱼缸的水中就有适度的氧气。因此,由于张文的鱼缸中没有安装电动通风器,他的鱼缸的水中一定没有适度的氧气。没有适度的氧气,鱼就不能生存,因此,张文鱼缸中的鱼不能生存。

上述推理中存在的错误也类似地出现在以下哪项中?

A. 如果把明矾放进泡菜的卤水中，就能去掉泡菜中多余的水分。因此，由于余涌没有把明矾放进泡菜的卤水中，他腌制的泡菜一定有多余的水分。除非去掉多余的水分，否则泡菜就不能保持鲜脆，因此，余涌腌制的泡菜不能保持鲜脆。

B. 如果把胶质放进果酱，就能制成果冻。果酱中如果没有胶质成分，就不能制成果冻。因此，为了制成果冻，王宜必须在果酱中加入胶质成分。

C. 如果贮藏的土豆不接触乙烯就不会发芽。甜菜不会散发乙烯。因此，如果方宁把土豆和甜菜一起贮藏，他的土豆就不会发芽。

D. 如果存放胡萝卜的地窖做好覆盖，胡萝卜就能在地窖安全过冬。否则，地窖里的胡萝卜就会被冻坏。因此，因为朱勇过冬前在胡萝卜地窖做好了覆盖，所以他的胡萝卜能安全过冬。

E. 如果西红柿不放入冰箱就可能腐烂，腐烂的西红柿不能食用。因此，因为陈波没有把西红柿放入冰箱，他的一些西红柿可能没法食用。

11. 有些好货不便宜。因此，便宜货不都是好货。

与以下哪项推理作类比能说明上述推理不成立？

A. 湖南人不都爱吃辣椒。因此，有些爱吃辣椒的不是湖南人。

B. 有些人不自私。因此，人并不都自私。

C. 好的动机不一定有好的效果。因此，好的效果不一定都产生于好的动机。

D. 金属都导电。因此，导电的都是金属。

E. 有些南方人不是广东人。因此，广东人不都是南方人。

12. 所有重点大学的学生都是聪明的学生，有些聪明的学生喜欢逃学，小杨不喜欢逃学。所以，小杨不是重点大学的学生。

以下除哪项外，均与上述推理的形式类似？

A. 所有经济学家都懂经济学，有些懂经济学的爱投资企业，你不爱投资企业。所以，你不是经济学家。

B. 所有的鹅都吃青菜，有些吃青菜的也吃鱼，兔子不吃鱼。所以，兔子不是鹅。

C. 所有的人都是爱美的，有些爱美的还研究科学，亚里士多德不是普通人。所以，亚里士多德不研究科学。

D. 所有被高校录取的学生都是超过录取分数线的，有些超过录取分数线的是大龄考生，小张不是大龄考生。所以，小张没有被高校录取。

E. 所有想当外交官的都需要学外语，有些学外语的重视人际交往，小王不重视人际交往。所以，小王不想当外交官。

13. 经过反复核查，质检员小李向厂长汇报说："726车间生产的产品都是合格的，所以不合格的产品都不是726车间生产的。"

以下哪项和小李的推理结构最为相似？

A. 所有入场的考生都经过了体温测试，所以没能入场的考生都没有经过体温测试。

B. 所有出场设备都是检测合格的，所以检测合格的设备都已出厂。

C. 所有已发表文章都是认真校对过的，所以认真校对过的文章都已发表。

D. 所有真理都是不怕批评的，所以怕批评的都不是真理。

E. 所有不及格的学生都没有好好复习，所以没好好复习的学生都不及格。

14. 公司经理：我们招聘人才时最看重的是综合素质和能力，而不是分数。人才招聘中，高分低能者并不鲜见，我们显然不希望招到这样的"人才"。从你的成绩单可以看出，你的学业分数很高，因此我们有点怀疑你的能力和综合素质。

以下哪项和经理得出结论的方式最为类似？

A. 公司管理者并非都是聪明人，陈然不是公司管理者，所以陈然可能是聪明人。

B. 猫都爱吃鱼，没有猫患近视，所以吃鱼可以预防近视。

C. 人的一生中健康开心最重要，名利都是浮云，张立名利双收，所以很有可能张立并不开心。

D. 有些歌手是演员，所有的演员都很富有，所以有些歌手可能不是很富有。

E. 闪光的物体并非都是金子，考古队挖到了闪闪发光的物体，所以考古队挖到的可能不是金子。

15. 只要每个司法环节都能坚守程序正义，切实履行监督制约的职能，结案率就会大幅度提高。去年某国结案率比上一年提高了70%，所以，该国去年每个司法环节都能坚守程序正义，切实履行监督制约的职能。

以下哪项与上述论证方式最为相似？

A. 在校期间品学兼优，就可以获得奖学金。李明在校期间不是品学兼优，所以就不可能获得奖学金。

B. 李明在校期间品学兼优，但是没有获得奖学金。所以，在校期间品学兼优，不一定可以获得奖学金。

C. 在校期间品学兼优，就可以获得奖学金。李明获得了奖学金，所以在校期间一定品学兼优。

D. 在校期间品学兼优，就可以获得奖学金。李明没有获得奖学金，所以在校期间一定不是品学兼优。

E. 只有在校期间品学兼优，才可以获得奖学金。李明获得了奖学金，所以在校期间一定品学兼优。

16. 所有景观房都可以看到山水景致，但是李文秉家看不到山水景致，因此，李文秉家不是景观房。

以下哪项和上述论证方式最为类似？

A. 善良的人都会得到村民的尊重，乐善好施的成公得到了村民的尊重，因此，成公是善良的人。

B. 东墩市场的蔬菜都非常便宜，这篮蔬菜不是在东墩市场买的，因此，这篮蔬菜不便宜。

C. 九天公司的员工都会说英语，林英瑞是九天公司的员工，因此，林英瑞会说英语。

D. 达到基本条件的人都可以申请小额贷款，孙雯没有申请小额贷款，因此，孙雯没有达到基本条件。

E. 进入复试的考生笔试成绩都在160分以上，王离芬的笔试成绩没有达到160分，因此，王离芬没有进入复试。

17. 张老师说："这次摸底考试，我们班的学生全都通过了，所以，没有通过的都不是我们班的学生。"

以下哪项和以上推理最为相似？

A. 所有摸底考试没有通过的学生都没有好好复习，所以，没有好好复习的学生没有通过。

B. 所有参加摸底考试的学生都经过了认真准备，所以，没有参加摸底考试的学生都没有认真准备。

C. 英雄都是经得起考验的，所以，经不起考验的就不是英雄。

D. 有的学生虽然没有好好复习，但是也通过了。

E. 所有摸底考试通过的学生都好好复习了，所以，好好复习的学生都通过了。

18. 或者今年业绩超常，或者满30年公司工龄，均可获得今年的特殊津贴。黄先生得到了今年的特殊津贴，但他只在公司供职10年，说明黄先生今年业绩超常。

以下哪项和题干的论证方式最类似？

A. 娴熟的技术或者足够的时间（超过一个月）是完成一件工艺品的必要条件。小周只花了25天完成了一件工艺品，说明小周掌握娴熟的技术。

B. 一件产品要在市场上销售得好，质量上乘和足够的宣传广告缺一不可。有一款电扇，专家鉴定都说质量上乘，但销售不佳，说明它的宣传广告还不足。

C. 工资不高又不善于理财，家庭经济必然拮据。小赵工资不高，但每月经济均显宽裕，说明小赵善于理财。

D. 一个罪犯实施犯罪，必须既有作案动机，又有作案时间。在某案中李先生有作案动机，但无作案时间，说明李先生不是该案的作案者。

E. 如果既经营无方又铺张浪费，那么一个企业将严重亏损。某IT公司虽经营无方但并没有严重亏损，这说明它至少没有铺张浪费。

命题方向④：形式逻辑　结构相似　答案速查								
1. B	2. E	3. D	4. B	5. D	6. A	7. E	8. A	9. E	10. A
11. E	12. C	13. D	14. E	15. C	16. E	17. C	18. C		

命题方向⑤：形式逻辑　加分题型

（1）概念、定义、划分

1. 某大学某寝室中住着若干个学生。其中，一个是哈尔滨人，两个是北方人，一个是广东人，两个在法律系，三个是进修生。因此，该寝室中恰好有 8 人。

以下各项关于该寝室的断定如果是真的，都有可能加强上述论证，除了：

A. 题干中的介绍涉及了寝室中所有的人。

B. 广东学生在法律系。

C. 哈尔滨学生在财经系。

D. 进修生都是南方人。

E. 该校法律系不招收进修生。

2. 中星集团要招聘 20 名直接参加中层管理的职员。最不可能被招聘上的是学历在大专以下，或是完全没有管理工作实践经验的人；在有可能被招聘上的人中，懂英语或懂日语将大大增加这种可能性。

如果上述断定是真的，则以下哪项所言及的报名者最有可能被招聘上？

A. 张先生现年 40 岁，中专学历，毕业后一直没有放松学习，曾到京平大学经济管理学院进修过半年，收获很大。最近，他刚辞去已任职五年的华亭宾馆前厅经理的职务。

B. 王女士是经济管理学院的副教授，硕士研究生学历，出版过管理学专著。出于收入的考虑，她表示如被招聘，将立即辞去现职。

C. 陈小姐是经贸大学专科班的应届毕业生，在学校实习期间，曾任过某商场业务部见习经理。

D. 刘小姐是外国语学院 1995 年的本科毕业生，毕业后当过半年涉外导游和近两年专职翻译，精通英语和日语。

E. 老孙曾是远近闻名的南方投资集团公司的老总，曾被誉为是无学历、无背景、白手起家的传奇式的企业家，南方投资集团的倒闭使他不得不从头做起。

3. 某公司的销售部有五名工作人员，其中有两名本科专业是市场营销，两名本科专业是计算机，一名本科专业是物理学。又知道五人中有两名女士，她们的本科专业背景不同。

根据上文所述，以下哪项论断最可能为真？

A. 该销售部有两名男士是来自不同本科专业的。

B. 该销售部的一名女士一定是计算机本科专业毕业的。

C. 该销售部三名男士来自不同的本科专业，女士也来自不同本科专业。

D. 该销售部至多有一名男士是市场营销专业毕业的。

E. 该销售部本科专业为物理学的一定是男士，不是女士。

4. 某计算机销售部向顾客承诺："本部销售的计算机在一个月内包换、一年内免费包修、三年内上门服务免收劳务费，因使用不当造成的故障除外。"

以下哪项所描述的现象与上文中的承诺一致？

A. 某人购买了一台计算机，三个月后软驱出现问题，要求销售部修理，销售部给免费更换了软驱。

B. 计算机实验室从该销售部购买了30台计算机，50天后才拆箱安装。在安装时发现有一台显示器不能显示彩色，要求更换。

C. 某学校购买了10台计算机。没到一个月内，计算机的鼠标丢失了三个，要求销售部无偿补齐。

D. 李明买了一台计算机，不小心感染了计算机病毒，造成存储的文件丢失，要求销售部赔偿损失。

E. 某人购买了一台计算机，一年后键盘出现故障，要求销售部按半价更换一个新键盘。

5. 如今，人们经常讨论职工下岗的问题，但也常常弄不清"下岗职工"的准确定义。国家统计局（1997）261号统计报表的填表说明中对"下岗职工"的说明是：下岗职工是指由于企业的生产和经营状况等，已经离开本人的生产和工作岗位，并已不在本单位从事其他工作，但仍与用人单位保留劳动关系的人员。

按照以上划分标准，以下哪项所述的人员可以称为下岗职工？

A. 赵大大原来在汽车制造厂工作，半年前辞去工作，开了一个汽车修理铺。

B. 钱二萍原来是某咨询公司的办公室秘书。最近，公司以经营困难为由，解除了她的工作合同，她只能在家做家务。

C. 张三枫原来在手表厂工作，因长期疾病不能工作，经批准提前办理了退休手续。

D. 李四喜原来在某服装厂工作，长期请病假。其实他的身体并不坏，目前在家里开了个缝纫部。

E. 王五伯原来在电视机厂工作，今年53岁。去年工厂因产品积压，人员富余，让50岁以上的人回家休息，等55岁时再办正式退休手续。

6. 某电脑公司正在研制可揣摩用户情绪的电脑。这种被称为"智能个人助理"的新装置，主要通过分析用户敲击键盘的模式，来判断其心情是好是坏，还可通过不断监测用户的活动，逐渐琢磨出其好恶，能在使用者紧张或烦躁时自动减少其所浏览的电子邮件或网站的数量。

以下哪项最不可能是这种计算机提供的功能？

A. 在使用者连续使用计算机超过两个小时后，屏幕会显示"长时间看屏幕对眼睛有害，请您休息几分钟"。

B. 在深夜，使用者敲击键盘的速度逐渐变慢时，计算机便得知主人已经疲劳，会播出孩子招呼爸爸睡觉的喊话。

C. 在使用者经常出现习惯性拼写错误时，比如南方人难以分清"z"和"zh"，计算机可以自动加以更正，减轻主人的烦躁心理。

D. 在使用者利用国际网络查找资料时，计算机可以根据主人的喜好，把常用的站点放在最显眼的地方，尽可能让主人多看一些。

E. 在使用者心情烦躁时，计算机可以通过人机传递的信息觉察到，并及时放一段主人最喜欢的音乐。

7. 如果能有效地利用互联网，能快速方便地查询世界各地的信息，对科学研究、商业往来乃至寻医求药都带来很大的好处。然而，如果上网成瘾，也有许多弊端，还可能带来严重的危害。尤其是青少年，上网成瘾可能荒废学业、影响工作。为了解决这一问题，某个网站上登载了"互联网瘾"自我测试办法。

以下各项提问中，除了哪项，都与"互联网瘾"的表现形式有关？

A. 你是否有时上网到深夜并为链接某个网站时间过长而着急？
B. 你是否曾一再试图限制、减少或停止上网而不果？
C. 你试图减少或停止上网时，是否会感到烦躁、压抑或容易动怒？
D. 你是否曾因上网而危及一段重要关系或一份工作机会？
E. 你是否曾向家人、治疗师或其他人谎称你并未沉迷互联网？

8. 某大学一寝室中住着若干个学生。其中，一个是哈尔滨人，两个是北方人，一个是广东人，两个在法律系，三个是进修生。该寝室中恰好住了8个人。

如果题干中关于身份的介绍涉及寝室中所有的人，则以下各项关于该寝室的断定都不与题干矛盾，除了：

A. 该校法律系每年都招收进修生。
B. 该校法律系从未招收过进修生。
C. 来自广东的室友在法律系就读。
D. 来自哈尔滨的室友在财政金融系就读。
E. 该寝室的三个进修生都是南方人。

9. 对同一事物，有的人说"好"，有的人说"不好"，这两种人之间没有共同语言。可见，不存在全民族通用的共同语言。

以下除哪项外，都与题干推理所犯的逻辑错误近似？

A. 甲："厂里规定，工作时禁止吸烟。"乙："当然，可我吸烟时从不工作。"

B. 有的写作教材上讲，写作中应当讲究语言形式的美。我的看法不同，我认为语言就应该朴实，不应该追求那些形式主义的东西。

C. 有意杀人者应处死刑，行刑者是有意杀人者，所以行刑者应处死刑。

D. 象是动物，所以小象是小动物。

E. 这种观点既不属于唯物主义，又不属于唯心主义，我看两者都有点像。

10. 小莫十分渴望成为一名微雕艺术家，为此，他去请教微雕大师孔先生："您如果教我学习微雕，我将要多久才能成为一名微雕艺术家？"孔先生回答道："大约十年。"小莫不满足于此，再问："如果我不分昼夜每天苦练，能否缩短时间？"孔先生道："那要用二十年。"

以下哪项最可能是孔先生的回答所提示的微雕艺术家的重要素质？

A. 谦虚。　　B. 勤奋。　　C. 尊师。　　D. 耐心。　　E. 决心。

11. "男女"和"阴阳"似乎指的是同一种区分标准。但实际上，"男人和女人"区分人的性别特征，"阴柔和阳刚"区分人的行为特征。按照"男女"的性别特征，正常人分为两个不重叠的部分；按照"阴阳"的行为特征，正常人分为两个重叠的部分。

以下各项都符合题干的含义，除了：

A. 人的性别特征不能决定人的行为特征。

B. 女人的行为，不一定具有阴柔的特征。

C. 男人的行为，不一定具有阳刚的特征。

D. 同一个人的行为，可以既有阴柔又有阳刚的特征。

E. 一个人的同一行为，可以既有阴柔又有阳刚的特征。

12~13题基于以下题干

人的行为分为私人行为和社会行为，后者直接涉及他人和社会利益。有人提出这样的原则：对于官员来说，除了法规明文允许的以外，其余的社会行为都是禁止的；对于平民来说，除了法规明文禁止的以外，其余的社会行为都是允许的。

12. 为使上述原则能对官员和平民的社会行为产生不同的约束力，以下哪项是必须假设的？

A. 官员社会行为的影响力明显高于平民。

B. 法规明文涉及（允许或禁止）的行为，并不覆盖所有的社会行为。

C. 平民比官员更愿意接受法规的约束。

D. 官员的社会行为如果不加以严格约束，其手中的权力就会被滥用。

E. 被法规明文允许的社会行为，要少于被禁止的社会行为。

13. 如果实施上述原则能对官员和平民的社会行为产生不同的约束力，则以下各项断定均不违反这一原则，除了：

　　A. 一个被允许或禁止的行为，不一定是法规明文允许或禁止的。

　　B. 有些行为，允许平民实施，但禁止官员实施。

　　C. 有些行为，允许官员实施，但禁止平民实施。

　　D. 官员所实施的行为，如果法规明文允许，则允许平民实施。

　　E. 官员所实施的行为，如果法规明文禁止，则禁止平民实施。

14. 陈先生要举办一个亲朋好友的聚会。他出面邀请了他父亲的姐夫，他姐夫的父亲，他哥哥的岳母，他岳母的哥哥。

　　陈先生最少出面邀请了几个客人？

　　A. 未邀请客人。　　B. 1个客人。　　C. 2个客人。　　D. 3个客人。　　E. 4个客人。

15. 一个善的行为，必须既有好的动机，又有好的效果。如果是有意伤害他人，或是无意伤害他人，但这种伤害的可能性是可以预见的，在这两种情况下，对他人造成伤害的行为都是恶的行为。

　　以下哪项叙述符合题干的断定？

　　A. P先生写了一封试图挑拨E先生与其女友之间关系的信。P的行为是恶的，尽管这封信起到了与他的动机截然相反的效果。

　　B. 为了在新任领导面前表现自己，争夺一个晋升名额，J先生利用业余时间解决积压的医疗索赔案件，J的行为是善的，因为S小姐的医疗索赔请求因此得到了及时的补偿。

　　C. 在上班途中，M女士把自己的早餐汉堡包给了街上的一个乞丐。乞丐由于急于吞咽而被意外地噎死了。所以，M女士无意中实施了一个恶的行为。

　　D. 大雪过后，T先生帮邻居铲除了门前的积雪，但不小心在台阶上留下了冰。他的邻居因此摔了一跤。因此，一个善的行为导致了一个坏的结果。

　　E. S女士义务帮邻居照看3岁的小孩。小孩在S女士不注意时跑到马路上结果被车撞了。尽管S女士无意伤害这个小孩，但她的行为还是恶的。

16. 在某次思维训练课上，张老师提出"尚左数"这一概念的定义：在连续排列的一组数字中，如果一个数字左边的数字都比其大（或无数字），且其右边的数字都比其小（或无数字），则称这个数字为尚左数。

　　根据张老师的定义，在8、9、7、6、4、5、3、2这列数字中，以下哪项包含了该列数字中所有的尚左数？

　　A. 4、5、7和9。　　　　　　B. 2、3、6和7。　　　　　　C. 3、6、7和8。

　　D. 5、6、7和8。　　　　　　E. 2、3、6和8。

17. 克鲁特是德国家喻户晓的"明星"北极熊，北极熊是名副其实的北极霸主。因此，克鲁特是名副其实的北极霸主。

以下除哪项外，均与上述论证出现的谬误相似？

A. 儿童是祖国的花朵，小雅是儿童。因此，小雅是祖国的花朵。

B. 鲁迅的作品不是一天能读完的，《祝福》是鲁迅的作品。因此，《祝福》不是一天能读完的。

C. 中国人是不怕困难的，我是中国人。因此，我是不怕困难的。

D. 康怡花园坐落在清水街，清水街的建筑属于违章建筑。因此，康怡花园的建筑属于违章建筑。

E. 西班牙语是外语，外语是普通高等学校招生的必考科目。因此，西班牙语是普通高校招生的必考科目。

18. 参加某国际学术研讨会的 60 名学者中，亚裔学者 31 人，博士 33 人，非亚裔学者中无博士学位的 4 人。

根据上述陈述，参加此次国际研讨会的亚裔博士有几人？

A. 1 人。　　B. 2 人。　　C. 4 人。　　D. 7 人。　　E. 8 人。

19. 概念 A 与概念 B 之间有交叉关系，当且仅当：（1）存在对象 x，x 既属于 A 又属于 B；（2）存在对象 y，y 属于 A 但不属于 B；（3）存在对象 z，z 属于 B 但不属于 A。

根据上述定义，以下哪项中加点的两个概念之间有交叉关系？

A. 国画按题材分主要有人物画、花鸟画、山水画等等；按技法分主要有工笔画和写意画等等。

B. 《盗梦空间》除了是最佳影片的有力争夺者外，它在技术类奖项的争夺中也将有所斩获。

C. 洛邑小学 30 岁的食堂总经理为了改善伙食，在食堂放了几个意见本，征求学生们的意见。

D. 在微波炉清洁剂中加入漂白剂，就会释放出氯气。

E. 高校教师包括教授、副教授、讲师和助教等。

20. 小李将自家护栏边的绿地毁坏，种上了黄瓜。小区物业管理人员发现后，提醒小李："护栏边的绿地是公共绿地，属于小区的所有人。"物业为此下发了整改通知书，要求小李限期恢复绿地。小李对此辩称："我难道不是小区的人吗？护栏边的绿地既然属于小区的所有人，当然也属于我。因此，我有权在自己的土地上种黄瓜。"

以下哪项论证，和小李的错误最为相似？

A. 所有人都要对他的错误行为负责，小梁没有对他的这次行为负责，所以，小梁的这次行为没有错误。

B. 所有参展的兰花在这次博览会上被订购一空，李阳花大价钱买了一盆花，由此可见，李阳买的必定是兰花。

C. 没有人能够一天读完大仲马的所有作品，没有人能够一天读完《三个火枪手》。因此，《三个火枪手》是大仲马的作品之一。

D. 所有莫尔碧骑士组成的军队在当时的欧洲是不可战胜的，翼雅王是莫尔碧骑士之一，所以，翼雅王在当时的欧洲是不可战胜的。

E. 任何一个人都不可能掌握当今世界的所有知识，地心说不是当今世界的知识，因此，有些人可以掌握地心说。

21. 根据学习在动机形成和发展中所起的作用，人的动机可分为原始动机和习得动机两种。原始动机是与生俱来的动机，它们是以人的本能需要为基础的；习得动机是指后天获得的各种动机，即经过学习产生和发展起来的各种动机。

根据以上陈述，以下哪项最可能属于原始动机？

A. 尊敬老人，孝敬父母。 B. 尊师重教，崇文尚武。
C. 不入虎穴，焉得虎子？ D. 窈窕淑女，君子好逑。
E. 宁可食无肉，不可居无竹。

22. 足球是一项集体运动，若想不断取得胜利，每个强队都必须有一位核心队员，他总能在关键场次带领全队赢得比赛。友南是某国甲级联赛强队西海队队员。据某记者统计，在上赛季参加的所有比赛中，有友南参赛的场次，西海队胜率高达75.5%，另有16.3%的平局，8.2%的场次输球；而在友南缺阵的情况下，西海队胜率只有58.9%，输球的比率高达23.5%。该记者由此得出结论，友南是上赛季西海队的核心队员。

以下哪项如果为真，最能质疑该记者的结论？

A. 上赛季友南上场且西海队输球的比赛，都是西海队与传统强队对阵的关键场次。

B. 西海队队长表示："没有友南我们将失去很多东西，但我们会找到解决办法。"

C. 本赛季开始以来，在友南上阵的情况下，西海队胜率暴跌20%。

D. 上赛季友南缺席且西海队输球的比赛，都是小组赛中西海队已经确定出线后的比赛。

E. 西海队教练表示："球队是一个整体，不存在有友南的西海队和没有友南的西海队。"

23. 群众是真正的英雄，我是群众，所以我是真正的英雄。

以下哪项与上述推理的逻辑错误最为相似？

A. 作案者都有作案动机，甲有作案动机，所以甲一定是作案者。

B. 各级干部都要遵纪守法，我不是干部，所以我不要遵纪守法。

C. 世间万物中，人是第一个可宝贵的，我是人，所以我是世间万物中第一个可宝贵的。

D. 人贵在有自知之明，你没有自知之明，所以你算不得是个人。

E. 想当翻译就要学外语，我又不想当翻译，何必费力学外语。

24. 每个国家政府决策者面临的一个头痛的问题就是所谓的"别在我家门口"综合征。例如：尽管民意测验一次又一次地显示大多数公众都赞成建新的监狱，但是，当决策者正式宣布要在某地建一个新监狱的计划时，总会遭到附近居民的抗议，并且抗议者总有办法使计划搁浅。

以下哪项也属于上面所说的"别在我家门口"综合征？

A. 某家长主张，感染了艾滋病病毒的孩子不许进入公共学校，当他知道一个感染了艾滋病病毒的孩子进入了他的孩子就读的学校时，他立即为自己的孩子办理了退学手续。

B. 某政客主张所有政府官员必须履行个人财产公开登记，而他自己递交了一份虚假的财产登记表。

C. 某教授主张宗教团体有义务从事慈善事业，但他自己拒绝捐款资助索马里饥民。

D. 某汽车商主张和国外进行汽车自由贸易，以有利于本国经济的发展，但他却要求本国政府限制外国制造的汽车进口。

E. 某军事战略家认为核战争会毁灭人类，但主张本国保持足够的核能力以抵御外部可能的核袭击。

（2）模态命题

25. 据卫星提供的最新气象资料表明，原先预报的明年北方地区的持续干旱不一定出现。

以下哪项最接近于上文中气象资料所表明的含义？

A. 明年北方地区的持续干旱可能不出现。

B. 明年北方地区的持续干旱可能出现。

C. 明年北方地区的持续干旱一定不出现。

D. 明年北方地区的持续干旱出现的可能性比不出现的可能性大。

E. 明年北方地区的持续干旱不可能出现。

（3）直言+模态等价转换

26. 不可能所有的错误都能避免。

以下哪项最接近于上述断定的含义？

A. 所有的错误必然都不能避免。　　B. 所有的错误可能都不能避免。

C. 有的错误可能不能避免。　　　　D. 有的错误必然能避免。

E. 有的错误必然不能避免。

27. 不必然任何经济发展都会导致生态恶化，但不可能有不阻碍经济发展的生态恶化。

以下哪项最为准确地表达了题干的含义？

A. 任何经济发展都不必然导致生态恶化，但任何生态恶化都必然阻碍经济发展。

B. 有的经济发展可能导致生态恶化，而任何生态恶化都可能阻碍经济发展。

C. 有的经济发展可能不导致生态恶化，但任何生态恶化都可能阻碍经济发展。

D. 有的经济发展可能不导致生态恶化，但任何生态恶化都必然阻碍经济发展。

E. 任何经济发展都可能不导致生态恶化，但有的生态恶化必然阻碍经济发展。

28. 一把钥匙能打开天下所有的锁，这样的万能钥匙是不可能存在的。

以下哪项最符合题干的断定？

A. 任何钥匙都必然有它打不开的锁。

B. 至少有一把钥匙必然打不开天下所有的锁。

C. 至少有一把锁天下所有的钥匙都必然打不开。

D. 任何钥匙都可能有它打不开的锁。

E. 至少有一把钥匙可能打不开天下所有的锁。

29. 人都不可能不犯错误，不一定所有人都会犯严重错误。

如果上述断定为真，则以下哪项一定为真？

A. 人都可能犯错误，但有的人可能不犯严重错误。

B. 人都可能犯错误，但所有的人都可能不犯严重错误。

C. 人都一定会犯错误，但有的人可能不犯严重错误。

D. 人都一定会犯错误，但所有的人都可能不犯严重错误。

E. 人都可能犯错误，但有的人一定不犯严重错误。

30. 所有的错误决策都不可能不付出代价，但有的错误决策可能不造成严重后果。

如果上述断定为真，则以下哪项一定为真？

A. 有的正确决策也可能付出代价，但所有的正确决策都不可能造成严重后果。

B. 有的错误决策必然要付出代价，但所有的错误决策都不一定造成严重后果。

C. 所有的正确决策都不可能付出代价，但有的正确决策也可能造成严重后果。

D. 有的错误决策必然要付出代价，但所有的错误决策都可能不造成严重后果。

E. 所有的错误决策都必然要付出代价，但有的错误决策不一定造成严重后果。

31. 某公司人力资源管理部人士指出：由于本公司招聘职位有限，在本次招聘考试中不可能所有的应聘者都被录取。

基于以下哪项可以得出该人士的上述结论？

A. 在本次招聘考试中，可能有应聘者被录用。

B. 在本次招聘考试中，可能有应聘者不被录用。

C. 在本次招聘考试中，必然有应聘者不被录用。

D. 在本次招聘考试中，必然有应聘者被录用。

E. 在本次招聘考试中，可能有应聘者被录用，也可能有应聘者不被录用。

32. 并非所有出于良好愿望的行为必然会导致良好的结果。

如果以上断定为真，则以下哪项断定必真？

A. 所有出于良好愿望的行为必然不会导致良好的结果。

B. 所有出于良好愿望的行为可能不会导致良好的结果。

C. 有的出于良好愿望的行为不会导致良好的结果。

D. 有的出于良好愿望的行为可能不会导致良好的结果。

E. 有的出于良好愿望的行为一定不会导致良好的结果。

（4）关系命题

33. 以下诸项结论都是根据1998年西单繁星商厦各个职能部门收到的雇员报销单据综合得出的。在此项综合统计做出后，有的职能部门又收到了雇员补交上来的报销单据。

以下哪项结论不可能被补交报销单据这一新的事实所推翻？

A. 超级市场部仅有14个雇员交了报销单据，报销了至少8 700元。

B. 公关部最多只有3个雇员交了报销单据，总额不多于2 600元。

C. 后勤部至少有8个雇员交了报销单据，报销总额为5 234元。

D. 会计部至少有4个雇员交了报销单据，报销了至少2 500元。

E. 总经理事务部至少有7个雇员交了报销单据，报销额不比后勤部多。

34. 在黑、蓝、黄、白四种由深至浅排列的涂料中，一种涂料只能被它自身或者比它颜色更深的涂料所覆盖。

若上述断定为真，则以下哪一项确切地概括了能被蓝色覆盖的颜色？

Ⅰ. 这种颜色不是蓝色。

Ⅱ. 这种颜色不是黑色。

Ⅲ. 这种颜色不如蓝色深。

A. 仅Ⅰ。　　　　　　　　B. 仅Ⅱ。　　　　　　　　C. 仅Ⅲ。

D. 仅Ⅰ和Ⅱ。　　　　　　E. Ⅰ、Ⅱ和Ⅲ。

35. 甘蓝比菠菜更有营养。但是，因为绿芥蓝比莴苣更有营养，所以甘蓝比莴苣更有营养。

以下各项作为新的前提分别加入题干的前提中，都能使题干的推理成立，除了：

A. 甘蓝与绿芥蓝同样有营养。　　　　B. 菠菜比莴苣更有营养。

C. 菠菜比绿芥蓝更有营养。　　　　　D. 菠菜与绿芥蓝同样有营养。

E. 绿芥蓝比甘蓝更有营养。

36. 王园获得的奖金比梁振杰的高。得知魏国庆的奖金比苗晓琴的高后，可知王园的奖金也比苗晓琴的高。

以下各项假设均能使上述推断成立，除了：

A. 魏国庆的奖金比王园的高。　　B. 梁振杰的奖金比苗晓琴的高。
C. 梁振杰的奖金比魏国庆的高。　　D. 梁振杰的奖金和魏国庆的一样。
E. 王园的奖金和魏国庆的一样。

37. 在英语四级考试中，陈文的分数比朱利的分数低，但是比李强的分数高；宋颖的分数比朱利和李强的分数低；王平的分数比宋颖的分数高，但是比朱利的分数低。

如果以上陈述为真，则根据下列哪项能够推出张明的分数比陈文的分数低？

A. 陈文的分数和王平的分数一样高。
B. 王平的分数和张明的分数一样高。
C. 张明的分数比宋颖的分数高，但比王平的分数低。
D. 张明的分数比朱利的分数低。
E. 王平的分数比张明的分数高，但比李强的分数低。

38. 在LH公司，从董事长、总经理、总会计师到每个员工，没有人信任所有的人。董事长信任总经理。总会计师不信任董事长。总经理信任所有信任董事长的人。

如果上述断定为真，则以下哪项不可能为真？

Ⅰ. 总经理不信任董事长。
Ⅱ. 总经理信任总会计师。
Ⅲ. 所有的人都信任董事长。

A. 仅Ⅰ。　　B. 仅Ⅱ。　　C. 仅Ⅲ。
D. 仅Ⅱ和Ⅲ。　　E. Ⅰ、Ⅱ和Ⅲ。

39. 某登山旅游小组成员互相帮助，建立了深厚的友谊。后加入的李佳已经获得了其他成员的多次救助，但是她尚未救助过任何人；救助过李佳的人均曾被王玥救助过；赵欣救助过小组的所有成员；王玥救助过的人也曾被陈蕃救助过。

根据以上陈述，可以得出以下哪项结论？

A. 陈蕃救助过赵欣。　　B. 王玥救助过李佳。　　C. 王玥救助过陈蕃。
D. 陈蕃救助过李佳。　　E. 王玥没有救助过李佳。

40. 和政治学导论、世界史导论相比，杨林更喜欢物理学和数学。和政治学导论相比，杨林更不喜欢体育。

除了下列哪项，其余各项都能从上述论述中推出？

A. 和体育相比,杨林更喜欢政治学导论。

B. 和体育相比,杨林更喜欢数学。

C. 和世界史导论相比,杨林更不喜欢体育。

D. 和体育相比,杨林更喜欢物理学。

E. 和数学相比,杨林更不喜欢世界史导论。

41. 根据某位国际问题专家的调查统计可知:有的国家希望与某些国家结盟,有三个以上的国家不希望与某些国家结盟;至少有两个国家希望与每个国家建交,有的国家不希望与任一国家结盟。

根据上述统计可以得出以下哪项?

A. 有些国家之间希望建交但是不希望结盟。

B. 至少有一个国家,既有国家希望与之结盟,也有国家不希望与之结盟。

C. 每个国家都有一些国家希望与之结盟。

D. 至少有一个国家,既有国家希望与之建交,也有国家不希望与之建交。

E. 每个国家都有一些国家希望与之建交。

命题方向⑤:形式逻辑　加分题型　答案速查									
1. B	2. C	3. A	4. A	5. E	6. D	7. A	8. C	9. E	10. D
11. E	12. B	13. C	14. C	15. E	16. B	17. D	18. E	19. A	20. D
21. D	22. A	23. C	24. D	25. A	26. E	27. D	28. A	29. C	30. E
31. C	32. D	33. D	34. B	35. E	36. A	37. E	38. C	39. A	40. C
41. E									

第二部分　综合推理

一、考点速通

考点8：咔咔排除法

1. 有四个外表看起来没有分别的小球，它们的重量可能有所不同。取一个天平，将甲、乙归为一组，丙、丁归为另一组分别放在天平的两边，天平是基本平衡的。将乙和丁对调一下，甲、丁一边明显地要比乙、丙一边重得多。可奇怪的是，我们在天平一边放上甲、丙，而另一边刚放上乙，还没有来得及放上丁时，天平就压向了乙一边。

请你判断，这四个球中由重到轻的顺序是什么？

A. 丁、乙、甲、丙。　　　B. 丁、乙、丙、甲。　　　C. 乙、丙、丁、甲。

D. 乙、甲、丁、丙。　　　E. 乙、丁、甲、丙。

2. 李赫、张岚、林宏、何柏、邱辉五位同事，近日他们各自买了一辆不同品牌的小轿车，分别为雪铁龙、奥迪、宝马、奔驰、桑塔纳。这五辆车的颜色分别与五人名字的最后一个字谐音：黑、蓝、红、白、灰。但他们各自所买车的颜色都与其名字的最后一个字谐音的颜色不同。已知李赫买的是蓝色的雪铁龙。

以下哪项排列可能依次对应张岚、林宏、何柏、邱辉所买的车？

A. 灰色的奥迪、白色的宝马、黑色的奔驰、红色的桑塔纳。

B. 黑色的奥迪、红色的宝马、灰色的奔驰、白色的桑塔纳。

C. 红色的奥迪、灰色的宝马、白色的奔驰、黑色的桑塔纳。

D. 白色的奥迪、黑色的宝马、红色的奔驰、灰色的桑塔纳。

E. 黑色的奥迪、灰色的宝马、白色的奔驰、红色的桑塔纳。

3. 陈红、黄燕燕、余明明三人都买了新的手提电脑，手提电脑的牌子分别是苹果、戴尔和惠普。她们一起来到朋友张霞家，让张霞猜猜她们三人各自分别买的是什么牌子的手提电脑。张霞猜道："陈红买的是苹果，黄燕燕买的肯定不是戴尔，余明明买的不会是苹果。"很可惜，张霞只猜对了一个。

由此，可推知真实的情况是：

A. 陈红买的是戴尔，黄燕燕买的是苹果，余明明买的是惠普。

B. 陈红买的是苹果，黄燕燕买的是惠普，余明明买的是戴尔。

C. 陈红买的是苹果，黄燕燕买的是戴尔，余明明买的是惠普。

D. 陈红买的是惠普，黄燕燕买的是苹果，余明明买的是戴尔。

E. 陈红买的是戴尔，黄燕燕买的是惠普，余明明买的是苹果。

4. 曙光机械厂、华业机械厂、祥瑞机械厂都在新宁市辖区。它们既是同一工业局下属的兄弟厂，在市场上也是竞争对手。在市场需求的五种机械产品中，曙光机械厂擅长生产产品1、产品2和产品4，华业机械厂擅长生产产品2、产品3和产品5，祥瑞机械厂擅长生产产品3和产品5。如果两个厂生产同样的产品，一方面是规模不经济，另一方面是会产生恶性的内部竞争。如果一个厂生产三种产品，在人力和设备上也有问题。为了发挥好地区经济合作的优势，工业局召集三个厂的领导对各自的生产产品做了协调，做出了满意的决策。

以下哪项最可能是这几个厂的产品选择方案？

A. 曙光机械厂生产产品1和产品5，华业机械厂只生产产品2。

B. 曙光机械厂生产产品1和产品2，华业机械厂生产产品3和产品5。

C. 华业机械厂生产产品2和产品3，祥瑞机械厂只生产产品4。

D. 华业机械厂生产产品2和产品5，祥瑞机械厂生产产品3和产品4。

E. 祥瑞机械厂生产产品3和产品5，华业机械厂只生产产品2。

5. A地区与B地区相邻。如果基于耕种地和休耕地的总面积计算最近12年的平均亩产，A地区是B地区的120%；如果仅基于耕种地的面积，A地区是B地区的70%。

如果上述陈述为真，则最可能推断出以下哪项？

A. A地区生产的谷物比B地区多。

B. A地区休耕地比B地区耕种地少。

C. A地区少量休耕地是可利用的农田。

D. 耕种地占总农田的比例，A地区比B地区高。

E. B地区休耕地面积比A地区耕种地面积多。

考点8：咔咔排除法		
命题方向	题号	答案速查
⑦综合推理 排序	1	A
⑧综合推理 匹配	2~3	AE
⑨综合推理 分组	4	E
⑩综合推理 数字相关	5	D

考点9：确定信息呼呼推

1. 在超市购物后，张林把七件商品放在超市的传送带上，肉松后面紧跟着蛋糕，酸奶后面接着放的是饼干，可口可乐汽水紧跟在水果汁后面，方便面后面紧跟着酸奶，肉松和饼干之间有两件商品，方便面和水果汁之间有两件商品，最后放上去的是一个蛋糕。

如果上述陈述为真，那么，以下哪项也为真？

Ⅰ．水果汁在倒数第三位置上。

Ⅱ．酸奶放在第二位置上。

Ⅲ．可口可乐汽水放在中间。

A. 只有Ⅰ。　　　　　　B. 只有Ⅱ。　　　　　　C. 只有Ⅰ和Ⅲ。

D. 只有Ⅰ和Ⅱ。　　　　E. Ⅰ、Ⅱ和Ⅲ。

2. 方宁、王宜和余涌，一个是江西人，一个是安徽人，一个是上海人，余涌的年龄比上海人大，方宁和安徽人不同岁，安徽人比王宜年龄小。

根据上述断定，以下结论都不可能推出，除了：

A. 方宁是江西人，王宜是安徽人，余涌是上海人。

B. 方宁是安徽人，王宜是江西人，余涌是上海人。

C. 方宁是安徽人，王宜是上海人，余涌是江西人。

D. 方宁是上海人，王宜是江西人，余涌是安徽人。

E. 方宁是江西人，王宜是上海人，余涌是安徽人。

3. 从赵、张、孙、李、周、吴六个工程技术人员中选出三位组成一个特别攻关小组，集中力量研制开发公司下一步准备推出的高技术拳头产品。为了使工作更有成效，我们了解到以下情况：

（1）赵、孙两个人中至少选上一位；

（2）张、周两个人中至少选上一位；

（3）孙、周两个人中的每一个都绝对不要与张共同入选。

根据以上条件，若周未被选上，则下列中哪两位必定同时入选？

A. 赵、吴。　　B. 张、李。　　C. 张、吴。　　D. 赵、李。　　E. 赵、张。

4. 某本科专业按如下原则选拔特别奖学金的候选人。

将本专业的同学按德育情况排列名次，均分为上、中、下三个等级（三个等级的人数相等，下同），候选人在德育方面的表现必须为上等。

将本专业的同学按学习成绩排列名次，均分为优、良、中、差四个等级，候选人的学习成绩必须为优。

将本专业的同学按身体状况排列名次、均分为好与差两个等级，候选人的身体状况必须为好。

假设该专业共有36名本科学生，则除了以下哪项外，其余都可能是这次选拔的结果？

A. 恰好有四个学生被选为候选人。　　　B. 只有两个学生被选为候选人。

C. 没有学生被选为候选人。　　　　　　D. 候选人数多于本专业学生的1/4。

E. 候选人数少于本专业学生的1/3。

考点9：确定信息呼呼推		
命题方向	题号	答案速查
⑦综合推理 排序	1	B
⑧综合推理 匹配	2	D
⑨综合推理 分组	3	E
⑩综合推理 数字相关	4	D

考点10：无确定信息破解法

1. 晨曦公园拟在园内东、南、西、北四个区域种植四种不同的特色树木，每个区域只种植一种。选定的特色树种为：水杉、银杏、乌桕、龙柏。布局的基本要求是：

（1）如果在东区或者南区种植银杏，那么在北区不能种植龙柏或者乌桕；

（2）北区或者东区要种植水杉或者银杏之一。

根据上述种植要求，如果水杉必须种植于西区或者南区，则以下哪项一定为真？

A. 南区种植水杉。　　　B. 西区种植水杉。　　　C. 东区种植银杏。

D. 北区种植银杏。　　　E. 南区种植乌桕。

2. 太阳风中的一部分带电粒子可以到达 M 星表面，将足够的能量传递给 M 星表面粒子，使后者脱离 M 星表面，逃逸到 M 星大气中。为了判定这些逃逸的粒子，科学家们通过三个实验获得了如下信息：

实验一：或者是 x 粒子，或者是 y 粒子；

实验二：或者不是 y 粒子，或者不是 z 粒子；

实验三：如果不是 z 粒子，就不是 y 粒子。

根据上述三个实验，以下哪项一定为真？

A. 这种粒子是 x 粒子。　　　B. 这种粒子是 y 粒子。　　　C. 这种粒子是 z 粒子。

D. 这种粒子不是 x 粒子。　　E. 这种粒子不是 z 粒子。

3. 李明、王兵、马云三位股民对股票A和股票B分别做了如下预测：

李明：只有股票A不上涨，股票B才不上涨。

王兵：股票A和股票B至少有一个不上涨。

马云：股票A上涨当且仅当股票B上涨。

若三人的预测都为真，则以下哪项符合他们的预测？

A. 股票A上涨，股票B不上涨。　　　B. 股票A不上涨，股票B上涨。

C. 股票A和股票B均上涨。　　　　　D. 股票A和股票B均不上涨。

E. 只有股票A上涨，股票B才不上涨。

考点10：无确定信息破解法			
命题方向	考点细分	题号	答案速查
⑧综合推理 匹配	假设+归谬	1	D
⑨综合推理 分组	二难推理	2~3	AD

考点11：稳赢分析法

1. 有甲、乙、丙三个学生，一个出生在B市，一个出生在S市，一个出生在W市。他们的专业，一个是金融，一个是管理，一个是外语。已知：

（1）乙不是学外语的；（2）乙不出生在W市；（3）丙不出生在B市；（4）学习金融的不出生在S市；（5）学习外语的出生在B市。

根据上述条件，可推出甲所学的专业是：

A. 金融。　　B. 管理。　　C. 外语。　　D. 金融或管理。　　E. 推不出来。

2. 某宿舍住着四位研究生，分别是四川人、安徽人、河北人和北京人。他们分别在中文、国政和法律三个系就学。其中：

Ⅰ. 北京籍研究生单独在国政系。

Ⅱ. 河北籍研究生不在中文系。

Ⅲ. 四川籍研究生和另外某个研究生同在一个系。

Ⅳ. 安徽籍研究生不和四川籍研究生同在一个系。

以上条件可以推出四川籍研究生所在的系为哪个系？

A. 中文系。　　　　　　B. 国政系。　　　　　　C. 法律系。

D. 中文系或法律系。　　E. 无法确定。

3. 某地有两个奇怪的村庄，张庄的人在星期一、三、五说谎，李村的人在星期二、四、六说谎。在其他日子他们说实话。一天，外地的王从明来到这里，见到两个人，分别向他们提出关于日期的问题。两个人都说："前天是我说谎的日子。"

如果被问的两个人分别来自张庄和李村，则以下哪项判断最可能为真？

A. 这一天是星期五或星期日。　　B. 这一天是星期二或星期四。

C. 这一天是星期一或星期三。　　D. 这一天是星期四或星期五。

E. 这一天是星期三或星期六。

4. 昨天是小红的生日，后天是小伟的生日。他俩的生日距星期天同样远。

如果上述断定为真，那么，今天是星期几？

A. 今天是星期五。　　B. 今天是星期一。　　C. 今天是星期二。

D. 今天是星期三。　　E. 今天是星期四。

5~6题基于以下题干

三位高中生赵、钱、孙和三位初中生张、王、李参加一个课外学习小组。可选修的课程有文学、经济、历史和物理。

赵选修的是文学或经济；王选修物理；如果一门课程没有任何一个高中生选修，那么任何一个初中生也不能选修该课程；如果一门课程没有任何一个初中生选修，那么任何一个高中生也不能选修该课程；一个学生只能选修一门课程。

5. 如果上述断定为真，且钱选修历史，则以下哪项一定为真？

A. 孙选修物理。　　　　B. 赵选修文学。　　　　C. 张选修经济。

D. 李选修历史。　　　　E. 赵选修经济。

6. 如果题干的断定为真，且有人选修经济，则可能选修经济的学生中不可能同时包含：

A. 赵和钱。　　　　B. 钱和孙。　　　　C. 孙和张。

D. 孙和李。　　　　E. 张和李。

7. 有 A、B、C、D 四个有实力的排球队进行循环赛（每个队与其他队各比赛一场）。比赛结果：B 队输掉一场，C 队比 B 队少赢一场，而 B 队又比 D 队少赢一场。

关于 A 队的名次，下列哪一项为真？

A. 第一名。　　　　B. 第二名。　　　　C. 第三名。

D. 第四名。　　　　E. 条件不足，不能断定。

考点11：稳赢分析法		
命题方向	题号	答案速查
⑧综合推理 匹配	1~4	CCCD
⑨综合推理 分组	5~6	AB
⑩综合推理 数字相关	7	D

二、命题方向专训

命题方向⑥：综合推理　真话假话

1. 桌子上有4个杯子，每个杯子上写着一句话。第一个杯子："所有的杯子中都有水果糖。"第二个杯子："本杯中有苹果。"第三个杯子："本杯中没有巧克力。"第四个杯子："有些杯子中没有水果糖。"

如果其中只有一句话是真话，那么以下哪项为真？

A. 所有的杯子中都有水果糖。　　　　B. 所有的杯子中都没有水果糖。

C. 所有的杯子中都没有苹果。　　　　D. 第三个杯子中有巧克力。

E. 第二个杯子中有苹果。

2. 某班有一位同学做了好事没留下姓名，他是甲、乙、丙、丁四人中的一个。当老师问他们时，他们分别这样说：

甲：这件好事不是我做的。 乙：这件好事是丁做的。

丙：这件好事是乙做的。 丁：这件好事不是我做的。

这四人中只有一人说了真话，请你推出是谁做了好事？

A. 甲。 B. 乙。 C. 丙。 D. 丁。 E. 不能推出。

3. 某律师事务所共有 12 名工作人员。(1) 有人会使用计算机；(2) 有人不会使用计算机；(3) 所长不会使用计算机。上述三个判断中只有一个是真的。

以下哪项正确地表示了该律师事务所会使用计算机的人数？

A. 12 人都会使用。 B. 12 人没人会使用。 C. 仅有一人不会使用。

D. 仅有一人会使用。 E. 不能确定。

4. 甲、乙、丙和丁是同班同学。

甲说："我班同学都是团员。" 乙说："丁不是团员。"

丙说："我班有人不是团员。" 丁说："乙也不是团员。"

已知只有一人说假话，则可推出以下哪项断定是真的？

A. 说假话的是甲，乙不是团员。 B. 说假话的是乙，丙不是团员。

C. 说假话的是丙，丁不是团员。 D. 说假话的是丁，乙是团员。

E. 说假话的是甲，丙不是团员。

5. 全国运动会举行女子 5 000 米比赛，辽宁、山东、河北各派了三名运动员参加。比赛前，四名体育爱好者在一起预测比赛结果。甲说："辽宁队训练就是有一套，这次的前三名非他们莫属。"乙说："今年与去年可不同了，金、银、铜牌辽宁队顶多拿一个。"丙说："据我估计，山东队或者河北队会拿牌的。"丁说："第一名如果不是辽宁队的，就该是山东队的了。"比赛结束后，发现以上四人只有一人言中。

以下哪项最可能是该项比赛的结果？

A. 第一名辽宁队，第二名辽宁队，第三名辽宁队。

B. 第一名辽宁队，第二名河北队，第三名山东队。

C. 第一名山东队，第二名辽宁队，第三名河北队。

D. 第一名河北队，第二名辽宁队，第三名辽宁队。

E. 第一名河北队，第二名辽宁队，第三名山东队。

6. 某县领导参加全县的乡计划生育干部会，临时被邀请上台讲话。由于事先没有做调查研究，也不熟悉县里计划生育的具体情况，只能说些模棱两可、无关痛痒的话。他讲道："在我们县 14 个乡中，有的乡完成了计划生育指标，有的乡没有完成计划生育指标，李家集乡就没有完成。"在领导讲话时，县计划生育委员会主任手里捏了一把汗，因为领导讲的三句话中有两句不符合实际，真后悔临时拉领导来讲话。

以下哪项正确表示了该县计划生育工作的实际情况？

A. 在 14 个乡中至少有一个乡没有完成计划生育指标。
B. 在 14 个乡中除李家集乡外还有别的乡没有完成计划生育指标。
C. 在 14 个乡中没有一个乡没有完成计划生育指标。
D. 在 14 个乡中只有一个乡没有完成计划生育指标。
E. 在 14 个乡中只有李家集乡完成了计划生育指标。

7. 学校抗洪抢险献爱心捐助小组突然收到一大笔没有署名的捐款，经过多方查找，可以断定是赵、钱、孙、李中的某一个人捐的。经询问，赵说："不是我捐的。"钱说："是李捐的。"孙说："是钱捐的。"李说："我肯定没有捐。"最后经过详细调查，证实四个人中只有一个人说的是真话。

根据以上条件，判断下列哪项为真？

A. 赵说的是真话，是孙捐的。
B. 李说的是真话，是赵捐的。
C. 钱说的是真话，是李捐的。
D. 孙说的是真话，是钱捐的。
E. 李说的是假话，是李捐的。

8. 某市的红光大厦工程建设任务进行招标，有四个建筑公司投标。为简便起见，称它们为公司甲、乙、丙、丁。在标底公布以前，各公司经理分别做出猜测。甲公司经理说："我们公司最有可能中标，其他公司不可能。"乙公司经理说："中标的公司一定出自乙和丙两个公司之中。"丙公司经理说："中标的若不是甲公司就是我们公司。"丁公司经理说："如果四个公司中必有一个中标，那就非我们莫属了！"当标底公布后发现，四人中只有一人的预测成真了。

以下哪项判断最可能为真？

A. 甲公司经理猜对了，甲公司中标了。
B. 乙公司经理猜对了，丙公司中标了。
C. 甲公司和乙公司的经理都说错了。
D. 乙公司和丁公司的经理都说错了。
E. 乙公司、丙公司和丁公司的经理都说错了。

9. 学校在为失学儿童义捐活动中收到两笔没有署真名的捐款，经过多方查找，可以断定是周、吴、郑、王中的某两位捐的。经询问，周说："不是我捐的。"吴说："是王捐的。"郑说："是吴捐的。"王说："我肯定没有捐。"最后经过详细调查，证实四个人中只有两个人说的是真话。

根据已知条件，请你判断下列哪项可能为真？

A. 是吴和王捐的。　　B. 是周和王捐的。　　C. 是郑和王捐的。
D. 是郑和吴捐的。　　E. 是郑和周捐的。

10. 红星中学的四位老师在高考前对某理科毕业班学生的前景进行推测，他们特别关注班里的两个尖子生。张老师说："如果余涌能考上清华，那么方宁也能考上清华。"李老师说："依我看，这个班没人能考上清华。"王老师说："不管方宁能否考上清华，余涌考不上清华。"赵老师说："我看方宁考不上清华，但余涌能考上清华。"高考的结果证明，四位老师中只有一人的推测成立。

如果上述断定是真的，则以下哪项也一定是真的？

A. 李老师的推测成立。
B. 王老师的推测成立。
C. 赵老师的推测成立。
D. 如果方宁考不上清华大学，则张老师的推测成立。
E. 如果方宁考上了清华大学，则张老师的推测成立。

11. 甲、乙、丙三人一起参加了物理和化学两门考试。三个人中，只有一个在考试中发挥正常。

考试前，甲说："如果我在考试中发挥不正常，我将不能通过物理考试。如果我在考试中发挥正常，我将能通过化学考试。"

乙说："如果我在考试中发挥不正常，我将不能通过化学考试。如果我在考试中发挥正常，我将能通过物理考试。"

丙说："如果我在考试中发挥不正常，我将不能通过物理考试。如果我在考试中发挥正常，我将能通过物理考试。"

考试结束后，证明这三个人说的都是真话，并且：发挥正常的人是三人中唯一的一个通过这两门科目中某门考试的人；发挥正常的人也是三人中唯一的一个没有通过另一门考试的人。

从上述断定能推出以下哪项结论？

A. 甲是发挥正常的人。
B. 乙是发挥正常的人。
C. 丙是发挥正常的人。
D. 题干中缺乏足够的条件来确定谁是发挥正常的人。
E. 题干中包含互相矛盾的信息。

12. 甲、乙、丙、丁四人在一起议论本班同学申请建行学生贷款的情况。

甲说："我班所有同学都已申请了贷款。"

乙说："如果班长申请了贷款，那么学习委员就没申请。"

丙说:"班长申请了贷款。"

丁说:"我班有人没有申请贷款。"

已知四人中只有一人说假话,则可推出以下哪项结论?

A. 甲说假话,班长没申请。　　B. 乙说假话,学习委员没申请。

C. 丙说假话,班长没申请。　　D. 丁说假话,学习委员申请了。

E. 甲说假话,学习委员没申请。

13. 某仓库失窃,四个保管员因涉嫌盗窃而被传讯。四人的供述如下:

甲:我们四人都没作案。　　乙:我们中有人作案。

丙:乙和丁至少有一人没作案。　　丁:我没作案。

如果四人中有两人说的是真话,有两人说的是假话,则以下哪项断定成立?

A. 说真话的是甲和丙。　　B. 说真话的是甲和丁。

C. 说真话的是乙和丙。　　D. 说真话的是乙和丁。

E. 说真话的是丙和丁。

14. 某矿山发生了一起严重的安全事故。关于事故原因,甲、乙、丙、丁四位负责人有如下断定:

甲:如果造成事故的直接原因是设备故障,那么肯定有人违反操作规程。

乙:确实有人违反操作规程,但造成事故的直接原因不是设备故障。

丙:造成事故的直接原因确实是设备故障,但并没有人违反操作规程。

丁:造成事故的直接原因是设备故障。

如果上述断定中只有一个人的断定为真,则以下断定都不可能为真,除了:

A. 甲的断定为真,有人违反了操作规程。

B. 甲的断定为真,但没有人违反操作规程。

C. 乙的断定为真。

D. 丙的断定为真。

E. 丁的断定为真。

15. 一对夫妻带着他们的一个孩子在路上碰到一个朋友。朋友问孩子:"你是男孩还是女孩?"朋友没听清孩子的回答。孩子的父母中某一个说:"我孩子回答的是'我是男孩'。"另一个接着说:"这孩子撒谎。她是女孩。"这家人中男性从不说谎,而女性从来不连续说两句真话,但也不连续说两句假话。

如果上述陈述为真,那么以下哪项一定为真?

Ⅰ. 父母俩第一个说话的是母亲。

Ⅱ. 父母俩第一个说话的是父亲。

Ⅲ. 孩子是男孩。

A. 只有Ⅰ。 B. 只有Ⅱ。 C. 只有Ⅰ和Ⅲ。
D. 只有Ⅱ和Ⅲ。 E. 不能确定。

16. 在一次对全省小煤矿的安全检查后，甲、乙、丙三个安检人员有以下结论：

甲：有小煤矿存在安全隐患。

乙：有小煤矿不存在安全隐患。

丙：大运和宏通两个小煤矿不存在安全隐患。

如果上述三个结论只有一个正确，则以下哪项一定为真？

A. 大运和宏通煤矿都不存在安全隐患。

B. 大运和宏通煤矿都存在安全隐患。

C. 大运存在安全隐患，但宏通不存在安全隐患。

D. 大运不存在安全隐患，但宏通存在安全隐患。

E. 上述断定都不一定为真。

17. 甲班考试结束后，几位老师在一起议论。

张老师说："班长和学习委员都能得优秀。"

李老师说："除非生活委员得优秀，否则体育委员不能得优秀。"

陈老师说："我看班长和学习委员两人中至少有一人不能得优秀。"

郭老师说："我看生活委员不能得优秀，但体育委员可得优秀。"

基于以上断定，可推出以下哪项一定为真？

A. 四位老师中有且只有一位的断定为真。

B. 四位老师中有且只有两位的断定为真。

C. 四位老师的断定都可能为真。

D. 四位老师的断定都可能为假。

E. 题干的条件不足以推出确定的结论。

18. 甲、乙、丙和丁四人进入某围棋邀请赛半决赛，最后要决出一名冠军。张、王和李三人对结果做了如下预测：

张：冠军不是丙。 王：冠军是乙。 李：冠军是甲。

已知张、王、李三人中恰有一人的预测正确，以下哪项为真？

A. 冠军是甲。 B. 冠军是乙。 C. 冠军是丙。
D. 冠军是丁。 E. 无法确定冠军是谁。

19. 关于甲班体育达标测试，三位老师有如下预测：

张老师说："不会所有人都不及格。"

李老师说："有人会不及格。"

王老师说："班长和学习委员都能及格。"

如果三位老师中只有一人的预测正确，则以下哪项一定为真？

A. 班长和学习委员都没及格。　　B. 班长和学习委员都及格了。

C. 班长及格，但学习委员没及格。　　D. 班长没及格，但学习委员及格了。

E. 以上各项都不一定为真。

20. 小东在玩"勇士大战"游戏，进入第二关时，界面出现四个选项。第一个选项是"选择任意选项都需支付游戏币"，第二个选项是"选择本项后可以得到额外游戏奖励"，第三个选项是"选择本项后游戏不会进行下去"，第四个选项是"选择某个选项不需支付游戏币"。

如果四个选项中的陈述只有一句为真，则以下哪项一定为真？

A. 选择任意选项都需支付游戏币。

B. 选择任意选项都无须支付游戏币。

C. 选择任意选项都不能得到额外游戏奖励。

D. 选择第二个选项后可以得到额外游戏奖励。

E. 选择第三个选项后游戏能继续进行下去。

21. 某集团公司有四个部门，分别生产冰箱、彩电、电脑和手机。根据前三个季度的数据统计，四个部门经理对2010年全年的赢利情况做了如下预测：

冰箱部门经理：今年手机部门会赢利。

彩电部门经理：如果冰箱部门今年赢利，那么彩电部门就不会赢利。

电脑部门经理：如果手机部门今年没赢利，那么电脑部门也没赢利。

手机部门经理：今年冰箱和彩电部门都会赢利。

全年数据统计完成后，发现上述四个预测只有一个符合事实。

关于该公司各部门的全年赢利情况，以下除哪项外，均可能为真？

A. 彩电部门赢利，冰箱部门没赢利。　　B. 冰箱部门赢利，电脑部门没赢利。

C. 电脑部门赢利，彩电部门没赢利。　　D. 冰箱部门和彩电部门都没赢利。

E. 冰箱部门和电脑部门都赢利。

22. 张、王、李、赵四人进入乒乓球的半决赛。甲、乙、丙、丁四位教练对半决赛结果有如下预测：

甲：小张未进决赛，除非小李进决赛。　　乙：小张进决赛，小李未进决赛。

丙：如果小王进决赛，则小赵未进决赛。　　丁：小王和小李都未进决赛。

如果四位教练的预测只有一个不对，则以下哪项一定为真？

A. 甲的预测错，小张进决赛。　　B. 乙的预测对，小李未进决赛。

C. 丙的预测对，小王未进决赛。　　D. 丁的预测错，小王进决赛。

E. 甲和乙的预测都对，小李未进决赛。

23. 近日，某集团高层领导研究了发展方向问题。王总经理认为：既要发展纳米技术，也要发展生物医药技术。赵副总经理认为：只有发展智能技术，才能发展生物医药技术。李副总经理认为：如果发展纳米技术和生物医药技术，那么也要发展智能技术。最后经过董事会研究，只有其中一位的意见被采纳。

根据以上陈述，以下哪项符合董事会的研究决定？

A. 发展纳米技术和智能技术，但是不发展生物医药技术。

B. 发展生物医药技术和纳米技术，但是不发展智能技术。

C. 发展智能技术和生物医药技术，但是不发展纳米技术。

D. 发展智能技术，但是不发展纳米技术和生物医药技术。

E. 发展生物医药技术、智能技术和纳米技术。

24. 临江市地处东部沿海，下辖临东、临西、江南、江北四个区。近年来，文化旅游产业成为该市新的经济增长点。2010 年，该市一共吸引了全国数十万人次游客前来参观旅游。12 月底，关于该市四个区当年吸引游客人次多少的排名，各位旅游局局长做了如下预测：

临东区旅游局局长：如果临西区第三，那么江北区第四。

临西区旅游局局长：只有临西区不是第一，江南区才第二。

江南区旅游局局长：江南区不是第二。

江北区旅游局局长：江北区第四。

最终的统计表明，只有一位局长的预测符合事实，则临东区当年吸引游客人次的排名是：

A. 第一。   B. 第二。   C. 第三。   D. 第四。   E. 在江北区之前。

25. 有五支球队参加比赛，对于比赛结果，观众有如下议论：

（1）冠军队不是山南队，就是江北队；　（2）冠军队既不是山北队，也不是江南队；

（3）冠军队是江南队；　　　　　　　　（4）冠军队不是山南队。

比赛结果显示，只有一条议论是正确的，那么获得冠军队的是：

A. 山南队。   B. 江南队。   C. 山北队。   D. 江北队。   E. 江东队。

26. 某金库发生了失窃案。公安机关侦查确定，这是一起典型的内盗案，可以断定金库管理员甲、乙、丙、丁中至少有一人是作案者。办案人员对四人进行了询问，四人的回答如下：

甲："如果乙不是窃贼，我也不是窃贼。"　乙："我不是窃贼，丙是窃贼。"

丙："甲或者乙是窃贼。"　　　　　　　　丁："乙或者丙是窃贼。"

后来事实表明，他们四人中只有一人说了真话。

根据以上陈述，以下哪项一定为假？

A. 丙说的是假话。　　　　B. 丙不是窃贼。　　　　C. 乙不是窃贼。

D. 丁说的是真话。　　　　E. 甲说的是真话。

27. 经过多轮淘汰赛后，甲、乙、丙、丁四名选手争夺最后的排名，排名不设并列名次。分析家预测：

Ⅰ. 第一名或者是甲，或者是乙。

Ⅱ. 如果丙不是第一名，则丁也不是第一名。

Ⅲ. 甲不是第一名。

如果分析家的预测只有一句是对的，则第一名是谁？

A. 丙。　　　B. 乙。　　　C. 推不出。　　　D. 丁。　　　E. 甲。

28. 一个村子里一共有50户人家，每家每户都养了一条狗。村主任说村里面有病狗，就让每户人家都可以查看其他人家的狗是不是病狗，但是不准检查自己家里的狗是不是病狗。当这些人如果推断出自己家的狗是病狗的话，就必须自己把自己的狗枪毙掉，但是每个人在看到别人家的狗是病狗的时候不准告诉别人，也没有权利枪毙别人家的狗，只有权利枪毙自己家的狗。然后，第一天没有枪声，第二天也没有，第三天却传来了一阵枪声。

请问这个村子里一共有几条病狗？

A. 两条。　　B. 三条。　　C. 四条。　　D. 二十五条。　　E. 五十条。

29. 甲、乙、丙、丁四人的车分别是白、黑、红、蓝。在问到他们各自车的颜色时，甲："乙的车不是白色。"乙："丙的车是蓝色。"丙："丁的车不是红色。"丁："甲、乙、丙三人有一人的车是蓝色，而且只有这个人说了实话。"

如果丁说的是实话，那么以下说法正确的是：

A. 甲的车是白色的，乙的车是黑色的。　　B. 乙的车是红色的，丙的车是蓝色的。

C. 乙的车是黑色的，甲的车是蓝色的。　　D. 丁的车是黑色的，甲的车是蓝色的。

E. 甲的车是蓝色的，丁的车是白色的。

命题方向⑥：综合推理　真话假话　答案速查									
1. D	2. A	3. A	4. A	5. D	6. C	7. B	8. C	9. C	10. E
11. B	12. E	13. C	14. B	15. A	16. B	17. B	18. D	19. A	20. E
21. B	22. C	23. B	24. D	25. C	26. D	27. D	28. B	29. C	

命题方向⑦：综合推理　排序

1. 小明、小红、小丽、小强、小梅五人去听音乐会。他们五人在同一排且座位相连，其中只有一个座位最靠近走廊。如果小强想坐在最靠近走廊的座位上，小丽想跟小明紧挨着，小红不想跟小丽紧挨着，小梅想跟小丽紧挨着，但不想跟小强或小明紧挨着。

以下哪项排序符合上述五人的意愿？

A. 小明、小梅、小丽、小红、小强。　　B. 小强、小红、小明、小丽、小梅。
C. 小强、小梅、小红、小丽、小明。　　D. 小明、小红、小梅、小丽、小强。
E. 小强、小丽、小梅、小明、小红。

2. 某次认知能力测试，刘强得了 118 分，蒋明的得分比王丽高，张华和刘强的得分之和大于蒋明和王丽的得分之和，刘强的得分比周梅高。此次测试 120 分以上为优秀。五人之中有两人没有达到优秀。

根据以上信息，以下哪项是上述五人在此次测试中得分由高到低的排列？

A. 张华、王丽、周梅、蒋明、刘强。　　B. 张华、蒋明、王丽、刘强、周梅。
C. 张华、蒋明、刘强、王丽、周梅。　　D. 蒋明、张华、王丽、刘强、周梅。
E. 蒋明、王丽、张华、刘强、周梅。

命题方向⑦：综合推理　排序　答案速查								
1. B	2. B							

命题方向⑧：综合推理　匹配

1. 小杨、小方和小孙在一起，一位是经理，一位是教师，一位是医生。小孙比医生年龄大，小杨和教师不同岁，教师比小方年龄小。

根据上述资料可以推理出的结论是：

A. 小杨是经理，小方是教师，小孙是医生。
B. 小杨是教师，小方是经理，小孙是医生。
C. 小杨是教师，小方是医生，小孙是经理。
D. 小杨是医生，小方是经理，小孙是教师。
E. 小杨是医生，小方是教师，小孙是经理。

2. 妈妈要带两个女儿去参加一个晚会，女儿在选择搭配衣服。家中有蓝色短袖衫、粉色长袖衫、绿色短裙和白色长裙各一件。妈妈不喜欢女儿穿长袖配短裙。

以下哪种是妈妈不喜欢的方案？

A. 姐姐穿粉色衫，妹妹穿短裙。　　B. 姐姐穿蓝色衫，妹妹穿短裙。
C. 姐姐穿长裙，妹妹穿短袖衫。　　D. 妹妹穿长袖衫和白色裙。
E. 姐姐穿蓝色衫和绿色裙。

3~4 题基于以下题干

在一个古代的部落社会，每个人都属于某个家族，每个家族只崇拜以下五个图腾之一：熊、狼、鹿、鸟、鱼。这个社会的婚姻关系遵守以下法则：

（1）崇拜同一图腾的男女可以结婚；

(2) 崇拜狼的男子可以娶崇拜鹿或鸟的女子；

(3) 崇拜狼的女子可以嫁崇拜鸟或鱼的男子；

(4) 崇拜鸟的男子可以娶崇拜鱼的女子；

(5) 父亲与儿子的图腾崇拜相同；

(6) 母亲与女儿的图腾崇拜相同。

3. 崇拜以下哪项图腾的男子一定可以娶崇拜鱼的女子？

　　A. 狼或鸟。　　B. 鸟或鹿。　　C. 鱼或鹿。　　D. 鸟或鱼。　　E. 狼或鱼。

4. 如果某男子崇拜的图腾是狼，则他妹妹崇拜的图腾最可能是：

　　A. 狼、鱼或鹿。　　　　B. 狼、鱼或鸟。　　　　C. 狼、鹿或熊。

　　D. 狼、熊或鸟。　　　　E. 狼、鹿或鸟。

5. 在某公司的招聘会上，公司行政部、人力资源部和办公室拟各招聘一名工作人员，来自中文系、历史系和哲学系的三名毕业生前来应聘这三个不同的职位。招聘信息显示，历史系毕业生比应聘办公室的年龄大，哲学系毕业生和应聘人力资源部的着装颜色相近，应聘人力资源部的比中文系毕业生年龄小。

　　根据以上陈述，可以得出以下哪项？

　　A. 哲学系毕业生比历史系毕业生年龄大。

　　B. 中文系毕业生比哲学系毕业生年龄大。

　　C. 历史系毕业生应聘行政部。

　　D. 中文系毕业生应聘办公室。

　　E. 应聘办公室的比应聘行政部的年龄大。

6. 某乡镇进行新区规划，决定以市民公园为中心，在东南西北分别建设一个特色社区。这四个社区分别定为：文化区、休闲区、商业区和行政服务区。已知，行政服务区在文化区的西南方向，文化区在休闲区的东南方向。

　　根据以上陈述，可以得出以下哪项？

　　A. 市民公园在行政服务区的北面。　　B. 休闲区在文化区的西南方向。

　　C. 文化区在商业区的东北方向。　　　D. 商业区在休闲区的东南方向。

　　E. 行政服务区在市民公园的西南方向。

7. 公司派三位年轻的工作人员乘动车到南方出差，他们三人恰好坐在一排。坐在 24 岁右边的两人中至少有一个人是 20 岁，坐在 20 岁左边的两人中也恰好有一个人是 20 岁；坐在会计左边的两人中至少有一个人是销售员，坐在销售员右边的两人中也恰好有一个人是销售员。

　　根据以上陈述，可得出三位出差的年轻人是：

　　A. 20 岁的会计、20 岁的销售员、24 岁的销售员。

B. 20 岁的会计、24 岁的销售员、24 岁的销售员。

C. 24 岁的会计、20 岁的销售员、20 岁的销售员。

D. 20 岁的会计、20 岁的会计、24 岁的销售员。

E. 24 岁的会计、20 岁的会计、20 岁的销售员。

8. 张明、李英、王佳和陈蕊四人在一个班组工作,他们来自江苏、安徽、福建和山东四个省,每个人只会说原籍的一种方言。现已知福建人会说闽南方言,山东人学历最高且会说中原官话,王佳比福建人学历低,李英会说徽州话并且和来自江苏的同事是同学,陈蕊不懂闽南方言。

根据以上陈述,可以得出下面哪项?

A. 陈蕊不会说中原官话。　　B. 张明会说闽南方言。　　C. 李英是山东人。

D. 王佳会说徽州话。　　E. 陈蕊是安徽人。

9. 张霞、李丽、陈露、邓强和王硕一起坐火车去旅游,他们正好坐在同一车厢相对两排的五个座位上,每人各坐一个位置。第一排的座位按顺序分别记为 1 号和 2 号,第 2 排的座位按顺序记为 3、4、5 号。座位 1 和座位 3 直接相对,座位 2 和座位 4 直接相对,座位 5 不和上述任何座位直接相对。李丽坐在 4 号位置;陈露所坐的位置不与李丽相邻,也不与邓强相邻(相邻是指同一排上紧挨着);张霞不坐在与陈露直接相对的位置上。

根据以上信息,张霞所坐位置有多少种可能的选择?

A. 1 种。　　B. 2 种。　　C. 3 种。　　D. 4 种。　　E. 5 种。

10. 在东海大学研究生会举办的一次中国象棋比赛中,来自经济学院、管理学院、哲学学院、数学学院和化学学院的 5 名研究生(每学院 1 名)相遇在一起,有关甲、乙、丙、丁、戊 5 名研究生之间的比赛信息满足以下条件:

(1) 甲仅与 2 名选手比赛过;

(2) 化学学院的选手和 3 名选手比赛过;

(3) 乙不是管理学院的,也没有和管理学院的选手对阵过;

(4) 哲学学院的选手和丙比赛过;

(5) 管理学院、哲学学院、数学学院的选手相互都交过手;

(6) 丁仅与 1 名选手比赛过。

根据以上条件,请问丙来自哪个学院?

A. 经济学院。　　B. 管理学院。　　C. 哲学学院。　　D. 化学学院。　　E. 数学学院。

命题方向⑧:综合推理　匹配　答案速查									
1. D	2. B	3. D	4. E	5. B	6. A	7. A	8. B	9. D	10. E

命题方向⑨：综合推理　分组

1. 储存在专用电脑中的某财团的商业核心机密被盗窃。该财团的三名高级雇员甲、乙、丙三人涉嫌作案而被拘审。经审讯，查明了以下事实：

Ⅰ. 机密是在电脑密码被破译后窃取的，破译电脑密码必须受过专门训练。

Ⅱ. 如果甲作案，那么丙一定参与。

Ⅲ. 乙没有受过破译电脑密码的专门训练。

Ⅳ. 作案者就是这三人中的一人或一伙。

从上述条件，可推出以下哪项结论？

A. 作案者中有甲。　　　B. 作案者中有乙。　　　C. 作案者中有丙。

D. 作案者中有甲和丙。　E. 甲、乙和丙都是作案者。

2~3题基于以下题干

某公司有F、G、H、I、M和P六位总经理助理、三个部门，每个部门恰由三个总经理助理分管。每个总经理助理至少分管一个部门。以下条件必须满足：

Ⅰ. 有且只有一位总经理助理同时分管三个部门。

Ⅱ. F和G不分管同一部门。

Ⅲ. H和I不分管同一部门。

2. 以下哪项一定为真？

A. 有的总经理助理恰好分管两个部门。　B. 任一部门由F或G分管。

C. M或P只分管一个部门。　　　　　　D. 没有部门由F、M和P分管。

E. P分管的部门M都分管。

3. 如果F和M不分管同一部门，则以下哪项一定为真？

A. F和H分管同一部门。　　　　　　B. F和I分管同一部门。

C. I和P分管同一部门。　　　　　　D. M和G分管同一部门。

E. M和P不分管同一部门。

4. 某单位进行年终考评，经过民主投票，确定了甲、乙、丙、丁、戊五人作为一等奖的候选人。在五进四的选拔中，需要考虑如下三个因素：（1）丙、丁至少有一人入选；（2）如果戊入选，那么甲、乙也入选；（3）甲、乙、丁三人至多有两人入选。

根据以上陈述，可以得出没有进前四的是谁？

A. 甲。　　B. 乙。　　C. 丙。　　D. 丁。　　E. 戊。

5. 在某科室公开选拔副科长的招录考试中，共有甲、乙、丙、丁、戊、己、庚7人报名。根据统计，7人的最高学历分别是本科和博士，其中博士毕业的有3人；女性3人。已知，甲、乙、丙的学历层次相同，己、庚的学历层次不同；戊、己、庚的性别相同，甲、丁的性别不同。最终录用的是一名女博士。

根据以上陈述,可以得出以下哪项?

A. 甲是男博士。　　　B. 己是女博士。　　　C. 庚不是男博士。

D. 丙是男博士。　　　E. 丁是女博士。

6~7题基于以下题干

有 A、B、C 三组评委投票决定是否通过一个提案。A 组评委共两人,B 组评委共两人,C 组评委共三人。每个评委都不能弃权,并且同意、反对必选其一。关于他们投票的真实信息如下:

(1) 如果 A 组两个评委的投票结果相同,并且至少有一个 C 组评委的投票结果也与 A 组所有评委的投票结果相同,那么 B 组两个评委的投票结果也都与 A 组所有评委的投票结果相同;

(2) 如果 C 组三个评委的投票结果相同,则 A 组没有评委的投票结果与 C 组投票结果相同;

(3) 至少有两个评委投同意票;

(4) 至少有两个评委投反对票;

(5) 至少有一个 A 组评委投反对票。

6. 如果 B 组两个评委的投票结果不同,则下列哪项可能是真的?

A. A 组评委都投反对票并且恰有两个 C 组评委投同意票。

B. 恰有一个 A 组评委投同意票并且恰有一个 C 组评委投同意票。

C. 恰有一个 A 组评委投同意票并且 C 组所有评委都投同意票。

D. A 组所有评委都投同意票并且恰有一个 C 组评委投同意票。

E. A 组所有评委都投同意票并且恰有两个 C 组评委投同意票。

7. 根据题干信息,下列哪项一定真?

A. 至少有一个 A 组评委投同意票。　　　B. 至少有一个 C 组评委投同意票。

C. 至少有一个 C 组评委投反对票。　　　D. 至少有一个 B 组评委投反对票。

E. 至少有一个 B 组评委投同意票。

8. 某家电公司有甲、乙、丙三个工厂:甲厂擅长生产电冰箱、洗衣机和微波炉;乙厂擅长生产洗衣机、空调和消毒柜;丙厂擅长生产空调和消毒柜。该家电公司调查后发现,如果两个工厂同时生产同样的产品,一方面达不到规模经济,另一方面会产生内部恶性竞争。为了更好地发挥各厂的相对优势,公司召集了三个工厂的负责人对各自生产的产品进行协调,并做出了满意的决策。

以下哪项最可能是这几个工厂的产品选择方案?

A. 乙厂生产洗衣机和消毒柜,丙厂生产空调和微波炉。

B. 乙厂只生产洗衣机，丙厂生产空调和消毒柜。

C. 甲厂生产电冰箱和洗衣机，乙厂生产空调和消毒柜。

D. 甲厂生产电冰箱和洗衣机，丙厂生产空调和消毒柜。

E. 甲厂生产电冰箱和消毒柜，乙厂只生产洗衣机。

命题方向⑨：综合推理　分组　答案速查									
1. C	2. A	3. C	4. D	5. E	6. B	7. B	8. B		

命题方向⑩：综合推理　数字相关

1. 一份犯罪调研报告揭示，某市近三年来的严重刑事犯罪案件60%皆为已记录在案的350名惯犯所为。报告同时揭示，半数以上的严重刑事犯罪案件的作案者同时是吸毒者。

如果上述断定都是真的，并且同时考虑到事实上一个惯犯可能作案多起，那么，下述哪项断定一定是真的？

A. 350名惯犯中可能没有吸毒者。　　　B. 350名惯犯中一定有吸毒者。

C. 350名惯犯中大多数是吸毒者。　　　D. 吸毒者中大多数在350名惯犯中。

E. 吸毒是造成严重刑事犯罪的主要原因。

2. 陈娜和杨玲一起上了五门课，但其中只有一门课她们的成绩相同——金融市场，她们每门课的成绩都在60~100分之间。

下列哪项为真，可以断定陈娜的总成绩比杨玲的高？

A. 陈娜的某科成绩高于杨玲的任何一科。

B. 杨玲的最高成绩低于陈娜的最高成绩。

C. 陈娜有三门课的成绩比杨玲的高。

D. 陈娜的金融市场成绩最低，而杨玲的金融市场成绩最高。

E. 陈娜的最高成绩和杨玲的最高成绩都是经济学。

3. 某机关精简机构，计划减员25%，撤销三个机构，这三个机构的人数正好占全机关的25%。计划实施后，上述三个机构被撤销，全机关实际减员15%。在此过程中，机关内部人员有所调动，但全机关只有减员，没有增员。

如果上述断定为真，以下哪项一定为真？

Ⅰ. 上述计划实施后，有的机构调入新成员。

Ⅱ. 上述计划实施后，没有一个机构，调入的新成员的总数，超出机关总人数的10%。

Ⅲ. 上述计划实施后，被撤销机构中的留任人员，不超过机关原总人数的10%。

A. 仅Ⅰ。　　　　　　　　B. 仅Ⅱ。　　　　　　　　C. 仅Ⅲ。

D. 仅Ⅰ和Ⅱ。　　　　　　E. Ⅰ、Ⅱ和Ⅲ。

4. 如果比较全日制学生的数量，东江大学的学生数是西海大学学生数的70%，如果比较学生总数量（全日制学生加上成人教育学生），则东江大学的学生数是西海大学的120%。

由上文最能推出以下哪项结论？

A. 东江大学比西海大学更注重教学质量。

B. 东江大学成人教育学生数量所占总学生数的比例比西海大学的高。

C. 西海大学的成人教育学生数比全日制学生数多。

D. 东江大学的成人教育学生数比西海大学的少。

E. 东江大学的全日制学生数比成人教育学生数多。

5. 现在公历的某月某日与哪天是星期几是随年份变化的。例如，你去年生日那天是星期日，但今年的生日就不是星期日了。如果约定：每年的1月1日是星期日，全年有52个完整的周，共364天；普通年的最后一天和闰年的最后两天都不属于任何一周。

根据上述约定，以下哪项一定为真？

Ⅰ. 如果某人结婚的那天是星期日，则他的结婚纪念日都是星期日。

Ⅱ. 如果某人的第一个公休日是星期日，并且必须连续工作六天后休息一天，则他的每个公休日都是星期日。

Ⅲ. 如果某人的第一个公休日是星期日，并且必须连续工作六天后休息一天，则他的每个公休日都不是星期日。

A. 仅Ⅰ。 B. 仅Ⅱ。 C. 仅Ⅲ。

D. 仅Ⅰ和Ⅱ。 E. Ⅰ、Ⅱ和Ⅲ。

6. 今年上半年的统计数字表明：甲省CPI在三个月环比上涨1.8%以后，又连续三个月下降1.7%，同期乙省CPI连续三个月环比下降1.7%之后，又连续三个月上涨1.8%。

假若去年12月甲乙两省的CPI相同，则以下哪项判断不为真？

A. 今年2月份甲省比乙省的CPI高。 B. 今年3月份甲省比乙省的CPI高。

C. 今年4月份甲省比乙省的CPI高。 D. 今年5月份甲省比乙省的CPI高。

E. 今年6月份甲省比乙省的CPI高。

7. 百花山公园是市内最大的市民免费公园，园内种植着奇花异卉以及品种繁多的特色树种。其中，有花植物占大多数。由于地处温带，园内的阔叶树种超过了半数；各种珍稀树种也超过了一般树种。一到春夏之交，鲜花满园；秋收季节，果满枝头。

根据以上陈述，可以得出以下哪项？

A. 园内珍稀阔叶树种超过了一般非阔叶树种。

B. 园内阔叶有花植物超过了非阔叶无花植物。

C. 园内珍稀挂果树种超过了不挂果的一般树种。

D. 百花山公园的果实市民可以免费采摘。

E. 园内珍稀有花树种超过了半数。

8. 某省大力发展旅游产业，目前已经形成东湖、西岛、南山三个著名景点，每处景点都有二日游、三日游、四日游三种路线。李明、王刚、张波拟赴上述三地进行9日游，每个人都设计了各自的旅游计划。后来发现，每处景点他们三人都选择了不同的路线：李明赴东湖的计划天数与王刚赴西岛的计划天数相同，李明赴南山的计划是三日游，王刚赴南山的计划是四日游。

根据以上陈述，可以得出以下哪项？

A. 李明计划东湖二日游，王刚计划西岛二日游。

B. 王刚计划东湖三日游，张波计划西岛四日游。

C. 张波计划东湖四日游，王刚计划西岛三日游。

D. 张波计划东湖三日游，李明计划西岛四日游。

E. 李明计划东湖二日游，王刚计划西岛三日游。

9. 如果一个儿童体重与身高的比值超过本地区80%的儿童的水平，就称其为肥胖儿。根据历年的调查结果，15年来，临江市的肥胖儿的数量一直在稳定增长。

如果以上断定为真，则以下哪项也必为真？

A. 临江市每一个肥胖儿的体重都超过全市儿童的平均体重。

B. 15年来，临江市的儿童体育锻炼越来越不足。

C. 临江市的非肥胖儿的数量15年来不断增长。

D. 15年来，临江市体重不足和标准体重的儿童数量不断下降。

E. 临江市每一个肥胖儿的体重与身高的比值都超过全市儿童的平均值。

10. 去年MBA入学考试的五门课程中，王海天和李素云只有数学成绩相同，其他科的成绩各有高低，但所有课程的分数都在60分以上。在录取时只能比较他们的总成绩了。

下列哪项如果为真，能够使你判断出王海天的总成绩高于李素云？

A. 王海天的最低分是数学，而李素云的最低分是英语。

B. 王海天的最高分比李素云的最高分要高。

C. 王海天的最低分比李素云的最低分高。

D. 王海天的最低分比李素云的两门课分别的成绩高。

E. 王海天的最低分比李素云的平均成绩高。

11. 有一个盒子里有100只分别涂有红、黄、绿三种颜色的球。

张三说："盒子里至少有一种颜色的球少于33只。"

李四说："盒子里至少有一种颜色的球不少于34只。"

王五说："盒子里任意两种颜色的球的总数不会超过99只。"

以下哪项论断是正确的？

A. 张三和李四的说法正确，王五的说法不正确。

B. 李四和王五的说法正确，张三的说法不正确。

C. 王五和张三的说法正确，李四的说法不正确。

D. 张三、李四和王五的说法都不正确。

E. 张三、李四和王五的说法都正确。

12. 最近南方某保健医院进行为期10周的减肥试验，参加者平均减肥9公斤。男性参加者平均减肥13公斤，女性参加者平均减肥7公斤。医生将男女减肥差异归结为男性参加者减肥前体重比女性参加者重。

从上文可推出以下哪个结论？

A. 女性参加者减肥前体重都比男性参加者轻。

B. 所有参加者体重均下降。

C. 女性参加者比男性参加者多。

D. 男性参加者比女性参加者多。

E. 男性参加者减肥后体重都比女性参加者轻。

13. 我国计算机网络事业发展很快。据中国互联网络中心（CNNIC）的一项统计显示，截至1999年6月30日，我国上网用户人数约400万，其中使用专线上网的用户人数约为144万，使用拨号上网的用户人数约为324万。

根据以上统计数据，最可能推出以下哪项判断有误？

A. 考虑到我国有12亿多的人口，与先进国家相比，我国上网的人数还是少得可怜。

B. 专线上网与拨号上网的用户之和超过了上网用户的总数，这不能用四舍五入引起的误差来解释。

C. 用专线上网的用户中，多数也选用拨号上网，可能是在家里用拨号联网更方便。

D. 由于专线上网的设备能力不足，在使用拨号上网的用户中，仅有少数用户有使用专线上网的机会。

E. 从1994年到1999年的五年间，我国上网用户的平均年增长率在50%以上。

14. 根据韩国当地媒体10月9日的报道：用于市场主流的PC100规格的64MB-DRAM的8M×8内存元件，10月8日在美国现货市场的交易价格已跌至15.99~17.30美元，但前一个交易日的交易价格为16.99~18.38美元，一天内跌幅近1美元；而与台湾地震发生后曾经达到的最高价格21.46美元相比，已经下跌了约4美元。

以下哪项与题干内容有矛盾？

A. 台湾是生产这类元件的重要地区。

B. 美国是该元件的重要交易市场。

C. 若两人购买的数量相同，10月8日的购买者一定比10月7日的购买者省钱。

D. 韩国很可能是该元件的重要输出国或输入国，所以特别关心该元件的国际市场价格。

E. 该元件是计算机中的重要器件，供应商对市场的行情是很敏感的。

15. 所有持有当代商厦购物优惠卡的顾客，同时持有双安商厦的购物优惠卡。今年国庆，当代商厦和双安商厦同时给持有本商厦购物优惠卡的顾客的半数，赠送了价值100元的购物奖券。结果，上述同时持有两个商厦购物优惠卡的顾客，都收到了这样的购物奖券。

如果上述断定是真的，则以下哪项断定也一定为真？

Ⅰ．所有持有双安商厦的购物优惠卡的顾客，也同时持有当代商厦的购物优惠卡。

Ⅱ．今年国庆，没有一个持有上述购物优惠卡的顾客分别收到两个商厦的购物奖券。

Ⅲ．持有双安商厦的购物优惠卡的顾客中，至多有一半收到当代商厦的购物奖券。

A. 仅Ⅰ。 B. 仅Ⅱ。 C. 仅Ⅲ。
D. 仅Ⅰ和Ⅱ。 E. Ⅰ、Ⅱ和Ⅲ。

16. 在国庆50周年仪仗队的训练营地，某连队一百多个战士在练习不同队形的转换。如果他们排成五列人数相等的横队，只剩下连长在队伍前面喊口令；如果他们排成七列这样的横队，只有连长仍然可以在前面领队；如果他们排成八列横队，就可以有两人作为领队了。在全营排练时，营长要求他们排成三列横队。

以下哪项是最可能出现的情况？

A. 该连队官兵正好排成三列横队。

B. 除了连长外，正好排成三列横队。

C. 排成了整齐的三列横队，另有两人作为全营的领队。

D. 排成了整齐的三列横队，其中有一人是其他连队的。

E. 排成了三列横队，连长在队外喊口令，但营长临时排在队中。

17. 某研究所对该所上年度研究成果的统计显示：在该所所有的研究人员中，没有两个人发表的论文的数量完全相同；没有人恰好发表了10篇论文；没有人发表的论文的数量等于或超过全所研究人员的数量。

如果上述统计是真实的，则以下哪项断定也一定是真实的？

Ⅰ．该所研究人员中，有人上年度没有发表1篇论文。

Ⅱ．该所研究人员的数量，不少于3人。

Ⅲ．该所研究人员的数量，不多于10人。

A. 仅Ⅰ和Ⅱ。 B. 仅Ⅰ和Ⅲ。 C. 仅Ⅰ。
D. Ⅰ、Ⅱ和Ⅲ。 E. Ⅰ、Ⅱ和Ⅲ都不一定是真实的。

18. 一群在海滩边嬉戏的孩子的口袋中，共装有 25 块卵石。他们的老师对此说了以下两句话：

第一句话："至多有 5 个孩子口袋里装有卵石。"

第二句话："每个孩子的口袋中，或者没有卵石，或者至少有 5 块卵石。"

如果上述断定为真，则以下哪项关于老师两句话关系的断定一定成立？

Ⅰ. 如果第一句话为真，则第二句话为真。

Ⅱ. 如果第二句话为真，则第一句话为真。

Ⅲ. 两句话可以都是真的，但不会都是假的。

A. 仅Ⅰ。　　　　　　B. 仅Ⅱ。　　　　　　C. 仅Ⅲ。

D. 仅Ⅰ和Ⅱ。　　　　E. Ⅰ、Ⅱ和Ⅲ。

19. 在 H 国 2000 年进行的人口普查中，婚姻状况分为四种：未婚、已婚、离婚和丧偶。其中，已婚分为正常婚姻和分居；分居分为合法分居和非法分居；非法分居指分居者与人非法同居；非法同居指无婚姻关系的异性之间的同居。普查显示，非法同居的分居者中，女性比男性多 100 万。

如果上述断定及相应的数据为真，并且上述非法同居者都为 H 国本国人，则以下哪项有关 H 国的断定必定为真？

Ⅰ. 与分居者非法同居的未婚、离婚或丧偶者中，男性多于女性。

Ⅱ. 与分居者非法同居的人中，男性多于女性。

Ⅲ. 与分居者非法同居的分居者中，男性多于女性。

A. 仅Ⅰ。　　　　　　B. 仅Ⅱ。　　　　　　C. 仅Ⅲ。

D. 仅Ⅰ和Ⅱ。　　　　E. Ⅰ、Ⅱ和Ⅲ。

20. 有人养了一些兔子。别人问他有多少只雄兔，多少只雌兔，他答："在他所养的兔子中，每只雄兔的雌性同伴比它的雄性同伴少 1 只；而每只雌兔的雄性同伴比它的雌性同伴的两倍少 2 只。"

根据上述回答，可以判断他养了多少只雌兔？多少只雄兔？

A. 8 只雄兔，6 只雌兔。　　　　B. 10 只雄兔，8 只雌兔。

C. 12 只雄兔，10 只雌兔。　　　D. 14 只雄兔，8 只雌兔。

E. 14 只雄兔，12 只雌兔。

21. 在丈夫或妻子至少有一个是中国人的夫妻中，中国女性比中国男性多 2 万。

如果上述断定为真，则以下哪项一定为真？

Ⅰ. 恰有 2 万中国女性嫁给了外国人。

Ⅱ. 在和中国人结婚的外国人中，男性多于女性。

Ⅲ. 在和中国人结婚的人中，男性多于女性。

A. 只有Ⅰ。 B. 只有Ⅱ。 C. 只有Ⅲ。
D. 只有Ⅱ和Ⅲ。 E. Ⅰ、Ⅱ、Ⅲ。

22. 某校以年级为单位，把学生的学习成绩分为优、良、中、差四等。在一年中，各门考试总分前10%的为优；后30%的为差，其余的为良与中。在上一年中，高二年级成绩为优的学生多于高一年级成绩为优的学生。

如果上述断定为真，则以下哪一项一定为真？

A. 高二年级成绩为差的学生少于高一年级成绩为差的学生。
B. 高二年级成绩为差的学生多于高一年级成绩为差的学生。
C. 高二年级成绩为优的学生多于高一年级成绩为良的学生。
D. 高二年级成绩为优的学生少于高一年级成绩为良的学生。
E. 高二年级成绩为差的学生多于高一年级成绩为中的学生。

23. 某综合性大学只有理科与文科，理科学生多于文科学生，女生多于男生。

如果上述断定为真，则以下哪项关于该大学学生的断定也一定为真？

Ⅰ. 文科的女生多于文科的男生。
Ⅱ. 理科的男生多于文科的男生。
Ⅲ. 理科的女生多于文科的男生。

A. 只有Ⅰ和Ⅱ。 B. 只有Ⅲ。 C. 只有Ⅱ和Ⅲ。
D. Ⅰ、Ⅱ和Ⅲ。 E. Ⅰ、Ⅱ和Ⅲ都不一定是真的。

24. 据统计，去年在某校参加高考的385名文、理科考生中，女生189人，文科男生41人，非应届男生28人，应届理科考生256人。

由此可见，去年在该校参加高考的考生中：

A. 非应届文科男生多于20人。 B. 应届理科女生少于130人。
C. 应届理科男生多于129人。 D. 应届理科女生多于130人。
E. 非应届文科男生少于20人。

25. 公司规定，将全体职工按工资数额从大到小排序。排在最后5%的人提高工资，排在最前5%的人降低工资。小王的工资数额高于全体工资的平均工资，小李的工资数额低于全体职工的平均工资。

如果严格执行公司规定，以下哪种情况是不可能的？

Ⅰ. 小王和小李都提高了工资。
Ⅱ. 小王和小李都降低了工资。
Ⅲ. 小王提高了工资；小李降低了工资。
Ⅳ. 小王降低了工资；小李提高了工资。

A. Ⅰ、Ⅱ、Ⅲ和Ⅳ。 B. Ⅰ、Ⅱ和Ⅲ。 C. Ⅰ、Ⅱ和Ⅳ。
D. 仅Ⅲ。 E. 仅Ⅳ。

26. 某国有黄种人、白种人、黑种人，人口统计显示男女比例相当，但黄种人比黑种人多很多。在白种人中，男性比例大于女性。根据以上表述，下面说法正确的是：

A. 黑种女性少于黄种男性。　　　　B. 黄种女性多于黑种男性。

C. 黑种男性少于黄种男性。　　　　D. 黑种女性少于黄种女性。

E. 黄种女性少于黑种男性。

27. 小刘和小红都是张老师的学生，张老师的生日是 M 月 N 日，两人都知道张老师的生日是下列 10 天中的一天，这 10 天分别为 3 月 4 日、3 月 5 日、3 月 8 日、6 月 4 日、6 月 7 日、9 月 1 日、9 月 5 日、12 月 1 日、12 月 2 日、12 月 8 日。张老师把 M 值告诉了小刘，把 N 值告诉了小红，然后有如下对话：

小刘说："如果我不知道的话，小红肯定也不知道。"

小红说："刚才我不知道，听小刘一说我就知道了。"

小刘说："哦，那我也知道了。"

请根据以上对话推断出张老师的生日是？

A. 3 月 4 日。　　B. 3 月 5 日。　　C. 3 月 8 日。　　D. 9 月 1 日。　　E. 9 月 5 日。

命题方向⑩：综合推理　数字相关　答案速查									
1. A	2. D	3. A	4. B	5. A	6. E	7. A	8. A	9. C	10. E
11. B	12. C	13. C	14. C	15. C	16. B	17. B	18. B	19. D	20. A
21. D	22. B	23. B	24. B	25. D	26. B	27. D			

命题方向⑪：综合推理　综合题组

1~2 题基于以下题干

李昌和王平的期终考试课程共五门。他俩的成绩除了历史课相同外，其他的都不同。他俩的各门考试都及格了，即每门成绩都在 60 分至 100 分之间。

1. 以下哪项关于上述考试的断定如果为真，使你能结合题干的信息，确定李昌五门课程的平均成绩高于王平？

Ⅰ. 李昌的最低分高于王平的最高分。

Ⅱ. 至少有四门课程，李昌的平均分高于王平的平均分。

Ⅲ. 至少有一门课程，李昌的成绩分别高于王平各门课程的成绩。

A. 仅Ⅰ。　　　　　　　　B. 仅Ⅱ。　　　　　　　　C. 仅Ⅲ。

D. 仅Ⅰ和Ⅲ。　　　　　　E. Ⅰ、Ⅱ和Ⅲ。

2. 如果题干的断定都为真，并且事实上李昌五门课程的平均成绩高于王平，则以下哪项关于上述考试的断定一定为真？

Ⅰ. 李昌的最低分高于王平的最高分。

Ⅱ. 至少有四门课程，李昌的平均分高于王平的平均分。

Ⅲ. 至少有一门课程，李昌的成绩分别高于王平各门课程的成绩。

A. 仅Ⅰ。 B. 仅Ⅱ。 C. 仅Ⅲ。

D. 仅Ⅰ和Ⅲ。 E. Ⅰ、Ⅱ和Ⅲ。

3~5题基于以下题干

东宇大学公开招聘3个教师职位，哲学学院、管理学院和经济学院各一个。每个职位都有分别来自南山大学、西京大学、北清大学的候选人。有位"聪明"人士李先生对招聘结果作出了如下预测：

如果哲学学院录用了北清大学的候选人，那么管理学院录用西京大学的候选人；如果管理学院录用南山大学的候选人，那么哲学学院也录用南山大学的候选人；如果经济学院录用北清大学或者西京大学的候选人，那么管理学院录用北清大学的候选人。

3. 如果哲学学院、管理学院和经济学院最终录用的候选人的大学归属信息依次如下，则哪项符合李先生的预测？

A. 南山大学、南山大学、西京大学。 B. 北清大学、南山大学、南山大学。

C. 北清大学、北清大学、南山大学。 D. 西京大学、北清大学、南山大学。

E. 西京大学、西京大学、西京大学。

4. 若哲学学院最终录用西京大学的候选人，则以下哪项表明李先生的预测错误？

A. 管理学院录用北清大学候选人。 B. 管理学院录用南山大学候选人。

C. 经济学院录用南山大学候选人。 D. 经济学院录用北清大学候选人。

E. 经济学院录用西京大学候选人。

5. 如果三个学院最终录用的候选人分别来自不同的大学，则以下哪项符合李先生的预测？

A. 哲学学院录用西京大学候选人，经济学院录用北清大学候选人。

B. 哲学学院录用南山大学候选人，管理学院录用北清大学候选人。

C. 哲学学院录用北清大学候选人，经济学院录用西京大学候选人。

D. 哲学学院录用西京大学候选人，管理学院录用南山大学候选人。

E. 哲学学院录用南山大学候选人，管理学院录用西京大学候选人。

6~10题基于以下题干

沿江高铁某段由西向东设置了五个站点，已知：

(1) 扶夷站在灏韵站之东、胡瑶站之西，并与胡瑶站相邻；

(2) 韭上站与银岭站相邻。

6. 根据以上信息，关于五个站点由西向东的排列顺序，以下哪项是可能的？

   A. 银岭站、灏韵站、韭上站、扶夷站、胡瑶站。
   B. 扶夷站、胡瑶站、韭上站、银岭站、灏韵站。
   C. 灏韵站、银岭站、韭上站、扶夷站、胡瑶站。
   D. 灏韵站、胡瑶站、扶夷站、银岭站、韭上站。
   E. 扶夷站、银岭站、灏韵站、韭上站、胡瑶站。

7. 如果韭上站与灏韵站相邻并且在灏韵站之东，则可以得出：

   A. 胡瑶站在最东面。　　B. 扶夷站在最西面。　　C. 银岭站在最东面。
   D. 韭上站在最西面。　　E. 灏韵站在中间。

8. 如果灏韵站在韭上站之东，则可以得出：

   A. 银岭站与灏韵站相邻并且在灏韵站之西。
   B. 灏韵站与扶夷站相邻并且在扶夷站之西。
   C. 韭上站与灏韵站相邻并且在灏韵站之西。
   D. 银岭站与扶夷站相邻并且在扶夷站之西。
   E. 银岭站与胡瑶站在五个站的东西两端。

9. 如果灏韵站与银岭站相邻，则可以得出：

   A. 银岭站在灏韵站之西。　　　　　　B. 扶夷站在韭上站之西。
   C. 灏韵站在银岭站之西。　　　　　　D. 韭上站在银岭站之西。
   E. 韭上站在扶夷站之西。

10. 假如灏韵站位于最西面，则这五个站点可能的排列顺序有：

    A. 3 种。　　B. 4 种。　　C. 5 种。　　D. 6 种。　　E. 8 种。

11~12 题基于以下题干

年初，为激励员工努力工作，某公司决定根据每月的工作绩效评选"月度之星"。王某在当年前 10 个月恰好只在连续的 4 个月中当选"月度之星"，他的另三位同事郑某、吴某、周某也做到了这一点。关于这四人当选"月度之星"的月份，已知：

（1）王某和郑某仅有三个月同时当选；
（2）郑某和吴某仅有三个月同时当选；
（3）王某和周某不曾在同一个月当选；
（4）仅有 2 人在 7 月同时当选；
（5）至少有 1 人在 1 月当选。

11. 根据以上信息，有 3 人同时当选"月度之星"的月份是：

    A. 1~3 月。　　B. 2~4 月。　　C. 3~5 月。　　D. 4~6 月。　　E. 5~7 月。

12. 根据以上信息，王某当选"月度之星"的月份是：
A. 1~4月。　　B. 3~6月。　　C. 4~7月。　　D. 5~8月。　　E. 7~10月。

13~14题基于以下题干

晨曦公园拟在园内东、南、西、北四个区域种植四种不同的特色树木，每个区域只种植一种。选定的特色树种为：水杉、银杏、乌柏和龙柏。布局和基本要求是：

（1）如果在东区或者南区种植银杏，那么在北区不能种植龙柏或者乌柏；

（2）北区或者东区要种植水杉或者银杏。

13. 根据上述种植要求，如果北区种植龙柏，以下哪项一定为真？
A. 西区种植水杉。　　　B. 南区种植乌柏。　　　C. 南区种植水杉。
D. 西区种植乌柏。　　　E. 东区种植乌柏。

14. 根据上述种植要求，如果水杉必须种植于西区或者南区，以下哪项一定为真？
A. 南区种植水杉。　　　B. 西区种植水杉。　　　C. 东区种植银杏。
D. 北区种植银杏。　　　E. 南区种植乌柏。

15~18题基于以下题干

某班打算从方如芬、郭嫣然、何之莲三名女生中选拔两人，从彭友文、裘志节、任向阳、宋文凯、唐晓华五名男生中选拔三人组成大学生五人支教小组到山区义务支教。要求：

（1）郭嫣然和唐晓华不同时入选；

（2）彭友文和宋文凯不同时入选；

（3）裘志节和唐晓华不同时入选。

15. 下列哪位一定入选？
A. 方如芬。　　B. 郭嫣然。　　C. 宋文凯。　　D. 何之莲。　　E. 任向阳。

16. 如果郭嫣然入选，则下列哪位也一定入选？
A. 方如芬。　　B. 何之莲。　　C. 彭友文。　　D. 裘志节。　　E. 宋文凯。

17. 若何之莲未入选，则下列哪一位也未入选？
A. 唐晓华。　　B. 彭友文。　　C. 裘志节。　　D. 宋文凯。　　E. 方如芬。

18. 若唐晓华入选，则下列哪两位一定入选？
A. 方如芬和郭嫣然。　　　B. 郭嫣然和何之莲。　　　C. 彭友文和何之莲。
D. 任向阳和宋文凯。　　　E. 方如芬和何之莲。

19~23题基于以下题干

某公司有一栋6层的办公楼，公司的财务部、企划部、行政部、销售部、人力资源部、研发部6个部门在此办公，每个部门占据其中的一层。已知：

（1）人力资源部、销售部两个部门所在的楼层不相邻；

(2) 财务部在企划部下一层；

(3) 行政部所在的楼层在企划部的上面，但是在人力资源部的下面。

19. 按照从下到上的顺序，以下哪项符合上述楼层的分布？

A. 财务部、企划部、行政部、人力资源部、研发部、销售部。

B. 财务部、企划部、行政部、人力资源部、销售部、研发部。

C. 企划部、财务部、销售部、研发部、行政部、人力资源部。

D. 销售部、财务部、企划部、研发部、人力资源部、行政部。

E. 财务部、企划部、研发部、人力资源部、销售部、行政部。

20. 如果人力资源部不在行政部的上一层，那么下列哪项可能是正确的？

A. 销售部在研发部的上一层。　　B. 销售部在行政部的上一层。

C. 销售部在企划部的下一层。　　D. 销售部在第二层。

E. 研发部在第二层。

21. 如果人力资源部不在最上层，那么研发部可能在的楼层是：

A. 3、4、6。　　B. 3、4、5。　　C. 4、5。　　D. 5、6。　　E. 4、6。

22. 如果财务部在第三层，则下列哪项可能是正确的？

A. 研发部在第五层。　　B. 研发部在销售部的上一层。

C. 行政部不在企划部的上一层。　　D. 销售部在企划部的上面某层。

E. 研发部在企划部的上面某层。

23. 以下哪项可能分别是第一层、第二层所在的两个部门？

A. 财务部、销售部。　　B. 企划部、销售部。　　C. 研发部、销售部。

D. 销售部、企划部。　　E. 研发部、行政部。

24~27题基于以下题干

某大学文学院语言学专业2014年毕业的5名研究生张、王、李、赵、刘分别被三家用人单位天枢、天机、天璇中的一家录用，并且各单位至少录用了其中的一名。已知：

(1) 李被天枢录用；

(2) 李和赵没有被同一家单位录用；

(3) 刘和赵被同一家单位录用；

(4) 如果张被天璇录用，那么王也被天璇录用。

24. 以下哪项可能是正确的？

A. 李和刘被同一单位录用。　　B. 王、赵、刘都被天机录用。

C. 只有刘被天璇录用。　　D. 只有王被天璇录用。

E. 天枢录用了其中的3个人。

25. 以下哪项一定是正确的？

A. 张、王被同一单位录用。　　　　B. 王和刘被不同的单位录用。

C. 天枢至多录用了两人。　　　　　D. 天枢和天璇录用的人数相同。

E. 王没有被天枢录用。

26. 下列哪项正确，则可以确定每个毕业生的录用单位？

A. 李被天枢录用。　　B. 张被天璇录用。　　C. 张被天枢录用。

D. 刘被天机录用。　　E. 王被天机录用。

27. 如果刘被天璇录用，则以下哪项一定是错误的？

A. 天璇录用了3人。　　　　　　B. 录用李的单位只录用了他一人。

C. 王被天璇录用。　　　　　　　D. 天机只录用了其中的一人。

E. 张被天璇录用。

命题方向⑪：综合推理　综合题组　答案速查									
1. A	2. B	3. D	4. B	5. E	6. C	7. A	8. B	9. E	10. B
11. D	12. D	13. B	14. D	15. E	16. D	17. A	18. E	19. A	20. B
21. D	22. B	23. C	24. D	25. C	26. B	27. E			

第三部分 论证逻辑

一、考点速通

考点 12：两大论证型式

1. 我国多数企业完全缺乏"专利意识"，不懂得通过专利来保护自己的合法利益。中国专利局最近对 500 家大中型企业专利工作的一次调查的结果表明，在科研或新产品规划时制订了专利计划的仅有 26%。

以下哪项如果为真，最能削弱上述论证？

A. 在被调查的 500 家企业以外，有一部分企业也制订了专利计划。

B. 一些企业不知道应当怎样制订出专利计划。

C. 有不少企业申请了很多专利，但并没有制订专利计划。

D. "专利意识"的培养是长期的任务。

E. 制订了专利计划的企业不一定就牢固地树立了"专利意识"。

2. 北方航空公司实行对教师机票六五折优惠，这实际上是吸引乘客的一种经营策略。该航空公司并没有实际让利，因为当某天某航班的满员率超过 90% 时，就停售当天优惠价机票，而即使在高峰期，航班的满员率也很少超过 90%。有座位空着，何不以优惠价促销它呢？

以下哪项如果是真的，将最有力地削弱上述论证？

A. 绝大多数教师乘客并不是因为票价优惠才选择北方航空公司的航班。

B. 该航空公司实施优惠价的 7 月份的营业额比未实施优惠价的 2 月份增加了 30%。

C. 实施教师优惠票价是表示对教师职业的一种尊重，不应从功利角度对此进行评价。

D. 该航空公司在实施教师优惠价的同时，实施季节性调价。

E. 该航空公司各航班全年的平均满员率是 50%。

3~4 题基于以下题干

小儿神经性皮炎一直被认为是由母乳过敏引起的。但是，如果我们让患儿停止进食母乳而改用牛乳，他们的神经性皮炎并不能因此而消失。因此，显然存在别的某种原因引起小儿神经性皮炎。

3. 下列哪项如果是真的，最能削弱上面的论证？

A. 牛乳有时也会引起过敏。

B. 小儿神经性皮炎属顽症，一旦发生，很难在短期内治愈。

C. 小儿神经性皮炎的患者大多有家族史。

D. 人乳比牛乳更易于被婴儿吸收。

E. 小儿神经性皮炎大多发生在有过敏体质的婴儿中。

4. 下列哪项如果是真的，最能支持题干的结论？

A. 医学已经证明，母乳是婴儿最理想的食料。

B. 医学尚不能揭示母乳过敏诱发小儿神经性皮炎的病理机制。

C. 已发现有小儿神经性皮炎的患儿从未进食过母乳。

D. 已发现有母乳过敏导致婴儿突发性窒息的病例。

E. 小儿神经性皮炎的患儿并没有表现出对母乳的排斥。

5. 近年来，我国许多餐厅使用一次性筷子，这种现象受到越来越多人的批评。许多资源环境工作者在报刊上呼吁：为了保护森林资源，让山变绿、水变清，是采取坚决措施，禁用一次性筷子的时候了！

以下除哪项外，都从不同方面对批评者的观点提供了支持？

A. 我国森林资源十分匮乏，把大好的木材用来做一次性筷子，实在是莫大的浪费。

B. 1998年的特大水灾造成的损失既与气候有关，也与多年的滥砍滥伐有很大关系。

C. 森林和各种绿色植被对涵养水分、调节气候、防止水土流失具有不可替代的作用。

D. 禁用一次性筷子既要大张旗鼓地宣传，又要制定相应的法规，建立完善的监督机制。

E. 保护森林不能只保不用。合理使用，适量地采伐，发展林区经济，还能促进保护。

6. 我国科研人员经过对动物和临床的多次试验，发现中药山茱萸具有抗移植免疫排斥反应和治疗自身免疫疾病的作用，是新的高效低毒免疫抑制剂。某医学杂志首次发表了关于这一成果的论文。多少有些遗憾的是，从杂志收到该论文到它的发表，间隔了6周。如果这一论文能尽早发表的话，这6周内许多这类患者可以避免患病。

以下哪项如果为真，最能削弱上述论证？

A. 上述医学杂志在发表此论文前，未送有关专家审查。

B. 只有口服山茱萸超过2个月，药物才具有免疫抑制作用。

C. 山茱萸具有抗移植免疫排斥反应和治疗自身免疫疾病的作用仍有待进一步证实。

D. 上述杂志不是国内最权威的医学杂志。

E. 口服山茱萸可能会引起消化系统不适。

7. 小丽在情人节那天收到了专递公司送来的一束鲜花。如果这束鲜花是熟人送的，那么送花人一定知道小丽不喜欢玫瑰而喜欢紫罗兰。但小丽收到的是玫瑰。如果这束花不是熟人送的，那么花中一定附有签字名片。但小丽收到的花中没有名片。因此，专递公司肯定犯了以下的某种错误：或者该送紫罗兰却误送了玫瑰，或者失落了花中的名片，或者这束花应该是送给别人的。

以下哪项如果为真，最能削弱上述论证？

　　A. 女士在情人节收到的鲜花一般都是玫瑰。

　　B. 有些人送花，除了取悦对方外，还有其他目的。

　　C. 有些人送花是出于取悦对方以外的其他目的。

　　D. 不是熟人不大可能给小丽送花。

　　E. 上述专递公司在以往的业务中从未有过失误记录。

8. 免疫研究室的钟教授说："生命科学院以前研究生的那种勤奋精神越来越不多见了，因为我发现目前在我的研究生中，起早摸黑做实验的人越来越少了。"

钟教授的论证基于以下哪项假设？

　　A. 现在生命科学院的研究生需要从事的实验外活动越来越多。

　　B. 对于生命科学院的研究生来说，只有起早摸黑才能确保完成实验任务。

　　C. 研究生是否起早摸黑做实验是他们勤奋与否的一个重要标准。

　　D. 钟教授的研究生做实验不勤奋是由于钟教授没有足够的科研经费。

　　E. 现在的年轻人并不热衷于实验室工作。

9. 现在能够纠正词汇、语法和标点符号使用错误的中文电脑软件越来越多，记者们即使不具备良好的汉语基础也不妨碍撰稿。因此培养新闻工作者的学校不必重视学生汉语能力的提高，而应注重新闻工作者其他素质的培养。

以下哪项如果为真，最能削弱上述论证和建议？

　　A. 避免词汇、语法和标点符号的使用错误并不一定能确保文稿的语言质量。

　　B. 新闻学课程一直强调并要求学生能够熟练应用计算机并熟悉各种软件。

　　C. 中文软件越是有效，被盗版的可能性越大。

　　D. 在新闻学院开设新课要经过复杂的论证与报批程序。

　　E. 目前大部分中文软件经常更新，许多人还在用旧版本。

10~11题基于以下题干

一般人认为，广告商为了吸引顾客不择手段。但广告商并不都是这样。最近，为了扩大销路，一家名为《港湾》的家庭类杂志改名为《炼狱》，主要刊登暴力与色情内容。结果，原先《港湾》杂志的一些常年广告客户拒绝续签合同，转向其他刊物。这说明这些广告商不仅考虑经济效益，而且顾及道德责任。

10. 以下各项如果为真，都能削弱上述论证，除了：

　　A.《炼狱》杂志所登载的暴力与色情内容在同类杂志中较为节制。

B. 刊登暴力与色情内容的杂志通常销量较高，但信誉度较低。

C. 上述拒绝续签合同的广告商主要推销家居商品。

D. 改名后的《炼狱》杂志的广告费比改名前提高了数倍。

E. 《炼狱》因登载虚假广告被媒体曝光，一度成为新闻热点。

11. 以下哪项如果为真，最能加强题干的论证？

A. 《炼狱》的成本与售价都低于《港湾》。

B. 上述拒绝续签合同的广告商在转向其他刊物后效益未受影响。

C. 家庭类杂志的读者一般对暴力与色情内容不感兴趣。

D. 改名后《炼狱》杂志的广告客户并无明显增加。

E. 一些在其他家庭杂志做广告的客户转向《炼狱》杂志。

12~13题基于以下题干

因为照片的影像是通过光线与胶片的接触形成的，所以每张照片都具有一定的真实性。但是，从不同角度拍摄的照片总是反映了物体某个侧面的真实而不是全部的真实，在这个意义上，照片又是不真实的。因此，在目前的技术条件下，以照片作为证据是不恰当的，特别是在法庭上。

12. 以下哪项是上述论证所假设的？

A. 不完全反映全部真实的东西不能成为恰当的证据。

B. 全部的真实性是不可把握的。

C. 目前的法庭审理都把照片作为重要物证。

D. 如果从不同角度拍摄一个物体，就可以把握它的全部真实性。

E. 法庭具有判定任一证据真伪的能力。

13. 以下哪项如果为真，最能削弱上述论证？

A. 摄影技术是不断发展的，理论上说，全景照片可以从外观上反映物体的全部真实。

B. 任何证据只需要反映事实的某个侧面。

C. 在法庭审理中，有些照片虽然不能成为证据，但有重要的参考价值。

D. 有些照片是通过技术手段合成或伪造的。

E. 就反映真实性而言，照片的质量有很大的差别。

14. 点子大王秦老师最近又要贡献一个点子给都市报报业集团。秦老师分析了目前报纸的发行时段：早上有晨报，上午有日报，下午有晚报，真正为晚上准备的报纸却没有。秦老师建议他们办一份《都市夜报》，打开这块市场。谁知都市报报业集团却没有采纳秦老师的建议。

以下哪项如果为真，能够恰当地指出秦老师的分析中所存在的问题？

A. 报纸的发行时段和阅读时间是不同的。

B. 酒吧或影剧院的灯光都很昏暗，无法读报。

C. 许多人睡前有读书的习惯，而读报的比较少。

D. 晚上人们一般习惯于看电视节目，很少读报。

E. 都市的夜生活非常丰富，读报纸显得太枯燥了。

15. 在司法审判中，所谓肯定性误判是指把无罪者判为有罪，否定性误判是指把有罪者判为无罪。肯定性误判就是所谓的错判，否定性误判就是所谓的错放。而司法公正的根本原则是"不放过一个坏人，不冤枉一个好人"。某法学家认为，目前，衡量一个法院在办案中是否对司法公正的原则贯彻得足够好，就看它的肯定性误判率是否足够低。

以下哪项如果为真，能最有力地支持上述法学家的观点？

A. 错放，只是放过了坏人；错判，则是既放过了坏人，又冤枉了好人。

B. 宁可错判，不可错放，是"左"的思想在司法界的反映。

C. 错放造成的损失，大多是可弥补的；错判对被害人造成的伤害，是不可弥补的。

D. 各个法院的办案正确率普遍有明显的提高。

E. 各个法院的否定性误判率基本相同。

16. 美国联邦所得税是累进税，收入越高，纳税率越高。美国有的州还在自己管辖的范围内，在绝大部分出售商品的价格上附加7%左右的销售税。如果销售税也被视为所得税的一种形式的话，那么，这种税收是违背累进原则的：收入越低，纳税率越高。

以下哪项如果为真，最能加强题干的议论？

A. 人们花在购物上的钱基本上是一样的。

B. 近年来，美国的收入差别显著扩大。

C. 低收入者有能力支付销售税，因为他们缴纳的联邦所得税相对较低。

D. 销售税的实施，并没有减少商品的销售总量，但售出商品的比例有所变动。

E. 美国的大多数州并没有征收销售税。

17. 美国法律规定，不论是驾驶员还是乘客，坐在行驶的小汽车中必须系好安全带。有人对此持反对意见。他们的理由是，每个人都有权冒自己愿意承担的风险，只要这种风险不会给别人带来损害。因此，坐在汽车里系不系安全带，纯粹是个人的私事，正如有人愿意承担风险去炒股，有人愿意承担风险去攀岩，纯属他个人的私事一样。

以下哪项如果为真，最能质疑上述反对意见？

A. 尽管确实为了保护每个乘客自己，而并非为了防备伤害他人，但所有航空公司仍然要求每个乘客在飞机起飞和降落时系好安全带。

B. 汽车保险费近年来连续上涨，原因之一，是由于不系安全带造成的伤亡使得汽车保险赔偿费连年上涨。

C. 在实施了强制要求系安全带的法律以后，美国的汽车交通事故死亡率明显下降。

D. 法律的实施带有强制性，不管它的反对意见看起来多么有理。

E. 炒股或攀岩之类的风险是有价值的风险，不系安全带的风险是无谓的风险。

18. 经 A 省的防疫部门检测，在该省境内接受检疫的长尾猴中，有 1% 感染了狂犬病。但是只有与人及其宠物有接触的长尾猴才接受检疫。防疫部门的专家因此推测，该省长尾猴中感染狂犬病的比例，将大大小于 1%。

以下哪项如果为真，将最有力地支持专家的推测？

A. 在 A 省境内，与人及其宠物有接触的长尾猴，只占长尾猴总数的不到 10%。

B. 在 A 省，感染狂犬病的宠物，约占宠物总数的 0.1%。

C. 在与 A 省毗邻的 B 省境内，至今没有关于长尾猴感染狂犬病的疫情报告。

D. 与和人的接触相比，健康的长尾猴更愿意与人的宠物接触。

E. 与健康的长尾猴相比，感染狂犬病的长尾猴更愿意与人及其宠物接触。

19. 在美国，近年来在电视卫星的发射和操作中事故不断，这使得不少保险公司不得不面临巨额赔偿，这不可避免地导致电视卫星的保险金猛涨，使得发射和操作电视卫星的费用变得更为昂贵。为了应付昂贵的成本，必须进一步开发电视卫星更多的尖端功能来提高电视卫星的售价。

以下哪项如果为真，和题干的断定一起，最能支持这样一个结论，即电视卫星的成本将继续上涨？

A. 承担电视卫星保险业风险的只有为数不多的几家大公司，这使得保险金必定很高。

B. 美国电视卫星业面临的问题，在西方发达国家具有普遍性。

C. 电视卫星目前具备的功能已能满足需要，用户并没有对此提出新的要求。

D. 卫星的故障大都发生在进入轨道以后，对这类故障的分析及排除变得十分困难。

E. 电视卫星具备的尖端功能越多，越容易出问题。

20. 一份对北方山区先天性精神分裂症患者的调查统计表明，大部分患者都出生在冬季。专家们指出，其原因很可能是那些临产的孕妇营养不良，因为在这一年最寒冷的季节中，人们很难买到新鲜食品。

以下哪项如果为真，能支持题干中专家的结论？

A. 在精神分裂症患者中，先天性患者只占很小的比例。

B. 调查中相当比例的患者有家族史。

C. 与引起精神分裂症有关的大脑区域的发育，大部分发生在产前一个月。

D. 新鲜食品与腌制食品中的营养成分对大脑发育的影响相同。

E. 虽然生活在北方山区，但被调查对象的家庭，大都经济条件良好。

21. 建筑历史学家丹尼斯教授对欧洲 19 世纪早期铺有木地板的房子进行了研究。结果发现较大的房间铺设的木板条比较小房间的木板条窄得多。丹尼斯教授认为，既然大房子的主人一般都比小房子的主人富有，那么，用窄木条铺地板很可能是当时有地位的象征，用以表明房主的富有。

以下哪项如果为真，最能加强丹尼斯教授的观点？

A. 欧洲 19 世纪晚期的大多数房子所铺设的木地板的宽度大致相同。

B. 丹尼斯教授的学术地位得到了国际建筑历史学界的公认。

C. 欧洲 19 世纪早期，木地板条的价格是以长度为标准计算的。

D. 欧洲 19 世纪早期，有些大房子铺设的是比木地板昂贵得多的大理石。

E. 在以欧洲 19 世纪市民生活为背景的小说《雾都十三夜》中，富商查理的别墅中铺设的就是有别于民间的细条胡桃木地板。

22. 据统计，西式快餐业在我国主要大城市中的年利润，近年来稳定在 2 亿元左右。扣除物价浮动因素，估计这个数字在未来数年中不会因为新的西式快餐网点的增加而有大的改变。因此，随着美国快餐之父艾德熊的大踏步迈进中国市场，一向生意火爆的麦当劳的利润肯定会有所下降。

以下哪项如果为真，最能动摇上述论证？

A. 中国消费者对艾德熊的熟悉和接受要有一个过程。

B. 艾德熊的消费价格一般稍高于麦当劳。

C. 随着艾德熊进入中国市场，中国消费者用于肯德基的消费将有明显下降。

D. 艾德熊在中国的经营规模，在近年不会超过麦当劳的 1/4。

E. 麦当劳一直注意改进服务，开拓品牌，使之在保持传统的基础上更适合中国消费者的口味。

23. 通常的高山反应是由高海拔地区空气中缺氧造成的，当缺氧条件改变时，症状可以很快消失。急性脑血管梗阻也具有脑缺氧的病征，如不及时恰当处理会危及生命。由于急性脑血管梗阻的症状和普通高山反应相似，因此，在高海拔地区，急性脑血管梗阻这种病特别危险。

以下哪项最可能是上述论证所假设的？

A. 普通高山反应和急性脑血管梗阻的医疗处理是不同的。

B. 高山反应不会诱发急性脑血管梗阻。

C. 急性脑血管梗阻如及时恰当处理不会危及生命。

D. 高海拔地区缺少抢救和医治急性脑血管梗阻的条件。

E. 高海拔地区的缺氧可能会影响医生的工作，降低其诊断的准确性。

24. 一个部落或种族在历史的发展中灭绝了，但它的文字会留传下来。"亚里洛"就是这样一种文字。考古学家是在内陆发现这种文字的。经研究，"亚里洛"中没有表示"海"的文字，但有表示"冬天""雪""狼"等的文字。因此，专家们推测，使用"亚里洛"文字的部落或种族在历史上生活在远离海洋的寒冷地带。

以下哪项如果为真，最能削弱上述专家的推测？

A. 蒙古语中有表示"海"的文字，尽管古代蒙古人从没见过海。

B. "亚里洛"中有表示"鱼"的文字。

C. "亚里洛"中有表示"热"的文字。

D. "亚里洛"中没有表示"山"的文字。

E. "亚里洛"中没有表示"云"的文字。

25. 有些人若有某一次厌食，会对这次膳食中有特殊味道的食物持续产生强烈厌恶，不管这种食物是否对身体有利。这种现象可以解释为什么小孩更易于对某些食物产生强烈的厌食。

以下哪项如果为真，最能加强上述解释？

A. 小孩的膳食搭配中含有特殊味道的食物比成年人多。

B. 对未尝过的食物，成年人比小孩更容易产生抗拒心理。

C. 小孩的嗅觉和味觉比成年人敏锐。

D. 和成年人相比，小孩较为缺乏食物与健康的相关知识。

E. 如果讨厌某种食物，小孩厌食的持续时间比成年人更长。

26. 在"非典"期间，某地区共有7名参与治疗"非典"的医务人员死亡，同时也有10名未参与"非典"治疗工作的医务人员死亡。这说明参与"非典"治疗并不比日常医务工作危险。

以下哪项相关断定如果为真，最能削弱上述结论？

A. 参与"非典"治疗死亡的医务人员的平均年龄，略低于未参与"非典"治疗而亡的医务人员。

B. 参与"非典"治疗的医务人员的体质，一般高于其他医务人员。

C. 个别参与治疗"非典"死亡的医务人员的死因，并非感染"非典"病毒。

D. 医务人员中只有一小部分参与了"非典"治疗工作。

E. 经过治疗的"非典"患者死亡人数，远低于未经治疗的"非典"患者死亡人数。

27. 3D立体技术代表了当前电影技术的尖端水准，由于使电影实现了高度可信的空间感，它可能成为未来电影的主流。3D立体电影中的银幕角色虽然由计算机生成，但是那些包括动作和表情的电脑角色的"表演"，都以真实演员的"表演"为基础，就像数码时代的化妆技术一样。这也引起了某些演员的担心：随着计算机技术的发展，未来计算机生成的图像和动画会替代真人表演。

以下哪项如果为真，最能减弱上述演员的担心？

A. 所有电影的导演只能和真人交流，而不是和电脑交流。

B. 任何电影的拍摄都取决于制片人的选择，演员可以跟上时代的发展。

C. 3D立体电影目前的高票房只是人们一时图新鲜的结果，未来尚不可知。

D. 掌握3D立体技术的动画专业人员不喜欢去电影院看3D电影。

E. 电影故事只能用演员的心灵、情感来表现，其表现形式与导演的喜好无关。

28. 社会成员的幸福感是可以运用现代手段精确量化的。衡量一项社会改革措施是否成功，要看社会成员的幸福感总量是否增加。S市最近推出的福利改革明显增加了公务员的幸福感总量，因此，这项改革措施是成功的。

以下哪项如果为真，最能削弱上述论证？

A. 上述改革措施并没有增加S市所有公务员的幸福感。

B. S市公务员只占全市社会成员很小的比例。

C. 上述改革措施在增加公务员幸福感总量的同时，减少了S市民营企业人员的幸福感总量。

D. 上述改革措施在增加公务员幸福感总量的同时，减少了S市全体社会成员的幸福感总量。

E. 上述改革措施已经引起S市市民的广泛争议。

29. 对东江中学全校学生进行调查发现，拥有MP3播放器人数最多的班集体同时也是英语成绩最佳的班集体。由此可见，利用MP3播放器可以提高英语水平。

以下哪项如果为真，最能加强上述结论？

A. 拥有MP3播放器的同学英语学习热情比较高。

B. 喜欢使用MP3播放器的同学都是那些学习自觉性较高的学生。

C. 随着MP3播放器性能的提高，其提高英语水平的作用将更加明显。

D. 拥有MP3播放器人数最多的班级是最会利用MP3播放器的班级。

E. 拥有MP3播放器人数最多的班上的同学更多地利用MP3进行英语学习。

30. 陈先生：昨天我驾车时被警察出具罚单，理由是我超速。警察这样做是不公正的。我敢肯定，当时我看到很多车都超速，为什么受罚的只有我一个？

贾女士：你并没有受到不公正的对待，因为警察当时不可能制止所有的超速汽车。事实上，当时每个超速驾驶的人都同样可能被出具罚单。

确定以下哪项原则，最能支持贾女士的观点？

A. 任何处罚的公正性，只能是相对的，不是绝对的。绝对公正的处罚，是一种理想化的标准，不具有可操作性。

B. 对违反交通规则的处罚不是一种目的,而是一种手段。

C. 违反交通规则的处罚对象,应当是所有违反交通规则的人。

D. 任何处罚,只要有法规依据,就是公正的。

E. 如果每个违反交通规则的人被处罚的可能性均等,那么,对其中任何一个人的处罚都是公正的。

31. 葡萄酒中含有白藜芦醇和类黄酮等对心脏有益的抗氧化剂。一项新研究表明,白藜芦醇能防止骨质疏松和肌肉萎缩。由此,有关研究人员推断,那些长时间在国际空间站或宇宙飞船上的宇航员或许可以补充一下白藜芦醇。

以下哪项如果为真,最能支持上述研究人员的推断?

A. 研究人员发现由于残疾或者其他因素而很少活动的人会比经常活动的人更容易出现骨质疏松和肌肉萎缩等症状,如果能喝点葡萄酒,则可以获益。

B. 研究人员模拟失重状态,对老鼠进行试验,一个对照组未接受任何特殊处理,另一组则每天服用白藜芦醇。结果对照组的老鼠骨头和肌肉的密度都降低了,而服用白藜芦醇的一组则没有出现这些症状。

C. 研究人员发现由于残疾或者其他因素而很少活动的人,如果每天服用一定量的白藜芦醇,则可以改善骨质疏松和肌肉萎缩等症状。

D. 研究人员发现,葡萄酒能对抗失重所造成的负面影响。

E. 某医学博士认为,白藜芦醇或许不能代替锻炼,但它能减缓人体某些机能的退化。

32. 新近一项研究发现,海水颜色能够让飓风改变方向,也就是说,如果海水变色,飓风的移动路径也会变向。这也就意味着科学家可以根据海水的"脸色"判断哪些地区将被飓风袭击,哪些地区会幸免于难。值得关注的是,全球气候变暖可能已经让海水变色。

以下哪项最可能是科学家做出判断所依赖的前提?

A. 海水温度升高会导致生成的飓风数量增加。

B. 海水温度变化会导致海水改变颜色。

C. 海水颜色与飓风移动路径之间存在某种相对确定的联系。

D. 全球气候变暖是最近几年飓风频发的重要原因之一。

E. 海水温度变化与海水颜色变化之间的联系尚不明朗。

33. 利兹鱼生活在距今约1.65亿年前的侏罗纪中期,是恐龙时代一种体型巨大的鱼类。利兹鱼在出生后20年内可长到9米长,平均寿命40年左右。利兹鱼最大的体长甚至可达到16.5米。这个体型与现代最大的鱼类鲸鲨相当,而鲸鲨的平均寿命约为70年,因此利兹鱼的生长速度很可能超过鲸鲨。

以下哪项如果为真,最能反驳上述论证?

A. 利兹鱼和鲸鲨都以海洋中的浮游生物、小型动物为食，生长速度不可能有大的差异。

B. 利兹鱼和鲸鲨尽管寿命相差很大，但是它们均在20岁左右达到成年，体态基本定型。

C. 鱼类尽管寿命长短不同，但其生长阶段基本上与其幼年、成年、中老年相应。

D. 侏罗纪时期的鱼类和现代鱼类的生长周期没有明显变化。

E. 远古时期的海洋环境和今天的海洋环境存在很大的差异。

34. 越来越多有说服力的统计数据表明，具有某种性格特征的人易患高血压，而另一种性格特征的人易患心脏病，如此等等。因此，随着对性格特征的进一步分类了解，通过主动修正行为和调整性格特征以达到防治疾病的可能性将大大提高。

以下哪项最能反驳上述观点？

A. 一个人可能会患有与各种不同性格特征均有关系的多种疾病。

B. 某种性格与其相关的疾病可能由相同的生理因素导致。

C. 某一种性格特征与某一种疾病的联系可能只是数据上的契合，并不具有一般性意义。

D. 人们往往是在病情已难以扭转的情况下，才愿意修正自己的行为，但已为时太晚。

E. 用心理手段医治与性格特征相关的疾病这一研究，导致心理疗法遭到淘汰。

35. 长天汽车制造公司的研究人员发现，轿车的减震系统越"硬"，驾驶人员越是在驾驶中感到刺激。因此，他们建议长天汽车制造公司把所有的新产品的减震系统都设计得更"硬"一些，以提高产品的销量。

下面哪一项如果为真，最能削弱该研究人员的建议？

A. 长天公司原来生产的轿车的减震系统都比较"软"。

B. 驾驶汽车的刺激性越大，车就容易开得越快，越容易出交通事故。

C. 大多数人买车是为了便利和舒适，而"硬"的减震系统让人颠得实在难受。

D. 目前"硬"减震系统逐步流行起来，尤其是在青年开车族中。

E. 买车的人中有些年长者不是为了追求驾驶中的刺激。

36. 在目前财政拮据的情况下，在本市增加警力的动议不可取。在计算增加警力所需的经费开支时，光考虑到支付新增警员的工资是不够的，同时还要考虑到支付法庭和监狱新雇员的工资。由于警力的增加带来的逮捕、宣判和监管任务的增加，势必需要相关部门同时增员。

以下哪项如果为真，将最有力地削弱上述论证？

A. 增加警力所需的费用，将由中央和地方财政共同负担。

B. 目前的财政状况，绝不至于拮据到连维护社会治安的费用都难以支付的地步。

C. 湖州市与本市毗邻，去年警力增加19%，逮捕个案增加40%，判决个案增加13%。

D. 并非所有侦察都导致逮捕，并非所有逮捕都导致宣判，并非所有宣判都导致监禁。

E. 当警力增加到与市民的数量达到一个恰当的比例时，将减少犯罪。

37. 据统计资料显示，美国的人均寿命是 73.9 岁，而在夏威夷出生的人的平均寿命是 77 岁，在路易斯安那州出生的人的平均寿命是 71.7 岁。因此，一个来自路易斯安那州的新婚夫妇，如果选择定居夏威夷，那么，他们的孩子的寿命，可以指望比在路易斯安那州出生的要长。

以下哪项如果为真，将最有力地削弱题干的结论？

A. 在路易斯安那州首府巴吞鲁日出生的人平均寿命是 78 岁。

B. 路易斯安那州的居民中 1/3 以上的是黑人，是美国黑人比例最高的州；美国黑人的平均寿命要低于白人 3 个至 5 个百分点。

C. 美国人寿保险公司的专家并不认为移居夏威夷会使路易斯安那州人的平均寿命明显提高。

D. 夏威夷群岛的大部分岛屿的空气污染程度要大大低于全美的平均水平。

E. 和环境相比，遗传是人的寿命长短的更为重要的决定性因素。

38. 面对预算困难，W 国政府不得不削减对于科研项目的资助，一大批这样的研究项目转而由私人基金资助。这样，可能产生争议结果的研究项目在整个受资助研究项目中的比例肯定会因此降低，因为私人基金资助者非常关心其公众形象，他们不希望自己资助的项目会导致争议。

以下哪项是上述论证所必须假设的？

A. W 国政府比私人基金资助者较为愿意资助可能产生争议的科研项目。

B. W 国政府只注意所资助的研究项目的效果，而不在意它是否会导致争议。

C. W 国政府没有必要像私人基金资助者那样关心自己的公众形象。

D. 可能引起争议的科研项目并不一定会有损资助者的公众形象。

E. 可能引起争议的科研项目比一般的项目更有价值。

39. 心脏的搏动引起血液循环。对同一个人，心率越快，单位时间进入循环的血液量越多。血液中的红细胞运输氧气。一般地说，一个人单位时间通过血液循环获得的氧气越多，他的体能及其发挥就越佳。因此，为了提高运动员在体育比赛中的竞技水平，应该加强他们在高海拔地区的训练，因为在高海拔地区，人体内每单位体积血液中含有的红细胞数量，要高于在低海拔地区。

以下哪项是题干的论证必须假设的？

A. 海拔的高低对运动员的心率不产生影响。

B. 不同运动员的心率基本相同。

C. 运动员的心率比普通人慢。

D. 在高海拔地区训练能使运动员的心率加快。
E. 运动员在高海拔地区的心率不低于在低海拔地区。

40. 小红装病逃学了一天，大明答应为她保密。事后，知道事情底细的老师对大明说，我和你一样，都认为违背承诺是一件不好的事；但是，人和人的交往，事实上默认一个承诺，这就是说真话，任何谎言都违背这一承诺。因此，如果小红确实装病逃学，那么，你即使已经承诺为她保密，也应该对我说实话。

要使老师的话成立，以下哪项是必须假设的？
A. 说谎比违背其他承诺更有害。
B. 有时，违背承诺并不是一件坏事。
C. 任何默认的承诺都比表达的承诺更重要。
D. 违背默认的承诺有时要比违背表达的承诺更不好。
E. 每一个人都不应该违背任何承诺。

41. 大湾公司实施工间操制度的经验揭示：一个雇员，每周参加工间操的次数越多，全年病假的天数就越少。即使那些每周只参加一次工间操的雇员全年的病假天数，也比那些从不参加工间操的要少。因此，如果大湾公司把每工作日一次的工间操改为上、下午各一次，则能进一步降低雇员的病假率。

为使上述论证成立，以下哪项是必须假设的？
Ⅰ. 每工作日两次工间操，不会影响公司的正常工作。
Ⅱ. 增加工间操的次数，能增加参加工间操的人数。
Ⅲ. 增加工间操的次数，能增加参加工间操的人次。

A. 仅Ⅰ。　　　　　　　B. 仅Ⅱ。　　　　　　　C. 仅Ⅲ。
D. 仅Ⅱ和Ⅲ。　　　　　E. Ⅰ、Ⅱ和Ⅲ。

42. 2003年8月13日，宜良县九乡张口洞古人类遗址内出土了一枚长度为3厘米的"11万年前的人牙化石"，此发掘一公布立即引起了媒体和专家的广泛关注。不少参与发掘的专家认为，这枚人牙化石的出现，说明张口洞早在11万年前就已有人类活动了，它将改写之前由呈贡县龙潭山古人类遗址所界定的昆明地区人类只有3万年活动历史的结论。

以下哪项如果为真，最能质疑上述专家的观点？
A. 学术本来就是有争议的，每个人都有发表自己看法的权利。
B. 有专家对该化石的牙体长轴、牙冠形态、冠唇面和舌面的突度及珐琅质等进行了分析，认为此化石并非人类门牙化石，而是一枚鹿牙化石。
C. 这枚牙齿化石是在距今11万年前的钙板层之下20厘米处的红色砂土层发掘到的。
D. 有专家用铀系法对张口洞各个层的钙板进行年代测定，证明发现该牙齿化石的洞穴最早堆积物形成于30万年前。

E. 该化石的发掘者曾经主持完成景洪妈咪囡遗址、大中甸遗址、宜良九乡张口洞遗址的发掘。

43. 在期货市场上，粮食可以在收获前就"出售"。如果预测歉收，粮价就上升；如果预测丰收，粮价就下跌。目前粮食作物正面临严重干旱。今晨气象学家预测，一场足以解除旱情的大面积降雨将在傍晚开始。因此，近期期货市场上的粮价会大幅度下跌。

以下哪项如果为真，最能削弱上述论证？

A. 气象学家气候预测的准确性并不稳定。

B. 气象学家同时提醒做好防涝准备，防备这场大面积降雨延续过长。

C. 农业学家预测，一种严重的虫害将在本季粮食作物的成熟期出现。

D. 和期货市场上的某些商品相比，粮食价格的波动幅度较小。

E. 干旱不是对粮食作物生长的最严重威胁。

44. 一种对偏头痛有明显疗效的新药正在推广。不过服用这种药可能加剧心脏病。但是只要心脏病患者在服用该药物时严格遵从医嘱，它的有害副作用完全可以避免。因此，关于这种药物副作用的担心是不必要的。

上述论证基于以下哪项假设？

A. 药物有害副作用的产生，都是因为患者在服用时没有严格遵从医嘱。

B. 有心脏病的偏头痛患者在服用上述新药时不会违背医嘱。

C. 大多数服用上述新药的偏头痛患者都有心脏病。

D. 上述新药有多种副作用，但其中最严重的是会加剧心脏病。

E. 上述新药将替代目前其他治疗偏头痛的药物。

45. 和平基金会决定中止对S研究所的资助，理由是这种资助可能被部分地用于武器研究。对此，S研究所承诺：和平基金会的全部资助，都不会用于任何与武器相关的研究。和平基金会因此撤销了上述决定，并得出结论：只要S研究所遵守承诺，和平基金会的上述资助就不再会有利于武器研究。

以下哪项最为恰当地概括了和平基金会上述结论中的漏洞？

A. 忽视了这种可能性：S研究所并不遵守承诺。

B. 忽视了这种可能性：S研究所可以用其他来源的资金进行武器研究。

C. 忽视了这种可能性：和平基金会的资助使S研究所有能力把其他资金改用武器研究。

D. 忽视了这种可能性：武器研究不一定危害和平。

E. 忽视了这种可能性：和平基金会的上述资助额度有限，对武器研究没有实质性意义。

46. 许多企业深受目光短浅之害，他们太关注立竿见影的结果和短期目标，以至于无法高瞻远瞩，往往使企业陷于被动甚至导致破产。因此，企业领导层的决策和行动应该以长期目标为主，不需过分关注短期目标。

以下哪项如果为真，将最有力地削弱上述论证？

A. 短期目标对员工的激励效果比长期目标更好。

B. 长期目标有较大的不确定性，短期目标易于控制。

C. 长期目标的现实有赖于一个个短期目标的成功。

D. 企业的短期目标和长期目标对于企业的发展都重要。

E. 企业的发展受到企业外部环境等诸多因素的影响。

47. 随着互联网的发展，人们的购物方式有了新的选择。很多年轻人喜欢在网络上选择自己满意的商品，通过快递送上门，购物足不出户，非常便捷。刘教授据此认为，那些实体商店的竞争力会受到互联网的冲击，在不远的将来，会有更多的网络商店取代实体商店。

以下哪项如果为真，最能削弱刘教授的观点？

A. 网络购物虽然有某些便利，但容易导致个人信息被不法分子利用。

B. 有些高档品牌的专卖店，只愿意采取街面实体商店的销售方式。

C. 网络商店与快递公司在货物丢失或损坏的赔偿方面经常互相推诿。

D. 购买黄金珠宝等贵重物品，往往需要现场挑选，且不适宜网络支付。

E. 通常情况下，网络商店只有在其实体商店的支撑下才能生存。

48. 随着互联网的飞速发展，足不出户购买自己心仪的商品已经成为现实。即使在经济发展水平较低的国家和地区，人们也可以通过网络购物来满足自己对物质生活的追求。

以下哪项最能质疑上述观点？

A. 随着网购销售额的增长，相关税费也会随之增加。

B. 即使在没有网络的时代，人们一样可以通过实体店购买心仪的商品。

C. 网络上的商品展示不能完全反映真实情况。

D. 便捷的网络购物可能耗费人们更多的时间和精力，影响人际交往。

E. 人们对物质生活追求的满足仅仅取决于所在地区的经济发展水平。

	考点12：两大论证型式　答案速查									
态度	1. C	2. A	3. B	4. C	5. E	6. B	7. C	8. C	9. C	10. A
	11. E	12. A	13. B							
相关度	14. A	15. E	16. A	17. B	18. E	19. E	20. C	21. C	22. C	23. A
	24. E	25. C	26. D	27. C	28. D	29. C	30. E	31. B	32. C	33. B
力度	34. B	35. C	36. E	37. C	38. A	39. E	40. D	41. B	42. B	43. C
	44. B	45. C	46. C	47. E	48. E					

考点13：十大论证模型

1. 东坡市有关部门策划了一项"全市理想生活小区排列名次"的评选活动。方法是，选择十项指标，内容涉及小区硬件设施（住房质量、配套设施等）、环境卫生、绿化程度、治安状况、交通方便程度等。每项指标按实际质量或数量的高低，评以从 1 至 10 分之间某一分值，然后求得这十个分值的平均数，并根据其高低排出名次。

以下各项都是上述策划具有可行性所必须假设的，除了：

A. 各项指标的重要性基本是均等的。

B. 各项指标的测定，是可以较为准确地量化的。

C. 各项指标测定数据所反映的状况，具有较长时间的稳定性。

D. 若把指标内容作相应修改，则这种评选方法具有一般性，例如，可用于评"全市重点中学排列名次"。

E. 评选活动的实施者具有公平的精神和准确操作的能力。

2. 无论是工业用电还是民用电，现行的电价格一直偏低。某区推出一项举措，对超出月额定数的用电量，无论是工业用电还是民用电，一律按上调高价收费。这一举措将对该区的节约用电产生重大的促进作用。

上述举措要达到预期的目的，以下哪项必须是真的？

Ⅰ. 有相当数量的浪费用电是因为电价格偏低而造成的。

Ⅱ. 有相当数量的用户是因为电价格偏低而浪费用电的。

Ⅲ. 超额用电价格的上调幅度一般地足以对浪费用电的用户产生经济压力。

A. Ⅰ、Ⅱ和Ⅲ。 B. 仅Ⅰ和Ⅱ。 C. 仅Ⅰ和Ⅲ。

D. 仅Ⅱ和Ⅲ。 E. Ⅰ、Ⅱ和Ⅲ都不必须是真的。

3. 为降低成本，华强生公司考虑对中层管理者大幅减员。这一减员准备按如下方法完成：首先让 50 岁以上、工龄满 15 年者提前退休，然后解雇足够多的其他人使总数缩减为以前的 50%。

以下各项如果为真，则都可能是公司这一计划的缺点，除了：

A. 由于人心浮动，经过该次减员后员工的忠诚度将会下降。

B. 管理工作的改革将迫使商业团体适应商业环境的变化。

C. 公司可以从中选拔未来高层经理人员的候选人将减少。

D. 有些最好的管理人员在不知道其是否会被解雇的情况下选择提前退休。

E. 剩下的管理人员的工作负担加重，使他们产生过分的压力而最终影响其表现。

4. 由于烧伤致使四个手指黏结在一起时，处置方法是用手术刀将手指黏结部分切开，然后实施皮肤移植，将伤口覆盖住。但是，有一个非常头痛的问题是，手指靠近指根的部分常会随着伤势的愈合又黏结起来，非再一次开刀不可。一位年轻的医生从穿着晚礼服的新娘子手上戴的白手套得到启发，发明了完全套至指根的保护手套。

以下哪项如果为真，最能削弱该保护手套的作用？

A. 该保护手套的透气性能直接关系到伤势的愈合。

B. 由于材料的原因，保护手套的制作费用比较贵，如果不能大量使用，价格很难下降。

C. 烧伤后新生长的皮肤容易与保护手套粘连，在拆除保护手套时容易造成新的伤口。

D. 保护手套需要与伤患的手形吻合，这就影响了保护手套的大批量生产。

E. 保护手套不一定能适用于脚趾烧伤后的复原。

5. 网络咖啡屋，或者网吧目前在都市非常流行，不少专家觉得这是一个很好的服务方向，很有市场前途。但实际上，网络咖啡屋和网吧的经营遇到了很多困难，其中之一就是电信部门网络服务基础收费太高，按照网络咖啡屋和网吧最初定的价格，就是加上酒水方面的利润，总体上也还是亏本。有些网络咖啡屋和网吧的经营者进行了量-本-利的计算后，准备全面提高网络服务和酒水的价格，来维持自身的生存和发展。

以下哪项如果为真，能有力地对上述措施提出质疑？

A. 在我们这样一个发展中国家，网络咖啡屋和网吧规模经营的进一步发展，有待于电信部门降低收费标准，目前的标准超过世界上绝大部分国家和地区。

B. 在计算机上玩游戏是现在网络咖啡屋和网吧中的常见现象，这部分顾客对网吧的消费环境并不十分在意。

C. 现在有些人到网络咖啡屋和网吧来是为了寻找出国信息或是爱好网络的朋友，甚至意中人，他们对收费的定价并不十分在意。

D. 提价后的酒水价格，应当不高于其他类型咖啡屋和酒吧的酒水价格，否则一批并不打算上网的顾客就会流失。

E. 根据《计算机世界》的市场调研报告，68%的网络咖啡屋和网吧的常客很在意网络咖啡屋和网吧中网络服务的收费定价。

6. 目前，港南市主要干道上自行车车道的标准宽度为单侧3米。很长一段时期以来，很多骑自行车的人经常在机动车车道上抢道骑行。在对自行车违章执法还比较困难的现阶段，这种情况的存在严重地影响了交通，助长了人们对交通法规的漠视。有人向市政府提出，应当将自行车车道拓宽为3.5米，这样，给骑自行车的人一个更宽松的车道就能够消除自行车抢道的违章现象。

下列哪项如果为真，最能削弱上述论点？

A. 拓宽自行车车道的费用较高，此项建议可行性较差。

B. 自行车车道宽了，机动车走起来不方便，许多乘坐公共交通的人会很有意见。

C. 拓宽自行车车道的办法对于机动车的违章问题没有什么作用。

D. 当自行车车道拓宽到3.5米以后，人们仍会在缩小后的机动车车道上抢道违章。

E. 自行车车道拓宽，自行车车速加快，交通事故可能增多。

7. 为了挽救濒临灭绝的大熊猫，一种有效的方法是把它们都捕获到动物园进行人工饲养和繁殖。

以下哪项如果为真，最能对上述结论提出质疑？

A. 在北京动物园出生的小熊猫京京，在出生24小时后，意外地被它的母亲咬断颈动脉而不幸夭折。

B. 近五年在全世界各动物园中出生的熊猫总数是9只，而在野生自然环境中出生的熊猫的数字，不可能准确地获得。

C. 只有在熊猫生活的自然环境中，才有它们足够吃的嫩竹，而嫩竹几乎是熊猫的唯一食物。

D. 动物学家警告，对野生动物的人工饲养将会改变它们的某些遗传特性。

E. 提出上述观点的是一个动物园园主，他的动议带有明显的商业动机。

8. 为了缓解城市交通拥挤的状况，市长建议对每天进入市区的私人小汽车收取5元的费用。市长说，这个费用将超过乘公交车进出市区的车费，所以很多人都会因此不再开车上班，而改乘公交车。

以下哪项如果为真，最严重地削弱了市长的结论？

A. 汽油价格的大幅上涨将增加开车上下班的成本。

B. 对多数自己开车进入市区的人来说，在市区内停车的费用已经远远超过了乘公交车的费用。

C. 多数现在乘公交车的人没有私人汽车。

D. 很多进出市区的人反对市长的计划，他们宁愿承受交通阻塞也不愿交那5元钱。

E. 在一个平常工作日，住在市区内的人的私人汽车占了交通阻塞时汽车总量的20%。

9~10题基于以下题干

市政府计划对全市的地铁进行全面改造，通过较大幅度地提高客运量，缓解沿线包括高速公路上机动车的拥堵。市政府同时又计划增收沿线两条主要高速公路的机动车过路费，用以弥补上述改造的费用。这样做的理由是，机动车车主是上述改造的直接受益者，应当承担部分开支。

9. 以下哪项相关断定如果为真，最能质疑上述计划？

A. 市政府无权支配全部高速公路机动车过路费收入。

B. 地铁乘客同样是上述改造的直接受益者，但并不承担开支。

C. 机动车有不同的档次，但收取的过路费区别不大。

D. 为躲避多交过路费，机动车会绕开收费站，增加普通公路的流量。

E. 高速公路上机动车拥堵现象不如普通公路严重。

10. 以下哪项相关断定如果为真，最有助于论证上述计划的合理性？

A. 上述计划通过了市民听证会的审议。

B. 在相邻的大、中城市中，该市的交通拥堵状况最为严重。

C. 增收过路费的数额，经过专家的严格论证。

D. 市政府有足够的财力完成上述改造。

E. 改造后的地铁中，相当数量的乘客都有私人机动车。

11. 也许令许多经常不刷牙的人感到意外的是，这种不良习惯已使他们成为易患口腔癌的高危人群。为了帮助这部分人早期发现口腔癌，市卫生部门发行了一本小册子，教人们如何使用一些简单的家用照明工具，如台灯、手电等，进行每周一次的口腔自检。

以下哪项如果为真，最能对上述小册子的效果提出质疑？

A. 有些口腔疾病的病症靠自检难以发现。

B. 预防口腔癌的方案因人而异。

C. 经常刷牙的人也可能患口腔癌。

D. 口腔自检的可靠性不如在医院所做的专门检查。

E. 经常不刷牙的人不大可能做每周一次的口腔自检。

12. 当航空事故发生后，乘客必须尽快地撤离飞机，因为在事故中泄漏的瓦斯对人体有毒，并且随时可能发生爆炸。为了避免因吸入瓦斯造成死亡，安全专家建议在飞机上为乘客提供防毒面罩，用以防止瓦斯的吸入。

以下哪项如果为真，最能质疑上述安全专家的建议？

A. 防毒面罩只能阻止瓦斯的吸入，但不能防止瓦斯的爆炸。

B. 防毒面罩的价格相当昂贵。

C. 使用防毒面罩并不是阻止吸入瓦斯的唯一方式。

D. 在大多数航空事故中，乘客是死于瓦斯中毒而不是瓦斯的爆炸。

E. 使用防毒面罩延长了乘客撤离机舱的时间。

13. 一些城市，由于作息时间比较统一，加上机动车太多，很容易形成交通早高峰和晚高峰，市民们在高峰时间上下班很不容易，为了缓解人们上下班的交通压力，某政府顾问提议采取不同时间段上下班制度，即不同单位可以在不同的时间段上下班。

以下哪项如果为真，最可能使该顾问的提议无法取得预期效果？

A. 有些上班时间段与员工的用餐时间冲突，会影响他们的生活乐趣，从而影响他们的工作积极性。

B. 许多上班时间段与员工的正常作息时间不协调，他们需要较长一段时间来调整适应，这段时间的工作效率难以保证。

C. 许多单位的大部分工作通常需要员工们在一起讨论，集体合作才能完成。

D. 该市的机动车数量持续增加，即使不在早晚高峰期，交通拥堵也时有发生。

E. 有些单位员工的住处与单位很近，步行即可上下班。

14. 1991年6月15日，菲律宾吕宋岛上的皮纳图博火山突然爆发，2 000万吨二氧化碳气体冲入平流层，形成的霾像毯子一样盖在地球上空，把部分要照射到地球的阳光反射回太空。几年之后，气象学家发现这层霾使得当时地球表面的温度累计下降了0.5℃，而皮纳图博火山喷发前的一个世纪，因人类活动而造成的温室效应已经使地球表面温度上升了10℃。某位持"人工气候改造论"的科学家据此认为，可以用火箭弹等方式将二氧化碳冲入大气层，阻挡部分阳光，达到给地球表面降温的目的。

以下哪项如果为真，最能对该科学家提议的有效性构成质疑？

A. 如果利用火箭弹将二氧化碳冲入大气层，会导致航空乘客呼吸不适。

B. 如果在大气层上空放置反光物，就可以避免地球表面受到强烈阳光的照射。

C. 可以把大气中的碳提出来存储到地下，减少大气层中的碳含量。

D. 不论何种方式，"人工气候改造"都将破坏地球的大气层结构。

E. 火山喷发形成的降温效应只是暂时的，经过一段时间温度将再次回升。

15. 研究显示，大多数有创造性的工程师，都有在纸上乱涂乱画，并记下一些看起来稀奇古怪想法的习惯。他们的大多数最有价值的设计，都直接与这种习惯有关。而现在的许多工程师都用电脑工作，在纸上乱涂乱画不再是一种普遍的习惯。一些专家担心，这会影响工程师的创造性思维，建议在用于工程设计的计算机程序中匹配模拟的便条纸，能让使用者在上面涂鸦。

以下哪项最可能是上述建议所假设的？

A. 在纸上乱涂乱画，只可能产生工程设计方面的灵感。

B. 对计算机程序中所匹配的模拟便条纸，只能用于乱涂乱画，或记录看起来稀奇古怪的想法。

C. 所有用计算机工作的工程师都不会备有纸笔以随时记下有意思的想法。

D. 工程师在纸上乱涂乱画所记下的看起来稀奇古怪的想法，大多数都有应用价值。

E. 乱涂乱画所产生的灵感，并不一定通过在纸上的操作获得。

16. 为了提高运作效率，H公司应当实行灵活工作日制度，也就是充分考虑雇员的个人意愿，来决定他们每周的工作与休息日。研究表明，这种灵活工作日制度，能使企业员工保持良好的情绪和饱满的精神。

上述论证依赖以下哪项假设？

Ⅰ. 那些希望实行灵活工作日制度的员工，大都是 H 公司的业务骨干。

Ⅱ. 员工良好的情绪和饱满的精神，能有效提高企业的运作效率。

Ⅲ. H 公司不实行周末休息制度。

A. 只有Ⅰ。　　　　　　B. 只有Ⅱ。　　　　　　C. 只有Ⅲ。

D. 只有Ⅱ和Ⅲ。　　　　E. Ⅰ、Ⅱ和Ⅲ。

17. 赵家村的农田比马家村少得多，但赵家村的单位生产成本近年来明显比马家村低。马家村的人通过调查发现：赵家村停止使用昂贵的化肥，转而采用轮作和每年两次施用粪肥的方法。不久，马家村也采用了同样的措施，很快，马家村会获得很好的效果。

以下哪项最可能是上文所作的假设？

A. 马家村有足够的粪肥来源可以用于农田施用。

B. 马家村比赵家村更善于促进农作物生长的田间管理。

C. 马家村经常调查赵家村的农业生产情况，学习降低生产成本的经验。

D. 马家村用处理过的污水软泥代替化肥，但对生产成本的影响不大。

E. 赵家村和马家村都减少使用昂贵的农药，降低了生产成本。

18. 尽管世界市场上部分可以获得的象牙来自非法捕杀的野象，但是有些象牙的来源是合法的，比如说大象的自然死亡。所以当那些在批发市场上购买象牙的人只买合法象牙的时候，世界上所剩很少的野象群就不会受到危害了。

上面的论述所依赖的假设是：

A. 目前世界上，合法象牙的批发源较之非法象牙少。

B. 目前世界上，合法象牙的批发源较之非法象牙多。

C. 试图只买合法象牙的批发商确实能够区分合法象牙和非法象牙。

D. 通常象牙产品批发商没有意识到象牙供应减少的原因。

E. 今后对合法象牙制品的需要将持续增加。

19. 我国共有 5 万多公里的铁路，承担着 53% 的客运量和 70% 的货运量。铁路运力紧张的矛盾十分突出。改造既有铁路线路，提高列车的运行速度，就成了现实的选择。

如果下列哪项为真，则上述的论证就要大大削弱？

A. 国家已经计划并且正逐步兴建大量的新铁路。

B. 我国铁路线路及车辆的维修和更新刻不容缓。

C. 随着经济的发展，铁路货运量还将增加。

D. 随着航空事业和高速公路的发展，铁路客运量会下降。

E. 正在试行时速达 140～160 千米的快速列车，比一般列车快 50%。

20. 虽然菠菜中含有丰富的钙，但同时含有大量的浆草酸，浆草酸会有力地阻止人体对钙的吸收。因此，一个人要想摄入足够的钙，就必须用其他含钙丰富的食物来取代菠菜，至少和菠菜一起食用。

以下哪项如果为真，最能削弱题干的论证？

A. 大米中不含有钙，但含有中和浆草酸并改变其性能的碱性物质。
B. 奶制品中的钙含量要远高于菠菜，许多经常食用菠菜的人也同时食用奶制品。
C. 在烹饪的过程中，菠菜中受到破坏的浆草酸要略多于钙。
D. 在人的日常饮食中，除了菠菜以外，事实上大量的蔬菜都含有钙。
E. 菠菜中除了钙以外，还含有其他丰富的营养素，另外，其中的浆草酸只阻止人体对钙的吸收，并不阻止对其他营养素的吸收。

21. 番茄红素、谷胱甘肽、谷氨酰胺是有效的抗氧化剂，这些抗氧化剂可以中和人体内新陈代谢所产生的自由基。体内自由基过量会加速细胞的损伤从而加速人的衰老。因而为了延缓衰老，人们必须在每天饮食中添加这些抗氧化剂。

以下哪项如果为真，最能削弱上述论证？

A. 体内自由基不是造成人衰老的唯一原因。
B. 每天参加运动可有效中和甚至清除体内的自由基。
C. 抗氧化剂的价格普遍偏高，大部分消费者难以承受。
D. 缺乏锻炼的超重者在体内极易出现自由基过量。
E. 吸烟是导致体内细胞损伤的主要原因之一。

22. 目前的大学生普遍缺乏中国传统文化的学习和积累。根据国家教委有关部门及部分高等院校最近做的一次调查表明，大学生中喜欢和比较喜欢京剧艺术的只占到被调查人数的 14%。

下列陈述中的哪一项最能削弱上述观点？

A. 大学生缺乏对京剧艺术欣赏方面的指导，不懂得怎样去欣赏。
B. 喜欢京剧艺术与学习中国传统文化不是一回事，不要以偏概全。
C. 14%的比例正说明培养大学生对传统文化的学习大有潜力可挖。
D. 有一些大学生既喜欢京剧，又对中国传统文化的其他方面有兴趣。
E. 调查的比例太小，恐怕不能反映当代大学生的真实情况。

23. 某国对吸烟情况进行了调查，结果表明，最近三年来，中学生吸烟人数在逐年下降。于是，调查组得出结论：吸烟的青少年人数在逐年减少。

下述哪项如果为真，则调查组的结论受到怀疑？

A. 由于经费紧张，下一年不再对中学生做此调查。
B. 国际上的香烟打进国内市场，香烟的价格在下降。
C. 许多吸烟的青少年不是中学生。
D. 近三年来，反对吸烟的中学生在增加。

E. 近三年来，帮助吸烟者的戒烟协会在增加。

24. 为了估计当前人们对管理基本知识掌握的水平，《管理者》杂志在读者中开展了一次管理知识有奖问答活动。答卷评分后发现，60%的参加者对于管理基本知识掌握的水平很高，30%左右的参加者也表现出了一定的水平。《管理者》杂志因此得出结论，目前社会群众对于管理基本知识的掌握还是不错的。

以下哪项如果为真，则最能削弱以上结论？

A. 管理基本知识的范围很广，仅凭一次答卷就得出结论未免过于草率。
B. 掌握了管理基本知识与管理水平的真正提高还有相当的距离。
C. 并非所有《管理者》的读者都参加了此次答卷活动，其可信度值得商榷。
D. 从发行渠道看，《管理者》的读者主要是高学历者和实际的经营管理者。
E. 并不是所有人都那么认真。有少数人照抄了别人的答卷，还获了奖。

25. 据对一批企业的调查显示，这些企业总经理的平均年龄是57岁，而在20年前，同档的这些企业的总经理的平均年龄大约是49岁。这说明，目前企业中总经理的年龄呈老化趋势。

以下哪项对题干的论证提出的质疑最为有力？

A. 题干中没有说明，20年前这些企业关于总经理人选是否有年龄限制。
B. 题干中没有说明，这些总经理任职的平均年数。
C. 题干中的信息，仅仅基于有20年以上历史的企业。
D. 20年前这些企业的总经理的平均年龄，仅是个近似数字。
E. 题干中没有说明被调查企业的规模。

26. 莫大伟到吉安公司上班的第一天，就被公司职工自由散漫的表现所震惊。莫大伟由此得出结论：吉安公司是一个管理失效的公司，吉安公司的员工都缺乏工作积极性和责任心。

以下哪项如果为真，最能削弱上述论证？

A. 当领导不在时，公司的员工会表现出自由散漫。
B. 吉安公司的员工超过2万，遍布该省的十多个城市。
C. 莫大伟大学刚毕业就到吉安公司，对校门外的生活不适应。
D. 吉安公司的员工和领导的表现完全不一样。
E. 莫大伟上班的这一天刚好是节假日后的第一个工作日。

27. 临床试验显示，对偶尔食用一定量的牛肉干的人而言，大多数品牌的牛肉干的添加剂并不会导致动脉硬化。因此，人们可以放心食用牛肉干而无须担心对健康的影响。

以下哪项如果为真，最能削弱上述论证？

A. 食用大量的牛肉干不利于动脉健康。

B. 动脉健康不等于身体健康。

C. 肉类都含有对人体有害的物质。

D. 喜欢吃牛肉干的人往往也喜欢食用其他对动脉健康有损害的食品。

E. 题干所述临床试验大都是由医学院的实习生在医师指导下完成的。

28. 为了调查当前人们的识字水平，某实验者列举了 20 个词语，请 30 位文化人士识读，这些人的文化程度都在大专以上。识读结果显示，多数人只读对 3 到 5 个词语，极少数人读对 15 个以上，甚至有人全部读错。其中，"蹒跚"的辨识率最高，30 人中有 19 人读对，"呱呱坠地"所有人都读错。20 个词语的整体误读率接近 80%。该实验者由此得出，当前人们的识字水平并没有提高，甚至有所下降。

以下哪项如果为真，最能对该实验者的结论构成质疑？

A. 实验者选取的 20 个词语不具有代表性。

B. 实验者选取的 30 位识读者均没有博士学位。

C. 实验者选取的 20 个词语在网络流行语言中不常用。

D. "呱呱坠地"这个词的读音有些大学老师也经常读错。

E. 实验者选取的 30 位识读者约有 50% 的人学习成绩不佳。

29. 香蕉叶斑病是一种严重影响香蕉树生长的传染病，它的危害范围遍及全球。这种疾病可由一种专门的杀菌剂有效控制，但喷洒这种杀菌剂会对周边人群的健康造成危害。因此，在人口集中的地区对小块香蕉林喷洒这种杀菌剂是不妥当的。幸亏规模香蕉种植园大都远离人口集中的地区，可以安全地使用这种杀菌剂。因此，全世界的香蕉产量，大部分不会受到香蕉叶斑病的影响。

以下哪项可能是上述论证所假设的？

A. 人类最终可以培育出抗叶斑病的香蕉品种。

B. 全世界生产的香蕉，大部分产自规模香蕉种植园。

C. 和在小块香蕉林中相比，香蕉叶斑病在规模香蕉种植园中传播得较慢。

D. 香蕉叶斑病是全球范围内唯一危害香蕉生长的传染病。

E. 香蕉叶斑病不危害其他植物。

30. 一项时间跨度为半个世纪的专项调查研究得出肯定结论：饮用常规量的咖啡对人的心脏无害。因此，咖啡的饮用者完全可以放心地享用，只要不过量。

以下哪项最为恰当地指出了上述论证的漏洞？

A. 咖啡的常规饮用量可能因人而异。

B. 心脏健康不等同于身体健康。

C. 咖啡饮用者可能在喝咖啡时吃对心脏有害的食物。

D. 喝茶，特别是喝绿茶比喝咖啡有利于心脏保健。

E. 有的人从不喝咖啡但心脏仍然健康。

31. 《花与美》杂志受 A 市花鸟协会委托，就 A 市评选市花一事对杂志读者群进行了民意调查，结果 60% 以上的读者将荷花选为市花，于是编辑部宣布，A 市大部分市民赞成将荷花定为市花。

以下哪项如果属实，最能削弱该编辑部的结论？

A. 有些《花与美》读者并不喜欢荷花。

B. 《花与美》杂志的读者主要来自 A 市一部分收入较高的女性市民。

C. 《花与美》杂志的有些读者并未在调查中发表意见。

D. 市花评选的最后决定权是 A 市政府而非花鸟协会。

E. 《花与美》杂志的调查问卷将荷花放在十种候选花的首位。

32. 某市繁星商厦服装部在前一阵疲软的服装市场中打了一个反季节销售的胜仗。据统计，繁星商厦皮服的销售额在 6、7、8 三个月连续成倍数增长，6 月 527 件，7 月 1 269 件，8 月 3 218 件。市有关主管部门希望在今年冬天向全市各大商场推广这种反季节销售的策略，力争今年 11、12 月和明年 1 月全市的夏衣销售能有一个大突破。

以下哪项如果为真，能够最好地说明该市有关主管部门的这种希望可能会遇到麻烦？

A. 皮衣的价格可以在夏天一降再降，是因为厂家可以在皮衣淡季的时候购买原材料，其价格可以降低 30%。

B. 皮衣的生产企业为了使生产销售可以正常循环，宁愿自己保本或者微利，把利润压缩了 55%。

C. 在盛夏里搞皮衣反季节销售的不只是繁星商厦一家。但只有繁星商厦同时推出了售后服务由消协规定的三个月延长到七个月，打消了很多消费者的顾虑，所以在诸商家中独领风骚。

D. 今年夏天繁星商厦的冬衣反季节销售并没有使该商厦夏衣的销售获益，反而略有下降。

E. 根据最近进行的消费者心理调查的结果，买夏衣重流行、买冬衣重实惠是消费者的极为普遍的心理。

33. 实验发现，少量口服某种类型的安定药物，可使人们在测谎器的测验中撒谎而不被发现。测谎器所产生的心理压力能够被这类安定药物有效地抑制，同时没有显著的副作用。因此，这类药物可同样有效地减少日常生活的心理压力而无显著的副作用。

以下哪项最可能是题干的论证所假设的？

A. 任何类型的安定药物都有抑制心理压力的效果。

B. 如果禁止测试者服用任何药物，测谎器就有完全准确的测试结果。

C. 测谎器所产生的心理压力与日常生活中人们面临的心理压力类似。

D. 大多数药物都有副作用。

E. 越来越多的人在日常生活中面临日益加重的心理压力。

34. 毫无疑问，未成年人吸烟应该加以禁止。但是，我们不能为了防止给未成年人吸烟以可乘之机，就明令禁止自动售烟机的使用，马路边上不是到处有避孕套自动销售机吗？为什么不担心有人从中买了避孕套去嫖娼呢？

以下哪项如果为真，最能削弱题干的论证？

A. 嫖娼是触犯法律的，但未成年人吸烟并不触犯法律。

B. 公众场合是否适合置放避孕套自动销售机，一直是一个有争议的问题。

C. 人工售烟营业点明令禁止向未成年人售烟。

D. 在司法部门的严厉打击下，卖淫嫖娼等社会丑恶现象逐年减少。

E. 据统计，近年来未成年吸烟者的比例有所上升。

35. 张教授：在我国大陆架外围海域建设新油井的计划不足取，因为由此带来的收益不足以补偿由此带来的生态破坏的风险。目前我国每年海底石油的产量，还不能满足我国一天石油的需求量，而上述拟建中的新油井，最多只能使这个数量增加0.1%。

李研究员：你的论证不能成立。你能因为新建的防护林不能在一夜之间消灭北京的沙尘暴而反对实施防护林计划吗？

以下哪项如果为真，最能削弱李研究员的反驳？

A. 在北京周边建防护林，只能防阻沙尘暴，不能根治沙尘暴。

B. 我国在治理沙尘暴方面还缺乏成功的经验。

C. 建防护林不像建海上油井那样能产生直接的经济效益。

D. 建防护林只会保护生态，不会破坏生态。

E. 建防护林不会产生类似于建海上油井所带来的风险。

36. 食用某些食物可降低体内自由基，达到排毒、清洁血液的作用。研究者将大鼠设定为实验动物，分为两组，A组每天喂养含菌类、海带、韭菜和绿豆的混合食物，B组喂养一般饲料。研究观察到，A组大鼠的体内自由基比B组显著降低。科学家由此得出结论：人类食入菌类、海带、韭菜和绿豆等食物同样可以降低体内自由基。

以下哪项最可能是上述论证所假设的？

A. 一般人都愿意食入菌类、海带、韭菜和绿豆等食物。

B. 不含菌类、海带、韭菜和绿豆的食物将增加体内自由基。

C. 除食用菌类、海带、韭菜和绿豆等食物外，一般没有其他途径降低体内自由基。

D. 体内自由基的降低有助于人体的健康。

E. 人对菌类、海带、韭菜和绿豆等食物的吸收和大鼠相比没有实质性的区别。

37. 某中学发现有学生课余用扑克玩带有赌博性质的游戏，因此规定学生不得带扑克进入学校，不过即使是硬币，也可以用作赌具，但禁止学生带硬币进入学校是不可思议的。因此，禁止学生带扑克进学校是荒谬的。

以下哪项如果为真，最能削弱上述论证？

A. 禁止带扑克进学校不能阻止学生在校外赌博。

B. 硬币作为赌具远不如扑克方便。

C. 很难查明学生是否带扑克进学校。

D. 赌博不但败坏校风，而且影响学生学习成绩。

E. 有的学生玩扑克不涉及赌博。

38. 没有一个植物学家的寿命长到足以研究一棵长白山红松的完整生命过程。但是，通过观察处于不同生长阶段的许多棵树，植物学家就能拼凑出一棵树的生长过程。这一原则完全适用于目前天文学对星团发展过程的研究。这些由几十万个恒星聚集在一起的星团，大都有100亿年以上的历史。

以上哪项最可能是上文所做的假设？

A. 在科学研究中，适用于某个领域的研究方法，原则上都适用于其他领域，即使这些领域的对象完全不同。

B. 天文学的发展已具备对恒星聚集体的不同发展阶段进行研究的条件。

C. 在科学研究中，完整地研究某一个体的发展过程是没有价值的，有时也是不可能的。

D. 目前有尚未被天文学家发现的星团。

E. 对星团的发展过程的研究，是目前天文研究中的紧迫课题。

39. 母亲：这学期冬冬的体重明显下降，我看这是因为他的学习负担太重了。

父亲：冬冬体重下降和学习负担没有关系。医生说冬冬营养不良，我看这是冬冬体重下降的原因。

以下哪项如果是真的，则最能对父亲的意见提出质疑？

A. 学习负担过重，会引起消化紊乱，妨碍对营养的正常吸收。

B. 隔壁松松和冬冬一个班，但松松是个小胖墩，正在减肥。

C. 由于学校的重视和努力，这学期冬冬和同学们的学习负担比上学期有所减轻。

D. 现在学生的普遍问题是过于肥胖，而不是体重过轻。

E. 冬冬所在的学校承认学生的负担偏重，并正在采取措施解决。

40. 由于工业废水的污染，淮河中下游水质恶化，有害物质的含量大幅度提高，这引起了多种鱼类的死亡。但由于蟹有适应污染水质的生存能力，因此，上述沿岸的捕蟹业和蟹类加工业将不会像渔业同行那样受到严重影响。

以下哪项如果是真的，将严重削弱上述论证？

A. 许多鱼类已向淮河上游及其他水域迁移。

B. 上述地区渔业的资金向蟹业转移，激化了蟹业的竞争。

C. 作为幼蟹主要食物来源的水生物蓝藻无法在污染水质中继续存活。

D. 蟹类适应污染水质的生理机制尚未得到科学的揭示。

E. 在鱼群分布稀少的水域中蟹类繁殖较快。

41. 学生家长：这学期学生的视力普遍下降，这是由于学生书面作业的负担太重。

校长：学生视力下降和书面作业的负担没有关系。经我们调查，学生视力下降是由于他们做作业的姿势不正确。

以下哪项如果为真，最能削弱校长的解释？

A. 学生书面作业的负担过重容易使学生感到疲劳，同时，感到疲劳，学生又不容易保持正确的书写姿势。

B. 该校学生的书面作业的负担和其他学校相比确实比较重。

C. 校方在纠正学生姿势以保护视力方面做了一些工作，但力度不够。

D. 学生视力下降是个普遍的社会问题，不唯该校然。

E. 该校学生的书面作业负担比上学年有所减轻。

42. 近 10 年来，移居清河界森林周边地区生活的居民越来越多。环保组织的调查统计表明，清河界森林中的百灵鸟的数量近十年来呈明显下降的趋势。但是恐怕不能把这归咎于森林周边地区居民的增多，因为森林的面积并没有因为周边居民人口的增多而减少。

以下哪项如果为真，最能削弱题干的论证？

A. 警方每年都接到报案，来自全国各地的不法分子无视禁令，深入清河界森林捕猎。

B. 清河界森林的面积虽没减少，但由于几个大木材集团公司的滥砍滥伐，森林中树木的数量锐减。

C. 清河界森林周边居民丢弃的生活垃圾吸引了越来越多的乌鸦，这是一种专门觅食百灵鸟卵的鸟类。

D. 清河界森林周边的居民大都从事农业，只有少数经营商业。

E. 清河界森林中除百灵鸟的数量近十年来呈明显下降的趋势外，其余的野生动物生长态势良好。

43. 精制糖含量高的食物不会引起糖尿病的说法是不对的。因为精制糖含量高的食物会导致人的肥胖；而肥胖是引起糖尿病的一个重要诱因。

以下哪项论证在结构上和题干的最为类似？

A. 接触冷空气易引起感冒的说法是不对的。因为感冒是由病毒引起的，而病毒易于在人群拥挤的温暖空气中大量繁殖蔓延。

B. 没有从济南到张家界的航班的说法是对的。因为虽然有从济南到北京的航班，也有从北京到张家界的航班，但没有从济南到张家界的直飞航班。

C. 施肥过度是引发草坪病虫害的主要原因的说法是对的。因为过度施肥造成青草的疯长，而疯长的青草对于虫害几乎没有抵抗力。

D. 劣质汽油不会引起非正常油耗的说法是不对的。因为劣质汽油会引起发动机阀门的非正常老化，而发动机阀门的非正常老化会引起非正常油耗。

E. 亚历山大是柏拉图学生的说法是不对的。事实上，亚历山大是亚里士多德的学生，而亚里士多德是柏拉图的学生。

44. 北大西洋海域的鳕鱼数量锐减，但几乎同时海豹的数量却明显增加。有人说是海豹导致了鳕鱼的减少，这种说法难以成立，因为海豹很少以鳕鱼为食。

以下哪项如果为真，最能削弱上述论证？

A. 海水污染对鳕鱼造成的伤害比对海豹造成的伤害严重。
B. 尽管鳕鱼数量锐减，海豹数量明显增加，但在北大西洋海域，海豹的数量仍少于鳕鱼。
C. 在海豹的数量增加以前，北大西洋海域的鳕鱼数量就已经减少了。
D. 海豹生活在鳕鱼无法生存的冰冷海域。
E. 鳕鱼只吃毛鳞鱼，而毛鳞鱼也是海豹的主要食物。

45. 有人认为鸡蛋黄的黄色跟鸡所吃的绿色植物性饲料有关，为了验证这个结论，下面哪种实验方法最可靠？

A. 选择一优良品种的蛋鸡进行实验。
B. 化验比较植物性饲料和非植物性饲料的营养成分。
C. 选择品种等级完全相同的蛋鸡，一半喂食植物性饲料，一半喂食非植物性饲料。
D. 对同一批蛋鸡逐渐增加（或减少）植物性饲料的比例。
E. 选出不同品种的蛋鸡，喂同样的植物性饲料。

46. 一位社会学家对两组青少年做了研究。第一组成员每周看暴力内容的影视的时间平均不少于10小时；第二组则不多于2小时。结果发现第一组成员中举止粗鲁者所占的比例要远高于第二组。因此，此项研究认为，多看暴力内容的影视容易导致青少年举止粗鲁。

以下哪项如果为真，将对上述研究的结论提出质疑？

A. 第一组中有的成员的行为并不粗鲁。
B. 第二组中有的成员的行为比第一组有的成员粗鲁。
C. 第二组中很多成员的行为很文明。
D. 第一组中有的成员的文明行为是父母从小教育的结果，这使得他们能抵制暴力影视的不良影响。
E. 第一组成员中很多成员的粗鲁举止是从小养成的，这使得他们特别爱看暴力影视。

47. 如今的音像市场上，正版的激光唱盘和影视盘销售不佳，而盗版的激光唱盘和影视盘却屡禁不绝，销售非常火爆。有的分析人员认为，这主要是因为价格上盗版盘更有优势，所以在市场上更有活力。

以下哪项是这位分析人员在分析中隐含的假定？

A. 正版的激光唱盘和影视盘往往内容呆板，不适应市场的需要。

B. 与价格的差别相比，正版盗版的质量差别不大。

C. 盗版的激光唱盘和影视盘比正版的盘进货渠道畅通。

D. 正版的激光唱盘和影视盘不如盗版的盘销售网络完善。

E. 知识产权保护对盗版盘的打击使得盗版盘的价格上涨。

48. 壳牌石油公司连续三年在全球500家最大公司净利润总额排名中位列第一，其主要原因是该公司比其他公司有更多的国际业务。

下列哪项如果为真，则最能支持上述说法？

A. 与壳牌公司规模相当但国际业务少的石油公司的利润都比壳牌石油公司低。

B. 历史上全球500家大公司的净利润冠军都是石油公司。

C. 近三年来全球最大的500家公司都在努力走向国际化。

D. 近三年来石油和成品油的价格都很稳定。

E. 壳牌石油公司是英国和荷兰两国所共同拥有的。

49. 京华大学的30名学生近日里答应参加一项旨在提高约会技巧的计划。在参加这项计划前一个月，他们平均已经有过一次约会。30名学生被分成两组：第一组与6名不同志愿者进行6次"实习性"约会，并从约会对象得到对其外表和行为的看法的反馈；第二组仅为对照组。在进行"实习性"约会前，每一组都要分别填写社交忧惧调查表，并对其社交的技巧评定分数。进行实习性约会后，第一组需要再次填写调查表。结果表明：第一组较之对照组表现出更少的社交忧惧，在社交场合有更多的自信，以及更易进行约会。显然，实际进行约会，能够提高社会交际的水平。

以下哪项如果为真，最可能质疑上述推断？

A. 这种训练计划能否普遍开展，专家们对此有不同的看法。

B. 参加这项训练计划的学生并非随机抽取的，但是所有报名的学生并不知道实验计划将要包括的内容。

C. 对照组在事后一直抱怨他们并不知道计划已经开始，因此，他们所填写的调查表因对未来有期待而显得比较悲观。

D. 填写社交忧惧调查表时，学生需要对约会的情况进行一定的回忆，男学生普遍对约会对象评价得较为客观，而女学生则显得比较感性。

E. 约会对象是志愿者，他们事先并不了解计划的全过程，也不认识约会的实验对象。

50. 硕鼠通常不患血癌。在一项实验中发现，给 300 只硕鼠同等量的辐射后，将它们平均分为两组，第一组可以不受限制地吃食物，第二组限量吃食物。结果第一组 75 只硕鼠患血癌，第二组 5 只硕鼠患血癌。因此，通过限制硕鼠的进食量，可以控制由实验辐射导致的硕鼠血癌的发生。

以下哪项如果为真，最能削弱上述实验结论？

A. 硕鼠与其他动物一样，有时原因不明就患有血癌。

B. 第一组硕鼠的食物易于使其患血癌，而第二组的食物不易使其患血癌。

C. 第一组硕鼠体质较弱，第二组硕鼠体质较强。

D. 对其他种类的实验动物，实验辐射很少导致患血癌。

E. 不管是否控制进食量，暴露于实验辐射的硕鼠都可能患有血癌。

51. 某个实验把一批吸烟者作为对象。实验对象分为两组，第一组是实验组，第二组是对照组。实验组的成员被强制戒烟，对照组的成员不戒烟。三个月后，实验组成员的平均体重增加了 10%，而对照组成员的平均体重基本不变。实验结果说明，戒烟会导致吸烟者的体重增加。

以下哪项如果为真，最能加强上述实验结论的说服力？

A. 实验组和对照组成员的平均体重基本相同。

B. 实验组与对照组的人数相等。

C. 除戒烟外，对每个实验对象来说，可能影响体重变化的生存条件基本相同。

D. 除戒烟外，对每个实验对象来说，可能影响体重变化的生存条件基本保持不变。

E. 上述实验的设计者是著名的保健专家。

52. 爱尔兰有大片泥煤蕴藏量丰富的湿地。环境保护主义者一直反对在湿地区域采煤。他们的理由是开采泥煤会破坏爱尔兰湿地的生态平衡，其直接严重后果是会污染水源。然而，这一担心是站不住脚的。据近 50 年的相关统计，从未发现过因采煤而污染水源的报告。

以下哪项如果为真，最能加强题干的论证？

A. 在爱尔兰的湿地采煤已有 200 年的历史，其间从未因此造成水源污染。

B. 在爱尔兰，采煤湿地的生态环境和未采煤湿地没有实质性的不同。

C. 在爱尔兰，采煤湿地的生态环境和未开采前没有实质性的不同。

D. 爱尔兰具备足够的科技水平和财政支持来治理污染，保护生态。

E. 爱尔兰是世界上生态环境最佳的国家之一。

53~54 题基于以下题干

是过于集中的经济模式，而不是气候状况，造成了近年来 H 国糟糕的粮食收成。K 国和 H 国耕地条件基本相同，但当 H 国的粮食收成连年下降的时候，K 国的粮食收成却连年上升。

53. 为使上述论证有说服力，以下哪项是必须假设的？

Ⅰ．近年来 H 国的气候状况不比 K 国差。

Ⅱ．K 国并未采取过于集中的经济模式。

Ⅲ．气候状况不是影响粮食收成的重要因素。

A. 仅Ⅰ。　　B. 仅Ⅱ。　　C. 仅Ⅲ。　　D. 仅Ⅰ和Ⅱ。　　E. Ⅰ、Ⅱ和Ⅲ。

54. 以下哪项如果为真，最能削弱上述论证？

A. H 国种植的主要谷物品种不是 K 国种植的主要谷物品种。

B. H 国一些谷物不适合在 K 国生长。

C. K 国一些谷物不适合在 H 国生长。

D. H 国的北方邻国 J 国近年的粮食收成呈下降趋势。

E. H 国集中的经济模式使有限的粮食得到了最合理的分配。

55. 有 90 个病人，都患难治疾病 T，服用过同样的常规药物。这些病人被分为人数相等的两组，第一组服用一种用于治疗 T 的实验药物 W 素；第二组服用不含有 W 素的安慰剂。10 年后的统计显示，两组都有 44 人死亡。因此这种实验药物是无效的。

以下哪项如果为真，最能削弱上述论证？

A. 在上述死亡的病人中，第二组的平均死亡年份比第一组早两年。

B. 在上述死亡的病人中，第二组的平均寿命比第一组小两岁。

C. 在上述活着的病人中，第二组的比第一组的病情更严重。

D. 在上述活着的病人中，第二组的比第一组的更年长。

E. 在上述活着的病人中，第二组的比第一组的更年轻。

56. 在村庄东西两块玉米地中，东面的地施过磷酸钙单质肥料，西面的地则没有。结果，东面的地亩产玉米 300 公斤，西面的地亩产仅 150 公斤。因此，东面的地比西面的地产量高的原因是施用了过磷酸钙单质肥料。

以下哪项如果为真，最能削弱上述论证？

A. 给东面地施用的过磷酸钙是过期的肥料。

B. 北面的地施用过硫酸钾单质化肥，亩产玉米 220 公斤。

C. 每块地种植了不同种类的四种玉米。

D. 两块地的田间管理无明显不同。

E. 东面和西面两块地的土质不同。

57. 人们知道鸟类能感觉到地球磁场，并利用它们导航。最近某国科学家发现，鸟类其实是利用右眼"查看"地球磁场的。为检验该理论，当鸟类开始迁徙的时候，该国科学家把若干知更鸟放进一个漏斗形状的庞大的笼子里，并给其中部分知更鸟的一只眼睛戴上一种可屏蔽地球磁场的特殊金属眼罩。笼壁上涂着标记性物质，鸟要通过笼子口才能飞出去。如果鸟碰到笼壁，就会黏上标记性物质，以此判断鸟能否找到方向。

以下哪项如果为真，最能支持研究人员的上述发现？

A. 没戴眼罩的鸟顺利从笼中飞了出去；戴眼罩的鸟，不论左眼还是右眼，朝哪个方向飞的都有。

B. 没戴眼罩的鸟和左眼戴眼罩的鸟顺利从笼中飞了出去；右眼戴眼罩的鸟朝哪个方向飞的都有。

C. 没戴眼罩的鸟和左眼戴眼罩的鸟朝哪个方向飞的都有；右眼戴眼罩的鸟顺利从笼中飞了出去。

D. 没戴眼罩的鸟和右眼戴眼罩的鸟顺利从笼中飞了出去；左眼戴眼罩的鸟朝哪个方向飞的都有。

E. 戴眼罩的鸟，不论左眼还是右眼，顺利从笼中飞了出去；没戴眼罩的鸟朝哪个方向飞的都有。

58. 某大学的哲学学院和管理学院今年招聘新教师，招聘结束后受到了女权主义代表的批评，因为他们在12名女性应聘者中录用了6名，但在12名男性应聘者中却录用了7名。该大学对此解释说，今年招聘新教师的两个学院中，女性应聘者的录用率都高于男性的录用率。具体的情况是：哲学学院在8名女性应聘者中录用了3名，而在3名男性应聘者中录用了1名；管理学院在4名女性应聘者中录用了3名，而在9名男性应聘者中录用了6名。

以下哪项最有助于解释女权主义代表和大学之间的分歧？

A. 整体并不是局部的简单相加。

B. 有些数学规则不能解释社会现象。

C. 人们往往从整体角度考虑问题，不管局部。

D. 现代社会提倡男女平等，但实际执行中还是有一定难度。

E. 各个局部都具有的性质在整体上未必具有。

59. 人类的和平共处是一个不可实现的理想。统计数字显示，自1945年以来，每天有12场战斗在进行，这包括大大小小的国际战争以及内战中的武力交战。

以下哪项如果为真，最能对上述结论提出质疑？

A. 1945年以前至20世纪初，国与国之间在外交关系的处理上都表现出了极大的克制，边境冲突也少有发生。

B. 现代战争更讲究威慑而不是攻击，比如曾经愈演愈烈的核军备竞赛以及由此而造成的东西方的冷战。

C. 自从有人类以来，人们为争夺资源和领土的冲突一直都没有停止。

D. 21世纪60年代全世界总共爆发了30次战争，而到80年代爆发的战争总共还不到10次。

E. 就像静止是相对于运动而存在的一样，没有战争也就没有现在意义上的和平。

60. 受多元文化和价值观的冲击，甲国居民的离婚率明显上升。最近一项调查表明，甲国的平均婚姻存续时间为8年。张先生为此感慨，现在像钻石婚、金婚、白头偕老这样的美丽故事已经很难得，人们淳朴的爱情婚姻观一去不复返了。

以下哪项如果为真，最可能表明张先生的理解不确切？

A. 现在有不少闪婚一族，他们经常在很短的时间里结婚又离婚。

B. 婚姻存续时间长并不意味着婚姻的质量高。

C. 过去的婚姻主要由父母包办，现在主要是自由恋爱。

D. 尽管婚姻存续时间短，但年轻人谈恋爱的时间比以前增加很多。

E. 婚姻是爱情的坟墓，美丽感人的故事更多体现在恋爱中。

61. 李工程师：在日本，肺癌病人的平均生存年限（从确诊至死亡的年限）是9年，而在亚洲的其他国家，肺癌病人的平均生存年限只有4年。因此，日本在延长肺癌病人生命方面的医疗水平要高于亚洲的其他国家。

张研究员：你的论证缺乏充分的说服力。因为日本人的自我保健意识总体上高于其他的亚洲人，因此，日本肺癌患者的早期确诊率要高于亚洲其他国家。

以下哪项如果为真，能最为有力地指出李工程师论证中的漏洞？

A. 亚洲一些发展中国家的肺癌患者是死于由肺癌引起的并发症。

B. 日本人的平均寿命不仅居亚洲之首，而且居世界之首。

C. 日本的胰腺癌病人的平均生存年限是5年，接近于亚洲的平均水平。

D. 日本医疗技术的发展，很大程度上得益于对中医的研究和引进。

E. 一个数大大高于某些数的平均数，不意味着这个数高于这些数中的每个数。

62. 一项对某高校教员的健康普查表明，80%的胃溃疡患者都有夜间工作的习惯。因此，夜间工作易造成的自主神经功能紊乱是诱发胃溃疡的重要原因。

以下哪项如果是真的，将严重削弱上述论证？

A. 医学研究尚不能清楚揭示消化系统的疾病和神经系统的内在联系。

B. 该校的胃溃疡患者主要集中在中老年教师中。

C. 该校的胃溃疡患者近年来有上升的趋势。

D. 该校教员中只有近五分之一的教员没有夜间工作的习惯。

E. 该校胃溃疡患者中近60%患有不同程度的失眠症。

63. 据国际卫生与保健组织1999年年会"通讯与健康"公布的调查报告显示，68%的脑癌患者都有经常使用移动电话的历史。这充分说明，经常使用移动电话将会极大地增加一个人患脑癌的可能性。

以下哪项如果为真，则将最严重地削弱上述结论？

A. 进入20世纪80年代以来，使用移动电话者的比例有惊人的增长。

B. 有经常使用移动电话的历史的人在1990—1999年超过世界总人口的65%。

C. 在1999年全世界经常使用移动电话的人数比1998年增加了68%。

D. 使用普通电话与移动电话通话者同样有导致脑癌的危险。

E. 没有使用过移动电话的人数在90年代超过世界总人口的50%。

64. 在电影界也同样存在对女性的不公正，《好莱坞报道》评论说，在过去的十年中，妇女从事电影幕后工作的人数虽有增长，但"学院奖"的评选中，最佳制片、导演、编剧、剪辑、摄影等几项重要的奖项的男女获奖比例仅为8∶1。

以下哪项如果为真，能对上述论断提出最有力的质疑？

A. "学院奖"的评选完全是一个匿名投票的过程，很难说有什么偏向。

B. 是否获得"学院奖"并不是衡量电影成就的唯一标准。

C. 妇女从事制片、导演、编剧、剪辑、摄影这几项幕后工作的人数不到男性的十分之一。

D. 在电影表演、新闻媒介和服装设计等诸多领域中，女性尽管从业人数众多，但真正干得出色的还是男性。

E. "学院奖"的评委多数是男性。

65. S市的公寓区近年来发生的入室盗窃案件，90%以上都发生在没有安装自动报警装置的住户。这说明，民用自动报警装置对于防止入室盗窃起到了有效的作用。

以下哪项如果为真，能削弱题干的论证？

Ⅰ. S市公寓区内的自动报警装置具有良好的性能：一方面，它反应准确而灵敏；另一方面，它不易被发现。

Ⅱ. S市公寓区内安装自动报警装置的住户不到10%。

Ⅲ. S市公寓区近年来接近10%的入室盗窃案件的破获，是依靠自动报警装置。

A. 仅Ⅰ。　　B. 仅Ⅱ。　　C. 仅Ⅲ。　　D. 仅Ⅰ和Ⅱ。　　E. Ⅰ、Ⅱ和Ⅲ。

66~67题基于以下题干

某校的一项抽样调查显示：该校经常泡网吧的学生中家庭经济条件优越的占80%，学习成绩下降的也占80%，因此家庭条件优越是学生泡网吧的重要原因，泡网吧是学习成绩下降的重要原因。

66. 以下哪项为真，最能削弱上述论证？
    A. 该校位于高档住宅区且学生 9 成以上家庭条件优越。
    B. 经过清理整顿，该校周围网吧符合规范。
    C. 有的家庭条件优越的学生并不泡网吧。
    D. 家庭条件优越的家长并不赞成学生泡网吧。
    E. 被抽样调查的学生占全校学生的 30%。

67. 以下哪项如果为真，最能加强上述论证？
    A. 该校是市重点学校，学生的成绩高于普通学校。
    B. 该校狠抓教学质量，上学期半数以上学生的成绩都有明显提高。
    C. 被抽样调查的学生多数能如实填写问卷。
    D. 该校经常做这种形式的问卷调查。
    E. 该项调查的结果已报，受到了教育局的重视。

68. 统计显示，在汽车事故中，装有安全气囊汽车的比例高于未装安全气囊的汽车。因此，在汽车中安装安全气囊，并不能使车主更安全。
    以下哪项最为恰当地指出了上述论证的漏洞？
    A. 不加说明地假设：任何装有安全气囊的汽车都有可能遭遇汽车事故。
    B. 忽视了这种可能性：未装安全气囊的车主更注意谨慎驾驶。
    C. 不当地假设：在任何汽车事故中，安全气囊都会自动打开。
    D. 不当地把发生汽车事故的可能程度等同于车主在事故中受伤害的严重程度。
    E. 忽视了这种可能性：装有安全气囊的汽车所占的比例越来越大。

69. 对某高校本科生的某项调查统计发现：在因成绩优异被推荐免试攻读硕士研究生的文科专业生中，女生占 70%，由此可见，该校本科生文科专业的女生比男生优秀。
    以下哪项如果为真，能最有力地削弱上述结论？
    A. 在该校本科文科专业学生中，女生占 30% 以上。
    B. 在该校本科文科专业学生中，女生占 30% 以下。
    C. 在该校本科文科专业学生中，男生占 30% 以下。
    D. 在该校本科文科专业学生中，女生占 70% 以下。
    E. 在该校本科文科专业学生中，男生占 70% 以上。

70. 据世界卫生组织 1995 年的调查报告显示，70% 的肺癌患者有吸烟史，其中有 80% 的人吸烟的历史多于 10 年。这说明吸烟会增加人们患肺癌的危险。
    以下哪项最能支持上述论断？
    A. 1950 年至 1970 年期间男性吸烟者人数增加较快，女性吸烟者也有增加。

B. 虽然各国对吸烟有害进行大力宣传，但自50年代以来，吸烟者所占的比例还是呈明显的逐年上升的趋势。到90年代，成人吸烟者达到成人数的50%。

C. 没有吸烟史或戒烟时间超过五年的人数在1995年超过了人口总数的40%。

D. 1995年未成年吸烟者的人数也在增加，成为一个令人挠头的社会问题。

E. 医学科研工作者已经用动物实验发现了尼古丁的致癌作用，并从事开发预防药物的研究。

71. 左撇子比右撇子更容易患某些免疫失调症，如过敏。然而，左撇子也有优于右撇子的地方，例如左撇子更擅长于由右脑半球执行的工作。而人的数学推理的工作一般是由右脑半球执行的。

从上述断定能推出以下哪个结论？

Ⅰ. 患有过敏或其他免疫失调症的人中，左撇子比右撇子多。

Ⅱ. 在所有数学推理能力强的人中左撇子的比例，高于所有推理能力弱的人中左撇子的比例。

Ⅲ. 在所有左撇子的人中，数学推理能力强的比例，高于数学推理能力弱的比例。

A. 仅Ⅰ。　　B. 仅Ⅱ。　　C. 仅Ⅲ。　　D. 仅Ⅰ和Ⅲ。　　E. Ⅰ、Ⅱ和Ⅲ。

72. 通常认为左撇子比右撇子更容易出操作事故。这是一种误解。事实上，大多数家务事故，大到火灾、烫伤，小到切破手指，都出自右撇子。

以下哪项最为恰当地概括了上述论证中的漏洞？

A. 对两类没有实质性区别的对象做实质性的区分。

B. 在两类不具有可比性的对象之间进行类比。

C. 未考虑家务事故在整个操作事故中所占的比例。

D. 未考虑左撇子在所有人中所占的比例。

E. 忽视了这种可能性：一些家务事故是由多个人造成的。

73. 据某国卫生部门统计，2004年全国糖尿病患者中，年轻人不到10%，70%为肥胖者。这说明，肥胖将极大地增加患糖尿病的危险。

以下哪项如果为真，将严重削弱上述结论？

A. 医学已经证明，肥胖是心血管病的重要诱因。

B. 2004年，该国的肥胖者的人数比1994年增加了70%。

C. 2004年，肥胖者在该国中老年人中所占的比例超过60%。

D. 2004年，该国年轻人中的肥胖者所占的比例，比1994年提高了30%。

E. 2004年，该国糖尿病的发病率比1994年降低了20%。

74. 在过去的十年中，由美国半导体工业生产的半导体增加了200%，但日本半导体工业生产的半导体增加了500%，因此，日本现在比美国制造的半导体多。

以下哪项为真，最能削弱以上命题？

A. 在过去五年中，由美国半导体工业生产的半导体增长仅100%。

B. 过去十年中，美国生产的半导体的美元价值比日本生产的高。

C. 今天美国半导体出口在整个出口产品中所占的比例比十年前高。

D. 十年前，美国生产的半导体占世界半导体的90%，而日本仅占2%。

E. 十年前，日本生产的半导体是世界第4位，而美国列第1位。

75. 经过人们长时间的统计研究，发现了一个极为有趣的现象：大部分的数学家都是长子。可见，长子天生的数学才华相对而言更强些。

以下哪项如果为真，能有效地削弱上述推论？

Ⅰ．女性才能普遍受到压抑，很难表现出她们的数学才华。

Ⅱ．长子的人数比次子的人数要多得多。

Ⅲ．长子能够接受更多的来自父母的数学能力的遗传。

A. 仅Ⅰ。　　B. 仅Ⅱ。　　C. 仅Ⅰ和Ⅱ。　　D. 仅Ⅱ和Ⅲ。　　E. Ⅰ、Ⅱ和Ⅲ。

76. 威尔和埃克斯这两家公司，对使用它们字处理软件的顾客，提供24小时的热线电话服务。既然顾客仅在使用软件有困难时才打电话，并且威尔收到的热线电话比埃克斯收到的热线电话多四倍，因此，威尔的字处理软件一定比埃克斯的字处理软件难用。

下列哪项如果为真，则最能够有效地支持上述论证？

A. 平均每个埃克斯热线电话比威尔热线电话时间长两倍。

B. 拥有埃克斯字处理软件的顾客数比拥有威尔字处理软件的顾客数多三倍。

C. 埃克斯收到的关于字处理软件的投诉信比威尔多两倍。

D. 这两家公司收到的热线电话数量逐渐上升。

E. 威尔热线电话的号码比埃克斯的号码更公开。

77. 广告：世界上最好的咖啡豆产自哥伦比亚。在咖啡的配方中，哥伦比亚咖啡豆的含量越多，则配制的咖啡越好。克力莫公司购买的哥伦比亚咖啡豆最多，因此，有理由相信，如果你购买了一罐克力莫公司的咖啡，那么，你就买了世界上配制最好的咖啡。

以下哪项如果为真，最能削弱上述广告中的论证？

A. 克力莫公司配制及包装咖啡所使用的设备和其他咖啡制造商的不一样。

B. 不是所有克力莫公司的竞争者在他们销售的咖啡中，都使用哥伦比亚咖啡豆。

C. 克力莫公司销售的咖啡比任何别的公司销售的咖啡多得多。

D. 克力莫公司咖啡的价格是现在配制的咖啡中最高的。

E. 大部分没有配制过的咖啡比最好配制的咖啡好。

78. 广告：中国最好的橘子产于浙江黄岩。在橘子汁饮料的配方中，浙江黄岩蜜橘的含量越高，则配制的橘子汁的质量越好。可口笑公司购买的浙江黄岩蜜橘最多，因此，有理由相信，如果你购买了可口笑公司的橘子汁，你就买到了中国配制最好的橘子汁。

以下哪项如果为真，最能削弱上述广告中的结论？

A. 可口笑公司生产的橘子汁饮料比其他公司多得多，销路也不错。

B. 许多没有配制的橘子汁比配制的橘子汁饮料要好，当然，价格也贵些。

C. 可口笑公司制造橘子汁的设备与众不同，是1992年从德国进口的。

D. 可口笑公司的橘子汁饮料的价格高于大多数竞争对手。

E. 有些生产厂家根本不用浙江黄岩蜜橘作原料，而是用价格较低的橘子。

79. 一份综合调查报告显示，明年将参加高考的女生中，只有4%表示可以考虑报考女子大学。因此，现存的女子大学要想办下去，必须考虑改为男女同校。

以下哪项如果为真，则将最严重地削弱上述论证？

A. 女子大学的毕业生在医疗、会计、文秘领域更受用人单位欢迎。

B. 大约60%的接受调查的女生表示，她们并不反对办女子大学。

C. 女子大学近年来的招生人数有下降趋势，生源质量也不太理想。

D. 应届高中毕业生中近年来报考大学的人数有逐步上升的趋势。

E. 现有的女子大学每年招生数仅占全国招收女大学生总量的2%。

80. 针对当时建筑施工中工伤事故频发的严峻形势，国家有关部门颁布了《建筑业安全生产实施细则》（以下简称《细则》）。但是，在《细则》颁布实施的两年间，覆盖全国的统计显示，在建筑施工中伤亡职工的数量每年仍有增加。这说明，《细则》并没有得到有效的实施。

以下哪项如果为真，最能削弱上述论证？

A. 在《细则》颁布后的两年中，施工中的建筑项目的数量有了很大的增长。

B. 严格实施《细则》，将不可避免地提高建筑业的生产成本。

C. 在题干所提及的统计结果中，在事故中死亡职工的数量较《细则》颁布前有所下降。

D. 《细则》实施后，对工伤职工的补偿金和抚恤金的标准较之前有所提高。

E. 在《细则》颁布后的两年中，在建筑业施工的职工数量有了很大的增长。

81. 自1940年以来，全世界的离婚率不断上升。因此，目前世界上的单亲儿童，即只与生身父母中的某一位一起生活的儿童，在整个儿童中所占的比例，一定高于1940年。

以下哪项关于世界范围内相关情况的断定如果为真，最能对上述推断提出质疑？

A. 1940年以来，特别是70年代以来，相对和平的环境和医疗技术的发展，使中青年已婚男女的死亡率极大地降低。

B. 1980年以来，离婚男女中的再婚率逐年提高，但其中的复婚率却极低。

C. 目前全世界儿童的总数，是1940年的两倍以上。

D. 1970年以来，初婚夫妇的平均年龄在逐年上升。

E. 目前每对夫妇所生子女的平均数，要低于1940年。

82. 在北欧一个称为古堡的城镇的郊外，有一个不乏凶禽猛兽的天然猎场。每年秋季吸引了来自世界各地富于冒险精神的狩猎者。一个秋季下来，古堡镇的居民发现，他们之中在此期间在马路边散步时被汽车撞伤的人的数量，比在狩猎时受到野兽意外伤害的人数多出了两倍！因此，对于古堡镇的居民来说，在狩猎季节，待在猎场中比在马路边散步更安全。

为了评价上述结论的可信程度，最可能提出以下哪个问题？

A. 在这个秋季，古堡镇有多少数量的居民去猎场狩猎？

B. 在这个秋季，古堡镇有多少比例的居民去猎场狩猎？

C. 古堡镇的交通安全记录在周边的几个城镇中是否是最差的？

D. 来自世界各地的狩猎者在这个季节中有多少比例的人在狩猎时意外受伤？

E. 古堡镇的居民中有多少好猎手？

83. 自从《行政诉讼法》颁布以来，"民告官"的案件成为社会关注的热点。一种普遍的担心是，"官官相护"会成为公正审理此类案件的障碍。但据A省本年度的调查显示，凡正式立案审理的"民告官"案件，65%都是以原告胜诉结案。这说明，A省的法院在审理"民告官"的案件中，并没有出现社会舆论所担心的"官官相护"。

以下哪项如果为真，将最有力地削弱上述论证？

A. 由于新闻媒介的特殊关注，"民告官"案件的审理的透明度，要大大高于其他的案件。

B. 有关部门收到的关于司法审理有失公正的投诉，A省要多于周边省份。

C. 所谓"民告官"的案件在法院受理的案件中，只占很小的比例。

D. 在民告官的案件审理中，司法公正不能简单理解为原告胜诉。

E. 在"民告官"的案件中，原告如果不掌握能胜诉的确凿证据，一般不会起诉。

84. 有人对某位法官在性别歧视类案件审理中的公正性提出了质疑。这一质疑不能成立，因为有记录表明，该法官审理的这类案件中60%的获胜方为女性，这说明该法官并未在性别歧视类案件的审理中有失公正。

以下哪项如果为真，能对上述论证构成质疑？

Ⅰ. 在性别歧视案件中，女性原告如果没有确凿的理由和证据，一般不会起诉。

Ⅱ. 一个为人公正的法官在性别歧视案件的审理中保持公正也是件很困难的事情。

Ⅲ. 统计数据表明，如果不是因为遭到性别歧视，女性应该在60%以上的此类案件的诉讼中获胜。

A. 仅Ⅰ。　　B. 仅Ⅱ。　　C. 仅Ⅲ。　　D. 仅Ⅰ和Ⅲ。　　E. Ⅰ、Ⅱ和Ⅲ。

85. 我国正常婴儿在 3 个月时的平均体重在 5~6 公斤之间。因此，如果一个 3 个月的婴儿的体重只有 4 公斤，则说明其间他（她）的体重增长低于平均水平。

以下哪项如果为真，最有助于说明上述论证存在漏洞？

A. 婴儿体重增长低于平均水平不意味着发育不正常。

B. 上述婴儿在 6 个月时的体重高于平均水平。

C. 上述婴儿出生时的体重低于平均水平。

D. 母乳喂养的婴儿体重增长较快。

E. 我国婴儿的平均体重较 20 年前有了显著的增加。

86. 塑料垃圾因为难以被自然分解一直令人类感到头疼。近年来，许多易于被自然分解的塑料代用品纷纷问世，这是人类为减少塑料垃圾的一种努力。但是，这种努力几乎没有成效，因为据全球范围内大多数垃圾处理公司统计，近年来，它们每年填埋的垃圾中塑料垃圾的比例，不但没有减少，反而有所增加。

以下哪项如果为真，最能削弱上述论证？

A. 近年来，由于实行了垃圾分类，越来越多过去被填埋的垃圾被回收利用了。

B. 塑料代用品利润很低，生产商缺乏投资的积极性。

C. 近年来，用塑料包装的商品品种有了很大的增长。

D. 上述垃圾处理公司绝大多数属于发达或中等发达国家。

E. 由于燃烧时会产生有毒污染物，塑料垃圾只适合填埋地下。

87. 讯通驾校希望减少中老年学员的数量。因为一般而言，中老年人的培训难度较大。但统计数据表明，该校中老年学员的比例在逐渐增加。很显然，讯通驾校的上述希望落空了。

以下哪项如果为真，最能削弱上述论证？

A. 讯通驾校关于年龄阶段的划分不准确。

B. 国家关于汽车驾驶者的年龄限制放宽了。

C. 培训合格的中老年驾驶员是驾校不可推卸的责任。

D. 中老年人学习驾车是汽车进入家庭后的必然趋势。

E. 讯通驾校附近另一家驾校开设了专招青年学员的低价速成培训班。

88. 2000 年，宏发投资基金的基金总值 40% 用于债券的购买。近几年来，由于股市比较低迷，该投资基金更加重视投资债券，在 2004 年，其投资基金的 60% 都用于购买债券。因此，认为该投资基金购买债券比过去减少的观点是站不住脚的。

以下哪项如果为真,最能削弱上述论证?

A. 2004年宏发投资基金的总额比2000年少。

B. 宏发投资基金的领导层关于基金的投资取向一直存在不同的看法和争论。

C. 宏发投资基金经营部有许多新来的员工,对该基金的投资决策情况并不了解。

D. 宏发投资基金面临的竞争压力越来越大,无论怎样调整投资结构,经营风险都在增加。

E. 宏发投资基金2004年投资股票的比例比2000年要低。

89. 某地区过去三年日常生活必需品平均价格增长了30%。在同一时期,购买日常生活必需品的开支占家庭平均月收入的比例并未发生变化。因此,过去三年中家庭平均收入也一定增长了30%。

以下哪项最可能是上述论证所假设的?

A. 在过去三年中,平均每个家庭购买的日常生活必需品数量和质量没有发生变化。

B. 在过去三年中,除生活必需品外,其他商品平均价格的增长低于30%。

C. 在过去三年中,该地区家庭的数量增长了30%。

D. 在过去三年中,家庭用于购买高档消费品的平均开支明显减少。

E. 在过去三年中,家庭平均生活水平下降了。

90. 郑兵的孩子即将升高中。郑兵发现,在当地中学,学生与老师比例低的学校,学生的高考成绩普遍都比较好。郑兵因此决定,让他的孩子选择学生总人数最少的学校就读。

以下哪项最为恰当地指出郑兵上述决定的漏洞?

A. 忽略了学校教学质量既和学生与老师的比例有关,也和生源质量有关。

B. 仅注重高考成绩,忽略了孩子的全面发展。

C. 不当地假设:学生总人数少就意味着学生与老师的比例低。

D. 在考虑孩子的教育时忽略了孩子本人的愿望。

E. 忽略了学校教学质量主要与老师的素质而不是数量有关。

91. 某国报载:"在过去的20年里,州立法机关的黑人成员人数增长超过了100%,而白人成员却略微下降。这充分说明黑人的政治力量将很快与白人基本相等。"

下列哪一事实有力地削弱了上述观点?

A. 州立法机关提供的席位总数在20年里保持不变。

B. 20年前,州立法机关成员中有168个黑人,7 614个白人。

C. 过去20年里,选黑人为州长的州连5个也不到。

D. 过去20年里,中等家庭的收入提高了80%左右。

E. 过去20年里,登记选举的黑人比例提高了,而白人比例却有所下降。

考点13：十大论证模型　答案速查

方法目的	1. D	2. C	3. B	4. C	5. E	6. D	7. C	8. B	9. D	10. E
	11. E	12. E	13. D	14. E	15. E	16. D	17. A	18. C		
问题对策	19. A	20. A	21. B							
抽样调查	22. A	23. C	24. D	25. C	26. B	27. B	28. A	29. B	30. B	31. B
类比推理	32. E	33. C	34. C	35. E	36. E	37. B	38. B			
间接因果	39. A	40. A	41. C	42. C	43. D	44. E				
对照实验	45. C	46. E	47. B	48. A	49. C	50. B	51. D	52. D	53. D	54. A
	55. D	56. E	57. D							
整体部分	58. E									
平均数陷阱	59. D	60. A	61. E							
左右撇子	62. D	63. B	64. C	65. D	66. A	67. B	68. D	69. C	70. C	71. 无
	72. D	73. C								
绝对数相对数	74. D	75. C	76. B	77. C	78. A	79. D	80. B	81. A	82. B	83. E
	84. D	85. C	86. A	87. E	88. A	89. A	90. C	91. B		

考点14：论证评价

1. 在美国与西班牙作战期间，美国海军曾经广为散发海报，招募兵员。当时最有名的一个海军广告是这样说的：美国海军的死亡率比纽约市民的死亡率还要低。海军的官员具体就这个广告解释说："据统计，现在纽约市民的死亡率是每千人有16人，而尽管是战时，美国海军士兵的死亡率也不过每千人只有9人。"

如果以上资料为真，则以下哪项最能解释上述这种看起来很让人怀疑的结论？

A. 在战争期间，海军士兵的死亡率要低于陆军士兵。

B. 在纽约市民中包括生存能力较差的婴儿和老人。

C. 敌军打击美国海军的手段和途径没有打击普通市民的手段和途径来得多。

D. 美国海军的这种宣传主要是为了鼓动入伍，所以，要考虑其中夸张的成分。

E. 尽管是战时，纽约的犯罪仍然很猖獗，报纸的头条不时地有暴力和色情的报道。

2. 尽管是航空业萧条的时期，各家航空公司也没有节省广告宣传的开支。翻开许多城市的晚报，最近一直都在连续刊登如下广告：飞机远比汽车安全！你不要被空难的夸张报道吓破了胆，根据航空业协会的统计，飞机每飞行1亿千米死1人，而汽车每走5 000万千米死1人。汽车工业协会对这个广告大为恼火，他们通过电视公布了另外一组数字：飞机每20万飞行小时死1人，而汽车每200万行驶小时死1人。

如果以上资料均为真，则以下哪项最能解释上述这种看起来矛盾的结论？

A. 安全性只是人们在进行交通工具选择时所考虑问题的一个方面，便利性、舒适感以及某种特殊的体验都会影响消费者的选择。

B. 尽管飞机的驾驶员所受的专业训练远远超过汽车司机，但是，因为飞行高度的原因，飞机失事的生还率低于车祸。

C. 飞机的确比汽车安全，但是，空难事故所造成的新闻轰动要远远超过车祸，所以，给人们留下的印象也格外深刻。

D. 两种速度完全不同的交通工具，用运行的距离做单位来比较安全性是不全面的，用运行的时间来比较也会出现偏差。

E. 媒体只关心能否提高收视率和发行量，根本不尊重事情的本来面目。

3. 新疆的哈萨克人用经过训练的金雕在草原上长途追击野狼。某研究小组为研究金雕的飞行方向和判断野狼群的活动范围，将无线电传导器放置在一只金雕身上进行追踪。野狼为了觅食，其活动范围通常很广，因此，金雕追击野狼的飞行范围通常也很大。然而，两周以来，无线电传导器不断传回的信号显示，金雕仅在放飞地 3 千米范围内飞行。

以下哪项如果为真，最有助于解释上述金雕的行为？

A. 金雕的放飞地周边重峦叠嶂，险峻异常。

B. 金雕的放飞地 2 千米范围内有一牧羊草场，成为狼群袭击的目标。

C. 由于受训金雕的捕杀，放飞地广阔草原的野狼几乎灭绝了。

D. 无线电传导器信号仅能在有限的范围内传导。

E. 无线电传导器的安放并未削弱金雕的飞行能力。

4. 成品油生产商的利润很大程度上受国际市场原油价格的影响，因为大部分原油是按国际市场价购进的。近年来，随着国际原油市场价格的不断提高，成品油生产商的运营成本大幅度增加，但某国成品油生产商的利润并没有减少，反而增加了。

以下哪项如果为真，最有助于解释上述看似矛盾的现象？

A. 原油成本只占成品油生产商运营成本的一半。

B. 该国成品油价格根据市场供需确定。随着国际原油市场价格的上涨，该国政府为成品油生产商提供相应的补贴。

C. 在国际原油市场价格不断上涨期间，该国成品油生产商降低了个别高薪雇员的工资。

D. 在国际原油市场价格上涨之后，除进口成本增加以外，成品油生产的其他运营成本也有所提高。

E. 该国成品油生产商的原油有一部分来自国内，这部分受国际市场价格波动影响较小。

5. 美国某大学医学院的研究人员在《小儿科杂志》上发表论文指出，在对 2 702 个家庭的孩子进行跟踪调查后发现，如果孩子在 5 岁前每天看电视超过 2 小时，他们长大后出现行为问题的风险将会增加一倍多。所谓行为问题是指性格孤僻、言行粗鲁、侵犯他人、难与他人合作等。

以下哪项为真，最能解释上述现象？

A. 电视节目会使孩子产生好奇心，容易导致孩子出现暴力倾向。

B. 电视节目中有不少内容容易使孩子长时间处于紧张、恐惧的状态。

C. 看电视时间过长，会影响儿童与他人的交往，久而久之，孩子便会缺乏与他人打交道的经验。

D. 儿童模仿力强，如果只对电视节目感兴趣，长此以往，会阻碍他们分析能力的发展。

E. 每天长时间地看电视，容易使孩子神经系统产生疲劳，影响身心健康发展。

6. 一国丧失过量表面土壤，需进口更多的粮食，这就增加了其他国家土壤的压力；一国大气污染，导致邻国受到酸雨的危害；二氧化碳排放过多，造成全球变暖、海平面上升，几乎可以危及所有的国家和地区。

下述哪项最能概括上文的主要观点？

A. 环境危机已影响到国与国之间的关系，可能引起国际争端。

B. 经济的快速发展必然导致环境污染的加剧，先污染、后治理是一条规律。

C. 在治理环境污染问题上，发达国家愿意承担更多的责任和义务。

D. 环境问题已成为区域性、国际性问题，解决环境问题是人类面临的共同任务。

E. 各国在环境污染治理方面要量力而行。

7. 厄尔尼诺和拉尼娜是热带海洋和大气相互作用的产物。拉尼娜的到来将对全球气候产生相反的影响，由厄尔尼诺现象造成的许多反常气候就会改变。美国沿海遭受飓风袭击的可能性会上升，澳大利亚东部可能发生洪水，南美和非洲东部地区可能出现干旱，南亚将出现猛烈的季风雨，英国气温将会下降，大西洋西岸可能提前出现暴雨和大雪，并使该地区的产粮区遭受破坏性旱灾，东亚的雨带将往北移，秋冬季雨水将会增多。拉尼娜在将冷水从海底带到水面的同时，也把海洋深层营养丰富的物质带到水面，加快浮游植物和动物繁殖，将使东太平洋沿岸国家渔业获得丰收。

以下除哪项外，都是上文所描述的拉尼娜现象可能带来的影响？

A. 非洲某些地区的干旱不但没有缓解，而且有加重的趋势，非洲一些国家的生活仍然艰难。

B. 澳大利亚西部可能发生洪水，对该地区的牧业将产生不良的影响，世界羊绒的价格可能上涨。

C. 美国东海岸地区的冬天会变冷，降雪量会有明显的增加，影响该地区的粮食生产，世界粮食价格有上涨的趋势。

D. 由于冬季雨水比较充沛，我国北方冬小麦的生长条件得到改善，小麦产量将会有所增加。

E. 墨西哥、智利等国的渔业将走出多年徘徊的局面，世界鱼产品的价格有可能下降。

8. 各品种的葡萄中都存在着一种化学物质，这种物质能有效地减少人血液中的胆固醇。这种物质也存在于各类红酒和葡萄汁中，但白酒中不存在。红酒和葡萄汁都是用完整的葡萄作原料制作的；白酒除了用粮食作原料外，也用水果作原料，但和红酒不同，白酒在以水果作原料时，必须除去其表皮。

以上信息最能支持以下哪项结论？

A. 用作制酒的葡萄的表皮都是红色的。

B. 经常喝白酒会增加血液中的胆固醇。

C. 食用葡萄本身比饮用由葡萄制作的红酒或葡萄汁更有利于减少血液中的胆固醇。

D. 能有效地减少血液中胆固醇的化学物质，只存在于葡萄之中，不存在于粮食作物之中。

E. 能有效地减少血液中胆固醇的化学物质，只存在于葡萄的表皮之中，而不存在于葡萄的其他部分中。

9. 在试飞新设计的超轻型飞机时，经验丰富的老飞行员似乎比新手碰到了更多的麻烦。有经验的飞行员已经习惯了驾驶重型飞机，当他们驾驶超轻型飞机时，总是会忘记驾驶要则的提示而忽视风速的影响。

以下哪项作为题干蕴含的结论最为恰当？

A. 重型飞机比超轻型飞机在风中更易于驾驶。

B. 超轻型飞机的安全性不如重型飞机。

C. 风速对重型飞机的飞行不会产生影响。

D. 飞行员新手在驾驶重型飞机时不会忽视风速的影响。

E. 新飞行员比老飞行员对超轻型飞机更为熟悉。

10. 20 世纪 60 年代初以来，新加坡的人均预期寿命不断上升，到 21 世纪已超过日本，成为世界之最。与此同时，和一切发达国家一样，由于饮食中的高脂肪含量，新加坡人的心血管疾病的发病率也逐年上升。

从上述判定最可能推出以下哪项结论？

A. 新加坡人的心血管疾病的发病率虽逐年上升，但这种疾病不是造成目前新加坡人死亡的主要杀手。

B. 目前新加坡对于心血管疾病的治疗水平是全世界最高的。

C. 20世纪60年代造成新加坡人死亡的那些主要疾病，到21世纪，如果在该国的发病率没有实质性的降低，那么对这些疾病的医治水平一定有实质性的提高。

D. 目前新加坡人心血管疾病的发病率低于日本。

E. 新加坡人比日本人更喜欢吃脂肪含量高的食物。

11. 最近台湾航空公司客机坠落事故急剧增加的主要原因是飞行员缺乏经验。台湾航空部门必须采取措施淘汰不合格的飞行员，聘用有经验的飞行员。毫无疑问，这样的飞行员是存在的。但问题在于，确定和评估飞行员的经验是不可行的。例如，一个在气候良好的澳大利亚飞行1 000小时的教官，和一个在充满暴风雪的加拿大东北部飞行1 000小时的夜班货机飞行员是无法相比的。

上述议论最能推出以下哪项结论？（假设台湾航空公司继续维持原有的经营规模）

A. 台湾航空公司客机坠落事故急剧增加的现象是不可改变的。

B. 台湾航空公司应当聘用加拿大飞行员，而不宜聘用澳大利亚飞行员。

C. 台湾航空公司应当解聘所有现职飞行员。

D. 飞行时间不应成为评估飞行员经验的标准。

E. 对台湾航空公司来说，没有一项措施能根本扭转台湾航空公司客机坠落事故急剧增加的趋势。

12. 厂长：采用新的工艺流程可以大大减少炼铜车间所产生的二氧化硫。这一新流程主要是用封闭式熔炉替代原来的开放式熔炉。但是，不光购置和安装新的设备是笔大的开支，而且运作新流程的成本也高于目前的流程。因此，从总体上说，采用新的工艺流程将大大增加生产成本而使本厂无利可图。

总工程师：我有不同意见。事实上，最新的封闭式熔炉的熔炼能力是现有的开放式熔炉无法相比的。

在以下哪个问题上，总工程师和厂长最可能有不同意见？

A. 采用新的工艺流程是否确实可以大大减少炼铜车间所产生的二氧化硫？

B. 运作新流程的成本是否一定高于目前的流程？

C. 采用新的工艺流程是否一定使本厂无利可图？

D. 最新的封闭式熔炉的熔炼能力是否确实明显优于现有的开放式熔炉？

E. 使用最新的封闭式熔炉是否明显增加了生产成本？

13. 陈先生：未经许可侵入别人的电脑，就好像开偷来的汽车撞伤了人，这些都是犯罪行为。但后者性质更严重，因为它既侵占了有形财产，又造成了人身伤害；而前者只是在虚拟世界中捣乱。

林女士：我不同意。例如，非法侵入医院的电脑，有可能扰乱医疗数据，甚至危及病人的生命。因此，非法侵入电脑同样会造成人身伤害。

以下哪项最为准确地概括了两人争论的焦点？

A. 非法侵入别人的电脑和开偷来的汽车是否同样会危及人的生命？
B. 非法侵入别人的电脑和开偷来的汽车伤人是否都构成犯罪？
C. 非法侵入别人电脑和开偷来的汽车伤人是否是同样性质的犯罪？
D. 非法侵入别人电脑的犯罪性质是否和开偷来的汽车伤人一样严重？
E. 是否只有侵占有形财产才构成犯罪？

14. 在一场魔术表演中，魔术师看起来是随意请一位观众志愿者上台配合他的表演。根据魔术师的要求，志愿者从魔术师手中的一副扑克中随意抽出一张。志愿者看清楚了这张牌，但显然没有让魔术师看到这张牌。随后，志愿者把这张牌插回那副扑克中，魔术师把扑克洗了几遍，又切了一遍。最后魔术师从中取出一张，志愿者确认，这就是他抽出的那一张。有好奇者重复看了这个节目三次，想揭穿其中的奥秘。第一次，他用快速摄像机记录下了魔术师的手法，没有发现漏洞；第二次，他用自己的扑克代替魔术师的扑克；第三次，他自己充当志愿者。这三次表演，魔术师无一失手。此好奇者因此推断：该魔术的奥秘，不在手法技巧，也不在扑克或者志愿者有诈。

以下哪项最为确切地指出了好奇者的推理中的漏洞？

A. 好奇者忽视了这种可能性：他的摄像机功能会不稳定。
B. 好奇者忽视了这种可能性：除了摄像机以外，还有其他仪器可以准确记录魔术师的手法。
C. 好奇者忽视了这种可能性：手法技巧只有在使用做了手脚的扑克时才能奏效。
D. 好奇者忽视了这种可能性：魔术师表演同一个节目可以使用不同的方法。
E. 好奇者忽视了这种可能性：除了他所怀疑的上述三种方法外，魔术师还可能使用其他的方法。

15. 免疫研究室的钟教授说："生命科学院以前研究生的那种勤奋精神越来越不多见了，因为我发现目前在我的研究生中，起早摸黑做实验的人越来越少了。"

以下哪项最为恰当地指出了钟教授推理中的漏洞？

A. 不当地断定：除了生命科学院以外，其他学院的研究生普遍都不够用功。
B. 没有考虑到研究生的不勤奋有各自不同的原因。
C. 只是提出了问题，但没有提出解决问题的方法。
D. 不当地假设：他的学生状况就是生命科学院所有研究生的一般状况。
E. 没有设身处地考虑他的研究生毕业后找工作的难处。

16. 在印度发现了一些不平常的陨石，它们的构成元素表明，它们只可能来自水星、金星和火星。由于水星靠太阳最近，它的物质只可能被太阳吸引而不可能落到地球上；这些陨石也不可能来自金星，因为金星表面的任何物质都不可能摆脱它和太阳的引力而落到地球上。因此，这些陨石很可能是某次巨大的碰撞后从火星落到地球上的。

上述论证方式和以下哪项最为类似？

A. 这起谋杀或是劫杀，或是仇杀，或是情杀。但作案现场并无财物丢失；死者家属和睦，夫妻恩爱，并无情人。因此，最大的可能是仇杀。

B. 如果张甲是作案者，那必有作案动机和作案时间。张甲确有作案动机，但没有作案时间。因此，张甲不可能是作案者。

C. 此次飞机失事的原因，或是人为破坏，或是设备故障，或是操作失误。被发现的黑匣子显示，事故原因确定是设备故障。因此，可以排除人为破坏和操作失误。

D. 所有的自然数或是奇数，或是偶数。有的自然数不是奇数，因此，有的自然数是偶数。

E. 任一三角形或是直角三角形，或是钝角三角形，或是锐角三角形。这个三角形有两个内角之和小于90°。因此，这个三角形是钝角三角形。

17. 南口镇仅有一中和二中两所中学。一中学生的学习成绩一般比二中的学生好。由于来自南口镇的李明在大学一年级的学习成绩是全班最好的，因此，他一定是南口镇一中毕业的。

以下哪项与题干的论证方式最为类似？

A. 如果父母对孩子的教育得当，则孩子在学校的表现一般都较好。由于王征在学校的表现不好，因此他的家长一定教育失当。

B. 如果小孩每天背诵诗歌1小时，则会出口成章。郭娜每天背诵诗歌不足1小时，因此，她不可能出口成章。

C. 如果人们懂得赚钱的方法，则一般都能积累更多的财富。因此，彭总的财富是来源于他的足智多谋。

D. 儿童的心理教育比成年人更重要。张青是某公司心理素质最好的人，因此，他一定在儿童时获得良好的心理教育。

E. 北方人个子通常比南方人高，马林在班上最高，因此，他一定是北方人。

18. 使用枪支的犯罪比其他类型的犯罪更容易导致命案。但是，大多数使用枪支的犯罪并没有导致命案。因此，没有必要在刑法中把非法使用枪支作为一种严重刑事犯罪，同其他刑事犯罪区分开来。

上述论证中的逻辑漏洞，与以下哪项中出现的最为类似？

A. 肥胖者比体重正常的人更容易患心脏病。但是，肥胖者在我国人口中只占很小的比例。因此，在我国，医疗卫生界没有必要强调肥胖导致心脏病的风险。

B. 不检点的性行为比检点的性行为更容易感染艾滋病。但是，在有不检点性行为的人群中，感染艾滋病的只占很小的比例。因此，没有必要在防治艾滋病的宣传中，强调不检点性行为的危害。

C. 流行的看法是，吸烟比不吸烟更容易导致肺癌。但是，在有的国家，肺癌患者中有吸烟史的人所占的比例，并不高于总人口中有吸烟史的比例。因此，上述流行看法很可能是一种偏见。

D. 高收入者比低收入者更有能力享受生活。但是，不乏高收入者宣称自己不幸福。因此，幸福生活的追求者不必关注收入的高低。

E. 高分考生比低分考生更有资格进入重点大学。但是，不少重点大学学生的实际水平不如某些非重点大学的学生。因此，目前的高考制度不是一种选拔人才的理想制度。

19. 许多人不了解自己，也不设法去了解自己。这样的人可能想了解别人，但此种愿望肯定是要落空的，因为连自己都不了解的人不可能了解别人。由此可以得出结论：你要了解别人，首先要了解自己。

以下哪项对上述论证的评价最为恰当？

A. 上述论证所运用的推理是成立的。

B. 上述论证有漏洞，因为它把得出某种结果的必要条件当作充分条件。

C. 上述论证有漏洞，因为它不当地假设：每个人都可以了解自己。

D. 上述论证有漏洞，因为它忽视了这种可能性：了解自己比了解别人更困难。

E. 上述论证有漏洞，因为它基于个别性的事实轻率概括出一般性的结论。

考点 14：论证评价　答案速查					
解释	1. B	2. D	3. B	4. B	5. C
结论	6. D	7. B	8. E	9. A	10. C	11. E
焦点	12. C	13. D			
论证方式、漏洞识别	14. D	15. D	16. A	17. E	18. B	19. A

二、命题方向专训

命题方向⑫：论证推理　削弱、质疑、反驳

1. 有时为了医治一些危重病人，医院允许使用海洛因作为止痛药。其实，这样做是应当禁止的。因为，毒品贩子会通过这种渠道获取海洛因，对社会造成严重危害。

以下哪项为真，最能削弱以上的论证？

A. 有些止痛药可以起到和海洛因一样的止痛效果。

B. 贩毒是严重犯罪的行为，已经受到法律的严惩。

C. 用于止痛的海洛因在数量上与用作非法交易的比起来是微不足道的。

D. 海洛因如果用量过大就会致死。

E. 在治疗过程中，海洛因的使用不会使病人上瘾。

2. 一种虾常游弋于高温的深海间歇泉附近，在那里生长有它爱吃的细菌类生物。由于间歇泉发射一种暗淡的光线，因此，科学家们认为这种虾背部的感光器官是用来寻找间歇泉，从而找到食物的。

下列哪项对科学家的结论提出质疑？

A. 实验表明，这种虾的感光器官对间歇泉发出的光并不敏感。

B. 间歇泉的光线十分暗淡，人类肉眼难以觉察。

C. 间歇泉的高温足以杀死这附近的细菌。

D. 大多数其他品种的虾的眼睛都位于眼柄的末端。

E. 其他虾身上的感热器官同样能起到发现间歇泉的作用。

3. 一段时间以来，国产电器在国内市场的占有率逐渐减少。研究发现：国外电器的广告比国内电器的广告更吸引人。因此，国产电器制造商首先要改进广告，以增加市场占有率。

以下哪项为真，将严重地弱化上述论证？

A. 准备购买新的家用电器的人比其他人更爱看广告。

B. 消费者只关心他们早已喜爱的产品的广告。

C. 国产电器制造商的广告费只有国外厂商的一半。

D. 尽管国外电器销售额增加，国产电器销售额同样在增加。

E. 某些国外电器的广告是由国内广告公司制作的。

4. 经过对最近十年的统计资料分析，大连市因癌症死亡的人数比例比全国城市的平均值要高两倍。而在历史上大连市一直是癌症特别是肺癌的低发病地区。看来，大连最近这十年对癌症的防治出现了失误。

以下哪项如果为真，最能削弱上述论断？

A. 十年来大连市的人口增长和其他城市比起来并不算快。

B. 大连的气候和环境适合疗养，很多癌症病人在此地走过了最后一段人生之路。

C. 大连最近几年医疗保健的投入连年上升，医疗设施有了极大的改善。

D. 大连医学院在以中医理论探讨癌症机理方面取得了突破性的进展。

E. 尽管肺癌的死亡率上升，但大连的肺结核死亡率几乎降到了零。

5. 业余兼课是高校教师实际收入的一个重要来源。某校的一项统计表明，法律系教师的人均业余兼课的周时数是 3.5，而会计系则为 1.8。因此，该校法律系教师的当前人均实际收入要高于会计系。

以下哪项如果为真，将削弱上述论证？

Ⅰ．会计系教师的兼课课时费一般要高于法律系。

Ⅱ．会计系教师中当兼职会计的占35%，法律系教师中当兼职律师的占20%。

Ⅲ．会计系教师中业余兼课的占48%，法律系教师中业余兼课的只占20%。

A．Ⅰ、Ⅱ和Ⅲ。　　B．仅Ⅰ。　　C．仅Ⅱ。　　D．仅Ⅲ。　　E．仅Ⅰ和Ⅱ。

6. 甲：从举办奥运会的巨额耗费来看，观看各场奥运比赛的票额应该要高得多，是奥运会主办者的广告收入降低了每份票券的单价。因此，奥运会的现场观众从奥运会拉的广告中获得了经济利益。

乙：你的说法不能成立。谁来支付那些看来导致奥运会票券降价的广告费用？到头来还不是包括作为奥运会现场观众的消费者？因为厂家通过提高商品的价格把广告费用摊到了消费者的身上。

以下哪项如果为真，则能够有力地削弱乙对甲的反驳？

A. 奥运会的票价一般要远高于普通体育比赛的票价。

B. 在各种广告形式中，电视广告的效果要优于其他形式的广告。

C. 近年来，利用世界性体育比赛做广告的厂家越来越多，广告费用也越来越高。

D. 奥运会的举办带有越来越浓的商业色彩，引起了普遍的不满。

E. 总体上说，各厂家的广告支出是一个常量，会有选择地采取广播、电视、报纸、杂志、广告牌、邮递印刷品等各种形式。

7. 某特级招待所报案失窃现款200万元。保安人员经过周密调查，得出结论是前台经理孙某作的案。所长说："这是最不可能的。"保安人员说："当所有其他的可能性都被排除了，剩下的可能性不管看来是多么不可能，都一定是事实。"

以下哪项如果为真，则最为有力地动摇保安人员的说法？

A. 保安人员事实上不可能比所长更了解自己的经理。

B. 对非法行为惩处的根据，不能是逻辑推理，而只能是证据。

C. 保安人员无法穷尽所有的可能性。

D. 孙某是该招待所公认的优秀经理。

E. 该招待所前台出纳王某的丈夫有作案的前科。

8. 据报道，某国科学家在一块60万年前来到地球的火星陨石上发现了有机生物的痕迹，因为该陨石由二氧化碳化合物构成，该化合物产生于甲烷，而甲烷可以是微生物受到高压和高温作用时产生的。由此可以推断火星上曾经有过生物，甚至可能有过像人一样的高级生物。

以下条件除了哪项外，都对上文的结论提出质疑？

A. 火星陨石在地球上的60万年间可能产生了很多的化学变化，要界定其中哪些物质仍完全保留着在火星上的性质不是那么容易的。

B. 60万年的时间与宇宙的年龄相比是微不足道的，但在这一期间的生物进化的历史可以是丰富多彩的。

C. 微生物受到高压和高温作用时可以产生甲烷，但甲烷是否可以由其他方法产生是有待探讨的一个问题。

D. 由微生物进化到人类需要足够的时间和合适的条件，其复杂性及其中的一些偶然性可能是现在的人们难以想象的。

E. 所说的二氧化碳化合物可以从甲烷产生，但也不能绝对排除从其他物质产生的可能性。

9. 在人口最稠密的城市中，警察人数占总人口的比例也最大。这些城市中的"无目击证人犯罪"的犯罪率也最低。看来，维持高比例的警察至少可达到有效地阻止此类犯罪的效果。

下列哪项如果为真，最能有效地削弱上述推论？

A. 警察的工作态度和巡逻频率在各个城市是有很大差别的。

B. 高人口密度本身使得犯罪现场无目击证人的可能性减少。

C. 许多发生在大城市的非暴力犯罪都与毒品有关。

D. 人口稠密的城市中，大多数罪犯并不是被警察抓获的。

E. "无目击证人犯罪"在所有犯罪中本来就只占很小的比例。

10. 过去，大多数航空公司都尽量减轻飞机的重量，从而达到节省燃油的目的。那时最安全的飞机座椅是非常重的，因此只安装很少的这类座椅。今年，最安全的座椅卖得最好。这非常明显地证明，现在的航空公司在安全和省油这两方面更倾向重视安全了。

以下哪项如果为真，能够最有力地削弱上述结论？

A. 去年销售量最大的飞机座椅并不是最安全的座椅。

B. 所有航空公司总是宣称它们比其他公司更加重视安全。

C. 与安全座椅销售不好的那些年比，今年的油价有所提高。

D. 由于原材料成本提高，今年的座椅价格比以往都贵。

E. 由于技术创新，今年最安全的座椅反而比一般座椅的重量轻。

11. 在驾驶资格考试中，桩考（俗称考杆儿）是对学员要求很高的一项测试。在南崖市各驾驶学校以往的考试中，有一些考官违反工作纪律，也有些考官责任心不强，随意性较大，这些都是学员意见比较集中的问题。今年1月1日起，各驾驶学校考场均在场地的桩上安装了桩考器，由目测为主变成机器测量，使场地驾驶考试完全实现了电脑操作，提高了科学性。

以下哪项如果为真，将最有力地怀疑这种仪器的作用？

A. 机器都是人发明的，并且最终还是由人来操纵，所以，在执法中防止考官徇私仍有很大的必要。

B. 场地驾驶考试也要包括考查学员在驾驶室中的操作是否规范。

C. 机器测量的结果直接通过计算机打印，随意性的问题能完全消除。

D. 桩考器严格了考试纪律，但是，也会引起部分学员的反对，因为这样一来，就很难托关系走后门了。

E. 桩考器如果只在南崖市安装，许多学员会到外地参加驾驶考试。

12. 一位研究人员希望了解他所在社区的人们喜欢的口味是可口可乐还是百事可乐。他找了一些喜欢可口可乐的人，要他们在一杯可口可乐和一杯百事可乐中，通过品尝指出喜好。杯子上不贴标签，以免商标引发明显的偏见，只是将可口可乐的杯子标志为"M"，将百事可乐的杯子标志为"Q"。结果显示，超过一半的人更喜欢百事可乐，而非可口可乐。

以下哪项如果为真，最可能削弱上述论证的结论？

A. 参加者受到了一定的暗示，觉得自己的回答会被认真对待。

B. 参加者中很多人从来都没有同时喝过这两种可乐，甚至其中 30% 的参加者只喝过其中一种可乐。

C. 多数参加者对于可口可乐和百事可乐的市场占有情况是了解的，并且经过研究证明，他们普遍有一种同情弱者的心态。

D. 在对参加实验的人所进行的另外一个对照实验中，发现了一个有趣的结果：这些实验者中的大部分更喜欢英文字母 Q，而不大喜欢 M。

E. 在参加实验前的一个星期中，百事可乐的形象代表正在举行大规模的演唱会，演唱会的场地中有百事可乐的大幅宣传画，并且在电视转播中反复出现。

13. 有些家长对学龄前的孩子束手无策，他们自愿参加了当地的一个为期六周的"家长培训"计划。家长们在参加该项计划前后，要在一份劣行调查表上为孩子评分，以表明孩子到底给他们带来了多少麻烦。家长们报告说，在参加该计划之后，他们遇到的麻烦确实比参加之前要少。

以下哪项如果为真，最可能怀疑家长们所受到的这种培训的真正效果？

A. 这种训练计划所邀请的课程教授尚未结婚。

B. 参加这项训练计划的单亲家庭的家长比较多。

C. 家长们通常会在烦恼不堪、情绪落入低谷时才参加什么"家长培训"计划，而孩子们的捣乱和调皮有很强的周期性。

D. 填写劣行调查表对于这些家长来说不是一件容易的事情，尽管并不花费太多的时间。

E. 学龄前的孩子最需要父母的关心。起码，父母应当在每天都有和自己的孩子相处谈话的时间。专家建议，这个时间的低限是 30 分钟。

14. 最近的一项研究指出:"适量饮酒对妇女的心脏有益。"研究人员对1 000名女护士进行调查,发现那些每星期饮酒3~15次的人,其患心脏病的可能性较每星期饮酒少于3次的人低。因此,研究人员发现了饮酒量与妇女心脏病之间的联系。

以下哪项如果为真,最不可能削弱上述论证的结论?

A. 许多妇女因为感觉自己的身体状况良好,从而使得她们的饮酒量增加。

B. 调查显示:性格独立的妇女更愿意适量饮酒并同时加强自己的身体锻炼。

C. 护士因为职业习惯的原因,饮酒次数比普通妇女要多一些。再者,她们的年龄也偏年轻。

D. 对男性饮酒的研究发现,每星期饮酒3~15次的人中,有一半人患心脏病的可能性比少于3次的人还要高。

E. 这项研究得到了某家酒精饮料企业的经费资助,有人检举研究人员在调查对象的选择上有不公正的行为。

15. 光线的照射有助于缓解冬季忧郁症。研究人员曾对九名患者进行研究,他们均因冬季白天变短而患上了冬季忧郁症。研究人员让患者在清早和傍晚各接受三小时伴有花香的强光照射。一周之内,七名患者完全摆脱了抑郁,另外两人也表现出了显著的好转。由于光照会诱使身体误以为夏季已经来临,这样便治好了冬季忧郁症。

以下哪项如果为真,最能削弱上述论证的结论?

A. 研究人员在强光照射时有意使用花香伴随,对于改善患上冬季忧郁症的患者的适应性有不小的作用。

B. 九名患者中最先痊愈的三位均为女性,而对男性患者治疗的效果较为迟缓。

C. 该实验均在北半球的温带气候中,无法区分南北半球的实验差异,但也无法预先排除。

D. 强光照射对于皮肤的损害已经得到专门研究的证实,其中夏季比冬季的危害性更大。

E. 每天六小时的非工作状态,改变了患者原来的生活环境,改善了他们的心态,这是对忧郁症患者的一种主要影响。

16. 孩子出生后的第一年在托儿所度过,会引发孩子的紧张不安。在我们的研究中,有464名12~13岁的儿童接受了特异情景测试法的测验,该项测验意在测试儿童1岁时的状况与对母亲的依附心理之间的关系。其结果为:有41.5%曾在托儿所看护的儿童和25.7%曾在家看护的儿童被认为紧张不安,过于依附母亲。

以下哪项如果为真,最没有可能对上述研究的推断提出质疑?

A. 研究中所测验的孩子并不是从托儿所看护和在家看护两种情况下随机选取的。因此,这两组样本儿童的家庭很可能有系统性的差异存在。

B. 这项研究的主持者被证实曾经在自己的幼儿时期受到过长时间来自托儿所阿姨的冷漠。

C. 针对孩子的母亲的另一部分研究发现：由于孩子在家里表现出过度的依附心理，父母因此希望将其送入托儿所予以矫正。

D. 因为风俗的关系，在464名被测试者中，在托儿所看护的大多数为女童，而在家看护的多数为男童。一般地说，女童比男童更易表现为紧张不安和依附母亲。

E. 出生后第一年在家看护的孩子多数是由祖父母或外祖父母看护的，并形成浓厚的亲情。

17. 赵青一定是一位出类拔萃的教练。她调到我们大学执教女排才一年，球队的成绩突飞猛进。

以下哪项如果为真，最有可能削弱上述论证？

A. 赵青以前曾经入选过国家青年女排，后来因为伤病提前退役。

B. 赵青之前的教练一直是男性，对于女运动员的运动生理和心理了解不够。

C. 调到大学担任女排教练之后，赵青在学校领导那里立下了军令状，一定要拿全国大学生联赛的冠军，结果只得了一个铜牌。

D. 女队员尽管是学生，但是对于赵青教练的指导都非常佩服，并自觉地加强训练。

E. 大学准备建设高水平的体育代表队，因此，从去年开始，就陆续招收一些职业队的退役队员。女排只招到了一个二传手。

18. 澳大利亚是个地广人稀的国家，不仅劳动力价格昂贵，而且很难雇到工人，许多牧场主均为此发愁。有个叫德尔的牧场主采用了一种办法，他用电网把自己的牧场圈起来，既安全可靠，又不需要多少牧牛工人。但是反对者认为这样会造成大量的电力浪费，对牧场主来说增加了开支，对国家的资源也不够节约。

以下哪项如果为真，能够削弱批评者对德尔的指责？

A. 电网在通电10天后就不再耗电，牛群因为有了惩罚性的经验，不会再靠近和触碰电网。

B. 节省人力资源对于国家来说也是一笔很大的财富。

C. 使用电网对于牛群来说是暴力式的放牧，不符合保护动物的基本理念。

D. 德尔的这种做法，既可以防止牛走失，也可以防范居心不良的人偷牛。

E. 德尔的这种做法思路新颖，可以考虑用在别的领域以节省宝贵的人力资源。

19. 第二次世界大战期间，海洋上航行的商船常常遭到德国轰炸机的袭击，许多商船都先后在船上架设了高射炮。但是，商船在海上摇晃得比较厉害，用高射炮射击天上的飞机是很难命中的。战争结束后，研究人员发现，从整个战争期间架设过高射炮的商船的统计资料看，击落敌机的命中率只有4%。因此，研究人员认为，商船上架设高射炮是得不偿失的。

以下哪项如果为真，最能削弱上述研究人员的结论？

A. 在战争期间，未架设高射炮的商船，被击沉的比例高达25%；而架设了高射炮的商船，被击沉的比例只有不到10%。

B. 架设了高射炮的商船，即使不能将敌机击中，在某些情况下也可能将敌机吓跑。

C. 架设高射炮的费用是一笔不小的投入，而且在战争结束后，为了运行的效率，还要再花费资金将高射炮拆除。

D. 一般地说，上述商船用于高射炮的费用，只占整个商船的总价值的极小部分。

E. 架设高射炮的商船速度会受到很大的影响，不利于逃避德国轰炸机的袭击。

20～21题基于以下题干

一项全球范围的调查显示，近10年来，吸烟者的总数基本保持不变；每年只有10%的吸烟者改变自己的品牌，即放弃原有的品牌而改吸其他品牌；烟草制造商用在广告上的支出占其毛收入的10%。在Z烟草公司的年终董事会上，董事A认为，上述统计表明，烟草业在广告上的收益正好等于其支出，因此，此类广告完全可以不做。董事B认为，由于上述10%的吸烟者所改吸的香烟品牌中几乎不包括本公司的品牌，因此，本公司的广告开支实际上是笔亏损性开支。

20. 以下哪项，构成对董事A的结论的最有力质疑？

A. 董事A的结论忽视了：对广告开支的有说服力的计算方法，应该计算其占整个开支的百分比，而不应该计算其占毛收入的百分比。

B. 董事A的结论忽视了：近年来各种品牌的香烟的价格都有了很大的变动。

C. 董事A的结论基于一个错误的假设：每个吸烟者在某个时候只喜欢一种品牌。

D. 董事A的结论基于一个错误的假设：每个烟草制造商只生产一种品牌。

E. 董事A的结论忽视了：世界烟草业是一个由处于竞争状态的众多经济实体组成的。

21. 以下哪项如果为真，能构成对董事B的结论的质疑？

Ⅰ. 如果没有Z公司的烟草广告，许多消费Z公司品牌的吸烟者将改吸其他品牌。

Ⅱ. 上述改变品牌的10%的吸烟者所放弃的品牌中，几乎没有Z公司的品牌。

Ⅲ. 烟草广告的效果之一，是吸引新吸烟者取代停止吸烟者（死亡的吸烟者或戒烟者）而消费自己的品牌。

A. 仅Ⅰ。　　　B. 仅Ⅱ。　　　C. 仅Ⅲ。　　　D. 仅Ⅰ和Ⅱ。　　　E. Ⅰ、Ⅱ和Ⅲ。

22. 世界卫生组织在全球范围内进行了一项有关献血对健康影响的跟踪调查。调查对象分为三组。第一组对象中均有二次以上的献血记录，其中最多的达数十次；第二组对象均仅有一次献血记录；第三组对象均从未献过血。调查结果显示，被调查对象中癌症和心脏病的发病率，第一组分别为0.3%和0.5%，第二组分别为0.7%和0.9%，第三组分别为

1.2%和2.7%。一些专家依此得出结论，献血有利于减少患癌症和心脏病的风险。这两种病已经不仅在发达国家而且在发展中国家成为威胁中老年人生命的主要杀手。因此，献血利己利人，一举两得。

以下哪项如果为真，将削弱以上结论？

Ⅰ.60岁以上的调查对象，在第一组中占60%，在第二组中占70%，在第三组中占80%。

Ⅱ.献血者在献血前要经过严格的体检，一般具有较好的体质。

Ⅲ.调查对象的人数，第一组为1 700人，第二组为3 000人，第三组为7 000人。

A. 仅Ⅰ。　　B. 仅Ⅱ。　　C. 仅Ⅲ。　　D. 仅Ⅰ和Ⅱ。　　E. Ⅰ、Ⅱ和Ⅲ。

23. 据S市的卫生检疫部门统计，和去年相比，今年该市肠炎患者的数量有明显的下降。权威人士认为，这是由于该市的饮用水净化工程正式投入了使用。

以下哪项最不能削弱上述权威人士的结论？

A. 和天然饮用水相比，S市经过净化的饮用水中缺少了几种重要的微量元素。

B. S市的饮用水净化工程在五年前动工，于前年正式投入了使用。

C. 去年S市对餐饮业特别是卫生条件较差的大排档进行了严格的卫生检查和整顿。

D. 由于引进了新的诊断技术，许多以前被诊断为肠炎的病案，今年被确诊为肠溃疡。

E. 全国范围的统计数字显示，我国肠炎患者的数量呈逐年明显下降的趋势。

24. 一位海关检查员认为，他在特殊工作经历中培养了一种特殊的技能，即能够准确地判定一个人是否在欺骗他。他的根据是，在海关通道执行公务时，短短的几句对话就能使他确定对方是否可疑；而在他认为可疑的人身上，无一例外地都查出了违禁物品。

以下哪项如果为真，能削弱上述海关检查员的论证？

Ⅰ.在他认为不可疑而未经检查的入关人员中，有人无意地携带了违禁物品。

Ⅱ.在他认为不可疑而未经检查的入关人员中，有人有意地携带了违禁物品。

Ⅲ.在他认为可疑并查出违禁物品的入关人员中，有人无意地携带了违禁物品。

A. 仅Ⅰ。　　B. 仅Ⅱ。　　C. 仅Ⅲ。　　D. 仅Ⅱ和Ⅲ。　　E. Ⅰ、Ⅱ和Ⅲ。

25. 某些种类的海豚利用回声定位来发现猎物：它们发射出滴答的声音，然后接收水域中远处物体反射的回音。海洋生物学家推测这些滴答声可能有另一个作用：海豚用异常高频的滴答声使猎物的感官超负荷，从而击晕近距离的猎物。

以下哪项如果为真，最能对上述推测构成质疑？

A. 海豚用回声定位不仅能发现远距离的猎物，而且能发现中距离的猎物。

B. 作为一种发现猎物的讯号，海豚发出的滴答声是它的猎物的感官所不能感知的，只有海豚能够感知从而定位。

C. 海豚发出的高频讯号即使能击晕它们的猎物，这种效果也是很短暂的。

D. 蝙蝠发出的声波不仅能使它发现猎物，而且这种声波能对猎物形成特殊刺激，从而有助于蝙蝠捕获它的猎物。

E. 海豚想捕获的猎物离自己越远，它发出的滴答声就越高。

26. 科学研究表明，大量吃鱼可以大大减少患心脏病的危险，这里起作用的关键因素是在鱼油中所含的丰富的"奥米加-3"脂肪酸。因此，经常服用保健品"奥米加-3"脂肪酸胶囊将大大有助于预防心脏病。

以下哪项如果为真，最能削弱题干的论证？

A. "奥米加-3"脂肪酸胶囊从研制到试销，才不到半年的时间。

B. 在导致心脏病的各种因素中，遗传因素占了很重要的地位。

C. 不少保健品都有不同程度的副作用。

D. "奥米加-3"脂肪酸只有和主要存在于鱼体内的某些物质化合后才能产生保健疗效。

E. "奥米加-3"脂肪酸胶囊不在卫健委最近推荐的十大保健品之列。

27. 关节尿酸炎是一种罕见的严重关节疾病。一种传统的观点认为，这种疾病曾于2 500年前在古埃及流行，其根据是在所发现的那个时代的古埃及木乃伊中，有相当高的比例可以发现患有这种疾病的痕迹。但是，最近对于上述木乃伊骨骼的化学分析使科学家推测，木乃伊所显示的关节损害实际上是对尸体进行防腐处理时所使用的化学物质引起的。

以下哪项如果为真，最能进一步加强对题干中所提及的传统观点的质疑？

A. 在我国西部所发现的木乃伊中，同样可以发现患有关节尿酸炎的痕迹。

B. 关节尿酸炎是一种遗传性疾病，但在古埃及人的后代中这种病的发病率并不比一般的要高。

C. 对尸体进行成功的防腐处理，是古埃及人一项密不宣人的技术，科学家至今很难确定他们所使用物质的化学性质。

D. 在古代中东文物艺术品的人物造型中，可以发现当时的人患有关节尿酸炎的参考证据。

E. 一些古埃及的木乃伊并没有显示患有关节尿酸炎的痕迹。

28. 鸡油菌这种野生蘑菇生长在宿主树下，如在道氏杉树的底部生长。道氏杉树为它提供生长所需的糖分，鸡油菌在地下用来汲取糖分的纤维部分为它的宿主提供养料和水。由于它们之间这种互利关系，过量采摘道氏杉树根部的鸡油菌会对道氏杉树的生长不利。

以下哪项如果为真，将对题干的论述构成质疑？

A. 在最近的几年中，野生蘑菇的产量有所上升。

B. 鸡油菌不只在道氏杉树底部生长，也在其他树木的底部生长。

C. 很多在森林中生长的野生蘑菇在其他地方无法生长。

D. 对某些野生蘑菇的采摘会促进其他有利于道氏杉树的蘑菇的生长。

E. 如果没有鸡油菌的滋养，道氏杉树的种子不能成活。

29. 有些外科手术需要一种特殊类型的线带，使外科伤口缝合达到十天，这是外科伤口需要线带的最长时间。D 型带是这种线带的一个新品种。D 型带的销售人员声称 D 型带将会提高治疗功效，因为 D 型带的黏附时间是目前使用的线带的两倍长。

以下哪项如果成立，最能说明 D 型带销售人员所作声明中的漏洞？

A. 大多数外科伤口愈合大约需要十天。

B. 大多数外科线带是从医院而不是从药店得到的。

C. 目前使用的线带的黏性足够使伤口缝合十天。

D. 现在还不清楚究竟是 D 型带还是目前使用的线带更有利于皮肤的愈合。

E. D 型带对已经预先涂上一层药物的皮肤的黏性只有目前使用的线带的一半好。

30. 认为大学的附属医院比社区医院或私立医院要好是一种误解。事实上，大学的附属医院抢救病人的成功率比其他医院要小。这说明大学的附属医院的医疗护理水平比其他医院要低。

以下哪项如果为真，最能驳斥上述论证？

A. 很多医生既在大学工作又在私立医院工作。

B. 大学，特别是医科大学的附属医院拥有其他医院所缺少的精密设备。

C. 大学附属医院的主要任务是科学研究，而不是治疗和护理病人。

D. 去大学附属医院就诊的病人的病情，通常比去私立医院或社区医院的病人的病情重。

E. 抢救病人的成功率只是评价医院的标准之一，而不是唯一的标准。

31. 调查表明，一年中任何月份，18 岁至 65 岁的女性中都有 52% 在家庭以外工作。因此，18 岁至 65 岁的女性中有 48% 是全年不在外工作的家庭主妇。

以下哪项如果为真，最严重地削弱了上述论证？

A. 现在离家工作的女性比历史上的任何时期都多。

B. 尽管在每个月中参与调查的女性人数都不多，但是这些样本有很好的代表性。

C. 调查表明，将承担一份有薪工作为优先考虑的女性比以往任何时候都多。

D. 总体上说，职业女性比家庭主妇有更高的社会地位。

E. 不管男性还是女性，都有许多人经常进出于劳动力市场。

32. 农科院最近研制了一种高效杀虫剂，通过飞机喷洒，能够大面积地杀死农田中的害虫。但使用这种杀虫剂未必能达到提高农作物产量的目的，甚至可能适得其反，因为这种杀虫剂在杀死害虫的同时，也杀死了保护农作物的各种益虫。

以下哪项如果为真，最能削弱上述论证？

A. 上述杀虫剂的有效率，在同类产品中是最高的。

B. 益虫对农作物的保护作用，主要在于能消灭危害农作物的害虫。

C. 使用飞机喷洒上述杀虫剂，将增加农作物的生产成本。

D. 如果不发生虫灾，农田中的益虫要多于害虫。

E. 上述杀虫剂只适合在平原地区使用。

33. 在疟疾流行地区，许多人多次感染疟疾后，对此病产生免疫力。很明显，感染一次疟疾后人的免疫系统仅受到轻微的激活；而多次感染疟疾，与疟原虫接触，可产生有效的免疫反应，使人免于患疟疾。

以下哪项如果为真，最能削弱上述结论？

A. 疟疾病人由于体质的严重消耗，极易同时感染其他疾病。

B. 有几种不同类型的疟疾，身体对某一种疟原虫的免疫反应并不能保护其免于其他类型的疟疾感染。

C. 疟疾只通过蚊子传播，现在的蚊子对杀蚊剂已产生抵抗力。

D. 将疟疾患者隔离不能阻止此病的流行。

E. 对疟疾的免疫力可通过遗传的方法获得。

34. 新的法律规定，由政府资助的高校研究成果的专利将归学校所有。京华大学的管理者计划卖掉他们所有的专利给企业，以此来获得资金，改善该校本科生的教育条件。

以下哪项如果为真，将对学校管理者的计划的可行性构成严重质疑？

A. 对学校专利产品感兴趣的盈利企业有可能对高校的研究计划提供赞助。

B. 在新的税法中，对高校研究提供赞助的企业可以减免一部分税收。

C. 在京华大学从事研究的科学家几乎完全不涉足本科生教育。

D. 由政府资助的设在京华大学的研究机构的研究成果已经被一些企业自行研制出来。

E. 京华大学不能吸引企业对其研究进行投资。

35. 妇女适合当警察的想法是荒唐的。妇女毕竟比男子平均矮15厘米，轻15千克。很显然，在遇到暴力事件时，妇女没有男子有效。

以下哪项如果为真，最能削弱以上论证？

A. 有些申请当警察的妇女比在职的男警察长得高大。

B. 警察必须经过18个月的强化训练。

C. 在许多情况下，罪犯或受害者是妇女。

D. 警察要求携带和使用枪支，而妇女通常胆小怕枪。

E. 有许多警察部门的办公室职位妇女可以做。

36. 美国的一个动物保护组织试图改变蝙蝠在人们心目中一直存在的恐怖形象。这个组织认为，蝙蝠之所以让人觉得可怕和遭到捕杀，仅仅是因为这些羞怯的动物在夜间表现得特别活跃。

以下哪项如果为真，将对上述动物保护组织的观点构成最严重的质疑？

A. 蝙蝠之所以能在夜间特别活跃，是由于它们具有在夜间感知各种射线和声波的特殊能力。

B. 蝙蝠是夜间飞行昆虫的主要捕食者。在这样的夜间飞行昆虫中，有很多是危害人类健康的。

C. 蝙蝠在中国及其他许多国家同样被认为是一种恐怖的飞禽。

D. 美国人熟知的浣熊和中国人熟知的食蚊雀，都是些在夜间特别活跃的羞怯动物，但在人们的印象中一般并没有恐怖的印象。

E. 许多视觉艺术品，特别是动画片丑化了蝙蝠的形象。

37. 1985 年，W 国国会降低了单身公民的收入税收比率，这对有两份收入的已婚夫妇十分不利，因为他们必须支付比分别保持单身更多的税。从 1985 年到 1995 年，未婚同居者的数量上升了 205%。因此，国会通过修改单身公民的收入税收比率，可使更多的未婚同居者结婚。

以下哪项如果为真，将最有力地削弱上述论证？

A. 从 1985 年到 1995 年，W 国的离婚率上升 185%，高离婚率对当事者特别是单亲子女造成的伤害，成为受到普遍关注特别是受到婚龄段青年人关注的社会问题。

B. 在 H 国，国会并未降低单身公民的收入税收比例，但在 1985 年至 1995 年间，未婚同居者的数量也有所上升。

C. W 国的税收率在相同发展水平的国家中并不算高。

D. 从 1985 年至 1995 年，W 国的未婚同居者的数量并不呈直线上升，而是在 1990 年有所回落。

E. W 国的未婚同居的现象，并不像在有些国家中那样受到道义上的指责。

38. 一项调查统计显示，肥胖者参加体育锻炼的月平均量，只占正常体重者的一半不到。而肥胖者的食物摄入的月平均量，基本和正常体重者持平。专家由此得出结论，导致肥胖的主要原因是缺乏锻炼，而不是摄入过多的热量。

以下哪项如果为真，将严重削弱上述论证？

A. 肥胖者的食物摄入平均量总体上和正常体重者基本持平，但肥胖者中有人是在节食。

B. 肥胖者由于体重的负担，比正常体重者较为不乐意参加体育锻炼。

C. 某些肥胖者体育锻炼的平均量，要大于正常体重者。

D. 体育锻炼通常会刺激食欲，从而增加食物摄入量。

E. 通过节食减肥有损健康。

39. 因偷盗、抢劫或流氓罪入狱的刑满释放人员的重新犯罪率，要远远高于因索贿受贿等职务犯罪入狱的刑满释放人员。这说明，在狱中对上述前一类罪犯教育改造的效果，远不如对后一类罪犯。

以下哪项如果为真，最能削弱上述论证？

A. 与其他类型的罪犯相比，职务犯罪者往往有较高的文化水平。

B. 对贪污、受贿的刑事打击，并没能有效地扼制腐败，有些地方的腐败反而愈演愈烈。

C. 刑满释放人员很难再得到官职。

D. 职务犯罪的罪犯在整个服刑犯中只占很小的比例。

E. 统计显示，职务犯罪者很少有前科。

40. 被疟原虫寄生的红血球在人体内的存在时间不会超过120天。因为疟原虫不可能从一个它所寄生衰亡的红血球进入一个新生的红血球。因此，如果一个疟疾患者在进入了一个绝对不会再被疟蚊叮咬的地方120天后仍然周期性高烧不退，那么，这种高烧不会是由疟原虫引起的。

以下哪项如果为真，最能削弱上述结论？

A. 由疟原虫引起的高烧和由感冒病毒引起的高烧有时不容易区别。

B. 携带疟原虫的疟蚊和普通的蚊子很难区别。

C. 引起周期性高烧的疟原虫有时会进入人的脾脏细胞，这种细胞在人体内的存在时间要长于红血球。

D. 除了周期性的高烧只有到疟疾治愈后才会消失外，疟疾的其他某些症状会随着药物治疗而缓解乃至消失，但在120天内仍会再次出现。

E. 疟原虫只有在疟蚊体内和人的细胞内才能生存与繁殖。

41. 最近10年，地震、火山爆发和异常天气对人类造成的灾害比数十年前明显增多，这说明，地球正变得对人类愈来愈充满敌意和危险。这是人类在追求经济高速发展中因破坏生态环境而付出的代价。

以下哪项如果为真，最能削弱上述论证？

A. 经济发展使人类有可能运用高科技手段来减轻自然灾害的危害。

B. 经济发展并不必然导致全球生态环境的恶化。

C. W国和H国是两个毗邻的小国，W国经济发达，H国经济落后，地震、火山爆发和异常天气所造成的灾害，在H国显然比W国严重。

D. 自然灾害对人类造成的危害，远低于战争、恐怖主义等人为灾害。

E. 全球经济发展的不平衡所造成的人口膨胀和相对贫困，使得越来越多的人不得不居住在生态环境恶劣甚至危险的地区。

42. 近年来，立氏化妆品的销量有了明显的增长，同时，该品牌用于广告的费用也有同样明显的增长。业内人士认为，立氏化妆品销量的增长，得益于其广告的促销作用。

以下哪项如果为真，最能削弱上述结论？

A. 立氏化妆品的广告费用，并不多于其他化妆品。
B. 立氏化妆品的购买者中，很少有人注意到该品牌的广告。
C. 注意到立氏化妆品广告的人中，很少有人购买该产品。
D. 消协收到的对立氏化妆品的质量投诉，多于其他化妆品。
E. 近年来，化妆品的销售总量有明显增长。

43. 一个医生在进行健康检查时，如果检查得足够彻底，就会使那些本没有疾病的被检查者无谓地饱经折腾，并白白地支付了昂贵的检查费用；如果检查得不够彻底，又可能错过一些严重的疾病，给病人一种虚假的安全感而延误治疗。问题在于，一个医生往往很难确定该把一个检查进行到何种程度。因此，对普通人来说，没有感觉不适就去接受医疗检查是不明智的。

以下各项如果为真，都能削弱上述论证，除了：

A. 有些严重疾病早期就有病人自己能察觉的明显症状。
B. 有些严重疾病早期虽无病人能察觉的明显症状，但这些症状并不难被医生发现。
C. 有些严重疾病只有经过彻底检查才能发现。
D. 有些经验丰富的医生可以恰如其分地把握检查的彻底程度。
E. 有些严重疾病发展到病人有明显不适已错过了治疗的最佳时机。

44. 通常人们总认为，赞助人向博物馆赠送展品，是对博物馆的一种财政上的支持。事实上，对捐赠品的日常保管和维护是笔昂贵的开支。这笔开支的累计，甚至很快就会超过该捐赠品的市场价。因此，这些捐赠品事实上加剧而并非减轻了博物馆的财政负担。

以下哪项如果为真，最能削弱上述论证？

A. 捐赠品中包括珍贵的历史文物。
B. 博物馆的开支，主要由国家财政负担。
C. 博物馆一般只接受允许并易于出售的赠品。
D. 博物馆对藏品的保管和维护费用，因藏品的等级而异。
E. 博物馆对藏品的保管和维护费用，近年有下降的趋势。

45. 因为青少年缺乏基本的驾驶技巧，特别是缺乏紧急情况的应对能力，所以必须给青少年的驾驶执照附加限制。在这点上，应当吸取 H 国的教训。在 H 国，法律规定 16 岁以上就可申请驾驶执照。尽管在该国注册的司机中 19 岁以下的只占 7%，但他们却是 20% 造成死亡的交通事故的肇事者。

以下各项有关 H 国的判定如果为真，都能削弱上述议论，除了：

A. 和其他人相比，青少年开的车较旧，性能也较差。

B. 青少年开车时载客的人数比其他司机要多。

C. 青少年开车的年均千米（每年平均行使的千米数）要高于其他司机。

D. 和其他司机相比，青少年较不习惯系安全带。

E. 据统计，被查出酒后开车的司机中，青少年所占的比例，远高于他们占整个司机总数的比例。

46. 一个美国议员提出，必须对本州不断上升的监狱费用采取措施。他的理由是，现在一个关在单人牢房的犯人所需的费用，平均每天高达 132 美元，即使在世界上开销最昂贵的城市里，也不难在最好的饭店找到每晚租金低于 125 美元的房间。

以下哪项如果为真，能构成对上述美国议员的观点及其论证的恰当驳斥？

Ⅰ．据州司法部公布的数字，一个关在单人牢房的犯人所需的费用，平均每天 125 美元。

Ⅱ．在世界上开销最昂贵的城市里，很难在最好的饭店里找到每晚租金低于 125 美元的房间。

Ⅲ．监狱用于犯人的费用和饭店用于客人的费用，几乎用于完全不同的开支项目。

A. 只有Ⅰ。　　B. 只有Ⅱ。　　C. 只有Ⅲ。　　D. 只有Ⅰ和Ⅱ。　E. Ⅰ、Ⅱ和Ⅲ。

47. 现在市面上电子版图书越来越多，其中包括电子版的文学名著，而且价格都很低。另外，人们只要打开电脑，在网上几乎可以读到任何一本名著。这种文学名著的普及，会大大改变大众的阅读品位，有利于造就高素质的读者群。

以下哪项如果为真，最能削弱上述论证？

A. 名著的普及率一直不如大众读物，特别是不如健身、美容和智力开发等大众读物。

B. 许多读者认为电脑阅读不方便，宁可选择印刷版读物。

C. 一个高素质的读者不仅仅需要具备文学素养。

D. 真正对文学有兴趣的人不会因文学名著的价钱高或不方便而放弃获得和阅读文学名著的机会，而对文学没有兴趣的人则相反。

E. 在互联网上阅读名著仍然需要收费。

48. 一项对 30 名年龄在 3 岁的独生孩子与 30 名同龄非独生的第一胎孩子的研究发现，这两组孩子日常行为能力非常相似，这种日常行为能力包括语言能力、对外界的反应能力，以及和同龄人、他们的家长及其他大人相处的能力等。因此，独生孩子与非独生孩子的社会能力发展几乎一致。

以下哪项如果为真，最能削弱上述结论？

A. 进行对比的两组孩子是不同地区的孩子。

B. 独生孩子与母亲的接触时间多于非独生孩子与母亲接触的时间。

C. 家长通常在第一胎孩子接近 3 岁时怀有他们的第二胎孩子。

D. 大部分参与此项目的研究者没有兄弟姐妹。

E. 独生孩子与非独生孩子与母亲的接触时间和父亲的接触时间是各不相同的。

49. 据医学资料记载，全球癌症的发病率在 20 世纪下半叶比上半叶增长了近 10 倍，成为威胁人类生命的第一杀手。这说明，20 世纪下半叶以高科技为标志的经济迅猛发展所造成的全球性生态失衡是诱发癌症的重要原因。

以下哪项如果为真，最不能削弱上述论证？

A. 人类的平均寿命，20 世纪初约为 30 岁，20 世纪中叶约为 40 岁，目前约为 65 岁，癌症高发病的发达国家的人均寿命普遍超过 70 岁。

B. 20 世纪上半叶，人类经历了两次世界大战，大量的青壮年人口死于战争；而 20 世纪下半叶，世界基本处于和平发展时期。

C. 高科技极大地提高了医疗诊断的准确率和这种准确的医疗诊断在世界范围内的覆盖率。

D. 高科技极大地提高了人类预防、早期发现和诊治癌症的能力，有效地延长了癌症病人的生命时间。

E. 从世界范围来看，医学资料的覆盖率和保存完好率，20 世纪上半叶大约分别只有 20 世纪下半叶的 50%和 70%。

50. 风险资本家融资的初创公司比通过其他渠道融资的公司失败率要低。所以，与诸如企业家个人素质、战略规划质量或公司管理结构等因素相比，融资渠道对于初创公司的成功更为重要。

以下哪项如果为真，最能削弱上述论证？

A. 风险资本家在决定是否为初创公司提供资金时，把该公司的企业家个人素质、战略规划质量和公司管理结构等作为主要的考虑因素。

B. 作为取得成功的要素，初创公司的企业家个人素质比它的战略规划更为重要。

C. 初创公司的倒闭率近年逐步下降。

D. 一般来讲，初创公司的管理结构不如发展中的公司完整。

E. 风险资本家对初创公司的财务背景比其他融资渠道更为敏感。

51. 马医生发现，在进行手术前喝高浓度加蜂蜜的热参茶可以使他手术时主刀更稳、用时更短、效果更好。因此，他认为要么是参，要么是蜂蜜，含有的某些化学成分能帮助他更快更好地进行手术。

以下哪项如果为真，能削弱马医生的上述结论？

Ⅰ．马医生在喝含高浓度加蜂蜜的热柠檬茶后的手术效果同喝高浓度加蜂蜜的热参茶一样好。

Ⅱ．马医生在喝白开水之后的手术效果与喝高浓度加蜂蜜的热参茶一样好。

Ⅲ．洪医生主刀的手术效果比马医生好，而前者没有术前喝高浓度的蜂蜜热参茶的习惯。

A．只有Ⅰ。　　B．只有Ⅱ。　　C．只有Ⅲ。　　D．只有Ⅰ和Ⅱ。　E．Ⅰ、Ⅱ和Ⅲ。

52. 宏达山钢铁公司由五个子公司组成。去年，其子公司火龙公司试行与利润挂钩的工资制度，其他子公司则维持原有的工资制度。结果，火龙公司的劳动生产率比其他子公司的平均劳动生产率高出13%。因此，在宏达山钢铁公司实行与利润挂钩的工资制度有利于提高该公司的劳动生产率。

以下哪项如果为真，最能削弱上述论证？

A．实行了与利润挂钩的工资制度后，火龙公司从其他子公司挖走了不少人才。

B．宏达山钢铁公司去年从国外购进的先进技术装备，主要用于火龙公司。

C．火龙公司是三年前组建的，而其他子公司都有十年以上的历史。

D．红塔钢铁公司去年也实行了与利润挂钩的工资制度，但劳动生产率没有明显提高。

E．宏达山公司的子公司金龙公司去年没有实行与利润挂钩的工资制度，但劳动生产率比火龙公司略高。

53. 市场上推出了一种新型的电脑键盘。新型键盘具有传统键盘所没有的"三最"特点，即最常用的键设计在最靠近最灵活手指的部分。新型键盘能大大提高键入速度，并减少错误率。因此，用新型键盘替换传统键盘能迅速提高相关部门的工作效率。

以下哪项如果为真，最能削弱上述论证？

A．有的键盘使用者最灵活的手指和平常人不同。

B．传统键盘中最常用的键并非设计在离最灵活手指最远的部位。

C．越能高效率地使用传统键盘，短期内越不易熟练地使用新型键盘。

D．新型键盘的价格高于传统键盘的价格。

E．无论使用何种键盘，键入速度和错误率都因人而异。

54. 一项关于婚姻的调查显示，那些起居时间明显不同的夫妻之间，虽然每天相处的时间相对要少，但每月爆发激烈争吵的次数，比起那些起居时间基本相同的夫妻明显要多。因此，为了维护良好的夫妻关系，夫妻之间应当注意尽量保持基本相同的起居规律。

以下哪项如果为真，最能削弱上述论证？

A．夫妻间不发生激烈争吵不一定关系就好。

B．夫妻闹矛盾时，一方往往用不同时起居的方式表示不满。

C. 个人的起居时间一般随季节变化。

D. 起居时间的明显变化会影响人的情绪和健康。

E. 起居时间的不同很少是夫妻间争吵的直接原因。

55. 20世纪90年代初，小普村镇建立了洗涤剂厂，当地村民虽然因此提高了收入，但工厂每天排出的大量污水，使村民们忧心忡忡：如果工厂继续排放污水，他们的饮用水将被污染，健康将受到影响。然而，这种担心是多余的。因为1994年对小普村镇的村民健康检查发现，几乎没人因水污染而患病。

以下哪项如果为真，最能质疑上述论证？

A. 1994年，上述洗涤剂厂排放的污水量是历年中较小的。

B. 1994年，小普村镇的村民并非全体参加健康检查。

C. 在1994年，上述洗涤剂厂的生产量减少了。

D. 合成洗涤剂污染饮用水导致的疾病需要多年后才会显现出来。

E. 合成洗涤剂污染饮用水导致的疾病与一般疾病相比更难检测。

56. 一般认为，一个人在80岁时和他在30岁时相比，理解和记忆能力都显著减退。最近一项调查显示，80岁的老人和30岁的年轻人在玩麻将时所表现出的理解和记忆能力没有明显差别。因此，认为一个人到了80岁理解和记忆能力会显著减退的看法是站不住脚的。

以下哪项如果为真，最能削弱上述论证？

A. 玩麻将需要的主要不是理解和记忆能力。

B. 玩麻将只需要较低的理解和记忆能力。

C. 80岁的老人比30岁的年轻人有更多时间玩麻将。

D. 玩麻将有利于提高一个人的理解和记忆能力。

E. 一个人到了80岁理解和记忆能力会显著减退的看法，是对老年人的偏见。

57. 研究发现，市面上X牌香烟的Y成分可以抑制EB病毒。实验证实，EB病毒是很强的致鼻咽癌的病原体，可以导致正常的鼻咽部细胞转化为癌细胞。因此，经常吸X牌香烟的人将减少患鼻咽癌的风险。

以下哪项如果为真，最能削弱上述论证？

A. 不同条件下的实验，可以得出类似的结论。

B. 已经患有鼻咽癌的患者吸X牌香烟后并未发现病情好转。

C. Y成分可以抑制EB病毒，也可以对人的免疫系统产生负面作用。

D. 经常吸X牌香烟会加强Y成分对EB病毒的抑制作用。

E. Y成分的作用可以被X牌香烟的Z成分中和。

58. 某报评论：H市的空气质量本来应该已经得到改善。五年来，市政府在环境保护方面花了气力，包括耗资600多亿元将一些污染最严重的工厂迁走。但是，H市仍难摆脱空气污染的困扰，因为解决空气污染问题面临着许多不利条件，其中一个是机动车辆的增加，另一个是全球石油价格的上升。

以下各项如果为真，都能削弱上述论断，除了：

A. 近年来H市加强了对废气排放的限制，加大了对污染治理费征收的力度。

B. 近年来H市启用了大量电车和使用燃气的公交车，地铁的运行线路也有明显增加。

C. 由于石油涨价，许多计划购买豪华车的人转为购买低油耗的小型车。

D. 由于石油涨价，在国际市场上一些价位偏低的劣质含硫石油进入H市。

E. 由于汽油涨价和公车改革，拥有汽车的人缩减了驾车旅游的计划。

59. 陈先生：北欧人具有一种特别明显的乐观精神。这种精神体现为日常生活态度，也体现为理解自然、社会和人生的哲学理念。北欧人的人均寿命历来是最高的，这正是导致他们具备乐观精神的重要原因。

贾女士：你的说法难以成立。因为你的理解最多只能说明，北欧的老年人为何具备乐观精神。

以下哪项如果为真，最能加强陈先生的观点并削弱贾女士的反驳？

A. 人均寿命是影响社会需求和生产的重要因素，经济发展水平是影响社会情绪的重要因素。

B. 北非的一些国家人均寿命不高，但并不缺乏乐观的民族精神。

C. 医学研究表明，乐观精神有利于长寿。

D. 经济发展水平是影响人的寿命及其情绪的决定因素。

E. 一家权威机构的最新统计表明，目前全世界人均寿命最高的国家是日本。

60. 黑脉金斑蝶的幼虫以乳草植物为食，这种植物所含的毒素使得黑脉金斑蝶对它的一些捕食动物有毒。副王蛱蝶的外形和黑脉金斑蝶非常相似，但它的幼虫并不以乳草植物为食。因此可以得到结论，副王蛱蝶之所以很少被捕食，是因为它和黑脉金斑蝶在外形上的相似。

以下哪项如果为真，最能削弱上述论证？

A. 有些动物在捕食了以乳草植物为食的昆虫后并不中毒。

B. 仅仅单个蝴蝶对捕食者有毒并不能对它产生保护作用。

C. 有些黑脉金斑蝶的捕食动物也捕食副王蛱蝶。

D. 副王蛱蝶对大多数捕食动物都有毒。

E. 只有蝴蝶才具有通过自身的毒性来抵御捕食者的保护机制。

61. 服用深海鱼油胶囊能降低胆固醇。一项对 6 403 名深海鱼油胶囊定期服用者的调查显示，他们患心脏病的风险降低了三分之一。这项结果完全符合另一个研究结论：心脏病患者的胆固醇通常高于正常标准。因此，上述调查说明，降低胆固醇减少了患心脏病的风险。

以下哪项最为恰当地指出了上述论证的漏洞？

A. 没有考虑到这种情况：深海鱼油胶囊减少了服用者患心脏病的风险，但并不是降低胆固醇的结果。

B. 忽视了这种可能性：深海鱼油胶囊有副作用。

C. 由"心脏病患者的胆固醇通常高于正常标准"，可直接得出"降低胆固醇能减少患心脏病的风险"。因此，以上述调查结论作为论据是没有意义的。

D. 上述调查的结论有关降低胆固醇对患心脏病的影响，但应该揭示的是深海鱼油胶囊对胆固醇的作用。

E. 没有考虑普通人群服用深海鱼油胶囊的百分比。

62. 在我国北方严寒冬季的夜晚，车辆前挡风玻璃会因低温而结冰霜。第二天对车辆发动预热后，玻璃上的冰霜会很快融化。何宁对此不解，李军解释道：因为车辆仅有的除霜孔位于前挡风玻璃，而车辆预热后除霜孔完全开启，因此，是开启除霜孔使车辆玻璃冰霜融化。

以下哪项如果为真，最能质疑李军对车辆玻璃冰霜迅速融化的解释？

A. 车辆一侧玻璃窗没有出现冰霜现象。

B. 尽管车尾玻璃窗没有除霜孔，其玻璃上的冰霜融化速度与前挡风玻璃没有差别。

C. 当吹在车辆玻璃上的空气气温增加，其冰霜的融化速度也会增加。

D. 车辆前挡风玻璃除霜孔排出的暖气流排出后可能很快冷却。

E. 即使启用车内空调暖风功能，除霜孔的功能也不能被取代。

63. 魏先生：计算机对于当代人类的重要性，就如同火对于史前人类。因此，普及计算机知识应当从孩子抓起，从小学甚至幼儿园开始就应当介绍计算机知识；一进中学就应当学习计算机语言。

贾女士：你忽视了计算机技术的一个重要特点，这是一门知识更新和技术更新最为迅速的科学。童年时代所了解的计算机知识，中学时代所学的计算机语言，到需要运用的成年时代早已陈旧过时了。

以下哪项作为魏先生对贾女士的反驳最为有力？

A. 快速发展和更新并不仅是计算机技术的特点。

B. 孩子具备接受不断发展的新知识的能力。

C. 在中国，算盘早已被计算机取代，但这并不说明有关算盘的知识已毫无价值。

D. 学习计算机知识和熟悉某种计算机语言，有利于提高理解和运用计算机的能力。

E. 计算机课程并不是中小学教育的主课。

64. H国赤道雨林的面积每年以惊人的比例减少，引起了全球的关注。但是，卫星照片的数据显示，去年H国雨林面积的缩小比例明显低于往年。去年，H国政府支出数百万美元用以制止滥砍滥伐和防止森林火灾。H国政府宣称，上述卫星照片的数据说明，本国政府保护赤道雨林的努力取得了显著成效。

以下哪项为真，最能削弱H国政府的上述结论？

A. 去年H国用以保护赤道雨林的财政投入明显低于往年。

B. 与H国毗邻的G国的赤道雨林的面积并未缩小。

C. 去年H国的旱季出现了异乎寻常的大面积持续降雨。

D. H国用于雨林保护的费用只占年度财政支出的很小比例。

E. 森林面积的萎缩是全球性的环保问题。

65. 陈教授：中世纪初欧洲与东亚之间没有贸易往来，因为在现存的档案中找不到这方面的任何文字记录。

李研究员：您的论证与这样一个论证类似，传说中的喜马拉雅雪人是不存在的，因为从来没有人作证亲眼看到过这种雪人。这一论证的问题在于：有人看到雪人当然能证明雪人存在，但没人看到不能证明雪人不存在。

以下哪项如果为真，最能反驳李研究员的论证？

A. 中世纪初欧洲与东亚之间存在贸易往来的证据，应该主要依赖考古发现，而不是依赖于文字档案。

B. 虽然东亚保存的中世纪初文档中有关于贸易的记录，但这一时期的欧洲文档却几乎没有关于贸易的记录。

C. 有文字档案记载，中世纪初欧洲与南亚和北非之间存在贸易往来。

D. 中世纪初欧洲海外贸易主要依赖海上运输。

E. 欧洲与东亚现存的中世纪初文档中没有当时两个地区贸易的记录，如果有这种贸易往来，不大可能不留记录。

66. S市持有驾驶证的人员数量较五年前增加了数十万，但交通死亡事故却较五年前有明显的减少。由此可以得出结论：目前S市驾驶员的驾驶技术熟练程度较五年前有明显的提高。

以下各项如果为真，都能削弱上述论证，除了：

A. 交通事故的主要原因是驾驶员违反交通规则。

B. 目前S市的交通管理力度较五年前有明显加强。

C. S市加强对驾校的管理，提高了对新驾驶员的培训标准。

D. 由于油价上涨，许多车主改乘公交车或地铁上下班。

E. S市目前的道路状况及安全设施较五年前有明显改善。

67. H地区95%的海洛因成瘾者在尝试海洛因前曾吸过大麻。因此，该地区吸大麻的人数如果能减少一半，新的海洛因成瘾者将显著减少。

以下哪项如果为真，最能削弱上述论证？

A. 长期吸食大麻可能导致海洛因成瘾。

B. 吸毒者可以通过积极地治疗而戒毒。

C. H地区吸大麻的人成为海洛因成瘾者的比例很小。

D. 大麻和海洛因都是通过相同的非法渠道获得。

E. 大麻吸食者的戒毒方法与海洛因成瘾者的戒毒方法是不同的。

68. 现在越来越多的人拥有了自己的轿车，但他们明显地缺乏汽车保养的基本知识。这些人会按照维修保养手册或4S店的售后服务人员的提示做定期保养。可是，某位有经验的司机会告诉你，每行驶5 000千米做一次定期检查，只能检查出汽车可能存在问题的一小部分，这样的检查是没有意义的，是浪费时间和金钱。

以下哪项不能削弱该司机的结论？

A. 每行驶5 000千米做一次定期检查是保障车主安全所需要的。

B. 每行驶5 000千米做一次定期检查能发现引擎的某些主要故障。

C. 在定期检查中所做的常规维护是保证汽车正常运行所必需的。

D. 赵先生的新车未做定期检查，行驶到5 100千米时出了问题。

E. 某公司新购的一批汽车未做定期检查，均安全行驶了7 000千米以上。

69. 在某次课程教学改革研讨会上，负责工程类教学的程老师说，在工程设计中，用于解决数学问题的计算机程序越来越多了，这样就不必要求工程技术类大学生对基础数学有深刻的理解。因此，在未来的教学中，基础数学课程可以用其他重要的工程类课程代替。

以下哪项如果为真，能削弱程老师的上述论证？

Ⅰ. 工程类基础课程中已经包含了相关的基础数学的内容。

Ⅱ. 在工程设计中，设计计算机程序需要对基础数学有全面的理解。

Ⅲ. 基础数学课程的一个重要目标是培养学生的思维能力，这种能力对工程设计来说很关键。

A. 只有Ⅱ。　　　　　B. 只有Ⅰ和Ⅱ。　　　　　C. 只有Ⅰ和Ⅲ。

D. 只有Ⅱ和Ⅲ。　　　E. Ⅰ、Ⅱ和Ⅲ。

70. 一般认为，出生地间隔较远的夫妻所生子女的智商较高。有资料显示，夫妻均是本地人，所生子女的平均智商为102；夫妻是省内异地的，其所生子女的平均智商为106；而隔省婚配的，其所生子女的智商则高达109。因此，异地通婚可提高下一代智商水平。

以下哪项如果为真，最能削弱上述结论？

A. 统计孩子平均智商的样本数量不够多。

B. 不难发现，一些天才儿童的父母均是本地人。

C. 不难发现，一些低智商儿童父母的出生地间隔较远。

D. 能够异地通婚者是智商比较高的，他们自身的高智商促成了异地通婚。

E. 一些情况下，夫妻双方出生地间隔很远，但他们的基因可能接近。

71. 一般认为，剑乳齿象是从北美洲迁入南美洲的。剑乳齿象的显著特征是具有较直的长剑形门齿，颚骨较短，臼齿的齿冠隆起，齿板数目为7或8个，并呈乳状凸起，剑乳齿象因此得名。剑乳齿象的牙齿结构比较复杂，这表明它能吃草。在南美洲的许多地方都有证据显示史前人类捕捉过剑乳齿象。由此可以推测，剑乳齿象的灭绝可能与人类的过度捕杀有密切关系。

以下哪项如果为真，最能反驳上述论证？

A. 史前动物之间经常发生大规模相互捕杀的现象。

B. 剑乳齿象在遇到人类攻击时缺乏自我保护能力。

C. 剑乳齿象也存在由南美洲进入北美洲的回迁现象。

D. 由于人类活动范围的扩大，大型食草动物难以生存。

E. 幼年剑乳齿象的牙齿结构比较简单，自我生存能力弱。

72. 政治家：每年，小企业比大型老牌公司要创造更多的就业机会。因此，为减少长期的失业率，我们应当鼓励推动兴办中小企业而不是扩大老牌的大公司。

下列哪项假如是正确的，能对政治家的论点提出最大质疑？

A. 通常，小企业的雇员比大公司的雇员对工作的满意程度要高。

B. 在当前失业人员中，有许多人具有足够的完成小企业提出的工作要求的技能。

C. 提供创办企业的有效刺激通常比为扩大一个大公司提供的有效刺激要小得多。

D. 有很大比例的小公司在开办3年内由于它们的所有者缺乏经验而倒闭。

E. 一般大公司给社会捐款比一般小企业多。

73. 某教育专家认为："男孩危机"是指男孩调皮捣蛋、胆小怕事、学习成绩不如女孩好等现象。近些年，这种现象已经成为儿童教育专家关注的一个重要问题。这位专家在列出一系列统计数据后，提出了"今日男孩为什么从小学、中学到大学全面落后于同年龄段的女孩"的疑问，这无疑加剧了无数男生家长的焦虑。该专家通过分析指出，恰恰是家庭和学校不适当的教育方法导致了"男孩危机"现象。

以下哪项如果为真，最能对该专家的观点提出质疑？

A. 家庭对独生子女的过度呵护，在很大程度上限制了男孩发散思维的拓展和冒险性格的养成。

B. 现在的男孩比以前的男孩在女孩面前更喜欢表现出"绅士"的一面。

C. 男孩在发展潜能方面要优于女孩，大学毕业后他们更容易在事业上有所成就。

D. 在家庭、学校教育中，女性充当了主要角色。

E. 现代社会游戏泛滥，男孩天性比女孩更喜欢游戏，这耗去了他们大量的精力。

74. 国外某教授最近指出，长着一张娃娃脸的人意味着他将享有更长的寿命，因为人们的生活状况很容易反映在脸上。从1990年春季开始，该教授领导的研究小组对1 826对70岁以上的双胞胎进行了体能和认知测试，并拍了他们的面部照片。在不知道他们确切年龄的情况下，三名研究助手先对不同年龄组的双胞胎进行年龄评估，结果发现，即使是双胞胎，被猜出的年龄也相差很大。然后，研究小组用若干年时间对这些双胞胎的晚年生活进行了跟踪调查，直至他们去世。调查表明：双胞胎中，外表年龄差异越大，看起来老的那个就越可能先去世。

以下哪项如果为真，最能形成对该教授调查结论的反驳？

A. 如果把调查对象扩大到40岁以上的双胞胎，结果可能有所不同。

B. 三名研究助手比较年轻，从事该项研究的时间不长。

C. 外表年龄是每个人生活环境、生活状况和心态的集中体现，与生命老化关系不大。

D. 生命老化的原因在于细胞分裂导致染色体末端不断损耗。

E. 看起来越老的人，在心理上一般较为成熟，对于生命有更深刻的理解。

75. 2010年，某国学校为教师提供培训的具体情况为：38%的公立学校有1%~25%的教师参加，18%的公立学校有26%~50%的教师参加，13%的公立学校有51%~75%的教师参加，30%的公立学校有76%甚至更多的教师参加了这样的培训。与此相对照，37%的农村学校有1%~25%的教师参加，20%的农村学校有26%~50%的教师参加，12%的农村学校有51%~75%的教师参加，29%的农村学校有76%甚至更多的教师参加。这说明，该国农村学校教师和城市、市郊以及城镇的学校教师接受培训的概率相当。

以下哪项如果为真，最能反驳上述论证？

A. 教师培训的内容丰富多彩，各不相同。

B. 教师培训的条件差异性很大，效果也不相同。

C. 有些教师既在公立学校任职，也在农村学校兼职。

D. 教师培训的时间，一般公立学校较长，农村学校较短。

E. 农村也有许多公立学校，市郊也有许多农村学校。

76. 有一种能产生毒素的微生物会使海水变成红色，这种现象被称为赤潮。当海獭的主要食物来源蛤蜊被赤潮毒素污染时，海獭就不会在那些区域觅食。对于海獭的这种行为，一种解释认为，海獭在某个地方正式觅食之前会先尝几个蛤蜊，并且能够察觉出其中的任何毒素。

以下哪项为真，将最有力地表明上述解释是不正确的？

A. 在赤潮出现的某些海域，既没有蛤蜊也没有海獭。

B. 少量的赤潮毒素不会产生什么危害，但是大量的这种毒素会使海獭死亡。

C. 当没有受到赤潮影响的一片海水被人为地染成棕红色，海獭也不吃那些地方的蛤蜊。

D. 海獭在某个海域出现是一种显著的标志，表明那里可以找到其他海洋生物。

E. 海獭的味觉系统具有比其视觉系统高得多的辨别能力。

77. 比较文字学者张教授认为，在不同的民族语言中，字形与字义的关系有不同的表现。他提出，汉字是象形文字，其中大部分是形声字，这些字的字形与字义相互关联；而英语是拼音文字，其字形与字义往往关联度不大，需要某种抽象的理解。

以下哪项如果为真，最不符合张教授的观点？

A. 汉语中的"日""月"是象形字，从字形可以看出其所指的对象；而英语中的 sun 与 moon 则感觉不到这种形义结合。

B. 汉语中"日"与"木"结合，可以组成"東""杲""杳"等不同的字，并可以猜测其语义；而英语中则不存在与此类似的 sun 与 wood 的结合。

C. 英语中，也有与汉语类似的象形文字，如，eye 是人的眼睛的象形，两个 e 代表眼睛，y 代表中间的鼻子；bed 是床的象形，b 和 d 代表床的两端。

D. 英语中的 sunlight 与汉语中的"阳光"相对应，而英语的 sun 与 light 和汉语中的"阳"与"光"相对应。

E. 汉语中的"星期三"与英语中的 Wednesday 和德语中的 Mitwoch 意思相同。

78. 探望病人通常会送上一束鲜花。但某国曾有报道说，医院花瓶养花的水可能含有很多细菌，鲜花会在夜间与病人争夺氧气，还可能影响病房里电子设备的工作。这引起了人们对鲜花的恐慌，该国一些医院甚至禁止在病房内摆放鲜花。尽管后来证实鲜花并未导致更多的病人受感染，并且权威部门也澄清，未见任何感染病例与病房里的植物有关，但这并未减轻医院对鲜花的反感。

以下除哪项外，都能减轻医院对鲜花的担心？

A. 鲜花并不比病人身边的餐具、饮料和食物带有更多可能危害病人健康的细菌。

B. 在病房里放置鲜花让病人感到心情愉悦、精神舒畅，有助于病人康复。

C. 给鲜花换水、修剪需要一定的人工，如果花瓶倒了还会导致危险产生。

D. 已有研究证明，鲜花对病房空气的影响微乎其微，可以忽略不计。

E. 探望病人所送的鲜花都花束小、需水量少、花粉少，不会影响电子设备工作。

79. 研究人员报告说，一项超过 1 万名 70 岁以上老人参与的调查显示，每天睡眠超过 9 小时或者少于 5 小时的人，他们的平均认知水平低于每天睡眠时间为 7 小时左右的人。研究人员据此认为，要改善老年人的认知能力，必须使用相关工具检测他们的睡眠时间，并对睡眠进行干预，使其保持适当的睡眠时间。

以下哪项如果为真，最能质疑上述研究人员的观点？

A. 尚没有专业的医疗器具可以检测人的睡眠时间。

B. 每天睡眠时间为 7 小时左右的都是 70 岁以上的老人。

C. 每天睡眠超过 9 小时或者少于 5 小时的都是 80 岁以上的老人。

D. 70 岁以上的老人一旦醒来就很难再睡着。

E. 70 岁以上的老人中，有一半以上失去了配偶。

80. 人们经常使用微波炉给食品加热。有人认为，微波炉加热时食物的分子结构发生了变化，产生了人体不能识别的分子。这些奇怪的新分子是人体不能接受的，有些还具有毒性，甚至可能致癌。因此，经常吃微波食品的人或者动物，体内会发生严重的生理变化，从而造成严重的健康问题。

以下哪项最能质疑上述观点？

A. 微波加热不会比其他烹调方式导致更多的营养流失。

B. 我国微波炉生产标准与国际标准、欧盟标准一致。

C. 发达国家使用微波炉也很普遍。

D. 微波只是加热食物中的水分子，食品并没有发生化学变化。

E. 自 1947 年发明微波炉以来，还没有因微波食品导致癌变的报告。

81. 某公司自去年初开始实施一项"办公用品节俭计划"，每位员工每月只能免费领用限量的纸笔等各类办公用品。年末统计发现，公司用于各类办公用品的支出较上年度下降了 30%。在未实施计划的过去 5 年间，公司年均消耗办公用品 10 万元。公司总经理由此得出：该计划已经为公司节约了不少经费。

以下哪项如果为真，最能构成对总经理推论的质疑？

A. 另一家与该公司规模及其他基本情况均类似的公司，未实施类似的节俭计划，在过去的 5 年间办公用品消耗额年均也为 10 万元。

B. 在过去的 5 年间，该公司大力推广无纸化办公，并且取得很大成就。

C. "办公用品节俭计划"是控制支出的重要手段，但说该计划为公司"一年内节约不少经费"，没有严谨的数据分析。

D. 另一家与该公司规模及其他基本情况均类似的公司，未实施类似的节俭计划，但在过去的 5 年间办公用品人均消耗额越来越低。

E. 去年，该公司在员工困难补助、交通津贴等方面的开支增加了 3 万元。

82. 某组研究人员报告说，与心跳速度每分钟低于 58 次的人相比，心跳速度每分钟超过 78 次者心脏病发作或者发生其他心血管问题的概率高出 39%，死于这类疾病的风险高出

77%，其整体死亡率高出 65%。研究人员指出，长期心跳过快导致了心血管疾病。

以下哪项如果为真，最能对该研究人员的观点提出质疑？

A. 各种心血管疾病影响身体的血液循环机能，导致心跳过快。

B. 在老年人中，长期心跳过快的不到 39%。

C. 在老年人中，长期心跳过快的超过 39%。

D. 野外奔跑的兔子心跳很快，但是很少发现它们患心血管疾病。

E. 相对老年人，年轻人生命力旺盛，心跳较快。

83. 一脸"萌"相的康恩·莱维，看似与其他新生儿并无两样，但因为是全球首例经新一代基因测序技术筛查后的试管婴儿，他的问世，受到了专家学者的关注。前不久，英国伦敦召开的"欧洲人类生殖和胚胎学会年会"上，这则新闻引爆全场。而普通人也由此认为，人类或许迎来了"定制宝宝"的时代。

以下哪项如果为真，最能反驳上述普通人的观点？

A. "人工"的基因筛查不排除会有漏洞；自然受孕中，大自然优胜劣汰准则似乎更为奥妙、有效。

B. 从近代科技发展史可见，技术发展往往快于人类认知，有时技术会走得更远，偏离人类认知的轨道。

C. 筛查基因主要是避免生殖缺陷，这一技术为人类优生优育带来契机；至于"定制宝宝"，更多涉及克隆概念，两者不能混淆。

D. "定制宝宝"在全球范围内尚无尝试，这一概念也挑战最具有争议的人类生殖伦理。

E. 生物技术飞速发展，"定制宝宝"的时代可能尚未热身就已经被别的时代所取代。

84. 佛江市的郊区平均每个家庭拥有 2.4 部小汽车，因而郊区的居民出行几乎不坐公交车。因此，郊区的市政几乎不可能从享受补贴的服务于郊区的公交系统中受益。

以下哪项如果为真，最能质疑上述结论？

A. 佛江市内的房地产税率比郊区的要高。

B. 去年郊区旨在增加公交线路补贴的市政议案以微小差距被否决了。

C. 郊区许多商店之所以能吸引到足够的雇员正是因为有享受市政补贴的公交系统可用。

D. 公交车在上座率少于 35% 时，每英里乘客产生的污染超过私家车。

E. 如果公交车乘客数量下降，明年郊区市政大多数投票者都不支持继续补贴公交系统。

85. 一家评价机构为评价图书的受欢迎程度进行了社会调查。结果表明：生活类图书的销售量超过科技类图书的销售量，因此生活类图书的受欢迎程度要高于科技类图书。

以下哪项如果为真，最能削弱上述论证？

A. 销售量只是部分反映图书的受欢迎程度。
B. 购买科技类图书的往往都受过高等教育。
C. 生活类图书的种类远远超过科技类图书的种类。
D. 销售的图书可能有一些没有被阅读。
E. 有些生活类图书可能不在书店里销售。

86. 骨质疏松会降低骨骼密度，导致骨骼脆弱，从而容易骨折。目前治疗骨质疏松的方法如使用雌激素和降血钙素，会阻止骨质的进一步流失，但并不会增加骨骼密度。氟化物可以增加骨骼密度，因此骨质疏松症患者使用氟化物能够帮助他们强化骨质，降低骨折风险。

以下哪项如果正确，最能削弱以上论述？

A. 大多数患有骨质疏松症的人都没有意识到氟化物可以增加骨骼密度。
B. 在很多地方，氟化物都被添加在水中以促进牙齿健康。
C. 患有骨质疏松和其他骨骼受损疾病的风险会因为运动以及充足的钙摄入而降低。
D. 雌激素和降血钙素对很多人会产生严重的副作用，而使用氟化物则不会有这种问题。
E. 通过使用氟化物增加密度之后的骨骼比起正常的骨骼组织更脆、更容易受损。

命题方向⑫：论证推理　削弱、质疑、反驳　答案速查										
1. C	2. A	3. B	4. B	5. E	6. E	7. C	8. B	9. B	10. E
11. B	12. D	13. C	14. D	15. E	16. E	17. E	18. A	19. A	20. E
21. E	22. D	23. A	24. D	25. B	26. D	27. B	28. D	29. C	30. D
31. E	32. B	33. B	34. B	35. B	36. D	37. A	38. B	39. C	40. C
41. E	42. C	43. A	44. C	45. B	46. C	47. D	48. C	49. D	50. A
51. B	52. B	53. C	54. C	55. D	56. B	57. E	58. D	59. A	60. D
61. A	62. B	63. D	64. C	65. E	66. C	67. E	68. E	69. D	70. D
71. A	72. D	73. E	74. C	75. C	76. C	77. C	78. C	79. C	80. D
81. D	82. A	83. C	84. C	85. C	86. E				

命题方向⑬：论证推理　支持、加强

1. 目前食品包装袋上没有把纤维素的含量和其他营养成分一起列出。因此，作为保护民众健康的一项措施，国家应该规定食品包装袋上明确列出纤维素的含量。

以下哪项如果是真的，能作为论据支持上述论证？

Ⅰ. 大多数消费者购买食品时能注意包装袋上关于营养成分的说明。

Ⅱ. 高纤维食品对于预防心脏病、直肠癌和糖尿病有重要作用。

Ⅲ. 很多消费者都具有高纤维食品营养价值的常识。

A. 仅Ⅰ。　　B. 仅Ⅱ。　　C. 仅Ⅲ。　　D. 仅Ⅰ和Ⅲ。　　E. Ⅰ、Ⅱ、Ⅲ。

2. 体内不产生 P450 物质的人与产生 P450 物质的人比较，前者患帕金森综合征（一种影响脑部的疾病）的可能性三倍于后者，因为 P450 物质可保护脑部组织不受有毒化学物质的侵害。因此，有毒化学物质可能导致帕金森综合征。

下列哪项如果为真，将最有力地支持以上论证？

A. 除了保护脑部不受有毒化学物质的侵害，P450 对脑部无其他作用。

B. 体内不能产生 P450 物质的人，也缺乏产生某些其他物质的能力。

C. 一些帕金森综合征病人有自然产生 P450 的能力。

D. 当用多乙胺（一种脑部自然产生的化学物质）治疗帕金森综合征病人时，病人的症状减轻。

E. 很快就有可能合成 P450，用以治疗体内不能产生这种物质的病人。

3. 市长：在过去五年中的每一年，这个城市都削减教育经费，并且，每次学校官员都抱怨，减少教育经费可能逼迫他们减少基本服务的费用。但实际上，每次仅仅是减少了非基本服务的费用。因此，学校官员能够落实进一步的削减经费，而不会减少任何基本服务的费用。

下列哪项如果为真，最强地支持该市长的结论？

A. 该市的学校提供基本服务总是和提供非基本服务一样有效。

B. 现在，充足的经费允许该市的学校提供某些非基本的服务。

C. 自从最近削减学校经费以来，该市学校对提供非基本服务的价格估计实际没有增加。

D. 几乎没有重要的城市管理者支持该市学校的昂贵的非基本服务。

E. 该市学校官员几乎不夸大经费削减的潜在影响。

4. 一个已经公认的结论是，北美洲人的祖先来自亚洲。至于亚洲人是如何到达北美洲的呢？科学家们一直假设，亚洲人是跨越在 14 000 年以前还联结着北美洲和亚洲、后来沉入海底的陆地进入北美洲的，在艰难的迁徙途中，他们靠捕猎沿途陆地上的动物为食。最近的新发现导致了一个新的假设，亚洲人是驾船沿着上述陆地的南部海岸，沿途以鱼和海洋生物为食而进入北美洲的。

以下哪项如果为真，最能使人有理由在两个假设中更相信后者？

A. 当北美洲和亚洲还连在一起的时候，亚洲人主要以捕猎陆地上的动物为生。

B. 上述联结北美洲和亚洲的陆地气候极为寒冷，植物品种和数量都极为稀少，无法维持动物的生存。

C. 存在于 8 000 年以前的亚洲和北美文化，显示出极大的类似性。

D. 在欧洲，靠海洋生物为人的食物来源的海洋文化，最早发端于 10 000 年以前。

E. 在亚洲南部，靠海洋生物为人的食物来源的海洋文化，最早发端于 14 000 年以前。

5. 玫瑰城需要 100 万美元来修理所有的道路。在一年内完成这样的修理之后，估计玫瑰城每年将因此避免支付大约 300 万美元的赔偿金，这笔赔偿金历年来一直作为给因道路长年失修而损坏的汽车的修理费。

以下哪项如果为真，最能支持题干的估计？

A. 与玫瑰城邻近的其他城市，同样也要为它们年久失修的道路赔偿车辆修理费。

B. 该地的道路修理好之后，在近几年内不会因道路原因对行驶车辆造成损坏。

C. 为了修路，该地要征税。

D. 恶劣天气对道路造成的损害在不同的年份之间差别很大。

E. 道路的损坏主要是由卡车造成的，但是其车主同样为劣质路面造成的车辆损坏进行索赔。

6. "本公司自 1980 年以来生产的轿车，至今仍有一半在公路上奔驰；其他公司自 1980 年以来生产的轿车，目前至多有三分之一没有被淘汰。"该公司希望以此广告向消费者显示，该汽车公司生产的轿车的耐用性能极佳。

下列哪项如果为真，能够最有效地支持上述广告的观点？

A. 扣除通货膨胀的因素，该公司目前生产的新车的价格只比 1980 年生产的稍高一点。

B. 自 1980 年以来，其他公司轿车的年产量有显著增长。

C. 该公司轿车的车主，经常都把车保养得很好。

D. 自 1980 年以来，该公司在生产轿车上的改进远远小于其他公司对轿车的改进。

E. 自 1980 年以来，该公司每年生产的轿车数量没有显著增长。

7. 第一个事实：电视广告的效果越来越差。一项跟踪调查显示，在电视广告所推出的各种商品中，观众能够记住其品牌名称的商品的百分比逐年降低。

第二个事实：在一段连续插播的电视广告中，观众印象较深的是第一个和最后一个，而中间播出的广告留给观众的印象，一般地说要浅得多。

以下哪项如果为真，最能使得第二个事实成为对第一个事实的一个合理解释？

A. 在从电视广告里见过的商品中，一般电视观众能记住其品牌名称的大约还不到一半。

B. 近年来，被允许在电视节目中连续插播广告的平均时间逐渐缩短。

C. 近年来，人们花在看电视上的平均时间逐渐缩短。

D. 近年来，一段连续播出的电视广告所占用的平均时间逐渐增加。

E. 近年来，一段连续播出的电视广告中所出现的广告的平均数量逐渐增加。

8. 喜欢甜味的习性曾经对人类有益，因为它使人在健康食品和非健康食品之间选择前者。例如，成熟的水果是甜的，不成熟的水果则不甜，喜欢甜味的习性促使人类选择成熟的水果。但是，现在的食糖是经过精制的。因此，喜欢甜味不再是一种对人有益的习性，因为精制食糖不是健康食品。

以下哪项如果为真，最能加强上述论证？

A. 绝大多数人都喜欢甜味。

B. 许多食物虽然生吃有害健康，但经过烹饪则可成为极有营养的健康食品。

C. 有些喜欢甜味的人，在一道甜点心和一盘成熟的水果之间，更可能选择后者。

D. 喜欢甜味的人，在含食糖的食品和有甜味的自然食品（例如成熟的水果）之间，更可能选择前者。

E. 史前人类只有依赖味觉才能区分健康食品。

9. 在法庭的被告中，被指控偷盗、抢劫的定罪率，要远高于被指控贪污、受贿的定罪率。其重要原因是后者能聘请收费昂贵的私人律师，而前者主要由法庭指定的律师辩护。

以下哪项如果为真，最能支持题干的叙述？

A. 被指控偷盗、抢劫的被告，远多于被指控贪污、受贿的被告。

B. 一个合格的私人律师，与法庭指定的律师一样，既忠实于法律，又努力维护委托人的合法权益。

C. 被指控偷盗、抢劫的被告中罪犯的比例，不高于被指控贪污、受贿的被告。

D. 一些被指控偷盗、抢劫的被告，有能力聘请私人律师。

E. 司法腐败导致对有权势的罪犯的庇护，而贪污、受贿等职务犯罪的构成要件是当事人有职权。

10. 对常兴市 23 家老人院的一项评估显示，爱慈老人院在疾病治疗水平方面受到的评价相当低，而在其他不少方面评价不错。虽然各老人院的规模大致相当，但爱慈老人院医生与住院老人的比率在常兴市的老人院中几乎是最小的。因此，医生数量不足是造成爱慈老人院在疾病治疗水平方面评价偏低的原因。

以下哪项如果为真，最能加强上述论证？

A. 和祥老人院也在常兴市，对其疾病治疗水平的评价比爱慈老人院还要低。

B. 爱慈老人院的医务护理人员比常兴市其他老人院都要多。

C. 爱慈老人院的医生发表的相关学术文章很少。

D. 爱慈老人院位于常兴市的市郊。

E. 爱慈老人院某些医生的医术一般。

11. 一项调查显示，某班参加挑战杯比赛的同学，与那些未参加此项比赛的同学相比，学习成绩一直保持较高的水平。此项调查得出结论：挑战杯比赛通过开拓学生的视野、增加学生的学习兴趣、激发学生的创造潜力，有效地提高了学生的学习成绩。

以下哪项如果为真，最能加强上述调查结论的说服力？

A. 没有参加挑战杯比赛的同学如果通过其他活动开拓视野，也能获得好成绩。

B. 整天在教室内读书而不参加课外科技活动的学生，他们的视野、学习兴趣和创造力都会受到影响

C. 没有参加挑战杯比赛的同学大都学习很努力。

D. 参加挑战杯比赛并不以学习成绩好为条件。

E. 参加挑战杯比赛的同学约占全班的半数。

12. 鸽子走路时，头部并不是有规律地前后移动，而是一直在往前伸。行走时，鸽子脖子往前一探，然后头部保持静止，等待着身体和爪子跟进。有学者曾就鸽子走路时伸脖子的现象作出假设：在等待身体跟进的时候，暂时静止的头部有利于鸽子获得稳定的视野，看清周围的食物。

以下哪项如果为真，最能支持上述假设？

A. 鸽子行走时如果不伸脖子，很难发现远处的食物。

B. 步伐大的鸟类，伸缩脖子的幅度远比步伐小的要大。

C. 鸽子行走速度的变化，刺激内耳控制平衡的器官，导致伸脖子。

D. 鸽子行走时一举翅一投足，都可能出现脖子和头部肌肉的自然反射，所以头部不断运动。

E. 如果雏鸽步态受到限制，功能发育不够完善，那么，成年后鸽子的步伐变小，脖子伸缩幅度则会随之降低。

13. 抚仙湖虫是泥盆纪澄江动物群中特有的一种，属于真节肢动物中比较原始的类型，成虫体长10厘米，有31个体节，外骨骼分为头、胸、腹三部分，它的背、腹分节数目不一致。泥盆纪直虾是现代昆虫的祖先，抚仙湖虫化石与直虾类化石类似，这间接表明了抚仙湖虫是昆虫的远祖。研究者还发现，抚仙湖虫的消化道充满泥沙，这表明它是食泥的动物。

以下除哪项外，均能支持上述论证？

A. 昆虫的远祖也有不食泥的生物。

B. 泥盆纪直虾的外骨骼分为头、胸、腹三部分。

C. 凡是与泥盆纪直虾类似的生物都是昆虫的远祖。

D. 昆虫是由真节肢动物中比较原始的生物进化而来的。

E. 抚仙湖虫消化道中的泥沙不是在化石形成过程中由外界渗透进去的。

14. 统计数字表明，近年来，民用航空飞行的安全性有很大提高。例如，某国2008年每飞行100万次发生恶性事故的次数为0.2次，而1989年为1.4次。从这些年的统计数字

看，民用航空恶性事故发生率总体呈下降趋势。由此看出，乘飞机出行越来越安全。

以下哪项不能加强上述结论？

A. 近年来，飞机事故中"死里逃生"的概率比以前提高了。

B. 各大航空公司越来越注意对机组人员的安全培训。

C. 民用航空的空中交通控制系统更加完善。

D. 避免"机鸟互撞"的技术与措施日臻完善。

E. 虽然飞机坠毁很可怕，但从统计数字上讲，驾车仍然要危险得多。

15. 在两座"甲"字形大墓与圆形夯土台基之间，集中发现了5座马坑和1座长方形的车马坑。其中2座马坑各葬6匹马。一座坑内骨架分南北两侧两排摆放整齐，前排2匹，后排4匹，由西向东依序摆放；另一座坑内马骨架摆放方式较特殊，6匹马两两成对或相背放置，头向不一。比较特殊的现象是在马坑的中间还放置了一个牛角，据此推测该马坑可能和祭祀有关。

以下哪项如果为真，最能支持上述推测？

A. 牛角是古代祭祀时的重要物件。

B. 祭祀时殉葬的马匹必须头向一致地摆放整齐。

C. 6马是古代王公祭祀时的一种基本形制。

D. 只有在祭祀时，才在马坑放置牛角。

E. 如果马骨摆放得比较杂乱，那一定是由于祭祀时混乱的场面造成的。

16. 土卫二是太阳系中迄今观测到存在地质喷发活动的3个星体之一，也是天体生物学最重要的研究对象之一。德国科学家借助卡西尼号土星探测器上的分析仪器发现，土卫二喷射出的微粒中含有钠盐。据此可以推测，土卫二上存在液态水，甚至可能存在"地下海"。

以下哪项如果为真，最能支持上述推测？

A. 只有存在"地下海"，才可能存在地质喷发活动。

B. 在土卫二上液态水不可能单独存在，只能以"地下海"的方式存在。

C. 如果没有地质喷发活动，就不可能发现钠盐。

D. 土星探测器上的分析仪器得出的数据是确切可信的。

E. 只有存在液态水，才可能存在钠盐微粒。

17. 英国约克大学和曼彻斯特大学考古人员在北约克郡的斯塔卡发现一处有一万多年历史的人类房屋遗迹。测年结果显示，它为一个高约3.5米的木质圆形小屋，存在于公元前8 500年，比之前发现的英国最古老房屋至少早500年。考古人员还在附近发现一个木头平台和一个保存完好的大树树干。此外他们还发现了经过加工的鹿角饰品，这说明当时的人已经有了一些仪式性的活动。

以下哪项如果为真，最能支持上述观点？

A. 木头平台是人类建造小木屋的工作场所。

B. 当时的英国人已经有了相对稳定的住址，而不是之前认为的居无定所的游猎者。

C. 人类是群居动物，附近还有更多的木屋等待发掘。

D. 人类在一万多年前就已经在约克郡附近进行农耕活动。

E. 只有举行仪式性的活动，才会出现经过加工的鹿角饰品。

18. 3 年来，在河南信阳息县淮河河滩上，连续发掘出 3 艘独木舟。其中，2010 年息县城郊乡徐庄村张庄组的淮河河滩下发现的第一艘独木舟，被证实为目前我国考古发现最早、最大的独木舟之一。该艘独木舟长 9.3 米，最宽处 0.8 米，高 0.6 米。根据碳-14 测定，这些独木舟的选材竟和云南热带地区所产的木头一样。这说明，3 000 多年前的古代，河南的气候和现在热带的气候很相似。淮河中下游两岸气候温暖湿润，林木高大茂密，动植物种类繁多。

以下哪项如果为真，最能支持以上论证？

A. 这些独木舟的原料不可能从遥远的云南原始森林运来，只能就地取材。

B. 这些独木舟在水中浸泡了上千年，十分沉重。

C. 刻舟求剑故事的发生地，就是包括当今河南许昌以南在内的楚地。

D. 独木舟舟体两头呈尖状，由一根完整的原木凿成，保存较为完整。

E. 在淮河流域的原始森林中，今天仍然生长着一些热带植物。

19. 从"阿喀琉斯基猴"身上，研究者发现了许多类人猿的特征。比如，它脚后跟的一块骨头短而宽。此外，"阿喀琉斯基猴"的眼眶较小，科学家据此推测它与早期类人猿的祖先一样，是在白天活动的。

以下哪项如果为真，最能支持上述科学家的推测？

A. 短而宽的后脚骨使得这种灵长类动物善于在树丛中跳跃捕食。

B. 动物的视力与眼眶大小不存在严格的比例关系。

C. 最早的类人猿与其他灵长类动物分开的时间，至少在 5 500 万年以前。

D. 以夜间活动为主的动物，一般眼眶较大。

E. 对"阿喀琉斯基猴"的基因测序表明，它和类人猿是近亲。

20. 一种常见的现象是，从国外引进的一些畅销科普读物在国内并不畅销，有人对此解释说这与我们多年来沿袭的文理分科有关。文理分科人为地造成了自然科学与人文社会科学的割裂，导致科普类图书的读者市场还没有真正形成。

以下哪项如果为真，最能加强上述观点？

A. 有些自然科学工作者对科普读物也不感兴趣。

B. 科普读物不是没有需求，而是有效供给不足。

C. 由于缺乏理科背景，非自然科学工作者对科学敬而远之。

D. 许多科普电视节目都拥有固定的收视群，相应的科普读物也就大受欢迎。

E. 国内大部分科普读物只是介绍科学知识，很少真正关注科学精神的传播。

21. S 市环保监测中心的统计分析表明，2009 年空气质量为优的天数达到了 150 天，比 2008 年多出 22 天。二氧化碳、一氧化碳、二氧化氮、可吸入颗粒物四项污染物浓度平均值，与 2008 年相比分别下降了约 21.3%、25.6%、26.2%、15.4%。S 市环保负责人指出，这得益于近年来本市政府持续采取的控制大气污染的相关措施。

以下除哪项外，均能支持上述 S 市环保负责人的看法？

A. S 市广泛开展环保宣传，加强了市民的生态理念和环保意识。

B. S 市启动了内部控制污染方案；凡是排放不达标的燃煤锅炉停止运行。

C. S 市执行了机动车排放国 Ⅳ 标准，单车排放比国 Ⅲ 标准降低了 49%。

D. S 市市长办公室最近研究了焚烧秸秆的问题，并着手制定相关条例。

E. S 市制定了"绿色企业"标准，继续加快污染重、能耗高企业的退出。

22. 在 19 世纪，英国的城市人口上升，而农村人口下降。一位历史学家推理说，工业化并非产生这种变化的原因，这种变化是由一系列人口向城市地区的迁移造成的，而这种迁移都是发生在每次农业经济的衰退时期。为了证明这种假说，这位历史学家将经济数据同人口普查数据作了对比。

以下哪项如果为真，最支持该历史学家的假说？

A. 工业经济增长最大的时期总伴随着农业人口数目的相对减少。

B. 农业经济最衰弱的时期总伴随着总人口数目相对减少。

C. 在农业经济相对强大、工业经济相对衰弱的时期，总伴随着农村人口的快速减少。

D. 在农业和工业经济都强劲的时期伴随着城市人口尤其快速的增长。

E. 在农业经济最强劲的时期，伴随着城市人口的相对稳定。

23. 科学研究中使用的形式语言和日常生活中使用的自然语言有很大的不同。形式语言看起来像天书，远离大众，只有一些专业人士才能理解和运用。但其实这是一种误解，自然语言和形式语言的关系就像肉眼与显微镜的关系。肉眼的视域广阔，可以从整体上把握事物的信息；显微镜可以帮助人们看到事物的细节和精微之处，尽管用它看到的范围小。所以，形式语言和自然语言都是人们交流和理解信息的重要工具，把它们结合起来使用，具有强大的力量。

以下哪项如果为真，最能支持上述结论？

A. 通过显微镜看到的内容可能成为新的"风景"，说明形式语言可以丰富自然语言的表达，我们应重视形式语言。

B. 正如显微镜下显示的信息最终还是要通过肉眼观察一样，形式语言表述的内容最终也要通过自然语言来实现，说明自然语言更基础。

C. 科学理论如果仅用形式语言表达，很难被普通民众理解；同样，如果仅用自然语言表达，有可能变得冗长且很难表达准确。

D. 科学的发展很大程度上改善了普通民众的日常生活，但人们并没有意识到科学表达的基础——形式语言的重要性。

E. 采用哪种语言其实不重要，关键在于是否表达了真正想表达的思想内容。

24. 由于含糖饮料的卡路里含量高，容易导致肥胖，因此无糖饮料开始流行。经过一段时期的调查，李教授认为：无糖饮料尽管卡路里含量低，但并不意味它不会导致体重增加。因为无糖饮料可能导致人们对于甜食的高度偏爱，这意味着可能食用更多的含糖类食物。而且无糖饮料几乎没什么营养，喝得过多就限制了其他健康饮品的摄入，比如茶和果汁等。

以下哪项如果为真，最能支持李教授的观点？

A. 茶是中国的传统饮料，长期饮用有益健康。

B. 有些瘦子也爱喝无糖饮料。

C. 有些胖子爱吃甜食。

D. 不少胖子向医生报告他们常喝无糖饮料。

E. 喝无糖饮料的人很少进行健身运动。

25. 具有大型天窗的百货商场的经验表明，商场内射入的阳光可增加销售额。某百货商场的大天窗使得商场的一半地方都有阳光射入（从而可以降低灯光照明的需要），商场的另一半地方只能采用灯光照明。从该商场两年前开张开始，天窗一边的各部门的销售额要远高于另一边各部门的销售额。

以下哪项如果正确，最能支持上述结论？

A. 除了天窗，商场两部分的建筑之间还有一些明显的差别。

B. 在阴天里，商场天窗下面的部分需要更多的灯光来照明。

C. 位于商场天窗下面部分的各部门，在该商场的一些其他连锁店中也是销售额最高的部门。

D. 商场另一半地方的灯光照明强度并不比阳光照明强度低。

E. 在商场夜间开放的时间里，天窗一边的各部门的销售额不比另一边各部门的销售额高。

26. 1989年以前，我国文物被盗情况严重，国家主要的博物馆中也发生了多起文物被盗案件，丢失珍贵文物多件。1989年后，国家主要的博物馆安装了技术先进的多功能防范系统，结果，此类重大盗窃案显著下降，这说明多功能防范系统对于保护文物安全起到了重要作用。

以下哪项如果为真，最能加强上述结论？

A. 90年代被窃的文物中包括一件珍贵的传世工艺品。

B. 从90年代早期开始，私人收藏和小展馆中发生的文物失盗案件明显上升。

C. 上述多功能防范系统经过国家级的技术鉴定。

D. 在1989年到1999年之间，主要博物馆为馆内重要的珍贵文物所付的保险金有了较大幅度的增加。

E. 在20世纪90年代初，文物失盗案件北方比南方严重，因为南方经济较发达，保护文物方法较先进。

命题方向⑬：论证推理　支持、加强　答案速查								
1. E	2. A	3. B	4. B	5. B	6. E	7. E	8. D	9. C	10. B
11. D	12. A	13. A	14. E	15. D	16. E	17. E	18. A	19. D	20. C
21. D	22. E	23. C	24. D	25. E	26. B				

命题方向⑭：论证推理　假设、前提

1. 面试在求职过程中非常重要。经过面试，如果应聘者的个性不适合待聘工作的要求，则不可能被录用。

以上论断是建立在哪项假设基础上的？

A. 必须经过面试才能取得工作，这是工商界的规矩。

B. 只要与面试主持人关系好，就能被聘用。

C. 面试主持者能够准确地分辨出哪些个性是工作所需要的。

D. 面试的唯一目的就是测试应聘者的个性。

E. 若一个人的个性适合工作的要求，他就一定会被录用。

2. 最近，在一百万年前的河姆渡氏族公社遗址发现了烧焦的羚羊骨残片，这证明人类在很早的时候就掌握了取火煮食肉类的技术。

上述推论中隐含着下列哪项假设？

A. 从河姆渡公社以来的所有人种都掌握了取火的技术。

B. 河姆渡人不生食羚羊肉。

C. 只要发现烧焦的羚羊骨就能证明早期人类曾聚居于此。

D. 河姆渡人以羚羊肉为主食。

E. 羚羊骨是被人类取火烧焦的。

3. 北京市是个水资源严重缺乏的城市，但长期以来水价格一直偏低。最近北京市政府根据价值规律调高水价，这一举措将对节约使用该市的水资源产生重大的推动作用。

为使上述议论成立，以下哪项必须是真的？

Ⅰ. 有相当数量的用水浪费是因为水价格偏低而造成的。

Ⅱ. 水价格的上调幅度一般足以对浪费用水的用户产生经济压力。

Ⅲ. 水价格的上调不会引起用户的不满。

A. Ⅰ、Ⅱ和Ⅲ。　B. 仅Ⅰ和Ⅱ。　C. 仅Ⅰ和Ⅲ。　D. 仅Ⅱ和Ⅲ。　E. 仅Ⅲ。

4. 今年，所有向甲公司求职的人同时也向乙公司求职。甲、乙两公司各同意给予其中半数的求职者每人一个职位。因此，所有的求职者就都找到了一份工作。

上述推论基于以下哪项假设？

A. 所有求职者既能胜任甲公司的工作，又能胜任乙公司的工作。

B. 所有的求职者愿意接受甲、乙公司的职位。

C. 不存在一个求职者同时从甲、乙两公司处谋到了职位。

D. 没有任何一个求职者向第三家企业谋职。

E. 没有任何一个求职者以前在甲公司或是乙公司工作过。

5. 政府应该不允许烟草公司在其营业收入中扣除广告费用。这样的话，烟草公司将会缴纳更多的税金。它们只好提高自己的产品价格，而产品价格的提高正好可以起到减少烟草购买的作用。

以下哪个选项是上述论点的前提？

A. 烟草公司不可能降低其他方面的成本来抵销多缴的税金。

B. 如果它们需要付高额的税金，烟草公司将不再继续做广告。

C. 如果烟草公司不做广告，香烟的销售量将受到很大影响。

D. 政府从烟草公司的应税收入增加所得的收入将用于宣传吸烟的害处。

E. 烟草公司由此所增加的税金应该等于价格上涨所增加的盈利。

6. 人类学家发现早在旧石器时代，人类就有了死后复生的信念。在发掘出的那个时代的古墓中，死者的身边有衣服、饰物和武器等陪葬物，这是最早的关于人类具有死后复生信念的证据。

以下哪项，是上述议论所假定的？

A. 死者身边的陪葬物是死者生前所使用过的。

B. 死后复生是大多数宗教信仰的核心信念。

C. 宗教信仰是大多数古代文明社会的特征。

D. 放置陪葬物是后人表示对死者的怀念与崇敬。

E. 陪葬物是为了死者在复生后使用而准备的。

7. 以前有几项研究表明，食用巧克力会增加食用者患心脏病的可能性。而一项最新的、更为可靠的研究得出的结论为：食用巧克力与心脏病发病率无关。估计这项研究成果公布之后，巧克力的消费量将会大大增加。

上述推论基于以下哪项假设？

A. 大量食用巧克力的人中，并不是有很高的比例患心脏病。

B. 尽管有些人知道食用巧克力会增加患心脏病的可能性，却照样大吃特吃。

C. 人们从来也不相信进食巧克力会更容易患心脏病的说法。

D. 现在许多人吃巧克力是因为他们没听过巧克力会导致心脏病的说法。

E. 现在许多人不吃巧克力完全是因为他们相信巧克力会诱发心脏病。

8. 近来，信用卡公司遭到了很多顾客的指责，他们认为公司向他们的透支部分所收的利率太高了。事实上，公司收取的利率只比普通的银行给个人贷款的利率高两个百分点。但是，顾客忽视了信用卡给他们带来的便利，比如，他们可以在货物削价时及时购物。

上文是以下列哪个选项为前提的？

A. 购物折扣省下来的钱至少可以弥补以信用卡付款超出普通银行个人贷款利率的那部分花费。

B. 信用卡的申请人除非有长期的拖欠历史或其他信用问题，否则申请很容易被批准。

C. 消费者在削价时购买的货物价格并不很低，无法使消费者抵消高利率成本，并有适当盈利。

D. 那些用信用卡付款买削价货物的消费者可能不具有在银行以低息获得贷款的资格。

E. 信用卡使用者所能透支的总量是有限制的，因此，其支付的利息也是有限的。

9. 在西方几个核大国中，当核试验得到了有效的限制，老百姓就会倾向于省更多的钱，出现所谓的商品负超常消费；当核试验的次数增多的时候，老百姓就会倾向于花更多的钱，出现所谓的商品正超常消费。因此，当核战争成为能普遍觉察到的现实威胁时，老百姓为存钱而限制消费的愿望大大降低，商品正超常消费的可能性大大增加。

上述论证基于以下哪项假设？

A. 当核试验次数增多时，有足够的商品支持正超常消费。

B. 在西方几个核大国中，核试验受到了老百姓普遍地反对。

C. 老百姓只能通过本国的核试验的次数来觉察核战争的现实威胁。

D. 商界对核试验乃至核战争的现实威胁持欢迎态度，因为这将带来经济利益。

E. 在冷战年代，上述核战争的现实威胁出现过数次。

10. 李工程师：在日本，肺癌病人的平均生存年限（从确诊至死亡的年限）是 9 年，而在亚洲的其他国家，肺癌病人的平均生存年限只有 4 年。因此，日本在延长肺癌病人生命方面的医疗水平要高于亚洲的其他国家。

张研究员：你的论证缺乏充分的说服力。因为日本人的自我保健意识总体上高于其他的亚洲人，因此，日本肺癌患者的早期确诊率要高于亚洲其他国家。

张研究员的反驳基于以下哪项假设？

Ⅰ．肺癌患者的自我保健意识对于其疾病的早期确诊起到重要作用。

Ⅱ．肺癌的早期确诊对延长患者的生存年限起到重要作用。

Ⅲ．对肺癌的早期确诊技术是衡量防治肺癌医疗水平的一个重要方面。

A．仅Ⅰ。　　B．仅Ⅱ。　　C．仅Ⅲ。　　D．仅Ⅰ和Ⅱ。　　E．Ⅰ、Ⅱ和Ⅲ。

11. 自从20世纪中叶化学工业在世界范围内成为一个产业以来，人们一直担心它所造成的污染将会严重影响人类的健康。但统计数据表明，这半个世纪以来，化学工业发达的工业化国家的人均寿命增长率，大大高于化学工业不发达的发展中国家。因此，人们关于化学工业危害人类健康的担心是多余的。

以下哪项是上述论证必须假设的？

A. 20世纪中叶，发展中国家的人均寿命低于发达国家。

B. 如果出现发达的化学工业，发展中国家的人均寿命增长率会因此更低。

C. 如果不出现发达的化学工业，发达国家的人均寿命增长率不会因此更高。

D. 化学工业带来的污染与它带给人类的巨大效益相比是微不足道的。

E. 发达国家在治理化学工业污染方面投入巨大，效果明显。

12. 一词当然可以多义，但一词的多义应当是相近的。例如，"帅"可以解释为"元帅"，也可以解释为"杰出"，这两个含义是相近的。由此看来，把"酷（cool）"解释为"帅"实在是英语中的一种误用，应当加以纠正，因为"酷"在英语中的初始含义是"凉爽"，和"帅"丝毫不相及。

以下哪项是题干的论证所必须假设的？

A. 一个词的初始含义是该词唯一确切的含义。

B. 除了"cool"以外，在英语中不存在其他的词具有不相关的多种含义。

C. 语词的多义将造成思想交流的困难。

D. 英语比汉语更容易产生语词歧义。

E. 语言的发展方向是一词一义，用人工语言取代自然语言。

13. 交通运输部科研所最近研制了一种自动照相机，凭借其对速度的敏锐反应，当且仅当违规超速的汽车经过镜头时，它会自动按下快门。在某条单向行驶的公路上，在一个小时中，这样的一架照相机共摄下了50辆超速的汽车的照片。从这架照相机出发，在这条公路前方的1千米处，一批交通警察于隐蔽处在进行目测超速汽车能力的测试。在上述同一个小时中，某个警察测定，共有25辆汽车超速通过。由于经过自动照相机的汽车一定经过目测处，因此，可以推定，这个警察的目测超速汽车的准确率不高于50%。

要使题干的推断成立，以下哪项是必须假设的？

A. 在该警察测定为超速的汽车中，包括在照相机处不超速而到目测处超速的汽车。

B. 在该警察测定为超速的汽车中，包括在照相机处超速而到目测处不超速的汽车。

C. 在上述一个小时中，在照相机前不超速的汽车，到目测处不会超速。

D. 在上述一个小时中，在照相机前超速的汽车，都一定超速通过目测处。

E. 在上述一个小时中，通过目测处的非超速汽车一定超过 25 辆。

14. 尽管计算机可以帮助人们进行沟通，计算机游戏却妨碍了青少年沟通能力的发展。他们把课余时间都花费在玩游戏上，而不是与人交流上。所以说，把课余时间花费在玩游戏上的青少年比其他孩子有较少的沟通。

以下哪项是上述议论最可能的假设？

A. 一些被动的活动，如看电视和听音乐，并不会阻碍孩子们的交流能力的发展。

B. 大多数孩子在玩电子游戏之外还有其他事情可做。

C. 在课余时间不玩电子游戏的孩子至少有一些时候是在与人交流。

D. 传统的教育体制对增强孩子们与人交流的能力没有帮助。

E. 由玩电子游戏带来的思维能力的增强对孩子们的智力开发并没有实质性的益处。

15. W 公司制作的正版音乐光盘每张售价 25 元，盈利 10 元。而这样的光盘的盗版制品每张仅售价 5 元。因此，这样的盗版光盘如果销售 10 万张，就会给 W 公司造成 100 万元的利润损失。

为使上述论证成立，以下哪项是必须假设的？

A. 每个已购买各种盗版制品的人，若没有盗版制品可买，都仍会购买相应的正版制品。

B. 如果没有盗版光盘，W 公司的上述正版音乐光盘的销售量不会少于 10 万张。

C. 上述盗版光盘的单价不可能低于 5 元。

D. 与上述正版光盘相比，盗版光盘的质量无实质性的缺陷。

E. W 公司制作的上述正版光盘价格偏高是造成盗版光盘充斥市场的原因。

16. 史密斯：根据《国际珍稀动物保护条例》的规定，杂种动物不属于该条例的保护对象。《国际珍稀动物保护条例》的保护对象中包括赤狼。而最新的基因研究技术发现，一直被认为是纯种物种的赤狼实际上是山狗与灰狼的杂交种。由于赤狼明显需要保护，所以条例应当修改，使其也保护杂种动物。

张大中：您的观点不能成立。因为，如果赤狼确实是山狗与灰狼的杂交种的话，那么，即使现有的赤狼灭绝了，仍然可以通过山狗与灰狼的杂交来重新获得它。

以下哪项最可能是张大中的反驳所假设的？

A. 目前用于鉴别某种动物是否为杂种的技术是可靠的。

B. 所有现存杂种动物都是现存纯种动物杂交的后代。

C. 山狗与灰狼都是纯种物种。

D. 《国际珍稀动物保护条例》执行效果良好。

E. 赤狼并不是山狗与灰狼的杂交种。

17. 在汉语和英语中,"塔"的发音是一样的,这是英语借用了汉语;"幽默"的发音也是一样的,这是汉语借用了英语。而在英语和姆巴拉拉语中,"狗"的发音也是一样的,但可以肯定,使用这两种语言的人交往只是近两个世纪的事,而姆巴拉拉语(包括"狗"的发音)的历史,几乎和英语一样古老。另外,这两种语言属于完全不同的语系,没有任何亲缘关系。因此,这说明,不同的语言中出现意义和发音相同的词,并不一定是由于语言的相互借用,或是由于语言的亲缘关系所致。

以上论述必须假设以下哪项?

A. 汉语和英语中,意义和发音相同的词都是相互借用的结果。

B. 除了英语和姆巴拉拉语以外,还有多种语言对"狗"有相同的发音。

C. 没有第三种语言从英语或姆巴拉拉语中借用"狗"一词。

D. 如果两种不同语系的语言中有的词发音相同,则使用这两种语言的人一定在某个时期彼此接触过。

E. 使用不同语言的人相互接触,一定会导致语言的相互借用。

18. 急性视网膜坏死综合征是由疱疹病毒引起的眼部炎症综合征。急性视网膜坏死综合征患者大多数临床表现反复出现,相关的症状体征时有时无,药物治疗效果不佳。这说明,此病是无法治愈的。

上述论证假设反复出现急性视网膜坏死综合征症状体征的患者_____。

A. 没有重新感染过疱疹病毒。

B. 没有采取防止疱疹病毒感染的措施。

C. 对疱疹病毒的药物治疗特别抗药。

D. 可能患有其他相关疾病。

E. 先天体质较差。

19. 莱布尼兹是 17 世纪伟大的哲学家。他先于牛顿发表了他的微积分研究成果。但是当时牛顿公布了他的私人笔记,说明他至少在莱布尼兹发表其成果的 10 年前就已经运用了微积分的原理。牛顿还说,在莱布尼兹发表其成果的不久前,他在给莱布尼兹的信中谈起过自己关于微积分的思想。但是事后的研究说明,牛顿的这封信中,有关微积分的几行字几乎没有涉及这一理论的任何重要之处。因此,可以得出结论,莱布尼兹和牛顿各自独立地发现了微积分。

以下哪项是上述论证必须假设的?

A. 莱布尼兹在数学方面的才能不亚于牛顿。

B. 莱布尼兹是个诚实的人。

C. 没有第三个人不迟于莱布尼兹和牛顿独立地发现了微积分。

D. 莱布尼兹发表微积分研究成果前从没有把其中的关键性内容告诉任何人。

E. 莱布尼兹和牛顿都没有从第三渠道获得关于微积分的关键性细节。

20. 西方航空公司由北京至西安的全额票价一年多来保持不变，但是，目前西方航空公司由北京至西安的机票90%打折出售，只有10%全额出售；而在一年前则一半打折出售，一半全额出售。因此，目前西方航空公司由北京至西安的平均票价，比一年前要低。

以下哪项最可能是上述论证所假设的？

A. 目前和一年前一样，西方航空公司由北京至西安的机票，打折的和全额的，有基本相同的售出率。

B. 目前和一年前一样，西方航空公司由北京至西安的打折机票售出率，不低于全额机票。

C. 目前西方航空公司由北京至西安的打折机票的票价，和一年前基本相同。

D. 目前西方航空公司由北京至西安航线的服务水平比一年前下降。

E. 西方航空公司所有航线的全额票价一年多来保持不变。

21. 面试是招聘的一个不可取代的环节，因为通过面试，可以了解应聘者的个性。那些个性不合适的应聘者将被淘汰。

以下哪项是上述论证最可能假设的？

A. 应聘者的个性很难通过招聘的其他环节展示。

B. 个性是确定录用应聘者的最主要因素。

C. 只有经验丰富的招聘者才能通过面试准确把握应聘者的个性。

D. 在招聘环节中，面试比其他环节更重要。

E. 面试的唯一目的是为了了解应聘者的个性。

22. 某纺织厂从国外引进了一套自动质量检验设备。开始使用该设备的10月份和11月份，产品的质量不合格率由9月份的0.04%分别提高到0.07%和0.06%。因此，使用该设备对减少该厂的不合格产品进入市场起到了重要的作用。

以下哪项是上述论证最可能假设的？

A. 上述设备检测为不合格的产品中，没有一件事实上是合格的。

B. 上述设备检测为不合格的产品中，没有一件事实上是不合格的。

C. 9月份检测为合格的产品中，至少有一些是不合格的。

D. 9月份检测为不合格的产品中，至少有一些是合格的。

E. 上述设备是国内目前同类设备中最先进的。

23. 免疫研究室的钟教授说："生命科学院以前研究生的那种勤奋精神越来越不多见了，因为我发现目前在我的研究生中，起早摸黑做实验的人越来越少了。"

钟教授的论证基于以下哪项假设？

A. 现在生命科学院的研究生需要从事的实验外活动越来越多。

B. 对于生命科学院的研究生来说，只有起早摸黑才能确保完成实验任务。

C. 研究生是否起早摸黑做实验是他们勤奋与否的一个重要标准。

D. 钟教授的研究生做实验不勤奋是由于钟教授没有足够的科研经费。

E. 现在的年轻人并不热衷于实验室工作。

24. 陈先生：北欧人具有一种特别明显的乐观精神。这种精神体现为日常生活态度，也体现为理解自然、社会和人生的哲学理念。北欧人的人均寿命历来是最高的，这正是导致他们具备乐观精神的重要原因。

贾女士：你的说法难以成立。因为你的理解最多只能说明，北欧的老年人为何具备乐观精神。

以下哪项最可能是贾女士的反驳所假设的？

A. 北欧的中青年人并不知道北欧人的人均寿命历来是最高的。

B. 只有已经长寿的人，才具备产生上述乐观精神的条件。

C. 北欧国家都有完善的保护老年人利益的社会福利制度。

D. 成熟的理解自然、社会和人生的哲学理念，只有老年人才可能具有。

E. 北欧人实际上并不具有明显的乐观精神。

25. 类人猿和其后的史前人类所使用的工具很相似。最近在东部非洲考古所发现的古代工具，就属于史前人类和类人猿都使用过的类型。但是，发现这些工具的地方是热带大草原，热带大草原有史前人类居住过，而类人猿只生活在森林中。因此，这些被发现的古代工具是史前人类而不是类人猿使用过的。

为使上述论证有说服力，以下哪项是必须假设的？

A. 即使在相当长的环境生态变化过程中，森林也不会演变为草原。

B. 史前人类从未在森林中生活过。

C. 史前人类比类人猿更能熟练地使用工具。

D. 史前人类在迁移时并不携带工具。

E. 类人猿只能使用工具，并不能制造工具。

26. 任何行为都有结果。任何行为的结果中，必定包括其他行为。而要判断一个行为是否好，就需要判断它的结果是否好；要判断它的结果是否好，就需要判断作为其结果的其他行为是否好。这样，实际上我们面临着一个不可完成的思考。因此，一个好的行为实际上不可能存在。

以下哪项最可能是上述论证所假设的？

A. 有些行为的结果中只包括其他行为。

B. 我们可以判断已经发生的行为是否好，但不能判断正在发生的行为是否好。

C. 判断一个行为是好的，就需要判断制止该行为的行为是坏的。

D. 我们应该实施好的行为。

E. 一个好的行为必须是能够被我们判断的。

27. 山奇是一种有降血脂特效的野花，它数量特别稀少，正濒临灭绝。但是，山奇可以通过和雏菊的花粉自然杂交产生山奇-雏菊杂交种子。因此，在山奇尚存的地域内应当大量地人工培育雏菊，虽然这种杂交品种会失去父本或母本的一些重要特性，例如不再具有降血脂的特效，但这是避免山奇灭绝的几乎唯一的方式。

上述论证依赖于以下哪项假设？

Ⅰ. 只有人工培育的雏菊才能和山奇自然杂交。

Ⅱ. 在山奇尚存的地域内没有野生雏菊。

Ⅲ. 山奇-雏菊杂交种子具有繁衍后代的能力。

A. 仅Ⅰ。　　B. 仅Ⅱ。　　C. 仅Ⅲ。　　D. 仅Ⅱ和Ⅲ。　　E. Ⅰ、Ⅱ和Ⅲ。

28. 某些精神失常患者可以通过心理疗法而痊愈，例如，癔症和心因性反应等。然而，某些精神失常是因为大脑神经递质化学物质不平衡，例如精神分裂症和重症抑郁，这类患者只能通过药物进行治疗。

上述论述是基于以下哪项假设？

A. 心理疗法对大脑神经递质化学物质的不平衡所导致的精神失常无效。

B. 对精神失常患者，药物治疗往往比心理疗法见效快。

C. 大多数精神失常都不是由大脑神经递质化学物质的不平衡导致的。

D. 对精神失常患者，心理疗法比药物治疗疗效差些。

E. 心理疗法仅仅是减轻精神失常患者的病情，根治还是需药物治疗。

29. 在H国前年出版的50 000部书中，有5 000部是小说。H国去年发行的电影中，恰有25部都是由这些小说改编的。因为去年H国共发行了100部电影，因此，由前年该国出版的书改编的电影，在这100部电影中所占的比例不会超过四分之一。

基于以下哪项假设能使上述推理成立？

A. H国去年发行电影的剧本，都不是由专业小说作家编写的。

B. 由小说改编的电影的制作周期不短于一年。

C. H国去年发行的电影中，至少25部是国产片。

D. H国前年出版的小说中，适合于改编成电影的不超过0.5%。

E. H国去年发行的电影，没有一部是基于小说以外的书改编的。

30. 最近发现，19世纪80年代保存的海鸟标本的羽毛中，汞的含量仅为目前同一品种活鸟的羽毛汞含量的一半。由于海鸟羽毛中的汞的积累是海鸟吃鱼所导致，这就表明现在海鱼中汞的含量比100多年前要高。

以下哪项是上述论证的假设？

A. 进行羽毛汞含量检测的海鸟处于相同年龄段。

B. 海鱼的汞含量取决于其活动海域的污染程度。

C. 来源于鱼的汞被海鸟吸收后，残留在羽毛中的含量会随时间的变化而改变。

D. 在海鸟的食物结构中，海鱼所占的比例，在19世纪80年代并不比现在高。

E. 用于海鸟标本制作和保存的方法并没有显著减少海鸟羽毛中的汞含量。

31. 黑脉金蝴蝶幼虫先折断含毒液的乳草属植物的叶脉，使毒液外流，再食入整片叶子。一般情况下，乳草属植物叶脉被折断后其内的毒液基本完全流掉，即便有极微量的残留，对幼虫也不会构成威胁。黑脉金蝴蝶幼虫就是采用这样的方式以有毒的乳草属植物为食物来源直到它们发育成熟。

以下哪项最可能是上文所作的假设？

A. 幼虫有多种方法对付有毒植物的毒液，因此，有毒植物是多种幼虫的食物来源。

B. 除黑脉金蝴蝶幼虫外，乳草属植物不适合其他幼虫食用。

C. 除乳草属植物外，其他有毒植物已经进化到能防止黑脉金蝴蝶幼虫破坏其叶脉的程度。

D. 黑脉金蝴蝶幼虫成功对付乳草属植物毒液的方法不能用于对付其他有毒植物。

E. 乳草属植物的叶脉没有进化到黑脉金蝴蝶幼虫不能折断的程度。

32. 1979年，在非洲摩西地区发现有一只大象在觅食时进入赖登山的一个山洞。不久，其他的大象也开始进入洞穴，以后几年进入山洞集聚成为整个大象群的常规活动。1979年之前，摩西地区没有发现大象进入山洞，山洞内没有大象的踪迹。到2006年，整个大象群在洞穴内或附近度过其大部分的冬季。由此可见，大象能够接受和传授新的行为，而这并不是由遗传基因所决定的。

以下哪项是上述论述的假设？

A. 大象的基因突变可以发生在相对短的时间跨度，如数十年。

B. 大象群在数十年前出现的新的行为不是由遗传基因预先决定的。

C. 大象新的行为模式易于成为固定的方式，一般都会延续几代。

D. 大象的群体行为不受遗传影响，而是大象群内个体间互相模仿的结果。

E. 某一新的行为模式只有在一定数量的动物群内成为固定的模式，才可以推断出发生了基因突变。

33. 某家长认为，有想象力才能进行创造性劳动，但想象力和知识是天敌。人在获得知识的过程中，想象力会消失。因为知识符合逻辑，而想象力无章可循。换句话说，知识的本质是科学,想象力的特征是荒诞。人的大脑一山不容二虎:学龄前,想象力独占鳌头,脑子被想象力占据;上学后,大多数人的想象力被知识驱逐出境,他们成为知识渊博但丧失了想象力、终身只能重复前人发现的人。

以下哪项是该家长论证所依赖的假设?

Ⅰ. 科学是不可能荒诞的,荒诞的就不是科学。

Ⅱ. 想象力和逻辑水火不相容。

Ⅲ. 大脑被知识占据后很难重新恢复想象力。

A. 仅Ⅰ。　　B. 仅Ⅱ。　　C. 仅Ⅰ和Ⅱ。　　D. 仅Ⅱ和Ⅲ。　　E. Ⅰ、Ⅱ和Ⅲ。

34. 有医学研究显示,行为痴呆症患者大脑组织中往往含有过量的铝。同时有化学研究表明,一种硅化合物可以吸收铝。陈医生据此认为,可以用这种硅化合物治疗行为痴呆症。

以下哪项是陈医生最可能依赖的假设?

A. 行为痴呆症患者大脑组织的含铝量通常过高,但具体数量不会变化。

B. 该硅化合物在吸收铝的过程中不会产生副作用。

C. 用来吸收铝的硅化合物的具体数量与行为痴呆症患者的年龄有关。

D. 过量的铝是导致行为痴呆症的原因,患者脑组织中的铝不是痴呆症引起的结果。

E. 行为痴呆症患者脑组织中的铝含量与病情的严重程度有关。

35. 有人将知名公司康士星衰败归因于为其供应零部件的国外工厂的恶劣生产条件被公之于众,但这种看法是错误的,与因为道德因素遭到抵制相比,康士星衰败更多是由于其产品本身有缺陷,毕竟除了康士星外,还有大量公司的供应厂家的生产条件与康士星的供应厂家的同样恶劣,而公众购买这些产品并无半点犹豫。

上述论证基于以下哪项假设?

A. 人们决定购买什么产品不可能为道德因素所左右。

B. 当一个公司的供应厂家的生产条件与康士星的供应厂家的生产条件同样恶劣时,那些购买这个公司产品的人,其实知道该公司的供应厂家的生产条件是怎样的。

C. 为康士星供货的工厂的生产条件其实并不像报道的那样糟糕。

D. 供应厂家糟糕的生产条件被公众知晓后,康士星的产品销售并没有显著下滑。

E. 康士星的产品质量差并不是由其供应厂家的生产环境恶劣所导致的。

命题方向⑭:论证推理　假设、前提　答案速查										
1. C	2. E	3. B	4. C	5. A	6. E	7. E	8. A	9. A	10. D
11. C	12. A	13. D	14. C	15. B	16. B	17. C	18. A	19. E	20. C
21. A	22. C	23. C	24. B	25. A	26. E	27. C	28. A	29. E	30. E
31. E	32. D	33. E	34. D	35. B					

命题方向⑮：论证推理　解释

1. 一所大学的经济系最近做的一次调查表明，教师的加薪常伴随着全国范围内平均酒类消费量的增加。从 1980 年到 1985 年，教师工资平均上涨 12%，酒类销售量增加 11.5%。从 1985 年到 1990 年，教师工资平均上涨 14%，酒类销售量增加 13.4%。从 1990 年到 1995 年，酒类销售量增加 15%，而教师平均工资也上涨 15.5%。

以下哪项最为恰当地说明了文中引用的调查结果？

A. 当教师有了更多的可支配收入，他们喜欢把多余的钱花费在饮酒上。

B. 教师所得越多，花在买书上的钱就越多。

C. 由于教师增加了，人口也就增加了，酒类消费者也会因此而增加。

D. 在文中所涉及的时期里，乡镇酒厂增加了很多。

E. 从 1980 年至 1995 年，人民生活水平提高了，酒类消费量和教师工资也增加了。

2. 由甲、乙双方协议共同承建的某项建筑尚未完工就发生倒塌事故。在对事故原因的民意调查中，70% 的人认为是使用的建筑材料伪劣；30% 的人认为是违章操作；25% 的人认为原因不清，需要深入调查。

以下哪项最能合理地解释上述看来包含矛盾的陈述？

A. 被调查的共有 125 人。

B. 有的被调查者后来改变了自己的观点。

C. 有的被调查者认为事故的发生既有建筑材料伪劣的原因，也有违章操作的原因。

D. 很多认为原因不清的被调查者实际上有自己倾向性的判断，但是不愿意透露。

E. 调查的操作出现技术性差错。

3. 近期的一项调查显示：日本产的"星愿"、德国产的"心动"和美国产的"EXAP"三种轿车最受女性买主的青睐。调查指出，在中国汽车市场上，按照女性买主所占的百分比计算，这三种轿车名列前三名。星愿、心动和 EXAP 三种车的买主，分别有 58%、55% 和 54% 是妇女。但是，最近连续 6 个月的女性购车量排行榜，却都是国产的富康轿车排在首位。

以下哪项如果为真，最有助于解释上述矛盾？

A. 每种轿车的女性买主占各种轿车买主总数的百分比，与某种轿车的买主之中女性所占的百分比是不同的。

B. 排行榜的设立，目的之一就是引导消费者的购车方向。而发展国产汽车业，排行榜的作用不可忽视。

C. 国产的富康轿车也曾经在女性买主所占的百分比的排列中名列前茅，只是最近才落到了第四名的位置。

D. 最受女性买主的青睐和女性买主真正花钱去购买是两回事，一个是购买欲望，一个是购买行为，不可混为一谈。

E. 女性买主并不意味着就是女性来驾驶，轿车登记的主人与轿车实际的使用者经常是不同的。而且，单位购车在国内占到了很重要的比例，不能忽略不计。

4. 某市一项对健身爱好者的调查表明，那些称自己每周固定进行二至三次健身锻炼的人近两年来由28%增加到35%，而对该市大多数健身房的调查则显示，近两年去健身房的人数明显下降。

以下各项如果为真，都有助于解释上述看来矛盾的断定，除了：

A. 进行健身锻炼没什么规律的人在数量上明显减少。

B. 健身房出于非正常的考虑，往往少报顾客的人数。

C. 由于简易健身的出现，家庭健身活动成为可能并逐渐流行。

D. 为了吸引更多的顾客，该市健身房普遍调低了营业价格。

E. 受调查的健身锻炼爱好者只占全市健身锻炼爱好者的10%。

5. 有一商家为了推销其家用电脑和网络服务，目前正在大力开展网络消费的广告宣传和推广促销。经过一定的市场分析，他们认为手机用户群是潜在的网络消费的用户群，于是决定在各种手机零售场所宣传、推销他们的产品。结果两个月下来，效果很不理想。

以下哪项如果为真，最有助于解释出现上述结果的原因？

A. 刚刚购买手机的消费者需要经过一段时期后才能成为网络消费的潜在用户。

B. 最近国家在有关规定中对国家机关人员使用手机加以限制，购买手机的人因此有所减少。

C. 购买电脑或是办理网络服务对中国老百姓来说还是件大事，一般来说，消费者对此的态度比较慎重。

D. 家用电脑和网络服务在知识分子中已经比较普及，他们所希望的是增强自己计算机的功能。

E. 目前家用电脑更新换代速度快，广告宣传和推广促销要收到效果，必须特色鲜明，才能打动消费者的心。

6. 都市青年报准备在5月4日青年节的时候推出一种订报有奖的营销活动。如果你在5月4日到6月1日之间订了下半年的《都市青年报》的话，你就可以免费获赠下半年的《都市广播电视导报》。推出这个活动之后，报社每天都在统计新订户的情况，结果非常失望。

以下哪项如果为真，最能够解释这项促销活动没能成功的原因？

A. 根据邮局发行部门的统计，《都市广播电视导报》并不是一份十分有吸引力的报纸。

B. 根据一项调查的结果，《都市青年报》的订户中有些已经同时订了《都市广播电视导报》。

C. 《都市广播电视导报》的发行渠道很广，据统计，订户比《都市青年报》的还要多1倍。

D. 《都市青年报》没有考虑很多人的订阅习惯。大多数报刊订户在去年年底已经订了今年一年的《都市广播电视导报》。

E. 《都市青年报》推出这个活动，伤害了那些《都市青年报》老订户的感情，影响了它的发行工作。

7. 烟草业仍然是有利可图的。在中国，尽管今年吸烟者中成人的人数减少，烟草生产商销售的烟草总量还是增加了。

以下哪项不能用来解释烟草销售量的增长和吸烟者中成人人数的减少？

A. 今年中，开始吸烟的妇女数量多于戒烟的男子数量。

B. 今年中，开始吸烟的少年数量多于同期戒烟的成人数量。

C. 今年，非吸烟者中咀嚼烟草及嗅鼻烟的人多于戒烟者。

D. 今年和往年相比，那些有长年吸烟史的人平均消费了更多的烟草。

E. 今年中国生产的香烟中用于出口的数量高于往年。

8. 胡萝卜、西红柿和其他一些蔬菜含有较丰富的 β-胡萝卜素，β-胡萝卜素具有防止细胞癌变的作用。近年来提炼出的 β-胡萝卜素被制成片剂并建议吸烟者服用，以防止吸烟引起的癌症。然而，意大利博洛尼亚大学和美国得克萨斯大学的科学家发现，经常服用 β-胡萝卜素片剂的吸烟者反而比不常服用 β-胡萝卜素片剂的吸烟者更易于患癌症。

以下哪项如果为真，最能解释上述矛盾？

A. 有些 β-胡萝卜素片剂含有不洁物质，其中有致癌物质。

B. 意大利博洛尼亚大学和美国得克萨斯大学地区的居民吸烟者中癌症患者的比例都较其他地区高。

C. 经常服用 β-胡萝卜素片剂的吸烟者有其他许多易于患癌症的不良习惯。

D. β-胡萝卜素片剂不稳定，易于分解变性，从而与身体发生不良反应，易于致癌；而自然 β-胡萝卜素性质稳定，不会致癌。

E. 吸烟者吸入体内烟雾中的尼古丁与 β-胡萝卜素发生作用，生成一种比尼古丁致癌作用更强的有害物质。

9. 某保险公司计划推出一项医疗保险，对象是 60 岁以上经体检无重大疾病的老年人。投保者在有生之年如果患心血管疾病或癌症，则其医疗费用的 90% 将由保险公司赔付。为了吸引投保者，保险金又不能定得太高。有人估计保险金将不足以支付赔付金，因而会是个赔本生意。尽管如此，保险公司的老总们仍决定推出该项保险。

以下各项断定如果为真，其中哪项最不可能是老总们作出上述决策的依据？

A. 题干中的估计只是一种悲观估计，事实上还存在着乐观的估计。

B. 推出这种带有明显折赔风险的险种，有利于树立保险公司的道义形象和信誉，而这有利于开拓更大的保险市场。

C. 随着全民健身的普及，中老年人中癌症和心血管疾病的发病率呈逐年下降的趋势。

D. 随着相关科研的深入和医疗技术的提高，对癌症和心血管疾病的检测和医治近年内将会出现突破性的进展。

E. 推出上述险种，可以从国际老年人福利基金组织申请资助。

10. 由于邮费上涨，广州《周末画报》杂志为减少成本、增加利润，准备将每年发行52 期改为每年发行 26 期，但每期文章的质量、每年的文章总数和每年的定价都不变。市场研究表明，杂志的订户和在杂志上刊登广告的客户的数量均不会下降。

以下哪项如果为真，最能说明该杂志社的利润将会因上述变动而降低？

A. 在新的邮资政策下，每期的发行费用将比原来高 1/3。

B. 杂志的大部分订户较多地关心文章的质量，而较少地关心文章的数量。

C. 即使邮资上涨，许多杂志的长期订户仍将继续订阅。

D. 在该杂志上购买广告页的多数广告商将继续在每一期上购买同过去一样多的页数。

E. 杂志的设计、制作成本预期将保持不变。

11. 西双版纳植物园中有两种樱草，一种自花授粉，另一种非自花授粉，即须依靠昆虫授粉。近几年来，授粉昆虫的数量显著减少。另外，一株非自花授粉的樱草所结的种子比自花授粉的要少。显然，非自花授粉樱草的繁殖条件比自花授粉的要差。但是，游人在植物园多见的是非自花授粉樱草而不是自花授粉樱草。

以下哪项断定最无助于解释上述现象？

A. 和自花授粉樱草相比，非自花授粉樱草的种子发芽率较高。

B. 非自花授粉樱草是本地植物，而自花授粉樱草是前几年从国外引进的。

C. 前几年，上述植物园非自花授粉樱草和自花授粉樱草的数量比大约是 5∶1。

D. 当两种樱草杂生时，土壤中的养分更易于被非自花授粉樱草吸收，这又往往导致自花授粉樱草的枯萎。

E. 在上述植物园中，为保护授粉昆虫免受游客伤害，非自花授粉樱草多植于园林深处。

12. S 市餐饮业经营点的数量自 1996 年的约 20 000 个，逐年下降至 2001 年的约 5 000个。但是，这五年来，该市餐饮业的经营资本在整个服务行业中所占的比例并没有减少。

以下各项中，哪项最无助于说明上述现象？

A. S 市 2001 年餐饮业的经营资本总额比 1996 年略高。

B. S 市 2001 年餐饮业经营点的平均经营资本额比 1996 年有显著增长。

C. 作为激烈竞争的结果，近五年来，S 市的餐馆有的被迫停业，有的则努力扩大经营规模。

D. 1996 年以来，S 市服务行业的经营资本总额逐年下降。

E. 1996 年以来，S 市服务行业的经营资本占全市产业经营总资本的比例逐年下降。

13. 当一只鱼鹰捕捉到一条白鲢、一条草鱼或一条鲤鱼而飞离水面时，往往会有许多鱼鹰几乎同时跟着飞聚到这一水面捕食。但是，当一只鱼鹰捕捉到的是一条鲶鱼时，这种情况却很少出现。

以下哪项如果为真，最能合理地解释上述现象？

A. 草鱼或鲤鱼比鲶鱼更符合鱼鹰的口味。

B. 在鱼鹰捕食的水域中，白鲢、草鱼和鲤鱼比较多见，而鲶鱼比较少见。

C. 在鱼鹰捕食的水域中，白鲢、草鱼和鲤鱼比较少见，而鲶鱼比较多见。

D. 白鲢、草鱼或鲤鱼经常成群出现，而鲶鱼则没有这种习性。

E. 白鲢、草鱼和鲤鱼比鲶鱼较易被鱼鹰捕食。

14. 以优惠价出售日常家用小商品的零售商通常有上千雇员，其中大多数只能领取最低工资。随着国家法定的最低工资额的提高，零售商的人力成本也随之大幅度提高。但是，零售商的利润非但没有降低，反而提高了。

以下哪项如果为真，最有助于解释上述看来矛盾的现象？

A. 上述零售商的基本顾客，是领取最低工资的人。

B. 人力成本只占零售商的经营成本的一半。

C. 在国家提高最低工资额的法令实施后，除了人力成本以外，其他零售经营成本也有所提高。

D. 零售商的雇员有一部分来自农村，他们基本都拿最低工资。

E. 在国家提高最低工资额的法令实施后，零售商降低了某些高薪雇员的工资。

15. 新华大学在北戴河设有疗养院，每年夏季接待该校的教职工。去年夏季该疗养院的入住率，即全部床位的使用率为 87%，来此疗养的教职工占全校教职工的比例为 10%。今年夏季来此疗养的教职工占全校教职工的比例下降至 8%，但入住率却上升至 92%。

以下各项如果为真，都有助于解释上述看来矛盾的数据，除了：

A. 今年该校新成立了理学院，教职工总数比去年有较大增长。

B. 今年该疗养院打破了历年的惯例，第一次有限制地对外开放。

C. 今年该疗养院的客房总数不变，但单人间的比例由原来的 5% 提高至 10%，双人间由原来的 40% 提高到 60%。

D. 该疗养院去年的部分客房，今年改为足疗保健室或棋牌娱乐室。

E. 经过去年冬季的改建，该疗养院的各项设施的质量明显提高，大大增加了对疗养者的吸引力。

16. 近年来，我国南北方都出现了酸雨。一项相关的研究报告得出结论：酸雨并没有对我国的绝大多数森林造成危害。专家建议将此结论修改为：我国的绝大多数森林没有出现受酸雨危害的显著特征，如非正常落叶、高枯死率等。

以下哪项如果为真，最有助于说明专家所做修改是必要的？

A. 酸雨对森林造成的危害结果有些是不显著的。

B. 我国有些森林出现了非正常落叶、高枯死率的现象。

C. 非正常落叶、高枯死率是森林受酸雨危害的典型特征。如果不出现这种特征，说明森林未受酸雨危害。

D. 酸雨是工业污染，特别是燃煤污染的直接结果。

E. 我国并不是酸雨危害最严重的国家。

17. 马晓敏是眼科医院眼底手术的一把刀，也是湖城市最好的眼底手术医生。但是，令人费解的是，经马晓敏手术后患者视力获得明显提高的比例较低。

以下哪项如果为真，最有助于解释以上陈述？

A. 眼底手术大多是棘手的手术，需要较长的时间才能完成。

B. 除了马晓敏以外，湖城市眼科医院缺乏能干的眼底手术医生。

C. 除了眼底手术，马晓敏同时精通其他眼科手术。

D. 目前经马晓敏手术后患者视力获得明显提高的比例比过去有所提高。

E. 湖城市眼科医院难治的眼底疾病患者的手术大多数都是由马晓敏医生完成的。

18. 汽车保险公司的统计数据显示：在所处理的汽车被盗索赔案中，安装自动防盗系统汽车的比例明显低于未安装此种系统的汽车。这说明，安装自动防盗系统能明显减少汽车被盗的风险。但警察局的统计数据却显示：在报案的被盗汽车中，安装自动防盗系统的比例高于未安装此种系统的汽车。这说明，安装自动防盗系统不能减少汽车被盗的风险。

以下哪项如果为真，最有利于解释上述看来矛盾的统计结果？

A. 许多安装了自动防盗系统的汽车车主不再购买汽车被盗保险。

B. 有些未安装自动防盗系统的汽车被盗后，车主报案但未索赔。

C. 安装自动防盗系统的汽车大都档次较高；汽车的档次越高，越易成为盗窃的对象。

D. 汽车失盗后，车主一般先到警察局报案，再去保险公司索赔。

E. 有些安装了自动防盗系统的汽车被盗后，车主索赔但未报案。

19. 夜晚点燃艾叶驱蚊曾是龙泉山区引起家庭火灾的重要原因。近年来，尽管使用艾叶驱蚊的人家显著减少，但是，家庭火灾所导致的死亡人数并没有呈现减少的趋势。

以下各项如果为真，能够解释上述情况，除了：

A. 与其他引起龙泉山区家庭火灾的原因比较，夜晚点燃艾叶引起的火灾所导致的损害相对较小。

B. 夜晚点燃艾叶所导致的火灾一般在家庭成员睡熟后发生。

C. 龙泉人对夜晚点燃艾叶导致火灾的防范意识增加了，但对其他火灾隐患防范并没有加强。

D. 随着生活水平的提高，近年来居室内木质家具和家用电器增多，一旦发生火灾，火势比过去更为猛烈。

E. 现在龙泉山区家庭住宅一般都是相邻而建，因此，一户失火随即蔓延，死亡人数因而比过去增多。

20. 在19世纪，法国艺术学会是法国绘画及雕塑的主要赞助部门，当时个人赞助者已急剧减少。由于该艺术学会并不鼓励艺术创新，19世纪的法国雕塑缺乏新意；然而，同一时期的法国绘画却表现出很大程度的创新。

以下哪项如果为真，最有助于解释19世纪法国绘画与雕塑之间创新的差异？

A. 在19世纪，法国艺术学会给予绘画的经费支持比雕塑多。

B. 在19世纪，雕塑家比画家获得更多的来自艺术学会的支持经费。

C. 由于颜料和画布价格比雕塑用的石料便宜，19世纪法国的非赞助绘画作品比非赞助雕塑作品多。

D. 19世纪极少数的法国艺术家既进行雕塑创作，也进行绘画创作。

E. 尽管艺术学会仍对雕塑家和画家给予赞助，19世纪的法国雕塑家和画家得到的经费支持明显下降。

21. 巴斯德认为，空气中的微生物浓度与环境状况、气流运动和海拔高度有关。他在山上的不同高度分别打开装着煮过的培养液的瓶子，发现海拔越高，培养液被微生物污染的可能性越小。在山顶上，20个装了培养液的瓶子，只有1个长出了微生物。普歇另用干草浸液做材料重复了巴斯德的实验，却得出不同的结果：即使在海拔很高的地方，所有装了培养液的瓶子都很快长出了微生物。

以下哪项如果为真，最能解释普歇和巴斯德实验所得到的不同结果？

A. 只要有氧气的刺激，微生物就会从培养液中自发地生长出来。

B. 培养液在加热消毒、密封、冷却的过程中会被外界细菌污染。

C. 普歇和巴斯德的实验设计都不够严密。

D. 干草浸液中含有一种耐高温的枯草杆菌，培养液一旦冷却，枯草杆菌的孢子就会复活，迅速繁殖。

E. 普歇和巴斯德都认为，虽然他们用的实验材料不同，但是经过煮沸，细菌都能被有效地杀灭。

22. 2010年某省物价总水平仅上涨2.4%，涨势比较温和，涨幅甚至比2009年回落了0.6个百分点。可是，普通民众觉得物价涨幅较高，一些统计数据也表明，民众的感觉有据可依。2010年某月的统计报告显示，该月禽蛋类商品价格涨幅达12.3%，某些反季节蔬菜涨幅甚至超过20%。

以下哪项如果为真，最能解释上述看似矛盾的现象？

A. 人们对数据的认识存在偏差，不同来源的统计数据会产生不同的结果。

B. 影响居民消费品价格总水平变动的各种因素互相交织。

C. 虽然部分日常消费品涨幅很小，但居民感觉很明显。

D. 在物价指数体系中占相当权重的工业消费品价格持续走低。

E. 不同的家庭，其收入水平、消费偏好、消费结构都有很大的差异。

23. 随着数字技术的发展，音频、视频的播放形式出现了革命性转变。人们很快接受了一些新形式，比如MP3、CD、DVD等。但是对于电子图书的接受并没有达到专家所预期的程度，现在仍有很大一部分读者喜欢捧着纸质出版物。纸质书籍在出版业中依然占据重要地位。因此有人说，书籍可能是数字技术需要攻破的最后一个堡垒。

以下哪项最不能对上述现象提供解释？

A. 人们固执地迷恋着阅读纸质书籍时的舒适体验，喜欢纸张的质感。

B. 在显示器上阅读，无论是笨重的阴极射线管显示器还是轻薄的液晶显示器，都会让人无端地心浮气躁。

C. 现在仍有一些怀旧爱好者喜欢收藏经典图书。

D. 电子书显示设备技术不够完善，图像显示速度较慢。

E. 电子书和纸质书籍的柔软沉静相比，显得面目可憎。

24. 随着文化知识越来越重要，人们花在读书上的时间越来越多，文人学子中近视患者的比例也越来越高。即便是在城里工人、乡镇农民中，也能看到不少人戴近视眼镜。然而，在中国古代很少发现患有近视的文人学子，更别说普通老百姓了。

以下除哪项外，均可以解释上述现象？

A. 古时候，只有家庭条件好或者有地位的人才读得起书；即便读书，用在读书上的时间也很少，那种头悬梁、锥刺股的读书人更是凤毛麟角。

B. 古时交通工具不发达，出行主要靠步行、骑马，足量的运动对于预防近视有一定的作用。

C. 古人生活节奏慢，不用担心交通安全，所以即使患了近视，其危害也非常小。

D. 古代自然科学不发达，那时学生读的书很少，主要是四书五经，一本《论语》要读好几年。

E. 古人书写用的是毛笔，眼睛和字的距离比较远，写的字也相对大些。

25. 用甘蔗提炼乙醇比用玉米需要更多的能量，但奇怪的是，多数酿酒者却偏爱用甘蔗做原料。

以下哪项如果为真，最能解释上述矛盾现象？

A. 任何提炼乙醇的原料的价格都随季节波动，而提炼的费用则相对稳定。

B. 燃烧甘蔗废料可提供向乙醇转化所需要的能量，而用玉米提炼乙醇则完全需要额外提供能源。

C. 玉米质量对乙醇产出品的影响较甘蔗小。

D. 用甘蔗制糖或其他食品的生产时间比提炼乙醇的时间长。

E. 用甘蔗制糖或其他食品的生产时间与提炼乙醇的时间大体相当。

26. 乘客使用手机及便携式电脑等电子设备会通过电磁波谱频繁传输信号，机场的无线电话和导航网络等也会使用电磁波谱，但电信委员会已根据不同用途把电磁波谱分成几大块。因此，用手机打电话不会对专供飞机通信系统或全球定位系统使用的波段造成干扰。尽管如此，各大航空公司仍然规定，禁止机上乘客使用手机等电子设备。

以下哪项如果为真，能解释上述现象？

Ⅰ. 乘客在空中使用手机等电子设备可能对地面导航网络造成干扰。

Ⅱ. 乘客在起飞和降落时使用手机等电子设备，可能影响机组人员工作。

Ⅲ. 便携式电脑或者游戏设备可能导致自动驾驶仪出现断路或仪器显示发生故障。

A. 仅Ⅰ。　　B. 仅Ⅱ。　　C. 仅Ⅰ、Ⅱ。　　D. 仅Ⅱ、Ⅲ。　　E. Ⅰ、Ⅱ和Ⅲ。

27. 一般商品只有在多次流通过程中才能不断增值，但艺术品作为一种特殊商品却体现出了与一般商品不同的特性。在拍卖市场上，有些古玩、字画的成交价有很大的随机性，往往会直接受到拍卖现场气氛、竞价激烈程度、买家心理变化等偶然因素的影响，成交价有时会高于底价几十倍乃至数百倍，使得艺术品在一次"流通"中实现大幅度增值。

以下哪项最无助于解释上述现象？

A. 艺术品的不可再造性决定了其交换价格有可能超过其自身价值。

B. 不少买家喜好收藏，抬高了艺术品的交易价格。

C. 有些买家就是为了炒作艺术品，以期获得高额利润。

D. 虽然大量赝品充斥市场，但是对艺术品的交易价格没有什么影响。

E. 国外资金进入艺术品拍卖市场，对价格攀升起到了拉动作用。

28. 若成为白领的可能性无性别差异，按正常男女出生率102∶100计算，当这批人中的白领谈婚论嫁时，女性与男性数量应当大致相等。但实际上，某市妇联近几年举办的历次大型白领相亲活动中，报名的男女比例约为3∶7，有时甚至达到2∶8。这说明，文化越高的女性越难嫁，文化低的反而好嫁；男性则正好相反。

以下除哪项外，都有助于解释上述分析与实际情况的不一致？

A. 男性因长相身高、家庭条件等被女性淘汰者多于女性因长相身高、家庭条件等被男性淘汰者。

B. 与男性白领不同，女性白领要求高，往往只找比自己更优秀的男性。

C. 大学毕业后出国的精英分子中，男性多于女性。

D. 与本地女性竞争的外地优秀女性多于与本地男性竞争的外地优秀男性。

E. 一般说来，男性参加大型相亲会的积极性不如女性。

29. 一项实验正研究致命性肝脏损害的影响范围。暴露在低剂量的有毒物质二氧化硫中的小白鼠，65%死于肝功能紊乱。然而，所有死于肝功能紊乱的小白鼠中，90%并没有暴露在任何有毒的环境中。

以下哪项可为上述统计数据差异提供合理的解释？

A. 导致小白鼠肝脏疾病的环境因素与非环境因素彼此完全不同。

B. 仅有一种因素导致小白鼠染上致命性肝脏疾病。

C. 环境中的有毒物质并非对小白鼠的肝脏特别有害。

D. 在被研究的全部小白鼠中，仅有小部分暴露于低剂量的二氧化硫环境中。

E. 大多数小白鼠在暴露于低剂量的二氧化硫环境之后并没有受到伤害。

命题方向⑮：论证推理 解释 答案速查									
1. E	2. C	3. A	4. D	5. A	6. D	7. A	8. E	9. D	10. D
11. E	12. E	13. D	14. A	15. E	16. A	17. E	18. A	19. B	20. C
21. D	22. D	23. C	24. C	25. B	26. E	27. D	28. A	29. D	

命题方向⑯：论证推理 结论

1. 环境学家关注保护濒临灭绝的动物的高昂费用，提出应通过评估各种濒临灭绝的动物对人类的价值，以决定保护哪些动物。此法实际不可行，因为，预言一种动物未来的价值是不可能的。评价对人类现在做出间接但很重要贡献的动物的价值也是不可能的。

以下哪项是作者的主要论点？

A. 保护没有价值的濒临灭绝的动物比保护有潜在价值的动物更重要。

B. 尽管保护所有濒临灭绝的动物是必须的，但在经济上却是不可行的。

C. 由于判断动物对人类价值高低的方法并不完善，在此基础上做出的决定也不可靠。

D. 保护对人类有直接价值的动物远比保护有间接价值的动物重要。

E. 要评估濒临灭绝的动物对人类是否重要是不可能的。

2. 在大型游乐公园里，现场表演是刻意用来引导人群流动的。午餐时间的表演是为了减轻公园餐馆的压力。傍晚时间的表演则有一个完全不同的目的：鼓励参观者留下来吃晚餐。表面上不同时间的表演有不同的目的，但这背后，却有一个统一的潜在目标，即_____。

以下哪一选项作为本段短文的结束语最为恰当？

A. 尽可能地减少各游览点的排队人数。

B. 吸引更多的人来看现场表演，以增加利润。

C. 最大限度地避免由于游客出入公园而引起交通阻塞。

D. 在尽可能多的时间里最大限度地发挥餐馆的作用。

E. 尽可能地招徕顾客，希望他们再次来公园游览。

3. 血液中高浓度脂肪蛋白含量的增多，会增加人体阻止吸收过多的胆固醇的能力，从而降低血液中的胆固醇。有些人通过有规律的体育锻炼和减肥，能明显地增加血液中高浓度脂肪蛋白的含量。

以下哪项，作为结论从上述题干中推出最为恰当？

A. 有些人通过有规律的体育锻炼降低了血液中的胆固醇，则这些人一定是胖子。

B. 不经常进行体育锻炼的人，特别是胖子，随着年龄的增大，血液中出现高胆固醇的风险越来越大。

C. 体育锻炼和减肥是降低血液中高胆固醇的最有效的方法。

D. 有些人可以通过有规律的体育锻炼和减肥来降低血液中的胆固醇。

E. 标准体重的人只需要通过有规律的体育锻炼就能降低血液中的胆固醇。

4. 用蒸馏麦芽渣提取的酒精作为汽油的替代品进入市场，使得粮食市场和能源市场发生了前所未有的直接联系。到1995年，谷物作为酒精的价值已经超过了作为粮食的价值。西方国家已经或正在考虑用从谷物提取的酒精来替代一部分进口石油。

如果上述断定为真，则对于那些已经用从谷物提取的酒精来替代一部分进口石油的西方国家，以下哪项，最可能是1995年后进口石油价格下跌的后果？

A. 一些谷物从能源市场转入粮食市场。　　B. 一些谷物从粮食市场转入能源市场。

C. 谷物的价格面临下跌的压力。　　D. 谷物的价格出现上浮。

E. 国产石油的销量大增。

5. 在各种动物中，只有人的发育过程包括了一段青春期，即由性器官逐步发育到完全成熟的一段相对较长的时期。至于各个人种的原始人类，当然我们现在只能通过化石才能确认和研究他们的曾经存在，是否也像人类一样有青春期这一点则难以得知，因为_____。

以下哪项作为上文的后继最为恰当？

A. 关于原始人类的化石，虽然越来越多地被发现，但对于我们完全地了解自己的祖先总是不够的。

B. 对动物的性器官由发育到成熟的测定，必须基于对同一个体在不同年龄段的测定。

C. 对于异种动物，甚至对于同种动物中的不同个体，性器官由发育到成熟所需的时间是不同的。

D. 已灭绝的原始人的完整骨架化石是极其稀少的。

E. 无法排除原始人类像其他动物一样，性器官无须逐渐发育而迅速成熟以完成繁衍。

6. 麦角碱是一种可以在谷物种子的表层大量滋生的菌类，特别多见于黑麦。麦角碱中含有一种危害人体的有毒化学物质。黑麦是在中世纪引进欧洲的。由于黑麦可以在小麦难以生长的贫瘠和潮湿的土地上有较好的收成，因此，就成了那个时代贫穷农民的主要食物来源。

上述信息最能支持以下哪项断定？

A. 在中世纪以前，麦角碱从未在欧洲出现。

B. 在中世纪以前，欧洲贫瘠而潮湿的土地基本上没有得到耕作。

C. 在中世纪的欧洲，如果不食用黑麦，就可以避免受到麦角碱所含有毒物质的危害。

D. 在中世纪的欧洲，富裕农民比贫穷农民较多地意识到麦角碱所含有毒物质的危害。

E. 在中世纪的欧洲，富裕农民比贫穷农民较少受到麦角碱所含有毒物质的危害。

7. 1998年度的统计显示，对中国人的健康威胁最大的三种慢性病，按其在总人口中的发病率排列，依次是乙型肝炎、关节炎和高血压。其中，关节炎和高血压的发病率随着年龄的增长而增加，而乙型肝炎在各个年龄段的发病率没有明显的不同。中国人口的平均年龄，在1998年至2010年之间，将呈明显上升态势而逐步进入老人社会。

依据题干提供的信息，推出以下哪项结论最为恰当？

A. 到2010年，发病率最高的将是关节炎。

B. 到2010年，发病率最高的将仍是乙型肝炎。

C. 在1998年至2010年之间，乙型肝炎患者的平均年龄将增大。

D. 到2010年，乙型肝炎患者的数量将少于1998年。

E. 到2010年，乙型肝炎的老年患者将多于非老年患者。

8. 某公司一项对员工工作效率的调查测试显示，办公室中白领人员的平均工作效率和室内气温有直接关系。夏季，当气温高于30℃时，无法达到完成最低工作指标的平均效率；而在此温度线之下，气温越低，平均效率越高，只要不低于22℃。冬季，当气温低于5℃时，无法达到完成最低工作指标的平均效率；而在此温度线之上，气温越高，平均效率越高，只要不高于15℃。另外，调查测试显示，车间中蓝领工人的平均工作效率和车间中的气温没有直接关系，只要气温不低于5℃，不高于30℃。

从上述断定，推出以下哪项结论最为恰当？

A. 在车间所安装的空调设备是一种浪费。

B. 在车间中，如果气温低于5℃，则气温越低，工作效率越低。

C. 在春秋两季，办公室白领人员的工作效率最高时的室内气温在15℃~22℃之间。

D. 在夏季，办公室白领人员在室内气温32℃时的平均工作效率，低于在气温31℃时。

E. 在冬季，当室内气温为15℃时，办公室白领人员的平均工作效率最高。

9. 有一种通过寄生方式来繁衍后代的黄蜂，它能够在适合自己后代寄生的各种昆虫的大小不同的虫卵中，注入恰好数量的自己的卵。如果它在宿主的卵中注入的卵过多，它的幼虫就会在互相竞争中因为得不到足够的空间和营养而死亡；如果它在宿主的卵中注入的卵过少，宿主卵中的多余营养部分就会腐败，这又会导致它的幼虫的死亡。

如果上述断定是真的，则以下哪项有关断定也一定是真的？

Ⅰ. 上述黄蜂的寄生繁衍机制中，包括它准确区分宿主虫卵大小的能力。

Ⅱ. 在虫卵较大的昆虫聚集区出现的上述黄蜂比在虫卵较小的昆虫聚集区多。

Ⅲ. 黄蜂注入过多的虫卵比注入过少的虫卵更易引起寄生幼虫的死亡。

A. 仅Ⅰ。　　B. 仅Ⅱ。　　C. 仅Ⅲ。　　D. 仅Ⅰ和Ⅱ。　　E. Ⅰ、Ⅱ和Ⅲ。

10. 在2000年，世界范围的造纸业所用的鲜纸浆（直接用植物纤维制成的纸浆）是回收纸浆（用废纸制成的纸浆）的2倍。造纸业的分析人员指出，到2010年，世界造纸业所用的回收纸浆将不少于鲜纸浆，而鲜纸浆的使用量也将比2000年有持续上升。

如果上面提供的信息均为真，并且分析人员的预测也是正确的，那么可以得出以下哪个结论？

Ⅰ. 在2010年，造纸业所用的回收纸浆至少是2000年的2倍。

Ⅱ. 在2010年，造纸业所用的总的纸浆至少是2000年的2倍。

Ⅲ. 造纸业在2010年造的只含鲜纸浆的纸将会比2000年少。

A. 仅Ⅰ。　　B. 仅Ⅱ。　　C. 仅Ⅲ。　　D. 仅Ⅰ和Ⅱ。　　E. Ⅰ、Ⅱ和Ⅲ。

11. 清朝雍正年间，市面流通的铸币，其金属构成是铜六铅四，即六成为铜，四成为铅。不少商人出于利益，纷纷熔币取铜，使得市面的铸币严重匮乏，不少地方出现以物易物。但朝廷征于市民的赋税，必须以铸币缴纳，不得代以实物或银子。市民只得以银子向官吏购兑铸币用以纳税，不少官吏因此大发了一笔。这种情况，雍正之前的明清两朝历代从未出现过。

从以上陈述，可推出以下哪项结论？

Ⅰ. 上述铸币中所含铜的价值要高于该铸币的面值。

Ⅱ. 上述用银子购兑铸币的交易中，不少并不按朝廷规定的比价成交。

Ⅲ. 雍正以前明清两朝历代，铸币的铜含量，均在六成以下。

A. 仅Ⅰ。　　B. 仅Ⅱ。　　C. 仅Ⅲ。　　D. 仅Ⅰ和Ⅱ。　　E. Ⅰ、Ⅱ和Ⅲ。

12. 如果一个用电单位的日均耗电量超过所在地区80%用电单位的水平，则称其为该地区的用电超标单位。近三年来，湖州地区的用电超标单位的数量逐年明显增加。

如果以上断定为真，并且湖州地区的非单位用电忽略不计，则以下哪项断定也必定为真？

Ⅰ．近三年来，湖州地区不超标的用电单位的数量逐年明显增加。

Ⅱ．近三年来，湖州地区日均耗电量逐年明显增加。

Ⅲ．今年湖州地区任一用电超标单位的日均耗电量都高于全地区的日均耗电量。

A. 仅Ⅰ。　　B. 仅Ⅱ。　　C. 仅Ⅲ。　　D. 仅Ⅱ和Ⅲ。　　E. Ⅰ、Ⅱ和Ⅲ。

13. W病毒是一种严重危害谷物生长的病毒，每年要造成谷物的大量减产。W病毒分为三种：W_1、W_2和W_3。科学家们发现，把一种从W_1中提取的基因，植入易受感染的谷物基因中，可以使该谷物产生对W_1的抗体，这样处理的谷物会在W_2和W_3中，同时产生对其中一种病毒的抗体，但严重减弱对另一种病毒的抵抗力。科学家证实，这种方法能大大减少谷物因病毒危害造成的损失。

从上述断定最可能得出以下哪项结论？

A. 在三种W病毒中，不存在一种病毒，其对谷物的危害性，比其余两种病毒的危害性加在一起还大。

B. 在W_2和W_3两种病毒中，不存在一种病毒，其对谷物的危害性，比其余两种病毒的危害性加在一起还大。

C. W_1对谷物的危害性，比W_2和W_3的危害性加在一起还大。

D. W_2和W_3对谷物具有相同的危害性。

E. W_2和W_3对谷物具有不同的危害性。

14. 烟斗和雪茄比香烟对健康的危害明显要小。吸香烟的人如果戒烟的话，则可以免除对健康的危害，但是如果改吸烟斗或雪茄的话，对健康的危害和以前差不多。

如果以上的断定为真，则以下哪项断定最不可能为真？

A. 香烟对所有吸香烟者健康的危害基本相同。

B. 烟斗和雪茄对所有吸烟斗或雪茄者健康的危害基本相同。

C. 同时吸香烟、烟斗和雪茄所受到的健康危害，不大于只吸香烟。

D. 吸烟斗和雪茄的人戒烟后如果改吸香烟，则所受到的健康危害比以前大。

E. 烟斗比雪茄对健康的危害要大。

15. 一个人从饮食中摄入的胆固醇和脂肪越多，他的血清胆固醇指标就越高。存在着一个界限，在这个界限内，二者成正比。超过了这个界限，即使摄入的胆固醇和脂肪急剧增加，血清胆固醇指标也只会缓慢地有所提高。这个界限，对于各个人种是一样的，大约是欧洲人均胆固醇和脂肪摄入量的1/4。

上述判定最能支持以下哪项结论？

A. 中国的人均胆固醇和脂肪摄入量是欧洲的1/2，但中国人的人均血清胆固醇指标不一定等于欧洲人的 1/2。
B. 上述界限可以通过减少胆固醇和脂肪摄入量得到降低。
C. 3/4 的欧洲人的血清胆固醇含量超出正常指标。
D. 如果把胆固醇和脂肪摄入量控制在上述界限内，就能确保血清胆固醇指标的正常。
E. 血清胆固醇的含量只受饮食的影响，不受其他因素，例如运动、吸烟等生活方式的影响。

16. 家用电炉有三个部件：加热器、恒温器和安全器。加热器只有两个设置：开和关。在正常工作的情况下，如果将加热器设置为开，则电炉运作加热功能；设置为关，则停止这一功能。当温度达到恒温器的温度旋钮所设定的读数时，加热器自动关闭，电炉中只有恒温器具有这一功能。只要温度一超出温度旋钮的最高读数，安全器自动关闭加热器，同样，电炉中只有安全器具有这一功能。当电炉启动时，三个部件同时工作，除非发生故障。

以上判定最能支持以下哪项结论？
A. 一个电炉，如果它的恒温器和安全器都出现了故障，则它的温度一定会超出温度旋钮的最高读数。
B. 一个电炉，如果其加热的温度超出了温度旋钮的设定读数但加热器并没有关闭，则安全器出现了故障。
C. 一个电炉，如果加热器自动关闭，则恒温器一定工作正常。
D. 一个电炉，如果其加热的温度超出了温度旋钮的最高读数，则它的恒温器和安全器一定都出现了故障。
E. 一个电炉，如果其加热的温度超出了温度旋钮的最高读数，则它的恒温器和安全器不一定都出现了故障，但至少其中某一个出现了故障。

17. 以下是一份统计材料中的两个统计数据：

第一个数据：到 1999 年底为止，"希望之星工程"所收到捐款总额的 82% 来自国内 200 家年盈利一亿元以上的大中型企业。

第二个数据：到 1999 年底为止，"希望之星工程"所收到捐款总额的 25% 来自民营企业，这些民营企业中，4/5 从事服装或餐饮业。

如果上述统计数据是准确的，则以下哪项一定是真的？
A. 上述统计中，"希望之星工程"所收到捐款总额不包括来自民间的私人捐款。
B. 上述 200 家年盈利一亿元以上的大中型企业中，不少于一家从事服装或餐饮业。
C. 在捐助"希望之星工程"的企业中，非民营企业的数量要大于民营企业。
D. 民营企业的主要经营项目是服装或餐饮。
E. 有的向"希望之星工程"捐款的民营企业的年纯盈利在一亿元以上。

18. 去年春江市的汽车月销售量一直保持稳定。在这一年中,"宏达"车的月销售量较前年翻了一番,它在春江市的汽车市场上所占的销售份额也有相应的增长。今年一开始,尾气排放新标准开始在春江市实施。在该标准实施的头三个月中,虽然"宏达"车在春江市的月销售量仍然保持在去年底达到的水平,但在春江市的汽车市场上所占的销售份额明显下降。

如果上述断定为真,以下哪项不可能为真?

A. 在实施尾气排放新标准的头三个月中,除了"宏达"车以外,所有品牌的汽车各自在春江市的月销售量都明显下降。

B. 在实施尾气排放新标准之前三个月中,除了"宏达"车以外,所有品牌的汽车销售量在春江市汽车市场所占的份额明显下降。

C. 如果汽车尾气排放新标准不实施,"宏达"车在春江市汽车市场上所占的销售份额比题干所断定的情况更低。

D. 如果汽车尾气排放新标准继续实施,春江市的汽车月销售总量将会出现下降。

E. 由于实施了汽车尾气排放新标准,在春江市销售的每辆"宏达"汽车的平均利润有所上升。

19. 人们已经认识到,除了人以外,一些高级生物不仅能适应环境,而且能改变环境以利于自己的生存。其实,这种特性很普遍。例如,一些低级浮游生物会产生一种气体,这种气体在大气层中转化为硫酸盐颗粒,这些颗粒使水蒸气浓缩而形成云。事实上,海洋上空的云层的形成很大程度上依赖于这种颗粒。较厚的云层意味着较多的阳光被遮挡,意味着地球吸收较少的热量。因此,这些浮游生物使得地球变得凉爽,而这有利于它们的生存,当然也有利于人类。

以下哪项最为准确地概括了上述议论的主题?

A. 为了改变地球的温室效应,人类应当保护浮游生物。

B. 并非只有高级生物才能改变环境以利于自己的生存。

C. 一些浮游生物通过改变环境以利于自己的生存,同时也造福于人类。

D. 海洋上空云层形成的规模,很大程度上取决于海洋中浮游生物的数量。

E. 低等生物以对其他种类的生物无害的方式改变环境,而高等生物则往往相反。

20. 户籍改革的要点是放宽对外来人口的限制,G市在对待户籍改革上面临两难。一方面,市政府懂得吸引外来人口对城市化进程的意义;另一方面,又担心人口激增的压力。在决策班子里形成了"开放"和"保守"两派意见。

以下各项如果为真,都只能支持上述某一派的意见,除了:

A. 城市与农村户口分离的户籍制度,不适应目前社会主义市场经济的需要。

B. G市存在严重的交通堵塞、环境污染等问题,其城市人口的合理容量有限。

C. G 市近几年的犯罪案件增加，案犯中来自农村的打工人员比例增加。

D. 近年来，G 市的许多工程的建设者多数是来自农村的农民工，其子女的就学成为市教育部门面临的难题。

E. 由于计划生育政策和生育观的改变，近年来 G 市的幼儿园、小学乃至中学的班级数量递减。

21. 为了减少汽车追尾事故，有些国家的法律规定，汽车在白天行驶时也必须打开尾灯。一般地说，一个国家的地理位置离赤道越远，其白天的能见度越差；而白天的能见度越差，实施上述法律的效果越显著。事实上，目前世界上实施上述法律的国家都比中国离赤道远。

上述断定最能支持以下哪项相关结论？

A. 中国离赤道较近，没有必要制定和实施上述法律。

B. 在实施上述法律的国家中，能见度差是造成白天汽车追尾的最主要原因。

C. 一般来说，和目前已实施上述法律的国家相比，如果在中国实施上述法律，其效果将较不显著。

D. 中国白天汽车追尾事故在交通事故中的比例高于已实施上述法律的国家。

E. 如果离赤道的距离相同，则实施上述法律的国家每年发生的白天汽车追尾事故的数量少于未实施上述法律的国家。

22. 母鼠对它所生的鼠崽立即显示出母性行为。而一只刚生产后的从未接触鼠崽的母鼠，在一个封闭的地方开始接触一只非己所生的鼠崽，七天后，这只母鼠显示出明显的母性行为。如果破坏这只母鼠的嗅觉，或者摘除鼠崽产生气味的腺体，上述七天的时间将大大缩短。

上述断定最能推出以下哪项结论？

A. 不同母鼠所生的鼠崽发出不同的气味。

B. 鼠崽的气味是母鼠母性行为的重要诱因。

C. 非己所生的鼠崽的气味是母鼠对其产生母性行为的障碍。

D. 公鼠对鼠崽的气味没有反应。

E. 母鼠的嗅觉是老鼠繁衍的障碍。

23. 许多人认为，香烟广告是造成青少年吸烟流行的关键原因。但是，挪威自 1975 年以来一直禁止香烟广告，这个国家青少年吸烟的现象却至少和那些不禁止香烟广告的国家一样流行。

上述断定最能支持以下哪项结论？

A. 广告对于引起青少年吸烟并没有起什么作用。

B. 香烟广告不是影响青少年吸烟流行的唯一原因。

C. 如果不禁止香烟广告，挪威青少年吸烟的现象将比现在更流行。

D. 禁止香烟广告并没有减少香烟的消费。

E. 广告对青少年的影响甚于成年人。

24. 一种流行的说法是，多吃巧克力会引起皮肤特别是脸上长粉刺。确实，许多长粉刺的人都证实，他们皮肤上的粉刺都是在吃了大量巧克力以后出现的。但是，这种说法很可能是把结果当成了原因。最近一些科学研究指出，荷尔蒙的改变加上精神压力会引发粉刺，有证据表明，喜欢吃巧克力的人，在遇到精神压力时会吃更多的巧克力。

以下哪项最为恰当地概括了题干所要表达的意思？

A. 发生在前的现象和发生在后的现象之间不一定有因果关系。

B. 精神压力引起多吃巧克力，多吃巧克力引发粉刺。对于长粉刺来说，多吃巧克力是表面原因，精神压力是内在原因。

C. 多吃巧克力是内在原因。

D. 多吃巧克力不大可能引发粉刺，多吃巧克力和长粉刺二者很可能都是精神压力造成的结果。

E. 一个人巧克力吃得越多，越可能造成荷尔蒙的改变和精神压力的加重。

25. 人们在设计调查问卷时通常仅注意问题的设计，而往往忽略语言设计可能出现的各种问题（如语境、语言的歧义等）。最新研究结果确认：这些语言设计方面的问题对调查的结果可以产生十分重要的影响。

假设被调查者都能如实地回答问卷，则以下哪项结论最可能从上述断定中推出？

A. 问卷调查结果通常不能完全反映实际情况。

B. 问卷调查结果通常能完全反映实际情况。

C. 被调查者都不具备识别语境、语言歧义的能力。

D. 在设计调查问卷时，语言设计比问题设计更重要。

E. 在设计调查问卷时，语言设计比问题设计更困难。

26. 有一种识别个人签名的电脑软件，不但能准确辨别签名者的笔迹，而且能准确辨别其他一些特征，如下笔的力度、签名的速度等。一个最在行的伪造签名的人，即使能完全模仿签名者的笔迹，也不能同时完全模仿上述这些特征。

如果上述断定为真，则以下哪项最可能为真？

A. 一个伪造签名者，如果能完全模仿签名者下笔的力度，则一定不能完全模仿签名的速度。

B. 一个最在行的伪造签名者，如果不能完全模仿签名者下笔的力度，则一定能完全模仿签名的速度。

C. 对于配备上述软件的电脑来说，如果把使用者的个人签名作为密码，那么除使用者本人外，无人能进入。

D. 上述电脑软件将首先在银行系统得到应用。

E. 上述电脑软件不能辨别指纹。

27. 在桂林漓江一些有地下河流的岩洞中，有许多露出河流水面的石笋。这些石笋是由水滴长年滴落在岩石表面而逐渐积累的矿物质形成的。

如果上述断定为真，最能支持以下哪项结论？

A. 过去漓江的江面比现在高。

B. 只有漓江的岩洞中才有地下河流。

C. 漓江的岩洞中大都有地下河流。

D. 上述岩洞内的地下河流是在石笋形成前出现的。

E. 上述岩洞内地下河流的水比过去深。

28. 地球在其形成的早期是一个熔岩状态的快速旋转体，绝大部分的铁元素处于其核心部分。有一些熔岩从这个旋转体的表面甩出，后来冷凝形成了月球。

如果以上这种关于月球起源的理论正确，则最能支持以下哪项结论？

A. 月球是唯一围绕地球运行的星球。

B. 月球将早于地球解体。

C. 月球表面的凝固是在地球表面凝固之后。

D. 月球像地球一样具有固体的表层结构和熔岩状态的核心。

E. 月球的含铁比例小于地球核心部分的含铁比例。

29. 史密斯：传统的壁画是这样完成的，画家在潮湿的灰泥上作画，待灰泥干了后，这幅画就完成并保存了下来。可惜的是，目前罗马教堂中米开朗基罗的壁画上，有明显的在初始作品完成后添加的痕迹。因此，为了使作品能完全体现米开朗基罗本人的意图，应当在他的作品中去掉任何后来添加的东西。

张教授：但那个时代的画家普遍都有在他们的作品完成后再在上面添加点什么的习惯。

张教授的断定如果为真，最能支持以下哪项结论？

A. 在目前见到的米开朗基罗的壁画中，不可能准确区分哪些是初始的，哪些是后来添加的痕迹。

B. 去掉任何后来添加的痕迹所恢复的米开朗基罗壁画，很可能并不完全体现米开朗基罗本人的意图。

C. 在目前的米开朗基罗壁画中去掉任何后来添加的东西，不一定就能完全恢复该壁画的初始面貌。

D. 米开朗基罗壁画中后来添加的东西，除了画家本人外，不可能出自其他人之手。

E. 米开朗基罗很少对自己完成的作品满意。

30. 某国 H 省为农业大省，94%的面积为农村地区；H 省也是城市人口最集中的大省，70%的人口为城市居民。就城市人口占全省总人口的比例而言，H 省是全国最高的。

上述断定最能支持以下哪项结论？

A. H 省人口密度在全国所有省份中最高。

B. 全国没有其他省份比 H 省有如此少的地区用于城市居民居住。

C. 近年来，H 省的城市人口增长率明显高于农村人口增长率。

D. H 省农村人口占全省总人口的比例在全国是最低的。

E. H 省大部分土地都不适合城市居民居住。

31. 在青崖山区，商品通过无线广播电台进行密集的广告宣传将会迅速获得最大程度的知名度。

上述断定最可能推出以下哪项结论？

A. 在青崖山区，无线广播电台是商品打开市场的最重要途径。

B. 在青崖山区，高知名度的商品将拥有众多消费者。

C. 在青崖山区，无线广播电台的广告宣传可以使商品的信息传到每户人家。

D. 在青崖山区，某一商品为了迅速获得最大程度的知名度，除了通过无线广播电台进行密集的广告宣传外，不需要利用其他宣传工具做广告。

E. 在青崖山区，某一商品的知名度与其性能和质量的关系很大。

32. 神经化学物质的失衡可以引起人的行为失常，大到严重的精神疾病，小到常见的孤僻、抑郁甚至暴躁、嫉妒。神经化学的这些发现，使我们不但对精神疾病患者，而且对身边原本生厌的怪癖行为者，怀有同情和容忍。因为精神健康，无非是指具有平衡的神经化学物质。

以下哪项最为准确地表达了上述论证所要表达的结论？

A. 神经化学物质失衡的人在人群中只占少数。

B. 神经化学的上述发现将大大丰富精神病学的理论。

C. 理解神经化学物质与行为的关系将有助于培养对他人的同情心。

D. 神经化学物质的失衡可以引起精神疾病或其他行为失常。

E. 神经化学物质是否平衡是决定精神或行为是否正常的主要因素。

33. 在西方经济发展的萧条期，消费需求的萎缩导致许多企业解雇职工甚至倒闭。在萧条期，被解雇的职工很难找到新的工作，这就增加了失业人数。萧条之后的复苏，是指消费需求的增加和社会投资能力的扩张。这种扩张要求增加劳动力，但是经历了萧条之后的企业主大都丧失了经商的自信，他们尽可能地推迟雇佣新的职工。

上述断定如果为真，最能支持以下哪项结论？

A. 经济复苏不一定能迅速减少失业人数。

B. 萧条之后的复苏至少需要两三年。

C. 萧条期的失业大军主要由倒闭企业的职工组成。

D. 萧条通常是由企业主丧失经商自信引起的。

E. 在西方经济发展中出现萧条是解雇职工造成的。

34. 在 B 国一部汽车的购价是 A 国同类型汽车的 1.6 倍。尽管需要附加运输费用和关税，在 A 国购买汽车运到 B 国后的费用仍比在 B 国国内购买同类型的汽车便宜。

如果上述断定为真，最能加强以下哪项断定？

A. A 国的汽油价格是 B 国的 60%。

B. 从 A 国进口到 B 国的汽车数量是 B 国国内销售量的 1.6 倍。

C. B 国购买汽车的人是 A 国的 40%。

D. 从 A 国进口汽车到 B 国的运输费用高于在 A 国购买同类型汽车价钱的 60%。

E. 从 A 国进口汽车到 B 国的关税低于在 B 国购买同类型汽车价钱的 60%。

35. 蚂蚁在从蚁穴回到食物源的途中，会留下一种称为信息素的化学物质。蚂蚁根据信息素的气味，来回于蚁穴和食物源之间，把食物运回蚁穴。当气温达到摄氏 45 度以上，这种信息素几乎都会不留痕迹地蒸发。撒哈拉沙漠下午的气温都在摄氏 45 度以上。

如果上述断定为真，最能支持以下哪项结论？

A. 蚂蚁只在上午或晚上觅食。

B. 蚂蚁无法在撒哈拉沙漠存活。

C. 在撒哈拉沙漠存活的蚂蚁，如果不在上午或晚上觅食，那么一定不是依靠信息素气味的引导把食物运回蚁穴。

D. 如果蚂蚁不是依靠信息素的引导把食物运回蚁穴，那么一定依靠另一种物质，这种物质在气温达到摄氏 45 度以上时不会蒸发。

E. 蚂蚁具有耐高温的生存能力。

36. 水泥的原料是很便宜的，像石灰石和随处可见的泥土都可以用作水泥的原料。但水泥的价格会受石油价格的影响，因为在高温炉窑中把原料变为水泥要耗费大量的能源。

基于上述断定最可能得出以下哪项结论？

A. 石油是水泥所含的原料之一。

B. 石油是制水泥的一些高温炉窑的能源。

C. 水泥的价格随着油价的上升而下跌。

D. 水泥的价格越高，石灰石的价格也越高。

E. 石油价格是决定水泥产量的主要因素。

37. 核电站所发生的核泄漏严重事故的最初起因，没有一次是设备故障，都是人为失误所致。这种失误，和小到导致交通堵塞、大到导致仓库失火的人为失误，没有实质性的区别。从长远的观点看，交通堵塞和仓库失火几乎是不可避免的。

上述断定最能支持以下哪项结论？
A. 核电站不可能因设备故障而导致事故。
B. 核电站的管理并不比指挥交通、管理仓库复杂。
C. 核电站如果持续运作，那么发生核泄漏严重事故几乎是不可避免的。
D. 人们试图通过严格的规章制度以杜绝安全事故的努力是没有意义的。
E. 为使人类免于核泄漏引起的灾难，世界各地的核电站应当立即停止运作。

38. 有人提出通过开采月球上的氦-3来解决地球上的能源危机，在熔合反应堆中氦-3可以用作燃料。这一提议是荒谬的，即使人类能够在月球上开采出氦-3，要建造上述熔合反应堆在技术上至少也是50年以后的事。地球今天面临的能源危机到那个时候再着手解决就太晚了。

以下哪项最为恰当地概括了题干所要表达的意思？
A. 如果地球今天面临的能源危机不能在50年内得到解决，那就太晚了。
B. 开采月球上的氦-3不可能解决地球上近期的能源危机。
C. 开采和利用月球上的氦-3只是一种理论假设，实际上做不到。
D. 人类解决能源危机的技术突破至少需要50年。
E. 人类的太空探索近年内不可能有效解决地球面临的问题。

39. 陈教授：中世纪初欧洲与东亚之间没有贸易往来，因为在现存的档案中找不到这方面的任何文字记录。

李研究员：您的论证与这样一个论证类似，传说中的喜马拉雅雪人是不存在的；因为从来没有人作证亲眼看到过这种雪人。这一论证的问题在于：有人看到雪人当然能证明雪人存在，但没人看到不能证明雪人不存在。

以下哪项最为准确地概括了李研究员所要表达的结论？
A. 断定中世纪初欧洲与东亚之间存在贸易往来，和断定存在喜马拉雅雪人一样，缺少科学的论证。
B. 尽管缺少可靠的文字记录，但中世纪初欧洲与东亚之间非常可能存在贸易往来。
C. 不同内容的论证之间存在可比性。
D. 不能简单地根据缺乏某种证据证明中世纪初欧洲与东亚之间有贸易往来，就说这种贸易往来不存在。
E. 证明事物不存在要比证明它存在困难得多。

40. 纯种赛马是昂贵的商品。一种由遗传缺陷引起的疾病威胁着纯种赛马,使它们轻则丧失赛跑能力,重则瘫痪甚至死亡。因此,赛马饲养者认为,一旦发现有此种缺陷的赛马应停止饲养。这种看法是片面的。因为一般地说,此种疾病可以通过伙食和医疗加以控制。另外,有此种遗传缺陷的赛马往往特别美,这正是马术表演特别看重的。

以下哪项最为准确地概括了题干所要论证的结论?

A. 美观的外表对于赛马来说特别重要。

B. 有遗传缺陷的赛马不一定丧失比赛能力。

C. 不应当绝对禁止饲养有遗传缺陷的赛马。

D. 一些有遗传缺陷的赛马的疾病未得到控制,是由于缺乏合理的伙食或必要的医疗。

E. 遗传疾病虽然是先天的,但其病变可以通过后天的人为措施加以控制。

41. 一项对西部山区小塘村的调查发现,小塘村约五分之三的儿童入中学后出现中度以上的近视,而他们的父母及祖辈,没有机会到正规学校接受教育,很少出现近视。

以下哪项作为上述的结论最为恰当?

A. 接受文化教育是造成近视的原因。

B. 只有在儿童期接受正式教育才易于成为近视。

C. 阅读和课堂作业带来的视觉压力必然造成儿童的近视。

D. 文化教育的发展和近视现象的出现有密切关系。

E. 小塘村约五分之二的儿童是文盲。

42. 在接受治疗的腰肌劳损患者中,有人只接受理疗,也有人接受理疗与药物双重治疗。前者可以得到与后者相同的预期治疗效果。对于上述接受药物治疗的腰肌劳损患者来说,此种药物对于获得预期的治疗效果是不可缺少的。

如果上述断定为真,则以下哪项一定为真?

Ⅰ. 对于一部分腰肌劳损患者来说,要配合理疗取得治疗效果,药物治疗是不可缺少的。

Ⅱ. 对于一部分腰肌劳损患者来说,要取得治疗效果,药物治疗不是不可缺少的。

Ⅲ. 对于所有腰肌劳损患者来说,要取得治疗效果,理疗是不可缺少的。

A. 只有Ⅰ。 　　　　B. 只有Ⅱ。 　　　　C. 只有Ⅲ。

D. 只有Ⅰ和Ⅱ。 　　E. Ⅰ、Ⅱ和Ⅲ。

43. 大唐股份有限公司由甲、乙、丙、丁四个子公司组成。每个子公司承担的上缴利润份额与每年该子公司员工占公司总员工数的比例相等。例如,如果某年甲公司员工占总员工的比例是20%,则当年总公司计划总利润的20%须由甲公司承担上缴。但是去年该公司的财务报告却显示,甲公司在员工数量增加的同时向总公司上缴利润的比例却下降了。

如果上述财务报告为真,则以下哪项一定为真?

A. 甲公司员工增长的比例比前一年小。

B. 乙、丙、丁公司员工增长的比例都超过了甲公司员工增长的比例。

C. 甲公司员工增长的比例至少比其他三个子公司的一个小。

D. 在四个子公司中，甲公司的员工增长数是最小的。

E. 在四个子公司中，甲公司的员工数量最少。

44. 某社会学家认为：每个企业都力图降低生产成本，以便增加企业的利润。但不是所有降低生产成本的努力都对企业有利，如有的企业减少对职工社会保险的购买，暂时可以降低生产成本。但从长远看是得不偿失的，这会对职工的利益造成损害，减少职工的归属感，影响企业的生产效率。

以下哪项最能准确表示上述社会学家陈述的结论？

A. 如果一项措施能够提高企业的利润，但不能提高职工的福利，此项措施是不值得提倡的。

B. 企业采取降低成本的某些措施对企业的发展不一定总是有益的。

C. 只有当企业职工和企业家的利益一致时，企业采取的措施才是对企业发展有益的。

D. 企业降低生产成本的努力需要从企业整体利益的角度进行综合考虑。

E. 减少对职工社保的购买会损害职工的切身利益，对企业也没有好处。

45. 一般将缅甸所产的经过风化或经河水搬运至河谷、河床中的翡翠大砾石，称为"老坑玉"。老坑玉的特点是"水头好"、质坚、透明度高，其上品透明如玻璃，故称"玻璃种"或"冰种"。同为老坑玉，其质量相对也有高低之分，有的透明度高一些，有的透明度稍差些，所以价值也有差别。在其他条件都相同的情况下，透明度高的老坑玉比透明度较其低的单位价值高，但是开采的实践告诉人们，没有单位价值最高的老坑玉。

以上陈述如果为真，可以得出以下哪项结论？

A. 没有透明度最高的老坑玉。

B. 透明度高的老坑玉未必"水头好"。

C. "新坑玉"中也有质量很好的翡翠。

D. 老坑玉的单位价值还决定于其加工的质量。

E. 随着年代的增加，老坑玉的单位价值会越来越高。

46. 按照联合国开发计划署2007年的统计，挪威是世界上居民生活质量最高的国家，欧美和日本等发达国家也名列前茅。如果统计1990年以来生活质量改善最快的国家，发达国家则落后了。至少在联合国开发计划署统计的116个国家中，17年来，非洲东南部国家莫桑比克的生活质量提高最快，2007年其生活质量指数比1990年提高了50%。很多非洲国家取得了和莫桑比克类似的成就。作为世界上最受瞩目的发展中国家，中国的生活质量指数在过去17年中也提高了27%。

以下哪项可以从联合国开发计划署的统计中得出？

A. 2007年，发展中国家的生活质量指数都低于西方国家。

B. 2007年，莫桑比克的生活质量指数不高于中国。

C. 2006年，日本的生活质量指数不高于中国。

D. 2006年，莫桑比克的生活质量的改善快于非洲其他各国。

E. 2007年，挪威的生活质量指数高于非洲各国。

47. 某市为了减少交通堵塞，采取如下限行措施：周一到周五的工作日，非商用车按尾号0、5，1、6，2、7，3、8，4、9分五组顺序分别限行一天，双休日和法定假日不限行。对违反规定者要罚款。

关于该市居民出行的以下描述中，除哪项外，都可能不违反限行规定？

A. 赵一开着一辆尾数为1的商用车，每天都在路上跑。

B. 钱二有两台私家车，尾号都不相同，每天都开车。

C. 张三与邻居共有三台私家车，尾号都不相同，他们合作每天有两台车开。

D. 李四与俩邻居共有五台私家车，尾号都不相同，他们合作每天有四台车开。

E. 王五与仨邻居共有六台私家车，尾号都不相同，他们合作每天有五台车开。

命题方向⑯：论证推理　结论　答案速查									
1. C	2. D	3. D	4. C	5. B	6. E	7. C	8. E	9. A	10. A
11. D	12. A	13. B	14. B	15. A	16. D	17. E	18. A	19. B	20. D
21. C	22. C	23. B	24. D	25. A	26. C	27. E	28. E	29. B	30. D
31. D	32. C	33. A	34. B	35. C	36. B	37. C	38. B	39. D	40. C
41. D	42. D	43. C	44. B	45. A	46. E	47. E			

命题方向⑰：论证推理　焦点

1. 吴大成教授：各国的国情和传统不同，但是对于谋杀和其他严重刑事犯罪实施死刑，至少是大多数人可以接受的。公开宣判和执行死刑可以有效地阻止恶性刑事案件的发生，它所带来的正面影响比可能存在的负面影响肯定要大得多，这是社会自我保护的一种必要机制。

史密斯教授：我不能接受您的见解。因为在我看来，对于十恶不赦的罪犯来说，终身监禁是比死刑更严厉的惩罚，而一般的民众往往以为只有死刑才是最严厉的。

以下哪项是对上述对话的最恰当评价？

A. 两人对各国的国情和传统有不同的理解。

B. 两人对什么是最严厉的刑事惩罚有不同的理解。

C. 两人对执行死刑的目的有不同的理解。

D. 两人对产生恶性刑事案件的原因有不同的理解。

E. 两人对是否大多数人都接受死刑有不同的理解。

2. 小李：如果在视觉上不能辨别艺术复制品和真品之间的差异，那么复制品就应该和真品的价值一样。因为如果两件艺术品在视觉上无差异，那么它们就有相同的品质。要是它们有相同的品质，它们的价格就应该相等。

小王：你对艺术了解得太少啦！即使某人做了一件精致的复制品，并且在视觉上难以把这件复制品与真品区别开来，由于这件复制品和真品产生于不同的年代，不能算有同样的品质。现代人重塑的兵马俑再逼真，也不能与秦陵兵马俑相提并论。

以下哪项是小李和小王的分歧之所在？

A. 到底能不能用视觉来区分复制品和真品。

B. 一件复制品是不是比真品的价值高。

C. 是不是把一件复制品误认为真品。

D. 一件复制品是不是和真品有同样的时代背景。

E. 首创性是否是一件艺术品所体现的宝贵品质。

3. 史密斯：根据《国际珍稀动物保护条例》的规定，杂种动物不属于该条例的保护对象。《国际珍稀动物保护条例》的保护对象中，包括赤狼。而最新的基因研究技术发现，一直被认为是纯种物种的赤狼实际上是山狗与灰狼的杂交种。由于赤狼明显需要保护，所以条例应当修改，使其也保护杂种动物。

张大中：您的观点不能成立。因为，如果赤狼确实是山狗与灰狼的杂交种的话，那么，即使现有的赤狼灭绝了，仍然可以通过山狗与灰狼的杂交来重新获得它。

以下哪项最为确切地概括了张大中与史密斯争论的焦点？

A. 赤狼是否为山狗与灰狼的杂交种。

B. 《国际珍稀动物保护条例》的保护对象中，是否应当包括赤狼。

C. 《国际珍稀动物保护条例》的保护对象中，是否应当包括杂种动物。

D. 山狗与灰狼是否都是纯种物种。

E. 目前赤狼是否有灭绝的危险。

4. 张先生：应该向吸烟者征税，用以缓解医疗保健事业的投入不足。正是因为吸烟，导致了许多严重的疾病。让吸烟者承担一部分费用，来对付因他们的不良习惯而造成的健康问题，是完全合理的。

李女士：照您这么说，如果您经常吃奶油蛋糕或者肥猪肉，也应该纳税。因为如同吸烟一样，经常食用高脂肪、高胆固醇的食物同样会导致许多严重的疾病。但是没有人会认为这样做是合理的，并且人们的危害健康的不良习惯数不胜数，都对此征税，事实上无法操作。

以下哪项最为恰当地概括了张先生和李女士争论的焦点？

A. 张先生关于缓解医疗保健事业投入不足的建议是否合理？
B. 有不良习惯的人是否应当对由此种习惯造成的社会后果负责？
C. 食用高脂肪、高胆固醇的食物对健康造成的危害是否同吸烟一样？
D. 由增加个人负担来缓解社会公共事业的投入不足是否合理？
E. 通过征税的方式来纠正不良习惯是否合理？

5. 贾女士：我支持日达公司雇员的投诉。他们受到了不公正的待遇。他们中大多数人的年薪还不到 10 000 元。

陈先生：如果说工资是主要原因的话，我很难认同你的态度。据我了解，日达公司雇员的平均年薪超过 15 000 元。

以下哪项最为恰当地概括了陈先生和贾女士意见分歧的焦点？

A. 日达公司雇员是否都参与了投诉？
B. 大多数日达公司雇员的年薪是否不到 10 000 元？
C. 日达公司雇员的工资待遇是否不公正？
D. 工资待遇是否为日达公司雇员投诉的主要原因？
E. 工资待遇不合理是否应当成为投诉的理由？

6. 张教授：有的歌星的一次出场费是诺贝尔奖奖金的数十倍甚至更高，这是不合理的。一般地说，诺贝尔奖得主对人类社会和历史的贡献，要远高于这样或那样的明星。

李研究员：你完全错了。歌星的酬金是一种商业回报，他的一次演出，可能为他的老板带来了上千万的利润。

张教授：按照你的逻辑，诺贝尔基金就不应该设立。因为，例如，诺贝尔在生前不可能获益于杨振宁的理论发现。

以下哪项最为恰当地概括了张教授和李研究员争论的焦点？

A. 诺贝尔奖得主是否应当比歌星有更高的个人收入？
B. 商业回报是否可以成为一种正当的个人收入？
C. 是否存在判别个人收入的合理性的标准？
D. 什么是判别个人收入合理性的标准？
E. 诺贝尔基金是否应当设立？

7. 张教授：和谐的本质是多样性的统一。自然界是和谐的，例如没有两片树叶完全相同。因此，克隆人是破坏社会和谐的一种潜在危险。

李研究员：你设想的那种危险是不现实的。因为一个人和他的克隆复制品完全相同的仅仅是遗传基因。克隆人在成长和受教育的过程中，必然在外形、个性和人生目标等诸多方面形成自己的不同特点。如果说克隆人有可能破坏社会和谐的话，我看一个现实危险是，有人可能把他的克隆复制品当作自己的活"器官银行"。

以下哪项最为恰当地概括了张教授和李研究员争论的焦点？

A. 克隆人是否会破坏社会的和谐？
B. 一个人和他的克隆复制品的遗传基因是否可能不同？
C. 一个人和他的克隆复制品是否完全相同？
D. 和谐的本质是否为多样性的统一？
E. 是否可能有人把他的克隆复制品当作自己的活"器官银行"？

8. 司机：有经验的司机完全有能力并习惯以每小时120千米的速度在高速公路上安全行驶。因此，高速公路上的最高时速不应由120千米改为现在的110千米，因为这既会不必要地降低高速公路的使用效率，也会使一些有经验的司机违反交规。

交警：每个司机都可以在法律规定的速度内行驶，只要他愿意。因此，把对最高时速的修改说成是某些违规行为的原因，是不能成立的。

以下哪项最为准确地概括了上述司机和交警争论的焦点？

A. 上述对高速公路最高时速的修改是否必要？
B. 有经验的司机是否有能力以每小时120千米的速度在高速公路上安全行驶？
C. 上述对高速公路最高时速的修改是否一定会使一些有经验的司机违反交规？
D. 上述对高速公路最高时速的修改实施后，有经验的司机是否会在合法的时速内行驶？
E. 上述对高速公路最高时速的修改，是否会降低高速公路的使用效率？

9. 陈先生：有的学者认为，蜜蜂飞舞时发出的嗡嗡声是一种交流方式，例如，蜜蜂在采花粉时发出的嗡嗡声，是在给同一蜂房的伙伴传递它们正在采花粉位置的信息。但事实上，蜜蜂不必通过这样费劲的方式来传递这样的信息。它们从采花粉处飞回蜂房时留下的气味踪迹，足以引导同伴找到采花粉的地方。

贾女士：我不完全同意你的看法。许多动物在完成某种任务时都可以有多种方式。例如，有些蜂类可以根据太阳的位置，也可以根据地理特征来辨别方位，同样，对于蜜蜂来说，气味踪迹只是它们的一种交流方式，而不是唯一的交流方式。

以下哪项最为恰当地概括了陈先生和贾女士所争论的问题？

A. 关于动物行为方式的一般性理论，是否能只基于对某种动物的研究？
B. 蜜蜂飞舞时发出的嗡嗡声，是否可以有多种不同的解释？
C. 是否只有蜜蜂才有能力向同伴传递位置信息？
D. 蜜蜂在采花粉时发出的嗡嗡声，是否在给同一蜂房的伙伴传递所在位置的信息？
E. 气味踪迹是否为蜜蜂的主要交流方式？

10. 郑女士：衡远市过去十年的 GDP（国内生产总值）增长率比易阳市高，因此衡远市的经济前景比易阳市好。

胡先生：我不同意你的观点。衡远市的 GDP 增长率虽然比易阳市的高，但易阳市的 GDP 数值却更大。

以下哪项最为准确地概括了郑女士和胡先生争议的焦点？

A. 易阳市的 GDP 数值是否确实比衡远市大？

B. 衡远市的 GDP 增长率是否确实比易阳市高？

C. 一个城市的 GDP 数值大，是否经济前景一定好？

D. 一个城市的 GDP 增长率高，是否经济前景一定好？

E. 比较两个城市的经济前景，GDP 数值与 GDP 增长率哪个更重要？

11. 张教授：在南美洲发现的史前木质工具存在于 13 000 年以前。有的考古学家认为，这些工具是其祖先从西伯利亚迁徙到阿拉斯加的人群使用的。这一观点难以成立。因为要到达南美，这些人群必须在 13 000 年前经历长途跋涉，而在从阿拉斯加到南美洲之间，从未发现 13 000 年前的木质工具。

李研究员：您恐怕忽视了这些木质工具是在泥煤沼泽中发现的，北美很少有泥煤沼泽。木质工具在普通的泥土中几年内就会腐烂化解。

以下哪项最为准确地概括了张教授与李研究员所讨论的问题？

A. 上述史前木质工具是否是其祖先从西伯利亚迁徙到阿拉斯加的人群使用的？

B. 张教授的论据是否能推翻上述考古学家的结论？

C. 上述人群是否可能在 13 000 年前完成从阿拉斯加到南美洲的长途跋涉？

D. 上述木质工具是否只有在泥煤沼泽中才不会腐烂化解？

E. 上述史前木质工具存在于 13 000 年以前的断定是否有足够的根据？

12. 总经理：快速而准确地处理订单是一项关键业务。为了增加利润，我们应当用电子方式而不是继续用人工方式处理客户订单，因为这样订单可直接到达公司相关业务部门。

董事长：如果用电子方式处理订单，我们一定会赔钱。因为大多数客户喜欢通过与人打交道来处理订单。如果转用电子方式，我们的生意就会失去人情味，就难以吸引更多的客户。

以下哪项最为恰当地概括了上述争论的问题？

A. 转用电子方式处理订单是否不利于保持生意的人情味？

B. 用电子方式处理订单是否比人工方式更为快速和准确？

C. 转用电子方式处理订单是否有利于提高商业利润？

D. 快速而准确的运作方式是否一定能提高商业利润？

E. 客户喜欢用何种方式处理订单？

13. 甲：从互联网上人们可以获得任何想要的信息和资料。因此，人们不需要听取专家的意见，只要通过互联网就可以很容易地学到他们需要的知识。

乙：过去的经验告诉我们，随着知识的增加，对专家的需求也相应地增加。因此，互联网反而会增加我们咨询专家的机会。

以下哪项是上述论证的焦点？

A. 互联网是否能有助于信息在整个社会的传播？
B. 互联网是否能增加人们学习知识时请教专家的可能性？
C. 互联网是否能使更多的人容易获得更多的资料？
D. 专家在未来是否将会更多地依靠互联网？
E. 互联网知识与专家的关系以及两者的重要性？

14. 琼斯博士：远程医疗这种新技术至少将持续改善农村病患诊疗，因为它能让农村医生向住在很远的专家电视播放医疗检查，专家由此能够提供建议。而倘若没有远程医疗，病人就得不到这些建议。

史密斯博士：并不是这样，远程医疗可能在开始的时候能帮助农村病患诊疗，然而小医院不久就会发现，他们聘用那些能够运用远程诊疗以传送检查到大医疗机构的技术人员以代替医生，由此将费用降至最低，结果将是，能接受传统的、直接医疗检查的病人更少了，最终导致只有极少的个体真正得到个性关怀，因此，与城市的病患诊疗一样，农村病患诊疗也将遭受损害。

以下哪项是琼斯博士与史密斯博士之间的争论要点？

A. 医疗专家是否普遍会比农村医生提供更好的建议？
B. 是否仅在农村的医院和医疗中心使用远程医疗技术？
C. 远程医疗技术是否可能在未来几年内被广泛采用？
D. 那些最需要医疗专家建议的病人是否可能通过远程医疗接收建议？
E. 远程医疗技术是否最终有益于农村病人？

命题方向⑰：论证推理　焦点　答案速查									
1. C	2. A	3. C	4. A	5. C	6. D	7. C	8. C	9. D	10. E
11. B	12. C	13. B	14. E						

命题方向⑱：论证推理　论证方式、漏洞识别

1. 有些人坚信飞碟是存在的。理由是，谁能证明飞碟不存在呢？

下列选项中，哪一项与上文的论证方式是相同的？

A. 中世纪欧洲神学家论证上帝存在的理由是：你能证明上帝不存在吗？
B. 神农架地区有野人，因为有人看见过野人的踪影。

C. 科学家不是天生聪明的。因为，爱因斯坦就不是天生聪明的。

D. 一个经院哲学家不相信人的神经在脑中汇合。理由是，亚里士多德的著作中讲到，神经是从心脏里产生出来的。

E. 鬼是存在的。如果没有鬼，为什么古今中外有那么多人讲鬼故事？

2. 甲：什么是生命？乙：生命是有机体的新陈代谢。

   甲：什么是有机体？乙：有机体是有生命的个体。

以下哪项与上述的对话最为类似？

A. 甲：什么是真理？乙：真理是符合实际的认识。

   甲：什么是认识？乙：认识是人脑对外界的反应。

B. 甲：什么是逻辑学？乙：逻辑学是研究思维形式结构规律的科学。

   甲：什么是思维形式结构的规律？乙：思维形式结构的规律是逻辑规律。

C. 甲：什么是家庭？乙：家庭是以婚姻、血缘或收养关系为基础的社会群体。

   甲：什么是社会群体？乙：社会群体是在一定社会关系基础上建立起来的社会单位。

D. 甲：什么是命题？乙：命题是用语句表达的判断。

   甲：什么是判断？乙：判断是对事物有所判定的思维形式。

E. 甲：什么是人？乙：人是有思想的动物。

   甲：什么是动物？乙：动物是生物的一部分。

3. 甲乙两人就"人的有意识的活动是否都是有目的的"这一论题展开辩论。甲认为，人有意识的活动都是有目的的，乙持相反的观点。为证明自己观点的正确性，乙说："我现在就可以有意识地但无目的地举起我的手"。

乙的证明犯了下述哪项错误？

A. 模棱两可。　　B. 两不可。　　C. 自相矛盾。　　D. 以偏概全。　　E. 论据不足。

4. 东方日出，西方日落，社会是发展的，生物是进化的，都反映了不以人的意志为转移的客观规律。小王对此不以为然。他说，有的规律是可以改造的。人能改造一切，当然也能改造某些客观规律。比如价值规律不是乖乖地为精明的经营者服务了吗？人不是把肆虐的洪水制住而变害为利了吗？

试问，以下哪项最为确切地揭示了小王上述议论中的错误？

A. 他过高地估计了人的力量。

B. 他认为"人能改造一切"是武断的。

C. 他混淆了"运用"与"改造"这两个概念。

D. 洪水并没有都被彻底制服。

E. 价值规律若被改造就不叫价值规律了。

5. 某对外营业游泳池更衣室的入口处贴着一张启事，称"凡穿拖鞋进入泳池者，罚款五至十元"。某顾客问："根据有关法规，罚款规定的制定和实施，必须由专门机构进行，你们怎么可以随便罚款呢？"工作人员回答："罚款本身不是目的。目的是通过罚款，来教育那些缺乏公德意识的人，保证泳池的卫生。"

上述对话中工作人员所犯的逻辑错误，与以下哪项中出现的最为类似？

A. 管理员：每个进入泳池的同志必须带上泳帽，没有泳帽的到售票处购买。

　　某顾客：泳池中那两位同志怎么没带泳帽？

　　管理员：那是本池的工作人员。

B. 市民：专家同志，你们制定的市民文明公约共15条60款，内容太多，不易记忆，可否精简，以便直接起到警示的作用。

　　专家：这次市民文明公约，是在市政府的直接领导下，组织专家组，在广泛听取市民意见的基础上制定的，是领导、专家、群众三者结合的产物。

C. 甲：什么是战争？

　　乙：战争是两次和平之间的间歇。

　　甲：什么是和平？

　　乙：和平是两次战争之间的间歇。

D. 甲：为了使我国早日步入发达国家之列，应该加速发展私人汽车工业。

　　乙：为什么？

　　甲：因为发达国家私人都有汽车。

E. 甲：一样东西，如果你没有失去，就意味着你仍然拥有。是这样吗？

　　乙：是的。

　　甲：你并没有失去尾巴。是这样吗？

　　乙：是的。

　　甲：因此，你必须承认，你仍然有尾巴。

6. 以下是在一场关于"安乐死是否应合法化"的辩论中正反方辩手的发言：

正方：反方辩友反对"安乐死合法化"的根据主要是在什么条件下方可实施安乐死的标准不易掌握，这可能会给医疗事故甚至谋杀造成机会，使一些本来可以挽救的生命失去最后的机会。诚然，这样的风险是存在的，但是我们怎么能设想干任何事都排除所有风险呢？让我提出一个问题，我们为什么不把法定的汽车时速限制为不超过自行车，这样汽车交通死亡事故发生率不是几乎可以下降到0吗？

反方：对方辩友把安乐死和交通死亡事故作以上的类比是毫无意义的。因为不可能有人会做这样的交通立法。设想一下，如果汽车行驶得和自行车一样慢，那还要汽车干什么？对方辩友，你愿意我们的社会再回到没有汽车的时代？

以下哪项最为确切地评价了反方的言论？

A. 他的发言实际上支持了正方的论证。

B. 他的发言有力地反驳了正方的论证。

C. 他的发言有力地支持了反对安乐死的立场。

D. 他的发言完全离开了正方阐述的论题。

E. 他的发言是对正方的人身攻击而不是对正方论证的评价。

7. 在经历了全球范围的股市暴跌的冲击以后，T国政府宣称，它所经历的这场股市暴跌的冲击，是由最近国内一些企业过快的非国有化造成的。

以下哪项，如果事实上是可操作的，最有利于评价T国政府的上述宣称？

A. 在宏观和微观两个层面上，对T国一些企业最近的非国有化进程的正面影响和负面影响进行对比。

B. 把T国受这场股市暴跌的冲击程度，和那些经济情况和T国类似，但最近没有实行企业非国有化的国家所受到的冲击程度进行对比。

C. 把T国受这场股市暴跌的冲击程度，和那些经济情况和T国有很大差异，但最近同样实行了企业非国有化的国家所受到的冲击程度进行对比。

D. 计算出在这场股市风波中T国的个体企业的平均亏损值。

E. 运用经济计量方法预测T国的下一次股市风波的时间。

8. 许多孕妇都出现了维生素缺乏的症状，但这通常不是由于孕妇的饮食中缺乏维生素，而是由于腹内婴儿的生长使她们比其他人对维生素有更高的需求。

为了评价上述结论的确切程度，以下哪项操作最为重要？

A. 对某个缺乏维生素的孕妇的日常饮食进行检测，确定其中维生素的含量。

B. 对某个不缺乏维生素的孕妇的日常饮食进行检测，确定其中维生素的含量。

C. 对孕妇的科学食谱进行研究，以确定有利于孕妇摄入足量维生素的最佳食谱。

D. 对日常饮食中维生素足量的一个孕妇和一个非孕妇进行检测，并分别确定她们是否缺乏维生素。

E. 对日常饮食中维生素不足量的一个孕妇和另一个非孕妇进行检测，并分别确定她们是否缺乏维生素。

9. 毫无疑问，未成年人吸烟应该加以禁止。但是，我们不能为了防止给未成年人吸烟以可乘之机，就明令禁止自动售烟机的使用。这种禁令就如同为了禁止无证驾车，在道路上设立路障，这道路障自然禁止了无证驾车，但同时也阻挡了99%以上的有证驾驶者。

为了对上述论证做出评价，回答以下哪个问题最为重要？

A. 未成年吸烟者在整个吸烟者中所占的比例是否超过1%？

B. 禁止使用自动售烟机带给成年购烟者的不便究竟有多大？

C. 无证驾车者在整个驾车者中所占的比例是否真的不超过 1%？

D. 从自动售烟机中是否能买到任何一种品牌的香烟？

E. 未成年人吸烟的危害，是否真如公众认为的那样严重？

10. 据一项统计显示，在婚后的 13 年中，妇女的体重平均增加了 15 公斤，男子的体重平均增加了 12 公斤。因此，结婚是人变得肥胖的重要原因。

为了对上述论证做出评价，回答以下哪个问题最为重要？

A. 为什么这项统计要选择 13 年这个时间段作为依据？为什么不选择其他时间段，例如为什么不是 12 年或 14 年？

B. 在上述统计中，婚后体重减轻的人有没有？如果有的话，占多大的比例？

C. 在被统计的对象中，男女各占多少比例？

D. 这项统计的对象，是平均体重较重的北方人，还是平均体重较轻的南方人？如果二者都有的话，各占多少比例？

E. 在上述 13 年中，处于相同年龄段的单身男女的体重增减状况是怎样的？

11. 人们对于搭乘航班的恐惧其实是毫无道理的。据统计，仅 1995 年，全世界死于地面交通事故的人数超出 80 万，而在自 1990 年至 1999 年的 10 年间，全世界平均每年死于空难的还不到 500 人，而在这 10 年间，我国平均每年罹于空难的还不到 25 人。

为了评价上述论证的正确性，回答以下哪个问题最为重要？

A. 在上述 10 年间，我国平均每年有多少人死于地面交通事故？

B. 在上述 10 年间，我国平均每年有多少人加入地面交通，有多少人加入航运？

C. 在上述 10 年间，全世界平均每年有多少人加入地面交通，有多少人加入航运？

D. 在上述 10 年间，1995 年全世界死于地面交通事故的人数是否是最高的？

E. 在上述 10 年间，哪一年死于空难的人数最多？人数是多少？

12. 在一次聚会上，10 个吃了水果色拉的人中，有 5 个很快出现了明显的不适。吃剩的色拉立刻被送去检验。检验的结果不能肯定其中存在超标的有害细菌。因此，食用水果色拉不是造成食用者不适的原因。

如果上述检验结果是可信的，则以下哪项对上述论证的评价最为恰当？

A. 题干的论证是成立的。

B. 题干的论证有漏洞，因为它把事件的原因，当作该事件的结果。

C. 题干的论证有漏洞，因为它没有考虑到这种可能性：那些吃了水果色拉后没有很快出现不适的人，过不久也出现了不适。

D. 题干的论证有漏洞，因为它没有充分利用一个有力的论据：为什么有的水果色拉食用者没有出现不适？

E. 题干的论证有漏洞，因为它把缺少证据证明某种情况存在，当作有充分证据证明某种情况不存在。

13. 在产品检验中,误检包括两种情况:一是把不合格产品定为合格;二是把合格产品定为不合格。有甲、乙两个产品检验系统,它们依据的是不同的原理,但共同之处在于:第一,它们都能检测出所有送检的不合格产品;第二,都仍有恰好3%的误检率;第三,不存在一个产品,会被两个系统都误检。现在把这两个系统合并为一个系统,使得被该系统测定为不合格的产品,包括且只包括两个系统分别工作时都测定的不合格产品。可以得出结论:这样的产品检验系统的误检率为零。

以下哪项最为恰当地评价了上述推理?

A. 上述推理是必然性的,即如果前提真,则结论一定真。

B. 上述推理很强,但不是必然性的,即如果前提真,则为结论提供了很强的证据,但附加的信息仍可能削弱该论证。

C. 上述推理很弱,前提尽管与结论相关,但最多只为结论提供了不充分的根据。

D. 上述推理的前提中包含矛盾。

E. 该推理不能成立,因为它把某事件发生的必要条件的根据,当作充分条件的根据。

14. 某出版社近年来出版物的错字率较前几年有明显的增加,引起了读者的不满和有关部门的批评,这主要是由于该出版社大量引进非专业编辑所致。当然,近年来出版物的大量增加也是一个重要原因。

上述议论中的漏洞,也类似地出现在以下哪项中?

Ⅰ. 美国航空公司近两年来的投诉比率比前年有明显下降。这主要是由于该航空公司在裁员整顿的基础上,有效地提高了服务质量。当然,"9·11"事件后航班乘客数量的锐减也是一个重要原因。

Ⅱ. 统计数字表明:近年来我国心血管病的死亡率,即由心血管病导致的死亡在整个死亡人数中的比例,较之前有明显增加。这主要是由于随着经济的发展,我国民众的饮食结构和生活方式发生了容易诱发心血管病的不良变化。当然,由于心血管病主要是老年病,因此,我国人口的老年人比例的增大也是一个重要原因。

Ⅲ. S市今年的高考录取率比去年增加了15%,这主要是由于各中学狠抓了教育质量。当然,另一个重要原因是,该市今年参加高考的人数比去年增加了20%。

A. 只有Ⅰ。   B. 只有Ⅱ。   C. 只有Ⅲ。

D. 只有Ⅰ和Ⅲ。   E. Ⅰ、Ⅱ和Ⅲ。

15. 张先生:应该向吸烟者征税,用以缓解医疗保健事业的投入不足。正是因为吸烟,导致了许多严重的疾病。让吸烟者承担一部分费用,来对付因他们的不良习惯而造成的健康问题,是完全合理的。

李女士:照您这么说,如果您经常吃奶油蛋糕或者肥猪肉,也应该纳税。因为如同吸烟一样,经常食用高脂肪、高胆固醇的食物同样会导致许多严重的疾病。但是没有人会认为这样做是合理的，并且人们的危害健康的不良习惯数不胜数，都对此征税，事实上无法操作。

以下哪项最为恰当地概括了李女士的反驳所运用的方法？

A. 举出一个反例说明对方的建议虽然合理但在执行中无法操作。

B. 指出对方对一个关键性概念的界定和运用有误。

C. 提出了一个和对方不同的解决问题的方法。

D. 从对方的论据得出了一个明显荒谬的结论。

E. 对对方在论证中所运用的信息的准确性提出质疑。

16. 张教授：如果没有爱迪生，人类还将生活在黑暗中。理解这样的评价，不需要任何想象力。爱迪生的发明，改变了人类的生存方式。但是，他只在学校中受过几个月的正式教育。因此，接受正式教育对于在技术发展中做出杰出贡献并不是必要的。

李研究员：你的看法完全错了。自爱迪生时代以来，技术的发展日新月异。在当代如果你想对技术发展做出杰出贡献，即使接受当时的正式教育，全面具备爱迪生时代的知识也是远远不够的。

以下哪项最恰当地指出了李研究员的反驳中存在的漏洞？

A. 没有确切界定何为"技术发展"。

B. 没有确切界定何为"接受正式教育"。

C. 夸大了当代技术发展的成果。

D. 忽略了一个核心概念：人类的生存方式。

E. 低估了爱迪生的发明对当代技术发展的意义。

17. 张教授：在我国大陆架外围海域建设新油井的计划不足取，因为由此带来的收益不足以补偿由此带来的生态破坏的风险。目前我国每年海底石油的产量，还不能满足我国一天石油的需求量，而上述拟建中的新油井，最多只能使这个数量增加0.1%。

李研究员：你的论证不能成立。你能因为新建的防护林不能在一夜之间消灭北京的沙尘暴而反对实施防护林计划吗？

以下哪项最为确切地概括了李研究员的反驳所运用的方法？

A. 提出了一个比对方更有力的证据。

B. 构造了一个和对方类似的论证，但这个论证的结论显然是不可接受的。

C. 提出了一个反例来反驳对方的一般性结论。

D. 指出对方在一个关键性概念的理解和运用上存在含混。

E. 指出对方对所引用数据的解释有误，即使这些数据自身并非不准确。

18. 一种流行的说法是，多吃巧克力会引起皮肤特别是脸上长粉刺。确实，许多长粉刺的人都证实，他们皮肤上的粉刺都是在吃了大量巧克力以后出现的。但是，这种说法很可能是把结果当成了原因。最近一些科学研究指出，荷尔蒙的改变加上精神压力会引发粉刺，有证据表明，喜欢吃巧克力的人，在遇到精神压力时会吃更多的巧克力。

以下哪项最为准确地概括了题干中所运用的方法？

A. 引用反例，对所要反驳的观点之论据的准确性提出质疑。

B. 提出新的论据，对所要反驳的观点之论据做出不同的解释。

C. 运用科学权威的个人影响来破除人们对流行看法的盲从。

D. 指出所要反驳的观点会引申出自相矛盾的结论。

E. 指出所要反驳的观点是基于小概率事件轻率概括出来的结论。

19. 雌性斑马和它们的幼小子女离散后，可以在相貌体形相近的成群斑马中很快又聚集到一起。研究表明，斑马身上的黑白条纹是它们互相辨认的标志，而幼小斑马不能将自己母亲的条纹与其他成年斑马的条纹区分开来。显而易见，每个母斑马都可以辨别出自己后代的条纹。

上述论证采用了以下哪种论证方法？

A. 通过对发生机制的适当描述，支持关于某个可能发生现象的假说。

B. 在对某种现象的两种可供选择的解释中，通过排除其中的一种，来确定另一种。

C. 论证一个普遍规律，并用来说明某一特殊情况。

D. 根据两组对象有某些类似的特性，得出它们具有另一个相同特性。

E. 通过反例推翻一个一般性结论。

20. 海拔越高，空气越稀薄。因为西宁的海拔高于西安，因此，西宁的空气比西安稀薄。

以下哪项中的推理与题干的最为类似？

A. 一个人的年龄越大，他就变得越成熟。老张的年龄比他的儿子大，因此，老张比他的儿子成熟。

B. 一棵树的年头越长，它的年轮越多。老张院子中槐树的年头比老李家的槐树年头长，因此，老张家的槐树比老李家的年轮多。

C. 今年马拉松冠军的成绩比前年好。张华是今年的马拉松冠军，因此，他今年的马拉松成绩比他前年的好。

D. 在激烈竞争的市场上，产品质量越高并且广告投入越多，产品需求就越大。甲公司投入的广告费比乙公司的多，因此，对甲公司产品的需求量比对乙公司的需求量大。

E. 一种语言的词汇量越大，越难学。英语比意大利语难学，因此，英语的词汇量比意大利语大。

21. 脑部受到重击后人就会失去意识。有人因此得出结论：意识是大脑的产物，肉体一旦死亡，意识就不复存在。但是，一台被摔的电视机突然损坏，它正在播出的图像当然立即消失，但这并不意味着正由电视塔发射的相应图像信号就不复存在。因此，要得出"意识不能独立于肉体而存在"的结论，恐怕还需要更多的证据。

以下哪项最为准确地概括了"被摔的电视机"这一实例在上述论证中的作用？

A. 作为一个证据，它说明意识可以独立于肉体而存在。

B. 作为一个反例，它驳斥关于意识本质的流行信念。

C. 作为一个类似意识丧失的实例，它从自身中得出的结论和关于意识本质的流行信念显然不同。

D. 作为一个主要证据，它试图得出结论：意识和大脑的关系，类似于电视图像信号和接收它的电视机之间的关系。

E. 作为一个实例，它说明流行的信念都是应当质疑的。

22. 拥挤的居住条件所导致的市民健康状况明显下降，是清城面临的重大问题。因为清城和广川两个城市的面积和人口相当，所以，清城面临的上述问题必定会在广川出现。

以下哪项最为恰当地指出了上述论证的漏洞？

A. 不当地预设：拥挤的居住条件是导致市民健康状况下降的唯一原因。

B. 未能准确区分人口数量和人口密度这两个概念。

C. 未能准确区分一个城市的面积和它的人口这两个不同的概念。

D. 未能恰当地选择第三个比较对象以增强结论的说服力。

E. 忽略了相同的人口密度可以有不同的居住条件。

23. 舞蹈学院的张教授批评本市芭蕾舞团最近的演出没能充分表现古典芭蕾舞的特色。他的同事林教授认为这一批评是个人偏见。作为芭蕾舞技巧专家，林教授考察过芭蕾舞团的表演者，结论是每一位表演者都拥有足够的技巧和才能来表现古典芭蕾舞的特色。

以下哪项最为恰当地概括了林教授反驳中的漏洞？

A. 他对张教授的评论风格进行攻击而不是对其观点加以批驳。

B. 他无视张教授的批评意见是与实际情况相符的。

C. 他仅从维护自己的权威地位的角度加以反驳。

D. 他依据一个特殊事例轻率概括出一个普遍结论。

E. 他不当地假设，如果一个团体每个成员都具有某种特征，那么这个团体就总能体现这种特征。

24. 小陈：目前 1996D3 彗星的部分轨道远离太阳，最近却可以通过太空望远镜发现其发出闪烁光。过去人们从来没有观察到远离太阳的彗星出现这样的闪烁光，所以这种闪烁必然是不寻常的现象。

小王：通常人们都不会去观察那些远离太阳的彗星，这次发现的 1996D3 彗星是有人通过持续而细心的追踪观测而获得的。

以下哪项最为准确地概括了小王反驳小陈的观点所使用的方法？

A. 指出小陈使用的关键概念含义模糊。

B. 指出小陈的论据明显缺乏说服力。

C. 指出小陈的论据自相矛盾。

D. 不同意小陈的结论，并且对小陈的论据提出了另一种解释。

E. 同意小陈的结论，但对小陈的论据提出了另一种解释。

25. 纯种赛马是昂贵的商品。一种由遗传缺陷引起的疾病威胁着纯种赛马，使它们轻则丧失赛跑能力，重则瘫痪甚至死亡。因此，赛马饲养者认为，一旦发现有此种缺陷的赛马应停止饲养。这种看法是片面的。因为一般地说，此种疾病可以通过饮食和医疗加以控制。另外，有此种遗传缺陷的赛马往往特别美，这正是马术表演特别看重的。

以下哪项最为准确地概括了题干的论证所运用的方法？

A. 质疑上述赛马饲养者的动机。

B. 论证上述赛马饲养者的结论与其论据自相矛盾。

C. 指出上述赛马饲养者的论据不符合事实。

D. 提出新的思路，并不否定上述赛马饲养者的论据，但得出与其不同的结论。

E. 构造一种类比，指出上述赛马饲养者的论证与一种明显有误的论证类似。

26. 去年经纬汽车专卖店调高了营销人员的营销业绩奖励比例，专卖店李经理打算新的一年继续执行该奖励比例，因为去年该店的汽车销售数量较前年增加了16%。陈副经理对此持怀疑态度，她指出，他们的竞争对手并没有调整营销人员的奖励比例，但在过去的一年也出现了类似的增长。

以下哪项最为恰当地概括了陈副经理的质疑方法？

A. 运用一个反例，否定李经理的一般性结论。

B. 运用一个反例，说明李经理的论据不符合事实。

C. 运用一个反例，说明李经理的论据虽然成立，但不足以推出结论。

D. 指出李经理的论证对一个关键概念的理解和运用有误。

E. 指出李经理的论证中包含自相矛盾的假设。

27. 这次新机种试飞只是一次例行试验，既不能算成功，也不能算不成功。

以下哪项对于题干的评价最为恰当？

A. 题干的陈述没有漏洞。

B. 题干的陈述有漏洞，这一漏洞也出现在后面的陈述中：这次关于物价问题的社会调查结果，既不能说完全反映了民意，也不能说一点也没有反映民意。

C. 题干的陈述有漏洞，这一漏洞也出现在后面的陈述中：这次考前辅导，既不能说完全成功，也不能说彻底失败。

D. 题干的陈述有漏洞，这一漏洞也出现在后面的陈述中：人有特异功能，既不是被事实证明的科学结论，也不是纯属欺诈的伪科学结论。

E. 题干的陈述有漏洞，这一漏洞也出现在后面的陈述中：在即将举行的大学生辩论赛中，我不认为我校代表队一定能进入前四名，我也不认为我校代表队可能进不了前四名。

28. 主持人：有网友称你为国学巫师，也有网友称你为国学大师。你认为哪个名称更适合你？

上述提问中的不当也存在于以下各项中，除了：

A. 你要社会主义的低速度，还是资本主义的高速度？
B. 你主张为了发展可以牺牲环境，还是主张宁可不发展也不能破坏环境？
C. 你认为人都自私，还是认为人都不自私？
D. 你认为"9·11"恐怖袭击必然发生，还是认为有可能避免？
E. 你认为中国队必然夺冠，还是认为不可能夺冠？

29. 科学离不开测量，测量离不开长度单位。千米、米、分米、厘米等基本长度单位的确立完全是一种人为约定，因此，科学的结论完全是一种人的主观约定，谈不上客观的标准。

以下哪项与题干的论证最为类似？

A. 建立良好的社会保障体系离不开强大的综合国力，强大的综合国力离不开一流的国民教育。因此，要建立良好的社会保障体系，必须有一流的国民教育。
B. 做规模生意离不开做广告。做广告就要有大额资金投入。不是所有人都能有大额资金投入。因此，不是所有人都能做规模生意。
C. 游人允许坐公园的长椅。要坐公园长椅就要靠近它们。靠近长椅的一条路径要踩踏草地。因此，允许游人踩踏草地。
D. 具备扎实的舞蹈基本功必须经过长年不懈的艰苦训练。在春节晚会上演出的舞蹈演员必须具备扎实的基本功。长年不懈的艰苦训练是乏味的。因此，在春节晚会上演出是乏味的。
E. 家庭离不开爱情，爱情离不开信任。信任是建立在真诚基础上的。因此，对真诚的背离是家庭危机的开始。

30. 所有的灰狼都是狼。这一断定显然是真的。因此，所有的疑似SARS病例都是SARS病例，这一断定也是真的。

以下哪项最为恰当地指出了题干论证的漏洞？

A. 题干的论证忽略了：一个命题是真的，不等于具有该命题形式的任一命题都是真的。

B. 题干的论证忽略了：灰狼与狼的关系，不同于疑似SARS病例和SARS病例的关系。

C. 题干的论证忽略了：在疑似SARS病例中，大部分不是SARS病例。

D. 题干的论证忽略了：许多狼不是灰色的。

E. 题干的论证忽略了：此种论证方式会得出其他许多明显违反事实的结论。

31. 研究表明，严重失眠者中90%爱喝浓茶。老张爱喝浓茶，因此，他很可能严重失眠。

以下哪项最为恰当地指出了上述论证的漏洞？

A. 它忽视了这种可能性：老张属于喝浓茶中10%不严重失眠的那部分人。

B. 它忽视了引起严重失眠的其他原因。

C. 它忽视了喝浓茶还可能引起其他不良后果。

D. 它依赖的论据并不涉及爱喝浓茶的人中严重失眠者的比例。

E. 它低估了严重失眠对健康的危害。

32. 一种流行的看法是，人们可以通过动物的异常行为来预测地震。实际上，这种看法是基于主观类比，不一定能揭示客观联系。一条狗在地震前行为异常，这自然会给他的主人留下深刻印象；但事实上，这个世界上的任何一刻，都有狗出现行为异常。

为了评价上述论证，回答以下哪个问题最不重要？

A. 两种不同类型的动物，在地震前的异常行为是否类似？

B. 被认为是地震前兆的动物异常行为，在平时是否也同样出现过？

C. 地震前有异常行为的动物在整个动物中所占的比例是多少？

D. 在地震前有异常行为的动物中，此种异常行为未被注意的比例是多少？

E. 同一种动物，在两次地震前的异常行为是否类似？

33. 化学课上，张老师演示了两个同时进行的教学实验：一个实验是$KClO_3$加热后，有O_2缓慢产生；另一个实验是$KClO_3$加热后迅速撒入少量MnO_2，这时立即有大量的O_2产生。张老师由此指出：MnO_2是O_2快速产生的原因。

以下哪项与张老师得出结论的方法类似？

A. 同一品牌的化妆品价格越高卖得越火。由此可见，消费者喜欢价格高的化妆品。

B. 居里夫人在沥青矿物中提取放射性元素时发现，从一定量的沥青矿物中提取的全部纯铀的放射线强度比同等数量的沥青矿物质中放射线强度低数倍。她据此推断，沥青矿物中还存在其他放射性更强的元素。

C. 统计分析发现，30岁至60岁之间，年纪越大胆子越小。有理由相信：岁月是勇敢的腐蚀剂。

D. 将闹钟放在玻璃罩里，使它打铃，可以听到铃声；然后把玻璃罩里的空气抽空，再使闹钟打铃，就听不到铃声了。由此可见，空气是声音传播的介质。

E. 人们通过对绿藻、蓝藻、红藻的大量观察，发现结构简单、无根叶是藻类植物的主要特征。

34. 湖队是不可能进入决赛的。如果湖队进入决赛，那么太阳就从西边出来了。

以下哪项与上述论证方式最相似？

A. 今天天气不冷。如果冷，湖面怎么不结冰？

B. 语言是不能创造财富的。若语言能够创造财富，则夸夸其谈的人就是世界上最富有的了。

C. 草木之生也柔脆，其死也枯槁。故坚强者死之徒，柔弱者生之徒。

D. 天上是不会掉馅饼的。如果你不相信这一点，那上当受骗是迟早的事。

E. 古典音乐不流行。如果流行，那就说明大众的音乐欣赏水平大大提高了。

35. 学生：IQ 和 EQ 哪个更重要？您能否给我指点一下？

学长：你去书店问问工作人员，关于 IQ、EQ 的书哪类销得快，哪类就更重要。

以下哪项与上述题干中的问答方式最为相似？

A. 员工：我们正在制订一个度假方案，你说是在本市好，还是去外地好？

  经理：现在年终了，每个公司都在安排出去旅游，你去问问其他公司的同行，他们计划去哪里，我们就不去哪里，不凑热闹。

B. 平平：母亲节那天我准备给妈妈送一样礼物，你说是送花好还是送巧克力好？

  佳佳：你在母亲节前一天去花店看一下，看看买花的人多不多就行了嘛。

C. 顾客：我准备买一件毛衣，你看颜色是鲜艳一点好，还是素一点好？

  店员：这个需要结合自己的性格与穿衣习惯，各人可以有自己的选择与喜好。

D. 游客：我们前面有两条山路，走哪一条更好？

  导游：你仔细看看，哪一条山路上车马的痕迹深，我们就走哪一条。

E. 学生：我正在准备期末复习，是做教材上的练习重要，还是理解教材内容更重要？

  老师：你去问问高年级得分高的同学，他们是否经常背书做练习。

36. 公达律师事务所以为刑事案件的被告进行有效辩护而著称，成功率达 90% 以上。老余是一位以专门为离婚案件的当事人成功辩护而著称的律师。因此，老余不可能是公达律师事务所的成员。

以下哪项最为确切地指出了上述论证的漏洞？

A. 公达律师事务所具有的特征，其成员不一定具有。

B. 没有确切指出老余为离婚案件的当事人辩护的成功率。

C. 没有确切指出老余为刑事案件的当事人辩护的成功率。

D. 没有提供公达律师事务所统计数据的来源。

E. 老余具有的特征，其所在工作单位不一定具有。

37. 一艘远洋帆船载着5位中国人和几位外国人由中国开往欧洲。途中，除5位中国人外，全患上了败血症。同乘一艘船，同样是风餐露宿，漂洋过海，为什么中国人和外国人如此不同呢？原来这5位中国人都有喝茶的习惯，而外国人却没有。于是得出结论：喝茶是这5位中国人未得败血症的原因。

以下哪项和题干中得出结论的方法最为相似？

A. 警察锁定了犯罪嫌疑人，但是从目前掌握的事实看，都不足以证明他犯罪。专案组由此得出结论，必有一种未知的因素潜藏在犯罪嫌疑人身后。

B. 在两块土壤情况基本相同的麦地上，对其中一块施氮肥和钾肥，另一块只施钾肥。结果施氮肥和钾肥的那块麦地的产量远高于另一块。可见，施氮肥是麦地产量较高的原因。

C. 孙悟空："如果打白骨精，师父会念紧箍咒；如果不打，师父就会被妖精吃掉。"孙悟空无奈得出结论："我还是回花果山算了。"

D. 天文学家观测到天王星的运行轨道有特征a、b、c，已知特征a、b分别是由两颗行星甲、乙的吸引造成的，于是猜想还有一颗未知行星造成天王星的轨道特征c。

E. 一定压力下的一定量气体，温度升高，体积增大；温度降低，体积缩小。气体体积与温度之间存在一定的相关性，说明气体温度的改变是其体积改变的原因。

38. 居民苏女士在菜市场看到某摊位出售的鹌鹑蛋色泽新鲜、形态圆润，且价格便宜，于是买了一箱。回家后发现有些鹌鹑蛋打不破，甚至丢在地上也摔不坏，再细闻已经打破的鹌鹑蛋，有一股刺鼻的消毒液味道。她投诉至菜市场管理部门，结果一位工作人员声称鹌鹑蛋目前还没有国家质量标准，无法判定它有质量问题，所以他坚持这箱鹌鹑蛋没有质量问题。

以下哪项与该工作人员作出结论的方式最为相似？

A. 不能证明宇宙是没有边际的，所以宇宙是有边际的。

B. "驴友论坛"还没有论坛规范，所以管理人员没有权利删除帖子。

C. 小偷在逃跑途中跳入2米深的河中，事主认为没有责任，因此不予施救。

D. 并非外星人不存在，所以外星人存在。

E. 慈善晚会上的假唱行为不属于商业管理范围，因此相关部门无法对此进行处罚。

39. 我国著名的地质学家李四光，在对东北的地质结构进行了长期、深入的调查研究后发现，松辽平原的地质结构与中亚细亚极其相似。他推断，既然中亚细亚蕴藏大量的石油，那么松辽平原很可能也蕴藏着大量的石油。后来，大庆油田的开发证明了李四光的推断是正确的。

以下哪项与李四光的推理方式最为相似？

A. 他山之石，可以攻玉。

B. 邻居买彩票中了大奖，小张受此启发，也去买了体育彩票，结果没有中奖。

C. 某乡镇领导在考察了荷兰等国的花卉市场后认为要大力发展规模经济，回来后组织全乡镇种大葱，结果导致大葱严重滞销。

D. 每到炎热的夏季，许多商店腾出一大块地方卖羊毛衫、长袖衬衣、冬靴等冬令商品，进行反季节销售，结果都很有市场。小王受此启发，决定在冬季种植西瓜。

E. 乌兹别克地区盛产长绒棉。新疆塔里木河流域与乌兹别克地区在日照情况、霜期长短、气温高低、降雨量等方面均相似，科研人员受此启发，将长绒棉移植到塔里木河流域，果然获得了成功。

40. 某辩论赛结束后，七个评委投票决定一名最佳辩手。对任一评委，他或她投辩手小孙的票，这是可能的。因此所有的评委都投小孙的票，这也是可能的。

以下哪项对上述论证的评价最为恰当？

A. 上述论证成立。

B. 上述论证有漏洞：没有陈述任一评委可能投小孙的票的理由。

C. 上述论证有漏洞：把可能性混同于必然性。

D. 上述论证有漏洞，这一漏洞也出现在下述论证中：七名评委投票决定一名最佳辩手。对任一评委，他或她投辩手小孙的票，这是可能的。因此，有一名辩手得票最多这是必然的。

E. 上述论证有漏洞，这一漏洞也出现在下述论证中：在七名辩手要产生一名最佳辩手。任一辩手都可能当选。因此所有辩手都当选，这是可能的。

命题方向⑱：论证推理　论证方式、漏洞识别　答案速查										
1. A	2. B	3. C	4. C	5. B	6. A	7. B	8. D	9. B	10. E
11. C	12. E	13. A	14. D	15. D	16. A	17. B	18. B	19. B	20. B
21. C	22. E	23. E	24. D	25. D	26. C	27. E	28. D	29. D	30. B
31. D	32. A	33. D	34. B	35. D	36. A	37. B	38. D	39. E	40. A

MBA MPA MPAcc
管理类与经济类综合能力

逻辑真题库

主编 孙江媛　真题分类册（解析）

北京理工大学出版社

版权专有　侵权必究

图书在版编目（CIP）数据

MBA MPA MPAcc 管理类与经济类综合能力逻辑真题库．真题分类册．解析 / 孙江媛主编．— 北京：北京理工大学出版社，2023.6

ISBN 978-7-5763-2517-1

Ⅰ. ①M… Ⅱ. ①孙… Ⅲ. ①逻辑 – 研究生 – 入学考试 – 题解 Ⅳ. ①B81-44

中国国家版本馆 CIP 数据核字 (2023) 第 113693 号

出版发行 / 北京理工大学出版社有限责任公司
社　　址 / 北京市海淀区中关村南大街 5 号
邮　　编 / 100081
电　　话 /（010）68914775（总编室）
　　　　　（010）82562903（教材售后服务热线）
　　　　　（010）68944723（其他图书服务热线）
网　　址 / http://www.bitpress.com.cn
经　　销 / 全国各地新华书店
印　　刷 / 天津市蓟县宏图印务有限公司
开　　本 / 787 毫米 × 1092 毫米　1/16
印　　张 / 15.5
字　　数 / 387 千字
版　　次 / 2023 年 6 月第 1 版　2023 年 6 月第 1 次印刷
定　　价 / 99.80 元（全三册）

责任编辑 / 时京京
文案编辑 / 时京京
责任校对 / 刘亚男
责任印制 / 李志强

图书出现印装质量问题，请拨打售后服务热线，本社负责调换

目 录

第一部分 形式逻辑 ··· (1)

一、考点速通 ··· (1)

考点1：联言命题、选言命题 ··· (1)

考点2：直言命题 ·· (4)

考点3：假言命题 ·· (5)

考点4：三段论 ··· (11)

考点5：模态命题 ··· (16)

考点6：关系命题 ··· (17)

考点7：概念 ·· (19)

二、命题方向专训 ·· (20)

命题方向①：形式逻辑 正向推理 ··································· (20)

命题方向②：形式逻辑 支持假设 ··································· (38)

命题方向③：形式逻辑 真假判定 ··································· (47)

命题方向④：形式逻辑 结构相似 ··································· (57)

命题方向⑤：形式逻辑 加分题型 ··································· (63)

第二部分 综合推理 ·· (76)

一、考点速通 ··· (76)

考点8：咔咔排除法 ·· (76)

考点9：确定信息呼呼推 ··· (77)

考点 10：无确定信息破解法 ……………………………………………………………… (78)

考点 11：稳赢分析法 ……………………………………………………………………… (79)

二、命题方向专训 ……………………………………………………………………………… (80)

命题方向⑥：综合推理 真话假话 …………………………………………………………… (80)

命题方向⑦：综合推理 排序 ………………………………………………………………… (89)

命题方向⑧：综合推理 匹配 ………………………………………………………………… (90)

命题方向⑨：综合推理 分组 ………………………………………………………………… (93)

命题方向⑩：综合推理 数字相关 …………………………………………………………… (95)

命题方向⑪：综合推理 综合题组 …………………………………………………………… (104)

第三部分　论证逻辑 …………………………………………………………………… (111)

一、考点速通 …………………………………………………………………………………… (111)

考点 12：两大论证型式 …………………………………………………………………… (111)

考点 13：十大论证模型 …………………………………………………………………… (127)

考点 14：论证评价 ………………………………………………………………………… (155)

二、命题方向专训 ……………………………………………………………………………… (161)

命题方向⑫：论证推理 削弱、质疑、反驳 ………………………………………………… (161)

命题方向⑬：论证推理 支持、加强 ………………………………………………………… (185)

命题方向⑭：论证推理 假设、前提 ………………………………………………………… (192)

命题方向⑮：论证推理 解释 ………………………………………………………………… (203)

命题方向⑯：论证推理 结论 ………………………………………………………………… (212)

命题方向⑰：论证推理 焦点 ………………………………………………………………… (227)

命题方向⑱：论证推理 论证方式、漏洞识别 ……………………………………………… (231)

第一部分　形式逻辑

一、考点速通

考点1：联言命题、选言命题

1. D 【题号】20120129　【难度】S4

    【考点】选言命题【命题方向】①形式逻辑　正向推理

    题干信息：(1) 王涛→理科 (1) 班；(2) 周波→理科 (1) 班；

    (3) 理科 (1) 班→物理∨化学；(4) 王涛→物理；(5) 周波→¬化学。

    由"或"的性质可知，¬化学→物理，¬物理→化学，所以复选项Ⅲ可推出，复选项Ⅳ不可推出。综合 (1) (2) (3) 可得：(6) 王涛→理科 (1) 班→物理∨化学，(7) 周波→理科 (1) 班→物理∨化学。由 (4) 无法推出任何信息，复选项Ⅱ推不出。由 (5) 结合 (7) 及相容选言命题的特点可得，周波→¬化学→物理，复选项Ⅰ可推出。

    故正确答案为 D 选项。

2. E 【题号】20090154　【难度】S5

    【考点】联言、选言命题【命题方向】①形式逻辑　正向推理

    题干信息：(1) 张→绿∧咖；(2) 张的朋友→¬(绿∧咖)＝张的朋友→¬绿∨¬咖；

    (3) 张的朋友→红。

    E 选项：由 (1) (2) 可知，"绿∧咖"和"¬(绿∧咖)"是矛盾关系，张珊喜欢喝的饮料，他的朋友不是都喜欢喝，所以 E 选项一定为假。

    A 选项：题干并未提到此信息，无法判断真假。B 选项：与 (2) 不矛盾，可能为真。C 选项：由 (3) 只能得知，张珊的朋友都喜欢喝红茶，但是是否所有朋友喜欢喝的茶的种类都一样呢？未知。D 选项：与 (2) 不矛盾，可能为真。

    故正确答案为 E 选项。

3. E 【题号】20070144　【难度】S6

    【考点】选言命题【命题方向】①形式逻辑　正向推理

    "或"的逻辑含义为"至少有一个"，所以题干的逻辑含义为：认为被告在作案时间上提供伪证的陪审员+认为被告在作案地点上提供伪证的陪审员+认为被告在作案动机上提供伪证的陪审员＝陪审员的2/3。因此，满足题干信息的情况有很多，如 2/3＝2/3+0+0＝1/3+1/3+0＝1/6+1/6+2/6 等，只要三者加在一起是 2/3 即可，每一项有多少无法确定。

对于作案时间、作案地点和作案动机之一，可能只有三分之一的陪审员认为证人提供了伪证，可能只有六分之一的陪审员认为证人提供了伪证，也可能并没有陪审员认为证人提供了伪证，所以A、B、C、D四项均无法推出。

故正确答案为E选项。

4. B【题号】19981053　【难度】S5

【考点】联言、选言命题【命题方向】①形式逻辑　正向推理

题干信息："或者……或者……，二者必居其一"，即"要么……要么……"。

(1) 英∨日；(2) 旧金山∨东京；(3) 林∨胡。

复选项Ⅰ：错误，因为可能性太多。不是林用英语在旧金山，有可能是胡用英语在旧金山，也有可能是胡用日语在旧金山，还有可能是林用日语在旧金山。

复选项Ⅱ：正确，既然已经是"林用英语在东京首先翻译的"，因此，其他可能性都是错误的。

复选项Ⅲ：错误，首次翻译出版是在东京，不是林用英语，但还可以是林用日语等情况。

故正确答案为B选项。

5. C【题号】20050137　【难度】S5

【考点】联言、选言命题【命题方向】①形式逻辑　正向推理

题干信息：(1) 作案→甲∨乙（必有其一）；(2) 毒药→毒鼠强∨乐果（至少其一）。

复选项Ⅰ：¬（甲∧毒鼠强）=¬甲∨¬毒鼠强=乙∨乐果，无法得出一定是乙投乐果所为，排除。

复选项Ⅱ：由(2) 可知毒鼠强与乐果至少其一，已经有了毒鼠强，无法确定是否有乐果，排除。

复选项Ⅲ：¬甲∧¬毒鼠强=乙∧乐果，即乙投乐果，正确。

故正确答案为C选项。

6. A【题号】20100139　【难度】S5

【考点】联言、选言命题【命题方向】①形式逻辑　正向推理

题干信息：(1) 推至更小轨道∨逐出太阳系；(2) 推至更小轨道∨逐出太阳系。

(1) 表示"推至更小轨道"和"逐出太阳系"只能二选一，(2) 表示"推至更小轨道"和"逐出太阳系"至少选其一，也就是可能二选一，也可能二选二。所以，如果(1) 为真，那么(2) 一定为真，不符合题干中的"只有一种为真"的要求，因此(1) 为假，(2) 为真，则真实情况是"推至更小轨道∧逐出太阳系"。

故正确答案为A选项。

7. C 【题号】20090130 【难度】S4

【考点】选言命题【命题方向】②形式逻辑 支持假设

题干信息：李 清华∨¬孙 北大=¬李 清华→¬孙 北大=孙 北大→李 清华。

因此，如果增加条件"小孙考上了北大"，就可以推出"小李考上了清华"。

C选项：张 北大∧孙 北大，含有"小孙考上了北大"这一条件，正确。

故正确答案为C选项。

8. E 【题号】19980102 【难度】S4

【考点】联言、选言命题【命题方向】③形式逻辑 真假判定

题干信息：¬（鱼∧熊掌）=¬鱼∨¬熊掌=鱼→¬熊掌。

E选项：与题干信息描述一致，正确。

故正确答案为E选项。

9. B 【题号】20020148 【难度】S4

【考点】联言、选言命题【命题方向】③形式逻辑 真假判定

总经理：王∨孙。董事长：¬（王∨孙）=¬王∧¬孙。

B选项：与题干信息描述一致，正确。

故正确答案为B选项。

10. E 【题号】20030153 【难度】S4

【考点】联言、选言命题【命题方向】③形式逻辑 真假判定

总经理：（环岛∨宏达）∧¬清河桥。董事长：¬［（环岛∨宏达）∧¬清河桥］=¬（环岛∨宏达）∨清河桥=（¬环岛∧¬宏达）∨清河桥=¬（¬环岛∧¬宏达）→清河桥。

E选项：与题干表达的逻辑关系一致，正确。

故正确答案为E选项。

11. E 【题号】20050142 【难度】S4

【考点】联言、选言、直言命题【命题方向】③形式逻辑 真假判定

题干信息：¬（都检查∧¬有假冒）=（1）¬都检查∨有假冒=（2）都检查→有假冒。

复选项Ⅰ：¬都检查∧有假冒，与题干逻辑关系不一致，排除。

复选项Ⅱ：¬都检查∨有假冒，与（1）逻辑关系一致，正确。

复选项Ⅲ：都检查→有假冒，与（2）逻辑关系一致，正确。

故正确答案为E选项。

12. E 【题号】20120133 【难度】S4

【考点】联言、选言命题【命题方向】③形式逻辑 真假判定

题干信息：(1) ¬（陈∧王）= ¬陈∨¬王；(2) ¬（¬陈∧¬王）= 陈∨王。

(1)(2) 结合可得，（陈∧¬王）∨（王∧¬陈）。E选项与其意思一致。

故正确答案为E选项。

考点2：直言命题

1. A 【题号】19981059　【难度】S4

【考点】直言命题【命题方向】③形式逻辑 真假判定

题干信息：有的。

"有的"为真，"都"真假不定，故复选项Ⅰ正确。"有的"为真，"有的不"真假不定，故复选项Ⅱ正确。"都不"是"有的"的矛盾命题，故复选项Ⅲ必假。

故正确答案为A选项。

2. D 【题号】20080157　【难度】S5

【考点】直言命题【命题方向】③形式逻辑 真假判定

题干信息：(1) 北方人不都爱吃面食，这一断定为真，即有的北方人不爱吃面食；

(2) 南方人都不爱吃面食，这一断定为假，即有的南方人爱吃面食。

复选项Ⅰ："北方人都爱吃面食"与（1）矛盾，为假；"有的南方人也爱吃面食"与（2）一致，为真。该复选项前半句为假、后半句为真，由联言命题的真值特点可知，整个命题为假。

复选项Ⅱ：由（1）可知，有的北方人不爱吃面食，由"有的"和"有的不"至少一真的特征可知，"有的"为真时，"有的不"真假不确定。同理可知，"有的"南方人不爱吃面食也是不确定的，故该复选项不能确定真假。

复选项Ⅲ：因为"有的"的数量范围是"1~全部"，所以由（1）可知，北方人可能都不爱吃面食；由（2）可知，南方人可能都爱吃面食，存在"全部"的可能性，所以该复选项不能确定真假。

故正确答案为D选项。

3. C 【题号】20060147　【难度】S4

【考点】直言命题【命题方向】③形式逻辑 真假判定

题干信息：参赛选手都得到了优秀票。

矛盾命题为：有的参赛选手没有得到优秀票。

复选项Ⅰ、复选项Ⅱ：主体都是"评委"，评委的投票情况从题干无法推知，未知真假。

复选项Ⅲ：有的参赛选手没有得到优秀票，与题干矛盾，不可能为真。

故正确答案为 C 选项。

4. E 【题号】20070142 【难度】S4

【考点】直言命题【命题方向】③形式逻辑 真假判定

题干信息：对"同时具备李女士的所有优点"找矛盾，没有竞选者能同时具备李女士的所有优点＝所有竞选者都不具备李女士的某些优点。

如果无法直接进行转换，也可以用列表找出符合题干信息的情况，再判断选项。例如：

竞选者	优点1	优点2	优点3	优点4
李女士	√	√	√	
竞选者A	√		√	√
竞选者B		√	√	

E 选项：从上表可知，其他竞选者都不具备李女士的某些优点，即都有不及李女士之处，正确。

A 选项：题干中并未提及当选总经理需要具备哪些优点，所以无法推知，排除。

B 选项：从上表可知，李女士并不一定具有其他竞选者都不具备的某些优点，排除。

C 选项：从上表可知，李女士并不具备优点4，所以无法得出该结论，排除。

D 选项：从上表可知，其他竞选者都具备李女士的优点3，排除。

故正确答案为 E 选项。

考点3：假言命题

1. A 【题号】20070128 【难度】S4

【考点】假言命题【命题方向】①形式逻辑 正向推理

题干信息：¬教条→束缚＝教条→束缚。（除非A，否则B＝¬A→B）

A 选项：¬教条→¬束缚，与题干逻辑关系不一致，正确。B、C 两项：教条→束缚，与题干逻辑关系一致，排除。D、E 两项：¬束缚→¬教条，是题干逻辑关系的等价逆否命题，排除。

故正确答案为 A 选项。

2. E 【题号】19981079 【难度】S4

【考点】假言、联言、选言命题【命题方向】①形式逻辑 正向推理

题干信息：(1) 跻身世界→体能∧科训；(2) ¬(体能∧科训)→¬突破。

E 选项：体能∧科训∧拼搏→突破，与 (2) 的逻辑关系不一致。

A 选项：突破→体能∧科训，是 (2) 的等价逆否命题，与题干一致。B 选项：¬(体能∧科训)→¬突破，与 (2) 完全一致。C 选项：突破→体能∧科训，是 (2) 的等价逆

否命题，与题干一致。D 选项：¬ 体能∧科训→ 突破，符合（2）的展开形式"¬ 体能∨¬ 科训→¬ 突破"，即"¬ 体能"出现时，"¬ 突破"就一定成立，"科训"成立与否没有关系，故与题干原意一致。

故正确答案为 E 选项。

3. B 【题号】20090150 【难度】S5

【考点】假言、联言、选言命题【命题方向】①形式逻辑 正向推理

题干信息：（1）实力→教育；（2）贡献→实力。

（2）（1）传递可得：（3）贡献→实力→教育 =（4）¬ 教育→¬ 实力→¬ 贡献。

B 选项：教育→贡献，与题干逻辑关系不一致，正确。

A 选项：先将其转换为标准句式，即除非拥有一流的教育，否则中国难以做出应有的国际贡献，其逻辑关系为"¬ 教育→¬ 贡献"，与（4）的逻辑关系一致，排除。C 选项：实力→教育，与（3）的逻辑关系一致，排除。D 选项：¬（贡献∧¬ 教育）= ¬ 贡献∨教育 = 贡献→教育，与（3）的逻辑关系一致，排除。E 选项：¬ 贡献∨教育 = 贡献→教育，与（3）的逻辑关系一致，排除。

故正确答案为 B 选项。

4. C 【题号】20130129 【难度】S5

【考点】假言命题【命题方向】①形式逻辑 正向推理

题干信息：实心纯金→¬ 举过头顶挥舞。

C 选项：实心纯金→¬ 举过头顶挥舞，与题干信息一致，正确。

A 选项：举过头顶挥舞→空心纯金，与题干信息不符，排除。B 选项：纯金→实心，与题干信息不符，排除。D 选项：纯金∧¬ 实心→举过头顶挥舞，与题干信息不符，排除。E 选项：纯金→空心，与题干信息不符，排除。

故正确答案为 C 选项。

5. B 【题号】20020116 【难度】S4

【考点】假言、联言命题【命题方向】①形式逻辑 正向推理

题干信息：（1）微→氯气；（2）浴→氯气；（3）排→气；（4）未知→¬ 氯气。

由（4）结合（1）和（2）可得，未知→¬ 氯气→¬ 微∧¬ 浴，复选项Ⅱ正确。此外，本题没有限定只是这三种清洁剂中的某种，无法判断复选项Ⅰ和复选项Ⅲ是否正确。

故正确答案为 B 选项。

6. E 【题号】20010158 【难度】S5

【考点】假言、联言命题【命题方向】①形式逻辑 正向推理

题干信息：（1）鲈鱼→鲦鱼∧浮藻；（2）漠亚河 ¬ 鲈鱼。

根据推理规则,由"¬鲈鱼"无法推出任何有效信息。

故正确答案为 E 选项。

7. A 【题号】20040143 【难度】S6

【考点】假言命题【命题方向】①形式逻辑 正向推理

题干信息：(1) >800万→优秀奖；(2) 激励奖→>600万；

(3) 6个分公司→>1 000万，6个分公司→<600万。

复选项Ⅰ：由（2）可知,激励奖→>600万；再由（3）可知,该公司分公司的营业额要么>1 000万,要么<600万,所以由">600万"可知,一定>1 000万；再结合（1）可知,>1 000万→>800万→优秀奖,所以复选项Ⅰ一定为真。

复选项Ⅱ：由（1）和逻辑推理规则可知,从"优秀奖"无法推知任何信息,排除。

复选项Ⅲ：题干信息为半数分公司,但每个分公司的职员人数未必相等,所以复选项Ⅲ不一定为真,排除。

故正确答案为 A 选项。

8. E 【题号】20090128 【难度】S6

【考点】假言、联言、选言命题【命题方向】①形式逻辑 正向推理

题干信息：(1) ¬（≤50岁∧≥3 000米）→¬参加；(2) 高血压∨心脏病→¬参加；

(3) 老黄→≥3 000米∧¬参加。

综合（1）（2）可得：(4) >50岁∨<3 000米∨高血压∨心脏病→¬参加。根据形式逻辑推理规则可得,无论由"≥3 000米"还是"¬参加",都无法推出任何确定的结论。

故正确答案为 E 选项。

9. B 【题号】19970146 【难度】S4

【考点】假言、联言命题【命题方向】①形式逻辑 正向推理

论据：白领→穿着得体∧举止斯文。结论：穿着得体∧举止斯文→白领。

论据无法推出结论,因为即使一个人穿着得体、举止斯文,根据推理规则也无法推出其是白领,B 选项指出了题干推理中的漏洞。

故正确答案为 B 选项。

10. E 【题号】20081052 【难度】S4

【考点】假言命题【命题方向】①形式逻辑 正向推理

学校规定：都优秀→免试。题干论证：¬都优秀→¬免试。

由形式逻辑推理规则可知,根据学校规定,由"¬都优秀"无法推出"¬免试",所以题干论证并不成立。之所以题干进行如此推理,是因为它把题干规定理解为了"¬都优秀→¬免试"的等价命题"免试→都优秀",即"只有所有学期课程成绩均是优秀,才可

以免试就读研究生"。

故正确答案为 E 选项。

11. C　【题号】20040142　【难度】S5

【考点】假言、联言命题【命题方向】①形式逻辑　正向推理

题干信息：政治敏感∧信息分析能力∧个人勇气→外交决策。

如果"外交经验"是"外交决策"的充分条件，那么需要满足"外交经验→外交决策"。但是题干信息为"对于一个缺少高度的政治敏感、准确的信息分析能力和果断的个人勇气的外交决策者来说，丰富的外交经验没有什么价值"，由此可以说明"外交经验"并不是"外交决策"的充分条件。

如果"外交经验"是"外交决策"的必要条件，那么需要满足"外交决策→外交经验 = ¬外交经验→¬外交决策"。但是题干信息为"一个人只要有高度的政治敏感、准确的信息分析能力和果断的个人勇气，就能很快地学会如何做出成功的外交决策"，由此可说明"¬外交经验"推不出"¬外交决策"，所以"外交经验"并不是"外交决策"的必要条件。

C 选项：与上述分析一致，既不是充分条件，也不是必要条件，正确。同理，D 选项错误。

A、E 两项：从题干信息中无法得知，排除。

B 选项：由题干信息可知，应为充分条件，而不是必要条件，排除。

故正确答案为 C 选项。

12. C　【题号】19980107　【难度】S4

【考点】假言命题【命题方向】②形式逻辑　支持假设

题干信息：因为足球比赛和训练并不是他们主要的经济来源，所以他们并不真正属于这个行业。

为了使论证成立，需要直接建立"不是主要的经济来源"和"不属于这个行业"的联系，即"不是主要的经济来源→不属于这个行业"。

C 选项："除非……否则……"的逻辑关系为"¬主要经济来源→¬职业"，正确。

故正确答案为 C 选项。

13. B　【题号】19990132　【难度】S4

【考点】假言命题【命题方向】②形式逻辑　支持假设

王大妈回答中的逻辑关系为"¬胖→¬高血压"。问题问王大妈的回答所隐含的前提，即找其等价命题。

B 选项："高血压→胖"是"¬胖→¬高血压"的等价逆否命题。

故正确答案为 B 选项。

14. A 【题号】20011055 【难度】S4

【考点】假言命题【命题方向】②形式逻辑 支持假设

题干信息：¬数量→¬水平。

A 选项："除非……否则……"的逻辑关系为"¬数量→¬水平"，与题干的逻辑关系完全一致。因此，为了使题干逻辑关系成立，A 选项必须成立。

故正确答案为 A 选项。

15. C 【题号】20080155 【难度】S4

【考点】假言命题【命题方向】②形式逻辑 支持假设

小林：(1) 深水合格证→深水池。

规定：(2) ¬游泳帽→¬游泳池；(3) 深水池→深水合格证。

小林的推理就是他所理解的游泳池的规定，所以选出与（1）一致的逻辑关系即可。

C 选项：深水合格证→深水池，与（1）一致，正确。

A、B、E 三项：¬深水合格证→¬深水池、¬游泳帽→深水合格证、深水合格证→¬游泳帽，均与（1）不一致，排除。

D 选项：题干并未涉及"游泳池"和"深水池"的关系，排除。

故正确答案为 C 选项。

16. D 【题号】19970106 【难度】S4

【考点】假言命题【命题方向】③形式逻辑 真假判定

题干信息：(1) 边吃边呼吸→第二味觉；(2) 高效率的新陈代谢→边吃边呼吸。

(2)(1) 传递可得：(3) 高效率的新陈代谢→边吃边呼吸→第二味觉。

要削弱以上断言，即找（3）的矛盾命题。以下三种情况均为（3）的矛盾命题：①高效率的新陈代谢∧¬边吃边呼吸；②边吃边呼吸∧¬第二味觉；③高效率的新陈代谢∧¬第二味觉。D 选项为情况③，其他选项均未与题干信息形成矛盾关系。

故正确答案为 D 选项。

17. B 【题号】20080150 【难度】S4

【考点】假言命题【命题方向】③形式逻辑 真假判定

题干信息：主持人的断定为"A→4"。

要想推翻主持人的断定，就要找到其矛盾命题"A∧¬4"，所以可翻动 A，若其另一面不是 4，则推翻了主持人的断定。另一张需要翻动的是"¬4"，若其另一面是 A，则推翻了主持人的断定。由于上述四张卡片一面是大写英文字母，另一面是阿拉伯数字，所以要翻动一张不是 4 的阿拉伯数字卡片，即翻动 7。

故正确答案为 B 选项。

18. A 【题号】20090138 【难度】S5

【考点】假言命题【命题方向】③形式逻辑 真假判定

人类学家：¬能力（A）→¬幸存（B）。

阿法种南猿：能力（¬A）∧幸存（B）。因此，人类学家的观点是错误的。

题干推理的漏洞在于：要想推翻人类学家的观点，需要列出其矛盾关系"¬能力∧幸存（A∧¬B）"才可以，"能力∧¬幸存"并不是其矛盾关系，所以无法证明人类学家的观点错误。

A选项：断定为"¬认识（A）→¬改正（B）"，大张的观点为"认识（¬A）∧¬改正（B）"。因此，该断定是不成立的。A选项的论证结构及推理漏洞与题干相似，正确。

故正确答案为A选项。

19. A 【题号】20010165 【难度】S5

【考点】假言、联言、选言命题【命题方向】④形式逻辑 结构相似

题干信息：市场（A）→质量（B）∧服务（C），质量（B）∧¬服务（¬C），因此，¬市场（¬A）。

观察结论的肯否性质，优先验证A、B两项。

A选项：胜任（A）→才（B）∧德（C），才（B）∧¬德（¬C），因此，¬胜任（¬A）。该项的推理结构与题干的相似。

B选项：晴朗（A）∧三级之下（B）→开放（C），晴朗（A）∧¬三级之下（¬B），因此，¬开放（¬C）。该项的推理结构与题干的不相似。

故正确答案为A选项。

20. E 【题号】20040134 【难度】S5

【考点】假言、选言命题【命题方向】①形式逻辑 正向推理

题干信息：(1) 低价获利→低价花；(2) ¬销量大→¬低价花；

(3) 销量大→兴趣∨独家。

由(1)(2)(3)传递可得：(4) 低价获利→低价花→销量大→兴趣∨独家。

E选项：低价获利→低价花，与(1)的逻辑关系一致，正确。

A选项：不合规则，由"低价花"无法推出"低价获利"，排除。

B选项：不合规则，由"¬低价获利"无法推出"¬低价花"，排除。

C选项：不合规则，题干是"→"的关系，无法得出"且"的关系，排除。

D选项：不合规则，由"兴趣∨独家"无法推出"销量大"，排除。

故正确答案为E选项。

21. C 【题号】20040135 【难度】S5

【考点】假言、联言、选言命题【命题方向】③形式逻辑 真假判定

问题问的是"以下哪项不可能为真"即需要找到（4）的矛盾命题。

C 选项：¬兴趣∧¬独家∧低价获利=低价获利∧¬（兴趣∨独家），是（4）的矛盾命题，正确。

故正确答案为 C 选项。

考点 4：三段论

1. C　【题号】20050147　【难度】S5

【考点】直言命题　三段论【命题方向】①形式逻辑　正向推理

题干信息：（1）大多数经验丰富→小盘；（2）年轻→¬大盘；（3）小盘→¬大盘。

由（1）（3）（2）传递可得：（4）大多数经验丰富→小盘→¬大盘→年轻。

复选项Ⅰ：无法推出，由（4）可知，大多数经验丰富→¬年轻，只能推出"有些经验丰富→¬年轻"，但无法推出"有些年轻→经验丰富"，不是必定为真。

复选项Ⅱ：可以推出，由（4）可知，大多数经验丰富→¬大盘，由"大多数"可以推出"有些"，正确。

复选项Ⅲ：可以推出，由（4）可知，小盘→¬年轻=年轻→¬小盘，正确。

故正确答案为 C 选项。

2. A　【题号】20021041　【难度】S5

【考点】直言命题　三段论【命题方向】①形式逻辑　正向推理

题干信息：（1）有些优良→诺亚；（2）诺亚→昂贵；（3）昂贵→信任。

由（1）（2）（3）传递可得：（4）有些优良→诺亚→昂贵→信任。

A 选项：原句可转换为"有些受到女士们信任的护肤化妆品实际效果并不优良"，逻辑关系为，有些信任→¬优良，与（4）逻辑关系不一致。

B 选项：有些优良→信任，与（4）逻辑关系一致。C 选项：诺亚→信任，与（4）逻辑关系一致。D 选项：有些昂贵→优良，由（4）可得"有些优良→昂贵"，结合互换特性可知"有些优良→昂贵=有些昂贵→优良"，故可以从题干的断定中推出。E 选项：¬信任→¬昂贵=昂贵→信任，可以从题干的断定中推出。

故正确答案为 A 选项。

3. B　【题号】19970132　【难度】S4

【考点】直言命题　三段论【命题方向】①形式逻辑　正向推理

题干信息：（1）爱斯基摩→黑衣服；（2）北婆罗洲→白衣服；

（3）¬（白衣服∧黑衣服）=¬白衣服∨¬黑衣服；（4）H→白衣服。

由（4）（3）（1）传递可得：H→白衣服→¬黑衣服→¬爱斯基摩。

故正确答案为 B 选项。

4. D　【题号】20130151　【难度】S5

　　【考点】直言命题　三段论【命题方向】①形式逻辑　正向推理

题干信息：（1）翠竹的大学同学→德资；（2）溪兰→翠竹的大学同学；（3）涧松→德资经理；（4）有些德资→淮安；（5）德资→德国；（6）德资→德语。

　　由（2）（1）（6）传递可得：溪兰→翠竹的大学同学→德资→德语。

　　故正确答案为 D 选项。

5. A　【题号】20070148　【难度】S5

　　【考点】直言命题　三段论【命题方向】①形式逻辑　正向推理

题干信息：（1）蓝星货轮>100 米；（2）蓝星客轮<100 米；

（3）蓝星大多数轮船 1990 年以前下水；（4）金星货轮 1990 年以后下水∧<100 米；

（5）金星客轮 1990 年以后下水∧<100 米；（6）大通港一号码头→蓝星∨金星；

（7）大通港一号码头只适用于<100 米；（8）捷运号→大通港一号码头∧货轮。

　　（8）为确定信息，将其与（7）结合可知，捷运号<100 米；结合（1）可知，捷运号一定不是蓝星航线上的；再由（6）得出，该货轮是金星航线上的；进而由（4）推知，该货轮是 1990 年以后下水的。

　　A 选项：由上述分析可知，A 选项一定为真，正确。

　　B 选项：由上述推理可知，捷运号属于金星航线，排除。C、D 两项：题干信息为"大通港一号码头"，大通港可能有很多码头，所以这两项不一定为真，排除。E 选项：题干提及的是蓝星大多数轮船 1990 年以前下水，但也可能有 1990 年以后下水的，所以两条航线上轮船下水的时间早晚不确定，排除。

　　故正确答案为 A 选项。

6. A　【题号】20130149　【难度】S5

　　【考点】直言、联言、选言命题　三段论【命题方向】①形式逻辑　正向推理

题干信息：（1）物理∧报告→高校；（2）有些化学∧报告→高校；（3）大部分化学∧报告→中学；（4）报告∧¬物理∧¬化学→科学院；（5）高校∧报告→副教授以上；（6）中学∧报告→中教高级以上；（7）李默→¬中学，张嘉→¬高校。

　　（7）为确定信息，由"李默→¬中学"无法推出任何信息。

　　由"张嘉→¬高校"结合（1）的逆否可得"¬高校→¬物理∨¬报告"，其后件等价于，报告→¬物理，即如果张嘉做了学术报告，那么他不是物理学会的。

　　故正确答案为 A 选项。

7. C　【题号】19970103　【难度】S4

【考点】直言命题 三段论【命题方向】②形式逻辑 支持假设

结构词：因此。论据：（1）某些理发师→留胡子＝某些留胡子→理发师［互换特性］。

结论：（2）某些留胡子→白衣服。

方法一：倒三角，补箭头。

C选项：（3）理发师→白衣服。由（1）（3）传递可得，有些留胡子→理发师→白衣服，即可得到结论（2）。其他选项均无法结合（1）得到（2）。

方法二：排除法。

根据三段论特性："某些（有些）"在论据和结论中各出现了1次，所以补充的条件中不能再有量词"某些（有些）"，排除A、B、D三项。根据推理方向，要由"理发师"推出"白衣服"，排除E选项。

故正确答案为C选项。

8. A【题号】20120145 【难度】S5

【考点】直言命题 三段论【命题方向】②形式逻辑 支持假设

题干信息：（1）有些维护→个人信息安全；（2）有些维护→￢外包。

方法一：倒三角，补箭头。

A选项：个人信息安全→￢外包，与（1）传递可得，有些维护→个人信息安全→￢外包，可以得出（2），正确。

方法二：排除法。

根据三段论特征：题干中未出现"国家信息安全"，排除D、E两项；"有些"在论据和结论中各出现了一次，所以补充的条件中不能再有"有些"，排除B、C两项。

故正确答案为A选项。

9. A【题号】20130133 【难度】S5

【考点】直言命题 三段论【命题方向】②形式逻辑 支持假设

题干信息：（1）该现象→￢解释（论据）；（2）该现象→错觉（结论）。

要想证明上述结论不成立，即要指出该现象不是错觉。

A选项：错觉→解释＝￢解释→￢错觉，与（1）结合进行传递可得，该现象→￢解释→￢错觉，是（2）的矛盾命题，可以使小王的断言不成立。

故正确答案为A选项。

10. A【题号】20120149 【难度】S6

【考点】直言命题 三段论【命题方向】③形式逻辑 真假判定

题干信息：（1）两岸→廉价；（2）廉租→凤北；（3）东向→别墅＝￢别墅→￢东向；

（4）￢廉租→￢廉价＝廉价→廉租；（5）有些单室套的两限房→凤南；

（6）别墅→凤南＝￢凤南→￢别墅。

由（1）（4）（2）（6）（3）传递可得：（7）两岸→廉价→廉租→凤北→¬凤南→¬别墅→¬东向。

A选项：两岸∧东向，与（7）矛盾，不可能存在，正确。

B选项：凤北→¬凤南，但（5）无法取逆否，所以无法出现矛盾，排除。

C选项：廉租→凤北→¬凤南，但（5）无法取逆否，所以无法出现矛盾，排除。

D选项：两岸→廉价→廉租→凤北→¬凤南，但（5）无法取逆否，所以无法出现矛盾，排除。

E选项：南向→¬东向，无法再推出其他信息，排除。

故正确答案为A选项。

11. C 【题号】19970108 【难度】S4

【考点】直言命题 三段论【命题方向】④形式逻辑 结构相似

题干推理结构为：所有A都是B，C是B，所以C是A。

C选项：所有A（从事工商管理工作）都是B（学习企业管理），C（老陈）是B（学习企业管理），所以C（老陈）是A（从事工商管理工作），与题干推理结构完全一致，正确。

A选项：推理结构中出现否定词，与题干推理结构不相似，排除。

B选项：所有A（鸟）都是B（卵生动物），C（天鹅）是A（鸟），所以C（天鹅）是B（卵生动物），与题干推理结构不相似，排除。

D选项："只有……才……"是假言命题连接词，题干中的"凡……都是……"是直言命题连接词，与题干推理结构不相似，排除。

E选项："……险于……"是关系命题连接词，与题干推理结构不相似，排除。

故正确答案为C选项。

12. D 【题号】20030143 【难度】S5

【考点】直言命题 三段论【命题方向】④形式逻辑 结构相似

题干信息：C不是B，B都A，所以A都不C。

要想说明题干推理不成立，需要找出与题干推理结构一致，但是得出明显荒谬结论的选项。

D选项：C不是B，B都A，所以A都不C，与题干推理结构一致，并且因为有的说汉语的人是台湾人，所以"说汉语的人都不是台湾人"是荒谬的结论，可以说明题干推理不成立，正确。

A选项：B都C，A不B，所以A不C，与题干推理结构不相似，排除。

B选项：C都B，A是B，所以A是C，与题干推理结构不相似，排除。

C选项：不B都C，A是B，所以A是C，与题干推理结构不相似，排除。

E选项：C都是B，B都A，所以A都C，与题干推理结构不相似，排除。

故正确答案为D选项。

13. C 【题号】19980145 【难度】S4

【考点】直言命题 三段论【命题方向】①形式逻辑 正向推理

题干信息：（1）有的教员→人寿；（2）四居室以上→财产；（3）人寿→¬财产。

结合（1）（3）（2）可得：（4）有的教员→人寿→¬财产→¬四居室以上。

复选项Ⅰ：有的教员→四居室以上，由（4）可知，有的中老年教员没买四居室以上的住房，"有的"的数量范围为"1~全部"，所以无法判断是否存在"有中老年教员买了四居室以上的住房"的情况，真假不确定。

复选项Ⅱ：有的教员→¬财产，符合（4），一定为真。

复选项Ⅲ：四居室以上→¬人寿=人寿→¬四居室以上，符合（4），一定为真。

故正确答案为C选项。

14. A 【题号】19980146 【难度】S5

【考点】直言命题 三段论【命题方向】③形式逻辑 真假判定

补充信息：（5）教员→人寿。

结合（5）（3）（2）可得：（6）教员→人寿→¬财产→¬四居室以上。

A选项：有的四居室以上→教员=有的教员→四居室以上，由（6）可知，所有中老年教员都没买四居室以上的住房，与A选项是矛盾关系，一定为假。

故正确答案为A选项。

15. C 【题号】20000165 【难度】S5

【考点】直言命题 三段论【命题方向】①形式逻辑 正向推理

题干信息：（1）安徽→暂住；（2）暂住→就业；（3）有些安徽→门卫=有些门卫→安徽；（4）有些武校→门卫=有些门卫→武校；（5）武校→¬就业。

由（3）（1）（2）（5）综合可得：（6）有些门卫→安徽→暂住→就业→¬武校。

由（4）（5）（2）（1）综合可得：（7）有些门卫→武校→¬就业→¬暂住→¬安徽。

C选项：有些安徽→武校，由（6）可知，安徽→¬武校，即所有安徽来京打工人员都不是业余武术学校的学员，与"有些"是矛盾关系，一定为假。

A选项：安徽→就业，与（6）一致。B选项：没有一个A是B=所有A都不是B，B选项可转换为"所有业余武术学校的学员都没有办理暂住证"，逻辑关系为"武校→¬暂住"，与（7）一致。D选项：有些门卫→¬就业，与（7）一致。E选项：有些门卫→就业，与（6）一致。

故正确答案为C选项。

16. D 【题号】20000166 【难度】S5

【考点】直言命题 三段论【命题方向】③形式逻辑 真假判定

此题需要选出"不可能符合题干所做的断定"的选项，即要选出与题干逻辑关系矛盾的选项。

D 选项：暂住∧武校，与（6）"暂住→¬ 武校"是矛盾关系，一定为假。

A 选项：就业∧¬ 武校，与题干逻辑关系不矛盾，可能符合题干断定。

B 选项：就业∧¬ 暂住，与题干逻辑关系不矛盾，可能符合题干断定。

C 选项：暂住∧¬ 安徽，与题干逻辑关系不矛盾，可能符合题干断定。

E 选项：门卫∧¬ 暂住∧¬ 武校，与题干逻辑关系不矛盾，可能符合题干断定。

故正确答案为 D 选项。

17. E 【题号】20010162 【难度】S4

【考点】直言命题 三段论【命题方向】①形式逻辑 正向推理

题干信息：(1) 桥牌→围棋；(2) 有的围棋→武术；(3) 武术→¬ 健身；

(4) 有的桥牌→健身。

(4)(1) 传递可得：(5) 有的健身→桥牌→围棋。

(2)(3) 传递可得：(6) 有的围棋→武术→¬ 健身。

E 选项：(6) 的链条首尾信息为"有的围棋→¬ 健身"，与"都"矛盾，故 E 选项为假。

A 选项：由 (5) 可知"桥牌→围棋"，无法推出"围棋→桥牌"，可能为真。

B 选项："桥牌"和"武术"不在同一个逻辑链条中，真假不确定。

C 选项：由 (5)"有的健身→围棋"可知，"所有都"可能为真。

D 选项：由 (4)"有的桥牌→健身"可知，"有的不"真假不确定。

故正确答案为 E 选项。

18. A 【题号】20010163 【难度】S5

【考点】直言命题 三段论【命题方向】③形式逻辑 真假判定

补充信息：(7) 围棋→武术∨健身。

(4)(1)(7) 传递可得：(8) 有的健身→桥牌→围棋→武术∨健身。

A 选项："桥牌→¬ 武术∧¬ 健身"是 (8) 的矛盾命题，一定为假。

故正确答案为 A 选项。

考点5：模态命题

1. D 【题号】20040131 【难度】S4

【考点】模态、联言、选言命题【命题方向】①形式逻辑 正向推理题干信息：不可能（¬宏达∧¬亚鹏）= 必然不（¬宏达∧¬亚鹏）= 必然（宏达∨亚鹏）。

题干断定的意思是，宏达和亚鹏至少有一个必然中标。

故正确答案为 D 选项。

2. A 【题号】20070136 【难度】S4

【考点】模态、选言命题【命题方向】③形式逻辑 真假判定

第一步：简化题干信息	(1) 王∨陈；(2) 可能不王；(3) 一定王；(4) 陈
第二步：找矛盾关系或反对关系	(2) 和 (3) 是矛盾关系，必一真一假
第三步：推知其余项真假	题干信息为两真两假，所以 (1) (4) 是一真一假
第四步：根据其余项真假，得出真实情况	如果 (4) 为真，那么 (1) 一定为真，此时与题干信息矛盾，所以 (4) 为假，(1) 为真。由 (4) 为假推知：¬陈。再由 (1) 为真推知：王
第五步：带回矛盾或反对项，判断真假，选出答案	由"王∧¬陈"这一真实情况可知：(3) 为真，(2) 为假。故正确答案为 A 选项

3. B 【题号】19971015 【难度】S4

【考点】模态命题【命题方向】⑤形式逻辑 加分题型

B 选项：由于无法判断此人的身份和目的，所以只能得出"可能"，而不能得出比较绝对的说法，正确。根据题干信息，无法判断此人是否为该市场管理人员，也无法判断此人来市场的目的，A、C、D、E 四个选项的说法过于绝对，不一定正确。

故正确答案为 B 选项。

4. A 【题号】19990142 【难度】S5

【考点】模态、直言命题【命题方向】⑤形式逻辑 加分题型

题干信息：你可以随时愚弄某些人。

"随时"即任何时候；"某些人"即有些人。

复选项Ⅰ：无法判断"某些人"是否包括"张三"或"李四"，不一定为真。

复选项Ⅱ：题中只说了"可以"，没有说"一直想（都想）"，不一定为真。

复选项Ⅲ："随时都可以"可以推出"随时都可能"。

复选项Ⅳ：错误，因为你可以"随时"这样做。

复选项Ⅴ：错误，"随时可以"不意味着"每时每刻"都这样做。

故正确答案为 A 选项。

考点6：关系命题

1. E 【题号】19970115 【难度】S4

【考点】关系命题【命题方向】⑤形式逻辑　加分题型

已知信息：(1) A>C；(2) A>D；(3) B>C；(4) B>D。要求推出结论：(5) E>D。

可以看出，只要补充"E>A"或"E>B"即可推出结论。

故正确答案为E选项。

2. C【题号】19990137　【难度】S5

【考点】关系命题【命题方向】⑤形式逻辑　加分题型

本题涉及的是"认识"这种非对称关系，A认识B，但B并不一定认识A。

题干中的认识关系的数量：(1) 一个人认识小组中的三个人，即1×3=3，3个认识关系；(2) 三个人认识小组中的两个人，即3×2=6，6个认识关系；(3) 四个人认识小组中的一个人，即4×1=4，4个认识关系；(4) 认识关系的总数为3+6+4=13个。如果认识都是相互的，那么认识关系的数量一定为偶数。13是奇数，说明一定存在单向的认识关系，即A认识B，但B不认识A，也就是C选项所描述的情况。

故正确答案为C选项。

3. B【题号】20130131　【难度】S5

【考点】关系、假言命题【命题方向】⑤形式逻辑　加分题型

题干信息：(1) 如果某主机不相通于丙，那么甲相通于该主机（A不相通于丙→甲相通于A）；(2) 丁不相通于丙；(3) 如果某主机相通于甲，那么丙就相通于该主机（B相通于甲→丙相通于B）；(4) 丙不相通于自身。

由(1)(2)结合可得，甲相通于丁；由(1)(4)结合可得，甲相通于丙。

故正确答案为B选项。

4. C【题号】20130132　【难度】S6

【考点】关系、假言命题【命题方向】⑤形式逻辑　加分题型

题干信息：(1) A不相通于丙→甲相通于A；(2) 丁不相通于丙；

(3) B相通于甲→丙相通于B。

附加信息：(5) 丙不相通于甲、乙、丙、丁。

(3) 逆否可得：丙不相通于B→B不相通于甲。

由(5)和(3)的逆否可得：甲不相通于甲（a），乙不相通于甲（b），丙不相通于甲（c），丁不相通于甲（d）。

C选项：由(d)和(b)可得，丁不相通于甲∧乙不相通于甲，与C选项矛盾，一定为假，正确。

A、D两项：由题干条件无法得知，排除。B选项：由(d)可知，该项为真，排除。E选项：与题干信息不矛盾，排除。

故正确答案为C选项。

考点7：概念

1. A 【题号】20010160　【难度】S4

　　【考点】概念【命题方向】⑤形式逻辑　加分题型

　　A选项：如果两个特长生都是贫困生，则有两个北方人（包括大连人），一个福州人，三个贫困生（包括两个特长生），共有六个人，与题干信息矛盾。

　　故正确答案为A选项。

2. A 【题号】19970117　【难度】S4

　　【考点】概念【命题方向】⑤形式逻辑　加分题型（偷换概念）

　　第一句话中的"鲁迅的著作"是集合概念，因为"不是一天能读完的"这一性质属于鲁迅著作的整体，并不必然属于鲁迅的每一部作品；第二句话中的"鲁迅的著作"是非集合概念（个体概念），因为《狂人日记》是鲁迅的著作中的一部。题干论证将前后两个"鲁迅的著作"视为一个概念，进行了混用，出现了将集合概念与非集合概念混用，即偷换概念的逻辑错误。

　　故正确答案为A选项。

3. E 【题号】19970144　【难度】S4

　　【考点】概念【命题方向】⑤形式逻辑　加分题型（偷换概念）

　　"买一赠一"这句话中存在着偷换概念的问题，因为这句话可以有两种理解：一是"买"一件某商品，"赠"一件价值低一些的商品；另一种是"买"一件某商品，"赠"一件同样的商品。商家在做促销时，"买一赠一"通常是指第一种情况，而打出此标语后，通常会让顾客误解为是第二种情况，以此达到吸引顾客关注的目的。

　　故正确答案为E选项。

4. D 【题号】19980101　【难度】S4

　　【考点】概念【命题方向】⑤形式逻辑　加分题型（定义）

　　最不可能被挑选上的：（1）1993年以来献过血；（2）1995年以来献血体检不合格。

　　D选项：不符合上述两个条件中的任何一个，符合献血条件。

　　A、B、E三项：1995年献血和每年都献血，符合（1），是最不可能被挑选上的。

　　C选项：1996年献血体检不合格，符合（2），是最不可能被挑选上的。

　　故正确答案为D选项。

5. A 【题号】20011041　【难度】S4

　　【考点】概念【命题方向】⑤形式逻辑　加分题型（定义）

　　题干对"强迫症"这一概念进行了描述，强迫症需要符合以下两个特征：

(1) 重复这类无意义的动作；(2) 使自己感到十分烦恼和苦闷。要对"王强是得了强迫症"这一结论进行质疑，就要指出王强的行为不符合"强迫症"的定义。

A 选项：表明王强的行为不符合特征（2），不是强迫症，可以质疑。

B 选项：即使其工作性质需要洁净卫生，但有没有洗手的次数超过普通人的 20 倍的必要性呢？未知，无法削弱。

C 选项：王强的家里人的洗手次数与题干论证无关，无法削弱。

D 选项：题干需要判断的是洗手这一行为，与检查门锁无关，排除。

E 选项：王强的同事是否经常洗手与题干论证无关，排除。

故正确答案为 A 选项。

6. A 【题号】19970145　【难度】S4

　　【考点】概念【命题方向】⑤形式逻辑　加分题型

题干论证中，"英国的""法国的"是按照国别进行分类，"古典的"是按照时代进行分类，划分标准不统一。

故正确答案为 A 选项。

二、命题方向专训

命题方向①：形式逻辑　正向推理

1. B 【题号】19971030　【难度】S4

　　【考点】假言命题【命题方向】①形式逻辑　正向推理

题干信息：(1) 犯法→制裁；(2) 制裁→¬看得起；(3) ¬看得起→¬受尊重；

(4) 舒心→受尊重。

(1)(2)(3)(4) 传递可得：(5) 犯法→制裁→¬看得起→¬受尊重→¬舒心。

B 选项：犯法→¬舒心，与 (5) 逻辑关系一致，正确。

A 选项：¬犯法→舒心，不符合逆否规则，排除。C 选项：¬舒心→犯法，不符合逆否规则，排除。D 选项：舒心→看得起别人，与 (5) 不等价，因为题干信息的逆否应是"被别人看得起"，而不是"看得起别人"，描述错误，排除。E 选项：看得起→舒心，不符合逆否规则，排除。

故正确答案为 B 选项。

2. E 【题号】19971034　【难度】S4

　　【考点】假言命题【命题方向】①形式逻辑　正向推理

题干信息：¬拼搏→¬突破。

E 选项：拼搏→突破，与原意不等价。

A 选项：突破→拼搏，与题干信息为等价逆否关系，与原意一致。

B 选项：¬拼搏→¬突破，与题干信息的推理形式完全一样，与原意一致。

C 选项：突破→拼搏，与题干信息为等价逆否关系，与原意一致。

D 选项：¬(¬拼搏∧突破)=拼搏∨¬突破=突破→拼搏，与原意一致。

故正确答案为 E 选项。

3. A 【题号】19971039 【难度】S4

【考点】假言命题【命题方向】①形式逻辑 正向推理

老师：(1) ¬完成→¬做游戏。学生：(2) 完成→做游戏。

A 选项：完成→做游戏，与(1)并不等价，不符合老师的观点。

B 选项：¬完成→¬做游戏，与(1)一致，符合老师的观点。C 选项：完成→做游戏，与(2)一致，符合学生的观点。D 选项：做游戏→完成，与(1)是等价逆否关系，符合老师的观点。E 选项："完成"推不出"做游戏"，符合老师的观点。

故正确答案为 A 选项。

4. A 【题号】19980123 【难度】S4

【考点】假言、选言命题【命题方向】①形式逻辑 正向推理

甲：¬李→¬王。乙：¬王→李。丙：李∨王。

同时满足甲、乙、丙三人意见，即上述三个逻辑关系均为真。

A 选项：与甲、乙、丙三人意见都不矛盾。

B 选项：与甲矛盾。C 选项：与丙矛盾。D 选项：与乙、丙矛盾。

故正确答案为 A 选项。

5. B 【题号】19980132 【难度】S4

【考点】直言、假言命题 三段论 【命题方向】①形式逻辑 正向推理

题干信息：(1) 赵村→白天；(2) 李庄→晚上；

(3) ¬白天∨¬晚上=晚上→¬白天；(4) 李明→晚上。

由(4)(3)(1)可得：李明→晚上→¬白天→¬赵村。

故正确答案为 B 选项。

6. E 【题号】19980138 【难度】S4

【考点】假言、联言、选言命题【命题方向】①形式逻辑 正向推理

题干信息：赵→钱∧孙∧李=¬钱∨¬孙∨¬李→¬赵。

E 选项：如果"¬孙"为真，那么"¬赵"一定为真，相应地，"¬赵∨李"也一定为真，正确。

A、B、C选项：由"¬赵""钱∧孙∧李"无法推出任何有效信息，排除。D选项：由"¬李"无法推出钱、孙的情况，因此D选项无法确定。

故正确答案为E选项。

7. C 【题号】19980141 【难度】S5

【考点】假言命题【命题方向】①形式逻辑　正向推理

题干信息：(1) 高速→>60；(2) 自行车→≤20；(3) 高速→双日；(4) 今天→双日。

复选项Ⅰ：(2) (1) 传递可得，(5) 自行车→≤20→¬>60→¬高速，正确。

复选项Ⅱ：已知今天是"双日"，根据(3)可知，"双日"不能反向推出"高速"。所以，现实情况是可能被允许上高速，也可能不被允许上高速，正确。

复选项Ⅲ：根据(1) ">60"不能反向推出"高速"，因此(3)中的"高速"条件是否出现未知，故无法推出"双日"，错误。

故正确答案为C选项。

8. E 【题号】19980142 【难度】S5

【考点】假言命题【命题方向】①形式逻辑　正向推理

补充信息：(6) 最低时速限制→高速。结论：汽车正在行驶→¬>60。

题干中只有(1)提到了">60"，因此，只要"高速"不出现，">60"就不一定出现。如果将S改为"今天是5月19日"，即"¬双日"，那么根据(3)可以反推出"¬高速"，因此，题干结论就可以成立了。

故正确答案为E选项。

9. A 【题号】19980150 【难度】S5

【考点】直言、联言命题　三段论【命题方向】①形式逻辑　正向推理

题干信息：(1) 过度工作∧压力→失眠；(2) 森达∧管理→压力；

(3) 大多数管理→>60小时；(4) 其余管理→40小时；(5) 奖金→>40小时。

根据(5)可知，要得到"奖金"，每周工作时间一定要">40小时"，而管理人员的工作时间只分为">60小时"和"40小时"两种，所以">40小时"一定">60小时"，因此，"奖金∧管理"一定可以推出"过度工作"。

而根据(2)可知，"森达∧管理"一定推出"压力"，这样"奖金∧森达∧管理"就一定能推出"过度工作∧压力"，再根据(1)一定可以推出"失眠"。所以，可以得出"所有获得奖金的森达公司管理人员都患有失眠症"的结论，因此，"大多数得到一定奖金的森达公司管理人员患有失眠症"也一定正确，这就运用了"所有都"为真，"大多数（或有的）"一定为真的规则。

故正确答案为A选项。

10. C 【题号】19981035 【难度】S5

【考点】假言、联言、选言命题 **【命题方向】**①形式逻辑 正向推理

题干信息：（1）D>W→M 获得该项基金；（2）Z>L∨M>N→S 获得该项基金；

（3）L>Z∧W>D→C 获得该项基金；（4）S 获得该项基金。

由（4）结合"只有一人能获得该项基金"可知，"M"和"C"就不能获得该项基金了，即"¬M 获得该项基金""¬C 获得该项基金"。根据（1）和"¬M 获得该项基金"可以反推出"D≤W"。

故正确答案为 C 选项。

11. D 【题号】19981036 【难度】S5

【考点】假言、联言、选言命题 **【命题方向】**①形式逻辑 正向推理

题干信息：（1）D>W→M 获得该项基金；（2）Z>L∨M>N→S 获得该项基金；

（3）L>Z∧W>D→C 获得该项基金；（5）W>D∧¬C 获得该项基金。

（5）中的"¬C 获得该项基金"成立时，根据（3）可以反推出"L≤Z∨W≤D"。再根据（5）中的"W>D"成立，那么就意味着"∨"的右侧不成立，因此左侧"L≤Z"成立。

故正确答案为 D 选项。

12. E 【题号】19981057 【难度】S5

【考点】假言、联言、选言命题 **【命题方向】**①形式逻辑 正向推理

题干信息：（1）交谊舞厅∧迪斯科舞厅→保龄球厅；（2）星期二→¬保龄球厅；

（3）李去→交谊舞厅。

（1）（2）传递可得：（4）星期二→¬保龄球厅→¬交谊舞厅∨¬迪斯科舞厅。

E 选项：可以推出，根据（4）可知，在星期二，"交谊舞厅"和"迪斯科舞厅"至少有一个不开放，因此，如果开放了"交谊舞厅"，那么一定不开放"迪斯科舞厅"，正确。

A 选项：无法推出，由（4）无法确定是否开放"交谊舞厅"，无法推出"¬李去"，排除。B 选项：无法推出，由（4）可知，星期二李先生无法既光顾交谊舞厅，又光顾迪斯科舞厅，但是其他日子的情况未知，排除。C 选项：无法推出，由（4）可知，星期二"交谊舞厅"和"迪斯科舞厅"至少有一个不开放，但是，是否开放"迪斯科舞厅"无法确定，排除。D 选项：无法推出，题干没有说明"除了星期二"以外的开放情况。

故正确答案为 E 选项。

13. A 【题号】19981058 【难度】S5

【考点】假言、联言、选言命题 **【命题方向】**①形式逻辑 正向推理

题干信息：（1）交谊舞厅∧迪斯科舞厅→保龄球厅；（2）星期二→¬保龄球厅；

（3）李去→交谊舞厅。

（1）（2）传递可得：（4）星期二→¬保龄球厅→¬交谊舞厅∨¬迪斯科舞厅。

本题问题中所给信息为：(5) 李去∧星期二。

(4) 结合"星期二"可以推出"¬交谊舞厅∨¬迪斯科舞厅"；(3) 结合"李去"可以推出"交谊舞厅"。因此，一定没有开放"迪斯科舞厅"。

故正确答案为 A 选项。

14. C 【题号】19991040 【难度】S4

【考点】假言命题【命题方向】①形式逻辑 正向推理

题干信息：¬重视→¬通行。

C 选项：通行→重视，是题干的等价逆否命题。

故正确答案为 C 选项。

15. B 【题号】19991064 【难度】S5

【考点】假言、联言、选言命题 【命题方向】①形式逻辑 正向推理

题干信息：(1) 你去∧我去→她去；(2) 她去→能跳舞的卡拉 OK 厅→市中心；(3) 她妹妹去→你去。

(1)(2) 传递可得：(4) 你去∧我去→她去→能跳舞的卡拉 OK 厅→市中心。

B 选项：由 (4) 可知，"你和我一起去"的话一定是去市中心，不会一起去市郊，正确。

A 选项：当"她妹妹去"同时"我去"的时候，她可以和她妹妹一起去，排除。C 选项："¬我去"成立时，意味着"A→B"这个推理前提"A"没有出现，因此，"B"是否能够出现未知。而"A"中的"你去"是否出现也未知，排除。D 选项："¬她去"能反推出"¬你去∨¬我去"，而"¬你去"是否出现未知，"¬她妹妹去"是否出现也未知，因此，你是可以和她妹妹一起去的，排除。E 选项：由"她妹妹"去，结合 (3) 可推知"你去"，但无法再推知其他信息，排除。

故正确答案为 B 选项。

16. E 【题号】20000163 【难度】S4

【考点】假言、联言、选言命题 【命题方向】①形式逻辑 正向推理

题干信息：¬特殊意外→(遵规∧严检→¬失事) = 特殊意外∨(遵规∧严检→¬失事) = 特殊意外∨¬(遵规∧严检) ∨¬失事=特殊意外∨¬遵规∨¬严检∨¬失事。

E 选项：N 个对象"或"的关系，否定 (N−1) 个，剩下的那个一定为真。将"¬失事""特殊意外""¬严检"否定之后，可以得出"¬遵规"，正确。

故正确答案为 E 选项。

17. B 【题号】20001026 【难度】S5

【考点】假言、直言命题 【命题方向】①形式逻辑 正向推理

题干信息：(1) ¬理睬→广江；(2) 广江→纳税；(3) 纳税→发牢骚。

(1)(2)(3) 传递可得：(4) ¬理睬→广江→纳税→发牢骚。

复选项Ⅰ：¬理睬→纳税，与 (4) 一致，正确。复选项Ⅱ：没有A是B＝A→¬B，¬发牢骚→理睬，是 (4) 的等价逆否命题，正确。复选项Ⅲ：发牢骚→¬理睬，无法由 (4) 推出，排除。

故正确答案为B选项。

18. A 【题号】20010123　【难度】S5

　　【考点】假言命题　【命题方向】①形式逻辑　正向推理

题干信息：(1) 心理健康→自尊；(2) 自尊→受尊敬；(3) 追星→¬受尊敬。

(1)(2)(3) 传递可得：(4) 心理健康→自尊→受尊敬→¬追星。

A选项：心理健康→¬追星，与 (4) 一致，正确。

故正确答案为A选项。

19. B 【题号】20010145　【难度】S5

　　【考点】假言命题　【命题方向】①形式逻辑　正向推理

题干信息：(1) 有效→富有；(2) 政稳→公正；(3) 公正→¬风险；(4) 有效→风险。

(2)(3)(4) 传递可得：(5) 政稳→公正→¬风险→¬有效。

B选项：由 (5) 可知，政稳→¬有效＝有效→¬政稳，即"政稳"和"有效"无法并存，正确。

A选项："政稳"与"富有"关系未知，排除。

C、D、E三项：不合规则，"富有"无法推出"有效"，"¬有效"无法推出"公正"，"¬政稳"无法推出"风险"，排除。

故正确答案为B选项。

20. E 【题号】20010159　【难度】S4

　　【考点】假言、联言、选言命题　【命题方向】①形式逻辑　正向推理

题干信息：(1) 太阳∧零下→皮夹克＝¬皮夹克→¬太阳∨¬零下；

(2) 雨∧零上→雨衣＝¬雨衣→¬雨∨¬零上；(3) 雨∧太阳。

E选项：由"¬雨衣"为真，结合 (2) 可知，¬雨∨¬零上；再由"零上"，即否定了"¬零上"，可得"¬雨"，即天一定没下雨，正确。

A选项：虽然存在天上有太阳但同时下着雨的情况，但温度不可能既是零上又是零下，所以无法推出既有皮夹克又有雨衣，排除。

B选项：由"皮夹克""¬雨"无法推出任何有效信息，排除。

C选项：由"¬皮夹克"为真，结合 (1) 可知，¬太阳∨¬零下；再由"零下"，即否定了"¬零下"，可得"¬太阳"，但没有太阳不一定就"下着雨"，排除。

D 选项：由"雨衣"无法推出任何有效信息，排除。

故正确答案为 E 选项。

21. C 【题号】20011037 【难度】S4

【考点】假言、联言、选言命题 【命题方向】①形式逻辑 正向推理

题干信息：(1) 二氧化碳超量→温室效应；(2) 破坏植被∧过度燃烧→二氧化碳超量。

(2) (1) 传递可得：(3) 破坏植被∧过度燃烧→二氧化碳超量→温室效应。

C 选项：破坏植被→（过度燃烧→温室效应）＝破坏植被∧过度燃烧→温室效应，与 (3) 的推理关系完全一致。

故正确答案为 C 选项。

22. A 【题号】20020115 【难度】S5

【考点】假言命题 【命题方向】①形式逻辑 正向推理

题干信息：(1) 发展经济→发展工业；(2) 保护环境→¬工业污染；

(3) 发展工业→工业污染。

(1) (3) (2) 传递可得：(4) 发展经济→发展工业→工业污染→¬保护环境。

A 选项：由 (4) 可知，"发展经济"和"保护环境"二者中的某个出现时，另一个一定不会出现。所以"¬发展经济"和"¬保护环境"至少出现一个，正确。

B、C、D 三项：无法由题干信息推出，排除。

E 选项：由"¬保护环境"无法推出任何有效信息，排除。

故正确答案为 A 选项。

23. D 【题号】20020128 【难度】S5

【考点】假言、联言、选言命题 【命题方向】①形式逻辑 正向推理

题干信息：公正→法律健全∧贫富差异＝¬法律健全∨贫富差异→¬公正。

D 选项：该项的前提条件为"¬法律健全∧贫富差异"，可以推出"¬公正"的结论。

A、C、E 三项：结论都为"公正"，根据等价逆否规则，我们只能得出"¬公正"的结论。

B 选项：已知"法律健全∧贫富差异"，无法推出"¬公正"的结论。

故正确答案为 D 选项。

24. C 【题号】20020152 【难度】S4

【考点】假言命题 【命题方向】①形式逻辑 正向推理

题干信息：(1) 畅销→可读；(2) 可读→敏感点；(3) 敏感点→深入生活。

结合 (1) (2) (3) 可得：(4) 畅销→可读→敏感点→深入生活。

复选项Ⅰ：畅销→深入生活，符合（4），正确。

复选项Ⅱ：¬敏感点→¬畅销，是（4）的等价逆否命题，正确。

复选项Ⅲ：¬可读→¬深入生活，不符合题干逻辑关系，排除。

故正确答案为C选项。

25. C 【题号】20030141 【难度】S4

【考点】假言、联言命题 【命题方向】①形式逻辑 正向推理

题干信息：（1）宏达→驾驶员；（2）50%驾驶员→乘客；（3）杠∧玻璃→乘客。

李先生的小轿车是从宏达汽车公司购进的，由（1）可知，该车装有驾驶员安全气囊，但无法再推知其他信息；小轿车中装有防碎玻璃，由（3）可知，无法推知任何信息。所以复选项Ⅰ和复选项Ⅱ的真假无法得知，复选项Ⅲ一定为真。

故正确答案为C选项。

26. B 【题号】20031047 【难度】S5

【考点】假言、联言命题 【命题方向】①形式逻辑 正向推理

题干信息：（1）知道→道德=¬道德→¬知道；

（2）利大于弊→道德=¬道德→¬利大于弊。

（1）（2）传递可得：（3）¬道德→¬知道∧¬利大于弊。

B选项："受了欺骗"即"¬知道"，"深受其害"即"¬利大于弊"，与（3）的逻辑关系完全一致，正确。[知识点提示：如果A→B，A→C，则可得，A→B∧C；如果A→C，B→C，则可得，A∨B→C。]

故正确答案为B选项。

27. C 【题号】20041046 【难度】S4

【考点】直言命题 三段论 【命题方向】①形式逻辑 正向推理

论据：（1）科学家→¬朦胧诗=朦胧诗→¬科学家；（2）大多数科学家→擅长逻辑。

结论：（3）有些朦胧诗→¬擅长逻辑。

题干以（1）和（2）作为前提条件，得出结论（3）。然而我们发现题干将"大多数科学家→擅长逻辑"当作"¬大多数科学家→¬擅长逻辑"来进行传递，即传递成，朦胧诗→¬科学家（¬大多数科学家）→¬擅长逻辑，显然结论是错误的。

故正确答案为C选项。

28. D 【题号】20050133 【难度】S5

【考点】假言命题 【命题方向】①形式逻辑 正向推理

题干信息：（1）正常行为→负责；（2）¬可控制→¬负责。

（1）（2）综合可得：（3）正常行为→负责→可控制。

复选项Ⅰ：由（1）和"这种负责甚至包括因行为触犯法律而承受制裁"可知，人的有些正常行为会触犯法律，正确。

复选项Ⅱ：由（3）可得，人的正常行为是可控制的行为，也就是说人对自己的正常行为有控制力，正确。

复选项Ⅲ：由（2）可得，不可控制的行为→不应该负责，但是不应该负责的行为是否包括触犯法律的行为？题干未表明，无法断定真假。

故正确答案为 D 选项。

29. A　【题号】20050138　【难度】S4

【考点】假言、联言、选言命题　【命题方向】①形式逻辑　正向推理

题干信息：（1）畅销→质量∧诚信；（2）¬质量∨¬诚信→¬畅销。

A 选项：¬畅销→¬质量∨¬诚信，与题干逻辑关系不一致，正确。

B、C 两项：畅销→质量∧诚信，与（1）逻辑关系一致，排除。

D 选项：¬（质量∧诚信）→¬畅销＝¬质量∨¬诚信→¬畅销，与（2）逻辑关系一致，排除。

E 选项："质量∧诚信"无法推出"畅销"，符合题干的逻辑关系，排除。

故正确答案为 A 选项。

30. A　【题号】20050139　【难度】S5

【考点】模态、联言、选言命题　【命题方向】①形式逻辑　正向推理

题干信息：不可能（法律面前人人平等∧允许有人触犯法律而不受制裁）。

题干信息＝必然¬（法律面前人人平等∧允许有人触犯法律而不受制裁）＝必然（¬法律面前人人平等∨¬允许有人触犯法律而不受制裁）＝必然（允许有人凌驾于法律之上∨任何人触犯法律都要受到制裁）。

故正确答案为 A 选项。

31. E　【题号】20051027　【难度】S5

【考点】直言、假言、联言命题　【命题方向】①形式逻辑　正向推理

题干信息：¬何东辉→（4班奖学金获得者→西部）。

E 选项：¬何东辉→（4班→西部）。既然只要是4班的学生就一定来自西部地区，那么一定能推出4班所有的奖学金获得者都来自西部地区，可以推出题干的结论。

A 选项为"¬何东辉→（西部奖学金获得者→4班）"，B 选项为"何东辉↔西部奖学金获得者"，C 选项为"4班∧西部∧¬何东辉→奖学金获得者"，D 选项为"何东辉→¬4班西部奖学金获得者"，这四项均无法由题干信息推出，排除。（注意：不要误选 D 选项，如果题干成立，那么 D 选项成立，但是本题的推理方向是由选项推题干，而不是由题干推选项）。

故正确答案为 E 选项。

32. E　【题号】20051031　【难度】S4

　　【考点】假言、联言、选言命题　【命题方向】①形式逻辑　正向推理

　　题干信息：¬人格→¬脱颖而出＝脱颖而出→人格。

　　E 选项：人格→脱颖而出，与题干逻辑关系不一致。

　　A 选项：取得成就（脱颖而出）→人格。B 选项：脱颖而出→人格。C 选项：¬（脱颖而出∧¬人格）＝¬脱颖而出∨人格＝脱颖而出→人格。D 选项：¬人格→¬脱颖而出。以上四项均与题干逻辑关系一致。

　　故正确答案为 E 选项。

33. A　【题号】20060132　【难度】S4

　　【考点】直言命题　【命题方向】①形式逻辑　正向推理

　　题干信息：(1) 张涛→川菜；(2) 林村→川菜；(3) 川菜→麻辣香；

　　(4) 大部分吃川菜的人→吃川菜∧喝盖碗茶。

　　A 选项：林村→麻辣香，由 (2)(3) 传递可得，林村→川菜→麻辣香，正确。

　　B、E 两项："林村→喝川茶"和"张涛→四川人"，无法由题干信息推知，排除。

　　C、D 两项："大部分林村→喝盖碗茶"和"张涛→喝盖碗茶"，不符合推理规则，无法推知，排除。

　　故正确答案为 A 选项。

34. B　【题号】20060150　【难度】S4

　　【考点】直言命题　三段论　【命题方向】①形式逻辑　正向推理

　　题干信息：(1) 大多数独生→自我；(2) 有些非独生→自我；(3) 自我→缺乏引导。

　　(2)(3) 传递可得：(4) 有些非独生→自我→缺乏引导。

　　B 选项：由 (4) 和"有的"的互换特性可得，有些非独生→缺乏引导＝有些缺乏引导→非独生，与 B 选项逻辑关系一致，正确。

　　A 选项：缺乏引导→独生，无法从题干得出，排除。

　　C 选项：有些缺乏引导∧¬自我，无法从题干得出，排除。

　　D 选项：大多数缺乏引导→独生，(1)(3) 传递可得，大多数独生→自我→缺乏引导，互换特性只能得出，有些缺乏引导→独生，无法得出"大多数"，排除。

　　E 选项：无法比较独生子女和非独生子女家庭数量的多少，排除。

　　故正确答案为 B 选项。

35. D　【题号】20060152　【难度】S5

　　【考点】直言、假言命题　【命题方向】①形式逻辑　正向推理

题干信息：(1) 思考→人；(2) 计算机→¬意志力；(3) 有些动物→意志力。

复选项Ⅰ：要证明该复选项，需举出"具有意志力但是不能进行思考"的例子，由"动物"结合(1)可得，动物→¬人→¬思考，结合(3)可知，有些动物具有意志力但是不能思考，说明具有意志力不一定要经过思考，正确。

复选项Ⅱ：由(1)可得，动物→¬人→¬思考，说明动物的行为中不包括思考，正确。

复选项Ⅲ：要证明该复选项，需举出"能够思考但是不具有意志力"的例子，但题干中并无相关信息，无法确定其一定为真，排除。

故正确答案为D选项。

36. C 【题号】20061031 【难度】S4

【考点】直言命题 三段论 【命题方向】①形式逻辑 正向推理

题干信息：(1) >20年→报废；(2) 有些>20年→缺陷，互换可得，(3) 有些缺陷→>20年；(4) 有些报废→¬H国；(5) H国→¬缺陷。

由(3)(1)传递可得：(6) 有些缺陷→>20年→报废。由(2)(5)传递可得：(7) 有些>20年→缺陷→¬H国。

C选项：有些缺陷→报废，符合(6)，正确。

A选项：有些H国→¬报废，不符合题干逻辑关系，排除。B选项：有些H国→报废，不符合题干逻辑关系，排除。D选项：报废→>20年，不符合题干逻辑关系，排除。E选项：有些>20年→¬报废，是(1)的矛盾命题，一定为假，排除。

故正确答案为C选项。

37. D 【题号】20070151 【难度】S4

【考点】直言命题 三段论 【命题方向】①形式逻辑 正向推理

题干信息：(1) 校委→影评；(2) 张、李、王→校委；(3) 影评→¬大一。

由(2)(1)(3)传递可得：(4) 张、李、王→校委→影评→¬大一。

复选项Ⅰ：张、李、王→¬大一，与(4)一致，正确。复选项Ⅱ：校委→¬大一，与(4)一致，正确。复选项Ⅲ：有些影评→¬校委，与(4)不一致，不正确。

故正确答案为D选项。

38. E 【题号】20070152 【难度】S5

【考点】假言命题 【命题方向】①形式逻辑 正向推理

解释：(1) 准确表达原因。辩护：(2) 指出正当理由。

(3) 行为合理→辩护成为解释的实质部分→"正当理由"是"原因"。

E选项：由(3)可知，该结论正确。

A选项：与题干中"事实上，对许多行为的辩护，并不是对此种行为的解释"不一致，排除。

B 选项：与（3）逻辑关系不一致，排除。C、D 两项：与题干论证无关，排除。

故正确答案为 E 选项。

39. E 【题号】20071052　【难度】S5

【考点】假言、联言、选言命题　【命题方向】①形式逻辑　正向推理

题干信息：(1) 清蒸∧白灼→盐焗；(2) 月尾→¬盐焗；(3) 与朋友→白灼。

(1)(2) 传递可得：(4) 清蒸∧白灼→盐焗→¬月尾 =（5) 月尾→¬盐焗→¬清蒸∨¬白灼。

E 选项：由（5）可得，月尾→¬清蒸∨¬白灼；结合（3）可得，白灼。所以，由"¬清蒸∨¬白灼"和"白灼"可推出"¬清蒸"，符合推理规则。

A 选项：由（5）可得，"月尾"不一定得出"¬清蒸"，排除。B 选项：由（3）可得，老王与朋友可吃到白灼花螺，但无法推出是否有清蒸石斑，排除。C 选项：由（5）无法得出该信息，排除。D 选项：无法从题干信息推出，排除。

故正确答案为 E 选项。

40. B 【题号】20080136　【难度】S4

【考点】直言、选言命题　【命题方向】①形式逻辑　正向推理

题干信息：(1) 威达→垃圾筒；(2) 垃圾筒→绿∨红。

(1)(2) 传递可得：(3) 威达→垃圾筒→绿∨红。

复选项Ⅰ："绿∨红"表达三种可能性，即全是绿色、全是红色、绿色和红色都有，所以不一定有绿色的垃圾筒，不一定为真。

复选项Ⅱ：¬垃圾筒→¬威达，是（1）的等价逆否命题，正确。

复选项Ⅲ：红色垃圾筒→威达，不符合推理规则，排除。

故正确答案为 B 选项。

41. D 【题号】20080149　【难度】S5

【考点】假言、联言命题　【命题方向】①形式逻辑　正向推理

题干信息：(1) A 型→颜色；(2) B 型→形状；(3) C 型→¬颜色∧¬形状；

(4) 1 号→¬形状；(5) 2 号→¬颜色。

由 (4)(2) 可得：1 号→¬形状→¬B 型。由 (5)(1) 可得：2 号→¬颜色→¬A 型。

D 选项：1 号→¬B 型，2 号→¬A 型，与推理结果一致，正确。

故正确答案为 D 选项。

42. E 【题号】20081059　【难度】S5

【考点】假言命题　【命题方向】①形式逻辑　正向推理

题干信息：(1) 面G→面J；(2) 面J→面L；(3) 面F；(4) ¬面K→¬聘F；

(5) ¬面M→¬聘K。

问题问"以下哪项可能为真"，排除不可能的选项即可。

A选项：由（2）可知，面试J一定会面试L，不可能只有F、J和M被面试，排除。

B选项：由（2）可知，面试J一定会面试L，不可能只有F、J和K被面试，排除。

C、D、E三项：由（1）（2）可得，面试G，一定会同时面试J和L；又由（3）可知F被面试，所以可能只有G和J、L、F四位应聘者被面试。

故正确答案为E选项。

43. C 【题号】20081060 【难度】S5

【考点】假言命题 【命题方向】①形式逻辑 正向推理

题干信息：(1) 面G→面J；(2) 面J→面L；(3) 面F；(4) ¬面K→¬聘F；

(5) ¬面M→¬聘K。

"M未被面试"结合（5）可得，K未被聘用。又由（3）可知，F被面试。综合可得：F被面试，但K未被聘用。

故正确答案为C选项。

44. A 【题号】20090131 【难度】S5

【考点】假言命题 【命题方向】①形式逻辑 正向推理

总编：¬同意→¬调动。大李、小王：¬知道对方是否调动→¬同意。

题干中所描述的是一种死锁进程，两个人都在等待对方做出是否同意调动的决定，如果没有外力打破这种状态，进程将无法推动下去，永远停留在初始阶段而互相等待。

故正确答案为A选项。

45. C 【题号】20090142 【难度】S4

【考点】假言、联言、选言命题 【命题方向】①形式逻辑 正向推理

题干信息：文学∧自律→¬最多=最多→¬文学∨¬自律。

复选项Ⅰ：由题干信息"在H学院的学生中，《演艺十八钗》的销售量仅次于《红粉梦》"只能得出，《红粉梦》销售量第一，《演艺十八钗》销售量第二，二者销售量最多；但有多少学生买了，是否占H学院的大多数呢？未知。

复选项Ⅱ：¬文学∧¬自律。由题干信息及《演艺十八钗》和《红粉梦》销售量最多可得，¬文学∨¬自律，与复选项Ⅱ的逻辑关系不一致。

复选项Ⅲ：¬文学∨¬自律。由题干信息及《演艺十八钗》和《红粉梦》销售量最多可得，¬文学∨¬自律，与复选项Ⅲ的逻辑关系一致，正确。

故正确答案为C选项。

46. A 【题号】20091030　【难度】S5

　　【考点】假言、选言命题【命题方向】①形式逻辑　正向推理

题干信息：(1) 李 清华∨¬孙 北大=孙 北大→李 清华；(2) 张 北大→孙 北大；

(3) ¬张 北大→李 清华。

由（2）（1）结合可得：(4) 张 北大→孙 北大→李 清华。

由（4）（3）结合可得：(5) 张 北大→李 清华；¬张 北大→李 清华。

根据二难推理模型可知，无论张是否考上北大，李都考上清华，因此可以推出，李 清华。

故正确答案为 A 选项。

47. D 【题号】20100126　【难度】S4

　　【考点】假言、联言、选言命题　【命题方向】①形式逻辑　正向推理

题干信息：阿∨乙→¬抗体=抗体→¬（阿∨乙）=抗体→¬阿∧¬乙。

由推理结果可知，产生了良好的抗体反应可推出，既没有服用阿司匹林，也没有服用对乙酰氨基酚。

故正确答案为 D 选项。

48. C 【题号】20100128　【难度】S4

　　【考点】假言、联言、选言命题　【命题方向】①形式逻辑　正向推理

题干信息：域∧账号∧密码→允许=¬允许→¬域∨¬账号∨¬密码。

由"域控制器拒绝小张的计算机登录，即¬允许"，以及"小张的登录账号是正确的"可得，账号→¬域∨¬密码，即拒绝小张的计算机登录的原因是，¬域∨¬密码。由"或"的特点可知，¬域∨¬密码=域→¬密码=密码→¬域，因此 C 选项正确，D、E 两项错误。

故正确答案为 C 选项。

49. E 【题号】20100133　【难度】S4

　　【考点】假言、联言、选言命题　【命题方向】①形式逻辑　正向推理

题干信息：除非下雨或者刮风，否则唱歌=¬（下雨∨刮风）→唱歌=¬下雨∧¬刮风→唱歌。

题干补充条件为"¬下雨"，结合"¬刮风"就可以得出"它在平台上唱歌"。

E 选项：与上述逻辑关系表达一致。

故正确答案为 E 选项。

50. C 【题号】20100150　【难度】S5

　　【考点】假言、选言命题　【命题方向】①形式逻辑　正向推理

题干信息：(1) 甲→乙；(2) ¬丙→¬甲；(3) ¬丙∀(¬乙∨¬戊)；(4) 丁∨乙。

已知"¬乙"，由(1) 可得，¬甲。"¬乙"结合(3) 可得，"(¬乙∨¬戊)"为真；再由"要么"的性质可知，"¬丙"为假，故真实情况为，丙。"¬乙"结合(4) 可得，¬乙→丁。

综上可得：甲不上场，丙和丁都上场。

故正确答案为 C 选项。

51. E 【题号】20100155 【难度】S5

【考点】假言、联言、选言命题 【命题方向】①形式逻辑 正向推理

题干信息：(1) 甲→乙；(2) ¬丙→丁；(3) ¬(人∧天) =¬人∨¬天；

(4) ¬甲∧丙→人。

已知"天"，由(3) 可得，¬人；由"¬人"结合(4) 可得，甲∨¬丙；由"甲"结合(1) 可得，乙；由"¬丙"结合(2) 可得，丁。

综上可得：天→¬人→甲∨¬丙=乙∨丁。

故正确答案为 E 选项。

52. C 【题号】20101029 【难度】S5

【考点】假言命题 【命题方向】①形式逻辑 正向推理

题干信息：(1) 面粉涨价→成本增加；(2) 成本增加→利润下降；

(3) ¬收益减少→¬利润下降。

(1)(2)(3) 传递可得：(4) 面粉涨价→成本增加→利润下降→收益减少。

C 选项：成本增加→收益减少，与(4) 逻辑关系一致，正确。

A 选项：收益减少→面粉涨价，无法由(4) 得出，排除。B 选项："减少面包的销售"这一信息在题干中未出现，无法由(4) 推出，排除。D、E 两项：无法由(4) 推出，排除。

故正确答案为 C 选项。

53. B 【题号】20110127 【难度】S4

【考点】直言、联言、选言命题 【命题方向】①形式逻辑 正向推理

题干信息：(1) 张初中同学→¬博士；(2) 通过张∧认识其哲学研究所同事→博士；

(3) 张初中同学→通过张认识了王研究员。

(1)(2) 传递可得，(4) 张初中同学→¬博士→¬(通过张∧认识其哲学研究所同事)。由(4) 可得，张教授的初中同学如果通过张教授认识某个人，那么这个人不可能是张教授的哲学研究所同事，所以王研究员不是张教授的哲学研究所同事。

故正确答案为 B 选项。

54. C 【题号】20111028 【难度】S5

【考点】直言、联言、选言命题 【命题方向】①形式逻辑 正向推理

题干信息：(1) 赵同事→球迷；(2) 赵同学∧软件园→¬球迷；

(3) 李→赵同学∧赵同事；(4) 王→赵同学∧软件园；(5) 张→赵同学∧¬球迷。

C选项：结合(1)(2)可得，赵同事→球迷→¬赵同学∨¬软件园；再结合(3)可得，¬软件园。所以，李雅不在软件园工作。

A、B、D、E四项：均无法从题干信息推出，排除。

故正确答案为C选项。

55. C 【题号】20111038 【难度】S5

【考点】假言、联言、选言命题 【命题方向】①形式逻辑 正向推理

题干信息：(1) 刮风∨下雨；(2) 刮风→张 火车；(3) 下雨→王 火车；

(4) ¬李 火车∧¬赵 火车→¬李(飞机∨汽车)∧¬王(飞机∨汽车) =¬李 火车∧¬赵 火车→¬李 飞机∧¬李 汽车∧¬王 飞机∧¬王 汽车。

由(1)(2)(3)可得，张或王会选择火车；再根据题干信息"每个人选择不同的出行方式"可得，李和赵都不会选择火车；结合(4)可得，李、王也都不会选择飞机或者汽车。

综上可得，李不会选择火车、飞机、汽车，所以李只可能选择轮船。

故正确答案为C选项。

56. B 【题号】20120134 【难度】S4

【考点】假言命题 【命题方向】①形式逻辑 正向推理

题干信息：(1) 内网→认证；(2) ¬业绩→¬认证；(3) 张辉 业绩；

(4) 王纬 ¬业绩。

(2)(1) 传递可得：(5) ¬业绩→¬认证→¬内网。

由(3) 无法推出任何信息；由(4)(5)可得，王纬 ¬业绩→¬内网，与B选项一致。

故正确答案为B选项。

57. C 【题号】20120138 【难度】S4

【考点】假言命题 【命题方向】①形式逻辑 正向推理

题干信息：¬自信→一定输=¬一定输→自信=可能¬输→自信。

C选项：可能¬输→自信，与题干信息一致，正确。

A选项：¬输→赢，¬赢→输，与题干信息不一致，排除。

B选项：自信→一定赢，不符合推理规则，排除。

D选项：¬自信→不可能输=¬自信→一定¬输，与题干信息不一致，排除。

E 选项：更自信→赢，与题干信息不一致，排除。

故正确答案为 C 选项。

58. E 【题号】20120144 【难度】S4

【考点】假言命题 【命题方向】①形式逻辑 正向推理

题干信息：(1) 承担→直面=¬直面→¬承担；(2) ¬有责任→律师。

"¬律师"结合（2）可得，¬律师→有责任；"逃得连人影都不见了"结合（1）可得，逃得连人影都不见了→¬直面→¬承担。

E 选项：有责任∧¬承担，与上述推理结果一致。

故正确答案为 E 选项。

59. D 【题号】20120151 【难度】S5

【考点】假言、联言、选言、直言命题 【命题方向】①形式逻辑 正向推理

题干信息：¬都出勤→不可能（绩效∧奖励）=¬都出勤→必然不（绩效∧奖励）=有的不出勤→必然（¬绩效∨¬奖励）。

C、D 两项：某个工作日缺勤=有的工作日不出勤，由题干信息可推出，必然（¬绩效∨¬奖励），与 D 选项一致，D 选项正确，C 选项错误。A、B 两项：所有工作日不缺勤=所有工作日都出勤，与题干信息不一致，排除。E 选项：所有工作日缺勤=所有工作日不出勤，与题干信息不一致，排除。

故正确答案为 D 选项。

60. E 【题号】20121031 【难度】S5

【考点】假言、联言、选言命题 【命题方向】①形式逻辑 正向推理

题干信息：(1) 在董嘉面前∧说东山郡人坏话→¬明智；(2) 施飞是董嘉的朋友∧说席佳坏话；(3) 董嘉的朋友→明智。

由（3）（1）传递可得：(4) 董嘉的朋友→明智→¬在董嘉面前∨¬说东山郡人坏话。

结合（2）可得，施飞是董嘉的朋友，那么他就不会在董嘉面前说东山郡人的坏话，但他又说了席佳的坏话，所以席佳不是东山郡人。

故正确答案为 E 选项。

61. E 【题号】(396) 201306 【难度】S4

【考点】假言、联言、选言命题 【命题方向】①形式逻辑 正向推理

题干信息：(1) 李凯→开门∧保留钥匙；(2) 杨林→失物招领处；(3) 李凯∨杨林。

E 选项：根据（3）可知，如果李凯没有拿到钥匙，则一定是杨林拿到钥匙；再根据（2）可知，一定是交到失物招领处。

A、B、C、D 四项：都无法由题干信息确定真假。

故正确答案为 E 选项。

62. B 【题号】20121037 【难度】S5

【考点】假言、选言命题 【命题方向】①形式逻辑 正向推理

题干信息：(1) 党→白；(2) ¬白∨¬人=白→¬人；(3) 人→首；

(4) 首→白；(5) 人∨党=¬人→党。

结合 (3) (4) 可得，人→首→白。结合 (1) (5) 可得，¬人→党→白。

根据二难推理模型可知，无论是"人"还是"¬人"都可以推出有白术，所以一定会有白术；再结合 (2) (5) 可得，白→¬人→党。所以，一定包含白术和党参。

故正确答案为 B 选项。

63. B 【题号】20130143 【难度】S5

【考点】直言命题 三段论 【命题方向】①形式逻辑 正向推理

题干信息：(1) 参加→强壮；(2) 强壮→极少生病；(3) 有些不适→参加。

(3) (1) (2) 传递可得：(4) 有些不适→参加→强壮→极少生病。

B 选项：极少生病→参加，不符合逻辑推理规则，无法推出。

A 选项：有些不适→极少生病，与 (4) 逻辑关系一致，可推出。

C 选项：有些极少生病→不适，利用"有些"的互换特性得出，可推出。

D 选项：有些强壮→不适，利用"有些"的互换特性得出，可推出。

E 选项：参加→极少生病，与 (4) 逻辑关系一致，可推出。

故正确答案为 B 选项。

64. C 【题号】20141027 【难度】S5

【考点】假言、联言、选言命题 【命题方向】①形式逻辑 正向推理

题干信息：合理→权利∧机会=¬权利∨¬机会→¬合理。

C 选项：¬权利→¬合理，符合题干信息，正确。

A、D 两项："上大学""更多的要求"这些信息与题干无关，排除。B 选项：权利→合理，与题干逻辑关系不符，排除。E 选项：机会→合理，与题干逻辑关系不符，排除。

故正确答案为 C 选项。

65. E 【题号】20141035 【难度】S4

【考点】选言命题 【命题方向】①形式逻辑 正向推理

题干信息：(1) 下午茶→红茶∨花茶∨绿茶；(2) 李→绿茶；(3) 王→¬花茶。

无论是 A∨B，还是 A∨B∨C，乃至 A∨B∨C∨D，只要是"或"的关系，逻辑含义均为"至少一真"，所以复选项Ⅲ为真，复选项Ⅳ的真假无法判定。由 (2) (1) 无法推知李丽是否喜欢红茶和花茶；由 (1) (3) 可得，王佳喜欢红茶∨绿茶。所以复选项Ⅱ为真，

复选项Ⅰ的真假无法推知。

故正确答案为 E 选项。

66. C 【题号】20141046 【难度】S4

【考点】直言命题 【命题方向】①形式逻辑 正向推理

题干信息：(1) 社区活动分为养生型和休闲型两种；(2) 有的老人参加了所有养生型的活动；(3) 有的老人参加了所有休闲型的活动。

C 选项：由 (2)(3) 可知，两类活动均有老人参加，正确。

A 选项：两类活动均有老人参加，该项与其矛盾，排除。B 选项：从题干信息无法判定，真假不确定，排除。D 选项："中年人"是否参加未知，排除。E 选项：从题干信息无法判定，真假不确定，排除。

故正确答案为 C 选项。

67. B 【题号】20141054 【难度】S4

【考点】假言、联言、选言命题 【命题方向】①形式逻辑 正向推理

题干信息：(1) 真才实学 ∧ 社交能力 ∧ 准确定位 → ¬ 海待；(2) 大田 → 海待。

由 (1)(2) 可得：大田 → 海待 → ¬ 真才实学 ∨ ¬ 社交能力 ∨ ¬ 准确定位。

故正确答案为 B 选项。

68. C 【题号】(396) 201801 【难度】S4

【考点】假言命题 【命题方向】①形式逻辑 正向推理

题干信息：(1) 俄罗斯龙蒿 → 开花；(2) 法国龙蒿 → ¬ 开花；(3) 种子 → 开花。

(3)(2) 传递可得：(4) 种子 → 开花 → ¬ 法国龙蒿。所以可知，由龙蒿种子长出的植物肯定不是法国龙蒿。

故正确答案为 C 选项。

69. E 【题号】(396) 201218 【难度】S4

【考点】假言、选言命题 【命题方向】①形式逻辑 正向推理

题干信息：(1) ¬ 受干部欢迎 → 修改；(2) ¬ 受工人欢迎 → 新措施；

(3) ¬ 受干部欢迎 ∀ ¬ 受工人欢迎。

E 选项：根据 (2)(3)(1) 可得，该项改革措施 → ¬ 受工人欢迎 → 新措施。

A、B、C 三项：无法由题干的逻辑关系推理得出。D 选项：根据 (2)(3)(1) 可得，该项改革措施 → ¬ 受干部欢迎 → 修改，推不出"新措施"。

故正确答案是 E 选项。

命题方向②：形式逻辑 支持假设

1. D 【题号】19970102 【难度】S4

【考点】假言命题　【命题方向】②形式逻辑　支持假设

结构词：因此。**论据**：奋斗。**结论**：成功。

要使推论成立，即要使论据可以推出结论，即奋斗→成功。

D 选项："A 是 B 的唯一要素（必要条件）"，即"奋斗→成功"，可以保证题干推论成立。

A 选项：仅提及"奋斗"，无法使题干推论成立。

B 选项：¬奋斗→¬成功，无法使题干推论成立。

C 选项：成功→奋斗，无法使题干推论成立。

E 选项："A 是 B 的前提"即"B→A"，该项逻辑关系为"成功→奋斗"，无法使题干推论成立。

故正确答案为 D 选项。

2. B　【题号】19970116　【难度】S4

【考点】假言命题　【命题方向】②形式逻辑　支持假设

儿子回答中的逻辑关系为：¬当翻译→¬学外语=学外语→当翻译。

儿子回答中所包含的前提条件，即上述逻辑关系成立所需的条件。为了使上述逻辑关系成立，其等价逆否命题是必须要成立的。

B 选项：逻辑关系为"学外语→当翻译"，是上述逻辑关系的等价逆否命题。

故正确答案为 B 选项。

3. D　【题号】19980104　【难度】S4

【考点】假言、联言、选言命题　【命题方向】②形式逻辑　支持假设

题干信息：¬甲∧¬乙→丙。其等价逆否命题为"¬丙→甲∨乙"。

如果"¬丙"成立，那么一定可以推出"甲∨乙"成立。"∨"的逻辑含义为"甲、乙至少一人及格"，如果乙不及格（¬乙），那么甲一定及格（甲）。因此，需要的条件是"¬丙"成立，同时"¬乙"成立。

故正确答案为 D 选项。

4. B　【题号】19980106　【难度】S4

【考点】假言、直言命题　【命题方向】②形式逻辑　支持假设

题干信息：被选进→结婚。

B 选项：被选进→结婚，与题干相符，正确。

A、D 两项：有的结婚→不被选进，与题干不符。

C 选项：有的结婚→被选进，与题干不符。

E 选项："不拒绝"只是主观意愿，并不能决定其是否被选进，无法证明其"结婚"。

故正确答案为 B 选项。

5. D 【题号】19980116　　【难度】S4

　　　【考点】假言命题　【命题方向】②形式逻辑　支持假设

题干信息：小朱想获得注册会计师证书，所以，小朱想从事会计工作。

需要直接建立"想获得注册会计师证书"和"想从事会计工作"的联系。

D选项：逻辑关系为"想获得注册会计师证书→想从事会计工作"，由论据可以推出结论，正确。

故正确答案为D选项。

6. C 【题号】19991045　　【难度】S5

　　　【考点】直言命题　三段论　【命题方向】②形式逻辑　支持假设

题干信息：(1) 有些管理→MBA=有些MBA→管理；

(2) 有些工科→MBA=有些MBA→工科。

要由（1）推出（2），需要增加一个条件形成传递，有些MBA→管理→工科，此时结论（2）就成立了。C选项：管理→工科，符合推理链条的需要。

故正确答案为C选项。

7. B 【题号】20011042　　【难度】S5

　　　【考点】直言命题　三段论　【命题方向】②形式逻辑　支持假设

题干信息：(1) 关福→得法；(2) 关福→住房。因此，(3) ¬住房→¬得法。

此题的特点是以（1）和（2）作为前提条件，得出结论（3）。

如果"¬关福→¬得法"成立，就会形成传递，¬住房→¬关福→¬得法，结论（3）就成立了。¬关福→¬得法=得法→关福，选项B的逻辑关系符合。

故正确答案为B选项。

8. B 【题号】20020111　　【难度】S4

　　　【考点】假言、直言命题　【命题方向】②形式逻辑　支持假设

题干信息：1999年以后→调制解调器。

B选项：与题干逻辑关系完全一致。

故正确答案为B选项。

9. A 【题号】20030135　　【难度】S4

　　　【考点】直言、选言命题　【命题方向】②形式逻辑　支持假设

题干信息：(1) 赢家∀输家；(2) 勇敢者∀懦弱者；(3) 赢家→勇敢者；

(4) 输家→懦弱者。

由（1）可得：¬赢家→输家。由（2）可得：¬勇敢者→懦弱者。要想得到结论（4），只需由"¬赢家"得出"¬勇敢者"即可，逻辑关系为，¬赢家→¬勇敢者=勇敢者→赢家，与A选项逻辑关系一致。

故正确答案为 A 选项。

10. D 【题号】20031048 【难度】S4

【考点】直言命题 三段论 【命题方向】②形式逻辑 支持假设

论据：(1) 自行车→回家吃饭 = 回家吃饭→¬自行车。

结论：(2) 有些郊区→¬自行车。

如果"有些郊区→¬回家吃饭"成立的话，那么通过传递可得，有些郊区→¬回家吃饭→¬自行车，结论(2)便可以成立，D 选项正确。C 选项：假设过强，我们不需要假设"所有郊区的学生都不回家吃饭"，而只需要假设一部分郊区的学生不回家吃饭就行，因此，C 选项不是必需的假设。

故正确答案为 D 选项。

11. E 【题号】20040132 【难度】S4

【考点】直言命题 三段论 【命题方向】②形式逻辑 支持假设

题干信息：(1) 实体→可见；(2) 可见→¬神秘感。因此，(3) 精神世界→¬实体。

由 (1)(2) 传递可得：(4) 实体→可见→¬神秘感 = 神秘感→¬可见→¬实体。

若要由 (4) 推出结论 (3)，只需要假设"精神世界→神秘感"即可，此时可形成逻辑关系"精神世界→神秘感→¬可见→¬实体"，上述结论成立。

E 选项：精神世界→神秘感，与上述分析一致，正确。

A 选项：精神世界→¬可见，与 (1) 进行传递可得，精神世界→¬可见→¬实体，也可得到 (3)。但是此题未将该选项作为正确答案，因为 E 选项的逻辑关系也成立，并且利用到了题干中的所有信息，但此种纰漏在后续真题中未再出现。

B 选项：神秘感→¬可见，与 (2) 逻辑关系一致，无法与题干信息相结合得出结论 (3)，排除。

C 选项：可见→实体，无法与题干信息相结合得出结论 (3)，排除。

D 选项：有的精神世界→可见，无法与题干信息相结合得出结论 (3)，排除。

故正确答案为 E 选项。

12. A 【题号】20050153 【难度】S4

【考点】假言、选言命题 【命题方向】②形式逻辑 支持假设

题干信息：(1) 杜绝"黑哨"→罚款∨取消资格∨刑事责任；(2) 罚款→无效；

(3) ¬取消资格→¬杜绝"黑哨" = 杜绝"黑哨"→取消资格。

由 (1)(2) 可得：(4) 杜绝"黑哨"→取消资格∨刑事责任。

要由 (4) 得到 (3)，即"取消资格∨刑事责任→取消资格"，只需要满足"刑事责任→取消资格"即可。

A 选项：刑事责任→取消资格，与上述分析一致，正确。

B 选项：支持了"罚款的手段在这里难以完全奏效"，不是假设，排除。C 选项："黑哨"是否触犯法律与题干论证无关，排除。D、E 两项：与题干论证无关，排除。

故正确答案为 A 选项。

13. D 【题号】20061033　【难度】S5

　　【考点】假言命题　【命题方向】②形式逻辑　支持假设

结构词：因为。

论据：(1) 有意义→有效禁止。结论：(2) ¬罚单→¬有意义。

要由 (1) 推出 (2)，需要补充条件：¬罚单→¬有效禁止＝有效禁止→罚单。

D 选项：有效禁止→罚单，与上述分析一致，正确。

故正确答案为 D 选项。

14. B 【题号】20070131　【难度】S6

　　【考点】假言、联言、选言命题　【命题方向】②形式逻辑　支持假设

已知：(1) 张华→甲班∧围棋；(2) 甲班→国际象棋∨军棋；(3) 围棋→¬军棋。

结论：(4) 张华→中国象棋。

由 (1) (2) 可知：(5) 张华→甲班→国际象棋∨军棋。由 (1) (3) 可知：(6) 张华→围棋→¬军棋。由 (5) (6) 可知：(7) 张华→国际象棋。

要得到结论 (4)，只需要补充条件"国际象棋→中国象棋"即可，但要注意题干的讨论都是在甲班的范围内，所以只要甲班对国际象棋感兴趣的学生对中国象棋感兴趣即可。

B 选项：与上述分析一致，正确。

A 选项：假设过强，范围过大，只要甲班学生符合该条件即可，排除。C 选项：与题干论证无关，排除。D 选项：无法推出题干结论，排除。E 选项：假设过强，范围过大，不需要甲班所有学生都对中国象棋感兴趣，只需要对国际象棋感兴趣的学生对中国象棋感兴趣即可推出结论，排除。

故正确答案为 B 选项。

15. E 【题号】20080144　【难度】S4

　　【考点】假言命题　【命题方向】②形式逻辑　支持假设

题干信息：(1) 快乐→亲密；(2) 伟大画家→¬亲密。所以，(1) 不成立。

要想证明 (1) 不成立，需要证明其矛盾命题，即"快乐∧¬亲密"为真。所以需要添加"伟大画家是快乐的"这一条件，此时伟大画家满足"快乐∧¬亲密"，表明该心理学理论的结论不成立。

E 选项：获得伟大成就的艺术家不可能不快乐＝获得伟大成就的艺术家一定快乐，正确。

故正确答案为 E 选项。

16. C 【题号】20090145 【难度】S5

【考点】假言命题 【命题方向】②形式逻辑 支持假设

题干信息：(1) ¬法定休假日→一周工作五天；

(2) 周五在志愿者协会，其余四天在大平保险公司；(3) ¬法定休假日；

(4) 因此，周一、周二、周三和周四，肖群一定在大平保险公司上班。

由（3）和（1）可得，肖群一周工作五天；再结合（2）可知，肖群周五在志愿者协会，其余四天在大平保险公司上班，但并不知道是哪四天。要想得出（4）这一结论，那么就必须要保证肖群周六和周日两天没有上班，这样就能推出他周一到周四在大平保险公司上班。

故正确答案为 C 选项。

17. A 【题号】20090149 【难度】S5

【考点】假言、直言命题 【命题方向】②形式逻辑 支持假设

张珊：(1) "之""乎""者""也"→无确定所指。

李思：(2) "之""乎""者""也"无意义→应当废止。

张珊断定这些字"无确定所指"，但李思论证的前提是这些字"无意义"，所以李思是将张珊所说的"无确定所指"理解为"无意义"，逻辑关系为：(3) 无确定所指→无意义。

A 选项：¬无意义→¬无确定所指，是（3）的等价逆否命题，正确。

B 选项：有确定所指→有意义，与（3）逻辑关系不一致，排除。

C 选项：无确定所指→应当废止，与题干逻辑关系不一致，排除。

D 选项：应当废止→无确定所指，与题干逻辑关系不一致，排除。

E 选项：与题干推理关系无关，排除。

故正确答案为 A 选项。

18. C 【题号】20100145 【难度】S5

【考点】假言命题 【命题方向】②形式逻辑 支持假设

题干信息：(1) 大部分中国儿童把牛和青草归为一类，把鸡归为另一类→中国儿童习惯于按照事物之间的关系来分类；(2) 大部分美国儿童把牛和鸡归为一类，把青草归为另一类→美国儿童习惯于把事物按照各自所属的"实体"范畴进行分类。

题目要找这位学者得出结论所必须假设的选项，即找与学者得出结论的逻辑关系一致的等价命题。

C 选项：美国儿童把牛和鸡归为一类→习惯于按照各自所属"实体"的范畴进行分类，与（2）逻辑关系一致，正确。

A、B 两项：分别出现了题干中未提及的马、鸭、鸡，与题干推理无关，排除。D 选项：美国儿童把牛和鸡归为一类→不是习惯于按照事物之间的关系来分类，与题干逻辑关

系不一致，排除。E 选项：中国儿童把牛和青草归为一类→不是习惯于按照各自所属的"实体"范畴进行分类，与题干逻辑关系不一致，排除。

故正确答案为 C 选项。

19. B 【题号】20110136 【难度】S4
【考点】假言命题 【命题方向】②形式逻辑 支持假设

陈华：¬故意→¬被判违规。

要支持陈华的反驳，就要使该逻辑推理成立。

B 选项：判罚→故意，是上述逻辑推理的等价逆否命题，正确。

A、C 两项：别人的行为是否干扰陈华，对手本人是否提出抗议与题干论证无关，排除。D、E 两项：主观性选项，排除。

故正确答案为 B 选项。

20. A 【题号】20111026 【难度】S5
【考点】直言命题 三段论 【命题方向】②形式逻辑 支持假设

论据：（1）有些低碳→绿色。结论：（2）低碳→高技术。

要反驳上述论证，也就是需要得出（2）的矛盾命题：（3）有些低碳→¬高技术。

要想由（1）推出（3），需要补充的条件是，（4）绿色→¬高技术。这样就可以形成传递，有些低碳→绿色→¬高技术，从而得出（3）。

A 选项：绿色→¬高技术，与上述分析一致，正确。

B 选项为"有些绿色→高技术"，C 选项为"有些低碳→¬绿色"，D 选项为"有些绿色→¬低碳"，E 选项为"低碳→绿色"，均与（4）逻辑关系不一致，排除。

故正确答案为 A 选项。

21. B 【题号】20110151 【难度】S4
【考点】假言命题 【命题方向】②形式逻辑 支持假设

题干信息：¬喜欢被批评的感觉→¬批评继任者。

B 选项：批评继任者→喜欢被批评的感觉，是题干信息的等价逆否命题，是该总裁言论的假设，正确。

A、D、E 三项：未出现推理关系，与该总裁言论无关，排除。C 选项：喜欢被批评→喜欢前任总裁的批评，与题干推理无关，排除。

故正确答案为 B 选项。

22. E 【题号】20121041 【难度】S5
【考点】直言命题 三段论 【命题方向】②形式逻辑 支持假设

题干信息：（1）小产权→¬保护；（2）河西村→¬保护。

要由（1）得出（2），需要加上（3）"河西村→小产权"，这样就形成传递，河西村→小产权→¬保护，此时（2）就成立了。要削弱上述论证，就要找（3）的矛盾命题，即有些河西村的新建房屋不是小产权房。

故正确答案为E选项。

23. A 【题号】(396) 201314 【难度】S4
　　【考点】假言命题 【命题方向】②形式逻辑 支持假设
题干推理：¬来访记录→¬来访过。

A选项：来访过→来访记录，是题干的等价逆否命题，正确。

B选项为"¬来访过→¬来访记录"。C选项为"来访记录→来访过"。D选项为"¬来访记录→来访过"，均与题干逻辑不符，排除。E选项：不是假言命题，排除。

故正确答案为A选项。

24. C 【题号】(396) 201315 【难度】S4
　　【考点】直言命题 三段论 【命题方向】②形式逻辑 支持假设
题干信息：(1) 步行→回家吃午饭；(2) 回家吃午饭→午睡；(3) 小李→¬步行。

题干出现了"因此"，说明（3）是由（1）和（2）推出来的。由（1）和（2）可推出：(4) 步行→回家吃午饭→午睡。很显然，为了使"小李→¬步行"成立，则必须假设"小李→¬午睡"成立。此时逻辑关系为，小李→¬午睡→¬回家吃午饭→¬步行，结论成立。

故正确答案为C选项。

25. B 【题号】20130153 【难度】S5
　　【考点】假言命题 三段论 【命题方向】②形式逻辑 支持假设
题干信息：(1) 粮食稳定→蔬菜稳定；(2) ¬食用油稳定→¬蔬菜稳定；

(3) 老李的观点是，粮食稳定∧肉类上涨。

由（1）（2）可得：(4) 粮食稳定→蔬菜稳定→食用油稳定。

要质疑老李的观点，需要找到（3）的矛盾命题，即（5）粮食稳定→¬肉类上涨。所以，只要选一个选项可以与（4）结合得到（5）即可。B选项："食用油稳定→¬肉类上涨"与（4）结合可得，粮食稳定→蔬菜稳定→食用油稳定→¬肉类上涨，与（3）矛盾。

故正确答案为B选项。

26. E 【题号】(396) 201410 【难度】S4
　　【考点】假言命题 三段论【命题方向】②形式逻辑 支持假设
结构词：这是因为。

题干信息：(1) 获得提名→¬ 评论超过三本书=评论超过三本书→¬ 获得提名；

(2) 太长、阅读费力→¬ 发表；(3) 评论超过三本书→被视为太长、阅读费力。

(3) (2) 传递可得：(4) 评论超过三本书→被视为太长、阅读费力→¬ 发表。

题干信息中的 (1) 是结论，是根据 (2) 和 (3) 推理得出的，需要补充的是 (5) ¬ 发表→¬ 获得提名，此时可以形成传递，评论超过三本书→被视为太长、阅读费力→¬ 发表→¬ 获得提名。E 选项：获得提名→发表，是 (5) 的等价逆否命题。

故正确答案为 E 选项。

27. D 【题号】(396) 201413 【难度】S4

【考点】假言、直言命题 三段论 【命题方向】②形式逻辑 支持假设

结构词：由此。

论据：(1) 橱柜→关注实际功用。结论：(2) 橱柜→¬ 艺术。

需要加入一个命题使得其结合 (1) 可以推出 (2)。因此"关注实际功用→¬ 艺术"是推出结论的必须成立的条件，此时可以形成传递，橱柜→关注实际功用→¬ 艺术。

故正确答案为 D 选项。

28. A 【题号】20141031 【难度】S5

【考点】假言、联言、选言命题 【命题方向】②形式逻辑 支持假设

结构词：因为。

论据：名校博士∧海外研究经历。结论：高校教师。

要想保证该论断正确，就需要使上述由论据到结论的推理成立，即要找其等价命题。

A 选项：¬ 高校教师→¬ (名校博士∧海外研究经历)，是题干的等价逆否命题，正确。

B 选项：高校教师→海外研究经历，不符合，排除。C 选项："中学教师"与题干论证无关，排除。D 选项：¬ (博士∧海外研究经历)→¬ 高校教师，不符合，排除。E 选项：高校教师→博士学位，不符合，排除。

故正确答案为 A 选项。

29. B 【题号】20141032 【难度】S5

【考点】假言、联言、选言命题 【命题方向】②形式逻辑 支持假设

题干信息：¬ 故障∧¬ 劫持→击落→发现→公布。问题：? →劫持。

要想推出"劫持"，可对题干推理取等价逆否命题，即¬ 故障∧¬ 劫持→击落→发现→公布=¬ 公布→¬ 发现→¬ 击落→故障∨劫持；再根据"或"的性质可知，否定"故障"即可推出"劫持"。所以需要假设的是"¬ 公布"和"¬ 故障"。

故正确答案为 B 选项。

30. A 【题号】20141055 　【难度】S4

　　　【考点】直言命题　三段论　【命题方向】②形式逻辑　支持假设

题干信息：(1) 有些教师→博士=有些博士→教师；(2) 有些博士→高水平。

　　要由(1)推出(2)，需要加上"教师→高水平"，形成传递，有些博士→教师→高水平，此时(2)就成立了。A选项：教师→高水平。

　　故正确答案为A选项。

31. D 【题号】20141050　【难度】S4

　　　【考点】假言、联言、选言命题　【命题方向】②形式逻辑　支持假设

论据：(1) 有骗子∧有贪念→有人被骗=¬有人被骗→¬有骗子∨¬有贪念。

结论：(2) ¬有人被骗→¬有贪念。

　　要想得出"¬有贪念"，根据"或"的性质可知，应否定"¬有骗子"，所以应补充的条件是，有骗子。

　　故正确答案为D选项。

32. B 【题号】(396) 201901　【难度】S4

　　　【考点】假言命题　【命题方向】②形式逻辑　支持假设

题干信息：京剧唱得好→北方人。

B选项：北方人→京剧唱得好，与题干逻辑关系不一致。

　　故正确答案为B选项。

命题方向③：形式逻辑　真假判定

1. E 【题号】19970113　【难度】S4

　　　【考点】直言命题　【命题方向】③形式逻辑　真假判定

题干信息："都"。驳斥该判断就是要找其矛盾命题，"都"的矛盾命题是"有的不"。

E选项：由该信息可以推出，有的哺乳动物不是胎生的，是题干信息的矛盾命题。

A选项："非哺乳动物"与题干无关，排除。

B、D两项："可能"表达的是不确定，与题干不矛盾，排除。

C选项：表明所有哺乳动物都是胎生的，与题干信息一致，排除。

　　故正确答案为E选项。

2. E 【题号】19970137　【难度】S5

　　　【考点】直言命题　【命题方向】③形式逻辑　真假判定

题干信息："真城"的人只说真话，"假城"的人只说假话。

选项	问句	"真城"人的回答	"假城"人的回答	选项情况
A	你是真城的人吗?	是	是	排除
B	你是假城的人吗?	不是	不是	排除
C	你是说真话的人吗?	是	是	排除
D	你是说假话的人吗?	不是	不是	排除
E	你是这座城的人吗?	是	不是	正确

外国游客只问了一个是非问题就明白了自己所到的是"真城"还是"假城",说明"真城"和"假城"的人对于该问题有不同的回答,若两城的人的回答一样就无法区分了。

故正确答案为 E 选项。

3. D 【题号】19980129 【难度】S4

【考点】假言、直言命题 【命题方向】③形式逻辑 真假判定

题干信息:(1) 钙质→奶制品;(2) 健壮→钙质。

(2)(1) 传递可得:健壮→钙质→奶制品。其矛盾关系为:健壮∧¬奶制品。

D 选项:有的呼伦贝尔大草原的牧民有健壮的体魄,但没有充足的奶制品作为食物来源,符合题干的矛盾命题,能削弱题干断定。

故正确答案为 D 选项。

4. C 【题号】19990134 【难度】S4

【考点】直言命题 【命题方向】③形式逻辑 真假判定

题干信息:后半句话的逻辑关系为,都大于70。

根据后半句话为假可以判断出,其矛盾关系"有的不大于70"为真。

C 选项:"有的<70"为真。因此,假如70分算及格的话,那么肯定有人小于70,也就是不及格。(注:此处有些许不严谨,因为存在都是70分的可能性,但此项是意图选项)

A 选项:"不大于70"不代表"在60以下",排除。

B 选项:"有的不大于70"无法推出"有些同学的成绩在70分以上",排除。

D 项:"不理想"无法判断,排除。

E 选项:"全班同学的考试成绩都在80分以上"意思是"所有都大于70",与"有的不大于70"意思相悖,排除。

故正确答案为 C 选项。

5. A 【题号】19990173 【难度】S4

【考点】假言、联言、选言命题 【命题方向】③形式逻辑 真假判定

题干信息:世界级的→[¬(元旦∨星期天∨严重疾病)→不少于两小时]。

只要"[¬(元旦∨星期天∨严重疾病)→不少于两小时]"不成立,即可以推出

"¬世界级的"。

¬ [¬（元旦∨星期天∨严重疾病）→不少于两小时] =¬（元旦∨星期天∨严重疾病）∧¬不少于两小时=¬元旦∧¬星期天∧¬严重疾病∧¬不少于两小时。

A选项：元旦的一天和星期天的一天相连时最多是两天时间，因此，这连续的三天里至少有一天是非元旦且非星期天的，同时又没有什么身体不适，时间又没有达到两个小时，所以"¬元旦∧¬星期天∧¬严重疾病∧¬不少于两小时"条件成立，正确。

C选项：某人在一周里每天都至多一小时，又因为是"连续一周的时间"，所以不可能都是元旦和星期天，而且伤情已经痊愈，所以"¬元旦∧¬星期天∧¬不少于两小时"成立，但是否有其他"严重疾病"未知，所以C选项无法判断。

故正确答案为A选项。

6. E　【题号】20010164　【难度】S4

【考点】假言、直言命题　【命题方向】③形式逻辑　真假判定

题干信息：（1）林园小区→有白蚁；（2）¬有白蚁→¬免费领；

（3）静园小区→免费领。

（2）（3）传递可得：（4）静园小区→免费领→有白蚁。

根据（1）（4）可知，林园小区和静园小区"有白蚁"。"有的"为真时，"有的不"和"都"真假不确定，故复选项Ⅰ和复选项Ⅲ的真假不确定。林园小区"有白蚁"，无法推出"免费领"，故复选项Ⅱ的真假不确定。

故正确选项为E选项。

7. C　【题号】20030159　【难度】S6

【考点】联言、选言命题　【命题方向】③形式逻辑　真假判定

题干信息：第五条公理判定，在同一平面上，过直线外一点，可以作一条∧只可以作一条直线与该直线平行。

要对这条公理表示怀疑，就要找到与其矛盾的情况，即¬（可以作一条∧只可以作一条）=¬可以作一条∨只可以作一条=无法作一条∨可以作多条。如果出现了上述两种情况中的任意一个，都可以对该公理表示怀疑。

复选项Ⅰ：若复选项Ⅰ成立，可以使数学家的怀疑成立，但该复选项不是必须成立的，因为如果可以作多条直线也可以使数学家的怀疑成立。

复选项Ⅱ：若复选项Ⅱ成立，可以使数学家的怀疑成立，但该复选项不是必须成立的，因为如果无法作一条直线也可以使数学家的怀疑成立。

复选项Ⅲ：¬可以作多条→无法作一条=可以作多条∨无法作一条，包含了上述分析的两种情况，所以是必须要成立的。

故正确答案为C选项。

8. D 【题号】20040145 【难度】S4

   【考点】假言、联言命题 【命题方向】③形式逻辑 真假判定

   题干信息：(1) 高科技→资金∧技术；(2) 占领市场→高科技。

   (2)(1) 传递可得：(3) 占领市场→高科技→资金∧技术。要想削弱以上断定，只要找与 (3) 矛盾的选项即可。

   D 选项："占领市场∧¬资金"与"占领市场→资金∧技术"是矛盾关系，可以削弱，正确。

   A、B、C、E 四项：均与 (3) 不矛盾，排除。

   故正确答案为 D 选项。

9. D 【题号】20050136 【难度】S5

   【考点】假言、联言、选言命题 【命题方向】③形式逻辑 真假判定

   题干信息：(1) 苍兰∨海棠→¬秋菊；(2) 牡丹→秋菊；(3) 玫瑰→海棠。
   综合可得：(4) 玫瑰→海棠→¬秋菊→¬牡丹；(5) 苍兰→¬秋菊→¬牡丹。

   D 选项：由 (4) 可得，玫瑰→¬牡丹，玫瑰和牡丹不可以组成一件合格的插花，正确。

   A、B、C、E 四项：与 (4)(5) 均不矛盾，排除。

   故正确答案为 D 选项。

10. C 【题号】20060127 【难度】S5

    【考点】直言、模态命题 【命题方向】③形式逻辑 真假判定

    题干信息：(1) 想说的都是真话；

    (2) 真话未必都说=可能有的真话不说（未必都=不必然都=可能不都=可能有的不）。

    问题问"除了哪项都可能为真"，即选择与题干推理矛盾的选项。

    C 选项：有的假话不违背意愿=有的假话是想说的=有的想说的是假话=有的想说的不是真话，与 (1) 矛盾，不可能为真。

    A 选项：题干并无相关信息，无法判断真假，排除。

    B 选项：不是想啥说啥=有的想说的没说，由 (1) 可知，想说的是真话，由 (2) 可知，可能有的真话不说，但是因为模态词是"可能"，所以真实情况是否为"有的真话不说"未知，无法判断真假，排除。

    D、E 两项：题干并未提及说了什么，所以真假未知，排除。

    故正确答案为 C 选项。

11. C 【题号】20061026 【难度】S4

    【考点】假言、联言命题 【命题方向】③形式逻辑 真假判定

    麦老师：(1) 评委→博导。宋老师：(2) 博导∧¬评委。

    宋老师想要反驳麦老师，应给出 (1) 的矛盾命题，即评委∧¬博导，而题干中宋老师

给出的（2）并不是（1）的矛盾命题，（2）可以反驳的是，博导→评委，所以宋老师的回答说明他将麦老师的话错误地理解为"博导→评委"。C 选项：博导→评委。

故正确答案为 C 选项。

12. C 【题号】20070146　【难度】S4

　　【考点】直言命题　【命题方向】③形式逻辑　真假判定

题干信息：有球迷喜欢所有参赛球队，即所有参赛球队都有球迷喜欢。

问题要求找不可能为真，即意为"有的参赛球队没有球迷喜欢"的选项，C 选项意思一致。也可用图示的方法解题，题干中的情况列表如下。

	球队 1	球队 2	球队 3	球队 4
球迷 A	√	√	√	√
球迷 B		√		
球迷 C		√	√	
球迷 D				

C 选项：由上表可知，该情况不可能发生，因为"所有球迷都不喜欢某个参赛球队"即"某个参赛球队没有球迷喜欢"，与"所有参赛球队都有球迷喜欢"矛盾，不可能为真，正确。

A 选项：由上表可知，一定为真，排除。B 选项：由上表的球迷 D 可知，可能为真，排除。D 选项：由上表的球迷 B 和球迷 C 可知，可能为真，排除。E 选项：由上表可知，球队 1、2、3、4 都有球迷不喜欢，可能为真，排除。

故正确答案为 C 选项。

13. E 【题号】20070147　【难度】S5

　　【考点】假言、联言命题　【命题方向】③形式逻辑　真假判定

帕累托最优：（1）¬其他人境况变坏→¬自己境况变好。

帕累托变革：（2）自己境况变好∧¬其他人境况变坏。

由假言命题的矛盾关系可知，帕累托最优与帕累托变革是矛盾关系。

E 选项：其他人境况变坏→自己境况变好，与（1）不一致，不符合题干的断定。

A 选项：自己境况变好→其他人境况变坏，是（1）的等价逆否命题，符合题干的断定。

B 选项：帕累托变革→¬帕累托最优，二者是矛盾关系，符合题干的断定。

C 选项：¬帕累托变革→帕累托最优，二者是矛盾关系，符合题干的断定。

D 选项：自己境况变好→其他人境况变坏，是（1）的等价逆否命题，符合题干的断定。

故正确答案为 E 选项。

14. D 【题号】20071049 【难度】S4

【考点】假言命题 【命题方向】③形式逻辑 真假判定

题干信息：全部购买普通烧杯→满足检验需求。

要削弱论证，就要找题干信息的矛盾命题，即全部购买普通烧杯∧¬满足检验需求。

D 选项：表明如果全部购买普通烧杯的话，某些检验无法完成，也就不能满足检验需求，可以削弱。

故正确答案为 D 选项。

15. B 【题号】20081048 【难度】S4

【考点】直言命题 三段论 【命题方向】③形式逻辑 真假判定

题干信息：（1）大多数希望工程→社会责任；（2）有的希望工程→个人功利=有的个人功利→希望工程；（3）可能有的社会责任→个人功利（注：出于社会责任的行为不一定都不考虑个人功利=不一定所有出于社会责任的行为都不考虑个人功利=可能有的出于社会责任的行为考虑个人功利）；（4）希望工程→善举。

由（2）（4）传递可得：（5）有的个人功利→希望工程→善举。

B 选项：与（5）矛盾，不可能为真。

A 选项：由（1）可得，有的社会责任→希望工程；结合（4）可得，（6）有的社会责任→希望工程→善举，与 A 选项不矛盾，排除。C 选项：由（6）可知，C 选项为真，排除。D 选项：与题干信息不矛盾，排除。E 选项：从题干信息无法推知对希望工程的捐助是否还有其他原因，排除。

故正确答案为 B 选项。

16. D 【题号】20081056 【难度】S5

【考点】直言命题 【命题方向】③形式逻辑 真假判定

题干信息：某个中层干部获得了特别奖。关键词为"某个"。

复选项Ⅰ：关键词为"都"，由"某个"为真可推出，有中层干部获得了特别奖，但是具体数量未知，数量范围为"1~全部"。所以有可能"都"获得特别奖，真假不确定。

复选项Ⅱ：关键词为"都没有"，表明数量为0，而从题干信息可知，有中层干部获得了特别奖，数量不为0，故此项为假。

复选项Ⅲ：关键词为"有的"，由"某个"为真可推出，确实有中层干部获得了特别奖，故此项为真。

复选项Ⅳ：关键词为"有的不"，由题干信息只可推出"有的"中层干部获得了特别奖，但是否有人没获得无法推知，真假不确定。

故正确答案为 D 选项。

17. A 【题号】20090147 【难度】S4

【考点】直言、联言、选言命题 【命题方向】③形式逻辑 真假判定

题干信息：（1）潮湿→¬仙人掌＝仙人掌→¬潮湿；（2）寒冷→¬柑橘＝柑橘→¬寒冷；

（3）某省大部分地区→仙人掌∨柑橘。

由（3）（1）（2）可得：（4）某省大部分地区→¬潮湿∨¬寒冷＝某省大部分地区→¬（潮湿∧寒冷），即某省大部分地区不可能既潮湿又寒冷。

A选项：一半地区→潮湿∧寒冷，与（4）矛盾，一定为假。

故正确答案为A选项。

18. E 【题号】20091035 【难度】S5

【考点】假言、联言命题 【命题方向】③形式逻辑 真假判定

贾女士：长子→继承权。陈先生：¬长子∧继承权。

陈先生要反驳贾女士的话，应该给出贾女士推理的矛盾命题，即长子∧¬继承权。但其给出的例子并不是贾女士推理的矛盾命题，所以无法证明贾女士的推理是不对的。"¬长子∧继承权"能够反驳的是"继承权→长子"这一推理，所以他把贾女士的话误解为只有儿子才有权继承财产。

故正确答案为E选项。

19. C 【题号】20091040 【难度】S4

【考点】假言、联言、选言命题 【命题方向】③形式逻辑 真假判定

题干信息：（1）¬（前三名∧两位推荐）→¬免试。

要说明决定没有得到贯彻，就要找（1）的矛盾命题，即¬（前三名∧两位推荐）∧免试。

复选项Ⅰ：（前三名∧两位推荐）∧¬免试，不是（1）的矛盾命题，排除。复选项Ⅱ：免试∧¬两位推荐，是（1）的矛盾命题。复选项Ⅲ：免试∧¬前三名，是（1）的矛盾命题。

故正确答案为C选项。

20. C 【题号】20110147 【难度】S5

【考点】直言、假言命题 【命题方向】③形式逻辑 真假判定

题干信息：（1）年终奖金→部门员工都合格；（2）有些财务部员工→合格；

（3）综合部→年终奖金；（4）行政部赵强→合格。

由（3）（1）可得：（5）综合部→年终奖金→部门员工都合格。

复选项Ⅰ：由（2）可知，有些财务部员工考评合格；再由"有些"的数量不确定可知，"都合格"是一种可能的情况。复选项Ⅱ：由（4）可知，赵强考评合格，无法推知其是否得到年终奖金，但这是一种可能的情况。复选项Ⅲ：由（5）可知，综合部所有员工都考评合格了，该项与其矛盾，不可能为真。复选项Ⅳ：由（2）可知，有些财务部员工考评

合格，无法推知他们是否得到年终奖金，但这是一种可能的情况。

故正确答案为 C 选项。

21. D 【题号】20110150 　【难度】S4

【考点】假言命题 　【命题方向】③形式逻辑　真假判定

题干信息：创造性劳动→想象力。

D 选项：有些人¬想象力∧创造性劳动，是题干信息的矛盾命题，正确。

故正确答案为 D 选项。

22. C 【题号】20110152 　【难度】S5

【考点】假言、选言命题 　【命题方向】③形式逻辑　真假判定

题干信息：(1) 大熊猫→西伯利亚虎；(2) 北美玳瑁→¬巴西红木；

(3) 北美玳瑁∨¬西伯利亚虎=西伯利亚虎→北美玳瑁。

由 (1)(3)(2) 传递可得：(4) 大熊猫→西伯利亚虎→北美玳瑁→¬巴西红木。

C 选项：大熊猫∧巴西红木，与 (4) 矛盾，一定为假。

A、B、D、E 四项：均不与 (4) 矛盾，排除。

故正确答案为 C 选项。

23. E 【题号】(396) 201207 　【难度】S4

【考点】直言命题 　【命题方向】③形式逻辑　真假判定

题干信息：(1) 有的北方人不爱吃面食；(2) 有的南方人爱吃面食。

复选项Ⅰ：由 (1) 可知，有的北方人不爱吃面食，由"有的"和"有的不"至少一真的特征可知，"有的不"为真时，"有的"真假不确定；同理，是否有南方人不爱吃面食也是不确定的，故复选项Ⅰ不能确定真假。

复选项Ⅱ：北方人都爱吃面食与 (1) 矛盾，为假；有的南方人也爱吃面食与 (2) 一致，为真。复选项Ⅱ前半句为假、后半句为真，由联言命题的真值特点可知，整个命题为假。

复选项Ⅲ：因为"有的"的数量范围是1~全部，所以由 (1) 可知，北方人可能都不爱吃面食；由 (2) 可知，南方人可能都爱吃面食，存在"全部"的可能性，但不确定，所以复选项Ⅲ不能确定真假。

复选项Ⅳ："有的北方人不爱吃面食→有的南方人不爱吃面食"=¬有的北方人不爱吃面食∨有的南方人不爱吃面食=北方人都爱吃面食∨有的南方人不爱吃面食。由 (1) 可知"北方人都爱吃面食"为假，由 (2) 可知"有的南方人不爱吃面食"真假不确定，所以整体真假不确定。

故正确答案为 E 选项。

24. C 【题号】20120127 【难度】S4

【考点】假言、联言命题 【命题方向】③形式逻辑 真假判定

题干信息：(1) 读懂→文学∧生物学。

要找不可能为真的选项就要找（1）的矛盾命题，即（2）读懂∧¬（文学∧生物学）=读懂∧（¬文学∨¬生物学）。

C选项：读懂∧¬生物学，符合（2）。

故正确答案为C选项。

25. E 【题号】20120132 【难度】S4

【考点】假言、选言命题 【命题方向】③形式逻辑 真假判定

题干信息：(1) 争取→笔记本∨提成。

要说明该经理没有兑现承诺，就要找与该经理承诺矛盾的事实，即找（1）的矛盾命题：(2) 争取∧¬（笔记本∨提成）=争取∧（¬笔记本∧¬提成）。

E选项：争取∧（¬提成∧¬笔记本），符合（2），正确。

故正确答案为E选项。

26. B 【题号】20120137 【难度】S4

【考点】假言、联言、选言命题 【命题方向】③形式逻辑 真假判定

题干信息：(1) 沙特→¬石油；(2) 石油∀中国；(3) ¬（中国∧石油）。

王刚没有接受上述任何一条建议，即找（1）（2）（3）的矛盾命题。（1）的矛盾命题为：(4) 沙特∧石油。(2) 的矛盾命题为：(5)（石油∧中国）∨（¬石油∧¬中国）。(3) 的矛盾命题为：(6) 石油∧中国。综合（4）（5）（6）可得，真实情况为：沙特∧石油∧中国。

故正确答案为B选项。

27. A 【题号】20120139 【难度】S4

【考点】假言命题 【命题方向】③形式逻辑 真假判定

题干信息：(1) 青睐→明星产品。

要找质疑总经理的论述的选项，就要找（1）的矛盾命题，即（2）青睐∧¬明星产品。

A选项：¬明星产品∧青睐，与（2）一致，正确。

故正确答案为A选项。

28. E 【题号】20120148 【难度】S4

【考点】直言命题 【命题方向】③形式逻辑 真假判定

题干信息：有些同学对自己的职业定位不够准确。关键词为"有的不"。

复选项Ⅰ：不是都准确=有的不准确，与题干一致，为真。

复选项Ⅱ：不是都不准确=有的不不准确=有的准确，由对当关系可知，"有的"和"有的不"至少一真，题干中的"有的不"为真，所以"有的"不确定真假。

复选项Ⅲ：有的，与复选项Ⅱ相同，不确定真假。

复选项Ⅳ：都不，由"有的"的范围是"1~全部"可知，"有的不"存在"都不"的可能性，但不一定为真，所以真假不确定。

故正确答案为 E 选项。

29. B 【题号】20120152 【难度】S4

【考点】直言命题 【命题方向】③形式逻辑 真假判定

题干信息：不是所有流感患者均需接受药物治疗=有的流感患者不需要接受药物治疗。**关键词为"有的不"。**

复选项Ⅰ："有些"等价于"有的"，根据对当关系，"有的"和"有的不"至少一真，所以复选项Ⅰ真假不定。

复选项Ⅱ：并非有的不=都，与题干中的"有的不"是矛盾关系，一定为假。

复选项Ⅲ：题干中提及的是"医生建议"，但该建议不表示任何逻辑关系，复选项Ⅲ的真假无法判断。

故正确答案为 B 选项。

30. A 【题号】20130140 【难度】S4

【考点】假言、联言命题 【命题方向】③形式逻辑 真假判定

题干信息：基础好∧不断努力→早成功。

找一定为假的选项，就要找题干信息的矛盾命题，即基础好∧不断努力∧¬早成功。

故正确答案为 A 选项。

31. D 【题号】20141029 【难度】S5

【考点】联言命题 【命题方向】③形式逻辑 真假判定

题干信息：**承认特殊地位∧赦免民兵武装∧¬解决冲突。**

乌克兰观察人士的评论可以反驳的命题就是其矛盾命题：承认特殊地位∧赦免民兵武装→解决冲突。

D 选项：承认特殊地位∧赦免民兵武装→解决冲突，正确。

故正确答案为 D 选项。

32. C 【题号】20141053 【难度】S5

【考点】假言、联言命题 【命题方向】③形式逻辑 真假判定

题干信息：**青睐→世界杯期间表现出色∧在俱乐部有优异表现。**

找不可能为真的选项,即找题干信息的矛盾命题:青睐∧¬(世界杯期间表现出色∧在俱乐部有优异表现) = 青睐∧(¬世界杯期间表现出色∨¬在俱乐部有优异表现)。

C选项:青睐∧¬世界杯期间表现出色,正确。

故正确答案为C选项。

命题方向④:形式逻辑 结构相似

1. B 【题号】19971020 【难度】S4

【考点】假言命题 【命题方向】④形式逻辑 结构相似

题干推理结构:A→B。A,所以,B。

B选项:选举权(A)→年满18岁(B)。有选举权(A),所以,年满18岁(B)。连接词"只有……才……"也与题干一致。A、C、D三项:这三项虽然也与题干论证结构一致,但是所用连接词不是"只有……才……",在有B选项的情况下优选考虑更为相似的B选项。

故正确答案为B选项。

2. E 【题号】19980111 【难度】S4

【考点】直言命题 三段论 【命题方向】④形式逻辑 结构相似

题干信息:所有的聪明人都是近视眼,我近视得很厉害,所以我很聪明。

推理结构:所有A都是B,C是B,所以C是A。

E选项:所有的鸡(A)都是尖嘴(B),这种总在树上待着的鸟(C)是尖嘴(B),因此它(C)是鸡(A)。该项与题干结构相符。

A选项:先调整顺序,因为所有的聪明人(A)都是近视眼(B),而我(C)的视力那么好(¬B),所以我(C)是个笨人(¬A)。该项与题干结构不符。

B选项:所有的猪(A)都有四条腿(B),但这种动物(C)有八条腿(¬B),所以它(C)不是猪(¬A)。该项与题干结构不符。

C选项:先调整顺序,因为高兴的人(A)都能长胖(B),小陈(C)十分高兴(A),所以小陈(C)一定长得很胖(B)。该项与题干结构不符。

D选项:先调整顺序,所有的天才(A)都高度近视(B),因为我(C)是天才(A),我(C)一定是高度近视(B)。该项与题干结构不符。

故正确答案为E选项。

3. D 【题号】19991067 【难度】S4

【考点】假言命题 【命题方向】④形式逻辑 结构相似

题干推理结构:A→B。B,因此,A。

D选项:妈妈→放红辣椒。放红辣椒,因此,妈妈。该项与题干推理结构完全一致。

故正确答案为 D 选项。

4. B　【题号】20000167　【难度】S5

【考点】假言、联言、选言命题　【命题方向】④形式逻辑　结构相似

题干论证方式：稳定（A）→法健（B）∨控制力（C）。稳定（A）∧¬法建（¬B），因此，控制力（C）。

B 选项：津贴（A）→超常业绩（C）∨30 年以上（B）。津贴（A）∧¬30 年以上（¬B），因此，超常业绩（C）。该选项与题干论证方式一致，正确。

故正确答案为 B 选项。

5. D　【题号】20001050　【难度】S5

【考点】假言命题　【命题方向】④形式逻辑　结构相似

论据：对冲基金（A）→回报率≥25%（B）。

结论：¬回报率≥25%（¬B）→¬对冲基金（¬A）。

D 选项，论据：成熟学校（A）→老教授离开、年轻人挑大梁（B）。结论：¬老教授离开、年轻人挑大梁（¬B）→¬成熟学校（¬A），该项与题干推理结构完全一致。

故正确答案为 D 选项。

6. A　【题号】20011033　【难度】S5

【考点】直言命题　三段论　【命题方向】④形式逻辑　结构相似

题干信息：名词（B）→实词（C），动词（A）→¬名词（¬B），所以动词（A）→¬实词（¬C）。

A 选项：薯类（B）→高产（C），细粮（A）→¬薯类（¬B），所以细粮（A）→¬高产（¬C）。该项与题干推理结构一致。（一定要注意该项的推理结构，不要被语句顺序干扰！）

B 选项：先进（B）→守纪律（C），有些先进（B）→大学生（A），所以大学生（A）→守纪律（C）。该项与题干推理结构不相似，排除。C 选项：铝（A）→金属（B），金属（B）→导电（C），因此铝（A）→导电（C）。该项与题干推理结构不相似，排除。D 选项：虚词（B）→¬独立（¬C），介词（A）→虚词（B），所以介词（A）→¬独立（¬C）。该项与题干推理结构不相似，排除。E 选项：实词（C）→独立（B），连词（A）→¬独立（¬B），所以连词（A）→¬实词（¬C）。该项与题干推理结构不相似，排除。

故正确答案为 A 选项。

7. E　【题号】20020151　【难度】S5

【考点】假言、联言、选言命题　【命题方向】④形式逻辑　结构相似

题干信息：数理（A）→普通（B）∧兴趣（C），有些兴趣（C）∧¬普通（¬B），

因此，数理（¬A），题干的推理是正确的。

E选项：初学（A）→温驯（B）∧强健（C），有些强健（C）∧¬温驯（¬B），因此，¬初学（¬A），与题干论证结构一致，正确。

A选项：有些奖学金∧（¬贫困∧优秀），削弱了"奖学金→贫困∧优秀"。该项与题干论证结构不相似。

B选项：畅销（A）→可读（B）∧包装（C），有些畅销（A）∧¬可读（¬B），因此，包装（C）。该项与题干论证结构不相似。

C选项：缺乏保养（A）∧使用（B）→维修（C），有些使用（B）∧¬维修（¬C），因此，¬缺乏保养（¬A）。该项与题干论证结构不相似。

D选项：投资（A）→设计（B）∨用地（C），有些设计（B）∧¬用地（¬C），因此，¬投资（¬A）。该项与题干论证结构不相似。

故正确答案为E选项。

8. A 【题号】20031052 【难度】S4

【考点】假言、联言、选言命题 【命题方向】④形式逻辑 结构相似

题干信息：由"占市（A）→质量（B）∧服务（C）"推出"质量（B）∧¬服务（¬C）→¬占市（¬A）"。

A选项：由"胜任（A）→才（B）∧德（C）"推出"才（B）∧¬德（¬C）→¬胜任（¬A）"，与题干的推理形式完全一致，正确。

B选项："晴（A）∧风速三级以下（B）→开放（C）"，题干中是由一个元素推出两个，而B选项是由两个元素推出一个，与题干的推理形式不一致。C选项："津贴（A）→业绩（B）∨教龄30年以上（C）"，题干中的B和C两个元素之间是"且"的关系，而C选项的这两个元素是"或"的关系，与题干的推理形式不一致。D选项："¬深入（¬A）→¬(知名度∧信任度)〔¬(A∧B)〕"，与题干的推理形式不一致。E选项：由"作案（A）→动机（B）∧时间（C）"推出"¬动机（¬B）∧¬时间（¬C）→作案（¬A）"，与题干的推理形式不一致。

故正确答案为A选项。

9. E 【题号】20061049 【难度】S4

【考点】直言命题 三段论 【命题方向】④形式逻辑 结构相似

题干信息：B是A，B是C，所以A都是C。

要想说明题干中的推理不成立，需要找出与题干推理结构一致，但是得出荒谬结论的选项。

E选项：B是A，B是C，所以A都是C，与题干推理结构相似，而且"金属都是货币"这一结论与事实不符，是荒谬的，可以说明题干论证不成立，正确。

A 选项：B 是 C，A 不是 B，所以 A 不是 C，与题干推理结构不相似，排除。

B 选项：B 是 C，B 是 A，所以 A 都是 C，与题干推理结构相似，但"劳动产品都有价值"这一结论并不荒谬，无法说明题干论证不成立，排除。

C 选项：B 是 C，A 不是 B，所以 A 不是 C，与题干推理结构不相似，排除。

D 选项：B 是 A，B 是 C，所以 A 都是 C，与题干推理结构相似，但"违法行为都应受到社会谴责"这一结论并不荒谬，无法说明题干论证不成立，排除。

故正确答案为 E 选项。

10. A 【题号】20071044 【难度】S4

【考点】假言命题 【命题方向】④形式逻辑 结构相似

论据：装通风器（A）→氧气（B）。因此，¬装通风器（¬A）→¬氧气（¬B）→¬鱼生存（¬C）。

结论：¬鱼生存（¬C）。

上述推理的错误是，由"装通风器→氧气"无法推出"¬装通风器→¬氧气"。

A 选项，论据：放明矾（A）→去掉水分（B）。因此，¬放明矾（¬A）→¬去掉水分（¬B）→¬保持鲜脆（¬C）。结论：¬保持鲜脆（¬C）。

上述推理的错误是，由"放明矾→去掉水分"无法推出"¬放明矾→¬去掉水分"，与题干错误一致。

故正确答案为 A 选项。

11. E 【题号】20080152 【难度】S5

【考点】直言命题 【命题方向】④形式逻辑 结构相似

论据：有些好货不便宜＝有些 A 不 B。结论：便宜货不都是好货＝B 不都是 A。

要说明上述推理不成立，需要找到与题干推理结构一致，但结论荒谬的论证。

E 选项：论据为"有些南方人不是广东人"（有些 A 不 B）；结论为"广东人不都是南方人"（B 不都是 A）。该项与题干论证结构一致，但因为广东人都是南方人，所以结论明显荒谬，可以说明题干推理不成立。

A 选项：论据为"湖南人不都爱吃辣椒"，其等价于，有些湖南人不爱吃辣椒（有些 A 不 B）；结论为"有些爱吃辣椒的不是湖南人"，其等价于，爱吃辣椒的不都是湖南人（B 不都是 A）。该项与题干论证结构相似，但所得结论并不荒谬，无法说明题干推理不成立。B 选项：论据为"有些人不自私"（有些 A 不 B）；结论为"人并不都自私"（A 不都 B）。该项与题干论证结构不相似，排除。C 选项：该项提及了"不一定"，与题干论证结构不相似，排除。D 选项：题干第一句话为"有些"，而该项第一句话为"都"，与题干论证结构不相似，排除。

故正确答案为 E 选项。

12. C 【题号】20110141 【难度】S5

【考点】直言命题 三段论 【命题方向】④形式逻辑 结构相似

题干信息：重点大学学生（D）→聪明（B），有些聪明（B）→逃学（C），小杨（A）→¬逃学（¬C）。所以，小杨（A）→¬重点大学学生（¬D）。

C选项：人（B）→爱美（C），有些爱美（C）→科学（D），亚里士多德（A）→¬普通人（¬B）。所以，亚里士多德（A）→¬科学（¬D）。该项与题干推理形式不类似。A、B、D、E四项：均与题干推理形式类似，排除。

故正确答案为C选项。

13. D 【题号】20120128 【难度】S4

【考点】直言命题 【命题方向】④形式逻辑 结构相似

题干信息：726车间→合格　　　　A→B

　　　　¬合格→¬726车间　　¬B→¬A

D选项：真理→不怕批评　　　　A→B

　　　　¬不怕批评→¬真理　　¬B→¬A

该项与题干推理结构一致，正确。

故正确答案为D选项。

14. E 【题号】20130127 【难度】S5

【考点】直言命题 三段论 【命题方向】④形式逻辑 结构相似

题干信息：有的高分者（B）不是高能的（¬C），你（A）是高分者（B）。因此你（A）可能不高能（¬C）。

E选项：有的闪光的物体（B）不是金子（¬C），考古队挖到了（A）闪闪发光的物体（B）。所以考古队挖到的（A）可能不是金子（¬C）。该项与题干论证方式相似，正确。

故正确答案为E选项。

15. C 【题号】20130145 【难度】S5

【考点】假言、联言命题 【命题方向】④形式逻辑 结构相似

题干信息：程序正义∧履行职能→结案率提高　　A∧B→C

　　　　结案率提高　　　　　　　　　　　　C

　　　　程序正义∧履行职能　　　　　　　　A∧B

C选项：品∧学→奖学金　　A∧B→C

　　　　奖学金　　　　　　C

　　　　品∧学　　　　　　A∧B

该项与题干论证方式一致，正确。

故正确答案为C选项。

16. E 【题号】20131047　【难度】S5

【考点】直言命题　三段论　【命题方向】④形式逻辑　结构相似

题干信息：所有景观房（C）都可以看到山水景致（B），李文秉家（A）看不到山水景致（¬B），因此，李文秉家（A）不是景观房（¬C）。

推理结构：C→B，A→¬B，因此，A→¬C。

E选项：进入复试的考生（C）笔试成绩都在160分以上（B），王离芬（A）的笔试成绩没有达到160分（¬B），因此，王离芬（A）没有进入复试（¬C），与题干推理结构相似。

A选项：结论是肯定的，与题干中的结论的形式不一致，排除。B选项：东墩市场的蔬菜（B）都非常便宜（C），这篮蔬菜（A）不是在东墩市场买的（¬B），因此，这篮蔬菜（A）不便宜（¬C）。该项与题干推理结构不相似，排除。C选项：结论是肯定的，与题干中的结论的形式不一致，排除。D选项："可不可以申请"与"有没有申请"表达的意思不同，排除。

故正确答案为E选项。

17. C 【题号】20141034　【难度】S4

【考点】直言命题　【命题方向】④形式逻辑　结构相似

题干信息：我们班→通过　　　　A→B

　　　　　¬通过→¬我们班　　¬B→¬A

C选项：英雄→考验　　　　　A→B

　　　　¬考验→¬英雄　　　¬B→¬A

该项与题干推理结构一致，正确。

A选项：所有没有通过（¬A）都没有好好复习（¬B），所以，¬B都¬A，不相似，排除。

B选项：所有参加考试（A）都认真准备（B），所以，¬A都¬B，不相似，排除。

D选项：未出现推理，排除。

E选项：所有通过（A）都好好复习（B），所以，B都A，不相似，排除。

故正确答案为C选项。

18. C 【题号】(396) 201903　【难度】S4

【考点】直言、联言、选言命题　【命题方向】④形式逻辑　结构相似

题干信息：津贴（A）→业绩超常（B）∨30年工龄（C），津贴（A）∧¬30年工龄（¬C），因此，业绩超常（B）。

C选项：¬理财（¬B）∧¬工资高（¬C）→¬经济宽裕（¬A）=经济宽裕（A）

→理财（B）∨工资高（C），经济宽裕（A）∧¬工资高（¬C），因此，理财（B）。与题干论证结构一致，正确。

故正确答案为C选项。

命题方向⑤：形式逻辑 加分题型

（1）概念、定义、划分

1. B 【题号】19980128 【难度】S5

【考点】概念 【命题方向】⑤形式逻辑 加分题型（概念重叠范围）

题干论证是缺少前提条件的，没有这些条件就不能推出该寝室中恰好有8个人。这些条件是：（1）题干中的介绍涉及寝室中所有的人；（2）除了哈尔滨人事实上是北方人，题干中所介绍的任一身份特征属于不同的人。

按地域分：2个北方人、1个广东人。按专业分：2个法律系。按属性分：3个进修生。3+2+3=8。

B选项：若广东学生在法律系，那么一共只有7个人，无法加强题干论证。

故正确答案为B选项。

2. C 【题号】19981080 【难度】S4

【考点】概念 【命题方向】⑤形式逻辑 加分题型

最不可能被招聘上的是：大专以下∨完全没有管理经验；懂英∨懂日语→可能性增大。

C选项：不符合"大专以下"，也不符合"完全没有管理经验"，因此，最可能被选上。

A、E两项：学历"大专以下"，属于最不可能被招聘上的情况。

B、D两项：完全没有管理经验，属于最不可能被招聘上的情况。

故正确答案为C选项。

3. A 【题号】19990144 【难度】S5

【考点】概念 【命题方向】⑤形式逻辑 加分题型

题干信息：共五人，其中有两名是市场营销专业，两名是计算机专业，一名是物理学专业；五人中有两名女士，她们的本科专业背景不同。

A选项：根据题意可知，一共有三个专业，两名女士专业不同，所以剩下的三名男士一定不可能都来自同一专业，一定有两名来自不同的专业，可能有两名男士专业相同，也可能三名男士均来自不同的专业。

如果情况为，女士（市场、物理），男士（市场、计算机、计算机），那么B、C、E三项为假。如果情况为，女士（计算机、物理），男士（市场、市场、计算机），那么D选项为假。

故正确答案为A选项。

4. A 【题号】19990167 【难度】S4

   【考点】论证评价 【命题方向】⑯论证推理 结论

题干信息：一个月内包换、一年内免费包修、三年内上门服务免收劳务费，因使用不当造成的故障除外。

A 选项：三个月后出现问题是免费包修的范围，故免费更换软驱符合承诺要求。

B、C、D、E 四项：未提及商家的反应，无法判断。

故正确答案为 A 选项。

5. E 【题号】19990180 【难度】S4

   【考点】概念 【命题方向】⑤形式逻辑 加分题型

题干信息：下岗职工是指由于企业的生产和经营状况等，已经离开本人的生产和工作岗位，并已不在本单位从事其他工作，但仍与用人单位保留劳动关系的人员。

E 选项：符合下岗职工的定义。

A 选项："辞去工作"是自身原因，不是"企业的生产和经营状况等原因"。

B 选项："解除了工作合同"不符合下岗职工的定义。

C、D 两项："因长期疾病不能工作""长期请病假"是自身原因，不是"企业的生产和经营状况等原因"。

故正确答案为 E 选项。

6. D 【题号】20000169 【难度】S4

   【考点】概念 【命题方向】⑤形式逻辑 加分题型

题干信息：这种电脑能够揣摩用户情绪，并为了减轻使用者的紧张或烦躁情绪而提供相应的功能。

D 选项：与减轻主人的紧张或烦躁情绪无关。

故正确答案为 D 选项。

7. A 【题号】20000173 【难度】S5

   【考点】概念 【命题方向】⑤形式逻辑 加分题型

互联网瘾：上网成瘾，也有许多"弊端"，还可能带来严重的"危害"。

A 选项：只是说为链接某个网站时间过长而着急，并没有产生什么危害，不符合题意。

故正确答案为 A 选项。

8. C 【题号】20001030 【难度】S4

   【考点】概念 【命题方向】⑤形式逻辑 加分题型（概念重叠范围）

题干从地域、系别、是否是进修生这三个维度对该寝室学生进行描述，可列示如下：

地域：北方人2（含哈尔滨人1），广东人1。系别：法律系2。进修生：进修生3。

假定上述概念不相容,则最多有8个人(地域3+系别2+进修生3),所以要满足题干所描述的8个人,其他概念之间不能相容。此题需要选与题干断定矛盾的,如果C选项为真,则"广东人"与"法律系"出现了相容关系,则最多只有7个人,与断定矛盾。

故正确答案为C选项。

9. E 【题号】20001053 【难度】S5

【考点】概念 【命题方向】⑤形式逻辑 加分题型(偷换概念)

题干推理所犯的逻辑错误是偷换概念,"共同语言"一词前后含义不同,前者指两种人之间没有相同的看法、态度、观点,后者指相互交流和沟通所使用的语音、符号、文字等。

E选项:未出现同一词语前后含义不同的情况,与题干所犯的逻辑错误不近似,正确。

A选项:"工作"一词前后含义不同,前者指工作的时间段,后者指工作这个动作,属于偷换概念,排除。B选项:"形式"一词前后含义不同,前者指押韵、排比等语言的组织方式,后者指不注重内容、本质,只注重形式、现象,属于偷换概念,排除。C选项:"有意杀人者"一词前后含义不同,前者指法律允许范围之外的违法行为,后者指法律允许范围之内的工作职责,属于偷换概念,排除。D选项:"小"一词前后含义不同,前者指年龄小或相对于象这一群体而言比较小,后者指相对于整个动物群体来说是比较小的,属于偷换概念,排除。

故正确答案为E选项。

10. D 【题号】20070134 【难度】S4

【考点】概念 【命题方向】⑤形式逻辑 加分题型

小莫"十分渴望"成为一名微雕艺术家,其希望能缩短练习时间,大师孔先生却告知他,如果不分昼夜每天苦练,则时间会翻倍,这就说明在学习的过程中不要急于求成,要有耐心。

故正确答案为D选项。

11. E 【题号】20070139 【难度】S4

【考点】概念 【命题方向】⑤形式逻辑 加分题型

人的性别特征:正常人分为两个不重叠的部分,男人和女人。

人的行为特征:正常人分为两个重叠的部分,阴柔和阳刚。

E选项:对同一个行为而言,如果区分阴柔和阳刚,那么正常人不能同时具有两种特征,不符合题干的含义,正确。

A选项:阴柔和阳刚是两个重叠的部分,说明一个人可能只具有阴柔的特征或只具有阳刚的特征,也可能两方面同时具有;而性别特征是两个不重叠的部分,只有男和女两种。所以性别特征与行为特征并不是一一对应的关系,即性别特征不能决定行为特征,排除。

B、C 两项：由上述对 A 选项的分析可知，性别特征与行为特征并不是一一对应的关系，所以这两项均符合题干的含义，排除。

D 选项：正常人的行为分为阴柔和阳刚两个重叠的部分，所以可能一个人有些行为是阴柔的，有些行为是阳刚的，符合题干的含义，排除。

故正确答案为 E 选项。

12. B 【题号】20070149 【难度】S6
　　【考点】概念 【命题方向】⑤形式逻辑 加分题型

官员：除了法规明文允许的以外，其余的社会行为都是禁止的。

平民：除了法规明文禁止的以外，其余的社会行为都是允许的。

如果法规明文涉及的行为覆盖了所有的社会行为，那么一个社会行为要么是允许的，要么是禁止的，情况如下表。

项目	允许	禁止
官员	√	×
平民	√	×

此时，该原则对官员与平民的约束力是相同的，不符合题干的要求，所以必须要假设"法规明文涉及（允许或禁止）的行为，并不覆盖所有的社会行为"。满足这一假设后情况如下表。

项目	允许	未涉及	禁止
官员	√	×	×
平民	√	√	×

此时，未涉及的行为，对于官员来说是禁止的，对于平民来说是允许的，上述原则就对官员和平民产生了不同的约束力。所以，B 选项是必须假设的。

故正确答案为 B 选项。

13. C 【题号】20070150 【难度】S6
　　【考点】概念 【命题方向】⑤形式逻辑 加分题型

题干信息：上述原则对官员和平民的社会行为产生不同的约束力。

情况如下表。

项目	允许	未涉及	禁止
官员	√（1）	×（2）	×（3）
平民	√（4）	√（5）	×（6）

C 选项：允许官员实施的行为（1），也允许平民实施，而不是禁止平民实施，违反了原则。

A 选项：行为（2）和（5）被允许或禁止，但并不是法规明文允许或禁止的，不违反原则。

B 选项：行为（5）允许平民实施，但是禁止官员实施，不违反原则。

D 选项：允许官员实施的行为（1），也允许平民实施，不违反原则。

E 选项：法规明文禁止的行为（3），也禁止平民实施，不违反原则。

故正确答案为 C 选项。

14. C 【题号】20080146　【难度】S4

　　　【考点】概念　【命题方向】⑤形式逻辑　加分题型

题干中给出了四个身份，若求"最少"的人数，那么让四个身份尽量重叠即可。从性别来看，"姐夫""父亲""哥哥"均为男性，"岳母"为女性，男性和女性不能重叠，而三个男性身份可以重叠在一个人身上（不考虑近亲不能结婚的限制），所以最少为 2 人，一男一女。

故正确答案为 C 选项。

15. E 【题号】20090155　【难度】S5

　　　【考点】概念　【命题方向】⑤形式逻辑　加分题型

题干信息：(1) 善的行为→好动机∧好效果；

(2) [有意伤害∨（无意伤害∧伤害可预见）] ∧造成伤害→恶的行为。

E 选项：(无意伤害∧伤害可预见) ∧造成伤害，符合恶的行为的定义，正确。

A 选项：未造成伤害，不符合恶的行为的定义，排除。

B 选项："为了在新任领导面前表现自己，争夺一个晋升名额"并不是好的动机，不符合善的行为的定义，排除。

C 选项：无意伤害但是该伤害不可预见，不符合恶的行为的定义，排除。

D 选项：没有好的效果，不符合善的行为的定义，排除。

故正确答案为 E 选项。

16. B 【题号】20100142　【难度】S4

　　　【考点】概念　【命题方向】⑤形式逻辑　加分题型

"尚左数"：(1) 左边的数字都比其大（或无数字）；

(2) 右边的数字都比其小（或无数字）。

B 选项：所有数字均符合上述两个特点，正确。

A 选项：9 左边的 8 不比其大，不符合特点（1），排除。C、D、E 三项：8 右边的 9 不比其小，不符合特点（2），排除。

故正确答案为 B 选项。

17. D 【题号】20100149 【难度】S4

【考点】概念 【命题方向】⑤形式逻辑 加分题型（偷换概念）

题干信息：(1) 克鲁特→北极熊；(2) 北极熊→北极霸主；(3) 克鲁特→北极霸主。

(1) 和 (2) 通过"北极熊"进行传递得出 (3)，但该推理成立的前提是 (1) 和 (2) 中的"北极熊"所表示的内涵是一致的。但是 (1) 中的"北极熊"指的是克鲁特这只北极熊，是非集合概念；而 (2) 中的"北极熊"指的是北极熊这个群体，是集合概念。二者内涵不一致，犯了偷换概念的逻辑谬误。

D 选项：(1) 康怡花园是清水街的建筑，"清水街的建筑"指康怡花园，是非集合概念；(2) 清水街的建筑属于违章建筑，"清水街的建筑"指清水街的每一个建筑，是非集合概念；(3) 康怡花园属于违章建筑。两个"清水街的建筑"表达内涵一致，推理正确。

A 选项：(1) 儿童是祖国的花朵，"儿童"指的是儿童这个群体，是集合概念；(2) 小雅是儿童，"儿童"指的是小雅，是非集合概念；(3) 小雅是祖国的花朵。该选项犯了偷换概念的逻辑谬误，与题干相似。

B 选项：(1) 鲁迅的作品不是一天能读完的，"鲁迅的作品"指的是鲁迅所有作品的集合体，是集合概念；(2)《祝福》是鲁迅的作品，"鲁迅的作品"指的是《祝福》这一部作品，是非集合概念；(3)《祝福》不是一天能读完的。该选项犯了偷换概念的逻辑谬误，与题干相似。

C 选项：(1) 中国人是不怕困难的，"中国人"指的是中国人这个群体，是集合概念；(2) 我是中国人，"中国人"指的是"我"这一个人，是非集合概念；(3) 我是不怕困难的。该选项犯了偷换概念的逻辑谬误，与题干相似。

E 选项：(1) 西班牙语是外语，"外语"指西班牙语，是非集合概念；(2) 外语是普通高等学校招生的必考科目，"外语"指各种外语的集合，是集合概念；(3) 西班牙语是普通高等学校招生的必考科目。该选项犯了偷换概念的逻辑谬误，与题干相似。

故正确答案为 D 选项。

18. E 【题号】20100153 【难度】S5

【考点】概念 【命题方向】⑤形式逻辑 加分题型

题干信息：总共60人，亚裔学者31人，博士33人，非亚裔学者中无博士学位的4人。

因此，非亚裔学者=60-31=29人，非亚裔学者中有博士学位者=29-4=25人，亚裔博士=33-25=8人。

故正确答案为 E 选项。

19. A 【题号】20120141 【难度】S5

【考点】概念 【命题方向】⑤形式逻辑 加分题型

题干信息：描述了两个概念之间的交叉关系所需要具备的特点，根据该特点判断选项。

A 选项：将国画按照不同的标准进行划分，所以"人物画"和"工笔画"有交叉关系，正确。

B 选项："《盗梦空间》"与"最佳影片"不确定是否有交集，不符合交叉关系的特点，排除。

C 选项："洛邑小学 30 岁的食堂总经理"和"学生们"无交集，排除。

D 选项："微波炉清洁剂"和"氯气"无交集，排除。

E 选项："高校教师包括教授"这句话说明教授是高校教师的子集，二者没有交叉关系，排除。

故正确答案为 A 选项。

20. D 【题号】20120142 【难度】S4

【考点】概念 【命题方向】⑤形式逻辑 加分题型（偷换概念）

论据：我是小区的人（非集合概念，指"我"这一个体），绿地属于小区的所有人（集合概念，指"小区所有人"这个集合体）。结论：绿地属于我。

题干中的逻辑错误是偷换概念——集合概念与非集合概念的偷换。

D 选项：莫尔碧骑士（集合概念）不可战胜，翼雅王是莫尔碧骑士之一（非集合概念），所以，翼雅王不可战胜。该项与题干错误一致，属于集合概念与非集合概念的偷换，正确。

A 选项：所有人→要对错误行为负责，小梁→没有对错误行为负责，所以，小梁的行为→不是错误行为。题干推出的结论错误，结论应为：小梁不是人。

B 选项：兰花→订购一空，李阳→买盆花，由此可见，李阳买的是兰花。该推理不成立，两个前提之间没有关联，排除。

C 选项：大仲马的作品不是一天能读完的，《三个火枪手》不是一天能读完的，因此，《三个火枪手》是大仲马的作品之一。该推理不成立，两个否定的前提推不出结论，排除。

E 选项：没有人能掌握当今世界的所有知识，地心说不是当今世界的知识，因此，有些人可以掌握地心说。该推理不成立，两个否定的前提推不出结论，排除。

故正确答案为 D 选项。

21. D 【题号】20130130 【难度】S4

【考点】概念 【命题方向】⑤形式逻辑 加分题型

题干信息：原始动机是与生俱来的、以本能需要为基础的动机。

D 选项：婀娜多姿的淑女啊，是仁人君子的佳偶。繁衍是人的本能需要，是原始动机。

A、B 两项：所描述的都是后天所培养的美德，不是与生俱来的，排除。

C 选项：比喻不冒危险，就难以成事；也用来比喻不经历艰苦的实践，就难以得到真知。这不属于动机范畴，排除。

E 选项：表达物质上可以清贫，但是必须有气节和高尚的情操。这不是原始动机。
故正确答案为 D 选项。

22. A 【题号】20130144 【难度】S5

【考点】概念 【命题方向】⑤形式逻辑 加分题型

题干信息：核心队员总能在关键场次带领全队赢得比赛，友南是上赛季西海队的核心队员。

质疑该记者的结论，即表明友南不是核心队员，只要能够说明其不符合核心队员的定义即可。友南在关键场次上场，但是该队没有赢得比赛，就表明友南不是核心队员，即 A 选项。

C 选项：干扰性较强，但是由于其并不符合题干关于"核心队员"的定义，并且 C 选项说的是"本赛季"，而记者的结论是"上赛季"，所以无法质疑。

故正确答案为 A 选项。

23. C 【题号】(396) 202001 【难度】S4

【考点】概念 【命题方向】⑤形式逻辑 加分题型（偷换概念）

题干信息：群众→真正的英雄，我→群众。所以，我→真正的英雄。
题干的逻辑错误是"群众"这个概念前后不一致，前者是一个集合概念，后者是特定的某一个人，是一个非集合概念。所以题干的逻辑错误是集合概念与非集合概念的偷换问题。

C 选项：集合与非集合概念的偷换，第一个"人"是集合概念，表示人这个整体具有宝贵的属性；第二个"人"是非集合概念，具体指明"我"这一个个体，与题干的逻辑错误一致。

A、B、E 三项：不合规则，已知 A→B，只能由¬B→¬A，不能从"¬A"或者"B"进行推理，与题干的逻辑错误不一致，排除。

D 选项：没有逻辑错误，符合推理规则。

故正确答案为 C 选项。

24. D 【题号】(396) 202012 【难度】S5

【考点】概念 【命题方向】⑤形式逻辑 加分题型

"别在我家门口"综合征：虽然赞成 A，但是如果发生在身边且与自身利益相关时却不赞成。

D 选项：该汽车商主张和国外进行汽车自由贸易，但是反对本国政府与其他国家自由贸易，符合题干定义，正确。

A 选项：该家长的行为不是反对，而是改变自己的孩子，不符合定义。

B 选项：该政客的行为不是反对，而是自己没有做到，不符合定义。

C 选项：教授主张的对象是宗教团体，而不是个人，不符合定义。

E 选项：只是该战略家的观点，不涉及主张和反对，不符合定义。

故正确答案为 D 选项。

（2）模态命题

25. A　【题号】19981032　【难度】S4

【考点】模态命题　【命题方向】⑤形式逻辑　加分题型

题干信息：不一定出现＝可能不出现。

A 选项：与分析一致，正确。

B 选项：可能出现，与题干意思不一致，排除。C 选项：一定不出现，与题干意思不一致，排除。D 选项：题干中的"可能不出现"，表明不出现的可能性比出现的可能性大，不符合题干意思，排除。E 选项：不可能出现＝必然不出现，与题干意思不一致，排除。

故正确答案为 A 选项。

（3）直言+模态等价转换

26. E　【题号】19980105　【难度】S4

【考点】模态命题　直言命题　【命题方向】⑤形式逻辑　加分题型

题干信息：不可能所有的错误都能避免。

提词、等价转换：不可能都＝必然不都＝必然有的不＝有的必然不。

故正确答案为 E 选项。

27. D　【题号】20030149　【难度】S4

【考点】模态命题　直言命题　【命题方向】⑤形式逻辑　加分题型

题干信息：（1）不必然任何经济发展都会导致生态恶化；

（2）不可能有不阻碍经济发展的生态恶化。

（1）提词+等价转换：不必然都＝可能不都＝可能有的不＝有的可能不。正确答案在 C、D 两项之间。

（2）提词+等价转换：不可能有的不＝必然不有的不＝必然都不不＝必然都＝都必然。

故正确答案为 D 选项。

28. A　【题号】20060146　【难度】S4

【考点】模态命题　直言命题　【命题方向】⑤形式逻辑　加分题型

题干信息：不可能存在一把钥匙能打开天下所有的锁。

提词+等价转换：不可能有的都＝必然不有的都＝必然都不都＝必然都有的不。

调整语序：必然钥匙都有的锁打不开＝任何钥匙都必然有它打不开的锁。

故正确答案为 A 选项。

29. C　【题号】20080158　【难度】S4

【考点】模态命题　直言命题　【命题方向】⑤形式逻辑　加分题型

题干信息：(1) 人都不可能不犯错误；

(2) 不一定所有人都会犯严重错误。

(1) 提词+等价转换：不可能不=必然不不=必然。

(2) 提词+等价转换：不一定都=可能不都=可能有的不=有的可能不。

C选项：与上述推理结果一致，正确。

故正确答案为C选项。

30. E　【题号】20091038　【难度】S5

【考点】模态命题　直言命题　【命题方向】⑤形式逻辑　加分题型

题干信息：(1) 不可能不=必然不不=必然，所有的错误决策都必然付出代价。

(2) 可能不=不必然=不一定，有的错误决策不一定造成严重后果。

故正确答案为E选项。

31. C　【题号】20130148　【难度】S4

【考点】模态命题　直言命题　【命题方向】⑤形式逻辑　加分题型

提词+等价转换：不可能都=必然不都=必然有的不。

故正确答案为C选项。

32. D　【题号】(396) 201203　【难度】S4

【考点】模态命题　直言命题　【命题方向】⑤形式逻辑　加分题型

提词：并非所有必然。等价转换：并非所有必然=不都必然=有的不必然=有的可能不，即"有的出于良好愿望的行为可能不会导致良好的结果"。

故正确答案为D选项。

(4) 关系命题

33. D　【题号】19991043　【难度】S4

【考点】关系命题　【命题方向】⑤形式逻辑　加分题型

D选项：断定会计部至少有4个雇员交了报销单据，报销了至少2 500元。D选项没有规定上限，为补交报销单据留出了空间。不管会计部有多少雇员补交了报销单据，也不管补交的报销金额是多少，D选项的这个断定总是成立的。其余各项断定的内容中"仅有""只有""不多于""为""不必……多"等信息，都可能被补交的报销单据推翻。

故正确答案为D选项。

34. B　【题号】20001063　【难度】S4

【考点】关系命题　【命题方向】⑤形式逻辑　加分题型

题干信息：黑>蓝>黄>白；若A≥B，则A能覆盖B；A也能被A覆盖。蓝色能覆盖的颜色：蓝、黄、白。

复选项Ⅰ：不是蓝色的，也可能是黑色，但黑色不能被蓝色覆盖，排除。

复选项Ⅱ：不是黑色的，就是蓝、黄、白三种颜色，都可以被蓝色覆盖，正确。

复选项Ⅲ：不如蓝色深的颜色包括黄色和白色，少了蓝色，所以无法确切概括，排除。

故正确答案为B选项。

35. E 【题号】20020155 【难度】S4

【考点】关系命题 【命题方向】⑤形式逻辑 加分题型

已知：(1) 甘蓝>菠菜；(2) 绿芥蓝>莴苣。结论：(3) 甘蓝>莴苣。

从已知的（1）（2）无法推出结论（3），所以需要补充条件。

E选项：绿芥蓝>甘蓝，即使加上该条件，甘蓝与莴苣的关系依然无法得知，不能使题干推理成立。

A选项：甘蓝＝绿芥蓝，结合（2）可得，甘蓝＝绿芥蓝>莴苣，能使题干推理成立。

B选项：菠菜>莴苣，结合（1）可得，甘蓝>菠菜>莴苣，能使题干推理成立。C选项：菠菜>绿芥蓝，结合（1）（2）可得，甘蓝>菠菜>绿芥蓝>莴苣，能使题干推理成立。D选项：菠菜＝绿芥蓝，结合（1）（2）可得，甘蓝>菠菜＝绿芥蓝>莴苣，能使题干推理成立。

故正确答案为E选项。

36. A 【题号】20070130 【难度】S4

【考点】关系命题 【命题方向】⑤形式逻辑 加分题型

已知：(1) 王>梁；(2) 魏>苗。结论：(3) 王>苗。

由已知的（1）（2）无法得出结论（3），还需要增加其他条件。

A选项：魏>王，即使得知"魏>王"，也无法推知（3），正确。

B选项：梁>苗，结合（1）可得，王>梁>苗，能推知（3），排除。

C选项：梁>魏，结合（1）可得，王>梁>魏>苗，能推知（3），排除。

D选项：梁＝魏，结合（1）（2）可得，王>梁＝魏>苗，能推知（3），排除。

E选项：王＝魏，结合（2）可得，王＝魏>苗，能推知（3），排除。

故正确答案为A选项。

37. E 【题号】19980140 【难度】S4

【考点】关系命题 【命题方向】⑤形式逻辑 加分题型

题干信息：(1) 李<陈<朱；(2) 宋<朱，宋<李；(3) 宋<王<朱。

问题要求推出"张<陈"。（1）（2）结合可得：(4) 宋<李<陈<朱。E选项的大小关系为，张<王<李；结合（4）可知，张小于李，则必然小于陈。

故正确答案为E选项。

38. C 【题号】20021034 【难度】S5

【考点】关系命题 【命题方向】⑤形式逻辑 加分题型

"信任"是非对称关系,即 A 信任 B,B 不一定信任 A。没有人信任所有的人=每个人都有不信任的人。总经理信任所有信任董事长的人=如果 A 信任董事长,那么总经理信任 A。

复选项Ⅰ:由于"信任"是非对称关系,所以虽然董事长信任总经理,但是总经理是否信任董事长未知,无法判断真假。复选项Ⅱ:"如果 A 信任董事长,那么总经理信任 A",A 不信任董事长时,总经理是否信任 A 呢?无法由推理规则推知。复选项Ⅲ:题干中明确表明"总会计师不信任董事长",可推知有的人不信任董事长,与复选项Ⅲ形成矛盾关系,不可能为真。

故正确答案为 C 选项。

39. A 【题号】20111040 【难度】S5

【考点】关系命题 【命题方向】⑤形式逻辑 加分题型

题干信息:(1)如果 A 救助过李佳,那么王玥救助过 A,逻辑关系为"A 救助过李→王救助过 A";(2)赵欣救助过所有成员;(3)如果王玥救助过 B,那么陈蕃救助过 B,逻辑关系为"王救助过 B→陈救助过 B"。

由(2)可得,赵救助过李;结合(1)可得,王救助过赵;再结合(3)可得,陈救助过赵。因此,可推出选项 A。其他选项均无法由题干信息推出。

故正确答案为 A 选项。

40. C 【题号】(396) 201304 【难度】S4

【考点】关系命题 【命题方向】⑤形式逻辑 加分题型

题干信息:(1)物理>政治;(2)物理>世界史;(3)数学>政治;(4)数学>世界史;(5)政治>体育。

C 选项:世界史>体育,由于政治和世界史的喜好程度无法比较,故世界史和体育的喜好程度也无法比较,故该项无法推出。

A 选项:政治>体育,由(5)可知,该项是正确的。B 选项:数学>体育,由(3)和(5)可知,该项是正确的。D 选项:物理>体育,由(1)和(5)可知,该项是正确的。E 选项:数学>世界史,由(4)可知,该项是正确的。

故正确答案为 C 选项。

41. E 【题号】20130150 【难度】S5

【考点】关系命题 【命题方向】⑤形式逻辑 加分题型

建交:(1)希望与每个国家建交≥2。

结盟:(2)希望与某些国家结盟≥1;(3)不希望与某些国家结盟≥3;

(4) 不希望与任一国家结盟≥1。

由（1）可知，每个国家都有国家希望与之建交。

故正确答案为 E 选项。

第二部分　综合推理

一、考点速通

考点8：咔咔排除法

1. A 【题号】19990156　【难度】S5

　　【考点】咔咔排除法　【命题方向】⑦综合推理　排序

题干信息：(1) 甲+乙=丙+丁；(2) 丙+乙<甲+丁；(3) 甲+丙<乙。

由 (1) 排除B、D、E三项；由 (2) 排除C选项。

故正确答案为A选项。

2. A 【题号】20100148　【难度】S5

　　【考点】咔咔排除法　【命题方向】⑧综合推理　匹配

因为他们各自所买车的颜色分别与五人名字最后一个字谐音的颜色不同，所以，张岚不买蓝色车，林宏不买红色车，何柏不买白色车，邱辉不买灰色车。

A选项：符合题干条件，正确。B、C、D、E四项：林宏的红色宝马、何柏的白色奔驰、邱辉的灰色桑塔纳、何柏的白色奔驰均与题干不符，排除。

故正确答案为A选项。

3. E 【题号】(396) 201319　【难度】S5

　　【考点】咔咔排除法　【命题方向】⑧综合推理　匹配

A选项：猜对了黄、余两个，不符合"只猜对了一个"，排除。

B选项：猜对了陈、黄、余三个，不符合"只猜对了一个"，排除。

C选项：猜对了陈、余两个，不符合"只猜对了一个"，排除。

D选项：猜对了黄、余两个，不符合"只猜对了一个"，排除。

E选项：只猜对了黄，符合"只猜对了一个"，正确。

故正确答案为E选项。

4. E 【题号】19990145　【难度】S5

　　【考点】咔咔排除法　【命题方向】⑨综合推理　分组

题干信息：满意的决策应是五种产品都有厂生产，每个厂都生产其擅长的产品。

本题可用排除法，排除掉有某个工厂生产不擅长的产品的情况。由"曙光机械厂擅长生产产品1、产品2和产品4"排除A选项，由"祥瑞机械厂擅长生产产品3和产品5"排除 B、C、D 三项，只剩下 E 选项的方案符合题意。

故正确答案为 E 选项。

5. D 【题号】20081033 【难度】S5

【考点】咔咔排除法 稳赢分析法 【命题方向】⑩综合推理 数字相关

耕种地和休耕地：A 地区平均亩产/B 地区平均亩产=120%。

耕种地：A 地区平均亩产/B 地区平均亩产=70%。

方法一：咔咔排除法。由题干的比例关系只能推出关于"比例"的信息，无法推出"生产谷物的多少""休耕地的多少""耕种地的多少"等绝对数量的关系，排除 A、B、C、E 四项。

方法二：稳赢分析法。根据上述信息可知，基于耕种地的面积，A 地区亩产偏低，但是加上休耕地的面积之后，A 地区亩产却偏高，这说明 B 地区休耕地的面积所占比例较高（耕种地占比较低），导致其平均产量下降幅度较大，故 D 选项正确。

故正确答案为 D 选项。

考点9：确定信息呼呼推

1. B 【题号】20031056 【难度】S4

【考点】确定信息呼呼推 【命题方向】⑦综合推理 排序

题干信息：（1）肉松、蛋糕；（2）酸奶、饼干；（3）水果汁、可口可乐汽水；（4）方便面、酸奶；（5）肉松（饼干）、A、B、饼干（肉松）；（6）方便面（水果汁）、C、D、水果汁（方便面）；（7）蛋糕是第 7 位。

由确定信息（7）可知，蛋糕是第 7 位；再结合（1）可知，肉松在第 6 位；再由（5）可知，饼干在第 3 位。由（2）（4）可知，顺序为：方便面、酸奶、饼干。所以方便面在第 1 位，酸奶在第 2 位。

综上，水果汁只能在第 4 位，可口可乐汽水在第 5 位。

最终的顺序为：方便面、酸奶、饼干、水果汁、可口可乐汽水、肉松、蛋糕。

故正确答案为 B 选项。

2. D 【题号】19990153 【难度】S5

【考点】确定信息呼呼推【命题方向】⑧综合推理 匹配

题干信息：（1）余>上海；（2）方≠安徽；（3）王>安徽。

在所有条件中，"安徽"出现了两次，先从其入手。根据（2）可知，安徽人不是方；根据（3）可知，安徽人不是王。故安徽人只能是余，确定了第一个匹配关系。接下来根据（1）（3）可得：王（ ）>余（安徽）>____（上海）。省份只缺"江西"，人名只缺"方"，故可判断出"王（江西）>余（安徽）>方（上海）"。

故正确答案为D选项。

3. E 【题号】19981038 【难度】S4

【考点】确定信息呼呼推 【命题方向】⑨综合推理 分组

题干信息：（1）赵∨孙；（2）张∨周；（3）¬（孙∧张），¬（周∧张）；（4）¬周。

从确定信息（4）入手，由"¬周"结合（2）可推出"张"，再根据（3）可推出"¬孙∧¬周"，再根据（1）和"¬孙"可推出"赵"，所以"张"和"赵"一定入选。

故正确答案为E选项。

4. D 【题号】20021017 【难度】S4

【考点】确定信息呼呼推 【命题方向】⑩综合推理 数字相关

根据德育方面的表现进行选拔，有1/3的同学合格；根据学习成绩进行选拔，有1/4的同学合格；根据身体状况进行选拔，有1/2的同学合格。所以，要求候选人德育、学习成绩、身体状况三方面均合格，最多会有1/4的同学成为候选人，不可能多于1/4。

故正确答案为D选项。

考点10：无确定信息破解法

1. D 【题号】20130155 【难度】S5

【考点】无确定信息破解法 【命题方向】⑧综合推理 匹配

题干信息：（1）东 银杏∨南 银杏→¬北 龙柏∧¬北 乌柏=北 龙柏∨北 乌柏→¬东 银杏∧¬南 银杏；（2）北 水杉∨北 银杏∨东 水杉∨东 银杏。

补充信息：（3）西 水杉∨南 水杉。

由（2）可得，银杏种在北区或东区。如果银杏种在东区，由（1）可知，¬北 龙柏∧¬北 乌柏；又由（3）可知，¬北 水杉，此时银杏就必然种在北区，与假设的"银杏种在东区"矛盾。所以可得，银杏种在北区。

故正确答案为D选项。

2. A 【题号】20100136 【难度】S5

【考点】无确定信息破解法 【命题方向】⑨综合推理 分组

题干信息：（1）x∨y=¬y→x；（2）¬y∨¬z=z→¬y；（3）¬z→¬y。

（2）（3）形成二难推理，无论是z还是¬z，均可推出¬y，所以真实情况为¬y。

由（1）可得，¬y→x，所以该粒子为x粒子。

故正确答案为A选项。

3. D 【题号】20120130 【难度】S5

【考点】无确定信息破解法 【命题方向】⑨综合推理 分组

题干信息：(1) ¬B→¬A；(2) ¬A∨¬B=A→¬B=B→¬A；(3) A↔B。

由（1）（2）结合二难推理可知，无论 B 为真还是为假，均可得：¬A。

再由（3）可得，¬A→¬B，所以真实情况为：¬A、¬B，D 选项正确。

若未能识别此题是二难推理，也可采用排除法。

A 选项：A∧¬B，与（1）（3）矛盾，不满足三人同时为真，排除。B 选项：¬A∧B，与（3）矛盾，不满足三人同时为真，排除。C 选项：A∧B，与（2）矛盾，不满足三人同时为真，排除。D 选项：¬A∧¬B，满足三人同时为真，正确。E 选项：¬B→A=B∨A，不满足三人同时为真，排除。

故正确答案为 D 选项。

考点 11：稳赢分析法

1. C 【题号】19971043　【难度】S5

　　【考点】稳赢分析法　【命题方向】⑧综合推理　匹配

　　由（4）（5）可知，金融专业的出生在 W 市，管理专业的出生在 S 市，外语专业的出生在 B 市；由（1）可知，乙不出生在 B 市；结合（2）可知，乙出生在 S 市；再结合（3）可知，丙出生在 W 市。所以推出甲出生在 B 市，学外语专业。

　　故正确答案为 C 选项。

2. C 【题号】19981054　【难度】S5

　　【考点】稳赢分析法　【命题方向】⑧综合推理　匹配

　　由 I 可知，四川籍研究生不在国政系。

　　由 III 可知，如果四川籍研究生在中文系，则还有一个研究生也在中文系，此人不是河北籍（因为河北籍研究生不在中文系），也不是安徽籍（因为安徽籍研究生不和四川籍研究生同在一个系），那就只能是北京籍研究生。而这与"北京籍研究生单独在国政系"矛盾，故假设不成立。

　　综上可以得出，四川籍研究生在法律系。

　　故正确答案为 C 选项。

3. C 【题号】19990170　【难度】S6

　　【考点】稳赢分析法　【命题方向】⑧综合推理　匹配

　　题干信息：张庄的人在星期一、三、五说谎，李村的人在星期二、四、六说谎。

　　若这天是星期一，前天是星期六，则在星期六，张庄的人说实话，但在星期一他要说谎话，因此他说"前天我说谎"；相反，在星期六，李村的人说谎话，但在星期一他要说实话，因此他说"前天我说谎"。C 选项：星期一或星期三，只要有一天符合就为真。

　　故正确答案为 C 选项。

4. D 【题号】20101050 【难度】S5

【考点】稳赢分析法 【命题方向】⑧综合推理 匹配

距星期天同样远的组合有：星期六和星期一、星期五和星期二、星期四和星期三。昨天和后天之间相隔两天，星期二和星期五之间会相隔星期三和星期四两天。所以昨天是星期二，今天是星期三。

故正确答案为 D 选项。

5. A 【题号】20020129 【难度】S4

【考点】稳赢分析法 【命题方向】⑪综合推理 综合题组（分组）

由题干条件可知，初中生王选修物理。又由"如果一门课程没有任何一个高中生选修，那么任何一个初中生也不能选修该课程"可知，必定有高中生选修了物理。而高中生赵和钱都没有选修物理，所以高中生孙一定选修物理。

故正确答案为 A 选项。

6. B 【题号】20020130 【难度】S4

【考点】稳赢分析法 【命题方向】⑪综合推理 综合题组（分组）

因为必定有高中生选修了物理，赵选修文学或经济，所以钱和孙中至少有一个人选修物理；又因为"一个学生只能选修一门课程"，所以选修经济的学生中不可能同时包含钱和孙。

故正确答案为 B 选项。

7. D 【题号】19971008 【难度】S4

【考点】稳赢分析法 【命题方向】⑩综合推理 数字相关

由题干信息可知，每个队需要进行三场比赛，每场比赛一定有一输一赢。B 队输一场赢两场，C 队输两场赢一场，D 队赢三场，所以 A 队输三场，并没有赢，排名最后，也就是第四名。

故正确答案为 D 选项。

二、命题方向专训

命题方向⑥：综合推理 真话假话

1. D 【题号】19970107 【难度】S4

【考点】稳赢分析法 【命题方向】⑥综合推理 真话假话

第一步：简化信息	（1）都糖；（2）二苹果；（3）三¬巧克力；（4）有的¬糖
第二步：找到关系	（1）和（4）是矛盾关系，必一真一假
第三步：推知其他	题干中只有一真，所以（2）和（3）均为假
第四步：得出事实	由（2）为假可知，第二个杯子中没有苹果； 由（3）为假可知，第三个杯子中有巧克力
第五步：选出答案	只能知道苹果和巧克力的真实情况，并未推出关于"水果糖"的信息，所以（1）和（4）的真假无法判断，但可推出正确答案为D选项

2. A 【题号】19970133　【难度】S4

【考点】稳赢分析法　【命题方向】⑥综合推理　真话假话

第一步：简化信息	（1）¬甲；（2）丁；（3）乙；（4）¬丁
第二步：找到关系	（2）和（4）是矛盾关系，必一真一假
第三步：推知其他	已知只有一人说了真话，所以真话必在（2）和（4）之间。因此，（1）和（3）一定为假话
第四步：得出事实	由（1）是假话，可推知：甲。由（3）是假话，可推知：¬乙
第五步：选出答案	根据"甲"为真，可判断（4）为真话，（2）为假话。故正确答案为A选项

3. A 【题号】19970136　【难度】S4

【考点】稳赢分析法　【命题方向】⑥综合推理　真话假话

第一步：简化信息	（1）有的；（2）有的不；（3）¬所长
第二步：找到关系	（1）和（2）是下反对关系，至少一真
第三步：推知其他	已知只有一个判断为真，而（1）和（2）之间必有一真，所以（3）一定为假
第四步：得出事实	根据（3）为假可知，真实情况为：所长
第五步：选出答案	根据"所长"，可判断（1）为真话，则此时（2）只能为假话，这时根据"有的不"为假，又可以进一步推出"都"一定为真，故真实情况是"所有人都会使用计算机"。故正确答案为A选项

4. A 【题号】19980114　【难度】S4

【考点】稳赢分析法　【命题方向】⑥综合推理　真话假话

第一步：简化信息	（1）都；（2）¬丁；（3）有的不；（4）¬乙
第二步：找到关系	（1）和（3）是矛盾关系，必一真一假
第三步：推知其他	已知只有一人说假话，所以假话必在（1）和（3）之间。因此，（2）和（4）必为真话
第四步：得出事实	根据（2）为真话，可推知：¬丁。根据（4）为真话，可推知：¬乙。
第五步：选出答案	根据"¬丁"和"¬乙"，可判断（3）为真话，（1）为假话。故正确答案为A选项

5. D 【题号】19990131 【难度】S5

【考点】稳赢分析法 【命题方向】⑥综合推理 真话假话

第一步：简化信息	(1) 辽全包；(2) 辽最多一个；(3) 山拿牌∨河拿牌；(4) ¬辽一→山一
第二步：找到关系	(1) 和 (3) 是矛盾关系，必一真一假
第三步：推知其他	已知只有一句话为真话，所以 (2) 和 (4) 必为假话
第四步：得出事实	由 (4) 为假可知，辽宁和山东不是第一，河北是第一，排除 A、B、C 三项。由 (2) 为假可知，辽宁在前三名中至少占了两个，排除 E 选项
第五步：选出答案	故正确答案为 D 选项

6. C 【题号】19990133 【难度】S5

【考点】稳赢分析法 【命题方向】⑥综合推理 真话假话

第一步：简化信息	(1) 有的；(2) 有的不；(3) ¬李
第二步：找到关系	(1) 和 (2) 是下反对关系，至少一真
第三步：推知其他	已知只有一句话为真话，所以真话必在 (1) 和 (2) 之间。因此，(3) 为假话
第四步：得出事实	由 (3) 为假话可知，真实情况是：李家集乡完成了计划生育指标
第五步：选出答案	由"李"可知，(1) 真 (2) 假。由"有的不"为假可知，"都"为真。C 选项：没有一个乡没完成＝都完成。故正确答案为 C 选项

7. B 【题号】19990143 【难度】S4

【考点】稳赢分析法 【命题方向】⑥综合推理 真话假话

第一步：简化信息	(1) ¬赵；(2) 李；(3) 钱；(4) ¬李
第二步：找到关系	(2) 和 (4) 是矛盾关系，必一真一假
第三步：推知其他	已知只有一人说真话，所以真话必在 (2) 和 (4) 之间。因此，(1) 和 (3) 必为假话
第四步：得出事实	由 (1) 为假，可推知：赵。由 (3) 为假，可推知：¬钱
第五步：选出答案	根据"赵∧¬钱"，可判断 (4) 为真话，(2) 为假话。故正确答案为 B 选项

8. C 【题号】19990148 【难度】S5

【考点】稳赢分析法 【命题方向】⑥综合推理 真话假话

第一步：简化信息	(1) 甲；(2) 乙∨丙；(3) 甲∨丙；(4) 丁
第二步：找到关系	未找到矛盾关系或反对关系，转换思路，采用"假设+归谬"的思路解题
第三步：假设+归谬	若甲中标，则 (1) (3) 都为真，与只有一真矛盾，所以，甲没中标。若丙中标，则 (2) (3) 都为真，与只有一真矛盾，所以，丙没中标。由"甲没中标"和"丙没中标"可知，甲公司和丙公司的经理都说错了

续表

第四步：选出答案	C 选项：乙公司经理的话未知真假，有可能甲公司、乙公司和丙公司的经理都说错了，正确。A、B 两项：事实情况是甲公司和丙公司都没中标，排除。D、E 两项：已经推知甲公司和丙公司的经理都说错了，如果乙公司和丁公司的经理也说错了，那么四位经理的话都是错的，与只有一真矛盾，排除。故正确答案为 C 选项

9. C 【题号】20000139 【难度】S4

【考点】稳赢分析法 【命题方向】⑥综合推理 真话假话

第一步：简化信息	(1) ¬周；(2) 王；(3) 吴；(4) ¬王
第二步：找到关系	(2) 和 (4) 是矛盾关系，必一真一假
第三步：推知其他	由两真两假可知，(1) 和 (3) 也必一真一假
第四步：得出事实	(1) 和 (3) 谁真谁假无法断定，故只能做假设：（a）如果 (1) 真 (3) 假，则可推出"¬周、¬吴"，又由于只有两笔捐款，所以，捐款人一定是"郑、王"；（b）如果 (3) 真 (1) 假，则可推出"周、吴"，又由于只有两笔捐款，所以，捐款人一定是"周、吴"，而不是"郑、王"
第五步：选出答案	仅 C 选项的情况可能为真，故正确答案为 C 选项

10. E 【题号】20000157 【难度】S4

【考点】稳赢分析法 【命题方向】⑥综合推理 真话假话

第一步：简化信息	(1) 余→方；(2) 都不；(3) ¬余；(4) ¬方∧余
第二步：找到关系	(1) 和 (4) 是矛盾关系，必一真一假
第三步：推知其他	由"只有一人的推测成立"推出，(2) 和 (3) 为假
第四步：得出事实	由 (2) 为假可知，有的；由 (3) 为假可知，余
第五步：选出答案	根据"余"，无法判断 (1) 和 (4) 的真假，还需要进一步假设：（a）如果方考上，那么由"余∧方"可知，(1) 为真，(4) 为假，故正确答案为 E 选项；（b）如果方没考上，那么由"余∧¬方"可知，(1) 为假，(4) 为真，故 D 选项错误

11. B 【题号】20000170 【难度】S5

【考点】稳赢分析法 【命题方向】⑥综合推理 真话假话

人	符号化	甲正常	乙正常	丙正常
甲	¬正常→¬物理		¬物理	¬物理
	正常→化学	化学		
乙	¬正常→¬化学	¬化学		¬化学
	正常→物理		物理	

续表

人	符号化	甲正常	乙正常	丙正常
丙	¬正常→¬物理	¬物理	¬物理	
	正常→物理			物理

题干没有出现确定信息,所以可采用"假设+归谬"的思路解题。

(1) 如果乙正常,那么乙通过了物理,而甲和丙没有通过物理,同时乙没有通过化学,而甲和丙都通过了化学。此种假设没有出现任何矛盾。

(2) 如果甲正常,那么甲通过了化学,乙和丙都没通过化学,同时甲没通过物理,而乙和丙都通过物理。但是"丙通过物理"与表中的丙"¬物理"矛盾,故假设被推翻,不可能是甲。

(3) 如果丙正常,那么丙通过物理,甲和乙都没有通过物理,同时丙没通过化学,而甲和乙都通过化学。但是"乙通过化学"与表中的乙"¬化学"矛盾,故假设被推翻,不可能是丙。

故正确答案为 B 选项。

12. E 【题号】20001043 【难度】S4

【考点】稳赢分析法 【命题方向】⑥综合推理 真话假话

第一步:简化信息	(1) 都;(2) 班长→¬学习委员;(3) 班长;(4) 有的不
第二步:找到关系	(1) 和 (4) 是矛盾关系,必一真一假
第三步:推知其他	已知四人中只有一人说假话,所以 (2) (3) 均为真话
第四步:得出真实	由 (3) 为真可得:班长。由 (2) 为真可得:¬学习委员
第五步:选出答案	由"¬学习委员"这一真实情况,可判断 (1) 为假话,(4) 为真话。故正确答案为 E 选项

13. C 【题号】20010125 【难度】S4

【考点】稳赢分析法 【命题方向】⑥综合推理 真话假话

第一步:简化信息	(1) 都不;(2) 有的;(3) ¬乙∨¬丁;(4) ¬丁
第二步:找到关系	(1) 和 (2) 是矛盾关系,必一真一假
第三步:推知其他	由两真两假可知,(3) 和 (4) 之间也必一真一假
第四步:得出事实	若 (4) 为真,则 (3) 也为真,不符合一真一假,所以 (4) 为假,(3) 为真,真实情况是丁作案了,乙没作案
第五步:选出答案	由"丁作案"这一真实情况可知,(1) 为假,(2) 为真。因此,说真话的是乙和丙。故正确答案为 C 选项

14. B 【题号】20020146 【难度】S4

【考点】稳赢分析法 【命题方向】⑥综合推理 真话假话

第一步：简化信息	（1）设→人；（2）人∧¬设；（3）设∧¬人；（4）设
第二步：找到关系	（1）和（3）是矛盾关系，必一真一假
第三步：推知其他	四人中只有一个人的断定为真，所以（2）和（4）必为假
第四步：得出事实	由（4）为假可知：¬设。由（2）为假可知：¬人
第五步：选出答案	由"¬设∧¬人"可知，（1）真（3）假。故正确答案为B选项

15. A 【题号】20030156 【难度】S5

【考点】稳赢分析法 【命题方向】⑥综合推理 真话假话

如果孩子是男孩，第二个说话的不可能是父亲（因为父亲说真话，不可能说孩子是女孩），也不可能是母亲（因为此时母亲连续说两句假话，与题干矛盾），这种情况排除。所以孩子是女孩。孩子的回答是"我是男孩"，说了假话。第二个说话的不可能是母亲（因为"这孩子撒谎"和"她是女孩"连续两句话都是真话），所以第二个说话的是父亲，第一个说话的是母亲。

故正确答案为A选项。

16. B 【题号】20060138 【难度】S4

【考点】稳赢分析法 【命题方向】⑥综合推理 真话假话

第一步：简化信息	（1）有的；（2）有的不；（3）¬大运∧¬宏通
第二步：找到关系	（1）和（2）是下反对关系，至少一真
第三步：推知其他	唯一正确的结论在（1）和（2）之间，因此（3）为假
第四步：得出事实	由（3）为假可知，¬（¬大运∧¬宏通）=大运∨宏通，即大运和宏通至少有一个存在隐患
第五步：选出答案	由推出的真实情况可知，（1）为真，（2）为假。由此可知，"都"为真，故真实情况为，所有煤矿都存在安全隐患。故正确答案为B选项

17. B 【题号】20061047 【难度】S4

【考点】稳赢分析法 【命题方向】⑥综合推理 真话假话

第一步：简化信息	（1）班长∧学习；（2）¬生活→体育； （3）¬班长∨学习；（4）¬生活∧体育
第二步：找到关系	（1）（3）矛盾，必一真一假；（2）（4）矛盾，必一真一假
第三步：选出答案	故四位老师的话两真两假，正确答案为B选项

18. D 【题号】20090127 【难度】S5

【考点】稳赢分析法 【命题方向】⑥综合推理 真话假话

第一步：简化信息	（1）¬丙；（2）乙；（3）甲
第二步：找到关系	未找到矛盾关系或反对关系，转换思路，采用"假设+归谬"的思路解题

续表

第三步：假设+归谬	如果冠军是乙，那么（1）(2）均正确，与题干信息不符，所以乙不是冠军。如果冠军是甲，那么（3）正确，与题干信息不符，所以甲不是冠军。如果冠军是丙，那么（1）(2）(3）均错误，与题干信息不符，所以丙不是冠军
第四步：选出答案	冠军为¬乙∧¬甲∧¬丙，所以冠军是丁，此时（1）正确，（2）(3）错误，符合题干要求。故正确答案为D选项

19. A　【题号】20090139　【难度】S4
　　【考点】稳赢分析法　【命题方向】⑥综合推理　真话假话

第一步：简化信息	（1）不都不=有的；（2）有的不；（3）班长∧学习委员
第二步：找到关系	（1）和（2）是下反对关系，至少一真
第三步：推知其他	正确的预测一定在（1）和（2）之间，所以（3）一定为假
第四步：得出事实	由（3）为假可得，真实情况是：¬（班长∧学习委员）=¬班长∨¬学习委员，即班长和学习委员至少有一个不及格
第五步：选出答案	由上述分析可知，（2）为真，所以（1）为假，进而推知，都不及格。故正确答案为A选项

20. E　【题号】20100144　【难度】S4
　　【考点】稳赢分析法　【命题方向】⑥综合推理　真话假话

第一步：简化信息	（1）都 游戏币；（2）二奖励；（3）三不进行；（4）某个不 游戏币
第二步：找到关系	（1）和（4）是矛盾关系，必一真一假
第三步：推知其他	已知只有一句为真，所以真话一定在（1）和（4）之间，由此可知（2）和（3）均为假话
第四步：得出事实	由（2）为假可知，选择第二个选项后不能得到额外游戏奖励。由（3）为假可知，选择第三个选项后游戏会进行下去
第五步：选出答案	E选项与推知的结果相符。故正确答案为E选项

21. B　【题号】20110134　【难度】S4
　　【考点】稳赢分析法　【命题方向】⑥综合推理　真话假话

第一步：简化信息	（1）手机；（2）冰箱→¬彩电；（3）¬手机→电脑；（4）冰箱∧彩电
第二步：找到关系	（2）和（4）是矛盾关系，必一真一假
第三步：推知其他	四个预测中只有一个为真，所以（1）(3）均为假
第四步：得出事实	由（1）为假可得，¬手机；由（3）为假可得，¬手机∧电脑
第五步：选出答案	问除哪项外均可能为真，即找与推知信息矛盾的选项。B选项与"电脑部门赢利"矛盾。故正确答案为B选项

22. C 【题号】20101030　【难度】S4

【考点】稳赢分析法　【命题方向】⑥综合推理　真话假话

第一步：简化信息	(1) ¬李→张；(2) 张∧¬李；(3) 王→¬赵 (4) ¬王∧¬李
第二步：找到关系	(1) 和 (2) 是矛盾关系，必一真一假
第三步：推知其他	已知只有一人说假话，所以假话必在（1）和（2）之间。因此，（3）和（4）为真话
第四步：得出事实	由（4）是真话可知，¬王∧¬李；由（3）是真话，无法推出有效信息
第五步：选出答案	根据"¬王∧¬李"，无法判断（1）（2）的真假。但可知（3）为真话和"¬王"这一事实。故正确答案为C选项

23. B 【题号】20110144　【难度】S5

【考点】稳赢分析法　【命题方向】⑥综合推理　真话假话

第一步：简化信息	(1) 纳米∧生物；(2) 生物→智能=¬生物∨智能； (3) 纳米∧生物→智能=¬纳米∨¬生物∨智能
第二步：找到关系	未找到矛盾关系或反对关系，转换思路，采用"假设+归谬"的思路解题
第三步：假设+归谬	由题干信息可知，若（2）为真，则（3）必为真，与题干中只有一真相矛盾，所以可得（2）为假
第四步：选出答案	由（2）为假，得出真实情况是，生物∧¬智能。选出符合董事会的研究决定的选项，即选出与推知的真实情况不矛盾的选项。A、D两项与"发展生物医药技术"矛盾，排除。C、E两项与"不发展智能技术"矛盾，排除。故正确答案是B选项

24. D 【题号】20120131　【难度】S6

【考点】稳赢分析法　【命题方向】⑥综合推理　真话假话

第一步：简化信息	(1) 西三→北四=¬西三∨北四；(2) 南二→¬西一=¬南二∨¬西一； (3) ¬南二；(4) 北四
第二步：找到关系	未找到矛盾关系或反对关系，转换思路，采用"假设+归谬"的思路解题
第三步：假设+归谬	①若（3）真则（2）真，不符合题干只有一真的要求，所以得出（3）为假，江南区是第二。 ②同理，若（4）真则（1）真，不符合题干只有一真的要求，所以得出（4）为假，江北区不是第四。 ③综上可知，（3）（4）为假，题干只有一真，故（1）（2）一定一真一假。 ④假设（1）真（2）假，可得西一、北三、南二，所以临东区是第四。 ⑤假设（1）假（2）真，可得西三、北一、南二，所以临东区是第四
第四步：选出答案	由④⑤可知，不管何种情况，临东区均为第四。故正确答案为D选项

25. C 【题号】20121042　【难度】S5

【考点】稳赢分析法　【命题方向】⑥综合推理　真话假话

第一步：简化信息	(1) 山南∨江北；(2) ¬山北∧¬江南；(3) 江南；(4) ¬山南
第二步：假设+归谬	假设C选项为真，会出现（1）（2）（3）为假，（4）为真的情况，满足"一真三假"的要求
第三步：选出答案	故正确答案为C选项

26. D 【题号】20130142　【难度】S5

【考点】稳赢分析法　【命题方向】⑥综合推理　真话假话

第一步：简化信息	(1) ¬乙→¬甲=乙∨甲；(2) ¬乙∧丙；(3) 甲∨乙；(4) 乙∨丙
第二步：找到关系	未找到矛盾关系或反对关系，转换思路，采用"假设+归谬"的思路解题
第三步：假设+归谬	若乙是窃贼，那么（1）（3）（4）都为真，与题干信息矛盾，所以乙不是窃贼；若丙是窃贼，那么（2）（4）都为真，与题干信息矛盾，所以丙不是窃贼；其他情况无法推出
第四步：选出答案	根据"¬乙∧¬丙"可推出，乙说的是假话，丁说的是假话。故正确答案为D选项

27. D 【题号】20141051　【难度】S5

【考点】稳赢分析法　【命题方向】⑥综合推理　真话假话

第一步：简化信息	(1) 甲∨乙；(2) ¬丙→¬丁；(3) ¬甲
第二步：找到关系	没有矛盾关系或反对关系，转换思路，采用"假设+归谬"的思路解题
第三步：假设+归谬	假设（2）为真，则逆否可得，丁→丙，即丁是第一名的话，那么丙也是第一名，这与题干中的"排名不设并列名次"矛盾。所以可知（2）为假，推出真实情况为：丁∧¬丙
第四步：选择答案	由上述分析可得：丁是第一名。故正确答案为D选项

28. B 【题号】(396) 201606　【难度】S6

【考点】稳赢分析法　【命题方向】⑥综合推理　真话假话

假设全村只有1条狗生病，甲是该村的人，第一天没有听见枪声，说明第一天甲看到别人家的狗都是好狗，所以甲就知道自己家的狗生病了，应该枪毙自己家的狗，但是第二天也没有枪声，所以不止一条生病的狗。假设甲和乙的狗都生病了，甲能看到48条好狗和乙的生病的狗，如果第一天有枪声，说明乙能看到49条好狗，但是和题干不符，所以第一天没枪声，第二天甲就知道乙一定也看到生病的狗，所以才不杀自己的狗，唯一不确定的是甲自己的狗，所以甲会在第二天杀掉自己的狗，但是根据题干第二天没有枪声，可以得知生病的狗不止两条。依此推理，有三条狗生病，第三天才会有枪声，所以这个村子有三条生病的狗。

故正确答案是B选项。

29. C 【题号】(396) 201907 【难度】S5

【考点】稳赢分析法 【命题方向】⑥综合推理 真话假话

第一步：简化信息	甲：¬乙白色。乙：丙蓝色。丙：¬丁红色。 丁：甲∨乙∨丙其中一人蓝色，且只有这个人说实话
第二步：找到关系	没有矛盾关系或反对关系，转换思路，采用用"假设+归谬"的思路解题
第三步：假设+归谬	①如果乙的车是蓝色，则他说实话，不可能说丙的车是蓝色，矛盾，所以乙的车不是蓝色，乙也没说实话； ②如果丙的车是蓝色，则他说实话，那么乙应该说假话，不可能说丙的车是蓝色，所以丙的车不是蓝色，丙也没说实话；③由此可知，甲的车是蓝色，他说实话，乙和丙说假话。 由丙说假话可知，丁的车是红色；由乙说假话可知，丙的车不是蓝色；由甲说真话可知，乙的车不是白色；所以乙的车是黑色，丙的车是白色。综合可知，甲的车是蓝色
第四步：选择答案	故正确答案为C选项

命题方向⑦：综合推理 排序

1. B 【题号】20100152 【难度】S4

【考点】咔咔排除法 【命题方向】⑦综合推理 排序

题干信息：（1）小强坐在最靠近走廊的座位；（2）小丽跟小明紧挨着；

（3）小红不跟小丽紧挨着；（4）小梅跟小丽紧挨着，但不跟小强或小明紧挨着。

根据（2），排除A、D、E三项；根据（3），排除C选项。

故正确答案为B选项。

2. B 【题号】20110143 【难度】S5

【考点】咔咔排除法 【命题方向】⑦综合推理 排序

题干信息：（1）刘118分；（2）蒋>王；（3）张+蒋＞刘+王；（4）刘>周；

（5）2人<120分。

由（1）（4）（5）可知，（6）刘和周没有达到优秀，并且刘、周的分数低于张、蒋、王的分数。

B选项：未与任何条件矛盾，正确。A选项：不符合（4），排除。C选项：不符合（6），排除。D、E两项：不符合（3），排除。

故正确答案为B选项。

命题方向⑧：综合推理　匹配

1. D　【题号】19970139　【难度】S4

【考点】咔咔排除法　【命题方向】⑧综合推理　匹配

已知条件：(1) 孙>医生；(2) 杨≠教师；(3) 方>教师。

方法一：排除法。

小孙不是医生，排除 A、B 两项。小杨不是教师，排除 C 选项。小方不是教师，排除 E 选项。

方法二：分析法。

在所有条件中，"教师"出现了两次，先从其入手。根据（2）可知"教师"不是"小杨"，根据（3）可知"教师"不是"小方"，故"教师"只能是"小孙"。确定出第一个匹配关系，接下来根据（1）和（3）再进行梳理可得：方（　）>孙（教师）>__（医生）。职业只缺"经理"，人名只缺"小杨"，故可判断出"方（经理）>孙（教师）>杨（医生）"。

故正确答案为 D 选项。

2. B　【题号】19970149　【难度】S4

【考点】咔咔排除法　【命题方向】⑧综合推理　匹配

选项	姐姐	妹妹
A	粉色长袖衫+白色长裙	蓝色短袖衫+绿色短裙
B	蓝色短袖衫+白色长裙	粉色长袖衫+绿色短裙
C	粉色长袖衫+白色长裙	蓝色短袖衫+绿色短裙
D	蓝色短袖衫+绿色短裙	粉色长袖衫+白色长裙
E	蓝色短袖衫+绿色短裙	粉色长袖衫+白色长裙

B 选项：妹妹的搭配是长袖配短裙，是妈妈不喜欢的方案。

故正确答案为 B 选项。

3. D　【题号】20021039　【难度】S5

【考点】稳赢分析法　【命题方向】⑪综合推理　综合题组（匹配）

崇拜鸟或鱼的男子，如果他崇拜鸟，则由（4）"崇拜鸟的男子可以娶崇拜鱼的女子"可得，他可以娶崇拜鱼的女子；如果他崇拜鱼，则由（1）"崇拜同一图腾的男女可以结婚"可得，他可以娶崇拜鱼的女子。

故正确答案为 D 选项。

4. E　【题号】20021040　【难度】S5

【考点】稳赢分析法　【命题方向】⑪综合推理　综合题组（匹配）

如果某男子崇拜的图腾是狼，则由（5）可知，他父亲崇拜的图腾也是狼。由（1）"崇拜同一图腾的男女可以结婚"以及(2)"崇拜狼的男子可以娶崇拜鹿或鸟的女子"可知,他母亲崇拜狼、鹿或鸟。又由(6)"母亲与女儿的图腾崇拜相同"可知,他妹妹崇拜狼、鹿或鸟。

故正确答案为 E 选项。

5. B 【题号】20121032 【难度】S4

【考点】稳赢分析法 【命题方向】⑧综合推理 匹配

题干信息:(1) 历史系>办公室;(2) 哲学系≠人力资源部;(3) 人力资源部<中文系。

结合(2)(3)可知:应聘人力资源部的毕业生不是哲学系的,也不是中文系的,所以历史系毕业生应聘人力资源部。

结合(1)(3)可知,三名毕业生的年龄大小关系为:中文系( )>历史系(人力资源部)>__(办公室)。所以可推知,中文系毕业生应聘行政部,应聘办公室的是哲学系毕业生。三者的匹配及年龄大小关系为:中文系(行政部)>历史系(人力资源部)>哲学系(办公室)。

故正确答案为 B 选项。

6. A 【题号】20121035 【难度】S5

【考点】稳赢分析法 【命题方向】⑧综合推理 匹配

"文化区"在题干信息中重复出现,所以由"文化区"入手分析,画图如下。

优先确定行政服务区和休闲区的位置,因为市民公园在中心,可以由此确定市民公园和商业区的位置。观察上图可知,市民公园在行政服务区的北面。

故正确答案为 A 选项。

7. A 【题号】20121036 【难度】S4

【考点】稳赢分析法 【命题方向】⑧综合推理 匹配

题干信息:

1	2	3

24 岁的人的右边有两个人,所以 24 岁的人在位置 1;20 岁的人的左边有两个人,所以 20

岁的人在位置 3；位置 3 的左边有一个人是 20 岁，所以位置 2 的人是 20 岁。

会计的左边有两个人，所以会计在位置 3；销售员的右边有两个人，所以销售员在位置 1；位置 1 的右边有一个人是销售员，所以位置 2 的人是销售员。

通过以上分析可知：位置 1，24 岁、销售员；位置 2，20 岁、销售员；位置 3，20 岁、会计。

故正确答案为 A 选项。

8. B 【题号】20121040 【难度】S5

【考点】稳赢分析法 【命题方向】⑧综合推理 匹配

题干信息：(1) 福建人∧闽南方言；(2) 山东人∧中原官话∧学历最高；

(3) 福建人学历>王佳；(4) 李英∧徽州话，李英≠江苏；(5) 陈蕊≠闽南方言。

由 (2) (3) 可知，学历上：山东>福建>王佳。所以王佳既不是山东人，也不是福建人 (a)。由 (4) 可知，李英不是福建人，不是山东人，也不是江苏人，所以李英是安徽人 (b)。由已推出的信息，可推出王佳是江苏人 (c)。由 (5) 可知，陈蕊不是福建人，所以陈蕊是山东人 (d)。最终推出张明是福建人 (e)。列表如下：

项目	张	李	王	陈
江苏	×(c)	×(b)	√(c)	×(c)
安徽	×(b)	√(b)	×(b)	×(b)
福建（闽南）(1)	√(e)	×(b)	×(a)	×(d)
山东（中原）(2)	×(d)	×(b)	×(a)	√(d)

故正确答案为 B 选项。

9. D 【题号】20130138 【难度】S4

【考点】稳赢分析法 【命题方向】⑧综合推理 匹配

座位图：1 2
　　　　3 4 5

李丽坐在 4 号，陈露就可能坐在 1 号、2 号。如果陈露坐在 1 号，那么张霞可能坐在 2 号、5 号；如果陈露坐在 2 号，那么张霞可能坐在 1 号、3 号、5 号。

综上，张霞所坐位置有 1 号、2 号、3 号、5 号 4 种可能的选择。

故正确答案为 D 选项。

10. E 【题号】20130146 【难度】S6

【考点】稳赢分析法 【命题方向】⑧综合推理 匹配

由 (3) (5) 可得，乙不是管理学院、哲学学院和数学学院的 (a)。

由 (5) (6) 可得，丁不是管理学院、哲学学院和数学学院的 (b)。

由（2）（6）可得，丁不是化学学院的，所以丁来自经济学院（c）。

学院与人一一匹配，所以其他4人不是经济学院的（d）。

乙来自化学学院，所以其他3人不会是化学学院的（e）。

由交手关系可知，化学学院（乙）未与管理学院的选手交过手，但和3个人交过手，所以乙与哲学学院、数学学院和经济学院的选手都交过手；而管理学院、哲学学院和数学学院互相交过手，所以管理学院的选手只与2人交过手，结合（1）可得，甲是管理学院的，不是哲学学院和数学学院的，且丙和戊不是管理学院的（f）。

由（4）可知，丙不是哲学学院的，所以丙是数学学院的（g）。

综上可得，戊是哲学学院的，不是数学学院的（h）。列表如下。

人	经济	管理	哲学	数学	化学
甲	×（d）	√（f）	×（f）	×（f）	×（e）
乙	×（d）	×（a）	×（a）	×（a）	√（e）
丙	×（d）	×（f）	×（g）	√（g）	×（e）
丁	√（c）	×（b）	×（b）	×（b）	×（b）
戊	×（d）	×（f）	√（h）	×（h）	×（e）

故正确答案为E选项。

命题方向⑨：综合推理 分组

1. C【题号】20040151 【难度】S4

【考点】稳赢分析法 【命题方向】⑨综合推理 分组

题干信息：(1) 盗窃→密码→训练；(2) 甲→丙；(3) 乙→¬训练→¬密码→¬盗窃；(4) 甲∨乙∨丙作案。

由（3）可知，乙不可能单独作案，乙若作案，一定会有甲或丙作案。由（2）可知，如果丙不作案，那么甲也不作案，与题干信息矛盾，所以丙一定作案。

故正确答案为C选项。

2. A【题号】20080159 【难度】S5

【考点】稳赢分析法 【命题方向】⑨综合推理 分组

题干信息：(1) 三个部门，每个部门由三个总经理助理分管，所以一共有九个职位；

(2) 有且只有一位总经理助理同时分管三个部门。

由上述两个条件可知，在六个人和九个职位中除去（2）后，还剩五个人和六个职位。

又因为"每个总经理助理至少分管一个部门"，所以一定会有四个人每人占一个职位，还有一个人占两个职位，即有的总经理助理恰好分管两个部门。

故正确答案为A选项。

3. C 【题号】20080160 【难度】S5

　　　　【考点】稳赢分析法 【命题方向】⑪综合推理 综合题组（分组）

　　题干信息：(3) F和G、H和I不分管同一部门。

　　补充信息：(4) F和M不分管同一部门。

　　由（3）（4）可知，同时分管三个部门的总经理助理不是F、G、H、I、M，所以一定是P，即P会与另外五人中的任意一人分管同一部门。

　　C选项：I和P分管同一部门，一定为真。

　　故正确答案为C选项。

4. D 【题号】20121039 【难度】S5

　　　　【考点】稳赢分析法 【命题方向】⑪综合推理 综合题组（分组）

　　题干信息：(1) 丙∨丁；(2) 戊→甲∧乙；(3) 甲、乙、丁三选二。

　　因为是五进四，所以只有一人被淘汰。由（3）可知，淘汰的人在甲、乙、丁之间，所以丙和戊一定入选；结合（2）可知，甲和乙一定入选。由此可知，丁没有进前四。

　　故正确答案为D选项。

5. E 【题号】20121050 【难度】S5

　　　　【考点】稳赢分析法 【命题方向】⑨综合推理 分组

　　由题干中对学历的描述可知，己和庚中一人是本科一人是博士；又因为有4个本科学历，并且甲、乙、丙的学历层次相同，所以己和庚中一定有一人与甲、乙、丙学历相同，都是本科。于是可知：甲、乙、丙是本科，不是博士。

　　由题干中对性别的描述可知，甲和丁中一人是男性一人是女性；又因为有4个男性，并且戊、己、庚的性别相同，所以甲和丁中一定有一人与戊、己、庚的性别相同，都是男性。于是可知：戊、己、庚是男性，不是女性。综上可知，女博士应是丁。

　　故正确答案为E选项。

6. B 【题号】(396) 201316 【难度】S5

　　　　【考点】稳赢分析法 【命题方向】⑪综合推理 综合题组（分组）

　　题干信息：(1) A组相同∧C组至少有一个与A组相同→B组都与A组相同；(2) C组相同→A组与C组没有相同的；(3) 至少2人同意；(4) 至少2人反对；(5) A组至少1人反对。

　　问题给出一个条件"B组不相同"，因此B组中必定是1人支持，1人反对；而由（5）可知，A组至少1人反对，排除D、E两项。A选项："A组2人反对；C组2人同意，1人反对"，将其代入题干中，发现（1）的"A组相同∧C组至少有一个与A相同"满足，可以推出"B组都与A组相同"，即B组都为反对，这与问题所给出的条件"B组不相同"产生矛盾，故A选项的情况不可能出现。B选项："A组1人反对，1人同意；C组1人同意，2人反对",将其代入条件中,能保证题干条件都成立。C选项:"A组1人反对,1人同意;C组3人同意",由(2)可得"A组与C组有相同的",这与(2)的后件矛盾。

故正确答案为B选项。

7. B 【题号】(396) 201317 【难度】S5

【考点】稳赢分析法 【命题方向】⑪综合推理 综合题组(分组)

由(5)可知,A组至少一个评委投反对票。

如果A组2位评委均投反对票,而且C组投票情况是"反同同"。根据(1)可知,三位评委的投票情况是:A组"反反",B组"反反",C组"反同同",排除A、E两项。

如果A组投票情况是"反反",C组投票情况是"同同同",则B组投票情况可以是"同同""反反"或"同反",排除C、D两项。

故正确答案为B选项。

8. B 【题号】(396) 202009 【难度】S4

【考点】稳赢分析法 【命题方向】⑨综合推理 分组

甲	电冰箱	洗衣机	微波炉		
乙		洗衣机		空调	消毒柜
丙				空调	消毒柜

由题干可知,每个工厂至少要生产一样家电,所以电冰箱、微波炉只能是甲生产,排除A选项。空调和消毒柜不能都是乙生产,排除C选项。若甲生产电冰箱和洗衣机,同时丙生产空调和消毒柜,则乙什么也生产不了,排除D选项。消毒柜只能是乙或者丙生产,排除E选项。

故正确答案为B选项。

命题方向⑩:综合推理 数字相关

1. A 【题号】19971040 【难度】S4

【考点】稳赢分析法 【命题方向】⑩综合推理 数字相关

看到百分比注意基数,60%的基数是"严重刑事犯罪案件",半数的基数是"严重刑事犯罪案件的作案者"。根据题干中"事实上一个惯犯可能作案多起"这一信息可知:那些犯了"严重刑事犯罪案件中的60%案件"的350名惯犯可能不到严重刑事犯罪案件的作案者的半数,也就是说,惯犯中可能没有吸毒者。

故正确答案为A选项。

2. D 【题号】19971041 【难度】S4

【考点】稳赢分析法 【命题方向】⑩综合推理 数字相关

"陈娜的金融市场成绩最低"说明陈娜的平均成绩高于金融市场的成绩，"杨玲的金融市场成绩最高"说明杨玲的平均成绩低于金融市场的成绩，所以如果 D 选项为真，就可以断定陈娜的总成绩比杨玲的高。

故正确答案为 D 选项。

3. A 【题号】20031041 【难度】S5

【考点】稳赢分析法 【命题方向】⑩综合推理 数字相关

复选项I：被撤销的三个机构的总人数占全机关的 25%，而实际上只减员了 15%，没有达到 25% 的预期。因此，被撤销的三个机构中，至少会有占全机关人数 10% 的成员被保留下来，并调入其他机构。所以，一定会有其他机构调入新成员。

复选项Ⅱ、Ⅲ：不一定为真。因为可能被撤销的三个机构的人员全部都被保留下来，并且都被调入同一个机构，然后再从剩下的其他机构减员总人数的 15%。这时就会有一个机构调入人员达到 25%，复选项Ⅱ不一定为真；而被撤销的三个机构的人员都留任了，复选项Ⅲ也不一定为真。

故正确答案为 A 选项。

4. B 【题号】20041050 【难度】S5

【考点】稳赢分析法 【命题方向】⑩综合推理 数字相关

题干信息：东江全日制/西海全日制＝70/100，东江（全日制+成人）/西海（全日制+成人）＝120/100。

可见，不加成人教育学生比较时，西海人数比东江多；而加了成人教育学生后比较时，西海人数不如东江多。这说明东江成人教育学生所占比重较高，B 选项正确。D 选项错误，东江成人教育学生数是多于西海的。

故正确答案为 B 选项。

5. A 【题号】20081040 【难度】S6

【考点】稳赢分析法 【命题方向】⑩综合推理 数字相关

根据约定可知，每年只有完整的 52 周，共 364 天，而实际上一年是 365 天或 366 天，那么多出来的这一天或两天，就不算入任何一周，完全不考虑星期几的问题了，接着将 1 月 1 日作为星期日，重新计算星期。

复选项I：虽然平年的最后一天和闰年的最后两天不用考虑，但是平年的 2 月份是 28 天，闰年的 2 月份是 29 天，所以平年和闰年 2 月 28 号以后的日期是不同的。例如，他是平年的 3 月 5 日结婚，这一天是星期日，但是到了闰年，3 月 5 日就不是星期日了，而是星期一，所以复选项I不一定为真。

复选项Ⅱ：如果某人的第一个公休日是星期日，并且必须连续工作六天后休息一天，那么到当年的最后一周都是星期日休息，但是接下来就会遇到多出来的那一天或两天，虽然不计入星期，但是要计入工作日中，这样连续工作六天之后就不是星期日了，故复选项Ⅱ错误。

复选项Ⅲ：如果某人的第一个公休日是星期日，那么在到当年的最后一周之前，此人都是星期日休息的，故复选项Ⅲ错误。

此题无正确答案，但是复选项Ⅰ迷惑性较强，因此，我们只能断定意图选项为A。

故正确答案为A选项。

6. E 【题号】20111027 【难度】S5

【考点】稳赢分析法 【命题方向】⑩综合推理 数字相关

假设甲、乙两省的去年12月CPI都为a，那么甲、乙两省的CPI情况如下表：

月份	甲省CPI	乙省CPI	比较结果	选项
12月	a	a	甲=乙	
1月	$a\times(1+0.018)$	$a\times(1-0.017)$	甲>乙	
2月	$a\times(1+0.018)^2$	$a\times(1-0.017)^2$	甲>乙	A为真
3月	$a\times(1+0.018)^3$	$a\times(1-0.017)^3$	甲>乙	B为真
4月	$a\times(1+0.018)^3\times(1-0.017)$	$a\times(1-0.017)^3\times(1+0.018)$	甲>乙	C为真
5月	$a\times(1+0.018)^3\times(1-0.017)^2$	$a\times(1-0.017)^3\times(1+0.018)^2$	甲>乙	D为真
6月	$a\times(1+0.018)^3\times(1-0.017)^3$	$a\times(1-0.017)^3\times(1+0.018)^3$	甲=乙	E为假

故正确答案为E选项。

7. A 【题号】20121028 【难度】S5

【考点】稳赢分析法 【命题方向】⑩综合推理 数字相关

题干信息：（1）有花植物>无花植物。（2）阔叶树种>非阔叶树种：阔叶珍稀树种+阔叶一般树种>非阔叶珍稀树种+非阔叶一般树种。（3）珍稀树种>一般树种：阔叶珍稀树种+非阔叶珍稀树种>阔叶一般树种+非阔叶一般树种。

"多多少少"模型。结合（2）（3）可得：阔叶珍稀树种+阔叶一般树种+阔叶珍稀树种+非阔叶珍稀树种>非阔叶珍稀树种+非阔叶一般树种+阔叶一般树种+非阔叶一般树种。

化简可得：阔叶珍稀树种>非阔叶一般树种。

A选项：与上述分析一致，正确。

B选项："有花""无花"是植物，"阔叶""非阔叶"是树种，无法得出二者的关系，排除。

故正确答案为A选项。

8. A 【题号】20130128 【难度】S5

【考点】稳赢分析法 【命题方向】⑩综合推理 数字相关

根据"李明赴南山的计划是三日游，王刚赴南山的计划是四日游"以及"每处景点他们三人都选择了不同的路线"推出,张波赴南山的计划是二日游(a);又因为"李明赴东湖的计划天数与王刚赴西岛的计划天数相同",所以该天数只能是 2 天(b)(①如果相同的天数为 3 天,那么李明赴三个景点的天数分别是 3、3、3,王刚赴三个景点的天数分别是 2、3、4,此时二人赴西岛天数相同,不符合题干信息;②如果相同的天数为 4 天,那么王刚赴三个景点的天数分别是 1、4、4,而题干中并没有 1 日游,故排除);进而三人的旅游计划就可全部推出(c),如下表所示。

人员	东湖	西岛	南山
李明	2 (b)	4 (c)	3
王刚	3 (c)	2 (b)	4
张波	4 (c)	3 (c)	2 (a)

故正确答案为 A 选项。

9. C 【题号】19980134 【难度】S5

【考点】稳赢分析法 【命题方向】⑩综合推理 数字相关

题干信息:比值在前 20%的为肥胖儿,肥胖儿数量增加。

此题需要注意,比值超过本地区 80%儿童的水平,就是指前 20%的人。

C 选项:如果前 20%的人数增加了,意味着后 80%的人数也增加了,故 C 选项正确。

A 选项:是否肥胖需要结合"身高"来判断,而不是只看"体重"这一绝对指标,有可能存在 40 斤的肥胖儿,也有可能存在 70 斤的肥胖儿,因此无法判断。B 选项:题干未提及"体育锻炼",无法判断。D 选项:体重不足和标准体重的儿童数量无法判断,有可能全市儿童总量增加,各个体重区间的儿童数量都有上升。

E 选项:无法推出,超过 80%的儿童水平不代表就会超过平均体重,例如 150、91、以及 9 个 90 斤,91 斤的是肥胖儿但没有超过平均体重。

故正确答案为 C 选项。

10. E 【题号】19990135 【难度】S5

【考点】稳赢分析法 【命题方向】⑩综合推理 数字相关

题干信息:(1)共有五门课程;(2)王和李只有数学成绩相同。

题干要求:补充新的信息,从而得出"王海天的总成绩高于李素云"。

E 选项:如果王的最低分比李的平均成绩高,那么王的五门课程的总和一定高于李的平均成绩×5,则意味着王的总成绩高于李。

故正确答案为 E 选项。

11. B 【题号】19990169 【难度】S5

【考点】稳赢分析法 【命题方向】⑩综合推理 数字相关

题干信息：一共有 100 只分别涂有红、黄、绿三种颜色的球。

如果红 33、黄 33、绿 34，那么三色都不少于 33，因此张三的话不一定为真。若三种颜色的球都少于 34，总数最多为 33×3＝99，而不是 100，因此李四的话为真。因为盒子里有三种颜色的球，每种至少有 1 个，其他两种颜色的球至多为 99，因此王五的话为真。

故正确答案为 B 选项。

12．C 【题号】20000134 【难度】S5

【考点】稳赢分析法 【命题方向】⑩综合推理　数字相关

设男性参加者数量为 X，女性参加者数量为 Y，则题干信息可表述为：9（X+Y）＝13X+7Y。化简可得：Y＝2X，所以女性参加者比男性多。

故正确答案为 C 选项。

13．C 【题号】20000137 【难度】S4

【考点】稳赢分析法 【命题方向】⑩综合推理　数字相关

题干信息：144+324-400＝68，可见有 68 万用户同时使用专线上网和拨号上网。

C 选项：专线上网用户共 144 万，其中有 68 万用户使用拨号上网，68/144＝47.2%，并不是"多数"。

故正确答案为 C 选项。

14．C 【题号】20000155 【难度】S4

【考点】稳赢分析法 【命题方向】⑩综合推理　数字相关

题干信息：10 月 7 日的交易价格为 16.99～18.38 美元；10 月 8 日的交易价格为 15.99～17.30 美元。

C 选项：如果一人在 10 月 7 日以最低价 16.99 美元购入，而另一人在 10 月 8 日以最高价 17.30 美元购入，那么 10 月 8 日的购买者并没有比 10 月 7 日的购买者省钱。

故正确答案为 C 选项。

15．C 【题号】20000164 【难度】S6

【考点】稳赢分析法 【命题方向】⑩综合推理　数字相关

可能性示意图如右图所示，当代未给予购物奖券的顾客一定是得到了双安的购物奖券，所以，才会出现所有同时持有两个商厦购物优惠卡的顾客都有购物奖券。

复选项Ⅰ：不一定为真，持有当代和双安购物优惠卡的人数有相等的可能性，但不一定要相等。

复选项Ⅱ：不一定为真，只有在第一个示意图的情况下才为真，而在第二个示意图的情况下就不成立了。

复选项Ⅲ：一定为真，只有在持有当代和双安购物优惠卡的人数相等的情况下，才会有"一半"的情况出现。

故正确答案为 C 选项。

16. B 【题号】20000168 【难度】S5

【考点】稳赢分析法 【命题方向】⑩综合推理 数字相关

人数 = 5X+1 = 7Y+1 = 8Z+2。5 和 7 互质，所以应满足 35a+1，结合共有一百多人这一线索，且该数值需使得 Z 为整数，可以计算出人数为 106。（106-1）/3 = 35，所以除了连长外，正好排成三列横队。

故正确答案为 B 选项。

17. B 【题号】20010170 【难度】S5

【考点】稳赢分析法 【命题方向】⑩综合推理 数字相关

题干信息：(1) 没有两个人发表的论文的数量完全相同；(2) 没有人恰好发表了 10 篇论文；(3) 没有人发表的论文的数量等于或超过全所研究人员的数量。

复选项Ⅰ：成立。假设全所研究人员的数量为 n，则由（1）和（3）能够推出：全所研究人员发表论文的数量必定分别为 0，1，2，…，n-1。

复选项Ⅱ：不成立。例如，如果研究人员的数量是 2，其中一人未发表论文，另一个发表了一篇论文，题干的三个结论可同时满足。

复选项Ⅲ：成立。由（2）可推出：该所研究人员的数量不多于 10 人。如果数量多于 10 人，则一定有人恰好发表了 10 篇论文，与（2）矛盾。

故正确答案为 B 选项。

18. B 【题号】20020132 【难度】S5

【考点】稳赢分析法 【命题方向】⑩综合推理 数字相关

复选项Ⅰ：不一定成立。例如，只有两个孩子装有卵石，数量分别为 24 和 1 时，一真二假。

复选项Ⅱ：一定成立。因为，如果每个孩子的口袋中，或者没有卵石，或者至少有 5 块卵石，那么装有卵石的孩子数目不可能超过 5 个，否则卵石的总数就会超出 25 块。

复选项Ⅲ：不一定成立。例如，当有 25 个孩子，每人装有 1 块卵石时，两句话都为假。

故正确答案为 B 选项。

19. D 【题号】20020160 【难度】S5

【考点】稳赢分析法 【命题方向】⑩综合推理 数字相关

非法同居的分居者分为三种情况：①分居者（男 a）+未婚、离婚或丧偶（女 b）；

②分居者（女 c）+未婚、离婚或丧偶（男 d）；③分居者（男 e）+分居者（女 f）。同居默认是一男一女，故 a=b，c=d，e=f。根据题干信息：c>a。

复选项Ⅰ：与分居者非法同居的未婚、离婚或丧偶者的男性为 d；与分居者非法同居的未婚、离婚或丧偶者的女性为 b。由题干信息可知，d>b，正确。

复选项Ⅱ：与分居者非法同居的男性为 d+e；与分居者非法同居的女性为 b+f。由题干信息可知，d+e>b+f，正确。

复选项Ⅲ：与分居者非法同居的分居男性为 e；与分居者非法同居的分居女性为 f。二者应该相等，排除。

故正确答案为 D 选项。

20. A 【题号】20030139　【难度】S5

　　【考点】稳赢分析法　【命题方向】⑩综合推理　数字相关

假设雌兔 a 只，雄兔 b 只，那么雄兔的雌性同伴有 a 只，雄兔的雄性同伴有 b−1 只，雌兔的雄性同伴有 b 只，雌兔的雌性同伴有 a−1 只。根据题干中的数量关系可以得到如下方程组：(1) (b−1)−a=1；(2) 2(a−1)−b=2。联立 (1)(2) 可得：a=6，b=8。

故正确答案为 A 选项。

21. D 【题号】20060155　【难度】S5

　　【考点】稳赢分析法　【命题方向】⑩综合推理　数字相关

"丈夫或妻子至少有一个是中国人"包含三种情况：a. 丈夫是中国人，妻子是外国人；b. 丈夫是外国人，妻子是中国人；c. 丈夫是中国人，妻子是中国人。

中国女性比中国男性多 2 万。中国女性即妻子是中国人，中国男性即丈夫是中国人；因为夫妻默认的是一夫一妻制，所以可以将上述信息总结为下表。

	丈夫	妻子
a	中国人（x）	外国人（x）
b	外国人（y）	中国人（y）
c	中国人（z）	中国人（z）

中国女性=y+z，中国男性=x+z。根据题干信息可得：(y+z)−(x+z)=y−x=2 万。

复选项Ⅰ：从上述分析无法得出 y=2 万，排除。

复选项Ⅱ：和中国人结婚的外国男性为 y，和中国人结婚的外国女性为 x，y>x，正确。

复选项Ⅲ：和中国人结婚的男性为 y+z，和中国人结婚的女性为 x+z，y+z>x+z，正确。

故正确答案为 D 选项。

22. B 【题号】20080153　【难度】S4

　　【考点】稳赢分析法　【命题方向】⑩综合推理　数字相关

题干中给出了优和差的分级标准，以考试总分排名前10%为优，后30%为差；高二年级成绩为优的学生多于高一年级成绩为优的学生。由此可得，高二年级的学生总数多于高一年级的学生总数。

B选项：成绩为差的学生也是以固定比例划分的，所以可知，高二年级成绩为差的学生多于高一年级成绩为差的学生，正确。

A选项：根据题干可得，高二年级成绩为差的学生多于高一年级成绩为差的学生，该项与题干不符，排除。

C、D两项：题干中未表明如何划分成绩为"良"的学生，故无法推知。

E选项：题干中未表明如何划分成绩为"中"的学生，故无法推知。

故正确答案为B选项。

23. B 【题号】20090133 【难度】S5

【考点】稳赢分析法 【命题方向】⑩综合推理 数字相关

"多多少少"模型。题干中将该校学生按照两个维度分类：文科/理科、女生/男生。所以可以将该校学生分为四类：理科女生、理科男生、文科女生、文科男生。根据题干中的数量关系可得：

(1) 理科>文科：理科女生+理科男生>文科女生+文科男生。

(2) 女生>男生：理科女生+文科女生>理科男生+文科男生。

将（1）和（2）相加可得：（理科女生+理科男生）+（理科女生+文科女生）>（文科女生+文科男生）+（理科男生+文科男生）⇒2理科女生+理科男生+文科女生>2文科男生+文科女生+理科男生⇒理科女生>文科男生。其他关系无法推知。

故正确答案为B选项。

24. B 【题号】20130147 【难度】S5

【考点】稳赢分析法 【命题方向】⑩综合推理 数字相关

此题属于典型的三维信息分类，可以用"寻找交叉概念"的技巧来解决。

第一步：计算差值。分类数值相加−总数=女生（189）+文科男生（41）+非应届男生（28）+应届理科考生（256）−总数（385）=129。

第二步：寻找交叉概念。"女生"和"应届理科考生"存在交叉概念：应届理科女生。"文科男生"和"非应届男生"存在交叉概念：非应届文科男生。

第三步：得出答案。两个交叉概念相加=差值，应届理科女生+非应届文科男生=129，所以"应届理科女生"和"非应届文科男生"这两个交叉概念中的任何一个都不超过129。

故正确答案为B选项。

25. D 【题号】(396) 201214 【难度】S5

【考点】稳赢分析法 【命题方向】⑩综合推理 数字相关

复选项Ⅰ、Ⅱ：可能为真。例如复选项Ⅱ，低于平均工资时也可能位于前5%。假设职工有100人，其中有一名工资10万和一名工资为1万的员工，其余98人工资都低于1万、总和为90万，那么计算出来的平均工资为1.01万，显然1万的工资数额低于平均工资，但是他的工资排名第二，在降工资的行列里。

复选项Ⅲ：不可能为真，小王工资提高了一定是位于后5%，而小李工资降低了一定是位于前5%，又因为小王高于平均工资，小李低于平均工资，"后5%的人的工资"不可能高于"前5%的人的工资"。

复选项Ⅳ：可能为真，当小王位于前5%，而小李位于后5%时成立。

故正确答案为 D 选项。

26. B 【题号】（396）201607 【难度】S6

【考点】稳赢分析法 【命题方向】⑩综合推理 数字相关

题干信息：（1）男性=女性；（2）黄种人>黑种人；（3）白种男性>白种女性。

"多多少少"模型。由（1）（3）可以推知：（4）黄种女性+黑种女性>黄种男性+黑种男性。

由（2）可以推知：（5）黄种女性+黄种男性>黑种女性+黑种男性。

由（4）和（5）可以推知：黄种女性+黑种女性+黄种女性+黄种男性>黄种男性+黑种男性+黑种女性+黑种男性。化简可得：黄种女性>黑种男性。

故正确答案是 B 选项。

27. D 【题号】（396）201620 【难度】S6

【考点】稳赢分析法 【命题方向】⑩综合推理 数字相关

题干信息：小刘知道月份M，小红知道日期N。

M：3、6、9、12。N：1、2、4、5、7、8。

观察题干中的这10天，①因为每个月份都至少有2个日期，所以小刘只知道月份的情况下无法确定生日是哪天。②这10天中，只有2和7这两个日期没有重复，所以如果小红知道的N是2或者7，那么她肯定知道老师的生日是哪一天，既然小刘明确小红不知道是哪一天，所以排除12月2日和6月7日。③小刘明确小红肯定不知道是哪天，说明小刘拿到的月份肯定不是6月和12月。因为如果小刘拿到的是6月，此时小红如果拿到了7日，就可以确定是6月7日。排除6月和12月之后，还剩下3月和9月。④小红说："刚才我不知道，听小刘一说我就知道了。"这句话首先确定了不可能是6月7日和12月2日。并且他由小刘的话推断出月份只能是3月和9月。他现在知道了答案，说明他拿到的日期在3月和9月里是唯一的，排除3月5日和9月5日。⑤小刘说："哦，那我也知道了。"目前还剩下3月4日，3月8日，9月1日。小刘知道了，说明一定是9月1日。因为如果他拿到的是3月，依然不确定是哪天。

故正确答案为D选项。

命题方向⑪：综合推理　综合题组

1. A　【题号】20011052　【难度】S4

　　【考点】稳赢分析法　【命题方向】⑪综合推理　综合题组（数字相关）

　　复选项Ⅰ：成立。如果李昌的最低分高于王平的最高分，那么李昌五门课的平均成绩一定高于王平。

　　复选项Ⅱ：不成立。例如，假设有四门课，李昌的平均分是63，王平的平均分是60，而第五门课李昌的成绩是60，王平的成绩是100。这一假设符合题干的条件，并且至少有四门课程李昌的平均分高于王平，但王平五门课程的平均成绩高于李昌。

　　复选项Ⅲ：不成立。例如，假设王平五门课的成绩都是70，而李昌的成绩分别是71、70、60、60、60。这一假设符合题干的条件，并且至少有一门课程，李昌的成绩高于王平各门课程的成绩，但王平五门课程的平均成绩高于李昌。

　　故正确答案为A选项。

2. B　【题号】20011053　【难度】S5

　　【考点】稳赢分析法　【命题方向】⑪综合推理　综合题组（数字相关）

　　复选项Ⅰ、Ⅲ：不一定为真。例如：假设李昌的各门成绩都是70，王平的成绩分别是71、70、60、60、60，这一假设符合题干的条件，并且李昌五门课程的平均成绩高于王平，但是李昌的最低分并不高于王平的最高分，复选项Ⅰ不一定为真；该假设下，李昌没有哪一门课程的成绩高于王平各门课程的成绩，复选项Ⅲ不一定为真。

　　复选项Ⅱ：一定为真。因为李昌五门课程的平均成绩高于王平的平均成绩，自然至少有四门课程，李昌的平均分高于王平的平均分。

　　故正确答案为B选项。

3. D　【题号】20120153　【难度】S5

　　【考点】咔咔排除法　【命题方向】⑪综合推理　综合题组（匹配）

　　题干信息：(1) 哲学　北清→管理　西京；(2) 管理　南山→哲学　南山；(3) 经济　北清∨经济　西京→管理　北清。

　　D选项：符合 (1)(2)(3) 中任何一个，正确。

　　A选项：经济　西京，由 (3) 可知，管理　北清，但该选项中为管理　南山，矛盾，排除。

　　B选项：哲学　北清，由 (1) 可知，管理　西京，但该选项中为管理　南山，矛盾，排除。

　　C选项：哲学　北清，由 (1) 可知，管理　西京，但该选项中为管理　北清，矛盾，排除。

　　E选项：经济　西京，由 (3) 可知，管理　北清，但该选项中为管理　西京，矛盾，排除。

　　故正确答案为D选项。

4. B 【题号】20120154 【难度】S5

　　【考点】稳赢分析法 【命题方向】⑪综合推理 综合题组（匹配）

补充信息：哲学 西京。

由（2）可知，哲学¬南山→管理¬南山。所以，若哲学学院最终录用西京大学的候选人，那么管理学院不得录用南山大学的候选人，即出现 B 选项的情况，则表明李先生的预测错误。

其余选项均不与题干信息矛盾，不能表明预测错误，排除。

故正确答案为 B 选项。

5. B 【题号】20120155 【难度】S5

　　【考点】咔咔排除法 【命题方向】⑪综合推理 综合题组（匹配）

三个学院最终录用的候选人分别来自不同的大学，若根据此条件推理，则可得下表。

	哲学	经济	管理	判断
A	西京（已知）	北清（已知）	南山（推知）	不符合（2）
B	南山（已知）	西京（推知）	北清（推知）	符合预测
C	北清（已知）	西京（已知）	南山（推知）	不符合（1）
D	西京（已知）	北清（推知）	南山（推知）	不符合（2）
E	南山（已知）	北清（推知）	西京（已知）	不符合（3）

故正确答案为 B 选项。

6. C 【题号】20121051 【难度】S4

　　【考点】咔咔排除法 【命题方向】⑪综合推理 综合题组（排序）

题干信息：（1）灏（扶胡）；（2）（韭银）或（银韭）。

C 选项：符合（1）和（2），可能为真，正确。

B、D、E 三项：不符合（1），排除。A 选项：不符合（2），排除。

故正确答案为 C 选项。

7. A 【题号】20121052 【难度】S4

　　【考点】稳赢分析法 【命题方向】⑪综合推理 综合题组（排序）

补充信息：（3）（灏韭）。

结合（1）（2）（3）可知，五个站点的顺序是：灏韭银扶胡。

故正确答案为 A 选项。

8. B 【题号】20121053 【难度】S4

　　【考点】稳赢分析法 【命题方向】⑪综合推理 综合题组（排序）

补充信息：（4）韭灏。

结合（1）(2)(4)可知，五个站点的顺序可能是：银韭灏扶胡；韭银灏扶胡。

故正确答案为B选项。

9. E 【题号】20121054 【难度】S4

【考点】稳赢分析法 【命题方向】⑪综合推理 综合题组（排序）

补充信息：(5)（灏银）或（银灏）。

结合（1）(2)(5)可知，五个站点的顺序可能是：韭银灏扶胡；灏银韭扶胡。

故正确答案为E选项。

10. B 【题号】20121055 【难度】S5

【考点】稳赢分析法 【命题方向】⑪综合推理 综合题组（排序）

补充信息：(6) 灏在最西面。

结合（1）(2)(6)可知，五个站点的顺序可能是：灏韭银扶胡；灏银韭扶胡；灏扶胡韭银；灏扶胡银韭。综合可知，一共4种。

故正确答案为B选项。

11. D 【题号】20130135 【难度】S5

【考点】稳赢分析法 【命题方向】⑪综合推理 综合题组（匹配）

此题信息较多，情况有多种，观察题组的两道题目及选项发现，题组中的第二题（12题）比较确定而且信息充分，建议由第二题入手，采用分析法及排除法。

①（1）(3)及第二题问题均与王某有关，故由王某入手分析。

②结合（1）(2)可知，王、郑、吴当选"月度之星"的时间跨度为5~6个月。

12题的选项分析如下：

A选项：如果王某当选的月份是1~4月，则无法满足（4），排除。

B选项：如果王某当选的月份是3~6月，则无法同时满足（3）和（5），排除。

C选项：如果王某当选的月份是4~7月，则无法同时满足（4）和（5），排除。

D选项：如果王某当选的月份是7~10月，则无法满足（4），排除。

E选项：如果王某当选的月份是5~8月，则满足所有条件，此时四人当选情况如下表所示。

姓名	1	2	3	4	5	6	7	8	9	10
王					√	√	√	√		
郑					√	√	√	√		
吴				√	√	√	√			
周	√	√	√	√						

故正确答案为D选项。

12. D 【题号】20130136 【难度】S5

【考点】稳赢分析法　【命题方向】⑪综合推理　综合题组（匹配）

由上题分析可知，王某在5、6、7、8四个月连续当选。

故正确答案为D选项。

13. B　【题号】20130154　【难度】S5

【考点】确定信息呼呼推　【命题方向】⑪综合推理　综合题组（匹配）

题干信息：（1）东 银杏∨南 银杏→¬ 北 龙柏∧¬ 北 乌柏＝北 龙柏∨北 乌柏→¬ 东 银杏∧¬ 南 银杏；（2）北 水杉∨北 银杏∨东 水杉∨东 银杏。**补充信息：**（3）北 龙柏。

由（3）和（1）可得：北 龙柏→¬ 东 银杏∧¬ 南 银杏。所以，银杏不能种在北区、东区和南区，只能种在西区。再由（2）可知，水杉种在东区，剩下的乌柏种在南区。

故正确答案为B选项。

14. D　【题号】20130155　【难度】S5

【考点】无确定信息破解法　【命题方向】⑪综合推理　综合题组（匹配）

补充信息：（4）西 水杉∨南 水杉。

由（2）可得，银杏种在北区或东区。假设银杏种在东区，由（1）可知，¬ 北 龙柏∧¬ 北 乌柏；又由（4）可知，¬ 北 水杉。此时北区就没有树可种，与题干不符，故假设不成立，所以银杏种在北区。

故正确答案为D选项。

15. E　【题号】20131033　【难度】S4

【考点】稳赢分析法　【命题方向】⑪综合推理　综合题组（分组）

女生：方、郭、何（三选二）。**男生：**彭、裘、任、宋、唐（五选三）。

（1）郭、唐不同时入选；（2）彭、宋不同时入选；（3）裘、唐不同时入选。

在男生中，要五选三，所以彭和宋二选一，裘和唐二选一，所以任一定入选。

故正确答案为E选项。

16. D　【题号】20131034　【难度】S4

【考点】稳赢分析法　【命题方向】⑪综合推理　综合题组（分组）

补充信息：郭入选。

由（1）可知，唐不入选；再由（3）可知，裘入选。

故正确答案为D选项。

17. A　【题号】20131035　【难度】S4

【考点】稳赢分析法　【命题方向】⑪综合推理　综合题组（分组）

补充信息：何未入选。

由于有两个女生入选，则方和郭入选；再由（1）可知，唐未入选。

故正确答案为 A 选项。

18. E 【题号】20131036 【难度】S4

【考点】稳赢分析法 【命题方向】⑪综合推理 综合题组（分组）

补充信息：唐入选。

由（1）可知，郭未入选；又因为女生三选二，所以方和何入选。

故正确答案为 E 选项。

19. A 【题号】20131042 【难度】S4

【考点】咔咔排除法 【命题方向】⑪综合推理 综合题组（排序）

题干信息：(1) 人力和销售不相邻；(2) 财务、企划的位置从上到下是，企划、财务；(3) 行政、企划、人力的位置从上到下是，人力、行政、企划。

结合（2）（3）可知，(4) 四个部门的位置从上到下是，人力、行政、企划、财务。

注意，本题选项的顺序是"从下到上"，一定要注意方向。

B、E 两项：不符合（1），排除。C、D 两项：不符合（4），排除。

故正确答案为 A 选项。

20. B 【题号】20131043 【难度】S4

【考点】稳赢分析法 【命题方向】⑪综合推理 综合题组（排序）

B 选项：若部门的顺序从上到下是，人力、研发、销售、行政、企划、财务，符合题干条件。

其他选项均不符合题干的条件，排除。

故正确答案为 B 选项。

21. D 【题号】20131044 【难度】S5

【考点】稳赢分析法 【命题方向】⑪综合推理 综合题组（排序）

可能的顺序从上到下是，①研发、人力、行政、企划、财务、销售（或研发、人力、行政、销售、企划、财务），此时研发在 6 层；②销售、研发、人力、行政、企划、财务，此时研发在 5 层。所以，研发部可能在的楼层是第 5 层和第 6 层。

故正确答案为 D 选项。

22. B 【题号】20131045 【难度】S5

【考点】稳赢分析法 【命题方向】⑪综合推理 综合题组（排序）

如果财务在 3 层，那么从上到下的顺序是，人力、行政、企划、财务、研发（销售）、销售（研发）。所以 B 选项可能正确。

故正确答案为 B 选项。

23. C 【题号】20131046 【难度】S4

【考点】稳赢分析法　【命题方向】⑪综合推理　综合题组（排序）

如果6个部门从上到下的顺序是，人力、行政、企划、财务、销售、研发，符合题干条件，则C选项可能正确。

故正确答案为C选项。

24. D　【题号】20141042　【难度】S5

【考点】咔咔排除法　【命题方向】⑪综合推理　综合题组（分组）

题干信息：5名研究生（张、王、李、赵、刘），每人被一家单位录用；3家用人单位（天枢、天机、天璇），每单位至少录用一名。

（1）李 枢；（2）李≠赵；（3）刘=赵；（4）张 璇→王 璇。

此题要求选择可能正确的选项，可以采用排除法，排除不可能的选项。

D选项：可能出现的情况是：王和张被天璇录用，李被天枢录用，刘和赵被天机录用，与题干条件不矛盾，正确。

A选项：若该项正确，那么李、刘、赵均被同一家单位录用，此时与（2）矛盾，排除。

B选项：若该项正确，那么由（4）可知，¬王 璇→¬张 璇；再结合（1）可知，天璇没有录用任何人，与题干条件矛盾，排除。

C选项：与（3）矛盾，排除。

E选项：若天枢录用3个人，则录用的是张、王、李；又由条件（3）可知，有一家公司无人录用，与题干条件矛盾，排除。

故正确答案为D选项。

25. C　【题号】20141043　【难度】S5

【考点】稳赢分析法　【命题方向】⑪综合推理　综合题组（分组）

C选项：由上一题的E选项可知，天枢不可能录用三人，也不可能录用四人或五人，所以至多录用两人，正确。

A选项：可能出现的情况有：王被天璇录用，李被天枢录用，刘、赵和张被天机录用。所以张、王不一定被同一单位录用。

B选项：可能出现的情况有：王、刘和赵被天璇录用，李被天枢录用，张被天机录用。所以王和刘不一定被不同的单位录用。

D选项：由B选项的情况可知，天枢和天璇录用的人数不一定相同。

E选项：可能出现的情况有：刘和赵被天璇录用，李和王被天枢录用，张被天机录用。所以王可能被天枢录用。

故正确答案为C选项。

26. B　【题号】20141044　【难度】S5

【考点】稳赢分析法　【命题方向】⑪综合推理　综合题组（分组）

B 选项：若张被天璇录用，则结合（4）可知，王被天璇录用；再结合（1）（2）（3）可知，赵和刘被天机录用。每个毕业生的录用单位均可确定。

故正确答案为 B 选项。

27. E 【题号】20141045 【难度】S5

【考点】稳赢分析法 【命题方向】⑪综合推理 综合题组（分组）

若刘被天璇录用，那么赵也被天璇录用，如果张再被天璇录用的话，根据（4）可知，王也被天璇录用，此时天机将无人录用，与题干信息矛盾，所以 E 选项一定是错误的。

故正确答案为 E 选项。

第三部分　论证逻辑

一、考点速通

考点 12：两大论证型式

1. C　【题号】19980125　【难度】S5

　　【考点】两大论证型式　【命题方向】⑫论证推理　削弱、质疑、反驳

题干信息：被调查企业仅有 26% 在科研或新产品规划时制订了专利计划，因此，多数企业完全缺乏"专利意识"。

题干的结论是我国多数企业完全缺乏"专利意识"。为削弱题干的论证，应该表明我国多数企业其实是具有"专利意识"的。

C 选项：态度正确，表明虽然很多企业没有制订专利计划，但其实际上申请了专利，具有"专利意识"，正确。

A 选项：力度较弱，"一部分"数量未知，排除。

B、D 两项：无关项，与题干论证过程无关，排除。

E 选项：干扰选项，态度错误，表明即使制订了专利计划也无法推出其具有"专利意识"，支持了题干的论证，排除。

故正确答案为 C 选项。

2. A　【题号】19980126　【难度】S5

　　【考点】两大论证型式　【命题方向】⑫论证推理　削弱、质疑、反驳

题干信息：机票对教师打折是一种提高利润的促销方式。

题干的结论是该航空公司并没有实际让利。为削弱上述论证，我们的态度应该是该航空公司对教师打折，实际上让利了，即赚得少了。

A 选项：他因削弱，说明绝大多数教师并不是因为机票打折才选择北方航空公司的航班，即无论机票是否打折，教师都会选择该航班。如果是这样，那么机票打折实际上并没有起到促销作用，反而有可能减少了公司的利润，对上述推理起到削弱作用。

B 选项：支持了题干的论证。

故正确答案为 A 选项。

3. B　【题号】19981068　【难度】S4

　　【考点】两大论证型式　【命题方向】⑫论证推理　削弱、质疑、反驳

论据：吃母乳引起皮炎，停止吃母乳病症没有消失。

结论：皮炎不是由母乳过敏引起的。

B选项：指出推理中的错误，即一旦得上皮炎，很难在短期内消失，所以对照时间过短，因果推理的判断无效。

故正确答案为B选项。

4. C 【题号】19981069 【难度】S5

【考点】两大论证型式 【命题方向】⑬论证推理 支持、加强

论据：吃母乳引起皮炎，停止吃母乳病症没有消失。

结论：皮炎不是由母乳过敏引起的。

C选项：说明没有喂母乳的小孩也有患皮炎的，即通过"无因有果"的例子破坏了共变关系，支持了母乳与皮炎不存在因果关系的推理。

故正确答案为C选项。

5. E 【题号】19990139 【难度】S4

【考点】两大论证型式 【命题方向】⑬论证推理 支持、加强

题干信息：为保护森林资源，要禁用一次性筷子。

E选项：说明适当砍伐森林有好处，反驳了批评者的观点，正确。

A选项：说明我国森林资源匮乏，不适合把木材用来做一次性筷子。B选项：说明砍伐森林可能会导致不良后果，需要禁用一次性筷子。C选项：说明森林的重要性，需要禁用一次性筷子。D选项：说明需要通过宣传和制定法规来达到禁用一次性筷子的目的，支持了批评者的观点。

故正确答案为E选项。

6. B 【题号】20030155 【难度】S5

【考点】两大论证型式 【命题方向】⑫论证推理 削弱、质疑、反驳

论据：从杂志收到关于山茱萸是高效低毒免疫抑制剂的论文到它的发表间隔了6周。

结论：如果这一论文能尽早发表的话，这6周内许多这类患者可以避免患病。

B选项：他因削弱，药物起作用至少要在口服山茱萸2个月（8周）之后，所以即使该论文未经过6周的间隔尽早发表，也无法在6周内帮助患者避免患病，可以削弱。

A选项：专家审查与患者是否能更早使用这一成果从而避免患病无必然联系，排除。C选项：诉诸无知，有待进一步证实并不能否定山茱萸的这一功效，所以无法削弱。D选项：诉诸权威，题干论证与该杂志是否是最权威的杂志无关，排除。E选项：无关选项，题干论证只与山茱萸具有的抗移植免疫排斥反应和治疗自身免疫疾病的作用有关，与消化系统无关，排除。

故正确答案为B选项。

7. C 【题号】20040154　【难度】S5

　　【考点】两大论证型式　【命题方向】⑫论证推理　削弱、质疑、反驳

论据：如果是熟人送的，不会送小丽不喜欢的玫瑰；如果不是熟人送的，花中应该有签字名片。小丽收到的玫瑰花中没有名片。

结论：专递公司或者误送了玫瑰，或者失落了花中的名片，或者这束花应该是送给别人的。

C 选项：他因削弱，如果是出于取悦小丽以外的其他目的而送花，有可能是对方明知小丽不喜欢玫瑰却仍然送了玫瑰，那么专递公司可能并没有误送玫瑰、失落名片或送错对象，可以削弱题干的论证。

A 选项：即便是情人节送鲜花，送花人应该知道小丽不喜欢玫瑰或在花中附上名片，但两种情况都没有，所以无法削弱题干论证。B 选项：说明送花是为了取悦对方和其他目的，而如果要取悦小丽的话就不应该送玫瑰，无法削弱题干论证。D 选项：如果是熟人送的，那么不会送小丽不喜欢的玫瑰，无法削弱题干论证。E 选项：以往没有过失误记录并不能说明这一次就不会失误，无法削弱。

故正确答案为 C 选项。

8. C 【题号】20060140　【难度】S4

　　【考点】两大论证型式　【命题方向】⑭论证推理　假设、前提

论据：目前在钟教授的研究生中，起早摸黑做实验的人越来越少了。

结论：生命科学院以前研究生的那种勤奋精神越来越不多见了。

上述论证存在两个漏洞：（1）钟教授的研究生可能无法代表生命科学院研究生的整体情况；（2）不起早摸黑做实验不一定能说明不勤奋。所以要想使题干的论证成立，必须要将漏洞补上。C 选项：建立联系，表明起早摸黑做实验与勤奋有必然的联系，即补上了漏洞（2）。

故正确答案为 C 选项。

9. A 【题号】20080134　【难度】S4

　　【考点】两大论证型式　【命题方向】⑫论证推理　削弱、质疑、反驳

论据：软件可以纠正词汇、语法和标点符号的使用错误，记者不具备良好的汉语基础也可以撰稿。

结论：培养新闻工作者的学校不必重视学生汉语能力的提高。

A 选项：说明文稿的语言质量不仅与"词汇、语法和标点符号的使用"有关，还与其他因素有关，所以虽然软件能纠正这些错误，但还需要其他方面的配合才能保证文稿的语言质量，还是要重视学生汉语能力的提高，否因削弱，正确。

B、C、D、E 四项：与题干论证无关，排除。

故正确答案为 A 选项。

10. A 【题号】20080141 【难度】S6

【考点】两大论证型式 【命题方向】⑫论证推理 削弱、质疑、反驳

论据：《港湾》改为《炼狱》后，原先的一些常年广告客户转向其他刊物。

结论：这些广告商不仅考虑经济效益，而且顾及道德责任。

A 选项：比较对象不一致，指出《炼狱》杂志所刊登的暴力与色情内容在同类型的杂志中比较节制，比较对象为《炼狱》与同类杂志。而题干的比较对象是《港湾》与《炼狱》，无法削弱。

B 选项：他因削弱，说明可能是信誉度较低导致广告客户流失，所以这些客户恰恰是考虑了经济效益，可以削弱。

C 选项：他因削弱，拒绝续签的广告商的目标客户不是《炼狱》的读者群，所以可能是考虑了经济效益而拒绝续签，可以削弱。

D 选项：他因削弱，广告费提高对于广告商来说增加了成本，拒绝续签很可能是考虑了经济效益，可以削弱。

E 选项：他因削弱，《炼狱》口碑较差，其广告可信度低，可能无法给广告商带来应有的经济效益，可以削弱。

故正确答案为 A 选项。

11. E 【题号】20080142 【难度】S5

【考点】两大论证型式 【命题方向】⑬论证推理 支持、加强

E 选项：其他广告商转向《炼狱》，说明该杂志能给广告商带来更多的经济效益，但题干中的这些广告商却拒签了，这就表明他们确实是顾及道德责任而拒签的，加强了题干的论证，正确（虽然"一些"力度较弱，但只有该选项思路正确，相对最优）。

A 选项：无法支持，杂志的成本与售价和广告商的选择无必然联系。有同学会主观认为，成本与售价低了，广告商支付的广告费用也低了，但这在题干中并没有体现，所以广告费用是否会降低呢？未知，排除。

B 选项：拒签的广告商转向其他杂志后效益未受影响，无法判断这些广告商是否因顾及道德责任而拒签，排除。

C 选项：削弱题干，表明之前的客户群体已经随着杂志的改变而减少，广告商的拒签很可能是考虑了经济效益，排除。

D 选项：广告客户无明显增加，说明《炼狱》并不能带来更多的经济效益，广告商是否因顾及道德责任而拒签不得而知，排除。

故正确答案为 E 选项。

12. A 【题号】20090140 【难度】S4

【考点】两大论证型式　【命题方向】⑭论证推理　假设、前提

论据：照片没有反映全部的真实，只反映了某个侧面的真实。

结论：以照片作为证据是不恰当的。

该论证的论据与结论之间缺少必要的联系，如果照片反映某个侧面的真实就可以作为证据的话，那么照片是可以作为证据的，所以该论证的成立必须假设：不能反映全部真实的东西作为证据是不恰当的。

故正确答案为 A 选项。

13. B　【题号】20090141　【难度】S4

【考点】两大论证型式　【命题方向】⑫论证推理　削弱、质疑、反驳

论据：照片没有反映全部的真实，只反映了某个侧面的真实。

结论：以照片作为证据是不恰当的。

B 选项：任何证据只需要反映事实的某个侧面。由于照片可以反映某个侧面，所以其可以作为证据，说明由题干论据无法得出结论，题干的论证被削弱。

故正确答案为 B 选项。

14. A　【题号】19990151　【难度】S5

【考点】两大论证型式　【命题方向】⑫论证推理　削弱、质疑、反驳

题干信息：缺少为晚上准备的报纸，因此建议办夜报。

A 选项：可以削弱，表明虽然早上、上午和下午都有发行的报纸，但是读者并不一定在对应的时间段阅读，所以晚上的市场并不是空白，即使发行夜报也不一定会有市场。

B、C、D 三项：无法削弱，与题干的论证过程无关。

E 选项：容易误选，"都市的夜生活非常丰富，读报纸显得枯燥"并不意味着很多人晚上就不看报纸、没有阅读报纸的习惯，因此并不能有效地削弱。

故正确答案为 A 选项。

15. E　【题号】20000156　【难度】S4

【考点】两大论证型式　【命题方向】⑬论证推理　支持、加强

题干信息：司法公正的根本原则为不错放、不错判，法学家认为判断法院是否贯彻司法公正原则只要看肯定性误判率就可以了。

E 选项：排他因支持，表明各个法院的否定性误判率基本相同，所以只要看肯定性误判率就可以了。

A、C 两项：干扰项，表明错判比错放的后果严重，但是无法说明只凭错判率就能衡量司法是否公正，相关性较弱，排除。

故正确答案为 E 选项。

16. A 【题号】20000175 【难度】S5

【考点】两大论证型式 【命题方向】⑬论证推理 支持、加强

论据：销售税是在出售商品的价格上附加7%左右。结论：销售税违背累进原则。

A选项：说明人们花在购物上的钱基本上差不多，那么人们在购物上交的销售税金额差不多。这时谁的收入越高，交的销售税金额占其收入的比例就越小，税率就越低；反之亦然。故A选项加强了题干的推理，正确。

B、C、D、E四项：与题干论证无关，排除。

故正确答案为A选项。

17. B 【题号】20000179 【难度】S5

【考点】两大论证型式 【命题方向】⑫论证推理 削弱、质疑、反驳

论据：不系安全带并未给别人带来损害。

结论：不应规定坐在行驶的小汽车中的人必须系安全带。

B选项：他因削弱，说明不系安全带造成的伤亡使得汽车保险费连年上涨，给别人带来了经济上的损害，质疑了题干论述。

故正确答案为B选项。

18. E 【题号】20010137 【难度】S6

【考点】两大论证型式 【命题方向】⑬论证推理 支持、加强

论据：与人及其宠物有接触的长尾猴中有1%感染。

结论：该省长尾猴的感染比例大大小于1%。

要使该论证成立，就需要表明接受检疫的长尾猴感染比例偏高。

E选项：建立联系，感染的长尾猴更愿意与人及其宠物接触并接受了检疫，这部分长尾猴感染比例为1%，那么推出全省长尾猴的感染比例实际上将大大小于1%是合理的。

A选项：只能表明接受检疫的长尾猴所占比例较低，但是无法由样本感染比例为1%推理出整体感染比例大大小于1%，排除。

故正确答案为E选项。

19. E 【题号】20020135 【难度】S4

【考点】两大论证型式 【命题方向】⑬论证推理 支持、加强

题干信息：事故多→保险金上涨→成本高→开发更多功能。

在此题的因果推理中，开发更多功能没有导致成本继续上涨，有跳跃性，E选项在二者之间建立了联系，即功能多会导致事故多，事故多会导致保险金上涨，保险金上涨会导致成本上涨。

故正确答案为E选项。

20. C 【题号】20021015 【难度】S4

【考点】两大论证型式 【命题方向】⑬论证推理 支持、加强

论据：大部分先天性精神分裂症患者出生在冬季，冬季很难买到新鲜食品。

结论：临产孕妇营养不良（因）导致了先天性精神分裂症（果）。

C选项：建立联系，与引起精神分裂症有关的大脑区域的发育，大部分发生在产前一个月，而此时孕妇确实营养不良，影响了腹中胎儿的大脑发育，支持了题干的结论。

故正确答案为C选项。

21. C 【题号】20030148 【难度】S4

【考点】两大论证型式 【命题方向】⑬论证推理 支持、加强

论据：较大的房间铺设的木板条比较小房间的木板条窄得多。

结论：用窄木条铺地板是当时有地位的象征，用以表明房主的富有。

C选项：建立联系，木地板条的价格以长度为标准计算，所以如果两个房子面积相同，那么铺窄木条的房子所需的木板条的总长度更长、价格更贵，就能显示出房主比较富有了；大房子面积更大、木条更窄、木板条总长度比小房子用宽木条铺地板的总长度要长得多，可以表明房主富有，加强了题干的论证，正确。

A选项：无关选项，题干论证是19世纪早期，不是19世纪晚期，排除。B选项：诉诸权威，丹尼斯教授的学术地位得到公认并不能说明题干中的观点是正确的，排除。D选项：无关选项，大理石地板与题干论证无关，排除。E选项：力度较弱，《雾都十三夜》虽然是以当时市民生活为背景的小说，但是其中关于地板的描述是否符合真实情况未知，无法作为证据支持题干的论证，排除。

故正确答案为C选项。

22. C 【题号】20030158 【难度】S4

【考点】两大论证型式 【命题方向】⑫论证推理 削弱、质疑、反驳

论据：西式快餐业在我国主要大城市中的年利润在未来数年中不会有大的改变。

结论：艾德熊进入中国市场会使麦当劳的利润下降。

C选项：他因削弱，表明艾德熊会使人们用于肯德基的消费下降，所以麦当劳的利润并不一定会下降，削弱了题干的论证，正确。

A选项：无法削弱，只要消费者熟悉和接受艾德熊后麦当劳的利润确实下降，那么题干论证就成立，排除。

B选项：无法削弱，艾德熊的价格比麦当劳高了多少呢？消费者是否会因为价格的差异而不选购艾德熊呢？未知，排除。

D选项：无法削弱，只要艾德熊会抢占麦当劳的市场，使其利润减少，题干论证就可以成立，与经营规模无关，排除。

E 选项：无法削弱，艾德熊是不是服务更好，更适合中国消费者的口味呢？未知，对题干的论证无法起到削弱作用，排除。

故正确答案为 C 选项。

23. A 【题号】20040144 【难度】S6

【考点】两大论证型式 【命题方向】⑭论证推理 假设、前提

论据：高山反应和急性脑血管梗阻症状相似；如果是高山反应，改变其缺氧条件症状可以很快消失；如果是急性脑血管梗阻，不及时恰当处理会危及生命。

结论：在高海拔地区，急性脑血管梗阻这种病特别危险。

A 选项：排他因假设，如果该项不成立，即普通高山反应和急性脑血管梗阻的医疗处理相同，那么即使把急性脑血管梗阻误诊为普通高山反应，也不会特别危险。所以，如果要使题干的论证成立，就必须假设二者医疗处理不同，正确。

B 选项：高山反应与急性脑血管梗阻的关系与题干论证无关，排除。

C 选项：题干未涉及及时恰当处理的情况，排除。

D 选项：与题干论证无关，题干表明二者症状相似所以急性脑血管梗阻危险，所以应建立起二者之间的联系，而该项指出是其他原因导致了急性脑血管梗阻这种病危险，排除。

E 选项：医生诊断准确性的降低与题干论证有什么关系呢？未知，不是论证必须要有的假设，排除。

故正确答案为 A 选项。

24. E 【题号】20040152 【难度】S6

【考点】两大论证型式 【命题方向】⑫论证推理 削弱、质疑、反驳

题干信息：专家的推测思路为，(1)"亚里洛"中没有表示"海"的文字，说明这个部落或种族远离海洋，没有见过海；(2)"亚里洛"中有表示"冬天""雪""狼"等的文字，说明这个部落或种族生活在寒冷地带。

E 选项：归谬削弱，按照专家的思路(1)，说明这个部落或种族没有见过云，这是不可能出现的情况，因为地球上任何地方都是可以见到云的，削弱了专家的推测，正确。

A 选项：无效反例，试图用蒙古语举一个反例，但是蒙古语和"亚里洛"在造字规则、使用场景、传承发展上是否相似未知，二者很可能并无可比性，举出的反例当然也是无效的，不能削弱。

B 选项：试图通过有表示"鱼"的文字证明该部落或种族不是生活在远离海洋的地方，但是河里、池塘里都可能有鱼，无法削弱。

C 选项：试图通过有表示"热"的文字证明该部落或种族不是生活在寒冷地带，但是冷热是相对的概念，即使是在寒冷地带也有会热的感受，无法削弱。

D 选项：按照专家的思路(1)，说明这个部落或种族没有见过山，这是可能出现的情

况，无法削弱专家的推测。

故正确答案为 E 选项。

25. C 【题号】20060128 【难度】S6

【考点】两大论证型式 【命题方向】⑬论证推理 支持、加强

论据：有些人若有一次厌食，就会对这次膳食中有特殊味道的食物持续产生强烈厌恶。

结论：小孩更易于对某些食物产生强烈的厌食。

要加强上述解释，也就是要加强论据与结论之间的关系。

C 选项：小孩的嗅觉和味觉比成年人敏锐，更容易闻到或尝出特殊味道，也就更易对某些食物产生强烈的厌食，加强了解释。

A 选项：小孩的膳食搭配中含有特殊味道的食物比成年人多，只能加剧厌食现象出现的频率，或单次厌食的强烈程度，而不能解释为何小孩对某些食物比成年人更容易生厌。

B 选项：如果成年人和小孩根本没尝过某些食物，就不存在是否厌食的问题，当然也不存在谁更容易厌食的问题，排除。

D 选项：题干中"不管这种食物是否对身体有利"说明厌食和健康知识无关，排除。

E 选项：时间长短并不等同于厌食程度，排除。

故正确答案为 C 选项。

26. D 【题号】20071031 【难度】S5

【考点】两大论证型式 【命题方向】⑫论证推理 削弱、质疑、反驳

论据：在死亡的医务人员中，参与"非典"与未参与"非典"的数量分别为 7 和 10，未参与"非典"治疗工作的医务人员死亡较多。

结论：参与"非典"治疗并不比日常医务工作危险。

此论证认为绝对数值代表危险程度，这是有漏洞的，因为参与"非典"治疗是否危险应该取决于相对数，即"死亡率"，在基数未知的情况下，仅根据绝对数无法得知比例。

D 选项：只有一小部分医务人员参与了"非典"治疗，所以参与的人死亡率可能远高于未参与的，也就是参与"非典"治疗的医务人员死亡率较高，说明参与"非典"治疗比日常医务工作危险。

A 选项：平均年龄相差不大的话，对死亡率不会有较大影响，无法削弱。B 选项：体质差异对死亡会造成多大影响呢？未知，无法削弱。C 选项："个别"数量较小，无法削弱。E 选项：题干论证与"非典"患者无关，排除。

故正确答案为 D 选项。

27. E 【题号】20110137 【难度】S4

【考点】两大论证型式 【命题方向】⑫论证推理 削弱、质疑、反驳

论据：3D 立体电影中的银幕角色由计算机生成。

结论：演员担心未来真人表演会被计算机生成的图像和动画替代。

E 选项：他因削弱，电影故事只能用演员的心灵、情感来表现，表明了演员的不可替代性，减弱担心，正确。

A 选项：电影导演只能和真人交流、不和电脑交流无法说明演员是否会被替代，所以担心依然存在。

B 选项：演员可以跟上时代的发展，但演员是否会被替代呢？未知，无法削弱。

C 选项：仅指出未来尚不可知，无法起到任何作用，排除。

D 选项：与题干论证无关，排除。

故正确答案为 E 选项。

28. D 【题号】20070145 【难度】S4

【考点】两大论证型式 【命题方向】⑫论证推理 削弱、质疑、反驳

论据：衡量一项社会改革措施是否成功，要看社会成员的幸福感总量是否增加；公务员的幸福感总量增加。结论：这项改革措施是成功的。

D 选项：表明 S 市全体社会成员的幸福感总量减少，所以说明该项改革措施并不成功，削弱了题干的论证，正确。

A 选项：题干中的衡量对象是全体社会成员，公务员群体只是一部分，排除。

B 选项：虽然所占比例很小，但如果社会成员的幸福感总量增加，那么题干论证依然成立，排除。

C 选项：民营企业人员也只是社会成员的一部分，该市社会成员的幸福感总量是否减少未知，无法削弱。

E 选项：与题干论证无关，排除。

故正确答案为 D 选项。

29. E 【题号】20071047 【难度】S5

【考点】两大论证型式 【命题方向】⑬论证推理 支持、加强

论据：拥有 MP3 播放器人数最多的班集体同时也是英语成绩最佳的班集体。

结论：利用 MP3 播放器可以提高英语水平。

E 选项：表明拥有 MP3 播放器人数最多的班集体的同学更多地利用 MP3 学习英语，建立了题干论据与结论的联系，可以加强。

A 选项：表明是英语学习热情比较高而非 MP3 播放器，导致英语成绩好，削弱了题干的论证，排除。

B 选项：表明是学习自觉性较高而非 MP3 播放器，导致英语成绩好，削弱了题干的论证，排除。

C 选项：MP3 播放器的性能与题干论证无关，排除。

D 选项：未提及英语学习，排除。

故正确答案为 E 选项。

30. E 【题号】20081037 【难度】S5

【考点】两大论证型式 【命题方向】⑬论证推理 支持、加强

论据：每个超速驾驶的人都同样可能被出具罚单。结论：处罚陈先生是公正的。

E 选项：建立了论据与结论的关系，可以支持，正确。

A、B 两项：与贾女士的论证无关，排除。

C 选项：态度错误，反驳了贾女士的观点，排除。

D 选项：贾女士的论证并未涉及"法规依据"，排除。

故正确答案为 E 选项。

31. B 【题号】20120146 【难度】S5

【考点】两大论证型式 【命题方向】⑬论证推理 支持、加强

论据：白藜芦醇能防止骨质疏松和肌肉萎缩。结论：宇航员可以补充白藜芦醇。

B 选项：有因有果，无因无果。失重状态下，服用白藜芦醇可使骨头和肌肉的密度不降低，说明白藜芦醇有作用，而且失重状态正是在国际空间站和宇宙飞船上的宇航员所处的状态，可以支持。但本项也存在瑕疵，即未知老鼠的骨头和肌肉情况与人是否相似，若补充说明二者相似则更严谨。

A 选项：即便喝葡萄酒对骨质疏松和肌肉萎缩等症状有益，也不知道是否是白藜芦醇起的作用，无法支持。

C 选项：服用白藜芦醇可以改善因残疾或者其他因素而很少活动的人的骨质疏松和肌肉萎缩等症状，注意，题干中白藜芦醇的作用是"防止"而不是"改善"，所以无法支持。

D 选项：表明葡萄酒有作用，但不知道是否是白藜芦醇的作用，无法支持。

E 选项：表明了某医学博士的观点，诉诸权威，且某些机能具体是什么未知，无法支持。

故正确答案为 B 选项。

32. C 【题号】20130141 【难度】S5

【考点】两大论证型式 【命题方向】⑭论证推理 假设、前提

题干信息：科学家可以根据海水的"脸色"判断飓风的移动路径。

要想使科学家所做出的判断有效，就需要保证海水颜色与飓风移动路径之间确实有不受全球气候变暖影响的、相对确定的联系。

故正确答案为 C 选项。

33. B 【题号】20131027 【难度】S5

【考点】两大论证型式　【命题方向】⑫论证推理　削弱、质疑、反驳

论据：利兹鱼比鲸鲨平均寿命短，但二者体型相当。

结论：利兹鱼的生长速度很可能超过鲸鲨。

B 选项：他因削弱，说明虽然鲸鲨的平均寿命较长，但是二者的生长时间差不多，均为 20 年，二者体型又相近，所以生长速度相差不大，可以削弱。

A 选项：与题干论证过程无关，从食物角度分析生长速度，削弱力度较弱。

C 选项：无法说明生长速度是否有差异，排除。

D、E 两项：与题干论证无关，排除。

故正确答案为 B 选项。

34. B　【题号】19980113　【难度】S5

【考点】两大论证型式　【命题方向】⑫论证推理　削弱、质疑、反驳

题干信息：具有相同某种性格特征的人易患同种疾病，因此，修正行为和调整性格特征（因）以达到防治疾病（果）的可能性提高。即，题干认为性格是疾病的原因。

B 选项：他因削弱，说明可能是一个共同原因（某种生理因素）导致了性格和疾病同时出现，而不是性格导致了疾病，所以即使调整性格也无法预防疾病，削弱了题干的推理，正确。

C 选项：如果几乎每种病症都分别与某种性格对应，那么就说明这可能不是简单的数据上的契合了，该项不能反驳上述观点，排除。

D 选项："愿意"是主观情感，无法说明修正行为和调整性格特征是否可以防治疾病，排除。

故正确答案为 B 选项。

35. C　【题号】19991051　【难度】S4

【考点】两大论证型式　【命题方向】⑫论证推理　削弱、质疑、反驳

因果推理主线链条：减震系统越"硬"→驾驶人员感到越刺激→将减震系统设计得更"硬"以提高销量。

C 选项：说明大多数人开车并不喜欢刺激，而是为了舒适，因此题干中的方法就起不到其提高销量的作用。

故正确答案为 C 选项。

36. E　【题号】20000159、20010151　【难度】S6

【考点】两大论证型式　【命题方向】⑫论证推理　削弱、质疑、反驳

因：增加警力势必导致相关部门增员、财政开支增加。果：增加警力的动议不可取。

E 选项：否因削弱，如果警察增加到一定比例后犯罪就会减少，那么其他相关部门就不需要增员，这些部门的财政开支也不会增加，表明增加警力是可取的。

A 选项：无法削弱，虽然是共同负担，但是地方也负担了，开支依然在增加。

C 选项：无关选项，湖州市与本市是否具有可比性未知，故拿湖州市举例无效。

D 选项：力度较弱，并非都=有的不，比例占多少、是否需要增加其他部门的工作人员呢？未知。

故正确答案为 E 选项。

37. E 【题号】20011039 【难度】S5

【考点】两大论证型式 【命题方向】⑫论证推理 削弱、质疑、反驳

论据：夏威夷出生的人，平均寿命长。

结论：路易斯安那州的新婚夫妇定居夏威夷后生的孩子（因）寿命更长（果）。

E 选项：他因削弱，说明是"遗传"的因素导致夏威夷人寿命长，而不是夏威夷环境的因素。

故正确答案为 E 选项。

38. A 【题号】20011067 【难度】S5

【考点】两大论证型式 【命题方向】⑭论证推理 假设、前提

论据：一大批政府资助的研究项目将转为由私人资助，私人基金资助者不希望自己资助的项目会导致争议。

结论：可能产生争议结果的研究项目资助比例会降低。

题干的推理过程指出研究项目的资助方由政府变为私人后会出现争议。

A 选项：政府和私人相比更愿意资助可能产生争议的科研项目，否则如果政府本身也跟私人一样不愿意资助可能产生争议结果的项目，那么私人资助后就不会出现争议了，所以这是必需的假设。

故正确答案为 A 选项。

39. E 【题号】20020117 【难度】S6

【考点】两大论证型式 【命题方向】⑭论证推理 假设、前提

论据：单位时间内供氧量越多，体能及发挥越好，在高海拔地区，人体内每单位体积血液中红细胞数量较多。

结论：运动员在高海拔地区训练效果好。

E 选项：排他因假设。此题在推理过程中存在漏洞，由题干给出的论据还不足以断定在高海拔地区供氧量就多，因为运动员在高海拔地区有可能心率更慢，导致氧气总供应量减少，达不到预期的效果，E 选项能排除了这种可能性，是题干论证必须要有的假设。

A 选项：假设过强，"不产生影响"过于绝对。

B 选项：未体现出海拔高低对供氧量产生的影响，排除。

C 选项：运动员与普通人心率的比较与题干论证无关，排除。

D 选项：假设过强，只要运动员在高海拔地区与在低海拔地区训练时心率一样，但因为红细胞较多会使供氧量较多，同样可以得到题干的结论。

故正确答案为 E 选项。

40. D 【题号】20041042 【难度】S5

【考点】两大论证型式 【命题方向】⑭论证推理 假设、前提

论据：交往默认的承诺是说真话。结论：即使承诺为她保密，也应该说实话。

D 选项：老师认为应该说实话，那么老师的推理中隐含的假设就是，违背前者（默认的承诺）有时比违背后者（表达的承诺）更不好，否则就得不出应该说实话的结论了，正确。

C 选项：假设过强，"任何都"范围过大，只要满足题干中的场景即可，排除。

故正确答案为 D 选项。

41. B 【题号】20051033 【难度】S5

【考点】两大论证型式 【命题方向】⑭论证推理 假设、前提

论据：一个雇员每周参加工间操的次数越多，全年病假的天数就越少。

结论：把每工作日一次的工间操改为上、下午各一次，能进一步降低雇员的病假率。

复选项Ⅰ：工间操是否影响正常工作与题干论证无关，排除。

复选项Ⅱ：要降低病假率，那么就必须让更多的员工参加，所以要能够增加参加工间操的人数，正确。

复选项Ⅲ：不是必需的假设，因为有可能某些员工每工作日多次参加工间操，其病假率基本上已经没有办法进一步降低了，所以即使参加工间操的人次增多，病假率也不一定会下降。

故正确答案为 B 选项。

42. B 【题号】20121049 【难度】S5

【考点】两大论证型式 【命题方向】⑫论证推理 削弱、质疑、反驳

论据：发掘出一枚"11 万年前的人牙化石"。

结论：张口洞 11 万年前就有人类活动了。

B 选项：质疑论据，说明发掘出的根本就不是人牙，而是鹿牙，所以论证不成立。这种削弱方式在真题中非常少见，所以不建议优先考虑。

A、C、D、E 四选项：与题干论证无关，排除。

故正确答案为 B 选项。

43. C 【题号】20050126 【难度】S5

【考点】两大论证型式 【命题方向】⑫论证推理 削弱、质疑、反驳

论据：足以解除旱情的大面积降雨即将开始（因）。

结论：预计粮食会丰收，期货市场上的粮价会大幅度下跌（果）。

C选项：他因削弱，如果粮食作物的成熟期出现严重的虫害，很可能会对粮食的收成产生较大的影响，导致粮食歉收，所以期货市场上的粮价可能会上升，可以削弱。

A选项：无法削弱，预测的准确性不稳定，那么这一次的预测是否准确呢？未知，排除。

B选项：无法削弱，提醒做好防涝准备是在预报大面积降雨时常用的话术，并不代表出现降雨延续过长的情况的可能性较大，而且即使降雨延续时间过长，也有足够的时间做好防涝准备，可能不会对粮食收成产生较大的影响，排除。

D选项：无法削弱，粮食与其他商品价格波动的幅度大小比较与题干论证无关，排除。

E选项：无法削弱，干旱虽然不是最严重的威胁，但如果也是一个非常严重的威胁，那么题干论证依然成立，排除。

故正确答案为C选项。

44. B 【题号】20071046 【难度】S5

【考点】两大论证型式 【命题方向】⑭论证推理 假设、前提

论据：只要心脏病患者在服用该药物时严格遵从医嘱，它的有害副作用完全可以避免。

结论：关于这种药物副作用的担心是不必要的。

B选项：建立联系，有心脏病的偏头痛患者在服用药物时不会违背医嘱，那么该药的副作用就可以避免，所以可以得出结论，不需要担心这种药物的副作用，是题干论证必需的假设，正确。

A选项：假设过强，"都是"一词范围过大，题干论证只与这种新药有关，与其他药物无关，排除。

C、D、E三项：无关选项，排除。

故正确答案为B选项。

45. C 【题号】20080140 【难度】S5

【考点】两大论证型式 【命题方向】⑫论证推理 削弱、质疑、反驳

论据：S研究所承诺，和平基金会的全部资助都不会用于任何与武器相关的研究。

结论：只要S研究所遵守承诺，上述资助就不再会有利于武器研究。

C选项：间接因果，指出即使S研究所遵守承诺，不将和平基金会的资助用于武器研究，但其资助可能使S研究所能够把其他资金改用于武器研究，所以和平基金会可能会变相地资助了武器研究，这就是题干结论中的漏洞。

A选项：题干结论是建立在遵守承诺的基础之上，所以不遵守承诺并不是漏洞，排除。

B选项：S研究所虽然可以用其他来源的资金进行武器研究，但如果其他来源的资金不

足，那么其对和平基金会所做出的承诺仍可起到作用，排除。

D 选项：与题干论证无关，排除。

E 选项：资助额度与题干论证无关，排除。

故正确答案为 C 选项。

46. C 【题号】20101026 【难度】S5

【考点】两大论证型式 【命题方向】⑫论证推理 削弱、质疑、反驳

论据：目光短浅使企业陷于被动甚至导致破产。

结论：企业领导层应该以长期目标为主，不需过分关注短期目标。

C 选项：表明长期目标要想实现，必须以短期目标为基础，所以要关注长期目标就必须关注短期目标，可以削弱。

A 选项：只是表明短期目标比长期目标的激励效果更好，但对企业其他方面的影响是否有优势呢？未知，排除。

B 选项：只是表明短期目标比长期目标更易于控制，但未提及其他方面是否有优势，排除。

D 选项：表明二者都重要，无法削弱。

E 选项：与题干论证无关，排除。

故正确答案为 C 选项。

47. E 【题号】20110132 【难度】S5

【考点】两大论证型式 【命题方向】⑫论证推理 削弱、质疑、反驳

论据：由于互联网的发展，网上购物非常便捷，成了很多年轻人的选择。

结论：实体商店的竞争力会受到互联网的冲击，在不远的将来，会有更多的网络商店会取代实体商店。

E 选项：他因削弱，表明实体商店是网络商店的基础，网络商店的发展必须依托于实体商店，所以实体商店不会被取代。

A、C 两项：指出了网络购物的弊端，虽然网络商店有这些短板，但是只要其总体上比实体商店有优势即可，无法削弱。

B、D 两项：指出有些商品只能采取实体商店的销售方式，不适合网络商店，但因为题干中刘教授的观点只是"更多的"而不是"所有的"实体商店会被取代，所以即使有的商品不适合网络商店也并不影响该观点，无法削弱。

故正确答案为 E 选项。

48. E 【题号】20141030 【难度】S5

【考点】两大论证型式 【命题方向】⑫论证推理 削弱、质疑、反驳

论据：互联网的发展使网购成为现实。

结论：即使在经济发展水平较低的国家和地区，人们也可以通过网购来满足自己对物

质生活的追求。

E 选项：表明人们对物质生活追求的满足只与所在地区经济发展水平有关，与能否网购没有关系，割裂了题干中论据与结论的关系，所以可以削弱。

A 选项：税费增加是否影响人们对物质生活的追求呢？未知，无法削弱。

B 选项："购买心仪的商品"与"满足物质生活的追求"不同，排除。

C 选项：即使"不能完全反映真实情况"也不影响网购，排除。

D 选项："消耗时间和精力""影响人际交往"与题干无关，排除。

故正确答案为 E 选项。

考点 13：十大论证模型

1. D　【题号】19981044　【难度】S5

【考点】十大论证模型　【命题方向】⑭论证推理　假设、前提（方法目的）

方法：每项指标按实际质量或数量的高低进行打分排名。目的：评选理想生活小区。

D 选项：无关选项，不需要评选方法具有一般性，只要能评出理想生活小区即可。

A 选项：必须假设，因为各个指标直接打分后汇总，不会进行权重换算，所以重要性应该是均等的，否则就应该进行一定的比例换算。

B 选项：必须假设，这是打分方法可行的前提。

C 选项：必须假设，如果各项指标不具有较长时间的稳定性，那么排名评出后，可能会经常变动，也就无参考价值了。

E 选项：必须假设，否则评选的结果不可靠。

故正确答案为 D 选项。

2. C　【题号】19981074　【难度】S5

【考点】十大论证模型　【命题方向】⑭论证推理　假设、前提（方法目的）

方法：提高电价。目的：促进节约用电。

复选项Ⅰ：必须假设，因为如果大部分浪费不是电价过低造成的，那么提高电价就起不到减少浪费的效果。

复选项Ⅱ：无须假设，因为用户数量和浪费数量没有直接关系，很可能是少数几家浪费严重，造成整体浪费严重。

复选项Ⅲ：必须假设，如果上调幅度没有造成压力的话，那么提价就没有效果了。

故正确答案为 C 选项。

3. B　【题号】20000131　【难度】S4　【考点】十大论证模型

【命题方向】⑫论证推理　削弱、质疑、反驳（方法目的）

方法：让员工提前退休和解雇员工。目的：减员，降低成本。

B 选项：说明这一措施会造成良好的影响，支持了该计划，并不是缺点。

A、C、D、E 四项：说明华强生公司实行这一措施后会导致种种不好的结果，最终会导致公司出现更严重的问题。

故正确答案为 B 选项。

4. C 【题号】20000152　【难度】S4　【考点】十大论证模型

　　【命题方向】⑫论证推理　削弱、质疑、反驳（方法目的）

方法：使用保护手套。目的：避免二次开刀。

C 选项：他因削弱，说明使用保护手套容易使新生长的皮肤与保护手套粘连，造成新的伤口，依然无法避免二次开刀。

故正确答案为 C 选项。

5. E 【题号】20001033　【难度】S5　【考点】十大论证模型

　　【命题方向】⑫论证推理　削弱、质疑、反驳（方法目的）

方法：提高价格。目的：维持生存与发展。

E 选项：说明如果提高价格，则会使大多数常客不再去消费，就会降低收入，无法达到维持生存和发展的目的。

故正确答案为 E 选项。

6. D 【题号】20001059　【难度】S5　【考点】十大论证模型

　　【命题方向】⑫论证推理　削弱、质疑、反驳（方法目的）

方法：将自行车车道拓宽为 3.5 米。目的：消除自行车抢道的违章现象。

D 选项：说明即使采用了该方法也无法达到目的，仍然无法消除抢道现象，可以削弱。

A 选项：费用是否为该建议的影响因素呢？未知，无法削弱。

B 选项：与该建议的目的无关，只要可以消除自行车的抢道现象，即使一部分人有意见也无法削弱论点，排除。

C 选项："机动车的违章问题"与题干论证无关，排除。

E 选项："可能"一词较弱，程度未知，而且此选项与该建议的目的无关，排除。

故正确答案为 D 选项。

7. C 【题号】20010142　【难度】S4　【考点】十大论证模型

　　【命题方向】⑫论证推理　削弱、质疑、反驳（方法目的）

方法：将大熊猫捕获到动物园中。目的：挽救濒临灭绝的大熊猫。

C 选项：他因削弱，说明这种做法的后果是熊猫没有足够的食物吃而无法存活，达不到目的。

A 选项：力度较弱，举京京的个例作为反例，削弱力度较弱，排除。

B 选项：无效比较，野生环境中出生的数量未知，无法削弱，排除。

D 选项：改变遗传特性与题干中的目的无关，只要能够使大熊猫不灭绝即可。

E 选项：该建议是否有商业动机不影响推理的正确性，无法削弱。

故正确答案为 C 选项。

8. B 【题号】20021051 【难度】S5 【考点】十大论证模型

【命题方向】⑫论证推理 削弱、质疑、反驳（方法目的）

方法：对进市区的私家车收 5 元费用。

目的：很多私家车车主改乘公交车，缓解交通拥挤。

B 选项：说明目前的停车费就已经很贵了，即使再多交 5 元，多数车主也仍然会开车，达不到目的。

D 选项：反对这项计划并不能说明这项计划不能实施。如果实施了该方案后，确实能够让很多私家车车主改乘公交车，那么计划就是有效的，市长的推理就是正确的，与人们反对与否无关。

故正确答案为 B 选项。

9. D 【题号】20050124 【难度】S5 【考点】十大论证模型

【命题方向】⑫论证推理 削弱、质疑、反驳（方法目的）

方法：对全市地铁进行全面改造，增收沿线两条主要高速公路的机动车过路费。

目的：缓解沿线包括高速公路上机动车的拥堵。

D 选项：达不到目的，表明措施实施之后无法缓解拥堵，反而会加剧拥堵，质疑了题干的计划，正确。

A、C、E 三项：无关选项，过路费的支配问题、过路费是否应与机动车的档次对应、高速公路与普通公路的拥堵情况的比较均与题干中的计划无关，排除。

B 选项：力度较弱。地铁乘客虽然也是受益者，但是在受益者中占多大比例呢？未知，如果占比较小，那么不承担开支也合理。并且该选项表达的意思是让机动车车主承担开支可能不合理，不涉及计划是否可以达到目的，排除。

故正确答案为 D 选项。

10. E 【题号】20050125 【难度】S5

【考点】十大论证模型 【命题方向】⑬论证推理 支持、加强（方法目的）

方法：对全市地铁进行全面改造，增收沿线两条主要高速公路的机动车过路费。

目的：缓解沿线包括高速公路上机动车的拥堵。

E 选项：表明改造地铁之后确实能让很多原来开私家车的人改坐地铁，从而减少公路上汽车的数量可以缓解沿线的拥堵，正确。

A、C 两项：诉诸权威，该计划的合理性与否与是否通过了市民听证会的审议以及专家论证无关，排除。

B 选项：该市的交通拥堵状况是否最为严重与计划是否合理无关，排除。

D 选项：计划可行，市政府有足够的财力完成上述改造只能证明计划的可行性，无法证明计划的合理性，排除。

故正确答案为 E 选项。

11. E 【题号】20050134 【难度】S5 【考点】十大论证模型
　　　【命题方向】⑫论证推理　削弱、质疑、反驳（方法目的）

方法：教人们进行每周一次的口腔自检。目的：帮助经常不刷牙的人早期发现口腔癌。

E 选项：达不到目的，说明经常不刷牙的人根本不大可能每周做口腔自检，所以小册子的效果也就无法达到了，可以质疑，正确。

A 选项：力度较弱，"有些口腔疾病"是否包括题干中的口腔癌呢？未知，排除。

B 选项：关键动词不一致，题干中小册子的作用是"发现"口腔癌，而不是"预防"，与题干信息不一致，排除。

C 选项：对象不一致，经常刷牙的人并不是题干中探讨的对象，排除。

D 选项：无效比较，无论自检与医院专门检查的可靠性哪个比较高，只要自检能帮助人们早期发现口腔癌，那么题干的论证就成立，排除。

故正确答案为 E 选项。

12. E 【题号】20051032 【难度】S5 【考点】十大论证模型
　　　【命题方向】⑫论证推理　削弱、质疑、反驳（方法目的）

方法：为飞机乘客提供防毒面罩。目的：防止瓦斯吸入，以免造成死亡。

E 选项：方法有恶果。飞机随时有可能爆炸，乘客必须尽快撤离，如果提供防毒面罩，那么戴防毒面罩耽误了撤离时间，乘客将更加危险，可以质疑。

A 选项：表明防毒面罩可以起到阻止瓦斯吸入的作用，无法削弱，排除。

B 选项：题干论证并未涉及价格，排除。

C 选项：只要防毒面罩可以阻止瓦斯吸入，题干建议就可以成立，无法削弱。

D 选项：态度错误，支持了安全专家的建议，排除。

故正确答案为 E 选项。

13. D 【题号】20110153 【难度】S5 【考点】十大论证模型
　　　【命题方向】⑫论证推理　削弱、质疑、反驳（方法目的）

方法：采取不同时间段上下班制度。目的：缓解人们上下班的交通压力。

D 选项：达不到目的，表明交通拥堵不只是在早晚高峰期出现，其他时间段也有，所以即使采取了该措施仍然无法达到目的，正确。

A、B、C 三项：虽然该措施会给员工带来麻烦，但只要能缓解交通压力即可，排除。

E 选项：与题干中的提议无关，排除。

故正确答案为 D 选项。

14. E 【题号】20120126 【难度】S4 【考点】十大论证模型

【命题方向】⑫论证推理 削弱、质疑、反驳（方法目的）

方法：用火箭弹等方式将二氧化碳冲入大气层。目的：给地球表面降温。

题目要求对提议的有效性构成质疑，即指出该措施无法达到给地球表面降温的目的。

E 选项：达不到目的，表明科学家提出的降温方法所达到的效果只是暂时的，日后温度还会回升，长期来看该提议无法达到目的，质疑了该方法的有效性，正确。

A、D 两项：指出该措施可能会导致一些不好的结果，但这与是否能降温无关，不能质疑科学家提议的有效性，排除。

B 选项：指出有其他方式可以使地球表面降温，即使有其他途径，也不能否认题干方法的有效性，排除。

C 选项：与题干中提议的有效性无关，排除。

故正确答案为 E 选项。

15. E 【题号】20060154 【难度】S5

【考点】十大论证模型 【命题方向】⑭论证推理 假设、前提（方法目的）

方法：在用于工程设计的计算机程序中匹配模拟的便条纸。

目的：让使用者在上面涂鸦，产生有价值的设计。

E 选项：必须假设，方法可行，该灵感不一定通过在纸上的操作获得，这样计算机程序中的模拟便条纸才可行。如果 E 选项不成立，那么即使在计算机程序中匹配了模拟便条纸，工程师也不能获得灵感，题干的论证便不成立了。

A 选项：假设过强，不需要假设"只可能"产生工程设计的灵感，只要能产生相关的灵感，题干论证就可以成立，排除。

B 选项：假设过强，模拟便条纸也可以用于别的方面，只要能够记录一些想法，题干论证就可以成立，排除。

C 选项：假设过强，可以有一些工程师自己备有纸笔，只要大多数工程师不会备纸笔，那么题干中的模拟便条纸就有使用空间，排除。

D 选项：假设过强，不需要假设"大多数"记下来的想法都有应用价值，只要这些想法里面存在有应用价值的就可以，排除。

故正确答案为 E 选项。

16. D 【题号】20070155 【难度】S5

【考点】十大论证模型 【命题方向】⑭论证推理 假设、前提（方法目的）

论据：灵活工作日制度能使企业员工保持良好的情绪和饱满的精神。

结论：为了提高运作效率，H公司应当实行灵活工作日制度。

题干逻辑关系为：灵活工作日制度（措施）→使员工保持良好情绪和饱满精神（效果）→提高运作效率（目的）。为了保证上述论证成立，需要假设每一环节的推断都是成立的。

复选项Ⅰ：不需假设，因为无论是否是业务骨干，只要在制度实行之后确实可以使员工情绪良好和精神饱满，题干论证就能成立。

复选项Ⅱ：必须假设，可以保证从"效果"到"目的"这一论证过程成立。

复选项Ⅲ：必须假设，要实行灵活工作日制度，就要假设其不实行周末休息制度，二者不能同时实行。

故正确答案为D选项。

17. A 【题号】20101041 【难度】S5

【考点】十大论证模型 【命题方向】⑭论证推理 假设、前提（方法目的）

方法：马家村也采用轮作和每年两次施用粪肥的方法。

目的：马家村会获得很好的效果。

A选项：方法可行，要想使题干论证成立，就需要有相应的条件，要每年两次施用粪肥，就必须保证有足够的粪肥，否则上述方法就难以奏效了。

B、D、E三项：无关选项，排除。

C选项：假设过强，不需要"经常"调查，排除。

故正确答案为A选项。

18. C 【题号】(396) 201204 【难度】S5

【考点】十大论证模型 【命题方向】⑭论证推理 假设、前提（方法目的）

方法：只买合法象牙。目的：不会危害野象群。

C选项：方法可行，说明批发商在批发市场上购买象牙时是能够区分合法象牙与非法象牙的，进而才能够做到"只买合法象牙"，这是推理成立的前提条件。

A、B两项：无须假设，合法象牙与非法象牙的批发源与题干论证无关，是否危害野象群主要看合法象牙可不可以满足需求。

D、E两项：与题干信息无关。

故正确答案为C选项。

19. A 【题号】19970131 【难度】S5 【考点】十大论证模型

【命题方向】⑫论证推理 削弱、质疑、反驳（问题对策）

问题：铁路运力紧张。对策：应该改造既有铁路线路，提高列车运行速度。

A选项：表明可以通过兴建新铁路来缓解运力紧张的问题，不需要改造既有铁路线路，可以削弱。

B、C 两项：支持了题干的论证，表明确实应该改造既有铁路线路。

D 选项：虽然铁路客运量会下降，但是客运量会下降多少？客运量占铁路总运输量的比例是多少？对铁路总体运力会有多大的影响呢？未知，削弱力度较弱。

E 选项：支持了题干的论证，表明确实应该提高列车的运行速度。

故正确答案为 A 选项。

20. A 【题号】20010157 【难度】S5 【考点】十大论证模型
【命题方向】⑫论证推理 削弱、质疑、反驳（问题对策）

论据：菠菜中的浆草酸会阻止人体对钙的吸收（问题）。

结论：要想摄入足够的钙，必须用其他含钙丰富的食物来取代菠菜，至少和菠菜一起食用（对策）。

结论中出现了"必须"这一绝对化的说法，所以只要能找出一个反例就可以削弱。

A 选项：反例削弱，大米不含钙，但是其含有的碱性物质能够中和浆草酸，从而保证人体对钙的吸收，所以要想摄入足够的钙，并不是"必须"要吃其他含钙丰富的食物，可以削弱。

B 选项：与题干论证一致，可以起到支持作用。

C 选项：虽然受到破坏的浆草酸略多于钙，但是烹饪之后菠菜中剩下的浆草酸和钙哪个多呢？是否能保证人体对钙的吸收呢？未知，无法削弱。

D、E 两项：与题干论证无关，排除。

故正确答案为 A 选项。

21. B 【题号】20051028 【难度】S5 【考点】十大论证模型
【命题方向】⑫论证推理 削弱、质疑、反驳（问题对策）

论据：人体内自由基过量会加速人的衰老，抗氧化剂可以中和自由基。

结论：为了延缓衰老，人们必须在每天饮食中添加这些抗氧化剂。

注意结论中有"必须"一词，非常绝对，所以可以采取反例削弱的思路，只要能举出不需要在饮食中添加抗氧化剂，但是也能延缓衰老的方法即可。

B 选项：提出每天参加运动也可以中和自由基，所以除了添加抗氧化剂之外，还有其他方法延缓衰老，正确。

A 选项：态度错误，表明体内自由基确实是造成人衰老的原因之一，反而对题干有一定的支持作用，排除。

C 选项：抗氧化剂的价格与题干论证无关，排除。

D、E 两项：无关选项，排除。

故正确答案为 B 选项。

22. B 【题号】19970127 【难度】S5 【考点】十大论证模型

【命题方向】⑫论证推理　削弱、质疑、反驳（抽样调查）

论据：大学生中喜欢京剧艺术的少。

结论：大学生普遍缺乏中国传统文化的学习和积累。

题干论证用京剧艺术代表了中国传统文化，有以偏概全的嫌疑，B 选项指出了这一点。

E 选项：题干论据和结论都是以大学生作为主体，所以不存在调查比例太小而不具有代表性的问题。

故正确答案为 B 选项。

23. C　【题号】19970130　【难度】S5　【考点】十大论证模型

　　【命题方向】⑫论证推理　削弱、质疑、反驳（抽样调查）

论据：最近三年中学生吸烟人数在逐年下降。结论：吸烟的青少年人数在逐年减少。

题干论证用"中学生"这个样本推出了"青少年"这个整体的情况，削弱思路为指出以偏概全，中学生只是青少年中很小的一部分，表明样本不具有代表性。

故正确答案为 C 选项。

24. D　【题号】19991047　【难度】S4　【考点】十大论证模型

　　【命题方向】⑫论证推理　削弱、质疑、反驳（抽样调查）

论据：《管理者》杂志读者管理知识水平高。

结论：社会群众对管理基本知识掌握得还不错。

D 选项：说明调查者不具有代表性，存在以偏概全的漏洞，因为该杂志读者的普遍素质偏高，所以不能得出社会群众对相关知识掌握得不错的结论。

故正确答案为 D 选项。

25. C　【题号】20000176　【难度】S4　【考点】十大论证模型

　　【命题方向】⑫论证推理　削弱、质疑、反驳（抽样调查）

论据：一批企业的总经理平均年龄比 20 年前同档企业总经理平均年龄增大。

结论：目前企业中总经理的年龄呈老化趋势。

C 选项：以偏概全，说明样本不具有代表性，并未包含成立时间少于 20 年的企业。

故正确答案为 C 选项。

26. B　【题号】20070135　【难度】S5　【考点】十大论证模型

　　【命题方向】⑫论证推理　削弱、质疑、反驳（抽样调查）

论据：上班第一天看到公司职工表现得自由散漫。

结论：吉安公司的员工都缺乏工作积极性和责任心。

B 选项：以偏概全，该公司的员工遍布十多个城市，而莫大伟去的只是其中的一个城市，所以看到的只是很小一部分的情况，很可能无法代表整个公司所有员工的状态，可以削弱。

　　A、D两项：领导与题干的论证无关，排除。

　　C选项：其从看到的情况推出结论，与是否适应校门外的生活无关，排除。

　　E选项：无法削弱，节假日后的第一个工作日与自由散漫的工作表现无必然联系，排除。

　　故正确答案为B选项。

27. B　【题号】20080139　【难度】S4　【考点】十大论证模型

　　　【命题方向】⑫论证推理　削弱、质疑、反驳（抽样调查）

　　论据：牛肉干添加剂不会导致动脉硬化。**结论**：食用牛肉干对健康没有影响。

　　B选项：以偏概全，论据是"不会导致动脉硬化"，而结论却扩大了范围。健康包括很多方面，如皮肤健康、骨骼健康、消化系统健康等，可以削弱。

　　A选项：无法削弱，题干中论证的对象是"偶尔食用一定量的牛肉干的人"，而不是"食用大量牛肉干的人"，论证的对象发生了变化。

　　C、E两项：与题干论证无关，排除。

　　D选项：与题干中的论证对象不一致，题干论证的是"偶尔食用牛肉干的人"，而不是"喜欢吃牛肉干的人"，排除。

　　故正确答案为B选项。

28. A　【题号】20100127　【难度】S4　【考点】十大论证模型

　　　【命题方向】⑫论证推理　削弱、质疑、反驳（抽样调查）

　　论据：请30位文化人士识读20个词语，结果显示，整体误读率接近80%。

　　结论：当前人们的识字水平有所下降。

　　样本1：30位文化人士。总体1：当前人们。样本2：20个词语。总体2：识字水平。

　　A选项：题干论证方式是基于抽样调查的统计推理。A选项如果为真，说明这一抽样调查的样本选取不当，有以偏概全的嫌疑，是最强的质疑，正确。

　　B选项：无法质疑，不需要选取的识读者中有博士学位，只要其能代表当前人们的识字水平即可。

　　C选项：无法质疑，20个词语在网络流行语言中不常用并不代表这些词语不具有代表性。

　　D选项：无法质疑，只有这一个词较难还是20个词都较难呢？这些词语是否具有代表性呢？未知。

　　E选项：无法质疑，成绩不佳如何判断？当前人们成绩不佳的又占多大比例呢？这30位识读者是否无法代表人们的整体情况呢？都未知。

　　故正确答案为A选项。

29. B 【题号】20050145 【难度】S5 【考点】十大论证模型

　　　　【命题方向】⑭论证推理　假设、前提（抽样调查）

论据：规模香蕉种植园可以安全地使用杀菌剂来控制香蕉叶斑病。

结论：全世界大部分的香蕉产量不会受到香蕉叶斑病的影响。

样本：规模香蕉种植园。总体：全世界的香蕉产量。

题干论证由规模香蕉种植园的香蕉产量不会受到香蕉叶斑病的影响，得出全世界大部分的香蕉产量不会受到香蕉叶斑病的影响的结论，需要保证规模香蕉种植园的香蕉产量占全世界香蕉产量的绝大部分；否则即使规模香蕉种植园的香蕉产量不受影响，全世界的香蕉产量也依然会受到香蕉叶斑病的影响。B选项与此处分析一致，表明样本具有代表性，正确。

A、D、E三项：与题干论证无关，排除。

C选项：香蕉叶斑病的传播速度与题干论证无关，排除。

故正确答案为B选项。

30. B 【题号】20070140 【难度】S4 【考点】十大论证模型

　　　　【命题方向】⑫论证推理　削弱、质疑、反驳（抽样调查）

论据：饮用常规量的咖啡对人的心脏无害。

结论：只要不过量饮用咖啡，咖啡的饮用者完全可以放心地享用。

B选项：以偏概全，身体健康包括很多方面，对心脏无害并不等于对身体无害，正确。

A选项：无关选项，就算常规饮用量因人而异，题干的论证依然可能成立，排除。

C选项：无法表明题干的漏洞，如果是因为吃这些对心脏有害的食物而导致对健康有影响，而不是咖啡导致的，那么反而对题干起到了一定的支持作用，排除。

D选项：茶与题干论证无关，排除。

E选项："从不喝咖啡"与题干论证无关，排除。

故正确答案为B选项。

31. B 【题号】20101051 【难度】S4 【考点】十大论证模型

　　　　【命题方向】⑫论证推理　削弱、质疑、反驳（抽样调查）

样本：《花与美》杂志的读者群。总体：A市大部分市民。

B选项：以偏概全，说明样本不具有代表性，无法推出大部分市民的意见，正确。

A选项：题干信息表明60%以上的读者选择荷花，这与A选项的信息并不矛盾，无法削弱。

C选项："有些"数量未知，无法确定对调查结果是否有影响，排除。

D选项：无关选项，排除。

E选项：荷花在调查问卷中的位置对调查结果是否有影响呢？未知，无法削弱。

故正确答案为 B 选项。

32. E　【题号】19991032　【难度】S5　【考点】十大论证模型

　　【命题方向】⑫论证推理　削弱、质疑、反驳（类比推理）

论据：夏天反季销售效果好。结论：冬天反季销售效果好。

E 选项：指出了两者不具有可比性，即消费者买冬衣重实惠，所以夏天反季节销售冬衣没有问题；然而，消费者买夏衣重流行，那么冬天反季节销售夏天的服装，就得不到相同的效果了，因此削弱推理。

故正确答案为 E 选项。

33. C　【题号】20011026　【难度】S4

　　【考点】十大论证模型　【命题方向】⑭论证推理　假设、前提（类比推理）

论据：安定药物对抑制测谎器所产生的心理压力有效。

结论：安定药物对减少日常生活的心理压力也有效。

C 选项：表明人们在这两种情况下所产生的心理压力类似，可以类比，正确。

A 选项："任何类型"假设过强，排除。

B、D、E 三项：无关选项，排除。

故正确答案为 C 选项。

34. C　【题号】20011060、20031050　【难度】S5　【考点】十大论证模型

　　【命题方向】⑫论证推理　削弱、质疑、反驳（类比推理）

论据："为了防止嫖娼就禁止避孕套自动销售机的使用"是不可接受的。

结论：同样"为了不给未成年人吸烟以可乘之机就明令禁止自动售烟机的使用"也是不可接受的。

本题采用了"类比+归谬"方法进行论证，论证成立的关键在于"两者是否具有可比性"。如果没有可比性，那么削弱论证。C 选项指出了二者的差异，即人工售烟营业点明令禁止向未成年人售烟，因此自动售烟机几乎是他们获得香烟的唯一渠道，而避孕套自动销售机并不是人们获得避孕套的唯一渠道，两者不具有可比性，题干的论证被削弱。

故正确答案为 C 选项。

35. E　【题号】20041033　【难度】S5　【考点】十大论证模型

　　【命题方向】⑫论证推理　削弱、质疑、反驳（类比推理）

论据：新建的防护林与新油井都不能产生立竿见影的效果；不能反对实施防护林计划。

结论：不能反对建设新油井的计划。

E 选项：张教授的论证表明建设新油井有生态破坏的风险，E 选项指出建防护林不会产生类似的风险，说明李研究员的类比不成立，可以削弱。

A、B两项：只与防护林和沙尘暴有关，与论证过程无关，排除。

C、D两项：虽然提出防护林与海上油井的差异，但该差异在题干中并未提及，无法削弱。

故正确答案为E选项。

36. E 【题号】20061050 【难度】S5

【考点】十大论证模型 【命题方向】⑭论证推理 假设、前提（类比推理）

论据：大鼠食入菌类、海带、韭菜和绿豆的混合食物可以降低体内自由基。

结论：人类食入菌类、海带、韭菜和绿豆等食物同样可以降低体内自由基。

E选项：题干由大鼠类推到人类，所以要想使题干论证成立，就必须假设不存在类比不当的情况。

故正确答案为E选项。

37. B 【题号】20090126 【难度】S4 【考点】十大论证模型

【命题方向】⑫论证推理 削弱、质疑、反驳（类比推理）

论据：硬币与扑克相似，均可以作为赌具；不能禁止学生带硬币进入学校。

结论：不能禁止学生带扑克进入学校。

题干的论证方式是"类比+归谬"，指出扑克与硬币具有相似的性质，由"禁止带硬币进入学校不可思议"推出结论"禁止带扑克进入学校是荒谬的"，所以只需找到硬币和扑克不相似之处，表明二者不可进行类比即可进行削弱。

B选项：类比不当，指出硬币与扑克的不同之处，不能进行类比，削弱论证。

A、D两项：与题干论证无关，排除。C选项：题干探讨是否应该禁止，而不是实践中是否能禁止，无关选项，排除。E选项："有的"数量范围未知，如果只是很少一部分学生玩扑克不涉及赌博，而大多数是涉及赌博的，那么题干论证依然成立。

故正确答案为B选项。

38. B 【题号】20030157 【难度】S4

【考点】十大论证模型 【命题方向】⑭论证推理 假设、前提（类比推理）

论据：观察处于不同生长阶段的许多棵树，植物学家就能拼凑出一棵树的生长过程。

结论：目前天文学对有100亿年以上历史的星团的发展过程的研究也可以这样做。

B选项：需要假设，将对树的研究方法类推到对星团的研究上，那么就需要具有同样的研究条件，能够观察处于不同生长阶段的树是研究树的条件，那么研究星团也需要满足这一条件，所以这是必须要有的假设，正确。

A选项：假设过强，范围太大，该原则不需要"都适用于其他领域"，只需要能适用于星团的研究即可。C、D、E三项：与题干论证无关，排除。

故正确答案为B选项。

39. A 【题号】19980118 【难度】S5 【考点】十大论证模型

　　　【命题方向】⑫论证推理　削弱、质疑、反驳（间接因果）

　　题干信息：父亲认为学习负担不是冬冬体重下降的原因，营养不良（因）才是体重下降（果）的原因。

　　　A选项：说明是负担过重导致消化紊乱，消化紊乱又导致营养不良，所以负担过重间接导致营养不良，支持了母亲的观点，同时削弱了父亲的观点。

　　　故正确答案为A选项。

40. C 【题号】19980135、20001048　【难度】S5 【考点】十大论证模型

　　　【命题方向】⑫论证推理　削弱、质疑、反驳（间接因果）

　　论据：蟹有适应污染水质的生存能力。结论：捕蟹业和蟹类加工业不会受到严重影响。

　　　C选项：说明"食物短缺"会间接导致蟹的产量受到影响，可以削弱。

　　　A选项：题干的论证主要针对蟹类，与鱼类无关。B选项：注意题干结论中"不会像渔业同行那样受到严重影响"是指"鱼类的死亡"，与竞争是否激烈无关，排除。D选项：无关选项，因为蟹能适应污染水质是一个事实，即使我们不明白其适应的生理机制也无法否认或削弱这个事实。E选项：无关选项，排除。

　　　故正确答案为C选项。

41. A 【题号】20001035 【难度】S5 【考点】十大论证模型

　　　【命题方向】⑫论证推理　削弱、质疑、反驳（间接因果）

　　论据：视力下降是由于姿势不正确。结论：不是作业负担使视力下降。

　　　A选项：学生作业负担重导致疲劳，疲劳导致书写姿势不正确，进而导致视力下降，所以作业负担确实是视力下降的原因，可以削弱。

　　　B、E两项："其他学校""该校学生上学年的作业负担"与题干论证无关，排除。

　　　故正确答案为A选项。

42. C 【题号】20010132 【难度】S4 【考点】十大论证模型

　　　【命题方向】⑫论证推理　削弱、质疑、反驳（间接因果）

　　论据：森林面积没有因为周边居民人口的增多而减少。

　　结论：百灵鸟数量的减少（果）与居民人口增多（因）无关。

　　　C选项：说明是由于周围居民丢弃的垃圾引来了乌鸦，导致百灵鸟的卵减少，故最终的原因还是周围的居民。

　　　B选项：只提到森林中树木的数量锐减，没有说明这对百灵鸟产生什么影响，并且"木材集团"与"居民"关联度弱，无法削弱。

　　　故正确答案为C选项。

43. D 【题号】20061044 【难度】S4 【考点】十大论证模型

【命题方向】⑱论证推理 论证方式、漏洞识别（间接因果）

论据：精制糖含量高的食物会导致人的肥胖；肥胖是引起糖尿病的一个重要诱因。

结论：精制糖含量高的食物不会引起糖尿病的说法是不对的。

题干论证认为：精制糖导致肥胖，进而导致了糖尿病；精制糖与糖尿病之间是间接因果的关系。

D选项：劣质汽油引起发动机阀门的非正常老化，进而引起非正常油耗，所以劣质汽油与发动机的非正常油耗之间也是间接因果的关系，与题干的论证方式类似。

故正确答案为D选项。

44. E 【题号】20080156 【难度】S5 【考点】十大论证模型

【命题方向】⑫论证推理 削弱、质疑、反驳（间接因果）

论据：海豹很少以鳕鱼为食。结论：鳕鱼的减少（果）并不是海豹（因）导致的。

E选项：鳕鱼和海豹都以毛鳞鱼为主要食物，海豹增多导致毛鳞鱼减少，从而间接地导致了鳕鱼的减少，说明鳕鱼的减少与海豹有关，削弱论证，正确。

A选项：说明是其他原因导致了鳕鱼的减少，支持了题干的论证，排除。

B选项：海豹与鳕鱼的总量与题干论证无关，排除。

C选项：说明鳕鱼减少与海豹无关，对题干论证起支持作用，排除。

D选项：与题干论证无关，排除。

故正确答案为E选项。

45. C 【题号】19970110 【难度】S4

【考点】十大论证模型 【命题方向】⑬论证推理 支持、加强（对照实验）

因：绿色植物性饲料。果：鸡蛋黄的黄色。

要验证这个结论，最直接的方法是：设计对照实验，使"绿色植物性饲料"成为唯一的变量，观察结果是否相同。

C选项：选品种等级完全相同的蛋鸡，一半喂植物性饲料，一半喂非植物性饲料，而后对照两种鸡蛋黄的颜色是否有所不同。如果颜色不同，则题干结论成立；如果颜色相同，则题干结论不成立。

A选项：未说明实验过程，排除。

B选项：未表明不同饲料成分对鸡蛋黄的黄色是否有影响，排除。

D选项：采用"因变果变"的"共变法"进行实验，可能需要较长的等待时间，同时需要保存之前的鸡蛋以便留作比较，还要考虑在前后变化期间，其他因素是否可能会出现变化。因此，在有条件做左右对照实验的情况，则一般不做前后对照实验，故此题中有C选项，就可以不选D选项，并不是因为D选项错误，而是实验的实现所受的干扰因素较多。

E 选项：无法体现植物性饲料对结果的影响，排除。

故正确答案为 C 选项。

46. E 【题号】19980117 【难度】S5 【考点】十大论证模型

【命题方向】⑫论证推理 削弱、质疑、反驳（对照实验）

题干信息：多看暴力内容的影视（因）容易导致青少年举止粗鲁（果）。

E 选项：指出了因果倒置的可能性，不是看暴力内容的影视导致举止粗鲁，而是举止粗鲁导致了爱看暴力内容的影视，对题干的推理具有削弱作用。

A、B、D 三项：个例或者特殊个体往往不具有说服力，没有质疑效果。

故正确答案为 E 选项。

47. B 【题号】19981062 【难度】S5

【考点】十大论证模型 【命题方向】⑭论证推理 假设、前提（对照实验）

论据：正版光盘销售不佳，盗版光盘销售火爆。结论：价格低导致盗版火爆。

为了使对照实验有效，必须得加一个前提条件，即正版和盗版在其他影响销量方面的因素上基本没有差异，否则左右对照实验无效。

故正确答案为 B 选项。

48. A 【题号】19990136 【难度】S5

【考点】十大论证模型 【命题方向】⑬论证推理 支持、加强（对照实验）

题干信息：国际业务多同时利润高，因此，国际业务多（因）导致利润高（果）。

A 选项：采取了对照实验的方法，同时附带了前提条件"公司规模相当"，说明两者之间具有可比性，因此对照实验有效。如果没有这个前提条件，则 A 选项错误。

故正确答案为 A 选项。

49. C 【题号】20000148 【难度】S4 【考点】十大论证模型

【命题方向】⑫论证推理 削弱、质疑、反驳（对照实验）

论据：实验组表现出更少的社交忧惧。

结论：实际进行约会，能够提高社会交际的水平。

C 选项：他因削弱，说明有其他原因导致对照组填写的调查表比较悲观，不能代表交际的效果。

故正确选项为 C 选项。

50. B 【题号】20011029 【难度】S5 【考点】十大论证模型

【命题方向】⑫论证推理 削弱、质疑、反驳（对照实验）

论据：不限进食量患血癌的多，限食量患血癌的少。结论：限制进食量可控制血癌发生。

B 选项：他因削弱，说明血癌发生的结果是由其他的因素（食物致癌）导致的，而不是题干给出的原因。

C 选项：有一定迷惑性，但是"体质弱"与"血癌发生"是否存在因果关系未知，因为很有可能体质强的也会患血癌，而体质弱的并不患血癌，力度较弱。

故正确答案为 B 选项。

51. D 【题号】20021033 【难度】S5

【考点】十大论证模型 【命题方向】⑬论证推理 支持、加强（对照实验）

论据：实验组戒烟体重增加，对照组不戒烟体重不变。结论：戒烟会增加体重。

该论证成立必须有一个前提，即两组实验对象之间其他关键的影响因素基本没有变化，故 D 选项正确。

C 选项：易错项，"基本相同"意味着无论两组成员之前生存条件如何，在参加实验时生存条件必须要保持一致。例如，无论实验之前每餐吃 1 个包子还是 100 个包子，在参加实验时都统一吃 50 个包子，其实对于参试者来说，生存条件发生了变化，会影响体重，从而导致实验结果不可靠，排除。

故正确答案为 D 选项。

52. C 【题号】20041043 【难度】S5

【考点】十大论证模型 【命题方向】⑬论证推理 支持、加强（对照实验）

论据：近 50 年从未发现过因采煤而污染水源的报告。结论：采煤没有破坏湿地生态。

C 选项：前后对照，以开采过的湿地为对象，"采煤之前和采煤之后"湿地生态环境没有实质性的不同，则说明"采煤"并没有破坏湿地环境，C 选项正确。

B 选项：容易误选，其错误原因在于用未开采的湿地和已开采的湿地进行了左右对照，若要使左右对照实验有效，必须有一个前提条件，那就是两者在其他关键方面基本相同，否则实验无效，而 B 选项没有加这一前提，不正确。

故正确答案为 C 选项。

53. D 【题号】20051048 【难度】S5

【考点】十大论证模型 【命题方向】⑭论证推理 假设、前提（对照实验）

论据：H 国与 K 国进行左右对照。结论：过于集中的经济模式导致 H 国收成糟糕。

对照实验必需的假设就是两组实验对象之间其他重要方面的情况基本相同，不同点只有一处，同时结果不相同。所以为了使上述的推理成立，必须包含一个假设：两国除了集中的经济模式不同之外，其他方面没有显著的不同，复选项Ⅰ就起到该作用，复选项Ⅱ指出两国确实存在差别，都是使推理成立的必要假设。气候可以是影响粮食产量的重要因素，只要两个国家的气候一样即可，所以复选项Ⅲ不是必需的假设。

故正确答案为 D 选项。

54. A　【题号】20051049　【难度】S5　【考点】十大论证模型

　　【命题方向】⑫论证推理　削弱、质疑、反驳（对照实验）

论据：H 国与 K 国进行左右对照。**结论**：过于集中的经济模式导致 H 国收成糟糕。

A 选项：他因削弱，表明 H 国与 K 国在影响粮食收成的因素上存在差异，二者的主要谷物品种不同，所以产量上可能产生不同的结果。

B、C 两项："一些"数量未知，无法判断对收成是否会产生影响，排除。D 选项："J 国"与题干论证无关，排除。E 选项："分配"与题干论证无关，排除。

故正确答案为 A 选项。

55. A　【题号】20080154　【难度】S5　【考点】十大论证模型

　　【命题方向】⑫论证推理　削弱、质疑、反驳（对照实验）

第一组：服用 W 素。**第二组**：服用不含有 W 素的安慰剂。

果：10 年后，两组都有 44 人死亡。**结论**：这种实验药物无效。

由于统计结果是 10 年后观测得出的，所以很可能是因为时间过长，导致无法显示出 W 素的作用，若要判断 W 素是否有用，应比较病人参加实验后的平均存活时长。如果第一组病人吃 W 素后存活的时间比只吃安慰剂的第二组病人存活的时间长，则可说明 W 素是有效的。

A 选项：与上述分析一致，第二组平均死亡年份比第一组早，即第一组存活时间较长，所以 W 素这种实验药物是有效的，可以削弱。

B 选项：因为两组病人的年龄未知，所以平均寿命无法说明任何问题，排除。C、D、E 三项：由于两组中活着的都只有 1 个人，所以很可能没有代表性，无法说明任何问题，排除。

故正确答案为 A 选项。

56. E　【题号】20081034　【难度】S5　【考点】十大论证模型

　　【命题方向】⑫论证推理　削弱、质疑、反驳（对照实验）

题干所描述的情境可以构成对照实验的模型：

东面：过磷酸钙单质肥料　　亩产 300 公斤

西面：　　—　　　　　　　亩产 150 公斤

结论：过磷酸钙单质肥料（因）导致产量高（果）。

E 选项：他因削弱，表明两块地除了肥料之外，还有其他差异——土质不同，所以有可能是土质影响了玉米的产量，可以削弱。

A 选项："过期的肥料"是否有效呢？未知，所以无法判断肥料与产量是否存在因果关系，无法削弱。

B 选项:"过硫酸钾单质化肥"与题干论证无关,排除。

C 选项:注意是"每块地",所以东面和西面两块地在种植种类上仍然没有差异,无法削弱。

D 选项:表明两块地在"田间管理"方面没有差异,可以加强题干的论证,排除。
故正确答案为 E 选项。

57. B 【题号】20130134 【难度】S5

【考点】十大论证模型 【命题方向】⑬论证推理 支持、加强(对照实验)

要支持题干中鸟类用右眼"查看"磁场,那么应该出现的实验结果是:遮住右眼的鸟无法找到方向,未遮住右眼的鸟能找到方向。

B 选项:符合,右眼戴眼罩即遮住右眼,没戴眼罩和左眼戴眼罩即未遮住右眼。
故正确答案为 B 选项。

58. E 【题号】20130139 【难度】S5

【考点】十大论证模型 【命题方向】⑮论证推理 解释(整体部分)

女权主义代表:总人数中女性录用比例低于男性。

大学:哲学学院和管理学院都是女性录用比例高于男性。

两个学院(部分)的录用比例都是女性比男性高,而总人数中(整体)的录用比例却是女性比男性低。大学认为局部具有的性质整体也具有,解释两者分歧就是指出各个局部所具有的性质整体未必具有。A 选项和 E 选项的区别在于,E 选项强调"性质",与题干信息匹配。
故正确答案为 E 选项。

59. D 【题号】20001057 【难度】S5 【考点】十大论证模型

【命题方向】⑫论证推理 削弱、质疑、反驳(平均数陷阱)

论据:自 1945 年以来,平均每天有 12 场战斗。结论:人类和平共处不可实现。

虽然平均值是每天 12 场战斗,但并不代表战斗次数一直都是这个频率,如果随着时间的推移,战斗次数呈现减少的趋势,那么人类的和平共处就可以实现。

D 选项:表明从 60 年代到 80 年代,战争次数减少,符合上述分析,可以削弱。
故正确答案为 D 选项。

60. A 【题号】20110133 【难度】S5 【考点】十大论证模型

【命题方向】⑫论证推理 削弱、质疑、反驳(平均数陷阱)

论据:甲国离婚率明显上升,平均婚姻存续时间仅为 8 年。

结论:长久的婚姻已经很难得,人们淳朴的爱情婚姻观一去不复返了。

A 选项:正是因为闪婚一族闪婚闪离,婚姻存续时间短,使平均婚姻存续时间看起来很短，但该平均数并不能代表大多数人的情况，事实上存续时间长的婚姻还是有很多的，表明张先生的理解并不确切。

B选项：无法削弱，婚姻质量与题干论证无关。C选项：无法削弱，无论是父母包办还是自由恋爱，对婚姻存续时间的影响未知。D、E两项：无法削弱，"恋爱"与题干论证无关。

故正确答案为A选项。

61. E 【题号】20010131 【难度】S5 【考点】十大论证模型
【命题方向】⑱论证推理 论证方式、漏洞识别（平均数陷阱）

论据：日本肺癌病人的平均生存年限比亚洲其他国家长。

结论：日本在延长肺癌病人生命方面的医疗水平要高于亚洲的其他国家。

"平均生存年限只有4年"并不代表每个国家都是4年，可能有的是20年，有的是20天。所以9年虽然大于4年，但无法推出日本的医疗水平高于亚洲其他国家。

故正确答案为E选项。

62. D 【题号】19980122 【难度】S5 【考点】十大论证模型
【命题方向】⑫论证推理 削弱、质疑、反驳（左右撇子）

题干信息：80%的胃溃疡患者都有夜间工作的习惯。因此，夜间工作容易诱发胃溃疡。

有夜间工作习惯的人占全部患者的80%，并不能说明有夜间工作习惯更容易患病。我们需要知道的关键信息是"有夜间工作习惯者占全部教员的比例"。如果也是80%左右，那么"胃溃疡患者中有夜间工作习惯者占80%"属于正常比例，并不偏高。

故正确答案为D选项。

63. B 【题号】19991036 【难度】S5 【考点】十大论证模型
【命题方向】⑫论证推理 削弱、质疑、反驳（左右撇子）

论据：大多数（68%）脑癌患者经常使用移动电话。

结论：使用移动电话会导致人患脑癌。

我们需要知道全部人口中使用移动电话的比例。如果也是68%左右，说明题干中的68%是正常比例，脑癌无关于移动电话。如果明显高于68%，说明使用移动电话反而不易使人患脑癌；如果明显低于68%，说明使用移动电话容易使人患脑癌。

B选项：全部人口中使用移动电话的比例超过65%，说明题干中的68%并不明显偏高，风险不大，可以削弱推理。

故正确答案为B选项。

64. C 【题号】20001036 【难度】S5 【考点】十大论证模型
【命题方向】⑫论证推理 削弱、质疑、反驳（左右撇子）

论据：在获奖的人员中，男女比例为 8∶1。结论：电影界对女性不公正。

此论证中给出了获奖人员中的男女比例，但从事电影幕后工作的所有人员中男女比例是多少呢？未知。如果在所有人员中男性本来就比女性多，那么获奖的多也是正常情况，无法说明对女性不公正，我们可以用模型进行分析：

获奖者　女性1　男性8
所有人　女性1　男性8　　结论：对女性公正
所有人　女性<1　男性>8　结论：对女性公正
所有人　女性>1　男性<8　结论：对女性不公正

从上述分析可知，如果在所有人中男女比例大于 8∶1，说明女性从业者本来就比男性少得多，那么获奖的少就非常正常。C 选项表明男女比例大于 10∶1，就运用了这个思路。

故正确答案为 C 选项。

65. D　【题号】20021014　【难度】S6　【考点】十大论证模型
　　　　【命题方向】⑫论证推理　削弱、质疑、反驳（左右撇子）

论据：90%以上的被盗窃的住户没有安装报警装置。结论：报警装置有效。

复选项Ⅰ：可以削弱，如果"不易被发现"，小偷可能根本不知道安装了报警装置，当然也就无法起到"防止"入室盗窃的作用。

复选项Ⅱ：可以削弱，因为不到 10% 的住户家中安装了报警装置，而在被盗的住户家中安装报警装置的比例也是不到 10%，这说明安装的住户被盗的风险几乎等于正常比例，说明报警装置没有起到作用。

复选项Ⅲ：无关选项，案件的"破获"与题干论证无关，排除。

故正确答案为 D 选项。

66. A　【题号】20050140　【难度】S6　【考点】十大论证模型
　　　　【命题方向】⑫论证推理　削弱、质疑、反驳（左右撇子）

论据1：该校经常泡网吧的学生中家庭经济条件优越的占 80%。
结论1：家庭条件优越是学生泡网吧的重要原因。
论据2：该校经常泡网吧的学生中学习成绩下降的占 80%。
结论2：泡网吧是学习成绩下降的重要原因。

论证 1 中要想由论据得到"家庭条件优越是学生泡网吧的重要原因"这一结论，需要比较（1）$\dfrac{\text{家庭经济条件优越的学生}}{\text{全校学生}}$ 与（2）$\dfrac{\text{泡网吧的学生中家庭经济条件优越的学生}}{\text{泡网吧的学生}}$ 这两个比例，如果数值（1）≥数值（2），说明家庭条件优越的学生更不愿意泡网吧或者家庭条件与泡网吧之间没有相关性，只有数值（1）<数值（2），才能得出家庭条件优越使学生更愿意泡网吧这一结论。此题若要削弱题干，只要表明数值（1）≥数值（2）即可。

A 选项：$\dfrac{\text{家庭经济条件优越的学生}}{\text{全校学生}}$ = 90% > 80%，可以削弱，正确。

B 选项：与题干论证无关，排除。

C 选项："有的"数量范围未知，无法削弱，排除。

D 选项：学生泡网吧与家长是否赞同无关，排除。

E 选项：如果抽取的样本有代表性，题干论证依然成立，无法削弱，排除。

故正确答案为 A 选项。

67. B 【题号】20050141　【难度】S6

　　【考点】十大论证模型　【命题方向】⑬论证推理　支持、加强（左右撇子）

论证 2 中要想由论据得到"泡网吧是学习成绩下降的重要原因"这一结论，需要比较（1）$\dfrac{\text{成绩下降的学生}}{\text{全校学生}}$ 与 （2）$\dfrac{\text{泡网吧的学生中成绩下降的学生}}{\text{泡网吧的学生}}$ 这两个比例，如果数值（1）≥数值（2），说明泡网吧不是学习成绩下降的重要原因，只有数值（1）<数值（2），才能得出泡网吧是学习成绩下降的重要原因这一结论。此题若要加强题干的论证，只要表明数值（1）<数值（2）即可。

B 选项：半数以上的学生成绩有明显提高，即 $\dfrac{\text{成绩下降的学生}}{\text{全校学生}}$ <50%<80%，可以加强。

A、D、E 三项：与题干论证无关，无法加强，排除。

C 选项：即使学生如实填写问卷也无法证明题干的论证，无法加强，排除。

故正确答案为 B 选项。

68. D 【题号】20080151　【难度】S5　【考点】十大论证模型

　　【命题方向】⑫论证推理　削弱、质疑、反驳（左右撇子）

论据：汽车事故中，装有安全气囊汽车的比例>未装安全气囊汽车的比例。

结论：在汽车中安装安全气囊并不能使车主更安全。

题干的论据无法得出结论，有两个漏洞：

(1) 所有汽车中安装安全气囊的比例未知。

假如所有汽车中，安装安全气囊的比例为 99%，如果是否安装安全气囊对于车主安全没有影响的话，那么汽车事故中安装安全气囊的比例应为 99%。所以如果汽车事故中安装安全气囊汽车的比例为 60%，虽然装有安全气囊汽车的比例比未装的高，但是从上述数据可以看出，安装安全气囊仍然使车主更安全了。

E 选项：虽然装有安全气囊的汽车所占比例越来越大，但是该比例与汽车事故中装有安全气囊汽车的比例之间的大小关系未知，无法说明论证的漏洞。

(2) 偷换概念，将"发生事故的可能性"等同于"安全程度"。

安全既包括发生事故的概率高低，也包括发生事故时所造成伤害的严重程度。

即使将漏洞（1）补上，也只能得出"在汽车中安装安全气囊，并不能降低发生事故的概率"这一结论，而无法推出是否"更安全"。

D 选项：指出漏洞（2），正确。

故正确答案为 D 选项。

69. C　【题号】20100154　【难度】S5　【考点】十大论证模型

　　【命题方向】⑫论证推理　削弱、质疑、反驳（左右撇子）

论据：对某高校本科生的统计发现，被推荐免试攻读硕士研究生的文科专业生中，女生占70%。

结论：该校本科生文科专业的女生比男生优秀。

仅根据推荐免试攻读硕士研究生的文科专业生中女生所占比例较大无法推出女生更优秀的结论，因为有可能在该校中女生所占比例本来就较大。例如，该校共100人，其中91名女生，9名男生；被推荐免试攻读硕士研究生的学生中有21名女生，9名男生，女生人数占比为70%，但是所有的男生均被推免，而女生却只有一小部分被推免，显然无法得出女生比男生优秀的结论。所以要削弱题干的论证，只需要表明该校的本科文科专业学生中女生占比高于70%，或者男生占比小于30%即可。

故正确答案为 C 选项。

70. C　【题号】19990160　【难度】S6

　　【考点】十大论证模型　【命题方向】⑬论证推理　支持、加强（左右撇子）

题干信息：70%的肺癌患者有吸烟史，因此，吸烟会增加人们患肺癌的风险。

C 选项：不吸烟的人比例超过40%，说明吸烟的人的比例小于60%，总体中吸烟的比例低于肺癌患者中吸烟的比例，所以说明肺癌与吸烟有关，是对题干的支持。

B 选项：不能支持，因为 B 选项提到的是"成人"吸烟者比例达到50%，而题干中涉及的吸烟人群是否为成人呢？未知。

故正确答案为 C 选项。

71. 无正确答案【题号】20020123　【难度】S5

　　【考点】十大论证模型　【命题方向】⑯论证推理　结论（左右撇子）

复选项Ⅰ：无法推出，左撇子比右撇子更容易患免疫失调症，并不意味着在免疫失调症患者中左撇子就占了大多数，因为很可能在总人口中，左撇子比例本来就很小。其中，"免疫失调症"类似于模型中的"聪明问题"。

复选项Ⅱ：无法推出，其意思为左强>左弱，这是错误的。正确的思路是比较左强与右强的大小，即只能比较"每100个左撇子里面有几个数学推理能力强的"与"每100个右撇子里面有几个数学推理能力强的"，谁的数值大，谁的数学推理能力就强。

复选项Ⅲ：无法推出，题干中的左撇子"更擅长"，指的是左撇子比右撇子擅长，而不是在左撇子中擅长的比例超过半数。正确的思路是比较左强与右强的大小，即只能比较"每100个左撇子里面有几个数学推理能力强的"与"每100个右撇子里面有几个数学推理能力强的"，谁的数值大，谁的数学推理能力就强。例如，每100个左撇子中数学推理能力强的有40个，弱的有60个；每100个右撇子中数学推理能力强的有20个，弱的有80个。此时左撇子的数学推理能力就强于右撇子。但是左撇子中数学推理能力强的人的比例，并不高于数学推理能力弱的人的比例。

所以，通过上述分析，我们可以发现复选项Ⅰ、复选项Ⅱ和复选项Ⅲ都无法推出，故在五个选项中并无正确答案，此题是一道有纰漏的题目。

72. D 【题号】20080135　【难度】S4　【考点】十大论证模型

　　【命题方向】⑱论证推理　论证方式、漏洞识别（左右撇子）

论据：大多数家务事故都出自右撇子。

结论："通常认为左撇子比右撇子更容易出操作事故"是一种误解。

从论据到结论的论证过程存在漏洞，因为右撇子在人群中所占比例未知。假如右撇子占70%，左撇子占30%，且左、右撇子出现操作事故的概率一样，那么在家务事故中，右撇子的比例为70%，左撇子的比例为30%，右撇子仍然占大多数。所以由题干的论据无法得出结论，漏洞就在于右撇子和左撇子在所有人中所占的比例未知，有可能是因为在所有人中右撇子本来就比左撇子多，从而导致出现操作事故的人中右撇子比左撇子多。

故正确答案为D选项。

73. C 【题号】20091037　【难度】S6　【考点】十大论证模型

　　【命题方向】⑫论证推理　削弱、质疑、反驳（左右撇子）

论据：糖尿病患者中，中老年人占90%，肥胖者占70%。

结论：肥胖将增加患糖尿病的危险。

由论据可知，中老年糖尿病患者中，肥胖者约占63%。如果C选项成立，该国中老年人中，肥胖者超过60%，与63%接近，那么就没有理由认为肥胖会增加患糖尿病的危险。也可使用左右撇子模型进行分析：

中老年糖尿病患者中　　肥胖者63%　　非肥胖者37%

中老年人中　　　　　肥胖者=63%　　非肥胖者=37%　　结论：一样危险

中老年人中　　　　　肥胖者<63%　　非肥胖者>37%　　结论：肥胖增加患糖尿病危险

中老年人中　　　　　肥胖者>63%　　非肥胖者<37%　　结论：肥胖减少患糖尿病危险

故正确答案为C选项。

74. D 【题号】19970112　【难度】S5　【考点】十大论证模型

　　【命题方向】⑫论证推理　削弱、质疑、反驳（绝对数相对数）

结构词：因此。**论据**：日本半导体增加率高。**结论**：日本半导体的产量高。

题干论证犯了将相对数理解为绝对数的错误，即增加率高不意味着总量就多，还取决于它们的基数。

D 选项：指出了二者基数的差异，美国基数大，日本基数小，所以即使日本的增加率高，其绝对数也不一定超过美国。

A 选项：未提及美国半导体的绝对数，也未与日本进行比较，排除。B 选项：题干论证与半导体的价值无关，排除。C 选项：美国十年前与现在的出口比例与题干论证无关，排除。E 选项：表明美国基数比日本大，但仍旧没有基数数据，具体大多少未知，无法削弱，排除。

故正确答案为 D 选项。

75. C 【题号】19980110 【难度】S6 【考点】十大论证模型

　　【命题方向】⑫论证推理　削弱、质疑、反驳（绝对数相对数）

题干信息：大部分的数学家都是长子（果）。可见，长子天生的数学才华相对而言更强些（因）。

此题犯了将绝对数理解为相对数的错误。复选项Ⅰ：他因削弱，指出女性普遍受到压抑，难以表现出数学才华，导致了数学家中长子比较多。复选项Ⅱ：他因削弱，指出长子本来人数就远多于次子，有可能长子中数学家的比例并不比次子中数学家的比例高。复选项Ⅲ：起到支持作用，排除。

故正确答案为 C 选项。

76. B 【题号】19980119 【难度】S5 【考点】十大论证模型

　　【命题方向】⑬论证推理　支持、加强（绝对数相对数）

题干信息：威尔收到的热线电话是埃克斯的五倍（多四倍），因此，威尔的字处理软件一定是比埃克斯的字处理软件难用。

比较软件是否好用要比较相对数，而不是比较绝对数，即比较"每 100 个威尔字处理软件顾客有多少用户在使用时有困难"与"每 100 个埃克斯字处理软件顾客有多少用户在使用时有困难"，所以关键信息是"两种软件客户数量的比例关系"是否为"5∶1"，如果是的话，那么软件使用难度没有区别；如果大于 5∶1，那么威尔字处理软件比较好用；如果小于 5∶1，那么威尔字处理软件比较难用。

B 选项：说明威尔字处理软件与埃克斯字处理软件的顾客数量比例为 1∶4，远小于 5∶1，说明威尔字处理软件比埃克斯字处理软件难用，支持了题干的论证。

故正确答案为 B 选项。

77. C 【题号】19980136 【难度】S4 【考点】十大论证模型

　　【命题方向】⑫论证推理　削弱、质疑、反驳（绝对数相对数）

题干信息：购买的哥伦比亚咖啡豆最多→每罐含量最高→咖啡最好。

题干论证的核心是通过数量（绝对值）的多少衡量质量的好坏，这显然是不符合逻辑的，衡量质量好坏的重要指标是每罐咖啡中哥伦比亚咖啡豆的含量（相对值），因此还需要知道生产出的咖啡的罐数。

C选项：说明克力莫公司虽然购买总量最多，但是生产的罐数也非常多，因此平均下来每罐含量未必是最多的，所以不能认为其咖啡就是最好的，削弱力度最大。

故正确答案为C选项。

78. A 【题号】19990177 【难度】S5 【考点】十大论证模型

   【命题方向】⑫论证推理 削弱、质疑、反驳（绝对数相对数）

题干信息：可口笑公司购买的浙江黄岩蜜橘最多（因），因此，可口笑公司配制的橘子汁最好（果）。

题干论证的核心是通过浙江黄岩蜜橘数量（绝对值）衡量橘子汁的质量，这显然是不符合逻辑的，衡量质量好坏的重要指标是每瓶橘子汁中浙江黄岩蜜橘的含量（相对值），因此还需要知道生产出的橘子汁饮料的数量。

A选项：他因削弱，说明虽然购入的蜜橘总量最多，但是生产的橘子汁也非常多，因此平均下来每瓶含量未必多，橘子汁也就未必好。

B、C、D三项：无关选项，"没有配制的橘子汁""德国进口设备""橘子汁饮料的价格"与题干论证无关。E选项："价格较低的橘子"质量未知，无法削弱。

故正确答案为A选项。

79. E 【题号】19991048 【难度】S5 【考点】十大论证模型

   【命题方向】⑫论证推理 削弱、质疑、反驳（绝对数相对数）

论据：只有4%即将参加高考的女生表示可以考虑报考女子大学。

结论：现存的女子大学要想办下去，必须考虑改为男女同校。

女子大学是否要改为男女同校，关键要看是否有足够的生源，要考虑报考数与招生数之间的关系，若报考数≥招生数，则能够招满，不需要改为男女同校；若报考数<招生数，则招不满，要考虑改为男女同校。

E选项：招生数为2%，报考数为4%，说明报考多于招生，不需要改为男女同校，正确。

A选项：虽然其毕业生受欢迎，但未知是否能招满，无法削弱。B选项：与题干论证无关，排除。C选项：虽然招生人数下降，但招生数与报考数之间的大小关系未知，无法削弱。D选项：虽然报考大学的人数增多，但这只能说明绝对数增多，但女子大学是否能招满呢？未知，无法削弱。

故正确答案为E选项。

80. E 【题号】20010129 【难度】S5 【考点】十大论证模型

【命题方向】⑫论证推理 削弱、质疑、反驳（绝对数相对数）

论据：《细则》实施后，伤亡职工总量增加。结论：《细则》没有得到有效实施。

要判断《细则》是否得到有效实施，不应该看绝对数，而应该看相对数，即每一百人中有几人伤亡，如果这个比例降低了，说明实施是有效的。

E选项：说明职工总量有了很大增长，那么虽然伤亡总数比以前高了，但是伤亡的比例可能比以前低，最能削弱上述论证。

故正确答案为E选项。

81. A 【题号】20010143 【难度】S6 【考点】十大论证模型

【命题方向】⑫论证推理 削弱、质疑、反驳（绝对数相对数）

论据：离婚率上升。结论：单亲儿童比例增加。

单亲儿童比例=单亲儿童数量/总儿童数量=（离婚率+死亡率）×夫妻对数×平均每对夫妻孩子数/夫妻对数×平均每对夫妻孩子数。

A选项：他因削弱，说明虽然由离婚率上升导致"离婚性单亲儿童"增多，但是却由死亡率下降导致"死亡性单亲儿童"大量减少，因此"总的单亲儿童"的比例不一定增加。

B选项：无关选项，即使再婚孩子依然是单亲儿童。C、E两项：无法削弱，儿童总数的增加是由于"夫妻对数增加""平均每对夫妻孩子数增加"，这两个因素不会影响该比例。D选项：无关选项，初婚夫妇的平均年龄与题干论证无关，排除。

故正确答案为A选项。

82. B 【题号】20011045 【难度】S5 【考点】十大论证模型

【命题方向】⑱论证推理 论证方式、漏洞识别（绝对数相对数）

论据：马路上受伤的人多于猎场受伤的人（3∶1）。结论：猎场更安全。

比较在哪更安全要看两个地方"每百人中受伤人数"更小。所以，需要知道去马路上散步的人和去猎场狩猎的人的比例。如果该比例等于3∶1，那么说明安全性一样；如果该比例大于3∶1，那么说明马路上更安全；如果该比例小于3∶1，那么说明猎场更安全。B选项可以得知这一比例信息。

故正确答案为B选项。

83. E 【题号】20020133 【难度】S5 【考点】十大论证模型

【命题方向】⑫论证推理 削弱、质疑、反驳（绝对数相对数）

论据：65%原告胜诉（因）。结论：没有官官相护（果）。

E选项：否因削弱，说明原本原告胜诉的比例应当远远高于65%，而实际的比例却只有65%，这个"因"起不到作用，因此也就得不到"没有官官相护"这个"果"。

故正确答案为E选项。

84. D 【题号】20020154　【难度】S6　【考点】十大论证模型

　　　【命题方向】⑫论证推理　削弱、质疑、反驳（绝对数相对数）

论据：某法官审理的性别歧视类案件中60%的获胜方为女性。

结论：该法官并未在性别歧视类案件的审理中有失公正。

复选项Ⅰ：归谬削弱，说明在性别歧视案件中，一旦女性起诉，那么一般都有确凿的理由和证据，获胜率应该非常高，但目前只有60%，所以该法官还是有失公正，可以削弱。

复选项Ⅱ：与题干论证无关，排除。

复选项Ⅲ：归谬削弱，说明女性的获胜率本应大于60%，但目前因为遭到了性别歧视，所以获胜率只有60%，该法官确实有失公正，可以削弱。

故正确答案为D选项。

85. C 【题号】20021023　【难度】S5　【考点】十大论证模型

　　　【命题方向】⑫论证推理　削弱、质疑、反驳（绝对数相对数）

论据：3个月的婴儿低于平均体重。结论：体重增长低于平均水平。

体重是绝对数，体重增长是相对数。3个月时体重低的婴儿可能出生时体重就较低，其体重增长（体重增长值/初始体重）并不一定低。

故正确答案为C选项。

86. A 【题号】20021038、20031043　【难度】S5　【考点】十大论证模型

　　　【命题方向】⑫论证推理　削弱、质疑、反驳（绝对数相对数）

论据：塑料垃圾比例增加。结论：塑料垃圾增多。

塑料垃圾比例（塑料垃圾/填埋垃圾）是相对数，塑料垃圾数量是绝对数。比例增加不一定是分子增加，也可能是分母减小，A选项中越来越多过去填埋的垃圾被回收利用了，所以填埋的垃圾总量减少，导致比例提高。

故正确答案为A选项。

87. E 【题号】20051051　【难度】S5　【考点】十大论证模型

　　　【命题方向】⑫论证推理　削弱、质疑、反驳（绝对数相对数）

论据：中老年学员的比例在逐渐增加。结论：该驾校中老年学员的数量没有减少。

E选项：中老年学员的比例=中老年学员数量/总学员数量=中老年学员数量/（中老年学员数量+青年学员数量），E选项表明另一家驾校招收了更多的青年学员，所以可能会导致讯通驾校的青年学员减少，上述比例的分母变小，所以比值变大。这说明该驾校中老年学员比例增加不一定是因为中老年学员数量增加，而是其他原因导致的，可以削弱。

A、B、C、D四项：与题干论证无关，排除。

故正确答案为E选项。

88. A 【题号】20061028 　【难度】S5　【考点】十大论证模型

　　　【命题方向】⑫论证推理　削弱、质疑、反驳（绝对数相对数）

论据：购买债券的比例由基金总值的 40% 上升为 60%。

结论：该投资基金购买债券的量没有减少。

　　由比例（相对数）上升无法判断绝对数增多还是减少，如果基数（投资基金的总额）变小，那么即使比例（购买债券占基金总值的比例）上升，绝对数（购买债券的量）仍然有可能变小。

　　A 选项：符合上述分析，可以削弱。

　　故正确答案为 A 选项。

89. A 【题号】20090135 　【难度】S5　【考点】十大论证模型

　　　【命题方向】⑭论证推理　假设、前提（绝对数相对数）

论据：生活必需品平均价格增长 30%，但是生活必需品的开支占家庭平均月收入的比例未变。

结论：过去三年中家庭平均收入也一定增长了 30%。

　　如果假设"购买日常生活必需品的开支"增长 30%，那么可以得出结论，但题干信息为"生活必需品平均价格增长 30%"，二者并不是同一概念。因为如果价格上涨，导致购买数量减少，或转而购买质量差一些的产品，开支可能没变甚至下降，所以若想使题干论证成立，必须要假设"过去三年中，平均每个家庭购买的日常生活必需品数量和质量没有发生变化"，使"购买日常生活必需品的开支"与"生活必需品平均价格"增长率同为 30%。

　　故正确答案为 A 选项。

90. C 【题号】20070138 　【难度】S4　【考点】十大论证模型

　　　【命题方向】⑱论证推理　论证方式、漏洞识别（绝对数相对数）

题干信息：郑兵认为学生总人数最少的学校，学生与老师的比例最低。

　　学生与老师的比例取决于学生人数和老师人数，仅知道学生人数无法断定比例高低。

　　C 选项：与上述分析一致，正确。

　　A、B、D、E 四项：生源质量、全面发展、孩子的愿望、老师的素质均与题干论证无关。

　　故正确答案为 C 选项。

91. B 【题号】19971009 　【难度】S4　【考点】十大论证模型

　　　【命题方向】⑫论证推理　削弱、质疑、反驳（绝对数相对数）

论据：黑人成员人数增长率高。结论：黑人成员数量多。

　　增长率高不意味着总量就多，还取决于他们的基数。如果黑人的基数非常小，那么即使增长率高,也无法推出数量多的结论。

故正确答案为 B 选项。

考点 14:论证评价

1. B 【题号】20000136 【难度】S4

【考点】论证评价 【命题方向】⑮论证推理 解释

解释对象:美国海军的死亡率比纽约市民的死亡率还要低。

B 选项:说明市民与海军的群体结构不同,海军大多是青壮年,自然死亡率比较低;而市民中包括了婴儿和老人,自然死亡率较高。正是这个原因导致死亡率的差异,正确。

A 选项:与题干比较对象不一致,排除。C 选项:虽然打击的手段和途径多,但打击的次数是多还是少呢?未知,排除。D 选项:题干数据的夸张成分有多大呢?未知,无法解释,排除。E 选项:与题干的现象无关,排除。

故正确答案为 B 选项。

2. D 【题号】20000150 【难度】S4

【考点】论证评价 【命题方向】⑮论证推理 解释

解释对象:飞机每飞行 1 亿千米死 1 人,而汽车每走 5 000 万千米死 1 人;飞机每 20 万飞行小时死 1 人,而汽车每 200 万行驶小时死 1 人。

D 选项:说明飞机和汽车这两种速度不同的交通工具,无论用距离还是用时间做单位来比较都是不恰当的。

故正确答案为 D 选项。

3. B 【题号】20070127 【难度】S5

【考点】论证评价 【命题方向】⑮论证推理 解释

解释对象:野狼活动范围通常很广,金雕追击野狼的飞行范围本应很大。但是,两周以来不断传回的信号却显示,金雕仅在放飞地 3 千米范围内飞行。

B 选项:可以解释,狼群的袭击目标在放飞地 2 千米的范围内,所以野狼的觅食就集中在这个牧羊草场,则金雕仅在 3 千米范围内活动的情况就得到了解释,正确。

A 选项:无法解释,放飞地周边的地理环境与活动范围没有必然的联系,排除。C 选项:无法解释,即使野狼几乎灭绝,金雕仍然会追击野狼,无法解释为何野狼的活动范围比正常的小,排除。D 选项:无法解释,题干中"不断传回的信号"说明金雕的飞行一直都在信号可传导的范围之内,排除。E 选项:无法解释,如果金雕仍具有正常的飞行能力,那么为什么活动范围小呢?排除。

故正确答案为 B 选项。

4. B 【题号】20100135 【难度】S4

　　【考点】论证评价 　【命题方向】⑮论证推理　解释

　　解释对象：国际市场原油价格上升，成品油生产商运营成本大幅度增加；但是，某国成品油生产商的利润没有减少，反而增加了。

　　利润=收入-成本，如果其他因素不变，成本上升，利润应该下降，但该国成品油生产商的利润却上升了。

　　B选项：可以解释，政府为成品油生产商提供补贴，说明其收入增加导致利润上升。

　　A选项：无法解释，运营成本的一半是原油成本，说明成本上升。C选项：无法解释，降低了"个别"高薪雇员的工资，说明对减少成本的作用并不大。D选项：无法解释，其他运营成本也有所提高，进一步扩大了题干中的矛盾。E选项：无法解释，原油有一部分来自国内，有多少来自国内呢？未知。受国际市场价格波动影响较小，价格也在上升吗？上升幅度大不大呢？也未知。如果原油只有很小一部分来自国内，或者国内市场的原油价格只是比国际市场的上升幅度小一点，那么成本依然在上升。

　　故正确答案为B选项。

5. C 【题号】20100137 【难度】S4

　　【考点】论证评价　【命题方向】⑮论证推理　解释

　　解释对象：通过调查发现，孩子5岁前每天看电视超过2小时，长大后出现行为问题的风险将增加一倍多。

　　C选项：可以解释，看电视时间过长使孩子缺乏与他人打交道的经验，题干中的行为问题也是指与他人合作或者打交道的过程中呈现出的问题，正确。

　　A、B、D、E四项："容易导致孩子出现暴力倾向""使孩子处于紧张、恐惧的状态""阻碍分析能力的发展""影响身心健康发展"均指出了孩子看电视会导致的问题，但与题干中对"行为问题"的界定不一致，故不是正确答案。

　　故正确答案为C选项。

6. D 【题号】19970122 【难度】S4

　　【考点】论证评价　【命题方向】⑯论证推理　结论

　　题干中所举的三个例子，都是在表达一个国家的环境问题会对其他国家产生负面影响。因此，题干主要的意图是想说明：环境问题已经不仅是一个国家的问题，而是区域性、国际性的问题，需要人类共同面对，D选项的概括最为恰当。

　　故正确答案为D选项。

7. B 【题号】19990178 【难度】S5

　　【考点】论证评价　【命题方向】⑯论证推理　结论

　　B选项：该选项说的是"西部"，而题干说的是"东部"，不符合题干的描述。

A 选项：符合"南美和非洲东部地区可能出现干旱"的意思。

C 选项：符合"大西洋西岸可能提前出现暴雨和大雪"的意思。

D 选项：符合"东亚的雨带将往北移，秋冬季雨水将会增多"的意思。

E 选项：符合"将使东太平洋沿岸国家渔业获得丰收"的意思。

故正确答案为 B 选项。

8. E 【题号】20010146　【难度】S4

　　【考点】论证评价　【命题方向】⑯论证推理　结论

　　题干信息：有葡萄皮的有该物质，没有葡萄皮的则没有该物质（对照实验）。

　　根据这个对照实验，我们可以判断出：该物质应该存在于葡萄皮之中，而不葡萄的是其他部分。

　　故正确答案为 E 选项。

9. A 【题号】20011062　【难度】S5

　　【考点】论证评价　【命题方向】⑯论证推理　结论

　　题干信息：有经验的飞行员习惯驾驶重型飞机，他们在驾驶轻型飞机时总是忽视风速的影响。

　　A 选项：由题干信息可知，重型飞机受风速影响较小，所以在风中更易于驾驶。

　　C 选项：过于绝对，"不会产生影响"由题干信息无法推出。

　　故正确答案为 A 选项。

10. C 【题号】20030138　【难度】S4

　　【考点】论证评价　【命题方向】⑯论证推理　结论

　　题干信息：新加坡人的心血管疾病的发病率逐年上升，但是人均预期寿命不断上升，已经成为世界之最。

　　C 选项：在心血管疾病发病率逐年上升的情况下，新加坡的人均预期寿命却在不断上升，所以很可能是之前导致新加坡人死亡的疾病的发病率降低了或者医治水平提高了。因此可以得出，如果发病率没有实质性的降低，那么医治水平一定有实质性的提高，正确。

　　A、B 两项：心血管疾病是否是导致死亡的主要杀手、对于心血管疾病的治疗水平是否最高均无法从题干中得知，排除。

　　D、E 两项：对新加坡与日本的情况进行比较，从题干中只能得出新加坡的人均预期寿命比日本高，其他情况无从得知，排除。

　　故正确答案为 C 选项。

11. E 【题号】20030145　【难度】S4

　　【考点】论证评价　【命题方向】⑯论证推理　结论

题干信息：飞行员缺乏经验导致客机坠落事故急剧增加，所以台湾航空部门必须采取措施淘汰不合格的飞行员，聘用有经验的飞行员；虽然这样的飞行员存在，但是确定和评估飞行员的经验是不可行的。

由题干信息可推知，无法聘用有经验的飞行员，客机坠落事故急剧增加的情况也就无法得到扭转。

E 选项：与上述分析一致，飞行员缺乏经验是主要原因，这一原因无法改变，所以坠落事故急剧增加的趋势无法得到根本扭转，正确。

A 选项："不可改变"一词过于绝对，因为飞行员缺乏经验是主要原因，而不是唯一原因，所以可以在其他方面改变，排除。B 选项：加拿大和澳大利亚飞行员的例子只是为了说明"确定和评估飞行员的经验是不可行的"，并不是该论证的结论。C 选项：上述论证中并未出现相关信息，无法得出该结论。D 选项：1 000 小时不同环境下飞行这一例子只是为了证明"确定和评估飞行员的经验是不可行的"，而不是为了否定飞行时间在评估飞行员经验时的参考价值，排除。

故正确答案为 E 选项。

12. C 【题号】20050144 【难度】S5

【考点】论证评价 【命题方向】⑰论证推理 焦点

厂长：新设备成本较高，所以采用新的工艺流程会使本厂无利可图。

总工程师：新设备的熔炼能力非常可观，因此不同意厂长的观点。

C 选项：厂长认为采用新设备会使本厂无利可图，而总工程师认为新设备熔炼能力更强，会产生更多的收入，不会使本厂无利可图，二人有相反的观点，正确。

A 选项：厂长认为可以减少，总工程师未发表意见，排除。

B 选项：厂长认为成本确实较高，总工程师未发表意见，排除。

D 选项：厂长未发表意见，总工程师认为明显优于现有的熔炉，排除。

E 选项：厂长认为成本确实明显增加，总工程师未发表意见，排除。

故正确答案为 C 选项。

13. D 【题号】20100151 【难度】S5

【考点】论证评价 【命题方向】⑰论证推理 焦点

陈先生：因为未经许可侵入别人的电脑只是在虚拟世界中捣乱，而开偷来的汽车撞伤了人既侵占了有形财产，又造成了人身伤害，所以后者性质比前者更严重。

林女士：非法侵入电脑同样会造成人身伤害，所以不同意陈先生的观点。

林女士不认可陈先生论证中的论据，所以并不同意其所得的结论，焦点即"开偷来的汽车撞伤了人是否比未经许可侵入别人的电脑性质更严重"。此题也可以从选项入手，判断二人是否持有相反的观点。

A 选项：陈先生认为不会，林女士认为会，二人有不同的观点，待定。B 选项：陈先生认为都是犯罪行为，林女士未提及，排除。C 选项：陈先生和林女士均未探讨两种行为是什么性质，排除。D 选项：陈先生认为后者性质更严重，林女士认为一样严重，二人有不同的观点，待定。E 选项：陈先生和林女士均未探讨此问题，排除。A、D 两项中二人都有相反的观点，但 A 选项是针对论据，不是争论的焦点，而 D 选项是针对结论，是争论的焦点。

故正确答案为 D 选项。

14. D 【题号】20040150 【难度】S5

【考点】论证评价 【命题方向】⑱论证推理 论证方式、漏洞识别

在三次节目中，好奇者分别得出魔术奥秘不在手法技巧、扑克和志愿者的结论，但有可能第一次手法上没有漏洞可是扑克有问题，第二次扑克没问题但是志愿者有猫腻，第三次志愿者没问题但是手法上有技巧，所以其得出的结论并不一定成立。D 选项：与上述分析一致，指出了漏洞，正确。E 选项：支持了题干的结论，而不是指出漏洞，排除。

故正确答案为 D 选项。

15. D 【题号】20060141 【难度】S4

【考点】论证评价 【命题方向】⑱论证推理 论证方式、漏洞识别

D 选项：指出了漏洞（1），存在以偏概全的嫌疑，正确。

故正确答案为 D 选项。

16. A 【题号】20070141 【难度】S4

【考点】论证评价 【命题方向】⑱论证推理 论证方式、漏洞识别

题干信息：陨石的来源范围可能是水星、金星和火星，排除了水星和金星的可能性，推出很可能是来自火星的结论。题干使用的是穆勒五法中的剩余法。

A 选项：剩余法，谋杀可能是劫杀、仇杀和情杀，排除了劫杀和情杀的可能性，推出很可能是仇杀的结论，使用的也是穆勒五法中的剩余法，与题干一致，正确。

B 选项：假言命题推理，张甲是作案者→作案动机∧作案时间，作案动机∧¬作案时间→¬张甲是作案者，与题干论证方式不相似，排除。

C 选项：飞机失事的原因→人为破坏∨设备故障∨操作失误，确定是设备故障，排除人为破坏和操作失误，与题干的论证方式不相似，排除。

D 选项：选言命题推理，自然数→奇数∨偶数，有的自然数→¬奇数，因此，有的自然数→偶数，与题干论证方式不相似，排除。

E 选项：结论与论据无关，排除。

故正确答案为 A 选项。

17. E 【题号】20080133 【难度】S4

【考点】论证评价 【命题方向】⑱论证推理 论证方式、漏洞识别

题干信息：一中学生成绩一般比二中学生好，李明的学习成绩是全班最好的。因此，李明一定是一中的。

题干的论证认为整体具有的特点个体也一定具有，但实际上一中整体上成绩更好，并不等价于一中的每一个学生成绩都更好。

E选项：北方人和南方人整体具有的特点，并不是每一个北方人或南方人都具有，与题干论证方式类似。

A选项：该论证为假言命题推理，推理正确，但与题干论证方式不类似。

B选项：该论证为假言命题推理，推理不正确，而且与题干论证方式不类似。

C选项：该论证为假言命题推理，推理不正确，而且与题干论证方式不类似。

D选项："心理素质好"与"心理教育更重要"不是同一个概念，推理无效，而且与题干论证方式不类似。

故正确答案为E选项。

18. B 【题号】20080147 【难度】S4

【考点】论证评价 【命题方向】⑱论证推理 论证方式、漏洞识别

普遍认知：使用枪支的犯罪更容易导致命案。

反驳：大多数使用枪支的犯罪没有导致命案。

结论：没有必要将枪支犯罪同其他刑事犯罪区分开来。

漏洞：虽然大多数使用枪支的犯罪并没有导致命案，但是只要其比其他犯罪导致命案的概率高，那么仍然需要将其与其他刑事犯罪区分开来，所以题干论证不成立。

B选项：普遍认知为不检点的性行为更容易感染艾滋病；反驳为大多数有不检点性行为的人并未感染艾滋病；结论为没有必要强调不检点性行为的危害。与题干中漏洞相似。

A选项：反驳中未提及"大多数肥胖者没有患心脏病"，不相似，排除。C选项：反驳中未提及"大多数吸烟者并没有患肺癌"，不相似，排除。D选项：反驳中未提及"大多数高收入者没有享受生活"，不相似，排除。E选项：反驳中未提及"大多数高分考生并没有进入重点大学"，不相似，排除。

故正确答案为B选项。

19. A 【题号】20081044 【难度】S4

【考点】论证评价 【命题方向】⑱论证推理 论证方式、漏洞识别

论据：不了解自己的人不可能了解别人（¬了解自己→¬了解别人）。

结论：要了解别人，首先要了解自己（了解别人→了解自己）。

此题的结论是论据的等价逆否命题，所以可以由论据推出结论，该推理成立。

故正确答案为 A 选项。

二、命题方向专训

命题方向⑫：论证推理 削弱、质疑、反驳

1. C 【题号】19970105 【难度】S4

【考点】两大论证型式 【命题方向】⑫论证推理 削弱、质疑、反驳

结构词：因为。

论据（因）：毒品贩子会通过医药途径获取海洛因，对社会造成严重危害。

结论（果）：应该禁止医院使用海洛因作为止痛药。

C 选项：他因削弱，表明虽然毒品贩子可以获得海洛因，但数量微不足道，不会对社会造成严重危害，所以不必禁止。

A 选项：无中生有，题干论证与"其他止痛药"无关，排除。

B、D、E 三项：无关选项，"贩毒是否受到法律严惩""海洛因是否会致死""海洛因是否会使病人上瘾"与题干论证过程无关，排除。

故正确答案为 C 选项。

2. A 【题号】19970134 【难度】S4

【考点】两大论证型式 【命题方向】⑫论证推理 削弱、质疑、反驳

论据：间歇泉发射一种暗淡的光线，一种虾常游弋于间歇泉附近。

结论：这种虾背部的感光器官（因），是用来寻找间歇泉，从而找到食物的（果）。

A 选项：否因削弱，表明这种虾不可能通过背部的感光器官来寻找间歇泉。

B、C、D、E 四项：题干论证与"人类""高温""其他虾"无关，排除。

故正确答案为 A 选项。

3. B 【题号】19971014 【难度】S4

【考点】两大论证型式 【命题方向】⑫论证推理 削弱、质疑、反驳

因：广告更吸引人。果：市场占有率增加。

B 选项：因果倒置，该选项认为是"喜欢该产品"导致"爱看该广告"和"该产品销量好"，而不是喜爱广告导致销量好，指出了题干中的推理错误。

故正确答案为 B 选项。

4. B 【题号】19980115 【难度】S5

【考点】两大论证型式 【命题方向】⑫论证推理 削弱、质疑、反驳

题干信息：大连市因癌症死亡的人数比例比全国城市的平均值要高两倍（果），因此，

大连最近这十年对癌症的防治出现了失误（因）。

题干认为是防治失误导致癌症死亡比例高。

B 选项：他因削弱，说明是"得癌症的人到该地区疗养，并最后死亡"导致"因癌症死亡人数比例高"，指出存在他因导致该结果的出现，削弱了题干的推理。

故正确答案为 B 选项。

5. E 【题号】19980120 【难度】S6

　　【考点】两大论证型式　【命题方向】⑫论证推理　削弱、质疑、反驳

题干信息：法律系教师人均业余兼课的周时数多于会计系，因此，法律系教师人均实际收入高于会计系。

复选项Ⅰ：他因削弱，虽然会计系教师的周时数少，但是课时费高。

复选项Ⅱ：他因削弱，会计系教师做其他兼职的比例高于法律系教师，所以人均实际收入并不一定会比法律系教师的低。

复选项Ⅲ：无关选项，题目描述的是会计系教师和法律系教师的人均业余兼课周时数，与有多少老师业余兼课无关。

故正确答案为 E 选项。

6. E 【题号】19980121 【难度】S6

　　【考点】两大论证型式　【命题方向】⑫论证推理　削弱、质疑、反驳

甲：广告收入降低了门票价格，因此现场观众从广告中受益了。

乙：广告费用到头来还是摊到消费者头上，因此现场观众没有从广告中受益。

E 选项：说明各厂家广告支出是一个常量，即固定支出。所以，广告费用是一定会摊在消费者头上的。因此，如果把广告费用投放在奥运会广告上，那么确实降低了门票价格，会使现场观众受益。如果不把广告费用投放在奥运会广告上，那么现场观众的门票价格就会上涨，同时所有消费者购买的商品价格依然是分摊了广告费用的商品价格。所以，广告确实使现场观众受益了。

故正确答案为 E 选项。

7. C 【题号】19981076 【难度】S5

　　【考点】两大论证型式　【命题方向】⑫论证推理　削弱、质疑、反驳

题干论证：排除了所有可能性，因此一定是前台经理作案。论证方式为剩余法。

对于剩余法的应用前提是一定要考虑到所有的可能性，而后进行排除，直至剩下最后一种可能性为止。如果在没有考虑到所有可能性的情况下进行排除，可能无法得到正确的结果。所以，保安说排除了所有可能性，但是并没有列举所有可能性是哪些，其排除过程不合理，是题干推理中可能存在的错误。

故正确答案为 C 选项。

8. B 【题号】19990149 【难度】S5

【考点】两大论证型式 【命题方向】⑫论证推理 削弱、质疑、反驳

题干信息：火星陨石上发现了有机生物痕迹，因此推断，火星上有过生物，甚至可能出现过像人一样的高级生物。

B选项：不能削弱，反而说明火星上有可能出现过像人一样的高级生物，正确。

A选项：可以削弱，说明陨石上的生物痕迹不大可能保持下来，该陨石由二氧化碳化合物构成，可能是由于别的因素导致的。

C、E两项：可以削弱，说明有可能存在其他途径也可以产生甲烷或二氧化碳化合物。

D选项：可以削弱，说明即使存在微生物也不一定会出现像人一样的高级生物。

故正确答案为B选项。

9. B 【题号】19990158 【难度】S5

【考点】两大论证型式 【命题方向】⑫论证推理 削弱、质疑、反驳

题干信息：警察比例高的城市"无目击证人犯罪"的犯罪率低，因此警察比例高（因）导致此类犯罪减少（果）。

B选项：他因削弱，指出是人口稠密导致了此类犯罪减少，而不是警察比例高。

故正确答案为B选项。

10. E 【题号】20000135 【难度】S4

【考点】两大论证型式 【命题方向】⑫论证推理 削弱、质疑、反驳

因：更倾向重视安全（推知）。果：安全座椅卖得最好（已知）。

E选项：他因削弱，说明今年最安全的座椅比一般座椅的重量轻，安全座椅之所以卖得最好，有可能航空公司还是为了节省燃油，而不是更倾向重视安全。

故正确答案为E选项。

11. B 【题号】20000138 【难度】S4

【考点】两大论证型式 【命题方向】⑫论证推理 削弱、质疑、反驳

方法：使用桩考器。作用：提高了考试科学性。

B选项：达不到目的，说明场地驾驶考试还包括考查学员在驾驶室中的操作，而桩考器做不到这一点，可以削弱。

故正确答案为B选项。

12. D 【题号】20000140 【难度】S4

【考点】两大论证型式 【命题方向】⑫论证推理 削弱、质疑、反驳

论据：超过半数的被调查者选择了标志为"Q"的百事可乐（果）。

结论：超过半数的人更喜欢百事可乐（因）。

D选项：他因削弱，表明被调查者选择标志为"Q"的百事可乐，可能并不是因为喜欢百事可乐的口感，而是因为喜欢英文字母"Q"。

故正确答案为D选项。

13. C 【题号】20000141 　【难度】S4
　　【考点】两大论证型式　【命题方向】⑫论证推理　削弱、质疑、反驳

因：参加培训计划。果：孩子带给家长的麻烦减少。

C选项：他因削弱，表明孩子给家长带来的麻烦减少，并不是因为参加培训计划，而是因为调皮具有周期性。

故正确答案为C选项。

14. D 【题号】20000143 　【难度】S5
　　【考点】两大论证型式　【命题方向】⑫论证推理　削弱、质疑、反驳

论据：每星期饮酒3~15次的妇女患心脏病的可能性较低。

结论：适量饮酒对妇女的心脏有益。

D选项：无关选项，男性的情况与题干的研究对象"妇女"无关。

A选项：因果倒置，说明妇女是因为自己身体状况良好才去饮酒，而并不是因为饮酒使身体状况良好，可以削弱。B选项：他因削弱，说明可能是身体锻炼使得心脏状况良好，而不是饮酒。C、E两项：以偏概全，说明被调查者的样本选取不具有代表性。

故正确答案为D选项。

15. E 【题号】20000145 　【难度】S5
　　【考点】两大论证型式　【命题方向】⑫论证推理　削弱、质疑、反驳

题干所描述的情景可以构成求同法的模型。论据：七名患者通过光照摆脱了冬季忧郁症，两名患者通过光照使冬季忧郁症显著好转。结论：光照有助于缓解冬季忧郁症。

削弱思路：指出还有其他相同因素使患者的忧郁症得到缓解。

E选项：指出有"每天六小时的非工作状态"这一相同因素，可以对冬季忧郁症产生影响，表明很可能是这一因素使患者的冬季忧郁症得到缓解，与光照无关，可以削弱。

A选项：指出还有"花香"这一相同因素，但"改善适应性"与"缓解忧郁症"不同，排除。B、D两项：无关选项，题干论证并未涉及"男女性别""强光照射对皮肤的损害"，排除。C选项：无关选项，无法得知南北半球差异是否对题干论证有影响，排除。

故正确答案为E选项。

16. E 【题号】20000146 　【难度】S5
　　【考点】两大论证型式　【命题方向】⑫论证推理　削弱、质疑、反驳

论据：在"托儿所看护"的儿童比"在家看护"的儿童紧张不安的比例高。

结论：孩子出生后的第一年在托儿所度过会引发孩子的紧张不安。

E 选项：支持题干，表明在家看护会让孩子有安全感，能够说明托儿所看护可能引发紧张不安。

A 选项：以偏概全，说明样本选取不具有代表性。

B 选项：调查机构不中立，说明调查者有个人倾向，会影响调查结果。

C 选项：因果倒置，说明在家看护的儿童因为显示出过度的依附心理才被送入托儿所。

D 选项：他因削弱，说明测验结果的差异是男孩和女孩的差异造成的。

故正确答案为 E 选项。

17. E 【题号】20000149 【难度】S5

【考点】两大论证型式 【命题方向】⑫论证推理 削弱、质疑、反驳

论据：赵青执教后球队成绩突飞猛进（果）。结论：赵青出类拔萃（因）。

E 选项：他因削弱，说明球队成绩进步的原因是女排招到了一个退役的职业队二传手。

故正确答案为 E 选项。

18. A 【题号】20000151 【难度】S4

【考点】两大论证型式 【命题方向】⑫论证推理 削弱、质疑、反驳

论据：用电网将牧场圈起来。结论：浪费电力。

A 选项：他因削弱，表明这种方法只需要通电 10 天就够了，说明不会浪费电力。

故正确答案为 A 选项。

19. A 【题号】20000154 【难度】S5

【考点】两大论证型式 【命题方向】⑫论证推理 削弱、质疑、反驳

论据：架设高射炮击落敌机的命中率只有 4%。

结论：商船上架设高射炮是得不偿失的。

A 选项：举例削弱，给出数据，表明架设高射炮的商船被击沉的比例小于未架设高射炮的商船，说明架设高射炮是有保护作用的。

故正确答案为 A 选项。

20. E 【题号】20000177 【难度】S5

【考点】两大论证型式 【命题方向】⑫论证推理 削弱、质疑、反驳

董事 A：每年 10% 的吸烟者改变品牌，行业广告支出占毛收入 10%，因此广告可以不做。

题干中提到的广告支出占 10% 是一个行业整体的情况，但对单个的烟草企业来说可能会存在很大的差别。如果某公司不做广告，而别的公司继续做，那么吃亏的还是这个公司。

故正确答案为 E 选项。

21. E 【题号】20000178 【难度】S5

【考点】两大论证型式 【命题方向】⑫论证推理 削弱、质疑、反驳

董事B：10%的改吸者几乎没有改吸本公司的品牌，因此广告开支实际上是亏损性开支。

复选项Ⅰ、复选项Ⅱ和复选项Ⅲ都说明，虽然改吸的香烟品牌中并不包括本公司的品牌，但广告对于稳固本公司现有的客户群和占有新客户起到了至关重要的作用。

故正确答案为E选项。

22. D 【题号】20000162 【难度】S5

【考点】两大论证型式 【命题方向】⑫论证推理 削弱、质疑、反驳

论据：献血次数越多，癌症和心脏病的发病率越低。结论：献血有利于减少患病风险。

复选项Ⅰ：他因削弱，说明后两组中年龄大的人居多，更容易出现癌症和心脏病，献血不是第一组调查对象发病率较低的原因。

复选项Ⅱ：因果倒置，说明体质好才能去献血，而不是献血导致体质好。

复选项Ⅲ：无关选项，调查是否有效与被调查人数多少无关，只要其有代表性即可。

故正确答案为D选项。

23. A 【题号】20010122 【难度】S5

【考点】两大论证型式 【命题方向】⑫论证推理 削弱、质疑、反驳

论据：肠炎患者数量明显下降（果）。结论：饮用水净化工程投入使用（因）。

A选项：无关选项，这些微量元素与肠炎有什么关系呢？未知，无法削弱。

B选项：归谬削弱，既然饮用水净化工程于前年就已经正式投入了使用，那么去年该市的肠炎患者的数量就应该下降了，对推理起到归谬削弱的作用。

C、D、E三项：他因削弱，均指出是其他原因导致肠炎患者的数量减少。

故正确答案为A选项。

24. D 【题号】20010126 【难度】S5

【考点】两大论证型式 【命题方向】⑫论证推理 削弱、质疑、反驳

题干信息：有骗有疑，无骗无疑。

复选项Ⅰ：无意携带违禁物品是"无骗"，无骗无疑，符合题干中海关检查员的技能。

复选项Ⅱ：有意携带违禁物品是"有骗"，有骗无疑，有因无果，反例削弱。

复选项Ⅲ：无意携带违禁物品是"无骗"，无骗有疑，无因有果，反例削弱。

故正确答案为D选项。

25. B 【题号】20010128 【难度】S5

【考点】两大论证型式 【命题方向】⑫论证推理 削弱、质疑、反驳

因：海豚发出的滴答声。果：使猎物感官超负荷，从而击晕近距离的猎物。

B 选项：他因削弱，如果猎物无法感知，那么就不可能实现"使感官超负荷"，也就不可能击晕猎物，可以质疑。

故正确答案为 B 选项。

26. D 【题号】20010140 【难度】S4

【考点】两大论证型式 【命题方向】⑫论证推理 削弱、质疑、反驳

论据：鱼油中的脂肪酸可以大大减少患心脏病的危险。

结论：服用脂肪酸胶囊将大大有助于预防心脏病。

D 选项：他因削弱，表明脂肪酸需要与鱼体内的某些物质化合后才能起到作用，所以保健品胶囊无法起到预防作用。

故正确答案为 D 选项。

27. B 【题号】20010141 【难度】S6

【考点】两大论证型式 【命题方向】⑫论证推理 削弱、质疑、反驳

论据：相当高比例的古埃及木乃伊中发现患有关节尿酸炎的痕迹。

结论：关节尿酸炎曾于 2 500 年前在古埃及流行。

B 选项：归谬削弱，关节尿酸炎是一种遗传性疾病，如果传统观点成立，这种病曾于 2 500 年前在古埃及流行，那么古埃及人的后代中这种病的发病率应该比一般的要高，但事实上并非如此，所以说明这种病当时没有流行过，可以对传统观点进行质疑。

A 选项：题干论证的是古埃及木乃伊，与我国西部的木乃伊无关，排除。C 选项：是否能确定防腐物质的化学性质与题干论证无关，排除。D 选项：即使发现了患有关节尿酸炎的证据也无法证明该病当时流行过，无法削弱。E 选项："一些"数量未知，无法削弱。

故正确答案为 B 选项。

28. D 【题号】20010144 【难度】S5

【考点】两大论证型式 【命题方向】⑫论证推理 削弱、质疑、反驳

因：鸡油菌与道氏杉树有互利关系。果：过量采摘鸡油菌对道氏杉树不利。

D 选项：他因削弱，表明采摘鸡油菌可能对道氏杉树是有利的（虽然"某些野生蘑菇"指代不明，并不一定是鸡油菌，但是其他选项都无法起到任何削弱作用，D 选项相对最优）。

故正确答案为 D 选项。

29. C 【题号】20011023 【难度】S5

【考点】两大论证型式 【命题方向】⑫论证推理 削弱、质疑、反驳

论据：D 型带黏附时间是目前线带的两倍长（因）。

结论：D 型带将会提高治疗功效（果）。

C 选项：他因削弱，题干信息表示十天是外科伤口需要线带的最长时间，如果 C 选项为真，目前使用的线带已经可以达到十天这一最长时间，那么即使 D 型带的黏附时间可以达到 20 天，也无法提高治疗功效，可以削弱。

A、B 两项：题干论证与"伤口愈合时间""线带获得途径"无关，排除。D 选项："现在还不清楚"表达了不确定性，所以无法断定 D 型带是否可以提高治疗功效，无法削弱。E 选项："黏性"是否会影响黏附时间呢？未知。D 型带是否用于预先涂上一层药物的皮肤呢？也未知。所以无法削弱题干的论证，排除。

故正确答案为 C 选项。

30. D 【题号】20020112 【难度】S5

【考点】两大论证型式 【命题方向】⑫论证推理 削弱、质疑、反驳

论据：大学附属医院抢救病人的成功率低（果）。

结论：大学附属医院的医疗护理水平低（因）。

D 选项：他因削弱，他因（病人的病情重）导致该结果（大学附属医院抢救病人成功率低）出现，可以削弱。

A 选项：无关选项，排除。B 选项：精密设备与医疗护理水平并无直接关联，排除。C 选项：无论主要任务是否是治疗和护理病人，医疗和护理水平低是否是抢救成功率低的原因呢？未知，无法削弱。E 选项：题干论证在评价"医疗护理水平"，而不是在评价"医院"，偷换概念，排除。

故正确答案为 D 选项。

31. E 【题号】20020114 【难度】S4

【考点】两大论证型式 【命题方向】⑫论证推理 削弱、质疑、反驳

论据：一年中任何月份都有 52% 的女性在外工作。结论：48% 的女性全年不在外工作。

E 选项：许多女性经常进出于劳动力市场，意味着许多女性会经常在在外工作与不在外工作之间切换，那么虽然每个月都有 48% 的女性不在外工作，但是每个月不在外工作的可能是不同的女性，这样能够全年一直保持不在外工作的女性比例就会明显低于 48%。

故正确答案为 E 选项。

32. B 【题号】20011025 【难度】S5

【考点】两大论证型式 【命题方向】⑫论证推理 削弱、质疑、反驳

论据：杀死害虫的同时也杀死了益虫。结论：适得其反。

B 选项：否因削弱，如果益虫的主要作用在于消灭害虫的话，那么"杀死了益虫"这个"因"就根本起不到作用了。

故正确答案为 B 选项。

33. B 【题号】20011027 【难度】S5

【考点】两大论证型式 【命题方向】⑫论证推理 削弱、质疑、反驳

论据：感染一次轻微激活。**结论**：多次感染才能产生有效的免疫反应。

B 选项：他因削弱，说明存在几种不同类型的疟疾，所以多次感染只是因为感染的疟疾不同，而不是感染一次后免疫力只是轻微激活。

故正确答案为 B 选项。

34. D 【题号】20011031 【难度】S4

【考点】两大论证型式 【命题方向】⑫论证推理 削弱、质疑、反驳

方法目的模型。**方法**：卖专利给企业。**目的**：获得资金。

D 选项：如果京华大学的研究成果已经被一些企业自行研制出来，那么学校"卖专利给企业"这个计划就不能成功实施，也就无法获得预期的资金，达不到目的。

故正确答案为 D 选项。

35. E 【题号】20011038 【难度】S4

【考点】两大论证型式 【命题方向】⑫论证推理 削弱、质疑、反驳

论据：妇女比男子矮和轻，遇到暴力事件时没有男子有效。（因）

结论：妇女适合当警察的想法是荒唐的。（果）

E 选项：他因削弱，表明他因（妇女可以从事警察部门的办公室职位）导致该结果（妇女不适合当警察）不会出现，可以削弱。

A 选项："有些"的数量范围是 1~全部，所以比男警察高大的妇女数量不确定，无法削弱。B 选项：即使经过 18 个月的强化训练，论据中妇女的劣势依然存在，无法削弱。C 选项：无关选项，排除。D 选项：表明妇女还有其他劣势，加强了题干的论证，排除。

故正确答案为 E 选项。

36. D 【题号】20011040 【难度】S4

【考点】两大论证型式 【命题方向】⑫论证推理 削弱、质疑、反驳

因：仅夜间活跃。**果**：恐怖印象。

D 选项：反例削弱，说明有些夜间活跃的动物没有给人恐怖印象。

E 选项：丑化≠恐怖，无法削弱。

故正确答案为 D 选项。

37. A 【题号】20011046 【难度】S5

【考点】两大论证型式 【命题方向】⑫论证推理 削弱、质疑、反驳

因：单身公民税收降低。**果**：未婚同居增加。

A 选项：他因削弱，说明其实是由离婚率上升造成的伤害导致了未婚同居现象的增加，

而不是题干给出来的税收原因。

故正确答案为 A 选项。

38. B 【题号】20011063 【难度】S5

【考点】两大论证型式 【命题方向】⑫论证推理 削弱、质疑、反驳

论据：肥胖者参加体育锻炼较少。结论：缺乏锻炼导致肥胖。

B 选项：说明是肥胖导致了缺乏锻炼，而不是题干中的缺乏锻炼导致肥胖，出现了因果倒置的漏洞，可以削弱。

A 选项：该选项只提到了肥胖者中有人在节食，那么正常体重者中是否也有人在节食呢？未知。所以节食方面是否存在差异呢？未知，排除。

C 选项："某些"的数量范围未知，无法判断对题干论证的影响，排除。

D 选项：体育锻炼增加食物摄入量的同时也消耗了能量，二者作用孰大孰小呢？是否会导致肥胖呢？未知，排除。

E 选项：与题干论证无关，排除。

故正确答案为 B 选项。

39. C 【题号】20020118 【难度】S5

【考点】两大论证型式 【命题方向】⑫论证推理 削弱、质疑、反驳

论据：因贿赂罪入狱的刑满释放人员重新犯罪率低（果）。结论：改造效果好（因）。

C 选项：他因削弱，说明存在其他的原因导致了其重新犯罪率低。

A 选项：无法削弱，文化水平的高低与是否重新犯罪不存在必然的因果关系，排除。

B、E 两项：扼制腐败、前科等信息与题干论证过程无关，排除。

D 选项：题干为"重新犯罪率"，与该类罪犯在整个服刑犯中的比例无关，排除。

故正确答案为 C 选项。

40. C 【题号】20020122 【难度】S5

【考点】两大论证型式 【命题方向】⑫论证推理 削弱、质疑、反驳

论据：红血球中疟原虫最多活 120 天。

结论：120 天后高烧不退（果）不是疟原虫（因）引起的。

C 选项：他因削弱，说明 120 天后疟原虫还存在其他会导致"病人高烧不退"的途径，因此，仍然有可能是疟原虫导致了高烧。

故正确答案为 C 选项。

41. E 【题号】20020125 【难度】S6

【考点】两大论证型式 【命题方向】⑫论证推理 削弱、质疑、反驳

论据：最近 10 年，各种自然现象给人类造成的灾害比数十年前明显增多（果）。

结论：这是人类破坏生态环境而付出的代价（因）。

E 选项：他因削弱，说明是因为"居住在生态环境恶劣的地区"的人数比数十年前多了，导致了各种自然状况给人类造成的灾害增多，即存在其他的原因导致了该结果。

A 选项："减轻危害"与题干论证无关，排除。B 选项："不必然＝可能不"，所以经济发展是否会导致生态环境恶化未知，无法削弱。C 选项：W 国和 H 国是否具有代表性未知，无法削弱。D 选项：题干并未出现自然灾害与人为灾害的比较，该比较无意义，排除。

故正确答案为 E 选项。

42. C 【题号】20020142 【难度】S5

【考点】两大论证型式 【命题方向】⑫论证推理 削弱、质疑、反驳

论据：销量增长（果）。结论：广告的促销作用（因）。

C 选项：有因无果，如果注意到广告的人中很少有人购买该产品，则说明题干中广告起不到促销作用。

A、D、E 三项：广告费用、质量投诉、化妆品销售总量等信息均与题干论证过程无关，无法削弱，排除。B 选项：无因有果，在购买者中很少有人注意广告，论证的对象不对。广告的促销作用应该体现在看了广告之后买不买，买了说明广告有用，没买说明没有起作用。而该选项中的购买者为什么购买呢？是否受到广告的影响呢？未知，无法削弱，排除。

故正确答案为 C 选项。

43. A 【题号】20021028 【难度】S5

【考点】两大论证型式 【命题方向】⑫论证推理 削弱、质疑、反驳

论据：如果检查得彻底会饱经无谓的折腾，检查得不彻底会延误治疗。

结论：没有感觉不适不要接受医疗检查。

A 选项：支持题干论证，说明不适的时候再去检查是合理的。其他选项都能构成削弱。

故正确答案为 A 选项。

44. C 【题号】20021029 【难度】S5

【考点】两大论证型式 【命题方向】⑫论证推理 削弱、质疑、反驳

论据：捐赠品的累计开支将会超过其市价。

结论：赠送展品实际加剧了博物馆的财政负担。

C 选项：他因削弱，说明捐赠品是可以出售的，那么博物馆可以通过出售一些捐赠品来解决财政问题，所以并不会加剧财政负担。

B 选项：无法削弱，即使开支主要由国家财政负担，博物馆也需要负担一部分，财政负担依然会加重。

E 选项：无关选项，即使保管和维护费用近年有所下降，但是累计下来终究会出现超

出捐赠品价值的那天，所以无法削弱。

故正确答案为 C 选项。

45. B 【题号】20030144　【难度】S5

【考点】两大论证型式　【命题方向】⑫论证推理　削弱、质疑、反驳

论据：在 H 国，尽管 19 岁以下的青少年只占注册司机的 7%，但他们却是 20% 造成死亡的交通事故的肇事者，即青少年驾车更容易造成交通事故。

结论：必须给青少年的驾驶执照附加限制。

B 选项：无法削弱，青少年载客人数多只能说明出事故后造成的伤亡人数多，而不是事故率高，所以 B 选项与题干论证无关，正确。

A 选项：他因削弱，是因为青少年所开车辆比较陈旧、性能较差导致更容易出事故，而不是青少年缺乏驾驶技巧造成的，排除。C 选项：他因削弱，青少年开车的年均千米较高，所以平均每千米造成的事故可能并不比其他司机多，排除。D 选项：他因削弱，说明是不习惯系安全带这一不良的驾驶习惯导致容易出事故，而不是缺乏驾驶技巧导致的，排除。E 选项：他因削弱，说明是青少年更高比例的酒后驾车造成了他们容易出事故，而不是缺乏驾驶技巧导致的，排除。

故正确答案为 B 选项。

46. C 【题号】20030150　【难度】S5

【考点】两大论证型式　【命题方向】⑫论证推理　削弱、质疑、反驳

论据：最好饭店有的房间的租金甚至比单人牢房所需的费用还低。

结论：必须对本州不断上升的监狱费用采取措施。

复选项Ⅰ：无法驳斥，即使所需费用为 125 美元，题干的论证依然成立，排除。

复选项Ⅱ：无法驳斥，"在最好饭店中能找到 125 美元以下的房间"只是为了说明单人牢房的开销较大，所以题干中所说的房间到底是否好找并不是论证的重点，排除。

复选项Ⅲ：可以驳斥，表明二者的比较无意义，因为两种费用是用于完全不同的开支项目，费用的高低就无从比较，所以题干的论证并不成立，正确。

故正确答案为 C 选项。

47. D 【题号】20031035　【难度】S5

【考点】两大论证型式　【命题方向】⑫论证推理　削弱、质疑、反驳

因：电子图书方便又便宜。果：文学名著普及。

D 选项：否因削弱，说明"方便又便宜"这个因起不到作用。

C 选项：支持题干，表明高素质读者确实需要具备文学素养，排除。

其他选项均无法削弱。

故正确答案为 D 选项。

48. C 【题号】20040136 　【难度】S4

　　【考点】两大论证型式　【命题方向】⑫论证推理　削弱、质疑、反驳

论据：3 岁的独生孩子与同龄非独生的第一胎孩子日常行为能力非常相似。

结论：独生孩子与非独生孩子的社会能力发展几乎一致。

　　C 选项：他因削弱，表明题干中进行对比的两组 3 岁的孩子在调查之时均为独生孩子，所以调查中的 3 岁非独生孩子的表现并不能代表非独生孩子的实际情况，正确。

　　A 选项：无法削弱，地区对孩子日常行为能力的影响有多大，是否会因为地区而造成差异均未知，排除。B 选项：无法削弱，与母亲接触时间的长短是否会影响孩子的日常行为能力未知，排除。D 选项：无法削弱，研究者是否有兄弟姐妹与此项调查无关，排除。E 选项：无法削弱，与母亲和父亲的接触时间是否会影响孩子的日常行为能力未知，排除。

　　故正确答案为 C 选项。

49. D 【题号】20031046 　【难度】S5

　　【考点】两大论证型式　【命题方向】⑫论证推理　削弱、质疑、反驳

因：生态失衡。果：癌症发病率高。

　　D 选项：无关选项，只能说明治疗水平高了，但是不能说明发病率为什么会提高。

　　A、B 两项：他因削弱，指出是战争等原因导致了以前的青壮年还没有来得及发病就去世了，而现在发病率高的原因是人的寿命长了，可以活到发病的年龄了。C 选项：他因削弱，指出是诊断准确率提高，导致发病率高了。E 选项：他因削弱，指出是医学资料不全导致了以前的发病率统计值较低。

　　故正确答案为 D 选项。

50. A 【题号】20040140 　【难度】S5

　　【考点】两大论证型式　【命题方向】⑫论证推理　削弱、质疑、反驳

论据：风险资本家融资的初创公司比通过其他渠道融资的公司失败率要低。

结论：融资渠道比企业家个人素质、战略规划质量或公司管理结构等因素对于初创公司的成功更为重要。

　　A 选项：间接因果，表明初创公司得到风险资本家的融资只是一个表面现象，企业家个人素质、战略规划质量和公司管理结构等才是获得融资的真正原因。所以，企业失败率低还是因为这些因素的重要，削弱了题干的论证。

　　B 选项：无法削弱，企业家素质与战略规划之间重要性的比较与题干论证无关。C 选项：无法削弱，倒闭率的变化情况与题干论证无关，排除。D 选项：无法削弱，题干中并未进行初创公司与发展中公司的比较，排除。E 选项：无法削弱，财务背景对于企业成功的影响是什么呢？未知，排除。

　　故正确答案为 A 选项。

51. B 【题号】20050128 【难度】S4

【考点】两大论证型式 【命题方向】⑫论证推理 削弱、质疑、反驳

论据：马医生发现自己在进行手术前喝高浓度加蜂蜜的热参茶可使他手术效果更好。

结论：要么是参，要么是蜂蜜（因），能帮助他更快更好地进行手术（果）。

复选项Ⅰ：无法削弱，两种茶中都有蜂蜜，所以可能是蜂蜜使手术效果好，排除。

复选项Ⅱ：反例削弱，无因有果，说明手术效果好并不是参或者蜂蜜导致的，可以削弱。

复选项Ⅲ：无法削弱，洪医生的情况与题干中的马医生无关，排除。

故正确答案为B选项。

52. B 【题号】20050130 【难度】S5

【考点】两大论证型式 【命题方向】⑫论证推理 削弱、质疑、反驳

B选项：他因削弱，表明劳动生产率的提高很可能是由其他原因造成的，而与工资制度无关，正确。

A选项：无法削弱，挖走人才这一决策很可能与该工资制度有关，起到间接因果的作用，排除。

C选项：无法削弱，劳动生产率与公司历史的长短无必然联系，排除。

D选项：假反例，试图举"有因无果"的反例，但红塔钢铁公司的情况与火龙公司的情况是否相似未知，无法削弱。

E选项：假反例，试图举"无因有果"的反例，但有可能金龙公司的劳动生产率一直都比火龙公司高，所以该比较并无意义，排除。

故正确答案为B选项。

53. C 【题号】20050131 【难度】S5

【考点】两大论证型式 【命题方向】⑫论证推理 削弱、质疑、反驳

论据：新型键盘具有"三最"特点，能大大提高键入速度，并减少错误率。

结论：用新型键盘替换传统键盘能迅速提高相关部门的工作效率。

C选项：他因削弱，题干结论是"迅速提高相关部门的工作效率"，该选项可以表明新型键盘虽然有"三最"特点，但短期内并不容易熟练地使用，所以无法达到这个目的，正确。

A选项：无法削弱，"有的"数量未知，若只有很小一部分，那么新型键盘的优势依然存在，排除。

B选项：无法削弱，只要其不如新型键盘离得近，那么新型键盘的优势依然存在，排除。

D选项：无法削弱，题干中并未体现"价格"是否是影响人们选择的因素，排除。

E 选项：无法削弱，即使因人而异，只要使用新型键盘能让工作效率迅速提高，那么题干论证就依然成立，排除。

故正确答案为 C 选项。

54. B 【题号】20050151 【难度】S5

【考点】两大论证型式 【命题方向】⑫论证推理 削弱、质疑、反驳

论据：起居时间明显不同的夫妻爆发激烈争吵的次数较多。

结论：不同的起居时间（因）导致争吵（果）。

B 选项：因果倒置，说明闹矛盾是原因，不同的起居时间是结果，可以削弱，正确。

A、C、D 三项：题干中探讨的是发生争吵与起居时间之间的关系，与夫妻关系、起居时间变化无关，排除。

E 选项：力度较弱，如果是间接原因，如起居时间不同导致事件 B，事件 B 导致争吵，那么使他们保持相同的起居规律依然有利于维护良好的夫妻关系，可能起到支持作用，排除。

故正确答案为 B 选项。

55. D 【题号】20051045 【难度】S5

【考点】两大论证型式 【命题方向】⑫论证推理 削弱、质疑、反驳

论据：1994 年对小普村镇的村民健康检查发现几乎没人因水污染而患病。

结论：不用担心污水对健康的影响。

因：污水对健康没有影响。果：没有人因水污染患病。

D 选项：他因削弱。说明 1994 年的检查距离 90 年代初才产生的水污染时间太短，而污水导致的疾病需要很多年才能显现，所以检查发现无人因水污染而患病并不意味着就不会患病，只是患病的时间没有到。

A、C 两项：与题干论证无关，排除。B 选项："并非全体参加"即"有的没参加"，有多少没参加呢？对结果是否有影响呢？未知，无法削弱。E 选项："更难检测"≠"无法检测"，而且题干中也未说明进行的健康检查是针对水污染导致的疾病还是针对一般疾病，无法削弱，排除。

故正确答案为 D 选项。

56. B 【题号】20060130 【难度】S5

【考点】两大论证型式 【命题方向】⑫论证推理 削弱、质疑、反驳

论据：80 岁老人和 30 岁年轻人玩麻将时表现出的理解和记忆能力没有明显差别。

结论：一个人到了 80 岁理解和记忆能力不会显著减退。

B 选项：割裂关系，"只需要较低的理解和记忆能力"说明理解和记忆能力与玩麻将关系不大，因此不能从玩麻将的表现推断出理解和记忆能力是否减退，该选项表明论据与结

论无关，割裂了二者的关系，可以削弱。

A 选项：力度较弱，如果理解和记忆能力对于玩麻将也非常重要，只不过是次要的，这时题干的论证依然成立，排除。C 选项：有更多时间玩麻将不等于玩麻将的时间更长，也无法得知玩麻将的时间与理解和记忆能力的关系，无法削弱。D、E 两项：与题干论证无关，排除。

故正确答案为 B 选项。

57. E 【题号】20060139 【难度】S5

【考点】两大论证型式 【命题方向】⑫论证推理 削弱、质疑、反驳

论据：EB 病毒会导致鼻咽癌，X 牌香烟的 Y 成分可以抑制 EB 病毒（因）。

结论：经常吸 X 牌香烟的人将减少患鼻咽癌的风险（果）。

E 选项：他因削弱，表明其他因素（Z 成分中和了 Y 成分的作用）导致结果（减少患鼻咽癌的风险）不会出现，可以削弱。

A 选项：不同条件下的实验可得出类似结论，对题干论证起到了支持作用，排除。B 选项：题干中的结论是"减少患鼻咽癌的风险"，而不是"患病后吸 X 牌香烟会好转"，排除。C 选项：Y 成分对 EB 病毒的抑制作用与对免疫系统的负面作用的强弱未知，而且只要其可以抑制 EB 病毒，减少患鼻咽癌的风险，那么题干论证依然成立，排除。D 选项：支持了题干的论证，排除。

故正确答案为 E 选项。

58. D 【题号】20060142 【难度】S4

【考点】两大论证型式 【命题方向】⑫论证推理 削弱、质疑、反驳

论据：机动车辆增加、全球石油价格上升。结论：H 市难以摆脱空气污染的困扰。

D 选项：劣质含硫石油进入 H 市，会加剧空气污染，所以 H 市难以摆脱空气污染困扰，支持了题干的论证，无法削弱。

A、B、C、E 四项：他因削弱，限制废气排放、加大征收污染治理费，启用大量电车和燃气公交车、增加地铁运行线路，许多人转为购买低油耗的小型车，驾车旅游计划缩减，都有助于空气污染的治理。

故正确答案为 D 选项。

59. A 【题号】20060149 【难度】S5

【考点】两大论证型式 【命题方向】⑫论证推理 削弱、质疑、反驳

陈先生：因——人均寿命高。果——具备乐观精神。

贾女士：因——老年人寿命长。果——具备乐观精神。

A 选项：间接因果，表明人均寿命长导致社会需求和生产增强，从而提高了经济发展水平，进一步影响了社会情绪，加强了陈先生认为人均寿命高导致北欧人具备乐观精神的

观点，并且削弱了贾女士认为只有长寿的人才具备乐观精神的观点，正确。

B、E 两项：北非和日本的情况与题干论证无关，排除。

C 选项：说明长寿和乐观之间存在因果倒置的可能性，削弱了陈先生的观点，排除。

D 选项：说明是另外的一个因素同时影响了寿命及乐观情绪，削弱了陈先生的观点，排除。

故正确答案为 A 选项。

60. D 【题号】20061030 【难度】S4

【考点】两大论证型式 【命题方向】⑫论证推理 削弱、质疑、反驳

因：副王蛱蝶和黑脉金斑蝶在外形上相似（推知）。

果：副王蛱蝶很少被捕食（已知）。

D 选项：他因削弱，表明是因为副王蛱蝶对它的大多数捕食动物有毒，所以很少被捕食，而不是因为其与黑脉金斑蝶外形上相似，正确。其他选项均与题干论证无关，排除。

故正确答案为 D 选项。

61. A 【题号】20061035 【难度】S5

【考点】两大论证型式 【命题方向】⑫论证推理 削弱、质疑、反驳

论据：服用深海鱼油胶囊能降低胆固醇；同时，服用深海鱼油胶囊的人患心脏病风险降低。结论：降低胆固醇能减少患心脏病的风险。

A 选项：表明虽然服用深海鱼油胶囊降低了患心脏病的风险，但是有可能是深海鱼油胶囊降低了高血压，从而导致患心脏病风险降低，与胆固醇无关，这就是题干论证的漏洞。

B 选项：题干论证与"副作用"无关，排除。C 选项：由该论据无法直接得出结论，不是题干论证的漏洞，排除。D、E 两项：无关选项，排除。

故正确答案为 A 选项。

62. B 【题号】20070133 【难度】S4

【考点】两大论证型式 【命题方向】⑫论证推理 削弱、质疑、反驳

因：开启除霜孔。果：车辆玻璃冰霜迅速融化。

B 选项：反例削弱，无因有果，车尾玻璃窗没有除霜孔，但是与有除霜孔的前挡风玻璃冰霜融化速度一样，说明冰霜的融化与除霜孔无关，可以削弱。

A 选项：与题干描述的情景无关，排除。C 选项：表明除霜孔对冰霜融化有作用，无法削弱，排除。D 选项：与冰霜融化无关，排除。E 选项：表明除霜孔还是有用的，无法削弱，排除。

故正确答案为 B 选项。

63. D 【题号】20070137 【难度】S5

【考点】两大论证型式　【命题方向】⑫论证推理　削弱、质疑、反驳

魏先生：计算机对当代人类很重要，所以普及计算机知识应当从孩子抓起。

贾女士：计算机知识和技术更新迅速，所学知识会过时，不需要从小开始学。

D 选项：他因削弱，表明虽然计算机知识更新迅速，可能在运用时已经过时，但是学习它仍然对未来有好处，反驳了贾女士的论证，正确。

A 选项：题干论证是关于计算机的，其他技术是否也有此特点与题干论证无关，排除。B 选项：无论孩子是否具有这种能力，如果所学的知识在使用时已经过时，那么贾女士的论证依然成立，排除。C、E 两项：与题干中的"计算机知识"无关，排除。

故正确答案为 D 选项。

64. C　【题号】20080143　【难度】S5

【考点】两大论证型式　【命题方向】⑫论证推理　削弱、质疑、反驳

因：政府支出数百万美元保护赤道雨林。

果：去年 H 国赤道雨林面积缩小比例低于往年。

C 选项：他因削弱，是旱季出现的降雨使雨林面积的缩小比例低于往年，很可能与政府的财政投入并无关系，可以削弱。

A 选项：财政投入低于往年并不能说明该投入没有作用，排除。B 选项：题干中没有提到 H 国与 G 国的情况相似，排除。D 选项：用于雨林保护的费用所占比例与其是否起到作用无必然联系，排除。E 选项：与题干论证无关，排除。

故正确答案为 C 选项。

65. E　【题号】20081047　【难度】S5

【考点】两大论证型式　【命题方向】⑫论证推理　削弱、质疑、反驳

陈教授：现存的档案中找不到文字记录，所以中世纪初欧洲与东亚之间没有贸易往来。

李研究员：有人看到雪人当然能证明雪人存在，但没人看到不能证明雪人不存在。

李研究员意在表明：有文字记录当然能证明有贸易往来，但没有记录不能证明没有贸易往来。

要想反驳李研究员，应该表明：没有文字记录确实能证明没有贸易往来。

E 选项：与上述分析一致，如果有贸易往来应该留有记录，所以没有文字记录确实能证明没有贸易往来，正确。

A、B、C、D 四项：无关选项。

故正确答案为 E 选项。

66. C　【题号】20090144　【难度】S5

【考点】两大论证型式　【命题方向】⑫论证推理　削弱、质疑、反驳

论据：持有驾驶证的人员数量增加，但是交通死亡事故却在减少。

结论：驾驶员的驾驶技术熟练程度提高了。

C 选项：支持论证，提高了对新驾驶员的培训标准，说明驾驶技术确实在提高。

A 选项：他因削弱，如果违反交通规则是导致交通死亡事故的主要原因，那么交通死亡事故减少就与驾驶技术无关，可能是人们遵守交通规则的意识增强了。B 选项：他因削弱，交通管理力度加强，说明是其他原因导致交通死亡事故的减少。D 选项：他因削弱，因为驾驶私家车的人减少，路上的私家车数量减少，所以交通死亡事故减少。E 选项：他因削弱，道路状况及安全设施得到改善，所以交通死亡事故减少。

故正确答案为 C 选项。

67. C 【题号】20091042 【难度】S5

【考点】两大论证型式 【命题方向】⑫论证推理 削弱、质疑、反驳

论据：95%的海洛因成瘾者曾吸过大麻。

结论：如果吸大麻的人数减少一半，新的海洛因成瘾者将显著减少。

由题干的论据只能得出：如果海洛因成瘾者减少，那么吸大麻的人数会减少，但是无法推出题干中的结论，因为 H 地区吸大麻的人中，海洛因成瘾者可能非常少，如果是这样的话，那么即使吸大麻的人减少了，也可能对海洛因成瘾者的数量的数量没有影响，C 项指出了这个漏洞，可以削弱。

故正确答案为 C 选项。

68. E 【题号】20100129 【难度】S4

【考点】两大论证型式 【命题方向】⑫论证推理 削弱、质疑、反驳

论据：每行驶 5 000 千米做一次定期检查只能检查出汽车存在的一小部分问题。

结论：定期检查没有意义，是浪费时间和金钱。

题目要求寻找不能削弱的选项，应运用排除法将可以削弱的选项排除。

A 选项：可以削弱，表明定期检查能保障车主安全，是有必要的。B 选项：可以削弱，引擎是汽车的"心脏"，定期检查能发现引擎的某些主要故障，表明检查是有必要的。C 选项：可以削弱，定期检查是保证汽车的正常运行所必需的。D 选项：可以削弱，未做定期检查的车出现了问题，表明了定期检查的必要性。E 选项：无法削弱，未做定期检查的车未出现问题，说明定期检查不是必需的。

故正确答案为 E 选项。

69. D 【题号】20100132 【难度】S5

【考点】两大论证型式 【命题方向】⑫论证推理 削弱、质疑、反驳

论据：数学问题可以用计算机程序解决，工程技术类大学生不需要对基础数学有深刻的理解。

结论：在未来教学中，基础数学课程可以用其他重要的工程类课程代替。

复选项Ⅰ：支持论证，因为工程类基础课程中已经包含了基础数学的内容，所以可以用其他重要的工程类课程代替数学课程。

复选项Ⅱ：他因削弱，表明基础数学课程对工程设计来说很重要，不能被代替。

复选项Ⅲ：他因削弱，表明虽然数学问题可以用计算机程序解决，但是基础数学课程可以培养学生的思维能力，这种能力对工程设计很关键，所以该课程不能被代替。

故正确答案为 D 选项。

70. D 【题号】20100134 【难度】S5

【考点】两大论证型式 【命题方向】⑫论证推理 削弱、质疑、反驳

论据：出生地间隔较远的夫妻所生子女智商较高。

结论：异地通婚可提高下一代智商水平。

D 选项：他因削弱，说明是夫妻自身的高智商促成了异地通婚，所以子女智商高并不是因为异地，而是由高智商父母遗传导致的，可以削弱。

A 选项：力度较弱，题干中并未提及统计孩子平均智商的样本数量有多大。B、C 两项："一些"的数量范围未知，如果只是个别现象，则无法削弱。E 选项：基因接近与子女智商的关系未知，无法削弱。

故正确答案为 D 选项。

71. A 【题号】20100143 【难度】S5

【考点】两大论证型式 【命题方向】⑫论证推理 削弱、质疑、反驳

论据：有证据显示史前人类捕捉过剑乳齿象。

结论：剑乳齿象的灭绝（果）可能与人类的过度捕杀（因）有密切关系。

A 选项：他因削弱，表明是动物之间的相互捕杀导致剑乳齿象灭绝，与人类无关，正确。

B 选项：从侧面说明剑乳齿象的灭绝与人类过度捕杀有关，排除。C 选项："回迁现象"与人类捕杀关系不大，与题干论证无关，排除。D 选项：题干中只是表明剑乳齿象能吃草，但其是否就是食草动物呢？未知；人类扩大活动范围的过程中是否对其进行了捕杀呢？也未知，无法削弱。E 选项：幼年剑乳齿象自我生存能力弱是否足以导致该种族灭绝呢？不一定，无法削弱。

故正确答案为 A 选项。

72. D 【题号】(396) 201101 【难度】S4

【考点】两大论证型式 【命题方向】⑫论证推理 削弱、质疑、反驳

论据：小企业创造的就业机会更多。结论：鼓励兴办中小企业。

D 选项：说明多数兴办的小企业在 3 年内会倒闭，虽然能提供更多的就业机会，但是倒闭后会造成这些人需要重新就业，因此，从长期看兴办小企业不能真正地解决就业问题，可以质疑政治家的论证。

A、E两项：无关选项，工作满意程度和社会捐款在题干中未提到。B选项：支持题干，拥有能满足小企业工作要求的职业技能，这说明小企业能促进失业率的降低。C选项：创办企业相比扩大企业提供的有效刺激要小，说明我们应该扩大企业而不是创办新的企业，这里也可以对题干的论证产生削弱作用，但相比D选项，C选项的削弱程度要弱。

故正确答案为D选项。

73. E 【题号】20110129　【难度】S5

　　【考点】两大论证型式　【命题方向】⑫论证推理　削弱、质疑、反驳

因：家庭和学校不适当的教育方法。

果："男孩危机"——男孩调皮捣蛋、胆小怕事、学习成绩不如女孩好等现象。

E选项：他因削弱，说明是男孩的天性导致"男孩危机"，与家庭、学校不适当的教育方法无关。

A选项：表明"男孩危机"确实与家庭不适当的教育方法有关，支持。B选项：与"男孩危机"无关，排除。C选项：与目前出现的"男孩危机"无关，排除。D选项：无法说明家庭和学校有不适当的教育方法，也不能说明"男孩危机"与家庭和学校不适当的教育方法有关，排除。

故正确答案为E选项。

74. C 【题号】20110145　【难度】S5

　　【考点】两大论证型式　【命题方向】⑫论证推理　削弱、质疑、反驳

论据：双胞胎中，外表年龄差异越大，看起来老的那个就越可能先去世。

结论：长着一张娃娃脸的人意味着他将享有更长的寿命。

C选项：割裂关系，指出外表年龄与生命老化并无太大联系，直接表明二者不相关。

A选项："可能"力度较弱，排除。B选项：研究助手年轻是否会对研究结果有影响呢？未知，无法削弱。D选项：只表明了生命老化的原因，与题干论证无关，无法削弱。E选项：对生命有更深刻的理解与是否先去世的关系未知，无法削弱。

故正确答案为C选项。

75. E 【题号】20111044　【难度】S4

　　【考点】两大论证型式　【命题方向】⑫论证推理　削弱、质疑、反驳

论据：公立学校和农村学校教师接受培训的概率接近。

结论：农村学校教师和城市、市郊以及城镇的学校教师接受培训的概率相当。

题干论证将"公立学校"与"城市、市郊以及城镇的学校"画了等号，但这种等价是不正确的，E选项就说明了这一漏洞，可以反驳。

故正确答案为E选项。

76. C 【题号】(396) 201220 【难度】S5

【考点】两大论证型式 【命题方向】⑫论证推理 削弱、质疑、反驳

现象：海獭不在蛤蜊被赤潮毒素污染的区域觅食（果）。

解释：海獭在正式觅食前会先尝几个蛤蜊并且能察觉出毒素（因）。

C 选项：反例削弱，无因有果，指出在人为染红的海域，海獭也不吃那里的蛤蜊，这说明即使在没有毒的情况下海獭也不吃蛤蜊，海獭不觅食的原因并不在于察觉出毒素，可以削弱。

A 选项：无法表明赤潮毒素与海獭的关系，排除。B 选项：只是说明这种毒素达到一定量会让海獭死亡，这里无法反驳海獭不在这个区域觅食是因为它们能察觉其中的毒素，排除。D、E 两项：无关选项，排除。

故正确答案为 C 选项。

77. C 【题号】20120135 【难度】S4

【考点】两大论证型式 【命题方向】⑫论证推理 削弱、质疑、反驳

题干信息：汉字是象形文字，字形与字义相互关联；英语是拼音文字，字形与字义关联度不大。

C 选项：英语也有类似的象形文字，与张教授认为的"英语字形与字义关联度不大"不符。

A、B 两项：表明汉字是象形文字，英语不是象形文字，与张教授观点一致。D、E 两项：英语与汉语的词语相对应，汉语与英语、德语的词语意思相同，与张教授观点无关。

故正确答案为 C 选项。

78. C 【题号】20120150 【难度】S4

【考点】两大论证型式 【命题方向】⑫论证推理 削弱、质疑、反驳

论据：医院花瓶养花的水可能含有很多细菌，鲜花会在夜间与病人争夺氧气，还可能影响病房里电子设备的工作。

结论：医院担心鲜花会影响病人。

C 选项：鲜花换水、修剪需要人工，花瓶还可能产生危险，加剧医院的担心，正确。

A、B、D、E 四项：鲜花所含细菌较少、鲜花对病人康复有积极作用、鲜花对病房空气的影响可忽略不计、鲜花不会影响电子设备工作，均可减轻医院的担心，排除。

故正确答案为 C 选项。

79. C 【题号】20121034 【难度】S5

【考点】两大论证型式 【命题方向】⑫论证推理 削弱、质疑、反驳

论据：每天睡眠过多或过少的人平均认知水平低。

结论：要对老年人的睡眠进行干预，以改善老年人的认知能力。

因：睡眠过多或过少。果：认知能力差。

C 选项：说明是年龄大的原因导致认知水平低，与睡眠时间无关，所以即使干预睡眠，使老年人保持适当的睡眠时间，也无法改善认知能力，他因削弱，正确。

A 选项：题干论证与是否能检测睡眠时间无关，因为题干推理成立的关键不在于是否有专业的检测工具，而在于干预是否有效；并且题干信息为"相关工具"，不是"医疗器具"，排除。B 选项：无法建立睡眠时间与认知能力的关系，排除。D、E 两项：与题干论证无关，排除。

故正确答案为 C 选项。

80. D 【题号】20121046　【难度】S5

　　【考点】两大论证型式　【命题方向】⑫论证推理　削弱、质疑、反驳

论据：微波加热产生了人体不能接受的新分子（因）。

结论：经常吃微波食品会造成健康问题（果）。

D 选项：否因削弱，表明论证中的原因不成立，微波加热并没有产生新分子，也就不存在人体不能接受、有毒性、致癌等结果，所以削弱了微波食品造成健康问题这一论证，正确。

A、B 两项：题干论证与"营养流失""微波炉生产标准"无关，排除。C 选项：即使发达国家普遍使用微波炉也无法证明微波食品不会造成健康问题，排除。E 选项：虽然1947 年至今还没有癌变报告，但不能说明以后也没有，可能微波食品对健康的危害比较小，需要较长时间才能表现出来，无法削弱，排除。

故正确答案为 D 选项。

81. D 【题号】20130126　【难度】S5

　　【考点】两大论证型式　【命题方向】⑫论证推理　削弱、质疑、反驳

论据：实施"办公用品节俭计划"后公司用于各类办公用品的支出较上年度下降（因）。

结论：该计划为公司节约了不少经费（果）。

D 选项：反例削弱，"与该公司规模及其他基本情况均类似"这一条件表明二者可比，并形成了无因（未实施类似的节俭计划）有果（人均消耗额降低）的反例削弱，表明支出的降低可能与节俭计划没有关系，正确。

A 选项：未实施该计划，年均消耗额为 10 万元，如果实施计划后，年均消耗额低于 10 万元，那么该计划仍然有效，排除。B 选项：过去 5 年间推广无纸化办公，但去年的效果如何呢？未知。题干中的办公用品不仅包括纸，还有笔、夹子等各类办公用品，无纸化办公所减少的纸的经费在总体中占多大比例呢？未知。故无法质疑。C 选项：题干中已经列示了具体的下降比例，只要这一数字是有根据的，就可以得到结论，排除。E 选项：与题干论证无关，排除。

故正确答案为 D 选项。

82. A 【题号】20130152 【难度】S5

【考点】两大论证型式 【命题方向】⑫论证推理 削弱、质疑、反驳

论据:"心跳速度快"和"心血管疾病发病率高"两个现象同时出现。

结论:"长期心跳过快"导致"心血管疾病"。

A 选项:指出因果倒置,其实是"心血管疾病"导致"心跳过快",可以质疑。

B、C、E 三项:题干中并未涉及老年人心跳过快的比例以及老年人和年轻人的比较,所以无法质疑。D 选项:兔子与人的心脏结构、心跳速度及发病方式等方面是否相似未知,无法质疑。

故正确答案为 A 选项。

83. C 【题号】20131038 【难度】S5

【考点】两大论证型式 【命题方向】⑫论证推理 削弱、质疑、反驳

论据:经新一代基因测序技术筛查后的试管婴儿诞生。

结论:人类或许迎来了"定制宝宝"的时代。

C 选项:表明基因筛查与"定制宝宝"不同,由论据无法推出结论,正确。

A 选项:题干论证并未涉及基因筛查和自然受孕的优劣比较,排除。

B 选项:技术可能会与人类认知不同,但基因筛查是否会带来"定制宝宝"呢?未知,无法削弱。

D 选项:并未对"定制宝宝"的到来进行削弱,排除。

E 选项:无法说明"定制宝宝"的到来不成立;"可能"一词力度较弱,可能性大小未知,无法削弱。

故正确答案为 C 选项。

84. C 【题号】(396) 201414 【难度】S4

【考点】两大论证型式 【命题方向】⑫论证推理 削弱、质疑、反驳

因:郊区居民几乎不坐公交车。果:郊区的市政不会因公交补贴而受益。

C 选项:间接因果,说明郊区的商店受益于公交补贴,商店可以为市政纳税,提供就业,从而增加市政税收,减少失业补贴等,因此市政会间接受益。

A、B、D、E 四项:无关选项,"房地产税率""议案被否决""污染""投票者"均与题干论证无关,排除。

故正确答案为 C 选项。

85. C 【题号】20141040 【难度】S5

【考点】两大论证型式 【命题方向】⑫论证推理 削弱、质疑、反驳

论据：调查发现生活类图书的销量超过科技类图书。

结论：生活类图书的受欢迎程度高于科技类图书。

因：生活类图书受欢迎程度高。果：生活类图书销量高。

C选项：他因削弱，指出是种类多这一原因导致生活类图书销量高，正确。

A选项：销售量"部分"反映受欢迎程度，有多大部分呢？未知，无法削弱。B选项："受欢迎程度"与"是否受过高等教育"无关，排除。D选项：题干论证与是否被阅读无关，排除。E选项：题干论证与图书在什么渠道销售无关，排除。

故正确答案为C选项。

86. E 【题号】（396）201617　【难度】S4

　　【考点】两大论证型式　【命题方向】⑫论证推理　削弱、质疑、反驳

论据：骨质疏松会降低骨骼密度从而容易骨折，氟化物可以增加骨骼密度。

结论：骨质疏松症患者使用氟化物能够帮助他们强化骨质，降低骨折风险。

E选项：他因削弱，说明氟化物虽然可以增加骨骼密度，但是骨骼比之前的要脆弱，这样更容易导致骨折出现，不能降低骨折的风险，可以削弱题干的论证。

A选项：无法削弱，题干论证与患者是否有该意识无关，排除。B、C两项：无关选项，题干未提及牙齿健康、运动和摄入钙，排除。D选项：支持论证，说明氟化物不会像雌激素和降血钙素那样具有副作用，排除。

故正确答案为E选项。

命题方向⑬：论证推理　支持、加强

1. E 【题号】19980144　【难度】S6

　　【考点】两大论证型式　【命题方向】⑬论证推理　支持、加强

题干信息：列出纤维素的含量有助于保护民众健康。

复选项Ⅰ：可以支持，如果大多数消费者不注意包装袋上的纤维素含量，那么在购买时也就不会专门挑选纤维素含量高的食品，起不到保护民众健康的效果。

复选项Ⅱ：可以支持，说明纤维素有利于预防多种疾病，是有益于健康的。

复选项Ⅲ：可以支持，如果民众没有这方面的常识，即使看到了也无法判别，起不到保护民众健康的效果。

故正确答案为E选项。

2. A 【题号】19981050　【难度】S5

　　【考点】两大论证型式　【命题方向】⑬论证推理　支持、加强

论据：P450物质使大脑免受有毒化学物质侵害，无P450物质发病率高。

结论：有毒化学物质侵害导致发病。

A 选项：排除他因，如果 P450 对大脑还有其他方面的影响，例如生产某种重要的激素给大脑，那么无 P450 的时候就会对大脑产生两方面的影响，一方面是"有毒化学物质侵害"，另一方面是"缺少激素"。而到底是哪个因素造成发病率高就无法判断了，结论也就无法得出，故 A 选项可以支持。

B 选项：容易误选，错误原因在于"缺乏产生某些其他物质的能力"，"某些其他物质"到底对大脑有什么影响无法判断，故不能削弱推理。

C 选项：无法支持，反例并不能削弱统计调查，有可能"三倍"是一个统计结果，而不是绝对的结果，所以可以存在个别的反例。

D、E 两项：无关选项，排除。

故正确答案为 A 选项。

3. B 【题号】19981065 【难度】S5

【考点】两大论证型式 【命题方向】⑬论证推理 支持、加强

论据：过去五年中，削减教育经费仅仅减少了非基本服务的费用。

结论：进一步削减经费不会减少基本服务费用。

B 选项：可以支持，如果目前充足的经费使得某些非基本服务存在，那么就可以减少这些非基本服务费用，从而不影响基本服务费用。

故正确答案为 B 选项。

4. B 【题号】20010138 【难度】S5

【考点】两大论证型式 【命题方向】⑬论证推理 支持、加强

题干假设：（1）由陆地进入北美；（2）由海洋进入北美。

题干所描述的情景可以构成剩余法的模型，要更相信后者，只要将前者否定即可。

B 选项：表明"靠捕猎沿途陆地上的动物为食"这种情况不可能，所以不可能由陆地进入北美，在两种可能性中排除了前者，就可以使人更相信后者了，正确。

A 选项：表明存在由陆地进入北美的可能性，无法使人更相信后者，排除。

C 选项：文化是否类似与题干论证无关，排除。

D、E 两项：海洋文化的发端时间与题干论证无关，排除。

故正确答案为 B 选项。

5. B 【题号】20011032 【难度】S4

【考点】两大论证型式 【命题方向】⑬论证推理 支持、加强

因：修好道路。果：避免支付作为汽车修理费的赔偿金。

B 选项：建立联系，说明玫瑰城的道路修好之后，在近几年内不会因为道路原因对行驶的车辆造成损坏，也就避免了支付因为道路失修而损坏汽车的修理费赔偿金。

故正确答案为 B 选项。

6. E 【题号】20011066　【难度】S5

　　【考点】两大论证型式　【命题方向】⑬论证推理　支持、加强

论据：没被淘汰的比例高。结论：耐用性强。

E 选项：排他因支持，排除了轿车数量显著增长导致的全部车辆中近年生产的新车较多、旧车较少，从而造成没被淘汰的轿车比例较高的情况，可以支持。

B 选项：容易误选，其他公司轿车产量有显著增加，意味着近期生产新车数量较多，而在路上跑的比例却比较少，只能证明其他公司轿车质量差，不能证明本公司的质量好，题干推理是要判断本公司轿车质量的好坏，所以只要说明本公司轿车增长情况即可。

故正确答案为 E 选项。

7. E 【题号】20000132、20020113　【难度】S4

　　【考点】两大论证型式　【命题方向】⑬论证推理　支持、加强

事实二推出事实一：一段连续的广告中，观众印象最深的是第一个和最后一个广告，因此观众能够记住的广告比例降低。要使上述推理成立，必须建立两个事实间的联系。E 选项表明，一段连续的广告中出现的广告数量增加了，而观众一般只能记住首、尾两个广告，故导致了能记住的广告比例下降，说明事实二可以推出事实一。

故正确答案为 E 选项。

8. D 【题号】20020136　【难度】S4

　　【考点】两大论证型式　【命题方向】⑬论证推理　支持、加强

论据：精制食糖不是健康食品。结论：喜欢甜味不再对人有益。

D 选项：说明喜欢甜味的人在含食糖食品和有甜味的自然食品之间会选择前者，也就是更倾向于选择非健康食品，加强了题干的推理。

故正确答案为 D 选项。

9. C 【题号】20020145、20031039　【难度】S5

　　【考点】两大论证型式　【命题方向】⑬论证推理　支持、加强

因：被指控贪污、受贿的被告能聘请收费昂贵的私人律师，而被指控偷盗、抢劫的被告主要由法庭指定的律师辩护。

果：在法庭的被告中，被指控偷盗、抢劫的定罪率，要远高于被指控贪污、受贿的定罪率。

C 选项：排他因支持，排除了贪污、受贿的被告中犯罪率本来就低这种可能性，说明如果两类被告在律师方面没有差异，那么定罪率应该差不多，但实际情况是偷盗、抢劫的定罪率高，则很有可能是律师的差异导致定罪率不同，正确。

A 选项：定罪率指嫌疑人获罪数量占被检方起诉的被告数量的比例，与被指控的被告数量没有必然联系。B 选项：说明两类被告的律师没有差异，对题干论证有削弱作用。D、

E 两项：与题干论证无关。

故正确答案为 C 选项。

10. B 【题号】20060143 【难度】S5

【考点】两大论证型式 【命题方向】⑬论证推理 支持、加强

论据：爱慈老人院医生与住院老人的比率在常兴市的老人院中几乎是最小的（因），爱慈老人院在疾病治疗水平方面受到的评价相当低（果）。

结论：医生数量不足是造成爱慈老人院在疾病治疗水平方面评价偏低的原因。

B 选项：排他因加强，排除医务护理人员少导致疾病治疗水平评价偏低的可能性，使题干中医生数量不足导致评价偏低的结果更可信，可以加强，正确。

A、C、D 三项："和祥老人院""学术文章数量""老人院位置"与题干论证无关，无法加强，排除。E 选项：医生医术一般削弱了题干论证，且"某些"数量不确定，无法加强，排除。

故正确答案为 B 选项。

11. D 【题号】20071038 【难度】S5

【考点】两大论证型式 【命题方向】⑬论证推理 支持、加强

论据：参加挑战杯比赛的同学学习成绩一直保持较高的水平。

结论：挑战杯比赛有效地提高了学生的学习成绩。

D 选项：排除因果倒置，确实是挑战杯导致成绩好，而不是成绩好的学生才能参加挑战杯，可以加强。

A 选项：说明挑战杯与成绩好之间不存在必然的因果关系，有削弱作用，排除。B 选项：未提及挑战杯是否会影响学习成绩，无法加强，排除。C 选项：学习努力与成绩好之间不存在必然的因果关系，无法加强，排除。E 选项：与题干论证无关，排除。

故正确答案为 D 选项。

12. A 【题号】20100140 【难度】S4

【考点】两大论证型式 【命题方向】⑬论证推理 支持、加强

现象：鸽子走路时，脖子往前一探，然后头部保持静止，等待身体和爪子跟进。

假设：伸脖子等待身体跟进有利于鸽子获得稳定的视野，看清周围的食物。

A 选项：不伸脖子很难发现远处的食物，与题干中"看清周围的食物"不太一致，但是其他选项都与题干无关，所以 A 选项相对较好。

B 选项：将步伐大和步伐小的鸟类伸脖子的幅度进行比较，与题干无关。C、D 两项：解释鸽子伸脖子的原理，与题干无关。E 选项：指出雏鸽功能发育不够完善带来的后果，与题干无关。

故正确答案为 A 选项。

13. A 【题号】20110130 【难度】S5

【考点】两大论证型式 【命题方向】⑬论证推理 支持、加强

题干信息：（1）抚仙湖虫属于真节肢动物中比较原始的类型；（2）外骨骼分为头、胸、腹三部分，它的背、腹分节数目不一致；（3）泥盆纪直虾是现代昆虫的祖先，抚仙湖虫化石与直虾类化石类似，间接表明抚仙湖虫是昆虫的远祖；（4）抚仙湖虫的消化道充满泥沙，这表明它是食泥的动物。

A选项：与（4）冲突，无法支持。

B选项：支持（2）和（3）。C选项：支持（3）。D选项：支持（1）和（3）。E选项：支持（4）。

故正确答案为A选项。

14. E 【题号】20110154 【难度】S5

【考点】两大论证型式 【命题方向】⑬论证推理 支持、加强

论据：民用航空恶性事故发生率总体呈下降趋势。结论：乘飞机出行越来越安全。

E选项：无效比较，与驾车进行比较，与题干论证无关，无法加强。

A选项："死里逃生"的概率提高，即使出现了恶性事故也有机会生还，加强结论。B选项：安全培训越来越受到重视，发生恶性事故时机组人员更容易做出正确的决策，加强论证。C选项：空中交通控制系统更加完善使飞机飞行更加安全，加强论证。D选项：避免"机鸟互撞"的技术与措施日臻完善，"机鸟互撞"的概率降低，加强论证。

故正确答案为E选项。

15. D 【题号】20111047 【难度】S4

【考点】两大论证型式 【命题方向】⑬论证推理 支持、加强

论据：马坑中放置了一个牛角。结论：该马坑可能和祭祀有关。

D选项：建立联系，说明由马坑中放置了牛角可以推出祭祀，正确。

A选项：如果牛角是祭祀时的重要物件，那么应该是从发现祭祀场景推测出很可能有牛角，而不是由发现牛角推测出祭祀，排除。B、C、E三项：与题干信息无关，排除。

故正确答案为D选项。

16. E 【题号】20111048 【难度】S4

【考点】两大论证型式 【命题方向】⑬论证推理 支持、加强

论据：土卫二喷射出的微粒中含有钠盐。结论：土卫二存在液态水。

E选项：建立联系，说明由钠盐可以推出液态水，与题干论证过程一致，正确。

其他选项均与题干推测无关，排除。

故正确答案为E选项。

17. E 【题号】20111052 【难度】S4
　　　　【考点】两大论证型式 【命题方向】⑬论证推理 支持、加强
论据：鹿角饰品。结论：仪式性活动。
E 选项：建立联系，由鹿角饰品推出仪式性活动，与题干论证过程一致，正确。
其他选项均无法支持题干的推理过程，排除。
故正确答案为 E 选项。

18. A 【题号】20131027 【难度】S4
　　　　【考点】两大论证型式 【命题方向】⑬论证推理 支持、加强
论据：考古发掘的独木舟的选材和云南热带地区所产的木头一样。
结论：3 000 多年前的古代，河南的气候和现在热带的气候很相似。
A 选项：排他因支持，排除了该独木舟所使用的木头是从云南运来的可能性，以此说明发掘的独木舟是从本地取材，支持了题干的论证。
B、C、D 三项：与题干论证无关，排除。E 选项："一些"数量未知，如果只生长着很少的热带植物，那么也无法说明气候状况，排除。
故正确答案为 A 选项。

19. D 【题号】20131037 【难度】S4
　　　　【考点】两大论证型式 【命题方向】⑬论证推理 支持、加强
论据："阿喀琉斯基猴"的眼眶较小（因）。结论："阿喀琉斯基猴"在白天活动（果）。
D 选项：无因无果支持，白天活动眼眶小，夜间活动眼眶大，说明活动时间与眼眶大小确实存在联系，支持了科学家的推测，正确。
A、C 两项：与题干论证无关，排除。B 选项：表明视力与眼眶大小没有因果关系，对题干论证有削弱作用，排除。E 选项：即使"阿喀琉斯基猴"与类人猿是近亲，也无法说明科学家的推测成立，排除。
故正确答案为 D 选项。

20. C 【题号】20100138 【难度】S5
　　　　【考点】两大论证型式 【命题方向】⑬论证推理 支持、加强
因：文理分科人为地造成了自然科学与人文社会科学的割裂。
果：科普类读物在国内并不畅销，科普类图书的读者市场还没有真正形成。
C 选项：建立联系，非自然科学工作者缺乏理科背景，对科学敬而远之，而缺乏理科背景正是题干中的文理分科造成的，所以加强了上述观点，正确。
A 选项：力度较弱，"有些"范围不确定。B 选项：他因削弱，指出是有效供给不足导致科普读物不畅销，无法加强。D 选项：表明与科普电视节目相应的科普读物大受欢迎，但整个市场上科普类读物为什么不畅销还是未知，无法加强。E 选项：该选项说的是科普

读物只是介绍科学知识，但题干并未说明读者是因为科普读物的内容而对科普读物没兴趣，不能必然推出只是介绍科学知识导致科普读物不畅销，该选项与题干的因果关系无关，排除。

故正确答案为 C 选项。

21. D 【题号】20100141 【难度】S5

【考点】两大论证型式 【命题方向】⑬论证推理 支持、加强

因：近年来 S 市政府采取了控制大气污染的相关措施。果：空气质量变好。

D 选项：S 市市长办公室着手制定相关条例，说明该条例还未开始实行，但空气质量已经变好，无法支持。

A 选项的"开展环保宣传"，B 选项的"启动内部控制污染方案"，C 选项的"执行新的机动车排放标准"，E 选项的"制定'绿色企业'标准"，均是政府已经采取的环保措施，支持了该负责人的看法。

故正确答案为 D 选项。

22. E 【题号】(396) 201103 【难度】S4

【考点】两大论证型式 【命题方向】⑬论证推理 支持、加强

因：农业经济衰退时期，一系列人口向城市地区迁移。

果：19 世纪英国的城市人口上升，而农村人口下降。

E 选项：说明在农业经济最强劲时，城市人口增长速度几乎为零，这从反面支持了历史学家的推理，即起到了"无因无果""有因有果"的支持作用。

A 选项：工业化导致的农村人口的迁移，属于因果倒置的削弱，排除。B 选项：题干中没提及总人口数，属于无关选项，排除。C 选项：是对该因果推论的削弱，排除。D 选项：农业经济强劲，农村人口仍旧向外迁移，无法支持题干的论证。

故正确答案为 E 选项。

23. C 【题号】20110139 【难度】S5

【考点】两大论证型式 【命题方向】⑬论证推理 支持、加强

题干信息：形式语言和自然语言都是人们交流和理解信息的重要工具，要把二者结合起来使用。

C 选项：仅用形式语言或者仅用自然语言表达都会产生问题，所以支持了题干中要将二者结合起来使用的结论，正确。

A、D 两项：只表明了形式语言的重要性，排除。B 选项：只表明了自然语言的重要性，排除。E 选项：与题干论证无关，排除。

故正确答案为 C 选项。

24. D 【题号】20110146　【难度】S4

　　　　【考点】两大论证型式　【命题方向】⑬论证推理　支持、加强

论据：无糖饮料可能导致人们食用更多的含糖类食物，而且喝得过多会限制其他健康饮品的摄入。

结论：无糖饮料（因）可能会导致体重增加（果）。

D 选项：表明无糖饮料很可能与胖有关，可以支持。

A 选项：与无糖饮料无关，排除。B、C 两项："有些"范围未知，若只是个别情况则无法说明任何问题，排除。E 选项：意图说明是因为很少进行健身运动导致肥胖，起到一定的削弱作用，排除。

故正确答案为 D 选项。

25. E 【题号】(396) 202008　【难度】S5

　　　　【考点】两大论证型式　【命题方向】⑬论证推理　支持、加强

因：商场内射入阳光。果：增加销售额。

E 选项：无因无果，夜间没有阳光的时候，有天窗的一边销售额就不比另一边高了，说明销售额与阳光射入确实存在关联，正确。

A 选项：他因削弱，指出商场两边还有其他差异，销售额不同可能与建筑差别有关，排除。B、D 两项：无关选项，排除。C 选项：他因削弱，指出有可能是这些部门本来销售额就比较高，与阳光射入无关，排除。

故正确答案为 E 选项。

26. B 【题号】20041045　【难度】S5

　　　　【考点】两大论证型式　【命题方向】⑬论证推理　支持、加强

论据：安装多功能防范系统后盗窃率降低。结论：多功能防范系统导致盗窃率降低。

B 选项：给出了另一类参照对象——没有安装多功能防范系统的小展馆情况，形成了"对照实验"，即没有安装多功能防范系统的小展馆盗窃率变高了，而安装多功能防范系统的博物馆盗窃率降低了，因此，可以判断出多功能防范系统是导致盗窃率降低的原因。

故正确答案为 B 选项。

命题方向⑭：论证推理　假设、前提

1. C 【题号】19970128　【难度】S4

　　　　【考点】两大论证型式　【命题方向】⑭论证推理　假设、前提

论据：面试能筛掉个性不适合的员工。结论：面试在求职过程中非常重要。

C 选项：方法可行，要通过面试筛掉个性不适合的员工，就需要保证面试主持者有能力区分面试者的个性是否符合工作需要。

D 选项：假设过强，只要面试可以测试应聘者的个性即可，不需要假设其是面试的唯一目的。

故正确答案为 C 选项。

2. E　【题号】19970135　【难度】S4

【考点】两大论证型式　【命题方向】⑭论证推理　假设、前提

论据：在遗址发现了烧焦的羚羊骨残片。

结论：人类在早期就掌握了取火煮食肉类的技术。

E 选项：建立联系，表明羚羊骨确实是被人类取火烧焦的，以此证明人类早期就掌握了取火煮食肉类的技术。

其他选项均与题干论证无关，排除。

故正确答案为 E 选项。

3. B　【题号】19980127　【难度】S5

【考点】两大论证型式　【命题方向】⑭论证推理　假设、前提

题干信息：调高水价可以对节约用水产生推动作用。

复选项Ⅰ：必须假设，如果浪费不是水价偏低造成的，那么提高价格也就不能减少浪费了。

复选项Ⅱ：必须假设，如果价格上调幅度没有对浪费水的用户产生经济压力，那么这些用户依然不会减少浪费。

复选项Ⅲ：无关选项，题干论述与用户满不满意没有关系，只与调价是否能够减少浪费有关。

故正确答案为 B 选项。

4. C　【题号】19980143　【难度】S6

【考点】两大论证型式　【命题方向】⑭论证推理　假设、前提

题干信息：所有向甲公司求职的人同时向乙公司求职，两公司各给其中半数求职者每人一个职位。因此，所有求职者都找到了一份工作。

题干推理成立所隐含的假设有两个：（1）向甲和乙两家公司求职的人员完全一致；（2）没有人同时获得两家的职位。C 选项：满足了第二个假设条件，如果有人同时获得两个公司的职位，那么总的找到工作的人将减少，并不等于全部的求职人数。

故正确答案为 C 选项。

5. A　【题号】19991042　【难度】S5

【考点】两大论证型式　【命题方向】⑭论证推理　假设、前提

题干论证推理链条：不允许扣除广告费→缴纳更多税金→提高价格→减少销量。

题干进行了一系列的因果推导，其中"不允许扣除广告费→缴纳更多税金""提高价格→减少销量"都符合正常规律，所以一般没有什么可质疑之处。A选项：要使"缴纳更多税金→提高价格"这个推理成立，则必须如此假设，否则企业可以不用提价，也就没有后续的推理了。

故正确答案为A选项。

6. E 【题号】19991046 【难度】S4

【考点】两大论证型式 【命题方向】⑭论证推理 假设、前提

论据：有陪葬物。**结论**：有死后复生信念。

推理的前提和结论之间有明显的跳跃性，E选项建立了这种联系。

故正确答案为E选项。

7. E 【题号】19991053 【难度】S5

【考点】两大论证型式 【命题方向】⑭论证推理 假设、前提

因：食用巧克力与心脏病发病率无关。**果**：巧克力消费量将会大增。

题干的因和果之间有明显的跳跃性，所以需要建立一个联系。E选项：建立联系。说明许多人不吃巧克力是因为相信巧克力会诱发心脏病，那么在得知二者无关情况下，巧克力销量确实会因此大增。

故正确答案为E选项。

8. A 【题号】19991073 【难度】S4

【考点】两大论证型式 【命题方向】⑭论证推理 假设、前提

顾客推理过程：**论据**：透支利率太高。**结论**：对顾客不利。

反驳推理过程：**论据**：信用卡便于顾客在货物削价时及时购物。**结论**：对顾客有利。

为了使后者的反驳成立，则必须是"削价时购物"节省下来的钱超过"透支利息"，这样整体上对顾客才是有利的。

故正确答案为A选项。

9. A 【题号】20000172 【难度】S5

【考点】两大论证型式 【命题方向】⑭论证推理 假设、前提

论据：核试验次数得到限制时出现负超常消费，核试验次数增多时出现正超常消费。

结论：能觉察到"核战争威胁"时，正超常消费的可能性增加。

A选项：方法可行，老百姓要进行正超常消费，就得有足够的商品来支持，需要假设。

C选项：假设过强，只要老百姓可以通过核试验次数来察觉核战争威胁即可，不需要"只能"，排除。

故正确答案为A选项。

10. D 【题号】20010130 【难度】S5

【考点】两大论证型式 【命题方向】⑭论证推理 假设、前提

李：日本在延长肺癌病人生命方面的医疗水平较高，因此肺癌病人的平均生存年限高。

张：日本人自我保健意识较高，因此早期确诊率较高。

张的反驳意在他因削弱，说明是"早期确诊率高"导致了"肺癌病人的平均生存年限高"。

复选项Ⅰ：必须假设，否则张的推理便不成立，无法得出日本早期确诊率高的结论。

复选项Ⅱ：必须假设，早期确诊确实能延长患者寿命，即确实削弱了李的推理。

复选项Ⅲ：削弱了张的推理，即如果确诊率高是衡量医疗水平的重要方面，那么张的反驳便不成立了。

故正确答案为 D 选项。

11. C 【题号】20010135 【难度】S5

【考点】两大论证型式 【命题方向】⑭论证推理 假设、前提

论据：化学工业发达的国家人均寿命增长率高于不发达的国家。

结论：无须担心化学工业危害人类健康。

C 选项：用化学工业发达的国家做了一个前后对照，结果发现无发达的化学工业时人均寿命增长率没有变高，说明化学工业是没有危害的，是必需的假设。

A、D、E 三项：无关选项，与题干论证过程无关，排除。B 选项：用化学工业不发达的国家做了一个前后对照，结果发现有发达的化学工业时人均寿命增长率变低，说明化学工业有害，起到削弱作用。

故正确答案为 C 选项。

12. A 【题号】20010147 【难度】S5

【考点】两大论证型式 【命题方向】⑭论证推理 假设、前提

论据：一词的多义应当相近，"cool"初始含义是"凉爽"。

结论："cool"解释为"帅"是误用。

A 选项：排他因假设，排除初始含义不是该词的唯一确切含义的可能性，如果"cool"还有其他含义，那么有可能与"帅"相近，此时题干结论就不成立了，所以必须假设。

故正确答案为 A 选项。

13. D 【题号】20010155 【难度】S6

【考点】两大论证型式 【命题方向】⑭论证推理 假设、前提

论据：相机拍到 50 辆，1 千米外警察目测到 25 辆。结论：目测准确率不高于 50%。

D 选项：排他因假设，有可能有一些在相机前超速的车到了 1 千米外的目测地点时减速了，在目测处没有超速，这样目测准确率就高于 50% 了，所以必须假设。

故正确答案为 D 选项。

14. C 【题号】20010161 【难度】S5

【考点】两大论证型式 【命题方向】⑭论证推理 假设、前提

论据：青少年把课余时间花在游戏上，而不是与人交流上。

结论：课余时间花在游戏上的青少年沟通较少。

C 选项：排他因假设，如果不玩游戏的孩子也不与人交流，那么题干的结论就不能成立了，所以必须假设。

故正确选项为 C 选项。

15. B 【题号】20020131 【难度】S5

【考点】两大论证型式 【命题方向】⑭论证推理 假设、前提

论据：正版光盘每张盈利 10 元，盗版光盘销售 10 万张（因）。

结论：公司损失 100 万元（果）。

此题在推理过程中存在着一个明显的漏洞，就是即使"盗版光盘被禁"，也并不意味着"正版光盘就能卖 10 万张"，因为两者之间的价格差别很大。所以为了使推理的"果"成立，B 选项是必须假设的。

A 选项：假设过强，"各种盗版制品"范围太大，只需要购买 W 公司光盘盗版制品的人这么做即可，不是必须的假设。C、D、E 三项：无关选项，盗版光盘的单价、盗版光盘的质量、盗版光盘充斥市场的原因等信息与题干论证过程无关，排除。

故正确答案为 B 选项。

16. B 【题号】20020140 【难度】S4

【考点】两大论证型式 【命题方向】⑭论证推理 假设、前提

史：赤狼是杂种动物，赤狼明显需要保护。因此，条例应该修改为也保护杂种动物。

张：如果赤狼确实是山狗与灰狼的杂交种的话，那么可以通过杂交再获得。

张大中采用的反驳方式是归谬削弱，为了使张大中反驳的推理可行，必须假设的是"现存杂种动物都是现存纯种动物杂交的后代"，否则就无法通过杂交再获得，其结论将不能成立。

故正确答案为 B 选项。

17. C 【题号】20030136 【难度】S4

【考点】两大论证型式 【命题方向】⑭论证推理 假设、前提

论据：英语和姆巴拉拉语中，"狗"的发音一样；但是这两种语言的历史一样古老，并且属于完全不同的语系，没有任何亲缘关系，使用这两种语言的人在两个世纪前也没有交往过。

结论：不同的语言中出现意义和发音相同的词，并不一定是由于语言的相互借用或语言的亲缘关系所致。

C 选项：如果 C 选项不成立，有第三种语言从英语或姆巴拉拉语中借用了"狗"一词，那么很有可能出现这种情况：a 语言从英语中借用了"狗"，姆巴拉拉语又从 a 语言中借用了"狗"，此时，英语和姆巴拉拉语虽然没有直接的借用关系，但是 a 语言作为一个媒介，把"狗"从英语借用到了姆巴拉拉语中。如果是这种情况的话，那么题干的论证就不成立了，所以 C 选项是必须要有的假设，正确。

A、B 两项：题干中的论证是围绕英语和姆巴拉拉语展开的，与汉语和其他语言无关，排除。D 选项：使用这两种语言的人并不一定要在某一时期彼此接触过，只要语言在两者间产生传播即可，不是必须要有的假设，排除。E 选项：假设过强，并不需要假设相互接触就一定会导致语言的相互借用，只要可以导致语言借用即可，排除。

（注意：在假设中慎选"一定""必然"这样极其肯定的选项，避免假设过强。）

故正确答案为 C 选项。

18. A　【题号】20031037　【难度】S4

　　【考点】两大论证型式　【命题方向】⑭论证推理　假设、前提

论据：急性视网膜坏死综合征患者大多数临床表现反复出现。

结论：此病是无法治愈的。

A 选项：排他因假设，如果这些患者是在被治愈之后又重新感染了疱疹病毒，从而导致相关的症状时有时无，临床表现反复出现，那么就不能说明该病无法治愈，所以要想使题干论证成立，就应该将"重新感染过疱疹病毒"这种情况排除掉，是必须要有的假设。

B、C 两项：是否采取防感染措施、是否抗药均对题干论证不产生影响，排除。

D、E 两项：与题干论证无关，排除。

故正确答案为 A 选项。

19. E　【题号】20040146　【难度】S5

　　【考点】两大论证型式　【命题方向】⑭论证推理　假设、前提

论据：莱布尼兹和牛顿在成果发表之前通过信，但信中未涉及微积分的任何重要之处。

结论：莱布尼兹和牛顿各自独立地发现了微积分。

E 选项：排他因假设，如果 E 选项不成立，二人从第三渠道获得过关于微积分的关键性细节，那么二人发现微积分很可能是受到了其他信息的影响，无法得出他们各自独立发现了微积分的结论，所以 E 选项必须假设，正确。

A、B、C 三项：不需假设，数学方面才能的高低与谁发现微积分并无必然联系，莱布尼兹是否是诚实的人与题干论证无关，二人是否独立发现微积分与其他人无关，排除。

D 选项：不需假设，如果 D 选项不成立，即莱布尼兹在发表前将其中的关键性内容告诉过别人，但只要那个人没有告诉牛顿就不影响题干的论证，二人仍然是独立发现了微积分。

故正确答案为 E 选项。

20. C 【题号】20040153 【难度】S5

【考点】两大论证型式 【命题方向】⑭论证推理 假设、前提

论据：西方航空公司由北京至西安的全额票价一年多来保持不变；一年前，一半打折出售，一半全额出售；目前，90%打折出售，10%全额出售。

结论：目前西方航空公司由北京至西安的平均票价，比一年前要低。

(1) 平均票价 =（打折票数×打折票价+全额票数×全额票价）/总票数；

(2) 一年前的平均票价 =（50%×总票数×打折票价+50%×总票数×全额票价）/总票数；

(3) 目前的平均票价 =（90%×总票数×打折票价+10%×总票数×全额票价）/总票数。

C 选项：在平均票价的计算公式（2）和（3）中，全额票价是不变的，如果二者的打折票价基本相同，此时就可得出目前的平均票价比一年前低的结论，正确。

A、B 两项：题干中对于平均票价的计算与售出率无关，不是必须要有的假设，排除。

D、E 两项：与题干论证无关，排除。

故正确答案为 C 选项。

21. A 【题号】20050132 【难度】S5

【考点】两大论证型式 【命题方向】⑭论证推理 假设、前提

论据：可以通过面试了解应聘者的个性，从而将个性不合适的应聘者淘汰。

结论：面试是招聘的一个不可取代的环节。

A 选项：必须假设，招聘要将个性不合适的应聘者淘汰，而其他招聘环节又很难展示出应聘者的个性，所以能够了解其个性的面试环节是不可取代的，正确。

B 选项：假设过强，不需要假设个性是最主要的因素，只要个性会影响录用结果即可，排除。C 选项：题干论证与招聘者无关，排除。D 选项：假设过强，不需要假设面试比其他环节更重要，只要面试能影响录用结果即可，排除。E 选项：假设过强，不需要假设了解个性是面试的唯一目的，只要是目的之一即可，排除。

故正确答案为 A 选项。

22. C 【题号】20051039 【难度】S5

【考点】两大论证型式 【命题方向】⑭论证推理 假设、前提

论据：使用新设备后不合格率提高。结论：使用新设备可以减少不合格产品进入市场。

假设 9 月份生产了 10 000 件产品，不合格率为 0.04%，也就是有 4 件产品不合格，如果 9 月份检测为合格的产品中，实际上全部都是合格的，没有一件不合格，那么原设备是准确的，可以准确检测出所有不合格的产品，完全阻止了不合格产品进入市场，那么新设备就无法起到减少不合格产品进入市场的作用。所以必须要假设 9 月份检测为合格的产品中，至少有一些是不合格的，也就是表明原设备不准确，有误检，这样才能使题干论证

成立。

故正确答案为 C 选项。

23. C 【题号】20060140　【难度】S4

【考点】两大论证型式　【命题方向】⑭论证推理　假设、前提

论据：目前在钟教授的研究生中，起早摸黑做实验的人越来越少了。

结论：生命科学院以前研究生的那种勤奋精神越来越不多见了。

上述论证存在两个漏洞：（1）钟教授的研究生可能无法代表生命科学院研究生的整体情况；（2）起早摸黑做实验不一定能说明是否勤奋。所以要想使题干的论证成立，必须要将漏洞补上。

C 选项：建立联系，表明起早摸黑做实验与勤奋有必然的联系，即补上了漏洞（2）。

故正确答案为 C 选项。

24. B 【题号】20060148　【难度】S4

【考点】两大论证型式　【命题方向】⑭论证推理　假设、前提

陈先生：因——人均寿命高。果——具备乐观精神。

贾女士：因——老年人寿命长。果——老年人具备乐观精神。

贾女士认为北欧人不是因为平均寿命长而具备乐观精神，而是寿命比较长的老人才具有乐观精神，因果倒置，B 选项与此处分析一致，正确。

故正确答案为 B 选项。

25. A 【题号】20060153　【难度】S5

【考点】两大论证型式　【命题方向】⑭论证推理　假设、前提

论据：在热带大草原上发现了古代工具，这些工具是史前人类和类人猿都用过的类型；史前人类在热带大草原居住过，类人猿只生活在森林中（因）。

结论：这些被发现的古代工具不是类人猿用过的，而是史前人类用过的（果）。

因为发现该工具（最近）与该工具被史前人类或类人猿使用（史前）之间存在巨大的时间差，在这个时间差中森林有可能演变为草原，那么该工具就可能是类人猿在森林中生活时留下的。如果是上述情况的话，那么题干结论就不成立了，所以必须要将此种情况排除掉，以确保题干论证成立。

A 选项：排他因假设，排除森林演变为草原的情况，从而使题干论证更可靠，正确。

B、C、D、E 四项：与题干论证无关，排除。

故正确答案为 A 选项。

26. E 【题号】20061029　【难度】S5

【考点】两大论证型式　【命题方向】⑭论证推理　假设、前提

题干信息：行为→结果→其他行为。

要判断行为的好坏，需要判断结果的好坏，要判断结果的好坏，需要判断作为其结果的其他行为的好坏，所以如果一个好的行为必须是能够被我们判断的，那么就需要看该行为结果的好坏，还需要判断其他行为的好坏，这样一来，就进入了一个死循环，那么好的行为就不可能存在。所以 E 选项是使题干论证成立的前提条件。

故正确答案为 E 选项。

27. C 【题号】20061053 【难度】S5

【考点】两大论证型式 【命题方向】⑭论证推理 假设、前提

论据：山奇正濒临灭绝，但可以利用山奇与雏菊杂交来产生山奇-雏菊杂交种子。

结论：利用山奇与雏菊杂交几乎是避免山奇灭绝的唯一方式。

复选项Ⅰ、Ⅱ：题干论证中提到需要大量地人工培育雏菊，可能是因为目前雏菊数量不够，所以Ⅰ和Ⅱ都不是必需的假设，排除。

复选项Ⅲ：必须假设，如果杂交种子不具有繁衍后代的能力，那么山奇还是会灭绝，无法使题干论证成立，所以这是必须假设的。

故正确答案为 C 选项。

28. A 【题号】20071040 【难度】S5

【考点】两大论证型式 【命题方向】⑭论证推理 假设、前提

因：大脑神经递质化学物质不平衡导致的精神失常。果：只能通过药物进行治疗。

A 选项："只能"通过药物治疗，就说明心理疗法无效，所以这是必须要假设的，正确。

B 选项：未区分精神失常的类型，而且题干论证与"见效快"无关，排除。

C、D、E 三项：无关选项，排除。

故正确答案为 A 选项。

29. E 【题号】20071054 【难度】S5

【考点】两大论证型式 【命题方向】⑭论证推理 假设、前提

论据：去年发行的 100 部电影中，有 25 部是由小说改编的。

结论：由书改编的电影，在这 100 部电影中所占的比例不会超过 1/4。

从题干论证可知，结论是由小说改编的电影所占比例为 1/4（25/100），所以要想得到该结论，就需要假设去年发行的电影都是由小说改编的，也就是说没有一部是基于小说以外的书改编的。

E 选项：与上述分析一致，正确。

D 选项：题干论证与小说是否适合于改编成电影无关，无论是否适合改编，只要被改编成了电影就在题干探讨的范围内，所以这不是必须假设的，排除。

故正确答案为 E 选项。

30. E 【题号】20091036　【难度】S5

【考点】两大论证型式　【命题方向】⑭论证推理　假设、前提

论据：海鸟标本的羽毛中汞含量比活鸟低（果）。**结论**：过去海鱼中汞含量低（因）。

E 选项：排他因假设，排除了标本制作和保存方法导致海鸟羽毛中汞含量显著减少的可能，说明海鸟标本的羽毛汞含量少的原因确实是当时的海鱼中汞的含量少，而不是其他原因导致的，是题干论证成立的前提条件，正确。

A 选项：对题干论证没有太大影响，排除。B 选项：与题干论证无关，排除。C 选项：没有说明汞含量随着时间的变化如何改变，无法得知是变多还是变少。因此，无法确定对题干论证的影响，排除。D 选项：说明现在的海鸟汞含量高有可能是因为吃的海鱼更多，而不是现在的海鱼中汞含量高，无法使题干论证成立，排除。

故正确答案为 E 选项。

31. E 【题号】20101040　【难度】S5

【考点】两大论证型式　【命题方向】⑭论证推理　假设、前提

论据：黑脉金蝴蝶幼虫折断乳草属植物的叶脉，放出毒液后再食入整片叶子。

结论：黑脉金蝴蝶幼虫就是采用这样的方式进食乳草属植物的。

E 选项：方法可行，如果乳草属植物的叶脉已经进化到黑脉金蝴蝶幼虫不能折断的程度，那么该幼虫就无法采用折断叶脉的方式进食，题干论证也就不成立了，所以是必须要有的假设。

A、B 两项：题干论证与其他幼虫无关，排除。

C、D 两项：题干论证与其他有毒植物无关，排除。

故正确答案为 E 选项。

32. B 【题号】20101044　【难度】S6

【考点】两大论证型式　【命题方向】⑭论证推理　假设、前提

论据：一只大象进入山洞之后，其他大象也开始进入山洞。

结论：大象能够接受和传授新的行为，而这并不是由遗传基因所决定的。

B 选项：排他因假设，说明大象群进入山洞这种新行为与遗传无关，不是由遗传导致的，使题干论证成立，正确。

A 选项：题干论证与"基因突变"无关，排除。

C、E 两项：与题干论证无关，排除。

D 选项：假设过强，该项假设群体行为都不受遗传影响，这不是必须的。大象有些群体行为可以受遗传影响，只要题干中提到的行为不是受遗传影响，就可以证明大象能够接受和传授新的行为，推理就成立了。

故正确答案为 B 选项。

33. E 【题号】20110149 【难度】S5

【考点】两大论证型式 【命题方向】⑭论证推理 假设、前提

题干信息：(1) 想象力和知识是天敌。

(2) 知识符合逻辑，想象力无章可循；知识的本质是科学，想象力的特征是荒诞。

(3) 学龄前，脑子被想象力占据；上学后，想象力被知识驱逐，终身丧失想象力。

复选项Ⅰ：由 (2) 可知，科学与荒诞分别对应知识和想象力，而知识和想象力是天敌，所以复选项Ⅰ是必须要有的假设。

复选项Ⅱ：由 (2) 可知，想象力无章可循，而知识符合逻辑，所以二者一定是水火不容的。

复选项Ⅲ：由 (3) 可知，上学后，随着知识越来越多，想象力会越来越少，大多数人会成为"终身"丧失想象力的人，所以必须要有复选项Ⅲ这一假设。

故正确答案为 E 选项。

34. D 【题号】20110155 【难度】S5

【考点】两大论证型式 【命题方向】⑭论证推理 假设、前提

论据：行为痴呆症患者大脑组织中往往含有过量的铝，一种硅化合物可以吸收铝。

结论：用硅化合物可治疗行为痴呆症。

题干中"行为痴呆症"与"大脑组织中含有过量的铝"两种现象同时出现，陈医生认为可以用硅化合物吸收铝，从而治疗行为痴呆症，所以陈医生认为是过量的铝导致了行为痴呆症。如果过量的铝只是行为痴呆症引起的结果，那么即使将铝吸收也无法治疗行为痴呆症，需要排除因果倒置的可能性，使题干的论证成立。

D 选项：与上述分析一致，排除了因果倒置的可能性，正确。

A 选项：强调铝含量高，但未涉及论证关系，无法加强，排除。

B 选项：假设过强，不需要假设该方法不会产生副作用。因为只要副作用比行为痴呆症病症轻，就说明该方法依然有效，排除。

C 选项：无关选项，题干论证的是"能否治疗"，而非强调"如何去治疗"，排除。

E 选项：无法说明行为痴呆症与铝含量哪个是原因，哪个是结果，排除。

故正确答案为 D 选项。

35. B 【题号】(396) 202016 【难度】S5

【考点】两大论证型式 【命题方向】⑭论证推理 假设、前提

论据：大量的公司与康士星公司一样具有生产条件恶劣的供应厂家。

结论：康士星公司的衰败不是因为条件恶劣的供应厂家，而是因为其产品本身有缺陷。

B 选项：排他因假设，表明其他公司供应厂家条件恶劣的情况要被公众所知道，否则，

如果公众并不知道其他公司的情况，只知道康士星公司的供应厂家条件恶劣，那么可能就是这个原因导致了康士星公司的衰败。

故正确答案为 B 选项。

命题方向⑮：论证推理　解释

1. E　【题号】19971011　【难度】S4

　　【考点】论证评价　【命题方向】⑮论证推理　解释

解释对象：教师工资与酒类销量增加比例接近。

E 选项："生活水平提高"导致了"酒类消费量"和"教师工资"同步增加，故 E 选项可以合理地解释上述现象。

A 选项：当教师可支配收入增加时，多余的钱是否与收入同比例增长是未知的，所以教师即使喜欢将多余的钱花费在酒上，也不能解释为什么比例如此接近。

故正确答案为 E 选项。

2. C　【题号】19981031　【难度】S4

　　【考点】论证评价　【命题方向】⑮论证推理　解释

解释对象：在事故原因的民意调查中，三类原因的支持率相加为，70%＋30%＋25%＝125%>100%。

C 选项：可以解释，因为有人认为既有建筑材料伪劣的原因，也有违章操作的原因，所以会出现百分比相加大于 100% 的情况。

A 选项：无法解释，误解了百分比的含义，125% 是百分比，不是绝对数值，排除。B 选项：无法解释，因为题干数据与调查之后的情况无关。D 选项：无法解释，如果被调查者"不愿意透露自己的判断"，那么调查者就会对此不得而知，也就不会反映在统计中。E 选项：无法解释，因为若"调查的操作出现技术性差错"，那就与问题中的要求"合理地解释上述看来包含矛盾的陈述"冲突了。

故正确答案为 C 选项。

3. A　【题号】20000142　【难度】S5

　　【考点】论证评价　【命题方向】⑮论证推理　解释

解释对象：女性买主占比前三的车为星愿、心动和 EXAP，但女性购车量最大的车是富康。

A 选项："女性买主所占的百分比"是一个相对数，而"女性购车量最大"是一个绝对数，绝对数和相对数是有差异的，二者进行比较无意义。

故正确答案为 A 选项。

4. D 【题号】20001021 【难度】S4

　　　【考点】论证评价 【命题方向】⑮论证推理　解释

需解释的矛盾：固定进行健身锻炼的人的比例有所增加，但去健身房的人数下降。

D 选项：不能解释，因为按照正常情况，价格下降后，去健身房的人数应该增加，而不是减少。

A 选项：可以解释，说明虽然健身锻炼有规律的人在增加，但是没有什么规律的人在减少，所以可能导致总的健身人数减少，相应地，去健身房的人数下降。

B 选项：可以解释，可能是去健身房的实际人数没有少，只是少报了。

C 选项：可以解释，说明有规律健身的人的比例增加的同时，很多人选择了在家里锻炼而不是去健身房，所以去健身房的人数下降是合理的。

E 选项：从命题意图来看，此选项意在表明受调查的人较少，样本不具有代表性。但是，统计调查的结论是否可信取决于"抽样是否科学"，而与"样本量"无直接关系，如果抽样科学，即使样本量很小也足以准确推断出整体情况。E 选项中的 10% 的比例已经是一个很高的比例，所以无法解释题干的差异。

故正确答案为 D 选项。

5. A 【题号】20001032 【难度】S5

　　　【考点】论证评价 【命题方向】⑮论证推理　解释

需解释的矛盾：在手机零售场所宣传、推销网络消费产品两个月，但是效果不理想。

A 选项：说明消费者在购买手机后需要一段时间才能成为网络消费的潜在用户，而现在仅仅宣传、推销了两个月，时间过短，因此没有达到理想的效果。

故正确答案为 A 选项。

6. D 【题号】20001042 【难度】S5

　　　【考点】论证评价 【命题方向】⑮论证推理　解释

解释对象：在 5 月 4 日到 6 月 1 日之间订阅下半年的《都市青年报》，可以获赠下半年的《都市广播电视导报》，但是这项促销活动效果不好。

D 选项：说明大多数订户已经在去年订阅了一年的《都市广播电视导报》，因此，免费获赠下半年的《都市广播电视导报》并不能够起到吸引新订户订阅的作用，因此没有达到理想的效果。

故正确答案为 D 选项。

7. A 【题号】20010152 【难度】S4

　　　【考点】论证评价 【命题方向】⑮论证推理　解释

解释对象：吸烟者中成人的人数减少，但是烟草销量却增加了。

A 选项：不能解释，因为题干中未涉及性别问题。

B 选项：可以解释，因为少年吸烟人数增加了，所以虽然成人吸烟人数减少，总销量仍可能增加。

C 选项：可以解释，如果不吸烟的人购买香烟的数量大于因戒烟而减少的香烟购买量，总销量可能增加。

D 选项：可以解释，虽然吸烟者中成人的人数减少了，但是单人烟草的消费量增加了，总销量可能增加。

E 选项：可以解释，虽然国内吸烟者中成人的人数减少了，但是香烟出口增加，总销量可能增加。

故正确答案为 A 选项。

8. E 【题号】20011030 【难度】S5

【考点】论证评价 【命题方向】⑮论证推理 解释

需解释的矛盾：β-胡萝卜素具有防癌作用，但是吸烟者中服用 β-胡萝卜素片剂的人致癌率却变高。

E 选项：可以解释，因为 β-胡萝卜素与烟雾中的尼古丁会发生作用，产生更容易致癌的物质，所以才导致了上述现象的出现。

D 选项：容易误选，D 选项比较的是"服用 β-胡萝卜素片剂"与"服用自然 β-胡萝卜素"之间为什么会产生差别，与题干需解释的矛盾无关，排除。

故正确答案为 E 选项。

9. D 【题号】20011035 【难度】S5

【考点】论证评价 【命题方向】⑮论证推理 解释

解释对象：有人估计保险金不足以支付赔偿金，可能会亏本；但是仍然推出该项目。

D 选项：无法解释，即使检测和医治将有突破性进展，治疗费用依然需要保险公司赔付，并不能给保险公司带来利润，排除。

A 选项：可以解释，还存在乐观估计，说明可能会有利可图，不一定会亏本。B 选项：可以解释，说明有利于开拓市场，可以先损失一部分来取得未来更大的利润。C 选项：可以解释，发病率下降，赔偿金比预计的少，该项目可能会有利可图。E 选项：可以解释，说明其损失会有所补偿，所以不一定会亏本。

故正确答案为 D 选项。

10. D 【题号】20020126 【难度】S4

【考点】论证评价 【命题方向】⑮论证推理 解释

解释对象：如果杂志每年的发行期数减半，订户和刊登广告的客户数量均不会下降，但是利润会降低。

D 选项：说明广告商每期购买同过去一样多的页数，而杂志每年的发行期数为原来的一半，则杂志社的广告收入就会减少，进而利润就会降低。

故正确答案为 D 选项。

11. E 【题号】20030137 【难度】S5

【考点】论证评价 【命题方向】⑮论证推理 解释

解释对象：非自花授粉樱草的繁殖条件比自花授粉的差，但是，游人在植物园见到的非自花授粉樱草比自花授粉樱草多。

E 选项：无法解释，如果非自花授粉樱草多植于园林深处，那么游客不太可能见到更多的非自花授粉樱草，与题干中的现象不符，正确。

A 选项：可以解释，虽然非自花授粉樱草结的种子少，且授粉昆虫的数量减少，但是其种子发芽率较高，所以非自花授粉樱草较多，排除。

B 选项：可以解释，自花授粉樱草是从国外引进的，因此其可能会对本地的气候、环境等不适应，存活率较低，所以自花授粉樱草较少，排除。

C 选项：可以解释，非自花授粉樱草的基数比自花授粉樱草大，所以虽然近几年其繁殖条件较差，但是总量仍然比自花授粉樱草多，排除。

D 选项：可以解释，非自花授粉樱草在吸收土壤养分方面的能力强于自花授粉樱草，其竞争力较强，所以更多见，排除。

故正确答案为 E 选项。

12. E 【题号】20030147 【难度】S4

【考点】论证评价 【命题方向】⑮论证推理 解释

解释对象：餐饮业经营点的数量下降，但是餐饮业的经营资本在整个服务行业中所占的比例并没有减少。

E 选项：无法解释，服务行业经营资本占全市产业经营总资本的比例如何变化与题干中的论证无关，正确。

A 选项：可以解释，虽然餐饮业经营点的数量减少，但其经营资本总额提高，所以其所占比例可能不会减少，排除。

B 选项：可以解释，因为餐饮业经营点的平均经营资本额有显著增长，所以虽然其数量减少，但是有可能资本总额上升，导致餐饮业的经营资本所占比例并未减少，排除。

C 选项：可以解释，S 市一些餐馆努力扩大经营规模，有可能导致餐饮业的经营资本总额上升，所以餐饮业的经营资本所占比例并未减少，排除。

D 选项：可以解释，服务行业经营资本总额逐年下降，所以虽然餐饮业经营点的数量减少，但可能其经营资本总额的下降速度与服务行业经营资本总额的下降速度相比较缓，所以餐饮业的经营资本所占比例并未减少，排除。

故正确答案为 E 选项。

13. D 【题号】20031042、20041049 【难度】S4

【考点】论证评价 【命题方向】⑮论证推理 解释

解释对象：当鱼鹰捕捉到白鲢、草鱼或鲤鱼时，与捕捉到鲶鱼时的情况不同。

D 选项：如果白鲢、草鱼或鲤鱼经常成群出现，而鲶鱼则没有这种习性，那么当捕捉到的是一条鲶鱼时，其他鱼鹰如果跟着飞聚到这一水面就没有别的鲶鱼可捕了，该项能很好地解释此现象。

A 选项：即使草鱼或鲤鱼更符合鱼鹰的口味，当其他鱼鹰飞来的时候，这一水面也得有多条草鱼或鲤鱼，否则就无法解释它们为什么飞过来。

B 选项：如果鱼只是数量多但没有聚集在一起，那么鱼鹰也无法飞聚在同一水面捕食，排除。

故正确答案为 D 选项。

14. A 【题号】20050127 【难度】S4

【考点】论证评价 【命题方向】⑮论证推理 解释

解释对象：零售商的人力成本随着国家法定的最低工资额的提高而大幅度提高。但是，**零售商的利润反而提高了**。

A 选项：可以解释，上述零售商的主要顾客是领取最低工资的人，最低工资额提高了，这些消费者的可支配收入增加，消费很可能会随之增加，所以零售商的收入增加，进而利润提高，正确。

B 选项：无法解释，说明人力成本占的比例非常大，利润应该是下降的，排除。

C 选项：无法解释，其他经营成本也有所提高，加剧了题干中的矛盾现象，排除。

D 选项：无法解释，"一部分"的数量未知，不确定对总成本影响的大小，排除。

E 选项：力度较弱，"某些"的数量、高薪雇员在总员工中的比例、降低这部分工资后对总成本的影响都未知，排除。

故正确答案为 A 选项。

15. E 【题号】20050150 【难度】S5

【考点】论证评价 【命题方向】⑮论证推理 解释

解释对象：来该疗养院疗养的教职工占全校教职工的比例下降，但是，该疗养院的入住率却上升了。

E 选项：对疗养者的吸引力增加，只能解释入住率上升，但无法解释矛盾，正确。

A 选项：可以解释，教职工总数增加，说明基数增大，所以虽然来此疗养的教职工比例下降，但有可能数量上升，排除。

B 选项：可以解释，该疗养院第一次对外开放，所以虽然来此疗养的教职工比例下降，但可能是外来客人增多导致了入住率上升，排除。

C 选项：可以解释，客房总数不变，单人间和双人间都在增加，那么多人间一定减少，所以总床位减少，入住率上升就合理了，排除。

D 选项：可以解释，大部分客房改为足疗保健室或棋牌娱乐室，总床位减少导致入住率上升，排除。

故正确答案为 E 选项。

16. A 【题号】20051046　【难度】S5

　　【考点】论证评价　【命题方向】⑮论证推理　解释

解释对象：将"没有对我国的绝大多数森林造成危害"修改为"我国绝大多数森林没有出现受酸雨危害的显著特征"的合理性。

A 选项：说明酸雨造成的有些危害并没有出现显著的结果，所以并不是没有造成危害，只是结果不显著，可以说明题干中进行修改的合理性，正确。

B 选项："有些"数量未知，而且与题干信息不符，排除。C 选项：说明上述修改没有必要，无法解释，排除。D、E 两项：与题干信息无关，排除。

故正确答案为 A 选项。

17. E 【题号】20061040　【难度】S4

　　【考点】论证评价　【命题方向】⑮论证推理　解释

解释对象：马晓敏是湖城市最好的眼底手术医生。但是，经马晓敏手术后患者视力获得明显提高的比例较低。

E 选项：说明马晓敏做的比较难的手术比其他医生的多，如果由其他医生做手术，可能患者视力获得提高的比例更低，可以解释。

A、D 两项：无法解释马晓敏与其他医生的差异，排除。

故正确答案为 E 选项。

18. A 【题号】20061043　【难度】S5

　　【考点】论证评价　【命题方向】⑮论证推理　解释

保险公司：被盗索赔案中，安装自动防盗系统汽车的比例<未安装该种系统的汽车。

警察局：报案的被盗汽车中，安装自动防盗系统汽车的比例>未安装该种系统的汽车。

题目中需要解释的就是保险公司和警察局相反的统计结果。

A 选项：因为许多安装了自动防盗系统的汽车车主不再购买保险，所以当发生了汽车被盗案时，车主会报案，但是不会去保险公司索赔，因此安装自动防盗系统的汽车在警察局因被盗而报案的比例多，而在保险公司被盗索赔案中比例少，可以解释，正确。

B、E 两项："有些"的数量范围太大，无法确定对结果是否有影响，排除。C 选项：只能解释为什么在被盗汽车中安装自动防盗系统的汽车较多，但无法解释题干中的矛盾，排除。D 选项：如果先报案后索赔的时间相差不远，不会产生统计结果的差异，无法解释，排除。

故正确答案为 A 选项。

19. B 【题号】20071034 【难度】S4
　　　　【考点】论证评价 【命题方向】⑮论证推理　解释

解释对象：使用艾叶驱蚊的人家显著减少，但是，家庭火灾所导致的死亡人数并没有呈现减少的趋势。

B 选项：如果在家庭成员熟睡之后发生火灾，那么引起人员死亡的可能性较大，当使用艾叶的人家减少时，死亡人数应该会随之减少，与题干中的现象不一致，无法解释。

A 选项：说明点燃艾叶引起的火灾可能并不会引起人员死亡，所以虽然使用艾叶的人家减少，死亡人数却并没有减少，可以解释。C 选项：说明是其他火灾隐患导致了人员的死亡，可以解释。D、E 两项：说明现在火灾带来的危害比以前严重，更可能造成人员死亡，可以解释。

故正确答案为 B 选项。

20. C 【题号】20101049 【难度】S5
　　　　【考点】论证评价 【命题方向】⑮论证推理　解释

解释对象：法国绘画和雕塑同样受不鼓励创新的艺术学会赞助，但绘画有创新，雕塑却缺乏新意。

C 选项：说明绘画成本较低，受到经费的制约比较小，所以不依赖于艺术学会的赞助，也就更容易进行艺术创新，可以解释。

A 选项：虽然绘画的经费比雕塑多，但毕竟是被该不鼓励创新的艺术学会赞助的，而且在单个作品上哪个经费更充足也不清楚，无法解释。B 选项：单个作品上哪个经费更充足不清楚，无法解释。D、E 两项：与题干信息无关，排除。

故正确答案为 C 选项。

21. D 【题号】20110126 【难度】S4
　　　　【考点】论证评价 【命题方向】⑮论证推理　解释

解释对象：普歇用干草浸液做材料重复了巴斯德的实验，却得出不同的结果。

D 选项：可以解释，指出了干草浸液的特点，冷却之后迅速复活繁殖，所以普歇虽然重复了巴斯德的实验过程，但是因为使用的材料不同，导致实验结果出现差异。

A、B、C、E 四项：无法解释，描述了二人实验的相同之处，未出现差异，若二者相同就不会产生不同结果。

故正确答案为 D 选项。

22. D 【题号】20110131 【难度】S4

【考点】论证评价　【命题方向】⑮论证推理　解释

解释对象：2010年某省物价总水平仅上涨2.4%，涨势比较温和；但普通民众觉得物价涨幅较高，该感觉也有据可依，有些商品价格确实涨幅较高。

D选项：可以解释，虽然有些商品价格涨幅较高，但是占相当权重的工业消费品价格持续走低，所以导致整体涨势比较温和。

A选项：无法解释，民众的感觉是有据可依的，并不是对数据的认识存在偏差。

B选项：虽然各种因素互相交织，但其仍然无法解释题干中的差距。

C选项：无法解释，有些商品价格涨幅确实很高，并不是居民的感觉有问题。

E选项：不同家庭的差异无法解释有些商品价格涨幅高与物价总水平涨势温和的矛盾。

故正确答案为D选项。

23. C　【题号】20110135　【难度】S5

【考点】论证评价　【命题方向】⑮论证推理　解释

解释对象：数字技术的发展使人们很快接受了音频、视频的新播放形式，但是，纸质出版物并没有很快被电子图书替代。

C选项：无法解释，"一些"占读者总数的比例多大未知，而且题干中主要是指阅读而不是收藏。

A选项：可以解释，指出纸质图书的优势——带来阅读时的舒适体验。

B、D、E三项：可以解释，指出了电子图书没有达到预期程度的原因——让人心浮气躁、显示速度较慢、不够柔软沉静等。

故正确答案为C选项。

24. C　【题号】20110148　【难度】S4

【考点】论证评价　【命题方向】⑮论证推理　解释

解释对象：现在戴近视眼镜的人越来越多，但是，古代患有近视的人比较少。

C选项：不能解释，古人患近视后危害的大小与题干现象无关。

A选项：可以解释，古代读书的人少，读书的人用在读书上的时间也少，对视力影响较小。B选项：可以解释，古代足量的运动有助于预防近视。D选项：可以解释，古代学生读的书比较少，对视力影响小。E选项：可以解释，古人的字迹较大，对视力影响较小。

故正确答案为C选项。

25. B　【题号】(396) 201212　【难度】S4

【考点】论证评价　【命题方向】⑮论证推理　解释

解释对象：甘蔗酿酒能量消耗高，但是多数酿酒者却偏爱用甘蔗做原料。

B选项：可以解释，说明燃烧甘蔗废料可以提供能源，因此用甘蔗酿酒总的能源费用并不高，有利可图。

A 选项：无法解释，只说明原材料价格会随季节波动，并没有说清楚选甘蔗的原因。

C 选项：无法解释，说的是玉米以及甘蔗的质量对产出品的影响，属于无关选项。

D、E 两项：无法解释，相比产出其他的产品，用甘蔗作为原料提炼乙醇的时间是否更长与需要解释的对象无关。

故正确答案为 B 选项。

26. E 【题号】20120136 【难度】S5

【考点】论证评价 【命题方向】⑮论证推理 解释

解释对象：用手机打电话不会对专供飞机通信系统或全球定位系统使用的波段造成干扰，但是各大航空公司仍然规定，禁止机上乘客使用手机等电子设备。

解释该现象即指出禁止机上乘客使用手机等电子设备的合理性。

复选项Ⅰ：可以解释，说明虽然使用手机等电子设备对飞机的通信系统无影响，但是干扰了地面导航网络，可能会带来危险。

复选项Ⅱ：可以解释，说明机组人员工作会受到手机等电子设备的影响，所以禁止乘客使用电子设备。

复选项Ⅲ：可以解释，自动驾驶仪可以辅助驾驶员操纵飞机，而电子设备会对其产生干扰，所以禁止乘客使用电子设备是合理的。

故正确答案为 E 选项。

27. D 【题号】20120147 【难度】S5

【考点】论证评价 【命题方向】⑮论证推理 解释

解释对象：一般商品只有在多次流通过程中才能不断增值，但是艺术品在一次"流通"中就能实现大幅度增值。

要解释该现象，则要表明艺术品与一般商品有差异，指出能使其在一次交易中大幅度增值的特点。

D 选项：赝品充斥市场，对艺术品的交易价格没有影响，与题干现象不一致，无法解释。

A 选项：艺术品不可再造，独一无二的特点使其大幅度增值，可以解释。

B 选项：艺术品的可收藏性以及买家喜好收藏使其大幅度增值，可以解释。

C 选项：艺术品被炒作导致其大幅度增值，可以解释。

E 选项：国外资金进入艺术品市场，拉动价格攀升，可以解释。

故正确答案为 D 选项。

28. A 【题号】20130137 【难度】S5

【考点】论证评价 【命题方向】⑮论证推理 解释

分析：女性白领与男性白领相亲的数量应大致相等。实际：女性远远多于男性。

A 选项：男性被淘汰的数量比女性多，所以这批人中未婚的男性应该比女性多，参加相亲的也应是男性比女性多，而不是比女性少，无法解释。

B 选项：女性白领要求高，所以这批人中未婚的较多，相亲的女性就较多，可以解释。

C 选项：大学毕业后男性出国的较多，导致这批人中未婚的男性较少，女性较多，可以解释。

D 选项：女性在择偶方面面临的竞争更大，导致这批人中未婚的女性较多，可以解释。

E 选项：男性参加相亲活动不积极，所以报名参加相亲的女性较多，可以解释。

故正确答案为 A 选项。

29. D 【题号】（396）201409 【难度】S4

【考点】论证评价 【命题方向】⑮论证推理 解释

解释对象：暴露在二氧化硫中的小白鼠有 65% 死于肝功能紊乱，但是在所有死于肝功能紊乱的小白鼠中 90% 没有暴露在任何有毒环境。

题干只说明实验中暴露在二氧化硫中的小白鼠有 65% 死于肝功能紊乱，但没有表明暴露在有毒物质中的小白鼠在所有实验鼠中的占比，而大部分死于肝功能紊乱的小白鼠没有暴露于有毒环境。

例如，实验中一共使用了 10 000 只小白鼠，仅 100 只（1%）暴露在二氧化硫中，其中 65 只（65%）死于肝功能紊乱；而剩余 9 900 只小白鼠都没有暴露在任何有毒环境，但是其中有 594 只（6%）死于肝功能紊乱，很明显有毒环境更容易引起肝功能紊乱。而这时死于肝功能紊乱的小白鼠（659 只）中只有约 10%（65 只）暴露在有毒环境，上述情景完全符合题干现象。D 选项可以给该现象提供合理的解释。

故正确答案为 D 选项。

命题方向⑯：论证推理 结论

1. C 【题号】19981061 【难度】S5

【考点】论证评价 【命题方向】⑯论证推理 结论

论据：预言一种动物未来的价值是不可能的。

结论：评价现在有重要贡献的动物价值也是不可能的。

题干的论证过程本身是正确的，就其论证过程而言，是以"现有预言机制"不可靠，由此导致基于其上的"判断是否有重要贡献的方法"也不可靠。

故正确答案为 C 选项。

2. D 【题号】20000133 【难度】S4

【考点】论证评价 【命题方向】⑯论证推理 结论

题干信息：午餐时间，减轻公园餐馆的压力；傍晚时间，鼓励参观者留下来吃晚餐。

不同时间的表演都与餐馆有关，所以现场表演是要最大限度地发挥餐馆的作用。

故正确答案为 D 选项。

3. D 【题号】20000171 【难度】S5

　　　【考点】论证评价 【命题方向】⑯论证推理 结论

题干信息：有些人通过体育锻炼和减肥使血液中高浓度脂肪蛋白含量增多，从而阻止人体吸收过多的胆固醇，降低血液中的胆固醇。

根据上述信息，可以判断出 D 选项正确。

故正确答案为 D 选项。

4. C 【题号】20010134 【难度】S5

　　　【考点】论证评价 【命题方向】⑯论证推理 结论

题干信息：从谷物提取的酒精可以替代一部分进口石油。

C 选项：进口石油价格下跌后，会导致谷物作为酒精原料的价值与作为粮食的价值差缩小，因此谷物作为酒精原料便不那么有利可图，谷物的需求量会下降，价格也就相应地会有下跌的压力，正确。

A、B 两项：无法推出，谷物是从能源市场转入粮食市场，还是从粮食市场转入能源市场，取决于谷物作为酒精原料的价值是否超过作为粮食的价值，如果超过就说明谷物在能源市场还有利可图，会继续留在能源市场，反之则可能转入粮食市场。所以，A、B 两项的情况无法确定。

故正确答案为 C 选项。

5. B 【题号】20010148 【难度】S5

　　　【考点】论证评价 【命题方向】⑯论证推理 结论

题干信息：只能通过化石确认和研究原始人类，难以得知其是否有青春期。

题干最后的"因为"表明，需要解释为什么通过化石无法得知原始人类是否有青春期。因为化石无法体现同一个体的不同年龄段的情况，只能体现某一时刻的情况。

故正确答案为 B 选项。

6. E 【题号】20010149 【难度】S5

　　　【考点】论证评价 【命题方向】⑯论证推理 结论

题干信息：麦角碱常见于黑麦，黑麦是那个时代贫穷农民的主要食物来源。

E 选项：由题干信息可知，富人吃的黑麦相对较少，因此受到麦角碱的危害也相对较少。

C 选项：无法推出，因为题干没有说麦角碱只存在于黑麦中，可能别的谷物也有。

故正确答案为 E 选项。

7. C 【题号】20010169 【难度】S5

【考点】论证评价 【命题方向】⑯论证推理 结论

题干信息：(1) 威胁最大的三种慢性病中，关节炎和高血压的发病率随着年龄增长而增加，乙型肝炎无明显变化；(2) 十年间中国人口平均年龄上升。

由"乙型肝炎发病率不随年龄变化"以及"中国人口平均年龄上升"，可以推出乙型肝炎患者的平均年龄将增大，所以 C 选项正确。

虽然关节炎和高血压的发病率随年龄的增长而增加，但原来的发病率和增加幅度均未被提及，故无法判断 2010 年这三种病的发病率排名，无法推出 A、B 两项。

故正确答案为 C 选项。

8. E 【题号】20011034 【难度】S4

【考点】论证评价 【命题方向】⑯论证推理 结论

题干信息：(1) 办公室中，夏季，22℃~30℃之间，气温越低，白领人员平均效率越高；(2) 办公室中，冬季，5℃~15℃之间，气温越高，白领人员平均效率越高；(3) 车间中，5℃~30℃之间，蓝领工人的平均工作效率和气温没有直接关系。

E 选项：由（2）可知，正确。

A 选项：由（3）可知，若车间温度低于 5℃或高于 30℃时，温度与工作效率可能有关，此时空调就会起到作用，而不是一种浪费，排除。B 选项：由（3）可知，若温度低于 5℃，气温与工作效率的关系未知，无法判断。C 选项：春秋两季气温与工作效率的关系未知，排除。D 选项：由（1）可知，气温高于 30℃时，气温与工作效率的关系未知，无法判断。

故正确答案为 E 选项。

9. A 【题号】20020121 【难度】S5

【考点】论证评价 【命题方向】⑯论证推理 结论

复选项Ⅰ：一定为真，如果该种黄蜂不能区分昆虫虫卵的大小，就不可能准确地注入恰好数量的自己的卵。

复选项Ⅱ：不一定为真，也可能有虫卵数量太少等其他原因导致黄蜂数量少。

复选项Ⅲ：不一定为真，题干中没有提到二者的比较。

故正确答案为 A 选项。

10. A 【题号】20020141 【难度】S5

【考点】论证评价 【命题方向】⑯论证推理 结论

复选项Ⅰ：由题干 2000 年鲜纸浆用量是回收纸浆的 2 倍，以及 2010 年回收纸浆不少于鲜纸浆，且鲜纸浆用量上升可知，2010 年回收纸浆的使用量至少是 2000 年鲜纸浆的使用量，因而可以推出。

复选项Ⅱ：设 2000 年回收纸浆的使用量为 x，则鲜纸浆为 $2x$，总用量为 $x+2x=3x$。根据题意，设 2010 年回收纸浆的使用量为 y，且 $y>2x$；鲜纸浆的使用量 $z>2x$。则总用量 $y+z>4x$。不能判定 2010 年的总用量至少是 2000 年的 2 倍，故不能推出。

复选项Ⅲ："只含鲜纸浆的纸"在题干中没有提到，无法判断，因而不能推出。

故正确答案为 A 选项。

11. D 【题号】20020143 【难度】S5

【考点】论证评价 【命题方向】⑯论证推理 结论

复选项Ⅰ：由"不少商人出于利益，纷纷熔币取铜"可知，铸币中所含铜的价值一定高于铸币的面值，否则商人熔币取铜的行为就无利可图，正确。

复选项Ⅱ：由"市民只得以银子向官吏购兑铸币用以纳税，不少官吏因此大发了一笔"可知，官吏一定是利用不同于朝廷规定的兑换比例从中赚取了差价，正确。

复选项Ⅲ：无法推出，因为有可能之前铜含量也在六成左右，只是由于那时铜并不值钱，所以导致无人熔币取铜。

故正确答案为 D 选项。

12. A 【题号】20020156 【难度】S5

【考点】论证评价 【命题方向】⑯论证推理 结论

题干信息：前 20% 为超标单位，超标单位数量增加。

复选项Ⅰ：正确，如果前 20% 的单位数量增加了，意味着后 80% 的单位数量也增加了。

复选项Ⅱ：错误，因为虽然用电单位数量总数增加了，但每家单位的平均耗电量可能下降较多，这样总耗电量还是减少的。

复选项Ⅲ：错误，有可能前 20% 的超标单位中有一家耗电量极大，使得所有单位的平均耗电量很高，平均值仅次于这家耗电量最高的公司，那么前 20% 中剩下的超标单位耗电量就都小于平均值了，所以复选项Ⅲ的说法不对。

故正确答案为 A 选项。

13. B 【题号】20020159 【难度】S5

【考点】论证评价 【命题方向】⑯论证推理 结论

题干信息：产生对 W_1 的抗体，同时在 W_2 和 W_3 中，对一个产生抗体，对另一个严重缺少抵抗力。因此，大大减少病毒危害造成的损失。

如果 B 选项不成立，即 W_2 和 W_3 中有某一种病毒，其危害大于另外两种 W 病毒的危害之和，那么"大大减少病毒危害造成的损失"的结论就不一定成立了。

故正确答案为 B 选项。

14. B 【题号】20021030 【难度】S6

【考点】论证评价　【命题方向】⑯论证推理　结论

题干信息：烟斗和雪茄的危害（假设危害值为 10）明显小于香烟（假设危害值为 100）。吸香烟的人如果戒烟的话，可以免除对健康的危害（危害值为 0）。吸香烟的人如果改吸烟斗或雪茄的话，对健康的危害和以前差不多（危害值为 100）。

B 选项：吸烟斗和雪茄的人可以分为两种情况：①一直吸烟斗和雪茄，危害值为 10；②原来吸香烟后来改吸烟斗和雪茄，危害值为 100。危害不相同，不可能为真。

其他选项均与题干信息不矛盾。

故正确答案为 B 选项。

15. A　【题号】20030146　【难度】S4

【考点】论证评价　【命题方向】⑯论证推理　结论

题干信息：当小于 1/4 这个界限时，胆固醇和脂肪与血清胆固醇指标成正比；当超过 1/4 这个界限时，即使胆固醇和脂肪急剧增加，血清胆固醇指标也只会缓慢地有所提高。

A 选项：可以得出，因为 1/2 已经超过了 1/4 这个界限，所以血清胆固醇指标只会缓慢地有所提高，中国人的人均血清胆固醇指标很可能不等于欧洲人的 1/2，正确。

B 选项：无法推出，该界限如何得到降低在题干信息中并未涉及，排除。

C 选项：无法推出，超出正常指标的欧洲人的比例在题干中并没有相关信息，排除。

D 选项：无法推出，胆固醇和脂肪摄入量少是否一定确保血清胆固醇指标的正常无法从题干信息中得出，排除。

E 选项：无法推出，题干中只提到饮食是血清胆固醇含量的影响因素，是不是唯一的影响因素未知，排除。

故正确答案为 A 选项。

16. D　【题号】20030152　【难度】S5

【考点】论证评价　【命题方向】⑯论证推理　结论

加热器：(1) 使电炉运作或停止加热功能。

恒温器：(2) 温度达到恒温器的温度旋钮所设定的读数时加热器关闭。

安全器：(3) 温度超出温度旋钮的最高读数时自动关闭加热器。

(4) ¬发生故障→三个部件同时工作。

D 选项：由 (3) 可知，超出最高读数时安全器应关闭加热器停止加热，但其温度已经超出，所以安全器出现了故障；又因为温度旋钮的最高读数一定高于或等于所设定的读数，结合 (2) 可知，达到设定的读数时恒温器应关闭加热器，但其温度已经超出，所以恒温器出现了故障，正确。

A 选项：由 (4) 可知，当恒温器和安全器都出现故障时，三个部件是否同时工作未知，就算恒温器和安全器不工作，温度是否会超出最高读数也未知，排除。

B 选项：由（2）可知，超出温度旋钮的设定读数但加热器并没有关闭，是恒温器出现故障而不是安全器出现故障，排除。

C 选项：由（2）（3）可知，加热器自动关闭可能是恒温器控制的，也可能是安全器控制的，排除。

E 选项：由对 D 选项的分析可知，安全器和恒温器都出现了故障，排除。

故正确答案为 D 选项。

17. E 【题号】20030154 【难度】S4

【考点】论证评价 【命题方向】⑯论证推理 结论

题干信息：（1）国内 200 家年盈利一亿元以上的大中型企业的捐款额/收到的捐款总额=82%；（2）民营企业捐款额/收到的捐款总额=25%，从事服装或餐饮业的捐款的民营企业/捐款的民营企业=4/5。

E 选项：可以推出，因为 82% 与 25% 均是对捐款额进行的统计，并且二者相加超过 100%，说明"国内 200 家年盈利一亿元以上的大中型企业"与"民营企业"一定有交集，所以可以得出有的民营企业是年盈利一亿元以上的大中型企业的结论，正确。

A 选项：无法推出，统计中的捐款总额是否包括来自民间的私人捐款未知，排除。

B 选项：无法推出，82% 与 4/5 分别是捐款额和企业数的比例，无法进行计算和比较，排除。

C 选项：无法推出，题干只说民营企业捐款额占 25%，并不能得出民营企业数量与非民营企业数量的关系，排除。

D 选项：无法推出，题干中没有相关信息支持这一结论，排除。

故正确答案为 E 选项。

18. A 【题号】20040147 【难度】S4

【考点】论证评价 【命题方向】⑯论证推理 结论

题干信息：在新标准实施的头三个月中，虽然"宏达"车月销售量不变，但是在汽车市场上的销售份额明显下降。

A 选项：不可能为真，如果其他所有品牌汽车的月销售量都下降，而"宏达"车未下降，那么其所占的销售份额应该是上升的，而不是下降，与题干矛盾。

B 选项：实施新标准之前三个月的情况与题干信息无关，排除。C 选项：假设不实施新标准，"宏达"车的销售份额会更低，与题干信息不矛盾，排除。D 选项：新标准继续实施之后的汽车月销售量的变化情况，与题干中的信息无关，排除。E 选项：平均利润与题干中的销售份额下降情况无关，排除。

故正确答案为 A 选项。

19. B 【题号】20041028 【难度】S5

【考点】论证评价 【命题方向】⑯论证推理 结论

题干信息：（1）一些高级生物不仅能适应环境，而且能改变环境以利于自己的生存；（2）其实，这种特性很普遍；（3）举出低级浮游生物的例子来证明它们不仅能适应环境，而且能改变环境以利于自己的生存。

由上述结构可知，（2）是整段话的关键句，表达了除了高级生物外，低级生物也可以适应环境，而且能改变环境以利于自己的生存。B选项与上述分析一致，是题干段落的主题。

A、C、D三项：低级浮游生物只是为证明结论举出的例子，不能成为主题。

E选项：与题干信息不一致，排除。

故正确答案为B选项。

20. D 【题号】20050135 【难度】S5

【考点】论证评价 【命题方向】⑯论证推理 结论

开放派：外来人口对城市化进程有促进作用，支持放宽对外来人口的限制。

保守派：担心人口激增的压力，反对放宽对外来人口的限制。

D选项：支持了两派，外来人口是G市许多工程的建设者，支持了开放派的观点；但是外来人口的子女就学成为难题，又支持了保守派的观点，正确。

A选项：支持开放派，认为不应实行城市与农村户口分离的户籍制度，排除。

B选项：支持保守派，表明G市存在着城市人口过多的问题，排除。

C选项：支持保守派，表明外来人口带来了一些社会治安问题，排除。

E选项：支持保守派，幼儿园、小学乃至中学的班级数量递减，若放宽对外来人口的限制，很可能导致"入学难"问题，排除。

故正确答案为D选项。

21. C 【题号】20050146 【难度】S5

【考点】论证评价 【命题方向】⑯论证推理 结论

题干信息：（1）一个国家的地理位置离赤道越远，实施该法律的效果越显著；

（2）目前世界上实施上述法律的国家都比中国离赤道远。

C选项：由（1）（2）可知，目前世界上实施上述法律的国家都比中国的效果显著，即如果该法律在中国实施，那么效果不如其他已实施的国家显著，正确。

A选项：题干中并未探讨是否有必要制定和实施上述法律，排除。

B选项：白天汽车追尾的最主要原因在题干中并未涉及，排除。

D、E两项：题干中未出现相关信息，排除。

故正确答案为C选项。

22. C 【题号】20051030 【难度】S5

【考点】论证评价 【命题方向】⑯论证推理 结论

母鼠对非己所生的鼠崽没有立即显示出母性行为，破坏母鼠的嗅觉，或者摘除鼠崽产生气味的腺体，母鼠对非己所生的鼠崽显示出母性行为的时间将大大缩短，也就是：在母鼠能够嗅到非己所生鼠崽气味的情况下，表现出母性行为的时间比嗅不到的情况下要长，说明母鼠产生母性行为是受鼠崽气味的影响，非己所生鼠崽的气味是母鼠对其产生母性行为的障碍。

C 选项：与上述分析一致，正确。

A 选项：从题干信息中只能得出，这只母鼠可以识别出实验中的鼠崽非己所生，但是别的鼠崽是否与该母鼠所生鼠崽气味相同呢？未知。而且，同一母鼠所生的鼠崽气味是否相同呢？未知。所以无法推出 A 选项的结论，排除。

B 选项：鼠崽的气味不一定是母鼠母性行为的诱因，也可能是障碍，排除。

D、E 两项：与题干论证无关，排除。

故正确答案为 C 选项。

23. B 【题号】20051035 【难度】S5

【考点】论证评价 【命题方向】⑯论证推理 结论

求异法（对照实验），对禁止和不禁止香烟广告的两类国家进行比较，发现青少年吸烟现象一样流行。由此可知，香烟广告可能只是青少年吸烟的部分原因，而不是唯一原因，还有其他原因导致青少年吸烟流行。因为如果香烟广告是青少年吸烟的唯一原因，那么禁止香烟广告之后，青少年吸烟的现象就应该不那么流行了。

B 选项：与上述分析一致，正确。

A 选项：过于绝对，只能推出广告不是唯一原因，无法确知是否没起到作用。

C 选项：题干信息并未对其他情况做出预测，所以不禁止香烟广告时，青少年吸烟是否更流行无法得知，排除。

D、E 两项：与题干信息无关，排除。

故正确答案为 B 选项。

24. D 【题号】20051037 【难度】S5

【考点】论证评价 【命题方向】⑯论证推理 结论

流行说法：吃巧克力是原因，长粉刺是结果。

科学研究：精神压力是原因，吃巧克力和长粉刺是结果。

题干的论证过程提出对"吃巧克力"和"长粉刺"之间关系的新见解，认为吃巧克力和长粉刺都是精神压力造成的结果，二者之间并不存在因果关系。

D 选项：与上述分析一致，正确。

A 选项：与题干内容无关，排除。B、C 两项：题干信息并未涉及"表面原因"及"内在原因"，排除。E 选项：与题干信息不符，排除。

故正确答案为 D 选项。

25. A 【题号】20051041 　【难度】S5

　　【考点】论证评价　【命题方向】⑯论证推理　结论

题干信息：语言设计方面的问题对调查的结果可以产生十分重要的影响，而人们在设计调查问卷时往往忽略语言设计可能出现的各种问题。

A 选项：因为对调查结果会产生重要影响的语言设计方面的问题往往被忽略，所以可推出问卷调查结果通常不能完全反映实际情况，正确。

B 选项：与上述分析不符，排除。C 选项："都不"过于绝对，无法推出，排除。D、E 两项：题干中未对"语言设计"和"问题设计"的重要性及困难程度进行比较，排除。

故正确答案为 A 选项。

26. C 【题号】20051047 　【难度】S5

　　【考点】论证评价　【命题方向】⑯论证推理　结论

题干信息：电脑软件能准确辨别签名者的笔迹以及其他一些特征；最在行的伪造签名者无法同时模仿笔迹及其他特征。

C 选项：由题干信息可知，除签名者本人之外，没有人能同时模仿笔迹及其他特征，所以把使用者个人签名作为密码的话，那么除使用者本人外无人能进入，正确。

A、B 两项：无法从题干信息推出，排除。D、E 两项：与题干信息无关，排除。

故正确答案为 C 选项。

27. E 【题号】20060129 　【难度】S5

　　【考点】论证评价　【命题方向】⑯论证推理　结论

题干信息：石笋是由水滴长年滴落在岩石表面而逐渐积累的矿物质形成的；一些有地下河流的岩洞中，有许多露出河流水面的石笋。

E 选项：石笋形成前及形成初期，水滴滴落在岩石表面，随着矿物质的积累而逐渐形成石笋，现在石笋露出河流水面，这就说明地下河流的水已经淹没了石笋的一部分，所以题干中所描述的岩洞内地下河流的水一定比过去（石笋形成前及形成初期）深，正确。

A 选项：石笋是存在于岩洞中的，漓江江面的变化与岩洞中地下河流水面的变化情况是否相同未知，故无法判断真假，排除。

B、C 两项：从题干中只能得知漓江有一些有地下河流的岩洞，但这两项的信息无法判断真假，排除。

D 选项：地下河流与石笋形成的先后顺序无法从题干信息推知，排除。

故正确答案为 E 选项。

28. E 【题号】20060133 　【难度】S4

【考点】论证评价　【命题方向】⑯论证推理　结论

题干信息：(1) 绝大部分的铁元素处于地球的核心部分；

(2) 月球是由地球表面甩出的熔岩冷凝形成的。

E选项：由（1）可知，地球表面的铁元素含量较少，所以由地球表面熔岩所形成的月球含铁比例也较低，正确。

A选项：月球是否围绕地球运行，以及是否是唯一的，均无法由题干信息推知，排除。

B、D两项：月球的解体时间和结构题干都未涉及，排除。

C选项：凝固与成分、温度等因素有关，从题干信息无法推断地球和月球凝固的先后顺序，排除。

故正确答案为E选项。

29. B　【题号】20061042　【难度】S5

【考点】论证评价　【命题方向】⑯论证推理　结论

史密斯：论据——传统壁画的灰泥干了后，画家作的画就完成并保存了下来；目前米开朗基罗的壁画上有明显的后添加的痕迹。结论——去掉后来添加的东西才能完全体现米开朗基罗本人的意图。

张教授：那个时代的画家有后添加的习惯。

根据题干信息无法判断后添加的东西是否为米开朗基罗本人添加，如果是的话，将后添加的东西去掉，很可能就无法完全体现米开朗基罗本人的意图了。

B选项：与上述分析一致，正确。

A选项：史密斯指出有后添加的东西，但张教授并未对区分该痕迹是初始的还是后添加的做评论，排除。C选项：题干中二人并未探讨是否要恢复该壁画的初始面貌，排除。D选项："不可能"一词过于绝对，无法从题干信息推出，排除。E选项：与题干论证无关，排除。

故正确答案为B选项。

30. D　【题号】20061051　【难度】S5

【考点】论证评价　【命题方向】⑯论证推理　结论

D选项：人口可以分为农村人口和城市人口，题干中表明城市人口所占比例最高，所以农村人口所占比例就是最低的，正确。

A选项：人口密度是单位面积土地上居住的人口数，但题干中并未提供充分的信息，无法判断。B选项：虽然H省94%的面积为农村地区，但城市居民居住的地区是否最少呢？未知，无法判断。C选项：题干中并未涉及关于"人口增长率"的信息，无法判断。E选项：题干信息并未涉及土地是否"适合"城市居民居住，无法判断。

故正确答案为D选项。

31. D 【题号】20070126 【难度】S5

【考点】论证评价 【命题方向】⑯论证推理 结论

途径：用无线广播电台进行密集的广告宣传。效果：迅速获得最大程度的知名度。

D选项：为了达到效果，只需要用该途径就够了，与题干意思一致，正确。

A选项："获得最大程度的知名度"与"打开市场"不一致，排除。B选项：题干中并未体现出知名度与消费者数量之间的关系，排除。C选项："最大程度的知名度"与"传到每户人家"不一致，排除。E选项：题干中未出现"性能和质量"的相关信息，排除。

故正确答案为D选项。

32. C 【题号】20070132 【难度】S5

【考点】论证评价 【命题方向】⑯论证推理 结论

题干信息：精神疾病以及怪癖行为是由神经化学物质的失衡引起的（神经化学物质与行为的关系），这些发现使我们对行为失常的人怀有同情和容忍。

C选项：题干对神经化学物质与行为的关系进行了描述，并且表明了这一发现所带来的好处，即有助于培养对他人的同情心，正确。

A选项：题干中并未提到数量问题，排除。B选项：题干中并无相关信息，属于主观臆断，排除。D选项：是题干信息的一部分，但不是结论，排除。E选项：神经化学物质是否平衡可能是主要因素，但并不是题干论证的结论，排除。

故正确答案为C选项。

33. A 【题号】20070153 【难度】S5

【考点】论证评价 【命题方向】⑯论证推理 结论

题干信息：经济发展的萧条期，失业人数增加；萧条之后的复苏要求增加劳动力，但是经历了萧条期的企业主大都会尽可能地推迟雇佣新的职工。

在做论证推理的结论题型时，要注意转折词，题干通常强调转折之后的内容。复苏阶段劳动力需求本应增加，但是企业主会推迟雇佣新的职工，所以失业问题不会迅速得到解决。

A选项：企业主推迟雇佣新的职工，所以复苏不一定能迅速减少失业人数，正确。

B选项：题干中并未提及复苏所需要的时间，排除。C选项：失业大军的来源在题干中并未提及，排除。D、E两项：由题干论述无法得知萧条的原因，排除。

故正确答案为A选项。

34. E 【题号】20071033 【难度】S5

【考点】论证评价 【命题方向】⑯论证推理 结论

论据：B国汽车的购价是A国的1.6倍，在A国买车运到B国需要附加运输费用和关税。

结论：在A国购车比B国便宜。

假设一辆汽车在A国的售价为a，在B国为$b=1.6a$，题干的数量关系为：a+运输费+关税$<1.6a$。所以：运输费+关税$<0.6a$。

E选项：关税$<0.6a<0.6b$，可以由题干信息推出，正确。

A、B、C三项：无法得出"汽油价格""销售量""购买汽车人数"的信息，排除。

D选项：运输费应小于$0.6a$，而不是大于，该项不符合题干论证，排除。

故正确答案为E选项。

35. C 【题号】20071058 【难度】S4

　　【考点】论证评价 【命题方向】⑯论证推理　结论

题干信息：撒哈拉沙漠下午的气温都在摄氏45度以上；气温达到摄氏45度以上，蚂蚁搬运食物所需要的信息素会不留痕迹地蒸发。

C选项：如果蚂蚁在下午觅食，信息素又蒸发了，那么一定存在其他方式使蚂蚁可以把食物运回蚁穴，可以由题干信息推出，正确。

A选项：蚂蚁也可能依靠其他方式在下午觅食，排除。B选项：蚂蚁可能在其他时间或利用其他方式觅食，排除。D选项：蚂蚁觅食不一定是依靠某种物质，也可能是通过其他方式，排除。E选项：无法由题干信息推出，排除。

故正确答案为C选项。

36. B 【题号】20080137 【难度】S5

　　【考点】论证评价 【命题方向】⑯论证推理　结论

题干信息：把便宜的原料制成水泥要耗费大量的能源，所以水泥的价格会受石油价格的影响。

由题干信息可得，生产水泥需要耗费能源，而石油价格会影响水泥价格，所以说明石油可能是生产水泥需要用的能源。

故正确答案为B选项。

37. C 【题号】20081036 【难度】S4

　　【考点】论证评价 【命题方向】⑯论证推理　结论

题干信息：核电站事故都是人为失误所致，从长远来看，人为失误不可避免。

由题干可知，人为失误不可避免，所以可推出导致核电站发生核泄漏严重事故的人为失误也不可避免。

C选项：与上述分析一致，正确。

A选项：没有一次事故是设备故障引起的，并不等于核电站不可能因设备故障而导致事故，排除。B选项：题干只是将二者进行类比，并不能说明复杂程度，排除。D选项：题干论证未提及"规章制度"，而且"没有意义"过于绝对，无法得出，排除。E选项：与题干论证无关,排除。

故正确答案为 C 选项。

38. B 【题号】20081045 【难度】S5

　　　　【考点】论证评价 【命题方向】⑯论证推理　结论

论据:即使人类能够在月球上开采出氦-3,要建造用氦-3为燃料的熔合反应堆在技术上至少也是50年以后的事。

结论:地球今天面临的能源危机不可能通过开采月球上的氦-3来解决。

B 选项:与上述结论一致,正确。

A、D、E 三项:未提及题干中主要探讨的"氦-3"这种解决方式,排除。

C 选项:题干中只是表明目前做不到,但50年后可能会做到,排除。

故正确答案为 B 选项。

39. D 【题号】20081046 【难度】S5

　　　　【考点】论证评价 【命题方向】⑯论证推理　结论

陈教授:因为现存的档案中找不到文字记录,所以中世纪初欧洲与东亚之间没有贸易往来。

李研究员:有人看到雪人当然能证明雪人存在,但没人看到不能证明雪人不存在。

李研究员的论证方式是类比,意在表明:有文字记录当然能证明有贸易往来,但没有记录不能证明没有贸易往来,所以陈教授的论证有漏洞,不能简单地根据缺乏某种证据证明中世纪初欧洲与东亚之间有贸易往来,就说这种贸易往来不存在。

故正确答案为 D 选项。

40. C 【题号】20081050 【难度】S5

　　　　【考点】论证评价 【命题方向】⑯论证推理　结论

论据:(1) 遗传缺陷疾病可以通过伙食和医疗加以控制;

(2) 有遗传缺陷的赛马往往特别美。

结论:不应该一发现有此种缺陷的赛马就停止饲养。

C 选项:与上述分析的结论一致,正确。

A 选项:只与论据(2)有关,不是结论,排除。

B、D、E 三项:只与论据(1)有关,不是结论,排除。

故正确答案为 C 选项。

41. D 【题号】20090129 【难度】S5

　　　　【考点】论证评价 【命题方向】⑯论证推理　结论

儿童:五分之三人中学后出现中度以上的近视。

父母及祖辈：没有机会到正规学校接受教育，很少出现近视。

题干通过对儿童与父母及祖辈之间的对比，得出接受教育会导致近视，不接受教育则不易近视，是否接受教育与是否近视之间似乎有联系，但是由于题干中并未表明除了接受教育之外，两类人群其他条件是否有差异，例如使用电子设备的时间、课业压力大小等，如果这些因素也在同步变化，那么接受教育就不一定是导致近视的原因了。所以，由题干信息只能得出二者有密切关系的结论，但是无法得知是否是因果关系，故 D 选项正确，A 选项错误。

B、C、E 三项：从题干中无法得出，排除。

故正确答案为 D 选项。

42. D 【题号】20090146 【难度】S5

【考点】论证评价 【命题方向】⑯论证推理 结论

题干信息：(1) 有人只接受理疗，有人接受理疗和药物治疗；(2) 两类人的预期治疗效果相同；(3) 对于接受药物治疗的患者来说，药物是不可缺少的。

复选项Ⅰ：由 (3) 可知，对于既接受理疗又接受药物治疗的患者来说，药物治疗不可缺少，正确。

复选项Ⅱ：由 (1) 和 (2) 可知，有人只需要接受理疗，预期治疗效果与接受两种治疗方式相同，所以对于一部分患者来说，药物治疗并不是不可缺少的，正确。

复选项Ⅲ：(1) 介绍了两类腰肌劳损患者的情况，但其是否包含全部的腰肌劳损患者未知，所以无法推知理疗是否不可缺少。

故正确答案为 D 选项。

43. C 【题号】20091041 【难度】S5

【考点】论证评价 【命题方向】⑯论证推理 结论

题干信息：甲公司员工数量增加了，但是该公司员工占公司总员工数的比例却下降了。

C 选项：其他三家子公司中至少有一家公司的员工增长率要高于甲，否则如果三家都低于甲的话，甲公司员工占公司总员工数的比例不可能下降，正确。

A 选项：题干只涉及甲公司与其他子公司员工增长比例的关系，而不是甲公司自身的比较，排除。B 选项：只要另外三家中有一家公司员工增长的比例超过甲公司员工增长比例，题干就可以成立，所以乙、丙、丁三家都超过甲公司这一信息不是必需的，排除。

D 选项：由上述分析可知这一信息不是必需的，排除。E 选项：题干论证与甲公司员工绝对数量的多少无关，排除。

故正确答案为 C 选项。

44. B 【题号】20101033 【难度】S5

【考点】论证评价 【命题方向】⑯论证推理 结论

题干信息：(1) 提出某社会学家的观点；(2) 表明自己的观点；(3) 举例证明自己的观点。

题干的中心句为（2）包含的内容：不是所有降低生产成本的努力都对企业有利，即"有的降低生产成本的努力不是对企业有利的"。

B 选项：与上述分析一致，表达了（2）的意思，正确。

A、C、E 三项：与（3）相关，而（3）只是为了证明（2）所举的例子，并不是中心观点，排除。D 选项：与题干内容不相关，排除。

故正确答案为 B 选项。

45. A 【题号】20110128 【难度】S5

【考点】论证评价 【命题方向】⑯论证推理 结论

题干信息：在其他条件都相同的情况下，透明度高的老坑玉比透明度较其低的单位价值高，但是从实践得知，没有单位价值最高的老坑玉。

A 选项：透明度越高，单位价值越高，没有单位价值最高的，所以没有透明度最高的，正确。

B 选项：题干已经说明老坑玉的特点是"水头好"，该选项与题干不符，排除。

C、E 两项：无关选项，本题与"新坑玉"及老坑玉未来的单位价值无关，排除。

D 选项：题干只是说明没有单位价值最高的老坑玉，老坑玉的单位价值受哪些因素的影响，题干并未提及，排除。

故正确答案为 A 选项。

46. E 【题号】20110142 【难度】S4

【考点】论证评价 【命题方向】⑯论证推理 结论

题干信息：(1) 2007 年统计表明，挪威是世界上居民生活质量最高的国家；

(2) 1990 年以来的 17 年中，莫桑比克的生活质量提高最快，达到 50%。

E 选项：由（1）可知，挪威的生活质量指数最高，所以必然高于非洲各国，正确。

A 选项：题干并未提及"西方国家"，发展中国家的生活质量指数是否低于西方国家未知，无法得出。B 选项：莫桑比克的生活质量提高最快，但其生活质量指数是否不高于中国未知，无法得出。C 选项：日本的生活质量指数是否不高于中国未知，无法得出。D 选项：由（2）可知，17 年来莫桑比克的生活质量提高最快，但 2006 年的具体情况未知，并且题干中的 116 个国家并不一定包含所有非洲国家。

故正确答案为 E 选项。

47. E 【题号】20111029 【难度】S5

【考点】论证评价 【命题方向】⑯论证推理 结论

题干信息：对非商用车周一到周五采取限行措施。

E 选项：如果有六台车尾号都不相同，那么至少有 2 台车都在同一天限号，所以在那天最多只有四台车可以开，不可能每天都有五台车开。

A 选项：商用车并不属于限行范围，不违反规定，排除。B 选项：如果两台私家车分别属于不同的限行组，那么有可能每天都开车，不违反规定。C 选项：如果三台私家车分别属于不同的限行组，那么有可能每天有两台车开，不违反规定。D 选项：如果五台私家车分别属于不同的限行组，那么有可能每天有四台车开，不违反规定。

故正确答案为 E 选项。

命题方向⑰：论证推理　焦点

1. C　【题号】20010167　【难度】S6

　　【考点】论证评价　【命题方向】⑰论证推理　焦点

吴：执行死刑可以有效地阻止恶性刑事案件的发生。史：死刑不是最严厉的惩罚。

吴认为，执行死刑的目的是有效地阻止恶性刑事案件的发生，所以应该提倡死刑；史认为，执行死刑的目的是给十恶不赦的罪犯以惩罚，而终身监禁是最严厉的惩罚，所以不应提倡死刑。二人对执行死刑的目的理解不同，吴看重社会影响，史倾向惩罚罪犯本身。

故正确答案为 C 选项。

2. A　【题号】20001054　【难度】S5

　　【考点】论证评价　【命题方向】⑰论证推理　焦点

小李的论证过程：视觉上无差异→品质相同→价格相同。

小王的论证过程：视觉上无差异，但年代不同→品质不同→价格不同。

两人分歧在于：视觉上无差异时，品质是否相同？小李认为相同，小王认为不相同。E 选项容易误选，"首创性"小李没有提到，所以小李无此观点。

故正确答案为 A 选项。

3. C　【题号】20020139　【难度】S5

　　【考点】论证评价　【命题方向】⑰论证推理　焦点

史：赤狼是杂交种，明显需要保护，所以条例应该修改。

张：如果赤狼是杂交种，那么可以通过杂交获得，不需要保护，条例不应该修改。

C 选项：史密斯认为应该包括，张大中认为不应该包括，是争论的焦点。

A 选项：史密斯认为是，张大中对这一问题并未表态，排除。

B 选项：二人讨论的中心是杂种动物，赤狼只是例子，排除。

D 选项：二人均未涉及，排除。

E 选项：史密斯认为有，张大中未涉及此信息，排除。

故正确答案为 C 选项。

4. A 【题号】20040148 【难度】S5

【考点】论证评价 【命题方向】⑰论证推理 焦点

张先生：吸烟导致疾病，所以吸烟者要承担一部分医疗费用，用以缓解医疗保健事业的投入不足。

李女士：拥有其他与吸烟一样危害健康的不良习惯的人很多，如果张先生的说法成立，那么也应该对这些人征税，但是这样做不合理，而且在事实上无法操作。

A 选项：是争论的焦点，张先生认为合理，李女士认为没有人觉得合理，即不合理，二人对此有相反的观点，正确。

B 选项：张先生认为应该负责，李女士并未对此发表意见，排除。

C 选项：二人都未对此发表意见，排除。

D 选项：题干中探讨的是"医疗保健事业"，而不是"社会公共事业"，排除。

E 选项：二人的争论并未涉及"纠正不良习惯"，排除。

故正确答案为 A 选项。

5. C 【题号】20041038 【难度】S6

【考点】论证评价 【命题方向】⑰论证推理 焦点

贾女士：工资不公正，因为雇员中大部分人年薪不到 10 000 元。

陈先生：工资是公正的，因为雇员的平均年薪达到了 15 000 元。

所以，两人争论的焦点在于工资待遇是否公正。

故正确答案为 C 选项。

6. D 【题号】20051025 【难度】S5

【考点】论证评价 【命题方向】⑰论证推理 焦点

张：诺贝尔奖得主对人类社会和历史的贡献远高于明星，所以有的歌星出场费高于诺贝尔奖奖金是不合理的。

李：歌星的演出可能为老板带来上千万的利润，酬金是一种商业回报。

张：诺贝尔生前不可能获益于诺贝尔奖得主的发现，那么诺贝尔基金就不应该设立。

张教授的观点是，判别个人收入合理性的标准是对社会和历史的贡献。李研究员的观点是，判别个人收入合理性的标准是能否给老板带来利润，是否是商业回报。所以二人对判别个人收入合理性的标准有不同的看法。

故正确答案为 D 选项。

7. C 【题号】20060136 【难度】S5

【考点】论证评价 【命题方向】⑰论证推理 焦点

张：克隆人是"两片相同的树叶"，是破坏社会和谐的一种潜在危险。

李：一个人和他的克隆复制品仅仅是遗传基因完全相同，其他诸多方面仍会形成自己的不同特点。

C选项：张认为一个人和他的克隆复制品是"两片相同的树叶"，完全相同；李认为二者在诸多方面都会形成自己的不同特点，并不完全相同。二人对这一问题持有相反的观点，是焦点，正确。

A选项：张认为克隆人是破坏社会和谐的一种潜在危险；李也认为可能会存在有人将克隆复制品当作活"器官银行"的现实危险，所以在是否会破坏社会和谐这一问题上二人未持有相反的观点，不是焦点，排除。B选项：张和李均认为一个人和他的克隆复制品的遗传基因完全相同，不是焦点，排除。D选项：张认为是，李未对此发表意见，不是焦点，排除。E选项：张未对此发表意见，李认为有这种现实危险，不是焦点，排除。

故正确答案为C选项。

8. C 【题号】20070154 【难度】S5

　　【考点】论证评价　【命题方向】⑰论证推理　焦点

司机：有经验的司机习惯以每小时120千米的速度行驶，所以最高时速修改之后会使一些有经验的司机违反交规。

交警：只要愿意，每个司机都可以在法律规定的速度内行驶，所以修改最高时速不会导致司机违规。

C选项：司机认为会，交警认为不会，二人持有相反的观点，是焦点。

A选项：司机认为没有必要，交警未对此发表意见，不是焦点。B选项：司机认为有能力，交警未对此发表意见，不是焦点。D选项：修改实施后的情况二人均未涉及，不是焦点。E选项：司机认为会，交警未对此发表意见，不是焦点。

故正确答案为C选项。

9. D 【题号】20071059 【难度】S5

　　【考点】论证评价　【命题方向】⑰论证推理　焦点

陈先生：蜜蜂可以通过气味踪迹引导同伴找到采花粉的地方，所以嗡嗡声并不是在传递采花粉位置的信息。

贾女士：动物完成任务可以有多种方式，气味不是唯一的交流方式。

D选项：陈先生认为嗡嗡声不是在传递位置信息，贾女士认为虽然气味是一种交流方式，但嗡嗡声也在传递位置信息，二人有相反的观点，正确。

A选项：与题干信息无关，排除。

B选项：两人的对话并未涉及嗡嗡声的不同解释，排除。

C选项：两人的对话并未涉及其他动物，排除。

E选项：两人的对话并未涉及气味踪迹是否为"主要"交流方式，排除。

故正确答案为D选项。

10. E 【题号】20080138 【难度】S5

【考点】论证评价 【命题方向】⑰论证推理 焦点

郑女士：衡远市过去十年的 GDP 增长率比易阳市高，所以衡远市经济前景比易阳市好。

胡先生：易阳市的 GDP 数值更大，所以不能同意郑女士的观点。

E 选项：胡先生认为数值更重要，郑女士认为增长率更重要，二人持有不同的观点，是争议的焦点，正确。

A、B 两项：二人并未讨论数据的真实性，排除。

C、D 两项：分别是胡先生和郑女士讨论的内容，不是争议的焦点，排除。

故正确答案为 E 选项。

11. B 【题号】20090136 【难度】S6

【考点】论证评价 【命题方向】⑰论证推理 焦点

考古学家：在南美洲发现的史前木质工具是其祖先使用的。

张教授：在从阿拉斯加到南美洲之间未发现木质工具，所以考古学家的观点难以成立。

李研究员：木质工具没被发现是因为在泥土中腐烂化解了，所以张教授论证中的前提（在从阿拉斯加到南美洲之间未发现木质工具）不能支持其结论。

张教授认为这一论据能推翻考古学家的结论，因为如果发现的史前木质工具是其祖先从西伯利亚迁徙到阿拉斯加的人群使用的，那么在阿拉斯加到南美洲之间应该也能发现 13 000 年前的木质工具。

李研究员认为这一论据不能推翻考古学家的结论，因为在从阿拉斯加到南美洲之间未发现 13 000 年前的木质工具，并不等于 13 000 年前在从阿拉斯加到南美洲之间就一定没有此种木质工具，此种木质工具可能存在过，但是因为不具备保存条件而腐烂化解了。

B 选项：张教授认为能推翻，李研究员认为该论证前提不能支持其结论，无法推翻，二人观点相反，是他们所讨论的焦点，正确。

A 选项：张教授认为不是，李研究员虽然对张教授的论据提出质疑，但是并不能说明其认为考古学家的观点是正确的，排除。C、D 两项：二人均未对此发表意见，排除。E 选项：作为本题的背景信息出现，二人未对此进行讨论，排除。

故正确答案为 B 选项。

12. C 【题号】20091051 【难度】S4

【考点】论证评价 【命题方向】⑰论证推理 焦点

总经理：为了增加利润，我们应当用电子方式处理客户订单。

董事长：如果用电子方式处理订单，我们一定会赔钱。

C 选项：总经理认为有利于，董事长认为不利于，是焦点。

A 选项：总经理未涉及"人情味"，排除。B 选项：董事长未涉及"快速而准确"，排除。D 选项：双方讨论的是"电子方式"，而不是"快速而准确的运作方式"，排除。E 选项：与双方观点不相关，排除。

故正确答案为 C 选项。

13. B 【题号】20101046 【难度】S4

  【考点】论证评价 【命题方向】⑰论证推理 焦点

甲：人们可以从互联网上获得任何想要的信息和资料，所以不需要听取专家的意见。

乙：知识的增加，会导致对专家的需求也相应地增加。

B 选项：甲认为不能，乙认为能，二人持有相反的观点，是争论的焦点。

A 选项：二人均未对此问题发表意见，排除。

C 选项：甲认为能，乙未对此发表意见，排除。

D 选项：二人均未对此问题发表意见，排除。

E 选项：二人并未提及互联网知识及专家的重要性，排除。

故正确答案为 B 选项。

14. E 【题号】(396) 202014 【难度】S4

  【考点】论证评价 【命题方向】⑰论证推理 焦点

琼斯：远程医疗将持续改善农村病患诊疗。史密斯：远程医疗将使农村病患遭受损害。

二人的争论焦点非常明显，即远程医疗是否会改善农村病患诊疗。琼斯认为会，史密斯认为不会。

故正确答案为 E 选项。

命题方向⑱：论证推理 论证方式、漏洞识别

1. A 【题号】19970109 【难度】S5

  【考点】论证评价 【命题方向】⑱论证推理 论证方式、漏洞识别

题干论证方式：无法证明飞碟不存在，所以，飞碟存在。

该论证方式存在"诉诸无知"的逻辑漏洞，无法证明 A 真，所以 A 假；无法证明 A 假，所以 A 真。

A 选项：无法证明上帝不存在，所以上帝存在，诉诸无知，与题干论证方式相同。

B 选项：有人看见过野人的踪影，所以有野人，该论证成立。C 选项：爱因斯坦不是天生聪明的，所以科学家不是天生聪明的，以偏概全。D 选项：亚里士多德认为神经是从心脏产生出来的，所以哲学家不相信人的神经在脑中汇合，诉诸权威。E 选项：古今中外有那么多人讲鬼故事，所以鬼存在，推不出。

故正确答案为 A 选项。

2. B 【题号】19970150 【难度】S4

【考点】论证评价 【命题方向】⑱论证推理 论证方式、漏洞识别

题干的对话犯了循环定义的逻辑错误，被定义项在定义的时候间接用在了自身上。

B 选项：用"思维形式结构规律"来定义"逻辑"，又用"逻辑"来定义"思维形式结构规律"，也是犯了循环定义的逻辑错误。

故正确答案为 B 选项。

3. C 【题号】19971005 【难度】S4

【考点】论证评价 【命题方向】⑱论证推理 论证方式、漏洞识别

乙的逻辑错误在于：乙说"我可以有意识但无目地举起我的手"。犯了自相矛盾的错误，因为，乙举手是有目的的，是为了证明其观点。

故正确答案为 C 选项。

4. C 【题号】19971037 【难度】S4

【考点】论证评价 【命题方向】⑱论证推理 论证方式、漏洞识别

此题中存在着偷换概念的问题。价值规律乖乖地为精明的经营者服务，是人们利用规律为自己服务，而不是改造规律。

故正确答案为 C 选项。

5. B 【题号】19980133 【难度】S5

【考点】论证评价 【命题方向】⑱论证推理 论证方式、漏洞识别

工作人员将顾客的"乱罚款"的论题转移，解释了罚款的目的是什么，但没有回答顾客的问题，故犯了转移论题的错误。B 选项：犯了类似的错误，即转移论题。

C 选项：循环论证。D 选项：因果倒置。

E 选项：虚设前提，虚设了"你本来有尾巴"这个前提。

故正确答案为 B 选项。

6. A 【题号】19981072 【难度】S5

【考点】论证评价 【命题方向】⑱论证推理 论证方式、漏洞识别

正方使用了"类比+归谬"的论证方式：为减少交通事故将汽车速度降为自行车速度是不可接受的，因此为减少谋杀机会而反对"安乐死"也是不可接受的。

反方：首先说明类比无意义，然而紧接着却又承认"为减少交通事故将汽车速度降为自行车速度是不可接受的"，实际上是在加强正方的观点。

故正确答案为 A 选项。

7. B 【题号】20000160 【难度】S5

【考点】论证评价 【命题方向】⑱论证推理 论证方式、漏洞识别

因：一些企业过快的非国有化。果：股市暴跌。

要评价该因果关系是否成立，最直接的方法是利用求异法构建对照实验的模型：

T国：实行企业非国有化　　股市暴跌

他国：未实行企业非国有化　①股市未暴跌（说明题干因果关系成立）

　　　　　　　　　　　　　②股市暴跌（说明题干因果关系不成立）

B选项：与上述分析一致，构建了对照实验，正确。

A选项：对比非国有化的正面影响和负面影响与题干论证无关，排除。

C选项：如果经济情况和T国有很大差异，那么该国没有可比性，排除。

D、E两项："平均亏损值"和"下一次股市风波的时间"与题干论证无关，排除。

故正确答案为B选项。

8. D 【题号】20010136、20141026　【难度】S5

　　【考点】论证评价　【命题方向】⑱论证推理　论证方式、漏洞识别

题干信息：腹内婴儿（因）导致孕妇缺乏维生素（果）。

要评价因果关系是否成立，最佳的思路是设计对照实验，让该原因成为唯一的变量。

D选项：设计正反对照实验，如果结果是孕妇缺维生素而非孕妇不缺，则对题干推理起到支持作用；如果两者都不缺，则对题干推理起到削弱作用。

故正确答案为D选项。

9. B 【题号】20010168　【难度】S5

　　【考点】论证评价　【命题方向】⑱论证推理　论证方式、漏洞识别

题干论证：因为"为了禁止无证驾车而在道路上设置路障"是不可接受的，所以同样"为了不给未成年人吸烟以可乘之机就明令禁止自动售烟机的使用"也是不可接受的。

本题的论证方式为"类比+归谬"，其是否正确的关键在于"两者是否具有可比性"。如果有可比性，那么推理得到加强；如果没有可比性，那么推理得到削弱。因此，关键点在于B选项的内容。因为设置路障给有证驾驶员带来的不便是很大的，所以如果禁止自动售烟机给成年购烟者带来的不便也很大，那么两者具有可比性，题干的论证得到支持；如果带来的不便并不大，那么两者没有可比性，题干的论证得到削弱。

故正确答案为B选项。

10. E 【题号】20011043　【难度】S5

　　【考点】论证评价　【命题方向】⑱论证推理　论证方式、漏洞识别

题干论证中影响人体重的因素有两个：(1) 结婚；(2) 13年。

要评价结婚是否是人变得肥胖的重要原因，应排除"13年"这个因素。

E选项：对照实验成立。如果相同年龄段的单身男女的体重也增加了，说明结婚可能不是人变得肥胖的重要原因；如果体重没有增加，那么题干因果关系成立。

A 选项：12 年、13 年、14 年相差不大，对结果不会有较大影响，排除。B 选项：题干中为"平均"增加的公斤数，所以与是否有体重减轻的人无关，排除。C 选项：题干论证未涉及性别比例，排除。D 选项：题干论证与平均体重的大小无关，排除。

故正确答案为 E 选项。

11. C 【题号】20011044 【难度】S5

【考点】论证评价 【命题方向】⑱论证推理 论证方式、漏洞识别

虽然全世界死于地面交通事故的人数比死于空难的多，但是要比较搭乘航班和地面交通哪个更安全，应比较的是死亡率，即每运输 100 人中死亡的人数，否则如果参与的人数相差较大，仅仅依据死亡人数是无法进行比较的。C 选项：与上述分析一致。

故正确答案为 C 选项。

12. E 【题号】20020127 【难度】S5

【考点】论证评价 【命题方向】⑱论证推理 论证方式、漏洞识别

论据：不能肯定色拉中存在超标的有害细菌。结论：不是食用色拉造成的不适。

诉诸无知，"不能肯定"存在超标的有害细菌，那到底是否存在有害细菌呢？未知，所以是否是水果色拉造成的不适呢？无法确定。题干论证把缺少证据证明水果色拉存在超标的有害细菌，当作有充分证据证明水果色拉不是造成食用者不适的原因，这就是题干的漏洞。

故正确答案为 E 选项。

13. A 【题号】20020138 【难度】S5

【考点】论证评价 【命题方向】⑱论证推理 论证方式、漏洞识别

题干论证：两个系统同时检查，误检率为零。

首先，两个系统都能检测出所有送检的不合格产品，所以不可能"把不合格产品定为合格"，其误检只存在一种情况，那就是"把合格产品定为不合格"。其次，不存在一个合格产品会同时被两个系统误检，只有一个系统误检的合格产品不会被合并系统误检，所以，两个系统合并后误检率一定为零。

故正确答案为 A 选项。

14. D 【题号】20030140 【难度】S5

【考点】论证评价 【命题方向】⑱论证推理 论证方式、漏洞识别

题干论证中指出了导致出版物错字率增加的两个原因：(1) 大量引进非专业编辑；(2) 出版物大量增加。

相对数绝对数模型。原因 (1) 是与结果相关的，因为非专业编辑可能在错字的识别和纠正方面不够敏感，导致一些错字没有被修正，造成错字率增加；但是原因 (2) 与结果并

不相关，题干中是"错字率"较高，而不是"错字数"较高，所以与出版物的数量并无确定的关系，这就是题干中的漏洞。

复选项Ⅰ："有效提高服务质量"是投诉比率下降的有效原因，但是"航班乘客数量锐减"并不是有效原因，与题干中出现的漏洞类似，正确。

复选项Ⅱ："饮食结构和生活方式发生变化"以及"老年人比例增大"都是导致心血管病死亡率增加的原因，并未出现与题干中类似的漏洞。

复选项Ⅲ："狠抓教育质量"是录取率增加的有效原因，但"高考人数增加"并不会导致录取率增加，与题干中的漏洞类似，正确。

故正确答案为 D 选项。

15. D 【题号】20040149 【难度】S5

   【考点】论证评价 【命题方向】⑱论证推理 论证方式、漏洞识别

   题干论证：类比+归谬。李女士举出经常食用高脂肪、高胆固醇食物与吸烟一样会导致许多严重的疾病的例子，并认为如果张先生的说法成立，那么也应对这些人征税，但是很显然对吃奶油蛋糕或者肥猪肉的人征税是荒谬的，以此来表明张先生的论证是不成立的，即从对方的论据得出了一个明显荒谬的结论。

   故正确答案为 D 选项。

16. A 【题号】20040155 【难度】S5

   【考点】论证评价 【命题方向】⑱论证推理 论证方式、漏洞识别

   张教授：爱迪生只在学校中受过几个月的正式教育，但是他的发明改变了人类的生存方式。因此，接受正式教育对于在技术发展中做出杰出贡献并不是必要的。

   李研究员：技术的发展日新月异，在当代即使接受了爱迪生时期的正式教育，也无法对当代的技术发展做出贡献。

   李研究员若想反驳张教授的论证，"正式教育"和"技术发展"这些核心概念应与张教授保持一致。关于"正式教育"，二人都指出是"爱迪生时期的正式教育"。但是关于"技术发展"，张教授论证中指的是"爱迪生时期的技术发展"，而李研究员论证中指的是"当代的技术发展"，二者概念并不一致，这就是李研究员反驳中存在的漏洞。A 选项：与上述分析一致，正确。

   B 选项：李研究员与张教授所说的正式教育，都是爱迪生时期的正式教育，所以不是漏洞。C、D、E 三项：与题干中的论证无关，排除。

   故正确答案为 A 选项。

17. B 【题号】20041032 【难度】S5

   【考点】论证评价 【命题方向】⑱论证推理 论证方式、漏洞识别

   论据："因防护林不能一夜间消灭沙尘暴而反对实施防护林计划"是不可接受的。

结论："因为海上石油产量很小就不开采"也是不可接受的。

本题采用了"类比（将防护林的情况类推到海上石油）+归谬（反对实施防护林计划明显是荒谬的）"方法进行论证。

故正确答案为 B 选项。

18. B 【题号】20051038 【难度】S5

【考点】论证评价 【命题方向】⑱论证推理 论证方式、漏洞识别

题干提出了一套新的因果见解（精神压力导致吃巧克力和长粉刺），解释之前看到的两个现象（吃巧克力和长粉刺）实际上是同一原因（精神压力）导致的。

B 选项：与上述分析一致，正确。

A 选项：题干中并未出现"反例"，排除。

C 选项：题干中未出现"科学权威的个人影响"，排除。

D 选项：题干中未出现"自相矛盾"，排除。

E 选项：题干中未出现"轻率概括小概率事件"，排除。

故正确答案为 B 选项。

19. B 【题号】20060134 【难度】S5

【考点】论证评价 【命题方向】⑱论证推理 论证方式、漏洞识别

"斑马身上的黑白条纹是它们互相辨认的标志"包含两种可能性：（1）雌性斑马能辨别幼小斑马；（2）幼小斑马能辨别雌性斑马。将情况（2）排除之后，得出情况（1）为真，采用的是穆勒五法中的剩余法。B 选项：与上述分析一致，正确。

故正确答案为 B 选项。

20. B 【题号】20060135 【难度】S4

【考点】论证评价 【命题方向】⑱论证推理 论证方式、漏洞识别

题干信息："海拔越高，空气越稀薄"即空气的稀薄程度随着海拔的增高而变化，存在着相对确定的关系。题干运用了穆勒五法中的共变法。

B 选项："年头越长，年轮越多"，年轮的多少与年头的长短存在着确定的关系，与题干论证相似，均为共变法，正确。

A 选项："年龄越大越成熟"这一规律可能对同一个人成立，但是对于不同人之间不一定有这种确定的关系，与题干不相似，排除。

C 选项："今年比前年成绩好"，并不存在共变的关系，排除。

D 选项："产品质量越高并且广告投入越多，产品需求就越大"，但是后半部分甲公司与乙公司的对比中只提到了广告费用，并未提及质量，与题干推理不相似，排除。

E 选项："词汇量越大越难学"，要与题干论证相似，后半部分应是"英语的词汇量比意大利语大，所以英语比意大利语难学"，该选项推理关系错误，排除。

故正确答案为 B 选项。

21. C 【题号】20060151 【难度】S4

【考点】论证评价 【命题方向】⑱论证推理 论证方式、漏洞识别

论据：一台被摔的电视机突然损坏，它正在播出的图像立即消失，但信号可能还存在。

结论：无法得出"意识不能独立于肉体而存在"的结论。

"电视机损坏，正在播出的图像立即消失"类似于"肉体死亡"，"电视塔发射的图像信号依然存在"类似于"意识仍然存在"，所以题干中是用了"被摔的电视机"这一例子与"意识丧失"进行类比推理，从而试图得出"意识可以独立于肉体而存在"的结论。

A、B、D、E 四项：如果是"证据""反例""实例"，需要举出某个脑部受到重击但是意识仍然存在的人的例子，而"被摔的电视机"并不是人，只是一个类似的情况，不能作为"证据""反例""实例"出现。

故正确答案为 C 选项。

22. E 【题号】20061032 【难度】S5

【考点】论证评价 【命题方向】⑱论证推理 论证方式、漏洞识别

论据：清城和广川两个城市的面积和人口相当。

结论：广川的居住条件会像清城一样拥挤。

E 选项：人口密度是单位面积土地上居住的人口数，广川和清城两个城市面积和人口相当，人口密度相同，但是也可能有不同的居住条件，比如：清城用于居住的面积比较小，从而导致居住条件比较拥挤，广川也许居住面积较大，不会出现拥挤的情况。

A 选项：从题干信息只能推出拥挤的居住条件会导致市民健康状况下降，但并未预设是"唯一原因"，排除。

B 选项：题干中是由城市面积和人口数量推出人口密度，并不存在未能准确区分两个概念的漏洞，排除。

C 选项：未出现此漏洞，排除。

D 选项：题干论证与第三个比较对象无关，排除。

故正确答案为 E 选项。

23. E 【题号】20070129 【难度】S5

【考点】论证评价 【命题方向】⑱论证推理 论证方式、漏洞识别

张教授：芭蕾舞团没能充分表现古典芭蕾舞的特色。

林教授：每一位表演者都能表现出古典芭蕾舞的特色，所以张教授的观点不对。

林教授的论证认为每一个个体都有的特点，整体就应该具有，而这一论证并不成立，因为个体与整体的性质不同，每一个个体都具有的特点整体并不一定具有，所以林教授的反驳有漏洞。E 选项：与上述分析一致，正确。

故正确答案为 E 选项。

24. D 【题号】20080145 【难度】S4

【考点】论证评价 【命题方向】⑱论证推理 论证方式、漏洞识别

小陈：过去人们从未观察到远离太阳的彗星所发出的闪烁光，所以这种闪烁是不寻常的。

小王：人们通常不会观察远离太阳的彗星，该闪烁被发现是因为有人持续而细心的观测。

小王对于观察到的闪烁光给出了另一种解释，并不认可小陈的观点。

故正确答案为 D 选项。

25. D 【题号】20081051 【难度】S5

【考点】论证评价 【命题方向】⑱论证推理 论证方式、漏洞识别

赛马饲养者：

论据：由遗传缺陷引起的疾病使赛马轻则丧失赛跑能力，重则瘫痪甚至死亡。

结论：一旦发现有此种缺陷的赛马应停止饲养。

反驳者：

论据：（1）遗传缺陷疾病可以通过伙食和医疗加以控制；（2）有遗传缺陷的赛马往往特别美。结论：不应该一发现有此种缺陷的赛马就停止饲养。

题干中对赛马饲养者进行反驳，并没有否定其论据，而是使用了他因削弱的方法，认为疾病可以通过伙食和医疗加以控制，并且这种赛马往往特别美，还可以参加马术表演，提出新的思路，得出了与赛马饲养者不同的结论。

故正确答案为 D 选项。

26. C 【题号】20090132 【难度】S5

【考点】论证评价 【命题方向】⑱论证推理 论证方式、漏洞识别

李经理：因为去年调高了业绩奖励比例，汽车销售数量较前年增加，所以今年继续执行。

陈副经理：竞争对手未调整奖励比例，但过去一年也出现了类似的增长。

陈副经理举出了反例——竞争对手未调整奖励比例但是销量也增长了（无因有果），表明李经理论证中销售数量的增长并不一定与业绩奖励比例调整有关，所以不足以推出结论。

C 选项：与上述分析一致，正确。

B 选项：陈副经理并未指出李经理提出的论据不是真实情况，排除。

A、D、E 三项："一般性结论""关键概念有误""自相矛盾的假设"题干中均未出现，排除。

故正确答案为 C 选项。

27. E 【题号】20090143 【难度】S5

【考点】论证评价 【命题方向】⑱论证推理 论证方式、漏洞识别

"成功"与"不成功"是矛盾关系，一真一假，这次试验只能在"成功"和"不成功"中二选一，不可能出现题干中的"既不算……也不算……"的情况。

在同一思维过程中，对于两个具有矛盾关系的命题必须从中肯定一个，不能两个都加以否定，否则就会出现"模棱两可"或"两不可"的逻辑错误。

E选项："一定能进入前四名"和"可能进不了前四名"是矛盾关系，与题干错误一致。

A选项：题干的陈述有漏洞，犯了"模棱两可"的逻辑错误。

B选项："完全反映民意"和"一点也没有反映民意"不是矛盾关系，可能出现"反映了一部分民意，也有一部分民意没有被反映"的情况，与题干错误不一致。

C选项："完全成功"和"彻底失败"不是矛盾关系，可能出现"一部分成功，一部分失败"的情况，与题干错误不一致。

D选项："被事实证明的科学结论"和"纯属欺诈的伪科学结论"不是矛盾关系，可能是"没有被事实证明的假说"，与题干错误不一致。

故正确答案为E选项。

28. D 【题号】20090148 【难度】S4

【考点】论证评价 【命题方向】⑱论证推理 论证方式、漏洞识别

题干信息：非黑即白，主持人希望被采访人在"国学巫师"和"国学大师"中二选一。

"国学巫师"和"国学大师"并不是矛盾关系，不存在一定一真一假、必须二选一的特点，可以二者都选，也可以二者都不选；只有在矛盾关系中的选择才是非此即彼，题干犯了非黑即白的逻辑错误。

D选项："必然发生"与"有可能避免"是矛盾关系，因为"必然发生"与"不必然发生"矛盾，不必然发生=可能不发生=可能避免，必须二选一，与题干中的不当不同。

A选项："社会主义的低速度"与"资本主义的高速度"不矛盾，可能有"社会主义的高速度"的情况，与题干中的不当相似。

B选项："为了发展可以牺牲环境"与"宁可不发展也不能破坏环境"不矛盾，可能有"既发展又不破坏环境"的情况，与题干中的不当相似。

C选项："都自私"与"都不自私"不矛盾，可能有"一部分人自私，另一部分人不自私"的情况，与题干中的不当相似。

E选项："必然夺冠"与"不可能夺冠"不矛盾，可能有"不必然夺冠"的情况，与题干中的不当相似。

故正确答案为 D 选项。

29. D 【题号】20090151 【难度】S4

【考点】论证评价 【命题方向】⑱论证推理 论证方式、漏洞识别

题干信息：科学→测量，测量→长度单位，长度单位→人为约定。因此，科学→主观约定。

题干通过论证得到了"科学的结论完全是一种人的主观约定"的荒谬结论，虽然长度单位是人为约定的，但并不等于科学也是人的主观约定。

D 选项：演出→基本功，基本功→艰苦训练，艰苦训练→乏味。因此，演出→乏味。与题干的论证结构一致，并且所得结论"在春节晚会上演出是乏味的"也是荒谬的，正确。

A 选项：保障体系→综合国力，综合国力→国民教育。因此，保障体系→国民教育。上述论证无逻辑错误，与题干论证不相似。

B 选项：规模生意→广告，广告→大额资金，有人→¬ 大额资金。因此，有人→¬ 规模生意。上述论证无逻辑错误，与题干论证不相似。

C 选项："游人允许坐公园长椅"并不是"游人离不开长椅"的关系，与题干不一致，排除。

E 选项：家庭→爱情，爱情→信任，信任→真诚。因此，¬ 真诚→¬ 家庭。与题干论证不相似，排除。

故正确答案为 D 选项。

30. B 【题号】20090152 【难度】S5

【考点】论证评价 【命题方向】⑱论证推理 论证方式、漏洞识别

由"所有的灰狼都是狼"这一论证是真的，得出"所有的疑似 SARS 病例都是 SARS 病例"这一结论，所使用的论证方法是类比推理。使用这一方法得出正确结论的前提是进行类比的二者是相似的，但是灰狼与狼是种属关系，而疑似 SARS 病例和 SARS 病例并不是种属关系，所以题干论证的漏洞是类比不当，需要说明二者不具有可比性。

B 选项：表明"灰狼与狼"的关系与"疑似 SARS 病例和 SARS 病例"的关系并不相同，无法进行类比，这就是题干论证中的漏洞。

故正确答案为 B 选项。

31. D 【题号】20091039 【难度】S5

【考点】论证评价 【命题方向】⑱论证推理 论证方式、漏洞识别

论据：90%严重失眠者爱喝浓茶；老张爱喝浓茶。结论：老张很可能严重失眠。

题干结论要想成立，前提应该是"90%爱喝浓茶者严重失眠"，此时才能由"老张爱喝浓茶"推出其"很可能严重失眠"。D 选项：与上述分析一致，正确。

A 选项：与题干论据不符，排除。B、C 两项：结论中是"很可能"，不是"一定"，

所以并未忽视其他原因或后果，排除。E 选项：与题干论证无关，排除。

故正确答案为 D 选项。

32. A 【题号】20091044 【难度】S5

【考点】论证评价 【命题方向】⑱论证推理 论证方式、漏洞识别

题干信息：人们是否可以通过动物的异常行为来预测地震。

A 选项：不重要，不同类型的动物，在地震前的异常行为是否类似并不影响题干的论证，例如：如果狗在地震前不停地狂吠，猫在地震前不停地喝水，即使行为不相似，依然可以通过动物的异常行为来预测地震。

B 选项：很重要，如果这一异常行为在平时也同样出现过，就说明这种异常行为与地震无关，人们无法通过异常行为来预测地震；如果这一异常行为在平时没出现过，那么一旦出现就可以预测地震将至。C 选项：很重要，如果地震前有异常行为的动物在整个动物中所占比例与不地震时差不多，那么该异常行为就与地震无关；如果地震前有异常行为的动物在整个动物中所占比例比不地震时高，那么通过异常行为就可以预测地震。D 选项：很重要，如果地震前这种异常行为有很高比例没有被注意到，意味着出现的行为不是异常行为，与地震无关。E 选项：很重要，如果同一种动物在两次地震前的异常行为类似，那么就可以通过异常行为预测地震；如果不类似，那么该异常行为可能与地震无关。

故正确答案为 A 选项。

33. D 【题号】20100130 【难度】S5

【考点】论证评价 【命题方向】⑱论证推理 论证方式、漏洞识别

题干信息：无 MnO_2，O_2 缓慢产生；有 MnO_2，O_2 快速产生。因此，MnO_2 是 O_2 快速产生的原因。

题干中所做的实验为对照实验，得出结论的方法是求异法。

D 选项：有空气，能听到铃声；无空气，听不到铃声。因此，空气是声音传播的介质。该实验为对照实验，得出结论的方法为求异法，与题干一致。

A 选项：未使用求异法，可能消费者是由于化妆品质量好而购买，无法得出结论。

B 选项：沥青是混合物，其中纯铀的放射线强度比混合物的低，由此得出"沥青矿物中还存在其他放射性更强的元素"的结论，得出结论的方法是剩余法。

C 选项：该统计分析可能并不适用于所有人，且未使用穆勒五法中的求异法。

E 选项：绿藻、蓝藻、红藻颜色不同，生长环境不同，但相同点是结构简单、无根叶，而且都是藻类植物，使用了求同法。

故正确答案为 D 选项。

34. B 【题号】20100131 【难度】S4

【考点】论证评价 【命题方向】⑱论证推理 论证方式、漏洞识别

题干信息：如果湖队进入决赛，那么太阳就从西边出来了（太阳不可能从西边出来），因此，湖队是不可能进入决赛的。

题干的论证方式是归谬法，结合隐含条件"太阳不可能从西边出来"得出结论。

B选项：如果语言能创造财富，那么夸夸其谈的人就是世界上最富有的了。很明显，夸夸其谈的人并不是世界上最富有的人，所以可以推出结论——语言不能创造财富，与题干的论证方式一致，均为归谬法。

A选项："湖面不可能结冰"并不是隐含条件，无法推出"天气不冷"的结论，不是归谬法，排除。

C选项：将人与草木做类比，是类比推理的方式，与题干不同，排除。

D、E两项：未使用归谬法，排除。

故正确答案为B选项。

35. D 【题号】20100147 【难度】S4

【考点】论证评价 【命题方向】⑱论证推理 论证方式、漏洞识别

学生问IQ和EQ哪个更重要，学长并没有分析、比较二者的重要性，而是让其问书店的工作人员哪类书销得快，犯了"诉诸公众"的逻辑错误。

D选项：比较两条路哪条车马痕迹深，选择走车马痕迹深的路，与题干相似。

A选项：其他公司计划去哪里，该公司就不去哪里，与其他公司相反，与题干不相似。

B选项：只是看看买花的人多不多，并没有比较买花和买巧克力的人数，与题干不相似。

C选项：店员并未让其比较买鲜艳的毛衣和买素色毛衣的人数，与题干不相似。

E选项：只是提到是否经常背书做练习，未进行比较，与题干不相似。

故正确答案为D选项。

36. A 【题号】20110138 【难度】S4

【考点】论证评价 【命题方向】⑱论证推理 论证方式、漏洞识别

论据：公达律师事务所以为刑事案件的被告进行有效辩护而著称，老余以专门为离婚案件的当事人成功辩护而著称。

结论：老余不可能是公达律师事务所的成员。

上述论证中的漏洞在于：认为整体（公达律师事务所）具有的特点（以为刑事案件的被告进行有效辩护而著称），个体（事务所成员）也应该具有，而老余不具有，所以推出老余不是事务所的成员，而事实上整体具有的特点个体并不一定具有，所以题干论证存在漏洞。

A选项：与上述分析一致，正确。

B、C两项：辩护成功率不是题干论证的问题所在，排除。

D选项："数据来源"是对论证背景信息的削弱，一般不选。

E 选项：题干是从整体推个体，而不是从个体推整体，排除。

故正确答案为 A 选项。

37. B 【题号】20110140 【难度】S5

【考点】论证评价 【命题方向】⑱论证推理 论证方式、漏洞识别

题干信息：中国人喝茶→未得病，外国人不喝茶→得病，因此，喝茶是未得病的原因。

题干的论证方式是穆勒五法中的求异法。

B 选项：施氮肥和钾肥的那一块麦地产量高，只施钾肥的那一块麦地产量低，二者除了是否施用氮肥外无其他差异，所以产量的差异是氮肥造成的，属于求异法。

A 选项：目前掌握的事实不足以证明他犯罪，推断出背后还有未知的因素，属于剩余法。

C 选项：打或者不打都会有不良影响，属于二难推理。

D 选项：共有特征 a、b、c，a、b 分别是由行星甲、乙的吸引造成，故推理出还有一颗未知行星造成特征 c，属于剩余法。

E 选项：气体体积与温度之间存在相关性，属于共变法。

故正确答案为 B 选项。

38. A 【题号】20120140 【难度】S5

【考点】论证评价 【命题方向】⑱论证推理 论证方式、漏洞识别

论据：没有国家质量标准，无法判定它有质量问题（不能证明有 A）。

结论：它没有质量问题（所以没有 A）。

该工作人员得出结论的方式犯了诉诸无知的逻辑错误，该逻辑错误的表现形式为，"不能证明有 A，所以没有 A"，或者 "不能证明没有 A，所以有 A"。

A 选项：不能证明宇宙没有边际（不能证明没有 A），所以宇宙有边际（所以有 A），同样犯了诉诸无知的逻辑错误，与题干一致，正确。

B 选项：没有规范能不能证明管理人员没有权利删除帖子呢？未知，不一致。

C 选项：事主认为没有责任，那么该不该救呢？未知，不一致。

D 选项：¬ 不存在→存在，推理无误，不一致。

E 选项：不属于商业管理范围能不能证明可以进行处罚呢？未知，不一致。

故正确答案为 A 选项。

39. E 【题号】20120143 【难度】S5

【考点】论证评价 【命题方向】⑱论证推理 论证方式、漏洞识别

论据：中亚细亚蕴藏大量石油，松辽平原的地质结构与中亚细亚极其相似。

结论：松辽平原很可能也蕴藏着大量石油。

题干的推理方式是类比推理，将中亚细亚的情况类推到松辽平原，而且事实证明该推

断正确。

E选项：乌兹别克地区和新疆塔里木河流域在日照情况等方面相似，将乌兹别克地区的情况类推到新疆塔里木河流域，并且获得了成功，与题干的推理方式相似，正确。

A选项：别的山上的石头，能够用来琢磨玉器，比喻能帮助自己改正缺点的人或意见，未出现题干的推理方式，排除。

B选项：未表明小张与邻居是否相似，而且没有中奖，与题干的推理方式不相似，排除。

C选项：未表明荷兰等国与某乡镇是否相似，而且没有成功，与题干的推理方式不相似，排除。

D选项：未知是否成功，与题干的推理方式不相似，排除。

故正确答案为E选项。

40. A 【题号】(396) 201518 【难度】S4

【考点】论证评价 【命题方向】⑱论证推理 论证方式、漏洞识别

题干论证是正确的，所以不存在任何论证的漏洞，排除B、C、D、E四项。

故正确答案为A选项。